Spur · Vom Wandel der industriellen Welt durch Werkzeugmaschinen

GÜNTER SPUR

Vom Wandel der industriellen Welt durch Werkzeugmaschinen

Eine kulturgeschichtliche Betrachtung der Fertigungstechnik

Herausgegeben vom
Verein Deutscher Werkzeugmaschinenfabriken e.V.
zu seinem 100jährigen Bestehen

CARL HANSER VERLAG MÜNCHEN WIEN

CIP-Titelaufnahme der Deutschen Bibliothek

Spur, Günter:
Vom Wandel der industriellen Welt durch Werkzeugmaschinen : eine kulturgeschichtliche Betrachtung der Fertigungstechnik / Günter Spur. Hrsg. vom Verein Deutscher Werkzeugmaschinenfabriken e. V. zu seinem 100jährigen Bestehen. – München ; Wien : Hanser, 1991

ISBN 3-446-16242-9

Umschlaggestaltung: Kaselow Design, München
Papier: 135 g Imperial naturweiß chlorfrei der Fa. Scheufelen, Lenningen
Gesamtherstellung: Passavia Passau
Printed in Germany

Geleitwort

Der Verein Deutscher Werkzeugmaschinenfabriken e.V. (VDW) wurde im Jahr 1891 gegründet. In den nunmehr 100 Jahren seines Bestehens hat sich der industrielle Fortschritt mit atemberaubender Geschwindigkeit vollzogen. Das Jubiläum des VDW bietet mithin einen willkommenen und würdigen Anlaß, die Schlüsselfunktion der Werkzeugmaschinenindustrie einer breiteren Öffentlichkeit nahezubringen.

Das vorliegende Buch will Gegenwart und Zukunft der Werkzeugmaschinen durch Aufdeckung ihrer geschichtlichen Wurzeln sowie ihrer grundlegenden Beiträge zur wirtschaftlichen und kulturellen Entwicklung menschlichen Daseins lebendig vor Augen führen.

Es ist ein faszinierender Vorgang, wie sich der Mensch, der sich in einer gezielten Anwendung von durch ihn gestalteten Werkzeugen über die Anfänge seiner Existenz hinaushob, im Laufe der Zeiten sein heutiges Umfeld schuf. Ein wesentlicher Bestandteil der Menschheitsgeschichte ist dieser Evolutionsprozeß der Fertigungstechnik vom Faustkeil bis hin zur komplizierten Maschine, die ein oder mehrere Werkzeuge zur Bearbeitung von Metall präzise führt und antreibt, also zur Werkzeugmaschine.

Erst mit ihrer Entstehung und Weiterentwicklung und damit erzielbarer höherer und wiederholbarer Genauigkeit waren leistungsstarke Dampfmaschinen und später die industrielle Erzeugung und Umsetzung elektrischer Energie möglich gewesen, die ihrerseits wieder den Einsatz einer wachsenden Zahl von Werkzeugmaschinen gestatteten.

So ist die Werkzeugmaschine einer der Grundpfeiler des Industriezeitalters. Sie ist in vielerlei Gestalt die Mutter der Maschinen, wie die Chinesen sie nennen, und in ihrer Bedeutung für die gesamte industrielle Produktion nicht hoch genug einzuschätzen. Die mit ihrer Herstellung befaßte Industrie macht zwar nur einen Bruchteil der industriellen Produktion aus, doch gäbe es ohne sie weder Autos, noch Flugzeuge, keinen Geschirrspüler und keine Waschmaschine, keinen Röntgenapparat und keinen Zahnarztbohrer, aber auch fast keine Gegenstände des täglichen Bedarfs, zu deren Herstellung man auf Werkzeugmaschinen produzierte Maschinen braucht, wie, um nur einige von ihnen zu nennen, Textilien oder Schuhe, Zeitungen, Radios oder Fernseher, kurz Dinge, ohne die wir uns unser heutiges Leben nicht mehr vorstellen können.

Der soziale Fortschritt, der sich auch darin ausdrückt, daß aus Luxusgegenständen, die nur für wenige erschwinglich sind, Allgemeingut wird, das jedem zur

Verfügung steht, ist eine der wesentlichen segensreichen Wirkungen, die den Werkzeugmaschinen und ihrer fortschreitenden Weiterentwicklung zu verdanken sind.

Kennzeichnend für die damit befaßten Unternehmen ist ihre nahezu ausschließliche Zugehörigkeit zum industriellen Mittelstand, der sich durch Flexibilität, Risikobereitschaft und außergewöhnlichen Erfindungsreichtum auszeichnet, die zur Bewältigung der wachsenden hohen Anforderungen an diesen Industriezweig erforderlich sind.

Die Werkzeugmaschine hat nicht nur Millionen Menschen von schwerer und abstumpfender Handarbeit befreit, sondern sie hebt in ihren modernen Formen mit der Einbeziehung der Informationstechnik die Menschen, die sie bedienen, auf eine höhere Ebene der Beherrschung von Rechnern, Programmierung und Steuerung, der Speicherung und Verarbeitung von Wissen. Zwangsläufige Folge ist eine Zunahme der Arbeitsinhalte und damit der Freude am Schaffen.

Informationstechnik und Automatisierung verändern das Aufgabenfeld des Menschen im Umgang mit der Werkzeugmaschine. Die Fabrik wird mehr und mehr zu einer durch Rechner integrierten Betriebsorganisation, bei der es um die Kunst des richtigen Weges zum vernünftigen Zweck geht.

Doch auch in Zukunft ist es der Mensch, dessen Initiative und Schöpferkraft den geistigen Antrieb liefern, der alle Entwicklungen lenkt, aber auch ihre Geschwindigkeit bestimmt. Es sind seine Werkzeugmaschinen, die auch künftig helfen, das Leben zu sichern und den Wohlstand zu mehren.

Es ist mir ein besonderes Bedürfnis, Herrn Professor Spur und seinen Mitarbeitern zu danken für die Übernahme der gewiß nicht leichten Aufgabe, dieses Buch zu verfassen und für die, wie ich meine, ausgezeichnete Bewältigung dieser Arbeit.

Bernhard Kapp

Vorwort

Werkzeugmaschinen erfüllen im technischen und sozialen Fortschritt unserer industriellen Welt auch künftig eine zentrale Aufgabe. Seit Jahrtausenden haben sie die Arbeit des Menschen entscheidend befördert. Jedoch ihre enge Wechselwirkung mit dem kulturellen Leben der Gesellschaft tritt erst heute stärker ins Bewußtsein. Damit scheint der richtige Zeitpunkt für eine kulturgeschichtliche Betrachtung der Werkzeugmaschine gekommen.

Zum Verständnis des Wandels der industriellen Welt durch Werkzeugmaschinen gehört eine Rückbesinnung auf grundlegende Beziehungen zwischen Mensch, Arbeit und Werkzeug. Ausgehend von diesem Ursprung verdeutlichen die verschiedenen historischen Phasen fertigungstechnischer sowie arbeitsorganisatorischer Entwicklung, daß die modernen Werkzeugmaschinen einschließlich der Formen ihrer Anwendung in der industriellen Produktion Resultate konstruktiver Erfahrungen und Ideen sind, zu denen jede Epoche der Menschheitsgeschichte ihren besonderen Beitrag geleistet hat.

Die Literatur zum Thema Werkzeugmaschine ist inzwischen recht umfangreich, so daß der fachlich unvorbereitete Leser sogar leicht den Überblick verlieren könnte. Dennoch fehlt es unseres Erachtens an einer verständlichen Darstellung ihrer Entstehungs- und Wirkungsgeschichte, die komplexes Fachwissen für eine breitere Öffentlichkeit aufarbeitet und zusammenfaßt. Hier will das vorliegende Buch ansetzen, um interessierten Laien, aber auch Ingenieuren, Mitgliedern von Wirtschaftsvereinigungen und Fachverbänden, Politikern, Vertretern der Medien sowie Schülern und Studenten Einblick in das Werden einer Schlüsseltechnologie zu geben.

Die Anregung zu diesem Buch geht auf den Verein Deutscher Werkzeugmaschinenfabriken, seinen Vorsitzenden, Herrn Dr.-Ing. E. h. Bernhard Kapp, und seinen Geschäftsführer, Herrn Helmut von Monschaw, zurück. Sie haben das Projekt durch Rat sowie durch ihre Unterstützung wirksam begleitet und gefördert. Dafür möchte ich mich an dieser Stelle noch einmal ausdrücklich bedanken.

Besonders danke ich Herrn Dr. Joachim Ebert, der die umfangreiche Stoffbearbeitung übernommen hat, ferner Herrn Priv.-Doz. Dr.-Ing. Dieter Specht, Herrn Sascha Schröder sowie auch den Mitarbeitern des Fraunhofer-Instituts für Produktionsanlagen und Konstruktionstechnik Berlin, die zur erfolgreichen Fertigstellung des Manuskriptes beigetragen haben. Mein Dank gilt ferner Herrn Prof. Dr. Dr. Wolfram Fischer und Frau Jutta Wietog M. A. für ihre wissenschaftliche Beratung und für die quellenkritische Überprüfung der Druckvorlagen.

Der Akademie der Wissenschaften zu Berlin möchte ich für die Bereitstellung von Arbeitsunterlagen meinen Dank aussprechen, gleichfalls dem Carl Hanser Verlag für seine bereitwillige Unterstützung bei der Herausgabe des Buches.

Schließlich danke ich sehr herzlich Frau Margret Nießen-Janke, die mit großem Engagement für die technische Gestaltung des Manuskriptes sorgte.

Berlin, Januar 1991 *Günter Spur*

Inhaltsverzeichnis

1 Die Werkzeugmaschine in der industriellen Welt

1.1 Werkzeuge zur maschinellen Produktion

Nach der Herkunft jener Vielzahl industrieller Güter und Leistungen gefragt, die unseren Alltag prägen, fallen den meisten Menschen zwar Fabriken und Produktionsanlagen ein, auch Transportmittel oder Kraftwerke, kaum jedoch Werkzeugmaschinen. Darauf angesprochen, unterliegen erfahrungsgemäß viele Menschen dem Mißverständnis, es handele sich hierbei um Maschinen zur Herstellung von Werkzeugen. Sollten auch Sie, verehrter Leser, dieser Meinung sein, so bestätigt dies einmal mehr, daß Werkzeugmaschinen, zumindest in einer breiteren Öffentlichkeit, wenig bekannt sind.

Dies erstaunt um so mehr, als es die Werkzeugmaschine war, die den Übergang von mühsamer Handarbeit zur modernen maschinellen Produktion und damit zum industriellen Fabrikbetrieb erst ermöglichte. Eine Maschine, die wenig bekannt ist, dennoch im Zentrum unserer industriellen Welt steht und technologisch sogar zu ihrem mächtigen Hebel wurde: Das klingt zunächst paradox und verlangt nach Aufklärung.

Die Werkzeugmaschine ist eine Voraussetzung industrieller Gütererzeugung. Diese Behauptung wird plausibel, wenn wir uns einige Merkmale der Industrieproduktion vor Augen führen. Äußerlich betrachtet, läßt sich diese Produktion als Übergang von der handwerklichen Fertigung von Einzelstücken für einen relativ kleinen Kundenkreis zur maschinellen Serienfertigung für großräumige Märkte beschreiben. Unter organisatorischem Aspekt erfordert die Serienproduktion ein hohes Maß an Arbeitsteilung und Spezialisierung. Doch diese Arbeitsteilung bis hin zu dem uns heute vertrauten Fabrikbetrieb kam erst voran, als es gelang, mechanische Handarbeit, die seit eh und je auf dem Menschen lastete, durch leistungsfähige Arbeits- und Kraftmaschinen zu ersetzen.

Die Vorteile dieser Maschinenwerktechnik gegenüber der Handwerktechnik sind offenkundig. Maschinen befreien den Menschen nicht nur von vielen physisch und psychisch belastenden Tätigkeiten. Vielmehr besitzen wir in ihnen die Mittel, um schneller, genauer und letztlich billiger zu produzieren. Schnelligkeit bedeutet, mehr Güter bei geringerem Arbeitsaufwand für eine wachsende Zahl von Menschen herstellen zu können. Genauigkeit eröffnet die Chance, viele Erzeugnisse mit wiederholbar hoher Qualität herzustellen und zu neuen Erzeugnissen zusammenzufügen. Erst eine derart hohe Qualität erlaubt es, die industrielle Arbeitsteilung durch Aufteilung der Arbeit auf mehr Maschinen voranzutreiben. Denn die Herstellung von Produkten in größeren Mengen setzt die Fertigung und Montage austauschbarer Teile voraus. Diese Austauschbarkeit ist jedoch von einer hinreichenden Fertigungsgenauigkeit abhängig. Schließlich beruht die kostengünstige, preiswerte Produktion wesentlich auf der Produktivität, mit der große Stückzahlen erzeugt werden. Billiger und besser produzieren zu können markiert so den Weg zur Steigerung des Lebensstandards für zunehmend mehr Menschen.

Diese Vorteile einer schnellen, genauen und kostengünstigen Gütererzeugung waren anfangs nur Zielsetzungen. Ihre Verwirklichung hing ab von der Erfindung jener Arbeits- und Kraftmaschinen, auf denen die neue Produktionsweise beruht. Hier, bei der Herstellung von Maschinen für die industrielle Produktion, lag der Dreh- und Wendepunkt des weiteren Fortschritts. Denn die Qualität der Produktionsmittel, die zum Bau einer neuen Maschine zur Verfügung stehen, bedingt die erreichbare Bearbeitungsgenauigkeit und bestimmt die Eigenschaften der damit gefertigten Maschinen. In dieser Situation, also bei der Suche nach geeigneten Produktionsmitteln für eine schnelle, genaue und kostengünstige Herstellung von Maschinen, schlug die Geburtsstunde der modernen Werkzeugmaschine.

„Werkzeuge des Maschinenbauers“, so bezeichnete man die Bohrwerke, Stoß- und Hobelmaschinen, Drehbänke oder Fräsmaschinen, lange bevor das ihnen Gemeinsame im Namen „Werkzeugmaschine“ zum Ausdruck gebracht wurde. Gemeinsam ist den Werkzeugmaschinen die Übertragung der Werkstück- und Werkzeugbewegungen bei der formgebenden Bearbeitung von Metallgegenständen, jedoch auch von anderen Materialien, wie Holz, Kunststoffen, Keramik oder Glas, auf eine technische Vorrichtung, d. h. auf eine für diesen Zweck geeignete Maschine. Damit wandelte sich die Fertigung mit manuell betätigten Werkzeugen zu einer Fertigung mit maschinellen Werkzeugen, deren Herstellung eine eigene Industriebranche ins Leben rief, den Werkzeugmaschinenbau. Er gibt dem Maschinenbauer bis auf den heutigen Tag jene notwendigen Produktionsmittel in die Hand, von denen Präzision und Schnelligkeit sowie die Kosten seiner Arbeit entscheidend abhängen.

Ebenso wie Werkzeuge zur Bedingung handwerklicher Produktion wurden, haben sich Werkzeugmaschinen heute zu einem grundlegenden Bestandteil moderner Fertigungstechnik entwickelt. Unter den Maschinen nehmen sie im übertragenen Sinne die Funktion einer „Königin“ wahr. Denn ohne Werkzeugmaschinen läßt sich die industrielle Produktion mit all ihren Maschinen und Anlagen weder erschaffen noch erhalten oder neuen Erfordernissen anpassen. Ihnen verdanken wir daher die hohe Produktivität unserer Industrie und damit auch Wohlstand sowie soziale Leistungsfähigkeit.

Die zentrale Bedeutung der Werkzeugmaschine beruht nicht nur auf dem erheblichen Ausmaß, das fertigungstechnische Aufgaben in unserer Zeit angenommen haben. Vielmehr zeigt sich deren Bedeutung auch darin, daß mit ihrer Weiterentwicklung die praktische Umsetzung konstruktiver Ideen und Erfindungen aus allen anderen Gebieten der Technik überhaupt erst ermöglicht wurde. Der technologische Entwicklungsstand der Werkzeugmaschinen ist daher Vorbedingung für die Herstellbarkeit und Qualität vieler anderer Techniken [1.16].

Die entscheidende Innovation zur maschinellen Fertigung mit Werkzeugmaschinen erfolgte durch die Mechanisierung der Arbeitsbewegungen an der Support- und Leitspindeldrehbank zu Anfang des Industriezeitalters. Der Drehmeißel mußte von nun an nicht mehr vom Dreher per Hand gehalten und geführt werden. Diese Aufgabe übernahm der Werkzeugsupport, dessen Vorschubbewegung vom Hauptantrieb abgeleitet wurde. Daraus folgte eine mechanische Bearbeitung des Werkstücks unabhängig von der manuellen Kraft des Drehers [1.13].

Bild 1.1 Manuelles und maschinelles Drehen, Nasmyth 1841

Diese maschinelle Führung des Werkzeugs bedeutete für die gesamte Technologie der Zerspanung den Übergang von der handwerklichen Technik zur Maschinentechnik. Der Transfer dieses Prinzips einer mechanischen Kopplung von Werkstück- und Werkzeugbewegung auf andere Bearbeitungsverfahren, so z.B. beim Bohren, Hobeln, Stoßen oder Fräsen, leitete die Erfindung unterschiedlicher Arten industrieller Werkzeugmaschinen ein. Mit Werkzeugmaschinen wurde es möglich, „die geometrischen Formen der einzelnen Maschinenteile mit einem Grad von Leichtigkeit, Genauigkeit und Raschheit zu produzieren, den keine gehäufte Erfahrung der Hand des geschicktesten Arbeiters verleihen konnte“ [1.2].

Die Werkzeugmaschinen sind mechanisierte und mehr oder weniger automatisierte Fertigungseinrichtungen. Durch eine relative Bewegung zwischen einem Werkzeug und einem zur Bearbeitung vorgesehenen Rohteil wird Material vom Werkstück abgetrennt, bis die beabsichtigte Form als Fertigteil erzeugt ist. Die spanende Bearbeitung von Metallen erfordert speziell geformte, mit sehr harten Schneiden versehene Werkzeuge. Beim Spanbildungsprozeß werden durch die Schneide des Werkzeugs Späne abgetrennt. Dieser Vorgang muß mit höchster Genauigkeit über lange Bearbeitungszeiträume hinweg ausgeführt werden. Die heute übliche und erforderliche Genauigkeit von Werkzeugmaschinen ist so groß, daß ein vorgegebenes Maß mit Abweichungen von wenigen tausendstel Millimetern über eine große Fläche hinweg wiederholbar hergestellt werden kann. Ein durchschnittliches menschliches Haar hat vergleichsweise eine Stärke von einem zehntel Millimeter. Die Bearbeitungsgenauigkeit einer Werkzeugmaschine ist so hoch, daß wir auf einem Haar ein Profil von wenigen tausendstel Millimetern einarbeiten könnten.

Es ist naheliegend, daß die Einhaltung einer solchen Genauigkeitsforderung eine technologisch anspruchsvolle Aufgabe darstellt. Schon die Erwärmung eines 1 m langen Stahlstabes von beispielsweise 18 °C auf eine Tagestemperatur von 23 °C bewirkt eine Ausdehnung dieses Stabes um 6 hundertstel Millimeter. Das heißt, die aus Metallteilen zusammengefügte Werkzeugmaschine verformt sich bei Tem-

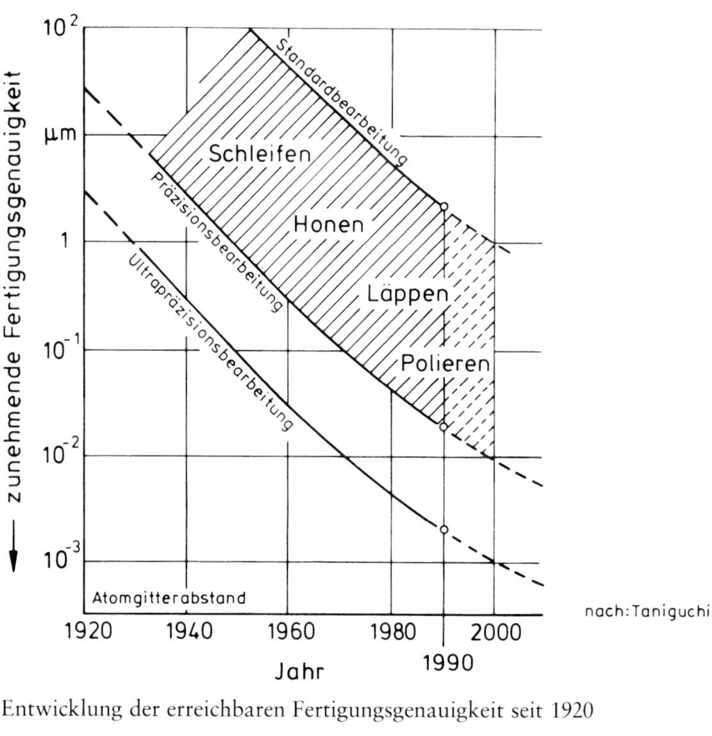

Bild 1.2 Entwicklung der erreichbaren Fertigungsgenauigkeit seit 1920

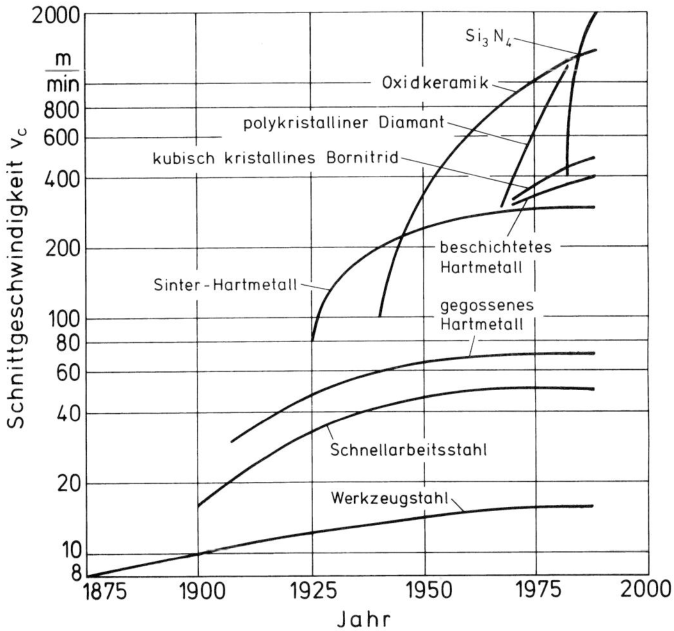

Bild 1.3 Steigerung der Schnittgeschwindigkeiten beim Drehen durch die Weiterentwicklung der Schneidstoffe seit 1875, IPK 1989

peraturänderungen, und es liegt im Können ihrer Erbauer, durch konstruktive Maßnahmen einen Ausgleich der Wärmedehnung herbeizuführen.

Hohe Anforderungen ergeben sich auch aus der Geschwindigkeit, mit der Schneidprozesse ablaufen. Moderne Werkzeugmaschinen erreichen in Abhängigkeit vom Schneidstoff und Werkstoff sehr kurze Bearbeitungszeiten.

Eine besondere Aufgabe stellt die Erzeugung beliebig geformter Oberflächen dar. Sie ergibt sich unter anderem bei Karosserieteilen im Automobilbau, für deren Herstellung formtreue Preßwerkzeuge von Werkzeugmaschinen gefertigt werden müssen.

Die genaue Bearbeitung komplex gestalteter Teile wird heute durch das Steuerungsprogramm eines speziellen Steuerrechners geführt. Solche Steuerungen sind über zahlreiche Sensoren, Meßsysteme und Regelelemente mit der Werkzeugmaschine und deren Antrieben verbunden. Die Maschine hat sich damit zu einem informationstechnisch vernetzten System entwickelt, das mechanische, elektrische und elektronische Bauelemente mit einem gespeicherten Arbeitsprogramm verknüpft. Eine Vielzahl von mathematischen, physikalischen, mechanischen, elektrischen, informationstechnischen und werkstofftechnischen Beiträgen zur Realisierung der Bearbeitungsaufgabe ist heute zu einem hochkomplexen Technologiesystem verbunden, dessen vielfältige Dimensionen in einer nun fast 200 Jahre zählenden Entwicklung des neuzeitlichen Werkzeugmaschinenbaus aus der Wechselwirkung von Theorie und Praxis erarbeitet wurden [1.4].

Im Ergebnis dieser Entwicklung sind Werkzeugmaschinen als Schlüsselinstrumente der wirtschaftlichen Leistungsfähigkeit unserer Industriekultur zu verstehen. Sie bilden den produktionstechnischen Ausgangspunkt jener Gesellschaft, deren Name durch die industrielle Form ihrer Gütererzeugung geprägt wird.

Dieser grundlegende und nahezu alle Bereiche der Güterproduktion durchdringende Einfluß der Werkzeugmaschine erklärt zugleich die eingangs aufgezeigte Paradoxie zwischen der geringen Präsenz von Werkzeugmaschinen im öffentlichen Bewußtsein und ihrer faktischen Bedeutung im Leben der Industriegesellschaft. So richtet sich die Aufmerksamkeit beispielsweise auf Textilmaschinen, Büro- und Informationstechnik oder Präzisionsgeräte, doch sehr viel seltener auf die zu ihrer Herstellung notwendigen Werkzeugmaschinen. Deren zentrale Funktion erschließt sich erst bei genauerer Betrachtung.

1.2 Werkzeugmaschinen formieren sich

Obwohl wir schon in vorindustrieller Zeit Arbeitsmaschinen, wie Hammerwerke, Bohrmaschinen, Drehbänke oder Schleifmaschinen antreffen, scheint es kein Zufall, daß erst um die Mitte des vorigen Jahrhunderts ein gemeinsamer Begriff für diese Maschinen gefunden wurde. Auf der Londoner Weltausstellung von 1851, jener ersten internationalen Messe des technischen Fortschritts, hatte sich zur Kennzeichnung der Spezifik solcher maschinellen Werkzeuge bereits der Begriff „machine tool“ verbreitet. Eine Ausnahme bildeten lediglich Drehmaschinen, die im Englischen auch später ihren alten, auf die Wippenbank zurückgehenden Namen „lathe“ beibehielten.

Der deutsche Ausdruck „Werkzeugmaschine“ entstand in Anlehnung an die englische Wortschöpfung durch eine sehr freie, bisweilen auch mißverständliche Übersetzung. Verwendet wurde er nachweislich im amtlichen Bericht über die Londoner Ausstellung, der 1852 in Berlin erschien. Binnen kurzem hatte sich die Bezeichnung Werkzeugmaschine als Sammelbegriff für alle Maschinen der umformenden und trennenden Fertigungsverfahren durchgesetzt [1.2].

Noch auf der preußischen Gewerbeausstellung von 1844 in Berlin wurden die dort ausgestellten Bohr-, Dreh- und Hobelmaschinen unter der Bezeichnung „Hilfsmaschinen für den Maschinenbauer“ zusammengefaßt. Im amtlichen Bericht zu dieser Ausstellung findet sich die folgende Definition:

„Unter der Benennung Hilfsmaschinen verstehen wir diejenigen mechanischen Vorrichtungen, welche gewissermaßen die Werkzeuge der Maschinenbaumeister bilden, Vorrichtungen, denen er das Hobeln, Drehen, Bohren, Lochen (usw.), kurz die äußere Verarbeitung schwerer Metallstücke und Maschinenteile übergibt, und die diese Arbeiten ohne menschliche Hilfe mit einer Genauigkeit ausführen, wie es kaum die Menschenhand mit Hilfe der besten Werkzeuge vermag. Diese Hilfsmaschinen bilden sonach den Hauptanteil einer jeden mechanischen Werkstatt, ohne welche eine solche gegenwärtig kaum noch bestehen, auf keinen Fall aber gleichen Schritt halten kann mit den von Tag zu Tag sich steigernden Leistungen des In- und Auslandes.“ [1.1]

Der Bericht beweist einmal mehr, daß die Bezeichnung Werkzeugmaschine zu diesem Zeitpunkt zumindest noch ungebräuchlich war. Er läßt aber auch erkennen, wie sehr jene Hilfsmaschinen, obwohl sie noch ganz dem allgemeinen Maschinenbau zugerechnet wurden, bereits zu einer eigenständigen Bedingung industrieller Leistungsfähigkeit geworden waren.

Die wachsende Einsicht in diese produktionstechnische Schlüsselstellung der Werkzeugmaschinen dürfte zum Motiv dafür geworden sein, bald darauf auch von einer besonderen Maschinenart zu sprechen und ihr einen eigenen, sie von anderen Arbeitsmaschinen unterscheidenden Namen zu geben. Erst damit wurde es möglich, das Gemeinsame ihrer Entstehungs- und Entwicklungsbedingungen auch zum Gegenstand spezieller wissenschaftlicher Forschung und Lehre zu erklären.

Ein Jahrzehnt nach der Londoner Weltausstellung hatte sich in der technischen Literatur die Unterscheidung zwischen Maschinenbau und Werkzeugmaschinenbau bereits durchgesetzt. Eine Beschreibung und systematische Einteilung der Werkzeugmaschinen finden wir beispielsweise in einem 1864 erschienenen Buch des Karlsruher Maschinenbauprofessors Hart. Die exakte Bearbeitung der aus der Gießerei und Schmiede kommenden rohen Arbeitsstücke, so lesen wir bei Hart, erfolgte teilweise durch Handarbeit, teilweise auf automatischem Wege mit Maschinen. Um den Anforderungen an die Maschinenfabriken hinsichtlich äußerst präziser und doch ökonomischer Ausführung ihrer Arbeiten zu entsprechen, suchte man die Handarbeit auf ein Minimum zu beschränken und, wo nur immer möglich, die reine Maschinenarbeit in Anwendung zu bringen. Die hierzu dienlichen Maschinen bezeichnete Hart als Werkzeugmaschinen [1.8].

Die Werkzeugmaschine wurde zur bestimmenden und für den erreichten Technisierungsgrad der Produktion typischen Arbeitsmaschine der industriellen Revolution. Die Serien- und Massenfertigung von Investitions- und Konsumgütern, die speziell in England auf eine seit Beginn des 18. Jahrhunderts stetig wachsende Nachfrage vor allem nach Textilerzeugnissen stieß, konnte auf dem Wege weiterer Expansion des Manufakturbetriebs über die prinzipielle Schranke der Handwerkzeugtechnik nicht hinausgeführt werden.

Die Steigerung der Produktion wurde deshalb zu einer Frage der Ersetzung von handwerklichen, den menschlichen Kapazitätsgrenzen unterliegenden Tätigkeiten durch technisch vermittelte, d. h. maschinelle Arbeitsabläufe. Hier liegen die Wurzeln und Triebkräfte des Textilmaschinenbaus, der in England gegen Ende des 18. Jahrhunderts bereits die Dimensionen eines eigenständigen Industriezweiges angenommen hatte. Gleiches gilt für die Entwicklung der Waffenfabrikation seit Beginn des 19. Jahrhunderts [1.13].

Der nicht mehr nur vereinzelte oder gelegentliche Rückgriff auf Maschinen zu Fertigungszwecken, sondern ihr allgemeiner und durchgängiger Einsatz für die Güterproduktion wandelte den Manufakturbetrieb zur Fabrik um. Deren nach Art und Umfang sprunghaft zunehmender Maschinenbedarf konnte auf Dauer nur angemessen befriedigt werden, wenn diese Maschinen selbst auch industriell hergestellt wurden. Das jedoch erforderte ebenfalls den Einsatz von Maschinen, eben spezieller Werkzeugmaschinen.

Die Anfänge des Werkzeugmaschinenbaus in England wurden zunächst weniger von wissenschaftlichen Erkenntnissen geprägt, sondern durch praktische Erfahrung bestimmt. Es waren Maschinenbaupraktiker, häufig auch berufliche Außenseiter, die sich auf der Grundlage experimenteller Erfahrungen technisches und naturwissenschaftliches Wissen aneigneten und durch konstruktive Umsetzung zu eigenständigen technologischen Einsichten gelangten. Erst später, um die Mitte des 19. Jahrhunderts, erwachte das Interesse der Wissenschaft auch für Probleme des Maschinen- und Werkzeugmaschinenbaus, und es begann die bis heute andauernde fruchtbare Wechselwirkung zwischen industrieller Praxis auf der einen sowie angewandter und Grundlagenforschung auf der anderen Seite.

Die Situation in Deutschland unterschied sich insofern von der Englands, als der deutsche Werkzeugmaschinenbau sehr viel später begann und folglich an den reiferen englischen Vorbildern ansetzen konnte. Deshalb war jedoch auch hier zunächst vor allem praktisches Geschick gefragt, wenngleich auch werkstoffliches Wissen bereits eine wichtige Rolle spielte.

Über das Verhältnis von Wissenschaft und Industrie in dieser Zeit stellte Thomas Nipperdey rückblickend fest: „Die Fortschritte der Industrie waren selbstläufig, nicht unmittelbar Ergebnisse naturwissenschaftlicher Forschung. Erfinder und Unternehmer waren Praktiker: handwerklich gebildete Techniker, Mechaniker, Kaufleute. Die Zöglinge der Wissenschaft spielten keine Rolle, ein so genialer Optiker und Entdecker wie Fraunhofer kam aus dem Handwerk, Werner Siemens war Artillerie-Offizier gewesen und Autodidakt. Natürlich, ganz allgemein setzte die neue Technik die Ergebnisse der modernen Physik voraus, aber dieser Bezug war eben ganz allgemein, er stiftete kein besonderes Verhältnis zwischen Industrie und Wissenschaft. Die wissenschaftliche Konstruktion von Maschinen folgte ihrem Bau zunächst nach, ging ihm nicht voraus.“ [1.14]

Dennoch gab es in Deutschland Bestrebungen zur Förderung technischer Disziplinen, inspiriert durch die Wissenschaft der Mechanik in Frankreich, die ihren institutionellen Ausdruck in der 1795 gegründeten Ecole Polytechnique fand. Doch die Entwicklung der Technikwissenschaft blieb anfangs dem von Humboldt und den Neuhumanisten ausgehenden dualistischen Bildungsprinzip untergeordnet, nach dem wahrhaftige Bildung und Wissenschaft nur in ihrer Zweckfreiheit gedei-

Jahr	Firmenname	Ort	Beschäftigte
1829	August Hamann	Berlin	
1830	Carl Kneusel, Maschinenfabrik und Eisengießerei	Zeulenroda	
1834	Ducommun & Steinlein	Mühlhausen	
1837	Sächsische Maschinenfabrik, vorm. Richard Hartmann AG	Chemnitz u. Dresden	3
1839	J.A. Maffei, Lokomotiv- und Maschinenfabrik	München	
1839	L. Schuler AG, Werkzeugmaschinenfabrik und Eisengießerei	Göppingen	4
1842	Maschinenfabrik H.A. Waldrich GmbH	Siegen	4
1843	Saxonia, Werkzeugmaschinenfabrik, vorm. Pfaff	Limbach	
1844	Johann Mannhardt	München	
1845	Gebr. Boehringer GmbH, Werkzeugmaschinenfabrik u. Eisengießerei	Göppingen	3
1848	Zimmermann-Werke AG	Chemnitz	50
1850	L. Sentker	Berlin	
1852	Werkzeugmaschinen Union, vorm. Diehl	Chemnitz	2
1856	Billeter & Klunz AG	Aschersleben	
1856	J.G. Weisser & Söhne, Werkzeugmaschinenfabrik	St. Georgen	8
1857	Sondermann & Stier AG	Chemnitz-Gablenz	80
1859	Carl Schoening	Berlin	
1859	J.E. Reinecker AG	Chemnitz-Gablenz	9
1861	Carl Mahr	Eßlingen	
1861	Erdmann / Kircheis, Maschinenfabrik und Eisengießerei	Aue / Sa.	
1862	Collet & Engelhard GmbH,Werkzeugmaschinenfabrik	Offenbach a. M.	25
1862	Gebr. Thiel GmbH	Ruhla i. Thüringen	
1863	Schilling & Krämer, Eisengießerei und Maschinenfabrik	Suhl i. Thüringen	
1864	Frister & Roßmann	Berlin	
1865	Wagner & Co., Werkzeugmaschinenfabrik mbH	Dortmund	50
1866	Maschinenfabrik Weingarten, vorm. Hch. Schatz AG	Weingarten (Württemb.)	30
1866	Schiess-Defries AG (Werk Schiess)	Düsseldorf	6
1867	Bèché & Groß GmbH, Maschinenfabrik und Eisengießerei	Hückeswagen (Rhld.)	2
1867	Franz Braun AG	Zerbst	14
1868	Heidenreich & Harbeck, Werkzeugmaschinenfabrik	Hamburg	11
1869	G. Kärger	Berlin	
1870	G. Boley, Werkzeugmaschinen und Maschinenfabrik	Eßlingen a. N.	20
1870	Ludwig Loewe & Co. AG	Berlin	25
1870	Werkzeugmaschinenfabrik Gildemeister & Comp. AG	Bielefeld	100
1871	Max Hasse & Comp. AG, Werkzeugmaschinenfabrik	Berlin	10
1871	Naxos-Union	Frankfurt a. M.	
1872	H. Wohlenberg KG, Drehbankfertigung und Eisengießerei	Hannover	30
1872	Kalker Maschinenfabrik AG	Köln-Kalk	20
1872	Neißer-Eisengießerei u. Maschinenbauanstalt Hahn & Koplowitz Nachf.	Neiße-Neuland	30
1872	Elsässische Maschinenbaugesellschaft, vorm. Koehlin & Cie. und Maschinenfabrik Grafenstaden	Grafenstaden	
1873	Malmedie & Co. Maschinenfabrik AG	Düsseldorf-Oberbilk	20
1873	Mars-Werke AG	Nürnberg-Doos	30
1873	Mayer & Schmidt, Schleifmaschinen und Schmirgel-Werk AG	Offenbach a. M.	15
1874	Maschinenfabrik Arno Loose	Chemnitz-Altendorf	12
1874	Bernhard Escher AG	Chemnitz	
1874	Werkzeugmaschinenfabrik Hermann & Alfred Escher	Chemnitz	
1876	Heyligenstaedt & Comp. Werkzeugmaschinenfabrik u. Eisengießerei AG	Gießen	20
1876	Heymar & Pilz AG	Meuselwitz i. Thüringen	20

Bild 1.4 Firmengründungen im deutschen Werkzeugmaschinenbau bis 1914, Spur 1989

Jahr	Firmenname	Ort	Beschäftigte
1876	Maschinenfabrik Froriep GmbH	Rheydt (Rhld.)	30
1876	Maschinenfabrik Hasenclever AG	Düsseldorf	12
1877	Gebr. Heinemann AG, Werkzeugmaschinenfabrik	St. Georgen, Schwarzw.	10
1877	Karl Wetzel, Maschinenfabrik und Eisengießerei	Gera-Reuß	
1878	Gebr. Tümmler	Doblen i. Sachsen	
1879	Fischer & Winsch	Dresden	
1879	Hille-Werke AG	Dresden	30
1880	Fritz Hürxthal KG, Maschinenfabrik	Remscheid	2
1883	Paul Bell, Werkzeugmaschinenfabrik	Zeulenroda	3
1884	Friedrich Schmaltz GmbH, Schleifmaschinen und Schleifräderwerke	Offenbach a. M.	3
1884	Rheydter Werkzeugmaschinenfabrik Scharmann & Co.	Rheydt	30
1888	Curd Nube, Maschinenbauanstalt, Maschinenfabrik	Offenbach a. M.	3
1888	Moßdorf & Mehnert	Chemnitz	30
1889	Pittler Werkzeugmaschinenfabrik AG	Leipzig-Wahren	30
1889	Schmirgelwerke Dr. Rudolf Schönherr, Schleifwaren- und Schleifmaschinenfabrik	Chemnitz-Furth	12
1890	Auerbach & Co. GmbH, Werkzeugmaschinenfabrik	Dresden	20
1890	Bernhard Glaess, Werkzeugmaschinenfabrik	Chemnitz	2
1890	Droop & Rein, Werkzeugmaschinenfabrik und Eisengießerei	Bielefeld	16
1890	Düsseldorfer Werkzeugmaschinenfabrik und Eisengießerei, Habersang & Zinzen GmbH	Düsseldorf-Oberbilk	40
1890	Gustav Wagner, Maschinenfabrik	Reutlingen	2
1890	Maschinenfabrik Lorenz AG	Ettlingen i. B.	15
1891	Fortuna-Werke, Spezialmaschinenfabrik GmbH, 1903 von Albert Hürth-Cannstadt übernommen	Stuttgart-Cannstadt	24
1891	Gebr. Reinhold, Maschinenfabrik und Eisengießerei	Gera-Lusan	4
1893	Gebr. Heller, Maschinenfabrik	Nürtingen	6
1893	Maschinenfabrik Wafios; Wagner, Ficker & Schmidt	Reutlingen	4
1893	Hommelwerke	Mainz	40
1894	Lange & Geilen, Spezialfabrik für Shapingbau	Halle a. S.	20
1896	Fritz Werner AG	Berlin-Marienfelde	12
1897	Carl Hasse & Wrede GmbH	Berlin	40
1898	Oscar Ehrling	Chemnitz	30
1898	Wotanwerke AG, gegr. als Deutsche Maschinen- und Werkzeugmaschinenfabrik GmbH	Leipzig	
1898	Deutsche Niles AG	Berlin	
1899	Mammutwerke, Werkzeugmaschinenfabrik, Berner & Co	Nürnberg	60
1900	Raboma, Maschinenfabrik Hermann Schoening	Berlin-Borsigwalde	6
1901	Schiess-Defries AG (Werk Defries)	Heerdt	150
1901	Hermann Pfauter, Werkzeugmaschinenfabrik	Chemnitz	6
1901	Hermann Kolb, Maschinenfabrik	Köln-Ehrenfeld	
1902	Alfred H. Schütte	Köln-Deutz	50
1905	Samsonwerk GmbH	Berlin	100
1906	Carl Unger, Werkzeugmaschinenfabrik	Hedelfingen b. Stuttgart	15
1906	Müller & Montag GmbH, Maschinenfabrik	Leipzig-Lindenau	2
1906	Schaerer & Co., Werkzeugmaschinenfabrik	Karlsruhe	
1910	Magdeburger Werkzeugmaschinenfabrik AG	Magdeburg	40
1911	Diskus-Werke, Maschinenbau AG	Frankfurt a. M.	
1911	Ferdinant C. Weipert, Werkzeugmaschinenfabrik	Heilbronn a. N.	15
1912	Friedrich Deckel	München	20
1912	Schüttoff AG	Chemnitz	40
1913	Index-Werke, Hahn & Tessky	Eßlingen-Neckar	
1913	Elbe-Werke, Hermann Haelbig AG	Dresden	10

Forts. **Bild 1.4** Firmengründungen im deutschen Werkzeugmaschinenbau bis 1914 hen können. Je näher Wissenschaft an die Sphäre praktischer Anwendung heranreichte, so die herrschende Auffassung, desto geringer war ihr allgemeiner Bildungswert [1.12].

Dieser Dualismus von angewandter und Grundlagenwissenschaft hat zwar bis zum Ende des 19. Jahrhunderts eine eigenständige Technikwissenschaft aus den Universitäten weitgehend verbannt, sehr zum Nachteil auch der übrigen Disziplinen. Er inspirierte jedoch andererseits den wissenschaftlichen Wettbewerb, so daß insbesondere in Deutschland von einem geradezu stürmischen Fortschritt der natur- und technikwissenschaftlichen Forschung gesprochen werden kann. Die Einrichtung des Lehrstuhls für das Fach Werkzeugmaschinen, Fabrikanlagen und Fabrikbetriebe 1904 in Berlin, 1906 auch in Aachen, darf als Bestätigung und Anerkennung dieser Leistung gelten [1.24].

Erst zur Mitte des vergangenen Jahrhunderts konzentrierte sich der deutsche Werkzeugmaschinenbau zu einem eigenen Industriezweig. Während in England bereits um 1800 die Anfänge eines vom allgemeinen Maschinenbau unabhängigen Werkzeugmaschinenbaus erkennbar wurden, stellten die deutschen Maschinenbauer lange Zeit die von ihnen benötigten Werkzeugmaschinen selbst her, wobei sie sich zunächst überwiegend auf englische Vorbilder stützten. Der dann äußerst dynamische Übergang zur industriellen Fertigung erfolgte nicht zuletzt unter dem beginnenden Einfluß des amerikanischen Fabriksystems nach der Reichsgründung. In ihrem Gefolge wuchs die Zahl der Unternehmen und ihrer Beschäftigten bis zum Ausbruch des Ersten Weltkrieges stark an [1.20].

Der sich in dieser großen Zahl von Firmengründungen manifestierende Aufschwung des Werkzeugmaschinenbaus war eng verbunden mit der Industrialisierung Deutschlands. Auch die Gründung des Vereins Deutscher Werkzeugmaschinenfabriken im Jahre 1891 darf als ein Ausdruck dieser Entwicklungen gelten. Zum Ausgang des 19. Jahrhunderts gelang dem deutschen Werkzeugmaschinenbau schließlich der Aufstieg zu einem international beachteten Industriezweig, der sich auch technologisch mit der englischen und amerikanischen Konkurrenz messen konnte.

1.3 Eine Branche stellt sich vor

Der Werkzeugmaschinenbau hat nicht nur eine Schlüsselstellung in der Produktionstechnik, sondern auch in der Volkswirtschaft. Von ihm gehen entscheidende Impulse zur Rationalisierung und Automatisierung aus. Der Fortschritt der Produktionstechnik ist am Entwicklungstrend der Neukonstruktionen von Werkzeugmaschinen zu erkennen. In zunehmendem Maße ist die Werkzeugmaschine vielgestaltiger geworden, sie hat sich zu einem komplexen Fertigungssystem mit hohem Automatisierungsgrad entwickelt. Der Fortschritt zeigt sich jedoch auch bei der

Gestaltung einzelner Bauelemente unter dem Gesichtspunkt von Qualität und Zuverlässigkeit. Diese konstruktiv zu beherrschen, ist die entscheidende Voraussetzung für eine technisch sichere Funktion und damit auch für den wirtschaftlichen Erfolg [1.20].

Die große Vielfalt des technischen Wissens und die Vielzahl unterschiedlicher Funktionen und Maschinenarten spiegelt sich in der Struktur der Industriebranche des Werkzeugmaschinenbaus wider. Die Werkzeugmaschinenbaubetriebe sind hoch spezialisiert und von der Betriebsgröße her vorwiegend mittelständisch. Der einzelne Betrieb ist in der Zusammensetzung seiner Mitarbeiter und in der Gestaltung seiner Produktion oft auf ganz bestimmte Maschinenarten ausgerichtet.

Diese Betriebsstruktur hat sich auf den nationalen und internationalen Märkten als sehr wettbewerbsfähig erwiesen. So hat der deutsche Werkzeugmaschinenbau mit seiner Strategie, ein technisch anspruchsvolles, auf die Anwenderbedürfnisse ausgerichtetes Produkt zu liefern, nachhaltigen Erfolg erreicht. Trotz des damit verbundenen hohen Aufwandes konnten sich die auf den Anwendungsfall abgestimmten Produkte durch ihren technologischen Vorsprung, ihre Qualität und Leistungsfähigkeit am Markt durchsetzen.

Die Werkzeugmaschinenbauer fertigen meist im Kundenauftrag. Eine Grundversion der Maschine wird an die Kundenanforderungen angepaßt. Von der Konstruktionsabteilung, die meist alle Entwicklungsarbeiten selbst durchführt oder koordiniert, gelangt der Auftrag in die Fertigung oder an den Zulieferer. Das meisterliche Können erweist sich, wenn die Bauteile und Baugruppen zur kompletten Maschine montiert werden. Die Organisation dieser Arbeit bedeutet ein kompliziertes Zusammenspiel von Mensch und Technik, müssen doch hohe Ansprüche an Genauigkeit und Kostenoptimierung erfüllt werden.

In einem kleinen bis mittleren Betrieb lassen sich diese vielfältigen Arbeitsprozesse in besonders qualifizierter Weise überblicken. Bis heute haben sich die mittelständischen Werkzeugmaschinenbetriebe hervorragend bewährt. Sie vereinen Flexibilität, Wirtschaftlichkeit und das notwendige Spezialwissen. Die Mitarbeiter sind hochqualifizierte Facharbeiter, Meister und Ingenieure aus unterschiedlichen Fachgebieten mit vieljähriger Berufserfahrung. Interdisziplinarität ist bei der notwendigen Verschmelzung von Maschinenbau, Elektrotechnik, Elektronik, Informatik und Betriebswirtschaft heute eine Selbstverständlichkeit.

Ständige intensive Arbeit an der Erhöhung der Produktivität, der Weiterentwicklung der Fertigungsverfahren und hergestellten Produkte liefert die Voraussetzung für die Spitzenstellung der hergestellten Werkzeugmaschinen.

Der Werkzeugmaschinenbau lebt von der Qualität seiner Produkte, von Spitzentechnologie, von ausgeklügelter Fertigungstechnik, fortschrittlichem Management und zuverlässiger Vertragserfüllung. Damit ist er ein wichtiges Barometer für die Entwicklung der Investitionstätigkeit der gesamten Volkswirtschaft. Eine Erweiterung des Produktionspotentials einer Volkswirtschaft als Voraussetzung qualitativen und quantitativen Wachstums führt an erster Stelle zu Aufträgen an den Werkzeugmaschinenbau, der als Kernbereich des Maschinenbaus die Ursprungsbranche der klassischen Investitionsgüterindustrie verkörpert.

Die Werkzeugmaschinenindustrie spielt eine entscheidende Rolle bei der Durchsetzung und Verbreitung des technischen Fortschritts in der gesamten Industrie. Jede Innovation, jede Verbesserung hat multiplikative Wirkung, da das Innovationsmittel Werkzeugmaschine in großer Breite den Produktionsfortschritt bestimmt. Der Werkzeugmaschinenbau ist daher ein bedeutender Faktor für die technische und wirtschaftliche Leistungsfähigkeit der Unternehmen. Er ist Schrittmacher für Strukturwandel und Fortschritt in unseren Fabriken.

Das fertigungstechnische Know-how des Werkzeugmaschinenbaus wird von allen Industriezweigen genutzt und über viele Produktionsstufen hinweg angewendet. Es trägt an vielen Stellen dazu bei, Produktionsfaktoren wie Arbeit, Kapital, Rohstoffe und Energie wirtschaftlicher und ökologisch nützlich zu verwenden, physische und psychische Belastungen von Arbeitskräften zu reduzieren, Unfallgefahren zu vermindern und umweltschonende Herstellungsprozesse einzurichten.

Die starke und ständig steigende internationale Nachfrage bestätigt dieses Können und zeigt nachdrücklich, daß auch weniger entwickelte Volkswirtschaften an dem hohen Niveau teilhaben wollen, um ihre eigene Wettbewerbsposition zu verbessern.

Seit Beginn unseres Jahrhunderts zählt der Werkzeugmaschinenbau zu den maßgeblichen Industriezweigen Deutschlands. In der Bundesrepublik gehörten ihm 1989 mehr als 380 Unternehmen mit fast 100000 Beschäftigten an. Die vorherrschende Rechtsform ist die GmbH. Differenziert nach Betriebsgrößen besteht der Werkzeugmaschinenbau aus 174 Unternehmen mit 20 bis 100 Mitarbeitern, aus 147 mittleren Unternehmen mit bis zu 500 Mitarbeitern und aus 59 großen Unter-

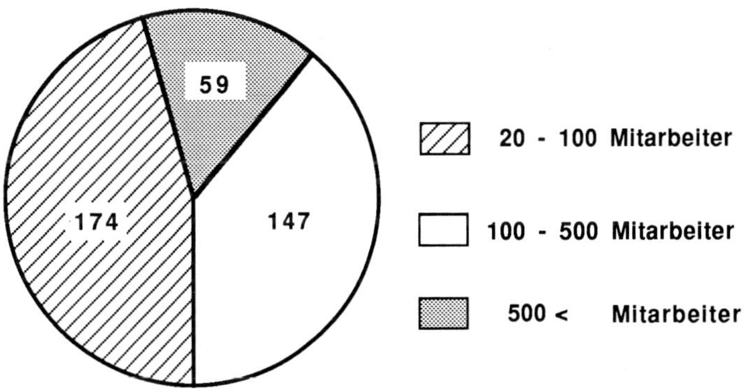

Bild 1.5 Anzahl der Betriebe nach Beschäftigung im deutschen Werkzeugmaschinenbau, VDMA 1989

nehmen mit mehr als 500 Mitarbeitern. Obwohl der Anteil der kleinen und mittleren Betriebe bei 84 Prozent liegt, sind 55 000 Mitarbeiter, also nahezu 60 Prozent, in den größeren Unternehmen tätig. Innerhalb des allgemeinen Maschinenbaus, der rund 5000 Betriebe mit einer Million Beschäftigten umfaßt, kommt dem Werkzeugmaschinenbau damit nicht nur hinsichtlich seiner Funktion, sondern auch durch seinen quantitativen Anteil eine gewichtige Stellung zu [1.19].

Nach dem Ende des zweiten Weltkrieges hat sich besonders Baden-Württemberg, das schon früh einen regionalen Schwerpunkt des deutschen Werkzeugmaschinenbaus bildete, zu einem Zentrum der Branche entwickelt. 40 Prozent aller Mitgliedsfirmen des VDW sind gegenwärtig dort ansässig. Traditionell stark ist der Werkzeugmaschinenbau auch in Nordrhein-Westfalen vertreten, wo 30 Prozent der

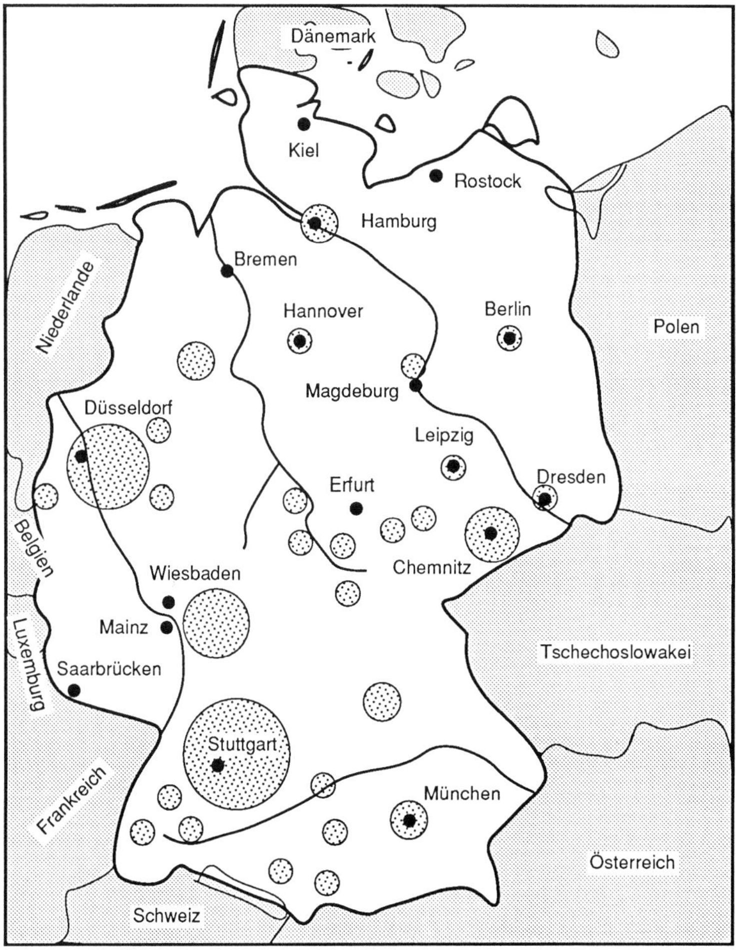

Bild 1.6 Regionale Verteilung des deutschen Werkzeugmaschinenbaus, IPK 1990

Betriebe angesiedelt sind. Die verbleibenden Unternehmen verteilen sich mit unterschiedlicher Häufigkeit vor allem auf Bayern, Hessen und Hamburg. Im Osten Deutschlands konzentriert sich der Werkzeugmaschinenbau auch heute noch sehr stark auf sein historisches Zentrum in Sachsen und hier besonders auf die seit Mitte des 19. Jahrhunderts führende Chemnitzer Region.

Dem überwiegend mittelständisch geprägten Charakter der Branche entspricht eine breit gefächerte Produktpalette. Ihr Schwerpunkt liegt bei den spanenden Werkzeugmaschinen mit programmierbarer Steuerung. Die Produktion numerisch gesteuerter Werkzeugmaschinen hat in den letzten Jahren stark zugenommen. Wurden in der Bundesrepublik 1983 rund 8000 Maschinen mit numerischer Steuerung hergestellt, so waren es 1985 bereits 15000 und 1989 schon über 20000 Maschinen. Hier deutet sich sogar noch weiteres Wachstum an.

Eine Vielzahl bedeutender Produkt- und Prozeßinnovationen der letzten Jahre bestätigt das große technologische Potential des Werkzeugmaschinenbaus. Hierzu zählen Innovationen auf den Gebieten der CNC- und Leitrechnertechnik, der Schleif-, Dreh- und Frästechnik, der flexiblen Fertigungssysteme oder der Entwicklung von Automatisierungskomponenten, um nur einige Schwerpunkte zu nennen, aus denen neue Produkte hervorgingen [1.19].

Mit vergleichbarer Gewichtigkeit veränderten diese neuen Technologien auch die Organisation der eigenen Produktion. So setzen über 90 Prozent der Werkzeugmaschinenhersteller in der Fertigung und Montage CNC-gesteuerte Maschinen und Anlagen ein. Jeder dritte Betrieb verfüge über flexible Fertigungssysteme und

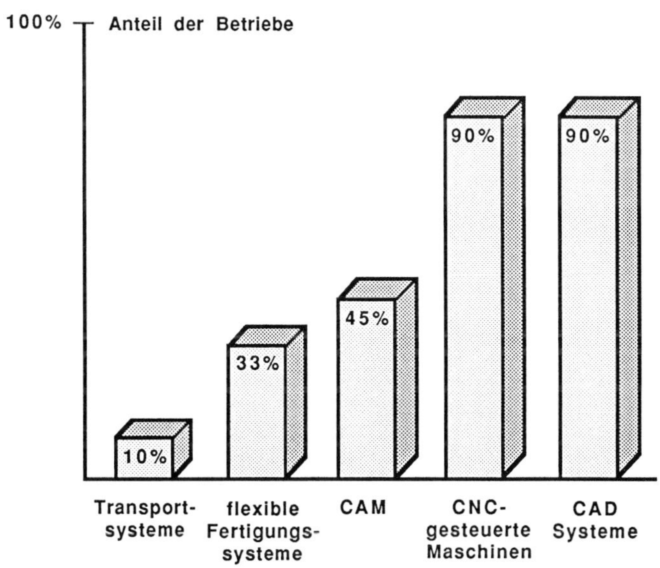

Bild 1.7 Rechnereinsatz in den Mitgliedsfirmen des VDW, IPK 1990

jeder zehnte über rechnerunterstützte Transportsysteme. Mit einem Anteil von fast 90 Prozent der Firmen haben auch CAD-Systeme zur rechnerunterstützten Konstruktion starke Verbreitung gefunden, was sich auch auf die rechnerunterstützte Fertigung auswirkt [1.19].

Die vergangenen 20 Jahre waren von einem nahezu kontinuierlichen Anstieg der nominalen Umsatzwerte in der Werkzeugmaschinenindustrie gekennzeichnet. Lag der Jahresumsatz 1968 bei 3,5 Mrd. DM, so stieg er bis zum Jahre 1980 auf rund 10 Mrd. DM an und erreichte 1989 einen Wert von über 14 Mrd. DM. Auffallend ist die starke Umsatzsteigerung von über 3,5 Mrd. DM in den Jahren von 1984 bis 1986.

Auch auf der Ebene der Einzelunternehmen sind die hohen Jahresumsätze bemerkenswert. Über 35 Prozent aller Mitgliedsfirmen des VDW erzielten 1989 einen Jahresumsatz von mehr als 100 Mio. DM, weitere 28 Prozent kamen auf 50 bis 100 Mio. DM und 27 Prozent konnten einen Umsatz von immerhin 20 bis 50 Mio. DM verbuchen.

An den hohen Jahresumsätzen des deutschen Werkzeugmaschinenbaus haben seine beeindruckenden Exporterlöse einen entscheidenden Anteil. Sie erhöhten sich von 3,2 Mrd. DM im Jahre 1972 auf 6,7 Mrd. DM 1981, um nach zeitweiligem Rückgang zwischen 1982 und 1984 dann bis zum Jahre 1986 auf einen Wert von 7,9 Mrd. DM zu steigen. 1989 erreichte der Exporterlös die Rekordmarke von 9,2 Mrd. DM, das sind rund 60 Prozent des Jahresumsatzes.

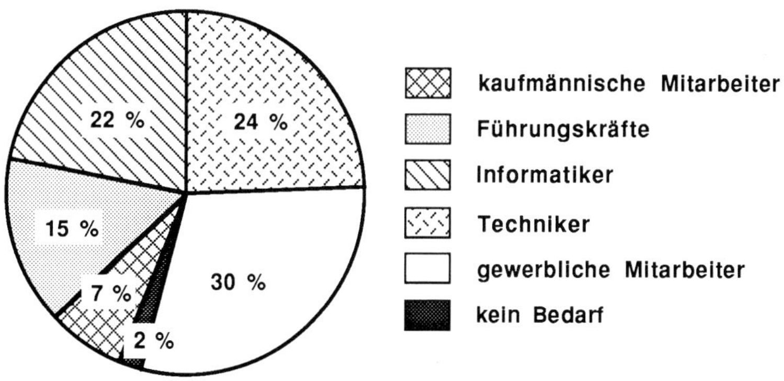

Bild 1.8 Zusätzlicher Personal- und Qualifikationsbedarf in den Mitgliedsfirmen des VDW, IPK 1989

Auch den internationalen Vergleich hat der deutsche Werkzeugmaschinenbau nicht zu scheuen. Hinter dem japanischen Anteil von fast 23 Prozent nimmt er mit einem Weltmarktanteil von 18 Prozent den zweiten Platz ein. Den dritten und vierten Rang belegen die Sowjetunion mit 12 Prozent und Italien mit 7,4 Prozent.

Beim Export von Werkzeugmaschinen führt die Bundesrepublik Deutschland sogar mit rund 24 Prozent des Weltexports vor Japan, dessen Anteil zur Zeit etwa 19 Prozent beträgt.

Das beeindruckende technologische Potential des Werkzeugmaschinenbaus stützt sich auf hohe Aufwendungen für Forschung und Entwicklung. Die Zahlen bestätigen diesen Eindruck. Bei rund 40 Prozent aller Unternehmen beträgt der Anteil ihrer Investitionen im Forschungs- und Entwicklungsbereich mehr als sechs Prozent des Umsatzes, jede zehnte Firma überschreitet sogar einen Wert von acht Prozent. Auch die Zahl der mit Forschungs- und Entwicklungsaufgaben beschäftigten Mitarbeiter nimmt beständig zu. Gegenwärtig erreicht ihr Anteil in führenden Unternehmen fast zehn Prozent der Belegschaft.

Die mittelständische Struktur der Branche förderte angesichts steigender Kosten für eine erfolgreiche betriebliche Forschung und Entwicklung verhältnismäßig frühzeitig die Zusammenarbeit in der Forschung sowohl der Firmen untereinander als auch mit öffentlichen oder kommerziellen Forschungseinrichtungen. So weisen viele Unternehmen Forschungskooperationen mit anderen Firmen auf oder nutzen die Kooperationsangebote externer Forschungsinstitute [1.19].

Sowohl die technikwissenschaftliche Forschung als auch der Transfer ihrer Ergebnisse in die Werkstätten und Fabriken der Maschinen- und Werkzeugmaschinenbauer fanden in Deutschland durch öffentliche und private Initiativen frühzeitig Unterstützung, nicht zuletzt durch die Entwicklung eines breitgefächerten Systems technischer Schul- und Hochschulbildung. Diese Tradition angewandter Produktionswissenschaft in Verbindung mit betrieblicher Forschung und Entwicklung hat wesentlich dazu beigetragen, daß der weltweit gute Ruf des deutschen Werkzeugmaschinenbaus bis heute vor allem auf seiner Innovationsstärke und der Qualität seiner Produkte basiert [1.24].

Die kreative Ingenieurleistung steht im Vordergrund der Aktivitäten. Theoretischer Wissensstand und praktische Erfahrungen, Einfallsreichtum und Umsetzungsvermögen haben dazu beigetragen, daß der deutsche Maschinenbau international gesehen eine Führungsposition innehat. Das Eingehen auf Sonderwünsche der Kunden, die Bereitschaft, ständig neue technische Lösungen zu entwickeln und in attraktive Produkte umzusetzen, erfordert zuverlässige, verantwortungsbewußte und hochqualifizierte Arbeitnehmer.

Von Anfang an zeichnete sich der deutsche Werkzeugmaschinenbau durch eine fundierte berufliche Bildung seiner Beschäftigten aus. Zunächst konnte er sich auf die lange Tradition handwerklicher Schulung in Deutschland stützen. Später trug er durch Mitgestaltung und Anpassung der erstmals in den 30er Jahren formulierten Berufsbilder an sich ständig erneuernde technologische, wirtschaftliche und soziale Anforderungen zu einem Innovationsprozeß bei, von dessen erfolgreichem Verlauf die Weltgeltung deutscher Werkzeugmaschinen auch weiterhin maßgeblich abhängt [1.13].

Heute werden neben den traditionellen Kenntnissen und Fertigkeiten der Metallbearbeitung in immer stärkerem Maße Qualifikationen auf den Gebieten der Elektrotechnik, der Elektronik sowie der Informationstechnik vorausgesetzt. Dieser Wandel von Berufsbildern unterstreicht, insbesondere für ältere Arbeitnehmer, die Bedeutung eines breiten betrieblichen Weiterbildungssystems. In Erkenntnis der neuen Aufgaben hat eine große Zahl von Firmen des Werkzeugmaschinenbaus damit begonnen, ausgehend von der Hersteller- bzw. Kundenschulung spezielle Bildungsabteilungen, Schulungszentren oder sogar Trainingsakademien aufzubauen, die häufig über den Anwenderkreis der Firmenprodukte hinaus auch den Mitarbeitern des eigenen Unternehmens zur Fortbildung offenstehen [1.9].

Untersuchungen bestätigen, daß der Qualifikationsstand der Mitarbeiter des deutschen Werkzeugmaschinenbaus, gemessen an nationalen und internationalen Maßstäben, außerordentlich hoch liegt. Er resultiert aus der positiven Wechselwirkung zwischen dem bewährten dualen Ausbildungssystem und wachsenden Aufwendungen der Unternehmen für die betriebliche Weiterbildung ihrer Mitarbeiter. Auch daraus erklärt sich die Stärke des deutschen Werkzeugmaschinenbaus, die auf dem Zusammenwirken der Leistungskraft seiner Facharbeiter und Meister mit der Kreativität seiner Ingenieure sowie dem Wagemut und Durchsetzungsvermögen seiner Unternehmer beruht [1.10].

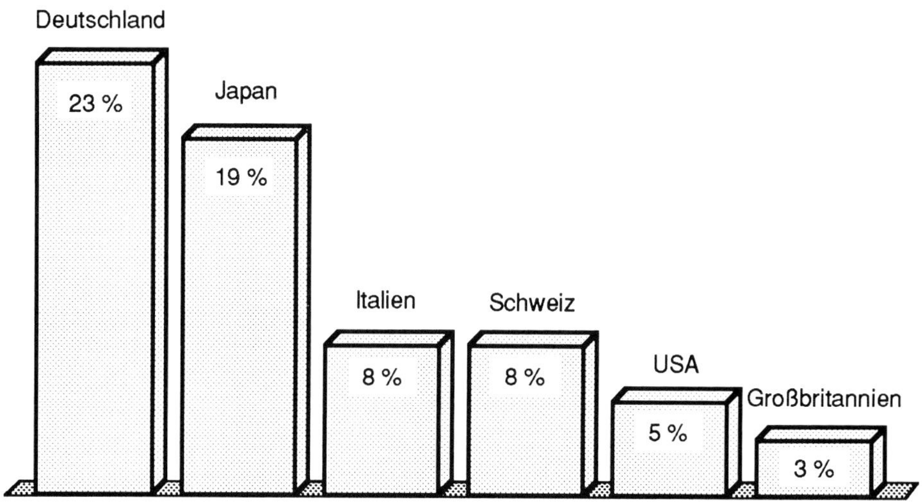

Bild 1.9 Anteile am Werkzeugmaschinenexport führender Industrieländer, VDMA 1989

Der deutsche Werkzeugmaschinenbau ist ein anschauliches Beispiel für die engen internationalen Wechselwirkungen, innerhalb derer sich die Entwicklung dieses Industriezweiges einschließlich seiner Produkte vollzogen hat und auch weiter vollzieht. Der europäische und weltweite Wettbewerb, der die dominierende Seite jener Wechselwirkungen bestimmt, korrespondierte stets auch mit verschiedenen Formen grenzüberschreitender Kooperationen, abgesehen von den im einzelnen kaum überschaubaren Einflüssen auf die Innovation von Produkten und ihrer Herstellungsverfahren, die entweder direkt durch Personen oder auf dem Wege von Veröffentlichungen über alle Landesgrenzen hinweg wirksam wurden.

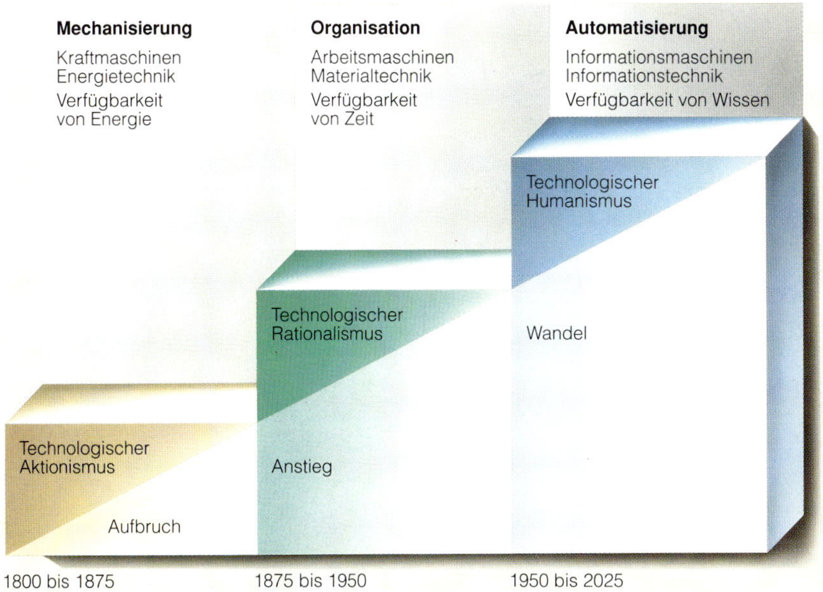

Bild 1.10 Entwicklungsphasen der Technik von der Mechanisierung bis zur Automatisierung, schematische Darstellung

Gegenwärtig ist es besonders das Streben nach einem gemeinsamen europäischen Binnenmarkt, das auch für den deutschen Werkzeugmaschinenbau eine neue Etappe internationaler Ausrichtung einleitet. In einem solchen Markt werden stärker als bisher Preisvorteile wettbewerbsentscheidend sein. Die Eigendynamik des Binnenmarktes erfordert daher eine Verringerung der Ausgangskosten. Dazu dienen neben entsprechenden Produktentwicklungen vor allem Prozeßinnovationen sowie neuartige Methoden des Managements.

Die Formulierung von Unternehmensstrategien für den europäischen Binnenmarkt muß künftig auf Maßnahmen zur Flexibilisierung und Qualitätssteigerung abzielen. Zugleich geht es um die Erschließung neuer Absatzmärkte und um die Gewinnung hochqualifizierter, international ausgerichteter Führungskräfte. Schließlich stehen die Unternehmen vor der Aufgabe, neue Modelle EG-weiter

Kooperation zu entwickeln, an denen Klein- und Mittelbetriebe teilnehmen können und die zur Erhöhung der Anpassungsfähigkeit an überregionale Markterfordernisse beitragen [1.23].

Der Blick auf den europäischen Binnenmarkt darf jedoch nicht von der internationalen Konstellation ablenken, die den deutschen Werkzeugmaschinenbau gemeinsam mit den Branchen in West- und zunehmend auch in Osteuropa unter die von der Leistungsfähigkeit Japans, aber auch Amerikas ausgehenden globalen Wettbewerbsbedingungen stellt. Doch auch hier zeichnet sich über den ökonomischen Wettbewerb im engeren Sinne hinaus eine weltweite Arbeitsteilung ab, bei der es für den deutschen Werkzeugmaschinenbau aus Gründen seiner Zukunftssicherung um die Behauptung eines eigenständigen, aus seiner Tradition erwachsenden technologischen Beitrags gehen wird [1.10].

1.4 Maschinen verändern die Arbeitskultur

Die Darstellung der Werkzeugmaschinen in ihrer Geschichte, die uns in den folgenden Kapiteln beschäftigen soll, umfaßt mehr als nur die Geschichte der Werkzeugmaschinen. Deren Entwicklung ist zugleich Ergebnis und Voraussetzung eines allgemeinen Kulturfortschritts.

Die Technik hat es dem Menschen ermöglicht, zunehmend wirksamere Arbeitsmittel zu schaffen, aus denen sich eine künstliche, die Natur überlagernde Kulturwelt entwickelte. Sie stellt ganz neue Anforderungen an das Denken und Verhalten der Menschen. Dazu gehört die Befähigung, vernünftig und verantwortungsbewußt die Wechselwirkung zwischen Natur, Kultur und Technik zu reflektieren, sich sachkundig zu entscheiden und zielstrebig zu handeln.

Kultur schließt in diesem Zusammenhang den für die Geschichte der Menschen bis auf den heutigen Tag zentralen Bereich der Arbeit notwendig mit ein. Die zweckbewußte und arbeitsteilige Produktion von Gütern und Dienstleistungen zur Befriedigung menschlicher Bedürfnisse bildet nicht nur die Grundlage all jener Betätigungen auf wissenschaftlichem, künstlerischem oder sozialem Gebiet, die noch immer als Inbegriff von Kultur gelten. Arbeit stellt zugleich ein wesentliches Bezugssystem dar, von dem auch die in den übrigen kulturellen Bereichen wirksamen menschlichen Fähigkeiten geprägt werden.

Mit der Arbeit werden auch die Arbeitsmittel, vor allem die Werkzeuge zu Kulturgütern. Denn ihnen kommt eine wesentliche Funktion im Prozeß geschichtlicher Humanisierung und Befreiung des Menschen aus unmittelbarer Naturabhängigkeit hin zu kultureller Selbstbestimmung zu.

Die Bedeutung der Werkzeuge für die kulturelle Entwicklung des Menschen zeigen in aller Eindringlichkeit die Worte des englischen Historikers Thomas Carlyle: Der Mensch ist ein Werkzeuge benutzendes Wesen. Er vermag Werkzeuge zu gebrauchen und zu fertigen; mit ihnen verwandelt er den granitenen Fels in Staub und formt glühendes Eisen wie weiches Wachs. Nirgends findet man ihn ohne Werkzeuge; ohne Werkzeuge ist er ein Nichts, mit Werkzeugen vermag er alles [1.7].

Geschichtswissenschaft und Anthropologie können überzeugende Belege für die Annahme ins Feld führen, daß der Übergang vom Tier zum Menschen durch Werkzeugverwendung und Werkzeugherstellung markiert ist. Franklins inzwischen klassisch zu nennende Definition des Menschen als „tool making animal" begründete eine Periodisierung der Menschheitsgeschichte nach ihrer Produktion sowie den Fortschritten ihrer Produktionsmittel. Auch die Unterscheidung neuerer Geschichtsetappen vom Mittelalter bis zur Industriegesellschaft kann nach Kriterien erfolgen, denen jeweils bestimmte Entwicklungsschritte der Produktionstechnik zugrunde liegen [1.18].

Welche Hoffnungen mit dem technischen Fortschritt vielfach verbunden wurden, verdeutlichen die folgenden Äußerungen Henry Fords II.: „Seit der Geburt meines Großvaters vor etwa einem Jahrhundert haben Maschinen das tägliche Leben umgewandelt. Wir haben, wie er selbst sagte, die Schwerarbeit von den Schultern des Menschen genommen und sie dem breiten Rücken der Maschine aufgebürdet. Aber Maschinen bedeuten uns viel mehr als nur die Erleichterung unserer täglichen Mühen. Das wirklich Bedeutende an der Maschine ist nicht, daß ein Mann eine Arbeit in der Hälfte der Zeit schaffen kann, sondern daß der Mann damit auch doppelt soviel in der gleichen Zeit herstellen kann.

Schon zu seiner Zeit waren Leute besorgt darüber, daß Maschinen mehr an uns als für uns täten. Aber mein Großvater machte sich keine Sorgen über die Möglichkeit einer Übertechnisierung. Die Maschine hat wirkliche Gleichheit zwischen den Menschen geschaffen, sagte er. Die Kritiker der Maschine sind überholt. Anstatt weniger wird es mehr Maschinen geben. Die Zeit hat seine Voraussagen bestätigt. Wir haben mehr Maschinen, und sie haben unser materielles Leben fortwährend verbessert und uns mehr Freizeit gegeben, in der wir es genießen können." [1.20]

Auch in unserer industriellen Phase der Arbeit herrscht zwischen Technik, Wirtschaft und Kultur eine intensive Wechselwirkung, wobei die kulturelle Funktion der Maschinentechnik in zwei Richtungen weist. Zum einen hat sich die Arbeitsproduktivität mit einer für die gesamte Menschheitsgeschichte bisher einmaligen Geschwindigkeit erhöht. Die Folge war eine derartige Mehrung des Reichtums, daß Jahrtausende alte Träume der Menschen von einem Leben ohne materielle Not zumindest für die industrialisierten Länder erstmals Wirklichkeit werden konnten. Diese Entwicklung war mit der Entstehung neuer Gefahren verbunden, die wir heute deutlicher sehen als früher. Doch nicht zuletzt im Interesse ihrer Bewältigung sind zu einer verantwortungsbewußten Nutzung der technisch-industriellen Potentiale keine vernünftigen Alternativen erkennbar [1.17].

Die andere Richtung, in der Maschinentechnik kulturell wirksam wurde, betrifft die Entwicklung der Arbeitsqualifikationen. Hier schien es kritischen Beobachtern jahrzehntelang so, als führte der Fabrikbetrieb notwendig zu einer geistigen Verarmung, zur Einseitigkeit und Entwertung menschlicher Arbeit durch Maschinen. Noch vor wenigen Jahrzehnten war von einer Grundtendenz zur Polarisierung der Fabrikarbeit zwischen partieller Qualifikation und mehrheitlicher Dequalifikation die Rede. Doch heute zeigt sich, daß diese Phase nur einen Zwischenschritt auf dem Wege zunehmender Entfaltung menschlicher Fähigkeiten im kreativen Umgang mit der Maschine darstellte [1.11]. Insbesondere die Verbindung von Maschinen- und Rechnertechnik, die aus dem informationstechnischen Wandel unseres Arbeitslebens resultiert, erfordert von nahezu allen Menschen ein Höchstmaß an Wissen und Können.

Eine weitere auf der Maschinentechnik beruhende kulturelle Leistung bedeutete die globale Ausbreitung des wirtschaftlichen und technologischen Fortschritts durch Schaffung eines noch immer wachsenden Weltmarkts. Wenn heute Perspektiven für eine gemeinsame Weltkultur erkennbar werden, so ist auch das ein Ergebnis des über 200 Jahre währenden industriellen Wirtschaftssystems. Obwohl sich auch diese Entwicklung äußerst widersprüchlich vollzogen hat und, wie die Situation vieler Entwicklungs- und Schwellenländer zeigt, noch längst nicht abgeschlossen ist, kann es doch nur um seine Vollendung gehen [1.15]. Alle Versuche zur Rückkehr in die regionale oder nationale Isolation, das haben geschichtliche Erfahrungen wiederholt bestätigt, müssen letztlich scheitern.

Die gegenwärtige Etappe der Industriegesellschaft wird von vielen Experten als Übergang in eine neue, informationstechnisch geprägte Produktionsweise beschrieben. Bestand das Wesen der industriellen Revolution darin, die traditionelle Handwerkzeugtechnik durch eine Maschinentechnik zu ersetzen, welche die Werkzeug- und Werkstückführung vom Menschen auf ein technisches System übertrug, so wäre heute folgerichtig von einer Überlagerung der industriellen Maschinentechnik durch eine Informationstechnik auszugehen [1.16]. Diese vermittelt kognitive Steuerungsfunktionen des Menschen mit Hilfe des Rechners. Damit treibt sie den geschichtlichen Technisierungsprozeß soweit voran, daß der Mensch zwar weiterhin die Zwecke seines Handelns bestimmt, deren Realisierung aber, angefangen bei der unmittelbaren Einwirkung des Werkzeugs auf den Arbeitsgegenstand über die mechanische Führung bis hin zur Produktionsplanung und Werkstattsteuerung, mehr und mehr technischen Systemen überträgt.

Produktionsautomatisierung, rechnertechnische Integration der Unternehmensfunktionen, Dezentralisierung der Fabrikstrukturen bei gleichzeitiger Zentralisierung in neuen, flexiblen Organisationsformen mit größerer Anpassungsleistung an Markt- und Produktionserfordernisse, wachsende Innovationsgeschwindigkeit und vor allem höhere fachliche und soziale Qualifikationen der Mitarbeiter kennzeichnen eine industrielle Produktion, deren Zukunft überall dort bereits begonnen

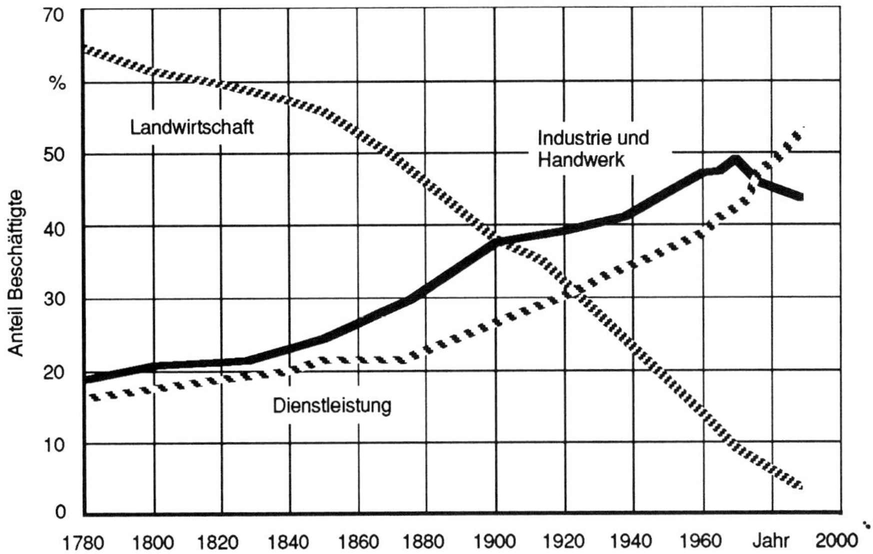

Bild 1.11 Entwicklung der Beschäftigungszahlen in Deutschland

hat, wo Produkte humaner, wirtschaftlicher, ökologisch verträglich und qualitativ hochwertig hergestellt werden [1.21].

Vermutlich wird die Beschäftigung im industriellen Sektor auch zukünftig prozentual rückläufig sein, ähnlich wie das seit dem 19. Jahrhundert in der Landwirtschaft der Fall war. Dabei werden mehr noch als bisher industrielle Funktionen auf den Bereich produktionsnaher Dienstleistungen übergeben. Doch wie früher die Landwirtschaft, so gewinnt heute die Industrie auf der Basis dynamischer Produktivitätssteigerungen ungeachtet ihres geringeren Beschäftigungsanteils weiterhin an gesellschaftlicher Bedeutung. Das gilt ebenso für die sich gegenwärtig abzeichnenden Elemente einer neuen, ganzheitlichen Unternehmenskultur. Mit ihrer auf Kreativität, Wissen und Persönlichkeitsentfaltung beruhenden Wechselwirkung zwischen Mensch und Technik in der Fabrik repräsentiert sie bestimmende Tendenzen der Kultur unserer Zeit [1.22].

Werkzeugmaschinen, Industrie und Kulturentwicklung begründen nicht nur eine Wechselwirkung, die sich der historischen Analyse erschließt. Die Auseinandersetzung mit den geschichtlichen Voraussetzungen und Folgen der Maschinentechnik erfährt heute ein gesteigertes öffentliches Interesse. Das hängt zum einen mit der großen Geschwindigkeit technologischer Innovationen zusammen, die für viele Menschen zu einem verstärkten Bedürfnis nach historischer Orientierung geführt hat [1.5].

Zum anderen resultiert das Interesse an der Wechselwirkung zwischen Technik und Kultur aus dem hohen Technisierungsgrad, der heute in der Arbeitswelt ebenso anzutreffen ist wie im Freizeitbereich. Die Zahl der Menschen, die persönlich an der modernen Maschinen- und Informationstechnik teilhaben, nimmt weiterhin stark zu. Daraus folgt ein Bildungsbedarf, der insbesondere dort, wo fachliche Kompetenz Einsicht in übergreifende Zusammenhänge verlangt, auch ein geschichtliches Technikinteresse hervorruft [1.6].

Die Betrachtung des kulturellen Zusammenhangs zwischen Werkzeugmaschinen und Industriegesellschaft fördert über ihren Erkenntnisgewinn hinaus das Selbstverständnis der Menschen, deren Arbeit durch die Werkzeugmaschine bestimmt wird. Das bedeutet nicht zuletzt, einen noch immer von vielen empfundenen scheinbaren Gegensatz zwischen Technik und Kultur abzubauen [1.3].

Eine Kulturgeschichte der Werkzeugmaschine leistet schließlich Aufklärung, indem sie der Einseitigkeit oder dem Zeitgeist verhaftete Vorurteile durch Aufarbeitung der historischen Bedingungen unserer Gegenwart überwinden hilft. Technik- und Industriekritik sind keine Erscheinungen, die nur unsere Zeit charakterisieren. Vielfach waren und sind die darin geäußerten Bedenken im Sinne von Reaktionen auf jeweils aktuelle Entwicklungsprobleme der Industrie durchaus verständlich. Doch mehr noch als in der Vergangenheit bedarf die Bewertung des technischen Fortschritts heute hinreichender Kenntnisse. Ohne sie kommt es weder zu einem begründeten Problembewußtsein noch zur Erarbeitung vernünftiger Lösungen. Die Beschäftigung mit der Geschichte des Werkzeugmaschinenbaus kann solche Einsichten in die Voraussetzungen und Möglichkeiten unserer technischen Kultur fördern.

2 Vom Werkzeug zur Werkzeugmaschine

2.1 Am Anfang war das Werkzeug

Menschliche Kultur ist seit ihren Anfängen mit der Entwicklung einer Werktechnik zur Gütererzeugung verbunden, in der den Werkzeugen eine herausragende Bedeutung zukommt. Diese sind notwendige Hilfsmittel zur Erhaltung und Gestaltung des täglichen Lebens. Mit ihnen eignet sich der Mensch die äußere Natur an, indem er seine eigene Natur, seine körperlichen und geistigen Kräfte, über deren Grenzen hinaus erweitert. Werkzeuge ermöglichen ihm die Entwicklung spezieller Formgebungsverfahren, durch die er Gebrauchsgüter aus einem Rohzustand in einen Fertigzustand umgestaltet.

Anwendung und Herstellung von Werkzeugen bezeugen eine den Menschen vor anderen Lebewesen auszeichnende Kreativität. Sie gründet in seinen individuellen Fähigkeiten ebenso wie in den geschichtlichen Resultaten seines sozialen Zusammenlebens. Diese schöpferische Kraft erlaubt ihm, die erfahrenen Eigenschaften der gegenständlichen Welt zunehmend wirksamer in eine ihm zugehörige Hilfswelt, in seine technische Kultur umzugestalten.

Technik in ihrer Gesamtheit läßt sich als eine Reform deuten, die der Mensch der Natur zur Befriedigung seiner Bedürfnisse auferlegt. Dieses Bestreben ist ein grundlegendes Kennzeichen des Menschen. Es wird sichtbar in der Arbeit mit Werkzeugen, deren früheste Formen entwicklungsgeschichtlich weit in die Entstehungszeit menschlichen Lebens zurückreichen.

Der zufällige, selbst der regelmäßige Gebrauch natürlicher Gegenstände als Werkzeuge findet sich auch bei einigen Tierarten. Doch die zweckgerichtete Herstellung und Vervollkommnung von Werkzeugen sowie die Entwicklung ihnen entsprechender Bearbeitungsverfahren traten erst mit dem Menschen auf. Ihr Einsatz wurde mehr und mehr zu einer Überlebensbedingung und damit zum Hebel der Menschwerdung, der Anthropogenese. Die Fortschritte des werdenden Menschen auf dem langen Weg zum Homo sapiens lassen sich daher auch am jeweils erreichten Niveau seiner Werktechnik ablesen. Allerdings handelt es sich nicht unbedingt um eine hierarchische Abfolge, sondern verschiedene Techniken bestanden über Jahrtausende nebeneinander und teilweise unabhängig voneinander.

Die ältesten Zeugnisse bearbeiteter Naturgegenstände, die nachweislich Werkzeugfunktionen erfüllten, datieren aus der Zeit vor etwa zwei Millionen Jahren. Es handelt sich um einfache, aus Geröllen gefertigte und hinsichtlich ihrer Formen wenig differenzierte Steinwerkzeuge, die sich zum Schneiden, Stechen, Schaben,

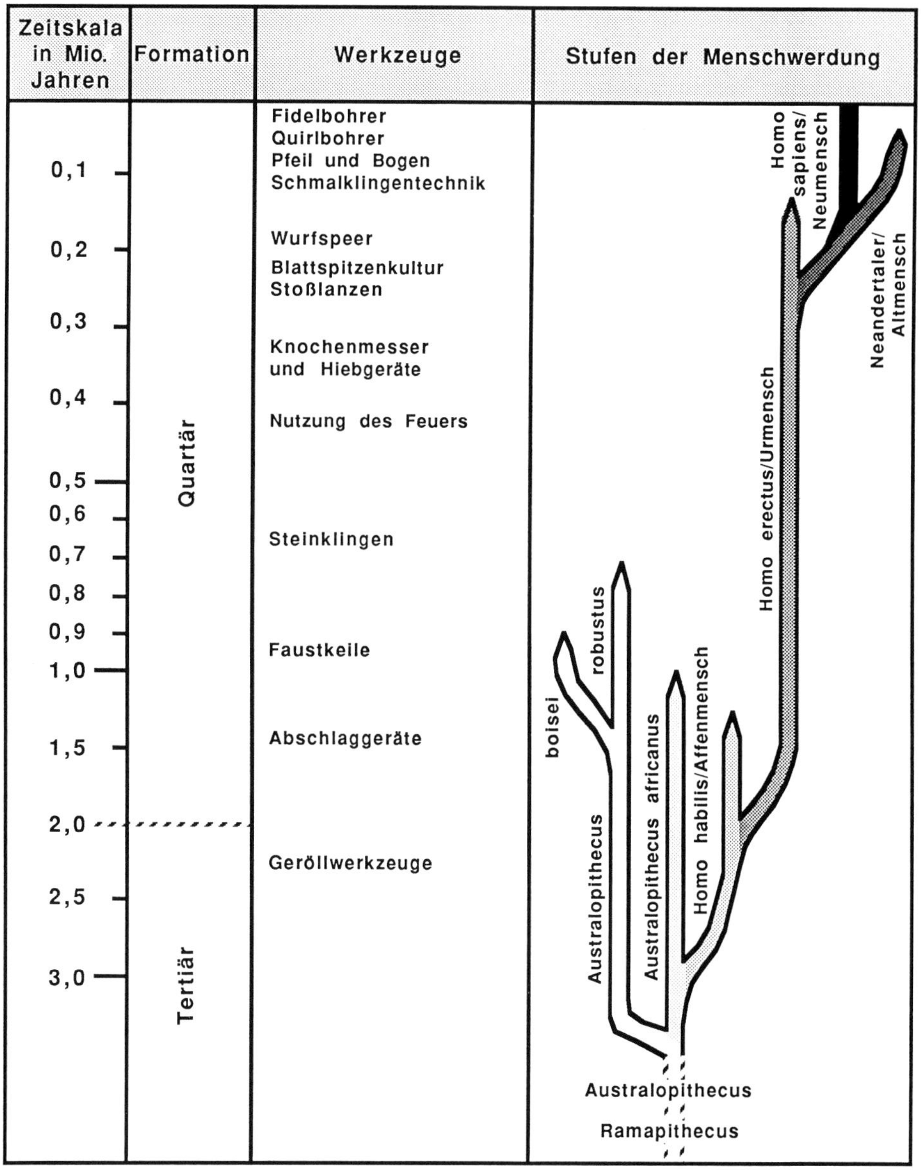

Bild 2.1 Stufen der Menschwerdung, nach Grünert

Kratzen und Schlagen eigneten. Hervorgebracht wurden sie vom Homo habilis, auch Affenmensch genannt. Er ging dem ersten zur Gattung Mensch zählenden Lebewesen, dem Homo erectus oder Urmenschen, unmittelbar voraus. Nach den Fundorten konzentrierte sich sein Lebensraum auf die heutigen Regionen Tansanias, Kenias und Äthiopiens [2.36].

Die kreative Leistungsfähigkeit des Homo habilis übertraf bereits deutlich die der bekannten Tierarten. Die Verarbeitung von Geröllwerkzeugen forderte zunächst Erfahrungen im Umgang mit dem zu formenden Stoff. Früh erkennbare Materialeigenschaften waren: Härte, Sprödigkeit, Festigkeit, Löslichkeit, Verformbarkeit, Trennbarkeit oder später, nach der Entdeckung des Feuers, Schmelzbarkeit. Solche im Gedächtnis akkumulierte Stofferfahrung mußte sich mit Vorstellungen von der Form und den Funktionen des zu fertigenden Werkzeugs verbinden. Schließlich bedurfte der Herstellungsprozeß ebenso wie die spätere Anwendung des Werkzeugs einer intellektuellen Steuerung und Kontrolle. Der Homo habilis war sogar in der Lage, diese technischen Kenntnisse und Fertigkeiten individuell zu tradieren und dadurch seine Lebensgestaltung zu verbessern.

Der Homo erectus bezeichnet anthropogenetisch die erste Entwicklungsstufe der sich nun über einen Zeitraum von rund einer Million Jahren konstituierenden Gattung Mensch. Die frühesten Funde von Vertretern des Urmenschen haben ein Alter von etwa einer Million Jahren und stammen aus Süd- und Ostafrika. In den folgenden 700 000 Jahren hat er sich über das Mittelmeergebiet nach Europa und weiter bis nach Ostasien ausgebreitet [2.16]. Im Unterschied zu seinen Vorläufern gelang dem Urmenschen damit die Inbesitznahme von Teilen der gemäßigten Klimazone. Das gilt als Hinweis darauf, daß die Formen seiner Naturaneignung ein wesentlich höheres, eben menschliches Niveau angenommen hatten. Auch an seinen Werkzeugen wird dieser Fortschritt deutlich.

Zu den ältesten Werkzeugen des Homo erectus gehörten sog. Abschlaggeräte, die zumeist aus Feuerstein bestanden. Sie wurden anfangs durch Aufschlagen des Rohlings auf eine steinerne Unterlage abgespalten und in späterer Zeit sogar durch Retuschieren einer oder mehrerer Kanten weiterbearbeitet. Auf diese Weise entstanden spezialisierte Werkzeuge zum Schlagen, Stechen, Bohren, Schaben,

Bild 2.2 Abschlagwerkzeuge

Schneiden und Sägen. Diese frühe Abschlagtechnik wird nach ihrem ersten Fundort Clacton-on-Sea in England Clactonien genannt [2.36].

Das wohl bekannteste Werkzeug des Urmenschen war der über Jahrhunderttausende anzutreffende Faustkeil. Er wurde durch beidseitige Bearbeitung aus einem Steinkern gefertigt, wobei die scharfen Seitenkanten zumeist konvergierten. Mit seiner Spitze und den scharfen Arbeitskanten stellte der Faustkeil das erste nach festen Formvorstellungen hergestellte Universalwerkzeug dar. So wie aus den Abschlagrohlingen auf einer späteren Entwicklungsstufe Lanzenspitzen, Messerklingen, Stichel oder Bohrwerkzeuge wurden, repräsentiert der Faustkeil die Urform für Schlagwerkzeuge, wie Hammer, Keil, Meißel und Beil, aber auch für Schneidwerkzeuge, wie Messer, Säge, Bohrer oder Drehmeißel.

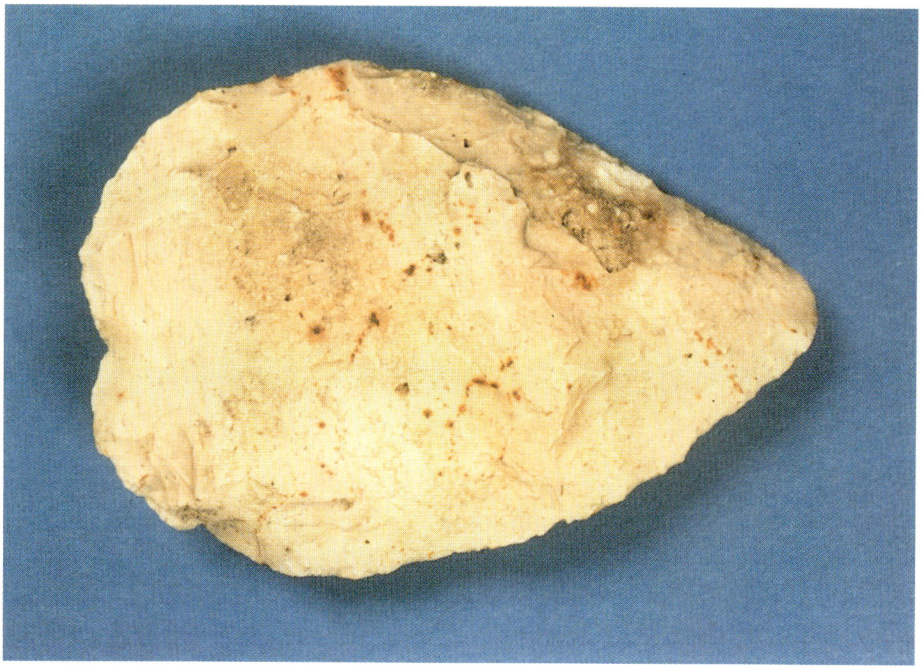

Bild 2.3 Altsteinzeitlicher Faustkeil aus Spanien

Nach der Art des Rohmaterials werden die Werkzeuge des Homo erectus archäologisch der Steinzeit, und zwar der Altsteinzeit, zugerechnet, obwohl darunter auch Holzgeräte und für die jüngste Phase vor 300 000 bis 400 000 Jahren sogar gefertigte Knochenmesser sowie Hiebgeräte aus Hirschgeweih identifiziert wurden. In dieser Zeit gelang es dem Urmenschen erstmals, sich eine außermenschliche Energiequelle, das Feuer, dienstbar zu machen. Er nahm es wahrscheinlich bei natürlichem Vorkommen auf und unterhielt es, erzeugte es jedoch noch nicht selbst. Die Beherrschung des Feuers erlangte für die weitere technische und kulturelle Entwicklung des Menschen eine fundamentale Bedeutung [2.48]. Es bot Wärme, Licht und Schutz, verbesserte die Nahrungszubereitung, half bei der Jagd, die neben dem Sammeln pflanzlicher Nahrung zur bestimmenden Arbeitsform wurde, und begründete technische Verfahren. Dazu zählten das Ausbrennen von Holz, das Härten hölzerner Werkzeuge und Geräte, das Steinsprengen durch Feuersetzen sowie in späterer Zeit das Feuerroden, das Tonbrennen und das Metallschmelzen.

Die Werkzeugfunde aus der Zeit des Urmenschen erlauben erste Rückschlüsse auf die Struktur seines Denkens [2.16]. So erfolgte die Herstellung des Faustkeils in mehreren, durch den angestrebten Zweck definierten Arbeitsschritten. Diese setzten ein operationalisiertes Zweckbewußtsein voraus, mit dem ein Arbeitsablauf von der Rohstoffgewinnung über die Auswahl geeigneter Arbeitsmittel bis zur arbeitsmethodischen Gestaltung geplant und ausgeführt werden konnte.

Aus einer evolutionär besonders fortgeschrittenen Linie des Urmenschen entstammt der für die Zeit vor 250 000 Jahren erstmals belegte Altmensch, der nach dem Fundort einer vermutlichen Sonderform bei Düsseldorf den Namen Neandertaler erhielt. Bis zur Durchsetzung des heutigen Menschen vor etwa 40 000 Jahren bildete der Altmensch für 200 000 Jahre die dominierende Menschenart. Geographisch war er auf Europa, Asien und Afrika verteilt [2.33].

In der Werkzeugherstellung gelangte nunmehr die Abschlagtechnik zu voller Blüte. Rohlinge wurden durch eine spezielle Schlagtechnik so präpariert, daß mehrere nach Form und Größe zielgenaue Abschläge gewonnen werden konnten. Auch das Retuschieren der Kanten machte Fortschritte zu relativ formähnlichen Geräten. Für die dichter besiedelten Räume Europas, Vorderasiens und Nordafrikas lassen sich jeweils spezielle Typen von Klingen sowie mit Steinspitzen bewährte Werkzeuge nachweisen. Die Fertigung von Faustkeilen wurde ebenfalls durch Bearbeitung der Flächen optimiert. Das führte zumindest im europäischen Raum zu blattartigen, fein gestalteten Werkzeugen, den sog. Blattspitzen, die eine erheblich höhere Wirkung erzielten, zu deren Herstellung jedoch kompliziertere Operationen erforderlich waren [2.16].

Den hohen Stand der Technik des Altmenschen bezeugen auch seine Jagdwaffen. Zu ihnen gehörte zwar weiterhin die einfache Stoßlanze, aber es fanden sich bereits Ebenholzlanzen mit feuergehärteten Spitzen. Darüber hinaus war die Verwendung steinerner oder knöcherner Spitzen verbreitet. Entwicklungsgeschichtlich bedeutungsvoll wurde der Schritt von der Stoßwaffe zum Wurfspeer. Diese ersten Fernwaffen haben die Jagd und die Verteidigung gleichermaßen beeinflußt.

Die Nutzung des Feuers in der Spätphase des Homo erectus trug maßgeblich zur Durchsetzung einer ersten, elementaren menschlichen Kultur bei, die ihn prinzipiell von allen tierischen Lebensformen unterschied. Der Altmensch nahm durch seine Befähigung zur künstlichen Feuererzeugung mit Stein und Zunder

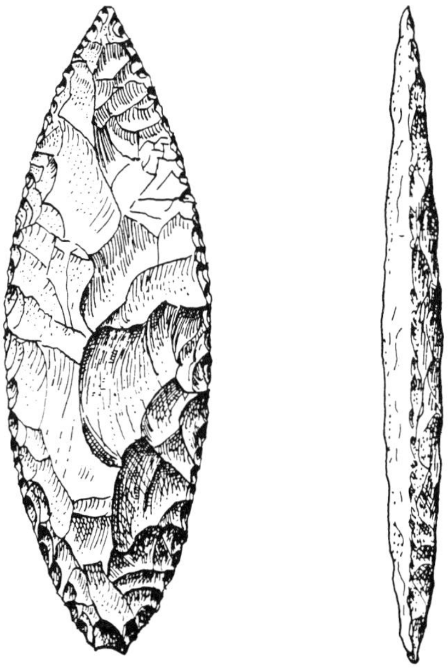

Bild 2.4
Altsteinzeitliche Blattspitze aus Feuerstein

endgültig diese Energiequelle für den Menschen in Besitz. Damit war nach der regelmäßigen und systematischen Werkzeugherstellung eine weitere fundamentale Voraussetzung kultureller Unabhängigkeit geschaffen.

Die Kultur des Altmenschen läßt stärkere Tendenzen zur Ausbildung regionaler Unterschiede erkennen, die durch jeweils eigenständige Traditionen der Werktechnik geprägt waren [2.33]. In Europa herrschte die Blattspitzen-Kultur mit flachretuschierten Werkzeugen und lang ausgezogenen Faustkeilen vor. Zur gleichen Zeit waren in Südeuropa, in Nordafrika und Vorderasien Abschlagwerkzeuge in Form verschiedener Schaber, Spitzen- und Messertypen verbreitet, während in Ost- und Südafrika weiterhin die Kernstein- und Faustkeiltechnik dominierte. Nur die Altmenschen Ost- und Südostasiens hatten diese Differenzierung steinzeitlicher Kultur noch nicht mitvollzogen. Sie verblieben in jener geschichtlichen Epoche weitgehend auf dem Niveau der ansonsten mit dem Urmenschen abgeschlossenen Geröllwerkzeugtechnik.

Die Ablösung des Altmenschen vom Homo sapiens erfolgte in den einzelnen Siedlungsregionen nicht gleichzeitig. Für mehrere Jahrtausende muß sogar ein Nebeneinander beider Menschenarten angenommen werden [2.48]. Auch stammt der Neumensch nicht direkt von einer Spätform des Altmenschen ab, sondern er geht auf einen frühen Zweig des Altmenschen und dessen Unterscheidung vom Homo erectus zurück.

Stammesgeschichtlich repräsentiert der Neumensch bzw. der Homo sapiens die letzte Stufe der Anthropogenese. Mit der Vollendung seines biologischen Entstehungsprozesses vor etwa 40000 Jahren fand die genetische Entwicklung des Menschen ihren seitdem weitgehend stabilen Abschluß. Seine biologische Evolution wurde auf allen wichtigen Gebieten von einer bis heute an Umfang und Geschwindigkeit zunehmenden kulturellen und zivilisatorischen Entwicklung abgelöst. In gleichem Maße wuchs die Bedeutung der Werktechnik, denn die Kultur des Neumenschen basierte mehr denn je auf werkzeugvermittelter Naturaneignung.

Wirtschaftlich herrschten in der ersten kulturgeschichtlichen Entwicklungsphase des ausgereiften Menschen, die bis zum Ende der Eiszeit vor rund 8000 Jahren reichte und als jüngere Altsteinzeit bezeichnet wird, noch immer die Jagd und das Sammeln pflanzlicher Nahrung vor. Erst in der ausgehenden Altsteinzeit beginnt gelegentlicher Ackerbau [2.20]. Das geographische und zugleich technologisch am weitesten fortgeschrittene Zentrum dieser frühen menschlichen Gesellschaft lag vermutlich in Mitteleuropa. Mit der letzten Eiszeit verschob es sich nach Südwesteuropa. Doch existieren Siedlungsspuren auch in Asien und Afrika sowie, ermöglicht durch die eiszeitlichen Landbrücken, in Amerika und Australien. Die gesteigerte Wirtschaftskraft führte zu einem allmählichen Bevölkerungswachstum. Auch die frühesten Spuren bildender Kunst gehen in diese Zeit zurück.

Bei der Steingeräteherstellung führte die besonders in Europa verbreitete Schmalklingentechnik zu differenzierteren und wirksameren Werkzeugen. Durch Verbesserung der schon bekannten Abschlagtechnik wurden systematisch Halbfabrikate in Form schmaler Klingen als Ausgangsprodukt für die Fertigung spezieller Geräte gewonnen. Dieses Verfahren beruhte materialtechnisch auf einem qualitativ hochwertigen Rohstoff, dem großknolligen Feuerstein, der speziell in Süd- und Mitteleuropa vorkam und später sogar unter Tage gefördert wurde [2.33].

Fortschritte in der Bearbeitungstechnik ermöglichten die Herstellung kleinerer Steingeräte bis hin zu oft nur fingernagelgroßen Mikrolithen. Das sehr hohe technologische Niveau der frühmenschlichen Gesellschaft kommt vor allem in ihrem schrittweisen Übergang zur Produktion spezialisierter Werkzeuge zum Ausdruck, deren alleiniger Zweck die Werkzeugherstellung war. Zu diesen Spezialwerkzeugen gehörten geschäftete Stichel, Keile zur Klingengewinnung, Schaber mit konkaven Arbeitskanten zum Glätten der Schäfte von Jagdwaffen, Steinspitzen zum Durchlochen und Gravieren organischer Materialien sowie Holzgeräte zur Oberflächenretuschierung.

Das hauptsächliche Anwendungsfeld dieser Spezialwerkzeuge lag in der Herstellung von Jagdwaffen. Herausragende und neuartige Waffen jener Epoche waren die aus dem Wurfspeer hervorgegangene Speerschleuder, deren Spitze aus Schmalklingen bestand, Schleudersteine und Wurfhölzer, Harpunen, mit Widerhaken versehen, sowie Beile, die jedoch erst bei der späteren Holzbearbeitung allgemeine Verbreitung fanden. Zur Jagd setzte man gezielt Feuer ein, das durch Schlagen oder Reiben erzeugt wurde, legte Fallgruben an und domestizierte den Hund. Die

Bild 2.5 Stielspitzen und Eckstichel des jüngeren Paläolithikums

mit Abstand bedeutendsten Jagd- und Verteidigungswaffen der jüngeren Altsteinzeit stellten Pfeil und Bogen dar [2.48]. Ihre größere Reichweite, Treffsicherheit und Durchschlagskraft ermöglichten neben der gemeinschaftlichen Jagd erstmals die Entstehung individueller Jagdformen, mit denen ein Prozeß innerer Differenzierung der frühmenschlichen Gesellschaft eingeleitet wurde.

2.2 Die neolithische Revolution

Der von dem englischen Archäologen Gordon Childe 1936 geprägte und inzwischen weit verbreitete Begriff der neolithischen Revolution bezeichnet weniger eine politische oder soziale Umwälzung der seit dem Auftreten des Homo sapiens entstandenen Urform menschlicher Gesellschaft. Vielmehr bringt er die tiefgreifende Umgestaltung des Wirtschaftslebens zum Ausdruck, die mit dem Wechsel von der Jagd, dem Fischfang und Sammeln pflanzlicher Nahrung zur Nahrungsmittelproduktion durch Ackerbau und Viehzucht in der Übergangsphase zwischen Alt- und Jungsteinzeit verbunden war [2.9].

Hing das Leben und Überleben des Menschen bis dahin primär von seiner Geschicklichkeit ab, mit der es ihm gelang, sich den für ihn meist zufälligen Veränderungen der äußeren Natur mittels seiner Werkzeuge anzupassen, so ging er nun daran, jene Natur unter Einsatz seiner Werktechnik zweckbewußt nach den eigenen Lebensbedürfnissen umzugestalten. Erst dieser Schritt verwandelte den aus natürlicher Evolution hervorgegangenen Menschen, der seine Entwicklung durch Werkzeugherstellung und fortschreitende Naturaneignung selbst vorangetrieben hatte, gegenüber seinem ursprünglichen Naturzusammenhang, dem er auch weiterhin angehörte, in eine wirklich selbständige Naturmacht.

Bedingung für den Übergang zur neuen Wirtschaftsform war ein hoher Entwicklungsstand der Werkzeuge gegen Ende der Altsteinzeit, der zu einer allgemeinen Steigerung der Arbeitsproduktivität geführt hatte. Dieser technische Fortschritt wurde durch die neolithische Revolution wesentlich beschleunigt.

Mit dem Aufschwung von Ackerbau und Viehzucht gingen differenziertere Werkzeuge, leistungsfähige Bearbeitungsverfahren, veränderte Rohstoffe und ausgedehntere Handelsbeziehungen einher [2.20]. Familienverbände wandelten sich zu Wirtschaftsgemeinschaften, die in dörflichen Siedlungen seßhaft wurden. Aus den gerätetechnischen Anforderungen der Landwirtschaft formierten sich eigen-

Bild 2.6 Jungsteinzeitliche Dolche und Sichel aus Feuerstein

ständige handwerkliche Fähigkeiten vermutlich bis hin zu elementarer beruflicher Arbeitsteilung. Wirtschafts- und Verteidigungsaufgaben führten bereits zu ersten gesellschaftlichen Institutionen, die an frühere Ansätze einer Stammesorganisation anschlossen.

Zeitlich erstreckte sich die neolithische Revolution einschließlich der von ihr eingeleiteten Epoche der Jungsteinzeit regional unterschiedlich über eine Phase von vier bis fünf Jahrtausenden [2.48]. Noch immer bildeten Steine, vor allem die großknolligen Feuersteine, die vorherrschende Rohstoffbasis. Hinzu traten Holz, Ton, Gebein sowie Wolle und pflanzliche Faserstoffe. Typisch für das Neolithikum waren abschlagtechnische Bearbeitungsverfahren von Steinwerkstoffen, der Bau fester Häuser, die Töpferei, das Spinnen und Weben sowie die mit entsprechenden landwirtschaftlichen Geräten durchgeführten Arbeiten der Feldbestellung und Tierhaltung.

Bild 2.7 Neolithische Feuersteinbeile

Unter den landwirtschaftlichen Geräten ist das der heutigen Sichel verwandte Erntemesser zu nennen. Der Boden wurde mit Hacke und einer Vorform des Spatens bearbeitet. Der Hakenpflug tritt erst am Ende des Neolithikums beim Übergang zu den frühen Hochkulturen auf. Hacke und Spaten waren ebenfalls zusammengesetzte Geräte, die vom Material her zumeist eine Kombination aus Stein, Horn und Holz darstellten [2.51].

Voraussetzung und Folge der Agrarproduktion war die Entstehung einer Vorratswirtschaft. Ohne die technische Fähigkeit, Vorräte für Zeiten des Nahrungsmangels anzulegen, konnten die Menschen nicht seßhaft werden und Landwirtschaft betreiben. Andererseits boten Ackerbau und Viehzucht erstmals die Möglichkeit, gezielt Überschüsse an Nahrungsmitteln zu erzeugen. Für die Aufbewahrung dieser Vorräte wurde die schon aus der späten Altsteinzeit bekannte Herstellung von Stein- und Tongefäßen weiterentwickelt. Um 6000 v. Chr. kam der geschlossene Brennofen mit gesonderter Brennkammer auf. Damit wurde Keramik, der heute materialtechnisch wieder erhöhte Bedeutung zukommt, zum ältesten, vom Menschen selbst produzierten Werkstoff [2.16].

Im Rahmen der Vorratswirtschaft entstanden neben Silos und Zisternen auch feste, aus getrockneten Lehmziegeln errichtete Gebäude, die bereits im 8. Jahrtausend v. Chr. zu vollständigen, eine Siedlung umschließenden Wehranlagen ausgeweitet wurden. Der Verarbeitung und Zubereitung der Nahrungsmittel dienten u. a. Mahlsteine, steinerne Mörser und Stößel, Schaber und Messer aus Geweih sowie hölzerne Teller, Becher und Löffel.

Das geschichtlich beeindruckend hohe fertigungstechnische Niveau, das die neolithische Revolution zur Folge hatte, wäre ohne einen gleichermaßen hohen Stand der Werktechnik nicht möglich gewesen. Die Zahl spezialisierter Werkzeuge, deren Zweck in der Fertigung anderer Werkzeuge lag, war außerordentlich groß [2.20]. Sie wurden ebenso wie die Steinwaffen geschliffen und geläppt. Bekannt waren nach dem Prinzip der Erntemesser gefertigte Sägen, ebenso Stichel, Meißel und einfache Hobel.

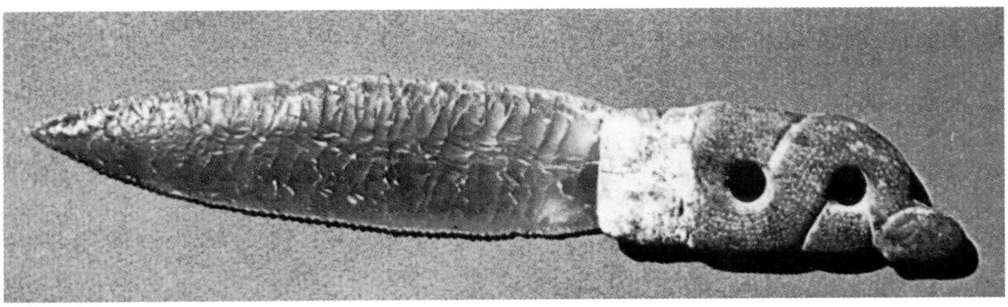

Bild 2.8 Dolch aus syrischem Feuerstein mit geschnitztem Knochengriff, um 6000 v. Chr.

Zur Steinbearbeitung wurde die Abschlagtechnik weiter verfeinert. Für kompliziertere, zusammengesetzte Steingeräte, darunter auch zu deren Schäftung, benutzte man Erdpech als Fügemittel. Die Feinbearbeitung erfolgte mittels speziell behauener Schleif- und Poliersteine, deren Wirkung feinkörnige Sande noch verstärkten [2.16]. Diese Werkzeuge und Bearbeitungsverfahren dürfen als historische Vorläufer der Schleif- und Läpptechnik gelten.

Ihren höchsten Stand erreichte die Herstellung von Werkzeugen möglicherweise mit der Entwicklung von Bohr- und Trenngeräten für die Bearbeitung von Gesteinen. Die älteste Bohrvorrichtung, der Quirlbohrer, ist wohl altsteinzeitlichen Ursprungs. Technisch einem frühen Verfahren zur Feuererzeugung verwandt, entwickelte er sich vor etwa 40 000 Jahren zum ersten Bohrgerät, das die Schäftung von Steinwerkzeugen gestattete [2.13].

Beim Quirlbohrer mußten Spindel und Bohrwerkzeug direkt per Hand geführt und angetrieben werden. Demgegenüber repräsentierte der jungsteinzeitliche Fiedelbohrer, der vermutlich vor 6000 Jahren aufkam, neben der mechanischen Führung des Werkzeugs bereits das Niveau einer höher entwickelten Antriebstechnik. Glaubt man den Rekonstruktionen, so bestand er aus einer Bohrspindel, deren unteres Ende das Bohrwerkzeug umschloß und deren oberes Ende in die Hülse einer Führung reichte. Diese war auf der einen Seite am Bohrgestell befestigt und auf der anderen, freien Seite in der Regel mit einem Gewicht beschwert, das den notwendigen Vorschub erzeugte. Das Werkstück wurde unter der Spindel auf dem Boden fest positioniert. Den Antrieb erhielt die Bohrspindel durch das Hin- und Herziehen des als Jagdwerkzeug weit älteren Bogens, dessen Sehne beim Bohren das Bohrwerkzeug umschlang [2.2]. So wurde die wegen der anatomischen Ausbildung des Unterarmes eingeschränkte und nur mühsam zu erzeugende rotatorische Bewegung durch die Fiedelbogenanwendung in eine bequem auszuführende Translationsbewegung abgeleitet. Allerdings war der Bearbeitungsablauf noch nicht kontinuierlich.

Die neolithische Steinsäge, technisch betrachtet ein Pendeltrennschleifgerät, hat, ähnlich wie der Fiedelbohrer, möglicherweise ein Holzgestell besessen, an dessen

Bild 2.9 Neolithischer Bohrapparat, Rekonstruktion

oberem Ende ein Balken einseitig befestigt war. Das andere, freie Balkenende, drückte nach unten und erzeugte so den notwendigen Vorschub. Mit diesem Balkenende waren gelenkartig Halter und Führung des Trennwerkzeugs verbunden, das aus einem scharfkantig gearbeiteten Feuerstein bestand. Dieser wurde mechanisch vom Vorschubbalken über ein Werkzeugpendel auf das darunterliegende Werkstück gepreßt, so daß durch manuellen Antrieb, d.h. durch Hin- und Herbewegen des Werkzeugpendels, das Werkstück zersägt werden konnte [2.13]. Wegen der mechanisch erfolgenden Relativbewegung zwischen Werkzeug und Werkstück läßt, wie schon der Fiedelbohrer, auch die rekonstruierte neolithische Steinsäge deutliche Züge einer frühen Werkzeugmaschine erkennen.

Bild 2.10 Neolithische Steinsäge um 4000 v.Chr., Rekonstruktion

Die Entwicklung der Werktechnik von ihren Anfängen bis in die Gegenwart hat sich in einer Stufenfolge vollzogen. Zunächst diente das Werkzeug zur Kraft- und Wirkverstärkung und wurde, wie das Werkstück, von Hand geführt bzw. gehalten. Später wurde das Werkstück gespannt und mit Hilfszeugen gehalten. Schließlich kam es zum Bau von Geräten zur Werkzeug- bzw. Werkstückführung sowie für den Antrieb, die den Weg zur heutigen Werkzeugmaschine eröffneten.

Die Werkzeuge und Geräte der Jungsteinzeit dokumentieren nicht nur ein erstaunlich hohes Niveau und einen fortgeschrittenen Differenzierungsgrad. Sie sind, gemessen an den Kulturen der Jäger und Sammler, zugleich Ausdruck einer historisch relativ entwickelten gesellschaftlichen Arbeitsteilung. Feldarbeit, Viehzucht, Jagd, Fischfang, Hauswirtschaft und sogar bestimmte Aufgaben gesellschaftlicher Organisation waren zu eigenständigen Tätigkeitsformen spezieller Gruppen von Gesellschaftsmitgliedern geworden [2.16].

Produktionsmittelentwicklung und Arbeitsteilung förderten ein Anwachsen der Arbeitsproduktivität, die nicht nur eine relativ stabile Nahrungs- und Güterversorgung garantierte, sondern auch zur Grundlage einer allmählich einsetzenden Überschußproduktion wurde. Damit hatten die Fortschritte der Werktechnik den Boden für einen allgemeinen Kulturaufschwung bereitet.

In den Vorstufen der Menschheitsentwicklung können sämtliche von Menschenhand gefertigte oder in ihrer Gestalt von Menschen beeinflußte Gegenstände als potentielle Kunstwerke aufgefaßt werden. Das gilt für Waffen, Werkzeuge, Schmuckstücke, Amulette, Gebäude, Kleidung oder Gräber. Kunst und Technik waren in der Frühzeit eng verwandt.

Die jungsteinzeitliche Gesellschaft des vorderen Orients verkörperte die am weitesten vorangeschrittene Entwicklungslinie der Menschheit dieser Epoche [2.51]. In anderen Teilen der Welt befand sich der Übergang zur Agrarproduktion mit der ihr entsprechenden Werktechnik und geistigen Kultur erst noch am Anfang oder verblieb sogar unterhalb jener Schwelle, die das durch Jagen und Sammeln ökonomisch charakterisierte Paläolithikum von der auf produktiver Naturaneignung beruhenden agrarischen Gesellschaft trennte. Wegen seiner historisch unbestrittenen Bedeutung für den Fortschritt der Werktechnik im besonderen und die Kulturgeschichte der Menschheit im allgemeinen soll sich die Betrachtung der Werkzeug- und Geräteentwicklung auch in der folgenden Epoche auf den orientalischen Raum konzentrieren.

Die Herausbildung der nächsthöheren Stufe kultureller Entwicklung, der frühen orientalischen Hochkulturen, vollzog sich schrittweise bereits im Ausgang des Neolithikums. Technisch wurden diese Schritte durch das Aufkommen der Buntkeramik, die Gewinnung und Verarbeitung von Kupfer und die Entstehung erster Handwerksberufe in der Töpferei sowie dem Metallgewerbe markiert [2.48].

Mit der Buntkeramikherstellung löste sich vermutlich die erste handwerkliche Tätigkeit aus dem traditionellen Hauswerk [2.16]. Die Töpferwerkstätten wurden nun außerhalb des eigentlichen Wohnbereichs errichtet, umgeben von kuppelförmigen Brennöfen. Die Versorgung der äußerst spezialisierten Töpfer, denen auch Farbgebung und Dekoration ihrer Erzeugnisse oblag, mit Nahrungs- und sonstigen Lebensmitteln erfolgte durch die übrigen Dorfbewohner im Austausch gegen Tonwaren. Geschichtlich liegen hier die ersten Zeugnisse einer aufkeimenden Warenproduktion vor, die sich auf dörfliche Arbeitsteilung und Tauschbeziehungen stützte.

Am Ende des sechsten Jahrtausends erschienen erstmals Schmuck und Gebrauchsgegenstände aus gegossenem Kupfer, ohne jedoch den Stein aus seiner beherrschenden Rolle als Werkstoff zu verdrängen. Zunächst wurde Kupfer nur in gediegener Form ähnlich wie der Stein mit Hämmern kalt bearbeitet. Später gelang es, das Metall aus Kupfererz durch ein Röstverfahren auf Holzkohlefeuer auszuschmelzen. Die für den Kupferguß erforderlichen hohen Temperaturen konnten jedoch erst in der Zeit vom ausgehenden sechsten bis fünften vorchristlichen Jahrtausend mit besonderen Schmelzöfen erreicht werden [2.51].

Bild 2.11
Bemalte Handkeramik
um 3000 v. Chr.

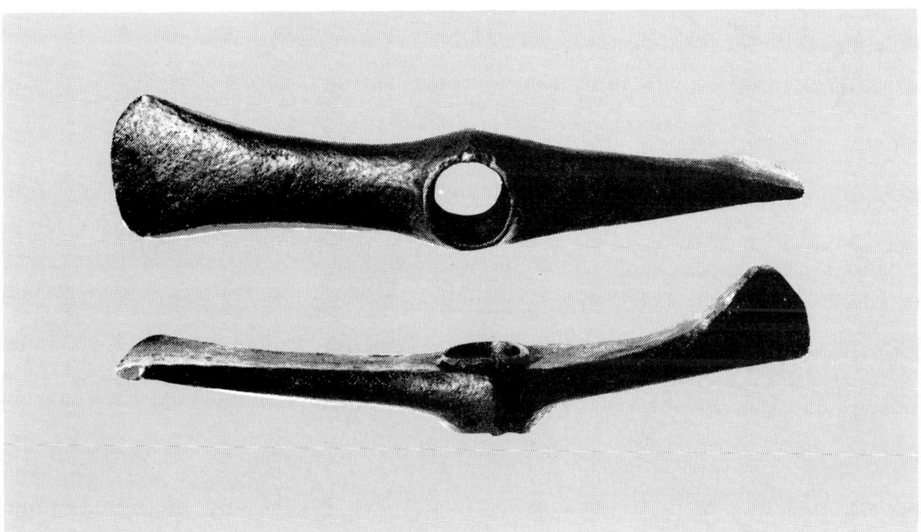

Bild 2.12 Zwei Ansichten einer gegossenen Kupferaxt aus dem 3. Jahrtausend v. Chr.

Ebenso wie bei der Töpferei hatte die Metallgewinnung und -verarbeitung zur Entstehung eines eigenen Handwerks geführt, mit dem sich die dörfliche Arbeitsteilung des späten Neolithikums weiter vertiefte. Der Aufschwung dieser Handwerkszweige in Verbindung mit einer steigenden landwirtschaftlichen Produktivität, zu der seit dem fünften Jahrtausend auch die Erfindung des Hakenpflugs beitrug, förderte die Entstehung stabiler Handelsbeziehungen zwischen den einzelnen Siedlungen. In diesem Zusammenhang ist auch die Erfindung des Rades im vermutlich 5. vorchristlichen Jahrtausend zu erwähnen, das, bevor es verkehrstechnisch von großer Bedeutung wurde, zunächst als Maschinenelement in Form der Töpferscheibe eingesetzt wurde [2.51].

Die Dynamik dieser Entwicklung, die sich regional bald über das Schwarzmeergebiet nach Zentraleuropa und von Ägypten nach Nordafrika, Frankreich und Spanien ausweitete, schuf wesentliche Voraussetzungen für die dann im vierten Jahrtausend einsetzende Umgestaltung der neolithischen Gesellschaft in die Epoche früher Hochkulturen.

2.3 Werktechnik des Alten Orients

Technische, arbeitsorganisatorische und soziale Fortschritte der neolithischen Kulturzentren in den Bergländern Vorderasiens hatten die Bevölkerungszahl sprunghaft anwachsen lassen. Die Suche nach neuem Lebensraum in Verbindung mit klimatischen Veränderungen, die zwischen dem sechsten und dritten vorchristlichen Jahrtausend Teile der ehemals sumpfigen Niederungen Mesopotamiens für eine landwirtschaftliche Nutzung freigaben, führten zur Verlagerung jener Zentren in die südlichen Regionen des Zweistromlandes von Euphrat und Tigris [2.20].

Die Herausbildung der auf dem Bewässerungsanbau beruhenden altorientalischen Kultur blieb nicht auf Mesopotamien beschränkt. Ähnliche Entwicklungen, wenn auch durch unterschiedliche Naturbedingungen modifiziert, vollzogen sich zeitgleich oder wenig später in Ägypten entlang dem unteren Niltal, im Indusgebiet und in China am Gelben Fluß. Wirtschaft und Staat jener frühen Hochkulturen prägten für zwei Jahrtausende die Geschichte der Menschen und ihrer Technik [2.51].

Der Aufschwung landwirtschaftlicher Produktion im Orient beschleunigte das seit dem Neolithikum zu verzeichnende Bevölkerungswachstum. Allein im südlichen Mesopotamien lebten zu Beginn des dritten Jahrtausends v. Chr. nach Schätzungen mehr als eine halbe Million Menschen [2.16]. Die Zunahme der Bevölkerung erforderte eine weitere Steigerung der wirtschaftlichen Leistung, für die sie zugleich die entscheidende Voraussetzung schuf. Denn die Expansion des Bewässerungsanbaus bedurfte einer stetig wachsenden Zahl von Arbeitskräften, die auf den Feldern arbeiteten, die Wasserbewirtschaftung sicherstellten und Viehzucht betrieben.

Auch die Stadt als Existenzbedingung für eine inzwischen hochgradig arbeitsteilige Wirtschaft war auf wachsende Einwohnerzahlen angewiesen. Innerhalb ihrer Mauern hatten sich ursprünglich den Dörfern zugehörige Handwerke konzentriert und weiter spezialisiert. Sie deckten im Austausch mit den von ihnen selbst benötigten Lebensmitteln den gesellschaftlichen Bedarf an Gebrauchsgütern und an Produktionsmitteln. Erst dadurch wurde es den auf dem Lande Tätigen möglich, sich ganz dem Bau und der Instandhaltung des Bewässerungssystems sowie der eigentlichen Landwirtschaft zu widmen.

Entstehung und Wachstum der Städte haben ein spezielles Bauhandwerk hervorgebracht, das die Herstellung und Verarbeitung von Lehmziegeln, Steinen, Bauhölzern und Glasurreliefs umfaßte. Die Baumaterialien, darunter bis zu 1000 t schwere Steinblöcke, mußten fast durchgängig aus entlegenen Gegenden in die Zentren transportiert werden. Dafür standen Schiffe, einfache Wagen, Schlitten, Rollen und Hebebäume zur Verfügung. Gebaut wurde mit Hilfe von Holzgerüsten, Leitern, Körben und Hacken für die Lehmbereitung sowie breiter Maurerkellen [2.36].

Einen wichtigen Handwerkszweig stellte der Schiffbau dar. Die großen Fluß- und Hochseeschiffe waren aus Holz gefertigt, das mit dem Breitbeil bearbeitet wurde. Bohrungen erfolgten mit dem Drillbohrer, geglättet und geschliffen wurde

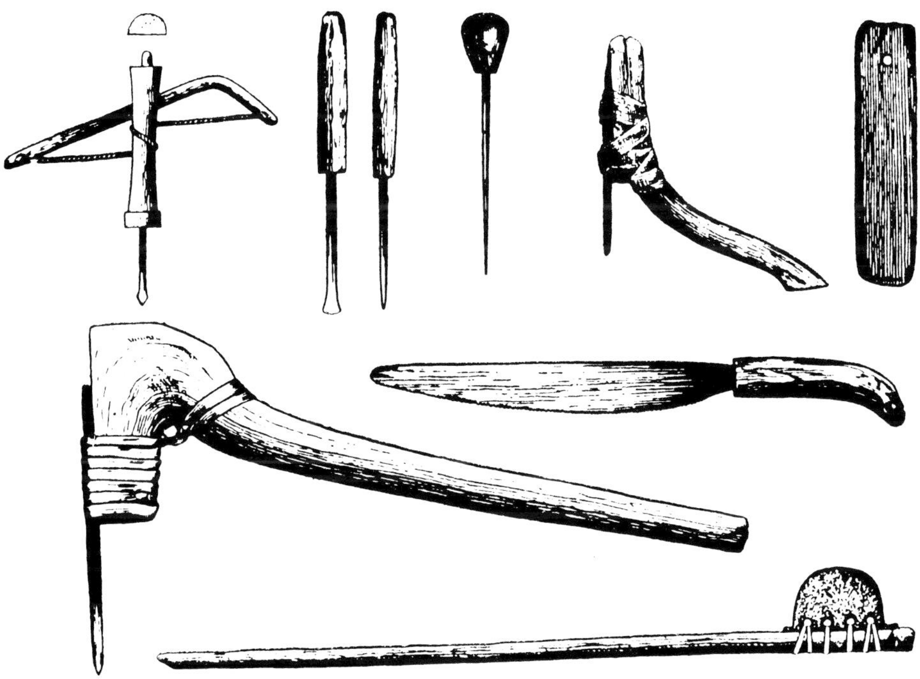

Bild 2.13 Ägyptische Werkzeuge aus Kupfer für die feinere Holzbearbeitung, um 1200 v. Chr.

das Holz mit Raspeln und Sand. Zum Trennen diente eine unserem Fuchsschwanz ähnliche Säge. Der Schiffsrumpf wurde mit dem seit Jahrtausenden bekannten Bitumen abgedichtet. Segel oder Ruder trieben die Schiffe an, auf den Flüssen war auch das Treideln verbreitet [2.48].

Besondere Bedeutung erlangte seit dem dritten Jahrtausend v. Chr. das metallverarbeitende Handwerk. Die Verwendung metallischer Werkstoffe bedeutete einen großen Fortschritt. Die mechanische Metallbearbeitung dient der genauen Formgebung. Ihre Verfahren sind heute verbindlich definiert und umfassen auch alle historischen Entwicklungsstufen: Urformen, Umformen, Trennen, Fügen, Beschichten und Stoffeigenschaftändern.

Die Verarbeitung des Kupfers bereitete lange Zeit große Schwierigkeiten. Der Schmelzpunkt des reinen Kupfers liegt relativ hoch. Erst die Verwendung von Anthrazit und Blasebälgen zur Steigerung der Temperatur in den Schmelzöfen ermöglichte den Übergang zum Kupferguß. Die so gewonnenen Produkte erwiesen sich jedoch als zu weich, um als Werkzeuge oder Waffen breitere Verwendung zu finden. Kupfer konnte durch Hämmern gehärtet werden, jedoch mit der Folge erhöhter Sprödigkeit und Brüchigkeit. So wurde es in gehämmerter und gegossener Form vorwiegend für Schmuckgegenstände und kultische Geräte verwendet.

Zu einer grundlegenden Veränderung kam es durch die Entdeckung der Möglichkeiten und Vorteile von Kupferlegierungen [2.53]. Beimengungen von Arsen, das später durch Zinn abgelöst wurde, setzen den Schmelzpunkt herab und bewirkt eine bessere Schmiedbarkeit. Je nach Höhe des Zinnanteils konnten Härte und Zähigkeit der Legierung variiert werden, bis sich ein Anteil von etwa sechs Prozent Zinn als besonders geeignet für Geräte und Waffen allgemein durchsetzte. Während die Werkzeuge zur Bearbeitung der Metallerzeugnisse zunächst der Steintechnik entlehnt wurden, entwickeln sich das Gießen und Schmieden als eigenständige Verfahren der Warmformgebung.

Das neue Metall, die Bronze, wurde mit Beginn des dritten Jahrtausends in den altorientalischen Kulturen zum wichtigsten Werkstoff für Werkzeuge, Waffen und Handelsartikel. Hinweise auf die Erzeugung und Verarbeitung von Bronze liegen reichhaltig vor. Ihr Umfang läßt den Schluß zu, daß diese Tätigkeiten von spezialisierten Handwerkern ausgeübt wurden. Unter den gefundenen Bronzegegenständen befinden sich vor allem Waffen, wie Keulenköpfe, Speer- und Pfeilspitzen, Streitäxte, Dolche und Kurzschwerter, aber auch Panzer und Helme, sodann Beile, Meißel, Hämmer und verschiedene Gefäße. In der Landwirtschaft wurden bronzene Geräte offenbar seltener eingesetzt [2.54].

In der Metallurgie entstand parallel zur Bronzegewinnung ein besonderer Handwerkszweig, der aus importierten Edelmetallen, insbesondere aus Gold, Repräsentationsprodukte fertigte. Die Hauptquelle des Goldes lag für den Vorderen Orient in Ägypten, dessen Herrscher besonders in Nubien und in den Bergen am Roten Meer goldhaltige Quarze abbauen ließen. Mesopotamien scheint im dritten Jahr-

Bild 2.14
Goldbelegte Griffe ägyptischer Bronzeschwerter 1500–800 v. Chr.

tausend v. Chr. auch Gold aus Indien bezogen zu haben. Aus Gold wurden vor allem Prunkwaffen, Schmuck, Ziergefäße und Kleinplastiken gegossen oder gehämmert [2.51].

Schon bald nach Durchsetzung der Bronze tauchte zu Anfang des dritten Jahrtausends v. Chr. verarbeitetes Eisen auf, und zwar sowohl in Ägypten als auch in Vorderasien. Im zweiten Jahrtausend wurde dann Eisen als Werkstoff immer häufiger. Die frühesten Spuren einer wirtschaftlichen Eisenerzeugung führen nach Armenien, wo bereits größere Eisengeräte produziert wurden. Mit der Eroberung dieses Gebiets durch die Hethiter, die erstmals die ökonomische Bedeutung des Eisens erkannten, begann es, schrittweise die Bronze als wichtigsten Werkstoff der altorientalischen Kultur zu verdrängen [2.31]. Im 14. Jahrhundert v. Chr. wurden in Kleinasien bereits Stahlklingen gefertigt.

Bild 2.15
Goldplättchen aus Rhodos, um 1000 v. Chr.

Unter den Fertigungsverfahren war das Urformen im Zusammenhang mit dem Gießen von Kupfer, Bronze, Gold und Silber bekannt. Zur Erzeugung der erforderlichen Schmelztemperaturen benutzte man Holzkohle in Verbindung mit Asphalt. Die Sauerstoffzufuhr wurde anfangs mit sog. Blaspfeifen erhöht, später mit leistungsfähigeren Gefäßblasebälgen. Zum Einsatz kamen auch Gußtöpfe oder Schmelzpfannen sowie Gußformen. Große Objekte wurden in mehreren Etappen gegossen, da die Kapazität der Gußpfannen begrenzt war. Die schweren Zangen zur Handhabung der Werkstücke standen noch nicht zur Verfügung, statt dessen wurden Klemmen und lange Pinzetten aus Bronze verwendet [2.51].

Unter den Umformtechniken der frühen Hochkulturen ist besonders das Schmieden hervorzuheben. Dem Schmied kam eine fast mythische soziale Funktion zu. Im übrigen nahmen die Metallarbeiter nur einen gesellschaftlich untergeordneten Rang ein, viele von ihnen waren unfrei oder sogar Sklaven. Von außerordentlich hohem Wert waren die Werkstoffe. Nur Priester und Herrscher verfügten darüber, so daß allein in ihrem Auftrag gearbeitet werden konnte. Erst die Eisenverarbeitung schuf hier langfristig einen Wandel [2.48]. Zu den Schmiedewerkzeugen, die meist jungsteinzeitlichen Ursprungs waren, gehörten unterschiedlich geformte und

Bild 2.16
Ägyptische Bronzegießer bei der Arbeit an Schmelzöfen und Blasebälgen, um 1500 v. Chr.

schwere Hämmer für die Grob- und Feinbearbeitung, Amboß, Feilen und später auch Zangen. Bohrungen im Metall sind für die Kultur des Alten Orients nicht belegt.

Die Schmiedekunst hatte ein sehr hohes Niveau erreicht. In Ägypten wurde bereits im dritten Jahrtausend Blattgold bis zu einer Stärke von 0,01 mm ausgehämmert. Auch Kupfer ist bis zur Papierstärke kalt ausgeschmiedet worden [2.51].

Die Techniken des Schneidens, des Verseilens sowie des Treibens und Stempelns gehen ebenfalls auf das dritte vorchristliche Jahrtausend zurück. Beim Treiben wurde Bitumen als Widerlager verwendet, und beim Stempeln war das Lager

Bild 2.17 Stielloser Hammer aus Stein zum umformenden Bearbeiten von Metallen, Ägypten, um 1500 v. Chr.

aus Blei. Zur spangebenden Metallverarbeitung dienten auch Raspeln und Feilen [2.48].

Die bekannte altägyptische Drehbank, bei der das Werkstück zwischen zwei Spitzen gespannt und von einer Person mittels einer Schnur alternierend gedreht wurde, während eine zweite Person das Werkzeug führte, diente vermutlich nicht der Metall-, sondern der Holzbearbeitung. Eine Abbildung dieser Drehbank befindet sich auf einem ägyptischen Grabrelief des Priesters Petosiris aus dem dritten Jahrhundert v. Chr. [2.28].

Bild 2.18 Ägyptischer Drehstuhl, um 300 v. Chr. Relief aus dem Grabe des Petosiris

Mit der Erfindung des Drehstuhls verfügte der spätorientalische Handwerker nun über drei spanende Bearbeitungsverfahren, bei denen die Rotationsbewegung genutzt wurde: das Bohren, Schleifen und Drehen. Sie verbreiteten sich im gesamten Mittelmeerraum sowie in Zentraleuropa.

Die Werkzeuge und Geräte, die in der Epoche früher Hochkulturen zur Güterproduktion zum Einsatz gelangten, waren im Vergleich zur Werkzeugtechnik des Neolithikums nach Differenzierungs- und Wirkungsgrad weit fortgeschritten. Sie geben Aufschluß über den erreichten hohen Stand gesellschaftlicher Arbeitsteilung, wobei ihre gesteigerte Effektivität aus der neuen, metallurgischen Qualität der Materialtechnik resultierte.

Die größte Ähnlichkeit zu ihrem neolithischen Ursprung weisen die in der Landwirtschaft verwendeten Werkzeuge und Geräte auf. Doch auch hier haben sich Hacke, Spaten, Pflug einschließlich der Vorrichtung zum Säen sowie der Dreschschlitten den Bedingungen der Bewässerungswirtschaft angepaßt. Das gilt besonders für die metallbeschlagenen Arbeitsmittel zum Stechen der Kanäle, für Wehranlagen und für Geräte zum Heben des Wassers, wie das Schaduf und später das Wasserrad [2.51].

In der Keramikherstellung haben sich durch genormte Formschalen und Schablonen und vor allem durch die vervollkommnete Töpferscheibe die Verfahren zur Herstellung der benötigten Massenprodukte bis zu handwerklicher Perfektion entfaltet. Das läßt sich auch für die Holzbearbeitung feststellen. Hier ebenso wie für Bohrungen in Stein benutzte man seit dem vierten Jahrtausend vor Chr. den Fiedelbohrer. Darüber hinaus gab es den ägyptischen Steinbohrer, der aus einem Stempel bestand, an dem zwei Steine als Schwungmassen dienten [2.13]. Zum Bohren in Holz wurde der Drillbohrer entwickelt. Die Bohrfläche bzw. Bohrspitze war aus Stein oder Hartholz, als zusätzliches Schleifmittel diente Sand.

Bild 2.19 Ägyptischer Fiedelbohrer, um 2650 v. Chr. aus dem Grabe des Tibei Sakkara

Die altorientalische Stadt vereinigte nicht nur die verschiedensten Handwerke an einem Ort, sie bildete auch erste Marktplätze, auf denen Waren des In- und Auslandes angeboten wurden. Daraus entwickelte sich eine weitere, für die Steigerung der wirtschaftlichen Leistung wichtige Berufsgruppe, die Händler. Alle vier großen Zentren der altorientalischen Kultur, Mesopotamien, Ägypten, Indien und China, waren durch intensive Handelsbeziehungen untereinander verbunden. Das trug zu einer erheblichen Erweiterung des Angebots an landwirtschaftlichen Erzeugnissen, Keramik, Textilien und Baumaterialien bei, führte aber auch zu einer Verbreitung der Werkstoffbasis, der speziellen Fertigungsverfahren sowie der Werkzeuge und Geräte [2.48].

Die frühen Hochkulturen haben mit ihren Werkzeugen und Geräten ein Niveau erreicht, das zur Grundlage für die weitere Entwicklung handwerklicher Produktion bis zu ihrer Ablösung durch die industrielle Produktionstechnik wurde. Obwohl insbesondere in der Metallbearbeitung noch keine Maschinen zum Einsatz kamen, hatte sich doch eine selbständige, spezialisierte Werktechnik herausgebildet. Ihr Fortschritt bestand von nun an bis zur Durchsetzung des Maschinenwesens der Neuzeit in der material- und verfahrenstechnischen Optimierung der tradierten Arbeitsmittel.

2.4 Werkzeuge und Maschinen der Antike

Die altorientalische Bewässerungswirtschaft mit ihrem differenzierten System gesellschaftlicher Arbeitsteilung und die fortgeschrittene Technik der Bronzemetallurgie bildeten die Grundlagen der ersten Hochkultur, die der Mensch hervorgebracht hatte. Mit dem Aufkommen des Eisens verlagerte sich das Zentrum der Kulturentwicklung zu jenen Völkern, die den neuen Werkstoff in ihren Siedlungsgebieten vorfanden und als erste lernten, ihn zu beherrschen [2.31]. Im letzten Jahrtausend vor der Zeitwende fiel den griechischen Stämmen die Rolle einer Führungsmacht zu. Griechenland prägte den weiteren Geschichtsverlauf, bis es selbst dem überlegenen römischen Imperium weichen mußte.

Die Gemeinsamkeiten der griechischen und römischen Kultur haben trotz erkennbarer Unterschiede zu dem beide Epochen verbindenden Begriff der Antike geführt. Ihre politisch bestimmende Organisationsform stellte der Stadtstaat dar. Das antike Griechenland bestand aus einer Vielzahl staatlich selbständiger Städte, die den jeweiligen politischen, wirtschaftlichen und kulturellen Mittelpunkt der von ihnen beherrschten Regionen bildeten. Auch die Diadochenreiche der hellenistischen Zeit waren keine Territorialstaaten im heutigen Verständnis, sondern politisch organisierte und militärisch gesicherte Einflußsphären städtischer Zentren. Das römische Imperium schließlich repräsentierte die über weite Teile der damals bekannten Welt ausgedehnte Herrschaft einer Stadt. Von ihrer Macht hing die Stabilität des ganzen Reiches ab.

Wirtschaftlich beruhte die griechische ebenso wie die römische Antike vorwiegend auf agrarischer Produktion. Die Entwicklung des Handwerks konzentrierte sich in erster Linie auf den täglichen Bedarf und auf die Landwirtschaft, sodann auf die wachsenden Erfordernisse der Kriegsführung und mit steigender Wirtschaftskraft auf Produkte für Repräsentationszwecke oder den Handel [2.31]. Für körperlich schwere, monotone oder gefährliche Arbeiten wurden meist Sklaven, zeitweise auch unfreie Bürger eingesetzt. Selbst anspruchsvolle handwerkliche und künstlerische Aufgaben, später sogar Leitungsfunktionen, übertrug man häufig Sklaven [2.19].

Die Geringschätzung handwerklicher Tätigkeit besonders durch die Oberschichten geht u. a. aus einem Dialog Platons mit Kallikles hervor, in dem die Bezeichnung Maschinenbauer eine Verspottung des so Angeredeten bedeutet. Unter den Handwerkern soll nach Platon kein Einheimischer sein, denn „der eigentliche Bürger hat ein genügendes Geschäft, das vieler Übung wie umfassender Kenntnisse bedarf, wenn er den allgemeinen wohlgeordneten Zustand des Staates erlangen und erhalten will ..." [2.37].

Aristoteles wie Seneca zufolge ist es vornehm, kein banausisches Handwerk auszuüben, denn es sei das Kennzeichen eines freien Mannes, nicht in Abhängigkeit von anderen zu leben [2.45]. Dennoch hat sich Aristoteles theoretisch mit Problemen der Mechanik beschäftigt. Dabei erwähnt er mechanische Hilfsmittel, wie Hebel und Gegengewicht, Zange, Keil, Kurbel, Walze, Rad, Rolle, aber auch Vorrichtungen, wie Flaschenzug, Töpferscheibe, Schleuder, Ruder und Getrieberäder.

Obwohl die Antike materialtechnisch durch die zunehmende Verbreitung des Eisens bestimmt wurde, blieb doch das Holz vorherrschender Werkstoff. Verwendet wurde es zur Herstellung landwirtschaftlicher Geräte, zum Schäften von Handwerkszeugen, für den Bau von Transportmitteln und Hebezeugen, beim Schiffsbau, in Bergwerken und der Bautechnik sowie für verschiedenste Maschinen, wie Kriegsmaschinen, Göpel, Wassermühlen, Schleif-, Dreh- und Bohrmaschinen [2.22].

Viele Werkstoffe, die bereits den altorientalischen Kulturen vertraut waren, teilweise sogar bis ins Neolithikum zurückreichten, behielten auch in der Antike ihre Funktion. Das gilt vor allem für den Stein. Traditionelle Werkstoffe waren ferner der Ton, dessen Verarbeitung zu keramischen Erzeugnissen in der Antike die Schwelle industrieller Fabrikation erreichte, Wolle und Fasern für die Textilproduktion, Glas sowie die Metalle Gold, Silber, Kupfer, Bronze, Messing, Blei und Eisen, von denen letzteres der ganzen Epoche seinen Namen gab [2.31].

Während die Rohstoffe für die Bronzemetallurgie selten waren, gab es im Siedlungsgebiet der griechischen Stämme reiche, erschließbare Eisenerzvorkommen, die seit Beginn des ersten vorchristlichen Jahrtausends abgebaut wurden. Nach dem Aufkommen der Stahlerzeugung im neunten Jahrhundert begann Eisen die Bronze zu verdrängen. Wurden anfangs nur Schmuckgegenstände aus Eisen gefertigt, so folgten bald Waffen und spätestens seit dem sechsten Jahrhundert v. Chr. landwirtschaftliche und handwerkliche Geräte.

Die Verfahren zur Eisen- und Stahlerzeugung haben sich bis in das späte Mittelalter hinein kaum gewandelt. Aus Eisenerz wurde im Rennverfahren schmiedbares Roheisen gewonnen, das man nach der Bearbeitung durch erneutes Erhitzen und anschließendes Abkühlen in Wasser oder Öl gehärtet hat. Die ältesten Aufzeichnungen über dieses Verfahren enthalten die homerischen Gesänge aus der Zeit um 800 v. Chr. Plinius der Ältere schrieb hierzu: „Feinere Eisengeräte pflegt man in Öl abzulöschen, damit sie nicht im Wasser hart und brüchig werden, wie auch beim Schleifen ein Unterschied zwischen dem Öl- und Wasserschleifstein besteht und durch das Öl die Schneide feiner wird.“ [2.38]

Plinius der Ältere gehört zu den antiken Autoren, denen wir viele detaillierte Informationen über die Wissenschaft und Technik des Altertums verdanken. Er lebte im ersten Jahrhundert n. Chr., war römischer Offizier, Statthalter und Gelehr-

Bild 2.20 Die älteste bekannte Bergwerksdarstellung, Griechenland, um 600 v. Chr.

ter, bis er beim Ausbruch des Vesuvs im Jahre 79 als Flottenkommandeur ums Leben kam. Das einzige erhaltene Werk ist sein letztes und bedeutendstes, die große enzyklopädische Naturgeschichte, „Naturalis historia", die insgesamt 37 Bücher umfaßt.

Hier sind besonders das 33. und 34. Buch zur Metallurgie interessant. So handelt das 34. Buch unter anderem von Eisenbergwerken und Ziselierarbeiten aus Eisen, vom Härten des Eisens sowie vom Magnetismus. Plinius benutzte für sein Werk verschiedene Quellen von sehr unterschiedlichem Niveau. Das hatte zur Folge, daß seine Angaben nur verläßlich sind, soweit sie auf brauchbare Quellen oder auf eigene Erfahrungen zurückgehen. Von wissenschaftlicher Bedeutung war das Werk des Plinius vor allem im Mittelalter und der Renaissance als Magazin des Wissens über die Antike.

Trotz der überragenden Bedeutung des Eisens reichte die Metallurgie der Antike über die Herstellung von Schmiedeeisen nicht hinaus. Die zur Erzeugung von flüssigem Roheisen erforderlichen hohen Temperaturen ließen sich mit den technischen Mitteln der Griechen und Römer nicht erreichen. So blieb der Schritt zum Eisenguß dem ausgehenden Mittelalter vorbehalten. Die antike Technik des Metallgießens beschränkte sich auf traditionelle Materialien, wie Kupfer, Zinn, Blei, Messing und vor allem Bronze, die auch noch im spätrömischen Kaiserreich zu den häufig verwendeten Werkstoffen zählte [2.10].

Zur Zeit der griechischen Sagen und in der nachfolgenden Epoche scheint das Metallgießen allerdings noch unbekannt gewesen zu sein. Denn Homer, wohl der älteste epische Dichter des Abendlandes, spricht im Zusammenhang mit der Herstellung von Waffen und Rüstungen nur von der Schmiedearbeit, nie vom Guß. Erst im siebenten Jahrhundert v. Chr. finden sich in Griechenland eindeutige Belege für die Anwendung von Gießverfahren in der Metallverarbeitung.

Ursprünglich wurde der sog. Vollguß angefertigt, bei dem das Gußwerk durchgängig aus Metall besteht und infolgedessen nicht nur sehr schwer ist, sondern auch größere Mengen von Material verbraucht. Deshalb trat später an die Stelle des Vollgusses der Hohlguß, der auf einer Technik beruhte, die Wachsausschmelzverfahren hieß. Um einen Kern, der zumeist aus Ton bestand, wurde eine Wachsschicht von der gewünschten Gußstärke gelegt und zum Modell für den Guß geformt. Ein mit Eingußkanälen für das flüssige Metall präparierter Mantel aus Ton bildete die äußere Form. Nach dem Ausschmelzen des Wachses entstand eine Hohlform, in die das Metall gegossen wurde. Die Gießtechnik, und zwar der Vollguß wie der Hohlguß, gehörte zu den wichtigsten Fertigungsverfahren der Antike [2.51].

Der erste spezialisierte Handwerker im antiken Griechenland, den Hesiod ausdrücklich erwähnt, war der Schmied. Für das keramische Gewerbe sowie für die Lederverarbeitung ist die Entstehung eigener Werkstätten, der Ergasterien, erst im sechsten Jahrhundert nachweisbar.

Zur Ausrüstung einer antiken Schmiede, in der zur griechischen Zeit ein Meister mit nur wenigen Gehilfen arbeitete, gehörten ein Schmiedeofen, dessen Temperaturen mit Hilfe eines schon in Ägypten eingesetzten Blasebalgs erhöht werden konnten, ein eiserner, auf der Arbeitsfläche gehärteter Amboß sowie verschiedene Hämmer und Zangen. Für die weitere Bearbeitung des Schmiedestücks, die bis zum Aufkommen römischer Großbetriebe mit verstärkter Arbeitsteilung in der Werkstatt des Schmieds erfolgte, standen ein Schleifstein, Feilen, Bohrgeräte und die aus dem Orient überlieferte Schnurzugdrehbank zur Verfügung [2.35].

Bild 2.21 Werkstatt eines griechischen Bronzeschmiedes um 490 v. Chr.

Der Amboß befand sich in unmittelbarer Nähe des Schmiedeofens, weil die Wärmebehandlung des aufgekohlten Stahls sehr kompliziert war. Er kam ohne Temperaturveränderung und Gefügewandlung vom Ofen unter den Hammer. Zur Schmiedetechnik schreibt Plinius: „Das im Feuer glühend gemachte Eisen verdirbt, wenn es nicht durch Schläge gehärtet wird. Im rotglühenden Zustand eignet es sich nicht zum Schmieden, sondern erst dann, wenn es weiß zu glühen beginnt." [2.38]

Der antike Amboß, den Plinius zu den zahlreichen Erfindungen des Kinyras von Zypern rechnete, zeigt eine äußerst wechselnde Gestalt. Er besteht entweder aus einem oder mehreren Blöcken, liegt einem hölzernen Untersatz auf, mit dem er durch eine lange Spitze fest verbunden ist, und unterscheidet sich auch hinsichtlich der Form des Arbeitsteils erheblich.

Die Hämmer und Zangen glichen bereits heutigen Schmiedewerkzeugen. Sie waren ihren jeweiligen Zwecken angepaßt. So gab es neben dem großen Schmiedehammer, wie er dem Gott der Schmiede, Hephaistos, zugeschrieben wurde, Hämmer mit angeschmiedeten Lappen zum Befestigen des Hammerstiels, den einfachen Schlosserhammer und den doppelbahnigen Schmiedehammer. Der Kopf eines Hammers bestand aus besonders gehärtetem Eisen, der Stiel aus Holz. Auch die Schmiedezangen, die gegenüber entsprechenden altorientalischen Geräten vollständig entwickelte Gelenkwerkzeuge darstellten, variierten ihrem jeweiligen Zweck gemäß nach Größe und Form [2.7].

Bild 2.22 Griechische Schmiedewerkstatt auf einer attischen Vase des 6. Jahrhunderts v. Chr.

Während die Feile als Werkzeug zur Holz- und Metallbearbeitung weit in die Bronzezeit zurückreicht und ebenso wie Amboß, Hammer und Zange noch ganz auf der Stufe handwerklicher Technik verblieb, ließen Schleif- und Bohrvorrichtungen sowie die Drehbank bereits erste Ansätze einer maschinellen Werkzeugtechnik erkennen. Im Unterschied zu den meisten Werkzeugen und Bearbeitungsverfahren aus griechischer Zeit wurden diese Geräte in der römischen Antike zumindest punktuell auf ein technisch erstaunliches Niveau weiterentwickelt.

Zum Schleifen benutzte man Öl oder befeuchtete den Schleifstein mit Wasser. Derartige Schleifgeräte wurden auch in anderen Handwerken eingesetzt, so bei der Feinbearbeitung von Holz, beim Entgraten von Gußteilen, bei der Herstellung von Schmuckgegenständen und bei der Instandhaltung von Waffen und Werkzeugen [2.51].

Auch Bohrgeräte gehörten zum Werkzeugbestand verschiedenster Handwerke. Bei der Verarbeitung von Edelsteinen zu Gemmen benutzte man feine Bohrinstrumente aus stumpfem Eisen, deren Spitzen mit Diamantsplittern versehen waren. Pedalräder sollen eine hohe Geschwindigkeit auf das Bohrwerkzeug übertragen haben, das vorher in ein Gemisch aus Öl und Diamantpulver getaucht worden war. Derartige Geräte verwendeten später möglicherweise auch die römischen Glasschleifer [2.15].

Aus Homers Schilderungen ist ein schnurgetriebenes Bohrgerät bekannt, das schon sehr früh im Schiffbau zum Bohren von Planken diente. Auch der seit langem bekannte Steinbohrer dürfte vor allem im Bauhandwerk, bei der Herstellung von Schleifsteinen, zum Ausbohren von Glas oder in der Steinbildhauerei weiterhin verwendet worden sein [2.44].

Zu den Bohrwerkzeugen, die erst mit der Eisenzeit aufkamen, gehört der große Schneckenbohrer des Zimmermanns. Er erzeugte mit seiner vierkantig kegligen Form ohne Spitze keine Späne, sondern nur Bohrmehl. Gegenüber dem Schneckenbohrer, dessen Herstellung sehr aufwendig war und der nur in einer Drehrichtung bohrte, bedeutete der vermutlich aus dem keltischen Raum eingeführte zweischneidige Löffelbohrer einen erheblichen Fortschritt [2.48]. Mit langen Löffelbohrern wurden u. a. hölzerne Röhren für Leitungssysteme gebohrt. Diese Bohrwerkzeuge, die in römischer Zeit noch durch den eisernen Zentrumbohrer ergänzt wurden, haben sich bis in die frühe Neuzeit kaum wesentlich verändert.

Die Schnurdrehbank, wie sie im Alten Orient entstand und von dort eine weite Verbreitung gefunden hat, wurde in der griechischen Antike an die quantitativen Erfordernisse unterschiedlicher Werkstücke angepaßt. Griechen und Römer bearbeiteten mit ihr Holz, Horn, Elfenbein, Alabaster und Bronze. Dazu lagerte man den Arbeitsgegenstand auf Zapfen, die aus Holz-, Horn- oder Metallspitzen bestanden. Für größere Gegenstände, z. B. Steinsäulen, gab es ebenfalls spezialisierte Drehbänke. Sie wurden durch Seilzug von mindestens zwei Personen in alternierender Richtung angetrieben. In römischer Zeit ging man vereinzelt sogar dazu über, eine kontinuierliche Rotationsbewegung durch Göpelwerkzeuge oder Wassermühlen zu erzeugen [2.35].

Einen hohen Stand erreichte sowohl in Griechenland als auch in Rom die Technik des Treibens. Mit einem abgerundeten Hammer wurden Bleche, darunter vor allem solche aus Edelmetallen, auf einem Amboß oder auf besonderen Formen bearbeitet, bis sie sich der gewünschten Form angepaßt hatten. Von allen Metallen ist es vor allem das Gold, das sich besonders leicht treiben läßt. So wurde Gold, wie schon in Ägypten, zu dünnen Blättern ausgeschlagen, dem Blattgold. Außer Gold und Silber erhielten auch andere Metalle durch Treiben ihre bestimmte Form. Man

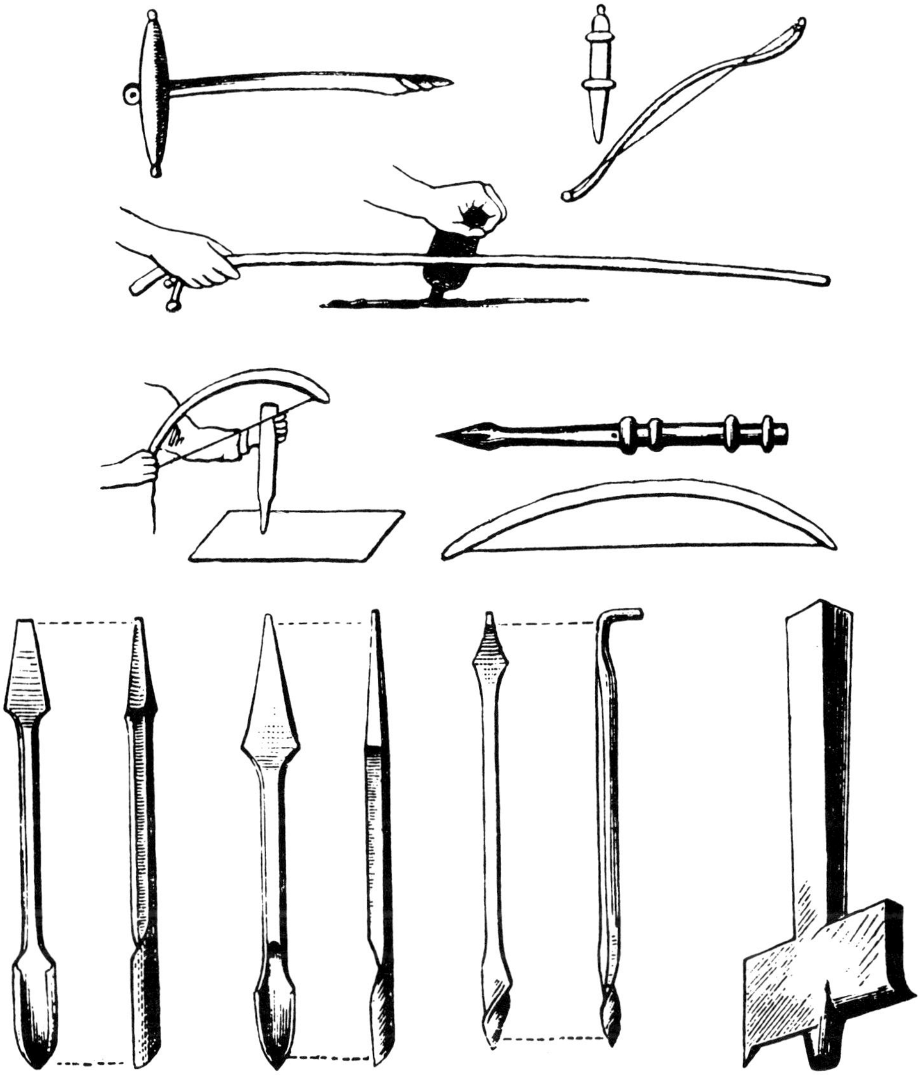

Bild 2.23 Griechische Bohrwerkzeuge, um 100 v. Chr.

schuf Bleche, Gebrauchs- und Kunstgegenstände, darunter Teile von Rüstungen, Gefäße, Schalen, Bleche für Röhren und Siebe sowie Schmuckstücke. Bei größeren Gegenständen bereitete das Treiben Schwierigkeiten. Deshalb trieb man zunächst Einzelteile, die dann zusammengenietet wurden [2.7].

Eine sehr gebräuchliche Form der antiken Metallbearbeitung war das Stanzen. Mit ihm gab man dem Metall nicht nur eine besondere Form, sondern versah es außerdem noch mit erhabenem Dekor. Das Metallblech wurde auf einen Amboß gelegt und mit einer Stanze, in welche die bezweckten Formen eingraviert waren, durch Hammerschläge bearbeitet. Für häufig sich wiederholende Formen ging man bereits zur Normung der Stanzen über [2.51].

Dem Stanzen sehr verwandt ist das Prägen, das vor allem bei der Herstellung von Münzen zum Einsatz kam. Als Werkzeug diente ein Prägestempel, in den die zu fertigende Form eingraviert war. Der Stempel bestand meist aus gehärteter Bronze, in römischer Zeit auch aus Eisen. Der Prägevorgang geschah unter Verwendung kalten Metalls. Mehrere Schläge auf den Prägestempel, wahrscheinlich mit einem schweren Hammer, stellten dann das eigentliche Prägen dar [2.7].

Die Ausmaße vieler Metallerzeugnisse aus der griechisch-römischen Antike erforderten eine verstärkte Anwendung der schon in vorantiker Epoche bekannten Fügeverfahren. Dazu gehörten das Nieten, das Weich- und Hartlöten sowie das Schweißen.

Bild 2.24 Ohrgehänge aus Kalymnos, 4 Jh. v. Chr.

Zur Herstellung nichtlösbarer Verbindungen von Metallblechen diente das Nieten mit speziellen, auch heute gebräuchlichen Metallstiften. Seit der Bronzezeit und bis ins Mittelalter wurden Schilde, Helme, Schienen und andere Teile der Rüstung genietet. Doch auch zur Herstellung von Gebrauchsgegenständen, zur Befestigung von Griffen, bei der Lederverarbeitung und selbst bei der Montage großer Kunstwerke aus Metall wendete man dieses Verfahren an. Beim Nieten selbst und zur Formung der Nietköpfe benutzte man vermutlich, wie heute, neben dem Hammer besondere Werkzeuge: den Nietzieher und den Döbber [2.51].

Die Handwerkstechnik im antiken Griechenland hat durch neue Werkstoffe, spezialisierte Bearbeitungsverfahren und verbesserte Werkzeuge das im Alten Orient erreichte und vergleichsweise hohe technologische Niveau vielfach noch übertroffen. Gemeinsam mit der ebenfalls sehr produktiven griechischen Landwirtschaft hat sie die Herausbildung einer städtischen Kultur begründet, deren geistige Wirkung bis in die Gegenwart reicht. An diesen Stand der Technik konnte die römische Phase der Antike anknüpfen. Sie hat ihn nicht nur bewahrt, sondern in einigen Bereichen weiterentwickelt. Das gilt insbesondere für die Organisation arbeitsteiliger Produktion und für das sich bereits in Griechenland ankündigende „Maschinenwesen".

Die Anfänge der Entwicklung Roms glichen weitgehend denen der griechischen Stämme. Wichtigster Produktionszweig war auch hier die Landwirtschaft, auf deren Bedarf das Handwerk primär bezogen war. Ebenso bildete die Schmiede den ersten selbständigen Handwerkszweig, hervorgerufen durch die Notwendigkeit, regelmäßig Kriegsgerät herzustellen. Ein wesentlicher Unterschied zur Vielfalt griechischer Entwicklungszentren bestand in der von Anfang an erfolgten Konzentration römischer Geschichte um ein Zentrum, das spätere Rom [2.32].

Obwohl im ursprünglichen Siedlungsraum keine verwertbaren Erze vorkamen und alle Metalle lange Zeit importiert werden mußten, hat Rom bereits im fünften Jahrhundert v. Chr. ein leistungsfähiges Metallhandwerk, namentlich die Eisenschmiede, hervorgebracht. Die Eisenverarbeitung blieb auch später ein wichtiger Produktionszweig. Im ersten Jahrhundert v. Chr. verfügte Rom über die Eisenerzgruben der Insel Elba. In Populonia wurde Eisen ausgeschmolzen und teilweise geschmiedet, doch das bedeutendste Schmiedezentrum für Fertigwaren lag bei Puteoli. Dennoch gab es Schwierigkeiten, hochwertiges Eisen in der erforderlichen Menge zu erzeugen. Daher überwog bis in das erste vorchristliche Jahrhundert hinein die Verwendung von Bronze [2.32].

Die Verfahren sowie Hilfsmittel zur Gewinnung und Verarbeitung von Metallen ähnelten denen in Griechenland. Eine sehr viel größere Eigenständigkeit zeigte Rom dagegen auf dem Gebiet der Arbeitsorganisation im allgemeinen und dem Bauwesen im besonderen. So wurden bereits zu Beginn des vierten Jahrhunderts v. Chr. Entwässerungsanlagen gebaut, bei denen unterschiedlichste Arbeiten von Bergleuten, Steinbrechern, Maurern, Zimmerleuten, Vermessern und Transportkräften über mehrere Jahre geplant und geleitet werden mußten. Auch in der Landwirtschaft und den handwerklichen Betrieben bestand ein Beitrag Roms zum technischen Fortschritt in der forcierten Arbeitsteilung, die mit zunehmender Qualifizierung und Spezialisierung der Beschäftigten einherging, sowie in rationelleren Arbeitsmethoden, die auf strenger Disziplin und Aufsicht beruhten [2.20].

Einen informativen Einblick in den Grad gesellschaftlicher Arbeitsteilung zur frühen Kaiserzeit vermittelt die folgende Liste metallverarbeitender Berufe [2.34]:

Grobschmied	(faber) ferarius
Stahlschmied	aciarius
Werkzeugschmied	armentarius
Messerschmied	dolabrarius
Sichelschmied	falcarius
Nagelschmied	clavicarius
Schwertschmied	gladiarius, spatharius
Helmschmied	loricarius
Pfeilschmied	sagittarius
Lanzenschmied	hastarius
Schlosser	claustarius
Schildmacher	scutarius
Gießer	flaturarius
Kandelabermacher	candelabrarius
Laternenmacher	lanternarius
Blasinstrumentenmacher	tubarius, carnuarius
Arbeiter für Metallgefäße	vascularius
Goldschmied	aurifex
Goldschläger	brattearius
Golddrahtzieher	aurinetor
Vergolder	aurator
Ringmacher	anularius
Silberschmied	argentarius
Kupferschmied	aerarius
Bleiarbeiter	plumbarius

Wichtige Fertigungsverfahren, die in den hier aufgeführten Berufen Anwendung fanden, waren das Metallgießen, das Grob- und Feinschmieden, das Treiben, Stanzen und Prägen, das Bohren und Schleifen, das Fügen und vermutlich auch das Drehen, worauf noch zurückzukommen sein wird.

Im Zusammenhang mit der organisatorischen Leistungssteigerung der Produktion kam es in vielen Zweigen des Handwerks, aber auch in der Landwirtschaft sowie im Bergbau zur Bildung von Großbetrieben. Ansätze in dieser Richtung gab es schon in Griechenland. Großbetriebe, in denen nur Sklaven arbeiteten, blieben auf den Bergbau beschränkt. Im Handwerk war der Übergang zum Großbetrieb, der jedoch kaum mehr als maximal 100 Personen beschäftigte, mit der Herstellung von Massengütern für den täglichen Bedarf verbunden. Dabei wurden in begrenztem Umfang auch einfache Maschinen eingesetzt [2.32].

Großbetriebe entstanden insbesondere auch zur Herstellung von Kriegsgerät, bei dem die Antike einen quantitativ wie technologisch bis dahin unübertroffenen Stand erreichte. Bereits die Griechen gingen zur serienmäßigen Produktion von Schwertern, Schilden, Rüstungen, Helmen und Fernwaffen über [2.36]. Rom übernahm im wesentlichen die griechische Kriegstechnik und entwickelte sie vor allem auf den Gebieten der Belagerungs- und Fernwaffen in begrenztem Umfang weiter.

Für Geschütze erfand man Lafetten, die von Pferden gezogen wurden. Zu den griechischen Katapulten und Torsionsgeschützen kam später der sog. Onager, eine Steinschleuder. Eine Vorrichtung für Steinkugeln war an einem Arm befestigt, der mit Darmsaiten und einer Haspelwinde gespannt wurde. Der Vorteil des Onagers lag in seiner fertigungstechnischen Schlichtheit und in der Leichtigkeit, mit der er bedient werden konnte, sein Nachteil im großen Gewicht von wahrscheinlich über zwei Tonnen [2.20].

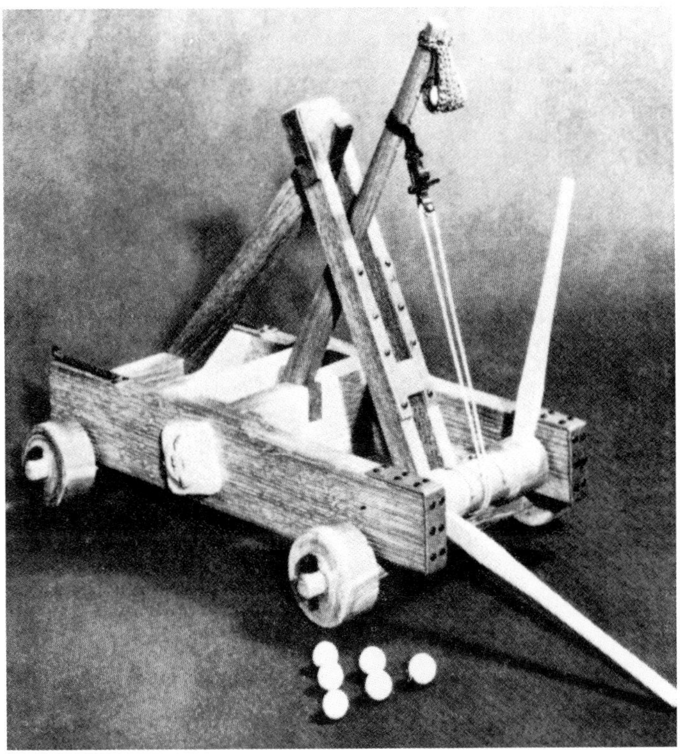

Bild 2.25 Römisches Schleudergeschütz, Rekonstruktion

Die antike Produktion zeichnete sich insgesamt nicht durch Entwicklung und Einsatz von Maschinen aus. Nur dort, wo Menschenkraft nicht genügte, um die Produktionszwecke zu realisieren, beispielsweise beim Transport schwerer Lasten, für die Wasserhaltung in Bergwerken, zur Feldbewässerung oder in der Kriegstechnik, bediente man sich einfacher Maschinen, wie Hebevorrichtungen, Archimedischer Schrauben, Wasserräder und Geschütze [2.32].

In der griechischen und römischen Antike galt die Maschine ihrer Wortbedeutung nach als ein künstliches Mittel, mit dem die Natur überall dort „überlistet" werden konnte, wo sie den Bedürfnissen des Menschen widersprach [2.20]. Die Aufgabe technischer Mechanik bestand nach Aristoteles darin, menschliche Zwecke gegen die Natur durchzusetzen, sofern diese nicht eigene Lösungen bereithielt. Dem entsprach eine technische Praxis, die natürliche Mittel und Wege, zu denen auch die menschliche Arbeitskraft gehörte, dem Einsatz von mechanischen Geräten und Maschinen nach Möglichkeit vorzog.

Technische Erfindungen und naturwissenschaftliche Entdeckungen, die seit dem dritten Jahrhundert v. Chr. vor allem im griechisch beeinflußten Gebiet vermehrt einsetzten, verblieben entweder im theoretischen Raum oder verfolgten mehr spielerische Absichten. Zu den technischen Produkten dieser Art gehören die Wasserpumpe oder die Wasserorgel von Ktesibios, die Dampfpfeifen des Philon von Byzanz, eine pneumatische Tempeltürsteuerung sowie der automatische Türöffner von Heron aus Alexandria oder die nach dem Prinzip der Wasseruhr konstruierte Aufzuguhr von Vitruv [2.22].

Ktesibios wirkte im dritten Jahrhundert v. Chr. als Mechaniker in Alexandria. Neben Wasserpumpen und Wasserorgeln soll er auch das Bronzefederkatapult, ein Preßluftgeschütz sowie Wasseruhren erfunden haben. Doch auch sie haben sich nicht durchgesetzt. Insbesondere das Preßluftgeschütz ist vermutlich nie über ein Versuchsstadium hinausgekommen, da es zu dieser Zeit noch nicht möglich war, Zylinder und Kolben mit ausreichender Genauigkeit zu fertigen.

Philon von Byzanz lebte eine Generation nach Ktesibios. Er schrieb ein Werk, die Mechanica syntaxis, von dem nur das vierte Buch über den Geschützbau, ein Auszug des Teils über den Festungsbau sowie ein Abschnitt über Luftdruckwerke erhalten sind. Durch Philon wurde auch das pneumatische Katapult des Ktesibios bekannt. Er übte großen Einfluß auf den wohl bedeutendsten technischen Autor der Antike aus, auf Heron von Alexandria. Dieser lebte wahrscheinlich in der Zeit zwischen 50 und 120 n. Chr., vermutlich in Alexandrien. Alle persönlichen Angaben über Heron sind sehr unbestimmt, obwohl viele seiner Werke überliefert wurden. Sie behandeln verschiedene Themen, wie Mathematik, Physik, Mechanik, Vermessungsinstrumente und vieles mehr.

Herons Abhandlungen über die Mechanik sind in drei Bücher gegliedert: Das erste Buch beschäftigt sich mit den theoretischen Prinzipien, Übersetzungsverhältnissen und ihren Anwendungen, z. B. dem Übersetzungseffekt von Flaschenzuganordnungen. Das zweite Buch behandelt Grundelemente der Mechanik, der Winde, des Hebels, der Rolle, des Keils und der Schraube. Das dritte Buch befaßt sich mit der praktischen Anwendung dieser Maschinenelemente, hauptsächlich bei Kranen und Hebezeugen sowie bei Pressen [2.22].

Marcus Vitruvius Pollios, dessen Aufzuguhr nur eine der vielen Erfindungen war, die er beschrieb, lebte als römischer Architekt und Ingenieur zur Zeit des

Kaisers Augustus. Im Alter gab er sein Werk über die Architektur, „De architectura“, in zehn Büchern heraus. Es war dem Kaiser Augustus gewidmet und erstreckte sich auf folgende Bereiche [2.52]:

Buch I:	Städteplanung, Allgemeines und Eigenschaften des guten Architekten.
Buch II:	Über Baumaterialien.
Buch III und IV:	Tempel und Säulenordnung sowie deren Proportionen.
Buch V:	Öffentliche Gebäude, Theater, Bäder (Thermen).
Buch VI:	Privatbauten.
Buch VII:	Innenausstattung.
Buch VIII:	Wasserleitungen.
Buch IX:	Zeitmessung und Uhren.
Buch X:	Maschinenbau (Hebemaschinen, Pumpen, Mühlen, Orgeln, Wegmesser, Geschütze, Kriegsmaschinen).

Das Werk stützte sich in den technischen Angaben vor allem auf eigene Erfahrungen des Autors. Vitruv entfaltete seine größte Wirkung erst in der Renaissance, in der besonders seine Proportionslehre in die Architekturtheorie einging. Vitruv gehörte zu den sehr früh gedruckten Autoren.

Praktischen Wert hätten die von Heron erfundene Dampfkugel, die auf dem Prinzip der Dampfkraft beruht, und sein Windrad erlangen können. Doch sie sind, wie die meisten anderen dieser antiken Erfindungen, nie ernsthaft angewendet worden. Sie dokumentieren dennoch die Fähigkeit zu einem auf die Entwicklung von Maschinen gerichteten technischen Fortschritt.

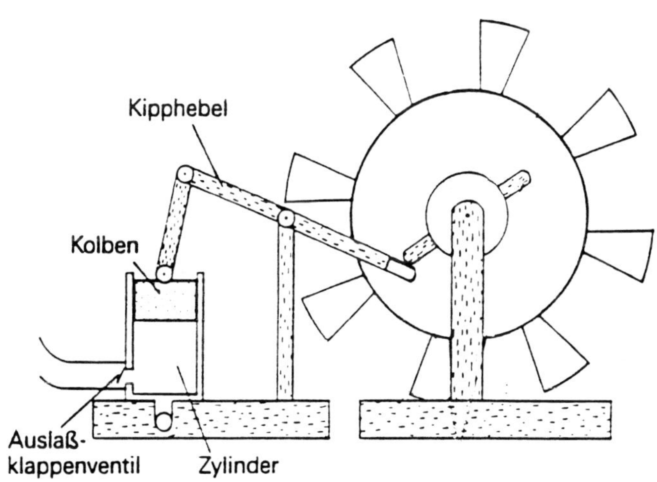

Bild 2.26 Windrad von Heron, 1. Jahrhundert n. Chr., schematische Rekonstruktion

Trotz einer gewissen ökonomischen und wissenschaftlichen Stagnation in der letzten Phase des römischen Imperiums war das vorhandene technologische Potential groß. Nach dem Einsatz der Archimedischen Schraube zur Wasserhaltung in Bergwerken schon im zweiten vorchristlichen Jahrhundert sowie großer Speicherräder, die von Göpeln angetrieben wurden, berichtete Vitruv aus dem ersten Jahrhundert v. Chr. von einer Nutzung der Wasserkraft mit Hilfe von Wassermühlen. Ihnen gingen die seit ägyptischer Zeit bekannten Schöpfräder voraus, auf die sich Vitruv bei seiner Beschreibung der Wassermühle ausdrücklich bezog [2.52]: „Nach demselben Prinzip (wie die Schöpfräder) werden auch Wassermühlen getrieben, bei denen sonst alles ebenso ist, nur ist an dem einen Ende der Welle ein Zahnrad angebracht. Dies ist senkrecht auf die hohe Kante gestellt und dreht sich gleichmäßig mit dem Rad in derselben Richtung. Anschließend an dieses größere Zahnrad ist ein (kleineres) Zahnrad horizontal angebracht, das in jenes eingreift. So erzwingen die Zähne jenes Zahnrades, das an der Welle (des Schaufelrades) angebracht ist, dadurch daß sie die Zähne des horizontalen Zahnrades in Bewegung setzen, eine Umdrehung der Mühlsteine. Bei dieser Maschine führt ein Rumpf (Mühlentrichter), der darüber hängt, das Getreide zu, und durch dieselbe Umdrehung wird das Mehl erzeugt."

Wassermühlen fanden sich überwiegend auf größeren Gütern. Dort ersetzten sie die traditionelle Handmühle zum Kornmahlen. Ihre Verbreitung erfolgte erst in der Spätantike, und zwar besonders in den Gebieten nördlich der Alpen, wo die Wasserverhältnisse günstiger waren als im Mittelmeerraum. Anzeichen deuten darauf hin, daß sie zu dieser Zeit gelegentlich schon als Antriebskraft für Steinsägen oder in den Manufakturen des römischen Metallgewerbes genutzt wurden [2.48].

Obwohl auch hier die Bearbeitungsverfahren, Werkzeuge und Geräte im allgemeinen nicht über den Stand hinausreichten, der schon in Griechenland zu verzeichnen war, ist es doch vereinzelt zu fertigungstechnischen Fortschritten gekommen. Untersuchungen an römischen Gebrauchswaren aus Bronze haben manche Autoren zu dem Schluß geführt, daß neben den bekannten Handwerkszeugen der Metallbearbeitung, wie Hämmer, Zangen, Feilen, Meißel, Stichel oder Bohrer sowie Schleifsteine und Schnurdrehbänke große, leistungsfähige Drehbänke mit kontinuierlichem Antrieb zur Anwendung kamen [2.34].

Die untersuchten Bronzegefäße, die nach Größe und Form nicht auf der einfachen Schnurdrehbank gefertigt worden sein können, wiesen dennoch deutliche Spuren einer Drehbearbeitung auf. Ihre Gleichförmigkeit schließt mit Sicherheit die Möglichkeit aus, es könne sich um eine Schnurdrehbank gehandelt haben. Denn deren alternierende Drehbewegung hätte in jedem Fall die Ansätze des Drehmeißels auf dem Werkstück hinterlassen müssen [2.34]. Die Versuche einer Rekonstruktion unter Verwendung von Kurbel und Treibriemen entsprechen jedoch nicht der antiken Wirklichkeit, die diese Elemente noch nicht kannte.

Funde belegen, daß die Römer auch die Technik des Metalldrückens beherrschten, für die ebenfalls eine Dreh- bzw. Drückbank benötigt wird. Das Metalldrücken ist dadurch gekennzeichnet, daß eine runde, rotierende Blechscheibe mit Hilfe eines Drückmeißels zentrisch gegen eine vorbereitete Form aus Holz oder Metall gedrückt wird. Dabei paßt sich die Blechscheibe nach und nach der Form an. Zur Ausführung der Drückarbeit sind erhebliche Kräfte erforderlich, um das Blech in einen bildsamen Zustand zu überführen. Ohne kontinuierliche Drehbewegung mit hoher Drehzahl ist dieses Verfahren nicht anwendbar [2.34].

Bild 2.27 Rekonstruktion einer römischen Wassermühle nach Vitruv, um 30 v. Chr.

Einzelne Beispiele für eine fortgeschrittene Werkzeugtechnik bedeuten jedoch nicht, daß in der griechischen oder römischen Antike von einer nennenswerten Mechanisierung oder gar Maschinisierung der Produktion gesprochen werden kann. Vorherrschend blieb die Handwerkstechnik. Die Leistung späterer Kraft- und Arbeitsmaschinen mußten in der Regel Menschen erbringen, in seltenen Fällen Tiere oder Wasserkraft.

Bild 2.28 Rekonstruktion einer römischen Drehbank

2.5 Mittelalterliches Handwerk

Der Aufbruch der Germanen zur Eroberung Roms geht einher mit dem Ende der antiken Welt. Mit der nun anbrechenden Epoche germanisch-romanischer Vorherrschaft im mittelalterlichen Europa verlagerte sich das Zentrum der Kulturentwicklung nach Norden. Dabei wurde das antike Erbe in einem Jahrhunderte währenden Prozeß in die neue Kultur integriert. Auch auf technischem Gebiet haben die damals aufstrebenden Völker die Leistungen der Antike mit ihren eigenen handwerklichen Traditionen verbunden. Diese Entwicklung vollzog sich bis zum Wiedererstehen einer städtischen Kultur im Hochmittelalter als Bestandteil relativ selbständiger, auf landwirtschaftlicher Produktion beruhender Grundherrschaften, welche die alte Zentralgewalt ablösten [2.21].

Zu dieser Zeit konnten die germanischen Stämme auf eine mindestens 1000jährige Geschichte zurückblicken. Ihre Herausbildung erfolgte vermutlich im sechsten Jahrhundert v. Chr. im nördlichen Mitteleuropa. Schon während dieser Phase wurden sie von der keltischen Hallstattkultur beeinflußt, die regional den Übergang zur frühen Eisenzeit einleitete. Verschiedene Bearbeitungsverfahren wurden von den Kelten übernommen [2.17].

Zugleich ahmten germanische Handwerker römische Metallwaren nach, die auf verschiedenen Handelswegen zu ihnen gelangten. Die wirtschaftliche und gesellschaftliche Entwicklung der Germanen wurde nach der Verdrängung bzw. Unterwerfung der Kelten durch die Römer von diesen beeinflußt [2.30].

Bei den Germanen gehörte der Schmied bereits zu den selbständigen Handwerkern, als das römische Reich zu Ende ging. Die Gewinnung des Eisens, die offenbar Aufgabe der Schmiede war, erfolgte ausschließlich im Rennofen mit natürlichem Zug. Die Luppe wurde auf Steinambossen mehrmals warm geschmiedet und dabei die Schlacke mechanisch ausgetrieben [2.29].

Die ältesten germanischen Schmiedewerkzeuge stammten vom Ende der vorrömischen Eisenzeit. Sie glichen den keltischen Werkzeugen und bestanden aus Hammer und Amboß, Feile, Punze, Zange und Durchschlageisen. Die Germanen führten Treibarbeiten aus, doch das Drahtziehen, die Stahlerzeugung und das Schmieden im Gesenk waren noch unbekannt [2.29].

Zu den Produkten des Eisenschmiedens zählten Waffen, besonders ein- und zweischneidige Schwerter, Lanzenspitzen und Äxte, Schildbuckel, -griffe und -beschläge sowie landwirtschaftliche und handwerkliche Geräte. Ebenfalls aus Eisen wurden Trachtbestandteile, wie Gürtelhaken, Schnallen, Nadeln und Fibeln, hergestellt [2.29].

Auch Edelmetalle haben germanische Schmiede in der Zeit vor der Völkerwanderung verarbeitet. Die Werkstoffe wurden eingeführt und zur Fertigung von Schmuckstücken verwendet. Im Bereich des Goldschmiedens traten schon früh

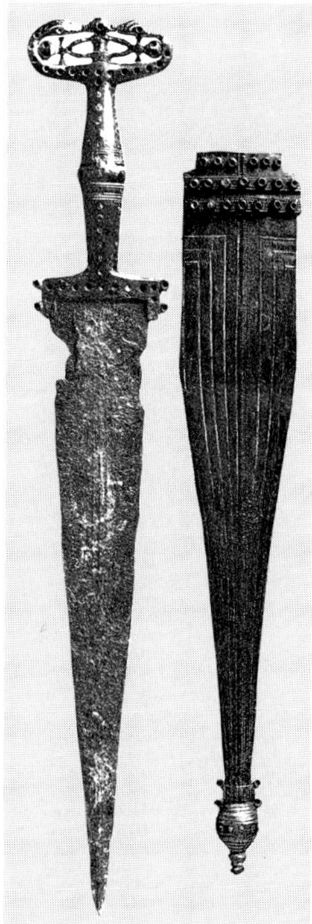

Bild 2.29 Keltischer Prachtdolch mit Scheide aus Hallstatt, um 500 v. Chr.

schwierige Bearbeitungsverfahren auf, wie Filigranarbeiten und die Granulation, beide vermutlich auf keltische Einflüsse zurückgehend.

Die Aufgaben des germanischen Schmieds umfaßten auch das Feuerschweißen. Spätestens seit dem vierten Jahrhundert verbreitete sich die Kenntnis des Zusammenschweißens von Eisen und Stahl zu elastischen und doch harten Klingen. Sie wurde vor allem bei der Herstellung von Schwertern angewendet [2.29].

Die aus dem Alten Orient und der Antike bekannte Technik des Drechselns übernahmen die Germanen von den Kelten, die nachweisbar seit dem siebenten Jahrhundert v. Chr. mit der Schnurdrehbank gearbeitet haben. Auf germanischem Gebiet wurden seit dem dritten Jahrhundert v. Chr. vereinzelt gedrechselte Holzfüße gefunden [2.42, 2.43].

Dieser auch im Verhältnis zur Antike gut entwickelte Stand des germanischen Handwerks läßt sich auch für die Textilherstellung und für das keramische Gewerbe aufzeigen. Die Verbindung bäuerlich-handwerklicher Traditionen des germanischen Raums mit Elementen griechisch-römischer Kultur setzte eine Entwicklungsdynamik frei, aus der nicht nur die beachtlichen wirtschaftlichen, technischen und kulturellen Leistungen des Mittelalters resultierten. Sie wurde auch zur Grundlage für die großen Fortschritte der Neuzeit.

Eine wichtige Aufgabe bei der Wahrung und Verbreitung des antiken Kulturerbes fiel anfangs mit der Ausbreitung des christlichen Glaubens den Klöstern zu. Später, seit Ende des 11. Jahrhunderts, traten ihnen die aufkommenden Städte zur Seite. Im Unterschied zur Geringschätzung der praktischen Arbeit in Griechenland und Rom hat das frühe Christentum den Menschen zu handwerklicher Tätigkeit aufgefordert. Vom heiligen Benedikt bis zu den frühen Franziskanern bildete auch die körperliche Arbeit einen wesentlichen Bestandteil der Ordensregeln [2.21].

Zwei für die Folgezeit entscheidende, dem Mittelalter vorausgehende Erfindungen, der Pflug und das Wasserrad, wurden von den Klöstern in Dienst genommen und nicht zuletzt durch sie verbreitet. Für das sechste Jahrhundert ist der technisch vollendete Beetpflug mit waagerechter Pflugschar, Streichbrett und Rädern verbürgt. Er hatte im antiken Räderpflug seinen Vorläufer, der nach Plinius besonders in den nördlichen Provinzen auftrat, wurde aber vermutlich durch slawische Erfindungen beeinflußt [2.51].

Bild 2.30 Mittelalterlicher Bauer beim Pflügen mit Räderpflug

Die altrömische Wassermühle fand besonders Eingang in Gallien, in England sowie im Gebiet an Mosel und Rhein. Pflug und Wassermühle sollten in den folgenden Jahrhunderten eine neue Technologie arbeits- und kraftsparender Geräte und Maschinen begründen [2.21].

Neben dem Glockenguß aus Bronze, der zumeist von klösterlichen Handwerkern ausgeführt wurde, hatten sich im Metallhandwerk auch außerhalb der Klöster in Dörfern und Grundherrschaften verschiedene Bearbeitungsverfahren erhalten bzw. weiterentwickelt. Noch immer stand das Schmieden im Zentrum der Metallbearbeitung, wobei Metallgewinnung und -verarbeitung einschließlich des Metallgießens zu den Aufgaben des Schmieds gehörten.

Die Verhüttung des Eisenerzes, das im gesamten Mittelalter nach dem Holz den wichtigsten Rohstoff darstellte, erfolgte wie in der Antike und zu germanischer Zeit in kleinen, aus Lehm gemauerten Rennöfen. Für den Eisenguß reichte jedoch die Schmelztemperatur noch nicht aus. Die Qualität des Eisens wurde durch verschiedene Formen der Wärmebehandlung verbessert. Die gewünschte Härte erzielte man durch Aufkohlen und Abschrecken, die Sprödigkeit wurde durch Anlassen und Glühen beseitigt.

Auch die Werkzeuge des Schmieds hatten sich im Laufe der Jahrhunderte nur wenig verändert. Sie bestanden aus eisernen Hämmern, Zangen, Meißel und Amboß. Die mittelalterlichen Schmiede stellten vor allem landwirtschaftliche Geräte her, darunter die eisernen Bestandteile des neuen Pflugs, Nägel für den Hausbau sowie einfache Waffen für die Jagd und den Krieg [2.46].

Die Technik des Damaszierens hat sich im frühen Mittelalter zu einer beeindrukkenden Leistung des damaligen Schmiedehandwerks weiterentwickelt. Bei diesem Verfahren wurde kohlenstoffreicher Stahl mit kohlenstoffarmem Eisen stabförmig verschmiedet und zu Torsionsdamast verwunden. Danach hat man mehrere solche Damaststäbe zusammengeschweißt und zu dem gewünschten Gegenstand, in der Regel zu Schwertklingen, ausgeschmiedet [2.29].

Bild 2.31
Eisenschmiede im Mittelalter

Um das typische Damastmuster hervorzuheben, mußte die Klinge gründlich geschliffen und poliert werden. Darin bestand die Aufgabe des Schwertfegers, dessen Beruf im Mittelalter weit verbreitet war. Ob er schon im Frühmittelalter Schleif- und Poliergeräte einsetzte, läßt sich nicht nachweisen.

Zu Beginn des Mittelalters war die Spezialisierung innerhalb des Schmiedehandwerks kaum ausgeprägt. Der Eisen- oder Grobschmied arbeitete oft mit dem Feinschmied in derselben Werkstatt. Es ist nicht auszuschließen, daß fallweise ein Meister auch beide Handwerkszweige beherrscht hat [2.35].

Feinschmiede stellten vorwiegend Schmuckgegenstände, Gürtelzubehör und Beschlagstücke der Wehrgehänge her. Für die Ausgestaltung ihrer Erzeugnisse haben sie häufig das Bearbeitungsverfahren des Tauschierens bzw. Plattierens angewendet. Dabei wurde zunächst der gewünschte Dekor mit Hilfe eines Stichels eingraviert und anschließend mit Silberdraht ausgeschlagen. Anstelle von Silberdraht verwendete man gelegentlich auch Messingdraht. Abschließend mußte die Oberfläche mit einem Schleifstein geglättet werden, bis Eisen und Einlage plan waren.

Die Gold- und Silberschmiede benutzten ähnliche Werkzeuge wie ihre eisenverarbeitenden Berufskollegen, also Hämmer, Amboß, Zangen und Feilen. Diese waren jedoch nach Größe und Form den spezifischen Erfordernissen des Feinschmiedens angepaßt. Aus dem frühmittelalterlichen Grab eines Feinschmieds ist die Werkzeugausstattung überliefert, die in einer Truhe deponiert war. Sie bestand aus zwei Hämmern, einem Einstechamboß, einer großen Zange zum Halten des Gußtiegels, einer Feile, einer Feilkuppe, zwei messerartigen Gegenständen und einem einfachen Schleifstein sowie aus zwei bronzenen Fibelmodellen [2.29].

Auch das bekannte Bearbeitungsverfahren des Treibens oder Hämmerns setzte sich im Mittelalter fort. Es diente vor allem zur Herstellung von dünnen Blechen, wie sie als Ausgangsmaterial für verschiedene Gegenstände und Verfahren benötigt wurden. Die Treibtechnik diente auch zur Bearbeitung von Kupfer, Bronze und Messing. Bronzene Schüsseln mit verziertem Rand sowie Beschläge für Holzgefäße hat man auf diese Weise erzeugt.

Ein häufig angewendetes Verfahren war die sog. Preßblechtechnik. Sie ermöglichte eine rationelle und auch materialsparende Herstellung plastischen Schmucks. Dazu gehörten insbesondere Deckbleche von Scheibenfibeln. Auf eine Matrize aus Bronze oder Holz, die mit dem gewünschten Dekor versehen war, wurde ein passendes Gold- oder Silberblech gelegt. Darüber kam eine plastisch verformbare Auflage, zumeist aus Blei oder Leder. Durch kräftige Schläge mit dem Hammer schmiegte sich das Blech der Oberfläche des Modells an. Bei komplizierten Ornamenten wurde mit kleineren Hämmern und Stiften gearbeitet. Das Verfahren erlaubte bereits eine handwerkliche Serienproduktion, da sich die Matrize kaum abnutzte [2.29].

Für die Ausschmückung ihrer Erzeugnisse haben die frühmittelalterlichen Feinschmiede eine Reihe sehr komplizierter Verfahren angewendet. Darunter waren

Bild 2.32 Eiserne Werkzeuge aus dem Grab eines Feinschmieds, 6./7. Jh.

das Vergolden, die Nillotechnik, bei der eine zuvor pulverisierte Metallegierung in gravierte Ornamente eingeschmolzen wurde, oder Filigranarbeiten.

Die Schmiede und Feinschmiede arbeiteten wie alle Handwerker anfangs auf Bestellung, wobei im Bereich der Gold- und Silberschmiede die Auftraggeber das notwendige Edelmetall zur Verfügung stellten. Für eine Lagerhaltung oder Produktion für den Handel fehlten noch die Mittel. Der Rohstoffbedarf für das Metallhandwerk wurde vielfach durch Bestände aus römischer Zeit gedeckt. Mit Ausnahme der Eisengewinnung ist in dieser Zeit kaum ein Abbau von Erzen nachzuweisen. Insbesondere Edelmetallschmuck wurde vorwiegend aus eingeschmolzenen Gold- oder Silberbeständen gefertigt [2.51].

Die Einführung des Steigbügels und des Hufeisens, die seit dem achten Jahrhundert im Zusammenhang mit der Herausbildung einer für das Mittelalter typischen schlagkräftigen Reiterei, der Ritter, erfolgte, ließ den Eisenbedarf erheblich ansteigen. Der Steigbügel gab dem Ritter einen festeren Halt und erlaubte ihm den Einsatz der wirksamen Stoßlanze, die wiederum zur Ausrüstung mit eisernen Schutzpanzern führte. So wurde Eisen wieder zu einem begehrten und wertvollen Rohstoff. Dem entsprach die besondere Aufsicht, der das landwirtschaftliche Eisengerät in den Klöstern unterstand [2.21].

Seit dem neunten Jahrhundert erlebte die mittelalterliche Landwirtschaft einen bis dahin ungeahnten Aufschwung. Die Durchsetzung des schweren Räder- oder Beetpfluges, der die Bewirtschaftung schwerer und fruchtbarer Böden ermöglichte, bewirkte ein kontinuierliches Anwachsen der Ernteerträge. Diese Entwicklung wurde vor allem durch Einführung der Dreifelderwirtschaft mit ihrer Vergrößerung der Anbaufläche zusätzlich verstärkt [2.51].

In diesem Zusammenhang ist auch das neue Kummetgeschirr für Pferde zu nennen, wodurch gegenüber dem alten Jochgeschirr mit Unterbrust- und Halsgurt eine drei- bis vierfache Zugleistung erreicht wurde. Das Pferd eignete sich dadurch auch zur Beförderung schwerer Lasten, während es in der Antike kaum eine halbe Tonne ziehen konnte. Die erweiterten Transportmöglichkeiten förderten die Anlage zentraler Betriebe, die, wie beispielsweise Wassermühlen, jetzt größere Gebiete mit ihren Produkten oder Leistungen versorgen konnten. Kummetgeschirr und die bald einsetzende Pferdezucht haben das Angebot an tierischer Energie während des Mittelalters entscheidend gesteigert [2.21].

Weitere Fortschritte in der Landwirtschaft, die zugleich die Bedeutung eines selbständigen Handwerks erhöhten, waren die Erfindung der Sense, die Entwicklung der bis heute genutzten Sichel mit glatter Schneide und die Durchsetzung des vereinzelt schon seit der Völkerwanderung bekannten Dreschflegels aus zwei beweglich verbundenen Teilen. Alle diese Techniken steigerten nicht nur die Erträge bereits kultivierter Böden, sondern eröffneten auch neue Möglichkeiten zur Erweiterung der landwirtschaftlichen Nutzfläche durch Rodung und Kolonisation. Sie schufen die Voraussetzungen für ein Bevölkerungswachstum, das allein in den Jahren von 1150 bis 1200 in Europa schätzungsweise bei über 20 Prozent lag [2.51].

Trug das zunächst im Dienste der Landwirtschaft stehende dörfliche Handwerk wesentlich zu deren Erfolgen bei, so förderte jene Steigerung der landwirtschaftlichen Produktivität die Herausbildung einer städtischen Kultur, in der ein selbständiges, aufblühendes Handwerk bis zum Ausgang des Mittelalters die bestimmende Kraft wirtschaftlich-technischer und gesellschaftlicher Entwicklung wurde. Mit diesem Wandel der sozialen Stellung des Handwerks innerhalb der neuen kulturellen Zentren ging auch eine breite Entfaltung seiner Technik einher.

Ein Engpaß handwerklicher Technik waren die natürlichen Grenzen menschlicher oder tierischer Leistungsfähigkeit bei gleichzeitig steigenden Anforderungen an Menge und Geschwindigkeit der Produktion. Obwohl durch die verbesserte Nutzung des Pferdes eine der traditionellen Energiequellen zumindest erweitert werden konnte, erhöhte sich mit der Expansion des Handwerks auch dessen Bedarf an einer leistungsstarken und kontinuierlich wirksamen Antriebsenergie. Da die verfügbaren, auf Muskelkraft beruhenden Potentiale weitgehend ausgeschöpft waren, konnte das Energieproblem nur durch Einsatz von Technik gelöst werden. So begann im Mittelalter die Epoche der großen, wirtschaftlich einsatzfähigen Wasser- und Windmühlen.

Bild 2.33 Getreidemühle mit unterschlächtigem Wasserrad, Deutschland, um 1180

Auch bei der Entwicklung einer neuen Antriebstechnik konnte auf antike Erfindungen zurückgegriffen werden. Die von Vitruv beschriebene Wassermühle mit unterschlächtigem Rad, die sich zunächst sehr langsam und auch nur in den nördlichen Provinzen des römischen Reiches verbreitete, setzte sich besonders vom achten bis zehnten Jahrhundert nördlich der Alpen allgemein durch. In England arbeiteten gegen Ende des 11. Jahrhunderts bereits über 5000 Wassermühlen [2.21].

Bis zur eigenständigen Nutzung der Wasserkraft durch das städtische Handwerk blieb der Bau von Wassermühlen, der mit hohen Kosten verbunden war, fast ausschließlich kirchlichen und weltlichen Grundherren vorbehalten. Bauern und Handwerker durften gegen Entgelt die neue Energiequelle nutzen, wobei die Ansiedlung einzelner Gewerbe in der Nähe von Wassermühlen eine Konzentration der Produktion außerhalb der ländlichen Gemeinde und damit vielfach die Gründung städtischer Siedlungen einleitete [2.21].

Seit dem 11. Jahrhundert wurde die Wassermühle, insbesondere in den nordwesteuropäischen Küstenregionen, durch die Windmühle ergänzt. Sie soll im siebenten oder achten Jahrhundert in Persien als Mühle mit vertikaler Welle des Windrades aufgekommen sein. In Europa wurde sie jedoch, trotz möglicherweise bestehender Einflüsse aus dem islamischen Raum, der Wassermühle nachgebaut, also als Mühle mit horizontaler Welle und Zahnradwinkelgetriebe. Schon im 13. Jahrhundert kam man im Umkreis der Zisterzienser zu der aus Holz gezimmerten Bockwindmühle, bei der die ganze Mühle um einen Zapfen in den Wind gedreht werden konnte [2.21].

Bei dem 1098 gegründeten Zisterzienser-Orden spielte die wirtschaftliche, handwerkliche und technische Betätigung eine große Rolle. Die Zisterzienser, die in der Kolonisierung und Zivilisierung des europäischen Ostens einen wichtigen Beitrag leisteten, erwarben durch eigenwirtschaftliche Betätigung, was sie für den eigenen Unterhalt und für ihre karitative Tätigkeit benötigten. Die Zisterzienserklöster waren Mittelpunkte weitausstrahlender landwirtschaftlicher und gewerblicher Tätigkeit. Von der wirtschaftlichen Vielseitigkeit der Zisterzienser zeugt ihre Betätigung im Mühlenwesen und Wasserbau, im Bauhandwerk, im Bergbau, in der Eisentechnik, im Salinenwesen, im Tuchgewerbe, in der Gerberei und in der Brauerei [2.21].

Von 30 französischen Dokumenten des 12. Jahrhunderts über Eisenhämmer mit Wasserkraft beziehen sich allein 25 auf Zisterzienseranlagen. Kloster Walkenried trieb Bergbau im Harz, und Kloster Waldsassen in der Oberpfalz baute Brauneisenstein ab und unterhielt schon um 1300 Hammerwerke, die Ackergeräte und Werkzeuge für den landwirtschaftlichen Eigenbetrieb erzeugten. Die Zisterzienser haben die technische Entwicklung im Mittelalter wesentlich gefördert und technische Vorrichtungen und Verfahren in den europäischen Osten gebracht.

Wasser und Wind haben als Energiequellen das Potential menschlicher und tierischer Kraft mehr als nur erweitert. Durch die Erfindung der wasser- oder windbetriebenen Kraftmaschinen wurden zwei qualitativ neue Energien erschlossen, deren Größe mit dem Einsatz von Maschinen wuchs, die kontinuierlich wirkten und die sich selbst reproduzierten. Die Wasser- und Windmühlen des Mittelalters bedeuteten somit einen wichtigen Schritt auf dem Wege von der Handwerksarbeit zur Maschinentechnik, d. h. zur Entwicklung von kraftgetriebenen Arbeitsmaschinen.

Die neuen Kraftmaschinen konnten überall dort unmittelbar als Arbeitsmaschinen eingesetzt werden, wo die maschinell zu ersetzende handwerkliche Tätigkeit aus einer Rotationsbewegung bestand. Das war vor allem beim Kornmahlen der Fall, beim Schleifen oder beim Sägen mit einer Kreissäge. So wurden in der Spätantike bereits Steinsägen durch Wasserräder betrieben. Selbst Drehbänke sollen vereinzelt schon mit Wasserkraft angetrieben worden sein [2.34].

Für alle anderen Tätigkeiten mußte aber ein Mechanismus gefunden werden, der die rotatorische Bewegung der Mühle in eine translatorische Bewegung der Arbeitsmaschine übersetzte. Das gelang mit der Einführung der Daumen- oder Nockenwelle, deren Prinzip ebenfalls schon in der Antike bekannt war und bei dem

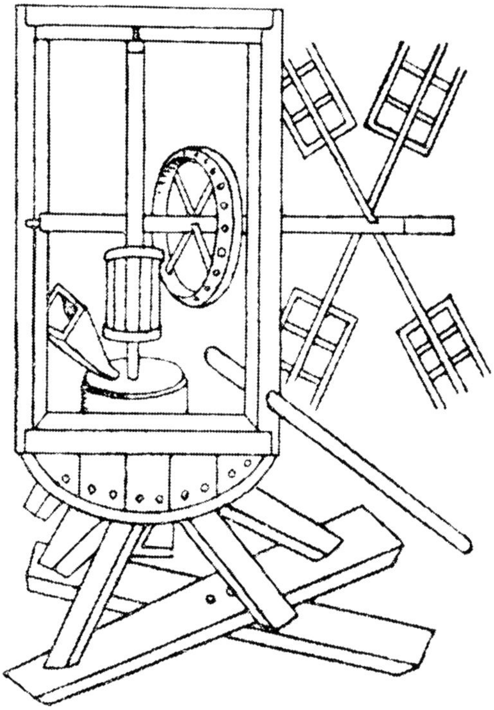

Bild 2.34
Deutsche Bockwindmühle, um 1480

alexandrinischen Mechaniker Heron vorkommt. Die Nockenwelle verwandelte die Drehbewegung der Wasser- oder Windmühle in eine hin- und hergehende Bewegung, die auch Hammerwerke, Blasebälge, Sägewerke oder Tuchwalkereien antreiben konnte. Mit der Verbindung von Kraft- und Arbeitsmaschinen waren nunmehr die Grundlagen für eine schrittweise Mechanisierung handwerklicher Produktion geschaffen [2.21].

Dennoch wurde die Werktechnik des Hoch- und Spätmittelalters von der an sich möglichen Mechanisierung kaum erfaßt. Die Gründe hierfür liegen zum einen in der geringen Flexibilität durch Ortsgebundenheit der mittelalterlichen Kraftmaschine. Zum anderen war der bis weit in die Neuzeit herrschende geringe Mechanisierungsgrad der Handwerksarbeit ein Ergebnis konservativer Handwerkstradition, die im technischen Fortschritt oft eine Gefährdung ihrer wirtschaftlichen Interessen erblickte und sich von daher Innovationen widersetzte.

Die Zünfte haben als Interessenvertretungen der Handwerkszweige deren wirtschaftlichen Aufschwung und damit generell die kulturelle Blüte der mittelalterlichen Städte gefördert. Doch je mehr sie in der Folgezeit danach trachteten, das bisher Erreichte nur noch festzuschreiben und vor Veränderungen zu bewahren, ging die weitere Entwicklung der Technik an den vom Zunftwesen beherrschten Städten vorbei. So lagen die von den Landesherren geförderten großen Manufakturen der frühen Neuzeit in der Regel außerhalb des Einflußbereichs der Zünfte.

Beispielhaft für die innovationshemmende Wirkung einiger Zünfte im späten Mittelalter sei ihre Reaktion auf zwei Erfindungen zur Verbesserung der Drehtechnik wiedergegeben [2.20]:

„Der Nürnberger Hans Spaichel hatte 1561 eine verbesserte Supportdrehbank erfunden. Der Rat von Nürnberg zerschlug 1578 eine solche Maschine, weil Spaichel sie einem Goldschmied verkaufen wollte. Spaichel gehörte zu den Rotschmieddrechslern, jenen Handwerkern, die gedrehte Gegenstände aus Kupfer und Messing herstellten. Und weil 1590 Wolf Dibler, ebenfalls ein Rotschmieddrechsler, für den rühmlich bekannten Goldschmied Hans Petzold eine Drehbank neuer Konstruktion gebaut hatte, wurde er für einige Tage in den Turm gesperrt. Es durfte eben keine neue Erfindung aus einem in einen anderen Handwerkszweig übertragen werden."

Zu den mittelalterlichen Handwerken, die sehr früh zum Einsatz der neuen mechanisierten Fertigungstechnik übergingen, gehörten die Schmiede mit ihren wasserradgetriebenen Hammerwerken. Erste Hinweise reichen bis in das Jahr 970 zurück. Damals sollen in den wasserreichen Tälern der Oberpfalz schon Blechhammerwerke mit sehr schweren Hämmern existiert haben. Ob der mechanische Hammer in dieser frühen Zeit auch schon zur Erzeugung von Schmiedeeisen aus Roheisen eingesetzt wurde, bleibt jedoch unklar [2.24].

Mit Beginn des 13. Jahrhunderts waren Hammerwerke allgemein verbreitet. Es gab zwei nach Bauart und Wirkungsweise unterschiedene Hammerarten, den mit großer Schlagzahl arbeitenden und vermutlich älteren Schwanzhammer sowie den Aufwerfhammer.

Bei Schwanzhämmern bildete der Hammerstiel einen zweiarmigen Hebel, an dessen einem Ende der Hammerkopf, der sog. Hammerbär, mit gehärteter Hammerbahn befestigt war. Am Schwanzende befand sich ein aufgezogener Ring, der von der Wasserradachse über ein Nockenrad nach unten gedrückt wurde. Dadurch hob sich der Bär, bis er beim Weiterdrehen der Radachse und nachfolgender Freigabe des Hammerstiels auf den Amboß schlug. Dieser bestand später, etwa seit Beginn des 15. Jahrhunderts, aus Stahlguß und war in einen mit Eisenbändern gefaßten Hammerstock eingelassen [2.24].

Die Größe der Schmiedestücke, die mit dem Schwanzhammer bearbeitet werden konnte, war begrenzt. Für größere Stücke kam im 14. Jahrhundert der Aufwerfhammer zur Anwendung. Sein Hammerstiel bestand aus einem einarmigen Hebel, der im vorderen Drittel von einem eisernen Ring eingefaßt war. Dort setzten die Daumen der parallel zum Hammerstiel laufenden Radwelle an, so daß der Stiel mit dem vorn befestigten Hammerbär nach oben geworfen wurde. Oberhalb des Hammerstiels befand sich ein Prellbalken, der Reitel, dessen vom Hammer ausgelöste Bewegung durch einen schweren Drambalken abgefangen wurde. So verstärkte der Prellbalken die Wucht des bis zu 1600 kg schweren Hammerbärs [2.24].

Die Schlagzahl des großen Aufwerfhammers betrug 60 bis 70 Schläge in der Minute gegenüber 150 Schlägen des kleineren Schwanzhammers. Dieser war zudem für den Schmied besser zugänglich. Auch konnten bei Schwanzhämmern von einer Radwelle zugleich mehrere Hämmer angetrieben werden.

Neben diesen beiden Hammerarten gab es noch den wegen seines eingeschränkten Arbeitsraumes selten verwendeten Stirnhammer. Hier setzten die Nocken der Wasserradwelle direkt an der Stirnseite des Hammerbärs an, so daß der Amboß nur von der Seite her erreichbar war [2.24].

Aus den vorhandenen Quellen darf geschlossen werden, daß die ersten Versuche, Wasserkraft auch zum Antrieb der Schleifmaschine einzusetzen, auf das 13. Jahrhundert zurückgehen. Sicher belegt sind Schleifmühlen für die Zeit um 1300 zur Feinbearbeitung von Blankwaffen in der Pfarrei Solingen an den Ufern der Wupper.

Bild 2.35 Der Hammer „Herzog", Rekonstruktion, Westfalen, 15. Jh.

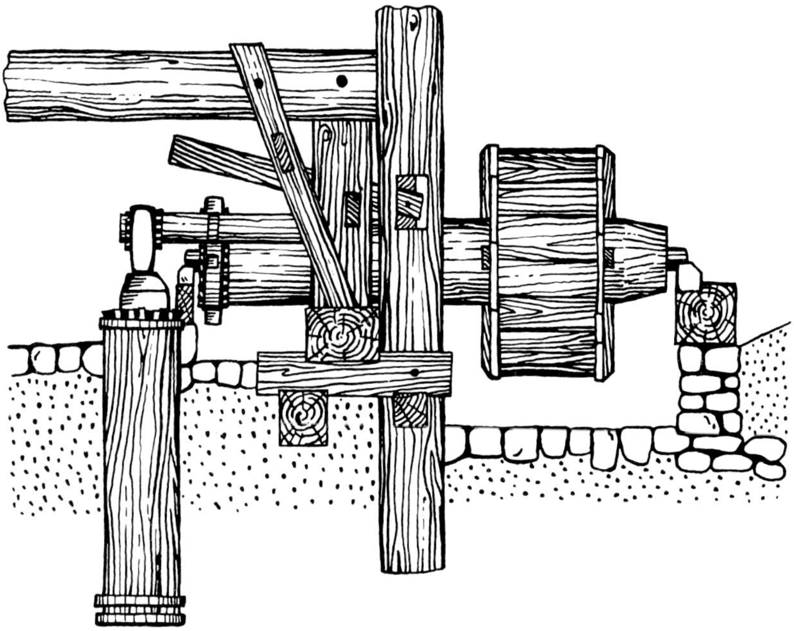

Bild 2.36 Aufwerfhammer, 14. Jh., schematische Rekonstruktion

Wegen der benötigten größeren Wassermenge wurden die Schleifmühlen nicht den sehr viel älteren Schmiedewerkstätten angeschlossen, die abseits von der Wupper an kleinen Bächen gelegen waren. Wie die Schleifmühlen der mittelalterlichen Schwertschleifer aussahen und arbeiteten, ist weder durch Beschreibungen noch durch bildliche Darstellungen überliefert. Vermutlich war der Schleifstein ähnlich wie bei der zur gleichen Zeit aufkommenden Windmühle über ein Zahnradwinkelgetriebe mit der Radwelle verbunden.

Unter den mittelalterlichen Metallhandwerken nahm die Drahtherstellung einen gewichtigen Platz ein. Draht war vor allem als Rohmaterial für gewirkte Panzerhemden sehr gefragt. Er wurde bis in das 13. Jahrhundert hinein vom Schmied gehämmert und gezogen. Dieses Verfahren beschrieb der Mönch Theophilus Presbyter im ersten Viertel des 12. Jahrhunderts in seiner „Diversarum artium schedula".

Theophilus, ein deutscher Benediktiner, auch als der berühmte Goldschmied Roger von Helmarshausen bekannt, dokumentierte in seinem umfassenden Werk äußerst anschaulich die Fülle kunsthandwerklicher Arbeiten, die der Ausstattung von Kirchen und Klöstern dienten. Er hat praktisch aus erster Hand mit seinem Werk eine einzigartige Sammlung der kunsthandwerklichen Technologie des Mittelalters geschaffen. Neben vielen Einzelheiten erläutert er, wie man damals Blattgold verarbeitet, Gold gemahlen und den Staub für Bucheinbände benutzt hat. Es wird beschrieben, wie die Gießformen aus Eisen entstanden sind, oder welche Verfahren zum Biegen des Drahtes, zum Zusammensetzen und Verlöten von Fenstern angewendet werden. Die Schedula handelt vom Werkofen bis zum Blasebalg, vom Amboß bis zum Drahtzieheisen, vom Umgang mit Silber und anderen Edelmetallen sowie von der Herstellung und Bearbeitung von Messing oder Kupfer [2.49].

Im folgenden seien die Beschreibungen einiger mittelalterlicher Werkzeuge und Geräte aus der Schedula im Wortlaut wiedergegeben [2.49]:

„Die Ambosse: Es gibt breite, ebene Ambosse von quadratischer Form. Ebenso gibt es ebene Ambosse mit Hörnern. Auch gibt es Ambosse, die oben rund, ähnlich einem halben Apfel sind, der eine größer, der andere kleiner, ein dritter kurz; diese heißen Knoten. Desgleichen gibt es Ambosse, oben lang und schmal, gewissermaßen zwei von einem Schaft vorstehene Hörner. Das eine davon ist rund und verjüngt, so daß es am Ende dünn ist; das andere aber breiter und am Ende bei gleichmäßiger Rundung leicht rückwärts gebogen, ähnlich einem Daumen. Hiervon gibt es größere und kleinere.

Die Hämmer: Es gibt viele Arten Hämmer, größere, kleinere und ganz kleine, am einen Ende breit, am anderen verjüngt. Ebenso lange und schlanke Hämmer, die am Ende rund sind, größere und kleinere. Desgleichen Hämmer, oben hornförmig, unten breit.

Die Zangen: Es gibt schwere Handzangen, die Knöpfe am Ende (der Schenkel) haben, größere und kleinere. Ebenso lange und zierliche Zangen. Weiter lange Gießzangen, am vorderen Ende leicht gekrümmt. Desgleichen mittelgroße Zangen, mit denen jedes zu feilende Werkstück gehalten wird. Sie sollen am Ende eines Schenkels zugespitzt sein, am Ende des anderen soll ein dünnes, mit Löchern versehenes Blechplättchen hängen. Hast du ein kleines zu feilendes Werkstück eingelegt, so drücke die Schenkel kräftig zusammen und stecke den zugespitzten Schenkel in ein beliebiges Loch. Ebenso gibt es ganz kleine Zangen, die am einen Ende in sich zusammenhängen und am anderen zugespitzt sind; mit ihnen werden Körner und anderes kleines Metallwerk zusammengesetzt. Desgleichen sogenannte Kohlenzangen, größere und kleinere, die am einen Ende zusammenhängend und umgebogen, am anderen offen und leicht gekrümmt sind. Ebenso größere und kleinere Scheren, aus zwei Teilen zusammengesetzt und mittels eines Bogens zusammengehalten.

Die Meißel: Man fertigt auch Meißel von solcher Größe an, daß sie mit der ganzen Hand gehalten werden und breit und eben über die Hand hervorragen, aber auch unter der Hand hervorstehen, hier breit, flach und scharf. Hiervon macht man viele kleine und große und schneidet damit Gold, Silber und das zähe Kupfer.

Die Punzen: Man macht auch Werkzeuge zum Herausarbeiten von Bildnissen, Vögeln, Tieren oder Blumen in Treibarbeit aus Gold, Silber und Kupfer, eine Handbreit lang, oben breit und mit einem Kopf versehen, unten aber dünn. Es gibt runde, flache, dreikantige, vierkantige, gekrümmte, je nach der Verschiedenheit der Arbeit geformt. Es wird mit dem Hammer auf sie geschlagen. Man macht auch ein ebenso gestaltetes Werkzeug, aber ganz dünn am Ende. In dieses Ende wird mit einem noch dünneren Werkzeug eine Vertiefung eingeschlagen und deren Rand ringsum angefeilt. Schlägt man dieses Werkzeug auf Gold, Silber oder vergoldetes Kupfer, so erscheint gewissermaßen ein ganz feiner Kreis.

Die Feilen: Die Feilen aber, d. h. die schweren und mittelschweren, werden aus massivem Stahl gemacht, und zwar als Vierkant-, Dreikant- und Rundfeilen.

Man macht auch andere ganz schwere. Diese sollen in der Mitte stärker sein, und sind innen aus weichem Eisen; außen aber werden sie mit Stahl belegt.

Sind alle diese Feilen entsprechend der Größe, die ihnen ihr Verfertiger hat geben wollen, zurechtgeschmiedet, so werden sie über der Runcina geebnet und dann mittels eines Hammers mit Doppelschneide mit dem Hieb versehen. Andere Feilen werden mit dem Meißel, über den wir oben sprachen, gehauen. Mit diesen soll das Werkstück geschlichtet werden, nachdem es mit anderen, größeren, vorgefeilt worden ist.

Sind sie allseitig mit Hieb versehen, so führe ihre Härtung folgendermaßen aus:

Das Härten der Feilen: Verbrenne Ochsenhorn im Feuer und schabe es, mische ihm ein Drittel Salz bei und mahle die Anmachung tüchtig. Dann stecke die Feile ins Feuer, und wenn Sie ins Glühen gekommen ist, streue jene Anmachung allerseits darauf. Wenn die aufgeschütteten Kohlen tüchtig brennen, fache das Feuer durchweg eilig an, aber so, daß die Härtemasse nicht abfällt. Nimm dann die Feile sofort heraus, lösche sie gleichmäßig im Wasser ab, ziehe sie heraus und trockne sie leicht über dem Feuer. Auf diese Weise härte alle Feilen, die aus Stahl sind.

Die Drahtzieheisen: Zwei Eisen von drei Finger Breite, oben und unten verjüngt, durchweg flach und mit drei oder vier Reihen von Löchern, durch die die Drähte gezogen werden sollen.“

Wie die Erwähnung des Drahtzieheisens belegt, war das Verfahren des Drahtziehens schon im 12. Jahrhundert bekannt. Solche Zieheisen sind sogar aus Grabungsfunden der Wikinger-Zeit bekannt.

1306 soll der Nürnberger Waffenschmied Rudolph das Drahtziehen mit Zieheisen, Scheiben und Zangen in der Stadt eingeführt haben. Noch im 14. Jahrhundert wurde die Drahtzieherei vom Rat der Stadt Nürnberg zum gesperrten Gewerbe erklärt. Danach durfte kein gelernter Drahtzieher Nürnberg verlassen. Dennoch hat sich das Drahtziehen sehr schnell im In- und Ausland verbreitet [2.24].

In den Jahren zwischen 1408 und 1415 entstanden, ebenfalls in Nürnberg und durch Förderung des städtischen Rates, die ersten Drahtziehmühlen, mit denen dieses Bearbeitungsverfahren mechanisiert wurde. Die Zange, welche den Grobdraht durch das Zieheisen zog, war mit einer gekröpften Welle verbunden, die ein Wasserrad antrieb. Unter Zug und Last schloß sich die Zange, um sich danach

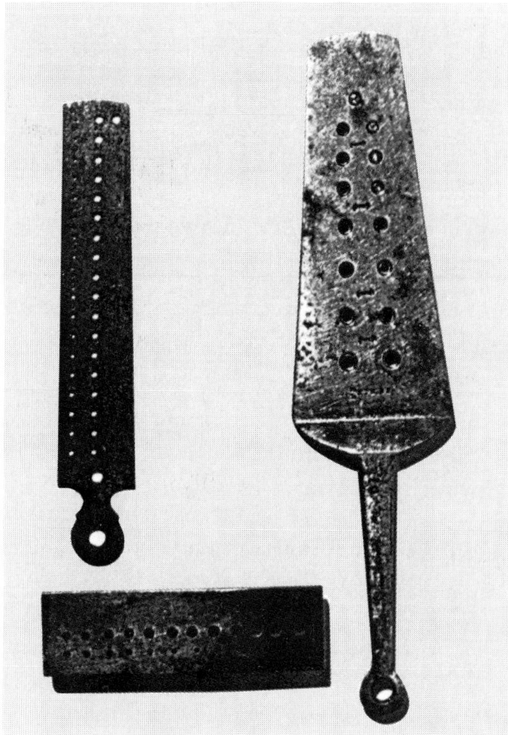

Bild 2.37 Zieheisen, 17. Jahrhundert

wieder zu öffnen. Lediglich für den Vorschub und das erneute Zugreifen am Draht wurde ein Drahtzieher benötigt. Die Drahtmühlen sicherten dem Nürnberger Gewerbe bis zum beginnenden 16. Jahrhundert einen gewaltigen Aufschwung und eine beherrschende Stellung [2.51].

Der weitere Fortschritt mittelalterlicher Werkzeug- und Maschinentechnik wurde entscheidend von der Erfindung des Eisengusses bestimmt, der im späten 14. Jahrhundert nachweisbar ist, und vom Aufkommen des Schießpulvers im 13. Jahrhundert, dem um 1320 das Schießpulvergeschütz folgte. Beide Erfindungen haben nicht nur das Militärwesen des Mittelalters revolutioniert. Indem sie seine militärische Basis, die Ritterheere, entwerteten, leiteten sie zugleich das Ende der traditionellen Feudalordnung ein. Denn nur die Territorialmächte und die zu Reichtum gelangten Städte verfügten über die erforderlichen Mittel, um große Armeen mit Kanonen und Handfeuerwaffen auszurüsten, gegen die gepanzerte Reiter und ihre bis dahin schützenden Burgen zunehmend machtlos wurden [2.48].

Der Erfindung des Eisengusses ging zum Ende des 12. Jahrhunderts der Einsatz wasserkraftbetriebener Blasebälge voraus, der die Erzeugung wesentlich höherer Schmelztemperaturen erlaubte. Mit neuen Hochöfen erreichte man schließlich die notwendigen Temperaturen zur Herstellung von flüssigem Roheisen, das jedoch zur Reduktion des Kohlenstoffes in einem Frischfeuer unter Luftzufuhr noch einmal geschmolzen werden mußte. Dieses indirekte Schmelzverfahren führte zum Eisenguß, dem der vornehmlich für Glocken verwendete Bronzeguß als Vorbild diente [2.51].

Mit der Erfindung des indirekten Verfahrens und des Eisengusses nahm die seit dem 13. Jahrhundert ohnehin hohe Eisenproduktion weiter zu. Die europäische Jahreserzeugung am Ausgang des Mittelalters wird auf 60 000 t geschätzt [2.51].

Geschütze und Handfeuerwaffen gaben der Verwendung des Eisens von der Mitte des 14. Jahrhunderts an eine völlig neue Dimension. Schußwaffen wurden zunehmend zu einer entscheidenden Bewaffnung für den Krieg und die Jagd. Dennoch behielt die blanke Waffe eine große Bedeutung. Neben den Schwertschmied trat der Büchsenmacher, der als innovativer Ingenieur des späten Mittelalters gelten kann [2.24].

Die ersten großen Kanonenrohre, die in Florenz seit 1326, in England seit 1327 und in China seit 1332 gegossen wurden, bestanden aus Bronze. Das grundsätzliche Problem bei der Herstellung von Feuerwaffen lag in der Fertigung von Metallrohren, die dem Druck der Verbrennungsgase standhielten und dem Geschoß beim Austrieb eine genaue Führung gaben. Diesen Anforderungen mußten die Büchsenmacher bei unterschiedlichsten Handfeuerwaffen ebenso gerecht werden wie die Erbauer von tonnenschweren Geschützen [2.41].

Bild 2.38 Drahtziehmühle, De la Pirotechnia, 1540

Eiserne Geschütze wurden anfangs vorwiegend geschmiedet. Dazu schweißte man über einen Kern aus Holz ähnlich wie die Dauben eines Fasses Längsschienen zu einem Rohr zusammen. Den Boden bildete ein eingetriebener und dann verschweißter Klotz. Äußere Ringe verstärkten die Längsschienen, die an der Mündung über einen Mündungsring nach außen umgeschmiedet wurden [2.24].

Die Geschosse solcher Stabringgeschütze bestanden vorwiegend aus Steinkugeln. Als um die Mitte des 14. Jahrhunderts geschmiedete und später gegossene Eisenkugeln aufkamen, waren die geschmiedeten Geschütze der erhöhten Mündungsgeschwindigkeit und dem damit verbundenen Gasdruck nicht mehr gewachsen. Deshalb trat nun bis ins 18. Jahrhundert an die Stelle der Schmiedetechnik wieder verstärkt der Bronzeguß, da sich das Härten von Eisen in den für ein Geschütz benötigten Mengen noch immer äußerst schwierig gestaltete [2.46].

Bei der Herstellung von Handfeuerwaffen gab es diese Probleme nicht, so daß bei Gewehren bereits Ende des 15. Jahrhunderts das Schmieden von Eisen überwog. Die Gewehrrohre wurden aus Flacheisenschienen, deren Breite dem Rohrumfang entsprach, über einen Dorn warm geschmiedet und die entstehenden Nähte feuerverschweißt. Die äußere polygonale oder zylindrische Form entstand durch Gesenkschmieden. Den Innendurchmesser glättete man durch Ausbohren auf einer Bohrbank, wobei vereinzelt schon zum Ausgang des 14. Jahrhunderts Züge in den Gewehrlauf eingezogen wurden, die dem Geschoß eine Drehung und damit einen stabileren Flug gaben.

Auch die gegossenen Geschütze mußten zur Beseitigung von Unebenheiten des Gusses im Lauf ausgebohrt werden. Die erste Nachricht über dieses Bearbeitungsverfahren, das die bis dahin üblichen Anforderungen an die Maßgenauigkeit im Metallhandwerk erheblich steigerte und daher Maschinen erforderte, stammt aus Trier und geht auf das Jahr 1373 zurück. Eine Beschreibung der verwendeten Bohrmaschine ist nicht überliefert. Doch eine wenig später entstandene Wiener Handschrift zeigt eine Bohrmaschine aus dem Jahr 1420, die von einem waagerechten Turbinenrad angetrieben wurde. Der Bohrer arbeitete nach oben, um das Herausfallen der Späne zu erleichtern [2.47].

Um 1450 entstand die in Nürnberg aufbewahrte Skizze einer göpelbetriebenen Geschützbohrmaschine. Das auszubohrende Rohr stand zwischen vier Gestellpfosten auf dem Boden. Die von oben kommende Bohrspindel, die sich in einem Lager drehte, war unmittelbar mit dem Göpelbaum verbunden, den vier Pferde bewegten. Durch Seilwinden konnte der Meißel entsprechend dem Fortgang der Bohrarbeit nachgelassen werden [2.47].

Um die Mitte des 15. Jahrhunderts zeichnete der Nürnberger Organist Hanns Hentz in seinem Rüst- und Büchsenmeisterbuch, das heute in Weimar aufbewahrt wird, eine Bohrmaschine für Mörser. Die Bohrspindel bestand aus einem mit Stählen besetzten Baum. Der Antrieb erfolgte ebenfalls durch ein Göpelwerk [2.18].

Hanns Hentz ist heute weitgehend unbekannt. Um 1455, dem vermutlichen Entstehungsjahr seiner Schrift, war er Organist zu St. Martin in Nürnberg. Sein Rüst- und Büchsenmeisterbuch verfaßte er in Form einer Bilder-Handschrift. Es gehörte zu einer Reihe kriegstechnischer Literatur des späten Mittelalters, die 1405 mit Konrad Kyeser einsetzte, auf den noch zurückzukommen sein wird, Autoren wie Roberto Valturio und Philibs Monch einschloß, und in der Renaissance durch Leonardo da Vinci und Vanuccio Biringuccio einen vorläufigen Höhepunkt erreichte.

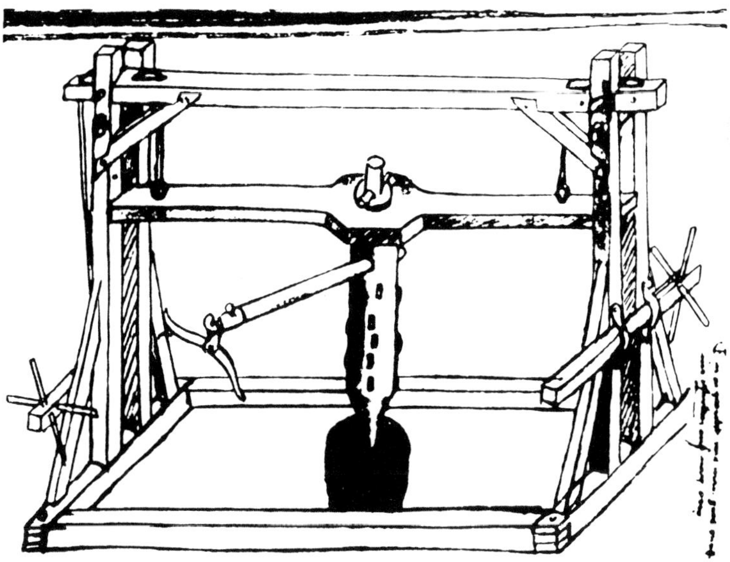

"Ein zugericht wie man gros püchsen mit pferden auf mag porn"

Bild 2.39
Geschützbohrmaschine aus dem Rüst- und Büchsenmeisterbuch des Hanns Hentz, um 1450

Eine für ihre Zeit weit entwickelte Geschützbohrmaschine hat der Büchsenmeister Philibs Monch 1496 in einer detaillierten Zeichnung überliefert. Sie gehört zu seiner Bilder-Handschrift „buch der stryt un Buchsse" [2.27]. In dem auszubohrenden Mörser, der am Boden befestigt war, drehte sich ein mit Bohrwerkzeugen bestückter Baum. Je nach Bedarf konnte er an Seilen nachgelassen werden, die durch Winden bewegt wurden. Auffällig an der Konstruktion ist der hohe Anteil von Eisenbestandteilen, den Monch auch für andere von ihm dargestellte Maschinen dokumentiert [2.47].

Für die mittelalterliche kriegstechnische Literatur ist das Werk des bereits erwähnten fränkischen Arztes und Truppenführers Konrad Kyeser aus Eichstätt

Bild 2.40 Geschützbohrmaschine mit Pferdeantrieb. Nach der Heidelberger Handschrift des pfälzischen Büchsenmeisters Philip Monch, 1496

grundlegend. Im Jahre 1405 vollendete er seine Hauptschrift „Bellifortis“, zu deutsch „Der Kriegsheld“. Sie umfaßte zehn Bücher folgenden Inhalts [2.13]:

I Angriffswaffen für die Feldschlacht,
II Angriffswaffen für den Festungskrieg,
III Wassertechnik im Landkrieg,
IV Steiggeräte für den Festungskrieg,
V Werfkunst, Armbrüste und Wurfmaschinen,
VI Verteidigungswaffen für den Festungskrieg,
VII Friedliche Verwendung des Feuers, Zauberrezepte,
VIII Kriegerische Verwendung des Feuers. Raketen, Fliegende Drachen, Pulvergeschütze, Rezepte,
IX Verschiedenes, Bäder, Rezepte, Heilmittel und
X Verschiedenes, Foltergeräte, Zauberrezepte.

Der Bellifortis wurde bald vollständig, bald gekürzt abgeschrieben und blieb 150 Jahre lang die Grundlage für andere technische Handschriften.

Ein erstes Zentrum der Geschützherstellung in Mitteleuropa war Nürnberg. Unter Kaiser Maximilian verlagerte sich die Rüstungsproduktion gegen Ende des 15. Jahrhunderts nach Innsbruck und dort in einen Vorort nahmens Mühlau. Für einige Jahrzehnte blieb der Tiroler Geschützguß hier fast ohne Konkurrenz. Auftraggeber für den komplizierten und teuren Bronze- oder Eisenguß waren der Kaiser, die europäischen Könige, das aufstrebende Landesfürstentum und einige größere Städte, während der Landadel und die Ritterschaft bereits ihre dominierende Stellung eingebüßt hatten [2.51].

In den Städten war die Spezialisierung des Handwerks weiter vorangetrieben. Allein auf dem Gebiet der Metallverarbeitung gab es Drahtzieher, Messer-, Sensen-, Hufeisen-, Nagel-, Schnallen-, Löffel-, Zangen-, Rot- und Schwertschmiede, die Plattner als Harnisch – und die Salwürker als Kettenhemdhersteller, die Leuchtermacher, Nadler, Fingerhüter, Münz- und Messingschläger, die Zirkel-, Gold-, Silber-, Pflug-, Ketten- und Ankerschmiede, die Striegel-, Schellen-, Feilen-, Pfannen-, Flaschen- und Raspelmacher sowie die Büchsenmeister für die Geschützherstellung und die Büchsenmacher für die Fertigung von Handfeuerwaffen. Diese Liste umfaßt nur eine Auswahl damaliger Metallberufe [2.24].

Bild 2.41 Darstellung des Dreifachgeschützes in Konrad Kyesers Bellifortis von 1405

Bild 2.42 Der Feilenhauer, 15. Jh.

Auch hinsichtlich der Spezialisierung und Blüte des mittelalterlichen Handwerks ist die Stadt Nürnberg beispielhaft. Bei einer Einwohnerzahl von weniger als 20 000 gab es um das Jahr 1363 etwa 1200 Meister, die in 50 Handwerkergruppen organisiert waren. Über ihre Verteilung gibt ein damaliges Handwerkerverzeichnis Auskunft [2.20]:

Calciatores (Schuhmacher)	81 Meister
Sartores (Schneider)	76 Meister
Pistores (Bäcker)	75 Meister
Cultellarii (Messerer)	73 Meister
Carnifices (Fleischer)	71 Meister
Ledrer (Lederer)	60 Meister
Kürsner (Kürschner)	57 Meister
Reuzzen (Flickschuster)	37 Meister
Irher (Weißgerber)	35 Meister
Pütner (Böttcher)	34 Meister
Verber (Färber)	34 Meister
Messingsmit, Gürtler, Zingiezer, Spengler (Messingschmiede, Gürtler, Zinngießer, Spengler)	33 Meister
Mentler (Mäntelmacher)	30 Meister
Loder (Tuchmacher)	28 Meister

Reuzzenslozzer (Ausbesserung von Schlosserarbeiten)	24 Meister
Spigler, Glaser ante portam (Spiegelmacher, Glaser in der Vorstadt)	23 Meister
Nadler und Drotsmit (Nadler, Drahtschmiede)	22 Meister
Hufsmit (Hufschmiede)	22 Meister
Taschner	22 Meister
Plechhantschuer (Blechhandschuhmacher)	21 Meister
Wagner	20 Meister
Huter	20 Meister
Vischer (Fischer)	20 Meister
Bizzer, Sporer, Stegraiffer (Zaumschmiede, Sporer, Steigbügelmacher)	19 Meister
Frumwerker (Handwerker, die Schmiedearbeiten auf Bestellung ausführten)	17 Meister
Wehsler (Geldwechsler)	17 Meister
Satler (Sattler)	17 Meister
Goltsmit (Goldschmiede)	16 Meister
Carpentarii (Zimmerleute)	16 Meister
Flaschensmite (Flaschner, Klempner)	15 Meister
Kanelgiezzer (Kannengießer)	14 Meister
Platner	12 Meister
Pantberaiter (Bandweber)	12 Meister
Handschuer (Handschuhmacher)	12 Meister
Peutler (Beutler)	12 Meister
Glaser	11 Meister
Hafner	11 Meister
Schreiner	10 Meister
Tuchscherer	10 Meister
Sailer (Seiler)	10 Meister
Zigensmit, Flachsmit, Knopfsmit, Sleiffer (Zainschmiede, Flachschmiede, Knopfschmiede, Schleifer)	9 Meister
Lapicide (Steinmetzen)	9 Meister
Kezzler (Kesselschmiede)	8 Meister
Klingensmit (Klingenschmiede)	8 Meister
Swertfegen (Schwertfeger)	7 Meister
Haubensmit (Haubenschmiede)	6 Meister
Nagler	6 Meister
Moler (Maler)	6 Meister
Pfannensmit (Pfannenschmiede)	5 Meister
Sarwürhten (Panzerhemdenmacher)	4 Meister

Den Entwicklungsstand des damaligen Handwerks dokumentiert ausführlich das Nürnberger „Hausbuch der Mendelschen Zwölfbrüderstiftung“, eine Bilder-

Chronik des 1388 von dem Handelsherrn Conrad Mendel gestifteten Altersheims für hilfsbedürftige alte Handwerker. 1425 begonnen, wurde es in insgesamt über 799 Blättern bis zum Jahre 1799 fortgeführt [2.50].

Marquart Mendel, Enkel des Stifters und Pfleger des Heims von 1425 bis 1438, ordnete bei seinem Amtsantritt an, daß alle in die Stiftung aufgenommenen Brüder bei ihrer früheren Arbeit in der Werkstatt, im Hof, auf der Straße, im Feld

Bild 2.43 Pfannenschmied, Hausbuch der Mendelschen Zwölfbrüderstiftung, um 1544

oder Weinberg von einem Maler dargestellt wurden. Daß diese Bilder keinen künstlerischen Anspruch erheben, tritt zurück vor der Aufgabe, die sie hinreichend erfüllen: die Tätigkeit des Handwerkers mit seinen Dingen so getreu wie möglich zu zeigen.

Im Zusammenhang mit der Spezialisierung haben sich neben der großen Maschinentechnik auch die einfachen Werkzeuge und handbetriebenen Geräte des mittelalterlichen Handwerks weiterentwickelt. Bereits im 11. Jahrhundert wurde der alte Fiedelbohrer durch den Drillbohrer mit Rennspindel ergänzt.

Die Rennspindel, auch Tanzmeister genannt, die schon den Römern bekannt war, wird von Theophilus Presbyter folgendermaßen beschrieben: „Man durchbohrt (Perlen) mit einem spitzen, verstählten Werkzeug, das in eine Holzspindel eingesetzt ist, die eine kleinere, bleierne Schwungscheibe trägt und ein anderes Holz, in dem sie sich dreht. Auf diese Spindel wird ein Riemen aufgelegt und sie damit in Umdrehung versetzt.“ [2.49]

Der auf der Bohrspindel verschiebbare Druckbalken ist also an seinen Enden durch Riemen mit dem Spindelkopf verbunden. Beim Aufwickeln des Riemens auf die Spindel wird der Druckbalken angehoben. Wird dieser wieder nach unten gedrückt, dreht sich die Spindel mit dem in ihr befestigten Bohrer. Die von Theophilus erwähnte Schwungscheibe speichert die zum erneuten Aufwickeln des Riemens notwendige Energie [2.28].

Bild 2.44 Fingerhuthersteller mit Rennspindel, Hausbuch der Mendelschen Zwölfbrüderstiftung, um 1425

Der Nachteil der Rennspindel besteht darin, daß mit ihr, wie auch mit dem Fiedelbohrer, nur eine wechselnde Drehbewegung erzeugt werden kann. Erst mit der um das Jahr 1420 von einem flämischen Zimmermann erfundenen Bohr- oder Brustleier wurde dieser Nachteil vermieden. Die Bohrleier war bis ins 18. Jahrhundert nur bei den holzverarbeitenden Berufen üblich. Schlosser und Schmiede benutzten auch weiterhin Fiedelbohrer und Rennspindel [2.28].

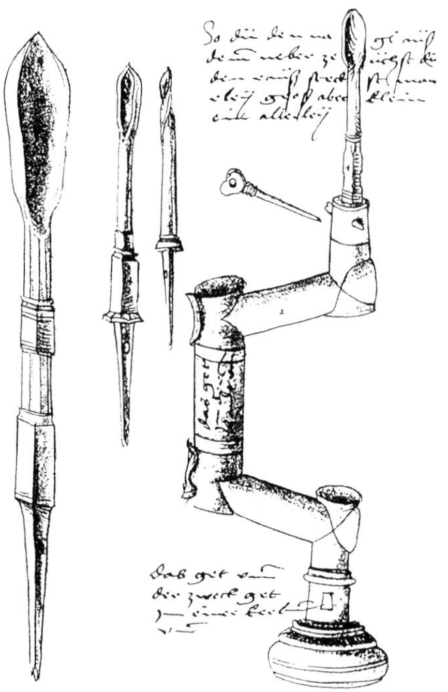

Bild 2.45 Eine der ältesten Abbildungen einer Bohrleier aus der Handschrift des Nürnberger Patriziers Löffelholz, 1505

Im Unterschied zu den Schleifmühlen, über deren Aussehen und Funktionsweise keine gesicherten Informationen vorliegen, sind die Kenntnisse von den im Handwerk eingesetzten Schleifsteinen wesentlich genauer. Im 9. Jahrhundert kamen Schleifsteine für Handantrieb mit Kurbel auf [2.44].

Ein Manuskript aus der Zeit der Hussitenkriege vermittelt die Darstellung einer über lange Zeit unveränderten kurbelbetriebenen venezianischen Schleifmaschine

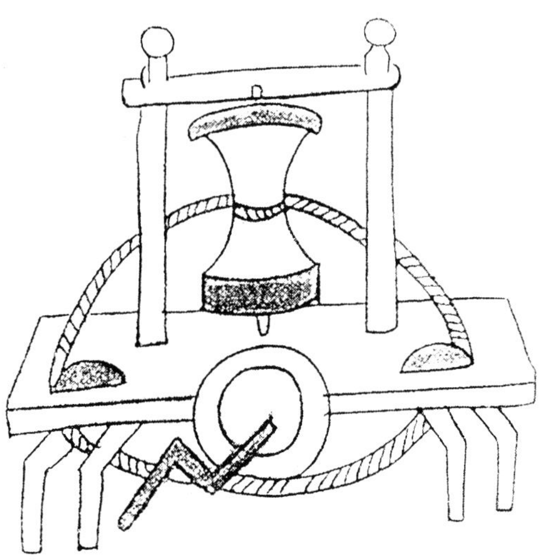

Bild 2.46
Schleifstein mit Handantrieb, um 1475

für Edelsteine. Durch eine Handkurbel wurde eine Welle in Drehung versetzt, auf der eine Antriebsscheibe saß. Ein durchlaufendes Seil verband diese Scheibe mit einer Schnurrolle, die auf einer senkrecht zum Schleiftisch stehenden Achse gelagert wird. An beiden Enden der Schnurrolle befanden sich die Schleifscheiben [2.44].

Auch die Schnurzugdrehbank, die für das Mittelalter seit dem achten Jahrhundert wieder belegt ist, erfuhr im Hochmittelalter in zweifacher Form Verbesserungen. Diese betreffen einerseits die Erfindung der Wippendrehbank vorzugsweise zum Drechseln und andererseits die Anwendung der Kurbel besonders für die Metallbearbeitung [2.43].

Bild 2.47
Drechsler an der Wippendrehbank, Hausbuch der Mendelschen Zwölfbrüderstiftung, um 1425

Die Wippendrehbank konnte für das 13. Jahrhundert nachgewiesen werden. Ihr Vorteil bestand darin, durch die mit dem Fuß bediente Wippe auf einen Gehilfen zum Antreiben der Drehbank verzichten zu können. Man befestigte die von der Schnurzugdrehbank bekannte Antriebsschnur mit dem einen Ende an einem Pedal und verband das andere Ende mit einer oberhalb der Drehbank befestigten Feder, die aus einer wippenden Latte bestand und der Drehbank ihren Namen gab [2.28].

Die bereits dem Alten Orient vertraute Vorrichtung zur Bearbeitung rotationssymmetrischer Teile war inzwischen so ausgereift, daß nun zurecht von einer Drehbank gesprochen werden konnte. Sie bestand aus einem Gestell, der Bank, auf dem zwei Holzpfosten mit feststehenden Metallspitzen zur Aufnahme des Werkstücks angebracht waren. Einer dieser Pfosten konnte in einer einfachen Längsnut entsprechend der Werkstückgröße verschoben werden. Nach dem Spannen des Werkstücks wurde dieser Reitstock verkeilt. Der Nachteil der Wippendrehbank lag in ihrer alternierenden Drehbewegung, die sie von der älteren Schnurzugbank übernommen hatte.

Gegenüber der Wippendrehbank ermöglichte die im 15. Jahrhundert zum Metalldrehen aufkommende Drehbank mit Rad- oder Kurbelantrieb eine kontinuierliche Drehbewegung. Ihr Nachteil bestand in den höheren Betriebskosten, die mit der Beschäftigung eines Gehilfen für den Antrieb verbunden waren. Vermutlich hat sie sich deshalb beim Drechseln weniger durchgesetzt [2.28].

Beim Metalldrehen überwogen jedoch die Vorteile der Drehbank mit Radantrieb. Mit ihr konnten bei entsprechender Übersetzung bedeutend höhere Kräfte übertragen und größere Schnittgeschwindigkeiten erreicht werden. In Verbindung mit der gleichförmigen Drehbewegung ließ sich so eine bessere Oberflächengüte erzielen. Schließlich erlaubte sie dem Dreher, sich ganz auf seine Arbeit zu konzen-

Bild 2.48 Drehbank mit Kurbelantrieb, 1568 Barley, Rekonstruktion

trieren, da der Gehilfe für den Antrieb sorgte. Dadurch wurde nicht zuletzt der Ausschuß merklich verringert.

Das ausgehende 15. Jahrhundert brachte auch die für das Metallhandwerk wichtige Erfindung des Schraubstocks. In der Bilderhandschrift des Nürnberger Patriziers Martin Löffelholz von 1505 wird zum ersten Mal ein hölzerner Schraubstock mit eisernen Klemmbacken dargestellt [2.25]. Eine weitere Abbildung des Schraubstocks aus dem Jahr 1528 findet sich in der Handschrift der Mendelschen Zwölfbrüderstiftung [2.28].

Bild 2.49
Schlosser am Schraubstock, Hausbuch der Mendelschen Zwölfbrüderstiftung, um 1528

Der Schraubstock diente dazu, das zu bearbeitende Werkstück festzuhalten, damit man es bequemer bearbeiten konnte. Der Schraubstock ermöglichte dem Handwerker, das Werkzeug mit beiden Händen zu führen, während er zuvor mit der einen Hand das Werkstück an die Anlage pressen mußte.

Für das Altertum und die zurückliegende Zeit des Mittelalters ist die Existenz des Schraubstocks nicht belegt. Selbst Theophilus, der um 1100 die Werkstatt und

Werkzeuge der Metallarbeiter mit großer Genauigkeit beschrieb, berichtete nichts von einem Schraubstock.

Wachsende Arbeitsteilung und Kooperation des Handwerks in den mittelalterlichen Städten verstärkte die an sich auch früher schon erforderliche zeitliche Organisation des Arbeitsablaufs. Im Montanwesen ging man im Jahre 1300 zur ersten modernen Arbeitszeitregelung über. Die Konstitutionen des böhmischen Königs Wenzel II. legten für den Schichtbetrieb eine Dauer von sechs Stunden fest.

Fixierung und Quantifizierung von Zeit wurden auf Grund einer epochalen Erfindung möglich, der Gewichtsräderuhr, die zu Recht als eine herausragende Leistung spätmittelalterlichen technischen Schaffens gilt. Sie sollte den Lebensrhythmus des europäischen Menschen grundlegend verändern. Den herkömmlichen Sonnen-, Wasser- und Sanduhren war die Gewichtsräderuhr weit überlegen. Daher setzte sie sich bald allgemein durch. 150 Jahre später folgte ihr die Federzuguhr, die eine Miniaturisierung ermöglichte [2.51].

Bild 2.50 Der Uhrmacher, 16. Jh.

Bis zum Beginn der Neuzeit wurden vorwiegend Turmuhren hergestellt. Die Benutzung der Stahlfeder als Antriebselement und die Fortschritte in der Metallbearbeitung führten nun auch zur Produktion von Tisch- und Taschenuhren. Die steigende Nachfrage nach solchen Uhren ließ ein eigenes Uhrmacherhandwerk entstehen, das nicht mehr nur nebenbei von Schlossern betrieben wurde. Es entwikkelte sich eine spezielle Uhrentechnologie, die bislang unbekannte Möglichkeiten in der Metallbearbeitung, insbesondere in der Fertigung von Kleinteilen mit hoher Maßgenauigkeit erschloß. Die dafür notwendigen Werkzeuge und Geräte wurden von den Uhrmachern selbst entwickelt.

Die Bohr-, Dreh- und Schleifmaschinen dieser Feinwerktechnik haben insbesondere mit ihrer hohen Präzision in der nun folgenden Epoche gemeinsam mit den maschinellen Vorrichtungen des Holz- und Metallhandwerks sowie vor allem den Bohrwerken zur Waffenfabrikation die Herausbildung maßgenau arbeitender Werkzeugmaschinen entscheidend beeinflußt [2.51].

2.6 Vorindustrielle Werkzeugmaschinen

Der historische Übergang vom Mittelalter zur Neuzeit war ein langwieriger und vielschichtiger Prozeß. Er begann mit dem wirtschaftlich-technischen und kulturellen Aufschwung des städtischen Bürgertums, besonders seit dem 14. Jahrhundert. Die Erfindung der Feuerwaffen und der dadurch bedingte Wandel der Kriegstechnik verstärkten den Verfall der mittelalterlichen Feudalordnung. Wichtige Impulse für die Entstehung einer neuen Gesellschaft gingen von der Rückbesinnung auf die griechisch-römische Kultur aus, zu der viele nach dem Fall Konstantinopels 1453 ausgewanderte griechische Gelehrte beitrugen. Beschleunigt wurde der Weg in die Neuzeit letztlich durch die großen Entdeckungsfahrten, mit denen im 16. Jahrhundert die Ausbreitung des europäischen Welthandels einsetzte [2.36].

Die Phase der Herausbildung des neuen Zeitalters wird heute übereinstimmend als Renaissance bezeichnet, obwohl es wegen ihrer zeitlichen und regionalen Unterschiede sehr schwer fällt, von einer klar definierten Geschichtsepoche zu sprechen. Die Anfänge der Renaissance reichen in den oberitalienischen und niederländischen Städten weit ins 14. Jahrhundert zurück, während ihre Ausläufer in Deutschland und Osteuropa noch Mitte des 17. Jahrhunderts anzutreffen sind. Sie bringt von ihrer Wortbedeutung her die Wiedergeburt der antiken Kunst und Literatur zum Ausdruck, erstreckt sich jedoch ebenso auf die Architektur, die Staatstheorie, die Wissenschaft sowie insgesamt auf ein sinnlich und normativ verändertes Verhältnis des Menschen zur Natur [2.20].

Eng verbunden mit dem künstlerischen Geist der Renaissance war die literarische Bewegung der Humanisten, die ebenfalls in Italien ihren Ausgang nahm und im Werk des Erasmus von Rotterdam einen Höhepunkt erreichte. Die dritte Strömung geistiger Erneuerung des Mittelalters ging aus der theologischen Erneuerung Martin Luthers und anderer Reformer hervor. Wie die Renaissance und der Humanismus bewirkte sie einen Wandel des stark jenseitsorientierten mittelalterlichen Weltbilds hin zur Neubewertung des weltlichen Lebens des Menschen. Gemeinsam war allen drei Strömungen die Rückbesinnung auf die Kultur der griechisch-römischen Antike und das Frühchristentum.

Der zeitliche Schwerpunkt der Renaissance lag im Europa des 15. und 16. Jahrhunderts. Eines ihrer prägenden Leitbilder war der Homo faber, der tätige, schöpferische Mensch. Das Interesse an der menschlichen Arbeit schloß die Arbeitsmittel und -verfahren sowie die Möglichkeiten ihrer Weiterentwicklung ein. Auch dazu wurden die antiken Autoren herangezogen, allen voran Heron von Alexandria, Vitruv und Plinius der Ältere. Die Erfindung des Buchdrucks mit beweglichen Lettern durch Gutenberg um 1450 hat solche technischen Studien, an denen zunehmend mehr Menschen teilhaben wollten, wesentlich erleichtert.

Die Forderung nach schöpferischer Tätigkeit verband sich in der Renaissance mit dem Ideal des Universalismus individueller Betätigungen. Kennzeichnend für die herausragenden Persönlichkeiten jener Zeit war eine enge Wechselwirkung ihres künstlerischen und wissenschaftlich-technischen Schaffens, in dem auch Empirie, Theorie und Praxis fließend ineinander übergingen. Viele Werke der Renaissance waren Teile eines Arbeitsprozesses, der mit der Anschauung und systematisierten Erfahrung einsetzte, über die Analyse zur theoretischen Verallgemeinerung aufstieg, um schließlich in die technische Konstruktion und künstlerische Gestaltung zu münden. Die theoretische Begründung des Werts einer solchen methodisch gesicherten, empirischen Erfahrung für den Fortschritt der Wissenschaften sollte zum Ende dieser Epoche in der wissenschaftstheoretisch bis heute wirksamen Philosophie Francis Bacons ihren Ausdruck finden.

Typisch für eine solche Verbindung zwischen Kunst, Wissenschaft und Technik in der Person eines „Künstler-Ingenieurs" sind Leben und Werk Leonardo da Vincis. Er wurde 1452 in einem Bergdorf des Monte Albano geboren, kam mit 14 Jahren nach Florenz und ging bei Verrocchio in die Lehre, um Zeichnen, Malen, Modellieren, Erzgießen, Goldschmieden, Weben und Mosaikarbeiten zu erlernen. Er blieb zunächst in Florenz, bis er 1482 als Meister in den Dienst Ludovico Sforzas trat, bei dem er als Bildhauer und Bronzegießer arbeitete. Unter Cesare Borgia baute er Befestigungsanlagen und Kriegsgeräte. Vor allem in Mailand und Rom betrieb er seine erstaunlich breit angelegten wissenschaftlich-technischen Studien. 1517 wurde ihm in Frankreich die Stellung eines Hofmalers angeboten, wo er nur zwei Jahre später, 1519, starb [2.21].

Leonardos Bewerbungsschreiben um die Stellung am Hofe Ludovico Sforzas, von dem allerdings nicht bekannt ist, ob es je abgeschickt wurde, stellt ein frühes Dokument zum Berufsbild des Ingenieurs dar und bezeugt zugleich das Selbstbewußtsein, mit dem ein damaliger Künstleringenieur seine Leistungsfähigkeit einschätzte [2.20]: „Erlauchter Gebieter: Da ich die Proben aller derer, die sich für Meister und Hersteller von Kriegsgeräten ausgeben, nun zur Genüge untersucht und dabei erkannt habe, daß die Erfindungen und Anwendungen der genannten Geräte durchaus nicht ungebräuchlich sind, so will ich mich denn, ohne irgendeinen andern herabzusetzen, um eine Verständigung mit Ew. Hoheit bemühen, indem ich Ihnen meine Geheimnisse offenbare und sie Ihnen ganz zur Verfügung stelle, um zu gegebener Zeit alle die Dinge auszuführen, die hier unten in Kürze aufgezählt werden:

1. Ich habe Pläne für sehr leichte, aber dabei starke Brücken ...
2. Ich kann bei der Belagerung eines Platzes das Wasser aus den Gräben ableiten und zahlreiche Brücken, Rammböcke, Sturmleitern und andre zu einem solchen Unternehmen gehörenden Geräte machen.
3. ... habe ich ferner Verfahren, um alle Kastelle oder andre Bollwerke zu zerstören, falls sie nicht auf Felsen errichtet sind.
4. Ferner habe ich Pläne für Bombarden, die sich sehr bequem und leicht befördern lassen, mit denen man kleine Steine schleudern kann ...
5. Ferner habe ich Pläne für Stollen und gewundene Geheimgänge ...
6. Ferner werde ich sichere und unangreifbare, gedeckte Wagen bauen, die mit ihren Geschützen durch die Reihen des Feindes fahren ...
7. Ferner werde ich, wenn nötig, Bombarden, Mörser und Pasvolanten von sehr schöner und zweckmäßiger Form machen, wie sie nicht allgemein gebräuchlich sind.
8. Wo die Wirkung der Bombarden versagt, da werde ich Katapulte, Wurf- und Schleudermaschinen ... herstellen. Kurzum, ich werde je nach den verschiedenen Umständen allerlei verschiedene Angriffs- und Verteidigungsmaschinen bauen.
9. Sollte es auf dem Meer zum Kampf kommen, so habe ich Pläne für viele Geräte, die für den Angriff und die Verteidigung besonders geeignet sind ...
10. In Friedenszeiten kann ich mich wohl mit jedem andern in der Baukunst messen, sei's bei der Errichtung öffentlicher und privater Gebäude oder bei der Leitung des Wassers von einem Ort zu einem andern.“

Von den technischen Erfindungen Leonardos, zu denen auch mehrere Werkzeugmaschinen gehörten, wurden vermutlich die meisten nicht ausgeführt. Auch sollten sie in ihrer Originalität nicht überschätzt werden, da Leonardo oft vieles schon Bekannte nur zusammengefaßt hat. Dennoch geben sie wichtige Hinweise auf den mit der Renaissance erreichten Stand technischer Kreativität, die zugleich ein auf Optimierung der Werktechnik gerichtetes wirtschaftliches Denken bezeugt, wie es sich spätestens seit dem 18. Jahrhundert nach Ausschöpfung der handwerklichen Möglichkeiten in industrieller Form durchgesetzt hat. Die maschinentechnischen Ideen, die zu Beginn der Neuzeit formuliert wurden, haben diese Entwicklung gewissermaßen geistig und konstruktiv vorweggenommen.

Im Nachlaß Leonardo da Vincis fanden sich unter anderem Konstruktionen einer Drehbank mit Kurbel und Fußantrieb, zwei Gewindeschneidmaschinen, eine Feilenhaumaschine, eine Zylinderschleifmaschine, eine Gattersäge, eine Hobelmaschine, ein Walzwerk für Eisenstücke sowie Bohrmaschinen zum Ausbohren von Leitungsrohren und möglicherweise auch Geschützen. Zeichnungen und Skizzen zu diesen Maschinen enthält der Codice atlantico von 1490, eine Handschriftensammlung Leonardos, die erstmals von Piumati zwischen 1894 und 1904 in Mailand herausgegeben wurde.

Leonardo hatte zwei Versionen seiner Drehbank hinterlassen. Beide zeichneten sich durch kontinuierliche Drehbewegung aus. Doch bei der ersten Ausführung waren die Treterei und ein Schwungrad zur Verstärkung der Drehbewegung unmittelbar mit der Drehbank gekoppelt, während bei der zweiten Version Schwungrad und Treterei getrennt von der Drehbank standen. Die Werkstückspannung erfolgte

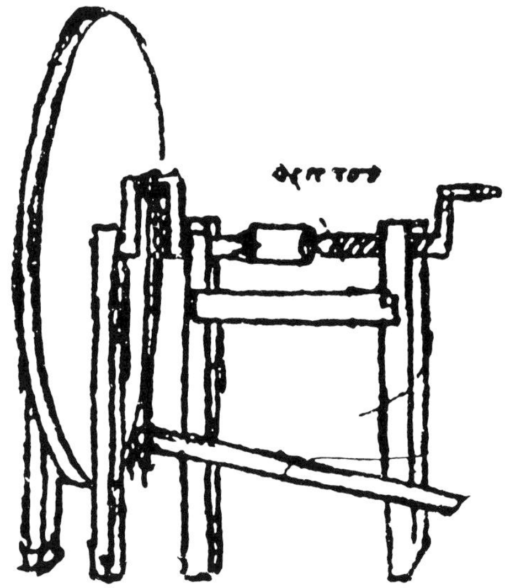

Bild 2.51 Drehbank mit Fußantrieb und Schwungrad von Leonardo da Vinci, 1490

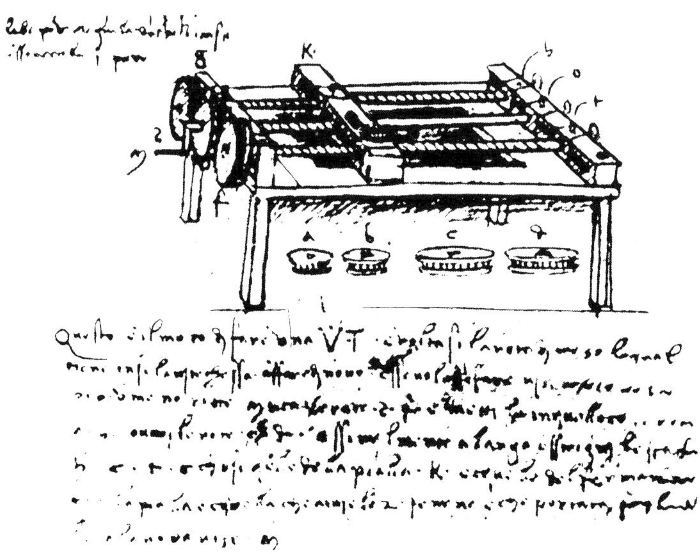

Bild 2.52 Leitspindeldrehbank zum Gewindeschneiden von Leonardo da Vinci, 1490

wie bei der bekannten Wippendrehbank, und auch ein Werkzeughalter ist noch nicht zu erkennen [2.55].

Zum Gewindeschneiden hat Leonardo eine Leitspindelbank und eine Patronendrehbank mit Bogen entwickelt. Bei der Leitspindelbank befand sich die Welle, auf der das Gewinde geschnitten werden soll, in der Mitte zwischen zwei Leitspindeln. Diese wurden über zwei Wechselräder vom mittleren Stirnrad getrieben. Ein Querbalken, der als Support das Schneidwerkzeug hielt, lief mit zwei Muttern auf den Leitspindeln [2.35].

Die Ausführung der Patronendrehbank ist verhältnismäßig einfach. Als Antrieb diente ein Pedal mit bogenförmiger Wippe. Die Patrone war rechts fest mit dem Werkstück verbunden und links von einem Bügel umschlossen, an dem ein Schneidzahn saß. Dieser griff von oben in die Patrone ein, die am Schneidzahn abrollte [2.55].

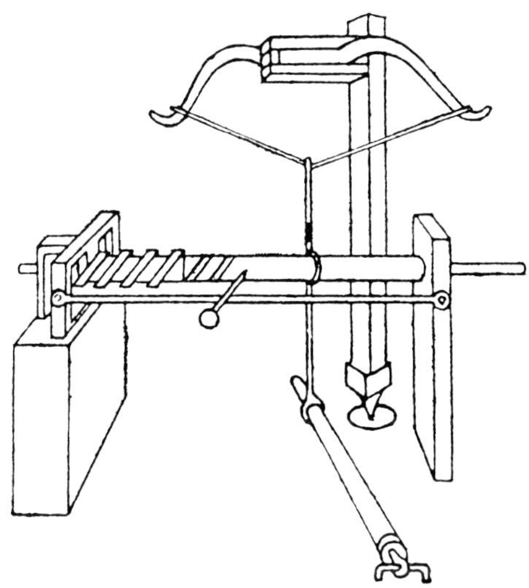

Bild 2.53 Patronendrehbank mit Bogen von Leonardo da Vinci, 1490

Die Feilenhaumaschine Leonardos bestand aus einer stabilen Unterlage, auf der ein Gleitstück mit der zu bearbeitenden Feile bewegt werden konnte. Die Bewegung entsprach in ihrer Schrittfolge der Teilung des Feilenhiebs. Sie ging von einer Kurbel aus und wurde über Welle und Getriebe auf eine Gewindespindel und Mutter im Gleitstück übertragen. Bei jeder Umdrehung der Gewindespindel wurde das Gleitstück mit dem Feilenkörper um die Breite des Feilenhiebs weiter befördert. Gleichzeitig hob ein auf der Hauptwelle laufendes Nockenrad den Hammer an und ließ ihn beim Weiterdrehen auf den Feilenkörper herunterfallen. Die Schlagfolge hing von der Zahl der Anschläge auf dem Nockenrad ab [2.35].

Die auf Leonardo zurückgehende Zylinderschleifmaschine, nach heutigem Verständnis eine Läppmaschine, hatte als Schleifwerkzeuge ein genau in den zu schleifenden Zylinder passendes Schleifholz, das mit einer Schraubspindel verbunden

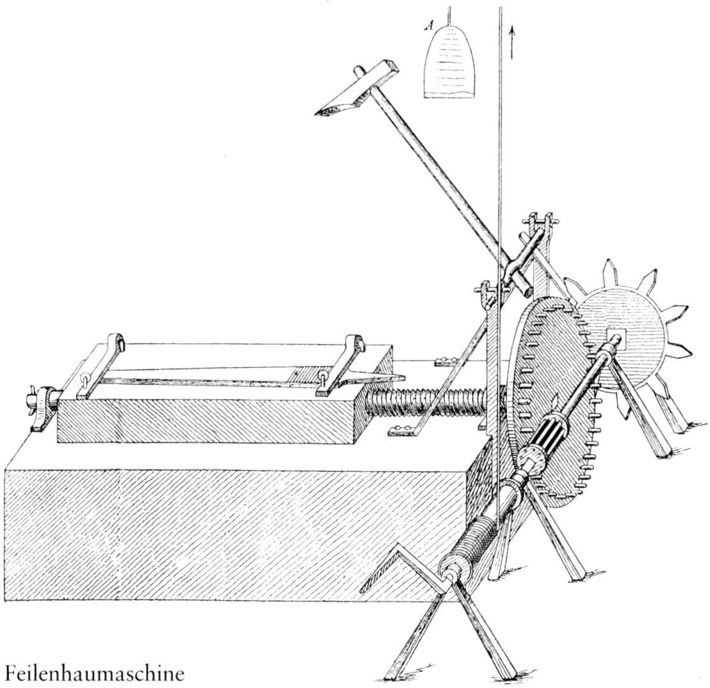

Bild 2.54 Feilenhaumaschine von Leonardo da Vinci, 1490

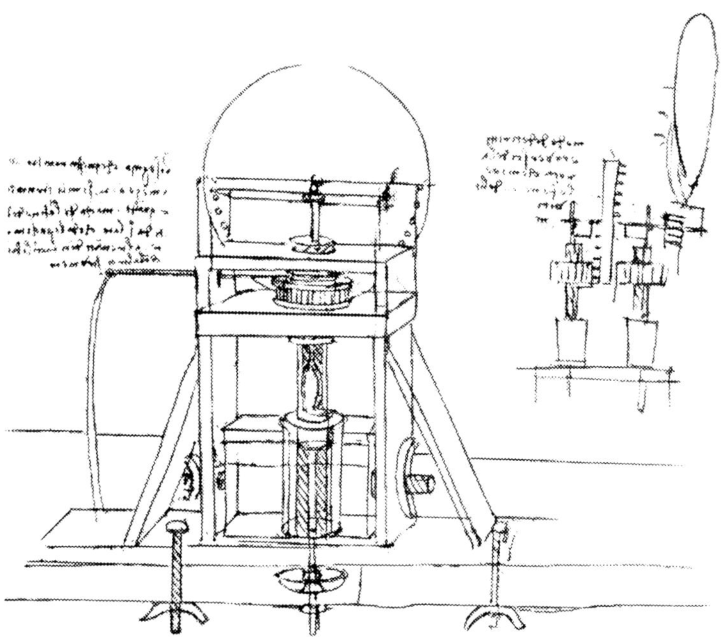

Bild 2.55 Zylinderschleifmaschine von Leonardo da Vinci, 1490

war. Die Oberfläche des Schleifholzes wies Rinnen auf, die Öl und Schmirgel über die ganze Zylinderwand verteilten. Der Zylinderkörper wurde mit Schrauben und Klemmbacken befestigt. Die Schraubspindel des Schleifholzes bewegte sich in einer zwischen zwei Platten gelagerten Mutter, die gleichzeitig als Zahnrad ausgebildet war. Dieses Zahnrad griff in ein größeres, so daß jede Drehung des größeren Zahnrades in die eine oder andere Richtung über das kleinere Zahnrad und die Schraubspindel das Schleifholz nach oben bzw. nach unten bewegte. Die Drehbewegung wurde durch eine an einer Feder befestigte Schnur erzeugt. Beim Drehen des großen Zahnrades wickelte sich die Schnur zunächst auf, um danach durch die Federspannung das Schleifholz in die entgegengesetzte Richtung anzutreiben [2.35].

Auch die bereits im Mittelalter bekannte Sägemaschine zur Holzbearbeitung hat Leonardo weiterentwickelt. Dabei verwendete er erstmals den Gatterrahmen, von dem diese Säge später ihren Namen erhielt. Die von einem Gatter gehaltenen und geführten Sägeblätter waren mit Kurbel und Schwungrad verbunden. Darüber hinaus soll Leonardo wasserkraftbetriebene Sägewerke mit selbsttätigem Vorschub des Holzes entworfen haben.

Ebenfalls für die Holzbearbeitung war eine Hobelmaschine gedacht, bei der ein Hobelschlitten über Seile und Rollen mechanisch bewegt werden sollte. Das hier wiedergegebene Walzwerk zum verjüngten Walzen von Eisenstäben hatte einen Turbinenantrieb. Über Schrauben- und Schneckenräder erfolgte die Kraftübertragung. Für den Vorschub der Werkstücke sorgte eine Spindel [2.35].

Leonardo hat zwei handschriftlich überlieferte Bohrmaschinen zum Ausbohren von Holz, wahrscheinlich auch von Metall, konstruiert: eine Waagerechtbohrmaschine zum Bohren von Brunnenrohren und eine Senkrechtbohrmaschine für lange Werkstücke. Von der ersten Bohrmaschine wurde anläßlich einer Ausstellung in Mailand 1939 ein Nachbau gezeigt. Interessant ist die Vorrichtung zum Spannen und Zentrieren des Werkstücks. Insgesamt acht Schraubspindeln waren mit Muttern versehen und durch Bügel festgestellt. Die Muttern bildeten nach außen Zahnräder, die in zwei auf einem beweglichen Rohrteil sitzende Zahnkränze eingriffen. Das Rohrteil konnte durch sechs Handhabungen gedreht werden, wobei die Schraubspindeln das Werkstück gleichmäßig feststellten, vorausgesetzt, es war genau rund [2.35].

Die Waagerechtbohrmaschine wurde durch den Fiedelbogen oder die Wippe angetrieben. Anders verhielt es sich bei der für größere Hölzer konstruierten Senkrechtbohrmaschine. Hier erfolgte der Antrieb durch Göpel, die von Menschen bewegt wurden. Die Bohrrichtung verlief von unten nach oben, damit die Späne herausfallen konnten. Das Bohrwerkzeug befand sich auf einer Spindel, die durch eine Mutter und eine mittig durchbohrte Plattform führte, auf der Arbeiter die Spindel mittels Querhölzer drehten. Zu Beginn der Bohrarbeiten befand sich die Spindel ganz unten und stieg mit fortschreitender Bohrung nach oben. Dabei

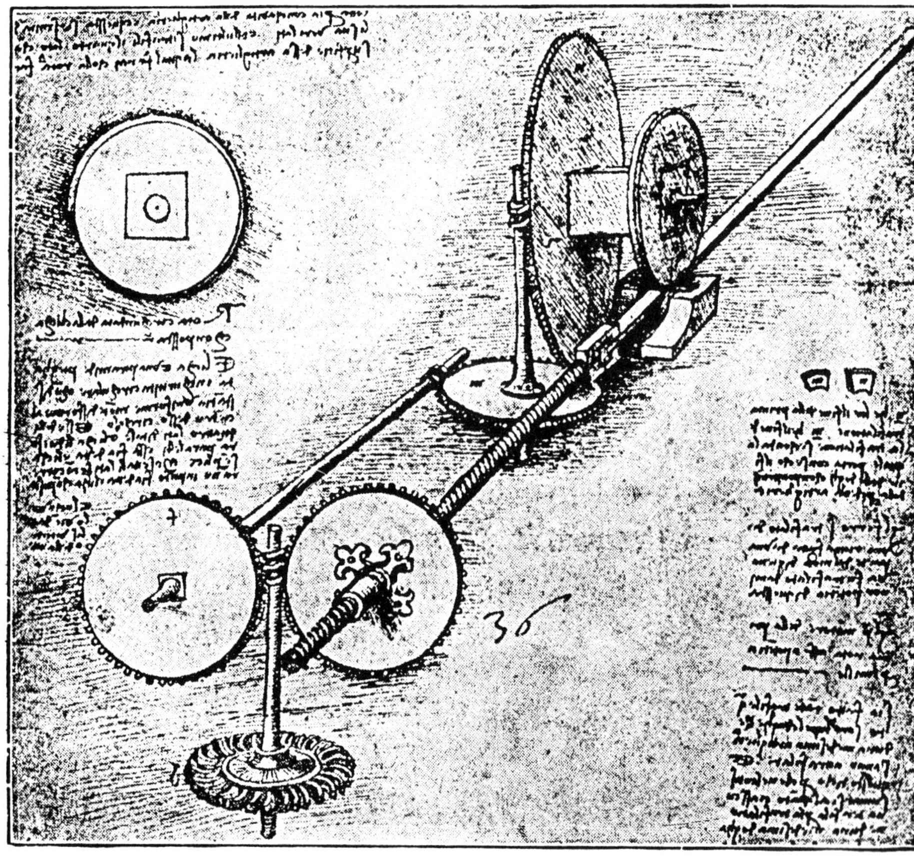

Bild 2.56 Walzwerk für Eisenstäbe von Leonardo da Vinci, 1490

wurden die zunächst im oberen Teil der Spindel ansetzenden Querhölzer in dafür vorgesehene Löcher nach unten versetzt [2.28].

Obwohl Leonardo da Vinci auf dem Gebiet der Kriegstechnik eine rege Tätigkeit entfaltet hat, nimmt er mit seinen Bohrmaschinen keinen ausdrücklichen Bezug auf das zu damaliger Zeit wichtigste Anwendungsfeld des Bohrens, das Geschützbohren. Darüber gibt ein anderer Autor der Renaissance Auskunft, der als ein hervorragender Wissenschaftler und Metallurge seiner Zeit gilt, der Italiener Vanuccio Biringuccio. Er wurde um 1480 in Siena geboren, studierte Mathematik und Naturwissenschaften und leitete danach die Hüttenwerke im Tal von Bochegiano und auf der Insel Elba. Ausgedehnte Bildungsreisen führten ihn nach Deutschland, das im Bergbau und in der Metallurgie damals weit fortgeschritten war. Hier sammelte Biringuccio große Erfahrungen, insbesondere auch in der Maschinentechnik zur Metallbearbeitung. Sein Sterbejahr ist unbekannt, doch es heißt, er sei sehr alt geworden [2.4].

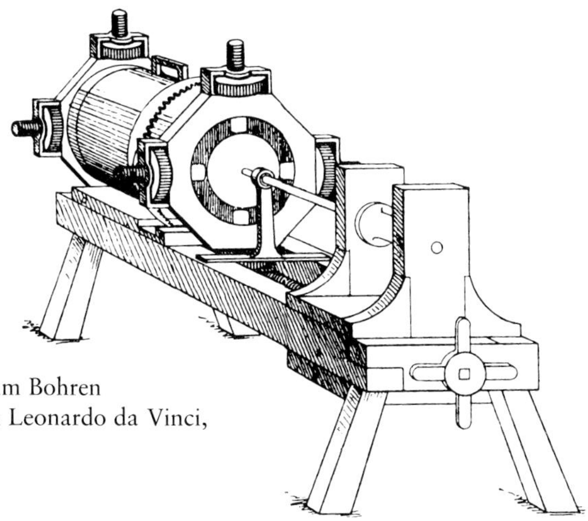

Bild 2.57 Bohrmaschine zum Bohren hölzerner Brunnenrohre von Leonardo da Vinci, 1490

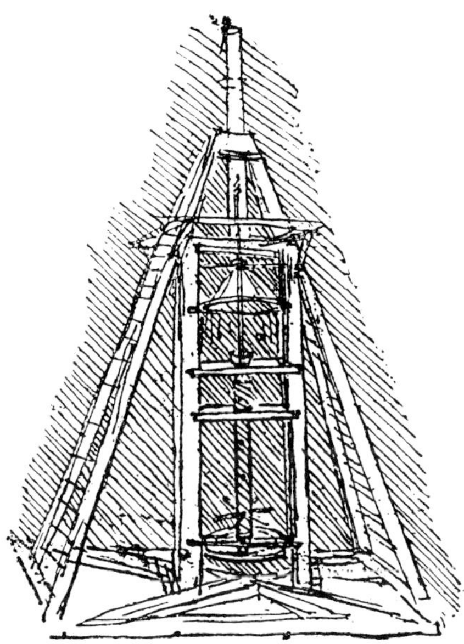

Bild 2.58 Senkrechtbohrmaschine von Leonardo da Vinci, 1490

Sein Werk „De la pirotechnia" erschien zum erstenmal 1540 in Venedig. Von den zehn Büchern, aus denen es sich zusammensetzt, handelt das erste von den Erzen und den Eigenschaften des Goldes, Silbers, Bleies und Eisens, vom Stahl und vom Messing. Das zweite Buch widmet sich dem Quecksilber, dem Schwefel, den Kiesen der Metalle, ferner den verschiedenen Arten der Schmelzöfen, insbesondere der Konstruktion von Schachtöfen mit den dazugehörigen großen Blasebälgen. Das dritte Buch der „Pirotechnia" gibt Anleitungen zur Einrichtung der eigentlichen Hüttenwerke und zur Konstruktion der Schacht- und Schmelzöfen. Das vierte Buch handelt vom Goldscheiden und der Bereitung des Scheidewassers, das fünfte

Buch von der Legierung des Goldes, Silbers, Kupfers und Zinns, das sechste Buch von der Gießerei, dem Modellieren und Formen, insbesondere von der Geschütz- und Glockengießerei. Das siebente Buch beschreibt ausführlich die Konstruktion großer Flammöfen sowie anderer kleiner Schmelzöfen und geht dann zu den mechanischen Einrichtungen, zum Betriebe der Blasebälge und zum Ausbohren und Montieren der Geschütze über. Das achte Buch lehrt, wie kleine Gegenstände zu formen und zu gießen sind. Das neunte handelt von Alchemie, von der Gold-, Silber- und Kupferschmiedekunst, von Eisen- und Zinnbearbeitung, von der Schriftgießerei, der Drahtzieherei, der Töpferei und der Kalkbrennerei. Das zehnte und letzte Buch der „Pirotechnia" lehrt die Bereitung des Schießpulvers, die Handhabung der Geschütze, das Anlegen von Minen und die Feuerwerkerei [2.4].

Von Biringuccio stammt die erste ausführliche Beschreibung des Ausbohrens gegossener Geschütze. „Zu diesem Zweck", so erläutert Biringuccio, „habe ich, wo ich konnte, ein großes Doppelrad gemacht, worin ein Mann gehen konnte, um es zu drehen. Andernfalls habe ich ein Lafettenrad benutzt. In der Radnabe habe ich ein Holz befestigt. In der Mitte desselben habe ich eine eiserne Achse mit einer Kurbel (ähnlich wie bei einem Schleifstein) gesteckt, um das besagte Eisen im Rad zu drehen. Am anderen Ende habe ich einen kräftigen viereckigen Kopf gemacht, und dann habe ich das Rad auf die Lager gelegt. In den Kopf habe ich eine dicke Stange von solcher Länge eingelassen, daß sie bis auf den Boden der Seele des Geschützes reichte. An der Spitze habe ich einen Stahlwürfel anschweißen lassen mit vier Kanten, die alle gerade, scharf und gut gehärtet waren. In die Mündung des Geschützes eingeführt, machte der Bohrer ein genaues Loch. Dies ist das ganz gewöhnliche Verfahren. Ich habe die Bohrer auch mit Bronzeköpfen gemacht und in diese vier Stahlschneiden eingesetzt, um die Unbequemlichkeit zu vermeiden, die diese Stahl- und Eisenmasse beim Härten, Nacharbeiten und Anschleifen der Schneiden verursacht ...

Dann habe ich das zu bohrende Stück auf einem Brett ... befestigt, das unten eben und wie ein kleiner Wagen gebaut war. Das Geschütz habe ich mit Eisenbändern, Tauen ... gut gesichert, daß es der Bohrer beim Bohren nicht bewegen konnte. Dann habe ich das Brett auf eine ebene Balkenlage aus vielen Bohlen gelegt, deren Fläche mindestens doppelt so lang war wie das Geschütz ... Zwischen das Bett, auf dem das Geschütz ruht, und diese Bahn habe ich quer drei kleine runde Walzen gelegt ... Hierzu habe ich vorn quer eine Winde angebracht, die zwei Tauenden gleichmäßig einholte, die an zwei kräftigen Eisenhaken am Rande des Bettes befestigt waren. Auch habe ich hinten eine zweite Winde angebracht, um den Schlitten zurückziehen zu können, wenn das Geschütz zu sehr vorlief, und um die Bohrspäne und den Bohrer herauszuholen.

Wenn ich mit dem Bau dieser Vorrichtung fertig war, habe ich das Rad auf seinem Lager von 3 oder 4 Mann drehen lassen. Zuerst habe ich die Eisenstange vorn oder hinten in den Kopf gut eingesetzt und durch ein Querloch darin einen Riegel gesteckt. Dann habe ich das Geschütz durch Anziehen der Winde an den

Bohrer herangebracht und diesen unter langsamem Drehen bis auf den Boden der Seele laufen lassen. So habe ich die Seele in zwei oder drei Gängen unter jeweiliger Vergrößerung der Schneiden des Stahlvierkantes um Bindfadendicke oder mehr vollkommen rein und glatt ausgedreht.

Viel besser als das Lafettenrad gefällt mir aber das Bohren mit dem Doppelrad, in dem 1 oder 2 Mann gehen können, weil man an seiner Achse ein Kammrad anbringen kann, das in ein Getriebe eingreift, das seinerseits wieder einen zweiten Bohrer als Achse hat, so daß man beim Laufen im Rade gleichzeitig zwei Geschütze ausbohren kann. Außerdem hat dieses Vorgelege eine viel größere Wirkung als die Radachse selbst. Diese Einrichtung ist beim Lafettenrad unmöglich, denn man kann nicht erreichen, daß die Menschen, die das Rad von Hand drehen, solches leisten. Ihr seht die Einrichtung hier im Bilde.“ [2.6]

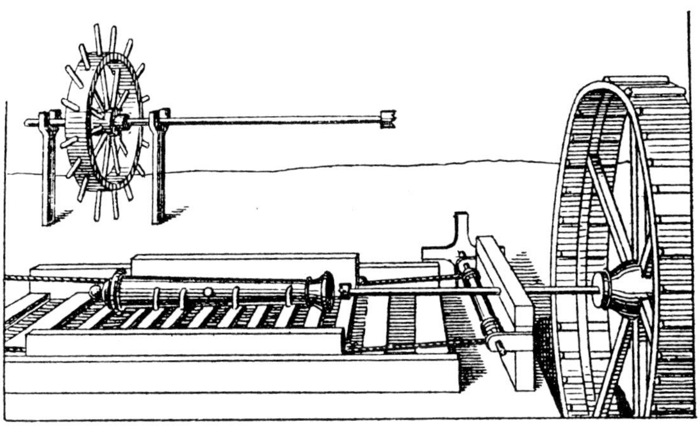

Bild 2.59 Geschützbohrmaschine des Vannuccio Biringuccio, 1540

Biringuccio verwendete unterschiedliche Bohrwerkzeuge. Darunter befanden sich Bohrstangen mit aufgeschweißtem Kronenbohrer, Messerköpfe, bei denen in hölzerne Stangen mehrere Messer eingesetzt waren, die von Ringen gehalten und leicht ausgewechselt werden konnten, Löffelbohrer sowie Bronzeköpfe, in deren Nuten man stählerne Schneidmesser mit Führungsleisten einpaßte. Alle Werkzeuge waren aus Stahl und gehärtet [2.47].

In Ergänzung der Reihe früher kriegstechnischer Autoren sei noch auf Ludwig von Eybe zum Hartenstein und Jost Amman verwiesen. Eybe verfaßte um 1500 eine umfangreiche Bilderhandschrift, die sich als Manuskript heute in der Universitätsbibliothek zu Erlangen befindet. Sie ist eine der letzten technischen Bilderhandschriften und die wohl umfangreichste in der Kyeserschen Tradition [2.11].

Jost Amman war Kupferstecher und Zeichner. Er wurde 1539 in Zürich geboren und starb 1591 in Nürnberg. Unter dem Titel „Eygentliche Beschreibung aller

Stände auff Erden" erschienen von ihm 1568 in Frankfurt 112 kleine Holzschnitte, worunter sich zahlreiche Darstellungen von Handwerkerwerkstätten mit vielen technischen Einzelheiten befinden. Unter einem jeden Holzschnitt steht ein achtzeiliger Vers von Hans Sachs [2.3].

Bild 2.60 Holzschnitt einer Drehbank mit Radantrieb von Jost Amman, 1568

Über den Maschinenbau des 16. Jahrhunderts hat der deutsche Arzt Georgius Agricola in seinem Hauptwerk „De re metallica" berichtet. Er hieß mit deutschem Namen Georg Bauer und lebte von 1494 bis 1555. Nach einem Philosophiestudium wurde er Rector ordinarius in Zwickau, studierte dann nochmals in Leipzig, Bologna sowie in Padua Medizin, Chemie und Philosophie und ließ sich 1527 in Joachimsthal als Arzt nieder. 1533 wurde Agricola als Stadtphysikus nach Chemnitz berufen, wo er 1546 schließlich das Amt des Bürgermeisters übernahm. In den Wirren der Reformationskriege verlor er 1552 sein Amt und starb drei Jahre später als mittelloser Mann [2.13].

Im sechsten Buch seines Hauptwerks, das erst nach seinem Tod 1556 in Basel erschien, beschrieb der Autor zuerst die Werkzeuge des Bergmanns, wie Schlägel, Eisen, Brechstangen und Hauen, dann Fördergefäße, wie Körbe, Tröge, hölzerne Eimer und lederne Eimer oder Bulgen, dann Schubkarren und den vierrädrigen, offenen Kastenwagen, auch Hund genannt.

Zu den Maschinen zählte Agricola u.a. die Hornhaspel, eine Haspel mit Schwungrad, Kurbel und Spillenkreuz, einen Aufzug mit Tretrad, einen göpelbe-

Bild 2.61 Eisen im Erzgebirge, Bildkarte, um 1600

triebenen Aufzug, Pumpwerke zur Wasserhaltung, ein Paternosterwerk mit Tretrad, Stirnräderübersetzung und Schwungrad, ein Kehrrad, Pochwerke, Mühlen zum Erzmahlen, Schmelzöfen mit Blasebälgen sowie Fallhämmer zum Zerkleinern von Schwarzkupfer.

Agricola verband die Beschreibung seiner Maschinen zugleich mit einer Bauanleitung. Die Beschreibung zum Fallhammer sei hier auszugsweise und sinngemäß wiedergegeben (Maße nach Beck, 2.4): „Die Brode von Kupfer werden auf einen Karren geworfen, in die dritte Abteilung der Hütte gefahren und hier einzeln auf einen Stuhl gelegt, wo sie von wiederholten Schlägen eines vorn mit einem Eisen versehenen Stempels getroffen und zerbrochen werden. Diese Maschine macht man so: Ein Klotz von Eichenholz, 1,50 m lang, 90 cm breit und dick, wird auf den Boden gelegt. Derselbe hat in der Mitte einen nach vorn offenen Hohlraum von 75 cm Länge, 60 cm Breite und 26 cm Höhe. Der sich erhebende Teil ragt dahinter vor, während die Breite des Hohlraumes in den Klotz hineinfällt. In die Mitte desselben wird ein bronzener Stuhl gestellt. Dessen etwas eingelassener Teil desselben grenzt beiderseits 75 mm breit daran, so daß der ganze Stuhl 26 cm breit ist, 30 cm lang und 15 cm dick. Über den Klotz wird zu beiden Seiten des Hohlraumes je ein 45 cm breiter Balken gestellt". Von dem Stempel wird gesagt: „Dieser ist vierkantig, 3,25 m lang, 22 cm breit und dick. Der Kopf des 37 cm langen Eisens ist 15 cm lang und breit, oben 11 cm, unten 37 mm dick, denn er wird allmälig schmäler. Der Schwanz desselben ist 22 cm lang und da, wo er von dem Kopfe aus aufsteigt, 15 cm breit und dick. Je weiter er sich aber vor dem Kopfe entfernt, desto schmäler wird er." [2.1]

Vor den Ingenieuren und technischen Autoren der frühen Neuzeit sollen noch Agostino Ramelli, Giovanni Branca und Buonaiuto Lorini besonders hervorgehoben werden. Branca (1571–1640) war Ingenieur und Architekt an der Wallfahrtskirche zu Loreto. 1629 veröffentlichte er in Rom sein Buch „La Machine". Der Text ist auf Lateinisch und Italienisch abgefaßt, die Bilder bestehen aus ganzseitigen Holzschnitten. Das Buch behandelt u.a. folgende Themen: Brunnen, Dreschmaschine, Dampf, Getreidemühle, Gelenke, Göpel, Glocke, Hahnen, Hebezeug, Knetmaschine, Kupplung, Kraftwagen, Münzwalzwerk, Pumpe, Ramme, Säge, Schmied, Stampfe, Schraubstock, Schleifen, Spinnen, Wassertrommelgebläse, Walzwerk, Warmluftturbine, Wasserrad, Wasserturbine, Wasserschraube, Wasserwaage, Waagen [2.4].

Ramelli wurde 1531 im Val St. Michele am Luganosee geboren. Sein Todesjahr ist unbekannt, liegt aber nach 1608. Unter dem Herzog von Anjou, dem späteren Henri III., König von Frankreich, diente er als Ingenieur. Sein Werk „Le diverse et artificiose machine" enthält 195 gestochene Kupfertafeln und einen zweisprachigen italienisch-französischen Text. Die deutsche Ausgabe erschien 1620 unter dem Titel „Schatzkammer mechanischer Künste" in Leipzig [2.4].

Buonaiuto Lorini, ein um 1540 in Florenz geborener Edelmann, gehörte zu den praktischen Ingenieuren. Nach etwa 30jähriger Tätigkeit veröffentlichte er im

Bild 2.62
Fallhammer nach Agricola, 1556

Jahre 1597 sein Hauptwerk „Delle Fortificationi". In der Widmung an den Fürsten und die Signoria von Venedig empfahl er sich als Kriegsingenieur, der vor allem auf dem Gebiet des Festungsbaus hervorgetreten war. Das achte Kapitel im zweiten Buch seines Werks handelte von Geschützen, worin Lorini Guß und Bearbeitung von Hinterladungsgeschützen und Verschlußteilen beschrieb [2.26]. Lorini starb 1611.

Ein Zusammenhang zwischen der oft in der Entwurfsphase verbliebenen Maschinentechnik der Renaissance und späteren Konstruktionen läßt sich nicht immer eindeutig aufzeigen. Dennoch wird aus techniksystematischer Sicht eine Entwicklungslinie der Werkzeugmaschinen vom späten Mittelalter über die Renaissance bis in die Anfänge der Industrialisierung selbst dort erkennbar, wo der Beleg für eine bewußte Kontinuität fehlt. Das gilt auch für die Optimierung jener bis zum Ende des 16. Jahrhunderts entworfenen oder realisierten Bohrmaschinen.

Die Weiterentwicklung der großen Bohrwerke blieb nach wie vor besonders an die Erfordernisse der Kriegstechnik, insbesondere der Geschützherstellung gebunden. Doch auch das Bohren von Leitungsrohren forderte die Bohrtechnik heraus. Der französische Ingenieur Salomon de Caus (1576–1626), der als Protestant aus Frankreich emigrieren mußte, 1610 nach England ging und von 1614 bis 1620 in Heidelberg in kurfürstlichen Diensten stand, konstruierte 1615 eine Bohrmaschine zum Bohren hölzerner Brunnenrohre. Die Maschine wurde von einer Wassermühle angetrieben, wobei ein einfaches Zahnradgetriebe die Drehbewegung auf die Bohrspindel übertrug, auf der ein langer Löffelbohrer saß. Das Werkstück lag verkeilt auf einem Schlitten, der durch manuellen Vorschub auf Rollen in einem mit Nuten versehenen hölzernen Bett geführt wurde [2.47].

De Caus veröffentlichte 1615 ein Maschinenbuch in deutscher und französischer Sprache, das neben dieser Bohrmaschine und einer Ovaldrehbank Konstruktionsbeschreibungen von wasserkraftbetriebenen Spiel- und Musikautomaten enthält, die auf antiken Vorbildern beruhten und für die Wasserspiele in Hellbrunn bei Salzburg als Vorlage dienten. Darüber hinaus konstruierte er ein Walzwerk zur Fertigung von Metallplatten für die Herstellung von Orgelpfeifen [2.4].

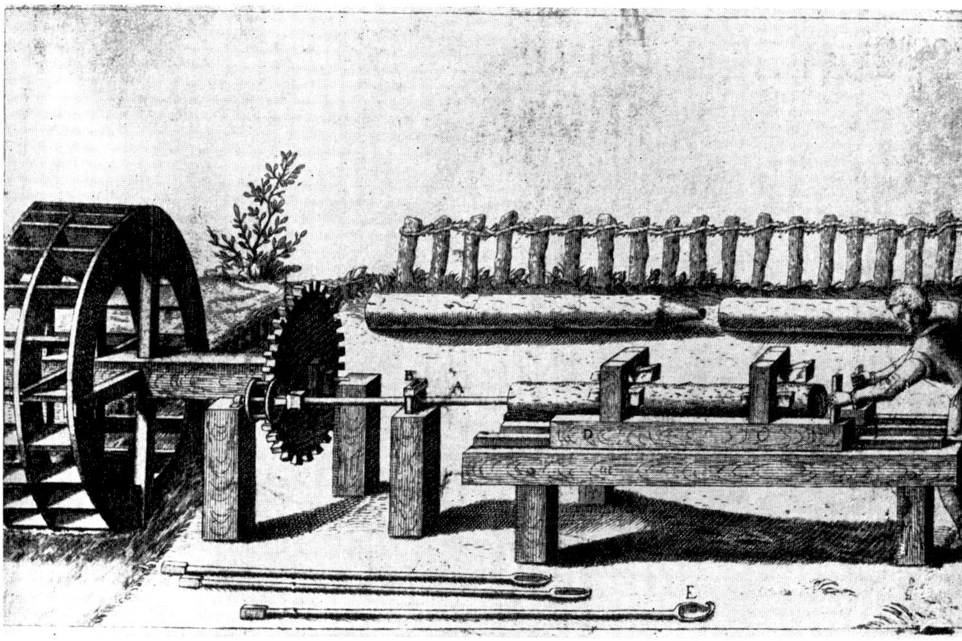

Bild 2.63 Bohrmaschine zum Bohren hölzerner Brunnenrohre, nach Salomon de Caus, um 1615

An die Kanonenbohrwerke des späten Mittelalters und der Renaissance knüpfte der französische Ingenieur Monge an, der 1650 eine senkrechte Geschützbohrmaschine konstruierte, die durch einen Pferdegöpel angetrieben wurde. Die Bohrspindel war mit der stehenden Welle des Göpels identisch. Spindel und Löffelbohrer hingen in einem Querbalken, über den zwei seitlich des Bohrgestells befestigte Winden den nötigen Vorschub erzeugten. Mit Ausnahme der stählernen Bohrwerkzeuge war die Maschine, die gegenüber früheren Ausführungen noch keinen wesentlichen Fortschritt erkennen läßt, durchgängig aus Holz gebaut [2.47].

Der Berner Gießer Johann Maritz erfand eine 1739 für das französische Heer in Lyon gebaute horizontale Bohrmaschine zum Bohren von Kanonenrohren aus dem

Vollen, bei der ein Wasserrad das Werkstück in Rotation versetzte, während der Vorschub durch den feststehenden Bohrer ausgeführt wurde. 1780 entwickelte Forstner diese Bohrmaschine dahingehend weiter, daß sich nun das Werkstück und das Bohrwerkzeug in jeweils entgegengesetzter Richtung drehten, wodurch die Schnittgeschwindigkeit entsprechend zunahm [2.47].

Die von Diderot und d'Alembert 1751 bis 1765 in 17 Folienbänden herausgegebene Enzyklopädie, in der die Technik der Zeit breiten Raum einnahm, enthält ebenfalls eine Geschützbohrmaschine, die ähnlich wie bei Leonardo da Vinci von unten nach oben bohrte. Der Antrieb erfolgte über einen Pferdegöpel und der Vorschub durch Senken des Geschützrohres auf den Bohrer. Hier wird ein Unterschied zur Bohrmaschine von Leonardo deutlich, bei der das Werkstück fest positioniert war und der Bohrer die Vorschubbewegung ausführte [2.35].

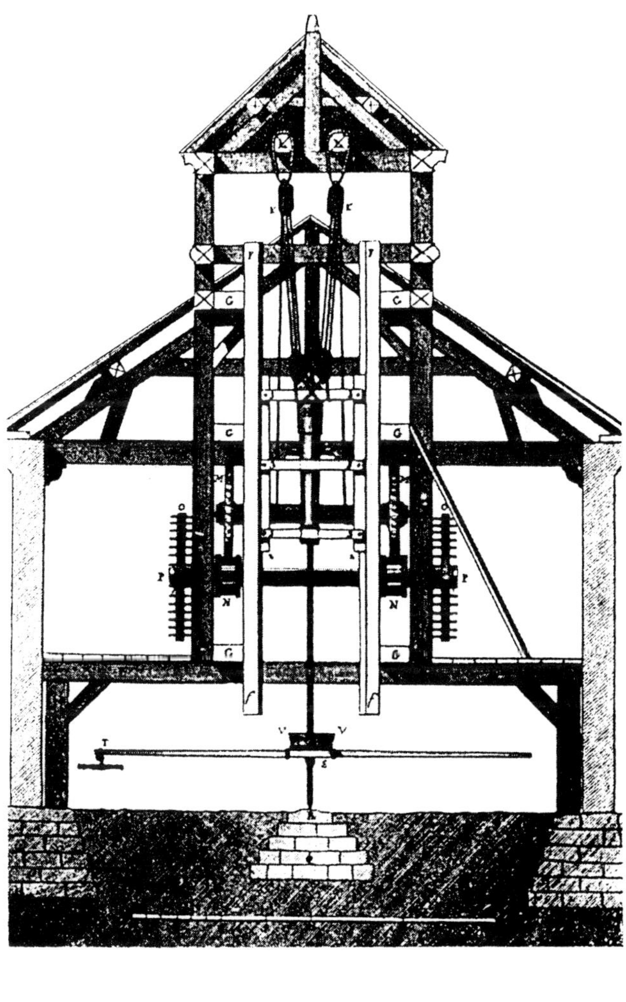

Bild 2.64 Bohrmaschine, Enzyklopädie von Diderot und d'Alembert, 1751

Der technologische Wandel der Bohrmaschinen zu industriellen Werkzeugmaschinen, insbesondere die Verbesserung ihrer bis in die zweite Hälfte des 18. Jahrhunderts hinaus noch immer sehr geringen Maßgenauigkeit, vollzog sich vor allem im Zusammenhang mit der Erschließung einer neuen Antriebsenergie, der Dampfkraft. Deren Nutzung erforderte die Herstellung paßgenauer Kolben und Zylinder, woraus die Forderung nach sehr viel präziser arbeitenden Zylinderbohrmaschinen resultierte, als sie für die Fertigung von Brunnenrohren oder Geschützen notwendig waren. Auf diese Entwicklung wird im folgenden Kapitel zurückzukommen sein.

Auch auf dem Gebiet der Schleiftechnik gelangten in der frühen Neuzeit verstärkt Maschinenwerkzeuge zur Anwendung. Pendelbetriebene Schleifmaschinen wurden von dem französischen Ingenieur Jacques Besson konstruiert. Er wurde um 1500 in Grenoble geboren und starb 1573 in Orléans. 1569 erschien erstmals Bessons Buch unter dem Titel „Theatrum instrumentarum et machinarum", das auf 60 Kupferstichen in Großfolienformat verschiedene Geräte und Maschinen seiner Zeit darstellte [2.5].

Wenige Jahre später, etwa um 1580, zeichnete Jacopo de Strada (1523–1588), Hofkapellmeister in Wien und später in Prag, Maschinen für sein 1617 erschienenes Maschinenbuch, das ebenfalls eine Schleiferei enthält. Interessanterweise ist diese mit einer Kornmühle kombiniert. Gemeinsam werden sie von einem Pferdegöpel mittels Zahnradvorgelege und Seilscheibenübersetzung angetrieben [2.44].

Ein weiterer technischer Autor dieser Zeit war der Baumeister Vittorio Zonca. Er lebte zwischen 1568 und 1602. Im Jahre 1607 erschien von ihm die Erstausgabe eines Werkes mit dem Titel „Novo Teatro di Machine et Edificii", dessen Veröffentlichung 1607 er nicht mehr erlebte. Sein Buch enthält 42 Kupferstiche. Am interessantesten sind wohl bei Zonca die Darstellungen und Beschreibungen von zwei großen, durch Wasserkraft betriebenen Seidenspinnmaschinen, an denen man schon alle heute für solche Maschinen grundsätzlich erforderlichen Teile finden kann. Neben Textilmaschinen finden sich Pumpen, Krane, Mühlen, Pulvermühlen, Druckpressen, Buchbinderpressen, Mangeln und kleine Walzwerke in seinem vielseitigen Werk [2.4].

Neben verschiedenen anderen Maschinen beschreibt Zonca auch Schleifmaschinen. Bei der einen ist der Schleifer in liegender Haltung abgebildet, eine weitere wird durch Wasserkraft mit Zahnradübersetzung betrieben. Auch hier liegt der Arbeiter beim Schleifen.

„... Man kann zwei Schleifsteine und einige Polierscheiben aufstecken ... Durch Öffnen einer Schütze setzt man das Wasserrad in Bewegung. Durch sie tritt das Wasser in einen Kanal von 2′ Breite, worin das Rad von 15′ Durchmesser eingeschlossen ist und sich rasch bewegt, indem das Wasser gegen seine Schaufeln stößt. Zwischen diesen sind einige Kästchen mit Löchern angebracht, um Wasser aufzunehmen und durch einen Kanal nach einem auf der anderen Seite der Bretterwand der Schleifmühle gegenüberliegenden Trog zu leiten, wo es durch ein Röhrchen ausfließt, um den Meistern zum Schleifen zu dienen. Am anderen Ende der Wasserradwelle sitzt ein Zahnrad mit 60 Zähnen, das zwei Getriebe mit je 15 Zähnen umtreibt, die mit der Schleifsteinwelle fest verbunden sind. Diese ist von Eisen, damit sie bei ihrer fortwährenden und raschen Bewegung sicher widersteht. Die Schleifsteine drehen sich viermal, während das große Rad eine Umdrehung macht ... Aber es ist zu beachten, daß keine Räderübersetzung nötig ist, wenn man Wasser im Überflusse hat." [2.4]

Bild 2.65 Schleifscheibe und Mühle mit Göpelantrieb, von Jacopo de Strada, um 1580

Eine der bekanntesten Schriften über den damaligen Maschinenbau stellt das in den Jahren 1613 bis 1629 veröffentlichte Werk Heinrich Zeisings dar. Über den Autor ist nichts Näheres bekannt. Zum Inhalt seines Buches schrieb Zeising: „... Es werden auch vielerlei künstliche Mühlwerke, Schrauben und sonstige Inventiones und vorteilhafte Bewegungen in den künftigen Teilen gefunden werden. Diese und noch andere nützliche Dinge, bin ich gesonnen, in kurzer Zeit auch zu publizieren und hoffe zuversichtlich, es werde dem kunstliebenden Leser ein Gefallen damit geschehen, zumal die Autores, so von diesen Dingen geschrieben haben, in deutscher Sprache nicht wohl zu bekommen auch meistenteils in großem Format gedruckt und sehr teuer sind; dieses Theatrum aber in bequemer Form und mit geringen Kosten zu erzeugen ist." Im dritten Teil seines „Theatrum Machinarum" wird eine Schleiferei mit Wasserradantrieb und Riemen zur Übertragung der Drehbewegung beschrieben [2.4].

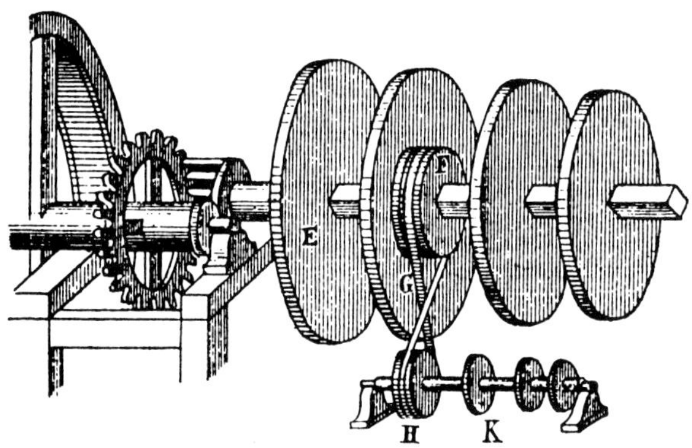

*Erklärung der Stück: E Die gröste grobe Scheib. F Die ander Scheib mit einer Hölen ausgedreht, daran der Riemen leit.
G Der Riemen. H Das Rad, das vom Riemen rumbgezogen wird.
K Drei kleine Räder an eisern Axe, was man den Stechzeug nennet, zu gar subtilen Dingen und hohlen Rappier- und Dolchklingen.*

Bild 2.66 Schleiferei mit Wasserradbetrieb, Kupferstich von Heinrich Zeising, 1618

Georg Andreas Böckler, kurpfälzischer Ingenieur und Architekt, stellte 1661 in seinem Buch „Theatrum Machinarum novum", das sich in Teilen auf ein Buch von Strada stützt, verschiedene Schleif- und Poliermühlen vor. Das Blatt 35 seines Buches zeigt eine Schleif- und Poliermaschine. Sie wird von ihm folgendermaßen erklärt [2.8]: „Diese Mühl wird an einem fließenden Wasser zum bequemsten anzuordnen sein und treibt das Wasserrad mit seinem Wellbaum das daran befestigte Stirnrad herum, welches mit seiner Stirn oder Kam in die Spindeln des Wellbaums eingreift damit die Steine herumlaufen machet."

Auf dem darauffolgenden Blatt 36 im Buch Böcklers ist eine Schleifmaschine zur Waffenbearbeitung abgebildet. Die dazugehörige Erklärung lautet: „Weilen gegenwärtige Schleifmühle der vorigen fast ganz gleich hat es keiner finderlichen Beschreibung von nöten, dann (wie man siehet) es treibet das Wasserrad mit seinem Wellbaum das Kamrad, welches ferner in die Spindeln eingreifft und den Trillis sampt dessen Wellbaum, an welchem die Schleifstein befestigt, herum treibet, aber kann eine Wasserrinne auf die Schleifsteine zum Netzen geführet und nach Gelegenheit des Orts angerichtet werden." [2.28]

Beachtliche Fortschritte bei der Entwicklung von Maschinenwerkzeugen sind in dem hier betrachteten Zeitraum auf dem Gebiet der Drehtechnik zu verzeichnen. Bis zum Ende des 18. Jahrhunderts war die Holzbearbeitung auf der Drehbank, das Drechseln, selbst in höfischen Kreisen verbreitet. Dazu wurden die Drehbänke reich verziert. So besaß bereits Kaiser Maximilian I. eine bis heute erhaltene Drehbank, die als ein besonders schönes Kunstwerk der Renaissance gilt [2.35].

Die Drehbank Maximilians bestand aus schweren hölzernen Pfosten, deren Kanten und Seitenflächen mit Schnitzwerk versehen waren. Sie wurde durch eine Wippe mit Pedal angetrieben. Lehnbretter für den Rücken und den linken Arm sollten das Drehen erleichtern und die Werkzeugführung unterstützen. Das Werkstück wurde zwischen die Reitstockspitze und der Spitze im Dockenstock gespannt.

Bild 2.67 Drehbank des Kaisers Maximilian I., um 1518

Eine Lünette und zwei Brillen zwischen den beiden Docken dienten zur Unterstützung langer Werkstücke. Der Reitstock, der eine Pinole besaß, und der Dockenstock waren mit Wald- und Jagdmotiven verziert, der Reitstock selbst symbolisierte eine Burg [2.14].

Salomon de Caus, von dessen Bohrmaschine zum Bohren hölzerner Brunnenrohre bereits die Rede war, beschrieb in seinem Maschinenbuch auch ein hölzernes Ovaldrehwerk mit Radantrieb, dessen Docken und Spindel jedoch aus Eisen waren. Durch eine aus ovalen Messingscheiben bestehende Schablone, die sich entlang der Führungen drehte, wurde die Spindel zunächst längsseitig verschoben und danach durch Gewichte, die an den Docken hingen, in die ursprüngliche Lage zurückgebracht [2.55].

Eine Drehbank für die Eisendreherei hat der Franzose Cherubin 1671 entwickelt. Sie verband den schon von Leonardo da Vinci verwendeten Armbrustbogen mit Kurbelantrieb. Durch ein Pedal, dessen Bedienung von der Wippe erleichtert wurde, versetzte man eine gekröpfte Welle in kontinuierliche Umdrehungen, die ein Schwungrad mittels Riemen auf die Spindel übertrug. Das Werkzeug wurde von einem Planschlitten geführt, der um einen Bolzen drehbar auf der Bank montiert war. Erwähnenswert ist eine Drehbank des Franzosen Charles Plumier aus dem Jahre 1701, deren Antrieb aus Handkurbel und Schwungscheibe bestand [2.55].

Von wenigen Ausnahmen abgesehen waren die in der Holzbearbeitung oder im Maschinenbau des 17. und 18. Jahrhunderts eingesetzten Drehbänke noch nicht mit einem Werkzeughalter ausgerüstet. Da folglich das Werkzeug von Hand gehalten und geführt werden mußte, die Relativbewegung zwischen Werkstück und Werkzeug also nicht maschinell vermittelt wurde, kann bei diesen Drehbänken definitionsgemäß auch nicht von Werkzeugmaschinen die Rede sein. Das gilt unabhängig davon, ob ihr Antrieb durch Wippe oder Kurbel erfolgte.

Völlig anders stellte sich dagegen die Situation in der Feinwerktechnik jener Zeit dar. Insbesondere im Uhrmacherhandwerk, das es schon im Spätmittelalter zur technologischen Blüte gebracht hatte, war die Entwicklung von Maschinenwerkzeugen bereits in der zweiten Hälfte des 17. Jahrhunderts weit fortgeschritten. Die Werkzeugmaschinen der Uhrmacher waren sehr viel kleiner, konnten daher sehr früh aus Metall hergestellt werden und arbeiteten entsprechend genauer. Zu Beginn des 18. Jahrhunderts waren Maschinenelemente, wie Zahnräder, Gewindespindeln und Werkzeughalter, die sich im allgemeinen Maschinen- und Werkzeugmaschinenbau erst ein Jahrhundert später durchsetzten, in der Feinwerktechnik allgemein verbreitet.

Eine viel benutzte französische Uhrmacherdrehbank mit Planscheibe und längs sowie quer verstellbarem Support, aber ohne automatischen Vorschub, zeigt das Bild 2.70. Sie wurde von Hand mit einer Kurbel über ein Zahnradvorgelege angetrieben [2.35].

Bild 2.68 Ovaldrehwerk mit Handantrieb, nach Salomon de Caus, 1615

Bild 2.69 Drehbank mit Kurbel und Handantrieb von Plumier, 1701

Ebenfalls aus dem Jahre 1741 stammt eine Kopierdrehbank mit mechanischem Vorschub. Beim Antrieb der Hauptspindel mit einer Kurbel wurde durch Zahnradgetriebe ein Querschlitten bewegt, an dem sich eine schräglaufende Leiste befand. Diese bewirkte über eine Stangenverbindung die Längsverschiebung des Supports. Je nach Schräglage der Leiste konnte der Vorschub feiner oder gröber eingestellt werden. Die Quersteuerung erfolgte nach einer kegelförmigen Schablone, so daß bei dieser Drehbank bereits von einer Kopierdrehmaschine gesprochen werden kann [2.35].

Wenn man vom Handantrieb absieht, waren die feinmechanischen Drehbänke des 18. Jahrhunderts mit den wichtigsten mechanischen Bestandteilen moderner Drehmaschinen ausgerüstet. Sie besaßen Wechselräder, eine Leitspindel sowie einen Werkzeugträger und wurden beispielgebend durch Leistung und Zweckmäßig-

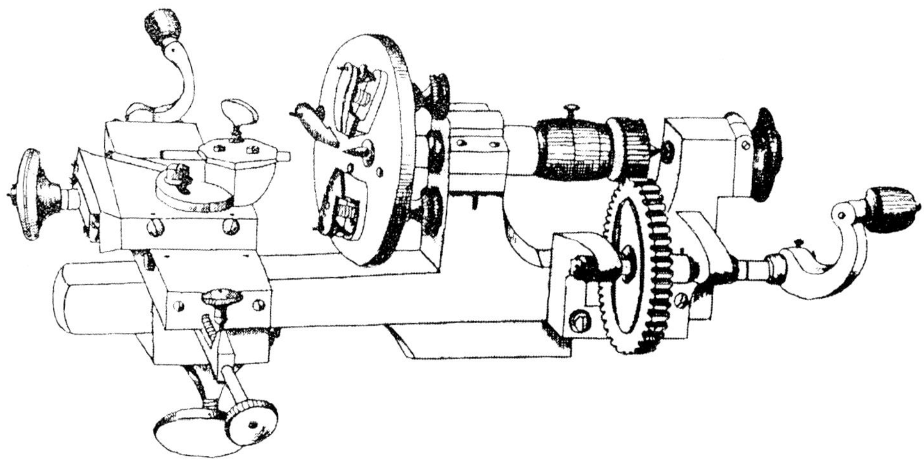

Bild 2.70 Drehbank mit Planscheibe aus dem Jahre 1741

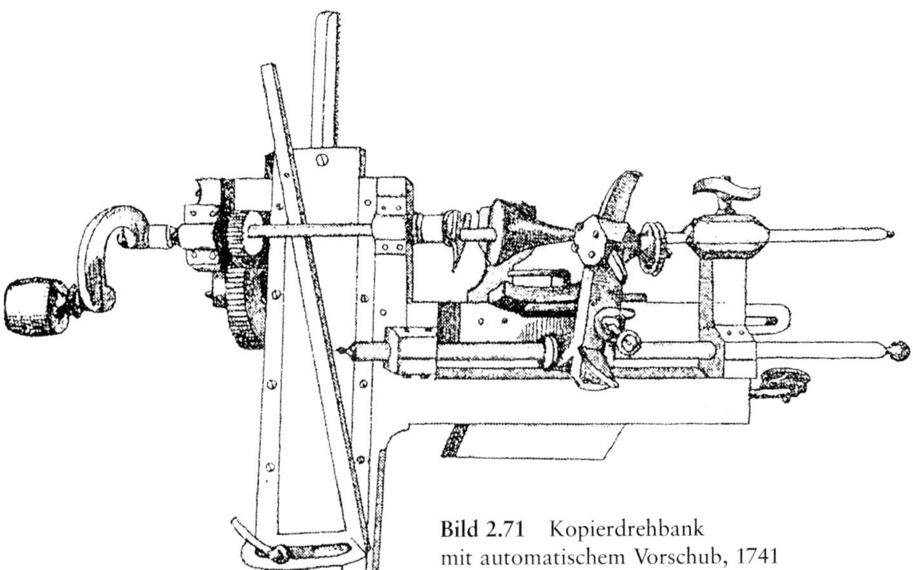

Bild 2.71 Kopierdrehbank
mit automatischem Vorschub, 1741

keit ihrer technischen Form. Dabei stellte der Support oder Werkzeugschlitten die entscheidende Voraussetzung für den Wandel von der Drehbank zur Drehmaschine dar.

Der Support dient im allgemeinen dem Halten und Führen des Werkzeugs sowie in Verbindung mit Wechselrädern und Leitspindel dem Erteilen des Vorschubs. Mit dem Kreuzsupport ist eine Längs- und Quersteuerung von Hand möglich. Bevor Leitspindel und Wechselräder aufkamen, wurde der Werkzeugträger manuell auf dem Drehbankbett verschoben.

Eine der ersten Darstellungen des Supports findet sich im Nürnberger Mittelalterlichen Hausbuch von 1480. Auf den Werkzeughalter Leonardo da Vincis aus dem Jahre 1490 wurde bereits hingewiesen. Auch Besson hat seine Gewindeschneidmaschine von 1570 mit einer Leitspindel und einem einfachen Support ausgestattet. Teubner, der 1756 ein Buch über die Drehkunst bei der Holz- und Metallbearbeitung verfaßte, hat bei seinen Drehbänken ebenfalls Werkzeughalter verwendet.

Die Weiterentwicklung des Supports vollzog sich in Frankreich, wo auch der Begriff geprägt wurde. Nicht nur bei den Drehbänken der Uhrmacher, die seit Anfang des 18. Jahrhunderts den Kreuzsupport kannten, kamen Werkzeughalter zur Anwendung. Man verwendete sie auch bei Maschinen zur Herstellung von optischen Geräten und Präzisionsinstrumenten. Eiserne Werkzeughalter wurden 1701 in Plumiers Werk über die Kunst des Drehens dargestellt, und Diderot hob sie in dem von ihm bearbeiteten technischen Teil der Enzyklopädie über Werkzeuge und Maschinen besonders hervor [2.39].

Die erste Supportdrehbank für den Maschinenbau soll im Jahre 1791 der Amerikaner Sylvanin Brown entwickelt haben. 1798 ließ sich ebenfalls ein Amerikaner, David Wilkinson, eine Supportdrehbank patentieren. Ob diese Erfindungen in England, dem Mutterland der industriellen Werkzeugmaschine, vor den bahnbrechenden Arbeiten Maudslays bekannt waren, läßt sich kaum noch feststellen. Auch sollen die französischen Drehmaschinen aus der Feinmechanik keinen nennenswerten Einfluß auf den Übergang zur modernen Werkzeugmaschine ausgeübt haben.

Doch hier dürften Zweifel erlaubt sein. Sicher erforderten die Größenunterschiede zwischen den feinmechanischen Maschinen und den industriellen Metalldrehbänken oft gänzlich neue konstruktive Lösungen. Doch der gegen Ende des 18. Jahrhunderts erreichte technologische Stand hatte durch die Vielzahl technischer Autoren und nicht zuletzt durch die große französische Enzyklopädie eine weite Verbreitung erfahren, von der England nicht ausgeschlossen blieb. Daher liegt die Vermutung nahe, daß auch für jene Zeit von einer Wechselwirkung technischer Entwicklungen ausgegangen werden muß.

Bis zum Ausgang des 18. Jahrhunderts gab es weder in England noch auf dem europäischen Kontinent einen selbständigen Werkzeugmaschinenbau. Handwerksbetriebe und Manufakturen, die seit der zweiten Hälfte des 16. Jahrhunderts in Holland, wenig später in Frankreich, England und auch in Deutschland als neuartige arbeitsteilige Großbetriebe entstanden, stellten die von ihnen benötigten Werkzeugmaschinen selbst her. So entwickelte sich der Werkzeugmaschinenbau bis weit ins 19. Jahrhundert hinein als Teil des allgemeinen Maschinenbaus.

Die wichtigsten Maschinen der vorindustriellen Zeit waren die Mühlen, darunter auch Bohr- und Drehmühlen. Da diese ebenso wie die meisten anderen Maschinen aus Holz bestanden, sind die Mühlenbauer aus den Zimmerleuten hervorgegangen.

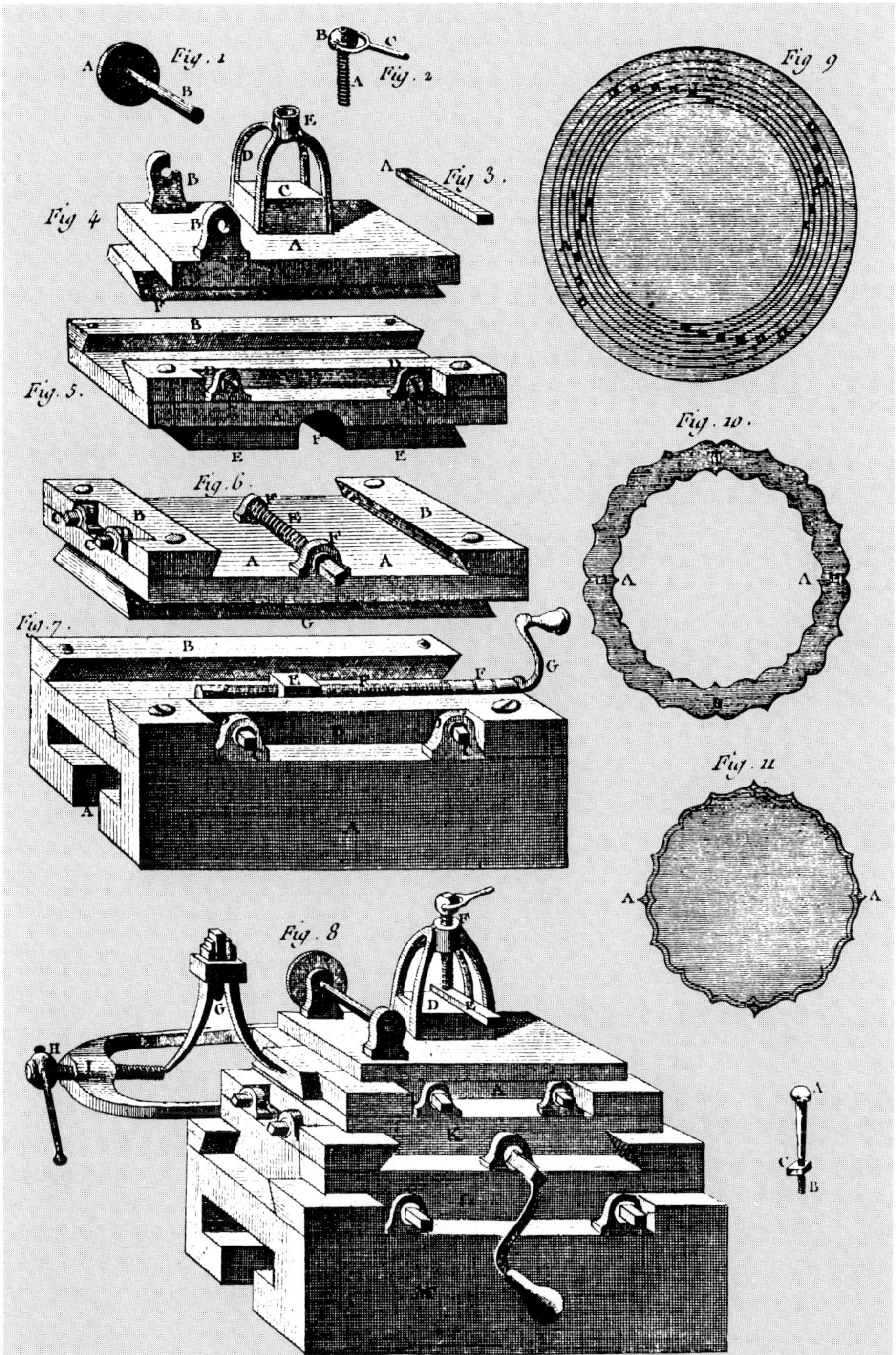

Bild 2.72 Support nach Diderot, 1751

Sie mußten sowohl an der Hobelbank als auch am Amboß, an der Bohrmaschine oder an der Drehbank arbeiten. Mühlenbauer waren daher die eigentlichen Maschinenbauer, die bis zum Ende des 18. Jahrhunderts Maschinen konstruierten und herstellten [2.21].

Anders als das städtische Handwerk war der Beruf des Mühlenbauers lange vor der industriellen Revolution über die engen Zunftgrenzen hinausgewachsen. Die Vielfalt seiner praktischen und theoretischen Aufgaben, die ihn zum Wegbereiter des Maschinenbauingenieurs der Gegenwart werden ließen, schilderte im Rückblick auf seine eigene Herkunft der englische Ingenieur William Fairbairn: „Der Mühlenbauer vergangener Tage war bis zu einem gewissen Grade der alleinige Vertreter der Maschinenbaukunst; er wurde als Autorität in allen Fragen der Anwendung von Wind und Wasser betrachtet, wie auch immer diese Kräfte als Antrieb in den Werkstätten gebraucht werden mochten. Er war der Ingenieur des Gebiets, in dem er wohnte. Mit derselben Fertigkeit vermochte er an der Drehbank, am Amboß oder an der Hobelbank zu arbeiten. In ländlichen Bezirken, fern von der Stadt, mußte er alle diese handwerklichen Betätigungen ausüben. So wurde er zu einem erfinderischen Gesellen, der überall Hand anlegen konnte. Wie andere wandernde Handwerker früherer Zeiten zog er durch das Land, von Mühle zu Mühle, mit dem alten Spruch, Kessel zu flicken, der sich aber auf die Bruchschäden an Maschinen bezog.

So war der Mühlenarzt des vergangenen Jahrhunderts ein umherziehender Ingenieur und Mechaniker, der hohes Ansehen genoß. Er konnte Axt, Hammer und Hobel mit gleicher Geschicklichkeit und Genauigkeit handhaben; er verstand zu drehen, zu bohren oder zu schmieden, so leicht und so schnell wie jemand, der in jedem dieser Handwerke ausgebildet worden war. Er vermochte die Riefen eines Mühlsteins aufzureißen und einzuschneiden mit einer Genauigkeit, die der des Müllers gleichkam oder sie sogar übertraf. Diese verschiedenen Dienste auszuüben, rief man ihn, und er arbeitete selten vergeblich, da er gewohnt war, sich bei der Ausübung seines Berufs hauptsächlich auf sich selbst zu verlassen. Im allgemeinen war er ein tadelloser Rechner; er wußte einiges aus der Geometrie und Vermessungskunde. Vielfach besaß er auch entsprechende Kenntnisse in der praktischen Mathematik. Er konnte Geschwindigkeit, Widerstandsfähigkeit und Kraft der Maschinen berechnen; er wußte Risse und Schnittzeichnungen zu fertigen und verstand Häuser, Rohrleitungen oder Wasserrinnen zu bauen, von jeder Art und unter all den Bedingungen, welche die Praxis stellte. Er vermochte Brücken zu errichten, verstand Kanäle zu bauen und konnte vielerlei Arbeiten ausführen, die jetzt von Bauingenieuren geleistet werden. Von solcher Art also waren die Männer, die in unserem Lande bis hin zur Mitte und zum Ende des 18. Jahrhunderts den größten Teil der Maschinenbauten planten und ausführten. In einem primitiveren Gesellschaftszustand lebend als wir heute, gab es wohl nie eine nützlichere und selbständigere Menschenklasse als diese ländlichen Mühlenbauer. Das ganze mechanische Wissen des Landes fand in ihnen seinen Mittelpunkt.“ [2.12]

Im ersten Drittel des 18. Jahrhunderts begann eine Phase stärkerer rationaler Durchdringung der Arbeit des Ingenieurs. Besonders ausgeprägt war dieses Streben bei dem Leipziger Maschinenbauer, Mechaniker und Bergwerkskommissar Jakob Leupold. Er verband seine praktische Tätigkeit aufs engste mit deren theoretischer Untersuchung.

Leupold wurde 1674 in Plansitz bei Zwickau geboren, hatte das Tischlerhandwerk erlernt und danach Theologie und Mathematik studiert. 1724 schrieb er sein Hauptwerk „Theatrum machinarum generale. Schauplatz des Grundes mechanischer Wissenschaften“. Leupold konnte sein Werk nicht mehr vollenden. Er starb 1727 in Leipzig.

Die Aufgaben des Ingenieurs beschrieb Leupold sinngemäß folgendermaßen [2.23]: „Denn was vor alten Zeiten diese Mechanici waren, das sind heute zu Tage unsere Ingenieurs, welchen nicht nur allein zukömmet, eine Festung aufzureißen und dann zu erbauen, sondern auch nach mechanischen Fundamenten allerlei Maschinen anzugeben, so wohl auch eine Fortresse zu defendieren, als solche zu emportieren. Ingleichen mancherlei compendieuse Maschinen zu erfinden, die Arbeit zu erleichtern und was öfters unmöglich scheinet, dennoch möglich zu machen.“

Leupold war insofern ein Repräsentant moderner Technikwissenschaft, als er die Maschine analytisch im Hinblick auf ihre Komponente erfaßte und nicht mehr nur als allgemeinen Mechanismus. Sein Ziel bestand in der theoretisch und empirisch begründeten Konstruktion [2.23]: „... Sollen alle Künste und Maschinen, die sowohl bei dem Berg- als Hüttenwerk zu finden sind“, so fordert er, „in einen deutlichen Riß, nach allen nötigen Stellungen, Teilen und besonderen Stükken, nach akkuratem Maßstab gezeichnet, und so viel als möglich, deutlich beschrieben, und nach der Theorie berechnet werden. Will bei jeder Maschine, so genau als möglich, die Kraft berechnen, und was hingegen vor Effekt erfolget, oder was die Maschine jetzo tut, und nach denen Prinzipiis oder Theorie tun sollte. Woraus alsdann zu ersehen sein wird, wie weit die Maschine das ihre tut, ob wie viel dahero zu verbessern übrig ist.

Hierbei sollen alle mechanische und physikalische Fundamente und Ursachen, so wohl des Effekts als der Fehler, durch Experimenta und Risse deutlich erklähret werden, die Berechnung, sowohl geometrisch als mechanisch, oder wie es am allerdeutlichsten fället, Anweisung getan werden, wo und wie man einige Verbesserungen hoffet ...“

Leupold ging es nicht nur um die Förderung des Maschinenbaus seiner Zeit. Darüber hinaus wollte er im nationalökonomischen Sinne die Wohlfahrt des Landes durch Entwicklung der Bergwerkstechnik und Manufakturen steigern [2.20]. Sein Einfluß reichte weit über Deutschland hinaus. Um seine Werke studieren zu können, lernte noch James Watt bei einem Deutsch-Schweizer in Glasgow die deutsche Sprache.

Bild 2.73 Der Ingenieur, Kupferstich 1698

3 England als Werkstatt der Welt

3.1 Aufbruch in ein neues Zeitalter

Der entscheidende Entwicklungsschritt zur modernen Werkzeugmaschine erfolgte im Verlauf eines epochalen Übergangs von der Handarbeit zur maschinellen Fertigung. Diese Umgestaltung der Produktionstechnik stellt ein Hauptmerkmal der industriellen Revolution dar. Für den dadurch eingeleiteten Industrialisierungsprozeß verfügte England über die besten Voraussetzungen. Vor dem Hintergrund günstiger politischer und gesellschaftlicher Bedingungen kam es seit der Mitte des 18. Jahrhunderts zu einem tiefgreifenden wirtschaftlichen und sozialen Wandel, währenddessen England auch auf technischem Gebiet zur Führungsmacht aufstieg [3.11].

Dem industriellen Aufschwung voran ging eine Produktivitätssteigerung der englischen Landwirtschaft. Sie garantierte eine stabile Nahrungsmittelversorgung der Bevölkerung, die seit etwa 1740 verstärkt wuchs und sich in England und Wales im Laufe des 18. Jahrhunderts von rund 5 auf 9 Millionen vergrößerte. Mit dem Bevölkerungszuwachs der zweiten Jahrhunderthälfte stiegen auch die Preise für landwirtschaftliche Güter, was zu einer Anregung der Investitionsbereitschaft in den Agrarsektor beitrug. Es kam zu der bekannten Vermehrung der Einhegungen, d.h. der Bildung größerer Güter unter Einbeziehung der Allmenden und Gewannfluren [3.14]. Allerdings wurden dadurch nicht unbedingt Arbeitskräfte freigesetzt, da dort, wo diese Privatisierung die landwirtschaftliche Entwicklung begünstigte und wo technische Veränderungen eintraten, die meist arbeitsintensiv waren, der Bedarf an Arbeitskräften hoch war. Frei wurde eher ein Teil der Arbeitszeit, die in starkem Maße der Baumwollindustrie zugute kam: Ein erheblicher Anteil der Baumwolle wurde nicht in den Fabriken, sondern im Nebenerwerb von einem großen Heer von Heimarbeitern verarbeitet.

Textilien besaßen schon zu Beginn des 18. Jahrhunderts einen beträchtlichen Anteil am Export. Durch eine Steigerung des Einkommens und durch die wachsende Bevölkerung nahm die Produktion weiter zu. Auf dem Kontinent stellten die feinen englischen Wolltuche ein begehrtes Handelsobjekt dar. Noch um 1700 waren englische Baumwollstoffe dagegen kaum konkurrenzfähig, weil ihre Qualität den indischen Kattunen und Kalikostoffen weit unterlegen war. Der Zollschutz, der daher diesem Industriezweig gewährt wurde, hielt die Herstellung in England am Leben, bis die Einfuhr von amerikanischer und indischer Rohbaumwolle im Verein mit technischen Neuerungen beim Spinnen und Weben auch hier bessere Qualitäten ermöglichte. Die im letzten Drittel des 18. Jahrhunderts einsetzende rapide Preissenkung für Baumwollstoffe – zwischen 1780 und 1850 sank der Preis für Baumwollkleidung um über 90 Prozent – zusammen mit einer hohen Inlands- und Auslandsnachfrage ließen die Textilindustrie, besonders aber die Baumwollindustrie zum eigentlichen Motor der Industrialisierung werden [3.8].

Um 1800 waren schon knapp 30 Prozent der Beschäftigten in Großbritannien in Handwerk, Industrie und Bergbau tätig sowie nur noch 36 Prozent in Landwirtschaft, Forsten und Fischerei. Diese im Vergleich zu Deutschland geringe Rate der Beschäftigten im primären Sektor hatte einen dementsprechend hohen Anteil der Stadtbewohner zur Folge. Städte wie Liverpool, Leeds, Birmingham und Manchester hatten sich zu modernen Wirtschaftszentren entwickelt. Einer von sieben Engländern lebte in Städten von über 50000 Einwohnern. Drei Viertel dieser Großstädter waren Londoner [3.36].

Die Steigerung der Produktion im landwirtschaftlichen und industriellen Bereich setzte die verkehrstechnische Erschließung neuer Absatzmärkte voraus. Schon seit der Mitte des 17. Jahrhunderts wurden in Großbritannien beträchtliche und aufwendige Verbesserungen der Transportwege, der Flüsse, Kanäle und Straßen vorgenommen, um die hohen Kosten des Warentransports über Land zu verringern [3.15]. Der wachsende Bedarf der Städte, insbesondere an Nahrungsmitteln und Brennstoffen, und die vorhandenen Transportkapazitäten wirkten anregend auf

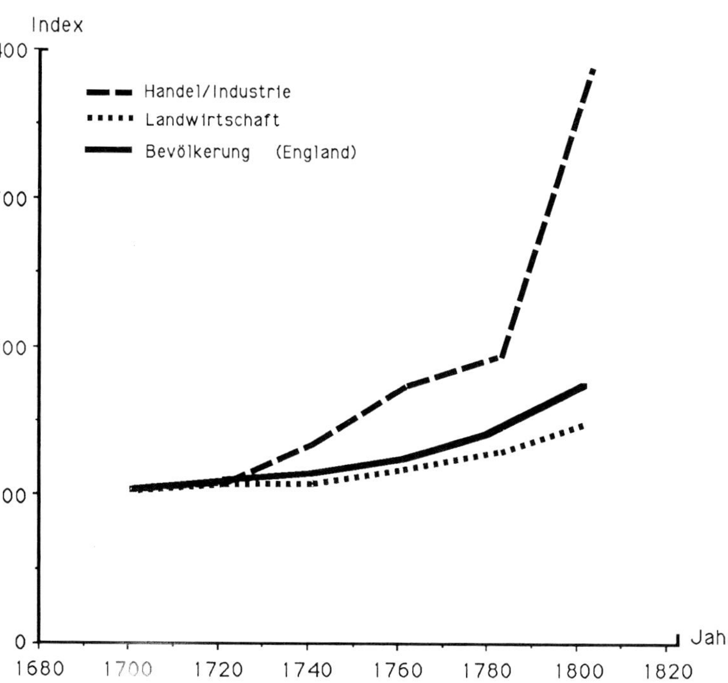

Bild 3.1 Index der britischen Güterproduktion und englischen Bevölkerung im 18. Jahrhundert

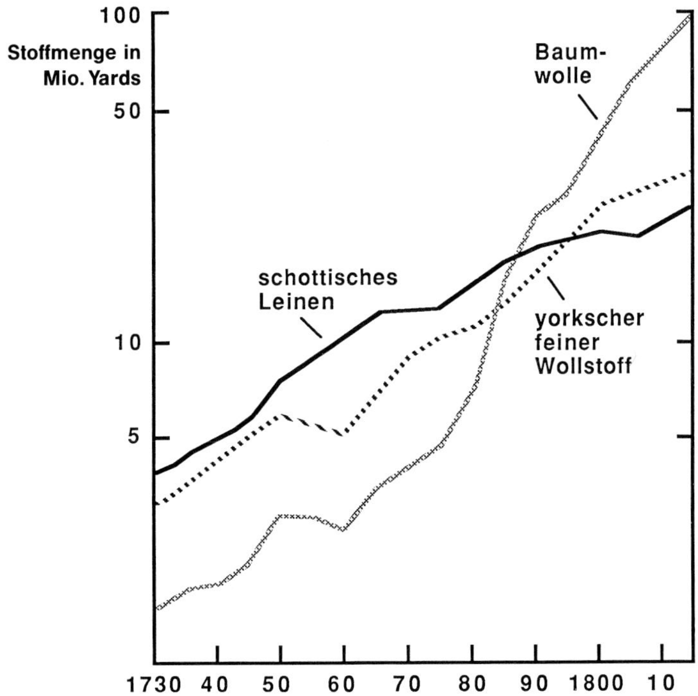

Bild 3.2 Wachstum der britischen Textilindustrie von 1730 bis 1810

die Entwicklung von Industriewaren, die am Ende völlig neue Maschinen und Produktionstechniken bedingten.

Aus der Handarbeit wurde Maschinenarbeit, der ein hoher Mechanisierungsgrad des Herstellungsprozesses zugrunde lag. Die verwendeten Maschinen stellten mit ihrer Komplexität und großen Anzahl auch den Maschinenbau vor Herausforderungen, die mit den herkömmlichen Produktionsverfahren nicht mehr bewältigt werden konnten. Nur der Einsatz neuer Werkzeuge und schließlich die Entwicklung von Werkzeugmaschinen konnte den veränderten Erwartungen an Präzision und Arbeitsgeschwindigkeit gerecht werden [3.24].

Die Einführung von Maschinen, der Bau neuer Verkehrswege und Transportmittel sowie die Expansion des Maschinenbaus steigerten den Eisenbedarf erheblich. Bis weit ins 18. Jahrhundert konnte Roheisen nur mit Hilfe von Holzkohle erzeugt werden, so daß der Massenproduktion enge Grenzen gesetzt waren. Um das Roheisen formbar zu machen, wurde es durch ein zweites Verfahren, das sogenannte Frischen, in schmiedbares Eisen verwandelt. Erst das so hergestellte Frischeisen ließ sich warm und kalt durch Schmieden, Walzen oder Pressen umformen.

Einen entscheidenden Fortschritt bedeutete die mit Abraham Darby einsetzende Ablösung der Holzkohle für die Roheisengewinnung durch den Kokshochofen

[3.33]. Doch erst nach 1740 wurde diese Herstellungsmethode kostengünstiger, so daß bis 1750 nur drei Kokshochöfen gegenüber etwa 70 konventionell betriebenen existierten. Sie gehörten alle den Darbys. In einem Brief aus dem Jahre 1775 schilderte Abiah Darby, die Frau Abraham Darbys, die Geschichte der Erfindungen ihres Schwiegervaters und Gatten. Ihr Schwiegervater, Abraham Darby, kam um das Jahr 1709 auf den Gedanken, „daß es zweckmäßig sein könnte, Eisen aus Erz im Hochofen mit Steinkohle zu erschmelzen. Er versuchte es zuerst mit Rohkohle, so wie sie aus den Gruben kommt, aber es sprach nicht an. Er ließ sich jedoch nicht entmutigen und verkokte die Kohle zu einer Art Schlacke, wie es auch beim Malzdarren gemacht wird. Und jetzt gelang es zu seiner Genugtuung. Er fand jedoch, daß nur eine Sorte Steinkohle geeignet war, um gutes Eisen herzustellen ... Mein Gemahl, Abraham Darby, war gerade sechs Jahre alt, als sein Vater starb. Aber er erbte seinen Geist. Er vergrößerte das Werk nach dem Entwurf seines Vaters und traf viele Verbesserungen. Das Aufblühen dieses Werkes wurde u. a. durch folgendes herbeigeführt: ... Vor etwa 26 Jahren faßte mein Gemahl diesen

Bild 3.3 Hochofen-Gebäude im 18. Jahrhundert

glücklichen Gedanken, daß es möglich sein müsse, Stabeisen aus mit Steinkohle erschmolzenen Masseln zu fabrizieren. Darauf schickte er einige unserer Masseln zu den Frischfeuern. Und damit kein Vorurteil sich erheben könne, deckte er nicht auf, woher sie kamen und von welcher Art sie waren. Und da sich bei ihrer Verarbeitung guter Nutzen ergab, errichtete er Hochöfen für Roheisen zur Stabeisenherstellung. Edward Knight Esqr., ein ausgezeichneter Eisenhüttenmann, forderte meinen Gemahl dringend auf, ein Patent zu nehmen, damit er den Gewinn dieser glücklichen Erfindung für Jahre ernte. Aber er sagte, er wolle der Öffentlichkeit eine solche Errungenschaft nicht vorenthalten, von der er überzeugt war. So wurde die Erfindung erprobt, zumal sie sich bald verbreitete und viele Hochöfen sowohl in der Nachbarschaft als auch an verschiedenen anderen Orten zu diesem Zweck errichtet wurden.“ [3.35]

Von ähnlich weitreichender Bedeutung war die Erfindung des Tiegelgußstahls durch Benjamin Huntsman. Für die besonderen Qualitätsanforderungen der Werkzeuge an einen Werkstoff reichten die gewonnenen Stahlsorten nicht aus. Bis in das 17. Jahrhundert lieferte Deutschland an England Stahl für die Werkzeugherstellung. Daneben hatte man angefangen, hochwertiges schwedisches Eisen zu beziehen und durch längeres Glühen mit Holzkohle in den sogenannten Blasenstahl umzuwandeln. Dieses in Deutschland entwickelte Verfahren wurde Zementieren genannt. Schließlich war man dazu übergegangen, zementierten Stahl noch einmal zu raffinieren, wodurch der Shearsteel entstand. Dieser Stahl war in erster Linie für die Schneidwarenindustrie bestimmt und fand auch vielseitige Verwendung für Werkzeuge [3.13].

Über die Herstellung von Tiegelgußstahl schrieb Hendrichs: „Nach langwierigen Versuchen gelang es Huntsman, in einem mit Koks gefeuerten Windofen mit hoher Esse 1742 Stahl in geschlossenen, feuerfesten Tiegeln zum Schmelzen zu bringen. Dazu wurden Stahlstücke von 5 bis 8 cm Länge in einen Tontiegel von 25 cm Weite eingebracht, darauf Scherben von grünem Glas gegeben, der Tiegel dann mit einem Deckel verschlossen und gut mit Lehm verschmiert (Maße umgerechnet, d. Verf.). Es folgte das Einsetzen des Tiegels in einen mit Koks gefeuerten Ofen, der nach Art der Messingschmelzöfen gebaut war und etwa vier Stunden erhitzt wurde. Von Zeit zu Zeit untersuchten die Arbeiter, ob der Stahl dünnflüssig genug wäre, und rührten ihn zum Schluß durch. Schließlich wurde der Tiegel mit einer Zange aus dem Ofen gehoben und der flüssige Stahl in eine gußeisene Form, die Kokille, entleert. Der so gewonnene Stahl war sehr rein und erwies sich bei richtiger Behandlung auch als sehr schnittfähig. Wegen seiner Härte war er schwieriger als der bisherige Schweißstahl zu schmieden.“ [3.12] Eine Folge dieses Verfahrens war der Aufstieg Sheffields zu einem Zentrum für Qualitätsstahl.

Zu den wichtigsten Neuerungen im Eisenhüttenwesen jener Zeit gehört neben dem Eisenschmelzen auf Koksbasis das Frischen mit Kohle im Flammofen. Zwar gab es seit den 1760er Jahren das von den Brüdern Wood eingeführte Verfahren des Tiegelfrischens mit Steinkohle. So wurde in den 1780er Jahren etwa die Hälfte des Stabeisens damit erzeugt. Aber erst durch das von Cort 1784 patentierte Puddelverfahren gelang es, die Erzeugung von Schmiedeeisen in Großbritannien vom Gängelband der Holzkohle zu befreien [3.23].

Das Puddeln erforderte während des Schmelzprozesses eine rührende Bewegung des Puddlers mit der Kratze, durch die er die sauerstoffreiche Schlacke mit allen Teilen des Eisens in Berührung brachte. Dadurch wurde ein Oxidationsprozeß bewirkt, der die einzelnen Eisenbegleiter durch Abführung in die Schlacke oder durch gasförmige Bindungen ausschied.

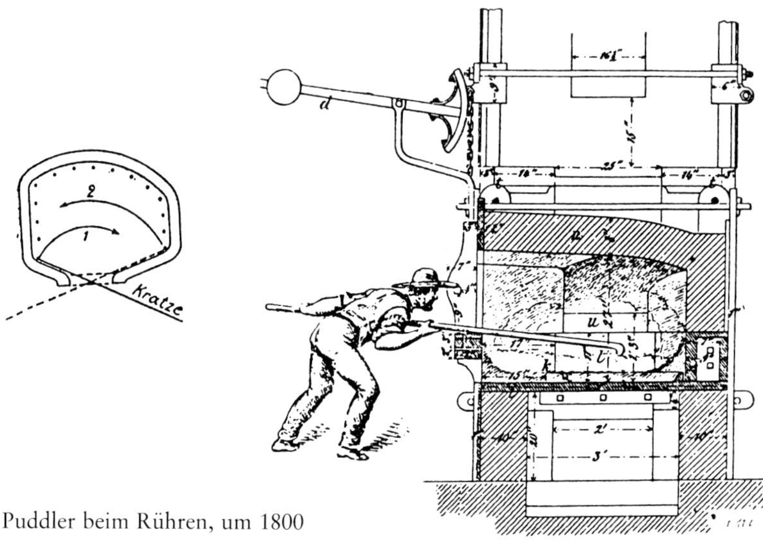

Bild 3.4 Puddler beim Rühren, um 1800

Die Einführung leistungsfähiger Gebläse in Form metallener Zylinder, welche die alten hölzernen Kastengebläse ersetzten, ermöglichte durch gleichmäßige Luftverteilung den Bau größerer Hochöfen. Zwar lag der Kohlenverbrauch zu Anfang des 19. Jahrhunderts mit 7 Tonnen Kohle pro Tonne Roheisen immer noch weit über dem Holzkohleverbrauch von kaum mehr als 1,4 Tonnen pro Tonne Roheisen, aber schon Mitte der 1790er Jahre war der Puddel- und Walzprozeß das billigste Verfahren, um ein qualitativ gleichbleibendes Stabeisen herzustellen.

Die steigende Nachfrage nach Roheisen und die Einführung neuer Techniken bei der Verhüttung ließen die Roheisenproduktion Großbritanniens von 27 000 t im Jahr 1720 auf 90 000 t im Jahr 1791 ansteigen, das damit auch die Führung in der Eisenproduktion übernahm. Englisches Eisen wurde in alle Welt exportiert, insbesondere auch nach Amerika. Man erzeugte nicht mehr wie früher in der Hauptsache Waffen, sondern neben allerlei Kleinwerkzeug in zunehmendem Maße Maschinen und Maschinenteile, Dampfkessel, Maschinen für den Bergbau und die

Eisenindustrie, später dann immer mehr Stahl auch für Lokomotiven, Schienen und Schiffe [3.26].

Der zunehmende Bedarf an Maschinen stellte im 18. Jahrhundert das Gießereiwesen vor immer neue Aufgaben. An die Stelle von Bronze und Holz trat vermehrt Gußeisen. Als Pionier dieser neuen Epoche gilt vor allem John Wilkinson, der Eisen für verschiedenste Zwecke verwendete. Auch zum Kontinent knüpfte er Beziehungen an, so zum schlesischen Malapane, wo 1789 das erste mit oberschlesischem Koks erschmolzene Roheisen abgestochen wurde. Gleichzeitig führte man hier die englische Eisengußtechnik ein. Der erste Kokshochofen in Deutschland wurde 1796 auf der Königlichen Hütte zu Gleiwitz von Johann Friedrich Wedding unter Beteiligung von John Baildon als Berater errichtet [3.18]. Das Puddelverfahren fand auch auf dem Kontinent Einzug. Frankreich experimentierte schon um 1817 damit, dann folgten 1820 Belgien und kurz danach Deutschland. Es verlor erst mit dem Aufkommen des Bessemerverfahrens an Bedeutung.

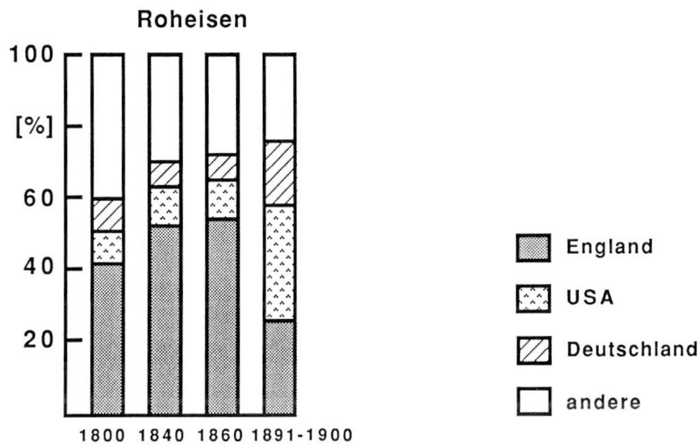

Bild 3.5 Großbritanniens Anteil an der Weltproduktion von Roheisen im 19. Jahrhundert

Parallel mit der Verbreitung des Puddelverfahrens kam es zu einem Verdrängungsprozeß des traditionellen Umformens mit dem Wasserhammer durch das Walzen. Durch die Verbreitung der Walztechnik in England, die sich auch schon viel früher in deutschen und französischen Stahlwerken finden läßt, konnte der Tagesausstoß beim Umformen am Ende des 18. Jahrhunderts mit 8 bis 15 Tonnen Walzgut um ein Vielfaches der Hammerwerke gesteigert werden, deren Tagesleistung auf eine Tonne geschätzt wurde.

Gleichzeitig mit dem Anstieg der Roheisenproduktion erhöhte sich auch die Fördermenge im Steinkohlebergbau. Im Unterschied zu den meisten europäischen Ländern war in Großbritannien der Kohlebergbau keine Neuschöpfung der industriellen Revolution. Um 1530 förderten die Kohlebergwerke ca. 200 000 Tonnen, ein Jahrhundert später waren es schon 1,5 Millionen und um 1750 bereits 5 Millionen Tonnen [3.30].

Der starke Anstieg der Steinkohleförderung ist auf den Einsatz von Steinkohle in den Stoffumwandlungsprozessen der Eisenerzeugung und vor allem auf die Verbreitung der Dampfmaschine als Antriebskraft zurückzuführen. Noch um 1800 gingen jedoch 50 bis 60 Prozent der Kohleproduktion in den Hausbrand. Äußerst günstig wirkte auch die Tatsache, daß in allen wichtigen Regionen Eisenerz und Kohle gemeinsam vorkamen. Die Führung in der Erz- und Kohleförderung hatte zu Beginn des 19. Jahrhunderts Schottland inne. Dann folgten Staffordshire, Yorkshire, Lancashire und Südwales, wo auch das Zentrum der Roheisenproduktion lag [3.30].

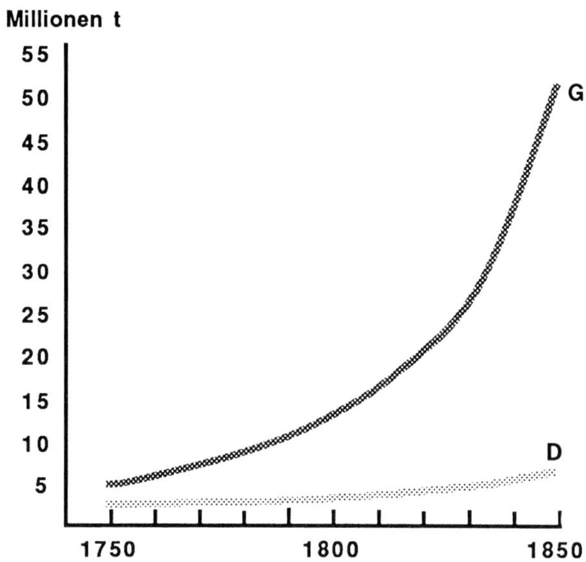

Bild 3.6 Kohleförderung in Großbritannien und Deutschland von 1750 bis 1850

Die Erfolge Englands im Handel, auf dem Gebiet der Textilproduktion sowie in der Eisen- und Kohlegewinnung hatten ihre Wurzeln auch in der geistig-politischen Entwicklung des Landes. Im Vergleich zum Kontinent, insbesondere zur Lage im damaligen Deutschland, konnte sich in England spätestens seit der Mitte des 17. Jahrhunderts unter dem Einfluß calvinistischer Ideen ein starkes, liberales Unternehmertum entfalten.

Calvin entwickelte in seiner Lehre die Doktrin von der Prädestination bis zur äußersten Konsequenz. Dem Menschen oblag strengster Gehorsam gegenüber Gottes Geboten und unaufhörliche, mühevolle Arbeit in dieser Welt. Der spätere Calvinismus sah geradezu im Erfolg der Arbeit auf dieser Erde ein äußeres Zeichen eines inneren Gnadenstandes. Erfolgreiche Arbeit hieß aber unermüdliches Schaffen nützlicher Werke. Diese Einstellung bereitete auch für die naturwissenschaftliche Forschung und technische Wirksamkeit einen günstigen Boden [3.15].

Die praktische Ethik des Puritanismus mit ihrer Forderung nach strenger Lebensführung und unermüdlicher Arbeit wird deutlich aus Richard Baxters 1664/65 geschriebenem „Christian Directory“: „Arbeite hart in deinem Berufe, damit dein Schlaf sanft sein möge ... Ermüde deinen Körper in täglicher Arbeit ... Trachte danach, daß du einen Beruf erwählst, der dich alle die Zeit beschäftigt, welche der unmittelbare Gottesdienst übrigläßt ... Wenn auch ... gesagt wird: Bemühe dich nicht, reich zu werden, so bedeutet das nur, daß du den Reichtum nicht zu deinem Hauptziele erhebst. Reichtum für unsere leiblichen Belange soll letztlich nicht beabsichtigt sein oder gesucht werden. Aber es darf sein, wenn man dabei höhere Dinge im Auge hat ...

Gebrauche deine Zeit mehr, um deine Pflicht zu tun, als dazu, nach deinem Zustand zu forschen. Frage nicht soviel: Wie kann ich wissen, ob ich erlöst werde? Frage vielmehr: Was soll ich tun, um erlöst zu werden? ...

Wenn beispielsweise ein Mensch sich Trost aus seiner Gelehrsamkeit und Weisheit verschaffen wollte, so wäre dazu ein Weg, sein Wissen kritisch zu beurteilen und dann auf seine eigene Glückseligkeit zu schließen. Aber ein anderer Weg ist es, Gelehrsamkeit und Weisheit, die er besitzt, zu gebrauchen, indem er Entdeckungen einiger geheimnisvoller Vortrefflichkeiten in den Künsten und Wissenschaften macht. Diese Entdeckungen beglücken ihn durch das wirkliche Gestalten mehr als ein bloßer Gedankenschluß.“ [3.15]

Im Calvinismus hieß es nicht nur: „Nutze die Zeit!“ Die Forderung lautetete bereits: „Nutze die Minute!“ Die kleine Zeiteinheit der Minute trat jetzt ins allgemeine Bewußtsein. Die öffentliche Uhr mit Minutenzeiger ist äußerer Ausdruck dieser Einstellung. Hier wird der Zusammenhang des Calvinismus mit der Genfer Uhrenerzeugung und mit dem englischen Uhren- und Instrumentenbau des 17. und 18. Jahrhunderts deutlich [3.15].

Auf die Bedeutung dieser Geisteshaltung für die industrielle Entwicklung hat vor allem Max Weber hingewiesen: „Was letzten Endes den Kapitalismus geschaffen hat, ist die rationale Dauerunternehmung, rationale Buchführung, rationale Technik, das rationale Recht, aber auch nicht sie allein; es mußte ergänzend hinzutreten: die rationale Gesinnung, die Rationalisierung der Lebensführung, das rationale Wirtschaftsethos.“[3.38]

Dieses neue Wirtschaftssystem wurde gegen Ende des 18. Jahrhunderts von Adam Smith in seinem Hauptwerk „Über den Reichtum der Nationen“ theoretisch begründet und weit über die Grenzen Englands hinaus zur einflußreichsten gesellschaftlichen Zielvorstellung erhoben.

Das freie selbstverantwortliche Schaffen des Menschen ist für Smith die Triebfeder jeden gesellschaftlichen Wohlstands: „Das natürliche Bestreben jedes Menschen, seine Lage zu verbessern, ist, wenn es sich mit Freiheit und Sicherheit geltend machen darf, ein so mächtiges Prinzip, daß es nicht nur allein und ohne alle Hilfe die Gesellschaft zum Wohlstand und Reichtum führt, sondern auch hundert unverschämte Hindernisse überwindet, mit denen die Torheit menschlicher Gesetze es nur allzuoft zu hemmen suchte. Freilich ist die Wirkung solcher Hindernisse jederzeit mehr oder weniger die, die Freiheit dieses Prinzips zu beschränken oder seine Sicherheit zu vermindern. In Großbritannien ist das Gewerbe vollkommen sicher, und ob es gleich weit davon entfernt ist, vollkommen frei zu sein, so ist es doch ebenso frei oder noch freier als in irgendeinem Teile von Europa." [3.31]

Für die Entwicklung der Technik war die Ausbildung eines geregelten Patentwesens von hervorragender Bedeutung. In England fand diese Frage 1624 im „Statut über die Monopole" ihre gesetzliche Regelung, indem bestimmt wurde, daß die Krone nur dem ersten Erfinder neuer Erzeugnisse oder Verfahren, die zudem dem Staate nützlich sind, Patente erteilen darf: „Patente und Privilegien sind künftig innerhalb des Königreichs auf die Dauer von vierzehn Jahren oder weniger nur für die Herstellung irgendwelcher Art neuer Gewerbeerzeugnisse oder die Anwendung neuer Verfahren dem wirklichen und ersten Erfinder dieser Produkte oder Prozesse zu gewähren, die von anderen zur Zeit des Erlasses des Patents nicht benutzt werden. Dies gilt, insoweit die Patente nicht dem Gesetze zuwiderlaufen oder dem Staate dadurch schaden, daß sie die Preise der heimischen Bedarfsgüter in die Höhe treiben, den Handel benachteiligen oder im allgemeinen unzuträglich sind. Die besagten vierzehn Jahre sind vom Zeitpunkt der ersten Patenterteilung oder Privilegiengewährung an zu rechnen ..." [3.15]

Doch erst Ende des 18. Jahrhunderts wurde dem Erfinder ein Rechtsanspruch auf ein Patent für seine Erfindung eingeräumt. Die frühe einheitliche Regelung der Privilegienfrage wirkte sich fördernd auf die Entwicklung der Technik in England aus. Goethe konnte mit Recht vom Engländer sagen: „Das Erkennen und Erfinden sehen wir als den vorzüglichsten selbsterworbenen Besitz an und brüsten uns damit. Der kluge Engländer verwandelt ihn durch ein Patent sofort in Realitäten und überhebt sich dadurch alles verdrießlichen Ehrenstreits." Dabei ist der Engländer „Meister, das Entdeckte gleich zu nutzen, bis es wieder zu neuer Entdeckung und frischer Tat führt. Man frage nur, warum sie uns überall voraus sind?" [3.15]

Besonderen Vorsprung hatte die englische Textilherstellung. Hier war durch einige Verbesserungen an Webstühlen die Produktivität stark gestiegen. „Dagegen stand die Spinnerei in technischer Hinsicht noch auf einer äußerst niedrigen Stufe. Da aber in jeder Industrie, die in mehrere, ungefähr gleich wichtige Teilprozesse zerfällt, die Gesamtproduktivität durch die Produktivität des rückständigsten unter diesen Teilprozessen bedingt wird, so hemmte die geringe Leistungsfähigkeit der Spinnerei den Aufschwung der Textilindustrie im allgemeinen, und die in anderen Teilprozessen derselben Industrie erzielten technischen Vervollkommnungen konnten diesen Mangel nicht ausgleichen. Um den erforderlichen Rohstoff für das

Arbeitsquantum, das der Weber täglich produzieren konnte, zu liefern, mußten 8 bis 10 Spinner voll beschäftigt werden.

Um dem Garnmangel abzuhelfen, wurden schon seit dem 17. Jahrhundert überall Spinnschulen gegründet, die Insassen der Zucht-, Armen- und Waisenhäuser zum Spinnen angehalten, Prämien für die Verbreitung der Spinnerei auf dem platten Lande eingesetzt. Doch dies alles konnte die Unzulänglichkeit der Garnversorgung nicht beheben. Das Quantum des zur Verwebung gelieferten Garnes überstieg nicht gewisse, ziemlich eng gezogene Grenzen und blieb jedenfalls stets erheblich hinter der sich immer steigernden Nachfrage zurück." [3.33]

Erst die Erfindung moderner Spinnmaschinen im 18. Jahrhundert milderte das Leistungsungleichgewicht zwischen Spinnen und Weben und ermöglichte in der Zeit zwischen 1750 und 1770 eine Ausweitung der Baumwollexporte um das Zehnfache. Zu den folgenreichsten Erfindungen zählte die Spinning Jenny, die um 1764 von James Hargreaves entwickelt wurde und mehrere Fäden auf einmal spinnen konnte. Die wassergetriebene Spinnmaschine, die Richard Arkwright 1768/69 vorstellte, machte sich die ursprüngliche Spinnweise durch eine Kombination von Rollen und Spindeln zunutze. Aus der Vereinigung der beiden entstand die von Crompton erfundene Mulespinnmaschine der achtziger Jahre [3.16].

Die Entwicklung des Maschinenwebstuhls begann 1784 mit einem von Edmund Cartwright umgebauten Handwebstuhl, der zwar technisch funktionierte, jedoch aufgrund einer langsamen Arbeitsweise und seiner hohen Kosten betriebsökono-

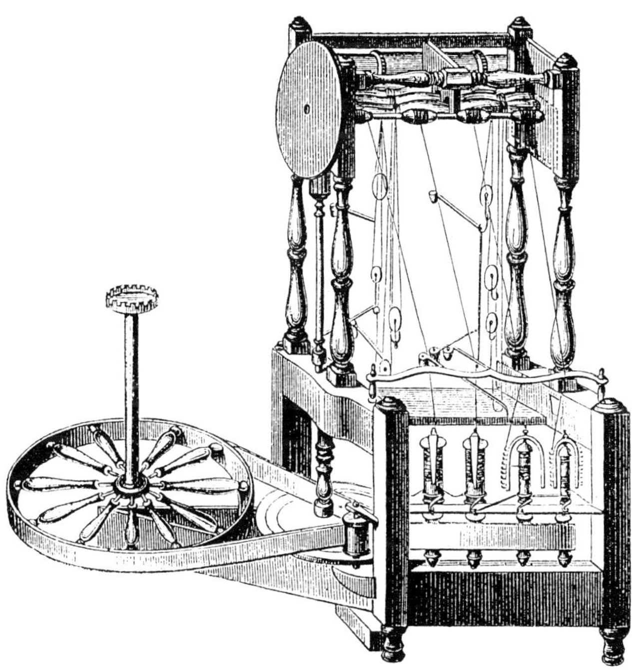

Bild 3.7 Erste englische Spinnmaschine 1768 von Richard Arkwright

misch noch keinen Vorteil brachte. Der Durchbruch des Maschinenwebstuhls gelang erst 1822 durch Roberts, einem bekannten Werkzeugmaschinenbauer aus der Schule Maudslays, dessen Webstuhl durchgängig aus Metall bestand [3.37]. Richard Roberts hat Anfang des 19. Jahrhunderts auch eine selbsttätige Spinnmaschine mit mechanischer Steuerungsanlage konstruiert, den Selfactor. Sie wurde zur Universalspinnmaschine der industriellen Revolution.

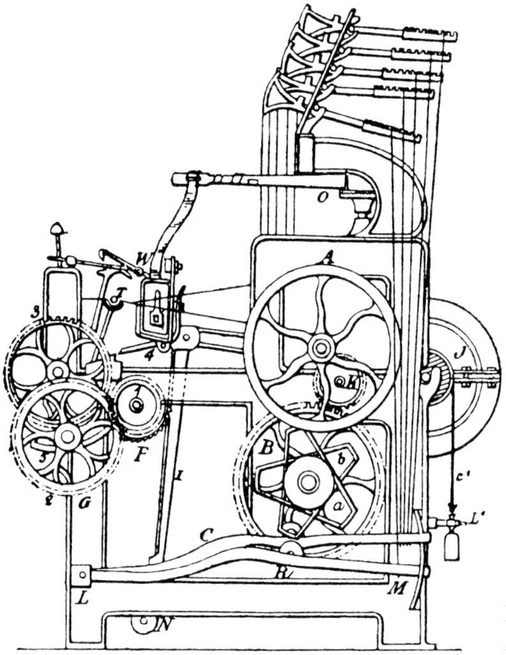

Bild 3.8
Maschinenwebstuhl von Roberts, um 1835

Die durch den Garnmangel veranlaßte Erfindung der Spinnmaschine bedeutete den Anbruch einer neuen Ära: Es begann die Verdrängung der Handarbeit durch die Maschine. Aus der Bedeutung der Textilindustrie für die britische Wirtschaft ergab sich ihr maßgeblicher Einfluß auf die Maschinenbauindustrie. Denn Voraussetzung für die durch Umstellung auf maschinelle Produktion getragene Entfaltung der Textilmaschine war die Bereitstellung von Maschinen [3.5].

Der bereits im 18. Jahrhundert erreichte hohe Stand der Feinmechanik begünstigte viele Erfindungen in der Textilindustrie. Über die Verbindungen zwischen der Feinmechanik und der Neuentwicklung von Textilmaschinen lesen wir bei Kulischer [3.17]:

„Die Erfinder dieser Periode hatten sich vorher mit Arbeiten befaßt, die ihnen praktische Kenntnisse auf dem Gebiet der Mechanik vermitteln konnten. Die meisten von ihnen waren nämlich – dies wird gewöhnlich viel zu wenig beachtet

– zugleich Uhrmacher gewesen. So Arkwright, der ursprünglich Uhrmacher war und im Volksmund auch noch später der „Uhrmacher von Nottingham" hieß. Das Modell seiner Spinnmaschine baute er zusammen mit dem Uhrmacher Kay, wobei ihnen noch ein Schmied und ein anderer Uhrmacher behilflich waren. Ebenso war Cartwright nicht bloß Landpfarrer: zusammen mit Fulton, dem Erfinder des Dampfschiffes, konstruierte er ein Bootsmodell, welches durch Seitenräder, die durch ein Uhrwerk bewegt wurden, vorwärts ging. Fulton war auch ursprünglich Uhrmacher gewesen. Wohl gab er diesen Beruf bald auf, doch hatte er später reichlich Gelegenheit, die bei seiner Ausübung erworbenen Kenntnisse zu verwerten.

Auch Hargreaves war nicht bloß Weber, sondern auch Mechaniker; er gehörte zu jenen improvisierten Ingenieuren, die zu jener Zeit, als es allgemein an geschulten technischen Kräften fehlte, Wind- und Wassermühlen erbauten, Pumpen und Wasserkünste konstruierten, die verschiedensten mechanischen Konstruktionen ausführten und Reparaturen an ihnen vornahmen. Diese Leute waren Autodidakten, die sich ihre Kenntnisse bald hier, bald da, auf zufällige Weise, angeeignet hatten, sie waren gewöhnlich mit der Rechenkunst gut vertraut; sie verstanden es, Pläne zu entwerfen und zu zeichnen, die Kraft und Geschwindigkeit eines Mechanismus zu kalkulieren.

Der Umstand nun, daß die Erfinder, die sich auf dem Gebiete der Textilindustrie auszeichneten, mit der feinen Arbeit des Uhrmechanikers wohl vertraut waren, ist für das Verständnis der Vorbedingungen, unter denen die neuen Erfindungen gemacht wurden, von größtem Belange."

Es besteht kein Zweifel, daß die Entwicklung des maschinellen Spinnens und Webens mit ihrem massenhaften Einsatz von Kardier-, Vorspinn- und Webmaschinen einer der wichtigsten Anreize für die Entstehung des Maschinenbaus gewesen ist. Wenn man nicht nur die Konstruktion und den Baustoff, sondern auch die Anzahl dieser Maschinen und die für die verwendeten Kraftmaschinen notwendigen Transmissionssysteme in Betracht zieht, so ging von der Textilindustrie die quantitativ größte Nachfrage nach Produkten des Maschinenbaus aus. Zu diesen Produkten gehörten in zunehmendem Maße auch Dampfmaschinen, deren Herstellung ein weiterer wichtiger Anreiz für die Entstehung einer Maschinenbauindustrie war [3.24].

Die Dampfmaschine gilt allgemein als ein technisches Symbol der industriellen Revolution. Der Impuls zu ihrer Erfindung und Entwicklung ging vom Fortschritt des Bergbaus aus, der mit zunehmender Fördertiefe vor dem Problem stand, effektivere Kraftmaschinen für die Wasserhaltung einzusetzen.

Technologisch konnte sich die erste brauchbare Konstruktion einer Dampfmaschine durch Newcomen im Jahre 1711 auf wissenschaftliche Erkenntnisse und Versuche stützen, die mit den Namen Otto von Guericke, Huygens, Papin und Savery verbunden sind. 1654 hatte von Guericke bewiesen, daß ein Kolben, der durch den Luftdruck in einen evakuierten Zylinder gepreßt wird, mechanische Arbeit verrichten kann.

1680 experimentierte Huygens mit einer Maschine, die durch Schießpulver Unterdruck erzeugen konnte, wodurch ein im Zylinder bewegter Kolben Arbeit leistete. Huygens' Gehilfe, Denis Papin, ersetzte bei seinen Versuchen 1690 das Schießpulver durch Kondensation von Wasserdampf und ließ schließlich den Kolben nicht durch den Luftdruck, sondern durch den Dampf selbst treiben. Papins Dampfmaschinen kamen jedoch wegen mangelnder wirtschaftlicher Unterstützung und technologischer Probleme nie über die Experimentierphase hinaus.

Etwa zur gleichen Zeit, im Jahre 1698, konstruierte der Engländer Thomas Savery eine den Luftdruck und den Wasserdampf zur Arbeitsleistung nutzende Dampfpumpe. Versuche, diese Maschine in Bergwerken einzusetzen, scheiterten jedoch an ihrer zu geringen Leistungsstärke. Erfolgreicher war hier der Engländer Thomas Newcomen, der sich auf die Versuche Papins stützte. Seine atmosphärische Dampfmaschine hatte einen vom Zylinder getrennten Kessel und einen Balancier, an dessen einem Ende der Kolben befestigt war und am anderen ein mit der Pumpenstange verbundenes Gegengewicht. Newcomens Dampfmaschine fand zwar in zahlreichen Bergwerken Eingang, doch sie war wegen ihrer hohen Energieverluste noch wenig rationell [3.33].

Beim Dampfmaschinenbau erwies sich von Anfang an die geringe Fertigungsgenauigkeit der Zylinderherstellung als ein großes Problem. Wie niedrig der Stand der Fertigungstechnik damals war, geht aus einer Tagebuchaufzeichnung aus dem Jahre 1760 hervor, die ein englischer Kunstmeister überliefert hat [3.21]: „Wir haben heute mit dem Ausschleifen des Rotgußzylinders von 28 Zoll Weite und 9 Fuß Länge für die Kohlengrube von Elphingstone begonnen. Nach vielen Ermutigungen und nachdem schon drei andere Gußstücke verdorben waren, hatten wir große Zweifel, ob es uns jemals gelingen würde, eine Arbeit von solcher Größe zu glücklichem Ende zu bringen. Aber die Not der Grube zwang uns, es nochmals zu versuchen, und wir danken Gott dem Allmächtigen, der uns nach so schweren Prüfungen unser Werk gelingen ließ.

Nachdem wir den Zylinder auf zwei zugehauenen Balken auf dem Werkhof waagerecht fest gelagert hatten, mußte uns ein Bleigießer zwischen zwei aus Bohlen und Kitt hergestellten Verschalungen die Masse von 300 Pfund Blei in den Zylinder gießen.

Den Bleiklotz haben wir mit zwei Eisenstangen und Tauen verbunden und an jedes Tau sechs kräftige und flinke Männer gespannt. Danach haben wir Öl und Schmirgel in den Zylinder gegossen und ihn durch Hin- und Herziehen des Bleiklotzes ausgeschliffen, indem wir ihn immer ein wenig weiter drehten, wenn eine Stelle glatt gerieben war. Und so haben wir mit vieler Mühe und harter Anstrengung gearbeitet, bis schließlich ein solcher Grad von Rundheit erreicht war, daß der größte Durchmesser des Zylinders sich vom kleinsten nur noch um weniger als die Dicke meines kleinen Fingers unterschied. Das war für mich der Anlaß zu einer großen Freude, da es das beste Ergebnis ist, von dem wir bisher gehört haben."

1769, fast parallel mit der bahnbrechenden Erfindung James Watts, gelang es dem englischen Ingenieur Smeaton, die atmosphärische Dampfmaschine noch einmal überwiegend durch fertigungstechnische Voraussetzungen zu optimieren [3.21]. Er entwickelte eine Zylinderbohrmaschine nach dem Vorbild der Bohrwerke für die Kanonenfabrikation, bei der zur Erhöhung der Fertigungsgenauigkeit das Gewicht der einseitig gelagerten Bohrstange mit dem Bohrkopf durch einen im Inneren des Zylinders laufenden Wagen abgestützt wurde. So ließ sich ein Biegen der Bohrstange und dadurch bedingtes einseitiges Schneiden des Bohrkopfes vermeiden. Da sich bei diesem Verfahren jedoch Unebenheiten im Guß auf die Bewegung des Wagens übertrugen, blieb der Erfolg noch sehr gering.

Bild 3.9 Zylinderbohrwerk von Smeaton, um 1756

Den für die Weiterentwicklung der Dampfmaschine zur allgemeinen Kraftmaschine entscheidenden Fortschritt in der Fertigungstechnik brachte die doppelt gelagerte Zylinderbohrmaschine von John Wilkinson im Jahre 1775. Mit dieser Maschine wurde der erste brauchbare eiserne Dampfmaschinenzylinder für James Watt gebohrt.

Über die nunmehr erreichte Fertigungsgenauigkeit schrieb Watt, daß der Zylinder an der schlechtesten Stelle nicht mehr als die Dicke eines schwachen Sixpence Stückes abweiche [3.21]. Wilkinsons Zylinderbohrmaschine zeichnete sich neben der doppelseitigen Lagerung der Bohrstange mit beweglichem Bohrkopf auch durch Ersetzung der bis dahin üblichen schabenden Messer durch schneidende Stähle aus, für die Tiegelgußstahl verwendet wurde. Damit war ein wichtiger Fortschritt in der Geschichte der Werkzeugmaschinen erreicht.

In seiner Fabrik, in der Wilkinson vor allem eiserne Kanonenrohre ausbohrte, wurde 1782 die erste Wattsche doppeltwirkende Niederdruckdampfmaschine mit Drehbewegung als Antrieb für einen Eisenhammer aufgestellt.

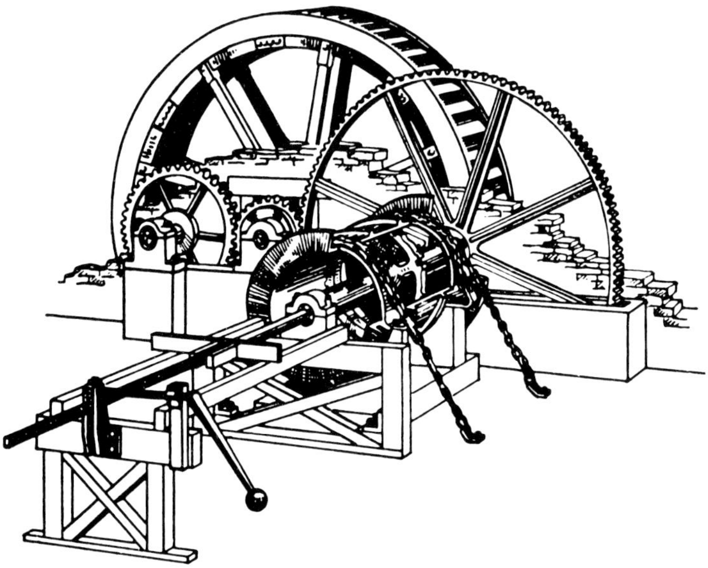

Bild 3.10 Zylinderbohrmaschine von John Wilkinson, um 1775

In seiner Patentschrift aus dem Jahre 1769 beschrieb James Watt die Dampfmaschine mit folgenden Worten: „Erstens, das Gefäß, in welchem die Kräfte des Dampfes zum Antrieb der Maschine Anwendung finden sollen ..., muß während der ganzen Zeit, wo die Maschine arbeitet, so heiß erhalten werden, als der Dampf bei seinem Eintritt ist.

Zweitens muß der Dampf bei solchen Maschinen, welche ganz oder teilweise mit Kondensation arbeiten, in Gefäßen zur Kondensation gebracht werden, welche von den Dampfgefäßen oder -zylindern getrennt sind und nur von Zeit zu Zeit mit diesen in Verbindung stehen. Diese Gefäße nenne ich Kondensatoren, und es sollen dieselben, während die Maschinen arbeiten, durch Anwendung von Wasser oder anderer kalter Körper mindestens so kühl erhalten werden als die die Maschine umgebende Luft.

Drittens, sobald Luft oder andere durch die Kälte des Kondensators nicht kondensierte Dämpfe den Gang der Maschine stören, so sind dieselben mittels

Pumpen, welche durch die Maschine selbst betrieben werden, oder auf andere Weise aus den Dampfgefäßen oder Kondensatoren zu entfernen." [3.35]

Seine Erfindung lag gewissermaßen in der Luft: Die Fertigungstechnik hatte einen Stand erreicht, der die Herstellung von Zylindern mit ausreichender Genauigkeit erlaubte, und die herkömmlichen Kraftmaschinen ließen eine weitere Leistungssteigerung nicht zu. Ein Vergleich zur atmosphärischen Kolbendampfmaschine von Newcomen läßt den genialen Einfall James Watts hervortreten (Bild 3.11 und 3.12):

Bei der atmosphärischen Kolbendampfmaschine befindet sich der Kolben im unteren Totpunkt und wird durch das Gewicht des Pumpengestänges, das durch zusätzliche Gewichte vergrößert werden kann, nach oben gezogen. Gleichzeitig wird der Hahn (1) zum Dampfkessel geöffnet und durch den in den unter den Kolben strömenden Dampf die Aufwärtsbewegung unterstützt. Hat der Kolben seinen oberen Totpunkt erreicht, wird der Dampfhahn (1) geschlossen. Aus dem Kühlwasserbehälter (2) strömt danach Wasser in den Raum (3) um den Zylinder, und der Dampf kondensiert an der Zylinderwand. Dadurch wird gegenüber der Atmosphäre ein Unterdruck erzeugt, so daß der Kolben sich wieder nach unten bewegt. Das Rohr (4) sorgt dafür, daß über dem Kolben eine Wasserschicht steht und den Zylinder abdichtet. Diese Maschine hat eine Reihe von schwerwiegenden Mängeln: Der unter den Kolben strömende Dampf kondensiert sofort an den Zylinderwänden, die von der vorhergegangenen Kondensation durch das Kühlwasser noch kalt sind. Daher waren große Dampfmengen erforderlich, um die Zylinderwände aufzuheizen, damit die Eintrittskondensation geringer wurde. Weiterhin war der zu erzeugende Unterdruck nur in Grenzen zu beeinflussen, so daß jede Maschine für den konkreten Anwendungsfall ausgelegt werden mußte und nur schwierig an veränderte Bedingungen angepaßt werden konnte.

Aus der Funktionsweise der Dampfmaschine von James Watt wird die entscheidende Veränderung deutlich. Der Arbeitszylinder (1) ist von einem zweiten, gußeisernen Zylinder (2) umgeben und über den Stutzen (3) mit dem Dampfkessel verbunden. Der den Arbeitszylinder umgebende Raum ist also mit Dampf gefüllt, und auch über dem Kolben herrscht der Dampfdruck des Kessels. Beim Öffnen des Ventils (4) wird der Raum unter dem Kolben mit dem im Wasserhahn (5) endenden Stutzen (6) verbunden. Im Stutzen (6) herrscht natürlich gegenüber der Umgebung nur ein geringer Überdruck, der erheblich unter dem Dampfkesseldruck liegt. Der Dampf strömt also aus dem Raum unter dem Kolben in den Stutzen (6) und kondensiert. Der Druck sinkt auf den Kondensationsdruck ab und der Kolben wird durch den höheren Kesseldampfdruck nach unten bewegt. Wird das Ventil (7) geöffnet, strömt der Dampf auch unter den Kolben, und durch den Druckausgleich können äußere Kräfte, z. B. die Gewichtskräfte von Pumpengestängen, den Kolben wieder nach oben bewegen [3.33].

Der wesentliche Unterschied zwischen der Dampfmaschine von Newcomen und James Watt besteht so in der Trennung des Kondensators vom Kolben und Zylin-

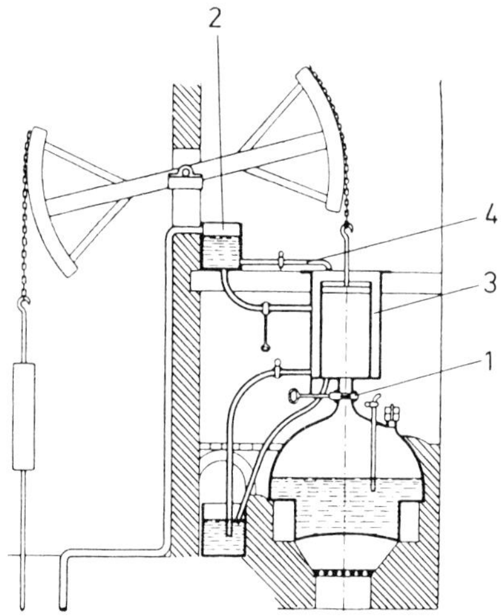

Bild 3.11
Atmosphärische Kolbendampfmaschine von Newcomen

der, dem Umgeben des Arbeitszylinders mit einem Dampfmantel und dem Abschluß gegenüber der Atmosphäre. Dadurch werden die ständigen großen Temperaturunterschiede in Newcomens Zylinder vermieden, und weil die Eintrittskondensation unterbunden ist, kann mit weniger Brennstoff eine höhere Leistung erzielt werden, die jetzt nur noch vom Dampfdruck abhängig ist.

Der qualitative Schritt von der Dampfmaschine Newcomens zu der von Watt ist durch eine Vielzahl von Verbesserungen an der atmosphärischen Dampfmaschine nur scheinbar verkleinert worden. So häufig, wie der auf dem Kochtopf klappernde Deckel für jene Beobachtung Watts gehalten wird, welche die Erfindung der Dampfmaschine auslöste, so sind auch einige dieser Verbesserungen von Legenden umhüllt. „Die Erfindung der selbsttätigen Steuerung wird in sagenhafter

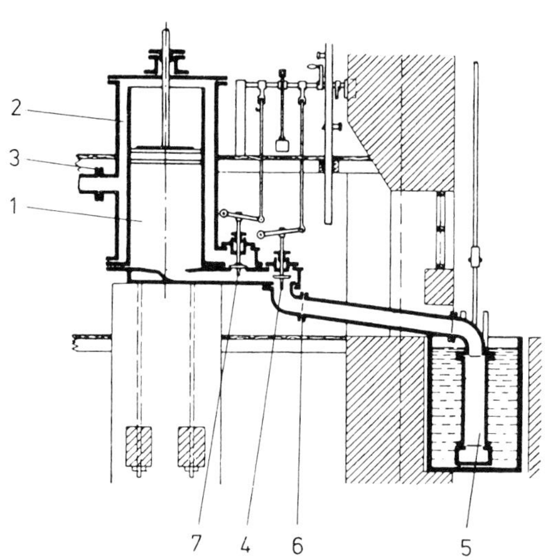

Bild 3.12
Dampfmaschine von J. Watt

Form einem Knaben, Humphrey Potter, zugeschrieben, der, um Zeit zum Spielen mit seinen Alterskameraden zu finden, die Hebel seiner Hähne durch Stricke mit dem auf- und niedergehenden Balancier derartig verbunden habe, daß die Maschine seine Arbeit mitverrichtete, er selbst entbehrlich wurde.

Irgendein Beleg für die Richtigkeit dieser später entstandenen Erzählung kann nicht aufgebracht werden, und für den, der die Sache näher betrachtet, ist die praktische Ausführung der ersten selbsttätigen Steuerung auch nicht einfach genug, um sie der Überlegung eines Knaben zuschreiben zu können. Tatsache ist jedenfalls, daß schon bei den ersten Maschinen Newcomens Einrichtungen vorhanden waren, wodurch eine selbsttätige Steuerung angestrebt wurde." [3.20]

Bei der Würdigung von Watts Idee, Kondensator und Arbeitsmaschine zu trennen, ist zu bedenken, daß viele physikalischen Eigenschaften des Wassers, z. B. die Verdampfungswärme, die „latente Wärme", den Ingenieuren zu Watts Zeiten nicht bekannt waren. Wegen eines laufenden Patents konnte Watt bei der Konstruktion seiner Dampfmaschine mit Drehbewegung diese nicht, wie schon von Newcomen realisiert, über ein Kurbelgetriebe aus der Hubbewegung des Balanciers erzeugen. Deshalb entwickelte er ein Planetengetriebe, von dem jedoch später, nach Freigabe des Patents für Kurbelgetriebe wieder abgegangen wurde [3.20].

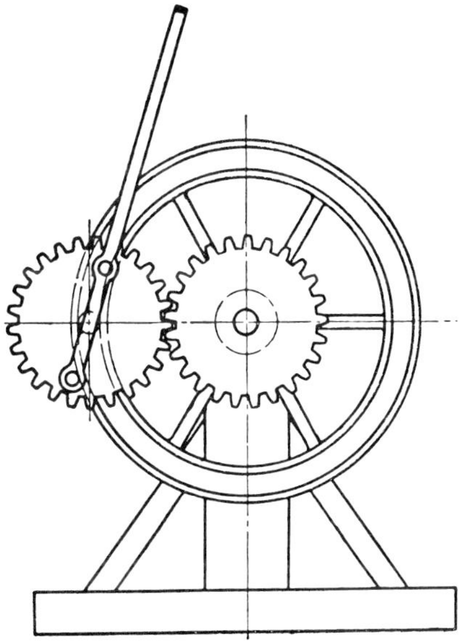

Bild 3.13 Planetengetriebe nach Watts Patentzeichnung, 1781

Die angeschlossenen Maschinen wurden über ein Schwungrad mit Zahnkranz angetrieben. Von nun an konnten Dampfmaschinen über den Antrieb von Pumpen in Bergwerken hinaus auch als Antriebsmaschinen in der gegen Ende des 18. Jahrhunderts bereits weitgehend mechanisierten Textilindustrie eingesetzt werden. Im Jahre 1787 zog die erste Dampfmaschine in die Baumwollspinnerei ein [3.15].

Der Bau von Dampfmaschinen, ihre Verbindung mit einer sich fortschreitend mechanisierenden Textilindustrie und die Entwicklung von Werkzeugmaschinen, die den wachsenden Anforderungen an die Bearbeitungsgenauigkeit entsprachen und damit als eine entscheidende Bedingung des technisch-kulturellen Fortschritts dieser Zeit wirkten, konstituierten in ihrer Wechselwirkung jenen Vorgang, der später in Analogie zur Französischen Revolution die Industrielle Revolution genannt wurde. Bereits 1788 bestanden in England 142 Textilfabriken, 84 Baumwollspinnereien sowie 28 Gießereien und Schmiedewerkstätten wurden durch Dampfmaschinen betrieben, und die Firma Boulton und Watt hatte bis zum Ende des Jahrhunderts 500 Dampfmaschinen gebaut [3.21].

1823 hat Christian Beuth seinem Freunde Schinkel das „Wunder" der englischen Industrieanlagen mit ihren riesenhaften Baumwollspinnereien und dem Wald von Dampfmaschinenschornsteinen in einem Brief aus Manchester geschildert: „Die Wunder neuerer Zeit, mein Freund, sind mir hier die Maschine und die Gebäude dafür, Faktoreien genannt. So ein Kasten ist acht, auch neun Stock hoch, hat mitunter vierzig Fenster Länge und gemeinhin vier Fenster Tiefe. Jeder Stock ist zwölf Fuß hoch; alle sind gewölbt, nämlich mit neun Fuß Spannung der ganzen Länge nach. Die Säulen sind von Eisen. Der Balken, der darauf liegt, auch; dabei Seitenwände und Umfassungsmauern wie Kartenblätter, im zweiten Stock nicht zweiundeinenhalben Fuß dick. Der Sturm, sagt man, hat in der Nähe ein solches Haus umgeworfen, ehe es fertig war; – mag sein, aber hundert ohne Übertreibung stehen seit dreißig und vierzig Jahren ebenso wie zuerst. Eine Masse solcher Kasten steht auf sehr hohen Punkten, die die Gegend dominieren; hierzu ein Wald noch höherer Dampfmaschinenschornsteine, wie die Nadeln, so daß man nicht begreift, wie sie stehen, – macht in der Ferne einen wunderbaren Ausblick, besonders des Nachts, wenn die Tausende von Fenstern hell mit Gaslicht prangen. – Hell muß es sein, kannst Du Dir denken, wo ein Arbeiter 840 Fäden übersehen muß, Fäden, von denen 260 Strähnen (hanks) auf ein Pfund gehen und von denen zwei zusammengezwirnt Kantengarn zu englischen Spitzen abgeben." [3.35]

Für die zunehmende Verwendung von Metall und Eisenteilen, die Verbesserung der Textil- und Kraftmaschinen, die Erhöhung der Spindeldrehzahlen und die immer größer werdende Anzahl von Maschinen reichten die herkömmlichen Herstellungsmethoden, wie sie noch für die ersten Maschinen verwendet wurden, nicht mehr aus. Zum einen mußten große Mengen von genormten Teilen aus Eisen bzw. Holz für Spinnmaschinen, wie Spindeln, Steckwalzen bzw. Spulen, gefertigt werden, zum anderen ging es um eine höchstmögliche Präzision bei Getrieben und Kraftübertragungselementen, wie Zahnrädern, Wellen, Zapfen etc. Damit rückte das Problem der Metallbearbeitung in den Mittelpunkt. Es mußten Maschinenelemente aus Eisen und anderen Metallen mit einer Präzision gefertigt werden, die bis dahin nur Sache der Uhren- und Instrumentenmacher war. Auf der anderen Seite wurden aber Metallteile in einem Ausmaß verlangt, für das die Werkzeuge und Drehmaschinen der Uhrmacher nicht geeignet waren.

Die dem Prinzip von Werkzeugmaschinen späterer Bauart entsprechende Relativbewegung zwischen Werkstück und Werkzeug wurde richtungweisend durch das Wilkinsonsche Zylinderbohrwerk realisiert, das den Vorläufer zu den späteren Supportführungen darstellte. In den anderen Bereichen der spanenden Bearbeitungsverfahren war Ende des 18. Jahrhunderts kaum ein Fortschritt zu verzeichnen. Erst 1797 schuf Henry Maudslay eine Drehmaschine, die das Prinzip der Zwangsführung des Drehmeißels berücksichtigte [3.24].

3.2 Die Erfindungen des Henry Maudslay

„Hat man es erst dahin gebracht, jeden einzelnen Prozeß mit einem einfachen Werkzeuge vollenden zu können, so besteht die Maschine", wie Charles Babbage formulierte, „in der durch eine und dieselbe Kraft in Bewegung gesetzten Zusammenfassung aller dieser Werkzeuge. In der Erfindung von Werkzeugen und Vereinfachung der Handarbeiten ist der einzelne Arbeiter oft erfolgreich; diese isolierte Vervollkommnung aber in eine und dieselbe Maschine zu vereinigen, setzt einen höheren Grad von Geistesbildung voraus." [3.32]

Wie Wilkinson für die Ausbohrmaschine, so war Henry Maudslay (1771–1831) für die Drehmaschine bahnbrechend. Er schuf letztlich die eigentliche Drehmaschine für die Metallbearbeitung.

Die große Wandlung im Werkzeugmaschinenbau Ende des 18. Jahrhunderts war zweifellos die Abwendung von der Holzbauweise zur Maschine aus Metall mit einem Maschinenkörper aus Hohlguß. Der Maschinenbau der vorindustriellen Zeit benutzte, mit Ausnahme weniger Eisenteile, fast nur Holz als Grundstoff und konnte sich somit auf die Jahrhunderte alte Erfahrung von Mühlenbauern und Zimmerleuten stützen, deren Grundsatz „Benütze nie Eisen, wenn es auch Holz tut" sich in den ersten Maschinen der industriellen Epoche niederschlug [3.29].

Auch bei Arkwrights Waterframe wurden nicht nur das Gestell, sondern auch viele Funktionselemente des Antriebssystems und die Walzen des Steckwerkes aus Holz gefertigt. Lediglich das Getriebe der Steckwerke, die Spindeln und einige feststehende Teile wie Ösen, Häkchen usw. bestanden aus Metall. Andere Maschinen waren technisch noch weniger anspruchsvoll. Die teilweise komplizierte Holzbearbeitung stellte für das bis zur Perfektion entwickelte Drechsel- und Zimmermannhandwerk des 18. Jahrhunderts keine Schwierigkeit dar, und die Bearbeitung der weniger anspruchsvollen Metallteile ließ sich von einem Mühlenbauer, Schmied oder Schlosser bewältigen.

Doch schon die Verbesserung der Kraftübertragung und die damit verbundene verstärkte Verwendung von Metall und erhöhte Fertigungsgenauigkeit machten deutlich, daß die alten Bearbeitungsverfahren ihre Grenzen erreicht hatten. Das Ersetzen von Holz durch Metall, hauptsächlich durch Eisenteile, die Erhöhung der Spindeldrehzahlen, die beginnende Massenproduktion und später der Austauschbau waren mit der alten Hand-Werkzeugtechnik nicht zu realisieren. Sie verlangten nach neuen Werkzeugen und Maschinen für die Bearbeitung von Eisen und anderen Metallen [3.24].

Als umwälzende Neuerung und Initialwirkung auf die weitere Entwicklung ist neben der Verwendung von Gußeisen an Stelle von Holz die Erfindung des Supports für die mechanische Führung des Werkzeugs anzusehen. Diese Erfindung fiel in die Zeit um 1800 und leitete die zweite Periode des englischen Werkzeugmaschinenbaues ein, die nach Buxbaum für das 18. und 19. Jahrhundert in drei Perioden unterteilt werden kann. Es begann mit der durch Watts Erfindung hervorgerufenen Verbesserung der Zylinderbohrmaschine bis zu Wilkinsons Konstruktion, ging mit Maudslay und seinen Nachfolgern in die zweite Periode über, die durch die eigentliche Blütezeit gekennzeichnet war, und mündete in die Ära Whitworths, Nasmyths und Roberts, bis allmählich in der zweiten Hälfte des 19. Jahrhunderts eine Stagnation einsetzte [3.7]. Bild 3.14 nennt die bedeutendsten englischen Werkzeugmaschinenkonstrukteure in diesem Zeitabschnitt und ihren gegenseitigen Einfluß.

Für die weitere Entwicklung erwies sich der Gedanke eines zwangsgeführten Werkzeuges, der in den Erfindungen von Wilkinson und Maudslay zum erstenmal in Erscheinung trat, als außerordentlich fruchtbar. Dabei konzentrierten sich Maudslays Arbeiten auf die Verbesserung des Drehens, das als spanendes Metallbearbeitungsverfahren den höchsten Grad an Präzision zuließ. Spanende Verfahren wurden jahrhundertelang sowohl bei der Bearbeitung von Holz wie auch von Metallen überwiegend mit von Hand bewegten und geführten Werkzeugen am feststehenden Werkstück ausgeführt.

Eine technisch höhere Art des Spanens war das seit dem Mittelalter wieder nachweisbare Drehen oder Drechseln auf der Drehbank. Der Dreher führte die Schneide des mit Händen festgehaltenen und auf eine Auflage gestützten Werkzeugs, des Drehmeißels, gegen das Werkstück, das mittels der Drehbank in Rotation versetzt wurde. Auch dies war noch Hand-Werkzeugtechnik, denn die Präzision der Fertigung hing von den Fähigkeiten des Drehers ab [3.24].

Die hochgezüchtete Geschicklichkeit der Facharbeiter spielte eine größere Rolle als die Leistungsfähigkeit der Maschinen. So kam es in England 1785 zu einem Auswanderungsverbot für Dreher, wodurch man hoffte, den Mangel an Drehern eindämmen zu können. Doch das handwerkliche Können ließ sich nur bis zu einer gewissen Grenze steigern, und die Zahl der Dreher, die geschickt genug waren, die gewünschte Arbeitsgüte zu erreichen, war viel zu gering. Nur durch eine gesteigerte Leistung der Drehbank konnte die immer schwieriger werdende Arbeit bewältigt werden [3.37].

Wie bereis erwähnt, gab es viele Versuche, eine Drehmaschine mit festem Werkzeughalter zu bauen, so auch von dem Schweden Polhem um 1710 oder dem Franzosen Vaucanson zwischen 1750 und 1760. In dem von der Öffentlichkeit

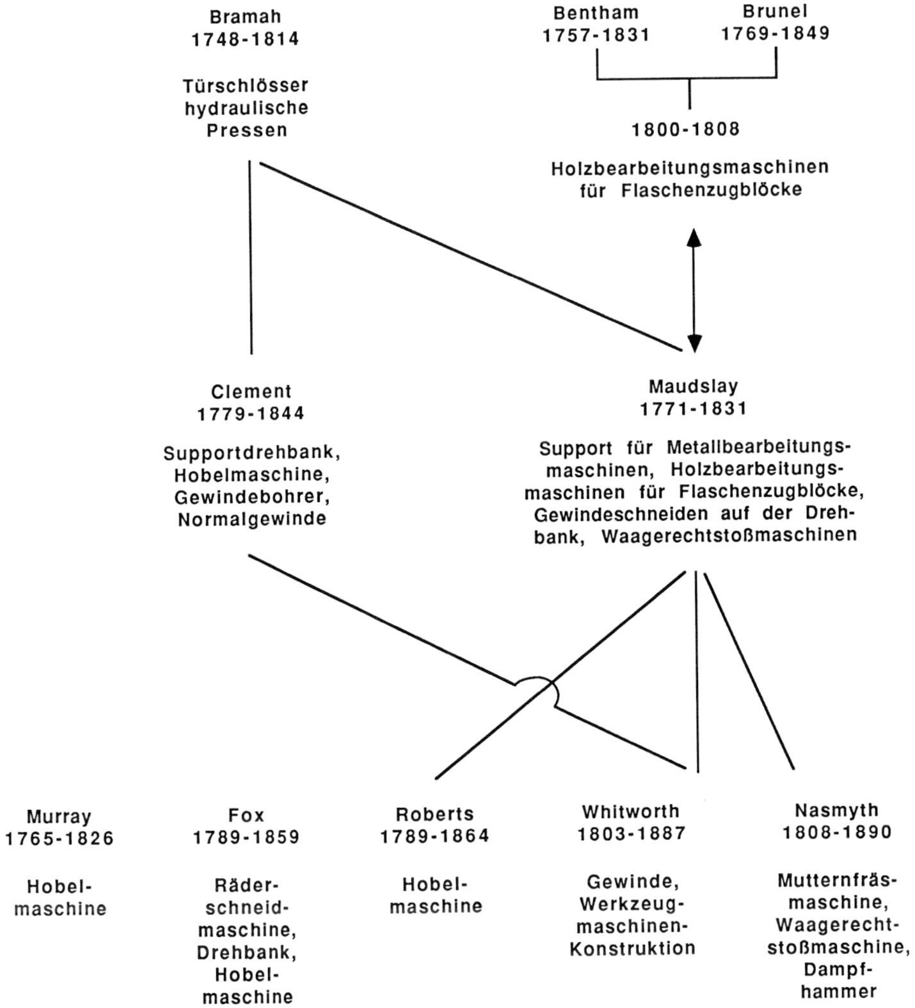

Bild 3.14 Begründer des englischen Werkzeugmaschinenbaus, nach Buxbaum

streng abgeschirmten Arsenal von Woolwich wurde schon in den 70er Jahren des 18. Jahrhunderts für die Bearbeitung der Außenflächen von Kanonenrohren ein über Handkurbelung und Spindeln bewegter Werkzeughalter benutzt. Obwohl das Prinzip der Zwangsführung des Drehmeißels längst bekannt war und in der Feinmechanik Anwendung fand, mußte die Drehmaschine, welche den Anforderungen des Maschinenbaus genügte, neu entwickelt werden [3.24].

Der Aufstieg des Maschinenwesens in der ersten Hälfte des 19. Jahrhunderts beruhte zu einem guten Teil auf der Verbesserung der Drehbank als eines der wesentlichsten aller Werkzeugmaschinen. Neben weiteren vielfältigen Entwicklun-

Bild 3.15 Ovaldrehmaschine, um 1740, Science Museum London

gen und Verbesserungen von Werkzeugmaschinen bildete Maudslays Werkstatt zudem eine wichtige Lehrstätte des englischen Werkzeugmaschinenbaus.

Seit seinem zwölften Lebensjahr arbeitete Maudslay im Arsenal in Woolwich, wo er als Pulverfüller begann, dann in die Schreinerei und schließlich in die Schmiede wechselte. Hier stand er in dem Ruf, ein Meister in der Handhabung des Hammers und der Feile zu sein. 1789 holte Joseph Bramah (1748–1814) den jungen Maudslay in seine Londoner Werkstatt und ernannte ihn kurze Zeit danach zum Werkstattmeister, obwohl dieser seine siebenjährige Lehrzeit noch nicht abgeschlossen hatte [3.7].

Bramah zählte zu den hervorragendsten Maschinenschlossern seiner Zeit. Als Sohn eines Kleinbauern geboren, erlitt er 16jährig einen Unfall, infolgedessen er den väterlichen Beruf nicht ausüben konnte. Seinen technischen Neigungen entsprechend erlernte er das Tischlerhandwerk und machte sich bald nach der Beendigung der Lehre, getragen von seiner Kunstfertigkeit und seinem stark ausgeprägten Arbeitseifer, selbständig [3.24].

1784 erfand Bramah das Sicherheitsschloß, bei dem der Riegel nicht wie bei den herkömmlichen Schlössern unmittelbar durch den Schlüssel, sondern mit Hilfe eines Drehzylinders bewegt wurde. Zur Herstellung einer verbesserten Version dieses Sicherheitsschlosses, das Bramah in größeren Stückzahlen herzustellen wünschte, als dies durch Handarbeit möglich war, brauchte er Maschinen. 1795 gelang ihm seine wohl bedeutendste Erfindung, eine Wasserdruck-Packpresse. In der Zeit von 1778 bis 1814 nahm er nicht weniger als 18 Patente auf, zu denen auch die Erfindung eines Wasserklosetts und einer Holzhobelmaschine gehörten [3.24].

Im Jahre 1790 baute Bramah eine Federwickelmaschine zur Erzeugung von Spiralfedern für seine Patentschlösser. Diese Maschine besaß bereits die Merkmale der Leitspindelbank mit Wechselrädern. Die Leitspindel setzte einen Schlitten in Gang, der sich in Schwalbenschwanzführungen bewegte. Mittels Wechselrädern konnte die Relativgeschwindigkeit zwischen Bolzen und Schlitten entsprechend geändert werden. Der Schlitten und seine Führung waren aus Holz gebaut. Diese Maschine wird vermutlich Maudslay Anregungen für seine 1797 gebaute Schraubendrehbank gegeben haben. Hier wie auf vielen anderen Gebieten kann die

Bild 3.16 Metallsägemaschine von Joseph Bramah, 1784

Werkstatt Bramahs wegen der von ihr ausgehenden Innovationen und geleisteten Präzisionsarbeit als eine Keimzelle des englischen Werkzeugmaschinenbaus angesehen werden [3.34].

Die bei Bramah verbrachten acht Jahre waren entscheidend für den weiteren Werdegang Maudslays als Maschinenbauer. In dieser Zeit lernte er die Probleme der handwerklichen Metallverarbeitung, darunter Eisen mit wiederholbarer Genauigkeit präzise zu drehen, Schrauben zu schneiden oder ebene Flächen mit Meißel, Feile und Schaber herzustellen, als die gravierendsten Engpässe der Branche kennen.

Er war maßgeblich beteiligt an der Entwicklung und der Fertigung von Spezialmaschinen sowie Werkzeugen für die Serienproduktion der 1790 verbesserten Sicherheitsschlösser Bramahs. Dazu gehörte auch die Produktion eines 1794 gebauten Werkzeugschlittens, des ersten Kreuzsupports, der als Zusatzeinrichtung für eine Handdrehbank konzipiert war [3.24].

Maudslay befestigte den Kreuzsupport auf einer dreieckigen Prismaführung. Der Reitstock war mit einem geschlitzten Rahmen fest verbunden, auf dem sich der

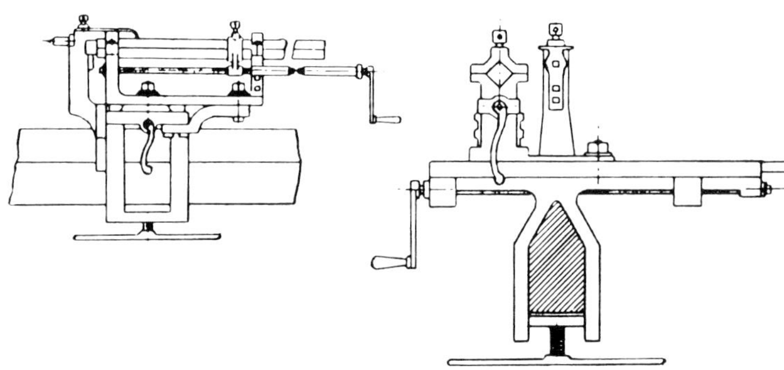

Erste Supportausführung um 1794
– Reitstock und Support zusammengebaut –

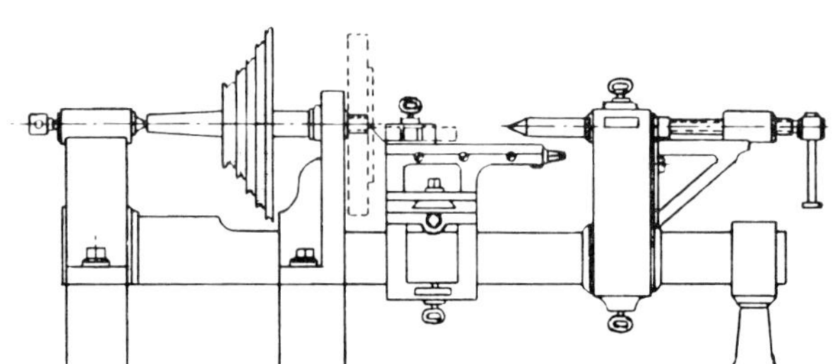

Verbesserte Supportausführung ~1800
– Werkzeughalter vom Reitstock getrennt –

Bild 3.17 Entwicklung des Supports durch Maudslay 1794

verschiebbare Planschlitten befand, der seinerseits den vierkantigen Längsschlitten trug. Das Schneidwerkzeug wurde vom Längsschlitten an seinem linken Ende aufgenommen und mußte gewöhnlich sehr weit herausgekurbelt werden, da Support und Reitstock fest miteinander verbunden waren. Dieser wesentliche Nachteil, durch den der Drehmeißel seine starre und sichere Auflage verlor, wurde später von Maudslay beseitigt, indem er Reitstock und Support voneinander trennte. Mit dem Kreuzsupport gelang es Maudslay, das bereits bekannte Konstruktionsprinzip der Übertragung des Werkzeuges aus der Hand des Arbeiters an die Maschine, das jedoch nur im Feinmechanikermaßstab realisiert war, als zusätzlichen Bestandteil der Drehbank zu etablieren [3.24].

Im Jahre 1797 verließ Maudslay den Betrieb von Bramah und gründete seine eigene Werkstatt, in der er vermutlich sofort anfing, die bei Bramah erworbenen Kenntnisse umzusetzen. Noch im gleichen Jahr baute er seine erste Schraubendrehbank, die vollständig aus Eisen und Buntmetall gefertigt war. Bei der Schraubenschneidemaschine handelte es sich um eine Drehbank, auf der mit dem Drehmeißel in ein zylindrisches Eisen ein Gewinde geschnitten werden konnte.

Nach Mommertz besteht die herausragende Bedeutung der Erfindung Maudslays darin, daß diese Metalldrehbank die erste Werkzeugmaschine mit Festführungen und mechanischem Antrieb des Werkzeugs verkörpert [3.21]. Paulinyi hebt die

Bild 3.18
Erste Leitspindeldrehbank von Maudslay, besonders für die Schraubenfabrikation, um 1800

Leistung der neuen Konstruktion in drei wesentlichen Punkten hervor. Erstens gewährleistete die Schraubenschneidemaschine eine Zwangsführung des Drehmeißels, zweitens eine vom Dreher völlig unabhängige, automatische Steuerung des Vorschubes und drittens die nur für das Gewindedrehen unbedingt notwendige Koppelung der Umlaufgeschwindigkeit des Werkstücks und der Leitspindel [3.24].

Das große fertigungstechnische Problem des Schraubendrehens lag vor dem Bau der Schraubenschneidemaschine darin, daß während des Schneidens von Gewinden in große und harte Metallwerkstücke erhebliche Fertigungsungenauigkeiten auftraten. Die Genauigkeit war weitgehend von subjektiven Fähigkeiten, wie Kraft, Augenmaß und Erfahrung des Arbeiters abhängig.

Man kann die Schraubendrehbank Maudslays als eine Spezialdrehbank bezeichnen, die in erster Linie zum Gewindeschneiden für Schraubenspindeln diente. Ihr wichtigstes neues Element war der Werkzeugschlitten, der „slide-rest", in dem das Werkzeug, der Drehmeißel, befestigt wurde. Das Schneiden der Gewinde erfolgte über den Werkzeugschlitten, der über die Leitspindel bewegt wurde. Die Leitspindel ermöglichte die Bewegung des Werkzeugschlittens mit dem Drehmeißel parallel zur Längsachse des Werkstückes, den sogenannten Vorschub, in Abhängigkeit von der Umdrehungszahl der Hauptspindel mit dem Werkstück [3.1].

Durch die Abhängigkeit der Leitspindel von der Umdrehungszahl des Werkstückes war es möglich, beliebig viele Gewinde von gleicher Form und Steigung zu fertigen. Bei dieser Drehmaschine hatte Maudslay das Prinzip der Zwangsführung des Werkzeuges und des Werkstückes sowie die Ausführung aller Maschinenteile aus Metall realisiert. Damit waren die Grundlagen für die Entwicklung einer vielseitig verwendbaren Produktionsdrehmaschine geschaffen [3.37].

Auffallend war die schon während der Zeit bei Bramah von Maudslay entwickelte typische Form seiner Maschinen, die mit ihren abgerundeten Kanten nichts mehr mit den Holzbalkenkonstruktionen der Maschinen anderer Hersteller zu tun hatte [3.7]. Schon früh wurde ihm bewußt, daß sich die notwendige Genauigkeit der Maschinen nur durch die Verwendung von Gußeisen realisieren ließ. Voraussetzung für ein genaues Arbeiten war jedoch eine bessere Methode. So begann zu Maudslays Zeiten die Entwicklung der Fertigungsmeßtechnik [3.22].

Maudslays Schüler, James Nasmyth (1808–1891), hinterließ autobiographische Aufzeichnungen, in denen er über die Zeit berichtet, da er als junger Mann 1829 in Maudslays Werkstatt eintrat. Sie vermitteln auch heute noch ein anschauliches Bild über die Persönlichkeit und Arbeit Henry Maudslays [3.22]: „Einer von Maudslays Lieblingsgrundsätzen war: Gewinne erst einmal eine klare Vorstellung von dem, was du bewerkstelligen möchtest, dann wird es dir aller Wahrscheinlichkeit nach auch gelingen, es auszuführen. Ein anderer Grundsatz war: Wache streng über deine Werkstoffe; mache dich los von jedem Pfund Werkstoff, das du nicht unbedingt brauchst; stelle dir selbst die Frage: Welche Aufgabe hat der Werkstoff zu erfüllen? Vermeide das unnütz Komplizierte und mache alles so einfach wie nur möglich ...

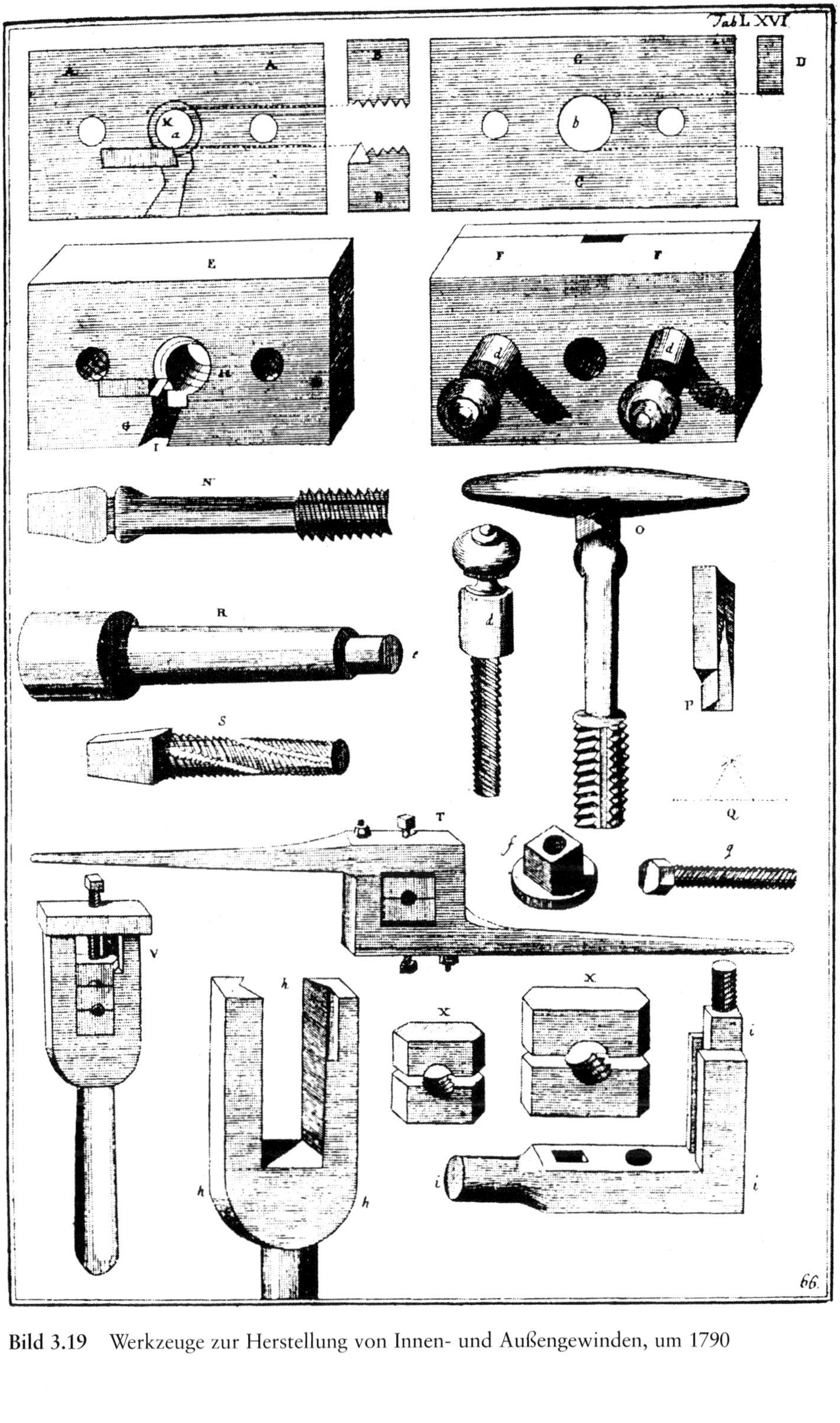

Bild 3.19 Werkzeuge zur Herstellung von Innen- und Außengewinden, um 1790

Maudslays Genauigkeitsliebe erfüllte ihn auch mit Mißtrauen gegenüber den Ergebnissen, die bei der Bestimmung der absoluten oder relativen Maße verfeinerter Mechanismen, welche er gern eigenhändig herstellte, unter Anwendung des gewöhnlichen Zirkels erhalten wurden. Es hing ja so viel ab von der Art und Weise, auf die die gewöhnlichen Meßinstrumente gehandhabt und angewandt wurden, daß sie in Hinsicht auf die erforderliche genaue Angabe überhaupt versagten. Um sich deshalb in dieser Beziehung aller Schwierigkeiten zu entledigen, entwarf und baute er ein erstes, handliches Instrument, das er immer auf seiner Werkbank neben seinem Schraubstock bereit hatte. Er konnte so in höchst genauer und schneller Weise ganz zuverlässiges Zeugnis bekommen von den relativen Dimensionen, als da sind Länge, Breite oder Durchmesser irgendeines Werkstückes, das er unter den Händen hatte. Infolge der absoluten Richtigkeit der Angaben des Instrumentes betrachtete er es als einen Gerichtshof letzter Instanz und nannte es launischerweise den ‚Lord-Kanzler'.

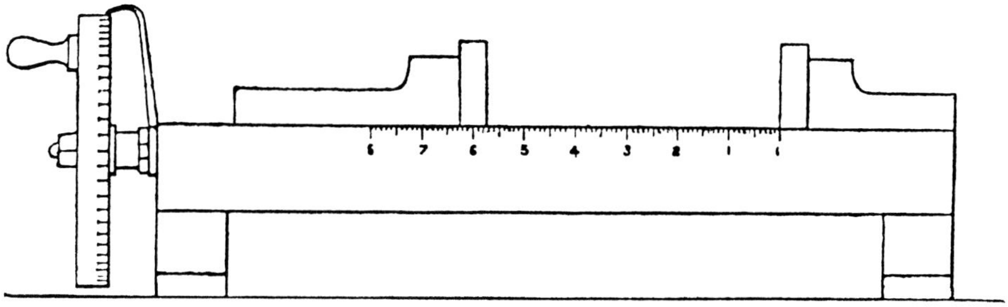

Bild 3.20 Maudslays Mikrometer, 1829

Dieser zuverlässige ‚Genosse der Werkbank' bestand aus einer sehr starken, unbiegsamen Basis aus Messing. An einem Ende war eine vollkommen gehärtete Stahlplatte angebracht mit einer absolut ebenen Fläche, gegen die ein Ende oder eine Seite des Gegenstands gelegt wurde, der gemessen werden sollte, während eine ähnliche absolut ebene Fläche aus gehärtetem Stahl mittels einer passenden feinen Schraube vorgeschoben wurde, bis der zu messende Gegenstand gerade in schwache Berührung mit ihr kam ... Diese beiden absolut ebenen Flächen, zwischen denen der Gegenstand liegt, erlaubten den gegenseitigen Abstand auf der in die Basis des Instruments eingravierten Skala besonders leicht in Zoll und Zehntel eines Zolls abzulesen, während der scheibenförmige Kopf oder Griff der Schraube auf seinem Rande die hundertstel und tausendstel Zoll anzeigte, die sich auf die Längsverschiebung der Schraube bezogen, welche die parallelen Stahlflächen dieses Meß-Schraubstocks, wie ich ihn bezeichnen will, in kleinere und größere Entfernung voneinander bringt."

Ließen sich bei Maudslays erster Schraubendrehbank die Gewindesteigungen der Werkstücke nur durch Wechseln der Leitspindel variieren, so ging er schon um 1800 dazu über, seine Maschine nicht mehr mit austauschbaren Leitspindeln, sondern mit Wechselrädern auszustatten. Diese zweite Schraubendrehbank zeigte bereits die heute bekannten Formen. Das Bett war aus Gußeisen, die Leitspindel hatte 30 Gänge. 28 Wechselräder ermöglichten es, über die Variation der Vorschubgeschwindigkeit die unterschiedlichsten Gewindesteigungen herzustellen [3.22].

Das wichtigste Element für den Übergang von der Drehbank zur Drehmaschine war der Werkzeugschlitten oder, wie es später James Nasmyth formulierte, die Realisierung des slide-rest principle. Der Werkzeugschlitten bzw. andere Formen des Werkzeughalters ermöglichten auch dann die Zwangsführung des Werkzeuges in einer von der Konstruktion der Maschine vorgegebenen Bahn, wenn der Vorschub nicht über eine Leitspindel, sondern von Hand des Arbeiters durch das Drehen der Spindel mit einer Handkurbel eingeleitet wurde. Auch so gewährleistete der Werkzeugschlitten Schnittkräfte und Genauigkeiten, die jene der Handdreherei weit übertrafen [3.21].

Die ebenen Flächen sowohl auf den Führungsbahnen des Maschinenbettes wie auch auf dem Werkzeugschlitten mußte Maudslay mit den ihm zur Verfügung stehenden Handwerkzeugen darstellen. Mit Handschneidewerkzeugen, mit Mei-

Bild 3.21 Tischdrehmaschine von Maudslay, um 1812

ßel, Feile und Schaber produzierte er seine Urspindeln, die planen Flächen des Drehbankbettes oder Richtplatten. Nichts von seiner Technik war neu. Entscheidend jedoch war die Anwendung und Kombination dieser bekannten Prinzipien und Maschinen, die für andere Zwecke in Großbritannien schon verwendet wurden [3.24].

Neben der grundlegenden Bedeutung des Maudslayschen Konstruktionsprinzips für die weitere Entwicklung der Drehmaschine bildete das Prinzip der Zwangsführung von Werkzeug und Werkstück sowie die vollständige Metallbauweise die Basis für die Vermehrung der Werkzeugmaschinen der spanenden Formgebung. Hierunter fallen die Entwicklungen von Bohrmaschinen, Hobel- und Stoßmaschinen.

Durch die Anwendung der Schraubenschneidemaschine in der Metallbearbeitung wurde das ursprüngliche Problem überwunden, daß jede einzelne Schraube und Mutter eine Sondereinheit für sich bildeten. Bei einer Verwechselung von Schrauben und Muttern, z. B. während des Zusammenbaus einer Maschine, konnte dies zu großen Problemen und endlosem Zeitaufwand führen. Gegebenenfalls mußte eine Schraube mit Hilfe der handwerklichen Techniken neu gefertigt werden, das hieß im wesentlichen, möglichst exakt zu feilen [3.39].

Durch die Schraubenschneidemaschine mit ihren wichtigsten neuen Konstruktionselementen, dem Support und der Leitspindel, konnten beliebig wiederholbar Gewinde von genau derselben Form und Steigung gefertigt werden. Das für die fortschreitende Industrialisierung und im besonderen für den Maschinenbau so grundlegende Prinzip der Produktion von austauschbaren Teilen war in einem wesentlichen Punkt verwirklicht.

Über die Bedeutung der Arbeiten Maudslays, insbesondere für die Herstellung genormter Schrauben, schreibt Wittmann:

„Welche Pionierarbeit Maudslay bei der Schraubenherstellung geleistet hat, wird klar, wenn man sich den Zustand der damaligen Fertigung vergegenwärtigt. Die Schrauben wurden mühsam von Hand hergestellt und weisen kaum Gleichheit untereinander auf.

Das Gewindeschneiden mit genuteten Gewindebohrern stammt ebenfalls von Maudslay. Er hat damit in der Zeitspanne von 1800–1810 umwälzend auf die mehr zufällige, ungenaue Schraubenherstellung eingewirkt. Davon zeugt auch die Grundlagenarbeit auf dem Gebiet der Normung und des Austauschbaus.“ [3.39]

Von Maudslay stammt auch die Ausführung einer Plandrehmaschine, deren Kennzeichen Wittmann zufolge eine sorgfältig durchgebildete Lagerung war, vorn als zweiteiliges Halslager aus Messing und hinten als Kegellager mit Stahlkegelbüchse, die mit den Spindelzapfen verbunden war. „Bemerkenswert ist auch das Getriebe, das aus drei Zahnrädern und einem Ritzel auf der Vorgelegewelle besteht. Die Vorgelegewelle mit dem Schwungrad kann parallel zu ihrer Lage verschoben und mit den einzelnen Zahnrädern in Eingriff gebracht werden. Wenn auch in einfachster Form, kann diese Anordnung von Maudslay als Vorläufer der Norton-Schwinge, einem Ende des Jahrhunderts entwickelten Schwenkrad-Vorschubgetriebe, angesehen werden." [3.39]

Binnen fünf Jahren entwickelte sich aus der Werkstatt Henry Maudslays die Maschinenbauanstalt Maudslay H. Machinist. In der Zeit von 1802 bis 1808 erlangte Maudslay durch einen Großauftrag der Marine den Ruf eines exzellenten Maschinenbauers [3.24]. Während dieser Zeit stellte er gemeinsam mit Samuel Bentham (1757–1831) und Marc Isambard Brunel (1768–1849) in seiner Werkstatt 45 Maschinen zur Holzbearbeitung her, mit denen eine Massenherstellung von Flaschenzugblöcken in den Schiffswerften von Portsmouth ermöglicht wurde, deren jährlicher Bedarf sich auf etwa 100000 Blöcke belief [3.7].

Bild 3.22
Plandrehmaschine von Maudslay, um 1810

Diesem ersten Erfolg folgten weitere Großaufträge, u.a. für die königliche Münze in London und für ein Kanonenbohrwerk in Brasilien. Zu den Erzeugnissen mit hoher Stückzahl gehörte auch eine sogenannte Tischdampfmaschine. Nach Erweiterung und Aufnahme eines Partners spezialisierte sich die mittlerweile weltbekannte Firma H. Maudslay & Co, später Maudslay, Son & Field seit 1815 auf die Produktion von Schiffsdampfmaschinen, deren führender Hersteller sie wurde. Dem aufstrebenden Unternehmen trat auch Joseph Clement (1779–1844) bei, ebenfalls ein Schüler Bramahs, der sich besonders um die Entwicklung von Hobelmaschinen und Gewinden verdient machte [3.24].

Über den Verkauf von Maudslays Werkzeugmaschinen gibt es wenige Angaben. Bekannt ist, daß eine kleine Universaldrehbank, die bench-lathe, mit Handauflage und Fußantrieb, einem Kreuzsupport und Zusatzeinrichtungen für das Schraubenschneiden vertrieben wurde. Wahrscheinlich lieferte man jedoch auch für Großanlagen, wie z.B. die Kanonenwerkstatt in Brasilien, Drehmaschinen zur Instandhaltung mit [3.24].

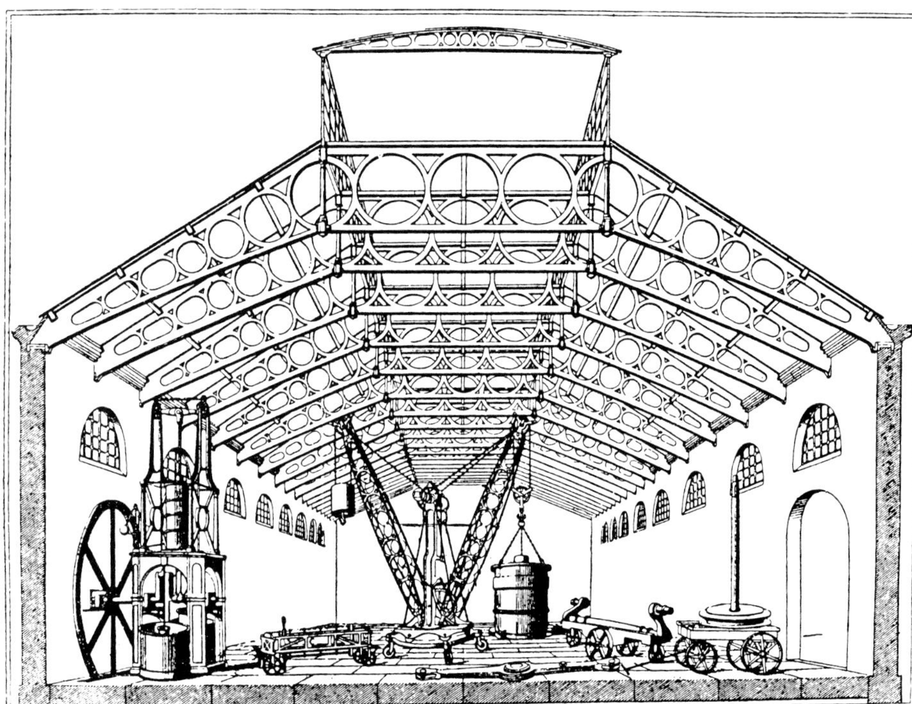

Bild 3.23 Fabrik für Schiffsdampfmaschinen von Maudslay, Sons & Field

Es gab noch andere Erfindungen Maudslays, die neuartig waren. So stellte er eine Reihe von Gewindebohrern für Dampfmaschinenkolben her, die von 6 Zoll Durchmesser bis zu den kleinsten Bohrern der Uhrmacher reichten und in seiner Werkstatt, beispielhaft für die übrige Industrie, als Werknormen vorgeschrieben waren. Damit schuf er die Grundlage für das später von Whitworth entwickelte Gewindesystem [3.7]. Des weiteren entwickelte Maudslay, wie bereits erwähnt, die erste Ausführung einer Plandrehbank sowie einer Waagerecht-Stoßmaschine.

Es muß noch einmal betont werden, daß Maudslay, der selbst eine erstaunliche Handfertigkeit besaß, in seiner Werkstatt für die damalige Zeit eine ungewöhnlich hochstehende Arbeitsgenauigkeit einführte und auch darin der Industrie ein Beispiel gab. Der Einfluß Maudslays war um so größer, als er auf seine Erfindungen fast nie Patente nahm. Im Vertrauen auf seine überlegene Werkstattechnik und überzeugt, daß er selbst doch das Beste aus seinen Gedanken machen könne, gab er sie seinen Wettbewerbern frei [3.7].

Neben ihrer Bedeutung als Geburtsstätte für eine Vielzahl von Innovationen erwarb sich Maudslays Fabrik als Ausbildungsstätte einen Namen. Eine ganze Generation von Maschinenbauern erhielt hier das Rüstzeug für ihr späteres Wirken. Von seinen Schülern ist Richard Roberts (1789–1864) zu nennen, der das Vorgelege, die lose Stufenscheibe auf der Spindel und vermutlich auch die Selbstauslösung des Supports konstruiert hat. James Fox (1789–1858), ein Zeitgenosse, hat die Zahnstange als Supportantrieb, die Zugspindel mit Gleitschnecke sowie getrennte Führungen für Support und Reitstock entwickelt. Aus Maudslays Schule

Bild 3.24 Henry Maudslay (1771–1831)

stammten so hervorragende Vertreter der englischen Werkzeugmaschinenkonstrukteure wie Joseph Whitworth (1803–1887) oder James Nasmyth. Ersterer, auf den die Einführung der Gewindenormung in England zurückgeht, wurde zu einem der größten Werkzeugmaschinenkonstrukteure des 19. Jahrhunderts. Nasmyth gelangte durch die Entwicklung einer Mutternfräsmaschine, einer Waagerechtstoßmaschine und eines Dampfhammers zu großem Ansehen als Ingenieur [3.40].

Allen gemeinsam war, daß sie bei Maudslay die Konstruktionsprinzipien und das Arbeiten mit den Werkzeugmaschinen kennenlernten und einen Einblick in die Werkstattpraxis bekamen, in der Maudslay großen Wert auf Maßgenauigkeit, auf das perfekte Beherrschen der damals zur Verfügung stehenden Meßinstrumente und Meßmethoden und auf eine innerbetriebliche Normung, hauptsächlich von Gewinden, legte.

Neben der Rolle, die Maudslays Unternehmen als Ausbildungsstätte gespielt hat, wurde es auch zu einer wichtigen Informationsquelle für die Verbreitung der neuen Techniken. Eine große Zahl von Englandreisenden des Kontinents, unter ihnen auch der Direktor der Königlichen Technischen Deputation für Handel und Gewerbe zu Berlin, Christian Wilhelm Beuth (1781–1853), besuchte englische Werkzeugmaschinenhersteller und ließ sich deren Erzeugnisse vorführen, um Aufträge zu erteilen oder auch nur, um sich das Gesehene einzuprägen [3.7].

„So einfach und äußerlich unbedeutend, wie dieses Zubehör zur Drehbank erscheinen mag“, schrieb die Londoner Fachzeitschrift „The Industry Nations“ 1855 rückblickend über Maudslays Verdienste um die Entwicklung der englischen Industrie, „glauben wir doch nicht zu viel zu behaupten, wenn wir feststellen, daß sein Einfluß auf die Verbesserung und Ausbreitung des Gebrauchs der Maschinerie ebenso groß ist wie der, den Watts Verbesserungen der Dampfmaschine selbst hervorgebracht haben.“ [3.41]

3.3 Vom Werden einer Branche

Die Leistungen Henry Maudslays fielen in eine Zeit beschleunigter Industrialisierung der englischen Wirtschaft. Der Anteil der in der Land- und Forstwirtschaft Beschäftigten betrug im Jahre 1811 nur noch 33 Prozent der Beschäftigten insgesamt. Etwa 25 Prozent der Bevölkerung lebten um 1800 in Städten mit über 5000 Einwohnern, wobei sich die Bevölkerung von England, Wales und Schottland zwischen 1750 und 1830 um etwa 9 Millionen auf 16,3 Millionen Einwohner mehr als verdoppelt hatte.

Die Insellage bewahrte England über Jahrhunderte vor einem Krieg auf eigenem Territorium. Die Auseinandersetzungen mit dem napoleonischen Frankreich, die von diesem verhängte Kontinentalsperre sowie eine bis Mitte der 1820er Jahre verfolgte Schutzzollpolitik führten im Ergebnis zu einer Stärkung der britischen Industrie. Ausländische Konkurrenten wurden in ihrer Wirksamkeit durch englische Exportverbote für Produktionsmittel, ihrer Zeichnungen und Modelle sowie durch ein Verbot der Auswanderung von Metallhandwerkern eingeschränkt. Mit dem weiteren Anwachsen des Kolonialreichs standen England zudem ausgedehnte Rohstoff- und Absatzmärkte zur Verfügung. Selbst die Niederlage im Unabhängigkeitskrieg mit den Vereinigten Staaten von Amerika beeinträchtigte die englische Wirtschaft kaum, da die ehemalige nordamerikanische Kolonie auch weiterhin ein gutes Absatzgebiet blieb [3.14].

Zu Beginn des 19. Jahrhunderts setzte sich die Dampfmaschine in Großbritannien als allgemeine Betriebsmaschine durch. Nach dem Erlöschen des Wattschen

Patents im Jahre 1800 waren die rechtlichen Beschränkungen auf dem Gebiet des Dampfmaschinenbaus aufgehoben. Die Zahl der im Einsatz befindlichen Dampfmaschinen erhöhte sich von rund 2200 im Jahre 1800 auf 10000 im Jahre 1822. Ihre Gesamtleistung betrug zu diesem Zeitpunkt 200000 PS [3.21].

Der Aufschwung der Metallbearbeitung in der ersten Hälfte des 19. Jahrhunderts war eng mit dem Beginn der Dampfschiffahrt und des Eisenbahnbaus verbunden. Der erste Raddampfer für den Dauerbetrieb wurde 1807 von dem Amerikaner Fulton gebaut, 1812 verkehrte das erste Personendampfschiff auf dem Clyde zwischen Glasgow und Helemburgh und 1819 überquerte erstmals ein Raddampfer, die „Savannah", den Atlantischen Ozean, allerdings noch mit Segelunterstützung. 1836 schließlich entwickelten Smith und Ericsson nach bereits erfolgreichen Versuchen des in Triest stationierten Forstbeamten Ressel aus dem Jahre 1829 den Schraubenantrieb.

Die wachsende Bedeutung der Dampfschiffahrt veranlaßte viele Maschinenbaubetriebe, an der Verbesserung von Schiffsmotoren zu arbeiten und sich auf deren Bau zu spezialisieren. Dazu gehörte auch das Unternehmen Maudslay, Son & Field in London.

Besonders große Herausforderungen an Metallbearbeitungsmaschinen gingen von dem spätestens seit Eröffnung der Strecke zwischen Manchester und Liverpool auf breiter Front einsetzenden Eisenbahnbau aus. Nach Buxbaum beteiligten sich 32 englische Maschinenfabriken am Lokomotivbau. Mit der seit 1802 aufkommenden Hochdruckdampfmaschine, die durch ihre Ersparnis an Raum und Kohle der Wattschen Niederdruckmaschine überlegen war, verfügte man über eine schnell laufende Dampfmaschine, die erheblich höhere Anforderungen an die Fertigungstechnik stellte [3.7].

Die Schlüsselstellung des Eisenbahnbaus für die britische Metallindustrie läßt sich an der rapiden Erweiterung des Streckennetzes ablesen. Bestanden 1830 in Großbritannien 57 km Bahnstrecke, so waren es 1840 bereits 2390 km und 1850 sogar schon 9797 km. Im Jahre 1864 befanden sich 6000 Lokomotiven auf einer Bahnstrecke von insgesamt über 20000 km einschließlich Irland im Einsatz [3.33].

1847, auf dem Höhepunkt des Eisenbahnbaus, waren 20 Prozent der englischen Maschinenbauproduktion für die Eisenbahn bestimmt. Geliefert wurden auch Werkzeugmaschinen für den Bau und die Instandhaltung des rollenden Materials, wobei insbesondere der Lokomotivbau im Verhältnis zum Bau von Dampfmaschinen eine erhöhte Präzision in der Metallbearbeitung forderte. Ohne breite Anwendung von Werkzeugmaschinen einschließlich der Entwicklung von Spezialmaschinen, wie Drehmaschinen für Radsätze, Nutmaschinen oder Drehmaschinen für das Abdrehen von Wellen und Achsen, hätte diese Aufgabe nicht bewältigt werden können [3.24].

Im Gefolge dieser Entwicklungen konnte auch der Werkzeugmaschinenbau seine zentrale Funktion im Industrialisierungsprozeß nicht länger nur als untergeordneter Teilbereich des allgemeinen Maschinenbaus erfüllen. Er mußte zu einem selbständigen Industriezweig werden. Damit setzte sich eine Tendenz generell durch, die schon bei Maudslay anzutreffen war: der Bau von Werkzeugmaschinen für den Verkauf.

Unter den Begründern der englischen Werkzeugmaschinenbranche sind neben Bramah und Maudslay zunächst Samuel Bentham und Marc Brunel hervorzuheben. Bentham wurde 1757 in Westminster als Sohn eines bekannten Anwalts geboren. Er ging mit 14 Jahren bei einem Schiffsbauer der Woolwich Dockyard in die Lehre, wo sich bereits früh seine technischen Talente zeigten. Nach Beendigung seiner Lehrzeit blieb er im Anschluß an eine Studienreise für mehr als ein Jahrzehnt in Rußland, errichtete dort eine Schiffswerft, entwickelte neue, große Geschütze und widmete sich in Sibirien der Schiffbarmachung von Flüssen.

1791 kehrte Bentham nach England zurück, wo er im Dienste der englischen Admiralität auf dem Gebiet technischer und organisatorischer Verbesserungen der Schiffswerften sowie beim Bau und der Ausrüstung neuer Schiffe tätig wurde. In diesem Zusammenhang schuf er gemeinsam mit Brunel die bereits erwähnten 44 Bearbeitungsmaschinen zur Massenproduktion von Flaschenzugblöcken.

Die Anregung zu dieser Massenfabrikation stammte vermutlich von Brunel, der sich von 1794 bis 1799 in Amerika aufhielt und dort unter anderem eine Fabrik zum Gießen und Bohren von Geschützen errichtete. Die praktische Ausführung der Maschinen erfolgte in der beschriebenen Zusammenarbeit mit Henry Maudslay, in dessen Fabrik die erforderlichen Sägen gefertigt wurden, darüber hinaus Maschinen zum Bohren, Stoßen, Formen und Kerben der Blöcke, Maschinen zum Drehen und Bohren der Rollen sowie zum Einnieten der Messingbuchsen und schließlich mechanische Einrichtungen zur Herstellung des Laufzapfens für die Flaschenzugrollen. Unter den damals entwickelten Maschinen befand sich auch eine Hobelmaschine.

Die Herstellung dieser Maschinen war bis zum Jahr 1808 abgeschlossen. Sie wurden in der Staatswerft von Portsmouth aufgestellt und erreichten mit nur zehn angelernten Arbeitern die gleiche Produktivität, für die früher 110 qualifizierte Handwerker erforderlich waren. Die Portsmouth-Maschinen, die zugleich den Ruf der Fabrik Maudslays in der englischen Industrie begründeten, ermöglichten neben der Massenfabrikation auf Grund ihrer hohen Präzision bereits den Übergang zum Austauschbau.

Bentham starb 1831, nachdem er 1812 nicht zuletzt als Folge der gegen ihn geführten politischen Intrigen unter Weiterzahlung seines Gehaltes pensioniert wurde. Er beschäftigte sich in den Jahren bis zu seinem Tode mit der Abfassung fachlicher Berichte und persönlicher Arbeiten, wobei er zwischen 1814 und 1827 seinen Wohnsitz in Frankreich nahm [3.19].

Entscheidenden Anteil an der Schaffung der Portsmouth-Maschinen hatte Sir Marc Isambard Brunel. Er wurde 1769 in Frankreich geboren, floh vor den Jakobi-

Bild 3.25 Senkrecht-Stoßmaschine von Brunel und Maudslay, um 1803

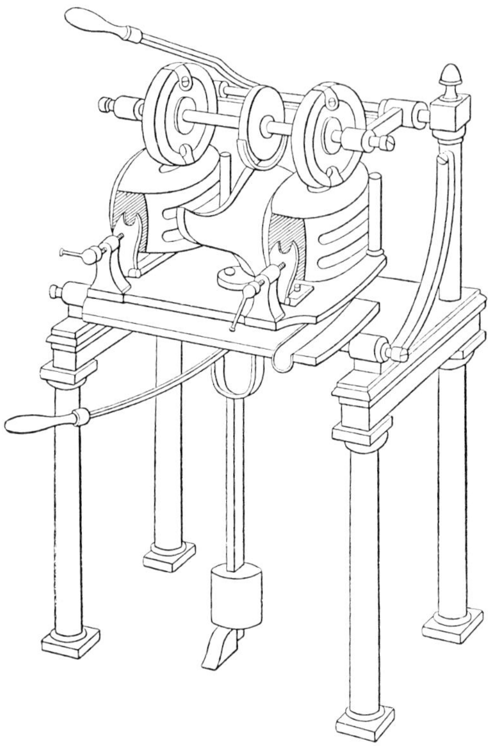

Bild 3.26
Kopiermaschine für hölzerne Rollen von Flaschenzugblöcken, Bentham und Brunel, um 1805

nern nach Amerika und wirkte seit 1799 bis zu seinem Tode 1849 in England. Zu seinen größten Arbeiten gehörte die Untertunnelung der Themse, mit der 1825 begonnen wurde und die erst 1843 abgeschlossen werden konnte.

Brunel, der bis 1814 eine eigene Sägemühle besaß, die jedoch abbrannte, gelangen zahlreiche Erfindungen auf dem Gebiet der Holzbearbeitungsmaschinen. Ferner setzte er sich für die Einführung der Dampfschiffahrt auf der Themse ein und erfand 1816 eine Strickmaschine, ohne jedoch sein Talent als Ingenieur in finanzielle Erfolge umsetzen zu können. 1821 kam er für mehrere Monate ins Schuldgefängnis, aus dem er erst nach Begleichung seiner Zahlungsverpflichtungen durch die englische Regierung entlassen wurde.

Vor seinem letzten großen Projekt, dem Themsetunnel, beschäftigte sich Brunel mit der Entwicklung von Dampfmaschinen, Schiffen und Brückenkonstruktionen. Doch seine Bedeutung für die Herausbildung der englischen Werkzeugmaschinenindustrie beruht vor allem auf seinem Beitrag zum Bau der Portsmouth-Maschinen [3.37].

Zu den herausragenden Begründern des englischen Werkzeugmaschinenbaus zählt weiterhin Joseph Clement. 1779 in Great Ashby geboren, war er wie Maudslay Schüler und bald Meister in Bramahs Werkstatt. Zuvor hatte er das Handwerk des Stroh- und Schieferdeckers gelernt, das ihn jedoch nicht ausfüllte, so daß er bei einem benachbarten Dorfschmied in die Lehre ging. Mit diesem unternahm er den erfolgreichen Versuch, seine erste Drehbank zu bauen, die in der Werkstatt seines Vaters, eines naturwissenschaftlich und technisch hoch interessierten Handwerkers, Verwendung fand.

Clement war noch keine 18 Jahre alt, als er nach Glasgow ging und dort in einer Dreherei arbeitete. Gleichzeitig übte er sich im technischen Zeichnen, ein Gebiet, auf dem er es zu außergewöhnlichen Leistungen brachte. Von Glasgow führte ihn sein beruflicher Werdegang nach Aberdeen und schließlich nach London zu Joseph Bramah.

Für eine kurze Zeit wechselte Clement nach dem Tode Bramahs im Jahre 1814 zu Maudslay & Field, entschloß sich aber bald für eine selbständige Tätigkeit als Ingenieur. 1817 mietete er eine bescheidene Werkstatt, in der er kleine Präzisionsmaschinen konstruierte und baute [3.19].

Clement befaßte sich nicht erst seit seiner Selbständigkeit mit konstruktiven Verbesserungen von Maschinen und technischen Vorrichtungen. Bereits in Glasgow

Bild 3.27 Clements Hobelmaschine, um 1825

hatte er neue Gewindeschneidzeuge entwickelt und in Aberdeen eine Drehbank mit axial verschiebbarer Hauptspindel und Leitgewinde zum Schraubenschneiden. Diese Maschine besaß einen Werkzeugschlitten, obwohl Clement die Erfindungen Maudslays zu diesem Zeitpunkt noch nicht aus eigener Anschauung kannte [3.7].

Kurze Zeit nachdem er sich als Werkzeugmaschinenbauer selbständig gemacht hatte, konstruierte Clement eine Schraubenschneidemaschine mit Support und automatischer Korrektur, die er in den folgenden Jahren mehrfach verbesserte, u. a. durch ein selbstzentrierendes Spannfutter, und für die er 1827 die goldene Isis-Medaille der Society of Arts erhielt. Verdienste erwarb sich Clement darüber hinaus bei ersten Versuchen zur Vereinfachung des Konstruktionszeichnens sowie bei der Normierung der Schraubengewinde. Unterstützt wurde er hierbei von seinem Mitarbeiter Whitworth, jenem Schüler Maudslays, der später das Whitworth-Gewinde schaffen und in die Praxis einführen sollte [3.7].

Die zunehmende Verbreitung der Metallbauweise von Maschinen, insbesondere der Prismen von Drehbänken, der Führungen von Textilmaschinen und der Schieberflächen von Dampfmaschinen, führte zu einem steigenden Bedarf an ebenen Metallflächen. In quantitativer wie qualitativer Hinsicht reichten die auf Meißel und Feile beruhenden Bearbeitungsverfahren bald nicht mehr aus. So kam es an mehreren Orten in England fast gleichzeitig zur Entwicklung von Metallhobelmaschinen, die bis zum Jahre 1840 bei der Herstellung ebener Flächen zumindest in England allgemein zur Anwendung kamen [3.24].

Auch Clement baute in den 20er Jahren eine Hobelmaschine, die er über zehn Jahre Tag und Nacht zur Ausführung bestellter Arbeiten eingesetzt haben soll. Er nahm jedoch kein Patent auf, da ihm seine und die Geschicklichkeit seiner Mitarbeiter ausreichenden Schutz zu gewähren schienen. Dafür sprach auch der hohe Preis, den Clement für einen Quadratfuß gehobelter Fläche berechnete. Er lag bei umgerechnet 18 Mark, während für gemeißelte und gefeilte Flächen nur 6,30 Mark üblich waren. In den 50er Jahren sank dieser Preis nach Durchsetzung der Hobelmaschine auf kaum acht Pfennige [3.21].

Der Einfluß Clements auf die Branchenentwicklung des Werkzeugmaschinenbaus beschränkte sich, ebenso wie der Maudslays, nicht auf seine Tätigkeit als Ingenieur. Seine Werkstatt, in der jeweils nur 30 Arbeiter beschäftigt waren, galt zugleich als eine der angesehensten Ausbildungsstätten für junge Mechaniker und Ingenieure [3.7].

Obwohl die Generation Maudslays und Clements, aufbauend auf den Arbeiten von Bramah, Bentham oder Brunel, wichtige Grundlagen für einen selbständigen Werkzeugmaschinenbau gelegt hatte, verband sich doch die Herausbildung zur eigenen Branche mit Namen wie Richard Roberts, James Nasmyth und vor allem Joseph Whitworth, um hier nur die wichtigsten zu nennen. Der prägenden Wirkung entsprechend, die Whitworth nicht nur innerhalb des englischen Werkzeugmaschinenbaus ausgeübt hat, soll auf ihn im Abschnitt 3.4 gesondert eingegangen werden.

Roberts, der 1789 in Carreghova in Nordwales geboren wurde, nahm mit 16 Jahren eine Tätigkeit als Zeichner im Eisenwerk von John Wilkinson in Bradley auf. Später eröffnete er eine Firma zur Herstellung von Werkzeugen und Modellen, bis er schließlich 1828 gemeinsam mit Thomas Sharp eine Fabrik für Werkzeuge und Lokomotiven unter dem Namen Roberts & Cie. gründete.

Roberts begegnete uns bereits im Zusammenhang mit seinen Leistungen auf dem Gebiet der Textilmaschinen. So entwickelte er die Spinnmaschine Samuel Cromptons zur selbsttätigen Maschine, dem Selfactor, weiter und schuf auch den ersten, vollständig aus Metall gefertigten Maschinenwebstuhl. Er nahm Patente auf den verschiedensten Gebieten des Maschinenbaus. Sie reichten von Spinn- und Webmaschinen über Dampfmaschinen, Lokomotiven, Geräte zum Durchlochen und Schneiden von Blechen, Schraubenpropeller und Dampfkessel bis zu Rettungsbooten und Kriegsschiffen [3.19].

Auch Roberts' Beiträge zum Fortschritt der Werkzeugmaschinen waren vielfältig. Auf ihn gehen Verbesserungen der Bohrmaschine zurück, er baute bereits im Jahre 1817 eine Hobelmaschine, bei der das Werkstück durch Kettenzug bewegt wurde, und er führte wichtige Neuerungen bei der Drehmaschine ein, wie das Vorgelege, die lose Stufenscheibe auf der Spindel und, so wird vermutet, auch die Selbstauslösung des Werkzeugschlittens.

Bild 3.28 Drehbank von Roberts, 1817

Die im Bild 3.28 dargestellte Drehbank wurde um 1817 von Roberts gebaut. Sie war bis Ende des 19. Jahrhunderts in Betrieb. 1909 kam sie ins Science Museum in London. Ihre Spindel ist zylindrisch gelagert, und die Vorgelegewelle kann waagerecht verschoben werden. Die Leitspindel wird über eine schräge Welle angetrieben. Die Steuerung erfolgt mittels Kupplung und die selbsttätige Längsauslösung des Supports durch Anschlag am durchgehenden Steuerhebel [3.39].

So bedeutend Roberts als Ingenieur war, als Unternehmer blieb ihm offenbar der Erfolg versagt. Seit 1852 zog er sich aus dem Maschinengeschäft zurück und wirkte nur noch als beratender Ingenieur. Nicht zuletzt infolge seiner kostspieligen Experimente geriet er in finanzielle Schwierigkeiten und starb mittellos im Jahre 1874 [3.19].

Die Gründer des englischen Werkzeugmaschinenbaus haben der Öffentlichkeit selten über Fortgang und Bedingungen ihrer Arbeit schriftlich berichtet. Ihre bevorzugte Sprache war die Konstruktionszeichnung. Eine Ausnahme hiervon bildete James Nasmyth. In seinen letzten Lebensjahren schrieb er eine Autobiographie, die von Smiles herausgegeben wurde und die uns zugleich Einblick in das Leben und Werk vieler Zeitgenossen gewährt [3.22].

Nasmyth wurde 1808 in Edinburgh als Sohn einer alten schottischen Adelsfamilie geboren. Sein Interesse galt schon in jungen Jahren der Kunst, worin sich ein Erbteil seiner Familie äußerte. Seine Hinwendung zu technischen Problemen erfolgte über technische Zeichnungen, die er bald mit großer Meisterschaft anfertigte. Auf ausgedehnten Reisen besichtigte er die vielfältigen Zeugnisse der industriellen Revolution, insbesondere Dampfmaschinen, und suchte die Bekanntschaft berühmter Ingenieure [3.19].

1828 ging Nasmyth für zwei Jahre als persönlicher Assistent zu Maudslay. In diese Zeit fiel seine Erfindung der Mutternfräsmaschine, die 1829 von Maudslay & Field gebaut wurde. Noch handelte es sich bei dieser Maschine jedoch nur um eine spezielle Anwendung des Fräsverfahrens, die über die Mutternbearbeitung kaum hinausreichte und damit die allgemeinen Vorteile des Fräsens für die Bearbeitung geformter Flächen nicht ausschöpfte. Die Entwicklung und Durchsetzung der Fräsmaschine zur Bearbeitung nicht rotationssymmetrischer Teile blieb den amerikanischen Werkzeugmaschinenbauern vorbehalten [3.21].

Nach dem Tode Maudslays eröffnete Nasmyth eine eigene Werkstatt in Manchester, um neue Werkzeugmaschinen, auch Dampfmaschinen, Dampfkessel und Werkzeuge für die Eisen- und Stahlbearbeitung herzustellen. Zu seinen frühen Arbeiten gehörte eine 1836 gebaute Waagerecht-Stoßmaschine mit Rundhobelapparat. Sie diente der Fertigung von Steuerhebeln, war universell verwendbar und wurde durch eine Kurbel angetrieben. Auf ihre Bekanntheit und Verbreitung läßt nicht zuletzt ihre Bezeichnung als „Nasmyth's steam arm" schließen [3.7].

Berühmt wurde Nasmyth durch die Erfindung des Dampfhammers, auf den er 1842 ein Patent erhielt. Kurz zuvor hatte der Franzose Schneider in Creuzot einen

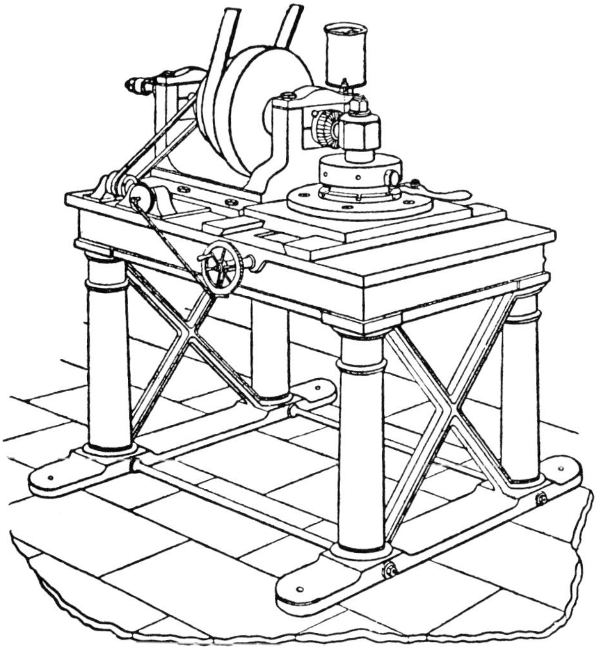

Bild 3.29
Mutternfräsmaschine
von Nasmyth,
nach Smiles 1883

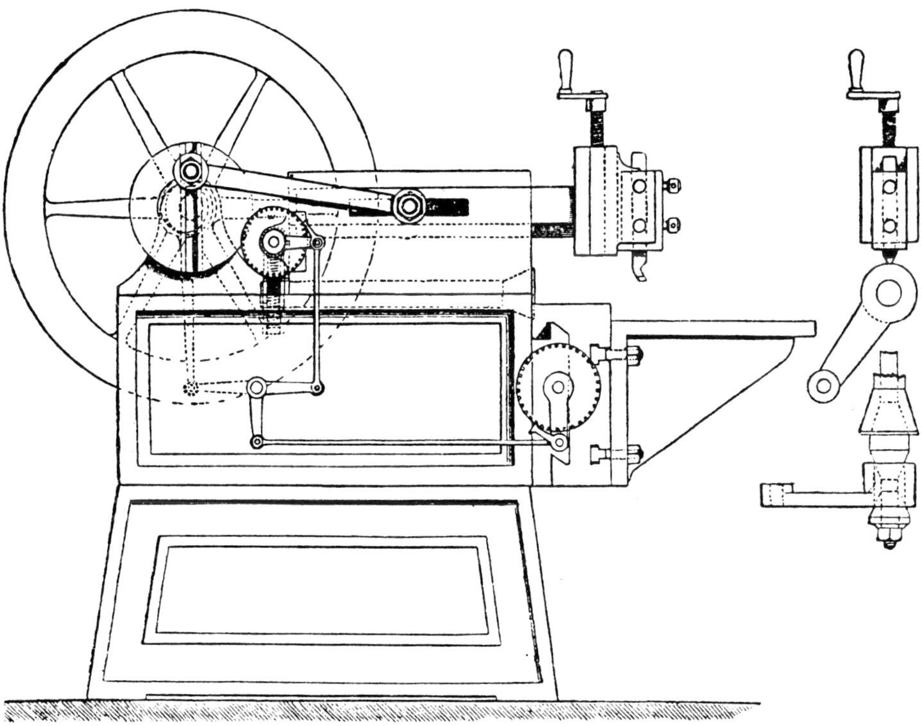

Bild 3.30 Waagerecht-Stoßmaschine von Nasmyth, 1836

Dampfhammer nach Nasmyths Skizzen gebaut. Die Leistung des Dampfhammers war so groß, daß er in viereinhalb Minuten die gleiche Arbeit verrichtete, für die der herkömmliche Fallhammer zwölf Stunden benötigte [3.7].

Die Anregung zur Entwicklung des Dampfhammers ging vom Bau des damals größten Dampfschiffes, der Great Britain, durch Kingdom Brunel aus, für den Nasmyth die erforderlichen Werkzeugmaschinen herstellen sollte. Während man vorher schwere Schiffsteile vielfach aus Kesselblech zusammennietete, ermöglichte Nasmyths Maschine die Bearbeitung schwerer Schmiedestücke, wie Schiffswellen, Schrauben oder Kolben [3.24].

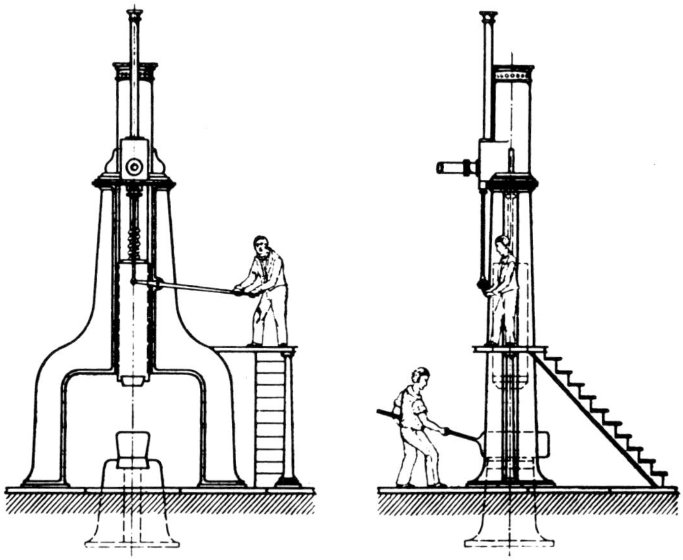

Bild 3.31 Dampfhammer von Nasmyth, 1843

Nasmyth trat noch mit anderen Erfindungen hervor, wie der biegsamen Welle aus gewickeltem Stahldraht, dem keilförmigen Schieber für Wasserrohre und der im Jahre 1843 ausgeführten Dampframme. Mit erst 48 Jahren zog er sich aus dem Geschäftsleben zurück, nachdem er mit seiner Werkstatt ein ausreichendes Vermögen erworben hatte, um sich künftig nur noch seinen Neigungen, der Kunst, der Technik und der Astronomie, widmen zu können. Auf astronomischem Gebiet erlangte Nasmyth nochmals internationale Berühmtheit, als er 1874 gemeinsam mit Carpentier ein Werk über den Mond veröffentlichte, das in viele Sprachen übersetzt wurde. Er starb 1890 in London als wohlhabender und gesellschaftlich geachteter Mann [3.19].

Nicht in unmittelbarem Zusammenhang mit Clement, Maudslay und dessen Schülern, aber aus den gemeinsamen Anforderungen und industriellen Bedingungen ihrer Zeit heraus haben Matthew Murray und James Fox zur Herausbildung einer eigenständigen Werkzeugmaschinenbranche beigetragen. Murray, 1765 bei Newcastle-on-Tyne geboren, begann seine Tätigkeit als Ingenieur 1789 nach Beendigung seiner Lehrzeit als Grobschmied in den Flachsspinnereien von Marshall in Leeds. Dort entwickelte er den Vorläufer der Naßspinnmaschine, nahm 1793 ein Patent auf eine Kardiermaschine und erhielt 1809 für eine Flachshechelmaschine die Goldene Medaille der Society of Arts [3.19].

Gemeinsam mit den Kapitalgebern Fenton und Wood gründete Murray 1795 die Firma Fenton, Murray & Wood. Sie bauten neben Spinnerei- und Dampfmaschinen auch Werkzeugmaschinen, wenn auch zunächst nur für den eigenen Bedarf. Dieses Unternehmen entwickelte sich zunehmend zu einer Konkurrenz für Boulton und Watt, die schließlich durch den Ankauf angrenzenden Geländes den Aufschwung der Murrayschen Firma hemmen wollten. Auch über verschiedene Patentrechte kam es zwischen beiden Firmen zu juristischen Auseinandersetzungen [3.7].

Murray fand einen Weg, die zur Steuerung der Dampfmaschine benötigten vier Ventile durch eine Vorrichtung, den Muschelschieber, zu ersetzen, den er sich 1802 patentieren ließ. Murrays Maschinen hatten den Ruf, unverwüstlich zu sein. So war eine 1813 in Leeds aufgestellte Dampfmaschine bis zum Jahre 1885 ununterbrochen in Betrieb [3.19].

Seit 1811 nahm Murray auch den Bau von Lokomotiven auf. Sie besaßen zwei doppeltwirkende Hochdruckzylinder ohne Schwungrad und wurden durch ein Zahnrad fortbewegt, das in eine parallel zu den Schienen verlaufende Zahnstange eingriff. Darüber hinaus stellte Murray Schiffsmaschinen her, bei denen sich jedoch zeigte, daß auch er die Gefahren möglicher Kesselexplosionen noch nicht bannen konnte [3.19].

Spätestens seit 1814 ist eine auf Murray zurückgehende Hobelmaschine nachweisbar, die in seiner Fabrik eingesetzt war. Anders als bei der von Roberts entwickelten Metallhobelmaschine sind von Murray keine Werkzeugmaschinen erhalten. Er starb im Jahre 1826 in Leeds, der Stadt seines jahrzehntelangen Wirkens [3.19].

Auch James Fox (1789–1859) hat, unabhängig von Murray und Roberts, eine Metallhobelmaschine erfunden. Sein Versuch, die Maschine dadurch besser auszulasten, daß der ansonsten unproduktive Rücklauf ausgenutzt wurde, die Maschine also in beiden Richtungen arbeitete, konnte sich nicht durchsetzen. Als Lösungsweg erwies sich schließlich der auch von Nasmyth verwendete Eil-Rückgang durch eine schwingende Kurbelschleife [3.21].

Durch Fox erhielt vor allem die Drehbank weitere Verbesserungen. Die in Bild 3.34 dargestellte ältere Drehbank von Fox, die 1830 in der Metallwerkstatt des Königlichen Gewerbeinstituts zu Berlin eingesetzt wurde, zeigte gegenüber den Ausführungen von Maudslay und Roberts folgende neue Merkmale: „1. Zahnstange für die Fortbewegung des Supports, 2. Zugspindel mit Gleitschnecke, 3.

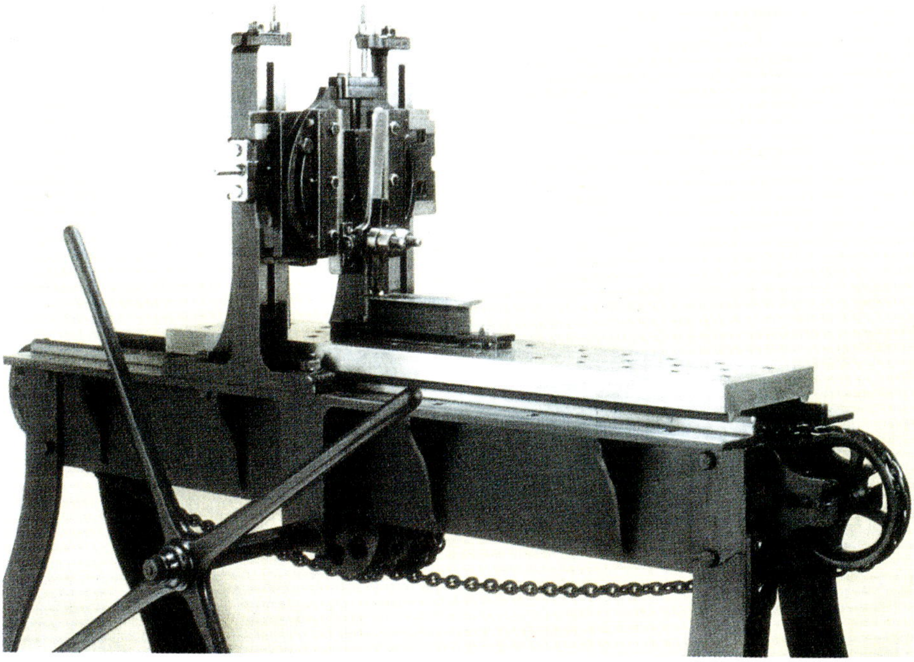

Bild 3.32 Roberts Hobelmaschine, 1817

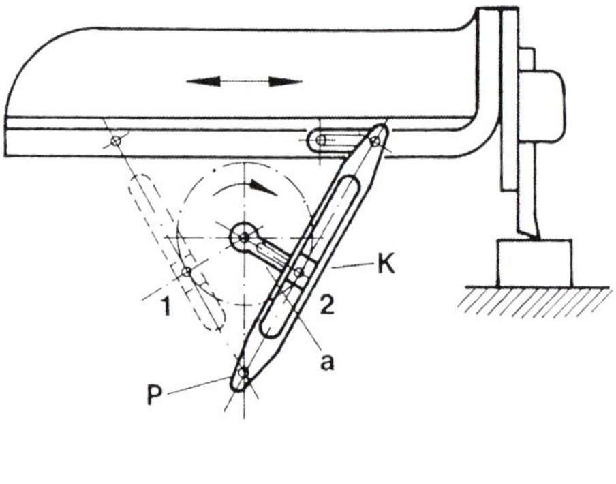

Bild 3.33 Wirkungsschema der schwingenden Kurbelschleife

getrennte Führungen für Reitstock und Support und 4. spitzwinklige Form des Supports. Die Zugspindel besteht aus einer Vierkantwelle, Auslösung des Vorschubs durch das Rädchen a mit der waagerecht verschiebbaren Welle. Der Supportschlitten trägt einen Hohlzylinder, in dem noch wahlweise eine Handvorlage oder ein Stahlhalter befestigt werden können, wobei letzterer in der waagerechten Ebene drehbar, in der senkrechten Ebene verschiebbar angeordnet ist. Die Führungen sind eine Kombination von Dach- und Flachführungen. Die späteren Fox-Bänke zeigen eine weniger schwerfällige Ausrüstung." [3.39]

Um 1830 zeichnete sich der englische Drehmaschinenbau durch kleine und mittlere Drehbänke aus, die mit Fußbetrieb arbeiteten, wobei die genuteten Spindelstufenscheiben durch Darmsaiten angetrieben wurden. Bei größeren Maschinen wurden Riemen als Transmissionsmittel verwendet. In diesen Fällen wurden die Maschinen in der Regel bereits durch Dampfkraft angetrieben [3.39].

Kennzeichen der Maudslay-Drehbänke waren die Prismaführungen. Begünstigt durch die Erfindung der Metallhobelmaschinen, mit denen ebene Flächen genauer und schneller hergestellt werden konnten, verbreitete sich immer mehr das kastenförmige Maschinenbett. Die Führungsformen bestanden zumeist aus Dachführungen oder wie bei Fox aus Kombinationen von Dach- und Flachführungen [3.39].

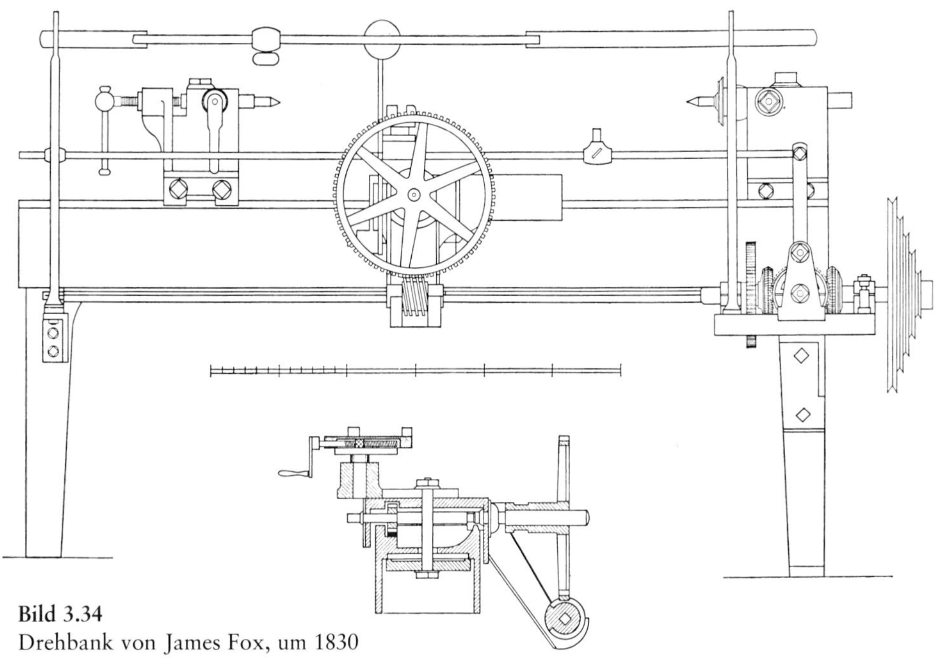

Bild 3.34
Drehbank von James Fox, um 1830

Ein noch ungelöstes Problem stellte die Spindellagerung dar. Sie nutzte sich rasch ab, so daß ein Schlagen der Spindel einsetzte. Das zylindrische Lager hatte sich nicht so allgemein durchgesetzt wie das kegelige. Bei fortgeschrittenen Versionen konnte bereits die Pinole mechanisch bewegt werden. Auch angeschraubte Support-Führungsleisten waren vereinzelt anzutreffen [3.39].

Zu dieser Zeit waren die Hauptarten der Werkzeugmaschinen durch den englischen Werkzeugmaschinenbau hervorgebracht. Demgegenüber bestand die Bedeutung der 40er und 50er Jahre weniger in der Erfindung neuer Maschinen als in der

Verbesserung der Arbeitsgenauigkeit und Steigerung der Leistungsfähigkeit bestehender Maschinenarten [3.21]. Diese klassische Phase des englischen Werkzeugmaschinenbaus wurde auf das engste durch den Namen Joseph Whitworth geprägt.

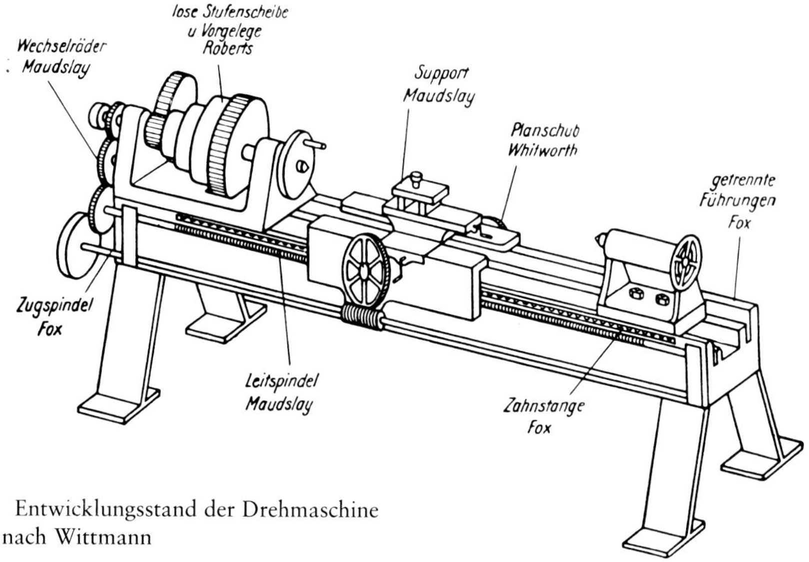

Bild 3.35 Entwicklungsstand der Drehmaschine um 1840, nach Wittmann

3.4 Maschinen setzen Maßstäbe

In Joseph Whitworth begegnet uns eine der interessantesten Persönlichkeiten des englischen Werkzeugmaschinenbaus, der mit ihm zur Mitte des 19. Jahrhunderts einen Höhepunkt seiner nationalen und weltweiten Bedeutung erreichte. Whitworth wurde 1803 in Stockport geboren. Er trat mit 14 Jahren in die Baumwollspinnerei seines Onkels ein, wechselte jedoch nach vier Jahren zum Maschinenbau über, der ihn seit seiner Kindheit fasziniert hatte. In Manchester und London arbeitete er in mehreren Maschinenfabriken, wurde Schüler von Maudslay und später von Clement, bis er 1833 in Manchester seine eigene Werkzeug- und Werkzeugmaschinenfabrik gründete. Er war der erste, der sich allein auf diesen Bereich konzentrierte. Über seiner Tür hing ein Schild: Joseph Whitworth, Toolmaker from London.

Sein hohes Ansehen verdankte Whitworth zunächst den von ihm hergestellten Präzisionsinstrumenten, sodann seinen Leistungen auf dem Gebiet der ebenen Fläche und genauen Messung sowie dem nach ihm benannten Gewindesystem, das zum ersten Mal Ansätze einer Normung in den Maschinenbau brachte, und schließlich seinen konstruktiv durchdachten Werkzeugmaschinen, deren Qualität und Formschönheit auch für die deutsche und amerikanische Branche lange Zeit vorbildlich waren. Durch die Genauigkeit der Herstellung und die Güte seiner Werkstattarbeit führte Whitworth den Werkzeugmaschinenbau seiner Zeit an die Spitze der Maschinenindustrie [3.7].

In Whitworths Fabrik wurden Bohrmaschinen hergestellt, Universal- und Spezialdrehbänke, Fräsmaschinen, Hobelmaschinen sowie Senkrecht- und Waagerecht-Stoßmaschinen. Sie repräsentierten den Typ der schweren englischen Werkzeugmaschine, die sich durch einfache Formen, organisch durchgebildete Körper und einheitlich in den Maschinenumriß eingebaute Elemente auszeichneten [3.7]. Whitworth überwand endgültig die von der früheren Holzbauweise herrührende eckige Gestalt und betonte die ruhige, abgerundete Formensprache.

Orientiert an Vorbildern aus der Natur erkannte Whitworth die Vorteile des Hohlgusses, der hohe Festigkeit mit geringem Materialaufwand vereinte. Auch Konkurrenten wie Sharp, Roberts & Co. oder Fairbairn sahen sich veranlaßt, von der früher üblichen Fachwerkkonstruktion abzugehen und den Hohlguß zu verwenden. In Anwendung des gleichen Prinzips führte Whitworth auch die hohle Maschinenwelle ein, zumal er eine wichtige Voraussetzung dieser Innovation anerkanntermaßen erfüllte: einen erstklassigen Guß.

Whitworth setzte sich, nicht zuletzt im Vertrauen auf die Überlegenheit seiner Maschinen, bereits frühzeitig für eine Typisierung sowohl der Maschinenelemente als auch ganzer Maschinengrößen ein [3.34]. In einer 1856 gehaltenen Rede forderte er zur Vereinheitlichung von Lokomotiven, Dampfmaschinen und Schiffsmaschinen auf. Dabei diente ihm Amerika als Vorbild, das auf diesem Gebiet dem größeren Markt entsprechend fortgeschritten war [3.7].

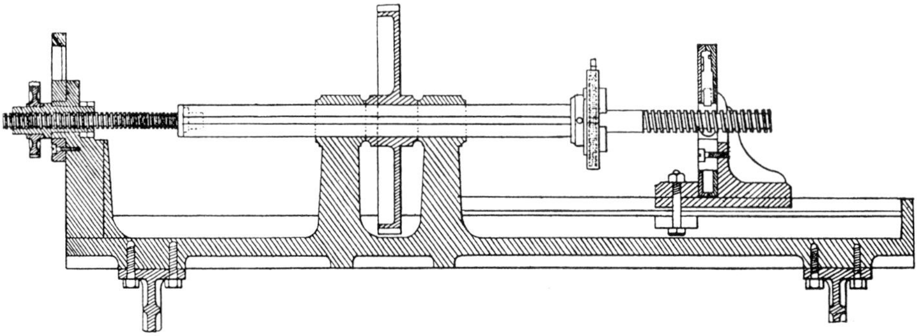

Bild 3.36 Gewindeschneidbank von Whitworth, 1834

Von den Erfindungen Whitworths sind vor allem die Verbesserungen der Gewindeschneid- und Drehmaschine hervorzuheben. 1834 ließ er sich eine Gewindeschneidbank zur Erzeugung beliebiger Bolzengewinde patentieren, die zugleich einen optimierten Schneideisenhalter umfaßte. Nach ihrem Aufbau handelte es sich um eine Schraubenmaschine, bei der die Leitspindel sowohl die Drehbewegung als auch den Vorschub erzeugte. Während das Schneideisen und der Halter fest auf der Bank positioniert waren, schob die Hauptwelle den Bolzen durch das Schneideisen. Wir finden hier ein Bearbeitungsverfahren in entwickelter Form realisiert, das ansatzweise bereits zu Beginn des 18. Jahrhunderts anzutreffen war [3.39].

Nur ein Jahr später, 1835, entwickelte Whitworth die Schraubenschneidmaschine durch Einführung der Spannpatrone mit Spannkegel und der Kurvenwelle mit Steuerhebel wesentlich weiter. Dieses Patent enthielt damit alle grundlegenden Bestandteile späterer Drehautomaten [3.39]. Auch eine Reihe weiterer Patente Whitworths hatten Verbesserungen der Schraubenschneidmaschine zum Inhalt.

Auf Whitworth geht auch der automatische Planzug am Support zurück, der sich in der Folgezeit allgemein durchgesetzt hat. Die Wirkungsweise des Planzuges ergab sich aus dem Zusammenhang von Schneckenrad und Kegeltrieb. Durch einen Hebel konnte der Planzug unterbrochen werden [3.39].

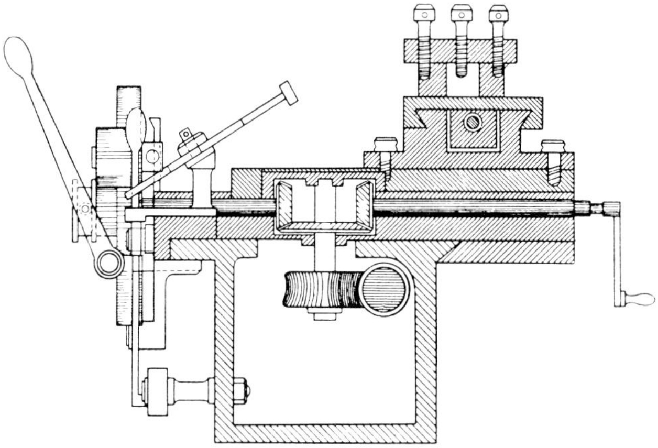

Bild 3.37 Support mit automatischem Planzug, 1835

Bei größeren Plandreharbeiten verändert sich die Schnittgeschwindigkeit, sobald der Drehmeißel von der Mitte zum Rand der Planscheibe wandert. Whitworth hat 1837 einen Antrieb der Planscheibe mittels verschiebbarer Reibrollen entwickelt, der als Erstausführung einer stufenlosen Drehzahländerung gelten kann. Zwei Jahre später nahm er ein Patent auf eine Drehbank für lange oder sperrige Werkstücke. Sie zeichnet sich durch Übertragung der Spindelbewegung auf die Leitspindel mittels Kegeltrieb und durch ein verschiebbares Drehbankbett aus [3.39]. 1840 hat Whitworth diese Maschine weiter verbessert und gemeinsam mit John Spear zum Patent angemeldet.

Mit dem Ziel einer Verkürzung der Maschinenzeit entstand 1849 die erste Mehrschnittdrehbank, bei der zwei oder mehrere Drehmeißel gleichzeitig wirkten.

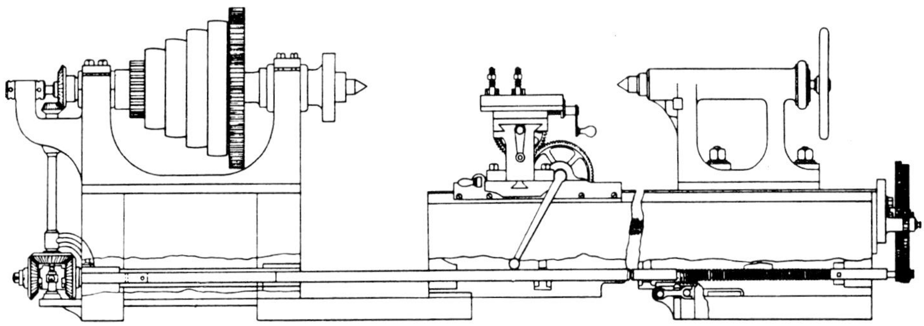

Bild 3.38 Langdrehbank von Whitworth, 1839

Der Werkzeugträger war mit einem zusätzlichen Oberschlitten versehen, durch den eine Feineinstellung der Drehmeißel möglich war. Bei gleichzeitiger Verwendung zweier Werkzeuge sollten diese zur gegenseitigen Aufhebung der Schnittkraft möglichst diametral angebracht werden. Im Rahmen seiner Arbeiten zur Geschütz- und Gewehrherstellung hat Whitworth verschiedene Spezialdrehbänke entwickelt, darunter eine Mehrstahlkopierdrehbank sowie eine selbsttätige Drehbank zum kegeligen Abdrehen jeweils von Gewehr- und Geschützläufen [3.39].

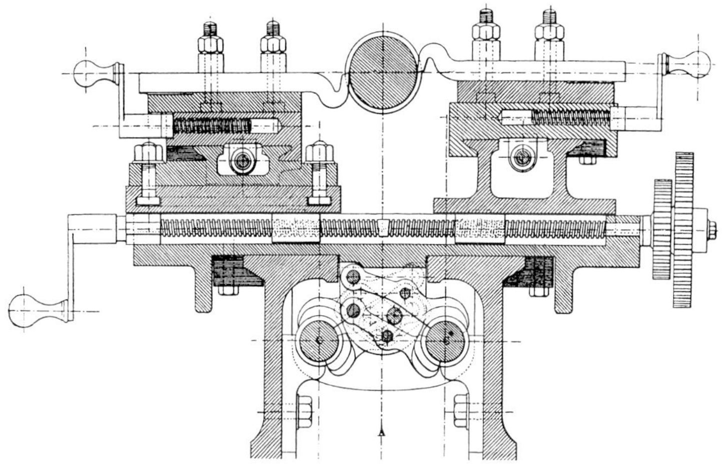

Bild 3.39 Mehrstahldrehbank von Whitworth, 1849

Whitworths erste Hobelmaschine entstand 1835. Das Werkzeug befand sich an einem quer zum feststehenden Werkstück auf Rollen laufenden Balken, der durch zwei außen am Bett gelagerte Schraubenspindeln angetrieben wurde. Der Fortschritt dieser Maschine gegenüber der Hobelmaschine von Roberts blieb jedoch gering [3.6].

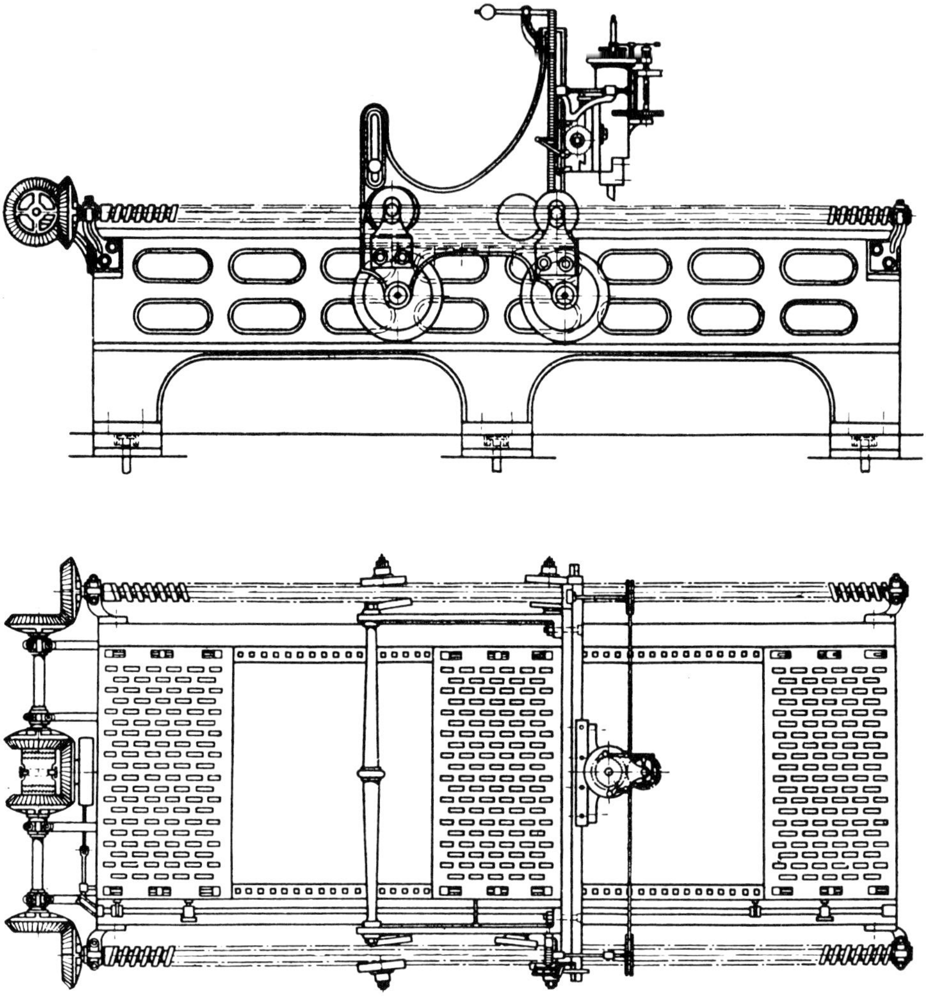

Bild 3.40 Whitworths erste Hobelmaschine, 1835

1835 ließ Whitworth eine Räderfräsmaschine patentieren, deren Konstruktion für die folgenden Jahrzehnte zum Vorbild wurde. Größere Fräsmaschinen zum Abfräsen von Flächen an großen Werkstücken rüstete er, ähnlich wie schon Nasmyth, mit Einzelantrieb durch Dampfmaschinen aus.

Im Jahre 1837 führte Whitworth Rundmaße mit festgelegtem Über- und Untermaß für die Passung ein und stellte Kaliberdorne und Ringlehren mit Abstufungen von hoher Genauigkeit her. Seine Normallehren fanden bald eine weite Verbreitung [3.7]. Die genaue Messung hing nach Whitworths eigenen Worten von der Erzielung einer wirklich ebenen Fläche ab. Sie sei von primärer Bedeutung: „Die ganze

Bild 3.41
Fräsmaschine mit Einzelantrieb, 1867, und Räderfräsmaschine, 1835, nach Buxbaum

Güte der Werkstattarbeit hängt von ihr ab" [3.39]. So war er es auch, der für genaue Flächen das Schaben eingeführt hat.

Bei der bereits erwähnten Einführung der Gewindenormung konnte sich Whitworth auf die Vorarbeiten von Maudslay und Clement stützen, mit denen er durch seinen beruflichen Werdegang unmittelbar vertraut wurde. Das von ihm entwickelte System wird auch heute noch in verschiedenen Ländern verwendet [3.21]. Whitworth erfand auch die dreibackige Schneidkluppe zum Außengewindeschneiden. Seine Leistungen auf dem Gebiet der Normung und Passung trugen wesentlich zur Vorbereitung des Austauschbaus bei, in dem wir eine Voraussetzung und ein Merkmal industrieller Massenproduktion erblicken dürfen.

Um 1860 bestand die Whitworthsche Fabrik aus vier Abteilungen, die jeweils auf Schrauben, Kaliber, Geschütze oder Werkzeugmaschinen spezialisiert waren. Von Charles Porter, einem amerikanischen Ingenieur, der in den 60er Jahren mit

Whitworth zusammengearbeitet hat, wissen wir, daß der Zutritt zu den Werkstätten, wie bei vielen englischen Fabriken, für fremde Besucher verboten war. Auch Kunden konnten ihren Auftrag nicht während der Ausführung besichtigen [3.7]. Die Abteilungen besaßen weder eine eigene Leitung noch ein besonderes Konstruktionsbüro. Alle Entscheidungen wurden direkt von der Fabrikspitze, von Whitworth persönlich getroffen. Ob er die an Maudslays und Clements Unternehmung gerühmte enge Verbindung von Produktions- und Ausbildungsstätte fortgeführt hat, ist nicht erkennbar.

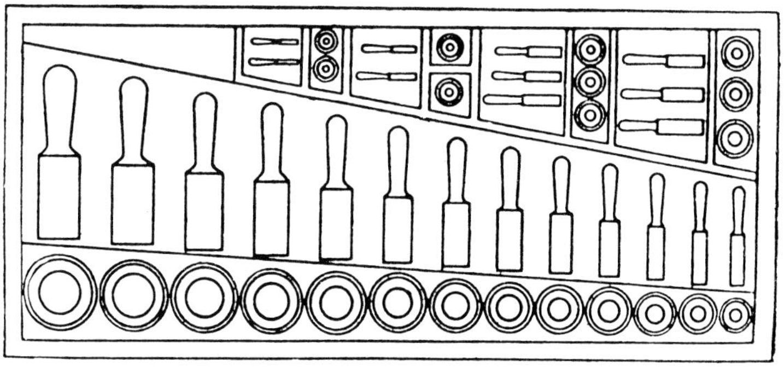

Bild 3.42 Whitworths Kaliber- und Ringlehren, um 1837

Zur Mitte des Jahrhunderts war Whitworth der führende Werkzeugmaschinenbauer nicht nur Englands, sondern der Welt. Seinen Höhepunkt an Einfluß und Anerkennung erreichte er auf der ersten Weltausstellung in London 1851. Während man vorher nur Provinzial- und Landesausstellungen kannte, sollte nun als Symbol der fortgeschrittenen Industrialisierung und des internationalen Handels ein weltweiter Vergleich stattfinden. Die englischen Werkzeugmaschinen waren unter den Exponaten tonangebend, und die Whitworthschen bildeten darunter „eine Klasse für sich" [3.7].

Der „Amtliche Bericht über die Industrie-Ausstellung aller Völker zu London" hebt nicht nur die technische Bedeutung dieser Weltausstellung hervor, er bestätigt auch die Vorbildwirkung Englands für den industriellen Aufschwung anderer Länder, insbesondere Deutschlands:

„Die ausgestellten Maschinen und Instrumente stellten die gewerblichen Fortschritte des 19. Jahrhunderts am schärfsten vor Augen. Wenn auch einzelne wichtige Zweige des Maschinenbaus – namentlich solche, welche nicht ohne großen Aufwand von der Stelle gebracht, oder welche nur mit schwierigen Hilfsmitteln oder in besonderen Umgebungen arbeiten und verständlich gemacht werden können – fehlten, so trat doch bei diesem Zweige eine unendliche Stärke und Mannigfaltigkeit von mechanischen, nach dem menschlichen Willen arbeitenden Naturkräften auf wunderbare und erfreuliche Weise hervor. Man mußte erkennen, welche Fülle menschlicher Bedürfnisse jetzt schon ohne physische Anstrengung des Menschen unter bloßer Leitung und Überwachung seines Auges geschaffen wird, wie die Übertragung der körperlichen Arbeit an die Maschinen, die Erleichterung und Befreiung der menschlichen Hand, unaufhaltsam fortschreiten, und dadurch ein größerer Teil der Bevölkerung sich einem gebildeten Leben und den höheren Zwecken des menschlichen Daseins widmen kann.

Auf dem gegenwärtigen Standpunkte der meisten Gewerbe, wo die Vervollkommnung der Werkstätten und des Werkzeugs weit mehr zur Leistung beiträgt, wie die Geschicklichkeit des Arbeiters, ist gerade dieser Punkt von entscheidender Wichtigkeit. Wie aus jedem Hauptorte Englands, auch aus den landwirtschaftlichen Gegenden, die für die Gewerbe und Wirtschaften der Umgegend erforderlichen Maschinen und Geräte von tüchtigen, mit den besten Hilfsmitteln arbeitenden Maschinenbauern eingeschickt waren, so möge, wie wir lebhaft wünschen, auch unser Deutscher Gewerbestand zur Gründung, Ausdehnung und Vervollkommnung solcher Anstalten angeregt, und dadurch die Arbeitsmittel der verschiedenen Produktions- und Fabrikationszweige zur heimischen Arbeit und zur Mitbewerbung auf den Weltmärkten besser in den Stand gesetzt werden." [3.2]

Doch auch ein deutscher Erfolg konnte bereits vermeldet werden: „In der Stahlfabrikation zeigt sich manches Neue, was beweist, wie sehr man derselben, die als Grundlage einer Menge kleinerer Gewerbe dient, die wohlverdiente Aufmerksamkeit schenkt. Der von F. Krupp in Essen angefertigte Gußstahl gehört zu den besten Erfolgen in der ganzen Ausstellung. Es ist dieser tätige Fabrikant der erste, dem es gelungen ist, Gußstahl in solchen großen und durchaus gleichförmigen Stücken zu erzeugen, wie sie bis zu 4300 Pfund schwer ausgestellt sind, wodurch dem Stahl in viele Gewerbszweige, in denen man sich bis jetzt mit einem geringeren Material begnügte, Eingang verschafft wird, und somit eine höhere Vollendung einzelner Fabrikate erreicht werden kann. Die Anwendbarkeit dieses Gußstahls hat der Fabrikant durch mehrere Gegenstände, namentlich ein Paar gehärtete, aufs höchste polierte Walzen, Federn und Axen für Eisenbahnwagen, eine 6 pfündige Kanone etc. gezeigt." [3.2]

Welche hohen, in unseren Augen oft zu hohen oder doch verfrühten Erwartungen damals in die industrielle Entwicklung gesetzt wurden, wird aus der Eröffnungsrede des Prinzen Albert bei der Londoner Weltausstellung deutlich: „Es muß mir besonders angenehm sein, zu sehen, daß eine von mir hingeworfene Idee, die ich allerdings für durchaus zeitgemäß hielt, so allgemeinen Beifall gefunden hat; denn es beweist mir, daß meine Auffassung der eigentümlichen Natur und der besonderen Bedürfnisse unseres Zeitalters mit den Gesinnungen und mit den Überzeugungen dieses Landes vollkommen harmoniert.

Meine Herren! Ich halte es für die Pflicht jedes Menschen, sorgfältig den Charakter seiner Zeit zu beachten und zu studieren; und so weit es nur in seiner Macht liegt, seinen geringen persönlichen Beitrag zur Förderung der Endziele zu liefern, welche nach seiner Überzeugung die Vorsehung ihm vorgesteckt. Niemand jedoch, der auf die Eigentümlichkeit unseres Zeitalters einigermaßen achtet, wird bezweifeln, daß wir in einer höchst merkwürdigen Übergangsperiode leben, die mit Macht auf jenes große, von der Geschichte überall angedeutete Ziel, hinarbeitet: die Vereinigung des Menschengeschlechts. Nicht eine Einheit, welche rücksichtslos die Schranken und nationalen Eigentümlichkeiten der Völker niederreißt, sondern eine Einheit, welche gerade das Resultat und die Folge jener verschiedenen Nationaleigenheiten und widerstrebenden Eigenschaften ist.

Die räumliche Entfernung, welche bisher die Völker trennte, verschwindet allmälig vor jenen Vervollkommnungen der neuen Erfindungen, wir durcheilen sie mit unglaublicher Leichtigkeit: die Sprachen aller Völker sind bekannt, ihre Erlernung für jeden außerordentlich erleichtert; der Gedanke wird mit der Schnelligkeit, ja mit der Kraft des Blitzes verbreitet.

Auf der anderen Seite sehen wir, wie der segensreiche Grundsatz der Arbeitsteilung, welcher mit Recht das bewegende Prinzip der Zivilisation genannt werden kann, sich auf alle Teile und Zweige der Wissenschaft, der Kunst und der Industrie ausgedehnt. Während früher das höchste geistige Streben nach einer Universalbildung trachtete, einer Bildung, welche doch nur auf wenige Personen sich beschränkte, ist es jetzt auf einzelne Fächer in ihren genauesten Spezialitäten gerichtet; aber die so erlangte Wissenschaft wird dann sofort ein Gemeingut aller. Während früher Entdeckungen mit dem undurchdringlichen Schleier des Geheimnisses umgeben waren, verdanken wir der heutigen Öffentlichkeit, daß, kaum wird eine Entdeckung oder Erfindung gemacht, sie durch den Wetteifer Anderer schon verbessert, übertroffen wird.

Die Erzeugnisse aller Teile der Erde werden uns zur Disposition gestellt, und es steht uns frei, das Billigste und Zweckmäßigste nach unseren Bedürfnissen auszuwählen; das Produktionsvermögen ist der schöpferischen Kraft des gegenseitigen Wetteifers und des Kapitals anheimgestellt. – Die Wissenschaft enthüllt uns die Gesetze der Kraft, der Bewegung und der Umbildung; die Industrie wendet sie auf die Rohstoffe an, welche der Erdball uns in reicher Fülle bietet, die aber nur durch Vermittlung der Wissenschaft einen Wert erlangen; die Kunst lehrt uns die ewigen Gesetze der Schönheit und Harmonie, und ihre Regeln geben unsern Erzeugnissen die Form.

Meine Herren! die Ausstellung im Jahre 1851 soll uns ein treues Zeugnis und ein lebendiges Bild der Entwicklungsstufe geben, auf welche das ganze Menschengeschlecht in der Lösung jener großen Aufgabe gelangt ist, und einen neuen Anhaltspunkt, von dem aus alle Völker ihren ferneren Bestrebungen einen neuen Impuls zu geben im Stande sind.“ [3.27]

Die Stimmung auf der Weltausstellung schilderten Zeitgenossen als ausgesprochen euphorisch. Die Besucher sahen sich als Zeugen einer neuen Zeit des techni-

Bild 3.43 Kruppscher Gußstahlspiegel für die Königin von England, 1851

schen Fortschritts, der auch soziale Verbesserungen versprach. „Sie waren mit der Eisenbahn und dem eisernen Dampfschiff nach England gekommen, und noch im laufenden Jahr sollten die Telegraphennetze auf der Insel und dem Kontinent durch ein Seekabel dauerhaft miteinander verbunden werden. Es wurden sogar schon Vorbereitungen für ein Nordamerikakabel getroffen. Die ‚Great Eastern', ein Riesenschiff, mit dem das Kabel gelegt werden sollte, wurde gerade fertiggestellt. Die Entfernungen schrumpften. Mit ihren speziellen Leistungen rückten die Länder einander näher." [3.9]

Das Erscheinungsbild des technischen Fortschritts wurde durch Einbeziehung von Kunst und ästhetischer Gestaltung wesentlich mitgeprägt. Auch Maschinen sollten nicht nur nützlich, sondern zugleich schön sein. Der illustrierte Ausstellungskatalog diente als ‚Lehrbuch der Ästhetik für die Industrie' [3.9]. Der Erfolg der Londoner Ausstellung inspirierte zu einer bis in die Gegenwart reichenden Serie weiterer Industrieausstellungen in vielen Städten der Welt, darunter noch im 19. Jahrhundert New York, Paris, Wien, Philadelphia, Chicago und 1862 erneut London.

Die Londoner Weltausstellung von 1851 bedeutete für Whitworth mit dem Höhepunkt seines Erfolges zugleich den Beginn einer Wende, die durch zunehmende innere Erstarrung und Substanzverlust seiner Werkstattstechnik gekennzeichnet war. Seine Autorität war so groß, daß in den folgenden Jahrzehnten seine Erfindungen und seine Arbeitsmethoden lediglich tradiert, nicht aber weiterentwickelt wurden [3.7].

Bereits die Londoner Industrieausstellung von 1862 zeigte, daß sich zwar der Whitworth-Maßstab international durchgesetzt hatte. So waren die einzelnen Maschinen einander ähnlich geworden, sie besaßen Hohlgußkörper, die Drehmaschinen gußeiserne Betten, die Gleitflächen waren geschabt und die Schrauben einheitlich [3.3]. Doch die Fortschritte Englands gegenüber den anderen Ausstellern blieben gering. Auf einigen Gebieten wurde es sogar übertroffen. Dazu gehörten beispielsweise die Kruppschen Geschütze, die den englischen weit überlegen waren. Die internationale Spitzenposition des englischen Werkzeugmaschinenbaus ging mehr und mehr auf Amerika über, doch auch deutsche Aussteller konnten erste Erfolge verbuchen.

Ein Grund für den Niedergang der Werkzeugmaschinenproduktion von Whitworth dürfte in dessen neuem Interessenschwerpunkt zu suchen sein. Er konzentrierte sich seit den 50er Jahren auf Versuche mit Handfeuerwaffen und schweren Geschützen, die zu wesentlichen Verbesserungen führten, vom englischen Militär jedoch erst sehr spät aufgegriffen wurden. Von praktischer Bedeutung wurden Whitworths Versuche, als er sich mit Sir William Armstrong verband und die Errichtung einer der größten Geschützfabriken beförderte [3.39].

Whitworth war nach dem Urteil Porters von seiner Artillerieforschung so sehr in Anspruch genommen und gehindert, sich um seine Fabrik persönlich zu küm-

Bild 3.44 Kristallpalast, London 1851

mern, daß er kaum wußte, wie es dort inzwischen aussah. Darüber hinaus hemmte sein autokratischer Führungsstil, der jede nicht von ihm selbst vorgenommene Veränderung strengstens verbot, alle Initiativen seiner Mitarbeiter für eine sinnvolle und notwendige Weiterentwicklung der Fabrik. Porter berichtete von einem Betriebsleiter, einem Neffen von Whitworth, der nach 24jähriger Beschäftigung entlassen wurde, weil er während einer Erkrankung Whitworths Verbesserungen vornahm, für die er, wie sich später herausstellte, keine ausdrückliche Erlaubnis besaß [3.25]. Über diesen Zug in der Persönlichkeit von Whitworth lesen wir bei Porter: „Er war nicht bloß das eigenartigste technische Genie, das jemals lebte, er war auch ein Egoist im größten Maßstab. Stets konnte man ihm anmerken, daß seine Grundanschauung die war, daß er der Welt nicht nur alles gelehrt hatte, was sie technisch verstand, sondern alles, was sie je würde verstehen können. Seine Wut gegen Werkzeugmaschinenbauer, die Verbesserungen an seinen Vorrichtungen erdacht hatten, war äußerst spaßhaft mit anzusehen. Er machte keinen Unterschied zwischen Grundgedanken und Ausführungseinzelheiten. Von seinen Aufgaben durfte auch nicht in einem einzigen Punkte abgewichen werden. Niemand in seiner Fabrik wagte zu denken." [3.25]

Auch über die Folgen einer solchen Haltung für die Qualität der Werkstattarbeit gibt Porters Bericht Aufschluß: „Whitworth hatte die Doppelstahldrehbank erfunden, aber ich nahm wahr, daß sie in seinen Werkstätten nie gebraucht wurde. Ich fragte Mr. Widdowson, den Betriebsleiter, nach dem Grund. Weil der Doppelstahl nicht rund dreht, gab er zur Antwort. Nach einiger Zeit merkte ich, wieso das kam. Als unsere Maschine fertig war, ließ Mr. Widdowson sie quer auf zwei Drehbanktische setzen und das Treibwerk herumdrehen. Das war auch ein Glück. Die Grundplatte der Maschine war gehobelt und konnte sehr schön auf den ebenen Drehbanktischen waagerecht ausgewogen werden. Das Schwungrad schlug um beinahe 6 mm. Darauf ließ er denn ein paar Supporte auf die eine Drehbank setzen und den Schwungkranz in der fertigmontierten Stellung nochmal abdrehen, und zwar sowohl am Umfang als auch seitlich, denn es schlug in beiden Richtungen. Jetzt lief es natürlich ganz genau. Ich fragte den Dreher, wie er es denn anstellte, solch Zeug zusammenzudrehen. Er erwiderte nur: Bitte kommen Sie mit und sehen Sie sich meine Drehbank an. Dort fand ich denn, daß die Spindel volle 3 mm im Spindelstock schlenkerte, eine Folge des Verschleißes von 20 oder 30 Jahren. Er erzählte mir, alle Drehbänke in der Fabrik wären in einer ähnlichen Verfassung. Das erklärte manches. Das Geheimnis jener Matrizen für die Regulatorteile war gelöst. Jede Spindel in der Zahnradschneidmaschine schlotterte lose in ihren Löchern; Lager kann ich sie nicht nennen. Jetzt wurde es auch klar, warum sie keine Doppelstähle verwenden konnten. Wenn ein Stahl einseitig angriff, konnten sie sich damit helfen, – wenn's auch ein armseliger Notbehelf war – daß sie die Drehbankspindel durch den Stahl gegen die gegenüberliegende Seite des Lagers im Spindelkasten drückten. Aber man stelle sich vor, was geschah, wenn an beiden Seiten ein Stahl angriff! Dann war es selbstverständlich unmöglich, eine genaue Bohrung zu bohren. Die Arbeiter waren gleichgültig dagegen geworden. Reibahlen hatten sie nicht; ihre einzige Zuflucht war Schleifen. Ich fragte, warum sie denn die ausgeschlissenen Büchsen nicht erneuerten, konnte aber niemals eine Antwort auf diese Frage bekommen. Offenbar verbot das eine geheimnisvolle Macht, und die Wahrheit war, daß keiner in der Fabrik an eine solche Vermessenheit zu denken wagte, Mr. Whitworth etwa nahezulegen, daß eins von seinen Drehbanklagern adjustiert werden müsse, oder daß es nicht absolut vollkommen wäre oder auch nur sein könnte. Er, Whitworth, hatte es vollkommmen konstruiert, ergo war es vollkommen, und keiner seiner Leute wagte etwas anderes zu behaupten." [3.25]

Whitworth starb 1887 in Monte Carlo. Das wichtigste Kapital, das den Fortbestand seiner Fabrik in den letzten Jahren sicherte, war der während seiner Blütezeit erworbene Weltruf. Betroffen von negativen Folgen ihres Traditionalismus war letztlich der englische Werkzeugmaschinenbau in seiner Gesamtheit. Auf der Pariser Weltausstellung im Jahre 1867 präsentierte sich nach einem Bericht von Reuleaux die „Herstellung der Maschinen durch Maschinen" endgültig als ein internationales Feld, auf dem neben England nun auch Amerika in Erscheinung trat, auf dem aber auch Deutschland und Frankreich ihre Maßstäbe zu setzen begannen [3.4].

Reuleaux' Bericht darf als ein Dokument des Entwicklungsstandes der Werkzeugmaschinenbranche jener Zeit gelten. Deshalb seien daraus wichtige Passagen im Wortlaut wiedergegeben [3.28]: „Der allgemeine Überblick der Ausstellung konnte in bezug auf die Maschinen-Abteilung zu eigentümlichen Betrachtungen führen. Der den Maschinen gewidmete Raum übertraf an Größe bei weitem denjenigen jedes anderen Industriezweiges und war zudem seiner Form und Anlage nach der würdigste, vielleicht der einzige, dem Wesen der Ausstellung entsprechende oder nachkommende, indem er sowohl einen Überblick über große Gruppen gewährte, als auch den Wetteifer dadurch anregte, daß die ausgestellten Gegenstände in dem großen, hoch überspannten Raume zur vollen Wirkung kommen konnten.

Dagegen wird diejenige Ausführung der Maschine hochgeschätzt und als die wertvollste bezeichnet, welche bis zur Fertigstellung vorwiegend durch Maschinen bewirkt ist und dabei sich an Eleganz in Form und Mache wetteifernd der Handarbeit zur Seite stellt. Und mit Recht. Zweierlei hat die Maschinenbearbeitung von der durch Menschenhand ohne weiteres voraus. Erstens die Sicherheit der strengrichtigen Wiederholung der Stücke in beliebiger Anzahl; zweitens die fortschreitende Befreiung des Arbeiters von Anstrengungen, die hauptsächlich physische Ausdauer erheischen, und dafür gesteigerte Verwertung der Intelligenz des Arbeiters. Daß mit diesen Vorzügen die Billigkeit der Erzeugnisse der Maschine Hand in Hand geht, wo eine richtige geschäftliche Auffassung zugrunde liegt, wird hoffentlich das treibende Mittel werden, diese Art der Maschinenherstellung zu verbreiten. Ihre förmliche Anerkennung auf der Ausstellung und im Preisgericht ist als eine wichtige Tatsache hier zu bestätigen.

Die Benutzung der Maschine zur Herstellung der Maschine hat sich allmählich eingeführt, geht aber jetzt mit beschleunigter Geschwindigkeit ihrer Verallgemeinerung und vollständigen Ausbildung entgegen. Blickt man nur wenig mehr als drei Jahrzehnte rückwärts, so sieht man in unseren Maschinenfabriken drei Haupthilfsmittel zur Bearbeitung der gegossenen und geschmiedeten Teile: die Drehbank, die Hobelmaschine und die Bohrmaschine, beschäftigt. Dieselben sind für die Herstellung von Teilen jeder Form und Größe bestimmt, und dafür in kaum etwas Anderem als dem Maßstabe wechselnd; sie sind Universal-Maschinen. Nach und nach aber trennt sich die eine und andere Form der Drehbank, Hobelbank, Bohrbank ab; es kommen die Nutstoß- oder Stemmaschinen, die Fräsmaschinen für Anfertigung von Schraubenmuttern, die Schrauben- und die Räderschneidmaschinen, einzelne besondere Hobelmaschinen in Aufnahme; die Eisenbahnen bringen die Räderdrehbänke auf's Tapet; es trennen sich einzelne Gebiete von dem großen Ganzen ab, ihre besonderen Hilfsmaschinen ausbildend, wie die Lokomotivfabrikation, die der Spinnmaschinen, der Webstühle.

Suchte man deshalb auf der Ausstellung nach den Arbeitsmaschinen der Maschinenfabriken, so fand man nicht oder kaum mehr jene alten Universal-Maschinen, statt ihrer aber eine Unzahl von Spezial-Maschinen zum Vorarbeiten, Halbfertigmachen, Ganzfertigmachen aller möglichen Teile einzelner Maschinen; die Familie jener Universalmaschinen hat sich ins Ungeheure vermehrt und mitunter den elterlichen Typus fast gänzlich verloren. Die Arbeitsspuren aber dieser Spezialmaschinen zeigten sich an den Teilchen und Teilen, den Flächen, Rundungen, Wölbungen, Kerben, Vertiefungen der ausgestellten Maschinen, und je vollständiger dieses bei bearbeiteten Stücken der Fall war, um so höher stand die Anerkennung der Leistung.

Bild 3.45 Die erste Lokomotive von Borsig, 1841, ein Beispiel des aufkommenden deutschen Maschinenbaus

Im Ganzen ist zu bemerken, daß in der Maschinenindustrie England die frühere unbestrittene Führerschaft zum Teil eingebüßt hat oder wenigstens zu verlieren im Begriff steht. Die jugendfrische transatlantische Industrie, welche von uns fortwährend strebsame, intelligente und robuste Kräfte umsonst bezieht, macht, unterstützt durch eine eigene geistige Richtung, auf die ich noch kommen werde, ganz reißende Fortschritte, so daß wir bald unsere Front von England ab halb links werden wenden müssen.

Die französische Maschinen-Industrie ist sich eines eigentlichen Kampfes mit uns noch nicht recht bewußt; sie richtet vorzugsweise ihre Macht gegen England und wird ebenfalls wohl zunächst die Wendung nach Amerika hin machen.

Uns endlich stehen noch viele Jahre des ausdauerndsten industriellen Kampfes bevor, ehe wir mit unsern Maschinen auf dem Weltmarkte überall konkurrieren können; allerdings können wir dieses in einzelnen Zweigen, wie z. B. im Lokomotivfache jetzt schon, aber auch hier nur dauernd um den Preis unaufhörlichen Strebens nach Betriebsverbesserungen auf dem Gebiete der Machinofaktur."

An den ersten Erfolgen des Werkzeugmaschinenbaus in Amerika und auf dem europäischen Kontinent hatten viele namhafte Ingenieure und Unternehmer ihren Anteil, von denen an dieser Stelle Johann Georg Bodmer besonders hervorgehoben werden soll [3.19]. Bodmer wurde 1786 in Zürich geboren. Mit 16 Jahren begann er eine Lehre bei einem Maschinenbauer nahe Zürich. Ermutigt durch die Erfolge schon während seiner Lehrzeit eröffnete er anschließend eine eigene Werkstatt am Vierwaldstätter See, in der er Wasserräder und Transmissionen herstellte und ausbesserte.

Bild 3.46 Johann Georg Bodmer (1786–1864)

Im Jahre 1809 errichtete Bodmer in St. Blasien eine Fabrik für Baumwollspinn- und Webmaschinen, deren Leitung er für die folgenden 12 Jahre übernahm. Während dieser Zeit nahm er mehrere Patente auf verbesserte Textilmaschinen. Zur Zeit der napoleonischen Kriege, 1813, erhielt St. Blasien eine Fabrikationsstätte für Feuerwaffen, für die Bodmer verschiedene Spezialmaschinen entwickelte, um Handarbeit durch Maschinenarbeit zu ersetzen. So wurde bereits das Gewehrschloß maschinell gefertigt [3.10].

Der Großherzog von Baden ernannte Bodmer zum Generaldirektor der staatlichen Eisenwerke, später zum Inspektor des Artillerieparks und Schießbedarfs. Doch 1822 gab er diese Stellen auf und ging zwei Jahre später nach England, wo er gemeinsam mit einem Engländer bei Bolton eine Baumwollspinnerei gründete. Gesundheitliche Gründe zwangen ihn 1829 zur Rückkehr in die Schweiz. Bis 1833, dem Beginn seines zweiten Englandaufenthalts, baute er Textilmaschinen, wurde mit dem Bau bzw. der Modernisierung eines Eisenwerks beauftragt und konstruierte einen neuartigen Schmelzofen [3.7].

1834 nahm Bodmer seine Tätigkeit in Bolton wieder auf. „Seine in diesem Jahre genommenen beiden Patente lauten auf ‚Verbesserungen an Dampfmaschinen und Dampfkesseln für ortsfeste Maschinen und Lokomotiven', sowie auf ‚Verbesserungen an Feuerungen und Öfen'. Das erste dieser beiden Patente betraf eine Dampfmaschine mit zwei an einer Doppelkurbel angreifenden, im Gleichtakt und im gleichen Zylinder, aber entgegengesetzt arbeitenden Kolben. Trotz der unzweifelhaften Vorteile dieser Bauart konnte Bodmer keine Interessenten finden, man fürchtete u. a. die hohen Drehzahlen.

Das Patent enthielt noch andere wichtige Einzelheiten: segmentförmige Kurbelwellenlagerschalen, kugelige Wellenlager, die erst viel später durch Sellers bekannt wurden, Metallpackungen für Stopfbüchsen usw. Im Sammelpatent vom Jahre

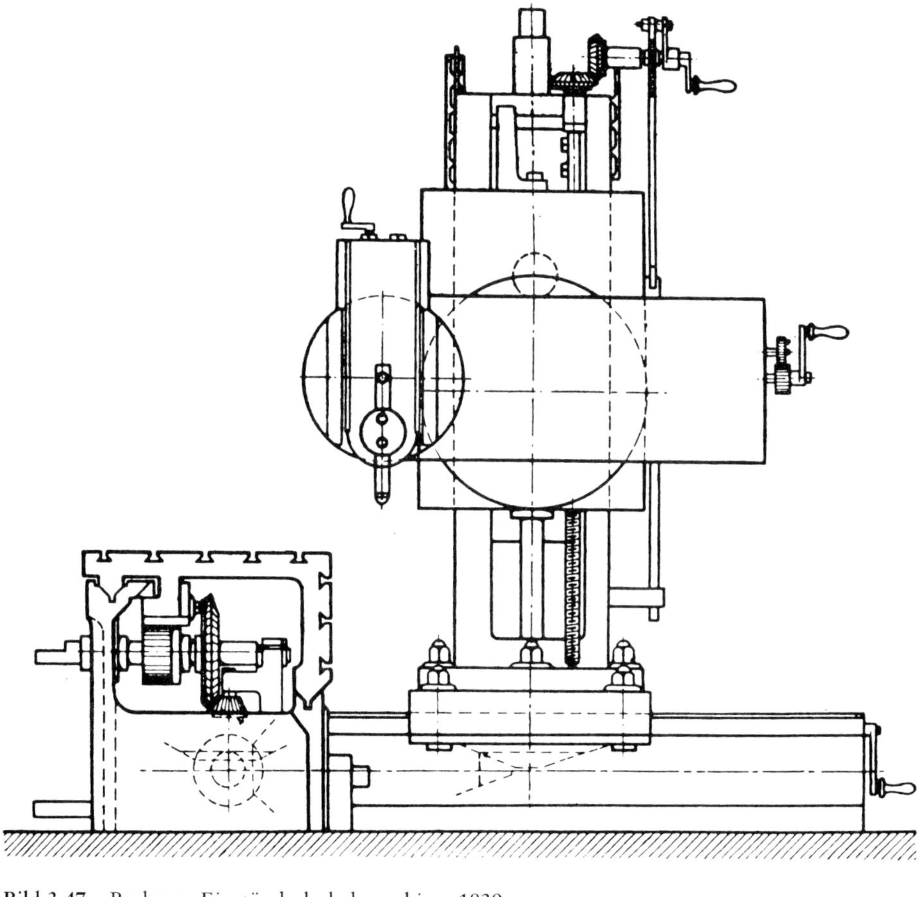

Bild 3.47 Bodmers Einständerhobelmaschine, 1839

1835 ‚Verbesserungen an Maschinen zum Vorbereiten, Vorspinnen und Spinnen von Baumwolle und Wolle' sind seine Textilerfindungen zusammengefaßt." [3.19]

Die wichtigsten Erfindungen Bodmers aus dieser Zeit jedoch dienten der Metallbearbeitung. Er war vorübergehend in Whitworths Fabrik beschäftigt, deren Entwicklung er wesentlich gefördert hat. Zwischen 1839 und 1841 meldete er ungefähr 40 Erfindungen zum Patent an, die „Verbesserungen an Werkzeugmaschinen und Werkzeugen zum Schneiden, Hobeln, Drehen und Walzen von Metallen und anderen Materialien" betrafen. Bodmer schuf einen Hobelmaschinenantrieb, die Stirnräderfräsmaschine, die Karusselldrehbank sowie im Werkzeugbau den hinterdrehten Gewindebohrer [3.7].

Bodmer führte in seiner Textilmaschinenfabrik Normalkaliberlehren ein, detaillierte Zeichnungen und die Pitch-Durchmesserteilung für Zahnräder. Seine Betriebseinrichtungen mit in systematischer Reihe angeordneten Werkzeugmaschinen, der Einsatz von Laufkranen für den Transport schwerer Stücke sowie die Beförderung der Werkstücke zu den Arbeitsmaschinen durch kleine Schienenwagen bezeugten seinen Weitblick in Fragen der Arbeitsorganisation [3.7]. Wie in seinen konstruktiven Leistungen war er auch hier seiner Zeit vorausgeeilt.

Bodmers wichtigste Neuschöpfung auf dem Gebiet des Werkzeugmaschinenbaus, die Karusselldrehbank, wurde von ihm nicht ausgeführt. Seine Maschine fiel dem Konservatismus und dem Vorurteil der Ingenieure jener Zeit zum Opfer, wie der Engländer Shaw 1903 feststellte. Er beklagte sich darüber, daß selbst 60 Jahre später die Brauchbarkeit der Erfindung Bodmers nicht gewürdigt würde, während die Amerikaner deren Vorteile zu nutzen verstanden. Ihnen sei es zu verdanken, daß sie zu ihrer wirkungsvollen Form weiterentwickelt wurde [3.39]. In Amerika wurde Bodmers Maschine zum Vorbild für die Schaffung von senkrechten Bohr- und Drehwerken, die in amerikanischen Werkstätten der Jahrhundertwende weit verbreitet waren [3.39].

In seinem technischen Schaffen und in seinen Erfindungen zeigte Bodmer unglaubliche Vielseitigkeit und schöpferischen Geist. Seine vorzüglichen Werkzeuge und Betriebseinrichtungen fanden selbst bei den Whitworth-Leuten große Anerkennung. Bodmer schreibt hierüber in seinem Tagebuch: „Der Whitworth Vorarbeiter sagte, wir wären ihnen in Bezug auf Werkzeuge ein gutes Stück voraus und wir als Anfänger hätten bereits einen erheblichen Vorsprung. Er meinte, er hätte noch nie Werkzeuge von besserer oder schönerer Formgebung gesehen." [3.39]

Bodmers Tätigkeit in England endete 1848, als er nach Wien übersiedelte, um an Entwürfen für eine Gebirgslokomotive zu arbeiten. 1860 kehrte er endgültig nach Zürich zurück. Bis zu seinem Tode 1864 engagierte er sich in der Werkzeugmaschinenfabrik seines Schwiegersohns Jakob Friedrich Reishauer. „Der ungekrönte König der modernen Werkzeugtechnik", so lautete das Urteil eines englischen Zeitgenossen über Johann Georg Bodmer [3.19].

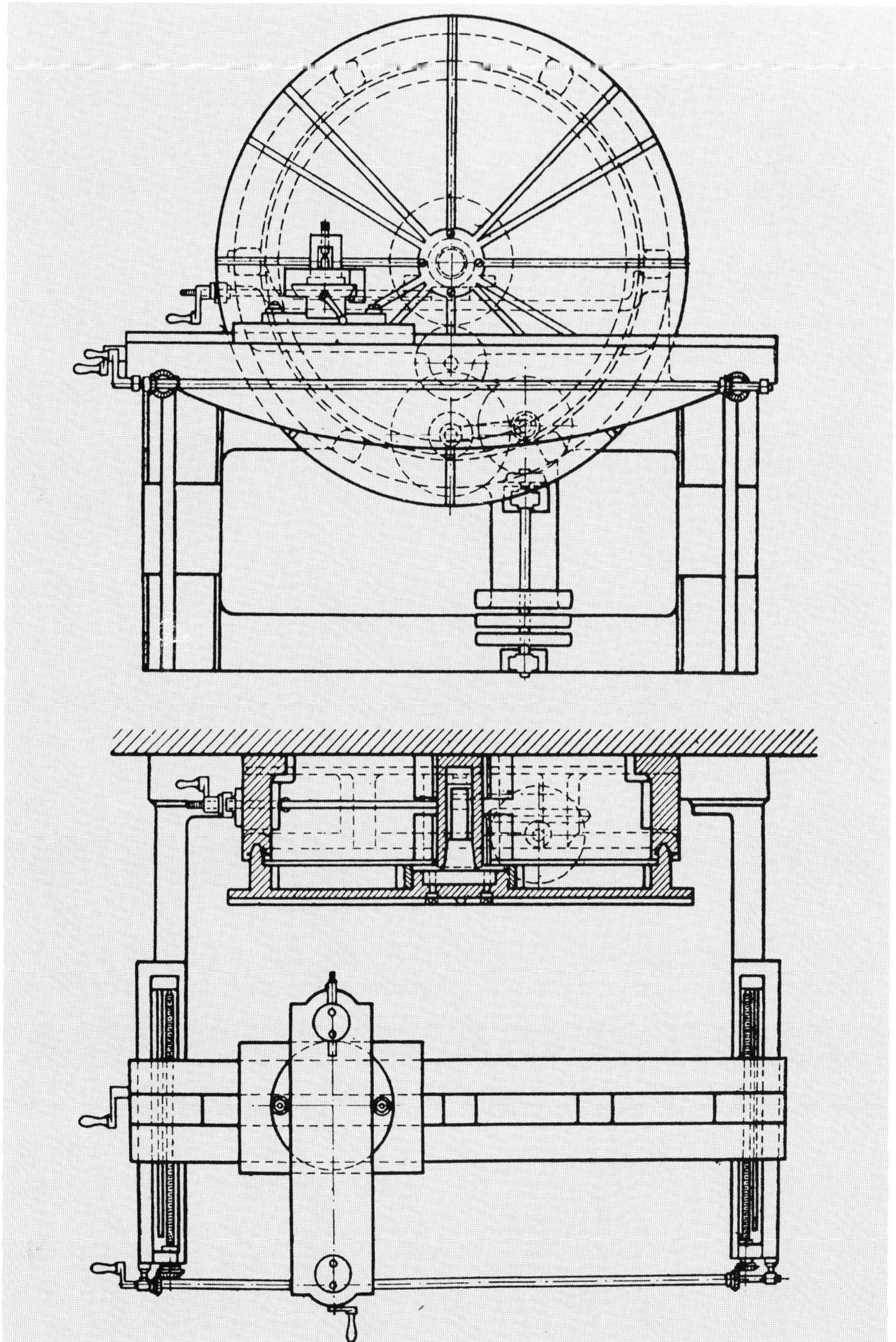

Bild 3.48 Bodmers erste Karusselldrehbank, 1839

4 Werkzeugmaschinen im industriellen Aufbruch

4.1 Bedingungen der Industrialisierung in Deutschland

Zu Beginn des 19. Jahrhunderts, als England in die entscheidende Phase industrieller Umgestaltung seiner Wirtschaft und Gesellschaft eintrat, war Deutschland noch überwiegend ein Agrarland, das nur wenige Inseln beginnender Industrialisierung aufwies. Ein Vergleich ökonomischer Strukturdaten läßt den damals bestehenden industriellen Entwicklungsrückstand des deutschen Wirtschaftsraumes deutlich hervortreten. So waren in Deutschland um 1800 schätzungsweise 62 Prozent der Beschäftigten in der Landwirtschaft tätig, während dieser Anteil in England zur gleichen Zeit nur noch bei 36 Prozent lag. Kaum mehr als ein Fünftel der Erwerbstätigen in Deutschland arbeitete in der gewerblichen Produktion einschließlich des Handwerks gegenüber etwa 30 Prozent in England [4.15].

Um 1800 lebten von den rund 23 Millionen Einwohnern des deutschen Reiches 86 Prozent auf dem Lande oder in Kleinstädten unter 2000 Einwohnern. Die verbleibende Stadtbevölkerung wohnte fast zu zwei Dritteln in Städten bis zu 30000 Einwohnern und nur zu einem Drittel in größeren Städten über 30000 Einwohnern. Ihr Wachstum blieb bis zur Mitte des Jahrhunderts hinter dem vergleichbarer englischer Städte weit zurück. Im Jahre 1851 lebte allein jeder achte Brite in London [4.15].

Stadt \ Jahr	1800	1850	1880	1900
Berlin	172	419	1122	1889
Hamburg	130	132	290	706
Frankfurt/M.	48	65	137	289
Essen	4	9	57	119
London	1117	2685	4770	6586
Manchester	90	303	462	645
Liverpool	80	376	553	704

Bild 4.1 Wachstum einiger Großstädte in der ersten Hälfte des 19. Jahrhunderts, (Zahlenangaben in Tausend)

Auch ein Vergleich der industriellen Produktion jener Zeit verdeutlicht den damaligen Rückstand Deutschlands. Während bereits 1780 der von England erzielte Produktionswert den Deutschlands um mehr als das Dreifache übertraf, erhöhte sich die industrielle Leistung Englands bis zum Jahre 1800 auf nahezu das Vierfache des deutschen Wertes. Entsprechend verdoppelte sich Englands Anteil am Welthandel in der zweiten Hälfte des 18. Jahrhunderts auf über 20 Prozent. Dagegen verblieb Deutschland trotz seiner günstigen geographischen Lage in der Mitte Europas bei einem Welthandelsanteil von nur 10 Prozent [4.21].

Dem geringen industriellen Entwicklungsstand entsprechend war auch das Verkehrswesen in Deutschland nur wenig ausgebaut. Zu einer Zeit, in der England ein dichtes Netz an Straßen und Kanälen aufweisen konnte, die Postkutsche zu einem regelmäßig verkehrenden Massentransportmittel geworden war und man daran ging, die Dampfkraft für die Schiffahrt und den Schienenverkehr zu nutzen, gab es in Deutschland nur wenige befestigte Straßen, gehörte die Kutsche zu einem Fortbewegungsmittel der Privilegierten und bot die Binnenschiffahrt trotz regionaler Förderung des Kanalbaues ein kaum besseres Bild [4.4]. Es ist jedoch offenkundig, daß ein ausgebautes Transportwesen eine Grundvoraussetzung für den Fortschritt des Wirtschaftssystems darstellt.

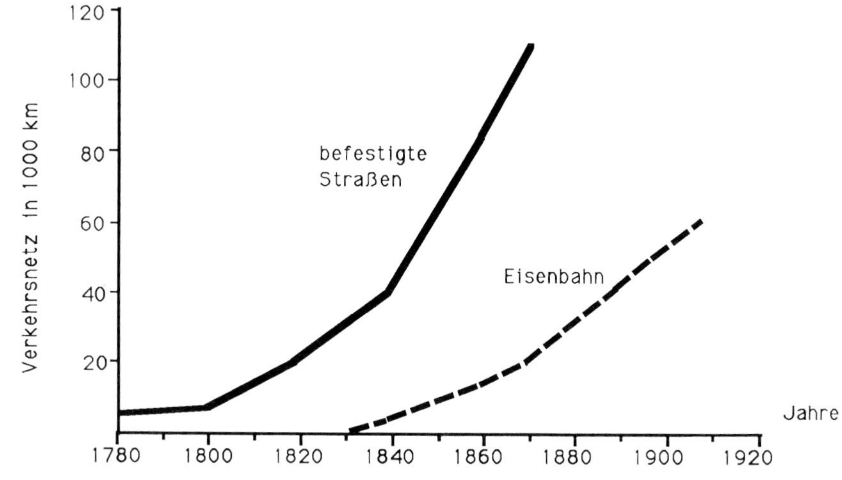

Bild 4.2 Entwicklung des Verkehrsnetzes in Deutschland

Ein ähnliches Bild ergibt der Blick auf die damalige Kohleförderung und Roheisenproduktion. Obwohl der Bergbau und die Verhüttung neben dem Textilgewerbe seit alters her zu den Schwerpunkten der gewerblichen Produktion in Deutschland gehörten, fiel der deutsche Anteil an der Weltproduktion von Kohle und Roheisen um 1800 kaum ins Gewicht. In Preußen, dem durch Schlesien und das Ruhrgebiet wichtigsten deutschen Kohle- und Eisenproduzenten, waren 1798 lediglich 10500

Personen im Bergbau und Hüttenwesen tätig. Den rund eine Mill. Tonnen Steinkohle und 15000 Tonnen Roheisen, die in Preußen Anfang des 19. Jahrhunderts erzeugt wurden, standen in England rund 15 Mill. Tonnen Kohle und 250000 Tonnen Roheisen gegenüber [4.19].

Vor diesem Hintergrund wird auch die geringe Verbreitung moderner Maschinentechnik verständlich. 1778 wurde in Oberschlesien die erste Wattsche Dampfmaschine zur Wasserhaltung in einem Steinkohlenbergwerk installiert. An der Inde im Aachener Revier geschah dies 1794, und das dritte dampfbetriebene Pumpwerk dieser Art folgte 1801 im Ruhrgebiet [4.19]. Die Maschinen wurden nach englischen Vorlagen und mit Hilfe englischer Fachkräfte gebaut. Das galt auch für die wenigen

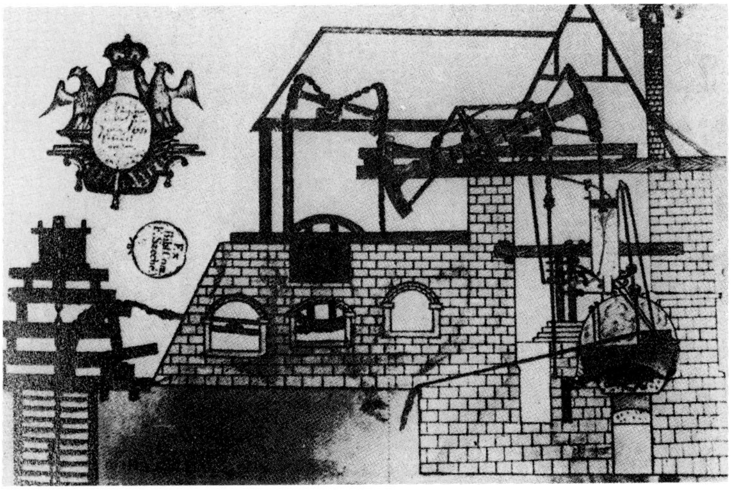

Bild 4.3 Atmosphärische Dampfmaschine nach Newcomen, Königsegg (Böhmen), 1758

Textilmaschinen, die gegen Ende des 18. Jahrhunderts in Deutschland anzutreffen waren [4.45]. Vom Einsatz oder gar vom Bau industrieller Werkzeugmaschinen konnte damals noch nicht die Rede sein. Der sich in England beschleunigt vollziehende Übergang von der traditionellen Handwerkstechnik zur Maschinentechnik, dem Hauptmerkmal der industriellen Revolution, hatte in Deutschland nicht einmal begonnen.

Diese Rückständigkeit hatte vielfältige Ursachen, von denen einige bis zum Beginn der Neuzeit zurückreichen. Der dem Zeitalter der Entdeckungsreisen folgende Aufschwung des Welthandels stärkte naturgemäß jene Länder, die über eine jahrhundertelange maritime Tradition verfügten, während die alten europäischen Zentren, darunter die deutschen Länder und Städte, mehr in den Hintergrund traten. Die Entwicklungsdynamik der mittelalterlichen Stadt, die aus dem Handwerk und dem Binnenhandel erwuchs, ging über auf die großen Handelsmetropolen, zu denen im 17. und 18. Jahrhundert neben Amsterdam vor allem London und Paris zählten [4.50].

Entscheidend für den verspäteten Beginn der Industrialisierung Deutschlands wirkten zweifellos die verheerenden Folgen des 30jährigen Krieges, der nicht nur die Bevölkerungszahl um möglicherweise 40 Prozent reduzierte, in einigen Regionen sogar um mehr als die Hälfte, einen großen Teil des Produktionskapitals vernichtete sowie ganze Landstriche verwüstete. Die Ergebnisse des 30jährigen Krieges festigten zugleich die territoriale Zersplitterung des Landes und schwächten die Zentralgewalt, und das zu einer Zeit, da Frankreich und England ihre Entwicklung zu großen Nationalstaaten mit entsprechend ausgedehnten Binnenmärkten weitgehend abgeschlossen hatten. Demgegenüber gewannen in Deutschland jene partikularen Tendenzen die Oberhand, die schon im Ausgang des Mittelalters den wirtschaftlichen und sozialen Fortschritt hemmten [4.43].

Seit dem Westfälischen Frieden hatten sich in Deutschland etwa 1800 Herrschaftsgebiete etabliert. Sie reichten von Königreichen, Fürstentümern, Grafschaften, Ritterschaften und Reichsstädten bis zu Bistümern, Abteien und Stiftungen. Diese territoriale Zerrissenheit ging einher mit einer heute kaum noch vorstellbaren Rechtszersplitterung. Selbst in einzelnen Gebieten oder innerhalb einer Stadt herrschten oft verschiedene Rechtssysteme [4.15].

Noch 1819 klagte Friedrich List über die wirtschaftlichen Folgen der Kleinstaaterei: „Achtunddreißig Zoll- und Mautlinien in Deutschland lähmen den Verkehr im Innern und bringen ungefähr dieselbe Wirkung hervor, wie wenn jedes Glied des menschlichen Körpers unterbunden wird, damit das Blut ja nicht in ein anderes fließt. Um von Hamburg nach Österreich, von Berlin in die Schweiz zu handeln, hat man zehn Staaten zu durchschneiden, zehn Zoll- und Mautordnungen zu studieren, zehnmal Durchgangszoll zu bezahlen. Wer aber das Unglück hat, auf einer Grenze zu wohnen, wo drei oder vier Staaten zusammenstoßen, der verlebt sein ganzes Leben mitten unter feindlich gesinnten Zöllnern und Mautnern; der hat kein Vaterland."[4.21]

Für die deutschen Kleinstaaten stellte der Warenverkehr eine ständige Finanzquelle durch Zolleinnahmen dar, und es stand in ihrer Macht, ständig neue Zölle zu ersinnen. Dem Handel blieb nur die Alternative, den Forderungen zu entsprechen oder ganz auf die Geschäfte zu verzichten.

Unter solchen Bedingungen konnte es nicht zur Ausbildung eines starken Bürgertums kommen, das mit Unternehmergeist auf den Weg der Industrialisierung hätte führen können. Zur wirtschaftlichen Schwäche und politischen Ohnmacht gesellte sich eine oft kleinbürgerliche Mentalität, die in zünftlerischer Bescheidenheit verharrte und damit die rückständigen Verhältnisse zusätzlich festigte. Zu einem grundsätzlichen Wandel dieses Denkens trugen nicht zuletzt die großen Repräsentanten der deutschen Klassik bei, indem sie die beherrschenden Themen der Zeit

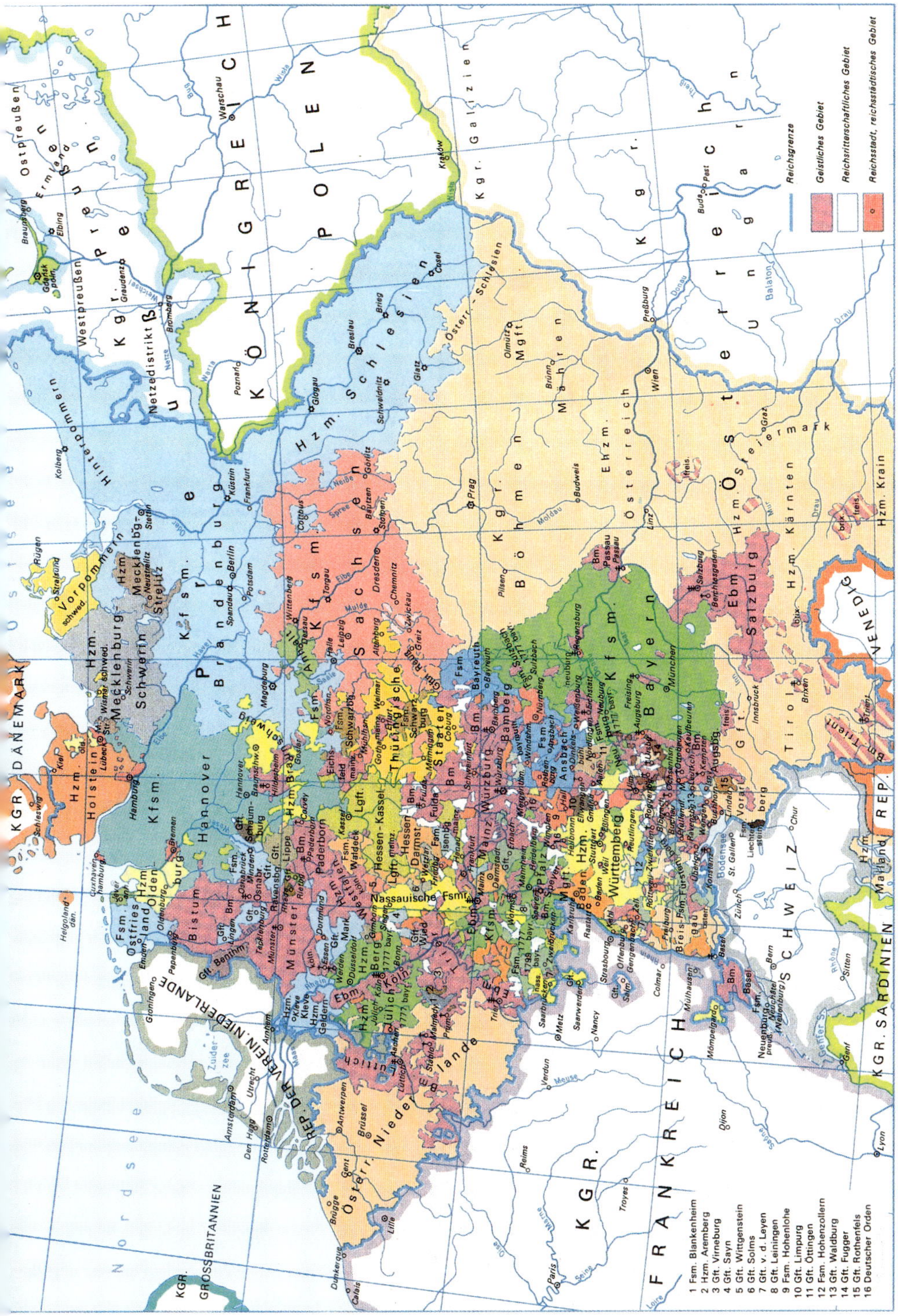

Bild 4.4 Der deutsche Bund von 1815 bis 1866

zumindest literarisch in die kleinstädtische Welt vieler Bürger brachten und so dazu beitrugen, deren Selbstbewußtsein für die Bewältigung der drängenden Zukunftsaufgaben zu stärken.

Rechtliche Voraussetzungen der Industrialisierung, wie die Aufhebung des Zunftzwangs und die Einführung der Gewerbefreiheit, wurden erst durch die preußischen Reformen zwischen 1807 und 1811 geschaffen, denen sich im Laufe der Zeit eine Reihe deutscher Länder anschlossen. Es dauerte jedoch noch Jahrzehnte, bis der Gedanke eines freien Unternehmertums allgemein akzeptiert wurde. Staatliche Versuche der Gewerbeförderung waren im allgemeinen eher zögerlich.

Dennoch darf der Vergleich Deutschlands mit dem industriellen Aufschwung in England nicht den Blick für die Entwicklungspotentiale verstellen, über die Deutschland trotz aller Hemmnisse verfügte und aus denen sich der stürmische Fortschritt erklärt, durch den es im Verlauf des 19. Jahrhunderts zu einer der führenden Industrienationen wurde. Zu den günstigen Bedingungen gehörten neben der wachsenden Produktivität in der Landwirtschaft und einem großen Arbeitskräftereservoir eine an Kohle und Eisenerzen reiche Rohstoffbasis sowie die für den europäischen Binnenhandel bevorzugte geographische Mittellage. Der deutsche Raum war seit Jahrhunderten Vermittler in einem Ost-West-Gefälle, das seine Wirtschaftsstruktur bis in die Gegenwart bestimmt hat [4.21].

Das Zunftwesen, so hemmend es sich an seinem Ende auswirkte, trug doch erheblich zur Qualifizierung von Arbeitskräften bei, auf die später, in den Anfängen der selbst noch handwerklich geprägten Industriearbeit zurückgegriffen werden konnte. Auch die Schulpflicht, die Ende des 18. Jahrhunderts in einigen Teilen Deutschlands zumindest de jure eingeführt war, bereitete auf die Anforderungen des Manufaktur- und Fabrikbetriebs vor. Im Zusammenhang mit der Volksbildung ist auf die jahrhundertelange deutsche Wissenschaftstradition zu verweisen, die von den Bemühungen vieler Kleinstaaten um kulturelle Repräsentation profitieren konnte. Einzelne Universitäten, insbesondere aber die auch in Deutschland neu aufkommenden Akademien der Wissenschaften in Berlin (1700), Göttingen (1751) und München (1759), wandten sich im 18. Jahrhundert verstärkt naturwissenschaftlicher und technologischer Forschung zu, die beim industriellen Aufbruch Deutschlands schließlich zu einer eigenen Triebkraft wurde [4.29].

Frühe Verdienste um die Begründung einer Technikwissenschaft in Deutschland hat sich der Göttinger Philosoph und Ökonom Johann Beckmann (1739–1811) erworben, der auch den Begriff Technologie in die ökonomische Wissenschaft einführte. Beckmann, der 1766 zum Professor ernannt wurde, besichtigte nach seinem Studium verschiedene Fabriken und Gewerbebetriebe in Europa und verarbeitete dieses Material zu einem Lehrbuch der mechanischen Technologie, in dem er eine Systematik der Handwerksberufe zu entwickeln suchte. Er unterschied sich von den zeitgenössischen Vertretern der Kameralwissenschaften einerseits durch seine Lehrmethode und andererseits durch sein Bestreben zur Systematisierung des damals vorhandenen Wissens.

1579	**Gresham College London**
1603	**Academia Nationale du Sincei Rom**
1663	**The Royal Society of London for Improving National Knowledge**
1666	**Académie Royale des Sciences Paris**
1700	**Kurfürstlich-Brandenburgische Sozietät der Wissenschaften zu Berlin**
1707	**Ständisches Ingenieur-Collegium in Prag**
1710	**Regia societas scientiarum Uppsala**
1712	**Kaiserliche Akademie der Wissenschaften zu Wien**
1725	**Konsigskaja akademija nauk St. Petersburg**
1738/41	**Kungliga Svenska vetenskags akademien Stockholm**
1742	**Det kongelike danske videnskabernes selskap Kopenhagen**
1774	**Academia de Ciencias Madrid**
1783	**Regia Academia delle Scienze Turin**
1784	**Societas Regia Scientiarum Bohemica Prag**
1794	**Ecole Polytechnique Paris (erste Technische Hochschule neuen Typs)**

Bild 4.5 Gründungszeiten von Akademien und Gesellschaften zur Pflege nützlicher Künste

In seine Vorlesungen über Ökonomie bezog er auch Chemie, Physik, Geologie und Mineralogie ein. Ferner führte er Pflanzen, Mineralien, Fertigprodukte und technische Modelle vor und besuchte mit seinen Studenten, die in der Regel dem Adel entstammten und eine staatliche Position anstrebten, die in der Nähe Göttingens gelegenen Gewerbebetriebe.

Im Jahre 1769 veröffentlichte Beckmann seine „Grundsätze der Deutschen Landwirtschaft" und damit das erste landwirtschaftliche Lehrbuch. Seine Bedeutung zeigte sich nicht zuletzt darin, daß es sechs Auflagen erlebte.

Mit seiner „Anleitung zur Technologie, oder zur Kenntnis der Handwerke, Fabriken und Manufakturen, vornehmlich derer, die mit der Landwirtschaft, Polizei und Kameralwissenschaft in Verbindung stehen. Nebst Beiträgen zur Kunstgeschichte", die 1777 erschien, wurde Beckmann zum Schöpfer einer neuen Wissenschaft, der Technologie. In der Vorrede zur ersten Ausgabe der „Anleitung zur Technologie" erläutert Beckmann die Bedeutung der Kenntnisse der Technologie für Landwirte, Kaufleute und Staatsbeamte eindringlich. Denn wo diese Kenntnisse fehlen ... „da werden Pfuscher geehrt und unverständige, betriegliche (betrügerische) Projekteurs so lange angenommen, bis man endlich, aus einer unanständigen Verzweiflung und aus schimpflichem Mißtrauen gegen eigene Beurteilung, die guten und schlechten Vorschläge alle miteinander abweist und erstere den gescheiteren Engländern, letztere den Unerfahrenen zuteil werden läßt ... da werden die Gewerbe ihrem eigenen Schicksal überlassen, oder, welches noch viel schlimmer ist, sie erhalten Vorschriften und Gesetze, die sie nicht befolgen können oder bei denen sie völlig zugrunde gehen müssen. Da entstehen Schauämter, die den Fleiß aufhalten und die Industrie ersticken; Mücken seihen, und Kamele verschlucken."[4.5]

Bekannt wurde er unter anderem durch seine 1779 veröffentlichte Schrift „Beiträge zur Geschichte der Erfindungen", die er 1782 bis 1805 mit dem Ziel einer geschlossenen Darstellung auf insgesamt fünf Bände erweiterte, sowie durch den 1806 erschienenen „Entwurf einer allgemeinen Technologie“ [4.5].

Beckmann definierte Technologie als „Wissenschaft, welche die Bearbeitung der Naturalien oder die Kenntnis der Handwerke lehrt. Anstatt, daß in den Werkstellen nur gewiesen wird, wie man zur Verfertigung der Waren die Vorschriften und Gewohnheiten des Meisters befolgen soll, gibt die Technologie, in systematischer Anordnung, gründliche Anleitung, wie man zu eben diesem Endzwecke, aus wahren Grundsätzen und zuverlässigen Erfahrungen, die Mittel finden und die bei der Verarbeitung vorkommenden Erscheinungen erklären und nutzen soll.“ [4.47] Mit Hilfe systematisierter Erfahrung, also durch wissenschaftliche Erkenntnisse im modernen Verständnis, wollte Beckmann die vorhandenen Handwerks- und Gewerbezweige verbessern. Technologische Innovation, so würden wir heute sagen, sollte an die Stelle bloßer Tradierung der Mittel und Methoden gewerblicher Produktion treten.

Johann Beckmann erkannte in der Technologie eine Wissenschaft, deren Aufgabe darin besteht, naturwissenschaftliche Erkenntnisse umfassend für die Entwicklung der Gütererzeugung zu nutzen. Durch ihn wurde die Technologie zur an Universitäten gelehrten Wissenschaft [4.5].

Beckmann forderte von allen Verantwortlichen Kenntnisse über die Handwerke, Fabriken und Manufakturen, denn nur so könnten die Fragen beantwortet werden, welche Gewerbe dem Vaterland fehlen, welche mit Vorteil einzuführen sind, woher man dazu die Materialien und Künste nimmt, was die Gewerbe niederhält und wie ihnen geholfen werden kann [4.45]. Theoretisch war damit auch in Deutschland der Schritt aus dem ökonomischen Konservatismus des Mittelalters, der in Gestalt von Zunftgesetzen immer noch nachwirkte, zu einem neuzeitlichen Verständnis industrieller Dynamik vollzogen. Zusammenfassend kann man feststellen, daß Johann Beckmann die Technologie als Wissenschaft begründete, in dem er auf der Grundlage der Ähnlichkeit und der vergleichenden Methode im Ansatz Ordnungsgesichtspunkte von Verfahren, Prozessen und Arbeitsmitteln für „bestimmte Zwecke“ oder Bearbeitungsaufgaben, unter Beachtung der Werkstoffeigenschaften, herausarbeitete [4.30].

Ebenfalls aus Göttingen stammte Johann Heinrich Moritz Poppe (1776–1854), der im Jahre 1794 an der Universität von Göttingen immatrikuliert wurde. Schon als Student begann Poppe zu publizieren. Eine seiner ersten Schriften mit dem Titel „Versuch einer kleinen Geschicht der Uhren“ erschien im Jahre 1797. J. H. M. Poppe, der in seinen ersten Studienjahren bei den Göttinger Mathematikern Kestern (1719–1800) und Lichtenberg (1742–1799) hörte, wandte sich nach seiner Promotion im Jahre 1802 stärker der technologischen Arbeitsrichtung von Beckmann zu, von dem er vielfältige Anregungen erhielt. Seit 1802 beschäftigte sich Poppe vorwiegend mit der Mechanik und der Geschichte der Erfindungen. Zwei Jahre nach seiner Promotion wurde er Lehrer der Mathematik und Physik am Gymnasium zu Frankfurt am Main. 1805 wurde er dort auch zum Professor ernannt.

Im Jahre 1818 nahm Poppe den Ruf an die Universität Tübingen als ordentlicher Professor der Technologie an. Poppes technologischer Lehrstuhl, den er bis zu seiner Emeritierung 1854 durch Vorlesungen und Übungen im Bereich der Technologie wahrgenommen hatte, war der erste dieser Art an einer deutschen Universität.

Zu Poppes bedeutendsten Werken, die zu seinen Lebzeiten eine erhebliche Breitenwirkung hatten, ist an erster Stelle seine „Volksgewerbelehre" zu nennen, die 1856 in der siebenten Auflage erschien. Die größte Nachwirkung erzielte Poppe unter anderem mit dem „Handbuch der Technologie", das er von 1806 bis 1810 in vier Bänden herausbrachte. Bekannt wurde er ferner durch die „Geschichte der Technologie seit der Wiederherstellung der Wissenschaften bis an das Ende des 18. Jahrhunderts", die 1807/11 in drei Bänden in Göttingen erschien sowie mit der „Geschichte aller Erfindungen und Entdeckungen im Bereiche der Gewerbe, Künste und Wissenschaften von der frühesten Zeit bis auf unsere Tage", die 1837 veröffentlicht wurde.

In seiner „Geschichte der Erfindungen und Entdeckungen" schreibt Poppe über den Drechsler: „Der Drechsler macht für gar viele häusliche und persönliche Bedürfnisse, so wie für mancherlei Liebhabereien, viele Sachen aus Holz, Horn, Knochen, Steinen, Metallen usw." Über Kunstdreher führte er aus: „Denjenigen Drechslern, welche allerlei Sachen aus Horn, Knochen, Elfenbein ... drehten, gab man schon seit Jahrhunderten den Namen Kunstdreher, zum Unterschiede der Holzdreher, welche nur Holz verarbeiten. Viele Arten von künstlichen Sachen machen die Kunstdreher, nicht bloß kugelrunde und walzenförmige, massive und hohle, sondern auch ovale, schlangenförmige, bunte, mit allerlei eingedrehten Linien und Figuren u. dgl. Daher mußte nicht bloß die gewöhnliche Drehbank verändert und verbessert, sondern es mußten auch eigene Arten von Drehbänken, Kunstdrehbänke, Figurierbänke und andere Drehmaschinen erfunden werden. Solche Erfindungen machten seit der Mitte des achtzehnten Jahrhunderts Engländer, Franzosen und Deutsche, z.B. Colbert, Buckle, Hulot, Phillir, de la Hire, Prasse, Altmüller u.a. Die Schraubendrehbänke und Schraubenschneidmaschinen von Ramsden, Austin, Grandjean, Prasse, Barth u.a. nehmen in der Reihe der Erfindungen gleichfalls einen ehrenvollen Platz ein.

Es gibt auch große, etwa durch ein Wasserrad mit Beihilfe von Scheiben, Rollen und endlosen Schnüren, auch wohl von gezahntem Räderwerk, in Bewegung gesetzte Drehmühlen, worauf eine Menge Sachen, unter andern die Metallwaren der Rotgießer, abgedreht werden. Solche Drehmühlen hatten die Nürnberger schon vor mehreren Jahrhunderten. Eine neue Drehmühle von dieser Art erfand der Nürnberger Werner im Jahre 1661. Die im achtzehnten Jahrhundert sehr verbesserten Kanonendrehmühlen für Stückgießereien kann man gleichfalls hierher rechnen." [4.33]

In seiner „Geschichte der Technologie" ging Poppe auch den Ursprüngen des Drehens nach. So schrieb er: „Hölzernes Eß- und Trinkgeschirr aus einem Stück, überhaupt hohles und massives hölzernes Gerät zu unterschiedlichem Gebrauch, hat man schon in den ältesten Zeiten gern zylindrisch gemacht, und oft mit allerlei regelmäßigen Verzierungen versehen. Anfangs schnitzte man diese Sachen, wozu man keine anderen Instrumente als Messer und Meißel gebrauchte. Es mußte aber natürlich äußerst mühsam sein, durch diese Mittel die Sachen recht rund und akkurat zu erhalten. Trefflich war deswegen der Gedanke, das zu verarbeitende Holzstück beweglich zwischen ein Paar Stifte zu spannen, es durch Scheiben, Rollen und Schnüre in Bewegung zu setzen, und die schneidenden Werkzeuge so daran zu halten, daß sie das Holz zur bestimmten Gestalt ausbilden mußten. Diese Art der Verarbeitung wurde drehen und drechseln genannt.“ [4.32]

4.6 Portrait Beckmanns (1766–1811)

Beckmanns und auch noch Poppes Ideen bewegten sich im Rahmen jener merkantilistischen Wirtschaftsförderung, die trotz der geschilderten Hemmnisse regional zu einem beachtlichen Aufschwung geführt hatte. Dieser wurde durch die Kriegspolitik Napoleons empfindlich gestört. Insbesondere dessen Kontinentalsperre, die zwischen 1806 und 1813 englische Unternehmen angesichts ihres umfangreichen Kolonialhandels vielfach eher förderte als behinderte, zeitigte für die exportabhängigen Gewerbe Deutschlands überwiegend negative Folgen. Die Landwirtschaft war am Getreide- und Holzexport gehindert, die schlesische Leinenindustrie verlor ihre Märkte, und auch die deutsche Schiffahrt wurde geschädigt. Selbst die sächsische Textilindustrie oder die westfälischen Gruben und Hütten, denen die Maßnahmen Napoleons Schutz vor der englischen Konkurrenz brachten, büßten letztlich ihren Vorteil durch die Protektion der französischen Industrie wieder ein [4.40]. Manche Fabriken blühten zwar auf, doch traf sie das Ende der Kontinentalsperre und das Wiederauftreten der englischen Konkurrenz dann um so härter. Die Sperre leitete zudem auf dem Kontinent eine schwere Agrarkrise ein, die nach einer katastrophalen Mißernte 1816 zur letzten schweren Hungersnot in Mitteleuropa führte.

Doch diese Jahre des Niedergangs setzten zugleich Kräfte frei, die einen langfristigen Wandel nicht nur der politischen, sondern auch der wirtschaftlichen Verhältnisse einleiten sollten. Zu den Reformern, die sich Verdienste um die Förderung der Industrialisierung Preußens erwarben, dem damals größten und wirtschaftlich stärksten deutschen Land, gehörte Christian Beuth [4.31]. 1781 in Cleve geboren, studierte er von 1798 bis 1801 Rechts- und Staatswissenschaften in Halle. Dort wurde er mit den liberalen Wirtschaftsideen des englischen Philosophen und Volkswirtschaftlers Adam Smith vertraut, die ihn fortan in seinem Denken und Handeln stark beeinflußten. Hardenberg berief ihn 1810 zum Kommissionsmitglied für Gesetzesvorhaben und ein Jahr später zum Obersteuerrat im Finanzministerium. Als Lützower Jäger lernte Beuth 1814 in Lüttich die Brüder Cockerill kennen, die dort eine von ihrem Vater übernommene Textilmaschinenfabrik leiteten, später kam eine Fabrik für Dampfmaschinen und Druckwasserpumpen hinzu. Auf diese Bekanntschaft geht Beuths ausgeprägtes Interesse für das Industrie- und Bergwesen zurück [4.25].

Nach dem Krieg kehrte Beuth in das Finanzministerium zurück, und zwar in die Abteilung Handel und Gewerbe. Dort reformierte er die Technische Deputation für Gewerbe, indem er hervorragende Vertreter aus Technik und Industrie bestellte, die umfassend über den Stand gewerblicher Produktion im In- und Ausland informiert sein sollten. Zu den Aufgaben der Deputation gehörte die Verbreitung und Umsetzung neuer Technologien, die Inspektion und Förderung technischer Betriebe in Preußen, die Verbesserung der betrieblichen Rahmenbedingungen sowie die Prüfung und Erteilung von Patenten. 1819 übernahm Beuth persönlich die Leitung der Technischen Deputation, nachdem er 1817 in das neu geschaffene Handelsministerium gewechselt und dort 1818 an die Spitze der Abteilung für Handel und Gewerbe getreten war [4.46].

1821 schließlich gelang ihm die Gründung des Vereins zur Beförderung des Gewerbefleißes, der aus Gewerbetreibenden und industriell interessierten Beamten bestand. Der Verein, dessen Vorsitz Beuth übernahm, hatte die Stärkung des Selbstbewußtseins und der Tatkraft preußischer Unternehmer zum Ziel. Er entwikkelte über Jahrzehnte eine außerordentlich rege und erfolgreiche Tätigkeit [4.27]. In seiner Rede zur Eröffnung des Vereins im Jahre 1822 erläuterte Beuth dessen Ziele, wobei er sich auf die ihm vertrauten Ideen von Adam Smith bezog: „Der Gewerbefleiß, welchen zu befördern wir beabsichtigen, ist die Grundlage des Reichtums einer Nation, und da wahrer Gewerbefleiß nicht ohne Tugend denkbar ist, so ist er auch die Grundlage der Nationalkraft überhaupt. Wer in einem Lebensverhältnisse, welches es sei, still steht, der steht nur scheinbar still, die Wahrheit ist, er geht zurück; es gibt nur Vorschreiten und Rückschreiten im Leben. – Diese Wahrheit ist nirgends sichtbarer, als beim Betriebe der Gewerbe ...

Die Überzeugung, daß Gewerbefleiß die Grundlage der Wohlfahrt eines Landes sei, daß es mithin ein Verdienst sei, das Fortschreiten und die Vervollkommnung der Gewerbe zu fördern, so wie insbesondere die Überzeugung, daß die Bildung einem Stande hauptsächlich Ansehn und Wichtigkeit in der bürgerlichen Gesellschaft gebe und sichere, hat um so eher freie Vereinigungen zu diesem Zwecke hervorgebracht, je eher in einem Volke der Sinn für Nationalwohlfahrt und öffentliches Leben erwacht war."[4.7]

Beuth entfaltete in unterschiedlichen Funktionen zahlreiche Initiativen [4.12]: Er holte Erkundigungen über die Bedürfnisse, Erfolge und Mißerfolge der privaten Gewerbetreibenden ein, er entwickelte ein Programm zur Gewerbeförderung. Auf Staatskosten schickte er begabte Mechaniker und Fabrikanten nach England, setzte Stipendien und Preise aus, kaufte Apparate und Maschinen, die Fabrikanten leihweise zur Verfügung gestellt wurden unter der Bedingung, daß andere Interessenten sie besichtigen konnten. Er ließ technische Zeitschriften kommen, richtete eine Bibliothek und eine Modellsammlung ein und veranstaltete Gewerbeausstellungen.

Vor allem aber gründete Beuth das Königliche Gewerbe-Institut, eine technische Lehranstalt, aus der einige der erfolgreichsten Berliner Unternehmer des 19. Jahrhunderts hervorgingen. Sie enthielt physikalische und chemische Laboratorien und eine Modellwerkstatt. Beuth selbst wurde ihr erster Direktor. 1879 ging sie zusammen mit der aus dem 18. Jahrhundert stammenden Bau-Akademie in der Technischen Hochschule Charlottenburg auf, der heutigen Technischen Universität Berlin.

Bei den Subventionen, meist in Form der kostenlosen Überlassung von Maschinen und Apparaten, stellte Beuth das Prinzip auf, daß nicht Bedürftigkeit, sondern vorangegangene Leistungen als Kriterium zu gelten hätten. Sie hatten das Ziel, die Unternehmer schließlich unabhängig von staatlicher Hilfe zu machen.

Die im Rahmen der komplizierten Bedingungen erfolgreichen Ansätze zur Industrialisierung des Gewerbes in Deutschland betrafen neben der Textilbranche sowie dem Bergbau und Hüttenwesen vor allem die Herstellung von Geschützen und Gewehren. Der Aufbau stehender Heere in den absolutistischen Staaten des 18. Jahrhunderts steigerte den Bedarf an Feuerwaffen in einem bis dahin nicht gekannten Ausmaß. Das merkantilistische Streben dieser Staaten nach weitgehender Unabhängigkeit von Auslandsimporten erklärt ihre Bemühungen um die Errichtung eigener Waffenfabrikationsstätten. Von besonderer wirtschaftlicher Bedeutung war diese Form der Industrieförderung auch für Preußen, dessen Bestand in besonderem Maße von der Stärke seiner Armee abhing.

Doch auch Österreich hat im 17. und 18. Jahrhundert eine eigene Waffenproduktion gefördert. So wurde im 18. Jahrhundert die Artillerie zu einer eigenen Waffengattung ausgebaut. In dieser Zeit wandelte sich die Technologie des Geschützgusses. Das prunkvolle und künstlerisch gestaltete Einzelgeschütz wurde durch normierte Geschütze ersetzt. Das hatte zur Folge, daß sich die auf reine Zweckbestimmung ausgerichtete Geschützherstellung wesentlich erhöhte.

Im Jahre 1756 verfügte die österreichische Armee über 202 Geschütze. Ihre Anzahl erhöhte sich in nur vier Jahren auf 548. Die Geschütze wurden vermutlich in der Gießerei des Wiener Arsenals hergestellt. Auch die Bewaffnung des Heeres zeigte eine starke Tendenz zur Vereinheitlichung. Neben der Normierung von Infanteriegewehren mit Metalladestock strebte man selbst bei Blankwaffen zunehmend eine einheitliche Bauweise an.

In Preußen wurden die Handfeuerwaffen bis ins Jahr 1718 von den jeweiligen Truppenchefs auf eigene Rechnung beschafft. Die Ausrüstung der Armee war daher sehr uneinheitlich, und erst Friedrich Wilhelm I. trieb im Zuge seiner Heeresreform auch die Einheitlichkeit der Waffenausrüstung voran. Er ließ die zentral beschafften Gewehre zunächst in Suhl, Maastricht, vor allem jedoch in Lüttich herstellen.

Gleichzeitig begann der Aufbau einer eigenen Rüstungsindustrie, die allerdings wegen fehlender Rohstoffe weiterhin auf Importe von Kupfer, Zinn, Blei, Salpeter sowie auf schwedisches Eisen angewiesen blieb, da preußisches Eisen noch von ungenügender Qualität war. Die erforderlichen Handwerker für eine preußische Gewehrmanufaktur kamen überwiegend aus Lüttich, Anlage und Führung des Unternehmens wurden den Inhabern des Handelshauses David Splittgerber und Gottfried Adolph Daum übertragen. Im Januar 1723 erhielt die bei Potsdam und Spandau angesiedelte Gewehrfabrik ihren ersten Auftrag über 36685 Gewehre, von denen noch im gleichen Jahr rund 10000 Stück hergestellt wurden [4.51].

Die Entwicklung der Fabrik war immer wieder von Versuchen begleitet, ausländische Rohstoffe durch preußische Vorkommen zu ersetzen. 1799 wurde selbst die Vorschrift zur Verwendung schwedischen Eisens zugunsten schlesischer Erzeugnisse aufgehoben. Versuche mit diesem Eisen zeigten aber, daß es wegen seiner Sprödigkeit nur bei geringer Hitze verarbeitet werden konnte. Als die Waffenteile vielfach die Güteprüfung nicht bestanden, kam es doch wieder zu umfangreichen Bestellungen schwedischen Eisens. Die Messingteile lieferte das seit 1729 von Splittgerber und Daum vom Staat gepachtete Messingwerk in Hegermühle bei Eberswalde. 1786 ging dieses Werk wie alle preußischen Berg- und Hüttenwerke wieder in staatliche Verwaltung über [4.51].

Die Bearbeitungstechnik hat sich in den ersten hundert Jahren des Bestehens der Potsdam-Spandauer Gewehrfabrik nicht wesentlich geändert. Fertigungszeichnungen und Stücklisten gab es ebenso wenig wie Normteile. So wichen die Maße beim gleichen Modell innerhalb einer Fertigungsphase oft erheblich voneinander ab. Grundlage der Fertigung bildete eine „approbierte und besiegelte Probe". Sie bestand aus einer mit einem Siegel versehenen Handfeuerwaffe, die als Fabrikationsmuster diente und auf dessen Einhaltung der Fabrikenkommissar einen Eid leisten mußte.

Über die bei der Gewehrherstellung, aber auch bei der Produktion von Pistolen, Karabinern und Büchsen angewandte handwerkliche sowie in Teilen schon maschinelle Bearbeitungstechnik gibt die folgende Darstellung von Arnold Wirtgen Aufschluß:

„Wichtigster und aufwendigster Teil der Fertigung war der Lauf. Das Rohmaterial wurde in Flacheisenstangen von 0,5 Zoll Stärke (13 mm), 2,5 bis 3 Zoll Breiten (65 bis 78 mm) mit ca. 40 Pfund Gewicht vom Königlichen Zehdenicker Hochofen, der seit 1725 von Splittgerber & Daum gepachtet war, bezogen. Die Stangen

Bild 4.7 Gewehrarbeiter, um 1700

wurden in je vier Platinen durch Kaltabschroten zerlegt, so daß jede Platine noch rund 9,5 bis 10 Pfund wog. Die Platine wurde im Kohlenfeuer rot erhitzt und unter einem von Wasserkraft angetriebenen, langsam schlagenden Hammer von etwa zwei Zentnern (in der Minute bei guter Wasserkraft etwa 80 bis 85 Schläge) auf eine solche Länge ausgestreckt, daß diese etwa 50–70 mm unter der späteren Lauflänge blieb.

Danach wurde das hintere Drittel nochmals erhitzt und für den Pulversack etwas breiter ausgeschmiedet. Dann wurden die Ränder zugeschnitten, um das Schweißen zu erleichtern. Nach erneuter Erhitzung wurde das Stück mit einem schweren Handhammer entweder von der Mitte oder dem Pulversackende aus in der Längsrichtung gekrümmt und über einen zylinderförmigen Dorn so zusammengeschlagen, daß sich nach mehrmaliger Wiederholung die Platine in ihrer ganzen Länge als Rohr herausbildete. Nun begann die Schweißarbeit, für die nacheinander zwischen sechs- und achtmal das Werkstück erneut erhitzt werden mußte. Während der Schweißhitze war das im Feuer liegende Ende, um das Laufinnere vor Verunreinigungen zu schützen, mit einer Pferdedung- oder Lehmkugel verstopft, die vor der weiteren Bearbeitung mit dem Mund jedesmal herausgeblasen wurde. Erst wenn der Lauf in seiner ganzen Länge nach nochmaligem Erwärmen ohne Dorn mit leichten Schlägen – um ihn zu glätten – nochmals überarbeitet war, konnten die Schmiede ihn als fertig weitergeben. Ein Schmied stellte mit seinem Zuschläger auf diese Weise fünf Flinten- oder sechs lange Karabinerläufe an einem Tag her."

Nach Beendigung der Schmiedearbeiten, so führt Wirtgen weiter aus, wurde der Lauf dem Bohrmeister übergeben. Dann begann die Ausbohrung des Kalibers unter Benutzung einer Bohrlade.

„Der Lauf wurde in den eisernen Riegel festgeschraubt und mit Hilfe eines Hakenstabes von einem Gehilfen gegen den Bohrer gedrückt, wobei er sich in der Laufgrube fortbewegte und sich mit den Armen oder der Brust gegen den Stab stemmte. Waren etwa drei bis vier Zoll gebohrt und damit das Rohr gegen den Bohrer entsprechend vorgerückt, so mußte der Gehilfe den Hakenstab gegen einen anderen an der Seite der Bohrlade angebrachten Stift anschlagen, damit der Hakenstab auch hier noch zusätzlichen Halt fand ...

Zur Feststellung des richtigen Kalibers nahm der Bohrmeister einen zwei bis drei Zoll langen stählernen Zylinder, der dem vorgesehenen Kaliber entsprach, und ließ diesen langsam in das Rohr hineingleiten. Wenn der Zylinder gleichmäßig

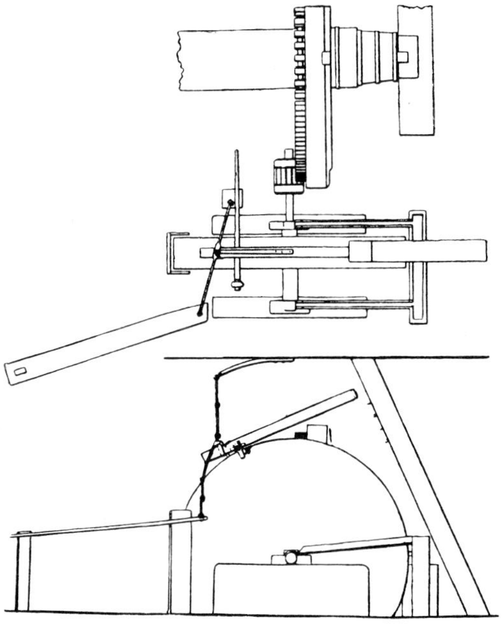

Bild 4.8
Schleifmühle zur Gewehrfabrikation, um 1800

und ohne Halt das Rohr passierte, war die Kalibergleichheit sichergestellt. Es ist verständlich, daß dabei oft Kalibertoleranzen auftraten. Seit etwa 1780 wurde ein neues Verfahren, das Auskolben der Läufe, eingeführt. Hierzu wurde eine maschinelle Einrichtung benutzt, mit der das Kaliber ziemlich genau hergestellt werden konnte. Die Bohrringe wurden durch das stete Hindurchgleiten des Kolbens entfernt und der Lauf innen poliert. Aber auch dieses Verfahren konnte die Kalibertoleranzen nicht beseitigen."

In Handarbeit wurden die gezogenen Läufe auf der Ziehbank gefertigt. Die äußere Bearbeitung der gebohrten und gezogenen Läufe erfolgte in der Schleifmühle [4.39]. „Zunächst wurde der Lauf an den beiden Enden und in der Mitte auf die richtige Stärke gefeilt und unter Anhalt dieser Stellen auf einem großen Schleifstein (Durchmesser etwa 2 m) geschliffen. Der Schleifer drückte mit den Händen oder auch noch zusätzlich mittels Hebelübersetzung mit den Füßen den in einer Haltevorrichtung liegenden Lauf gegen den Schleifstein und gab ihm so die gewünschte Form. Hier kam es auf besondere Sorgfalt an. Oftmals wurden die Läufe so ungleichmäßig geschliffen, daß sie beim späteren Beschuß sprangen.

Sobald die Rohre geschliffen waren, gingen sie zum Rohrverschrauber und danach zum Beschießen. Großer Wert wurde auf den Beschuß, das heißt die Probe der Haltbarkeit der Läufe, gelegt. Dabei sollte die Beanspruchung durch doppelt kugelschwere Ladung erfolgen." [4.35]

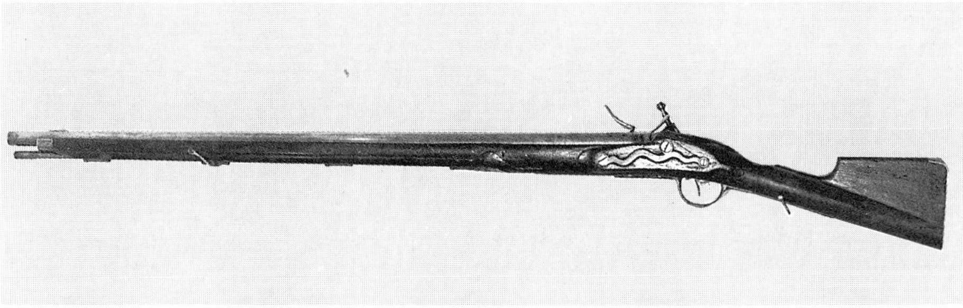

Bild 4.9
Preußisches Füsiliergewehr aus der Königlichen Gewehr-Fabrik *Splittgerber & Daum*, 1780

Das Bajonett wurde in Spandau gefertigt, und zwar manuell ohne Anwendung des Gesenkschmiedeverfahrens. „Das geschah zunächst mittels eines durch Wasser angetriebenen Schwanzhammers, der Ähnlichkeit mit dem von Rohrschmieden her bekannten Reckhammer hatte. Allerdings war die Schlagfolge nicht so hoch. Danach wurde die Klinge mit dem Handhammer weiter bearbeitet und an andere Arbeiter übergeben, deren Aufgabe es war, die Tülle zu fertigen und an die Klinge anzuschweißen. Das angeschweißte Stück wurde anschließend wieder ins Feuer gegeben, mit dem Handhammer auf die notwendige Größe gebracht und dann über einen runden Dorn so zusammengebogen, daß beide Teile sich überlappten.

Bild 4.10 Vertikalbohrmaschine, um 1800

Die Tülle kam dann erneut ins Feuer und wurde danach auf dem Amboß über einem beweglichen Dorn zusammengeschweißt. Nach erneutem Erhitzen wurde der Hals des Bajonetts ausgefeilt und die Klinge gehärtet. Schließlich wurde das Bajonett in gleicher Weise wie die Ladestöcke geschliffen und poliert.“ [4.51]

Nach Abschluß aller Arbeitsschritte wurde das Gewehr nochmals geprüft, das Bajonett angepaßt und zur Abnahme vorgelegt, die von preußischen Artillerieoffizieren vorgenommen wurde. Daneben waren auch Fabrikenkommissare zur Güteprüfung eingesetzt, die aus den Büchsenmachermeistern der Manufaktur hervorgingen.

Neben der Gewehrproduktion ist insbesondere unter Friedrich dem Großen auch die Herstellung von Geschützen und Munition erweitert und modernisiert worden. Während seiner Regierungszeit sollen in den Gießhäusern von Berlin, Breslau und Vietz insgesamt 3.600 Geschütze aller Typen gegossen worden sein. Nicht enthalten sind in dieser Zahl die aus Schweden importierten und speziell zur Armierung von Festungen bestimmten eisernen Geschütze [4.52].

Zu den ältesten Rüstungsbetrieben in Preußen gehörte das seit 1645 nachweisbare Gießhaus in Berlin. Hier wurden nicht nur Geschütze gegossen, sondern auch

Bild 4.11 Preußisches Geschütz, 18. Jahrhundert

Glocken und Plastiken, darunter das von Andreas Schlüter geschaffene Standbild des Großen Kurfürsten.

Die Geschützrohre mußten nach dem Gießen ausgebohrt werden. Mit der durch Pferdegöpel angetriebenen Vertikalbohrmaschine, die später durch horizontal bohrende ersetzt wurde, erhielten die Stücke ihr Nennkaliber. In den sich anschließenden Arbeitsstuben wurden die Zündlöcher gebohrt, die Oberfläche des Geschützes poliert und die Verzierungen und Devisen mit Meißel und Stichel ziseliert.

An dieser traditionellen Fertigungsmethode für Bronzegeschütze veränderte sich über Jahrzehnte nur sehr wenig. Im Jahe 1757 wurde allerdings durch einen aus Holland angeworbenen Stückgießer der Vollguß eingeführt, bei dem man den Kern wegließ und das Rohr aus dem Vollen bohrte [4.52].

Bereits während des ersten schlesischen Krieges wurde 1743 in Breslau ein weiteres leistungsfähiges Gießhaus eingerichtet, das auch für den Guß schwerer Geschütze geeignet war. Versuche, auch eiserne Geschütze für Festungen herzustellen, blieben jedoch unter Friedrich dem Großen ebenso erfolglos wie schon unter Friedrich Wilhelm I. Der Grund lag in der metallurgischen Zusammensetzung des in Preußen gewonnenen Eisens, das für den Guß großer und starkem Druck ausgesetzter Stücke zu spröde war. So blieb es auch weiterhin bei der Beschaffung dieser Waffen vorzugsweise aus Schweden.

Mit größerem Erfolg, wenn auch unter vielen Schwierigkeiten, gestalteten sich die Bemühungen um Autarkie bei der Munitionsversorgung. Als die vorhandene Kapazität der Eisenhütten nicht ausreichte, in kurzer Zeit größere Mengen von Roheisen zu erzeugen, wurden 1752 in der Kurmark, der Neumark und in Pommern sowie 1756 in Schadow, in Gotow, in Torgelow und in Vietz zusätzliche Eisenhüttenwerke errichtet. 1753 entstanden in Oberschlesien an der Malapane und in der Kreuzburger Hütte insgesamt drei leistungsstarke Hochöfen. Später lieferten die Hüttenwerke auch Roheisen zur Herstellung von Guß- und Schmiedeeisen für zivile Zwecke [4.28].

Hervorgegangen aus dem militärischen Bedarf Preußens, entwickelte sich dessen Hüttengewerbe trotz der im internationalen Vergleich geringen Kapazität bald zu einer der Triebkräfte im Industrialisierungsprozeß Deutschlands, dessen Grundlage der Maschinen- und Werkzeugmaschinenbau werden sollte.

4.2 Anfänge des deutschen Maschinenbaus

Ein wesentliches Kennzeichen der Industrialisierung bestand in der fortschreitenden Ersetzung handwerklich betriebener Gütererzeugung durch fabrikatorische Maschinenarbeit. Der damit verbundene steigende Bedarf an Kraft- und Arbeitsmaschinen führte im Verlauf der ersten Hälfte des 19. Jahrhunderts auch in Deutschland, wie zuvor in England, Frankreich, Belgien oder der Schweiz, zur

Entstehung eines industriellen Maschinenbaus, der anfangs den Bau von Werkzeugmaschinen für den eigenen Bedarf voraussetzte. Dabei kam es zu regionalen Schwerpunktbildungen überall dort, wo sich schon während des 18. Jahrhunderts nennenswerte Ansätze einer Manufaktur- und Fabrikproduktion herausgebildet hatten, so in Sachsen, in Oberschlesien, im Südwesten, in Rheinland-Westfalen oder im Raum Berlin [4.40].

Der Standortzusammenhang zwischen gewerblichen Nutzern von Maschinen und deren Herstellern erklärt sich nicht nur aus dem gering entwickelten Verkehrswesen im damaligen Deutschland, das die Nähe zum Kunden sinnvoll erscheinen ließ. Zu den Aufgaben des Maschinenbaus gehörten neben der Ausführung von Maschinen nach speziellen Kundenwünschen auch ihre Inbetriebnahme, Wartung und Reparatur, so daß ein räumlich enger Kontakt zum Anwender geboten war. Vielfach existierten zumindest in der Anfangsphase sogar direkte Verbindungen, denn die ersten mechanischen Werkstätten für den Bau der benötigten Maschinen wurden oft auf dem Gelände der anwendenden Unternehmen errichtet. Insofern gehörten die in Deutschland aufkommenden und den entstehenden Maschinenbau stimulierenden Industrien auch unmittelbar zu dessen Quellen.

Die Zentren der frühen Industrialisierung in Deutschland und damit die Keimzellen des deutschen Maschinenbaus lagen, wie gesagt, in Schlesien mit seinem Bergwerks- und Hüttenwesen, in Rheinland-Westfalen, das über eine frühzeitig entwickelte Bergbau-, Eisen- und Textilindustrie verfügte, im industriell weit fortgeschrittenen Sachsen und in Berlin, wo neben Eisengießereien mit angegliederten Bearbeitungswerkstätten sowie der uns schon bekannten Waffenfabrikation auch ein starkes Textilgewerbe heimisch war. Auch im süddeutschen Raum waren Grundlagen für eine Industrieentwickung gelegt, wie unter anderem das Wirken Bodmers gezeigt hat.

In allen Regionen begann der industrielle Aufbruch vor allem mit dem Einsatz von Dampfmaschinen und Textilmaschinen, die mehrheitlich entweder aus England importiert oder nach englischen Vorbildern sowie mit Hilfe englischer Fachkräfte selbst hergestellt wurden. Dieser starke englische Einfluß blieb für fast den gesamten Zeitraum charakteristisch, in dem Deutschland den industriellen Vorsprung Englands aufzuholen hatte [4.24].

Doch auch Frankreich und Belgien übten in jener Zeit einen nicht unerheblichen Einfluß auf den entstehenden deutschen, speziell den westdeutschen Maschinenbau aus. Frankreich war sowohl als Maschinenlieferant bedeutsam als auch durch seine Leistungen auf dem Gebiet des technischen Schulwesens. Insbesondere die Textilindustrie bezog eine Reihe ihrer Maschinen aus Frankreich. Verbreitung fand beispielsweise der Webstuhl von Jacquard, obwohl nach Buxbaum die französischen Textilmaschinen bei weitem nicht auf der technischen Höhe englischer Maschinen standen [4.9]. Andererseits ging von der 1795 in Paris gegründeten Ecole polytechnique auch auf deutsche Maschinenbauer eine starke Anziehungskraft aus. Sie gab der Ingenieurausbildung eine neue, theoretische Ausrichtung [4.22].

Von den Gebrüdern Cockerill, die seit 1807 in Lüttich eine Maschinenfabrik leiteten, die sie 1817 nach Saring verlegten, haben wir bereits erfahren. Ihr Unternehmen, das bis ca. 1825 als das größte seiner Art auf dem Kontinent galt, wurde zum Ausgangspunkt für die belgische Maschinenindustrie. Die Cockerills besaßen auch in Deutschland mehrere Fabriken für verschiedene Produkte, ein Umstand, der neben der Freundschaft mit Beuth die Verbreitung ihrer Maschinen besonders in den preußischen Westprovinzen förderte. So heißt es in einem Reisebericht aus den 20er Jahren des vergangenen Jahrhunderts: „Man findet in den rheinischen und westfälischen Fabriken viele Maschinen aus fremden Maschinenbauanstalten; der Zahl nach, wie es scheint, am meisten belgische, nächst dem englische und französische, dann deutsche. Unter den belgischen sind die meisten aus den Anstalten von J. Cockerill und Houget & Tefton zu Verviers, und aus der Fabrik der Phönix-Gesellschaft zu Gent ... Deutsche Maschinen sind selten." [4.40]

Der Bau industrieller Maschinen in Deutschland setzte gegen Ende des 18. Jahrhunderts aus den dargestellten Gründen sehr zögernd ein, beschleunigte sich dann mit der Gründung des deutschen Zollvereins 1834 und erhielt weiteren Auftrieb durch den seit den 40er Jahren beginnenden Eisenbahnbau. Am Anfang des deutschen Maschinenbaus stand der Bau von Dampfmaschinen, später kam der Textilmaschinenbau hinzu und seit 1835, d.h. nach Eröffnung der Eisenbahnstrecke zwischen Nürnberg und Fürth, der Bau von Lokomotiven und anderem Eisenbahnmaterial. Zur Jahrhundertmitte wies das Produktionsprogramm von 129 deutschen Maschinenbaubetrieben in 73 Fällen Dampfmaschinen, in 58 Fällen Textilmaschinen und in 29 Fällen Eisenbahnmaterial auf. 19 Betriebe hatten auch schon Werkzeugmaschinen für die Metall- und Holzbearbeitung in ihrem Produktionsprogramm, darunter vor allem Drehbänke, Bohrmaschinen und Zahnradfräsmaschinen [4.40].

Nachdem sich bis zum letzten Drittel des 18. Jahrhunderts Newcomensche Dampfmaschinen in Deutschland durchgesetzt hatten, wurde 1785 die erste Wattsche Maschine bei Hettstedt auf einem Schacht zur Wasserhaltung in Betrieb genommen. Die Vorlagen für den Bau kamen aus England, Arbeiter und Material aber aus Preußen. Im königlichen Gießhaus zu Berlin wurde der Zylinder gegossen, ausgeschabt und poliert. Das Ausschaben geschah durch einen wassergetriebenen Eichenkopf mit eingesetzten Messern. Die Drehbearbeitung runder Teile erfolgte auf den damals noch üblichen Drechselbänken [4.9]. 1788 wurde eine Dampfmaschine in Oberschlesien errichtet und bis zum Ende des Jahrhunderts waren auch in anderen Teilen Deutschlands vereinzelt Dampfmaschinen anzutreffen.

In den schlesischen Hüttenwerken von Malapane wurde 1785 eine Bohr- und Drehmühle aufgestellt. Sie ermöglichte A.W.F. Holtzhausen, 1794 zunächst mit dem Bau atmosphärischer, später Wattscher Dampfmaschinen zu beginnen. 1796 setzte er seine Tätigkeit in Gleiwitz fort, wo bis zum Jahre 1825 mehr als 50 Dampfmaschinen entstanden [4.9].

Das oberschlesische Bergwerks- und Hüttenrevier ließ frühzeitig die Wechselwirkung zwischen Industrieentwicklung und Maschinenbau zutage treten. Hier hatte nach Matschoß der frühe deutsche Maschinenbau sein Zentrum, in dem bereits Ende des 18. Jahrhunderts maßgenaue Werkstattszeichnungen angefertigt wurden. Überliefert sind auch interessante Werkzeugmaschinen von Holtzhausen für den Bedarf der Hütten in Malapane: „Ein Bohrwerk für Gebläsezylinder mit Holzrahmen und sehr schwachen gußeisernen Lagerböcken; der Zylinder stand fest, die Bohrstange drehte sich und ihr Bohrkopf wurde mittels einer in ihr eingebetteten Zahnstange mit Ritzel und Gewichtshebel selbsttätig axial vorgeschoben. Eine schon bedeutend bessere Maschine aus dem Jahre 1804 besitzt einen Rollwagensupport für die Bohrstange, während die Zahnstange fest auf dem Holzrahmen gelagert ist." [4.9]

Doch nicht nur in Oberschlesien entstanden Maschinenbaubetriebe als Bestandteile der Montanindustrie. In seinem Eisenhüttenwerk bei Dresden baute Freiherr v. Burgk Dampfmaschinen, ebenso das gräfliche Einsiedelsche Eisenwerk zu Lauchhammer. Auf dem Hüttenwerk von Ilsenburg stellte man Dampfmaschinen her, die königliche Marienhütte zu Cainsdorf widmete sich dem Maschinenbau, ferner die Eisenhütten von Sattermann auf Morgenröthe, von Querfurth in Schönheyda und von Elterlin auf Pfeilhammer. Hinzu kam die preußische staatliche Sayner Hütte, das Puddel- und Walzwerk Herrmannshütte in Hörde von Piepenstock sowie die Gutehoffnungshütte in Sterkerade, die zunächst nur Franz Dinnendahl mit Maschinenteilen belieferte, seit 1820 jedoch unter Gottlob Jakobi selbst Dampfmaschinen baute [4.40].

Das wichtigste Einsatzgebiet für Dampfmaschinen blieb lange Zeit das Bergwerks- und Hüttengewerbe. So gab es 1812 in Preußen erst zwei Betriebsdampfmaschinen, von denen eine in der Berliner Porzellanmanufaktur arbeitete und die andere in einer Leinenweberei [4.9]. Der Versuch, durch staatliche Initiative drei weitere Maschinen von der königlichen Eisengießerei bauen zu lassen, um zwei von ihnen kostenlos Berliner Fabriken zu übereignen, erwies sich als Fehlschlag. Gottlieb Kunth, der 1815 zum Direktor der Gewerbepolizei ernannt wurde, berichtete dem Minister über die erste Dampfmaschine, sie sei „ganz und gar mißlungen ... Sie geht zehn Minuten, dann steht sie still. Es fehlt an Dämpfen und an allem. Der erste Anblick zeigt schon, daß man hier noch nicht solche Maschine zu konstruieren versteht." [4.28]

Auch der Nachbau zweier englischer Lokomotiven in den Jahren 1816 bzw. 1818 mißlang. Über den für eine Zeche an der Saar bestimmten Dampfwagen ist zu lesen: „In acht Kisten verpackt, kam der ebenfalls in der Kgl. Eisengießerei gebaute Dampfwagen im Februar 1819 an seinem Bestimmungsort an, aber er war nicht zu bewegen, mehr als 20 oder 30 Fuß vor- und rückwärts zu rücken, wobei sehr oft durch Schieben und Stoßen hat Hilfe geleistet werden müssen." [4.28]

Die Ursachen für dieses Scheitern lagen vor allem bei einer hinsichtlich der geforderten Maßgenauigkeit unzureichenden Bearbeitungstechnik. Daraus wird insbesondere deutlich, in welchem Maße die Verfügbarkeit an Werkzeugmaschinen eine entscheidende Voraussetzung für die Weiterentwickung des Maschinenbaus darstellte.

Ebenfalls gegen Ende des 18. Jahrhunderts gelangten die ersten englischen Textilmaschinen in Deutschland zum Einsatz. So wurde 1784 im Rheinland eine mechanische Baumwollspinnerei errichtet, der bald weitere folgten. 1797 setzte in Sachsen die industrielle Baumwollspinnerei ein, die dann im 19. Jahrhundert führend in ganz Deutschland werden sollte. Für den deutschen Maschinenbau gingen allerdings von dieser Entwicklung zunächst kaum unmittelbare Impulse aus, denn die benötigten Textilmaschinen wurden von England oder den anderen europäischen Maschinenherstellern geliefert. Abgesehen davon blieb der größere Teil des deutschen Textilgewerbes bis ins 19. Jahrhundert hinein handwerklich strukturiert, so daß sich dessen Maschinenbedarf in engen Grenzen hielt. Noch 1812 gab es selbst in der sächsischen Textilindustrie nicht einen einzigen Betrieb, der mit Dampfkraft betrieben wurde [4.8].

Dennoch bildeten sich auch schon auf dieser frühen Entwicklungsstufe erste Zusammenhänge zwischen der aufkommenden Textilindustrie und dem entstehenden Maschinenbau heraus. Die Textilbetriebe benötigten für die von ihnen ange-

Bild 4.12 Tuchmacherwerkstatt, um 1800

wendeten Maschinen Mechaniker zur Wartung und, wenn notwendig, zur Reparatur. Darüber hinaus mußten sie Maschinen, die nicht importiert werden konnten, selber bauen. Wir finden in der Zeit seit dem Ende des 18. Jahrhunderts bis zur Gründung eigenständiger Maschinenbaubetriebe um 1820 etliche Textilunternehmen, die spezielle Abteilungen sowohl für die Reparatur als auch für den Bau von Textilmaschinen unterhielten. „So baute z. B. Haubold in der Wöhlerschen Spinnerei in Chemnitz, einer der ersten sächsischen Bauwollspinnereien, Spinnmaschinen. Der Engländer Evan Evans, einer der ersten Spinnmaschinenbauer Deutschlands, arbeitete anfangs im Auftrage eines Textilfabrikanten. Diese Beispiele könnten noch fortgesetzt werden. Sie charakterisieren den Beginn des Maschinenbaues in Deutschland überhaupt, denn auf diese Weise ist sogar eine Anzahl von Maschinen, ehe sie je importiert wurde, in Deutschland bereits gebaut worden" [4.20]. Damit trugen jene Ansätze wesentlich zur Entwicklung des Maschinenbaus in Deutschland bei.

Die Textilindustrie sowie das Bergwerks- und Hüttenwesen haben als die zu Beginn der Industrialisierung wichtigsten Anwender moderner Maschinentechnik überhaupt erst einen deutschen Maschinenbau hervorgerufen. Sogar die Gründung vieler Maschinenbaubetriebe ging, wie wir sehen konnten, unmittelbar auf diese beiden Branchen zurück. Allerdings gilt das nicht für die Mehrheit der bis zur Mitte des vergangenen Jahrhunderts entstandenen Unternehmen. Ihre Quellen lagen überwiegend im traditionell hochentwickelten deutschen Handwerk sowie in Gründungen, die von vornherein Maschinenbaubetriebe waren.

Die handwerkliche Grundlage für einen eigenständigen deutschen Maschinenbau war zu Beginn des 19. Jahrhunderts sehr viel breiter, als man angesichts der geschilderten ungünstigen Rahmenbedingungen der Industrialisierung Deutschlands annehmen sollte. Für einen verhältnismäßig großen Teil der Handwerker, z. B. für die Beschäftigten der Eisenhütten, war der Bau von Maschinen aus Metall nichts grundlegend Neues, da sie mit der Eisenbearbeitung oft sehr gut vertraut waren. Bei der Darstellung des vorindustriellen Maschinen- und Werkzeugmaschinenbaus wurde deutlich, daß Künstleringenieure, Büchsenmeister, Mühlenbauer und Zimmerleute für die damalige Zeit technisch sehr hochstehende Werkzeuge und Maschinen geschaffen haben. Diese Traditionen stellten ein wichtiges Potential dar. Die auf den Bau von Maschinen spezialisierten Handwerker kamen nicht nur aus den Berufsgruppen der Schlosser, Tischler, Zimmerleute und Uhrmacher. Zu Beginn des 19. Jahrhunderts wiesen Statistiker sog. „Mechanici" aus, die nicht anders als in Frankreich oder England komplizierte feinwerktechnische Arbeiten übernahmen, wie den Bau optischer oder mechanischer Instrumente [4.40].

Diese Handwerker wurden anfangs vor allem für die Reparatur der neuen Maschinentechnik herangezogen, bald jedoch auch zum Nachbau von Maschinen. Darunter fanden sich viele später berühmte Namen des deutschen Maschinenbaus. Die Schlossermeister Hille und Neukrantz begannen in Burg mit der Reparatur Cockerillscher Textilmaschinen, und der gleichfalls aus Burg stammende Tischler

Zimmermann baute Chemnitzer Textilmaschinen für die Tuchmanufaktur nach. Von den Schlossern, die sich dem Maschinenbau widmeten, seien Eckert aus Berlin und Kuhn erwähnt. Hartmann aus Chemnitz und der Berliner Heckmann waren Schmiede, der Krefelder Textilmaschinenbauer Diepers begann als Tischlermeister. Auch Plöttner, der in Crimmitzschau Dampfmaschinen herstellte, war Tischler, während Dinnendahl ebenso wie Haubold aus dem Zimmermannshandwerk stammte. Von der Feinwerktechnik zum Maschinenbau kamen die Uhrmacher Mannhardt in München und Labahn in Greifswald. Sogar die Lokomotivfabrik Karlsruhe ging aus einer Handwerkstatt für Instrumente hervor, die zur Ausstattung der Polytechnischen Schule dienten [4.40].

Neben dem Handwerk gehörten solche Betriebe zu den stärksten Quellen des Maschinenbaus, die bereits bei ihrer Gründung industrielle Maschinenbauanstalten waren. Sie stellten sich nicht nur zufällig oder beiläufig auf den steigenden Maschinenbedarf ein, sondern leiteten aus ihm ihr hauptsächliches Unternehmensziel ab. Die meisten dieser Betriebe entstanden in den 30er Jahren des vorigen Jahrhunderts. Sie reagierten auf den wirtschaftlichen Aufschwung nach Bildung des deutschen Zollvereins und wenig später auf die Herausforderung des Maschinenbaus durch den beginnenden Eisenbahnbau. Ihre Gründer hatten bis zu diesem Zeitpunkt Gelegenheit, ihren Beruf in schon bestehenden Maschinenbaubetrieben, teilweise sogar an den Gewerbeinstituten und technischen Schulen zu erlernen, auf die im Zusammenhang mit den preußischen Reformen bereits hingewiesen wurde [4.46].

Zu dieser Kategorie von Maschinenbaubetrieben zählten beispielsweise das von Borsig 1837 in Berlin gegründete Werk, die Maschinenfabrik Kletts in Nürnberg aus dem Jahre 1838 und die 1845 in Köln entstandene Firma Hagen u. Baehrens. Bei solchen Unternehmensgründungen spielten oft eigene Erfindungen der Firmeninhaber eine ausschlaggebende Rolle. Das kaum entwickelte Patentrecht sowie die Schwierigkeit, geeignete Betriebe für die Umsetzung von Erfindungen zu gewinnen, veranlaßten oft die Gründung eigener Maschinenbaubetriebe. Solche Motive führten etwa zur Entstehung der Albanschen Maschinenbauanstalt in Plau, bestimmten Georg Christian Freund, der ein Patent auf eine Mitteldruckmaschine besaß, zur Errichtung seiner Berliner Maschinenfabrik für Dampfmaschinen, und sie bewegten auch Friedrich König, in Oberzell eine Schnellpressenfabrik anzulegen [4.40].

Diese industriell organisierten Maschinenfabriken erwiesen sich aufgrund ihrer Größe, Ausrüstung und ihres Produktionsprogrammes oft als wirtschaftlich überlegen. Daher kamen viele Betriebe, die den späteren Aufstieg des deutschen Maschinenbaus repräsentierten, aus jener Quelle seines Entstehens. Diese Gruppe schließt auch solche von vornherein industriell betriebenen Maschinenbauanstalten ein, die auf staatliche Initiativen zurückgehen. Hier wären die seit 1834 bestehenden Maschinenfabriken der königlich preußischen Seehandlungs-Sozietät in Berlin-Moabit und Breslau zu nennen, der in dem ehemaligen kurfürstlich sächsischen

Amalganierwerk bei Freiberg entstandene Maschinenbaubetrieb sowie die mit Unterstützung des württembergischen Staats ins Leben gerufene Maschinenfabrik Esslingen [4.40].

Das Bergbau- und Hüttenwesen und die aufkommende Textilindustrie, in erster Linie aber das Handwerk sowie die autochthonen Maschinenfabriken bildeten die entscheidenden Entstehungsquellen des deutschen Maschinenbaus in der Zeit des

Bild 4.13 Maffeis Maschinenfabrik, um 1845

Übergangs vom 18. bis zur Mitte des 19. Jahrhunderts. Der Aufstieg dieser Branche zum bis heute wichtigsten Industriezweig in Deutschland war ein Ergebnis herausragender Leistungen ihrer Menschen. Doch um deren Kräfte freizusetzen, mußten im Verlauf eines halben Jahrhunderts schrittweise die dafür erforderlichen äußeren Bedingungen geschaffen werden. Galt es doch, die vielfältigen, historisch überkommenen Hemmnisse wirtschaftlicher und technischer Entwicklung zu überwinden, um Anschluß an die industriell fortgeschrittenen Länder Westeuropas zu finden [4.50].

Aus der damals komplizierten Situation Deutschlands wird die anfangs bestimmende Rolle verständlich, die der Staat beim Aufschwung des deutschen Maschinenbaus gespielt hat. Wir haben bereits das Wirken Beuths als beispielhaft für die Industrieförderung in Preußen herausgestellt, die einen tragenden Pfeiler preußischer Reformpolitik verkörperte. Doch der Maschinenbau war nahezu in ganz Deutschland ein Feld für staatliche Hilfen, die auf unterschiedlichsten Wegen gewährt wurden. Für die meist kapitalschwachen handwerklichen Betriebe bedeuteten staatliche Darlehen oder Zinsentlastungen bei privaten Kreditaufnahmen die wirksamste Unterstützung. So erhielt die Chemnitzer Maschinenfabrik Hartmann 30000 Taler für die Aufnahme des Lokomotivbaus [4.20].

Gegenüber direkten Geldzahlungen, die in anderen Ländern verbreitet waren, wurde besonders in Preußen, wie wir aus der Darstellung des Wirkens von Christian Beuth erfuhren, die Bereitstellung von Maschinen und Ausrüstungsgegenständen bevorzugt. Angesichts des damals herrschenden Mangels an Werkzeugmaschinen sowie der bekannten Beschaffungsprobleme übernahm der preußische Staat die Aufgabe, Drehbänke, Bohrmaschinen oder Hobelbänke im Ausland, möglichst im technisch führenden England, zu erwerben, um sie als Darlehen mit bestimmten Auflagen zu vergeben. Nach sechs Jahren gingen solche Maschinen in das Eigentum des Beliehenen über, sofern sie ständig in der Produktion eingesetzt waren, die Aufschrift „Staatseigentum" trugen und allen Interessenten zur Information für deren Innovationsentscheidungen zur Verfügung standen [4.27].

Diese Methode staatlicher Maschinendarlehen entwickelte sich schließlich zu einem Ansatzpunkt der Förderung des eigenen Werkzeugmaschinenbaus. Aus Kostengründen oder wenn ausländische Maschinen nicht in ausreichendem Maße verfügbar waren, erteilte der Staat an deutsche Maschinenbauer den Auftrag, die benötigten Werkzeugmaschinen herzustellen, wobei es sich zumeist um den Nachbau englischer Modelle handelte. Von solchen Aufträgen hat unter anderem die Maschinenfabrik Hamann in Berlin stark profitiert. Die Firma Harkort erhielt 1827 eine amerikanische Maschine, die das Innenministerium hatte nachbauen lassen. „Diese Maschine wird Ihnen als Auszeichnung bewilligt", hieß es im Begleitschreiben, „jedoch unter der Bedingung, solchen Fabrikanten des Inlandes, welche sich bei Ihnen melden, und dergleichen Maschinen bei sich einzuführen wünschen, davon Kenntnis nehmen zu lassen und sie ihnen zu einem angemessenen Preis zu bauen" [4.26].

Die ‚Mechanischen Werkstätten Harkort & Co.' wurden im Jahre 1819 auf der alten Burg in Wetter an der Ruhr gegründet. Friedrich Harkort und Heinrich Daniel Kamp waren die treibenden Kräfte dieser im wesentlich mit englischen Arbeitern und englischen Maschinen ausgestatteten Maschinenbauanstalt. Das vielseitige Produktionsprogramm reichte vom Dampfkessel- und Dampfmaschinenbau über verschiedene Maschinen für das Berg- und Hüttenwesen bis hin zum Bau von Textilmaschinen. Friedrich Harkort erwarb sich auch als Förderer des Eisenhüttenwesens Verdienste, indem er das Puddelverfahren durch Anlage des Puddel- und Walzwerkes in Wetter einführte.

Die Allgemeine Preußische Staatszeitung berichtete am 24. Oktober 1822 über die neue Maschinenfabrik zu Wetter: „Nichts kann erfreulicher sein, als die sich immer mehr und mehr erhebende Fabrikindustrie in Deutschland zu sehen und das Streben zu beobachten, welches sich überall blicken läßt, in den Kunsterzeugnissen jeder Art den Nachbarstaaten und selbst den beneideten Engländern nicht nachzustehen. In dieser letzten Beziehung verdient besondere Aufmerksamkeit die zu Wetter, unweit von Hagen, durch Herrn Kamp, Schwager und Associé des Herrn Jakob Aders in Elberfeld, in Gemeinschaft mit Herrn Harkort gegründete fabrikmäßige Anfertigung des großen Hebels aller Fabriken, nämlich der Dampfmaschinen. Und zur allgemeineren Verbreitung dieser notwendig gewordenen Maschinerie ist in Deutschland die oben erwähnte Fabrik der Herren Kamp und Harkort in Wetter bei Hagen eine der vollkommensten. Die Maschinen, welche

Bild 4.14 Harkortsche Fabrik, um 1820

sie liefert, gehören zu den zweckmäßigsten und können den besten englischen zur Seite gestellt werden, sind aber dabei weit wohlfeiler als jene. Auch mehrt sich der Absatz derselben fortwährend. Die Anstalt hat nun Aufträge für mehrere neue Maschinen, sowohl für die hiesigen Gegenden, als auch für Sachsen. Eben ist man mit Anfertigung einer über 20 Pferdekraft großen Dampfmaschine für Essen beschäftigt. Diese Fabrikanstalt beschränkt sich indessen nicht allein auf Dampfmaschinen, sondern verfertigt auch sehr empfehlenswerte Heizapparate, hydraulische Pressen usw." [4.24]

Das Ausmaß damaliger staatlicher Hilfen, wie auch aus dem Beispiel der Firma Harkort ersichtlich, läßt die folgende Aufstellung preußischer Maschinenbauer erkennen, die in den Jahren von 1840 bis 1849 mit Maschinen beliehen wurden [4.40]:

Jahr	Name und Ort	Beliehene Maschinen
1840	Maschinenfabrik Seydell & von Würden, Grabow	1 Drehbank
	Mechaniker Stephan, Altwasser	1 Drehbank
	Maschinenbauer Friedr. Gaestel, Berlin	1 Drehbank
	Schlossermeister Friedr. Hartmann, Berlin	1 Drehbank
1841	Mechaniker Steinfurt, Königsberg	1 Drehbank
	Mechaniker Labahn, Grimmen	1 Drehbank
	Mechaniker Hummel, Berlin	1 Räderschneidemaschine
	Maschinenbauer Freund, Berlin	1 Drehbank
	Schlossermeister Hauschild, Berlin	1 Blasebalg
	Maschinenbauer Fr. Mohl, Berlin	1 kleine Dampfmaschine
	Mechaniker C. Lüttig, Berlin	1 Drehbank
1842	Eisengießerei Negenborn, Königsberg	1 Bohrmaschine
	Metallarbeiter Wannovius, Tilsit	1 Drehbank
1843	Maschinenbauer Plagemann, Bromberg	1 Drehbank und 1 Hobelmaschine
	Fabrikbesitzer Offermann, Sorau	1 Drehbank
	Schlossermeister Centner, Spremberg	1 Drehbank
1844	Union Eisengießerei, Königsberg	1 Drehbank
	Maschinenbauer A. Cremer, Recklinghausen	1 Drehbank
	Joseph Voupier, Aachen	1 Drehbank und 1 Hobelmaschine
1845	Mechaniker Nobert, Greifswald	1 Drehbank
	Mechaniker Aug. Oertling, Berlin	1 Kreisteilmaschine

Jahr	Name und Ort	Beliehene Maschinen
1845	Maschinenbauer Kraatz, Nowawes	Beihilfe 235 Taler
	Mechaniker Schroedter, Düsseldorf	1 Drehbank
1846	Eisengießerei Steimmig, Danzig	1 Drehbank
	Maschinenbauer Müller, Graudenz	1 Räderschneide-maschine
	Maschinenbauer C. Hoppe, Berlin	1 Drehbank und 1 Hobelmaschine
	Mechaniker Aug. Hamann, Berlin	Maschinenteile
	Maschinenbauer A. Zimmermann, Burg	1 Drehbank
1847	Maschinenbauer v. Netrebski, Posen	1 Drehbank
	Mechaniker Schauer, Berlin	Beihilfe 1200 Taler
	Maschinenbauer Wolter, Finsterwalde	1 Drehbank
1848	Mechaniker Rekoß, Königsberg	1 Drehbank
	Schlossermeister Brechert, Stolp	1 Drehbank
	Maschinenbauer A. Cremer, Recklinghausen	1 Drehbank
1849	Drewitz & Rudolph, Thorn	1 Drehbank

Diese unmittelbare Förderung einzelner Betriebe des Maschinenbaus wurde durch eine Reihe indirekter Förderungsmaßnahmen für die Branche im allgemeinen ergänzt. Sie erstreckten sich zum einen auf die Ausbildung der Maschinenbauer und zum anderen auf die Verbreitung von Kenntnissen über den neuesten Stand der nationalen und internationalen Maschinentechnik. So ging man auch in Deutschland zur Gründung technischer Schulen über und rief das technische Ausstellungswesen ins Leben.

Auf das 1821 von Beuth eröffnete Gewerbeinstitut in Berlin wurde bereits hingewiesen. 1825 folgte die nach dem Vorbild der Ecole Polytechnique konzipierte polytechnische Schule in Karlsruhe, 1827 die polytechnische Schule in München, 1828 die technische Bildungsanstalt Dresden und 1829 die Gewerbeschule in Stuttgart. Bereits 1745 wurde das Collegium Carolinum in Braunschweig gegründet, das 1862 den Status einer Polytechnischen Hochschule erhielt. Ebenso wie das Berliner Gewerbeinstitut wurden alle diese Schulen zu Vorläufern der späteren Technischen Hochschulen und Universitäten [4.44].

Gleichfalls zu Ausbildungszwecken unterstützten die deutschen Staaten Reisen von Ingenieuren, Technikern und Unternehmern ins Ausland. Der junge Egells hielt sich mit staatlicher Förderung längere Zeit in England auf, bevor er in Berlin seine Maschinenfabrik eröffnete. Sachsen gewährte Reisemittel unter der Bedingung, daß der so Geförderte während seines Aufenthaltes Berichte verfaßte und anschließend in Sachsen tätig wurde. In ähnlicher Weise finanzierte Württemberg die Studienreisen seines technischen Nachwuchses [4.26].

Die staatliche Industrieförderung wurde von vielen engagierten Persönlichkeiten getragen. Neben Beuth waren darunter in Preußen Gottlieb Kunth, ein Pädagoge, der anfangs bei der Familie von Humboldt in Diensten stand, sowie Christian von Rother, der die Reform preußischer Handelspolitik beförderte. In Bayern gehörten dazu der Philosophieprofessor Franz von Baader sowie Georg von Reichenbach, der unter anderem gemeinsam mit Fraunhofer und Utzschneider optische Geräte baute. In Baden war der Staatsmann und Nationalökonom Karl Friedrich Nebenius Organisator der Industrieförderung, und in Sachsen nahmen Schubert und Hülsse diese Aufgabe wahr.

Die damalige Förderung des Maschinenbaus durch den Staat verstand sich nicht lediglich als Subvention, sondern sie wollte Hilfe zur Selbsthilfe sein. Damit verbesserten sich zwar die wirtschaftlichen und personellen Startbedingungen einzelner Betriebe, doch für einen allgemeinen Aufschwung mußten sowohl die noch immer wirksamen Hemmnisse deutscher Kleinstaaterei überwunden als auch neue industrielle Anreize geschaffen werden. Mit der Gründung des Deutschen Zollvereins 1834 und dem bald danach aufkommenden Eisenbahnbau wurden beide Voraussetzungen eines seitdem dynamischen Wachstums der deutschen Maschinenindustrie sichtbare Realität. Der Übergang zur industriellen Maschinenproduktion sollte zugleich die Geburt eines eigenständigen deutschen Werkzeugmaschinenbaus einleiten.

Verstärkt durch den neu geschaffenen Wirtschaftsraum gingen vom Eisenbahnbau seit dem Ende der 30er Jahre die entscheidenden industriellen Anreize für den deutschen Maschinenbau aus. Sprunghaft erhöhte sich der Bedarf an Erzeugnissen des Maschinenbaus. Benötigt wurden Lokomotiven, Wagen, Drehscheiben, Signaleinrichtungen, Weichen und viele Dinge mehr, die zu Neugründungen oder Kapazitätserweiterungen bestehender Maschinenbaubetriebe führten [4.14].

„So errichtete zu einem Zeitpunkt, an dem die Berlin-Potsdamer Eisenbahn bereits im Bau war, August Borsig seine Maschinenfabrik in Berlin mit dem Ziel der Herstellung von Lokomotiven. Sie sei ganz besonders auf dem Bau von Lokomotiven und allen anderen Eisenbahnarbeiten eingerichtet, heißt es in einer zeitgenössischen Darstellung. Wie bei der Berlin–Potsdamer Eisenbahn, so zog auch die Linie Leipzig–Dresden die Gründung einer Maschinenbaufabrik nach sich: im Übigau bei Dresden entstand während des Baues jener Linie eine Aktiengesellschaft für Maschinenbau, die übrigens auch die erste in Deutschland gebaute Lokomotive auf die Bahn gebracht hat. Auch die erste Linie, Nürnberg–Fürth, rief eine Maschinenfabrik ins Leben: 1838 gründete F. Klett unter Beteiligung von bei dieser Bahn beschäftigten Engländern eine Maschinenfabrik.“ [4.40]

Unter den bereits bestehenden Betrieben, die sich dieser neuen Herausforderung stellten, nahm Hartmann in Chemnitz, nachdem er einen hohen Staatskredit

Bild 4.15 Das Gießhaus in Borsigs Eisengießerei, 1848

erhalten hatte, 1848 den Lokomotivbau auf. Seit 1846 baute G. Egestorff Lokomotiven und anderes Eisenbahnmaterial. „Von Egestorff wissen wir, daß er 1836 die Grundausstattung an Werkzeugmaschinen aus den besten Maschinenbauanstalten Englands holte, sie durch weitere Einkäufe, aber auch durch Eigenbau vervollständigte. Von der selbständigen Herstellung war es später ein naheliegender Schritt, die gewonnenen Erfahrungen auch für den Absatz zu verwerten. So wurden Drehbänke, Bohr- und Fräsmaschinen, Feilmaschinen, Mutterschneidemaschinen, vollständige Räderdrehbänke, Stoßmaschinen ... hergestellt." [4.10]

Solche Fälle gab es noch mehrere, doch stets führte die Entscheidung für den Eisenbahnmaterialbau zum raschen Aufschwung dieser Werke. Das Ausmaß dieser Hinwendung wird z. B. von der Gutehoffnungshütte berichtet, die sich 1839 gleichfalls im Bau von Lokomotiven versuchte: „In dem Briefwechsel Ende der dreißiger bis Mitte der vierziger Jahre nimmt die Korrespondenz mit den Eisenbahngesellschaften einen solchen Raum ein, daß man zeitweise den Eindruck erhält, die

Hütte betreibe nur noch die Erzeugung von Eisenbahnbedarfsartikeln. Selbst die königliche Seehandlungs-Maschinenbauanstalt Moabit hoffte 1843 auf Geschäfte mit den Eisenbahndirektionen." [4.40]

Die Dynamik der durch den Eisenbahnbau ausgelösten Entwicklung wird auch an der Steigerung der Produktionszahlen im Maschinenbau deutlich. Die Maschinenfabrik von August Borsig hatte 1842 ihre erste Lokomotive hergestellt. 1854 verließ bereits die 500. Lokomotive das Werk, und nur vier Jahre später, 1858, konnte die Firma anläßlich der Fertigstellung ihrer 1000. Lokomotive ein weiteres Jubiläum begehen [4.25].

Den um die Mitte des vergangenen Jahrhunderts verstärkt einsetzenden Aufschwung des Maschinenbaus spiegelt auch die insgesamt hohe Zahl von Firmengründungen jener Jahre wider. In ihnen wurden zwar nicht die Grundlagen des deutschen Maschinenbaus überhaupt, jedoch die Grundlagen des industriellen Maschinenbaus in Deutschland gelegt. Bei 83 Betrieben einer Untersuchung Schröters, deren Gründungsjahr bekannt war, ergab sich folgende Verteilung ihrer Entstehung über den Zeitraum von 1801 bis 1850 [4.40]:

Zeit	Anzahl	Prozent	Zeit	Anzahl	Prozent
1801-05	1	1,2	1826-30	6	7,2
1806-10	3	3,6	1831-35	10	12,1
1811-15	4	4,8	1836-40	23	27,7
1816-20	6	7,2	1841-45	17	20,5
1821-25	4	4,8	1846-50	9	10,9

Fast 60 Prozent aller Betriebe stammten aus den Jahren zwischen 1836 und 1850. Hierin werden die historischen Ereignisse jener Epoche unmittelbar deutlich: Die Gründung des Deutschen Zollvereins und der Beginn des Eisenbahnbaus markieren den Eintritt Deutschlands in die Phase seiner Industrialisierung.

Die zentrale Stellung des Eisenbahnbaus hat dennoch jene früher vorherrschende Beziehung des Maschinenbaus zur Textilindustrie sowie zum Bergbau- und Hüttenwesen nicht aufgehoben. Nach wie vor gehörten diese Branchen zu den Hauptauftraggebern der Maschinenbauunternehmen. Deren regionale Verteilung um die Mitte des Jahrhunderts weist neben dem neu hinzugekommenen Eisenbahnbau noch immer auf die seit den Anfängen bestehenden Zusammenhänge mit den alten Gewerbezentren hin. Eine Aufstellung der stärksten Konzentration von Maschinenfabriken aus dem Jahre 1846 ergibt folgendes Bild [4.40]:

1. Königreich Sachsen

Kreisdirektionsbezirk Zwickau	135 Fabriken
Kreisdirektionsbezirk Dresden	56 Fabriken
Kreisdirektionsbezirk Bautzen	25 Fabriken
Kreisdirektionsbezirk Leipzig	16 Fabriken

Bild 4.16 Die Maschinenbau-Anstalt und Eisengießerei von Borsig, 1847

2. Rheinland-Westfalen	
Regierungsbezirk Aachen	18 Fabriken
Regierungsbezirk Arnsberg	13 Fabriken
Regierungsbezirk Köln	6 Fabriken
Regierungsbezirk Düsseldorf	6 Fabriken
3. Berlin und Umgebung	
Regierungsbezirk Berlin	34 Fabriken
Regierungsbezirk Frankf. (Oder)	6 Fabriken
4. Schlesien	
Regierungsbezirk Breslau	6 Fabriken
Regierungsbezirk Oppeln	6 Fabriken
5. Mittelfranken	6 Fabriken

Der Maschinenbau verteilte sich zwar über ganz Deutschland, konzentrierte sich jedoch bis weit in unser Jahrhundert hinein auf die Industriegebiete Sachsens, Berlins und des heutigen Nordrhein-Westfalens.

Ein großer Teil der Maschinenbauunternehmer kam aus dem Handwerk. Häufig vertreten waren auch hier Schlosser, Tischler und Schmiede sowie Zimmerleute, aber es fanden sich darunter auch Uhrmacher, Gießer, Buchdrucker oder Tuchmacher. Die Bedeutung einer guten handwerklichen Bildung auch für den Maschinenbau-Unternehmer geht aus Dinnendahls Beschreibung damaliger Anforderungen an den Dampfmaschinenbau hervor: „Freilich war es ein wichtiges Unternehmen, eine Dampfmaschine zu bauen, besonders, weil in der hiesigen Gegend nicht einmal ein Schmied war, der imstande gewesen wäre, eine ordentliche Schraube zu machen, geschweige denn andere zur Maschine gehörige Schmiedeteile, als Steuerung, Zylinderstange und Kesselarbeit usw. hätte verfertigen können oder Bohren und Drechseln verstanden hätte. Schreiner- und Zimmermannsarbeiten verstand ich selbst; aber nun mußte ich auch Schmiedearbeiten machen, ohne sie jemals gelernt zu haben." [4.40]

Im Maschinenbau waren also unterschiedlichste berufliche Fähigkeiten verlangt. Das galt insbesondere für den Fabrikanten der Frühzeit, denn er war zugleich Meister und Vorarbeiter, dem die Fertigung der kompliziertesten Werkstücke oblag. Auch in dieser Beziehung wiederholte sich in Deutschland eine Entwicklung, die wir bereits im Umfeld des englischen Werkzeugmaschinenbaus beobachten konnten.

Neben die Gruppe der handwerklichen Unternehmen traten die so bezeichneten „Ingenieur-Unternehmer" oder „Techniker-Unternehmer". Die von ihnen gegründeten Firmen zeichneten sich, wie dargestellt, durch deren von vornherein auf den industriellen Maschinenbau gerichteten Zweck aus. Auch hinsichtlich ihrer Ausbildung unterschied sich diese Unternehmensgruppe von den aus dem Handwerk stammenden Firmengründern. Von Anfang an den Maschinenbau als Beruf zu ergreifen war selbstverständlich an die Möglichkeit gebunden, diesen Beruf zu erlernen. Dazu mußten zuerst Maschinenbaubetriebe bestanden haben, in denen eine solche Lehre absolviert werden konnte. Diese Voraussetzung bestand in der Regel erst mit Beginn des Aufschwungs in den 30er Jahren [4.40].

Der berufliche Weg dieser Maschinenbau-Unternehmer führte entweder direkt über eine auf den Maschinenbau gerichtete, handwerkliche Lehre, oder sie besuchten zuvor eine höhere Schule, einige von ihnen auch die neu gegründeten gewerblichen oder polytechnischen Schulen. „R. Wolf, Maschinenbauer, besuchte zwei Jahre die Provinzialgewerbeschule in Halberstadt. A. Holtzhausen, langjähriger Leiter der Gleiwitzer Maschinenbauanstalt, hatte die Bergschule in Andreasberg besucht, Borsig die Baugewerbeschule in Breslau. Nach dem Besuch der vorbereitenden Schule schloß sich, sagen wir: der Hochschulbesuch an. So besuchten Borsig, Behrens, Hoppe, Schichau und andere das Gewerbeinstitut in Berlin, Keßler, Meßmer, Andreae und andere die Polytechnische Schule in Karlsruhe, Schwalbe und andere die technische Bildungsanstalt Dresden. Das Gewerbeinstitut bildete zunächst in Zwei-, dann in Dreijahreskursen, die technische Bildungsanstalt in Dresden in Vierjahreskursen aus." [4.40]

Dem Schulbesuch folgte bei fast allen dieser künftigen Unternehmer eine praktische Maschinenbaulehre in einer der bestehenden Maschinenfabriken. Lehrmeister dieser zweiten Generation waren überwiegend die noch unmittelbar aus dem Handwerk hervorgegangenen Gründer des Maschinenbaus, während jene Ingenieur-Unternehmer dann selbst Lehrmeister für die zur Jahrhundertmitte hinzukommenden Maschinenfabrikanten wurden: So lernten „Borsig, Hoppe und Wöhlert bei Egells, Hartmann, Schönherr und Rabenstein bei Haubold, Keßler lernte bei Meßmer, Andreae in der Gutehoffnungshütte, von Würden bei Freund, Haag bei Sander (dem späteren Stammwerk der MAN). Dann aber stellen wir fest: Gruson lernte bei Borsig, Kuhn lernte bei Hoppe, Wolf lernte bei Wöhlert und Kuhn. Das war aber erst möglich, nachdem eben bereits bestehende bedeutende Betriebe diese Rolle der Bildungsstätte übernehmen konnten." [4.40]

In den Anfängen des deutschen Maschinenbaus mußte sich auch unter den Beschäftigten erst eine spezialisierte Facharbeiterschaft herausbilden. Zur Verfügung standen lediglich Handwerker, die hinsichtlich ihrer beruflichen Voraussetzungen dem Maschinenbau mehr oder weniger nahestanden. Zwar konnte gelegentlich auf ausländische Fachkräfte zurückgegriffen werden, doch reichten diese bei weitem nicht aus, den steigenden Bedarf auch nur annähernd zu decken. Zu den Aufgaben des Maschinenbauunternehmens gehörte daher lange Zeit die Ausbildung der Belegschaft.

Das war relativ unkompliziert, wenn es sich um Arbeiter handelte, die aus dem Maschinenbau verwandten Berufen kamen. Dazu gehörten vor allem Schlosser, Schmiede, Tischler und Zimmerleute, die es zu der im Entstehen begriffenen neuen Branche zog. Sie brachten bereits einige der erforderlichen Kenntnisse mit, obwohl auch diese für den Maschinenbau noch keinesfalls ausreichten. Doch die handwerklich vorgebildeten Arbeiter waren leichter als die übrigen zu qualifizieren. Ihnen fielen daher die mit höheren Anforderungen verbundenen Aufgaben zu, wie Schmieden oder Montieren, während stärker mechanische Tätigkeiten, wie z. B. das Drehen und Bohren, von den anderen meist völlig berufsfremden Arbeitern ausgeführt wurden.

Diese zweite Gruppe bestand teilweise aus Textilhandwerkern, Müllern und Bergleuten, aber auch aus Bauern und Landarbeitern. Sie brachten zumeist keinerlei maschinenbauspezifische Vorkenntnisse mit und sollen manchmal eine starke Abneigung gegen die damalige Maschinentechnik an den Tag gelegt haben. „Unsere deutschen Arbeiter", heißt es dazu in einer zeitgenössischen Quelle, „stemmen sich mit aller Kraft gegen alle Maschinen, die, wie sie meinen, sie mehr oder weniger überflüssig machen und intrigieren daher offen und versteckt auf alle mögliche Weise gegen die Einführung von allen dergleichen Maschinen." [4.40]

Die Zahl der Maschinenbauarbeiter war jedoch bis Mitte des 19. Jahrhunderts noch verhältnismäßig klein. Nach der Gewerbetabelle von 1846 ergibt sich folgendes Bild [4.40]:

Preußen	131 Fabriken	7644 Arbeiter,
Anhalt-Brandenburg	2 Fabriken	48 Arbeiter,
Bayern	17 Fabriken	1020 Arbeiter,
Baden	14 Fabriken	1091 Arbeiter,
Ghztm. Hessen	14 Fabriken	246 Arbeiter,
Kurhessen	4 Fabriken	212 Arbeiter,
Nassau-Frankfurt	1 Fabrik	45 Arbeiter und
Sachsen	232 Fabriken	2250 Arbeiter.

Nicht nur die Zahl der Beschäftigten im Maschinenbau war noch sehr gering, auch die durchschnittliche Betriebsgröße lag bei nur ca. 30 Arbeitern. Dennoch nahmen sie durch die Schlüsselfunktion ihres Produktionszweiges schon damals eine herausragende Stellung innerhalb der Arbeiterschaft ein.

In der Gründungsphase des industriellen Maschinenbaus wurden bereits bestimmte Werkzeugmaschinen als unbedingt notwendig für einen erfolgreichen Betrieb angesehen: „Beuth bestellte für Voupier 1836 als unbedingt notwendige Maschinen aus England eine Räderschneidemaschine und eine Drehbank. 1840 heißt es, daß eine Hobel- und eine Drehbank Einrichtungen seien, ‚welche in der Maschinen-Fabrik unentbehrlich sind, falls dieselbe hinter andren Instituten der Art nicht zurückbleiben' wolle. Als sich der Engländer Thomas in Sachsen selbständig machen wollte, bezeichnete er Ende der zwanziger Jahre folgende Maschinen

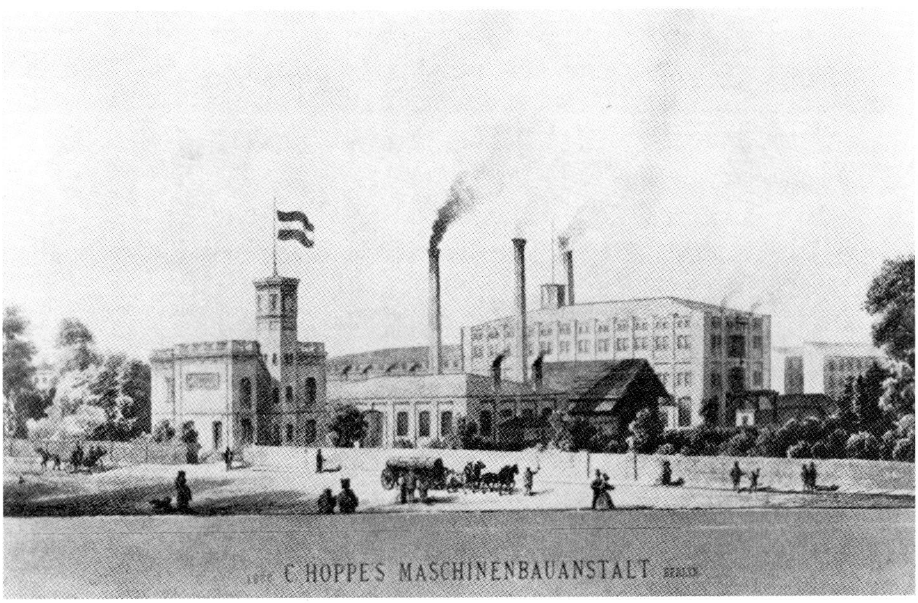

Bild 4.17 Die Maschinenfabrik von C. Hoppe, 1868

als seine ersten: zehn Drehbänke, eine Zahnschneidemaschine, eine Riffelmaschine und eine Blechwalze." [4.40]

Einzelheiten über die damalige Ausstattung eines Maschinenbaubetriebes erfahren wir durch das Gutachten der Fabriken-Kommissionsräte Wedding und Brix vom 9. März 1846 über Hoppes erste Fabrik: „Das Fabriklokal des Hoppe, Köpenicker Straße 168a, in einem dem Kupferschmiedemeister Albrecht gehörenden Hause, ist nur beschränkt und enthält in dem hohen gewölbten Souterrain eine Schmiede mit zwei Feuern, einen Blechglühofen; im ersten Stock eine Schmiede mit zwei Feuern und 4 Schraubstöcken, einen Drehraum mit 2 hölzernen Drehbänken, mit 3 kleineren eisernen Drehbänken und mit einer kleinen, in demselben Raum auf einem erhöhten Gestell errichteten Hochdruckdampfmaschine von etwa 2 Pferden, einen Raum zum Aufstellen von kleineren Arbeiten; im zweiten Stock eine Feilstube mit 11 Feilbänken, eine Tischlerei und 1 Comptoir; im Mittelgeschoß zwischen den beiden Stockwerken über dem Aufstellraum einen Vorratsraum; und endlich in einem Seitengebäude einen Raum zum Zusammenbau von Dampfmaschinen und dgl. Werken. Die Werkzeuge außer den vorhin bemerkten Drehbänken sind nur in geringer Anzahl vorhanden und von der Art, daß es uns überrascht hat, wie der pp. Hoppe mit so geringen Hilfsmitteln im Stande gewesen ist, solche Werke auszuführen, wie geschehen." [4.3]

Mit dem Produktionswachstum nahm die maschinelle Ausrüstung der Maschinenindustrie zu. Die nachstehende Aufstellung gibt Art und Verteilung der Werkzeugmaschinen an, die sich im Besitz von insgesamt 91 Unternehmen der Zeit bis zur Jahrhundertmitte befanden [4.40]:

1. Drehbänke	in 28 Fällen,
2. Bohrmaschinen	in 18 Fällen,
3. Hobelmaschinen	in 11 Fällen,
4. Radschneidemaschinen	in 5 Fällen,
5. Schraubenschneidemaschinen	in 5 Fällen,
6. Stoß- oder Lochmaschinen	in 3 Fällen,
7. Schleifwerke	in 3 Fällen,
8. Blechschneidemaschinen	in 2 Fällen,
9. Riffelmaschinen	in 2 Fällen,
10. Kreissägen	in 2 Fällen,
11. Nietmaschinen	in 1 Fall und
12. Fräsmaschinen	in 1 Fall.

In 10 Fällen wurden nur Hilfsmaschinen erwähnt.

Die königliche Seehandlungs-Maschinenbauanstalt zu Moabit verfügte bei ihrer Auflösung 1844 immerhin über die folgenden Werkzeugmaschinen und Geräte [4.40]:

Stück	Bezeichnung	Bemerkungen
1	Engl. Hobelbank	aus England bezogen
1	Planscheiben Drehbank	früher übernommen und instandgesetzt
1	Kreisschere aus altem Material zusammengestellt	
1	Engl. selbstarb. Drehbank mit Support	von Herrn Voupier mitgebracht
1	Drehbank mit hölzernen Wangen und Support	alt übernommen und instandgesetzt
1	Drehbank	hier in Anstalt gefertigt
1	Drehbank mit einem Support	hier in Anstalt gefertigt
1	gr. Bohrwerk mit Planscheib. Drehbank	hier in Anstalt gefertigt
1	kl. Bohrwerk neu in d. Anstalt gefertigt	
1	kleine Lochbohrmaschine	neu in der Anstalt gefertigt
1	dergl.	desgl.
1	Kreissäge	übernommen und instandgesetzt
1	gr. Schleifstein mit Vorrichtung	angeschafft desgl.
1	dergl.	angeschafft desgl.
1	kleiner Schleifstein mit Vorrichtung	neu angekauft
1	kleine Pumpenbohrmaschine	neu in der Anstalt gefertigt
1	Lochbohrmaschine	übernommen
1	dergl.	desgl.
1	eis. Winde	desgl.
1	Schleifstein mit Vorrichtung	neu angeschafft
1	gute Drehbank mit einem Support	in der Anstalt gefertigt
1	Hobelmaschine von Hamann	neu gekauft von Hamann
1	lange Drehbank	übernommen und instandgesetzt
1	Räderschneidemaschine	von Herrn Voupier mitgebracht
1	kleine eiserne Drehbank	übernommen und instandgesetzt
1	dergl.	desgl.
1	dergl.	desgl.
1	Drehbank	desgl.
1	engl. eis. Drehbank mit Support	von Herrn Voupier mitgebracht
1	Drehbank	übernommen und instandgesetzt
1	Schwungrad	übernommen
1	Schraubenschneidemaschine	übernommen
1	Bohrmaschine	desgl.
1	Schraubenschneidemaschine	von Herrn Voupier mitgebracht

Stück	Bezeichnung	Bemerkungen
1	Lochmaschine	übernommen und instandgesetzt
1	dergl.	übernommen und instandgesetzt
1	dergl. und Schere	übernommen
4	große Richtplatten	1 übernommen und 3 angekauft
1	Dampfkessel	neu in der Anstalt gefertigt
1	Feldschmiede	dito
1	Bockwinde	dito
1	gr. Drehbank	übernommen
1	kl. Drehbank	desgl.
1	Schwungrad	desgl.
1	eis. Kran	neu in der Anstalt gefertigt
1	Schraubenschneidestock	übernommen und instandgesetzt
1	Blechschere mit Klotz	übernommen
1	Richtbank neu in der Anstalt gefertigt	
60	Schraubstöcke	teils übernommen, teils neu angekauft

Die erforderliche Ausrüstung der Maschinenbaubetriebe schloß selbstverständlich auch Vorrichtungen für den Antrieb der Werkzeugmaschinen mit ein. Denkbar und in unterschiedlicher Anzahl tatsächlich vorfindbar waren vier Antriebsquellen: der Handantrieb, Göpelwerke, das Wasserrad und schließlich die Dampfmaschine. Der Handantrieb beschränkte sich fast gänzlich auf kleine Betriebe. Die Maschinen waren mit einem Schwungrad versehen, das gelegentlich auch durch ein Pedal betrieben wurde. Der später auf Werkzeugmaschinen spezialisierte Betrieb Johann Zimmermanns hat mit Handantrieb begonnen.

Durch Pferdegöpel haben Hartmann und Borsig in der Anfangszeit ihre Maschinen bewegt. Auch das Wasserrad wurde als Antriebskraft genutzt, wobei man Maschinenbaubetriebe an Flußläufen neu errichtete bzw. in vorhandene Arbeitsstätten mit Wasserrad verlegte. Mit Wasserradantrieb arbeiteten die Fabriken von Lippmann, Haag & Petzold sowie das Unternehmen des Grafen von Stolberg-Wernigerode in Ilsenburg, das zu einem Hüttenbetrieb gehörte [4.40].

Die Mehrzahl der damaligen Maschinenbaubetriebe verfügte jedoch über eine oder sogar mehrere Dampfmaschinen. 1846 waren von 131 Betrieben in Preußen 80 mit Dampfmaschinen ausgerüstet. Maßgeblich dafür waren die gleichen Gründe, die schon in England zur Ausbreitung der Dampfmaschine geführt hatten: ihre große Wirkung und klimatische Unabhängigkeit sowie ihre Beweglichkeit hinsichtlich des Einsatzortes, wodurch sie selbst das Wasserrad verdrängte.

Die Durchsetzung der Dampfkraft im deutschen Maschinenbau seit Mitte des vorigen Jahrhunderts darf als Ausdruck seiner relativ fortgeschrittenen Industrialisierung verstanden werden. Obwohl im internationalen Vergleich noch immer England und Frankreich die Führung innehatten, war der heimische Maschinenmarkt, wie insbesondere die Entwicklung des Lokomotivbaus und der Herstellung von Textilmaschinen belegt, bereits weitgehend zu einer Domäne deutscher Maschinenbauer geworden. Damit waren zugleich die entscheidenden Voraussetzungen herangereift, um aus den innerhalb des Maschinenbaus immer schon wirksamen Ansätzen zur Produktion von Werkzeugmaschinen eine selbständige Schlüsselindustrie entstehen zu lassen [4.26].

4.3 Chemnitz wird Zentrum

Bei der regionalen Verteilung des deutschen Maschinenbaus kam Sachsen im Vergleich zu den übrigen Zentren, wie wir sahen, mit Abstand die größte Bedeutung zu. Insgesamt 232 Maschinenbaubetriebe aus den Bezirken Zwickau, Dresden, Bautzen und Leipzig waren in der Fabrikentabelle aus dem Jahre 1846 erfaßt gegenüber nur 43 Betrieben im zweitgrößten Zentrum, in Rheinland-Westfalen, und 34 Betrieben im Bezirk Berlin [4.21]. Obwohl auch in Sachsen das Bergbau- und Hüttenwesen als Primärindustrie eine wichtige Rolle für die Entwicklung des Maschinenbaus spielte, ging der Maschinenbedarf doch vorrangig auf das Textilgewerbe und hier besonders auf die Baumwollindustrie zurück. Ihr Einfluß auf den Fortschritt der Industrialisierung war derart bestimmend, daß sie als „Mutter des sächsischen Maschinenbaus" bezeichnet wurde.

Im Schutz der Kontinentalsperre vor der englischen Konkurrenz hatten sich vor allem in Sachsen, aber auch in Rheinland-Westfalen, Baumwollspinnereien ausgebreitet. Um 1800 gab es in Sachsen 2000 Jennymaschinen, 1814 dagegen liefen bereits 284000 Mulespindeln. Im Deutschen Zollverein betrug um das Jahr 1840 die Zahl der Spindeln 658358 Stück, von denen auf Bayern 6,1 Prozent entfielen, auf Württemberg und Baden zusammen 10,8 Prozent, auf Preußen 23,3 Prozent, aber auf Sachsen 56,3 Prozent. Auch in der mechanischen Weberei lag Sachsen vor den anderen deutschen Regionen. Seit Mitte des 18. Jahrhunderts arbeiteten in Sachsen Webereien für Kaftan, Piqué und Musselin, und um 1790 sollen allein in Mittweida 50 mechanische Webstühle in Betrieb gewesen sein. Ihre Zahl stieg bis 1831 in ganz Sachsen auf über 20000 Webstühle an und die Strumpfwirkerei in Chemnitz erlangte schon damals Weltgeltung [4.20].

Neben Ulm und Augsburg kann Sachsen die Wiege der deutschen Baumwollindustrie genannt werden. Die sächsischen Zentren jener Branche, deren Tradition bis ins Mittelalter zurückreicht, lagen von Anfang an im Raum Chemnitz sowie um die Stadt Plauen im Vogtland. Zu Beginn des 19. Jahrhunderts eröffneten Kreissig, die Gebrüder Bernhard und Wöhler die ersten Maschinenspinnereien dieser Regionen, 1807 folgte die erste Spinnmaschinenbauwerkstatt Sachsens, die von dem Engländer Evan Evans bei Zschopau, später in Geyer errichtet wurde.

Evans war, bevor er sich selbständig machte, gemeinsam mit seinem Landsmann Watson in der Maschinenbauabteilung der Bernhardschen Spinnerei angestellt. Auch die Fabrik Wöhlers besaß eine eigene Maschinenwerkstatt, für die ebenfalls ein Engländer, namens Whitefield, gewonnen werden konnte. Über die Werkstatt Bernhards hieß es in einem zeitgenössischen Bericht, daß die „Schlosser- und Schmiedewerkstätte und die Drehbank ans Wasser" gelegt waren, wodurch „jene Präzision und Akkuratesse in der Metallverarbeitung" ermöglicht wurde, „die zur Erbauung eines so feinen Getriebes, wie das der Mule- und Watermaschinen war, erforderlich war und die den sächsischen Maschinenbauern bisher fremd gewesen" [4.13]. Wie bereits dargestellt, finden wir hier ein für Sachsen typisches Beispiel der Entstehung von Maschinenbaubetrieben in direkter Verbindung mit der Textilindustrie.

Eine der herausragenden Persönlichkeiten des Chemnitzer Maschinenbaus war der Unternehmer Carl Gottlieb Haubold. Als Sohn eines Zimmermanns wählte er gleichfalls diesen Beruf und brachte es bald zum Meister. 1807, mit 24 Jahren, erlernte er in den Maschinenbauabteilungen der Bernhardschen und Wöhlerschen Spinnfabriken unter Anleitung englischer Mechaniker den Bau von Spinnmaschinen und Webstühlen. Im Jahre 1815 richtete er seine eigene Maschinenbauwerkstatt ein, in der er die erste Schlagmaschine herstellte und 1822 ca. 30 Arbeiter beschäftigte. 1826 wandelte Haubold seinen zunächst noch handwerklichen Betrieb in eine Spinnmaschinenfabrik um. Dazu kaufte er das Wöhlersche Unternehmen unter dem Chemnitzer Schloß und siedelte mit seiner mechanischen Werkstatt dorthin über [4.20].

Bei Wieck lesen wir, daß Haubold als einer der geschicktesten Maschinenbauer in Sachsen galt: „Eine Besichtigung des Hauboldschen Betriebes durch die vorgenannte Landesökonomie-, Manufaktur- und Kommerzien-Deputation nach der Rückkehr Haubolds von seiner großen Auslandsreise schlug sich in den Worten nieder, daß seine Maschinenfabrik für die erste und einzige ihrer Art in Sachsen zu erachten und mit sehr kostbaren und vorzüglichen Maschinen ausgestattet ist, so daß bei einem Vergleich derselben mit vielen Werkstätten des Auslandes der Vorteil ganz auf ihrer Seite ist." [4.20]

Der Einfluß Haubolds auf die Entstehung des Chemnitzer Werkzeugmaschinenbaus wird uns noch einmal im Zusammenhang mit Richard Hartmann und Johann Zimmermann begegnen, den beiden wichtigsten Repräsentanten der Gründungszeit des deutschen Werkzeugmaschinenbaus überhaupt. Hartmann und Zimmermann haben jeweils über mehrere Jahre bei Haubold bzw. in dessen Fabrik gearbeitet und können in gewisser Weise als dessen Schüler gelten. Wie bei den Begründern des englischen Werkzeugmaschinenbaus finden wir auch in Deutschland eine intensive Wechselwirkung der Maschinenbauergenerationen, welche die Bedeutung von Erfahrung und Praxis als bestimmende Grundlage der Branchenentwicklung zumindest in der Entstehungsphase des Maschinen- und Werkzeugmaschinenbaus unterstreicht.

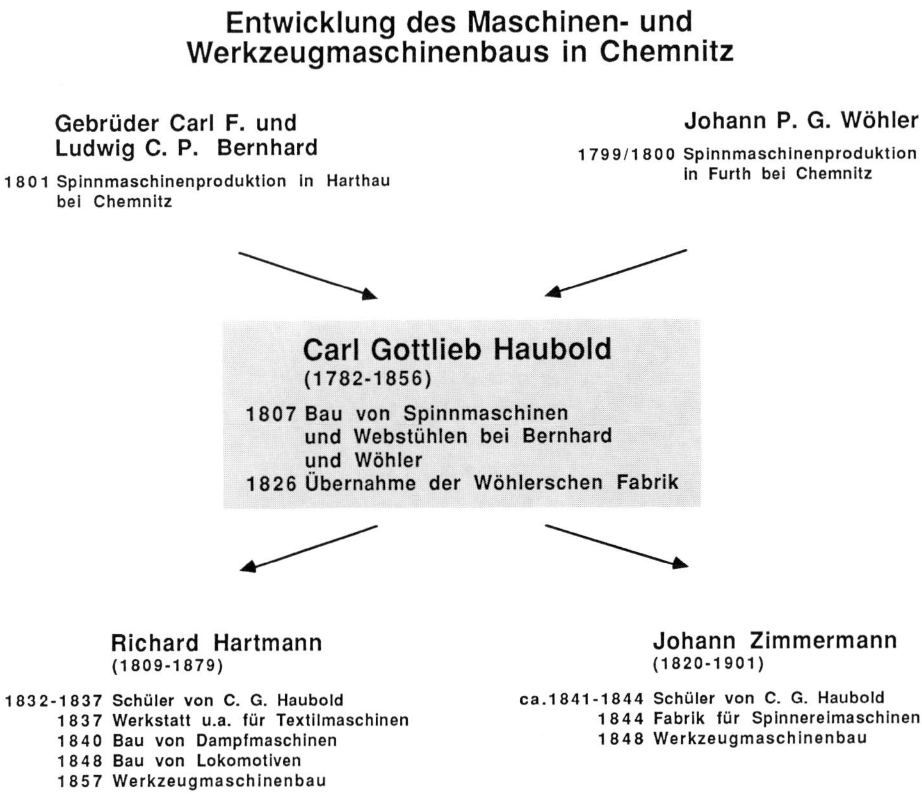

Bild 4.18 Gründer des Chemnitzer Maschinen- und Werkzeugmaschinenbaus, IPK 1990

Von den Chemnitzer Maschinenbaubetrieben, die zu jener Zeit neben der Hauboldschen Maschinenfabrik existierten, war die Werkstatt Samuel Schwalbes mit 24 Arbeitern die größte. Er produzierte Baumwoll- und Schafwollspinnmaschinen. Darüber hinaus hatte sich eine Reihe kleinerer und mittlerer Unternehmen außerhalb von Chemnitz angesiedelt. Dazu gehörten unter anderem Luis Schönherr in Plauen, Friedrich Georg Wieck in Harthau, Fiedler bei Oederau, Crusius in Leipzig sowie Blochmann und Dietrich in Dresden. Dennoch bestanden nach dem Urteil Weicholds vor allem im Hinblick auf den beginnenden Eisenbahnbau „in den dreißiger Jahren in Sachsen nicht genügend große und zweckdienliche Maschinenbaubetriebe, die den Anforderungen des industriellen Bedarfs" genügt hätten, doch „am ärgsten lagen die Verhältnisse auf dem Gebiet des Werkzeugmaschinenbaus" [4.20].

Noch zu Beginn der 40er Jahre stellte der Industrieverein über den sächsischen Maschinenbau fest: „In Sachsen fehlt es gegenwärtig nicht an Werkstätten, wo Maschinen irgend einer Art gebaut werden, und welche sowohl in Güte als Billigkeit der Preise gegen jede französische und englische Mitbewerbung zu bestehen im Stande sind und dennoch mangelt es ihnen im Durchschnitt an Arbeit, was ein Beweis ist, daß es der Fabriktätigkeit in Sachsen an Lebhaftigkeit und Ermunterung fehlt“ [4.20].

Diese Mängel an Unternehmergeist und Förderung konnten anscheinend bald ausgeglichen werden, denn im Jahre 1845 beschäftigte der sächsische Maschinenbau, ohne die Reparaturwerkstätten in den Spinnereien, bei der Eisenbahn und beim Bergbau, mehr als 1200 Arbeiter. Er lieferte Maschinen im Wert von 800 000 Taler, von denen 75 Prozent im Raum Chemnitz hergestellt wurden. In den Jahren von 1836 bis 1845 bauten 11 verschiedene Unternehmen insgesamt 147 Dampfmaschinen mit zusammen 1634 PS sowie die Dampfwagen von je 80 PS. Neben Dampfmaschinen fanden sich in ihrem Produktionsprogramm fast alle Maschinen, welche die sächsische Industrie benötigte. Das galt vermutlich auch für Werkzeugmaschinen, denn erstmals sollen nun Bohr- und Hobelmaschinen neben Drehbänken, wie schon von Hamann in Berlin, für den Verkauf gebaut worden sein [4.9].

Unter den erfolgreichen Chemnitzer Maschinenbauunternehmern jener Zeit zählten Richard Hartmann und Johann Zimmermann zu den bedeutendsten Vertretern ihrer Branche in Sachsen. Als Ingenieure und Fabrikanten haben sie für den Chemnitzer Maschinen- und Werkzeugmaschinenbau nationale und sogar weltweite Anerkennung erworben. Dank ihrer Leistung wurde Chemnitz in der zweiten Hälfte des 19. Jahrhunderts zum Zentrum des deutschen Werkzeugmaschinenbaus.

Hartmann war seiner Herkunft nach Elsässer. 1809 wurde er als Sohn eines Schumachers in Barr geboren. Er ging zu einem Zeugschmied in die Lehre und wanderte als Geselle über Straßburg, Karlsruhe, Heidelberg, Mannheim und Frankfurt bis nach Jena. 1843 kam er nach Chemnitz zu Haubold, dem damals bekanntesten sächsischen Maschinenbauer, und erwarb sich dort in fünfjähriger Tätigkeit das nötige Wissen und Können, um 1837 mit dem Zeugschmied Franz Carl Illing und drei Gesellen eine eigene kleine Werkstatt zu eröffnen. 1839 verband er sich mit dem Kaufmann August Götze, der ihm das erforderliche Kapital zur Gründung einer Maschinenfabrik bereitstellte. Von den in Sachsen üblichen staatlichen Darlehen blieb Hartmann als Elsässer ausgeschlossen [4.9].

Anfangs widmete sich Hartmann nur der Reparatur und dem Nachbau von Spinnmaschinen. Doch 1839 erfand er eine Krempelmaschine, die „Continue“, die ihm auch wirtschaftlichen Erfolg brachte. Anfang 1841 zog er mit 76 Arbeitern aus einer früheren Zeugschmiede in das fünfgeschossige Gebäude einer Klostermühle um. Neben einem Wasserrad stand ihm dort eine 12-PS-Dampfmaschine als Antrieb zur Verfügung, so daß er sich entschloß, den Bau von Dampfmaschinen aufzunehmen. Auch hierbei konnte er sich auf die Erfahrungen aus seiner langjähri-

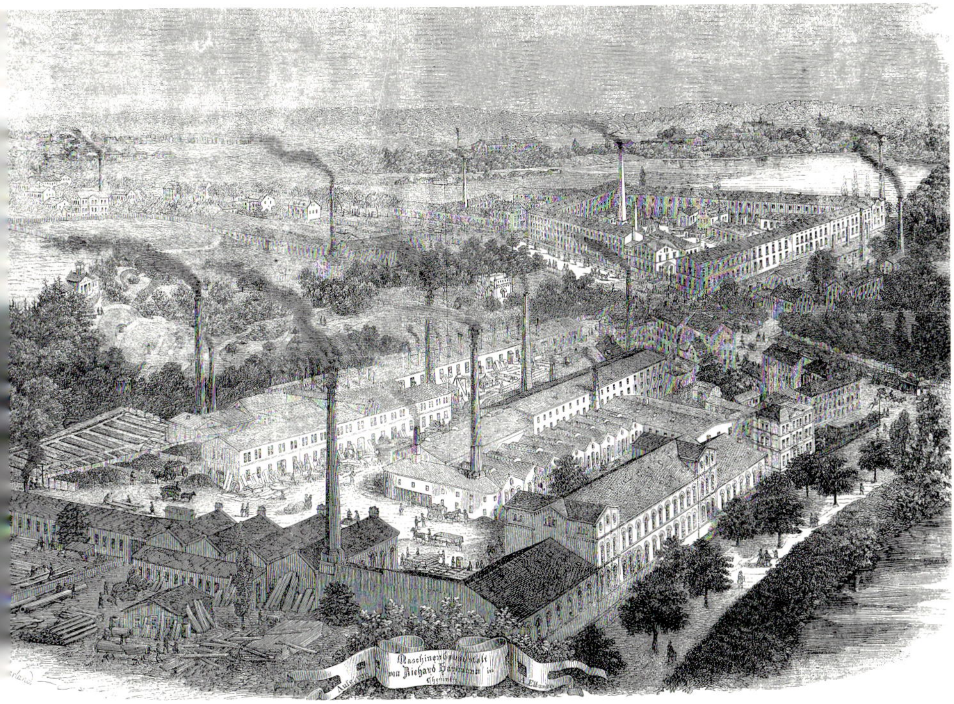

Bild 4.19 Maschinenbauanstalt von *Richard Hartmann* in Chemnitz, um 1870

gen Tätigkeit in der Hauboldschen Maschinenfabrik stützen. Seit 1842 unterstand das Unternehmen, das nun als „Maschinenfabrik Richard Hartmann in Chemnitz" firmierte, seiner alleinigen Führung [4.36].

Durch den Kauf eines Grundstücks und die Errichtung neuer Gebäude vergrößerte Hartmann sein Unternehmen 1844 derart, daß ein Brand in der Klostermühle ein Jahr später die Weiterführung seines Geschäfts kaum beeinträchtigte. Bemerkenswert bescheiden selbst für damalige Maßstäbe war die in der Geschäftsbilanz von 1847 ausgewiesene Maschinenausrüstung seiner Fabrik. Sie bestand aus zehn unterschiedlichen Drehbänken, vier Hobelmaschinen, drei Nutstoßmaschinen, zwei Randhobelmaschinen, zwei Supportdrehbänken, einer großen Räderdrehbank, einer großen Bohrbank und einer selbsttätigen Bohrmaschine, zusammen also 24 Werkzeugmaschinen. Mit ihnen wurden in den 50er Jahren unter anderem Turbinen, Tangentialräder, Bohrapparate, Mühleneinrichtungen und Bergwerksausrüstungen hergestellt [4.9].

Für den Zeitraum von 1837 bis 1841 sind uns die Berufe von 91 der bei Hartmann Beschäftigten bekannt. Sie bestätigen den bereits gewonnenen Eindruck, daß der Maschinenbau noch zu Beginn der 40er Jahre eine Vielzahl von Berufen umfaßte [4.23].

Arbeitskräfte Anzahl	Berufe
23	Schlossergesellen
22	Tischlergesellen und Meister
9	Zeugschmiedegesellen
8	Fabrikarbeiter
5	Schmiedegesellen
4	Drechslergesellen
4	Zimmergesellen
3	Maschinenbauer
2	Eisendreher
1	Strumpfwirker
1	Maurerlehrling
2	Hufschmiede
1	Zirkelschmiedegeselle
1	Holzdreher
1	Maurergeselle
1	Buchhalter
1	Mechaniker
1	Expedient
1	Maschinenbaulehrling

Die Dauer der Arbeitsverhältnisse war meistens kurz. So blieben über 60 Prozent der Beschäftigten bei Hartmann in dieser Zeit nicht länger als ein halbes Jahr im Betrieb.

Den stürmischen Aufschwung der Hartmannschen Firma bis Ende der 60er Jahre verdeutlichen die folgenden Zahlen: Seit 1854 verfügte man über eine eigene Gießerei. 1858 waren bereits 540 Hilfsmaschinen sowie sechs Dampfmaschinen eingesetzt. Zwischen 1850 und 1857 stieg die Zahl der Beschäftigten von 600 auf 1500 Personen, um 1862 waren es schon 1800 Arbeitskräfte, und sieben Jahre später, 1869, beschäftigte die Firma 3000 „Gehilfen“ und 250 „Beamte“.

Diese Entwicklung fand auch in der ständigen Erweiterung des Maschinenparks ihren Ausdruck. 1862 war die Zahl der Werkzeugmaschinen auf 260 Drehbänke, 80 Bohrmaschinen, 70 Hobelmaschinen, 30 Stoßmaschinen und 53 andere Hilfsmaschinen angewachsen. Bis 1869 erhöhte sich deren Zahl nochmals, und zwar auf 282 Drehbänke, 109 Bohrmaschinen, 72 Stahlhobelmaschinen, 45 Stoßmaschinen und weitere 171 Hilfsmaschinen, insgesamt also auf 679 Werkzeugmaschinen [4.20].

Zu dieser Zeit lag der Beginn regelmäßiger Produktion von Werkzeugmaschinen durch die Firma Hartmann genau 12 Jahre zurück. Obwohl ab 1848 neben der

Fabrikation von Zündnadelgewehren für die sächsische Regierung der Lokomotivbau den großen Durchbruch brachte, dessen Erlösanteil 1857 mit rund 35 Prozent den aller übrigen Sparten weit überholt hatte, nahm der Hartmannsche Werkzeugmaschinenbau seit 1857, dem Jahr seiner Etablierung im Produktionsprogramm, einen beachtlichen Platz unter den Firmenaktivitäten ein. Die Unternehmensgröße ermöglichte von Anfang an die Herstellung von Werkzeugmaschinen in größerem Maßstab. Man konzentrierte sich besonders auf schwere Maschinen, die eine steigende Nachfrage durch Geschützfabriken, Schiffswerften und Hüttenbetriebe fanden. 1864 hatte ihr Umsatz eine Größenordnung erreicht, die den Neubau einer speziellen Abteilung erforderte [4.9].

Auf die Ausstellungserfolge Hartmanns werden wir noch gesondert eingehen. 1870 erfolgte die Umwandlung seines Unternehmens in eine Aktiengesellschaft unter dem Namen „Sächsische Maschinenfabrik zu Chemnitz“ mit einem Aktienkapital von 2,5 Millionen Talern. 1858 ergab die Firmenbilanz nach Eröffnung der Werkzeugmaschinenproduktion ein Reinvermögen von über 600000 Talern. Nach einem Brand im Jahre 1860 wurde die Fabrik neu aufgebaut und zeigte sich zum 25jährigen Firmenjubiläum im Jahre 1862 größer und leistungsfähiger als je zuvor. Ein Jahr vor Gründung der Aktiengesellschaft, im November 1869, betrug ihr Gesamtwert rund 2,6 Millionen Taler. Die Leitung der Sächsischen Maschinenfabrik übernahm Hartmanns Sohn, Gustav Hartmann, der später Direktor der Dresdner Bank wurde. Richard Hartmann starb im Jahre 1878 [4.36].

Auch nach Umwandlung der Hartmannschen Werke in eine Aktiengesellschaft und nach dem Tod ihres Begründers kam dem Werkzeugmaschinenbau große Bedeutung in der Sächsischen Maschinenfabrik zu. 1885 errichtete die Firma, wie Buxbaum schrieb, eine besondere Werkstatt für die Herstellung kleinerer Werkzeugmaschinen. Um 1896 beschäftigte sie insgesamt 600 Arbeiter in der Abteilung für Werkzeugmaschinen, die im Unterschied zu anderen Betrieben jener Zeit nicht zur Spezialisierung übergegangen war. Neben der Werkzeugmaschinenabteilung umfaßte die Sächsische Maschinenfabrik zur Jahrhundertwende noch Abteilungen für den Lokomotivbau, für Dampfmaschinen für hydraulische Motoren und Mühlen sowie für Textilmaschinen. Außer spanenden Werkzeugmaschinen wurden noch Blechbearbeitungsmaschinen, Pressen und Fallhämmer hergestellt [4.9].

Fast zehn Jahre früher als Richard Hartmann, im Revolutions- und Krisenjahr 1848, begann Johann Zimmermann mit der Herstellung von Werkzeugmaschinen. Anfangs baute er vor allem Drehbänke und Bohrmaschinen, die das Programm seiner 1844 für die Produktion von Maschinenbauteilen, speziell von Spinnmaschinenzylindern, gegründeten Fabrik lediglich ergänzten. Doch seit 1854 begann er sich auf den Bau von Werkzeugmaschinen zu spezialisieren, ein Schritt, der ihm damals noch Spott sowie die Prophezeihung seines wirtschaftlichen Ruins eintrug. Es galt als völlig undenkbar, mit deutschen Werkzeugmaschinen angesichts der westeuropäischen, insbesondere der englischen Konkurrenz erfolgreich bestehen zu können.

Johann Zimmermann stammte aus Ungarn. 1820 in Papa geboren, lernte er das Schlosserhandwerk, arbeitete während seiner Wanderzeit in Wien und München, um sich 1841 in Chemnitz niederzulassen. Nach fünfjährigem Aufenthalt erhielt er dort 1846 das Bürgerrecht. Vermutlich lernte Zimmermann von 1841 bis 1844, wie vor ihm schon Hartmann, in der durch Haubold geprägten „Sächsischen Maschinenbau-Compagnie", bis er 1844 zusammen mit einem Teilhaber seine Fabrik für Maschinenteile gründete. 1846 trat er als Mitinhaber in die Firma Tauscher und Zimmermann ein, gewann jedoch 1848 durch das Ausscheiden Tauschers erstmals völlige Selbständigkeit [4.53].

Bild 4.20
Johann Zimmermann (1820–1901)

Zimmermann zog 1847 in ein bestehendes Fabrikgebäude, in dem er Wasser- und Dampfantrieb vorfand. Zunächst stellte er weiter Spinnmaschinenteile her, ein Jahr später jedoch, nun frei für eigene Entscheidungen, nahm er als erster in Deutschland den Serienbau von Stoß-, Hobel- und Bohrmaschinen sowie von Drehbänken auf. Im Krisenjahr 1848, so heißt es bei Kiesewetter, soll Richard Hartmann, der sich früher sehr positiv über Zimmermann geäußert hatte, „andere Maschinenfabrikanten zum Boykott von dessen Maschinen aufgefordert haben. Zimmermann konnte sich durchsetzen, und vielleicht wandte er sich deshalb dem Bau von Werkzeugmaschinen zu. Seine Erfindung der runden Zylinderkupplung wurde 1852 patentiert und in den folgenden zwei Jahren stellte er drei Wandbohrmaschinen, drei Drehbänke, eine Hobelmaschine, eine Horizontalbohrmaschine und eine Radsatzdrehbank her." [4.20]

Seine erste öffentliche Anerkennung erhielt Zimmermann 1852 auf einer Gewerbeausstellung in München. Es sollte der Beginn einer Serie nationaler und internationaler Auszeichnungen werden, bei denen sein Name, wie es später im Chemnitzer Tageblatt hieß, die Stadt Chemnitz in der Welt bekannter gemacht habe als manche Stadt von fünffacher Größe [4.21]. Doch bevor wir uns näher diesen Erfolgen Zimmermanns zuwenden, wollen wir die weitere Entwicklung seines ungewöhnlichen Unternehmens verfolgen.

Die Spezialisierung auf den Werkzeugmaschinenbau erfolgte im Jahre 1848. Zimmermann errichtete ein neues Fabrikgebäude und begann sein anfänglich belächeltes Werk mit 50 Arbeitern, deren Zahl beständig anwuchs. 1858 erreichte seine Belegschaft bereits 150 Arbeiter, 1863 waren es 500 Arbeiter und 1871, nach dem Wiederaufbau der im Jahre 1868 durch einen Brand fast völlig zerstörten Fabrik, beschäftigte er rund 1000 Arbeiter [4.9].

Seit 1860 hatte Zimmermann auch Holzbearbeitungsmaschinen in sein Produktionsprogramm aufgenommen, und kurze Zeit später lieferte er für die Maschinenfabrik MAN in Augsburg eine schwere, selbsttätig arbeitende Planhobelmaschine mit einer Hobellänge von 2,4 m, einer Hobelbreite und -höhe von 0,75 m sowie

Bild 4.21 Räderteil- und Fräsmaschine von *Zimmermann,* 1861

einem Gewicht von 2750 kg. So konnte er 1863 im Chemnitzer Tageblatt seine Produktpalette annoncieren, die sich wie ein Dokument des Erfolges über seine Kritiker liest: „Wir liefern alle Arten von Drehbänken, Bohrmaschinen, Mutterschneide- und Mutterfabrikationsmaschinen, Durchstoß- und Blechscheren, Blechbiegemaschinen, Dampfhämmer, geräuschlose Ventilatoren, vollkommene Einrichtungen für Eisenbahnwerkstätten, ferner Holzbearbeitungsmaschinen, wie Sägegatter, Kreisvertikal- und Bandsägen, patentierte Schweif- und Lochsägen für architektonische Verzierungen, komplette Einrichtungen für Baufabriken, Eisenbahnwaggonbauereien, Kisten- und Bürstenfabriken, dazu ferner Zentrierapparate, hydraulische Pressen, Parallelschraubstöcke etc." [4.20]

Über die Maschinenausrüstung der Zimmermannschen Fabrik in den 50er Jahren liegen keine näheren Angaben vor. 1863 sollen 70 Drehbänke und 55 weitere Arbeitsmaschinen vorhanden gewesen sein. Sechs Jahre später, nach dem Wiederaufbau, verfügte das Unternehmen über neun Dampfmaschinen und sieben Dampfkessel mit zusammen 530 PS, 160 Drehbänke, 90 Nut- und Hobelmaschinen, 80 Bohr-, Fräs- und Schraubenschneidmaschinen, 30 Holzbearbeitungsmaschinen, 30 Kräne und vier mechanische Aufzüge. Etwa seit Mitte der 60er Jahre war die Eisengießerei mit drei Kupolöfen ausgerüstet, die für den eigenen Bedarf rund 2500 Zentner Gußeisen pro Monat erzeugten [4.20].

Beachtlich war auch die Kapazität der Fabrik Zimmermanns. Stellte er 1860 laut Kiesewetter Maschinen mit einem Gesamtgewicht von 6800 Zentnern her, so betrug die Produktionsleistung im Jahre 1871 bereits 70000 Zentner. Die Werkzeugmaschinenlieferungen Zimmermanns hatten 1868 einen Wert von 500000 Talern. Davon entfielen etwa 25 Prozent auf Deutschland, der Rest auf Rußland, Österreich, England und Südamerika. Im Zeitraum von 1848 bis 1872 baute die Firma Zimmermann rund 11000 Werkzeugmaschinen unterschiedlichster Art. 1871 wurde die Fabrik vergrößert und in eine Aktiengesellschaft umgewandelt. Ihr Aktienkapital betrug zwei Millionen Taler. Bis 1878 hatte Zimmermann darin die Stellung eines Generaldirektors inne. Er starb 1901 im Alter von 81 Jahren in Berlin.

Bahnbrechende Bedeutung für den Aufstieg des Chemnitzer Werkzeugmaschinenbaus erlangten die Weltausstellungen von 1862 in London, 1867 in Paris und 1873 in Wien. Auf der ersten dieser internationalen Messen des technischen Fortschritts, 1851 in London, schien es noch so, als blieben die englischen Erzeugnisse weltweit ohne Konkurrenz. Um so erstaunter reagierte die Öffentlichkeit auf die hohe Auszeichnung, eine Goldene Medaille, die Zimmermann 1862 zuteil wurde. Sie gewann noch dadurch an Gewicht, daß Whitworth persönlich der Preisjury angehörte [4.2].

Zimmermann hatte auf dieser Ausstellung 20 Maschinen präsentiert, darunter Hobelmaschinen und Drehbänke. Sie gehörten nach dem Urteil der Jury zu den besten, die überhaupt ausgestellt waren. Hinsichtlich ihrer Qualität wurden sie von der englischen Fachpresse neben die Produkte von Krupp, Borsig und Hartmann gestellt. Zimmermanns Maschinen waren nach Buxbaum etwas leichter als die englischen, aber das Gußeisen war fester und härter, als man es in England kannte [4.9].

Obwohl auch Hartmanns Maschinen auf der zweiten Londoner Weltausstellung viel Beachtung fanden, konnten sie noch keinen Preis erlangen. Er hatte unter anderem Langlochfräsmaschinen mit beweglichem Werkstück vorgestellt. Insbesondere hatte Hartmann eine sogenannte „doppelte Stoßmaschine ausgestellt, bei

Bild 4.22 Weltausstellung Paris 1867, Stand der Firma *Zimmermann*

welcher zwei Meißel zwei einander gegenüberliegende Seitenflächen von Köpfen oder Muttern ... gleichmäßig bearbeiten. Die drehbaren Meißelhalter waren mittels Schrauben justierbar, und es ließ sich die bereits gedrehte Mutter genau ins Mittel der beiden Meißel stellen. Ein höchst zweckmäßig angeordneter Aufspannapparat für Köpfe oder Muttern war mit einer Teilscheibe versehen, sowie ferner durch sinnreiche Federverbindung im sogenannten Schaltwerke die Maschine bei unachtsamer Behandlung seitens der Arbeiter vor sonst möglichem Schaden gesichert wurde.

Mittels einer solchen Maschine soll ein Arbeiter in 12 Stunden ca. 300 Stück sechsseitige Muttern oder Köpfe von mittlerer Größe ... zu liefern im Stande sein.

Erwähnt zu werden verdient noch, daß die eine Seite dieser Doppelmaschine auch so eingerichtet war, daß man Kurbelvierecke, Vierecke zu Kupplungen der Zylinder von Spinnmaschinen etc. damit fertig zu bestoßen vermochte. Um Muttern von genau gleichen Schlüsselweiten zu erhalten, ist an der Schraube zur Bewegung der Meißelhalter ein Zeiger befestigt, der auf einem Gradbogen läuft." [4.2]

Bild 4.23 Maschinensaal, *Richard Hartmann,* um 1865

Über Zimmermann hieß es im „Amtlichen Bericht über die Industrie- und Kunstausstellung zu London 1862“, seine Einsendungen seien ein Muster deutschen Fleißes, vortrefflicher Arbeit, früher nicht gekannter Vollkommenheit und Ausdehnung im Werkzeugmaschinenfach: „In Sachsen“, so war zu lesen, „machte sich im Anfange der dreißiger Jahre zuerst Haubold in Chemnitz um den Werkzeugmaschinenbau verdient, dem nachher Hoffmann in Leipzig, später Richard Hartmann in Chemnitz, Constantin Pfaff daselbst und endlich in allerjüngster Zeit Zimmermann in allbekannter rühmlicher Weise folgte“ [4.2].

Über die von Zimmermann ausgestellten Hobelmaschinen bemerkte der Amtliche Bericht: „Zimmermann's Maschine (Nr. 2323), eine große Hobelmaschine 20 Fuß lang, 6½ Fuß breit und eben so hoch zu hobeln, im Preise von 3300 Talern, eine kleine Hand-Hobelmaschine und ein Hobelapparat, um Schieberflächen von Lokomotivzylindern an ihren Plätzen zu hobeln, konnten sich hinsichtlich zweckmäßiger, gefälliger und stabiler Konstruktion, tüchtiger Ausführung und trefflichen Materials um so mehr ihren englischen Vorgängern und Meistern an die Seite stellen, als sie gleichzeitig durch weit billigere Preise sich besondes empfahlen“ [4.2].

Weiterhin hatte Zimmermann zwei Supportdrehbänke ausgestellt, „eine größere von 18 Zoll Spitzenhöhe und bis auf 12 Fuß Entfernung zwischen den Spitzen zu drehen, mit Zahnkranzplanscheibe, Zahnstange, überhaupt zum Lang- und Plandrehen eingerichtet, sehr kräftig, vortreffliche Arbeit, namentlich schöner Guß. Preis 920 Thaler.

Die kleinere Supportdrehbank von 7 Zoll Spitzenhöhe und 5 Fuß Entfernung zwischen den Spitzen, mit Leitspindel zum Schraubenschneiden nach Whitworth's Skala und zum Lang- und Plandrehen selbsttätig eingerichtet, war mit gekröpften Wangenstücken und Einlegplatten ausgestattet, um, wenn erforderlich, auf der Planscheibe Gegenstände von größerem Durchmesser bearbeiten zu können. Die Wechselräder waren auf der Räderfräsmaschine geschnitten. Die Spindel lief in Metallkonen. Hinsichtlich der Ausführung und des Materials verdiente diese Bank dasselbe Lob, wie die vorher angeführte. Preis 426 Thaler.“ [4.2]

Zimmermanns Erfolg setzte sich auf der nächsten, der Pariser Weltausstellung von 1867 fort. Auch hier erhielt er einen ersten Preis, die Große Goldene Gedenkmünze. Darüber hinaus verlieh ihm Napoleon III. den Orden der Ehrenlegion und die Académie Nationale ernannte ihn zum Ehrenmitglied [4.6]. Später, 1878, wurde Zimmermann sogar auf Veranlassung der sächsischen Regierung durch den österreichischen Kaiser in den Adelsstand erhoben. Pönicke schrieb über Zimmermann: „Allgemeines Aufsehen in der Welt der Technik erregten seine Diagonal- und Stirnräderhobelmaschinen, die nach Stahlschablonen die Zähne der Räder aus dem vollen Eisen oder Holz heraushobelten. Noch größeres Aufsehen machte seine Schiffskurbelwellen-Drehbank, die 2000 Zentner wog.“ [4.20]

Bild 4.24 Hobelmaschine von *Zimmermann*, um 1862

In Paris erhielt auch Hartmann einen ersten Preis für die von ihm ausgestellten Werkzeugmaschinen, darunter eine große Vertikalstoßmaschine mit Antrieb durch elliptische Räder sowie eine Horizontalstoßmaschine mit ziehendem Stahl und Einzelantrieb [4.9]. Der Chemnitzer Werkzeugmaschinenbau strebte seiner ersten Blüte zu. Wie wir sehen konnten, hatte dieser durch Hartmann und Zimmermann auch auf dem internationalen Markt Fuß fassen können. Daher war das Erstaunen über seine Leistungsfähigkeit während der Pariser Weltausstellung nicht mehr ganz so groß wie noch in London 1862.

Eine nochmalige Steigerung ihres Erfolges erfuhren die Chemnitzer Firmen Zimmermann und Hartmann, beide inzwischen Aktiengesellschaften, auf der Wiener Weltausstellung 1873, wo aus Deutschland vor allem Chemnitzer Maschinen ausgestellt waren. Zimmermann zeigte Spezialdrehbänke, Stehbolzenbohrmaschinen, Zahnradfräsmaschinen, Bolzenschneidemaschinen, eine Horizontalbohrmaschine und eine vierspindlige Mutternschneidemaschine. Darunter war auch eine verbesserte Whitworth-Radialbohrmaschine, die nach Buxbaum in Deutschland verbreiteter war als der von Fairbairn geschaffene Typ. Etliche dieser Maschinen wurden von der Fachwelt mit großem Lob bedacht [4.9].

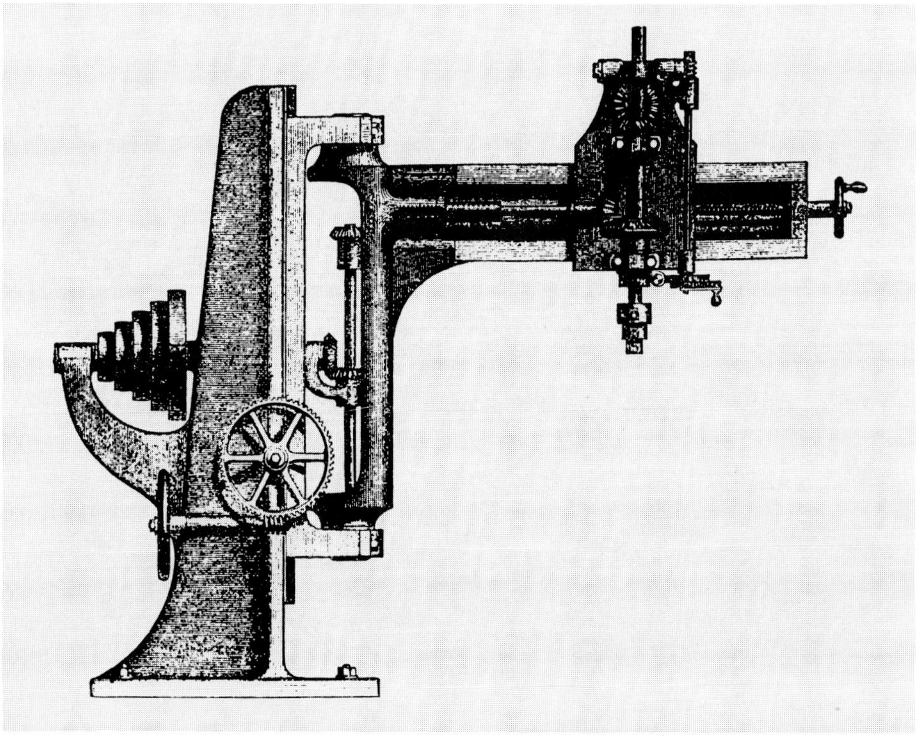

Bild 4.25 Radialbohrmaschine nach *Whitworths* System von *Zimmermann*, um 1862

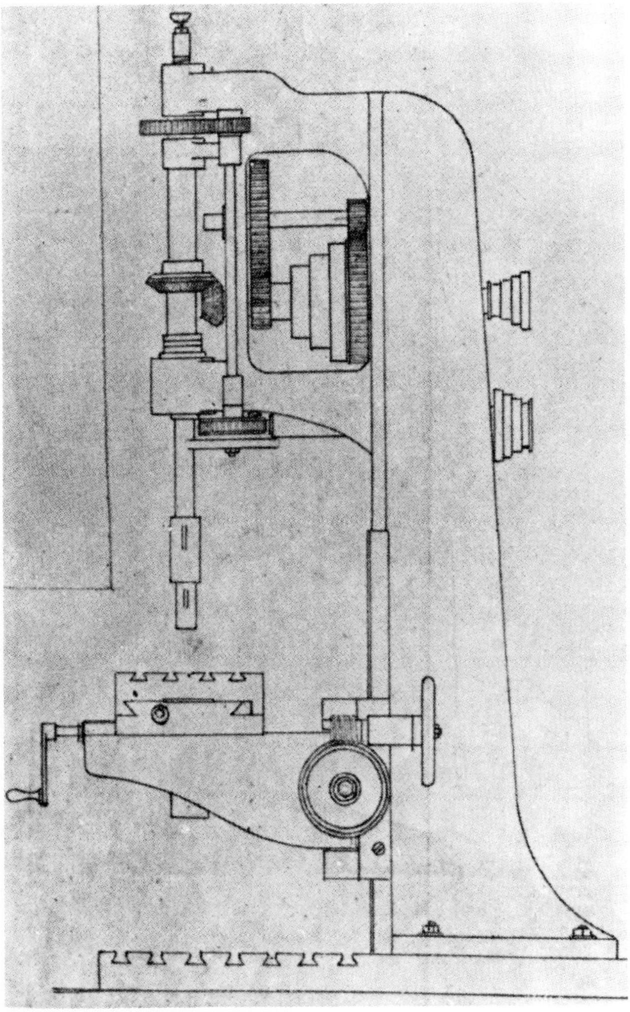

Bild 4.26
Vertikale Bohrmaschine der Chemnitzer Werkzeugmaschinenfabrik, 1873

Die ‚Sächsische Maschinenfabrik zu Chemnitz' unter der Leitung von Gustav Hartmann stellte in Wien unter anderem große Bohrmaschinen, Blechkantenhobelmaschinen und Radbandagenspezialmaschinen aus. Auch sie fanden hinsichtlich ihres konstruktiven Aufbaus und ihrer Ausführung große Anerkennung. Die Firma Hartmanns erregte dort mit der größten Horizontalbohr- und Fräsmaschine Aufsehen, die ein Gewicht von 9000 kg besaß. Im Unterschied zu Zimmermann lehnten sich die von Hartmann gezeigten Radialbohrmaschinen konstruktiv an die Fairbairnsche Version an [4.9].

Die Erfolge Hartmanns und Zimmermanns regten in Chemnitz zur Gründung weiterer Werkzeugmaschinenfabriken an. Sie trugen mit dazu bei, daß Chemnitz in dieser ersten Blütezeit des deutschen Werkzeugmaschinenbaus zu dessen führendem Zentrum aufsteigen konnte. Einige jener Firmen bestanden nach Auskunft von Buxbaum in den siebziger Jahren zumeist unter neuer Führung weiter.

Zu den größeren dieser Firmen gehörte die Fabrik von Sondermann und Stier, die im Jahre 1857 in Chemnitz gegründet wurde. Ihre Gründungszeit fiel also zusammen mit dem Beginn der Werkzeugmaschinenfabrikation bei Hartmann. Das Produktionsprogramm umfaßte zunächst Horizontalstoßmaschinen und Wandbohrmaschinen. Ab 1859 ging man zusätzlich zur Herstellung schwerer Werkzeugmaschinen, Mutternschneidemaschinen sowie Sondermaschinen für den Eisenbahnbau über. An der Londoner Weltausstellung von 1862 beteiligte sich die Firma mit einer Rohrgewindeschneidbank. Wie viele andere Unternehmen im Werkzeugmaschinenbau hatten sich auch Sondermann und Stier bis zum Ende des Jahrhunderts nicht spezialisiert. So stieg die Zahl der gebauten Maschinentypen bis auf 89 an, von denen anfangs 80 Maschinen, später rund 4000 Maschinen pro Jahr produziert wurden [4.9].

Bereits auf das Jahr 1852 ging die von David Gustav Diehl gegründete zweite sächsische Werkzeugmaschinenfabrik zurück. Die spätere „Werkzeugmaschinenfabrik Union“ beschäftigte in den 80er Jahren 120 Arbeiter und hatte bis zur Jahrhundertwende nahezu alle bekannten Werkzeugmaschinen in ihrem Programm. Des weiteren sind noch zu erwähnen: die Werkzeugmaschinenfabrik „Saxonia“ in Limbach, die 1843 von Constantin Pfaff als Maschinenbauunternehmen gegründet und auf der Wiener Weltausstellung 1873 für ihre Metallbearbeitungsmaschinen mit einer Medaille ausgezeichnet wurde, die in Wien ebenfalls prämierte Werkzeugmaschinenfabrik „Vulkan“, vormals Wilhelm Bendorf, der Maschinenbauverein Chemnitz, dem die Maschinenfabrik C. F. Schellenberg vorausging, und das Unternehmen Hermann Michaelis. Unter den Erzeugnissen dieser Firmen finden sich nach Buxbaum vor allem kleinere Drehbänke, Bohrmaschinen und Eisenbahnsondermaschinen. Fräsmaschinen sollen noch selten gewesen und der Maschinenstil durch schwere sowie unharmonische Formen geprägt worden sein.

Zum Ende des hier behandelten Zeitabschnitts trat mit der Firma Reinecker ein weiteres Chemnitzer Unternehmen in den Kreis des Werkzeugmaschinenbaus ein, das in der sich anschließenden Phase des Aufschwungs und der Erneuerung durch Orientierung an der inzwischen führenden amerikanischen Werkzeugmaschinenindustrie beispielgebend wirkte. Reinecker begann im Jahre 1859 mit einer kleinen Werkstatt, in der er zunächst Gewindeschneidwerkzeuge herstellte. Die erste Werkzeugmaschine baute er Anfang der 70er Jahre. Es handelte sich um eine Fräsmaschine nach amerikanischem Modell, die damals in Deutschland noch nicht zu kaufen war.

1873 erwarb Reinecker die ersten amerikanischen Maschinen von Brown u. Sharpe. Vor allem erfaßte er die Bedeutung der von dieser Firma 1873 in Wien ausgestellten hinterdrehten Fräser. Zu ihrer Fertigung entwickelte er 1882 eine eigene Hinterdrehbank [4.9].

Doch noch immer lag der Schwerpunkt des Reineckerschen Unternehmens nicht im Werkzeugmaschinenbau. Das änderte sich erst Ende der 80er Jahre durch den Bau von Sondermaschinen für den aufkommenden Automobilbau sowie endgültig dann in den 90er Jahren, als der allgemeine Werkzeugmaschinenbau, insbesondere die Entwicklung starker Rundschleifmaschinen, mehr in den Mittelpukt der Produktion rückte [4.39].

Die Geschichte der Firma Reinecker und ihr Beitrag zur Entwicklung des deutschen Werkzeugmaschinenbaus werden uns noch wiederholt begegnen. Hier seien noch einige Daten zu ihrem Wachstum vorausgeschickt: Acht Jahre nach der Firmengründung, also 1867, beschäftigte Reinecker erst neun Gehilfen, die an drei Werkzeugmaschinen arbeiteten. 1876 waren es bereits 52 Mitarbeiter mit 30 Maschinen, und bis 1891 hatte sich die Zahl der Maschinen auf 211 erhöht bei einer Belegschaft von 226 Mitarbeitern [4.9].

Von den mitteldeutschen Werkzeugmaschinenfabriken, die im weiteren Sinne zum Chemnitzer Entwicklungsabschnitt der Branche zählen, seien an dieser Stelle die Firmen Billeter & Klunz aus Aschersleben sowie die Gebr. Thiel aus Ruhla in Thüringen genannt. Das Unternehmen Billeter & Klunz wurde im Jahe 1857 gegründet, wobei anfangs Reparaturarbeiten im Vordergrund standen. Seit 1865, in der Phase des Übergangs zum Fabrikbetrieb, nahm man jedoch auch den Bau von Werkzeugmaschinen auf. Das Produktionsprogramm umfaßte in den ersten Jahrzehnten vor allem Drehbänke sowie Bohr-, Hobel- und Fräsmaschinen. Um die Jahrhundertwende erfolgte dann die Spezialisierung auf Hobelmaschinen und Luftdruckhämmer [4.9].

Die Firma Thiel entstand 1862 als Metallwarenfabrik, insbesondere für die Taschenuhrenfabrikation. 1873 erreichte die Fabrik eine Belegschaftsstärke von 80 Arbeitern, die bereits zur Massenfertigung kleiner Artikel übergegangen waren. Werkzeugmaschinen wurden zunächst nur für den eigenen Bedarf hergestellt. Doch erste verkaufte Maschinen sollen sich auch in anderen Betrieben so bewährt haben, daß aus dem Eigenbau schon bald ein besonderer Fabrikationszweig der Firma hervorging. Das Werk der Gebr. Thiel konzentrierte sich von Anfang an auf eine bestimmte Klasse von Fein- und Kleinmaschinen, wie sie speziell für die Uhrenproduktion benötigt wurden. Dazu gehörten unter anderem Feil- und Sägemaschinen, Senkrecht-Gewindeschneidmaschinen und später kleine Genauigkeitsautomaten. Im Jahre 1897 erreichte die Uhrenproduktion des Werks ihren Höhepunkt. Täglich wurden ca. 4000 Taschenuhren bei einer Belegschaft von 1000 Arbeitern hergestellt. Güte und Genauigkeit der Werkzeugmaschinen des Unternehmens Thiel waren nach dem Urteil Schlesingers in starkem Maße durch die hohen Qualitätsanforderungen der Uhrenindustrie bestimmt [4.38].

4.4 Gründerjahre einer Industrie

Chemnitz hatte die Führung in jener ersten, etwa bis zur Reichsgründung 1871 andauernden Blütezeit des deutschen Werkzeugmaschinenbaus übernommen. Doch auch andere Regionen Deutschlands haben, den Erfordernissen der Industrieentwicklung folgend und nicht zuletzt angeregt durch das Chemnitzer Vorbild, eine eigenständige Werkzeugmaschinenindustrie hervorgebracht. Die Vielzahl der Werkstätten und Fabriken, die seit Mitte des 19. Jahrhunderts speziell für den Bau von Werkzeugmaschinen in ganz Deutschland entstanden, gestattet es, von dieser Zeit als den Gründerjahren eines neuen Industriezweigs zu sprechen [4.42]. Beispielhaft für dessen Entstehungsprozeß wollen wir im folgenden die Biographien einzelner Firmen des Werkzeugmaschinenbaus verfolgen, die auf jeweils besondere Weise die Struktur der Branche mitgestalteten. Zuvor jedoch müssen einige der den damaligen Werkzeugmaschinenbau bestimmenden ökonomischen und technischen Rahmenbedingungen in Erinnerung gerufen werden.

Die 60er Jahre schufen die Voraussetzungen für den stürmischen Aufschwung der deutschen Wirtschaft, der dann mit der Gründung des Deutschen Reichs in fast allen Sektoren einsetzte. Anfang dieses Jahrzehnts hatte Deutschland die Industrieproduktion Frankreichs überflügelt. Es nahm nun hinter England und Amerika den dritten Rang in der Welt ein. 1866/67 trat der Norddeutsche Bund unter Ausschaltung Österreichs die Nachfolge jenes Deutschen Bundes an, der seit dem Wiener Kongreß von 1815 unter österreichischer Führung die deutschen Länder formell repräsentiert hatte. Die Schaffung des Norddeutschen Bundes, vor allem seine wirtschaftliche und militärische Integration, bildete die unmittelbare Vorstufe zur Reichsgründung.

Die Kriege gegen Dänemark, 1864, gegen Österreich, 1866, und schließlich der Deutsch-Französische Krieg von 1870/71 haben Bedingungen geschaffen, deren Auswirkungen sich nicht zuletzt in der deutschen Waffenproduktion zeigten. Insbesondere der Gewehrbau stand unter einem starken Druck, schnell und gut zu produzieren. Deshalb nahm hier, ähnlich wie in England, die Einführung amerikanischer, auf Massenfabrikation und Austauschbau gerichteter Produktionsmethoden ihren Ausgang [4.9].

Auch der für den Aufschwung des Maschinen- und Werkzeugmaschinenbaus damals entscheidende Ausbau der Eisenbahn hatte einen ersten Höhepunkt erreicht. Ende der 60er Jahre bestand in Deutschland ein Streckennetz von rund 20000 km, Mitte der 70er Jahre konnte sogar Großbritannien übertroffen werden. Auf einige der Maschinenbauunternehmen, die in erster Linie durch den Eisenbahnbau Bedeutung erlangten, wie Maffei in München, Keßler in Eßlingen oder Borsig in Berlin, haben wir bereits hingewiesen.

Diese Entwicklung hatte auch eine qualitative Seite. Gegenüber den Anfängen des Maschinenbaus bis zur Jahrhundertmitte ließen deutsche Maschinen nun eine

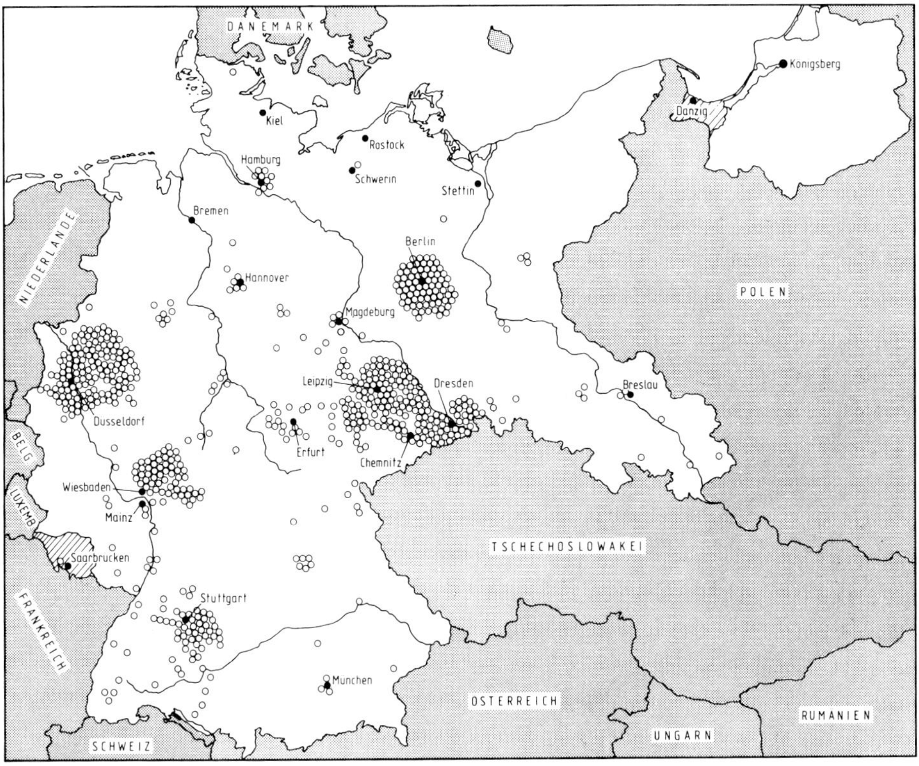

Bild 4.27 Zentren des deutschen Werkzeugmaschinenbaus, um 1920, nach Schlesinger

merkliche Verbesserung erkennen. Wie die Auszeichnungen seiner Exponate bereits auf den Weltausstellungen in London 1862 und Paris 1867 bewiesen, konnte der deutsche Maschinenbau, an seiner Spitze der Werkzeugmaschinenbau, im internationalen Wettbewerb durchaus mithalten, ja, er setzte für einzelne Maschinentypen schon Maßstäbe. Reuleaux, der später über den deutschen Beitrag zur Weltausstellung in Philadelphia 1876 äußerst kritisch urteilte, bemerkte 1862, „daß der deutsche Maschinenbau an Güte den englischen vollständig erreicht habe" [4.34].

Verbunden mit der allgemeinen Steigerung der Maschinenqualität läßt sich für die beiden Jahrzehnte von 1850 bis 1870 auch eine zunehmende Differenzierung der Werkzeugmaschinen beobachten. Die Universaldrehbank der 40er Jahre wurde speziellen Zwecken angepaßt, so dem Abdrehen von Lokomotiv- und Waggonradsätzen. Vereinzelt waren schon in den 50er Jahren Drehbänke mit selbsttätigem Planzug anzutreffen. Seit 1853 kam unter englischem Einfluß die Universal-Shaping-Maschine auf, die zugleich für horizontales, vertikales und Innen-Hobeln geeignet war. Gegen Ende der 50er Jahre wurde die Fräsmaschine eingeführt, und auch die Bohrmaschine erfuhr im Zusammenhang mit dem Dampfmaschinenbau eine starke Differenzierung. Abgesehen von Spezialbohrmaschinen in der Rüstungsproduktion hatten sich Vertikal-, Radial-, Zylinder- und Langlochbohrmaschinen herausgebildet [4.40].

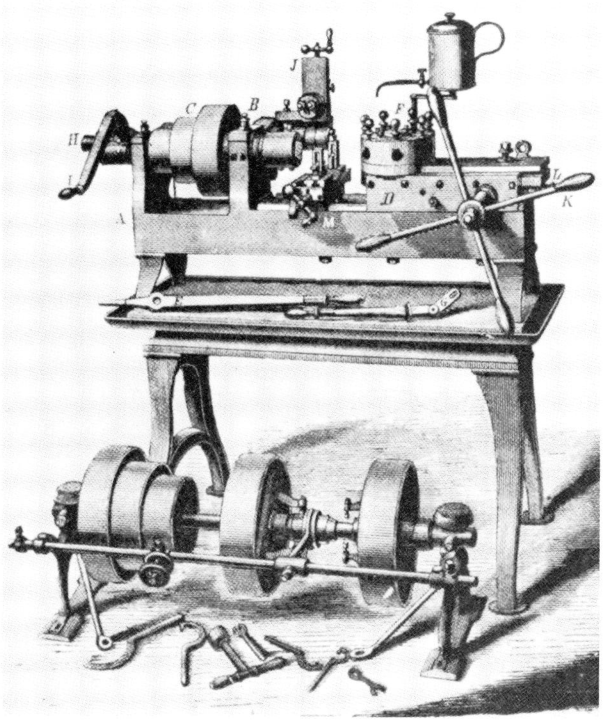

Bild 4.28 Revolverdrehbank, *Brown & Sharpe*, 1867

Diese Entwicklung setzte sich in den 60er Jahren verstärkt fort. Universalwerkzeugmaschinen wurden zunehmend durch Spezialmaschinen ergänzt, darunter befanden sich Nutstoß- und Stemmaschinen, vor allem jedoch Fräsmaschinen für die Fertigung von Bolzen und Muttern. Der Eisenbahnbau erforderte spezialisierte Hobelmaschinen sowie Raddrehbänke. Auch der Textilmaschinenbau förderte die Tendenz zur Differenzierung der Werkzeugmaschine, so daß viele zuvor manuelle Operationen von der den Fabrikbetrieb immer stärker durchdringenden Maschinentechnik übernommen wurden. Bei der Bearbeitung großer Schmiedestücke setzte sich das auf Nasmyth zurückgehende Prinzip des Dampfhammers durch, der in Spezialfabriken nachgebaut wurde. Ebenso verbreitete sich für das Plandrehen großer Werkstücke die Karusseldrehbank von Bodmer, von der es gleichfalls deutsche Versionen gegeben haben soll. Eine Plandrehbank aus jener Zeit, die im Deutschen Museum München ausgestellt ist, wurde vermutlich in Deutschland gebaut. Sie führte den Supportschlitten statt auf einem Prisma auf einer Rundstange [4.9].

Die Entwicklung des damaligen Werkzeugmaschinenbaus in Deutschland war neben steigender Qualität und beginnender Spezialisierung der Erzeugnisse etwa seit 1862 durch den Übergang zur Serienproduktion gekennzeichnet. Zimmermann in Chemnitz oder Collet & Engelhard in Offenbach haben bestimmte Maschinentypen in Serien von 40 bis 70 Maschinen produziert. Der bald darauf einsetzende Einfluß des amerikanischen Werkzeugmaschinenbaus, wie er uns schon bei Reinekker begegnete, hat die Tendenz zur Serienfertigung noch verstärkt. Damit verbunden zeichnete sich, wenn auch noch sehr vereinzelt, eine Beschränkung der Typenzahl ab [4.40].

Serienproduktion warf das Problem der Normung und Maßgenauigkeit der Fertigung auf, dessen Lösung in England, insbesondere aber in Amerika schon weit fortgeschritten war. In Deutschland ging man in den 60er Jahren zu Kaliberdorn und Kaliberringen über, „so daß die Reibahle nicht mehr wie bis dahin als Schneid- und Meßwerkzeug, sondern nur als Schneidwerkzeug diente" [4.9]. Dieser Wandel vollzog sich in erster Linie unter dem Einfluß der Textilindustrie, die für ihre Maschinen auswechselbare Teile verlangte. Von dort griff dann die systematischere und genauere Fertigung auf den allgemeinen Maschinenbau und Werkzeugmaschinenbau über.

Ende der 60er Jahre des vorigen Jahrhunderts führte das Aufkommen des homogeneren Bessemer-Stahls zur Verringerung der Materialdimensionen bei ver-

Bild 4.29 Plandrehbank, um 1840, Deutsches Museum München

schiedenen Maschinenteilen. Daraus resultierte die Notwendigkeit genauerer Berechnung des zu verwendenden Materials und seiner Belastbarkeit. Diese materialtechnisch begründete Aufgabe wurde durch das Interesse an der wirtschaftlichen Nutzung jener inzwischen erreichten höheren Maschinengenauigkeit zusätzlich verstärkt. Seit Mitte der 60er Jahre wendete man daher im Maschinenbau Methoden der Werkstoffprüfung an, mit denen die Belastbarkeit des Materials festgestellt werden konnte [4.40]. Wir werden auf diese Fragen im Zusammenhang unserer Darstellung der wissenschaftlichen Durchdringung von Werkzeugmaschinen und Fertigungstechnik später zurückkommen.

Trotz zahlreicher Fortschritte auf dem Wege zur Industriegesellschaft waren im damaligen Deutschland doch noch nicht alle Hemmnisse überwunden, die den industriellen Aufbruch von Beginn an erschwerten und verzögerten. Dazu gehörte lange Zeit das Zunftwesen, das nicht überall zu Beginn des 19. Jahrhunderts aufgehoben war und selbst die neue Gewerbeordnung von 1869 hat noch die Industrie im Verhältnis zum Handwerk benachteiligt. Doch vor allem der Mangel eines modernen Patentrechts, den die Regelungen des Deutschen Zollvereins von 1842 nicht zufriedenstellend beheben konnten, hat den Prozeß technologischer Innovation erheblich behindert. Ohne rechtlichen Schutz neuer Erfindungen erschien vielen die Suche nach technischen Verbesserungen wenig lohnend. „Es ergab sich so der eigentümliche Zustand, daß Deutschland zwar mehr wissenschaftlich geschulte Techniker erzog als irgendein anderes Land, dabei aber fast alle Neuerungen aus dem Ausland einführen mußte. Die höhere technische Erziehung war eben zu einseitig auf den Staatsdienst zugeschnitten, und die junge deutsche Industrie hatte so viel zu tun, um den Vorsprung anderer Länder einzuholen, daß sie zur Schaffung von Originalhilfsmaschinen keine Zeit hatte, die Vorbilder zu diesen vielmehr dort nehmen mußte, wo sie sich boten. Das war schon vor 1870 der Fall, insbesondere aber nachher, zur Zeit des Gründungsfiebers.“ [4.9]

Derartige Schwierigkeiten konnten jedoch, wie zu zeigen sein wird, den Aufstieg des deutschen Werkzeugmaschinenbaus zur eigenen Industriebranche nicht grundsätzlich aufhalten. Aufschluß über die Dynamik, mit der dieser Weg beschritten wurde, gibt uns die Vielzahl der Firmengründungen in verschiedenen Regionen Deutschlands, denen wir uns nun näher zuwenden wollen. Soweit es die Quellenlage zuläßt, soll dabei auch der jeweilige Anteil dieser Unternehmen an den oben skizzierten Entwicklungslinien des Werkzeugmaschinenbaus in seinen Gründerjahren deutlich werden.

Unter den Pionieren der deutschen Werkzeugmaschinenindustrie nimmt der Münchener Ingenieur und Fabrikant Johann Mannhardt einen herausragenden Platz ein. 1798 in Bürstling bei Gmund als Sohn eines früh verstorbenen Zimmermanns geboren, kam er mit 15 Jahren zu einem Uhrmacher in die Lehre. Bald nach Abschluß seiner Lehrzeit übernahm er die Stelle des Werkführers in einer Großuhrmacherei und Schlosserei, bei der seine außergewöhnliche technische Begabung zutage trat. Der Uhrenfabrikation verdankte Mannhardt erste Anerkennung, und sie blieb auch später ein von ihm bevorzugtes Betätigungsfeld [4.25].

1826, anläßlich der Ausstellung einer von ihm gebauten Turmuhr, forderte man ihn auf, nach München überzusiedeln. Mannhardt folgte der Aufforderung, und seit 1827 ging er in München seinen vielseitigen Tätigkeiten nach. Deren für uns wichtigstes Ergebnis war der Aufbau einer zunächst bescheidenen Werkzeugmaschinenfabrik, die er 1844 eröffnete.

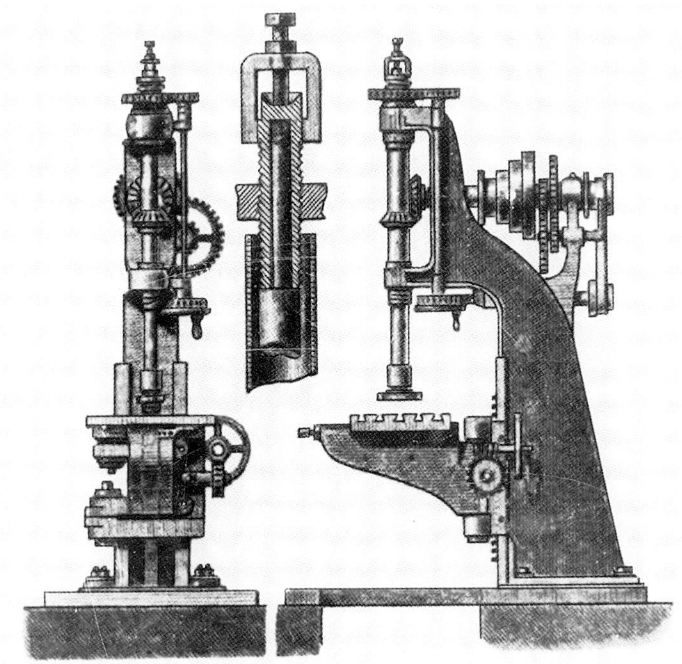

Bild 4.30 Bohrmaschine mit Stufenscheibe und selbsttätigem Vorschub von *J. Mannhardt,* 1851

Noch im selben Jahr beteiligte sich Mannhardt an der Berliner Gewerbeausstellung, und zwar nicht nur mit seinen inzwischen bekannten Turmuhren, sondern auch mit einem Supportfix. Der Amtliche Bericht über die Ausstellung meldete hierzu: „Vom Uhrmacher und Mechanikus Johann Mannhardt in München war ein Support-Fix ausgestellt, der die gewöhnliche Einrichtung hatte, nämlich mit Seiten-, Vor- und Rückschiebung zu arbeiten. Der untere Teil hatte 9½ Zoll, der obere 6½ Zoll Länge. Der Apparat war recht fleißig und gut gearbeitet; einige Teile bestanden sogar aus Metall, die man anderwärts aus Eisen zu machen pflegt. Dies hatte aber zur Folge, daß der Preis von 50½ Talern als zu hoch erschien, weil die sonst gebräuchlichen Supports, welche ganz von Eisen gemacht werden, billiger zu stehen kommen und dabei dieselben Dienste leisten.“ [4.11]

Über den Leistungsstand der Mannhardtschen Fabrik in ihrer Frühzeit sind wir durch einen Kommissionsbericht des Polytechnischen Vereins in München informiert, um den Mannhardt zu Werbezwecken gebeten hatte. Die Kommission fand folgende, von Mannhardt gebaute Maschinen vor [4.39]: „Drehbänke, Hobelmaschinen, Rundhobelmaschinen, Bohrmaschinen, Schraubenschneidemaschinen, eine hydraulische Radpresse und Friktionshämmer. Daneben spielte der Bau von Textilmaschinen eine nicht unbedeutende Rolle.“ In den Bildern 4.31 und 4.32 sind zwei der von der Kommission begutachteten Bohrmaschinen wiedergegeben.

Die große Ständerbohrmaschine zeichnete sich durch eine mit beliebigem Druck in größtmöglicher Kraftersparnis bohrende Bohrspindel aus. Der Hebel fungierte

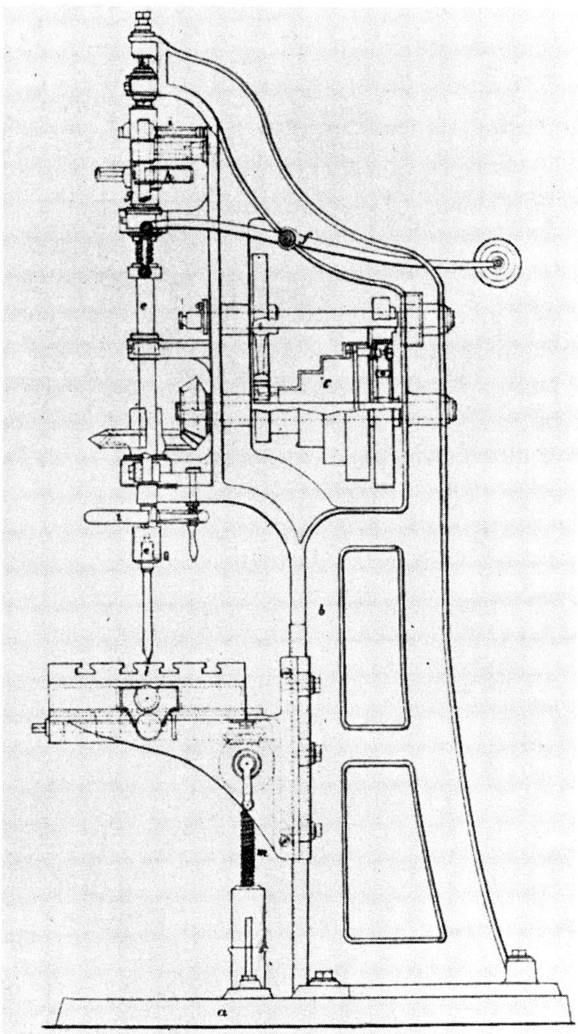

Bild 4.31
Große Ständerbohrmaschine von *Mannhardt*, 1848

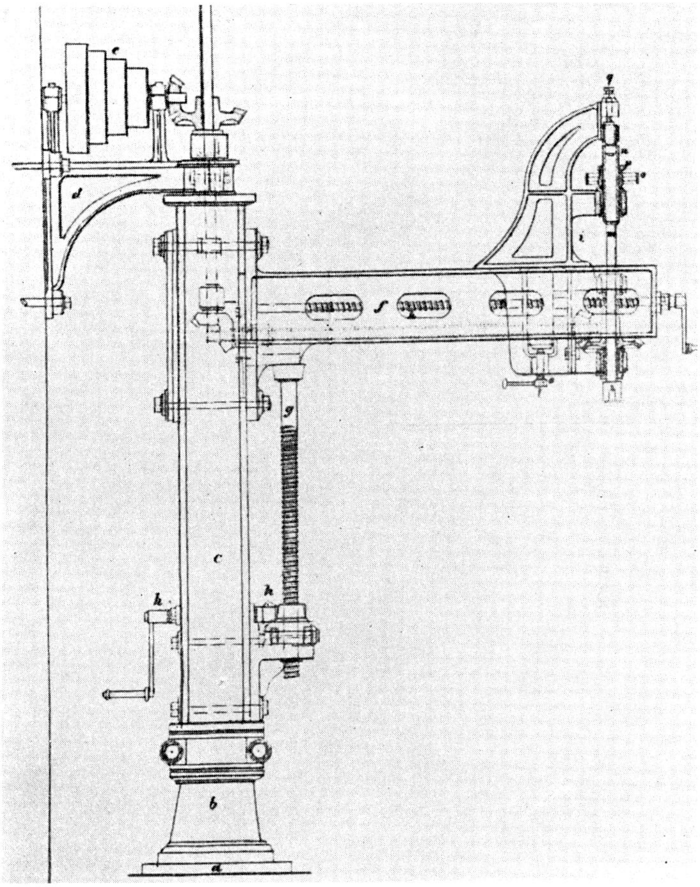

Bild 4.32 Radialbohrmaschine von *Mannhardt,* 1848

als Gegengewicht für die Bohrspindel, die mit einer selbsttätigen Nachschraubevorrichtung ausgestattet war. Der Aufspanntisch konnte nach zwei Seiten über Kreuz sowie vertikal verstellt werden.

Die Radialbohrmaschine hatte einen beweglichen Arm für 9′ Durchmesser und 6′ Höhe sowie eine bei beliebigem Druck selbsttätig arbeitende Bohrspindel. Das Urteil der Kommission über den Mannhardtschen Werkzeugmaschinenbau fiel erwartungsgemäß günstig aus: „Es unterliegt keinem Zweifel", so der Bericht, „daß die Arbeitsmaschinen des Herrn Mannhardt eine Vergleichung mit den besten englischen Fabrikaten dieser Art nicht zu scheuen haben, dieselben vielmehr durch viele wesentliche Verbesserungen, welche Herr Mannhardt anzubringen fortwährend bemüht ist, übertreffen" [4.41].

Mannhardt baute unter anderem ein Hammerwerk für die Maffeische Maschinenfabrik. Er beteiligte sich im Jahre 1854 an der Allgemeinen deutschen Industrieausstellung in München, auf der er nicht nur wegen der Güte, sondern auch wegen der Vielfalt seiner Fabrikate die höchste Auszeichnung, die große Gedenkmünze, erhielt, und er war 1862 auf der Londoner Weltausstellung vertreten. Der Amtliche Bericht erwähnt ihn fast überschwenglich: „In Bayern erwarb sich insbesondere Mannhardt in München einen gewichtigen Namen und zeigte, was deutsches Talent und deutscher Fleiß ohne unbedingte Nachahmung fremder Muster im Fache der Werkzeugmaschinen zu leisten vermag." [4.2]

Eine 1862 veröffentlichte Preisliste der Mannhardtschen Fabrik umfaßte 62 unterschiedliche Produkte, darunter Hobelmaschinen, Zahnradfräsmaschinen, Drehbänke, Pressen sowie Werkzeuge und Maschinen für den Eisenbahnbau. So erfolgreich Mannhardt als Mechaniker und Werkzeugmaschinenbauer war, der Wert aller von ihm verkauften Maschinen und Uhren soll Millionen betragen haben, endete er wirtschaftlich mit großen Verlusten. Dennoch setzte er bis zu seinem Tode, 1878, sein Werk unermüdlich fort [4.25].

Ein weiteres, für den deutschen Werkzeugmaschinenbau bedeutsames Zentrum im Süden Deutschlands hat sich seit den 40er Jahren in Württemberg herausgebildet. Hervorzuheben sind hier besonders die Firmen Louis Schuler, die Gebrüder Boehringer in Göppingen und die Maschinenfabrik Esslingen. Wenn Baden-Württemberg heute einen herausragenden Platz in der deutschen Werkzeugmaschinenindustrie einnimmt, dann finden sich auch hierfür Wurzeln, die bis in die regionalen Zentren jener Gründerjahre der Branche zurückreichen.

Die Werkzeugmaschinenfabrik und Eisengießerei Schuler war bei ihrer Gründung im schwäbischen Göppingen durch den Schlossermeister Louis Schuler im Jahre 1839 ein kleiner Betrieb, der neben dem als Meister tätigen Firmengründer nur wenige Lehrlinge beschäftigte. Bis Anfang der 50er Jahre widmete sich das noch stark handwerklich orientierte Unternehmen der Bautenkunstschlosserei, später der Herstellung von Schloßteilen, kleinen Maschinen und Reparaturteilen, Hydranten sowie Transmissionen. In diesem ersten Jahrzehnt verzeichnete die Firma Schuler ein nur langsames Wachstum.

Das änderte sich jedoch grundlegend mit der Londoner Weltausstellung von 1851, von der auch Deutschland technologisch wichtige Anregungen empfing, die insbesondere für eine Reihe kleinerer Unternehmen bedeutsam wurden. Seit 1852 wies das Produktionsprogramm der Schuler Werke eine Konzentration auf den Bau von Blechbearbeitungsmaschinen aus. Einschließlich späterer Erweiterungen gehörten dazu Abkantmaschinen, Blechrichtmaschinen, Drück- und Planierbänke, Exzenterpressen, Friktionspressen aller Abmessungen, Revolver-, Kurbel- und Ziehpressen für mechanischen und hydraulischen Betrieb, Nutenstanzmaschinen, verschiedenste Scheren sowie Schnitt- und Stanzwerkzeuge für die gesamte Blech- und Metallbearbeitung.

Schon 1859 wurden die ersten Blechbearbeitungsmaschinen ins Ausland geliefert: „Die Maschinen des schwäbischen Unternehmens erlangten schnell internationale Anerkennung. Ende der siebziger Jahre des vorigen Jahrhunderts erhielt

Schuler das erste Patent für ‚Neuerungen an Lochwerkzeugen, Scheren und dergleichen'. Auch konnten 1879 auf der ‚Fachausstellung für Blechindustrie' in Nürnberg erstmals Exzenter- und Ziehpressen mit Kraftantrieb gezeigt werden. 1895 erhielt Schuler das Patent für ‚Hydraulische Ziehpressen mit zwei ineinandergefügten Kolben' und wurde auf der Fachausstellung des ‚Vereins Deutscher Blecharbeiter' im gleichen Jahr in Leipzig mit dem ersten Preis ausgezeichnet.“ [4.16]

Mit den Erweiterungen des Produktionsprogramms haben sich auch die Beschäftigtenzahlen sowie die Fabrikanlagen kontinuierlich vergrößert. Die Schulersche Werkzeugmaschinenfabrik gehörte zu jenen Unternehmen, die den oben beschriebenen Differenzierungsprozeß der Erzeugnisse des Werkzeugmaschinenbaus frühzeitig mitvollzogen haben. Das gilt auch für den Übergang zur Serienproduktion und zu industriellen Fabrikationsmethoden, mit denen die Firma zu einem der großen Betriebe ihrer Branche im süddeutschen Raum aufsteigen konnte [4.36].

Sechs Jahre nach Gründung der Firma Schuler entstand 1845 in Göppingen ein weiterer Maschinenbaubetrieb, aus dem später eine über Württemberg hinaus bekannte Werkzeugmaschinenfabrik hervorging, das Unternehmen der Gebrüder Boehringer. Den Grundstein der Firma legte der Maschinenmeister Johann Georg Boehringer mit der Errichtung einer mechanischen Reparaturwerkstatt, in der er

Bild 4.33 Hebelschere und Stanze, Gutehoffnungshütte, 1830

jedoch von Anfang an auch Textilmaschinen baute. Die maschinelle Ausrüstung des Betriebes, in dem zunächst nur zwei Arbeiter beschäftigt wurden, entsprach dem handwerklichen Charakter seines Arbeitsprogramms.

Mitte der 50er Jahre kehrte ein Bruder des Firmengründers aus Amerika zurück, trat in das Unternehmen ein und baute für den Betrieb einen Dampfkessel und eine Dampfmaschine. Es soll sich dabei um die erste Dampfmaschine gehandelt haben, die in Göppingen aufgestellt wurde. Mit der Übersiedelung der Firma auf ein neues Anwesen in der Lorcher Straße verband sich dann die allgemeine Einführung des industriellen Fabrikbetriebes. Seit dieser Zeit erfolgte eine beständige Vergrößerung und Profilierung des Unternehmens.

Bis ins letzte Drittel des vergangenen Jahrhunderts umfaßte das Produktionsprogramm der Firma Boehringer neben Werkzeugmaschinen nahezu alle übrigen Arbeitsmaschinen, darunter Landwirtschaftsmaschinen, Dampfmaschinen, Holzbearbeitungsmaschinen und kleingewerbliche Maschinen. Seit den 70er Jahren erfolgte in Übereinstimmung mit der allgemeinen Entwicklung eine Konzentration auf den Werkzeugmaschinenbau. Hier waren die Gebrüder Boehringer mit Drehbänken, Hobelmaschinen, Senkrecht-, Waagerecht- und Radialbohrmaschinen vertreten, aber auch mit Fräsmaschinen, Stoßmaschinen, Reifbiegemaschinen sowie mit Scheren und Stanzen. Der in erhöhten Qualitätsanforderungen sowie stärker arbeitsteiligen Produktionsmethoden begründeten Tendenz zur Spezialisierung entsprach die Boehringersche Werkzeugmaschinenfabrik gegen Ende des Jahrhunderts durch Begrenzung der Maschinentypen auf Drehbänke, Revolverdrehbänke und Hobelmaschinen. Mit seinen Erzeugnissen konnte das Unternehmen schließlich einen führenden Platz auf dem Weltmarkt erringen [4.38].

Im Unterschied zu den Gebrüdern Boehringer, deren Fabrik aus einem handwerklichen Betrieb erwuchs, wurde die Maschinenfabrik Esslingen im Jahre 1846 von vornherein als Industriebetrieb errichtet. Ihr Gründer, Emil Kessler, war neben Borsig und Maffei einer der ersten deutschen Lokomotivbauer. Obwohl sein Werk speziell dem Bau von Eisenbahnfahrzeugen dienen sollte, gab es keine einseitige Festlegung des Produktionsprogramms. Kessler baute alles, was die mehr und mehr erstarkende Industrie an technischen Einrichtungen benötigte.

Die Zeit um die Mitte des 19. Jahrhunderts, in der die Maschinenfabrik Esslingen entstand, kannte noch nicht die Notwendigkeit der Spezialisierung. Daher kann dieses Unternehmen kaum als typisch für den Werkzeugmaschinenbau in Württemberg gelten, obwohl es neben Dampfmaschinen, Turbinen, Kesseln, Gebläsen und Kränen auch Walz- und Hammerwerke sowie spanende Werkzeugmaschinen produzierte. Der Schwerpunkt der Firmenentwicklung blieb der allgemeine Maschinenbau, doch als industrieller Großbetrieb hat die Maschinenfabrik Esslingen durch ihr Vorbild starken Einfluß auf die Industrialisierung des württembergischen Gewerbes genommen und damit auch auf die Entstehung eines industriellen Werkzeugmaschinenbaus im Süden Deutschlands [4.18].

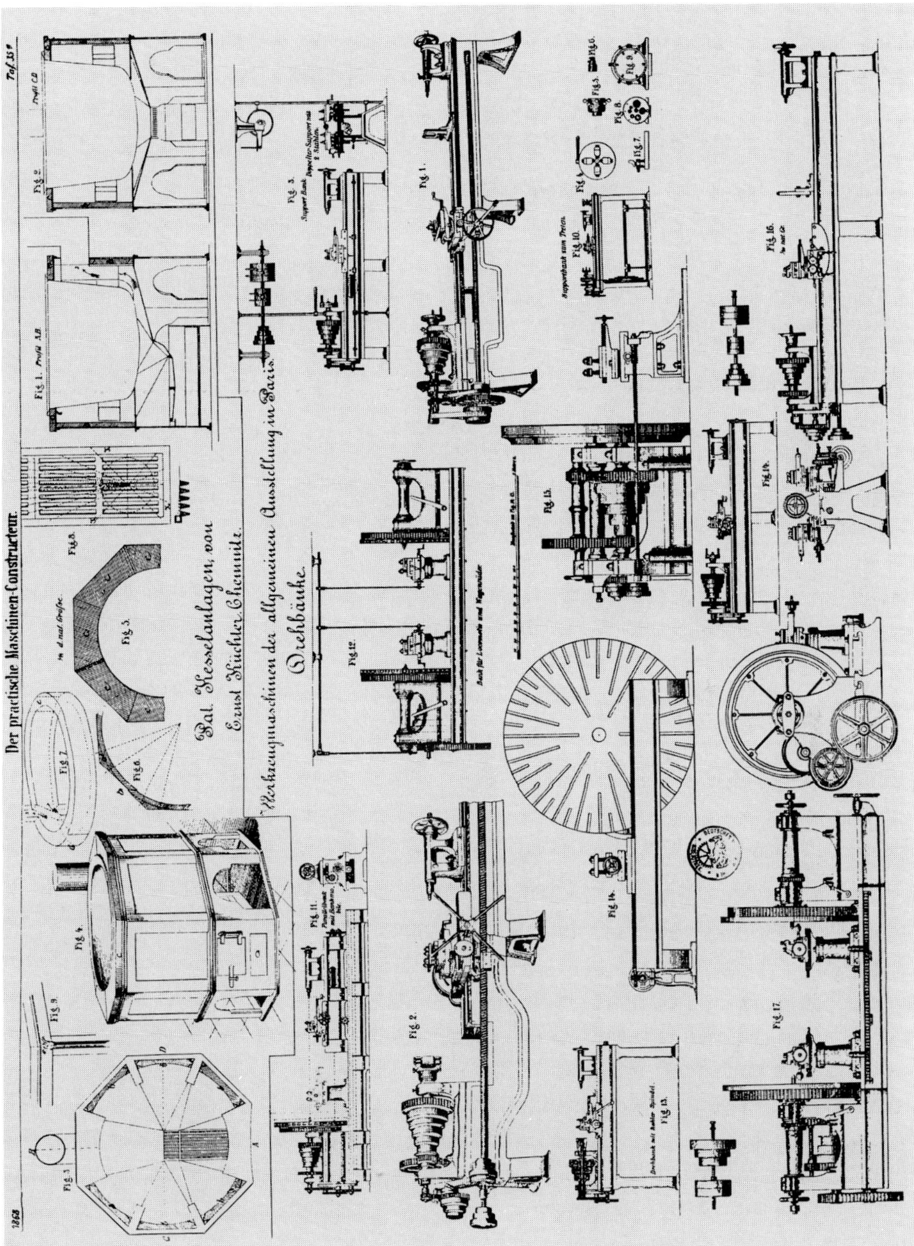

Bild 4.34 Deutsche Werkzeugmaschinen, auf der Weltausstellung in Paris 1867

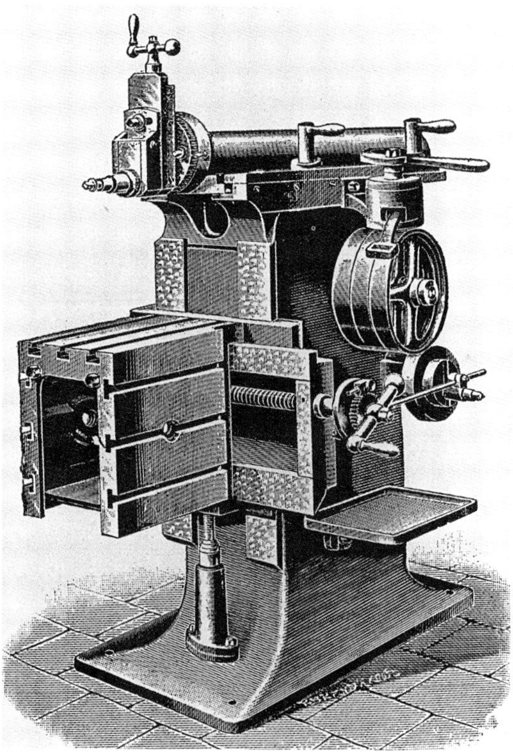

Bild 4.35
Stoßmaschine von *Weisser*, um 1880

Von den Werkzeugmaschinenbetrieben in Württemberg sei noch die ebenfalls in Esslingen ansässige und 1861 gegründete Firma Carl Mahr erwähnt, die mit ihrer Herstellung von Schublehren und sonstigen Meßwerkzeugen für den Maschinenbau als Bestätigung steigender Genauigkeitsanforderungen infolge zunehmender Normung von Maschinenteilen gelten darf. Ferner soll auf die 1860 bereits als Werkzeugmaschinenfabrik gegründete Firma der Gebrüder Henning in Metzingen hingewiesen werden sowie auf die 1870, wiederum in Esslingen, entstandene Maschinen- und Werkzeugfabrik für das Uhrmachergewerbe, die Boley nach schweizerischen Vorbildern mit anfangs 20 bis 30 Arbeitern errichtete [4.9].

Neben diesen Firmen machte sich auch die Maschinenfabrik Weingarten, vormals Schatz AG, einen Namen. Die Gründung der Fabrik erfolgte im Jahre 1866. Damals wurden nur kleinere Maschinen für Klempner und Schlosser hergestellt, wie Abkant-, Bördel- und Rundmaschinen sowie kleinere Handscheren und Stanzen. Doch das Produktionsprogramm der in den Anfangsjahren mit 30 Mann arbeitenden Fabrik weitete sich schnell aus. Bald umfaßte es sämtliche Eisen- und Blechbearbeitungsmaschinen für Hand- und Kraftbetrieb. Um die Jahrhundertwende wurden in Serie hergestellt: Blech-, Profileisen- und Kurbelscheren; Lochstanzen und Ausklinkmaschinen; Einständer- und Doppelständer-Exzenterpressen; Kurbel-, Spindel- und Ziehpressen; Blechbiege- und Rundmaschinen;

Blechricht- und Abkantmaschinen. Aus einer kleinen Fabrik entstand so ein bedeutendes Unternehmen des Werkzeugmaschinenbaus [4.38].

Aus einem Handwerksbetrieb, der Schmiede des Johann Georg Weisser, entstand 1856 in St. Georgen im Schwarzwald die Maschinen- und Werkzeugfabrik Weisser. 1855 kaufte Johann Weisser für seinen älteren Sohn Andreas, von Beruf ebenfalls Schmied, ein „Fabrikgebäude zwischen St. Georgen und Reterzell an der Straße des sogenannten Rothen Rain mit der dazugehörigen Wasserkraft". Im Kaufvertrag waren weiterhin aufgeführt: Ein Kamrad, zwei Wellenbaumzapfen samt zehn Ringen von geschlagenem Eisen, zwei konische Räder aus Gußeisen, ferner zwei eiserne Öfen und 75 brauchbare Schleudern [4.17].

Nach Fertigstellung der Bauarbeiten begann Weisser mit seinem Sohn Andreas 1856 mit der Fabrikation von Maschinen und Werkzeugen aller Art. Anfangs wurden sechs Arbeiter beschäftigt, später 10 bis 15 Arbeiter. 1868 trat der Gründer, Johann Georg Weisser, in den Ruhestand, und das Geschäft wurde von seinen beiden Söhnen, Andreas und dem Mechaniker Johann Georg, weitergeführt. Anfang der 70er Jahre arbeiteten in dem Werk, das nach dem Tode von Andreas Weisser unter der Leitung seines Bruders stand, 45 Arbeiter. Das Produktionsprogramm umfaßte verschiedene Werkzeugmaschinen und Werkzeuge, hauptsächlich für die damals zur Massenfertigung übergehende Uhrenindustrie des Schwarzwaldes, aber auch bereits für den Export.

Bei Eröffnung der Fabrik bestand die maschinelle Einrichtung im wesentlichen aus einigen Drehbänken und Hobelmaschinen. Größere Maschinen wurden durch Wasserkraft angetrieben, kleinere dagegen hatten noch Fußbetrieb. Von einer Ausstellung von 1884 in St. Georgen, an der die Firma Weisser beteiligt war, kennen wir einige Erzeugnisse genauer. Darunter waren eine große Leitspindel-Drehbank, eine Revolver-Drehbank, eine große Exzenterpresse, eine Universal-Drehbank und eine Reihe kleinerer Uhrmacher- und Feinmechaniker-Drehbänke und verschiedene Werkzeuge für die Uhrmacherei, Optik und Feinmechanik. Diese Ausstellung und eine steigende Nachfrage führten später zur Spezialisierung auf Drehbänke, zunächst aber zur Vergrößerung der Fabrik, die um 1890 rund 110 Arbeiter beschäftigte und über einen Maschinenpark von ca. 80 Maschinen verfügte [4.17].

Auf eine im kontinentalen Vergleich lange Tradition kann der Werkzeugmaschinenbau im Elsaß zurückblicken. Bereits 1834 wurde in Mülhausen die Firma Ducommun & Steinlein gegründet. Seit den 40er Jahren baute sie verschiedenste Werkzeugmaschinen. Ihre Teilnahme an der Wiener Weltausstellung 1873 verlief sehr erfolgreich. Die gezeigten Maschinen, insbesondere ihre Universalfräsmaschinen und Revolverdrehbänke, wurden allgemein sehr gelobt. Ebenfalls in Mülhausen war die Firma J. J. Meyer ansässig. Sie stellte Anfang der 40er Jahre Horizontalstoßmaschinen her. Zwei weitere elsässische Firmen, Stehelin & Huber aus Bitschweiler sowie Meßner aus Grafenstaden, bauten seit 1840 bzw. 1850 vor allem Zylinderausbohrmaschinen. Schließlich ist die 1872 entstandene Elsässische Maschinenbaugesellschaft Grafenstaden hervorzuheben, die aus dem Zusammenschluß zweier Unternehmen hervorging, der 1826 gegründeten Firma Koechlin & Cie., die Textilmaschinen, später auch Dampfmaschinen und Lokomotiven herstellte, und der Maschinenfabrik Grafenstaden, die seit 1821 Brückenwagen baute und sich in den 40er Jahren dem Werkzeugmaschinenbau zuwandte. Beide Firmen beschäftigten gegen Ende des 19. Jahrhunderts rund 6000 Arbeiter. Ihr Produktionsprogramm umfaßte neben Werkzeugmaschinen nach wie vor Textilmaschinen, Dampfmaschinen und Eisenbahnmaterial [4.9].

Von den größeren Werkzeugmaschinenfabriken sollen die Firma Collet & Engelhard in Offenbach und die Fabrik von Ernst Schiess in Düsseldorf erwähnt werden, weiterhin die Dortmunder Werkzeugmaschinenfabrik Wagner & Co., das Unternehmen Waldrich in Siegen sowie die Firma Gildemeister & Comp. in Bielefeld. Ferner ist in diesem Rahmen auf die Werkzeugmaschinenfabrik Heidenreich & Harbeck in Hamburg einzugehen.

Die Werkzeugmaschinenfabrik Collet & Engelhard wurde 1862 mit 25 Arbeitern gegründet. Die beiden Gründer, Anton Collet und Otto Engelhard, hatten sich in England bei der Firma Sharp, Stewart und Co. kennengelernt, als sie dort als Ingenieure tätig waren. Im ersten Jahr ihres Bestehens baute die Firma 37 Maschinen, vorwiegend Schrauben- und Muttern-Schneidmaschinen nach einem Patent von Sellers sowie Waagerecht-Bohr- und Fräsmaschinen. Später folgten Drehbänke, Hobelmaschinen, Bohr-, Stoß- und Shapingmaschinen, Plan-, Dreh- und Geschoßbänke sowie Zahnradfräsmaschinen. Zu diesen Metallbearbeitungsmaschinen kamen Maschinen für die Holzbearbeitung hinzu, gegen Ende der 70er Jahre auch noch Maschinen des allgemeinen Maschinenbaus, wie Bolzen- und Nietpressen, Walzen, Stanzen, Scheren oder Walzenstühle für Getreidemühlen. Zu dieser Zeit beschäftigte die Fabrik etwa 100 Arbeiter. Die Maschinen wurden nur einzeln hergestellt, und auch in späteren Jahren blieb die Serienproduktion die Ausnahme [4.40].

Vier Jahre nach der Firma Collet & Engelhard, 1866, gründete Ernst Schiess in Düsseldorf sein Unternehmen, das zuerst Lokomotiven, Dampfmaschinen und kleine Fördermaschinen für die Rheinisch-Westfälischen Bergwerke baute, aber seit 1869 die Produktion von Werkzeugmaschinen aufnahm. Zum Produktionsprogramm gehörten Maschinen mittlerer und schwerer Größe, insbesondere Drehbänke, Fräsmaschinen, Bohr- und Horizontalbohrmaschinen, Schrauben- und Muttern-Schneidmaschinen, Schleifmaschinen sowie Blechbearbeitungsmaschinen. Schiess folgte im Stil seiner Maschinen stark dem Chemnitzer Vorbild, nahm jedoch bereits amerikanische, vor allem Sellersche Anregungen auf [4.37].

Ernst Schiess stammte aus einer gutsituierten Magdeburger Bürgerfamilie, seine Vorfahren waren Handwerker, sein Vater Bankier. Nach dem Besuch des humanistischen Gymnasiums und einer anschließenden kurzen Tätigkeit in einer Schlosserei ermöglichte ihm sein Vater 1858 ein Ingenieurstudium an der damals berühmten Polytechnischen Schule Hannover, der späteren Technischen Hochschule. Dort war er Schüler des aus Wien kommenden Professors Karl Karmarsch, eines bedeutenden Repräsentanten der noch jungen Mechanischen Technologie. Nach einjährigem Aufenthalt in Hannover wandte sich Schiess nach Karlsruhe, hörte dort bei dem Begründer des theoretischen Maschinenbaus, Ferdinand Redtenbacher, und ging anschließend noch an das Polytechnikum in Zürich zu Franz Reuleaux und Gustav Zeuner, die hier theoretische Maschinenlehre und Maschinenbaukunde lehrten. Damit gehörte Schiess zu den wenigen, die an drei der bekanntesten Schulen seiner Zeit und bei den bedeutendsten Professoren des Maschinenbaus und der Technologie das theoretische Rüstzeug für ihr künftiges Wirken als Ingenieure erwerben konnten.

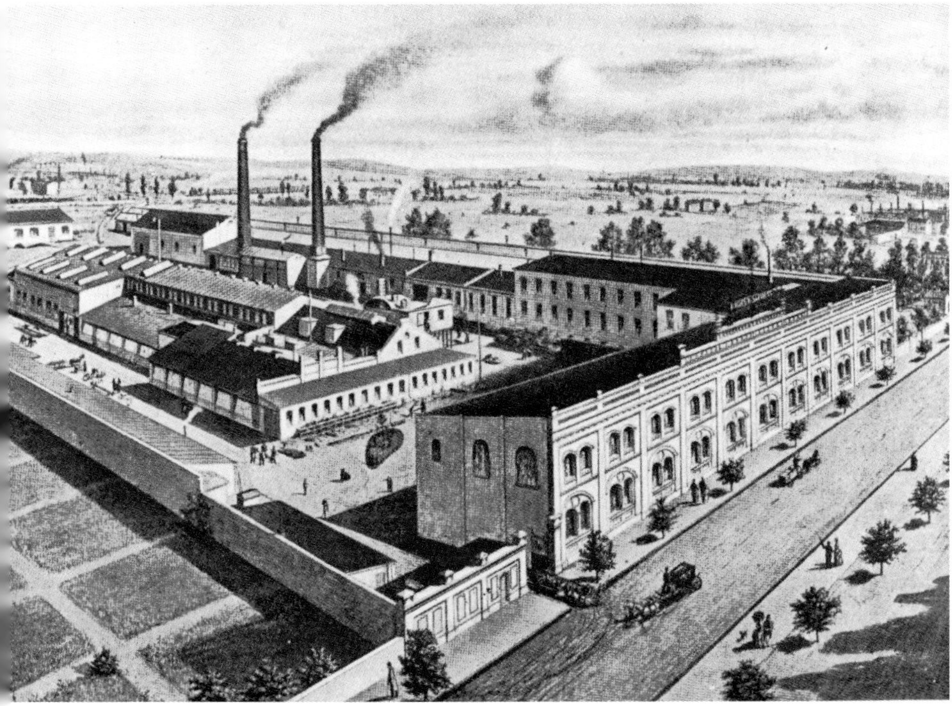

Bild 4.36 Werkzeugmaschinenfabrik *Schiess,* 1888

Nach seiner theoretischen Ausbildung fand Schiess eine Anstellung in der Bukkauer Maschinenfabrik in Magdeburg, wechselte nach einem Jahr zur Berliner Maschinenbauanstalt Schwartzkopff über und arbeitete anschließend bei Borsig als Konstrukteur. 1865 vervollständigte Schiess seine außerordentlich umfassende Ausbildung durch eine Auslandsreise, die ihn zunächst nach Belgien, endlich aber nach England führte, wo er sich in verschiedenen Projekten engagierte. Zurückgekehrt nach Deutschland fand er bei dem rheinischen Industriellen Poensgen Unterstützung für seinen Plan, sich als Maschinenbauer selbständig zu machen.

Poensgen war es auch, der ihm dazu riet, sich in Düsseldorf niederzulassen, da er für die Stadt eine große industrielle Zukunft voraussah [4.37].

Schiess eröffnete sein Unternehmen 1866 mit sechs Arbeitern. Zu dieser Zeit gab es in Düsseldorf noch keinen Werkzeugmaschinenbau, doch fast zeitgleich begann eine Reihe anderer Fabriken des Rheinlandes auf diesem Gebiet zu arbeiten. Neben Wagner & Co., auf die wir noch zurückkommen werden, befanden sich darunter Froriep in Rheydt, die Maschinenfabrik Deutschland in Dortmund sowie die Werkzeugmaschinenfabrik Breuer, Schumacher und Cie. in Kalk bei Köln. Schiess übernahm anfangs Reparatur- und Schlosserarbeiten, danach den Bau von Dampfmaschinen, Lokomobilen, Dampfkesseln, Fördermaschinen und Kranen. Werkzeugmaschinen wurden zunächst nicht gebaut. Doch der steigende Bedarf an Sondermaschinen für die Hüttenwerke führte auch zu einer verstärkten Nachfrage nach Hobelmaschinen, Drehbänken und anderen Werkzeugmaschinen. So entschloß sich Schiess, deren Produktion in den Mittelpunkt seines Wirkens zu stellen.

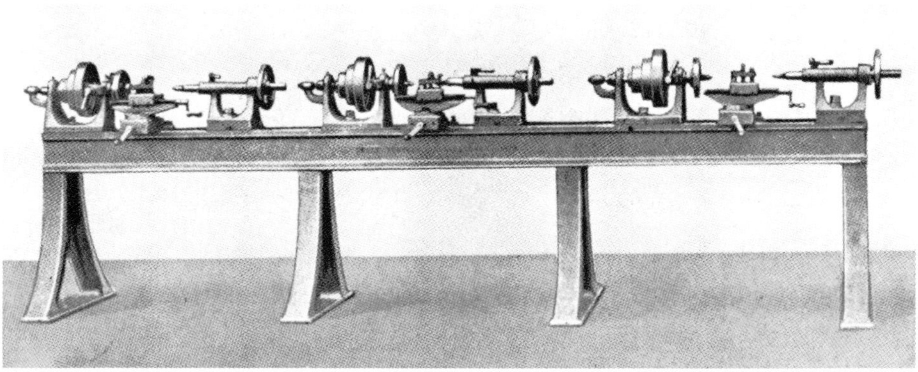

Bild 4.37 Dreifache Drehbank von *Schiess*, 1872

1869 erwarb Schiess ein geeignetes Grundstück, errichtete eine Werkstatt, eine Schreinerei und Schmiede, eine Modellkammer, ein Holzlager sowie ein Maschinen- und Kesselhaus. Im Erdgeschoß des benachbarten Wohngebäudes lagen die Verwaltung und ein Zeichenbüro. 1871 kam noch eine eigene Gießerei hinzu, um von den Gußlieferungen unabhängig zu werden. Das Arbeitsgebiet der Firma umfaßte alle Arten der damals üblichen Metallbearbeitungsmaschinen. Die Auftragsbücher, die seit 1873 erhalten sind, enthalten Bestellungen von Plandrehbänken und anderen Drehmaschinen, Shapingmaschinen, „um selbsttätig Gegenstände von 240 mm Breite und 700 mm Länge horizontal, vertikal und im Winkel hobeln zu können", Horizontalbohrmaschinen, doppelte Räder-, Dreh- und Bohrbänke mit Zentrierplanscheibe und dreifachem Rädervorgelege, Rohrschneidmaschinen sowie für Rüstungszwecke Drehbänke zum Abstechen oder Abdrehen von Granaten und Bohrmaschinen zur Bearbeitung von Langgranaten [4.37].

Zu den Auftraggebern von Ernst Schiess gehörten Werke des allgemeinen Maschinenbaus, Hüttenwerke, Bergwerksunternehmen, Eisenbahnverwaltungen und Lokomotivfabriken sowie Werften. Hinzu kamen Rüstungsbetriebe, wie Geschoßfabriken, Artilleriewerkstätten, Munitions- und Zündhütchenfabriken. Die Auftraggeber waren vorzugsweise in Düsseldorf oder der näheren Umgebung ansässig, doch reichte der Kundenkreis bereits 1873 weit über den westdeutschen Bereich hinaus.

Auch für die Werkzeugmaschinenfabrik Schiess standen in jener Zeit Einzelaufträge im Mittelpunkt, während die Serienfertigung noch äußerst selten war. Als Beispiel für die Vielseitigkeit der Aufträge sei eine Bestellung des Königlichen Salzamtes in Schönbeck aus dem Jahre 1873 aufgeführt: „1 Support-Drehbank mit selbsttätigem Support; 1 Handsupport-Drehbank von 170 mm Spitzenhöhe und 1500 mm Entfernung zwischen den Spitzen, 2600 mm Bettlänge; 1 Hobelmaschine für Stücke bis zu 2000 mm Länge, 850 mm Höhe und 850 mm Breite, 1 Handbohrmaschine; 1 freistehende Bohrmaschine mit verstellbarem und drehbarem Tisch; 1 Schraubenschneidmaschine für Schrauben von 5 bis 30 mm Durchmesser; 1 Blechbiegemaschine für Bleche von 2600 mm Breite; 1 Shaping-Maschine; 1 Lochbohrmaschine; 1 Ventilator für 8 bis 10 Schmiedefeuer und verschiedene Schmiedeteile." [4.37]

Anfang der 70er Jahre war die Firma Schiess im Westen Deutschlands schon nicht mehr der einzige Produzent von Werkzeugmaschinen. 1865 wurde die Werkzeugmaschinenfabrik Wagner & Co. in Dortmund mit immerhin 50 Arbeitern ins Leben gerufen. Über die Gründe, die zur Errichtung des Werkes führten, schrieb die Zeitschrift „Der Berggeist" noch im selben Jahr: „Je riesiger sich die Industrie Rheinlands und Westfalens in neuester Zeit entwickelt und ausgedehnt hat, desto lebhafter ist von ihr der Mangel einer tüchtigen Werkzeugmaschinenfabrik in ihrer eigenen Mitte empfunden worden. Wir haben die günstigsten Verhältnisse zum Betriebe einer solchen in unseren Kohlen, Erzen und in zahllosen Etablissements, und doch mußten wir unser Geld bisher für diesen großen Bedarf an Werkzeugmaschinen in andere Gegenden schicken und der übrigen, jedem Kaufmann augenscheinlichen Vorteile verlustig gehen, die die unmittelbare Nähe einer tüchtigen Werkzeugmaschinenfabrik den Besitzern industrieller Etablissements gewährten. Es wird deshalb für die industriellen Kreise die Mitteilung von Interesse sein, daß nach geschehenem Ankauf der früheren Harkortschen Maschinenfabrik in Dortmund durch die Herren W. Bergenthal in Warstein und W. Funcke in Hagen ... eine Aktien-Kommandit-Gesellschaft gebildet wurde, welche die Betreibung des genannten Werks unter der Firma ‚Werkzeug-Maschinen-fabrik in Dortmund Wagner & Co.' zum Zweck hat." [4.48]

Die Initiative zur Gründung einer Werkzeugmaschinenfabrik ging von den Industriellen Funcke und Bergenthal aus. Beide haben alle Vorbereitungen zur Gründung der Firma getroffen und als ihren technischen Leiter den Konstrukteur Heinrich Oswald Wagner verpflichtet. Wagner war damals 29 Jahre alt und nach seiner Lehrzeit bei Henschel in Kassel von 1859 bis 1864 bei Zimmermann in Chemnitz beschäftigt. Die Erwartungen, mit Wagner einen Vertreter des besten deutschen Werkzeugmaschinenbaus nach Dortmund zu holen, sind nicht enttäuscht worden. Mit Antritt seiner neuen Stelle reiste Wagner, wie damals noch üblich, nach England, um sich über den technischen Stand des Werkzeugmaschinenbaus zu informieren und erforderliche Maschinen zu bestellen. Danach erhielt er den Auftrag, Pläne für die Errichtung einer Schmiede, Tischlerei und Werkstatt zu entwerfen.

Das Grundstück der Harkortschen Fabrik enthielt die Maschinenfabrik, eine Gießerei, eine Gelbgießerei und das Kesselgebäude. Zum mobilen Bestand gehörten Dampfmaschinen, Schraubstöcke und Ambosse. Im Verlauf des Jahres 1865 wurden Maschinen im Wert von rund 1400 Talern erworben, es entstanden die von Wagner entworfene Schmiede und Schreinerei sowie eine Reihe Arbeiterwohnungen. Im Dezember 1865 wurde schließlich die rechtliche Gründung der Aktien-Gesellschaft vollzogen, zu deren Gegenstand man den Betrieb einer Werkzeugmaschinenfabrik, eventuell verbunden mit einer Dampfkesselschmiederei, bestimmte [4.48].

Der Bedarf an Werkzeugmaschinen war in der Eisenindustrie inzwischen breit entwickelt: „In den Walzwerken wurden Block-, Knüppel- und Blechscheren, Sägen, Profilstahl- und Blechrichtmaschinen, Walzendrehbänke und andere dauernd benötigt. Die Räderfabriken, die mechanischen Werkstätten brauchten zur Vor- und Fertigbearbeitung von geschmiedeten und gegossenen Blöcken, Rädern und Wellen schwere Spezialdrehbänke. Die Betriebe des Brückenbaues und der Eisenkonstruktion und auch die Kesselfabriken verwendeten Blechkanthobelmaschinen, Fräsmaschinen und Blechbiege- und Richtmaschinen. Die Maschinenfabriken brauchten für den Bau von Dampfmaschinen, Pumpen, Walzwerken usw. zur Bearbeitung der Einzelteile, wie Dampfzylinder, Pumpenzylinder, Lager, Walzenständer und Walzen, die verschiedenartigsten Bohrmaschinen, Fräsmaschinen, Drehbänke und dgl. Bedarf gab es also hier überall, besonders für die vielseitig zu verwendenden Drehbänke, Bohrmaschinen und Hobelmaschinen.“ [4.48]

In dieser Vielseitigkeit lag zugleich die Gefahr der Zersplitterung. So haben sich innerhalb der Produktion im Laufe der Jahre drei Abteilungen herausgebildet: der Bau spanender Maschinen, der Bau von Maschinen für spanlose Formung und der Bau von hydraulischen Pressen. Doch zum Serienbau kam es hier wie im gesamten Großwerkzeugmaschinenbau kaum. Nicht zuletzt wirtschaftliche Erwägungen zwangen zur Annahme verschiedenster Aufträge. So wurde alles gebaut, „angefangen bei den Handsupport- und Trittdrehbänken, den schweren Drehbänken zum Achsen-, Walzen- und Räderdrehen über die verschiedensten Hobel-, Bohr- und Shapingmaschinen, Fräsmaschinen, Blechbearbeitungsmaschinen, Walzwerkshilfsmaschinen, wie Block-, Knüppel- und Blechscheren, Warmsägen und Profileisen-Richtmaschinen, Schraubenfabrikationsmaschinen bis zu Winden, Schleifsteinen, Ventilatoren und der Herstellung von Zahnrädern. Da die Schwerindustrie in den ersten Jahren mit Aufträgen zurückhielt, war es in den frühesten Jahren trotz ausdrücklicher Festlegung des Fabrikationsprogramms auf Schwerwerkzeugmaschinen nicht leicht, diese Richtung einzuhalten. Man hatte daher sehr viel leichtere Maschinen angefertigt, vor allem für den Bedarf der Bergisch-Märkischen Kleineisenindustrie." [4.48]

Der erste Auftrag für die Wagner-Werke kam von der Firma Falkenrodt, Kocher & Co. aus Haspe und lautete auf vier Supportdrehbänke. Bis 1871 wurden 1990 Aufträge übernommen, davon entfiel jedoch ein erheblicher Teil auf kleinere Arbeiten, wie die Herstellung von Planscheiben, Spindeln, Riemenscheiben und Stufenscheiben, oder sogar auf Reparatur- und Zulieferarbeiten. Die Übernahme solcher Aufgaben zeigt die enge Verbindung, die selbst ein Fabrikbetrieb der

Bild 4.38 Bearbeitungswerkstatt und Montierhalle in den 1870er Jahren, *Wagner & Co.*

Eisenverarbeitung damals noch zum Handwerk hatte. Als Ausgleich für die in den ersten Jahren nicht immer ausreichenden Bestellungen schwerer Maschinen für Hüttenwerke wurden Aufträge von Eisenbahngesellschaften entgegengenommen: „An die Berlin-Hamburger Eisenbahn, an die Bergisch-Märkische Eisenbahn und an die Westfälische Eisenbahn gingen schon 1867 gewaltige Lieferungen von Räderdrehbänken, Hobelmaschinen, Bohrmaschinen und Schraubenschneidemaschinen, die alle anderen Aufträge damals weit überragten. Die schwersten Maschinen, die in den ersten Jahren gebaut wurden, waren Dampfluppenscheren und Hobelmaschinen. Eine im Jahre 1869 gebaute Doppeldampfluppenschere wog ungefähr 20000 kg und kostete rund Mk. 10000,–. Man machte in diesem Jahr Reklame mit einer in der Fabrik aufgestellten, selbstgebauten Hobelmaschine im Werte von Mk. 30000,–, mit der man Arbeitsstücke von 20 Fuß Länge und 10 Fuß Breite und Höhe bearbeiten konnte." [4.48]

Besonders leistungsfähig war die Firma Wagner schon sehr früh bei der Herstellung von Kaltsägen. Dieser Schwerpunkt blieb auch über die 70er Jahre hinaus bestehen. Die Kaltkreissägemaschine geht auf ein englisches Patent aus dem Jahre 1793 zurück und wurde als deutsches Fabrikat von Wagner herausgebracht. „Es erregte damals einiges Aufsehen, als die Firma sie 1873 auf der Wiener Weltausstellung zuerst zeigte. Unter den Bestellern traten Cockerill-Seraing und Schneider-Le

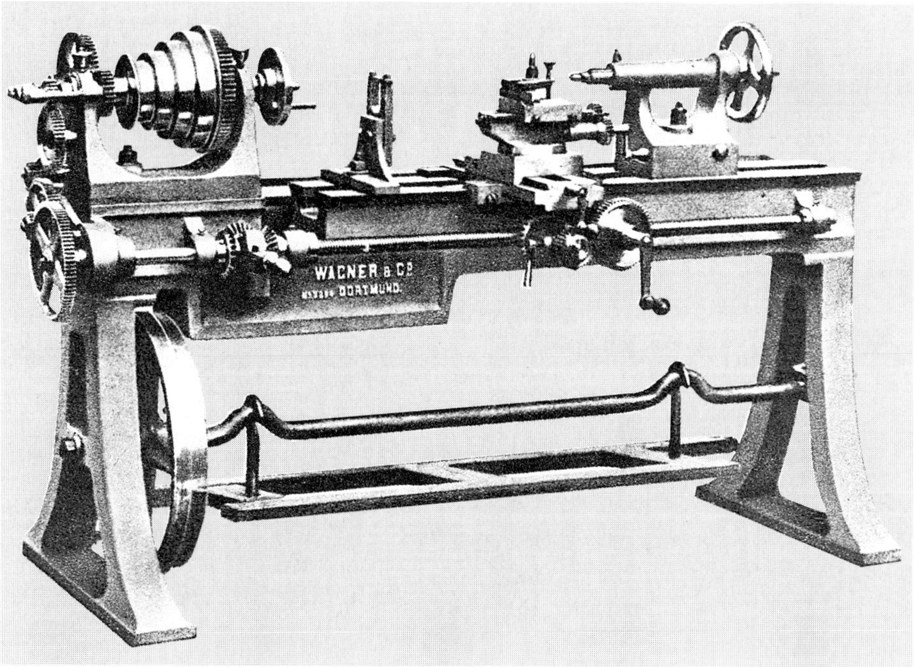

Bild 4.39 Kleine Drehbank von *Wagner & Co.*, 1867

Creusot besonders hervor." [4.48] Je mehr die Firma Wagner ihre technische Leistungsfähigkeit unter Beweis gestellt hatte, erweiterte sie ihren Kundenkreis im Ruhrgebiet. Aber der Absatz hat sich immer über das ganze Reich verteilt. Vor allem für den Bau von Maschinen mit besonderen Ausmaßen oder mit besonderer Leistungsfähigkeit nahm das Werk eine führende Stellung ein.

Die Firma Waldrich in Siegen geht auf eine Gründung des Schlossermeisters Heinrich Waldrich aus dem Jahre 1842 zurück. Anfangs arbeitete Waldrich gemeinsam mit seinen Schwägern, den Gebrüdern Breitenbach, seit 1847 stellte er selbständig Gebläse für die einheimische Hüttenindustrie her, ferner eiserne Schützen für die Siegerländer Rieselwiesengräben sowie Transportwagen, Pumpen, Aufzüge und Pressen für die im Siegerland befindlichen Eisenstein- und Erzgruben sowie für Hütten- und Hammerwerke. Auch Reparaturarbeiten wurden in den ersten Jahren übernommen [4.49].

Das Wachstum des Unternehmens führte 1859 zum Bezug einer neuen zweiten Werkstatt, in der Heinrich Waldrich die Fertigung seiner Maschinen und anderer Erzeugnisse wesentlich vergrößern konnte. So weitete er sein Produktionsprogramm um die Bearbeitung der von der Marienborner Eisenhütte bezogenen Grubenwagenräder aus. 1863 wurde die Leistung des Betriebes durch Aufstellung einer 2-PS-Hochdruckdampfmaschine vergrößert. Die Dampfmaschine hatte Waldrich selbst gebaut, so daß sich auch auf diesem Gebiet der Firma eine neue Dimension auftat.

Es folgte im gesamten Siegerland eine Zeit industrieller Neugründungen: In den Jahren 1863/64 wurde die Charlottenhütte gebaut, 1856 bis 1866 der Köln-Müsener Hochofen in Kreuztal, 1866/67 die Rolandshütte in Weidenau, 1873 die Bremerhütte in Geisweid, 1874 die Friedrichshütte in Herdorf und 1876 die Marienhütte in Eiserfeld. Am 1. Januar 1873 trat mit der Einführung der neuen Gewerbeordnung von 1869 die alte Siegener Hütten- und Hammerordnung außer Kraft. Nunmehr eröffneten sich auch für die Siegerländer Maschinenfabriken neue Möglichkeiten. In den seit 1851 erschienenen Berichten der Siegerländer Handelskammer hieß es zunächst, daß die Maschinenfabriken nur mäßig beschäftigt waren; aber 1852 war schon von einer erhöhten Lieferung von Gebläse, Walzwerken und Werkzeugmaschinen die Rede, und 1853 bestand schon die Hälfte der von den Eisengießereien erzeugten Gußwaren aus Maschinenteilen. Nach dem Bericht von 1862 haben die Maschinenfabriken durch Aufstellung vorzüglicher Arbeitsmaschinen an Ausdehnung gewonnen und sich gegenüber dem auswärtigen großen Wettbewerb gut gehalten. 1865 bestanden im Kreise Siegen sechs Maschinenbauwerkstätten mit 219 Arbeitern und einer Jahreserzeugung im Werte von 134 500 Talern. Waldrichs Betrieb war durch die Bearbeitung von Grubenwagenrädern, Schwungrädern, Riemenscheiben und vielen anderen Maschinenteilen und deren Zusammenbau zu Dampfmaschinen, Pumpanlagen oder Drehbänken so gewachsen, daß er im Jahre 1870 einen Anbau für die Aufstellung von Drehbänken errichten konnte [4.49].

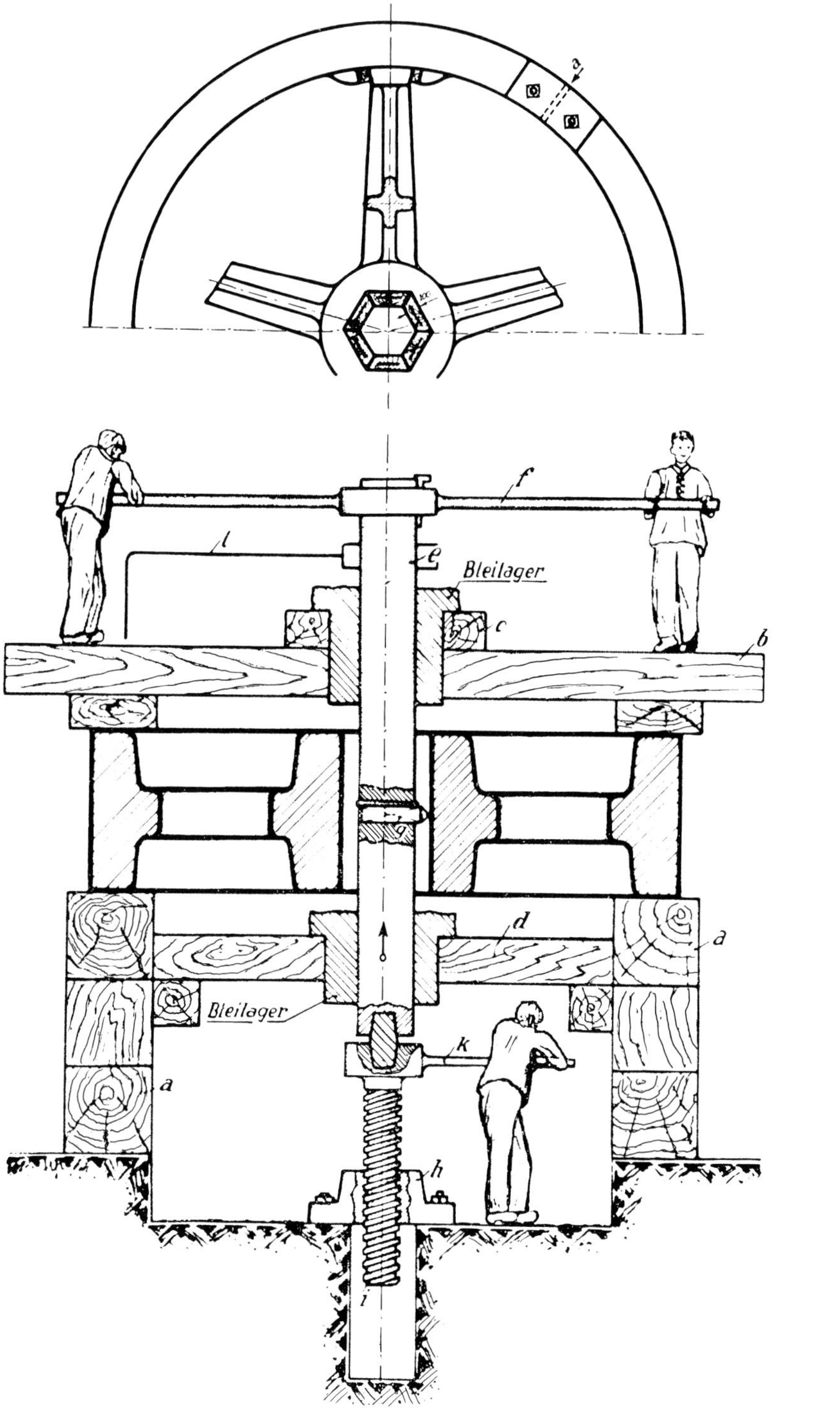

Bild 4.40 Bearbeitung eines Schwungrades in der Maschinenbauwerkstatt *Waldrich,* um 1850

Über die damalige Lage der Siegerländer Industrie und der Firma Waldrich schrieb der jüngste Sohn Waldrichs, Heinrich Adolf, dem der Vater 1873 die Geschäftsführung übertragen hatte, in seinen Erinnerungen von 1935 [4.47]: „In den sechziger Jahren erhielt das Siegerland Eisenbahnbetrieb. Nun baute man neue Puddel-, Eisen- und Blechwalzwerke. Der erste Hochofen mit Koksbeschichtung, die Rolandshütte, kam ins Land; die kleinen Hütten, in welchen mittels Holzkohle Eisen erblasen wurde, kamen nun meistens außer Betrieb. Einige wurden umgebaut. Die in Sieghütte gelegene Hütte kam zum Erliegen. Die rauchenden Holzkohlenmeiler verschwanden aus den Bergen. In Siegen wurde eine Gasanstalt errichtet. In diesem Jahrzehnt wurde in der Werkstätte meines Vaters Dampfmaschinenbetrieb eingeführt. Es traten andere Verhältnisse ein. Es kamen Petroleum-Beleuchtung und Neuerungen mancher Art. Die tägliche Arbeitszeit wurde um eine Stunde gekürzt. Die Herstellung der bis dahin gelieferten Erzeugnisse wurde noch beibehalten. Es gliederte sich jedoch an: der Bau von kleinen Dampfmaschinen, Pumpwerken, Transmissionen und dergleichen. Die neu entstandenen Eisenwerke brachten vermehrte Beschäftigung, die Werkstätten wurden vergrößert, auch eine neue Auf- und Abladevorrichtung kam in Stellung. In den ersten siebziger Jahren nach Beendigung des französischen Krieges kam die Gründerzeit. Die Industrie brauchte große Hochofenanlagen, Eisen- und Stahlwerke wurden erbaut. Diese Entwicklung brachte die Vergrößerung der Metall- und Eisengießereien, Dampfkessel- und Konstruktions-Werkstätten; in demselben Jahrzehnt kamen die Walzengießereien zu ihrer ersten großen Entwicklung."

Bis 1891 wurde der Waldrichsche Betrieb noch mehrfach erweitert, so daß 1897 die Produktion einer Sonderform der Drehbank, der für die Siegerländer Eisenindustrie so wichtigen Walzendrehbank, aufgenommen werden konnte. Nach

Bild 4.41 Walzendrehbank von *Waldrich*, um 1900

dem Neubau des Werkes im Jahre 1900 kamen weitere Werkzeugmaschinen in das Produktionsprogramm, so Schleifmaschinen, um 1920 auch Walzenschleifmaschinen, seit 1908 Hochleistungsbohrmaschinen und ab 1913 Hobelmaschinen. Insbesondere mit dieser Werkzeugmaschinenart, die bald zu einer Spezialität der Firma werde sollte, hat das Unternehmen Waldrich sein international hohes Ansehen noch weiter festigen können.

Um einige Jahre jünger als die anderen hier angesprochenen Werkzeugmaschinenfabriken des westlichen Deutschlands ist die Firma Gildemeister & Comp. aus Bielefeld, obwohl sie als Maschinenbauwerkstatt bereits auf das Jahr 1864 zurückgeht. Damals annoncierte der Maschinenbauer Friedrich Gildemeister im „Bielefelder Wochenblatt“: „Einem geehrten Publikum die ergebene Anzeige, daß ich mich mit dem 1. April hierselbst als Maschinenbauer etabliert habe; ich empfehle mich zur Anfertigung aller neuen Maschinen, als auch für alle an Maschinen vorkommenden Reparaturen. Besonders empfehle ich mich den geehrten Herren Landwirten zur Anfertigung landwirtschaftlicher Maschinen jeder Art, indem ich verspreche, daß ich allen mir gemachten Aufträgen durch Pünktlichkeit, reelle und solide Bedienung nachkommen werde. F. Gildemeister, wohnhaft bei Herrn Schenkwirt Schroeder an der Bahnhofstraße.“ [4.18]

Aus diesem bescheidenen Anfang einer Werkstatt, in der, wie lange Zeit üblich, die in Auftrag gegebenen Maschinen mit Kreidestrichen auf dem Fußboden entworfen wurden, sollte in wenigen Jahren ein erfolgreiches Werk hervorgehen. Starken Anteil daran hatte die heimische Leinenweberindustrie, die in wachsendem Maße

Bild 4.42
Nähmaschine von *Pfaff*, 1862

Nähmaschinen brauchte. Die für deren Herstellung erforderlichen Werkzeugmaschinen kamen aus der Werkstatt Gildemeister. Als dieser seine Firma vergrößern mußte und dazu Kapital benötige, machte er 1870 die Kaufleute Johannsmann und Marten zu seinen Teilhabern. Damit war die Werkzeugmaschinenfabrik Gildemeister & Comp. in Bielefeld gegründet.

Mit der Herstellung von Spezialmaschinen für die Nähmaschinenproduktion sowie anderen Werkzeugmaschinen, unter denen vor allem Bohrmaschinen für die Metallbearbeitung herausragten, gelang es der Firma Gildemeister, einen wichtigen Platz in der sich konsolidierenden Werkzeugmaschinenbranche einzunehmen. Durch ihre Bindung an die ortsansässige Nähmaschinen- und Textilindustrie erhielt sie bis zum Ende des vergangenen Jahrhunderts eine wichtige lokale Bedeutung [4.38].

Die Einzelfertigung, die im Werkzeugmaschinenbau jener Zeit noch insgesamt vorherrschend war, prägte in besonderer Weise die Produktion bei Gildemeister. Fast jede Maschine wies eine eigene Konstruktion auf, die an die Bedürfnisse der Käufer angepaßt war. Die Ausführung derartiger Maschinen wurde in der Regel sehr teuer, und der Gewinn des Werks blieb folglich gering. Erst nach der Jahrhundertwende wurde vom Einzelmaschinenbau abgegangen, ein begrenztes Produktionsprogramm festgesetzt und mit der Serienfabrikation begonnen. In der Werkschronik wird darauf hingewiesen, daß „außer den bisherigen Spezialartikeln ... dann später noch größere Werkzeugmaschinen aufgenommen (wurden), die einen steigenden Absatz in Deutschland und im Ausland fanden und die Fabrik zu fortgesetzten Erweiterungen und Erhöhung der Arbeiterzahl veranlaßten“ [4.38].

Im Norden Deutschlands entstand 1868 in Hamburg die Werkzeugmaschinenfabrik Heidenreich & Harbeck. Zur Zeit ihrer Gründung beschäftigte die Firma 11 Arbeiter, bis zur Jahrhundertwende erhöhte sich ihre Zahl auf 40 Arbeiter.

Der Gründer, A. Keßler jun., stellte ursprünglich alle möglichen Werkzeugmaschinen her: „Drehbänke, ein- und mehrspindlige Bohrmaschinen, Shaping- und Hobelmaschinen, Nutenstoßmaschinen, Stanzen und Durchstoßmaschinen und Blechrichtmaschinen. Im Jahre 1900 überwog bereits die Herstellung der Drehbänke, die in vielen Arten von der kleinen Fußdrehbank mit 150 mm Spitzenhöhe, Zug- und Leitspindeldrehbänke bis 450 mm Spitzenhöhe und schließlich für Plandrehbänke bis 600 mm Spitzenhöhe gebaut worden sind.“ [4.38] Insbesondere auf dem Gebiet der Fabrikation von Drehbänken hat sich das Unternehmen einen reichen Schatz praktischer Erfahrungen erworben, die durch gute Leistungen bei der Ausbildung von Fachkräften ergänzt wurden. Im Gründungsjahr hat die Firma Heidenreich & Harbeck 22 Werkzeugmaschinen mit einem Gewicht von 20 Tonnen herausgebracht, 1925 waren es 230 Maschinen im Gewicht von 740 Tonnen.

Abschließend wollen wir uns noch kurz der Entstehung des Werkzeugmaschinenbaus in Berlin zuwenden. Buxbaum hat darauf hingewiesen, daß die Werkzeugmaschinenindustrie in dieser Stadt zumindest während ihrer Gründungszeit als eigenständige Branche den Einfluß des Chemnitzer Zentrums nicht erreichen konnte. Das ist vor allem deshalb bemerkenswert, weil man in Berlin früher Werkzeugmaschinen gebaut hat als in Chemnitz, und weil die Stadt seit den 30er Jahren über eine vergleichsweise bedeutende Metallindustrie verfügte. Im Jahre 1856 wurden in diesem Gewerbe- und Industriezweig immerhin 10 200 Arbeiter beschäftigt [4.9].

Zu den frühen Berliner Maschinenbauern, die bereits um 1800 damit begonnen haben sollen, Metallbearbeitungsmaschinen für den Verkauf herzustellen, gehörten C.F. Lewert und C. Hummel. 1820 gründete Holbauer seine Metallwarenfabrik, die laut Doogs ebenfalls „Hilfsmaschinen für den Maschinenbau" produziert hat [4.4]. Bald darauf begann auch Julius Freund, Werkzeugmaschinen für den Verkauf zu bauen. Nach Buxbaum gehörten zu seinen späteren Erzeugnissen Spezialmaschinen für den Geschützbau, Bohrmaschinen, Stoß- und Hobelmaschinen, Drehbänke sowie Schraubenschneidemaschinen.

Den entscheidenden Anstoß für die Entwicklung des Berliner Werkzeugmaschinenbaus gab jedoch der Schlosser August Hamann mit seinem 1829 ausschließlich für die Produktion von Werkzeugmaschinen gegründeten Betrieb. Erst Ende der 40er Jahre begannen auch M. Hirtz, C. Spazier, H. Thomas und W. Voigt mit dem Bau von Bohrmaschinen, Drehbänken und Hobelmaschinen.

In den 50er Jahren kamen weitere Unternehmen hinzu, die entweder ausschließlich oder in Ergänzung ihres Produktionsprogrammes Werkzeugmaschinen für die Geschütz- und Munitionsproduktion in Spandau herstellten. In den 60er Jahren nahm schließlich die von Frister und Rossmann zur Nähmaschinenproduktion errichtete Fabrik die Serienfertigung von Werkzeugmaschinen auf. Doch den endgültigen Schritt zur industriellen Fabrikation von Werkzeugmaschinen vollzog in den 70er Jahren Ludwig Loewe mit seinem 1869 ebenfalls als Nähmaschinenfabrik gegründeten Unternehmen [4.4]. Auf den Beitrag Loewes zur Entwicklung des deutschen Werkzeugmaschinenbaus werden wir noch ausführlich zurückkommen.

Als beispielhaft für die Anfänge des Berliner Werkzeugmaschinenbaus darf die Geschichte der Maschinenbauanstalt von August Hamann gelten. Nach seiner Schlosserlehre ging Hamann 1824 wie viele deutsche Maschinenbauer seiner Zeit nach England, um dort den neuesten Stand der technischen Entwicklung kennenzulernen. Fünf Jahre arbeitete er in der anerkannten Maschinenfabrik von Holzapfel und Deyerlein, kehrte anschließend nach Deutschland zurück und errichtete in Berlin eine kleine mechanische Werkstatt zur Herstellung von Drehbänken und verschiedenen Werkzeugen für Metallarbeiter. Doch die Aufträge reichten anfangs nicht aus, um auf die weitere Ausübung seines Schlosserhandwerks verzichten zu können. Durch seine mechanischen Arbeiten, insbesondere durch seine bis dahin nur aus England bekannten Drehmaschinen, wurde er aber bald so gefragt, daß er sich 1832 genötigt sah, eine neue, größere Werkstatt zu eröffnen.

Nun kam Hamann auch in den Genuß der preußischen Gewerbeförderung. Er erhielt Aufträge auf Drehbänke, die, wie wir bereits erfuhren, an verdiente

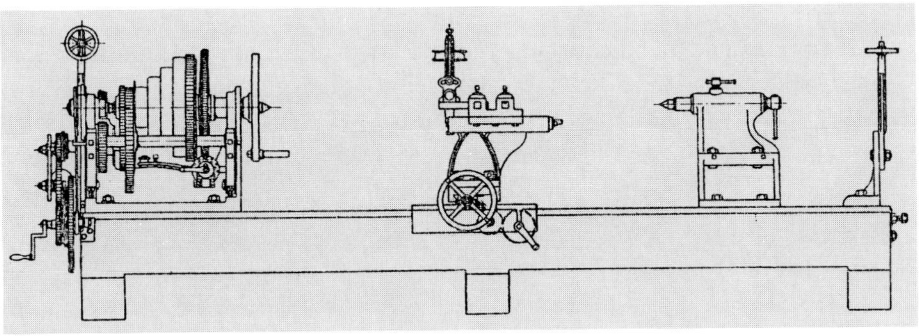

Bild 4.43 Leitspindeldrehbank von *Hamann*, um 1849

Unternehmen des Metallgewerbes verliehen und gegebenenfalls übereignet wurden. Die Maschinenbauanstalt von Hamann gehörte zu jenen Betrieben, die als Handwerksbetrieb anfingen und bis zu den 40er Jahren des 19. Jahrhunderts Manufaktur- oder Fabrikcharakter annahmen.

„Aber selbst dieser bereits Anfang der dreißiger Jahre gegründete und zu den bedeutendsten Unternehmen Preußens zählende Betrieb erklärte sich noch Mitte der vierziger Jahre außerstande, größere Werkzeugmaschinen herzustellen, weil die eigene maschinelle Ausrüstung dafür unzureichend sei. Hamann erhielt deshalb vom Staat eine finanzielle Unterstützung. Im Jahre 1846 waren in diesem Betrieb etwa 40 bis 50 Arbeiter beschäftigt. Eine Dampfmaschine betrieb zu diesem Zeitpunkt acht kleine, meist selbst gefertigte Drehbänke, drei größere Drehbänke sowie drei Drehbänke mit Einrichtungen zum Schraubenschneiden, ferner zwei Bohrmaschinen, zwei Hobelmaschinen und weitere Maschinen zum Fräsen von Schraubenmuttern, zum Schneiden von Schraubenbolzen usw." [4.4]

Hamann beteiligte sich 1844 mit Erfolg an der Deutschen Gewerbe-Ausstellung in Berlin, auf der er „drei trefflich gearbeitete Drehbänke und eine Hobelmaschine von nicht geringerer Güte" vorführte [4.11]. Bis zu diesem Zeitpunkt hatte er in seiner Werkstatt bereits 233 Drehbänke, 17 Hobelmaschinen und 14 Bohrmaschinen gebaut. Hinzu kamen noch verschiedene Schleifmaschinen, Kreissägen, Schraubenkluppen, Bohrer und dergleichen mehr [4.41].

Auch auf den Weltausstellungen in London von 1851 und 1862 war Hamann mit seinen Erzeugnissen vertreten. Der Amtliche Bericht über die Londoner Ausstellung von 1851 hebt eine von ihm gefertigte Drehbank lobend hervor:

„Die von dem Maschinenbauer August Hamann in Berlin ganz aus deutschem Material hergestellte Drehbank war ebenso gut gearbeitet als preiswürdig (525 Rthlr.) und dokumentierte von Neuem die Vorzüglichkeit der Leistungen dieses Mechanikers. Sie war 4 Fuß lang, hatte 5 Zoll Zentrumabstand, 12 Patronen mit dazu passenden Stählen zum Schraubenschneiden, eine Teilscheibe mit 8 gebohrten Kreisen nebst Inder, Support zum Metalldrehen, gewöhnlichen Vorlegeboden,

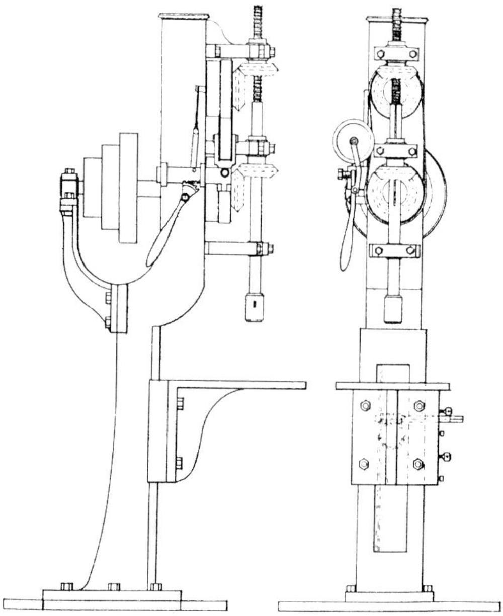

Bild 4.44 *August Hamanns* Bohrmaschine nach dem preußischen Patent vom 5. März 1849

Brillenständer nebst Vorrichtung, um selbst Futter machen zu können, zwei Planscheiben, ein Ovalwerk, Exzentrikfutter, ein Drahtfutter für Draht bis zu ¼ Zoll Stärke, Schraubenfutter, Hohlfutter usw." [4.1] Ebenso wurden im Amtlichen Bericht von 1862 die Werkzeugmaschinen Hamanns gemeinsam mit denen von Freund und Spazier anerkannt und in die Nähe englischer Maschinen gestellt: „Die Leistungen der Berliner Mechaniker (im Gebiete der Werkzeug-Maschinen) Hamann, Freund, Spazier u. a. stützen sich direkt oder indirekt auf die Beuth'schen Bemühungen und waren zugleich von der Art, daß ihre Drehbänke, Hobel-, Bohr-, Fräs- und andere hierhergehörigen Maschinen bald den besten englischen an die Seite gestellt werden konnten" [4.2].

Die Maschinenbauanstalt August Hamanns befand sich während der 50er und 60er Jahre in einer für viele Unternehmen der Branche charakteristischen Übergangsphase vom Handwerk zum Fabrikbetrieb. Trotz einer relativ guten maschinellen Ausrüstung war der Anteil handwerklicher Arbeiten noch sehr hoch. Das Produktionsprogramm läßt eine für diese Zeit ebenfalls typische Vielfalt erkennen, die sich deutlich von der im letzten Drittel des Jahrhunderts einsetzenden Spezialisierung und Serienproduktion abhebt. Dennoch war auch in Berlin, wie schon in Chemnitz, im Süden Deutschlands und im rheinisch-westfälischen Industriegebiet, ein selbständiger Werkzeugmaschinenbau entstanden. In der nun folgenden Epoche des industriellen Aufschwungs stand als dessen entscheidende Grundlage in ganz Deutschland eine entwickelte Werkzeugmaschinenindustrie bereit.

5 Auf dem Wege zum Weltmarkt

5.1 Wandel zur Industrienation

Die Reichsgründung führte in Deutschland langfristig zu einer wirtschaftlichen Blüte, deren anfängliche Dynamik im Begriff der Gründerjahre ihren bis heute gültigen Ausdruck fand. Mit 41 Millionen Einwohnern verfügte Deutschland nach Rußland über den größten Binnenmarkt in Europa. Das dem Reich angeschlossene Elsaß-Lothringen trug zu einer erheblichen Verbesserung der Rohstofflage bei. Die Erzvorräte Lothringens wurden auf 700 Millionen Tonnen geschätzt gegenüber lediglich 300 Millionen Tonnen im übrigen Reichsgebiet [5.54]. Der Wert des stark phosphorhaltigen lothringischen Minetteerzes kam besonders nach Erfindung und Einführung des Thomas-Verfahrens im Jahre 1879 zur Geltung. Ein Ergebnis dieser Entwicklung war das Aufkommen der Schwerindustrie als führender Wirtschaftszweig der Volkswirtschaft [5.20].

Insgesamt vollendete Deutschland in jenen Jahren den Wandel von einem Agrarstaat zur Industrienation. 1882 lebten nur noch 42 Prozent der preußischen Bevölkerung von der Landwirtschaft, etwa 44 Prozent von Handel, Gewerbe und Industrie, gegenüber 80 bzw. 10 Prozent im Jahre 1815. In der Zeit vom Ende des 18. Jahrhunderts bis zum Ersten Weltkrieg stieg die Bevölkerungsziffer von 23 Millionen auf etwa 67 Millionen. Es wurde die drittgrößte Eisen- und Textilindustrie sowie der zweitgrößte Schiffbau der Welt geschaffen. Zwischen 1869 und 1875 nahm die Streckenlänge der deutschen Eisenbahnen um über 60 Prozent zu. Deutschland wurde das erwerbsfreudigste und „amerikanischste Land Europas“ [5.6].

Die Verwendung der französischen Reparationen zur Staatsschuldentilgung erhöhte den Anlagenbedarf des privaten Kapitals. Viel Geld floß in fragwürdige Spekulationen, es kam doch auch zu wichtigen Neuinvestitionen, so z.B. im Eisenbahnbau, insbesondere in Elsaß-Lothringen [5.14]. Insgesamt wurden die ökonomischen Erwartungen, die von der Reichsgründung ausgingen, weit übertroffen. Sie fanden ihre Bestätigung in beachtlichen Gewinnen, welche die deutsche Industrie und damit auch der Werkzeugmaschinenbau in den Jahren 1870 bis 1873 erwirtschaftete [5.6].

Kennzeichnend für die Gründerjahre waren ein stürmisches Wachstum der Unternehmen sowie eine steigende Zahl von Neugründungen. Das galt insbesondere für den Maschinenbau. Dabei begann sich innerhalb des Werkzeugmaschinenbaus die Tendenz zur Differenzierung von Maschinenarten in Maschinentypen mit genormten und austauschbaren Teilen immer stärker durchzusetzen [5.4]. Der

Austauschbau sollte schließlich zu einem die Entwicklung der Maschinenbauindustrie insgesamt bestimmenden Prinzip werden. Seine ökonomischen Wurzeln lagen in dem sich vor allem jenseits des Atlantiks abzeichnenden Übergang von der Auftrags- und Serienfertigung zur industriellen Massenproduktion.

Erst auf diesem Niveau der Industrialisierung wurde jene Schlüsselstellung der Werkzeugmaschine innerhalb der Produktion deutlich, die ihr seit Beginn der industriellen Revolution in wachsendem Maße zukam. Ihr Einflußfeld umfaßte von nun an neben der Fertigung selbst die Normung und Meßtechnik, die Werkstoffentwicklung, die Werkstatt- und Fabrikorganisation, das betriebswirtschaftliche Rechnungswesen, die Berufsbildung sowie allgemein das kulturelle Umfeld, soweit es von der Fabrikarbeit, ihren Erzeugnissen und geistigen Voraussetzungen geprägt wird.

Mit der Maschinentechnik als dem Zentrum der klassischen Fabrik entstand erstmals der Typus des Maschinenarbeiters, zuerst an Textilmaschinen, seit den Gründerjahren auch in Deutschland an Maschinen zur Metallbearbeitung. Dennoch blieb bis weit ins 20. Jahrhundert hinein das Handwerk die berufliche Grundlage der industriellen Metallberufe.

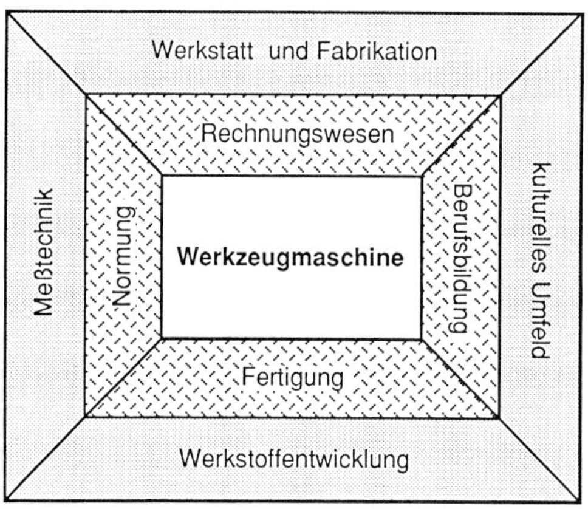

Bild 5.1
Einflußfelder der Werkzeugmaschine

Ihren Ausgang nahm die industrielle Massenproduktion in Deutschland vorrangig bei der Herstellung von Gewehren und Nähmaschinen. 1872 sollte im Rahmen einer Neubewaffnung des seit der Reichsgründung einheitlichen deutschen Heeres, welche die Ersetzung des Zündnadelgewehres durch das Infanteriegewehr Modell 71 einschloß, auch die veraltete Gewehrfabrikation reformiert werden. Über den damaligen Zustand der Gewehrfabrikation in Deutschland bemerkte Petzold 1868 nach einem Bericht in der Zeitschrift des Vereins Deutscher Ingenieure, daß „bei unseren Gewehrfabrikanten die zünftlerische Geheimtuerei, in welcher die Staatswerkstätten obenan ständen, noch in voller Blüte stehe; es fehle also die Veranlassung, sich mit dem Gegenstande zu befassen. Ohne den Rat der Wissenschaft und abgezogen von dem läuternden Lichte der Öffentlichkeit sei denn auch die Gewehrfabrikation bei uns bis heute noch das gemeine Handwerk geblieben ... Auf der höchsten Stufe der Vollkommenheit stehe dieser Industriezweig in Amerika. Das erste Erfordernis sei ein genau gearbeitetes Originalgewehr, zu dessen jedem einzelnen Teile eine Anzahl freilich kostbarer Spann- und Bohrfutter, Gesenke, Lehren, Leitkurven und Maschinen anzufertigen seien, so daß auch nicht die entfernteste Abweichung im Laufe der Zeit möglich werde."

Petzold führte zum Schluß seines Berichts aus, „daß die Maschinenindustrie in Deutschland, in einem Lande, wo das Sprichwort: ‚So viel Köpfe, so viel Sinne' in den Schulen gelehrt werde, niemals zu einer großartigen und einträglichen Entwicklung von Spezialitäten gelangen werde, weil jeder alles bauen wolle. Nicht diese angebliche Gesinnungsdivergenz, welche sogar das Gegenteil begünstige, sei der Grund der unleugbaren Mattigkeit unserer Maschinenfabrikation. Die Letztere beweise nur, daß noch niemand so vollkommene Fabrikationseinrichtungen getroffen, um jedem anderen für den Augenblick die Konkurrenz in demselben Artikel geradezu unmöglich zu machen und ihn zur energischen Inangriffnahme einer anderen Spezialität zu zwingen. Es sei unter den Ingenieuren ein großer Vorrat von Kenntnissen, Erfindungsgeist, Erfahrungen und sittlichem Ernst vorhanden, Dingen, welche freilich bisher noch sehr unter dem Wert taxiert und bezahlt würden; doch fehle es im großen Ganzen an einem, nämlich dem nur durch ernstes praktisches Nachdenken, nicht durch Spekulation, nur durch die Erwerbung gediegener Fachkenntnisse erwachenden Vertrauen des industriellen Kapitalisten." [5.34]

Dieser Einsicht in den Reformbedarf der deutschen Gewehrfabrikation folgend wurde eine Regierungskommission nach Amerika entsandt, während zugleich amerikanische Experten deutsche Fabriken für den Gewehrbau begutachteten. Schließlich wurde die Firma Pratt & Whitney beauftragt, die staatlichen Gewehrfabriken Spandau, Erfurt und Danzig mit modernen Maschinen und Fertigungseinrichtungen im Wert von 1,4 Millionen Mark auszurüsten. Der Vertrag umfaßte die Lieferung von Werkzeugmaschinen, darunter vor allem Fräsmaschinen, Werkzeugen, Lehren sowie einer bis dahin in Deutschland noch weitgehend unbekannten Einrichtung zum Gesenkschmieden [5.6].

Die Durchsetzung des amerikanischen Systems der Maschinenarbeit erfolgte in relativ kurzer Zeit, wobei die staatlichen Gewehrfabriken einen starken Einfluß auf die privaten Unternehmen dieser Branche ausübten. „Um weiterhin Waffen an den Staat verkaufen zu können, mußten sie ihre Fabrikation ebenfalls umstellen und modernisieren. Für die Werkzeugmaschinenindustrie war damit auch hier ein Kundenkreis für nachgebaute amerikanische Werkzeugmaschinen entstanden. Zusammen mit der Errichtung neuer Fertigungsstätten für den Nachbau amerikanischer Maschinen fand man auch zu eigenen deutschen Konstruktionen, die zunehmend wettbewerbsfähiger wurden." [5.30]

Ein weiteres Massenprodukt jener Epoche, das im Sinne einer Erneuerung des deutschen Werkzeugmaschinenbaus wirkte, war die Nähmaschine. 1853 wurde die erste amerikanische Nähmaschine in Deutschland vorgestellt. Petzold, der uns schon zum damaligen Stand der deutschen Gewehrproduktion informierte, kennzeichnete Nähmaschinen als eine der bedeutendsten und segensreichsten Erfindungen der Neuzeit, weil sie den Menschen für Arbeiten, welche mehr Intelligenz als mechanische Fertigkeiten bedingen, freimache. In der Geschichte der Nähmaschine, so führte Petzold aus, gebühre dem Amerikaner Howe das Verdienst, sich ihrer Entwicklung mit großem Fleiß und vieler Mühe gewidmet zu haben. 1846 erhielt Howe sein Patent, doch erst seit 1850 kam ein industrielles Interesse an dessen Nutzung auf [5.34].

Von 1860 bis 1870 wurde in Amerika eine leistungsstarke Nähmaschinenindustrie aufgebaut, die bis Anfang der 70er Jahre rund 3,5 Millionen Nähmaschinen produzierte. Der Bedeutung dieser Massenfertigung entsprachen die neuen Anforderungen an schnell und maßgenau arbeitende Werkzeugmaschinen. Sie förderten die Weiterentwicklung vorhandener Maschinen sowie die Entstehung von zweckmäßigen Sondermaschinen. Insbesondere den von den Waffenherstellern entwikkelten Fräsmaschinen und Revolverdrehbänken verhalfen sie zu einem breiten Anwendungsgebiet [5.30].

Zu den international führenden Nähmaschinenherstellern, die den in Gewerbe und Haushalt vorhandenen Bedarf nach ihren Produkten richtig einschätzten und ihre Fertigung entsprechend erhöhten, gehörte vor allem die Firma Singer in New Jersey. Allein im Jahre 1870 stellte sie 465 000 Nähmaschinen her. Demgegenüber blieb der Nähmaschinenbau in Deutschland, der vereinzelt in den 60er Jahren des vergangenen Jahrhunderts aufgenommen wurde, lange Zeit sehr viel bescheidener.

J. M. Singer gründete seine Firma im Jahre 1864. Der Sitz des inzwischen zum Weltkonzern angewachsenen Unternehmens befand sich zur Zeit seines Anfangs in der Stadt New York. Ihren großen Erfolg verdankte die Firma ursprünglich einer von Singer schon 1859 konstruierten Familiennähmaschine, die durch ihre einfache Handhabung anderen Maschinen überlegen war. Mit Gründung der Singer Werke GmbH Karlsruhe im Jahre 1883 erstreckte sich die Tätigkeit des Unternehmens auch unmittelbar auf Deutschland [5.61].

Im Jahre 1854 gelangte die erste nordamerikanische Nähmaschine nach Deutschland. Sie wurde an verschiedenen Orten ausgestellt und für ein geringes Eintrittsgeld gezeigt. Zu den frühen Firmen des deutschen Nähmaschinenbaus gehörten die Unternehmen Theodor Orth & Co., Christian Mansfeld, Robert Kiehle und Clemens Müller, letztere in Dresden ansässig.

Eines der bekanntesten deutschen Unternehmen, die eigene Nähmaschinen auf den Markt brachten, war die Firma Pfaff. Sie wurde 1862 in Kaiserslautern als Familienbetrieb gegründet und erst rund sechs Jahrzehnte später in eine Aktiengesellschaft umgewandelt. Neben Pfaff sind noch die Nähmaschinenhersteller Frister & Roßmann, Lehmann & Co., Carl Schönig sowie die Gebr. Nothmann in Berlin besonders hervorzuheben. Gleiches gilt für die Nähmaschinenfabriken Haid & Neu in Karlsruhe, Joseph Wertheim in Frankfurt am Main, Grimme und Natalis & Co. in Braunschweig, Phönix, Dürrkopp & Co. sowie Koch & Co. in Bielefeld, Seidel & Naumann in Dresden, Mundlos & Co. in Magdeburg sowie Gritzner & Co. in Durlach. Standorte der frühen deutschen Nähmaschinenproduktion waren besonders Sachsen, Bielefeld und Kaiserslautern sowie Karlsruhe und Berlin.

Im Nähmaschinenbau wurden für die Bearbeitung der einzelnen Teile verschiedene Spezialwerkzeugmaschinen eingesetzt, vor allem Fräsmaschinen und mehrspindlige Bohrmaschinen. Außerdem kommen noch Revolverdrehbänke, Fassondrehbänke, Schraubenschneidmaschinen sowie Sonderdrehbänke zum Einsatz. Am Anfang war der deutsche Nähmaschinenbau gezwungen, die benötigten Werkzeugmaschinen überwiegend aus dem Ausland, hier vor allem aus Amerika und England, zu beziehen. Erst mit dem Aufstieg des deutschen Werkzeugmaschinenbaus wurden die für die Nähmaschinenfabriken erforderlichen Maschinen auch in Deutschland gefertigt. Der dadurch gegebene enge Zusammenhang beider Branchen kam im Produktionsprogramm vieler deutscher Werkzeugmaschinenfabriken zum Ausdruck, darunter bei Ludwig Loewe, Max Hasse, Gildemeister, Frister & Roßmann sowie bei Carl Schoening in Berlin.

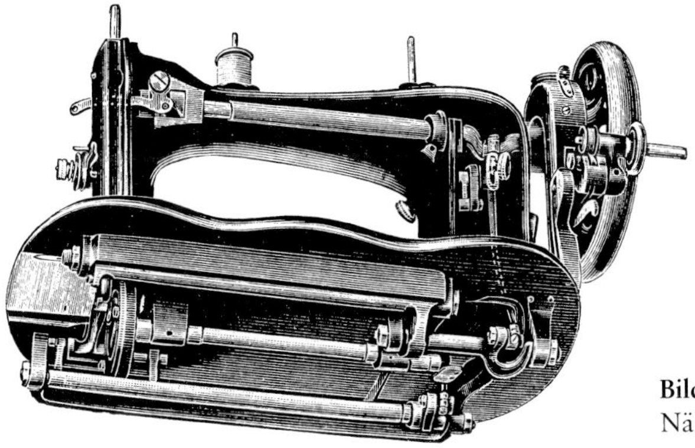

Bild 5.2
Nähmaschine von Pfaff, um 1900

Der Entwicklungsrückstand des deutschen Nähmaschinenbaus hat den deutschen Werkzeugmaschinenbau herausgefordert, eine konkurrenzfähige Massenfertigung zu gewährleisten. Man war auch hier weitgehend auf die Einfuhr und den Nachbau amerikanischer Maschinen sowie auf die Übernahme neuer arbeitsteiliger Produktionsmethoden angewiesen.

Für die deutsche Werkzeugmaschinenindustrie wurde mit den Anforderungen der Nähmaschinen- und Gewehrproduktion, aber auch mit dem gleichzeitig erfolgenden Aufschwung der Schwerindustrie, symbolisiert durch Namen wie Alfred Krupp und August Thyssen, und ihrem Bedarf an schweren Werkzeugmaschinen die sogenannte amerikanische Periode ihrer Geschichte eingeleitet, die sie bis zum Ende des Jahrhunderts neben Amerika weltweit an die Spitze der Branche führen sollte [5.30].

5.2 Amerikanischer Einfluß

Von den Unternehmen, die sehr früh das amerikanische System einführten, haben wir bereits die 1859 gegründete Firma Reinecker und ihre Beispielwirkung auf den damaligen deutschen Werkzeugmaschinenbau kennengelernt. 1870 entstand nun mit dem Maschinenbauunternehmen Ludwig Loewe in Deutschland die erste private Werkzeugmaschinenfabrik nach amerikanischem Muster. Die Firma begann mit der Produktion von Nähmaschinen, die sie bis 1879 im Programm behielt, übernahm 1873 Staatsaufträge im Rahmen der Fabrikation des neuen Infanteriegewehrs Modell 71 und begann ebenfalls 1873 mit dem Bau von Werkzeugmaschinen nach Pratt & Whitneyschem Muster. Noch im selben Jahr beteiligte sich Loewe mit ersten deutsch-amerikanischen Maschinen an der Weltausstellung in Wien.

Bild 5.3 Zugspindeldrehbank mit Gewichtssupport von Loewe, 1873

Die neue Qualität amerikanischer Werkzeugmaschinen und Fabrikmethoden wird letztlich nur vor dem Hintergrund der besonderen Bedingungen des Industrialisierungsprozesses in Amerika verständlich. Unter der Vielzahl wirksamer Faktoren werden für die schnelle Durchsetzung der Maschinentechnik und Massenproduktion immer wieder drei als ausschlaggebend angesehen: ein Mangel an Fabrikarbeitern, deren niedriges Qualifikationsniveau und die vergleichsweise hohen Löhne als Folge der Arbeitskräfteknappheit. Alle drei Faktoren zwangen zu einer möglichst schnellen Ersetzung der Handarbeit durch Maschinen. Auf der anderen Seite förderte die Größe des amerikanischen Binnenmarktes die in der Maschinenarbeit angelegte Tendenz zur Erzeugung von Massenproduktion. Bereits 1835 bemerkt Dinglers Polytechnisches Journal eine wahrhafte „Sucht der Amerikaner, jede Arbeit durch Maschinen verrichten zu lassen" [5.7].

Auch in Amerika verband sich die Entstehung eines eigenständigen Werkzeugmaschinenbaus anfangs mit der Herstellung von Waffen und Textilmaschinen. In den 90er Jahren des 18. Jahrhunderts wurden die beiden ersten staatlichen Gewehrfabriken, Springfield in Massachusetts und Harper's Ferry in Maryland, gegründet. Um 1800 folgten die privaten Gewehrfabriken von Eli Whitney und Simeon North bei New Haven in Connecticut. Die erste Textilmaschinenfabrik entstand 1789 unter der Leitung des englischen Ingenieurs Slater in Powhuchet auf Rhode Island. Die Neuengland-Staaten der Ostküste Nordamerikas wurden zur „Wiege der amerikanischen Industrie", vergleichbar mit den herausragenden Zentren von Manchester in England und Chemnitz in Deutschland. Dabei gingen die Gewehr- und Textilmaschinenhersteller, ebenfalls wie in England oder Deutschland, häufig selbst zum Bau der benötigten Werkzeugmaschinen über [5.7].

Meilensteine des industriellen Aufbruchs in Amerika waren neben dem Aufkommen des Textilgewerbes und der Waffenproduktion der Dampfmaschinenbau, der von einer schnellen Verbreitung der neuen Kraftmaschine getragen wurde, sowie der Ausbau des Eisenbahnwesens. 1830 nahm man die erste englische Lokomotive in Betrieb, und schon 1832 baute Baldwin (1795–1866) in Philadelphia die erste amerikanische Lokomotive. Die Schwierigkeiten, die dabei auftraten, wiederholten sich später in Deutschland, wo 1839 die erste im eigenen Land hergestellte Lokomotive durch die Aktiengesellschaft für Maschinenbau in Übigau bei Dresden zum Einsatz gelangte. Auf einer selbstgebauten Maschine mit Handbetrieb mußte Baldwin den Zylinder ausbohren. Bis 1836 entstanden in seinem Werk 60 Lokomotiven, 1880 konnte die 500ste fertiggestellt werden. Wie in England und Deutschland löste der Eisenbahnbau auch in Amerika einen landesweiten Industrialisierungsschub aus.

Zu dieser Zeit begann die Entwicklung spezifisch amerikanischer Werkzeugmaschinen, darunter vor allem Fräsmaschinen, die den aus der Fabrikation von Handfeuerwaffen entstammenden Grundsätzen des Austauschbaus zum Durchbruch verhalfen [5.7]. „Besonders bei militärischen Waffen", schrieb Roe, „war die Auswechselbarkeit der Teile von großem Wert. Vorher, bei den handgefertigten Musketen, machte der Verlust oder die Beschädigung eines einzelnen wichtigen Teiles die ganze Waffe unbrauchbar, oder sie konnte nur von einem gelernten Büchsenmacher wieder instandgesetzt werden, da jedes der Einzelteile für sich eingepaßt war." [5.37]

Das Prinzip des Austauschbaus war bereits im vorrevolutionären Frankreich bekannt (Blanc) bzw. in den 1720er Jahren in Schweden (Polhelm). Doch erst in Amerika fand es aus den oben genannten Gründen die erforderlichen Bedingungen seiner Realisation. Die Waffenhersteller zerlegten das handwerkliche Fertigungsverfahren in viele kleine Einzelschritte, so daß die ansonsten notwendige handwerkliche Geschicklichkeit durch Maschinen ersetzt werden konnte.

In einem Brief an den Marineminister wurde dieses Verfahren 1808 wie folgt begründet: „Ich finde, daß, wenn ich einen Arbeiter ein bestimmtes Teil einer Pistole 2000mal anfertigen lasse, ich dadurch wenigstens ¼ der Arbeitszeit spare, die er gebrauchen würde, wenn ich die Pistolen in kleinen Mengen anfertigen ließe, und die Arbeit wird um so besser, je schneller sie ausgeführt wird." [5.37] Über die auf solche Weise erzielte Präzision schrieb ein Besucher einer damaligen Waffenfabrik: „Die Konstruktion dieser Maschinen ist eine derartige, daß sie von wenig ausgebildeten Leuten bedient werden können und doch ihre Arbeit mit solcher Geschicklichkeit ausführen, daß, wenn die einzelnen Gewehrteile nachher zusammengefaßt werden, sie genauso zusammenpassen, als ob jedes Teil von einem ausgebildeten Mann hergestellt worden wäre." [5.61] Diese Produktionsmethoden verbreiteten sich schon nach wenigen Jahren im gesamten Maschinenbau Amerikas, so daß in Europa vom „amerikanischen Fabrikationssystem" gesprochen wurde [5.30].

Zu einer typisch amerikanischen Werkzeugmaschine, die auch die Fabrikationsmethoden nachhaltig prägte, hat sich die Fräsmaschine herausgebildet. Die älteste noch erhaltene Maschine dieser Art soll aus den Anfangsjahren des 19. Jahrhunderts stammen. Sie wurde in der Werkstatt Eli Whitneys (1765–1825) zur Herstellung von Waffen verwendet. Eli Whitney war vermutlich nicht der Erfinder der Fräsmaschine und nicht der erste, der sie einsetzte. Aber er hat diese Innovation sowie die Einführung mechanischer Arbeit bei anderen Fertigungsverfahren in der Gewehrfabrikation mit durchgesetzt [5.63]. Die Whitney zugeschriebene Horizontal-Fräsmaschine bestand aus einem großen Holzblock als Maschinengrundkörper, der auf schwachen gußeisernen Füßen ruhte. Die Frässpindel wurde über eine Schnurscheibe angetrieben. Der Frästisch konnte wahlweise von Hand oder automatisch durch einen ausschaltbaren Schneckenantrieb bewegt werden [5.8].

Von den Unternehmen, die sich besondere Verdienste um die Entwicklung der Fräsmaschine erwarben, sei die 1834 gegründete Firma Levi Lincolns in Hartford im Staat Connecticut erwähnt, die unter seinem Nachfolger den Namen Geo S. Lincoln & Co. trug und später als Taylor & Tann firmierte. Hier wurde die

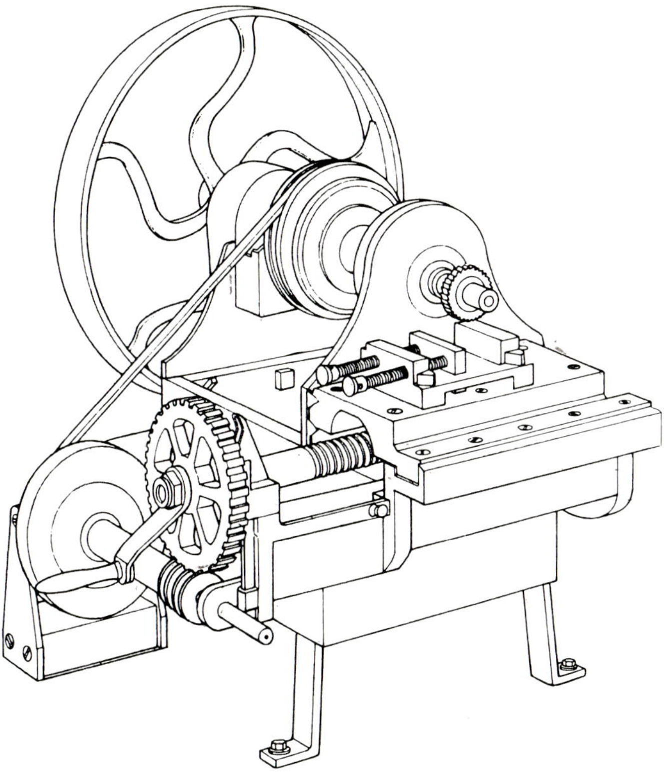

Bild 5.4 Älteste erhaltene Fräsmaschine, vermutlich aus der Werkstatt Eli Whitneys, um 1818

berühmt gewordene Lincoln-Fräsmaschine gebaut. In dieser Fabrik waren unter anderem Pratt und Whitney tätig, die sich später selbständig machten und deren Namen uns bereits im Zusammenhang mit der Neubewaffnung des deutschen Heeres begegneten. Auch die in den Jahren 1854 bis 1855 entstandene Waffenfabrik von Samuel Colt, ebenfalls in Hartford, wirkte neben ihrer großen Bedeutung für die Weiterentwicklung und Verbreitung des amerikanischen Fabrikationssystems als Ausbildungsstätte herausragender Persönlichkeiten des amerikanischen Werkzeugmaschinenbaus. Darunter waren die schon bekannten Pratt und Whitney, aber auch Amos, Billings, Slate, Root und Spencer.

Zu den wichtigen Firmen der Anfangszeit des amerikanischen Werkzeugmaschinenbaus gehörten W. Bement & Co. sowie William Sellers & Co., die ihren Sitz in Philadelphia hatten und sich vor allem dem Schwermaschinenbau für die Eisenbahnindustrie widmeten. Die Bementsche Fabrik wurde 1848, dem Jahr der europäischen Revolutionen, zunächst als Textilmaschinenfabrik gegründet und nahm 1851 den Bau schwerer Werkzeugmaschinen auf. Später kamen verschiedenste Blechbearbeitungsmaschinen sowie Eisenbahnwerkstättenbedarf hinzu. Auch

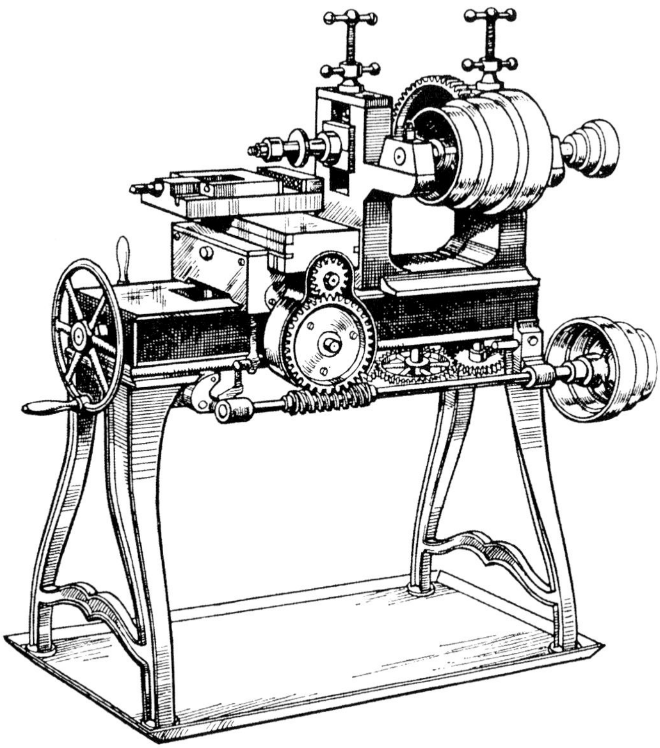

Bild 5.5 Fräsmaschine vom Typ „Lincoln-Miller", um 1850

die Fabrik von Sellers & Co. entstand im Jahre 1848. Gebaut wurden ebenfalls schwere Werkzeugmaschinen, und zwar in Anlehnung an den Whitworth-Stil. Die Firma erwarb sich ihren Ruf mit Bolzen- und Mutternschneidemaschinen, Hobelmaschinen und Drehbänken. Sie nahm insgesamt 90 Patente auf und galt hinsichtlich ihrer Werkstattstechnik als erstklassig [5.7].

Die 60er Jahre brachten einen stürmischen Aufschwung der amerikanischen Eisenindustrie, die schon 1850 den zweiten Platz unter den eisenerzeugenden Ländern eingenommen hatte. Insgesamt verdoppelte sich von 1860 bis 1870 der Wert der amerikanischen Industrieproduktion. „Das in der Industrie angelegte Kapital vermehrte sich in den Jahren von 1850 bis 1900 auf das 17fache, der Wert der Industrieprodukte auf das 12fache, die Arbeiterzahl stieg auf die 4 1/2fache Höhe. Die Anzahl der im Jahre 1860 erteilten Patente betrug 4819; während des Bürgerkrieges stieg die Jahresziffer rasch, um im Jahre 1867 die Zahl 13015 zu erreichen." [5.7]

An dieser Stelle sei daran erinnert, daß die bereits 1790 erfolgte Patentgesetzgebung in Amerika den Industrialisierungsprozeß des Landes ähnlich positiv beeinflußt hat wie wenige Jahre zuvor das erweiterte englische Patentrecht die industrielle Produktion. Am Anfang der meisten amerikanischen Fabriken standen Patente, die sich nicht nur auf einzelne Verbesserungen, sondern auf ganze Maschinen erstreckten. Dies kam den Werkzeugmaschinen zugute, deren Entwicklungsfortschritte oft nur aus kleinen konstruktiven Veränderungen bestanden.

Nach Buxbaum entwickelte sich die Anzahl der Patenterteilungen in den USA insgesamt wie folgt [5.7]:

1790–1800:	26 Patente,
1800–1810:	91 Patente,
1810–1820:	200 Patente,
1825–1836:	535 Patente,
1837–1848:	521 Patente und
1849–1853:	984 Patente.

Im Jahrzehnt von 1860 bis 1870 begann eine regelmäßige Ausfuhr amerikanischer Werkzeugmaschinen. Auf der Londoner Weltausstellung des Jahres 1862 war Amerika wegen der Wirren des Bürgerkrieges nur mit einer kleinen Abteilung vertreten, in der Schraubenschneidemaschinen der Firma Sellers gezeigt wurden. Interessanterweise hatte jedoch die englische Firma Greenwood & Batley Spezialmaschinen zur Gewehrfabrikation ausgestellt, darunter viele Fräsmaschinen, die nach dem amerikanischen System arbeiteten [5.7]. Anzeichen der künftigen Führungsrolle Amerikas waren also zu diesem Zeitpunkt schon erkennbar.

1867, zwei Jahre nach Beendigung des Bürgerkrieges, dessen Anforderungen auch den Werkzeugmaschinenbau zu Höchstleistungen anspornten, erschien Amerika auf der Pariser Weltausstellung mit Exponaten, aus denen erkennbar wurde, daß die Führung im Werkzeugmaschinenbau von England auf Amerika übergegangen war. Die Firma Sellers hatte eine neue Hobelmaschine ausgestellt, und von Brown & Sharpe sah man eine Universalfräsmaschine sowie eine Revolverdrehbank. Außerdem konnte sich die Weltöffentlichkeit von den Vorzügen amerikanischer Spiralbohrer überzeugen. Die Pariser und mehr noch die Wiener Weltausstellung von 1873 steigerten die amerikanische Werkzeugmaschinenausfuhr nach Europa um mehrere Millionen Dollar, wobei die staatlichen Gewehrfabriken zu den wichtigsten Kunden zählten [5.7].

Der europäische Werkzeugmaschinenbau konnte sich der Einsicht nicht mehr verschließen, nun und für die nächste Zeit das amerikanische Vorbild zum Muster zu nehmen. Allerdings darf von der Überlegenheit einzelner Firmen nicht auf die Qualität des gesamten amerikanischen Werkzeugmaschinenbaus geschlossen werden. „Die aufgeführten wenigen Werke waren die führenden, einige weitere kamen später noch dazu, der große Rest war nicht vorbildlich und kopierte die bewährten Erzeugnisse der anderen. Kaum mehr als ein Dutzend amerikanischer Werkzeugmaschinenfabriken kommt als Pioniere in Betracht; wenn die Amerikaner damals und später den Europäern den an sich begründeten Vorwurf des

Nachbauens machten, so mußten sie doch auch zugeben, daß nirgendwo so viel kopiert wurde wie gerade in Amerika selbst ... Zur Ausfuhr kamen hauptsächlich Erzeugnisse der erstklassigen Firmen, und das Lob dieser Maschinen wurde dann häufig auf den ganzen amerikanischen Werkzeugmaschinenbau übertragen." [5.7]

Bild 5.6 Universal-Fräsmaschine von Joseph R. Brown, 1862

In den 70er Jahren begann die für die amerikanische Werkzeugmaschinenindustrie kennzeichnende Fabrikationsspezialisierung in Verbindung mit der Verlegung ihres Schwerpunkts nach Westen, wo sich bis zur Jahrhundertwende das neue Zentrum Cincinnati in Ohio herausbildete. Zugleich setzte eine systematische Werbung für Werkzeugmaschinen ein. So brachten Sellers, Brown & Sharpe und andere ihre Werkstattliteratur heraus, darüber hinaus gab es an Fachzeitschriften den „Scientific American" und im Jahre 1877 wurde der „American Machinist" zunächst als Monatszeitschrift, später als Wochenschrift mit einer Auflage von 5000 Stück noch im ersten Erscheinungsjahr gegründet. Auch auf diesem Feld war Europa ins Hintertreffen geraten [5.7].

5.3 Werkzeugmaschinen als Automaten

Richtungweisend für den gesamten Werkzeugmaschinenbau sollten die zu jener Zeit ebenfalls von Amerika ausgehenden Anfänge der industriell nutzbaren Automatisierung von Drehmaschinen werden. Erste Versuche zur Konstruktion von Drehautomaten setzten ein, nachdem von Maudslay, Roberts und Whitworth wichtige Elemente zur selbsttätigen Längs- und Planbewegung ausgeführt waren, so daß North 1848 einen Drehautomaten zur Schraubenherstellung entwickeln konnte, der noch ohne Revolverkopf arbeitete [5.32]. Drei Jahre später wurde ein Holzschraubendrehautomat von Sloan bekannt [5.39].

Im Jahre 1845 baute der Amerikaner Stephen Fitch in Middlefield im Staat Connecticut auf einer Drehmaschine den ersten Werkzeugrevolver als Trommelrevolver für acht Werkzeuge, um Teile für die Pistolenfertigung herzustellen [5.33]. 1873 erhielt dann Christopher M. Spencer, der schon 1860 als Erfinder eines nach ihm benannten Repetiergewehres hervorgetreten war, ein Patent für eine selbsttätige Maschine zur Schraubenherstellung.

Im Zusammenhang mit der Entwicklung automatisierter Werkzeugmaschinen wurde im deutschen Sprachraum gegen Ende des 19. Jahrhunderts der Begriff Automat oder Drehautomat zuerst ausschließlich für selbsttätig arbeitende Revolverdrehbänke verwendet.

Schlesinger (1876–1949) stellte erstmals einen Bezug zur Bedienhandlung her, indem er den Ersatz der Handgriffe einer manuellen Revolverdrehbank durch ein

Bild 5.7
Sonderdrehmaschine mit Trommelrevolverkopf zur Schraubenherstellung von Stephen Fitch, um 1845

Steuergetriebe zur Definition der Automaten heranzog. Ein vorhandener Zwanglauf der Maschinen gewährleistet die Betriebssicherheit der arbeitenden Maschinenkomponenten. Die Automaten führten alle Arbeitsgänge vom Augenblick der Werkstoffzufuhr bis zum Ablegen des fertigen Stückes selbsttätig aus und wiederholten diese Arbeiten solange, wie die Zufuhr des Stoffes andauerte, mochte dieser aus Stangen oder aus rohen bzw. vorgearbeiteten Einzelstücken bestehen. Nach dem Einrichten war die Tätigkeit des Einrichters auf die reine Überwachung der arbeitenden Maschine, die des Helfers auf das Heranbringen des Stoffs und auf das Wegschaffen der fertigen Stücke sowie Späne beschränkt [5.46].

Nach heutigen Definitionen wird der Begriff Automat übergreifend systemtechnisch gesehen. Konstituierendes Element ist die Entscheidungsfähigkeit, die eine

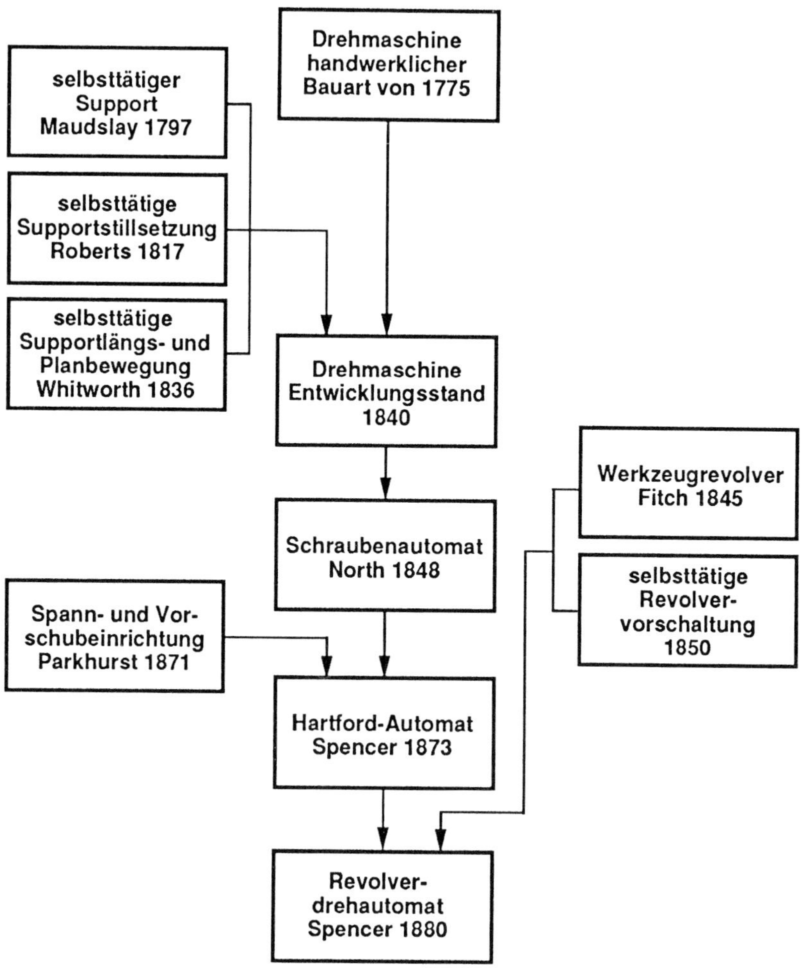

Bild 5.8 Entwicklungsschritte zum Einspindel-Drehautomaten, Spur 1968

Erfassung von Systemzuständen und eine anschließende Auswertung durch ein programmiertes Modell voraussetzt. Das Systemverhalten wird näherungsweise durch ein rechnerinternes Modell abgebildet. Ein Automat ist demnach ein künstliches System, das selbsttätig ein Programm befolgt. Aufgrund des Programms trifft das System Entscheidungen, die auf der Verknüpfung von Eingaben mit den jeweiligen Zuständen des Systems beruhen und Ausgaben zur Folge haben.

Herbert Kienzle wies 1913 in seiner Dissertationsschrift an der TH Stuttgart, „Arbeitsweise der selbsttätigen Drehbänke, Kritik und Versuche", darauf hin, daß Spencer im Jahre 1873 den ersten „fabrikmäßigen" Drehautomaten hergestellt und in die Praxis eingeführt hat [5.21]. Eine Darstellung wichtiger konstruktiver Elemente zeigt anhand einer Folge von Entwicklungsschritten, welche Einflußfaktoren den Weg der Drehmaschine zu den ersten Drehautomaten von North und Spencer beeinflußten.

Nachdem Parkhurst eine erste Spann- und Vorschubeinrichtung entwickelt hatte, die den Anforderungen einer selbsttätigen Materialversorgung entsprach, verbesserte Spencer diese Einrichtung mit einem Vorschubrohr, das in einer Hohlspindel lag. Den grundsätzlichen Aufbau und den Stand der Entwicklung zeigt die schematische Darstellung des Drehautomaten vom Typ Hartford (Bild 5.9), in der einzelne konstruktive Bestandteile zur Verdeutlichung der Zuordnung von Funktion und Bauelement herausgegriffen sind.

Ein Langdrehautomat des Jakob Schweizer soll schon 1872 in Biel gebaut worden sein, also schon vor der Anmeldung des Spencer Patents. Ebenfalls in der Schweiz entstand schon 1876 unabhängig von den in Amerika geschaffenen Automaten ein Kleinautomat für Taschenuhrdrehteile. Da jedoch der Patentschutz in der Schweiz zur Zeit dieser Entwicklung ungenügend war, konnten diese Automaten allgemein nachgebaut werden. Der zuerst von der Hartford Machine Screw Co. gebaute Stehli Automat ist beispielsweise eine Nachahmung des Systems Schweizer [5.22].

In einem weiteren Patent aus dem Jahre 1880 schuf Spencer die eigentliche Bauart Spencer, die zuerst von der Hartford Machine Screw Co. fabrikmäßig hergestellt wurde. Ihr Hauptkennzeichen war die unter dem Spindelkopf und dem Revolverschlitten angeordnete Kurvenwelle. Auf dieser befand sich für die Bewegung des Revolverschlittens eine Trommel von großem Durchmesser, auf welcher Kurvenstreifen in verschiedener Stellung angebracht werden konnten [5.22].

Die Bauart Spencer wurde zunächst in Amerika von der Firma Pratt & Whitney ausgeführt, später von Alfred Herbert in Coventry sowie in Deutschland 1887 von den Firmen Ludwig Loewe A.G., Berlin, und der Leipziger Werkzeugmaschinenfabrik Pittler aufgenommen. Die Maschine wurde in zwei Ausführungen gebaut, ohne und mit Revolverkopf. Die Ausführung mit Revolverkopf ist durch eine mitten unter dem Spindelstock und Revolverschlitten liegende Steuerwelle gekennzeichnet, von der alle Bewegungen und Schaltungen eingeleitet werden und die

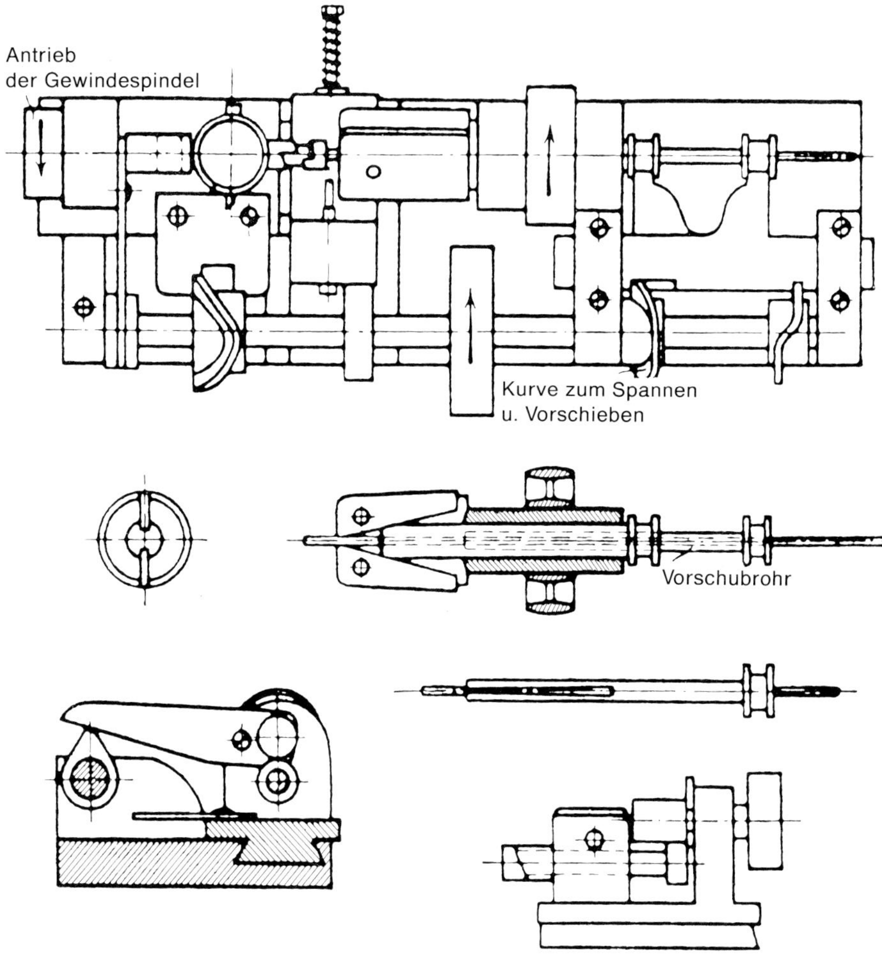

Bild 5.9 Konstruktive Elemente und Funktionen des Spencer-Drehautomaten, 1873

während der ganzen Bearbeitungsperiode eines Arbeitsstückes einmal umläuft, und zwar während der eigentlichen Arbeitszeit langsam und während der Totzeiten schnell. Nach jedem Vor- und Rücklauf schaltet der Revolverkopf um ein Werkzeug weiter. Es müssen daher auf der großen, unter dem Revolverschlitten liegenden Kurventrommel so viel Kurvenpaare vorhanden sein, wie der Revolverkopf Werkzeuge aufnehmen kann [5.19].

Zu dieser Zeit konnte die Firma Loewe bereits auf eine 14jährige Erfahrung im Werkzeugmaschinenbau zurückgreifen. Ihr Gewicht innerhalb der deutschen Branche lag damals mehr in ihrer Vorbildwirkung als Musterbetrieb fortschrittlicher Fabrikorganisation, systematischer moderner technischer Ausrüstung und innerbetrieblicher Bildungsarbeit, denn auf dem Feld konstruktiver Neuschöpfungen [5.6]. Ludwig Loewe (1837 – 1886), der als sozial-liberaler und pädagogisch engagierter Bürger aus einer jüdischen Familie mit großem Interesse den industriellen Aufschwung Amerikas verfolgte, hatte noch vor Eröffnung seiner Fabrik für Nähmaschinen gemeinsam mit seinem ersten Ingenieur Barthelmes auf einer Reise in die USA unter anderem bei der Firma Colt die amerikanische Arbeitsweise gründlich studiert und auch die benötigten Spezialmaschinen dort eingekauft. Selbst Fachkräfte holte Loewe aus Amerika nach Deutschland [5.6].

1879 wurde bei Ludwig Loewe der Nähmaschinenbau, dem angesichts der amerikanischen Konkurrenz eine mehr erzieherische Bedeutung für den Betrieb zukam, völlig aufgegeben. Die Schwerpukte des Produktionsprogramms bestanden von nun an in der Gewehrfabrikation, dem Werkzeugmaschinenbau und der Herstellung von Werkzeugen. 1888 wurde die Fabrik entsprechend diesen Schwerpunkten in drei getrennte Werke unterteilt.

5.4 Aufschwung in Deutschland

Dem prägenden Einfluß der Ludwig Loewe AG wurde es zugeschrieben, wenn immer mehr deutsche Unternehmen dazu übergingen, hochentwickelte und spezialisierte Werkzeuge und Werkzeugmaschinen trotz ihres höheren Preises in der Fertigung einzusetzen. Die Loewe AG hat nicht zuletzt durch eigene wissenschaftliche Untersuchungen auf technischem, organisatorischem und betriebswirtschaftlichem Gebiet das „amerikanische System" weiterentwickelt, noch ehe sich vor dem Ersten Weltkrieg auch in Deutschland die Aufgabe einer systematischen Fabrikrationalisierung allgemein stellte [5.13].

Die Funktion eines Musterbetriebs hat die Firma Loewe, angeregt durch amerikanische Beispiele, von Anfang an sehr bewußt wahrgenommen. Dem entsprach ihre stete Bereitschaft, die Fabriktore interessierten Besuchern aus aller Welt zu öffnen. Diesen Grundsatz des freien Erfahrungs- und Gedankenaustauschs hat der einstige Oberingenieur und spätere Direktor des Loeweschen Unternehmens, Wegeleben, folgendermaßen zum Ausdruck gebracht: „Wir haben hier keine Geheimnisse, im Gegenteil nehmen wir mit Vergnügen diejenigen auf, die die Fabrik sehen wollen, weil wir glauben, daß es die beste Empfehlung ist, die wir für unsere Fabrikate machen können, wenn das Publikum die Sorgfalt sieht, mit der wir sie bauen. Mit gleicher Zielsetzung führte die Firma Loewe etwa 100 verschiedene Broschüren und Kataloge, in denen sie die Erfahrungen mit ihren Fabrikaten oder auf dem Gebiete neuzeitlicher Betriebsführung sowie Stellungnahmen zu den schwebenden Zeit- und Streitfragen der Betriebstechnik niederlegte und an Interessenten verschickte." [5.59]

Beispielgebend für den deutschen Maschinenbau wirkte die Loewe AG auch auf dem Gebiet der Berufsbildung. Die Ausbildung der Lehrlinge gliederte sich um 1900 in eine praktische Werkstattausbildung und eine theoretische Ausbildung in der Werksschule. Wenn auch das Prinzip der Spezialisierung, also der Ausbildung für den gewählten zukünftigen Beruf im Auge behalten wurde, so begann doch die Lehre mit einer allgemeinen Ausbildung in den Grundelementen, die jeder Handwerker beherrschen mußte. Ein Maschinenbaulehrling wurde im allgemeinen ausgebildet in: Schlosserei, Dreherei, Hobelei, Fräserei, Härterei, Schleiferei und lernte dann schließlich in einer Montageabteilung aus. Neben der gründlichen praktischen Ausbildung wurde den Lehrlingen auch eine ebenso gründliche theoretische Ausbildung zuteil. Alle Lehrlinge ohne Ausnahme waren verpflichtet, jede Woche einen ganzen Tag die Lehrlingsschule des Werkes zu besuchen. Diese theoretische Ausbildung lehnte sich eng an die praktische Unterweisung in den Werkstätten an. Unterrichtsfächer waren: Deutsch, Werkstattkunde, Berufskunde, Rohstoffkunde, geometrisches Zeichnen, Rechnen, Werkzeug- und Maschinenkunde, Algebra, Geometrie, Mechanik, Bürgerkunde und Englisch, also ein äußerst vielseitiger Lehrplan, der weit über das Niveau der entsprechenden städtischen Schulen hinausging [5.59].

Die Firma Ludwig Loewe hat die Notwendigkeit eines gut ausgebildeten Arbeiterstammes und die Verpflichtung der Industrie zur Heranbildung dieses Nachwuchses auch später stets betont. Im Vorwort des Loewe-Kataloges „Unsere Lehrlingsausbildung“ aus der Zeit nach dem Ersten Weltkrieg hieß es: „Nachstehende Darstellung haben wir vor allem in der Erwartung herausgegeben, hiermit andere Fabriken zur Nachahmung anzuregen, damit der des öfteren gehörte Vorwurf, daß die Fabriken sich um die Ausbildung der Arbeiter, die sie benötigen, nicht kümmern, mehr und mehr verstummt.“ [5.59]

Das Unternehmen Loewe war im Werkzeugmaschinenbau der Gründerzeit mit Reinecker vermutlich der wichtigste, aber nicht der einzige Repräsentant des neuen amerikanischen Fabrikationssystems in Deutschland. Unter den neu entstandenen Fabriken der 70er Jahre finden wir noch einige, die gleichfalls dem amerikanischen Vorbild nachstrebten. So gründete Max Hasse ein Jahr nach Loewe in Berlin seine Fabrik speziell für den Bau amerikanischer Werkzeugmaschinen. Die Zahl der Arbeiter betrug im Gründungsjahr zehn Personen. In einem Werbeschreiben vom April 1871 hob Hasse den allgemeinen Nutzen seiner Maschinen für den Maschinenbau hervor, betonte aber besonders ihren Vorteil für eine Fabrikation, in welcher „gleichartige Stücke in großer Menge und genau übereinstimmend herzustellen sind, also für: Waffen-, Werkzeug-, Nähmaschinen-, Armaturen-, Schrauben-Fabriken u. ä.“

„Die Konstruktion meiner Maschinen“, so führte Hasse weiter aus, „ist den anerkannt besten amerikanischen entlehnt. Es ist eine nicht zu leugnende Tatsache, daß in Amerika der Werkzeug-Maschinenbau dem europäischen vorausgeeilt ist. Der Grund dazu liegt in den dortigen, bisher von den unserigen abweichenden Verhältnissen. In Amerika sind die Arbeitskräfte unzureichend und daher teuer, man war also gezwungen, um auch mit wenigen, ungeübten Arbeitern gut und billig fabrizieren zu können, auf die vorzüglichsten Hilfsmaschinen zu sinnen,

Bild 5.10 Drehmaschinenhalle der Ludwig Loewe AG, 20er Jahre

Bild 5.11 Lehrwerkstatt der Ludwig Loewe AG, 20er Jahre

welche den Fabrikanten von der Geschicklichkeit und Fachkenntnis des Arbeiters möglichst unabhängig machen, und wir können nicht bestreiten, daß dies in hohem Grade gelungen ist.

Je mehr sich unsere Verhältnisse den amerikanischen nähern, um so mehr sind wir auch gezwungen, den gleichen Weg einzuschlagen, um nicht durch auswärtige Industrie überflügelt zu werden. Ich ersuche deshalb die Herren Fabrikbesitzer, derartige Maschinen, von denen stets einige bei mir im Betriebe sind, in meiner Fabrik in Augenschein zu nehmen.

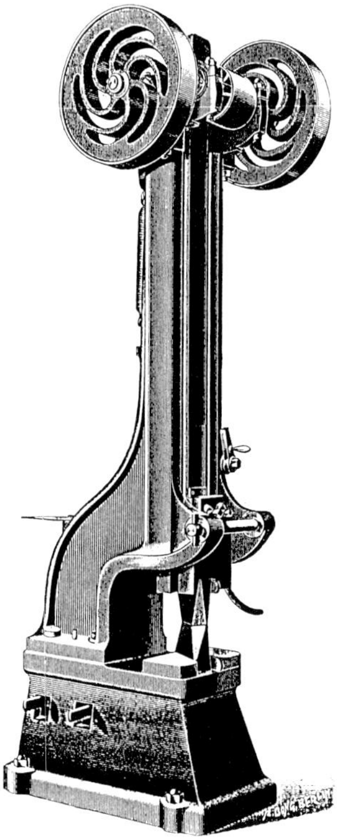

Bild 5.12 Präzisionsschmiedehammer von Max Hasse, 1896

Die hauptsächlichen Arten sind folgende: Universal-Fräs-Maschine: namentlich zur Herstellung aller Arten Werkzeuge, Spiralbohrer, Fräser, Räder-Fräs-Maschine, für Stirn, Schnecken, konische Räder, Zahnstangen und Teilscheiben. Schrauben- und Revolverbänke vorzüglich für Schrauben- und Fasson-Dreherei, arbeiten mit 8 und 10 Stählen. Gewindebohrmaschine, mit selbsttätigem Vor- und Rückwärtsgang. Schleifmaschine und Schleifvorrichtungen zum Nachschleifen aller Arten Fräser, Dorne, Reibahlen und Vertikal-Bohrmaschinen von 3 bis 6 Spindeln, mit beweglichem Bohrtisch. Schwere Fräsmaschinen für die verschiedensten Zwecke.

Schwere Drehbänke absolut genau, mit Zahnstange, Leit- und Transportspindel, gefrästen Rädern usw. von 2 Meter Bettlänge an. Ovalwerke und Vorrichtungen zum Konisch-Drehen, u.a. Zu bemerken ist, daß sämtliche Maschinen selbsttätig arbeiten und sich nach vollendeter Arbeit ausschützen." [5.45]

Auch die Firma Schilling & Krämer in Suhl, die bereits 1863 gegründet wurde und nur wenige Arbeiter beschäftigte, ging in den 70er Jahren zum Werkzeugmaschinenbau nach amerikanischen Vorbildern über. Dabei lehnte sie sich besonders an Pratt & Whitney an, beeinflußt wohl durch die Entscheidung der deutschen Regierung, die staatlichen Gewehrfabriken mit Maschinen dieser amerikanischen Firma auszurüsten. Schilling & Krämer baute kleinere und mittlere Werkzeugmaschinen aller Art sowie Sondermaschinen für die Herstellung von Militärgewehren und Luftdruckwaffen, wie sie von der Suhler Waffenindustrie benötigt wurden [5.6].

Im Jahre 1872 entstand in Hannover die Werkzeugmaschinenfabrik von H. Wohlenberg mit anfangs 30 Arbeitern. Als Drehbankfabrik und Eisengießerei gehört sie zu den ältesten Unternehmen der Branche in Norddeutschland. Ihr Produktionsprogramm zeigt einen frühen Übergang zum Bau von Spezialmaschinen. Zunächst wurde die Firma bekannt durch Drehbänke, Hobelmaschinen, Spezialfräsmaschinen, Radialbohrmaschinen oder Shapingmaschinen. Später konzentrierte sie sich auf hochwertige Drehbänke, und zwar auf Stufenscheiben- und Einscheibendrehbänke, Plan- und Röhrendrehbänke sowie auf verschiedene Sonderdrehbänke [5.45].

Den Gedanken der Sonderfabrikation verfolgte von Anfang an die Firma Naxos-Union in Frankfurt am Main. Sie wurde 1871 als „Gesellschaft des echten Naxos-Schmirgels" gegründet. Der Gründer Julius Pfungst importierte anfangs Naturschmirgel von der griechischen Insel Naxos und erweiterte dieses Geschäft alsbald um die Herstellung von Schleifrädern. Damit wurde er zu einem der ersten Hersteller von Schleifrädern aus gebundenem Korund. Im Jahre 1878 begann das Unternehmen mit der Entwicklung von Maschinen zum Einsatz der Schleifräder. Seit dieser Zeit begleitete und gestaltete die Naxos-Union die Geschichte der industriellen Schleiftechnologie.

Über die bisher erwähnten Firmen hinaus bezeugt auch die Gründung der folgenden Werkzeugmaschinenfabriken den Aufbruch der Branche bis zur Mitte der 70er Jahre: die bereits 1869 in Berlin entstandene Fabrik von G. Kärger, die Werkzeugmaschinen aller Art sowie Sondermaschinen für die Munitionsherstellung produzierte, die 1873 gegründeten Schleifmaschinen- und Schmirgel-Werke von Mayer & Schmidt in Offenbach, denen als erster deutscher Firma die künstliche Erzeugung von Karborundum und Kunstschmirgelkorund gelang, die gleichfalls 1873 eröffnete Maschinenfabrik Malmedie & Co. aus Düsseldorf-Oberbilk, die Drahtstift- und Nietenmaschinen baute, die Firma Arno Loose aus Chemnitz, gegründet 1874 zur Herstellung von Schneidwerkzeugen, Reibahlen sowie von

Sondermaschinen für die Ausrüstung der Textilindustrie, die Werkzeugmaschinenfabrik Hermann & Alfred Escher in Chemnitz aus dem Jahre 1874, spezialisiert auf die Produktion von Drehbänken, die auf das Jahr 1876 zurückgehenden Maschinenfabriken Froriep in Rheydt und Hasenclever in Düsseldorf, die Schleif-, Dreh- und Bohrmaschinen bzw. Maschinen für die Schraubenerzeugung herausbrachten, die ebenfalls 1876 entstandene Werkzeugmaschinenfabrik und Eisengießerei Heyligenstaedt & Comp. in Gießen sowie die Werkzeugmaschinenfabrik der Gebr. Heinemann in St. Georgen, Schwarzwald, die 1877 mit zehn Beschäftigten gegründet wurde [5.45].

Bild 5.13 Naxos-Schleifmaschine, um 1880

In diesem Zusammenhang sei auch noch einmal an die 1870 eröffnete Werkzeugmaschinenfabrik Gildemeister & Comp. AG erinnert, die bis zur Jahrhundertwende zu einem bedeutenden Unternehmen ihrer Branche emporwuchs. Mit der Produktion von Spezialmaschinen für die Nähmaschinenindustrie sowie von Werkzeugmaschinen, darunter vor allem Bohrmaschinen, Fräsmaschinen und Drehmaschinen, sicherte sich Gildemeister zunehmend seine Position am Markt. Im Zuge der Bismarckschen Sozialgesetzgebung und fünf Jahre vor Gründung der Carl-Zeiss-Stiftung durch Ernst Abbe (1840–1909) richtete auch Gildemeister 1884 eine Betriebskrankenkasse ein. 15 Jahre später wurde das Unternehmen in eine Aktiengesellschaft mit einem Aktienkapital von einer Million Reichsmark umgewandelt.

Nach erheblicher Beschränkung der Typenzahl um die Jahrhundertwende und Einführung der Serienfertigung erlebte die Firma Gildemeister eine sprunghafte Steigerung ihres Umsatzes von rund 350 000 Mark im Jahre 1904 auf über 750 000

Mark im Jahre 1908. Seit 1915 wurden schließlich noch vier Gruppen von Maschinen in mehreren Baugrößen hergestellt, und zwar Trommelrevolver-Drehmaschinen, Mehrspindel-Drehautomaten, Langfräsmaschinen sowie Vertikal- und Horizontalfräsmaschinen [5.18].

Aufschwung und Erneuerung des deutschen Werkzeugmaschinenbaus in den 70er Jahren des vergangenen Jahrhunderts vollzogen sich nicht ohne Widersprüche und Rückschläge. Auf den Einbruch, den die 1873 einsetzende Wirtschaftskrise für die deutsche Industrie insgesamt mit sich brachte, werden wir noch gesondert zurückkommen. Doch unabhängig davon zeigten sich Schwächen, die als ein Zurückbleiben der Produktqualität hinter dem stürmischen Wachstumstempo jener Zeit gedeutet werden können. „Made in Germany", diese von England geforderte Kennzeichnung deutscher Erzeugnisse, war noch weit von dem späteren Prädikat eines Gütesiegels entfernt. „Billig und schlecht", so lautete Reuleaux' Urteil über die deutschen Industrieprodukte auf der Weltausstellung in Philadelphia 1876. Trotz der internationalen Anerkennung, die Deutschland beispielsweise auf dem Gebiet der Kunst erfuhr – so eröffnete Richard Wagner 1876 sein berühmtes Festspielhaus in Bayreuth – war damit offensichtlich eine im Ausland verbreitete Auffassung über die damaligen Grenzen des Leistungsvermögens der jungen Industrienation Deutschland auf eine bündige Formel gebracht.

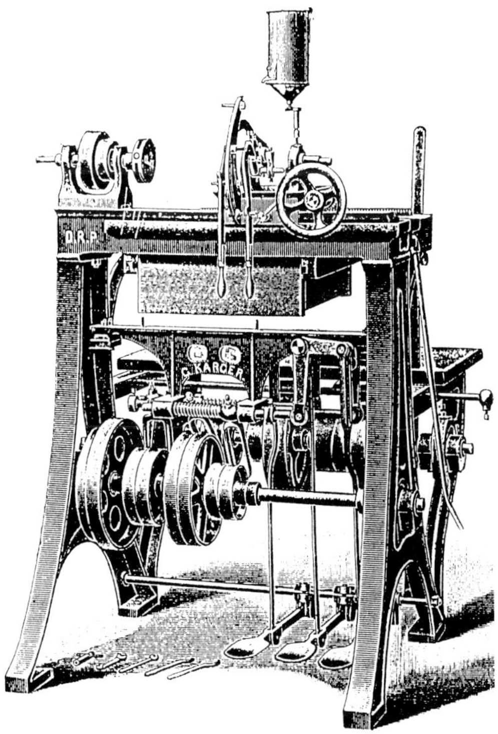

Bild 5.14
Einspindlige Schraubendrehbank von G. Kärger, 1896

Nach der Wiener Ausstellung von 1873, auf der die deutschen Werkzeugmaschinen, insbesondere die Chemnitzer Fabrikate, zwar die englischen Exponate übertrafen, insgesamt jedoch die amerikanische Führung unterstrichen wurde, sollte die Weltausstellung in Philadelphia dem 100. Jahrestag der amerikanischen Unabhängigkeit durch Demonstration des materiellen und geistigen Potentials der industrialisierten Welt ein internationales Gepräge geben. Über die Vorbereitung der „internationalen Ausstellung für Produkte der Kunst, der Industrie, der Landwirtschaft und des Bergbaus zu Philadelphia" schrieb die Zeitschrift des Vereins deutscher Ingenieure: „Der Plan für die Ausstellung von 1876 ist ebenso gemeinnützig wie umfassend. Er geht dahin, alle Erzeugnisse der Kunst und Industrie, der Wissenschaft und der modernen Zivilisation aufzunehmen und ein wahres Bild der Hilfsquellen eines jeden Landes, seines gesellschaftlichen Zustandes und der Entwicklung seiner Industrie zu geben, so daß von allen Nationen nützliche Vergleiche angestellt und für alle gegenseitige Vorteile daraus gezogen werden. Sie wird nicht nur eine neue Gelegenheit bieten, das gute Einvernehmen zwischen den verschiedenen Völkern zu erhöhen und sie zu gemeinschaftlichen Anstrengungen für das wachsende Wohl des Menschengeschlechtes anzuspornen, sie wird auch einen großen und besonderen Einfluß ausüben auf die Entwicklung des an sich schon so ausgedehnten Handels der Vereinigten Staaten, indem sie nützliche Beziehungen entstehen läßt, und vielen in Amerika noch einigermaßen unbekannt gebliebenen Industriezweigen Europas neue Märkte eröffnet." [5.55]

Die Ausstellung gliederte sich in zehn Gruppen. Thematisch gehörten dazu im einzelnen:

„I. Rohstoffe aus dem Mineral-, Pflanzen- und Tierreich.
II. Rohe und verarbeitete Stoffe, welche als Nahrungsmittel oder in der Industrie gebraucht werden, und welche das Ergebnis von Extraktions- oder Kombinationsprozessen sind.
III. Gewebe und Filzprodukte, Kleidungsstücke und Gegenstände, welche am Körper getragen werden.
IV. Möbel und andere für Wohnungen benutzte Gegenstände.
V. Werkzeuge, Instrumente, Maschinen und Verwertung derselben.
VI. Motoren und Transmissionen.
VII. Apparate und Methoden für Vermehrung und Verbreitung allgemeiner Kenntnisse.
VIII. Ingenieurwesen, öffentliche Arbeiten, Architektur etc.
IX. Plastische und graphische Künste.
X. Gegenstände, welche die Bestrebungen beleuchten, den physischen, moralischen und Bildungsstand des Menschen zu heben." [5.55]

Die Exponate der Gruppe V, „Werkzeuge, Instrumente, Maschinen und Verwertung derselben", waren in der großen Maschinenhalle zu besichtigen, die eine Grundfläche von 47 000 m^2 aufwies. Im Bereich der Methodenbearbeitung wurden

Bild 5.15 Medaille der Weltausstellung in Philadelphia 1876

insbesondere die amerikanischen Firmen William Sellers & Co. aus Philadelphia und Brown & Sharpe aus Providence hervorgehoben. Die amerikanische Überlegenheit reduzierte sich jedoch nicht auf die Leistung einzelner Firmen oder die Qualität bestimmter Maschinentypen, sie beruhte in erster Linie auf dem amerikanischen Fabrikationssystem, das auch den Werkzeugmaschinenbau auf eine höhere Stufe der Industrialisierung hob [5.16].

In seinen „Briefen aus Philadelphia" verglich Reuleaux die deutschen Ausstellungsbeiträge mit dem vor allem von Amerika bestimmten internationalen Standard. Der hoch angesehene Maschinenbauprofessor und spätere Professor der Technischen Hochschule Berlin-Charlottenburg galt, wie Matschoß unterstrich, zurecht als internationale Autorität auf dem Feld des Maschinenbaus, als „Altmeister der Technik", dessen Urteil auch auf dieser Weltausstellung großes Gewicht besaß. Seine berühmt gewordene Kritik der deutschen Exponate findet sich gleich im ersten jener von der Nationalzeitung 1876 veröffentlichten Briefe. Sie sei hier in Auszügen wiedergegeben: „Denn es darf nicht verhehlt, es muß sogar laut ausgesprochen werden, daß Deutschland eine schwere Niederlage auf der Philadelphier Ausstellung erlitten hat. Unsere Leistungen stehen in der weitaus größten Zahl der ausgestellten Gegenstände hinter denen anderer Nationen zurück, nur in wenigen erscheinen wir bei näherer Prüfung ihnen gleich, in einem Minimum von Fällen nur überlegen."

„Leider ist denn auch die Presse", schrieb Reuleaux weiter, „und vor allem die deutsch-amerikanische, schonungslos über unsere Ausstellung hergefallen. Wir haben Wahrheiten der bittersten Art hören müssen und noch zu erwarten ...

Als Quintessenz aller Angriffe tritt der Wahrspruch auf: Deutschlands Industrie hat das Grundprinzip ‚billig und schlecht'. Leider hat unsere Industrie wirklich im Durchschnitt diesen Grundsatz, wenigstens rücksichtslos in seinem ersten Teile und darum als Konsequenz in seinem zweiten. Soviel sich auch schon tüchtige wackere Industrielle, welche jenen Grundsatz verdammen, bei uns bemüht haben, ihm entgegenzuwirken, soviel auch schon mancher, dem ein warmes Herz für unsere Industrie im Busen schlägt, dagegen gesprochen, er behält immer die Oberhand und ist denn auch in unserer Ausstellung nur zu deutlich zum Ausdruck gelangt ...

Deutschland weiß in den gewerblichen und bildenden Künsten keine anderen Motive mehr als tendenziös-patriotische, die doch auf dem Weltkampfplatz nicht hingehören, die auch keine andere Nation hingebracht; für die tendenzlose, durch sich selbst gewinnende Schönheit hat es keinen Sinn mehr ...

Mangel an Geschmack im Kunstgewerblichen, Mangel an Fortschritt im rein Technischen. Wiederum müssen wir an unsere Brust schlagen. Wiederum müssen wir auf die Wichtigkeit der Bestrebungen des Gewerbemuseums ... hinweisen. ‚Bei allen Nationen, die auf der Ausstellung vertreten sind', sagen die Tadler, ‚haben wir etwas zu lernen gefunden, in Deutschland nichts!'. Hart, aber beinahe ganz wahr!"

Im allgemeinen, so schließt Reuleaux, „vermag ich den Vorwürfen nicht zu widersprechen und kann nur den Wunsch äußern, es möchten recht viele deutsche Industrielle herüberkommen, um zu sehen, wie viel wir zu lernen und wie viel wir zu vergessen haben." [5.36]

Im vierten Brief hob Reuleaux demgegenüber das hohe Niveau der amerikanischen Maschinen- und Werkzeugmaschinenindustrie hervor, für die er jedoch in Deutschland einen ernsthaften Wettbewerber sah:

„Was schon 1867 in Paris sich merken und verstehen ließ, was dann in Wien schon sehr deutlich zu Tage trat, zeigt sich hier in vollem Maße: daß Nordamerika einen der ersten, teilweise unbestritten den allerersten Rang im Maschinenbau einzunehmen begonnen hat. Zunächst hat es die Dampfmaschine in gewissen Details weiter entwickelt und sodann ihrem Äußeren eine Formvollendung zu geben gewußt, welche bewunderungswürdig ist. Ein bedeutsames Zeichen. Denn wo die Formenschönheit schon zur Entwicklung gebracht, zum Gegenstand besonderer Pflege, ja Kritik gemacht ist, da müssen die Schwierigkeiten der Gestaltung für den bloßen Nutzbegriff bereits überwunden sein. Zum wenigsten muß sich Zuversicht und Ruhe hinsichtlich derselben eingestellt haben. Auch ist die Herstellungsweise der Maschine sehr vervollkommnet worden. Mehrere Firmen stellten nämlich Dampfmaschinen in verschiedenen Größen aus, deren Teile sämtlich auf der Maschine automatisch hergestellt sind und demnach – wie die Teile der Nähmaschinen amerikanischer und mehrerer deutscher Firmen – ausgewechselt werden können.

Ganz glänzend ist die amerikanische Maschinenindustrie auf dem Gebiete des Werkzeugmaschinenbaus vertreten. Hier gebührt ihr die Palme nicht nur auf der Ausstellung, sondern wahrscheinlich auch überhaupt. Reichtum an neuen praktischen Ideen, überraschend geschickte Anpassung an besondere Arbeitszwecke, eine in der Steigerung begriffene Genauigkeit in der Ausführung der zusammenarbeitenden Teile und eine zunehmende Eleganz der äußeren Erscheinung der Maschine charakterisieren die amerikanische Produktion auf diesem Gebiete. Das meiste Talent, mit den hiesigen Werkzeugbauern zu wetteifern, hat vielleicht Deutschland. Es gehört zum Werkzeugmaschinenbau eine Gabe und ein Interesse, den technologischen Vorgängen zu folgen, welches dem deutschen Charakter sehr zusagt und welches sich auch mehrfach bei uns wirksam geltend gemacht hat. Freilich wird aber nur der angestrengteste Fleiß, die Aufbietung aller Kraft uns in den Stand setzen, den Vorsprung, welchen Amerika gewonnen hat, wieder einzuholen. Vor kurzem erst hatten wir den englischen Werkzeugtypus uns zu eigen gemacht, ja ihn in seinem eigenen Sinne weiter entwickelt und uns darin auf eigene Füße zu stellen begonnen. Ein deutscher Werkzeugmaschinentypus hob leise an. Nun aber hat der amerikanische mit ganz neuen Ideen den englischen aus dem Sattel geworfen und wir müssen ohne Zaudern uns dem neuen System anschließen, wollen wir nicht ins Hintertreffen geraten. Vorzügliche Anfänge sind ja bekanntlich gemacht. Ruhe winkt uns aber noch lange, lange nicht, sondern nur rastloses Arbeiten, nur um nach- und mitzukommen.“ [5.36]

Reuleaux‘ kritisches Urteil bezog sich mehr auf die deutsche Metallindustrie im allgemeinen als auf den Werkzeugmaschinenbau. So gab es in Philadelphia durchaus positive Würdigungen deutscher Erzeugnisse. Dazu zählten die von Zimmermann und Leupolt ausgestellten Kegelräderhobelmaschinen, die besser als die amerikanischen waren. Auch eine Spezialmaschinenfabrik für die Herstellung von Maschinen zur Baustoffabrikation, die nach der Ausstellung in Havanna errichtet wurde, konnte einen Preis erringen. Dennoch scheint die lebhafte Diskussion, die Reuleaux mit seinen Briefen aus Philadelphia in Deutschland auslöste, auch beim deutschen Werkzeugmaschinenbau eine durchaus positive Wirkung erzielt zu haben, da sie in allen Bereichen zu erhöhter Leistung anspornte. Darüber hinaus wurden viele deutsche Maschinen- und Werkzeugmaschinenbauer durch das der amerikanischen Industrie allenthalben gezollte Lob veranlaßt, das neue Fabrikationssystem in Amerika persönlich zu studieren [5.4].

Ein nicht zu unterschätzendes Hemmnis für die konstruktive Entwicklung des deutschen Werkzeugmaschinenbaus war der noch völlig unzureichende Patentschutz. Die bestehenden Patentgesetze der einzelnen deutschen Staaten schützten nur unzuverlässig und waren zusätzlich mit hohen Kosten verbunden. Viele deutsche Erfinder sahen sich deshalb gezwungen, ihr technisches Können dem Ausland zur Verfügung zu stellen [5.23].

Der Erlaß des deutschen Patentgesetzes im Jahre 1877 hat die Erfindertätigkeit in Deutschland nachhaltig beflügelt. Das galt auch für die industrielle Nutzung von Patenten. Noch 1876 wurden in den fünf wichtigsten deutschen Staaten nur 1587 Patente erteilt. Davon entfielen auf Preußen 463 Patente, auf Sachsen 457, auf Württemberg 263, auf Bayern 217 und auf Baden 187. Dagegen gelangten 1878, also schon ein Jahr nach erfolgter Patentgesetzgebung, 5949 Patente zur Anmeldung, und 1890 waren es bereits 11 882 Patente und damit mehr als in England und Frankreich. Als nachteilig gegenüber den Patentgesetzen anderer Länder hob Buxbaum die Höhe der Patentgebühren sowie die Bestimmung hervor, „daß nur eine erfinderische Idee, nicht eine ganze Maschine wie in Amerika, durch ein Patent geschützt werden konnte. Das war gerade für Werkzeugmaschinen ein Nachteil gegenüber Amerika, wo man sich eine ganze Maschine auf 20 Jahre zu einem Bruchteil der in Deutschland vorgesehenen Gebühren schützen lassen konnte; die Fortschritte auf dem Gebiete der Werkzeugmaschinen aber setzen sich meist aus kleinen konstruktiven Maßnahmen zusammen, die nur selten patentwürdig sind." [5.6]

Für den industriellen Fortschritt in Deutschland war die Einheit des Reiches ein Vorteil. Damit waren jedoch die inneren sozialen Spannungen, wie sie mit der Industrialisierung immer stärker zutage traten, längst nicht beseitigt. Das Sozialistengesetz von 1878, das sich bald als Fehlschlag erweisen sollte, hat eher von den Ursachen sozialpolitischer Auseinandersetzungen abgelenkt, als zu ihrer Überwindung beigetragen. In dieser Situation bedeuteten die bis in unsere Tage vorbildlichen sozialreformerischen Leistungen der Bismarckschen Regierung nach 1879 einen entscheidenden Beitrag zur Wahrung des inneren Friedens. Sie brachten großen Teilen der Arbeiterschaft eine wesentliche soziale Besserstellung und Erleichterung der Arbeitsbedingungen und trugen auch im Interesse weiterer Entwicklung der deutschen Industrie zur Milderung eines sozialen Konfliktpotentials bei, dessen negative Folgen wir in vielen anderen Ländern noch heute erleben können.

„Die Existenz vieler, im ganzen unbefriedigender Einzelbestimmungen legte die Schaffung eines sozialpolitischen Gesamtwerks aus einheitlicher, zeitgemäßer Konzeption nahe. Es wurde durch die Kaiserliche Botschaft vom 17. November 1881 angekündigt und in den großen Versicherungsgesetzen der folgenden acht Jahre verwirklicht: 1883 wurden die Krankenkassen geschaffen, 1884 die Unfallversicherung; unter Friedrich III. und Wilhelm II. folgten die Gesetze über Alters- und Invalidenversorgung sowie ergänzende Detailmaßnahmen ... Träger der gesamten sozialpolitischen Reformen war – wie in Preußen zu Beginn des 19. Jahrhunderts – das hohe Beamtentum, dessen Moralauffassung und Gewissenhaftigkeit wesentlich zur Hebung der Existenz der Arbeiterschaft beitrug." [5.54]

Die Sozialgesetzgebung nahm auch auf die Gestaltung von Werkzeugmaschinen Einfluß. Über die sich entwickelnden berufsgenossenschaftlichen Betriebsaufsichten kam es zur Entwicklung von Schutzvorrichtungen an allen sich bewegenden Maschinenteilen [5.30]. Aus diesen Anfängen ging unser heutiges, vielfach bewährtes System der Arbeitssicherheit hervor.

5.5 Krisenjahre

Die hochgesteckten Erwartungen und Pläne, von denen die Reichsgründung in den ersten Jahren begleitet wurde, erfuhren eine jähe Unterbrechung, als 1873 die große Gründerkrise einsetzte. Diese Phase wirtschaftlicher Degression, deren Nachwirkungen bis in die 80er Jahre hineinreichten, wird oft als eine ausschließliche Folge der konjunkturellen Überhitzung im damaligen Deutschland gedeutet. Die Ursachen sowohl für den Gründerboom als auch für die darauf folgende Krise lagen jedoch nicht allein in der deutschen Entwicklung begründet. Bereits der Zollverein war tief in weltwirtschaftliche Zusammenhänge eingebettet, und seit 1856 ergriffen die Konjunkturwellen die ganze industrialisierte Welt [5.23].

Die Gründerkrise war zunächst in Budapest durch Einzahlungsforderungen der Franko-Ungarischen Bank offen aufgetreten, worauf sich Zahlungsunfähigkeiten an verschiedenen Börsenplätzen von Mai bis Oktober 1873 häuften. Im Oktober 1873 schließlich konzentrierten sich die Krisenerscheinungen auf die Berliner Wirtschaft. Es handelte sich also weniger um eine durch die deutsche Einigung oder die französischen Reparationsleistungen hervorgerufene Krise, sondern um ein internationales Geschehen, das durch die konjunkturelle Überhitzung in Deutschland lediglich verstärkt wurde [5.14].

Dennoch konnten die noch 1873 angebahnten Investitionen trotz der wirtschaftlichen Einbrüche teilweise weit über das Jahr 1874 hinaus getätigt werden. Das galt vor allem für den Eisenbahnbau, wie die in Betrieb genommenen deutschen Eisenbahnstrecken beweisen.

Der Höhepunkt für die Übernahme neuer Strecken wurde infolge der relativ langen Produktionsdauer von Eisenbahnen sogar erst 1875 erreicht [5.14]. Dieser

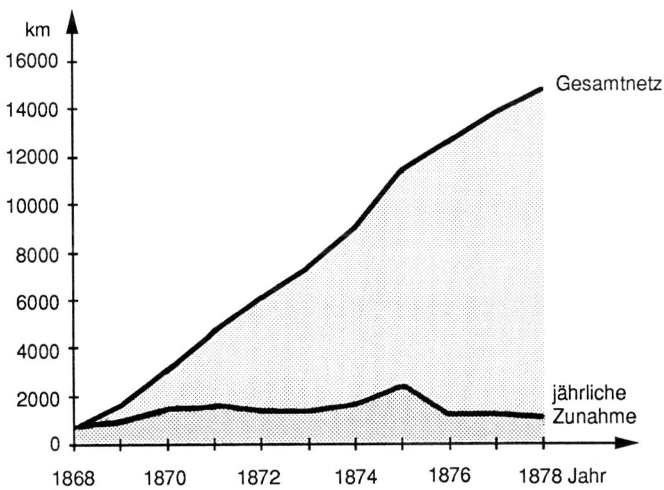

Bild 5.16 Ausbau des deutschen Eisenbahnnetzes von 1868–1878

Umstand kam auch dem Werkzeugmaschinenbau zugute, wodurch sich zu einem guten Teil die bis 1876 hohe Zahl von Firmengründungen erklärt.

Insgesamt brachen jedoch mit der Gründerkrise auch für die Werkzeugmaschinenfabriken schwere Zeiten herein. Viele von ihnen mußten aufgeben und ihre Maschinenbestände oft sogar unter Wert verkaufen, so daß kaum Bedarf an neuen Werkzeugmaschinen auftrat. Selbst im Chemnitzer Werkzeugmaschinenzentrum wandten sich viele Fabriken anderen Produktionszielen zu. Der herrschende wirtschaftliche Druck zwang sie, sich auf Sonderfabrikationen einzustellen [5.6].

Um 1879, also nach sechs Jahren, hatte die Krise ihren Tief- und Wendepunkt erreicht. Eine außergewöhnlich gute Ernte in Amerika sowie ein Konjunkturhoch in Frankreich ließen die Nachfrage nach Industrieprodukten wieder steigen. Zu dieser Zeit wurde in Deutschland erneut die Frage einer angemessenen Schutzzollpolitik aufgeworfen. Solche Forderungen lagen besonders im Interesse der Baumwoll- und Eisenindustrie, die von der Gründerkrise am stärksten betroffen waren [5.23]. Auch der Maschinen- und Werkzeugmaschinenbau litt unter den im internationalen Vergleich niedrigen Zöllen auf ausländische Produkte. Protektionismus hieß daher die verbreitete Antwort auf den Schock der Krisenjahre. Doch die ersten mäßigen Schutzzölle von 1879, die dann später unter den Reichskanzlern Caprivi und Bülow erhöht sowie ausgeweitet wurden, haben der deutschen Industrie entgegen ihrer Aufgabe kaum geholfen [5.54].

Trotz der Gründerkrise waren diese und die sich anschließenden 80er Jahre in Deutschland mit aufsehenerregenden technologischen Fortschritten erfüllt. Mit dem Bau der ersten Dynamomaschine durch Werner von Siemens im Jahre 1867, dem ersten industriell verwertbaren Dynamo, den Gramme 1869 schuf, sowie dem Viertaktmotor von Nikolaus August Otto aus dem Jahre 1876, um nur die wichtigsten Erfindungen dieses Zeitraumes zu nennen, wurde die Tür in eine energie- und verkehrstechnisch neue Epoche geöffnet. Auf dem schon geschilderten Gebiet der Maschinenautomatisierung waren mit der Produktionsaufnahme von Drehautomaten in Deutschland, zunächst durch die Firma Loewe, später durch die Werkzeugmaschinen AG Pittler sowie durch die Firmen Gildemeister & Co., Bielefeld, Alfred Schütte, Köln, und Carl Hasse & Wrede, Berlin, wichtige Fortschritte zu verzeichnen.

Die Entdeckung des dynamo-elektrischen Prinzips durch Werner von Siemens (1816–1892) und die Erfindung eines nach diesem Prinzip arbeitenden Stromerzeugers, der Dynamomaschine, leiteten die Zeit der industriell nutzbaren Starkstromtechnik ein. Über die Bedeutung eines leistungsfähigen Stromgenerators schrieb Siemens 1866 während der Versuchsphase an seinen Bruder: „Wir haben jetzt wieder alle Hände voll zu tun und erwarten noch viele weitere Bestellungen. Möglich, daß wir mal umgekehrt bei Euch Apparatbestellungen machen können. Auch Wassermesser gehen wieder gut und die Kontrollapparate können bald großartig einschlagen! Ich habe eine neue Idee gehabt, die aller Wahrscheinlichkeit nach reussieren und bedeutende Resultate geben wird. Wie Du wohl weißt, hat Wilde ein Patent in England genommen, welches in der Kombination eines Magnetinduktors meiner Konstruktion mit einem zweiten (besteht), welcher einen großen Elektromagnet anstatt der Stahlmagnete hat. Der Magnetinduktor (wie bei den Zeigern konstruiert) magnetisiert den Elektromagnet zu einem höheren Magnetismus, wie er durch Stahlmagnete zu erreichen ist. Der zweite Induktor wird daher viel kräftigere Ströme geben, als wenn er Stahlmagnete hätte. Die Wirkung soll kolossal sein, wie im Dingler mitgeteilt. Nun kann man aber offenbar den Magnetinduktor mit Stahlmagneten ganz entbehren. Nimmt man eine elektromagnetische Maschine, welche so konstruiert ist, daß der feststehende Magnet ein Elektromagnet mit konstanter Polrichtung ist, während der Strom des beweglichen Magnets gewechselt wird, schaltet man ferner eine kleine Batterie ein, welche den Apparat also bewegen würde, und dreht nun die Maschine in der entgegengesetzten Richtung, so muß der Strom sich steigern. Es kann darauf die Batterie ausgeschlossen und entfernt werden, ohne die Wirkung aufzuheben. Es ist mit anderen Worten eine Holzsche Maschine, angewandt auf Elektromagnetismus. Man kann mithin allein mit Hilfe von Drahtwindungen und weichem Eisen in Strom umwandeln, wenn nur der Impuls gegeben wird. Dieses Geben des Impulses, welcher die Stromrichtung bestimmt, kann auch durch den rückbleibenden Magnetismus oder durch ein paar Stahlmagnete, welche dem Kern stets einen schwachen Magnetismus geben, geschehen. Die Effekte müssen bei richtiger Konstruktion kolossal werden. Die Sache ist sehr ausbildungsfähig und kann eine neue Ära des Elektromagnetismus anbahnen! In wenigen Tagen wird ein Apparat fertig sein. Mache Du doch auch Versuche, damit Wilde, der der Sache ganz nahe ist, uns nicht zuvorkommt. – Magnetelektrizität wird hierdurch billig werden, und es können nun Licht, Galvanometallurgie usw., selbst kleine elektromagnetische Maschinen, die ihre Kraft von großen erhalten, möglich und nützlich werden." [5.32]

Die Dynamomaschine, die Werner von Siemens 1881 erstmals mit einer Dampfmaschine koppelte, um so ihre Leistung den Anforderungen eines Kraftwerkes entsprechend zu steigern, eröffnete zugleich die Möglichkeit der Rückübertragung von elektrischer Energie in mechanische Antriebsenergie. So wurde der Elektromotor, der ebenfalls nach dem dynamo-elektrischen Prinzip funktioniert, nur in einer dem Stromgenerator gegenläufigen Richtung, zu dessen technischem Pendant. 1884 wurde in New York der erste Elektromotor an das von Th. A. Edison errichtete elektrische Kraftwerk angeschlossen.

Werner von Siemens sah in solcher elektrischen Kraftübertragung für gewerbliche Zwecke die gegenüber der zunächst im Mittelpunkt stehenden elektrischen Beleuchtung bei weitem größere Bedeutung der neuen Energiequelle. In einem Brief an den königlich niederländischen Legationsrat, Graf de Bylandt, schrieb er 1889: „Man hat ... sein Hauptaugenmerk überall auf das elektrische Licht geworfen, da die Einführung der elektrischen Beleuchtung überall als ein Bedürfnis empfunden

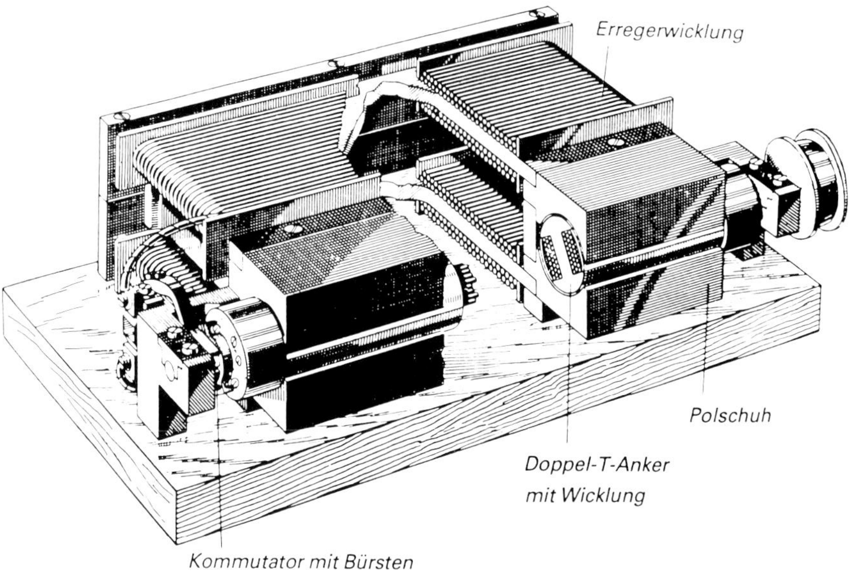

Bild 5.17 Erste Dynamomaschine von Werner von Siemens, 1866

wird. Es ist jedoch den Elektrotechnikern wohl bekannt, daß die elektrische Beleuchtung nur den Übergang zu der sozial viel bedeutenderen elektrischen Kraftübertragung bildet. Durch die elektrische Kraftübertragung kann der städtischen Bevölkerung billige Arbeitskraft auf mühelosem Wege zugeführt werden. Dadurch wird die kleine Werkstatt, selbst der einzelne in seiner Wohnung arbeitende Arbeiter, in die Lage gebracht, persönliche Arbeitskraft besser zu verwerten und mit den Fabriken, welche die benötigte Arbeitskraft durch Dampf- oder Gasmaschinen billig herstellen, zu konkurrieren.“ [5.24]

Auf die Ausrüstung von Werkzeugmaschinen mit Elektromotoren werden wir später noch ausführlich zurückkommen. An dieser Stelle muß noch auf eine weitere Erfindung jener Zeit eingegangen werden, die den Werkzeugmaschinenbau bald mit Anforderungen einer höheren Stufe der Massenproduktion konfrontieren sollte, den sogenannten Ottomotor. Auch er ging, wie schon der Elektromotor, aus der Suche nach einer neuen, im Vergleich zur Dampfkraft kleineren und billigeren Kraftmaschine hervor. Nicht Fahrzeuge, sondern die Werkstätten von Handwerkern und kleinen Gewerbetreibenden sollten zunächst das Einsatzfeld des gesuchten Verbrennungsmotors werden. Reuleaux formulierte dieses Ziel 1875 folgendermaßen: „Geben wir dem Kleinmeister Elementarkraft zu ebenso billigem Preise, wie dem Kapital die große mächtige Dampfmaschine zu Gebote steht, und wir erhalten diese wichtige Gesellschaftsklasse, wir stärken sie, wo sie glücklicherweise noch besteht, wir bringen sie wieder auf, wo sie bereits im Verschwinden ist.“ [5.32]

Nikolaus August Otto (1832–1891) konnte seinen Forschungen einen 1863 von Lenoir gebauten Gasmotor zugrunde legen. Dieser besaß gegenüber der Dampfmaschine sowohl hinsichtlich des höheren Wirkungsgrades als auch durch den billigeren Kraftstoff bereits erhebliche Vorteile, die sich jedoch noch auf den stationären Betrieb beschränkten. Gemeinsam mit Eugen Lange konstruierte Otto eine fortgeschrittene Version des Gasmotors, die 1867 auf der Pariser Weltausstellung mit einer Goldmedaille prämiert wurde [5.51].

Der Schritt zum modernen Verbrennungsmotor gelang Otto 1876 mit seinem Viertaktmotor, bei dem ein verdichtetes Kraftstoff-Luftgemisch im Zylinder zur Explosion gebracht wurde. Der Motor mußte jedoch noch an eine Gasleitung angeschlossen werden. Zudem lief er ebenso geräuschvoll wie unregelmäßig, und seine Leistung blieb auf drei PS begrenzt. Mit diesem Motor setzte sich der Bäckersohn und Ingenieur Gottlieb Daimler (1834–1900) auseinander, der zu dieser Zeit in den Kölner Otto-Werken beschäftigt war. Er konnte den Otto-Motor durch Verwendung eines Benzin-Luftgemisches und eines elektrischen Zündsystems entscheidend verbessern. Seit 1882 bauten Daimler, der inzwischen selbst ein Unternehmen eröffnet hatte, und sein Chefingenieur Maybach (1846–1929) in Stuttgart die ersten erfolgreichen Benzinmotoren mit bis zu 900 Umdrehungen in der Minute [5.32].

Bild 5.18 Viertaktversuchsmotor von Nikolaus August Otto, 1876

Auch Carl Benz (1844–1929) hatte sich seit Mitte der 70er Jahre mit der Entwicklung eines leistungsfähigen Verbrennungsmotors beschäftigt. 1886 konnte er einen Einzelzylindermotor in einen dreirädrigen Wagen einbauen. Das war die Geburtsstunde des ersten benzingetriebenen Automobils. Ebenso erfolgreich auf diesem Gebiet waren Daimler und Maybach. Ihre Versuche führten 1889 zu dem Stahlrad-Motorwagen, der mit einem Zweizylindermotor von 800 Umdrehungen in der Minute eine Leistung von etwa 5 PS erreichte.

Schließlich muß in diesem Zusammenhang auf den Beitrag Rudolf Diesels (1858–1913) zur Entwicklung des Verbrennungsmotors eingegangen werden, der 1892 ein Patent für seinen Schwerölmotor mit Kompressionsselbstzündung erhielt. Diesel erschloß dem Verbrennungsmotor zusätzliche Einsatzmöglichkeiten in Last-

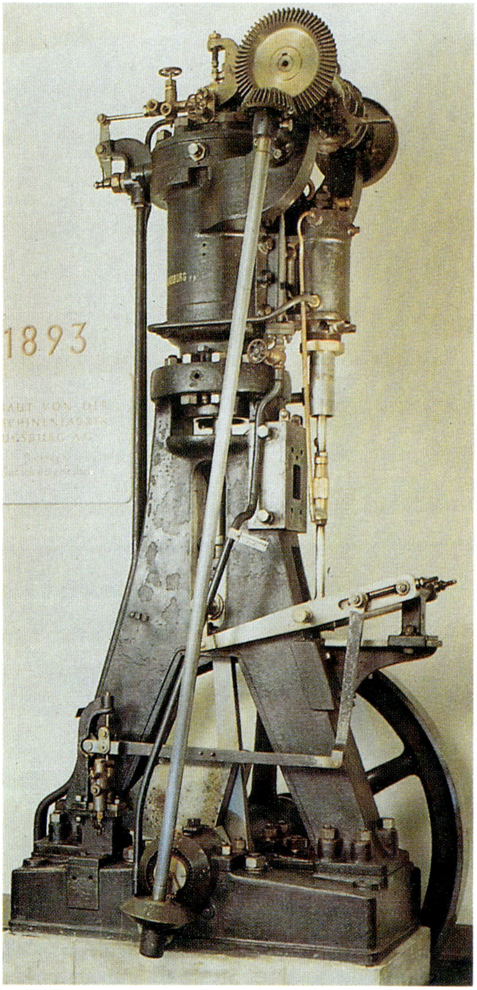

Bild 5.19
Diesels erster Motor mit Umbauten, 1893–1895

kraftwagen, der Schiffahrt, dem Eisenbahnwesen oder bei der Stromerzeugung [5.51].

Diesel war Student am Münchner Polytechnikum, als er sich erstmals die Aufgabe stellte, den Wirkungsgrad von Kraftmaschinen zu steigern. In seinem 1913 veröffentlichten Buch über die Entstehung des Dieselmotors finden wir einen Hinweis auf das Motiv, aus dem letztlich sein Lebenswerk hervorging: „Als mein verehrter Lehrer, Professor Linde, am Polytechnikum in München 1878 seinen Zuhörern in der thermo-dynamischen Vorlesung erklärte, daß die Dampfmaschine nur 6 bis 10 Prozent der disponiblen Wärme des Brennstoffes in effektive Arbeit umwandle, als er den Cornetschen Lehrsatz erläuterte und ausführte, daß bei der isothermischen Zustandsänderung eines Gases alle zugeführte Wärme in Arbeit verwandelt werde, da schrieb ich an den Rand meines Kollegienheftes: ‚Studieren, ob es nicht möglich ist, die Isotherme praktisch zu verwirklichen'. Damals stellte ich mir die Aufgabe! Das war noch keine Erfindung, auch nicht die Idee dazu. Der Wunsch der Verwirklichung des Carnotschen Idealprozesses beherrschte fortan mein Dasein. Ich verließ die Schule, mußte mir meine Stellung im Leben erobern. Der Gedanke verfolgte mich unausgesetzt." [5.32]

Aus der Sicht dieser technologischen Fortschritte erscheinen die Krisenjahre nach der Reichsgründung zugleich als eine Zeit, welche die geistigen Kräfte freisetzte, die schließlich auch zu einem neuen Aufschwung führten. Anfang der 80er Jahre des vergangenen Jahrhunderts hatte auch die deutsche Maschinenindustrie, speziell der Werkzeugmaschinenbau, die Nachwirkungen der Depression überwunden. Die Eisenproduktion konnte mit Hilfe des neuen Thomasverfahrens erfolgreich gegen Englands Hüttenwerke bestehen. Schon die Berliner Gewerbeausstellung von 1879 ließ die deutsche Wirtschaft endlich wieder in günstigerem Lichte erscheinen [5.6]. Sie galt den Zeitgenossen als Symptom für den Anbruch besserer Zeiten und als Beweis für das Vertrauen, das die deutsche Industrie und der deutsche Gewerbefleiß in sich selbst setzten.

5.6 Technik und Wissenschaft

An den großen Repräsentanten der technischen Entwicklung jener Zeit wird nicht zuletzt das hohe Niveau sichtbar, das die technische Bildung in Deutschland erreicht hatte. Der Besuch eines Polytechnikums nach französischem Vorbild oder einer Technischen Hochschule stellte für angehende Techniker und Ingenieure nicht mehr die Ausnahme dar, wie noch zur Mitte des Jahrhunderts, sondern war fast schon zum Regelfall geworden. Die zu jener Zeit wachsende Bedeutung der Ingenieurwissenschaften läßt sich nicht zuletzt an den Gründungsdaten Technischer Hochschulen ablesen, die zum Ende des vergangenen Jahrhunderts kulminierten.

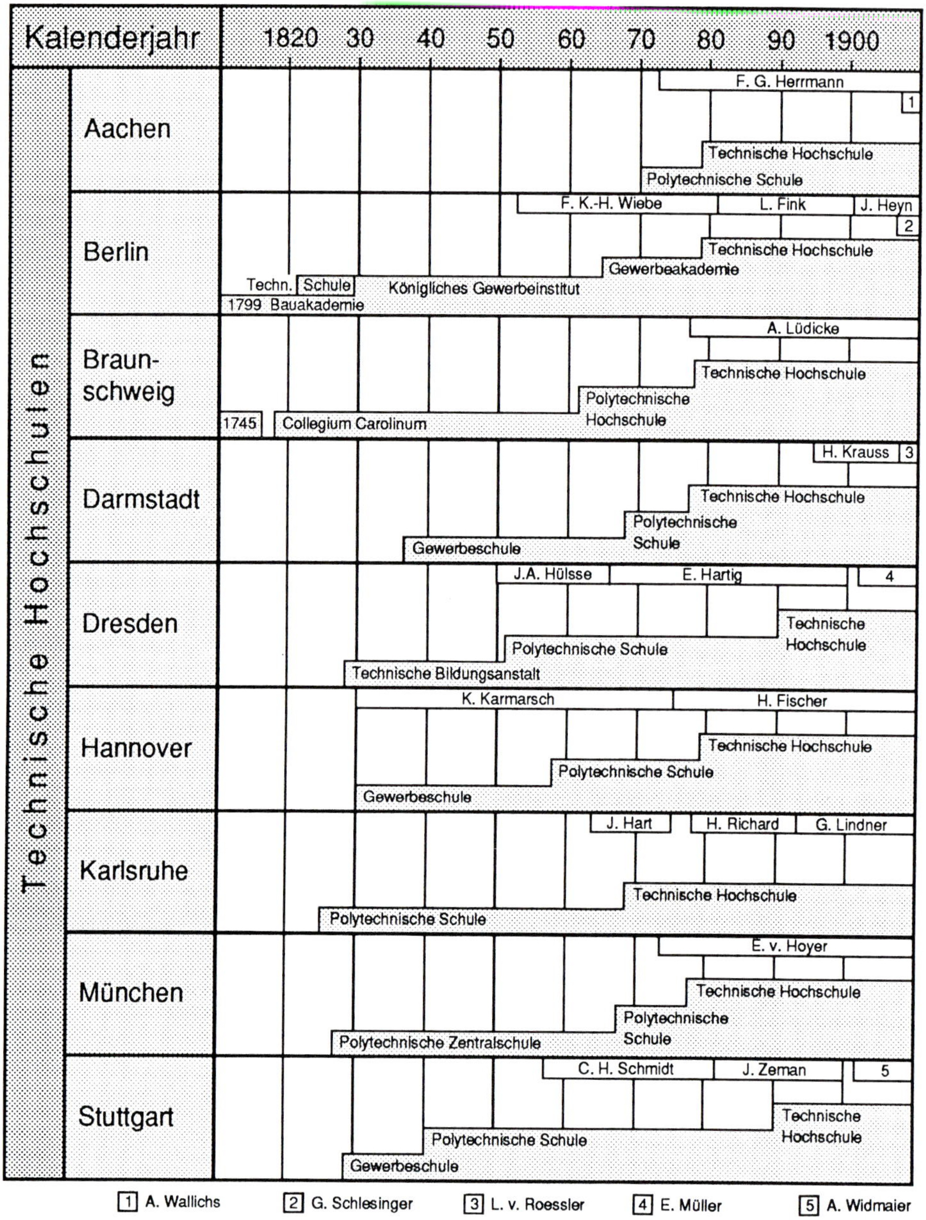

Bild 5.20
Gründungsdaten Technischer Hochschulen und Ordinariate für Mechanische Technologie

Mit der Herausbildung einer institutionalisierten Technikwissenschaft begann sich das ursprüngliche Verhältnis zwischen Theorie und Praxis im Werkzeugmaschinenbau selbst zu wandeln. Wurde dieser in den Anfängen, wie wir hörten, primär durch praktische Aufgaben bestimmt, deren Lösungen allenfalls im nachhinein zu theoretischen Betrachtungen Anlaß gaben, so kam der wissenschaftlichen Forschung jetzt mehr und mehr die Funktion einer Wegbereiterin für die konstruktive Arbeit in den Werkzeugmaschinenfabriken zu. Obwohl der Aufbau einer betrieblichen Forschung und Entwicklung erst später einsetzte, richtete beispielsweise die Firma Loewe ab 1902 eigene Forschungslabors ein und wirkte auch damit vorbildlich. Viele Betriebe werteten über die Ingenieurausbildung hinaus anhand wissenschaftlicher Veröffentlichungen oder unterschiedlicher Formen der Zusammenarbeit mit den Vertretern der neuen technischen Disziplinen deren Wissen für ihre Entwicklungsarbeit aus.

Bild 5.21 Ferdinand Redtenbacher (1809–1863)

Von den Professoren, die sich besondere Verdienste um den wissenschaftlichen Maschinenbau in Deutschland erwarben, soll zunächst Ferdinand Redtenbacher erwähnt werden. Er lehrte als Zeitgenosse unter anderem von Charles Darwin (1809–1882), Justus v. Liebig (1803–1873), Rudolf Virchow (1821–1902) und Hermann Ludwig v. Helmholtz (1821–1894) seit 1841 an der Karlsruher Polytechnischen Schule (gegr. 1825), dem nach Prag (gegr. 1806) und Wien (gegr. 1815) ältesten Institut dieser Art im damaligen deutschen Sprachraum, dessen Leitung er im Jahre 1857 übernahm. Im Unterschied zur Pariser Ecole Polytechnique, die stärker die mathematischen und physikalischen Grundlagen der Technik betonte, begründete Redtenbacher eine selbständige Maschinenlehre, die aus dem technischen Begreifen der Maschinenwelt hervorging. Neben der wissenschaftlichen Theorie des Maschinenbaus hat Redtenbacher großen Wert auf das praktische Konstruieren gelegt, wobei er die Einführung der damals noch längst nicht üblichen technischen Zeichnung im Maschinenbau mit Nachdruck forderte [5.24].

Über die Bedeutung des technischen Zeichnens, insbesondere für die Produktion, schrieb Redtenbacher, der damit schon Anforderungen des beginnenden Austauschbaus aufnahm: „nicht nur für den Entwurf, ... auch für die Ausführung sind die Zeichnungen äußerst wichtig, denn es sind dadurch von vornherein alle Abmessungen und Formen aller Teile so scharf und fest bestimmt, daß es sich bei der Ausführung nur darum handelt, das, was die Zeichnung darstellt, mit dem

Konstruktionsmaterial identisch nachzubilden. Jeder Maschinenbestandteil kann im allgemeinen unabhängig von allen anderen ausgeführt werden, und dadurch ist es möglich, die Gesamtheit der Arbeiten unter eine große Anzahl von Arbeitern zu verteilen und das ganze Geschäft der Ausführung in der Weise zu organisieren, daß alle Arbeiten zur rechten Zeit, am geeignetsten Orte, mit dem geringsten Aufwand von Zeit und Kosten und Material und endlich mit einer Genauigkeit und Zuverlässigkeit ausgeführt werden können, die kaum etwas zu wünschen übriglassen.“ [5.31]

Abgesehen von einer Reihe spezieller Schriften veröffentlichte Redtenbacher drei grundlegende Bücher, die gemeinsam betrachtet einen systematischen Werkzusammenhang ergeben. Aus logischer, wenn auch nicht zeitlicher Perspektive stehen am Anfang die 1852 erschienenen „Prinzipien der Mechanik“, die als theoretische Maschinenlehre konzipiert wurden. 1862 bis 1865 schuf Redtenbacher sein dreibändiges Hauptwerk „Der Maschinenbau“, in dem er sich mit dem praktischen Konstruieren auseinandersetzte. Den systematischen Abschluß bildeten die schon 1848 herausgegebenen „Resultate für den Maschinenbau“, die als Hilfsbuch für Übungen und für die Maschinenbaupraxis gedacht waren [5.24].

Einer der bedeutendsten Schüler Redtenbachers war der uns schon durch seine aufsehenerregenden Weltausstellungsberichte bekannte Franz Reuleaux (1829–1905). Conrad Matschoß nannte ihn einen Altmeister der Technik und Vater der Kinematik, also der Wissenschaft von der mechanischen Bewegung. Reuleaux entstammte einer alten Technikerfamilie in Eschweiler bei Aachen. 1856 bis 1864

Bild 5.22 Franz Reuleaux (1829–1905)

wirkte er als Lehrer am Polytechnikum in Zürich, und 1868 wurde er Direktor der Berliner Gewerbeakademie, der späteren Technischen Hochschule Berlin, wo er neben seiner Lehr- und Forschungstätigkeit die Ziele des Vereins zur Beförderung des Gewerbefleißes tatkräftig unterstützte. Reuleaux hat sich vor allem durch seine Mitarbeit am Reichspatentgesetz von 1877, durch Förderung des deutschen

Gewerbemuseums sowie durch sein öffentliches Eintreten für den Bildungswert technischer Kultur breite Anerkennung erworben [5.28].

Reuleaux' wissenschaftliches Hauptwerk „Theoretische Kinematik“ erschien 1875, die Arbeit daran reichte jedoch weit in die Zeit seiner Züricher Lehrtätigkeiten zurück. Darin unterwarf er die von den französischen Mathematikern geschaffene Bewegungslehre einer völligen Umgestaltung, um sie unmittelbar in den Dienst der Maschinenlehre stellen zu können. Der zweite Band der Kinematik erschien erst im Jahre 1900. Er untersucht die praktischen Beziehungen der Kinematik zu Geometrie und Mechanik. Ein geplanter dritter Band zur angewandten Kinematik blieb unvollendet. Matschoß stellte Reuleaux in eine Reihe mit so herausragenden wissenschaftlichen Maschinenbauern wie Redtenbacher, Zeuner und Karmarsch [5.28].

Die Herausbildung der Technischen Hochschule Hannover war eng mit dem Namen Karl Karmarschs verbunden. 1803 in Wien geboren, besuchte Karmarsch das Polytechnische Institut seiner Heimatstadt und wurde mit erst 16 Jahren Assistent am dortigen Lehrstuhl für Technologie. 1830 kam er als erster Direktor der ein Jahr später eröffneten Höheren Gewerbeschule nach Hannover, wo er Mechanische Technologie lehrte. An der Umwandlung der Höheren Gewerbeschule in eine Polytechnische Schule 1847 sowie an den Vorbereitungen zur Errichtung der Technischen Hochschule Hannover 1879 hatte Karmarsch entscheidenden Anteil. Er starb noch im selben Jahr, nachdem er schon 1875 aus gesundheitlichen Gründen gezwungen gewesen war, in den Ruhestand zu treten [5.28].

Karmarsch wurde durch ein neues System der Mechanischen Technologie bekannt, das als Ordnungsprinzip noch lange wirksam blieb. Er schuf eine am Wiener Vorbild einer Werkzeugsammlung orientierte technologische Sammlung, die sowohl in der Lehre als auch für die Forschung Bedeutung erlangte. Den Einfluß seiner Lehrtätigkeit auf die Entwicklung der Industrie hat beispielhaft der Bildungsweg des jungen Ernst Schiess aufgezeigt. Gleiches gilt von seinem umfangreichen Schriftwerk, das einen breiten Leserkreis erreichte [5.28].

Karmarschs Verabschiedung von seiner Lehrtätigkeit nach immerhin 45 Dienstjahren veranlaßte seine Freunde noch im selben Jahr eine Stipendienstiftung für Studenten des Polytechnikums zu Hannover ins Leben zu rufen. Die „Karmarsch-Stiftung“ fand einen außerordentlich regen Zuspruch, der nur als eine letzte Anerkennung und Auszeichnung eines in seinem Leben vielfach gewürdigten Mannes gedeutet werden kann, der „durch fast zwei Generationen Anteil an der Entwicklung der Technik und der technischen Wissenschaften gehabt und in einer Periode des Fortschritts gelebt und gewirkt hat.“ [5.17]

Nachfolger auf dem Lehrstuhl von Karmarsch in Hannover wurde 1876 Hermann Fischer. 1840 in Rödermühle bei Osterode im Harz geboren, studierte Fischer von 1856 bis 1860 an der Polytechnischen Schule in Hannover Maschinenbau. Bis

Bild 5.23 Karl Karmarsch (1803–1879)

zu seiner Berufung war er als Maschineningenieur in verschiedenen deutschen und europäischen Städten besonders auf dem Gebiet des Fabrikbaus tätig.

Fischer galt an der Technischen Hochschule Hannover als ausgezeichneter Lehrer der Mechanischen Technologie und würdiger Erbe des Werks von Karmarsch, dessen Handbuch der Mechanischen Technologie er in fünfter und sechster Auflage herausgegeben hat. Darüber hinaus verfaßte er unter anderem ein spezielles Handbuch der Werkzeugmaschinenkunde, dessen erster Band zu den Metallbearbeitungsmaschinen im Jahre 1900 erschien und in systematischer Form spanabnehmende Werkzeugmaschinen, Scheren, Schmiedemaschinen sowie Maschinen zum Herstellen der Gußformen behandelt. Der zweite Band enthält eine Darstellung der Holzbearbeitungsmaschinen. Zu beiden Bänden gehört jeweils ein Anhang mit Konstruktionszeichnungen der untersuchten Maschinen.

Bemerkenswert ist, daß Fischer sich in seinem Handbuch bereits ausdrücklich den Fragen der Maschinenbedienung zugewandt hat, wobei er besonderes Gewicht auf eine wirtschaftliche Gestaltung des Verhältnisses von Haupt- und Nebenzeiten legte:

„Die Bedienung der Maschine zerfällt in das Vorlegen, bzw. Auf- oder Einspannen, und das Fortnehmen der Werkstücke, in das Beobachten der Arbeit und das Steuern der Maschine. Man wird allgemein fordern müssen, daß durch diese Bedienung die eigentliche Arbeitszeit der Maschine möglichst wenig beschränkt wird, daß sie die physischen Kräfte des Arbeiters nicht übermäßig beansprucht, mit Leuten mittlerer Befähigung befriedigend durchgeführt werden kann und Gefährdung der Gesundheit oder gar des Lebens der Arbeiter möglichst vermieden wird ...

Der Zeitaufwand für das Vorlegen und Abnehmen spielt, ebenso wie der Zeitverbrauch für das Befestigen und Lösen der Werkstücke, namentlich dann eine Rolle, wenn die für die eigentliche Bearbeitung zu verwendende Zeit eine kurze ist. Es können oft geringfügige Einrichtungen zur Abkürzung jener Zeit dienen ... Und das ist nicht selten kostenlos zu erreichen, wenn beim Entwurf mit der nötigen Umsicht verfahren wird. Es lassen sich hierfür keine weiteren Anweisungen geben, vielmehr ist die Aufgabe nur dadurch zu lösen, daß der Entwerfende sich ganz in die Rolle des bedienenden Arbeiters hineindenkt, dessen Tätigkeit nach Zeit und Kraftaufwand im Geiste durchführt. Dabei findet er die hinwegzuräumenden Schwierigkeiten ...

Das Beobachten der arbeitenden Werkzeuge, beziehungsweise der stattfindenden Bearbeitung ist eine zweite Hauptaufgabe des bedienenden Arbeiters ... Der Arbeiter soll nach dem, was er beobachtet, die Maschine steuern. Da finden sich denn viele, anscheinend vortrefflich durchgebildete Maschinen, bei denen der Ort, an welchem die Steuerung vorzunehmen ist, weit abliegt von der Stelle, an welcher der Erfolg dieses Steuerns beobachtet werden kann. Ja, es kommt vor, daß das Steuern an zwei oder drei von der Beobachtungsstelle und voneinander ziemlich entfernten Stellen stattfinden muß! Welche Zeitverluste sind hiermit verbunden! Welche Gefahren für Maschine und Werkstück! Nicht selten sind die Maschinen überreich mit Steuerungsmitteln versehen, welche ihr eine weitgehende Verwendbarkeit verleihen sollen. Die Benutzung dieser Steuermittel ist dann tatsächlich eine begrenzte, und zwar weil der Arbeiter sie nicht zu behandeln versteht. Es ist zu viel geboten, als daß ein gewöhnlicher Arbeiter, selbst wenn dieser mit gutem Auffassungsvermögen ausgestattet und von dem besten Willen beseelt ist, die gebotenen Möglichkeiten auszunutzen vermöchte, oder es fehlt an Übersichtlichkeit, so daß manche Verstellbarkeiten vergessen und manche Mißgriffe gemacht werden.

Um gute Pflege der Maschinen zu sichern, muß große Sorgfalt auf ihre Reinlichkeit und auf die Ordnung der Hilfswerkzeuge verwendet werden. Auch hier hat der Entwerfende einzugreifen; er soll dafür sorgen, daß dem Arbeiter die Reinhaltung der Maschine und die Ordnung in den losen Hilfsmitteln leicht wird ... Herrscht musterhafte Ordnung, so erfaßt der Arbeiter ohne weiteres das, was er gebraucht, fehlt die Ordnung, so muß er überlegen und suchen, was Zeit kostet. Und gelingt es ihm nicht bald, aus dem Wirrwarr das Richtige zu finden, so versucht er auch wohl mit einem ihm zufällig in die Hand kommenden anderen ähnlichen, aber weniger geeigneten Stück sein Ziel zu erreichen.

Der Schutz der Arbeiter gegen Verletzungen kann durch nachträglich angebrachte Schutzhauben, Umzäunungen u. dgl. gewonnen werden; gebührende Berücksichtigung der entstehenden Gefahren schon beim Entwurf der Maschine führt besser zum Ziel. Nicht selten ist für den Zweck der Maschine und für die Herstellungskosten derselben gleichgültig, ob Zahnräder, Riemenrollen und dergleichen in gefahrdrohender Lage oder hinter ruhenden Maschinenteilen versteckt sich befinden. Wird aus Mangel an Umsicht des Entwerfenden der erstere Ort gewählt, so müssen Schutzmittel angewendet werden, die vielfach den Zweck nur zum Teil erfüllen, während der andere Ort die Gefahr gar nicht aufkommen lassen würde. Gar häufig lassen sich gefahrbietende bewegte Teile auf andere Weise von demjenigen Raum fernhalten, in welchen die Glieder oder Kleider des Arbeiters gelangen können, wenn rechtzeitig daran gedacht wird.

Auch hier wie bei den vorhin erörterten Umständen ist nötig, daß der Entwerfende sich voll und ganz in die Benutzungsweise der Maschine hineindenkt, sie – obgleich sie noch nicht fertig gezeichnet ist – im Geiste vor sich arbeiten sieht, um die ihr anhaftenden Fehler zu erkennen und dann auszumerzen. Wem ein solches Vorstellungsvermögen abgeht, der ist zum Entwerfen von Werkzeugmaschinen wenig geeignet.“ [5.10]

Fischers Bemerkungen zur bedienerfreundlichen Maschinenkonstruktion haben ihre Aktualität bis heute kaum eingebüßt. Überdies wurde das Werk bei seinem Erscheinen hoch gelobt: „Nicht nur die Schüler und angehenden Techniker“, schrieb die Zeitschrift für Werkzeugmaschinen und Werkzeuge in einer Rezension vom Oktober 1900, „sondern auch die Fachleute, insbesondere die im täglichen Leben stehenden Werkzeugmaschinenbauer, werden das Handbuch mit großem Nutzen verwenden können. Das Buch darf ohne Frage als eine hervorragende Leistung in der technischen Literatur, namentlich im Bereiche des Werkzeugmaschinenbaues, bezeichnet werden.“ [5.64]

Hermann Fischer lehrte 34 Jahre an der Technischen Hochschule Hannover. Seine vielseitigen Tätigkeiten trugen ihm ebenso zahlreiche Anerkennungen ein, darunter die Ehrendoktorwürde der Technischen Hochschule Aachen. Er verstarb 1915 an den Folgen einer schweren Krankheit [5.28].

Ein weiterer Karmarschschüler, E. von Hoyer (1836–1915), wurde nach seinem Studium in Hannover zum Professor ernannt. 1875 erhielt er einen Ruf als ordentlicher Professor für Mechanische Technologie an das Polytechnikum in München, nachdem er bereits 1869 in Riga an der Polytechnischen Schule als Professor tätig war. 1889 wurde er mit dem Königlichen-Bayerischen Max-Joseph-Orden ausgezeichnet und in den Adelsstand erhoben.

Sein Lehrbuch der „Vergleichenden Mechanischen Technologie“, das aus zwei Bänden besteht, fand in der zeitgenössischen Fachwelt große Anerkennung. Der erste Band beschreibt die Verarbeitung der Metalle und des Holzes, der zweite geht auf die Spinnerei, Weberei und Papierfabrikation ein [5.35].

An der Technischen Hochschule Aachen lehrte seit 1870 Professor F. G. Herrmann (1836–1907). Er hatte in Halle die Provinzialgewerbeschule und ab 1855 das Königliche Gewerbeinstitut in Berlin besucht. Nach zehnjähriger Tätigkeit als Zivilingenieur wurde er Dozent für Maschinenbau und einfache Hilfsmaschinen an der Bauakademie Berlin. 1870 wechselte er nach Aachen, wo er

Mechanische Technologie lehrte. 1903 ernannte ihn die Technische Hochschule Karlsruhe zum Dr.-Ing. E. h. in Anerkennung seiner Verdienste um die Einführung graphischer Methoden in den Maschinenbau. Zu seinen wichtigsten Veröffentlichungen gehörte das Werk „Mechanische Technologie und Fabrikanlagen" [5.28].

Den Lehrstuhl für „Mechanische Technologie" an der Technischen Hochschule in Dresden hatte zunächst Julius Hülsse (1812–1876) inne, ordentlicher Professor für Technologie und Volkswirtschaftslehre, dem später Ernst Hartig (1836–1900) folgte. Dessen Lehrgebiet erstreckte sich auf die Textil- und Papierfabrikation, die Bearbeitung der Hölzer, der Metalle und Steine sowie auf die Weberei und Spinnerei. 1871 übernahm er als besonderes Lehrfach die Kinematik. Auf Wunsch des Fabrikanten Zimmermann wurde das Lehrgebiet auch auf Werkzeugmaschinen ausgedehnt, „ ... weil Versuche mit Werkzeugmaschinen fast gar nicht vorhanden sind." [5.12] Damit war Hartig einer der ersten Professoren, die eine zielgerichtete Forschung zwischen Industrie und technischer Wissenschaft ausführten. 1878 wurde in Dresden ein mechanisch-technologisches Laboratorium für Untersuchungen auf dem Gebiet der Faserstofftechnik eingerichtet. Schließlich trug Hartig auch die Verantwortung für die Einführung einer getrennten Ausbildung von Maschinen- und Fabrikingenieuren. Sein Wunsch, einen gesonderten Lehrstuhl für Werkzeugmaschinen und Fabrikanlagen zu schaffen, scheiterte allerdings an den Finanzen des sächsischen Staates. Seit 1890 fungierte Hartig als erster gewählter Rektor der Königlich Sächsischen Technischen Hochschule in Dresden. Zu seinen bedeutendsten Veröffentlichungen zählten die „Untersuchungen an Werkzeugmaschinen" sowie das von ihm überarbeitete Karmarsch-Handbuch über Mechanische Technologie [5.12].

Abschließend sei noch auf die Entwicklung der Technischen Hochschulen in Berlin, Braunschweig und Stuttgart näher eingegangen. Insbesondere die Königliche Preußische Hochschule zu Berlin hatte sich im letzten Drittel des Jahrhunderts zu einem Zentrum technischer Lehre und Forschung in Deutschland herausgebildet, wie auch an der Zunahme der Studentenzahlen deutlich wird.

Die TH Berlin ist im Jahre 1879 aus dem Zusammenschluß der bereits 1799 gegründeten Bauakademie mit der 1821 von Beuth errichteten Technischen Schule hervorgegangen. Diese wurde 1827 in das Gewerbeinstitut zur künstlerischen und wissenschaftlichen Förderung der Gewerbe und 1866 schließlich in die Gewerbeakademie umgewandelt. „Nachdem die vielfache Gemeinsamkeit der Aufgaben, welche die Bauakademie und Gewerbeakademie bisher getrennt verfolgt hatten, erkannt worden war und die Auffassung sich immer stärker geltend machte, daß ein einheitlich organisiertes und geleitetes Institut die gegenseitigen Interessen in höherem Maße zu fördern für die Zukunft berufen sein dürfte, wurde die Verschmelzung der Bau- und Gewerbeakademie am 1. April 1879 vollzogen ..." [5.26]

Zu den herausragenden Mitgliedern der Bau- und Gewerbeakademie bzw. der neu gegründeten Technischen Hochschule Berlin zählten unter anderem bekannte Persönlichkeiten, wie Riedel, David Gilli, der vor allem als Lehrer Schinkels bekannt wurde, Schinkel selbst, Schadow und Berghans, Beuth, Stüler, Hagen, Dobbert, Grashoff, Strack, Reuleaux und Wiebe, der noch als Professor am Königlichen Gewerbeinstitut auch den Werkzeugmaschinenbau in die Lehre übernahm, sowie Emil Heyn. Heyn war nach Fink Lehrstuhlinhaber für Allgemeine Technologie und Werkzeugmaschinen. Besonders als Lehrer Georg Schlesingers hat er weit in die Zeit des modernen Werkzeugmaschinenbaus hineingewirkt. Zu den in unserem Zusammenhang bemerkenswertesten Einrichtungen der TH Berlin gehörten ein Maschinenlabor und eine schon 1870 entstandene Mechanisch-Technische Versuchsanstalt [5.11].

Die Technische Hochschule Berlin bestand um 1900 aus den folgenden Abteilungen, die analog zu den Fakultäten der Universitäten die allgemeinen Interessen und Aufgaben der verschiedenen Disziplinen wahrnahmen:

„1. für Architektur, die im wesentlichen den Wirkungskreis der früheren Bauakademie aufgenommen und erweitert hat,
2. die Abteilung für Bauingenieurwesen,
3. die Abteilung für Maschineningenieurwesen, einschließlich der Elektrotechnik,
4. die Abteilung für Schiff- und Schiffsmaschinenbau,
5. für Chemie und Hüttenkunde,
6. für Allgemeine Wissenschaften, insbesondere für Mathematik und Naturwissenschaften.“ [5.26]

Über das bereits erwähnte Maschinenlabor und die Mechanisch-Technische Versuchsanstalt hinaus verfügte die TH Berlin über ein elektrotechnisches Laboratorium, über ein anorganisches, elektrochemisches, metallurgisches, mineralogisches, photochemisches und technisch-chemisches Laboratorium sowie über ein physikalisches Institut. Außerdem hatte die Hochschule verschiedene Sammlungen für Forschungs- und Lehrzwecke aufgebaut, darunter auch auf dem Gebiet der Mechanischen Technologie einschließlich des Ingenieur- und Maschinenwesens [5.26].

Der Tradition Wiebes entsprechend sowie als Reaktion auf die wachsende Konzentration des deutschen Werkzeugmaschinenbaus in Berlin erlangte die Werkzeugmaschine an der TH Berlin in Lehre und Forschung zunehmende Bedeutung. „Der Geheime Bergrat Adolf Hörmann hatte am Lehrstuhl Professor Finks seit 1879 einen Lehrauftrag für ‚Spezielle Mechanische Technologie‘ und ‚Werkzeugmaschinenkunde‘ inne. Hörmann forderte 1874 in einer programmatischen Rede während einer Sitzung des Vereins zur Beförderung des Gewerbefleißes in Preußen die Abkehr von der deskriptiven Form der Mechanischen Technologie. Er plädierte für eine ‚Synthetische Technologie', worunter er eine stärkere Integration des Werkzeugmaschinenbaus in die Lehre versteht …

Der Gedanke Hörmanns, von Reuleaux, Professor der Kinematik und erster Rektor der TH Berlin-Charlottenburg, unterstützt, beinhaltet im wesentlichen die Integration der Konstruktion von Werkzeugmaschinen in die Mechanische Technologie quasi als Synthese von Maschinenbau und Mechanischer Technologie. Eine Idee, die heute in der Fertigungstechnik der spanenden Fertigungsverfahren Praxis geworden ist …

Mit der wachsenden Bedeutung der Werkzeugmaschine wurde im Zuge eines Ausbaus des Maschinenlaboratoriums an der Technischen Hochschule Berlin-Charlottenburg im Jahre 1904 ein Werkzeugmaschinenlabor eingerichtet. Der Lehrstuhl Heyns wurde getrennt und ein selbständiger ‚Lehrstuhl für Werkzeugmaschinen, Fabrikbetriebe und Fabrikanlagen' gegründet, auf den Georg Schlesinger berufen wurde." [5.11]

Unter den technischen Bildungseinrichtungen Deutschlands kann die ehemals Herzogliche Technische Hochschule „Carolo-Wilhelmina" in Braunschweig auf die wohl längste Tradition zurückblicken. 1745 als „Collegium Carolinum" durch Herzog Carl I. von Braunschweig gegründet, bestand ihr Zweck zunächst darin, „eine Vermittlung zu schaffen zwischen den damals noch wenig entwickelten Gymnasien und den Universitäten, andererseits aber solchen Zöglingen, welche es nicht auf ein nachfolgendes ‚Fakultätsstudium' abgesehen hatten, die sich vielmehr späterhin der ‚Einrichtung gemeinnütziger Anstalten', der ‚Vermehrung des Gewerbes', den ‚mechanischen Künsten' usw. zu widmen vorhatten, hierzu die höhere Ausbildung zu gewähren." [5.26]

1835 erlebte das Collegium Carolinum eine Neuorganisation, bei der die technische Abteilung stärker in den Vordergrund rückte. Ihr Vorsteher, der Professor für Mathematik und Astronomie A. Uhde, hat mit einer in der Geschichte des technischen Unterrichtswesens berühmt gewordenen Schrift das Programm dieses technischen Bildungsinstitutes formuliert. Diesem folgend wurde 1862 eine Polytechnische Hochschule geschaffen, die schließlich den Übergang in die Herzogliche Technische Hochschule Braunschweig im Jahre 1877 vorbereitete. Ihr war ebenfalls ein so später bezeichnetes Mechanisch-technisches Laboratorium angegliedert, das 1903 erweitert wurde, um den praktisch-industriellen Anforderungen der Zeit besser entsprechen zu können.

Hervorzuheben ist ferner, „daß die Hochschule 1872 eine neue Verwaltungsordnung, 1877 eine akademische Verfassung erhielt. In dem letzteren Jahre wurde seitens der Königlich Preußischen Staatsregierung das für unsere Hochschule wichtige Anerkenntnis ausgesprochen, daß für die Meldungen zur Vorprüfung und ersten Hauptprüfung im Staatsbaufach in Preußen der Besuch der technischen Hochschule zu Braunschweig mit dem einer der preußischen Hochschulen gleich erachtet werden solle. Das Recht der Erteilung des Titels eines Diplomingenieurs erhielt die Hochschule im Jahre 1893; endlich wurde ihr im Jahre 1901 das Recht der Promotion von Doktoringenieuren verliehen.“ [5.26]

Mit der Neuorganisation im Jahre 1877 erlebte die Abteilung für Maschinenbau einen starken Aufschwung. „Seit Ende der achtziger Jahre vereinigt diese Abteilung drei Fachschulen in sich, diejenige für ‚Maschinenbau‘ im allgemeinen, die für ‚Elektrotechnik‘ und die für ‚Textilindustrie‘. Eine ähnliche Entwicklung erfuhr die ‚Abteilung für chemische Technik‘ ...“ [5.26].

Um 1900 bestand die TH Braunschweig aus den folgenden Abteilungen.

1. Architektur,
2. Ingenieurbauwesen,
3. Maschinenbau einschließlich Elektrotechnik und Textilindustrie,
4. Chemie,
5. Pharmazie und
6. Allgemeine Wissenschaften und Künste [5.26].

Ordinarius für Mechanische Technologie und Leiter des Mechanisch-technischen Laboratoriums an der TH Braunschweig war vom WS 1880/81 bis ins Jahr 1921 der Geheime Hofrat Prof. Dr.-Ing. E. h. Lüdicke. Er hielt bereits spezielle Vorlesungen und Übungen zum Thema Werkzeugmaschinen ab. Nach seiner Emeritierung erging ein Ruf an Otto Schmitz, auf den das 1932 gegründete Institut für Werkzeugmaschinen zurückgeht. Unter der Leitung von Gotthold Pahlitzsch, Dr.-Ing. E. h. der TH Dresden, entwickelte sich das Institut seit 1937 zu einer international anerkannten Forschungseinrichtung [5.60].

Auch die Königlich Württembergische Technische Hochschule zu Stuttgart gehört zum Kreis der ältesten Institute dieser Art in Deutschland. 1829 mit einer Realschule vereint und als Gewerbeschule gegründet, sollte sie der wissenschaftlichen Vorbildung für das Gewerbe im Land Württemberg dienen. 1840 erhielt sie den Status einer Polytechnischen Schule, die bereits das Fach Maschinenkunde lehrte.

„Im Jahre 1870 wurde ein wesentlicher Schritt zur Erweiterung der technischen Abteilung und zu der schon lange als wünschenswert betrachteten Ablösung der Vorschule getan, indem durch Ministerialverfügung vom 18. Juli zwei neue Fachschulen, eine mathematisch-naturwissenschaftliche und eine für allgemeinbildende Fächer, angefügt wurden ... Der letzte für die Erhebung der polytechnischen Schule zur technischen Hochschule erforderliche Schritt, die Abtrennung der mathematischen Abteilung, wurde in den nächsten Jahren durch die Ausdehnung der vormaligen realistischen Abteilung des Gymnasiums auf 10 Klassen und die der Stuttgarter Realschule auf 9 beträchtlich erleichtert ...

Am 1. Oktober 1876 traten die von König Karl genehmigten neuen ‚Organisatorischen Bestimmungen‘ in Kraft, durch welche die polytechnische Schule die amtliche Bezeichnung ‚Polytechnikum‘ und den Charakter einer technischen Hochschule erhielt.“ [5.26]

Im Jahre 1890 erfolgt dann die Umbenennung in Königlich Technische Hochschule, der 1893 eine Materialprüfungsanstalt angegliedert wurde [5.11].

„Zu denjenigen deutschen Staaten, welche Staatsprüfungen für Maschineningenieure eingeführt haben, trat im Jahr 1883 auch Württemberg ... Die große und rasch wachsende Bedeutung der Elektrotechnik veranlaßte im Sommer 1882 die Einführung eines besonderen Unterrichts in diesem Fache, und schon im nächsten Jahre die Errichtung eines elektrotechnischen Laboratoriums und die Schaffung einer ordentlichen Professur für dieses Fach, der ersten dieser Art in Deutschland."

1898–1900 wurde in der Vorstadt Berg ein Neubau des mechanisch-technischen Laboratoriums errichtet und mit allen erforderlichen Einrichtungen ausgestattet, „insbesondere solchen zur Untersuchung von Motoren, namentlich von Wärmekraftmaschinen einschließlich Dampfkessel, und der wichtigsten in Betracht kommenden Arbeitsmaschinen, ferner zur Ermittlung und Sicherstellung der wissenschaftlichen Grundlagen der einschlägigen Lehrgebiete, zur Ermittlung von Erfahrungszahlen, zu Versuchen auf dem Gebiete der Hydraulik über Wärmetransmission u. a." [5.26]

Zur Jahrhundertwende wurde der Technischen Hochschule Stuttgart das Recht zur Verleihung der akademischen Grade des Diplom-Ingenieurs sowie des Doktor-Ingenieurs erteilt. 1903 schließlich erhielt die TH Stuttgart offiziell die Verfassung einer Technischen Hochschule.

Die Mechanische Technologie bildete in Stuttgart ebenso wie an den übrigen Technischen Hochschulen den Ausgangspunkt für die wissenschaftliche Behandlung der Werkzeugmaschine. Schon 1858 wurden am damaligen Polytechnikum die Fachgebiete Mechanische Technologie und Werkzeugmaschinen von C. Schmidt, später von Zeuner und Bach, gemeinsam unterrichtet. Zu erwähnen sind für die Zeit nach 1900 vor allem Widmaier und G. Meyer, mit dessen Berufung auf den neu geschaffenen Lehrstuhl für Industrielle Fertigung und Fabrikbetrieb 1935 eine Trennung vom Institut für Werkzeugmaschinen erfolgte. Nachfolger Meyers wurde der uns im Zusammenhang mit der Produktionsautomatisierung noch ausführlicher beschäftigende C. M. Dolezalek (1899–1964) [5.60].

Die gestiegenen Anforderungen der Technik seit den siebziger Jahren führten dazu, daß trotz der großen Zahl neu entstandener Technischer Hochschulen und physikalischer Institute, die hauptsächlich Lehraufgaben erfüllten, der ständig wachsende Forschungsbedarf nicht befriedigt werden konnte.

Insbesondere die Präzisionstechnik erfuhr starke Verbesserungen. Auch die aufstrebende Elektroindustrie verlangte nach Einheiten und Normalien als Basis für ihre Arbeit.

Werner von Siemens, Hermann von Helmholtz und andere Persönlichkeiten dieser Zeit forderten eine von Lehraufgaben befreite staatliche Einrichtung, die naturwissenschaftliche und feinmechanische Untersuchungen sowie freie experi-

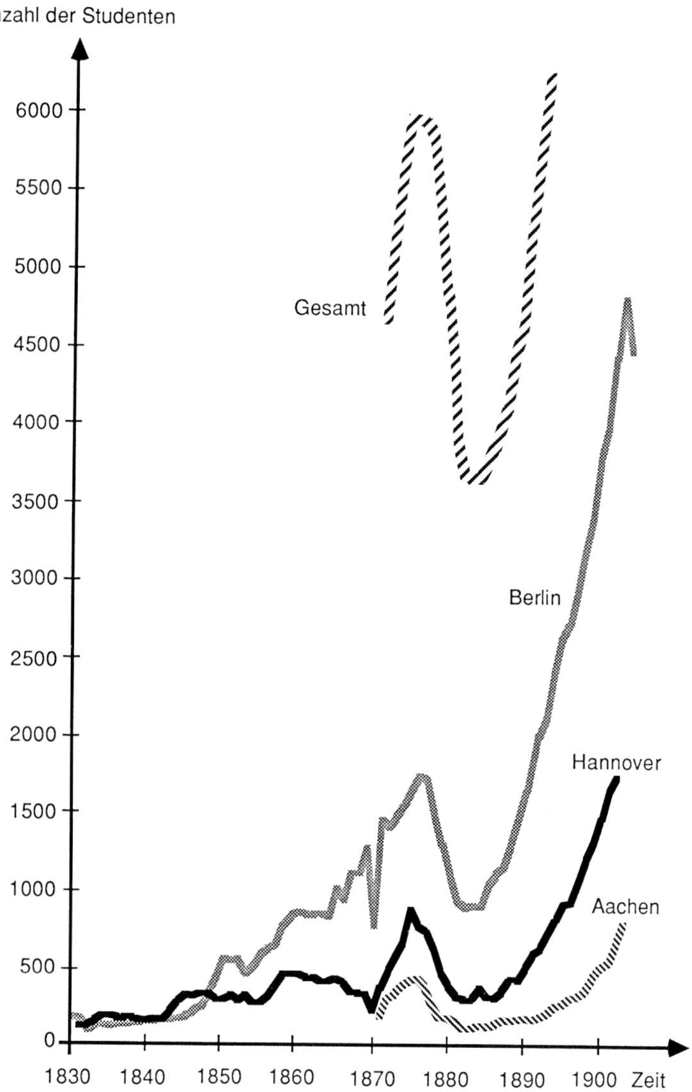

Bild 5.24 Entwicklung der Studentenzahlen an deutschen Technischen Hochschulen 1830–1902

mentelle Forschungen durchführen und die Präzisionstechnik weiterentwickeln sollte. Bis zur Gründung der Physikalisch-Technischen Reichsanstalt in Berlin im Jahr 1887 sollten jedoch noch 15 Jahre vergehen, in denen politische Widerstände und Einwände aus technischen Kreisen zu überwinden waren.

Besonders Werner von Siemens, der einen großen Teil planender und organisatorischer Vorarbeiten durchführte, finanzielle Mittel und den Baugrund in Charlottenburg zur Verfügung stellte, prägte Entstehung und Gestalt des Institutes. Er sah die Bestimmung der Anstalt in der Förderung der naturwissenschaftlichen Forschung wie auch in der Unterstützung der Industrie. Ähnlich der Praxis anderer Staaten sollte das Deutsche Reich die Privatwirtschaft durch die Bereitstellung von Forschungsergebnissen unterstützen und so zur Erhaltung ihrer internationalen Wettbewerbsfähigkeit beitragen [5.5].

Die Physikalisch-Technische Reichsanstalt gliederte sich in zwei Abteilungen. Die Aufgaben der Physikalischen Abteilung bestanden in Forschungen, die die Technischen Hochschulen, Universitäten und die Privatindustrie nicht leisten konnten, sowie in der Bearbeitung von Problemstellungen, die sich aus der Arbeit der Technischen Abteilung ergaben. Die Technische Abteilung sollte die Präzisionstechnik und andere Zweige der deutschen Technik fördern, Meß- und Regelgeräte beglaubigen und die benötigten Meß- sowie auch solche Geräteteile herstellen, welche die Privatindustrie selbst nicht produzieren und liefern konnte.

Bild 5.25 Werner von Siemens (1816–1892)

Während der Aufbauphase der Anstalt unter der Präsidentschaft des Physiologen und Physikers Hermann Ludwig Helmholtz (1887–1894) orientierten sich die Arbeiten der Anstalt – beispielsweise die Herstellung physikalischer Normalien, Prüfungen und Beglaubigungen von Werkstoffen und Apparaten – hauptsächlich an den Anforderungen der deutschen Industrie und förderten so eine wissenschaftlich fundierte Technik. Während der Präsidentschaft des Physikers Friedrich Kohlrausch (1895–1905) entwickelte sich die Reichsanstalt zur weltweit führenden Organisation auf meßtechnischem Gebiet. Sie trug mit ihren Forschungs- und Prüfungsarbeiten wesentlich zur Konkurrenzfähigkeit der deutschen Industrie in den Bereichen Elektrizität, Optik und Mechanik bei.

Die Prüfungen und Beglaubigungen von Endmaßen, Gradmessern, Endmaßbolzen, Ringen, Meßspindeln, Schraubengewinden und anderen feinmechanischen

Einrichtungen stellten zwar Routineaufgaben dar, waren aber für die Industrie von großer Wichtigkeit. In der Zeit unter Kohlrauschs Nachfolger, dem Experimentalphysiker Emil Warburg, der auch die Innovation des bereits bestehenden Strahlungslaboratoriums unternahm, leistete die Reichsanstalt wissenschaftliche Forschungsarbeiten von hohem Rang. Weiterhin bestanden die bedeutendsten Aufgaben der Physikalischen Abteilung aber in der Festlegung von Einheiten und der Herstellung von Normalien. In dem großen Anteil der Routineprüfungen an den Arbeiten, die die Technische Abteilung durchführte, spiegelte sich der gewachsene Bedarf der Industrie an hochpräzisen Endmaßen und Meßgeräten wider [5.5].

Angeregt vor allem durch die Tätigkeit der Physikalisch-Technischen Reichsanstalt entstanden bis zur Jahrhundertwende auch im Ausland vergleichbare Einrichtungen. So wurde um 1890 in Petersburg das Lebedejew Institut gegründet, um 1900 in London das National Physics Laboratory und im Jahre 1901 das National Bureau of Standards in Washington D. C.

Eine systematische Verbindung von Technik und Wissenschaft in Form technischer Forschungs- und Lehrinstitute vollzog sich auch im europäischen Ausland sowie in Amerika. Vorbild und geistiges Modell des höheren technischen Bildungswesens auf dem Kontinent wurde allgemein die 1794/95 in Paris gegründete Ecole Polytechnique. Sie sollte eine Grundbildung für die sich anschließenden technischen „Ecoles spéciales“ vermitteln, so für den Brücken- und Wegebau, für Bergbau, für Schiffbau und für das militärische Ingenieurwesen.

Die große Zahl der hier tätigen bedeutenden Physiker, Chemiker, Ingenieure und vor allem der Mathematiker begründete in wenigen Jahren den Weltruf dieser Schule, die sich dem Prinzip der Verbindung von theoretischen Studien und praktischer Anwendung ihrer Ergebnisse verpflichtet hatte. Darin war bereits der später von Humboldt entwickelte Gedanke der Einheit von Forschung und Lehre eingeschlossen. Zum tragenden Pfeiler dieses Lehrsystems wurde der Mathematiker Gaspard Manges (1746–1818), der auch als eigentlicher Begründer der Ecole Polytechnique gilt. Im Jahre 1829 kam es dann in Frankreich zur Gründung der „Ecole Central des Arts et Manufactures“, der ersten höheren technischen Lehranstalt für die französische Wirtschaft.

Zur gleichen Zeit, in der die ersten Pläne für eine Berliner Universität aufkamen, begann man in Prag und wenig später in Wien, Polytechnische Institute aufzubauen, aus denen im letzteren Drittel des 19. Jahrhunderts ebenfalls Technische Hochschulen hervorgingen. Der Naturwissenschaftler und Technologe Johann Josef Prechtel (1778–1854) erarbeitete im Frühjahr 1810 in Wien seinen Plan zu einem Polytechnischen Institut. In Wien ging man organisatorisch insofern über Paris hinaus, als man hier die unmittelbare Zusammenfassung von mathematisch-naturwissenschaftlichen Grundstudien und dem eigentlichen höheren technischen Fachunterricht festlegte. Im Gegensatz zu den Auffassungen der Pariser Ecole Polytechnique war Prechtel überzeugt, daß technische Wissenschaft nicht identisch sein konnte mit angewandter Naturwissenschaft. Damit war ein akademisches Programm und zugleich ein auf wissenschaftliche Autonomie gerichtetes Ziel formuliert, dessen Realisierung konstitutiv für die Technischen Hochschulen des 19. Jahrhunderts geworden ist. Als Mittelpunkt aller auf den technisch-gewerblichen Bereich gerichteten Bestrebungen fand hier die Technische Hochschule ihre eigene Rechtfertigung.

Im Jahre 1806 wurde das Ständische Polytechnische Institut Prag gegründet und 1815 das Staatliche Wiener Institut eröffnet. Es blieb Jahrzehnte hindurch das Vorbild einer organisch gegliederten Hochschule für das Gesamtgebiet der Technik. Nach Prechtel wurde diese Idee von G. Altmütter weitergetragen, dem Lehrer von Karmarsch.

1855 wurde in Zürich das Eidgenössische Polytechnische Institut nach dem Vorbild der zu diesem Zeitpunkt bereits seit 30 Jahren bestehenden Polytechnischen Schule Karlsruhe gegründet. Von Anfang an als Hochschule konzipiert, gelang es hier, hervorragende Ingenieure und bedeutende Gelehrte zu berufen. Sowohl durch seinen wissenschaftlichen Rang als auch durch personelle Ausstrahlung übte dieses Schweizer Institut auf das Ansehen der technischen Wissenschaften wie auf die Entwicklung des technischen Hochschulwesens großen Einfluß aus.

England besaß bis in die zweite Hälfte des 19. Jahrhunderts keine Institutionen formalisierter technischer Bildung [5.25]. So wurde das Londoner Institute of Science and Technology erst im Jahre 1854 gegründet.

An den alten, berühmten Universitäten Englands fand das Ingenieurstudium lange Zeit nur wenig Anerkennung. Dennoch wurden um die Mitte des 19. Jahrhunderts eigene Ingenieur-Abteilungen eingerichtet. Die Aufgabe der Ingenieurausbildung blieb allerdings in der Regel speziellen Fachschulen vorbehalten.

Eine einheitliche Vorbildung für die britischen Ingenieurschulen bestand nicht. Die Institution der „Civil-Engineers" in London hat 1880 Vorschriften für die Aufnahme von Studierenden in den Ingenieurverein aufgestellt, die als Maßstab der Vorkenntnisse von englischen Ingenieuren dienten. Diese Aufnahmevorschriften verlangten etwa dasselbe wie bessere amerikanische Ingenieurschulen, zu denen zum Beispiel das Stevens Institute gehörte.

Die älteste technische Lehranstalt der Vereinigten Staaten ist das Rensselaer Polytechnic Institute in Troy, N. Y., von Stephen von Rensselaer 1824 gegründet. Bis etwa 1850 war neben dem Rensselaer Institut nur noch die 1802 gegründete Militärschule zu West Point für die Ingenieurausbildung von Bedeutung. Die Militärschule hat im wesentlichen für den Privatdienst nur Bau-Ingenieure ausgebildet. Für die Ausbildung der Maschinen-Ingenieure ist sie ohne Einfluß geblieben.

Mitte der vierziger Jahre nahm die Anzahl der technischen Lehranstalten rasch zu, und es entstanden nacheinander die folgenden Schulen:

1845: School of Engineering, Union College in Schenactady, N. Y. und Polytechnic Institute in Brooklyn;
1846: Lawrence Scientific School, als Zweig der Harvard University bei Boston mit reichen Mitteln gegründet;
1847: Sheffield Scientific School der Yale University in New Haven, eine Stiftung des Herrn Sheffield unter Zuwendung von 1 Million Dollar;
1852: Ingenieur-Abteilung der Universität von Michigan in Ann Arbor;
1861: Massachusetts Institute of Technology in Cambridge bei Boston;
1870: Stevens Institute in Hoboken, N. Y.

Das Massachusetts Institute of Technology (MIT), 1861 gegründet, war die einzige größere technische Schule in Amerika, welche weder durch Stiftung noch durch Staatshilfe, sondern nur durch öffentliche Sammlungen errichtet werden konnte.

Das MIT sollte weit über die Grenzen Amerikas hinaus Berühmtheit erlangen. Es wurde als private Lehr- und Forschungseinrichtung in den Bereichen der Natur-, Ingenieur- und später der Wirtschaftswissenschaften ins Leben gerufen. Nicht zuletzt durch seine hohen Studiengebühren repräsentierte das MIT den Anspruch einer Eliteausbildung.

Bedeutsam für die Ausbildung im Maschinenbau wurde schließlich das Stevens Institute in Hoboken, N. Y., 1870 von Ed. A. Stevens gegründet.

5.7 Werkzeugmaschinen „Made in Germany"

Die deutliche Tendenz zur Spezialisierung im deutschen Werkzeugmaschinenbau der 70er und 80er Jahre des vergangenen Jahrhunderts, wie sie auch im wissenschaftlichen Maschinenbau zum Ausdruck kam, wurde durch eine Reihe von Firmengründungen in jener Zeit weiter verstärkt. 1879 eröffnete in Dresden die Hille-Werke AG eine Werkzeugmaschinenfabrik mit 30 Arbeitern. Sie beschränkte sich seit ihrer Gründung auf den Bau von Bohrmaschinen. Begonnen wurde mit der Fabrikation von Schnellbohrmaschinen für sechs bis höchstens 25 mm Bohrdurchmesser, später kamen vor allem Radialbohrmaschinen hinzu. Anfang des 20. Jahrhunderts haben sich die Hille-Werke dann zu einem mittleren Betrieb mit 400 Beschäftigten weiterentwickelt [5.45]. Ebenfalls auf Bohrmaschinen spezialisierte sich im gleichen Jahr die Firma Ficker & Winsch in Dresden. Darüber hinaus stellte sie jedoch leichte und mittlere Werkzeugmaschinen verschiedener Art her [5.6].

Aus einem Handelsgeschäft für den Vertrieb von Sonderscheiben zum Sägeschärfen und von Holzbearbeitungswerkzeugen entwickelte sich die 1884 gegründete Friedrich Schmaltz GmbH für Schleifmaschinen und Schleifräder in Offenbach a.M. zu einem Spezialwerk für Sägeschärfmaschinen. „Angeregt durch den Handel mit Sägeschärfscheiben entstand die Erfindung der selbsttätigen Sägeschärfma-

Bild 5.26 Maschinenfabrik „Invention“, um 1890

schine, und das ursprüngliche Schleifräderhandelsgeschäft wurde zum Fabrikationsunternehmen ausgebaut. Die eigene Herstellung von Sägeschärfmaschinen schloß sich an und wurde zum Herstellungsprogramm der heutigen Fabrik." [5.45]

Als ein Anzeichen der Konsolidierung nach der Gründerkrise darf die Häufung von Firmengründungen gegen Ende der 80er Jahre gelten. Dazu gehörten die mit 30 Arbeitern 1888 eröffnete Fräsmaschinenfabrik von Moßdorf & Co. Mehnert in Chemnitz sowie die ebenfalls 1888 gegründete Maschinenbauanstalt Curd Nube in Offenbach a. M., die mit zunächst nur zwei Arbeitern und einem Meister Schnittwerkzeuge, Stanzen und Fräsmaschinen herstellte [5.45]. Ein Jahr später wurden die Schmirgelwerke Dr. Rudolf Schönherr, Schleifwaren- und Schleifmaschinenfabrik, in Chemnitz-Furth gegründet. Mit 12 Arbeitern legte sich die Firma von vornherein auf die Sonderfertigung von Schleifmaschinen fest. Bahnbrechend trat sie Schlesinger zufolge später auf dem Gebiet des Führungsbahnschleifens hervor [5.45].

Aus der alten Maschinenfabrik „Invention" in Leipzig-Gohlis entstand im Jahre 1889 die Werkzeugmaschinen AG W. v. Pittler in Leipzig-Wahren, die ihre bekannten Universaldrehbänke und Revolverdrehbänke baute [5.6]. „Sie befaßte sich in der Hauptsache mit der Herstellung der von Pittler erfundenen Universal-Werkzeug- oder Metallbearbeitungsmaschinen. Sie wurde im Jahre 1895 in eine Aktiengesellschaft umgewandelt, die mit 120 Arbeitern an dem Ausbau der Revolverdrehbank durch eine große Anzahl von Zutaten, wie Dreh- und Fräsvorrichtungen für die Massenfabrikation in der Armaturen-, Nähmaschinen- und Fahrradindustrie, tätig war. In ganz langsamer Entwicklung entstand dann die bekannte, durch den großen zentral geführten Revolverkopf mit der langen Lagerung sehr leistungsfähige Bank, die sich in ungewöhnlicher Weise in der deutschen und in der ausländischen Metallbearbeitungsindustrie Eingang verschafft hat. Hand in Hand damit ging die Vergrößerung der Fabrik, die im Jahre 1899 aus Gohlis nach dem Vorort Wahren verlegt und in eine neue Fabrik, mit den zeitgemäßesten Einrichtungen und Meßwerkzeugen versehen, umgewandelt wurde." [5.45]

Auf das Jahr 1890 gehen die Firmen Gustav Wagner, Maschinenfabrik in Reutlingen, und Bernhard Glaess, Werkzeugmaschinenfabrik in Chemnitz, zurück. Auch die Wagnersche Maschinenfabrik gehörte zu den Unternehmen, die sich bereits zum Zeitpunkt ihrer Gründung auf eine ganz besondere Klasse von Werkzeugmaschinen beschränkt haben. Sie stellte Sägemaschinen und Gewindeschneidmaschinen her. Wagner begann seine Fabrikation mit nur zwei Arbeitern. Ebenso bescheiden eröffnete Bernhard Glaess sein Unternehmen, dessen ursprüngliches Produktionsprogramm kleine Leitspindeldrehbänke mit einer Spitzenhöhe von 150 mm beinhaltete [5.45].

Gleichfalls im Jahre 1890 wurde die Werkzeugmaschinenfabrik und Eisengießerei Droop & Rein in Bielefeld gegründet. Ihr Produktionsprogramm umfaßte Fräsmaschinen und Sondermaschinen für den Geschützbau, für die Herstellung schwerer Waffen sowie für den Schiffbau. Die ursprüngliche Belegschaft bestand aus 16 Arbeitern. Später, insbesondere unter dem Einfluß des Chefkonstrukteurs Rein, wurden neben Waagerecht-Bohr- und Fräsmaschinen u. a. Sondermaschinen für den Lokomotiv-, Waggon- und Kesselbau hergestellt [5.45].

Gegen Ende der 80er Jahre erlebten die inzwischen zahlreichen Unternehmen der deutschen Werkzeugmaschinenindustrie einen lebhaften Aufschwung durch den nun einsetzenden Bau von Fahrrädern, der dann wenig später durch den Automobilbau ergänzt und in seiner Bedeutung bald weit übertroffen wurde. „Wenn man bedenkt, daß die Jahresproduktion der Fahrradindustrie um die Mitte der 90er Jahre mehr als eine Viertelmillion Stücke betrug, es sich also auf diesem Gebiet zu diesem Zeitpunkt offenbar bereits um eine Massenproduktion handelte, so läßt es sich leicht ermessen, welchen Anstoß die Herausbildung eines solchen neuen Zweiges auf die Entwicklung von Werkzeugsondermaschinen bzw. auf eine verstärkte Spezialisierung von bereits bestehenden Werkzeugmaschinenarten wie Revolverdrehbänken, Tieflochbohrmaschinen u.a. darstellen mußte." [5.4]

In Amerika erfolgte die Produktion von Fahrrädern schon in den 80er Jahren auf der Grundlage des Austauschbaus. Vermutlich hat sich in den führenden deutschen Betrieben der Fahrradindustrie dieses Verfahren ebenfalls noch vor der Jahrhundertwende durchgesetzt. Dabei dürften zunächst vor allem amerikanische Sonderwerkzeugmaschinen, später jedoch in zunehmendem Maße auch deutsche Maschinen zum Einsatz gelangt sein. Jedenfalls führte auch im Fahrradbau angesichts seiner auf vielen Einzelteilen beruhenden Fertigung, insbesondere aber hinsichtlich der wachsenden Konkurrenz, an der Einführung industrieller Produktionsverfahren kein Weg vorbei.

Der stetige, wenn auch über lange Zeit verhaltene Aufschwung des deutschen Fahrradbaus wird in folgenden Produktionsziffern einzelner Spezialbetriebe der Branche deutlich: „Waren es 1887 insgesamt 46 deutsche Fahrradfabriken, die mit ca. 1200 Arbeitern jährlich 7000 Räder produzierten, so stellten die Wanderer-Werke 467 Fahrräder allein im Jahre 1890 her, 1892 waren es 1359 und im Jahre 1895 wurde die Zahl von 3136 Fahrrädern erreicht, während z.B. die Opel-Werke in Rüsselsheim bis 1900 insgesamt 15000 Fahrräder verschiedener Typen umsetzten. Die jährliche Durchschnittsproduktion dürfte um die Jahrhundertwende bei den Wanderer-Werken jedoch noch nicht wesentlich über 5000 Stück gelegen haben. Erst 1921/1922 wurden in Deutschland mehr als eine Million Fahrräder im Jahr produziert, eine Jahresproduktion, die die USA bereits 1897 erreicht hatte. Dagegen war es schon in den Jahren von 1900 bis 1905 gelungen, den deutschen Export an Fahrrädern beträchtlich zu steigern. Er erhöhte sich in dieser Zeit mengenmäßig von 1.566 auf 6.322 t sowie wertmäßig von 10,4 Millionen Mark auf 29,8 Millionen Mark, während der Import im gleichen Zeitraum von 385 auf 347 t bzw. von 3,3 auf 1,8 Millionen Mark gesenkt werden konnte." [5.4]

Von der Fahrradindustrie gingen lange vor dem Ersten Weltkrieg Bestrebungen zu einer Normung aus, die ihrerseits den fortgeschrittenen Stand der dort angewendeten Produktionsverfahren dokumentierten. Doch infolge der noch vorherrschenden „Individualwirtschaft" kam es nur zur Festlegung sogenannter Hausnormen, d. h. von Normen für den Geltungsbereich einzelner größerer Betriebe. Hier brachten erst die Anforderungen des Weltkrieges an die Maschinen- und Fahrzeugindustrie einen entscheidenden Durchbruch. Denn „mit dem Beginn des Krieges gab es nur noch eine ‚Kundschaft', das war die Militärverwaltung, und es gab nur bestimmte Ansprüche, das waren die militärischen Abnahmevorschriften." [5.57]

Der deutsche Kraftfahrzeugbau, eine Branche mit dem wohl weitreichendsten Einfluß auf die Entwicklung der Werkzeugmaschinenindustrie seit der Jahrhundertwende, setzte mit der Anmeldung des Daimlerschen Patents im Jahre 1883 ein. Doch erst um 1900 begann die ökonomisch bedeutsame Phase des jüngeren Automobilbaus, der sich zumeist in enger Verbindung mit der Fahrrad-, Nähmaschinen- und Büromaschinenindustrie auf wenige Automobiltypen konzentrierte und so als eine Kombination innerbetrieblicher spezialisierter Zweige existierte. Wie schon in der Fahrradindustrie hervorgehoben, war auch diesen Unternehmen der Austauschbau als neues Produktionsverfahren gemeinsam, so daß in ein und demselben Betrieb die Herstellung verwandter Produkte aus unterschiedlichen Branchen ermöglicht wurde.

Die in den folgenden Jahrzehnten führenden deutschen Automobilwerke begannen mit der Fabrikation von Kraftfahrzeugen an der Schwelle zu unserem Jahrhundert. Dazu gehörten Opel, Stoewer, Horch und Adler sowie die Wanderer-Werke, die jedoch erst seit 1912 zur Großserienproduktion von Automobilen übergingen. Die Opel-Werke haben sich aus einer 1862 entstandenen Nähmaschinenfabrik heraus entwickelt. Bis zum Jahre 1900 wurden von ihnen insgesamt 15 000 Fahrräder hergestellt, ehe sie 1901 die ersten 30 Automobile auf den Markt brachten. Zehn Jahre später betrug allein ihre Autoproduktion, zu der auch noch Motor- und Fahrräder hinzukamen, bereits 3000 Kraftwagen [5.4].

Eine derartige Entwicklung des Automobilbaus mußte auch auf andere Branchen der Maschinenbauindustrie, insbesondere auf den Werkzeugmaschinenbau, stimulierend einwirken. Das galt auch für den Aufschwung im Motorradbau, in dem unter anderem die Wanderer-Werke aktiv waren, die allein im Geschäftsjahr 1912/13 mehr als 3000 Motorräder verkauften. Dabei gehörte diese Zeit noch zur Gründungsphase der Fahrzeugindustrie. Der große Aufschwung fand erst in den Jahren nach dem Ersten Weltkrieg statt. Die anfängliche Begrenzung der Fahrzeugbranche spiegelt sich deutlich in der Anzahl der bis 1912 in Deutschland existierenden Kraftfahrzeuge. Sie betrug einschließlich der Motorräder im Jahre 1907 etwa 27 000 und im Jahre 1912 etwa 70 000 Kraftfahrzeuge.

Im gleichen Jahr, also 1912, gab es in Frankreich 88 000 und in England sogar schon 175 000 Kraftfahrzeuge [5.4].

Mit den letzten Bemerkungen sowohl zum Fahrradbau als auch zur Kraftfahrzeugindustrie sind wir dem Gang der Ereignisse, denen hier gefolgt werden soll, weit vorausgeeilt. Dem Aufschwung jener Industrien lagen vor dem Weltkrieg zwei Jahrzehnte einer industriellen Blüte zugrunde, von einer kurzen Unterbrechung nach der Jahrhundertwende abgesehen. Diesen Zeitabschnitt, in dem sich zugleich die Kennzeichnung deutscher Waren als „Made in Germany" zu einem bis heute geltenden Wertbegriff wandelte, wollen wir uns im folgenden näher anschauen. Dabei treffen wir fast erwartungsgemäß auf einen Werkzeugmaschinenbau, der auch in konstruktiver Hinsicht einen eigenen, international anerkannten Beitrag zur Entwicklung der Branche leistete.

Für den deutschen Werkzeugmaschinenbau stellten sich schon bald nach den ersten Gründungen Probleme hinsichtlich des Im- und Exportes sowie der Lieferbedingungen. Denn Anfang des letzten Jahrzehnts im 19. Jahrhundert stand die deutsche Werkzeugmaschinenindustrie noch immer im Schatten ausländischer Entwicklungen. Es gab zwar schon eine große Zahl von Firmen mit beachtlichen Einzelleistungen. Diese Leistungen fanden auch nationale und internationale Anerkennung auf den Gewerbe- und Industrie- sowie den Welt-Ausstellungen. Doch die deutschen Firmen empfanden den Einfluß vor allem der amerikanischen Konkurrenz noch immer als bedrückend, da die Einfuhren stiegen. Große deutsche Abnehmer – wie beispielsweise die Betriebe von Siemens – hatten ihre Werkstätten zur Erzeugung elektrischer Apparate fast vollständig mit amerikanischen Werkzeugmaschinen ausgestattet.

Aufgrund der amerikanischen Spitzenstellung bei den Maschinen für die Serienproduktion galten amerikanische Werkzeugmaschinen als besonders leistungsfähig. Neben der hierdurch bedingten starken Werkzeugmaschineneinfuhr bereiteten die übermächtigen Abnehmer im Inland den jungen Werkzeugmaschinenfabriken große Schwierigkeiten. Die Staatsbahnen und die eisenschaffende Industrie schrieben den mittleren und kleinen Firmen die Lieferkonditionen vor und hatten großen Einfluß auf die Preise.

In dieser Zeit stellte der Düsseldorfer Werkzeugmaschinenfabrikant Ernst Schiess eine Verständigung unter wichtigen Firmen her, die dann 1891 zur Gründung der „Vereinigung Deutscher Werkzeugmaschinenfabrikanten" führte [5.41]. Es dauerte aber noch geraume Zeit, bis sich eine größere Zahl von Firmen unter dem Namen „Verein Deutscher Werkzeugmaschinenfabriken" zu einer stoßkräftigen Wirtschaftsvereinigung zusammenfand. Die Konzentration ausschließlich auf Werkzeug- und Werkzeugmaschinenhersteller stellte sich dann jedoch als sehr wirksam heraus.

Über die Gründung und geschichtliche Entwicklung des Vereins Deutscher Werkzeugmaschinenfabriken schreibt Fritz Kappel [5.41]: „Schon in den 70er und 80er Jahren versuchte Ernst Schiess, die deutschen Werkzeugmaschinen-Hersteller zu gemeinsamer Erörterung der besonderen Probleme des Werkzeugmaschinenbaus zusammenzubringen. Die Hauptthemen waren Exportfragen, insbesondere Zölle und Handelsverträge, ferner Lieferbedingungen für Werkzeugmaschinen. Für eine

Verbandsgründung gab es damals noch zu wenige reine Werkzeugmaschinenfabriken, aber die Zusammenkünfte wurden zu einer ständigen Einrichtung, und im Jahre 1891 war es dann soweit, daß man an einen engeren Zusammenschluß denken konnte. Wie weit diese Zusammenarbeit schon gediehen war, beweisen die Vorbereitung und das Ergebnis der Gründungssitzung der Vereinigung deutscher Werkzeugmaschinen-Fabrikanten im Jahre 1891, die sich im Jahre 1898 nach dem Beispiel anderer Verbände den Namen Verein Deutscher Werkzeugmaschinen-Fabriken gab."

Bild 5.27 Ernst Schiess (1840–1915)

An der Gründungsversammlung des VDW im Jahre 1891 nahmen 11 Firmen teil:

Ernst Schiess, Werkzeugmaschinenfabrik, Düsseldorf-Oberbilk,
Berliner Werkzeugmaschinenfabrik vorm. Sentker, Berlin,
Collet & Engelhard, Offenbach,
Deutsche Werkzeugmaschinenfabrik vorm. Sondermann & Stier, Chemnitz
Elsässische Maschinenbau-Anstalt, Grafenstaden,
Maschinenfabrik Deutschland, Dortmund,
Sächsische Maschinenfabrik vorm. Rich. Hartmann, Chemnitz,
Wagner & Co., Dortmund,
Werkzeugmaschinenfabrik „Union" vorm. Diehl, Chemnitz,
Werkzeugmaschinenfabrik Vulcan, Chemnitz, und
H. Wohlenberg, Hannover.

„Der VDW", so lesen wir bei Kappel weiter, „hatte in diesen Jahren ganz besonders und vor allem anderen um die Anerkennung der deutschen Werkzeugmaschinen-Industrie überhaupt zu kämpfen. Nur gegen starke Widerstände, gerade auch aus dem Maschinenbau, gelang das schließlich." In einem Rückblick auf die Entwicklung des deutschen Werkzeugmaschinenbaus nach 1870 hob Matschoß hervor: „Im jetzt auch wirtschaftlich geeinten Deutschland war man auf den verschiedensten Gebieten der Technik so außerordentlich beschäftigt, daß man zunächst nichts besseres zu tun wußte, als die Mittel neuzeitlicher Fabrikation da herzunehmen, wo man sie am schnellsten und besten erhalten konnte, und das war in der Zeit nach 1870 Amerika.

Natürlich mußte diese amerikanische Masseneinfuhr von Werkzeugmaschinen zunächst stark hemmend auf die Entwicklung eines geeigneten Werkzeugmaschinenbaus in Deutschland einwirken. Das Vorurteil, nur Amerika sei imstande, allen neuzeitlichen Anforderungen gerechtwerdende Werkzeugmaschinen zu bauen, begann sich festzusetzen. Es hat viel Mühe und Arbeit gefordert, durch hervorragende Leistungen einzelner deutscher Fabriken nach und nach diese vorgefaßte Meinung zu überwinden.

Für den deutschen Werkzeugmaschinenbau aber ist es ein besonderes Ruhmesblatt, mit der so riesig anwachsenden Technik trotz aller Widerstände sich zu einer angesehenen, selbständigen Geltung emporgearbeitet zu haben. Die Geschichte dieses Emporstiegs füllt etwa die Jahre aus, die auch das Leben des VDW umschließt.“ [5.29]

Die zweite große Aufgabe des VDW bestand im Kampf um die zollpolitische und die zolltarifliche Anerkennung des Werkzeugmaschinenbaus als einer besonders wichtigen Gruppe des Maschinenbaus. Er erreichte eine besondere Änderung des Zolltarifschemas, in welchem bis dahin die Werkzeugmaschinen keine besondere Position bildeten, sondern unter ‚Maschinen aller Art‘ liefen. Desgleichen drang er nachdrücklich und ebenfalls mit Erfolg auf eine Verbesserung der Zollstatistik, durch welche der Nachweis über die handelspolitische Bedeutung der Werkzeugmaschinenindustrie erwiesen wurde. Auf die Zollsätze und auf die Gestaltung der Handelsverträge suchte er ebenfalls einen der Bedeutung des deutschen Werkzeugmaschinenbaus angemessenen Einfluß auszuüben. Er war mehrfach an den Verhandlungen im Reichsamt des Innern beteiligt, welche die Schaffung eines neuen deutschen Zolltarifs zum Ziele hatte, ebenso an den Beratungen des gesamten Maschinenbaus und des damaligen Wirtschaftsausschusses, der wegen der Höhe der Zollsätze eine Reihe von Sachverständigen vernahm [5.16].

Mit den Erfolgen des deutschen Werkzeugmaschinenbaus wuchs auch das Interesse der Wissenschaft an der Arbeit des VDW: „Die Professoren Fischer und Schwerd in Hannover und Schlesinger in Berlin stellten dem VDW ihre Kenntnisse und ihre Arbeitskraft selbstlos zur Verfügung, hielten Vorträge auf den VDW-Hauptversammlungen, verfaßten Abhandlungen, schufen Einrichtungen für die Erprobung von Erfindungen und dergleichen mehr. Auch wissenschaftlich gebildete Mitglieder des VDW und nahestehende Vereine, besonders der Verein Deutscher Ingenieure, leisteten dem Vorstand, der Geschäftsführung und den Mitgliedfirmen wertvollen Beistand. Die Firmen hatten Gelegenheit, ihre Erzeugnisse auf Ausstellungen zu zeigen und sie der internationalen Kritik auszusetzen, so z.B.

1900 auf der Weltausstellung in Paris, 1902 auf der großen Düsseldorfer Ausstellung, 1905 in Lüttich, 1906 und 1910 in Brüssel usw.

Es ist nun nicht so, als ob sich der VDW in den ganzen Jahren bis zum Ersten Weltkrieg nur mit der Zollpolitik befaßt hätte. Das war nur eine der wichtigsten Fragen. Im übrigen waren es all die Aufgaben, die nun einmal Aufgaben eines Wirtschaftsverbandes sind. Einige Beispiele aus dieser Zeit seien wenigstens, ohne näher auf sie einzugehen, genannt. Viele Themen sind heute noch gerade so akut, wie sie es damals waren:

VDW-Lieferbedingungen – Lieferbedingungen der Behörden und Großfirmen – Ausschreibungsbedingungen und Grundsätze für die Beteiligung – Eigentumsvorbehalt an Werkzeugmaschinen – Zahlungsbedingungen – Gegengeschäfte – Kartellfragen – Patent- und Erfindungsrecht – Schutz von Zeichnungen und Verhütung von Diebstahl und Mißbrauch – Bestechung von Beamten und Angestellten – Bekämpfung des unlauteren Wettbewerbs – Eintreten für anständiges Geschäftsgebaren.

Kosten für Angebots- und Projektarbeiten – Handelsvertragsfragen – Zollfragen – Herausgabe eines Zollwörterbuches für Werkzeugmaschinen – Statistik – Versicherungsfragen.

Beteiligung an sozialpolitischen Fragen – Anstellungsbedingungen für Angestellte – Zeugnisgestaltung für Angestellte – Konkurrenz-Klausel.

Lehrlingsausbildung – Lehrmittelausstellung – Ausschuß für technisches Schulwesen – Fortbildungsunterricht – Praktikanten-Ausbildung – Ingenieur-Ausbildung – Technisches Wörterbuch – Unfallverhütungs-Vorschriften.

Spezialisierung – Programmbereinigung – Normung – Vorratsfertigung – Reihenbau – Serienbau.“ [5.16]

Die Jahre stetigen Erfolges bis zum Ausbruch des Ersten Weltkrieges ließen auch die Zahl der Firmen des Werkzeugmaschinenbaus weiter anwachsen. Dazu gehörte die 1891 gegründete Maschinenfabrik und Eisengießerei der Gebr. Reinhold in Gera-Lusau, die mit vier Arbeitern begann und anfangs noch Reparaturarbeiten übernahm. Sehr bald erfolgte jedoch die Umstellung auf Serienfertigung von Schnellbohrmaschinen. Dazu wurde die Werkstattausrüstung der spezialisierten Produktion auf technologisch hohem Niveau angepaßt [5.45].

1893 entstand die Maschinenfabrik Wafios; Wagner, Ficker & Schmidt in Reutlingen, Württemberg. Die spätere Fabrik für Drahtgewebemaschinen und Federwickelbänke verdankt ihren bemerkenswerten Aufschwung einem kleinen Betrieb des allgemeinen Maschinenbaus mit nur vier Arbeitern insbesondere den konstruktiven Fähigkeiten des Mitbegründers der Firma Wagner. Später umfaßte das Produktionsprogramm des Unternehmens alle Sondermaschinen für die drahtverarbeitende Industrie. Auf ihrem Gebiet hat die Firma Wafios über Deutschland hinaus Weltgeltung erlangt [5.45].

Ebenfalls im Jahre 1893 wurden die Hommelwerke zur Herstellung von Feinmeßwerkzeugen in Mainz mit 40 Mitarbeitern gegründet. Buxbaum hob besonders den Beitrag der Firma für die Entwicklung der Arbeitsgenauigkeit durch Schaffung vorbildlicher Lehren, Endmaße und Meßmaschinen hervor. Daher wurde die Entwicklung der Hommelwerke entscheidend von den noch vor dem Weltkrieg einsetzenden Bemühungen um Normung und hohe Fertigungsgenauigkeit bestimmt [5.6]. Noch im selben Jahr wie die Hommelwerke wurde in Württemberg die Maschinenfabrik der Gebr. Heller, Nürtingen, gegründet. Sie begann mit zwei Arbeitern sowie zwei Lehrlingen in bescheidenen Räumlichkeiten und konzentrierte sich anfangs auf die Herstellung von Patentartikeln und Parallelschraubstöcken [5.45].

Im Jahre 1925 beschäftigte die Firma Heller schon insgesamt 230 Angestellte. Ihr Produktionsprogramm war zu dieser Zeit durch ein begrenztes Sondergebiet gekennzeichnet. Es wurden Radialbohrmaschinen, Zentriermaschinen, Kaltsägemaschinen für alle Zwecke und Sägeblattschärfmaschinen hergestellt. Die Fabrikation der Parallel- und Maschinenschraubstöcke wurde jedoch beibehalten. An Maschinen sind im Jahre 1925 etwa 366 Stück mit rund 550 t Gewicht geliefert worden.

Die im Jahre 1896 in Berlin eröffnete Fabrik der Fritz Werner AG war, dem Entwicklungsgang ihres Begründers entsprechend, stark auf die Gewehrfabrikation ausgerichtet. Zu den Werkzeugmaschinen für den Gewehrbau, die das Produktionsprogramm der Firma Fritz Werner beherrschten, kamen ursprünglich noch Werkzeuge, Vorrichtungen und Lehren hinzu. Die Zahl der Mitarbeiter betrug im Gründungsjahr 12 Personen.

Friedrich Carl Werner (1865–1939) war, aus Thüringen kommend, von 1889 bis 1896 als selbständiger Meister in der Spandauer Gewehr- und Munitionsfabrik tätig. Dort standen ihm wie auch anderen Meistern Arbeitsräume, Maschinen und Energie frei zur Verfügung, und dank seines unternehmerischen Geschicks gelang es ihm bald, das für eine eigene Fabrik erforderliche Vermögen zu erwirtschaften. Nach Gründung seines Unternehmens, dessen erste Mitarbeiter gleichfalls aus den Königlichen Werkstätten in Spandau kamen, blieb Werner der Spandauer Fabrik weiterhin als Zulieferer verbunden.

Über die Gründungszeit und die beiden ersten Jahrzehnte der Fritz Werner AG schrieb Hans Dominik:

„Über Erwarten schnell glückte es der jungen Firma, einen großen Kundenkreis für ihre Erzeugnisse zu gewinnen. Immer wieder mußte die Belegschaft vergrößert, immer wieder mußten neue Räume für die Fabrikation und die Büros hinzugenommen werden.

Das Arbeitsgebiet der Firma umfaßte schon bei ihrer Gründung die Herstellung von Werkzeugen und Werkzeugmaschinen, sowie von Maschinen zur Erzeugung von Handwaffenmunition und zur Herstellung von Handwaffen. Die beiden hauptsächlichen richtunggebenden Faktoren dieses Zeitabschnittes sind die Einführung des Schnell-Schnittstahles und die Notwendigkeit einer rationellen Herstellung austauschbarer Massengüter. Beide haben die Betriebsmittel und die Betriebsmethoden am grundlegendsten beeinflußt. Die Forderungen der Austauschbarkeit und der wirtschaftlichen Fertigung stellten stets wachsende Ansprüche an die Arbeitsgenauigkeit und Arbeitsgeschwindigkeit.

Bild 5.28 Friedrich Carl Werner (1865–1939)

Die Forderung der Wirtschaftlichkeit involviert diejenige einer möglichst hohen Arbeitsgeschwindigkeit: Nebenzeiten einschließlich des Herangehens des Werkstückes an das Werkzeug und des Rücklaufes müssen durch Eilgänge möglichst abgekürzt werden. Eng verbunden mit ihr ist auch die weitere Forderung nach möglichster Vereinfachung der Bedienung durch eine Verminderung der Anzahl der Steuerorgane und eine bequeme Zugänglichkeit aller Handgriffe.

Das Verlangen nach rationeller Massenfertigung führte schließlich zur Entstehung neuer Spezialmaschinen für Einzelzwecke, wie beispielsweise von Schleifmaschinen ausschließlich für Kurbelwellen, anstelle der universalen Maschinentypen. Überall wurde dabei eine weitgehende Selbsttätigkeit aller Arbeitsgänge möglichst unter Einschluß der Meßvorgänge am Arbeitsstück herbeigeführt.“ [5.8]

1897, also ein Jahr nach der Firma Fritz Werner, wurde ebenfalls in Berlin die Carl Hasse & Wrede GmbH mit 40 Arbeitern gegründet. Das Produktionsprogramm war zunächst sehr umfangreich. Es umfaßte: Revolverbänke, Formdrehbänke, Fräsmaschinen, Waagerecht-Bohrwerke, Schnellbohrmaschinen, Stoßmaschinen, Reibungsfallhämmer, hydraulische Pressen, Maschinen für Geschoß- und Zylinderfabrikation, Sondermaschinen für Eisenbahn- und Lokomotivwerkstätten sowie für die gesamte Metallbearbeitung. Später erfolgte eine Beschränkung auf Revolverdrehbänke und Revolverautomaten, Gewindefräsmaschinen, Schnellbohrmaschinen und bestimmte Sondermaschinen zur Metallbearbeitung. Die Firma Hasse & Wrede hat sich in jener Zeit besondere Verdienste auf dem Gebiet der Gewindefräserei erworben [5.45].

Eine Neugründung aus der Zeit um die Jahrhundertwende war die 1898 in Berlin mit amerikanischer Lizenznahme und der Beteiligung einiger deutscher Großbanken entstandene Deutsche Niles AG. Diese Firma arbeitete jedoch vor dem Ersten Weltkrieg aus Konjunkturgründen mit sehr unterschiedlichem Erfolg. Sie mußte 1908 ihr Aktienkapital von ursprünglich sechs auf vier Millionen Mark herabsetzen und stellte in der Zeit vor Ausbruch des Ersten Weltkrieges nicht nur Werkzeugmaschinen her. Das Ziel der Deutschen Niles AG bestand in der Begrenzung der noch immer starken Einfuhr amerikanischer Werkzeugmaschinen [5.4].

Im Frühjahr 1900 eröffnete Hermann Schoening in Berlin-Borsigwalde die Maschinenfabrik Raboma mit anfangs sechs Arbeitern. Das Produktionsprogramm basierte auf einer kleinen Radialbohrmaschine, die von dem Deutschen Dreses in Cincinnati konstruiert worden war, die aber durch frühzeitig einsetzende Sonderkonstruktionen bald verbessert wurde. „Die Konzentration auf die eine Maschinentype brachte unter der Einwirkung der Schnellbohrer sehr bald eine wirkliche Hochleistungsradialbohrmaschine für hohe Beanspruchungen hervor, die sich zur führenden Konstruktion, nicht nur auf dem deutschen Markte, emporgearbeitet hat und unter dem Namen ‚Raboma‘ Weltruf erlangte.“ [5.45]

Zur Jahreswende von 1900 zu 1901 wurde die Firma Defries AG in Heerdt gegründet. Sehr bald fand eine Spezialisierung auf schwere Maschinen statt, insbesondere auf: Waagerecht-Bohr- und Fräswerke, Senkrecht-Bohr- und Drehwerke, Drehbänke, Hobelmaschinen, Stoßmaschinen sowie Abstechdrehbänke für Stahlgießereien. In späteren Jahren erfolgte eine Umstellung von der anfänglichen Einzelfertigung auf die Serienfertigung größerer und mittlerer Maschinen. Das Werk begann mit der sehr hohen Zahl von 150 Arbeitern, die nach dem Krieg auf 450 Arbeiter weiter wuchs. In dieser Zeit bildeten Waagerechtschmiedemaschinen, Biegemaschinen und Schmiedewalzmaschinen einen besonderen Schwerpunkt im Produktionsprogramm. Die Vereinigung der Defries-Werke mit der Schiess AG fand erst Ende des Jahres 1925 statt. Ihr Hauptgedanke war die Spezialisierung jedes der beiden Werke [5.45].

Im Januar 1901 eröffnete Hermann Pfauter in Chemnitz mit sechs Arbeitern eine Werkzeugmaschinenfabrik, die sich auf die Herstellung von Räderfräsmaschinen nach dem Abwälzverfahren beschränkte. Nach Fertigstellung der ersten Maschine ging man sofort zur Serienproduktion über. Nach dem Krieg stieg die Zahl der Beschäftigten auf 500 Arbeiter an. Das Produktionsprogramm umfaßte Werkzeugschleifmaschinen, Abwälzräderfräsmaschinen und -automaten [5.45].

Hermann Pfauter, der in der Werkzeitschrift seines Betriebes als erster erfolgreicher Vertreter der Wälzfrästechnik bezeichnet wurde und der auch auf dem Gebiet der Produktionsverfahren das amerikanische Vorbild längst eingeholt hatte, hielt es dennoch für erforderlich, zwei Reisen nach Amerika zu unternehmen, um sich über den Stand des modernen Werkzeugmaschinenbaus zu informieren. Daraus geht hervor, wie groß der amerikanische Einfluß im deutschen Werkzeugmaschinenbau noch immer war.

Eine kleine Episode aus Pfauters Werkszeitschrift unterstreicht dies noch: Während seiner ersten Amerikareise im Jahre 1909 schickte Pfauter ein Telegramm an seine Firma, wonach eine Maschine in die USA geliefert werden sollte, die eine außerordentlich große Menge von Messingrädchen zu fräsen hatte. Ehe jedoch eine Maschine mit derartigen Eigenschaften produziert werde durfte, mußte die Firma laut Telegramm erst das Eintreffen der zu bearbeitenden Musterstücke aus den USA abwarten [5.4].

Die Maschinenfabrik Hermann Kolb in Köln ging 1901 aus einer kleinen Werkstatt hervor, die sich ihr Gründer in einem gemieteten Kellerraum in Köln-Ehrenfeld eingerichtet hatte. Im Jahre 1903 konnte er seinen Betrieb bereits erweitern, und zwei Jahre später pachtete er eine stillgelegte Nietenfabrik. Hier begann er mit dem Bau kleiner Bohrmaschinen und legte damit den Grund für das spätere ausschließliche Arbeitsfeld des Unternehmens.

Hermann Kolb baute kleine Benzinmotoren und größere Sauggasmotoren, vor allem aber Säulenbohrmaschinen verschiedener Modelle, und zwar wurden diese Bohrmaschinen bereits in Serienbau gefertigt. Mit dem Jahre 1912 nahm er den Bau von Radialbohrmaschinen auf. Kolb wollte diese Maschinen den amerikanischen Modellen entgegenstellen, und es gelang ihm auch bald durch weitgehende Spezialisierung und sehr gute Werkarbeit, den europäischen Markt für seine Radialbohrmaschinen zu erschließen [5.48].

Bild 5.29
Erste Drehbank der Firma H. Kolb, um 1901

Bild 5.30
Radialbohrmaschine R 50
von H. Kolb, um 1920

Zu den Firmen, die um die Jahrhundertwende gegründet wurden, gehörten weiterhin die Werkzeugmaschinenbau Auerbach & Co. in Dresden, die Maschinenfabrik und Eisengießerei Gebr. Reinhold in Gera-Lusau, die Wotanwerke AG in Leipzig, die Mammutwerke in Nürnberg und die Werkzeugmaschinenfabrik Friedrich Deckel in München.

Abschließend für den hier betrachteten Zeitabschnitt sei noch auf die Firma Alfred H. Schütte in Köln-Deutz verwiesen, die 1902 mit 50 Arbeitern gegründet wurde. Aus dem Schüttewerk in Köln-Deutz wurde die Schütte-Gruppe, die seit den 20er Jahren neun Fabriken mit einer Gesamtbelegschaft von 3000 Mitarbeitern umfaßte. Das Produktionsprogramm des Unternehmens war nach dem Prinzip spezialisierter Fertigung auf die einzelnen Fabriken verteilt [5.45].

Hervorzuheben ist die zur Schütte-Gruppe gehörende und 1906 gegründete Werkzeugmaschinenfabrik Schaerer & Co. in Karlsruhe. Mit 15 Arbeitern wurden ursprünglich Schaerer-Schnelldrehbänke hergestellt. Diesem Programm, nur Maschinen für die Dreherei zu produzieren, ist das Schaerer-Werk auch in seiner weiteren Entwicklung gefolgt. Dabei wurden die Fabrikationseinrichtungen mehr und mehr auf Serienfertigung eingerichtet. 1925 gehörten mit 300 Beschäftigten rund zehn Prozent aller Mitarbeiter der Schütte-Gruppe zu Schaerer & Co. [5.45].

5.8 Wettlauf mit dem Schneidstoff

Die Zeitspanne zwischen 1890 und 1914 erweist sich in der Rückschau als eine wissenschaftlich und technisch äußerst fruchtbare Epoche. 1891 begann Otto Lilienthal (1848–1896) mit seinen Flugversuchen, und 1895 entdeckte Wilhelm

Röntgen (1845–1923) die nach ihm benannte Röntgenstrahlung, eine Leistung, für die ihm 1901 der erste Physik-Nobelpreis verliehen wurde. Die Nobelstiftung wurde nach dem Tode Alfred Nobels (1833–1896) ins Leben gerufen. 1898 konnte Marie Curie, unterstützt durch ihren Ehemann Pierre Curie, erstmals Radioaktivität nachweisen. Auch sie wurde dafür 1903 mit dem Nobelpreis für Physik geehrt. Im Jahre 1900 startete Ferdinand Graf von Zeppelin (1838–1917) das erste Luftschiff, 1905 erhielt der Bakteriologe Robert Koch (1843–1910) für seine Entdeckung des Tuberkelbazillus den Nobelpreis für Medizin, und ebenfalls im Jahre 1905 trat Albert Einstein (1879–1955) mit seiner Relativitätstheorie an die wissenschaftliche Öffentlichkeit. Ein Jahrzehnt vor der Jahrhundertwende hatte der Philosoph Wilhelm Dilthey (1833–1911) die bis heute wirksame Unterscheidung der Wissenschaften in natur- und geisteswissenschaftliche Disziplinen begründet.

In diese Zeit fällt auch eine Reihe wichtiger technologischer Fortschritte auf dem Gebiet der Werkzeugmaschinen sowie systematische Bemühungen um eine stärkere Rationalisierung der Fabrikarbeit, die wir zum besseren Verständnis der weiteren Entwicklung nun genauer betrachten wollen. Dabei beschränken wir uns auf so herausragende Neuerungen, wie den Übergang zum elektrischen Einzelantrieb, die materialtechnischen Verbesserungen, die mit dem von Taylor und White auf der Pariser Weltausstellung im Jahre 1900 vorgestellten Schnellarbeitsstahl erreicht wurden, betrachten aber auch die Durchsetzung von Spezialmaschinen am Beispiel des Drehens und Bohrens. Für den deutschen Werkzeugmaschinenbau läßt sich dieser technologische Wandel einschließlich der neuen Ansätze einer betriebswirtschaftlich begründeten Fabrikorganisation wie in einem Brennglas am Beispiel der Firma Loewe aufzeigen.

Die ersten Werkzeugmaschinen mit elektrischem Antrieb kamen zu Beginn der 90er Jahre des vergangenen Jahrhunderts auf, doch ihre Verbreitung erfolgte anfangs eher zögernd. Eine der Ursachen waren sicher die hohen Anschaffungskosten für elektrisch betriebene Maschinen. So konzentrierte sich der Übergang zum Elektromotor zunächst auf Großwerkzeugmaschinen. Deren Versorgung über die allgemeinen Transmissionsanlagen hatte beim Zu- und Abschalten der Maschinen zu Belastungsschwankungen bei den anderen an der Transmission angeschlossenen Maschinen geführt. Hier bot sich die Ersetzung der kleinen Dampfmaschinen und Verbrennungsmotoren, mit denen man sich zuvor beholfen hatte, durch elektrische Einzelantriebe unmittelbar an. Das lag um so näher, als zunehmend mehr Betriebe begannen, eigene Stromversorgungen für die Büro- und Werkstattbeleuchtung aufzubauen [5.30].

Der Einzelmotor bot die Möglichkeit, von den oft sehr langen und verzweigten Transmissionssystemen abzugehen. Die dadurch zu erzielenden Energieeinsparungen waren beträchtlich, denn die Transmissionen verbrauchten wegen der großen Reibungsverluste oft mehr als 50 Prozent der eingespeisten Energie. Den hohen Anschaffungskosten standen folgende, insbesondere von der Elektroindustrie hervorgehobene Vorteile des elektrischen Einzelantriebs gegenüber [5.24]:

- Die Werkstätten wurden übersichtlicher und heller, da die Transmissionsriemen entfielen,
- die Benutzung von Kranen wurde vereinfacht, das Gebäude konnte, wegen der fehlenden Transmission, leichter gebaut werden,
- die Maschinen waren untereinander unabhängig zu betreiben, und
- der Energieverbrauch, d.h. die Kosten einer Maschinenstunde, waren genauer zu bestimmen.

Bild 5.31 Schwere Horizontalfräsmaschine mit elektrischem Einzelantrieb, um 1910

Wirtschaftlich gestaltete sich der Übergang zum elektrischen Einzelantrieb anfangs nur bei Neuausrüstungen oder vollkommener Umrüstung von ganzen Maschinenhallen. Deshalb produzierten die Werkzeugmaschinenhersteller zunächst weiterhin Maschinen mit Stufenscheiben für den Riemenantrieb und überließen dem Kunden die Entscheidung über die Antriebsart. Das Ergebnis war oft die Beibehaltung der Transmissionsanlage, die nun jedoch von Elektromotoren angetrieben wurde [5.30].

Diese Situation änderte sich mit Beginn des neuen Jahrhunderts, als mit dem Schnellarbeitsstahl hohe Drehzahlen notwendig wurden, für deren Übertragung

Bild 5.32 Gruppenantrieb von Werkzeugmaschinen mit einem elektrischen Motor, 1892

die herkömmlichen Transmissionsanlagen ungeeignet waren. Dennoch konnte sich in Deutschland auch jetzt der elektrische Einzelantrieb nicht so schnell durchsetzen wie in Amerika. „Die aus der schweren Bauweise resultierende längere Lebensdauer der deutschen Maschinen verringerte das Umschlagtempo, mit dem die alte gegen die neue Technik ausgetauscht wurde. Auch noch in den dreißiger Jahren wurden in vielen Betrieben Werkzeugmaschinen über Transmissionen angetrieben. Andererseits lieferte die Firma Wagner & Co., Düsseldorf, 1913 bereits 93% ihrer Drehbänke – vor allem Großdrehbänke – mit elektrischem Antrieb aus ...

Bei den normalen Werkzeugmaschinen waren auch jetzt Bestrebungen noch nicht so stark darauf gerichtet, Nebenzeiten zu sparen, sondern man wollte zunächst einmal die eigentliche Bearbeitungszeit, die Hauptzeit, verringern. Höhere Schnittleistungen bedingen jedoch einen höheren Energieverbrauch. So sah man den großen Vorteil des Elektromotors zunächst auch darin, daß die energieverschlingenden Transmissionen wegfielen, der Maschinenstandort frei gewählt und der Antrieb bei Maschinenstillstand abgeschaltet werden konnte. Diese vom elektrischen Einzelantrieb ausgehende Flexibilität in den Betriebszeiten und die räumliche Ungebundenheit der Werkzeugmaschinen waren wesentliche Voraussetzungen zur weiteren Mechanisierung des Fertigungsablaufs, zur Entwicklung von Takt- und Fließfertigung" [5.30].

Der Schnellarbeitsstahl von Taylor und White, der als Nebenwirkung die Durchsetzung des elektrischen Einzelantriebs befördert hatte, bildete seinerzeit den vorläufigen Höhepunkt einer Entwicklung der Stahltechnologie, deren neuerer Ausgangspunkt in der Massenproduktion von Stahl und den Verfahren von Bessemer (1856) sowie bald darauf auch von Siemens und Martin (1864) lag. In der Folgezeit wurden die positiven Auswirkungen von Wolfram und anderen Legierungselementen auf die Qualität von Stahl entdeckt. Von besonderer Bedeutung waren diese Forschungsergebnisse verständlicherweise für die Leistungssteigerung von Werkzeugstählen. Ein mit Wolfram, Mangan, Silizium und Chrom niedriglegierter Stahl des Engländers Robert Mushet (1792–1847) ermöglichte bereits in den 1850er Jahren eine um 50 Prozent höhere Schnittgeschwindigkeit [5.30].

Taylor und White verdreifachten mit ihrer Erfindung die Schnittgeschwindigkeit auf eine Größenordnung von 25 m/min. Der Schnellarbeitsstahl verbreitete sich rasch. Bereits im Jahr 1901 fand in Deutschland ein Wettdrehen zur Ermittlung des besten deutschen Schneidstahls statt. Durch die höheren Schnittgeschwindigkeiten wurden bald die Grenzen der herkömmlichen Werkzeugmaschinen deutlich. Versuche mit dem neuen Schnellarbeitsstahl bei der Firma Loewe, deren Maschinen als vorbildlich galten, zeigten, daß selbst die stabilsten Maschinen der Firma, wenn sie unter den mit diesen neuen Schneidstoffen möglichen Beanspruchungen betrieben wurden, bereits nach vier Wochen ausfielen. Die Keile in den Rädern und Wellen waren lose und die Zahnräder zum Teil zerbrochen. Die Hauptspindel war verdreht, und die Hauptdrucklager waren zerstört [5.61].

Bildeten bisher die niedrig- oder unlegierten Werkzeugstähle mit ihrer geringeren Warmfestigkeit eine Grenze für die Erhöhung von Schnittgeschwindigkeit und Schnittkraft, so bestimmte nun die konstruktive Gesamtqualität der Maschine die Grenzen der zulässigen Beanspruchung. „Deshalb mußten, wenn man die höheren Schnittleistungen der neuen Werkzeuge ausnutzen wollte, die Drehzahlen erhöht und die Werkzeugmaschinen entsprechend verändert werden. So mußten z.B. bei den Drehbänken die Spindelstöcke und Spindellagerungen verstärkt werden. Mit den höheren Spindeldrehzahlen war der Übergang vom Stufenscheibenantrieb mit Flachriemen zum Spindelstock mit Zahnrädern bereits vorgezeichnet.

Die bisherigen Vorschub-Getrieberäder aus Eisen oder Stahlguß mußten durch Stahlräder ersetzt werden. Um den Verschleiß bei Getrieberädern und -lagern zu verringern, mußte die Schmierung verbessert werden. Zunächst wurde von Fett- auf Ölschmierung übergegangen, später dann zu im Ölbad laufenden Getrieben mit geschlossenen Spindelstöcken." [5.30]

Durch den Schnellarbeitsstahl wurde der amerikanische Ingenieur F. W. Taylor in der Öffentlichkeit damals berühmter als durch sein System der „wissenschaftlichen Betriebsführung, das erst später in Deutschland verbreitet wurde, sich dagegen heute fast ausschließlich mit dem Begriff des „Taylorismus" nicht ohne Mißverständnisse mit dem Namen Taylors verbindet. Taylor hatte sowohl systematisch die Zusammenhänge zwischen Schnittgeschwindigkeit, Schnittiefe und Vorschub untersucht als auch sorgfältige Analysen und Zeitmessungen der Bewegungen der Arbeiter durchgeführt. Auf deren Grundlage entwickelte er eine Methode, um die Arbeitskosten jeder einzelnen Tätigkeit zu ermitteln und darauf aufbauend Normbearbeitungszeiten zu erstellen [5.30].

Bild 5.33 Frederick Winslow Taylor (1856–1915)

Taylor erlebte schon in jungen Jahren als Schlosser die organisatorischen Unzulänglichkeiten der Werkstattpraxis. Als Werkmeister erfuhr er aus eigener Anschauung die Schwächen eines Führungssystems, das den Anforderungen einer immer feingliedrigeren Arbeitsteilung und umfassenden Mechanisierung nicht mehr gerecht werden konnte.

Er erkannte, daß durch den Übergang zu größeren Betrieben und zur Massenproduktion die Entwicklung der innerbetrieblichen Rationalisierung weit hinter den technischen Entwicklungsstand zurückgefallen war. Diesem Übel suchte er abzuhelfen, indem er das innerbetriebliche Geschehen transparenter und den Produktionsablauf planbarer gestaltete sowie den Produktionsfaktor Arbeit fester in den Griff nahm. So erhöhte er die Produktion durch Ausschalten aller unnötigen Anstrengungen und Bewegungen der menschlichen Arbeitskraft, indem er Zeitstudien einführte. Taylor widmete sich aber auch der Erprobung seiner Rationalisierungsideen im kaufmännischen und technischen Bereich zahlreicher Unternehmen. Für die Auswertung von Zeitstudien entwickelte er Organisationshilfsmittel und vervollständigte das Formular- und Berichtswesen als Grundlage einer alle betrieblichen Funktionsbereiche durchdringenden Datenerfassung im Dienste exakter Fertigungsplanung, Arbeitsvorbereitung und Leistungskontrolle. Sie ist für sein System mitentscheidend, denn Taylors sorgfältige Differenzierung aller planenden und gestaltenden Funktionen des Arbeitsvollzugs sollte der Unternehmensleitung nicht nur eine bessere Auslastung der Maschinenkapazitäten erleichtern, sondern gleichzeitig den materialtechnischen und organisationstechnischen Gütegrad des Unternehmens erhöhen.

Über dieses von Taylor eingeführte Differentiallohnsystem und die damit notwendige Werkstattorganisation berichtete Wallichs nach seiner Studienreise in die Vereinigten Staaten 1911: „Es liegt, wie bekannt, diesem System der leitende Gedanke zugrunde, alle Meinungsverschiedenheiten zwischen Arbeitnehmer und Arbeitgeber über die Angemessenheit des Lohnbetrages für ein Arbeitsstück dadurch zu beseitigen, daß die kürzeste Fertigstellungszeit mit den vorhandenen Einrichtungen auf Grund von Zeitstudien über die einzelnen produktiven und unproduktiven Operationen festgestellt und nicht mehr geschätzt wird. Es wird auf Grund dieser von besonderen Beamten ermittelten Arbeitszeiten den Leuten ein bestimmtes tägliches Arbeitspensum aufgegeben, bei dessen Erreichung der Arbeiter einen „Bonus", d. h. einen Sonderlohnbetrag erhält, welche Vergünstigung ihm jedoch bei Nichterreichung verloren geht. Für diesen Fall bekommt er seinen festgesetzten normalen Stunden- oder Tagelohn. Es ist diese Vorherbestimmung der Fertigstellungszeiten allerdings erst nach sehr mühevollen und teueren Vorarbeiten und erst nach Schaffung einer streng geregelten Werkstättenorganisation bezüglich der Werkzeugbeschaffung und Instandhaltung, der Erhaltung der Leistungsfähigkeit der Werkzeugmaschinen durch Nachspannen der Riemen, der streng geordneten Materiallagerung und Bewegung usw. möglich. Erst dann kann mit Sicherheit die Arbeitszeit vorausbestimmt werden, erst dann ist der Akkordbetrag einwandfrei und gerecht. Keine unbestimmbaren Größen, wie das Nachdenken über den richtigen Aufspann, über die Reihenfolge der Arbeitsgänge, Wahl der Arbeits- und Vorschubgeschwindigkeit usw. dürfen bleiben. Alle diese Dinge werden im Arbeitsbüro vorher überlegt und dem Arbeiter vorgeschrieben; er bekommt dafür eine Arbeitsunterweisungskarte ..." [5.58]

Im Jahre 1968, zum 50jährigen Bestehen des Ausschusses für wirtschaftliche Fertigung (AWF), würdigte von Kortzfleisch das Wirken Taylors [5.3]: „Es ist der unbestreitbare Verdienst F. W. Taylors, mit seinen ‚Principles of Scientific Management' auf die Notwendigkeit einer gut durchdachten Organisation bei allen industriellen Produktionsprozessen hingewiesen zu haben. Die Bedeutung von exakten Abstimmungen der Produktionskapazitäten und Produktionszeiten ist sicher schon früher von anderen erkannt worden. Selbst Handwerksbetriebe konnten nie darauf verzichten, ihre Arbeit – mindestens gedanklich – vorzubereiten. Taylor forderte aber als erster und unter dem Eindruck der unübersichtlich werdenden Fabrikationsprozesse, die Institutionalisierung von Funktionsmeistern. Diese waren Spezialisten in je einem einzigen Tätigkeitsbereich, und sie waren freigestellt von der Verantwortung der Linienvorgesetzten.

Einer der Funktionsmeister, die Taylor geschaffen hat, war für den Arbeitsfortschritt verantwortlich. Er hatte dafür zu sorgen, daß die einzelnen Arbeitsplätze ohne Unterbrechung mit dem erforderlichen Material, den benötigten Werkzeugen und die Arbeiter mit den richtigen Anweisungen fristgerecht versorgt wurden.

Die Koordination der in verschiedenen Abteilungen für den Arbeitsfortschritt zuständigen Funktionsmeister forderte eine übergeordnete Stelle, wo Informationen über den Arbeitsablauf gesammelt und Entscheidungen bei an den Abteilungsgrenzen auftretenden Zweifelsfragen getroffen werden konnten. Aus dieser Zentralstelle der Funktionsmeister entstand die Institution Arbeitsvorbereitung.

Die wissenschaftliche Betriebsführung enthält noch ein weiteres für unsere Betrachtung wichtiges Element: Das Studium der Arbeitszeiten und deren Aufteilung sowie deren Normierung. Nur von den Verrichtungen und den dazu verfügbaren Hilfsmitteln, nicht aber von dem einzelnen Arbeiter abhängende Vorgabezeiten waren und sind eine Voraussetzung für die Organisierbarkeit von Produktionsprozessen mit mehreren aufeinanderfolgenden Operationen und Fertigungsstufen. Da die Ergebnisse von Arbeits- und Zeitstudien außerdem oder gar in erster Linie Grundlagen für die leistungsgerechte Entlohnung sind, müssen sie mit großem Sachverstand, Takt und mit aller nur möglichen Sorgfalt ausgeführt werden. Die Doppelfunktion der Zeitstudien: Grundlagen für die Zeitdispositionen und für die Entlohnung zu sein, hat die Arbeitsvorbereitung, der nur die Zeitdisposition obliegt, vielfältig beeinflußt."

Die Anwendung des Taylorschen Systems in deutschen Betrieben wurde kontrovers diskutiert. Einige meinten, der amerikanische Arbeiter sei „von einem ungestümen Erwerbssinn beseelt" und ein Egoist, was ihn von den deutschen Arbeitern unterscheide, die „in ihrem Empfinden und Ansichten immer zu ihrer Gewerkschaft halten, die ihnen lehrt, daß es im Interesse ihrer Klasse und ihrer Gewerkschaft liegt, durch Hergabe der quantitativen Mittelleistung auch dem schwächeren Kollegen die Arbeitsmöglichkeit zu geben." [5.62] Daher sei das Differentiallohnsystem wohl amerikanischen Verhältnissen angepaßt, nicht aber auf deutsche übertragbar.

Demgegenüber berichtete Selter positiv über seine Erfahrungen, die sich allerdings auf die Einführung allein der Akkordkalkulation beziehen. Das Entlohnungssystem und die weitere Betriebsorganisation blieben bei diesem Versuch unberührt [5.47]. Insgesamt jedoch erfuhren die Ideen Taylors in Deutschland nur wenige Realisierungen.

Ein frühes Beispiel rationeller Fabrikorganisation bietet wiederum die Firma Loewe. Zur Einführung einer Serien- bzw. sogar Massenproduktion durch konsequente Anwendung des Prinzips der Spezialisierung lesen wir im Geschäftsbericht von 1896: „Was unsere Gesellschaft im Werkzeug-Maschinenbau seit Beginn ihrer Tätigkeit auf diesem Gebiete trotz enormer Schwierigkeiten stets unbeirrt erstrebt hat, das kommt jetzt in der deutschen Maschinenindustrie zu vollem Durchbruch. Es ist die Anwendung des auf dem Prinzip der Arbeitsteilung beruhenden amerikanischen Fabrikationssystems unter Benutzung von Maschinen genauester und vorteilhaftester Konstruktion und Ausführung ... Um den Anforderungen des Marktes zu genügen, sind unsere alten Werkstätten in der Hollmannstraße nicht mehr ausreichend ... Wir haben infolgedessen schon vor Jahresfrist die Errichtung einer neuen Maschinenfabrik im großen Maßstabe beschlossen. Die hierfür bereits in Ausführung begriffenen Pläne beruhen auf langen und eingehenden Spezialstudien unserer leitenden Ingenieure." [5.59]

Über die Ausführung dieses Plans in Gestalt der neuen Fabrik in Berlin-Martinikenfelde (Huttenstraße) heißt es nur zwei Jahre später im Geschäftsbericht von 1898: „Wir haben auf Grund eingehender Studien der amerikanischen Fabrikationsmethode in Martinikenfelde eine neue Fabrikanlage errichtet, von der wir glauben, daß sie nach Anordnung und Einrichtung hinter keiner anderen Maschinenfabrik zurücksteht, und von der wir hoffen dürfen, daß diese mit den besten Maschinen und den besten Transporteinrichtungen versehene Anlage die Herstellung nicht nur vorzüglicher, sondern zugleich auch billiger Maschinen sichert." [5.59]

Zum Wechsel von der Auftrags- zur Marktproduktion wird im gleichen Zusammenhang ausgeführt: „Der die deutsche Maschinenindustrie ernstlich gefährdende Erfolg der Amerikaner in Europa und besonders auch in Deutschland beruht nicht nur auf der Qualität und Billigkeit ihrer Maschinen, sondern auch darauf, daß sie die gebräuchlichsten Werkzeugmaschinen auf Vorrat arbeiten, daher ihre Kunden sofort oder doch sehr rasch befriedigen können ... Wir haben uns entschlossen und damit schon begonnen, einen bestimmten Kreis der gangbarsten Werkzeugmaschinen in verschiedenen Größen auf Vorrat zu arbeiten; unser Lager ist so eingerichtet, daß wir Interessenten sofort an Ort und Stelle die Art und Größe der Leistung jeder Maschine vorführen können." [5.59]

Mit den neuen Fabrikationsanlagen in der Huttenstraße, die für 5000 Arbeiter ausgelegt waren, zählte Loewe zu den wenigen Großunternehmen des deutschen Maschinenbaus. Noch im Jahre 1907 hatten nur fünf Prozent aller Betriebe dieses Industriezweiges mehr als 200 Beschäftigte. Orientiert an amerikanischen Vorbildern erfolgte die Rationalisierung bei Loewe nach den Prinzipien der Spezialisierung, der Normung, der Herstellung austauschbarer Teile, der strengen betriebswirtschaftlichen Kalkulation und der wissenschaftlichen Durchdringung des Fabrikbetriebes. Das Produktionsprogramm enthielt nur noch die Hälfte der früher hergestellten Maschinentypen. Produziert wurden vor allem Dreh-, Fräs-, Schrauben- und Schleifmaschinen in unterschiedlichen Ausführungen.

„Als Voraussetzung automatisierter Fertigung arbeitete die Firma seit 1893 an der Entwicklung hauseigener Normen, die 1900 zur Einführung des Schlesinger-Loeweschen Grenzlehrensystems und 1901 zur Gründung des ersten deutschen Normenbüros führten ...

Aus dem Normenbüro entwickelte sich eine besondere Abteilung, die sich mit der Fertigung von Normteilen beschäftigte. Der Eigenbedarf und die Nachfrage anderer Firmen führten 1906 zur Inbetriebnahme einer von Schlesinger geplanten, werkseigenen Normalienfabrik, in der 200 Arbeiter vollaustauschbare Teile in Serie produzierten ...

Als wesentliches Element der Rationalisierung bauten Loewe & Co. die betriebswirtschaftliche Kalkulation systematisch aus. Kalkulations- und Kontrollverfahren führten zu präziser Preisberechnung und Erfassung von Einsparungsmöglichkeiten. Der wissenschaftlichen Durchdringung des Produktionsprozesses zum Zwecke der Leistungssteigerung galt ein weiteres Augenmerk. Neben bereits vorhandenen chemischen und physikalischen Laboratorien wurde 1902 erstmals im Deutschen Reich ein Versuchsfeld für Kraftanlagen aufgebaut. Die ersten Versuchsserien beschäftigen sich mit dem Kraftverbrauch von Maschinen und dem neu entwickelten Schnellarbeitsstahl. Laboratorien, Versuchsfelder, Meßmethoden wurden in der Folgezeit wesentlich erweitert und verfeinert.

Die Rationalisierung galt ferner der menschlichen Arbeitskraft. Die Arbeiter sollten zu einer neuen Arbeitsart erzogen werden. Mittel hierzu waren Spezialisierung, Berufsberatung, Berufseignungsprüfungen, Honorierung von Verbesserungsvorschlägen und nicht zuletzt die Lehrlingsausbildung, um den Nachwuchs an Facharbeitern mit den gewünschten Qualifikationen heranzuziehen." [5.25]

Ins Zentrum der Fabrikrationalisierung rückten, wie wir bereits hörten, in zunehmendem Maße spezialisierte Werkzeugmaschinen, die innerhalb eines hochgradig arbeitsteiligen Produktionsprozesses immer mehr handwerkliche Detailaufgaben in jeweils besondere maschinelle Leistungen transformierten. Ein ganzes System in Linie gestellter Spezialmaschinen trat so an die Stelle einer früheren Arbeitsorganisation, in der ein und dieselbe Maschine oft unterschiedlichen Funktionen zu dienen hatte. Mit der Rationalisierung und Spezialisierung der Fertigung mußte auch die herkömmliche Universalmaschine ihre jahrzehntelange Vorherrschaft an die Spezialmaschine abgeben.

Am Beispiel der Drehbank beschrieb Fischer 1905 rückblickend jenen Ablösungs- bzw. Differenzierungsvorgang der Universalmaschine:

„Früher mußte unbedingt jede Drehbank zum Schruppen, Drehen, konisch Drehen, Bohren, Gewindeschneiden, Polieren usw. eingerichtet und mit vielen verschiedenen Geschwindigkeitsstufen ausgestattet sein, die natürlich kostspielige Sondereinrichtungen bedingten. Da diese aber nur in den seltensten Fällen benutzt wurden, so war eine solche Maschine im Grunde genommen sehr unwirtschaftlich. Selbst die wichtigste Arbeit auf der Drehbank, das Gewindeschneiden, ist ihr zum Teil schon durch die Spezial-Gewindefräsmaschine abgenommen.

Aber auch die anderen Operationen, wie z. B. Vorschruppen und das Polieren einer Welle, können wirtschaftlicherweise gar nicht mehr auf derselben Maschine vorgenommen werden. Die Schruppdrehbank, viel kräftiger gebaut und lediglich für diesen Zweck, nimmt Späne, die auf der früheren Universalmaschine unmöglich waren und Gewaltbelastungen darstellen, die in der Bauart besonders berücksichtigt werden müssen. Auch das Bohren auf einer Drehbank ist auf alle Fälle unwirtschaftlich. Die Funktion wird von der sogenannten Chucking-Maschine aufgenommen, eine Konstruktion, die zum erstenmal von der amerikanischen Fabrik Brown & Sharpe als erste der Welt in einem für die Werkstatt brauchbaren Zustande herausgebracht worden ist.

Die Unzweckmäßigkeit der verschiedenartigen Belastung ein und derselben Maschine zum Schruppen und zu Präzisionsarbeiten ist schon länger erkannt. Nur während der Kriegszeit hat man vorübergehend, der Not gehorchend, auch Präzisionsdrehbänke für Gewaltbelastungen, wie sie das Ausbohren und Schruppen darstellen, mit herangezogen, allerdings sehr zum Schaden der ganzen Maschinen." [5.10]

Über die Zerlegung der Funktionen der Drehbank und ihre Übertragung an andere Spezialtypen gibt der Loewe-Katalog ‚Schruppdrehen' von 1914 Auskunft. Darin heißt es: „Der Zug der Zeit drängt auf allen Gebieten zu einer weitgehenden Spezialisierung, ohne welche austauschbare und doch billige Massenteile gar nicht herzustellen sind. Bei kaum einer anderen Maschine aber sind die Vorteile dieses Verfahrens so greifbar, wie gerade bei der Drehbank.

Der Entwicklungsgang der Drehbank verlief im Laufe der Jahre etwa folgendermaßen:

1. Periode: Die Universaldrehbank erledigt sämtliche Dreh- und viele Bohrarbeiten.

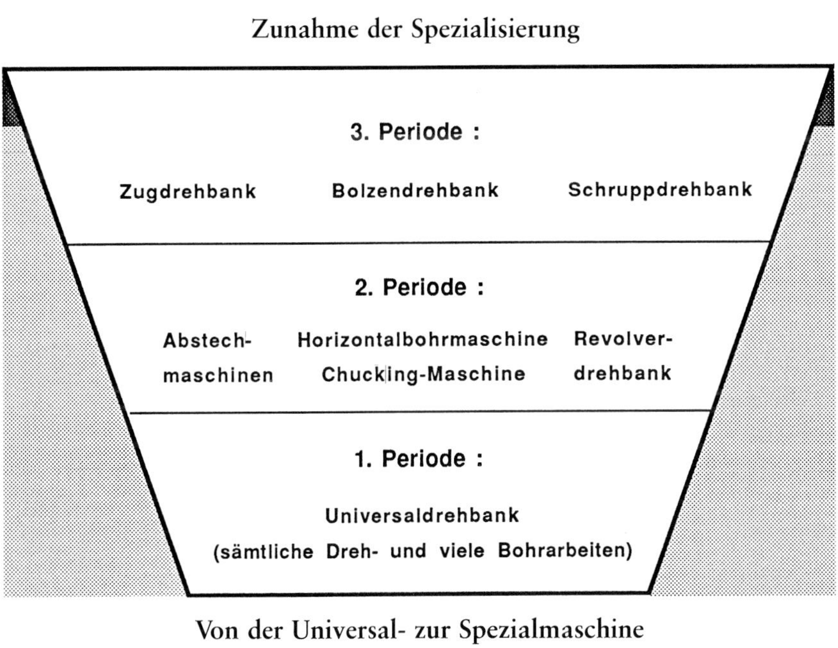

Bild 5.34 Zunahme der Spezialisierung, nach Wegeleben

2. Periode: Die Abstechmaschine nimmt der Drehbank die reinen Materialzerteilungen, die Horizontalbohrmaschine und die Chucking-Maschine nehmen ihr fast alle Bohrarbeiten ab. Die Revolverdrehbank und der Automat übernehmen die geeigneten Massenartikel, die Drehbank behält alle sonstigen Arbeiten.

3. Periode: Alle einfachen runden Teile werden von der Zugdrehbank übernommen, d. h. Bolzen, Stifte usw. von der ohne Räderübersetzung arbeitenden billigen Bolzendrehbank; Wellen usw. von der kräftigen Schruppdrehbank. Der Universaldrehbank verbleiben: genaue Gewinde, komplizierte Spitzen- und Futterarbeiten, Spezialteile, sowie alle diejenigen Stücke, die ein kräftiges Schruppen nicht vertragen können.

Das ist genau die gleiche Arbeitsteilung wie zwischen Universalfräsmaschine und einfacher Ständerfräsmaschine, oder zwischen Universalschleifmaschine und Rundschleifmaschine. Die Entwicklung, die bei diesen beiden Maschinenarten als etwas ganz Natürliches stattgefunden hat, wird sich auch bei der Drehbank vollziehen. Diese Entwicklung ist nicht aufzuhalten, und die heute häufig noch gehörte Meinung, daß wirkliche Schruppdrehbänke in nur wenigen Betrieben voll

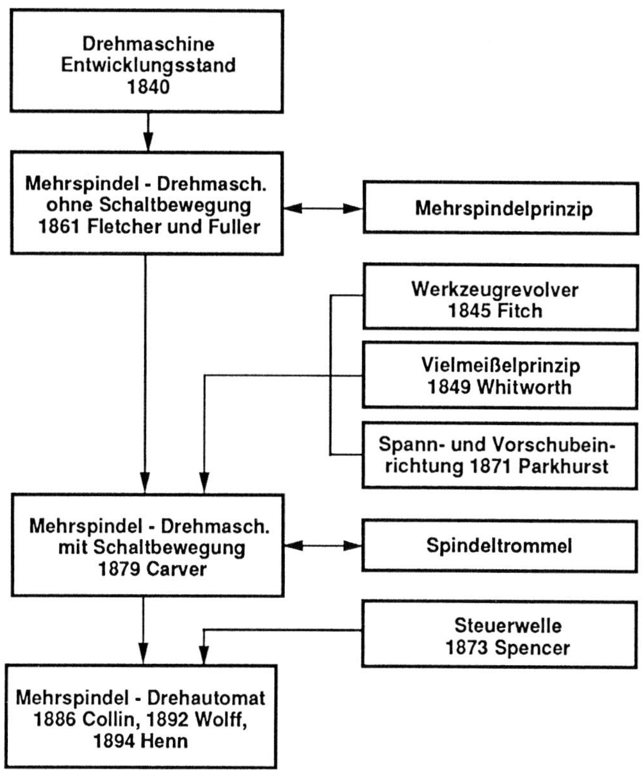

Bild 5.35 Entwicklungsstufen zum Mehrspindel-Drehautomaten, Spur 1967

ausgenutzt werden können, zu einseitig und zu kostspielig seien, ist schon heute als altmodisch anzusprechen. Daß die Drehbank bei Massenarbeiten ununterbrochen langdrehen soll, daß an Stelle der Werkzeuge das Stück auszuwechseln ist, wird mehr und mehr als gebieterische Forderung der Fabrikation erkannt werden." [5.59]

Eine technologisch bedeutsame Entwicklungslinie, deren Anfänge wir bereits vorgestellt haben, setzte sich Ende der 80er Jahre mit dem Aufkommen des Mehrspindel-Drehautomaten fort. Dessen Weg verlief zunächst keineswegs zielgerichtet, sondern ist durch eine Reihe von Erfindungen gekennzeichnet, die inhaltlich verschieden ausgerichtet waren, aber rückblickend durch ihr Zusammenwirken eine entscheidende Voraussetzung für die Entwicklung des Fertigungssystems eines Mehrspindel-Drehautomaten bildeten.

Eine wichtige Vorstufe zum Mehrspindel-Drehautomaten war die Erfindung von Carver, der 1879 auf eine mehrspindlige Schraubenmaschine ein amerikanisches Patent erhielt. Diese im Bild 5.36 dargestellte Maschine wies im Gegensatz zu den bisher bekannten mehrspindligen Drehmaschinen eine Schaltbewegung zwischen Werkstücken und Werkzeugen auf, die von den in einer Trommel aufgenommenen Werkstückspindeln ausgeführt wurde. Dadurch war es erstmals möglich, die zur Formgebung eines Drehteils notwendige Bearbeitungsfolge auf verschiedene Arbeitsstationen zu verteilen und gleichzeitig auszuführen. Hierdurch konnten bei gesteigerter Mengenleistung auch kompliziertere Werkstücke bearbeitet werden.

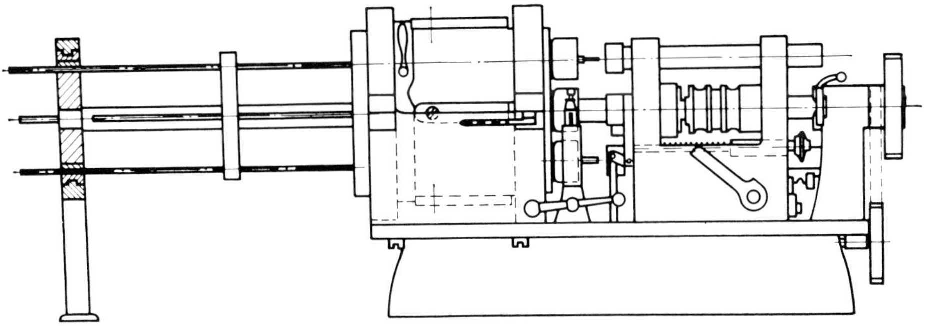

Bild 5.36 Mehrspindlige Drehmaschine nach Carver, 1879

Diese Mehrspindeldrehmaschine von Carver besaß bis auf die automatische Steuerung schon wesentliche Merkmale der ersten Bauformen von Mehrspindel-Drehautomaten. Es blieb somit noch der letzte Schritt, nämlich die Vereinfachung der Bedienbarkeit durch Automatisierung des Arbeitsablaufs [5.50].

Es ist bemerkenswert, daß schon verhältnismäßig früh Mehrspindel-Drehautomaten mit umlaufenden Werkstücken und einer dem Werkzeugträger zugeordneten

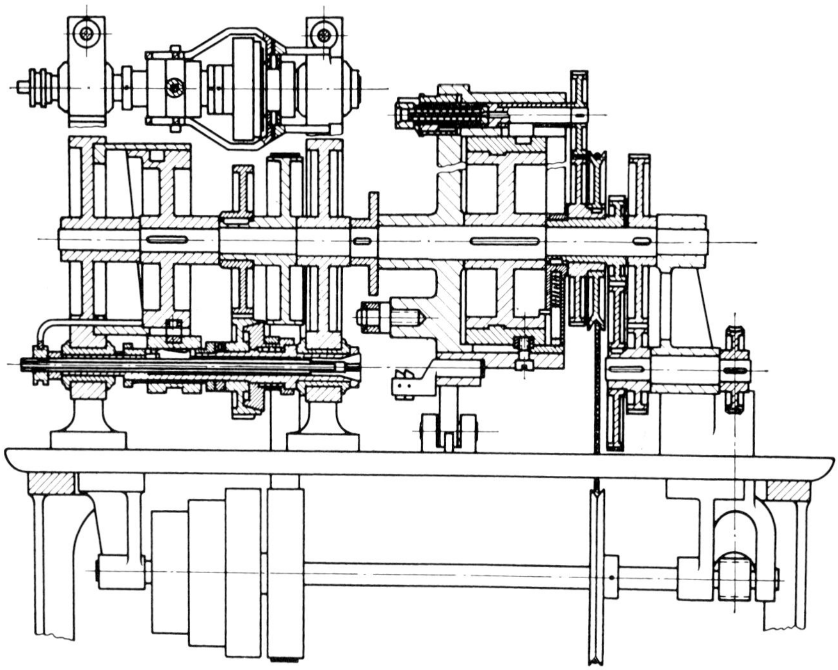

Bild 5.37 Mehrspindel-Drehautomat nach Collin, um 1886

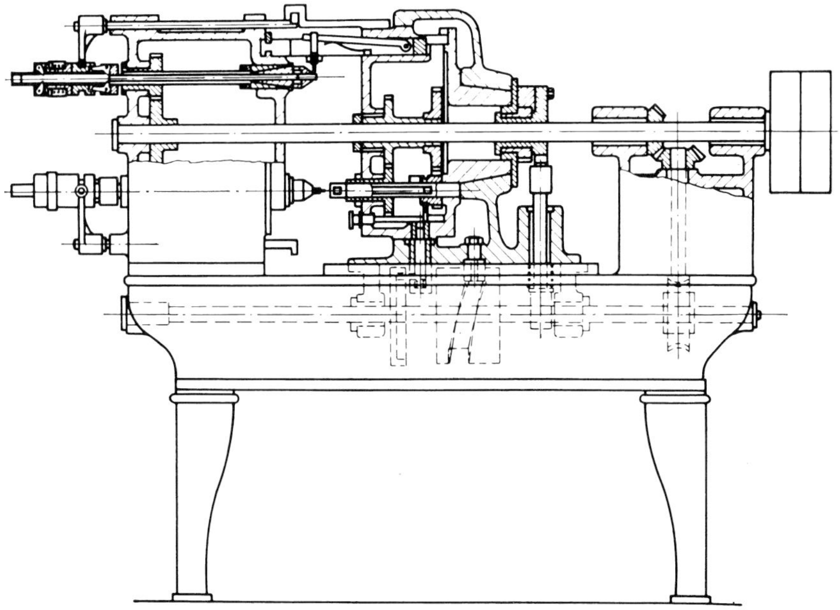

Bild 5.38 Mehrspindel-Drehautomat nach Wolff, 1892

Schaltbewegung entwickelt wurden. 1886 erhielt der Berliner Collin ein deutsches Patent auf die in Bild 5.37 dargestellte Konstruktion mit einer zentral liegenden Steuerwelle und 1892 der Düsseldorfer Wolff ein deutsches Patent auf die in Bild 5.38 abgebildete „Maschine zur Massenherstellung von Metallschrauben", deren Steuerwelle im Maschinenbett angeordnet war. Mehrspindel-Automaten dieser Bauart blieben jedoch Einzelkonstruktionen [5.50].

Henn und Hakewessell bauten im Jahre 1893 den Prototyp eines Vierspindel-Stangenautomaten, auf den 1894 ein amerikanisches Patent erteilt wurde. Der konstruktive Aufbau zeigt eine Anlehnung an das Carver-Patent. Die Schaltbewegung wird von der Spindeltrommel als Werkstückträger ausgeführt. Die mit Trommel und Scheibenkurven bestückte Steuerwelle liegt unterhalb des Werkzeugraumes. Dieser Mehrspindler erhielt den Namen Acme. Um ihn serienmäßig zu fertigen, wurde 1896 von Edwin C. Henn „The Acme Screw Machine Company of Hartford Connecticut" gegründet [5.50].

Mit dieser erfolgreichen Konstruktion eines Mehrspindel-Drehautomaten erreichte die Entwicklung zur automatisierten Drehbearbeitung etwa 50 Jahre nach Erfindung des Revolverkopfes einen bedeutungsvollen Höhepunkt.

Bild 5.39 Acme-Mehrspindel-Drehautomat, um 1894

Der mit Mehrspindel-Drehautomaten bei der Massenfertigung von Drehteilen erreichbare technologische und wirtschaftliche Fortschritt führte nach der Jahrhundertwende in der amerikanischen und europäischen Industrie zu einer steigenden Nachfrage. Der erste betriebliche Einsatz vermittelte wichtige Erfahrungen und Erkenntnisse, die sich sowohl in einer zielgerichteten Weiterentwicklung der einzelnen Baugruppen als auch in Neuentwicklungen widerspiegelten.

Nicht nur in den USA, sondern auch in Deutschland hatte der Drehmaschinenbau um die Jahrhundertwende einen hohen Entwicklungsstand erreicht. Nachdem mehrere deutsche Werkzeugmaschinenhersteller in den letzten Jahrzehnten des 19. Jahrhunderts erfolgreiche Konstruktionen von Einspindel-Drehautomaten herausgebracht hatten, lag es nahe, auch in Deutschland den Bau von Mehrspindel-Drehautomaten aufzunehmen.

Die Leipziger Werkzeugmaschinenfabrik vorm. W. Pittler, baute 1904 einen Mehrspindel-Drehautomaten mit umlaufenden Werkstücken und schaltbarer Spindeltrommel, wofür sie im gleichen Jahr ein deutsches Patent erhielt. Die Werkzeug-

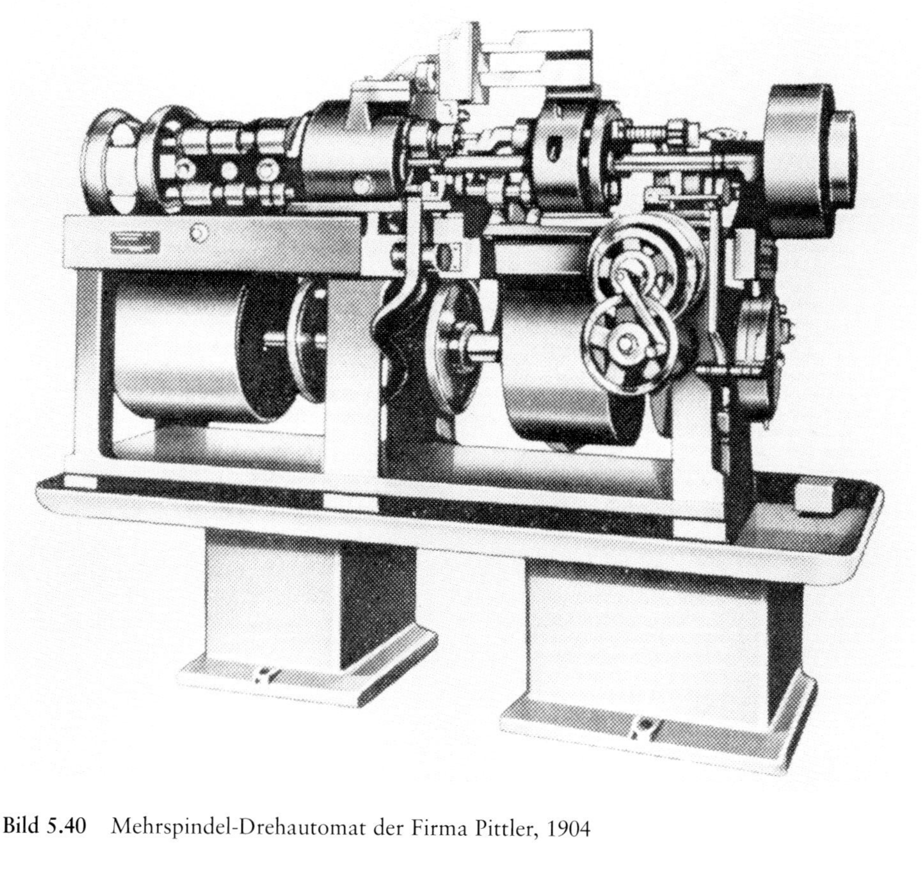

Bild 5.40 Mehrspindel-Drehautomat der Firma Pittler, 1904

Bild 5.41 Mehrspindel-Drehautomat von Gildemeister, 1912

maschinenfabrik Gildemeister & Comp. Akt.-Ges., Bielefeld, entwickelte 1901 einen Mehrspindel-Drehautomaten mit umlaufenden Werkzeugen für einseitige Bearbeitung und ergänzte das Bauprogramm im Jahre 1912 durch einen Mehrspindel-Drehautomaten mit umlaufenden Werkstücken. Die Firma Alfred H. Schütte, Köln, hatte zunächst als Handelsunternehmen im Jahre 1905 den Vertrieb der Acme-Mehrspindler übernommen, baute aber bereits 1915 den ersten eigenen Mehrspindel-Drehautomaten. Schließlich hatte die Firma Carl Hasse u. Wrede GmbH, Berlin, 1901 einen Mehrspindel-Drehautomaten mit umlaufenden Werkzeugen für zweiseitige Bearbeitung entwickelt und vermutlich schon während des Ersten Weltkrieges auch den Bau von Mehrspindlern mit umlaufenden Werkstükken aufgenommen [5.49].

Der auf der Pariser Weltausstellung im Jahre 1900 vorgestellte Taylor-White-Schnellarbeitsstahl beeinflußte auch die Weiterentwicklung der Mehrspindel-Drehautomaten durch die Anpassung an höhere Schnittgeschwindigkeiten und größere Spanungsquerschnitte. Die Maschinen erhielten einen steiferen Gestellaufbau, die Antriebsleistung und der Drehzahlbereich wurden erhöht; Zahnräder aus Grauguß wurden durch solche aus Stahl ersetzt.

Ein bedeutender Fortschritt im konstruktiven Aufbau der Mehrspindel-Drehautomaten wurde durch die zentrale Führung des Längswerkzeugträgers erreicht, für die George O. Gridley im Jahre 1907 ein Patent erhielt. Dieser war Mitarbeiter der Windsor Machine Company, die 1915 von der National Acme Company übernommen wurde. Diese Bauweise, unter dem Namen „Gridley-Block" bekannt, führte zu einer erheblichen Steigerung der Arbeitsgenauigkeit. Sie wurde in den folgenden Jahren, zunächst mit Abwandlungen zur Patentumgehung, von fast allen Herstellerfirmen übernommen [5.50]. Zumindest vereinzelt reicht der Einsatz des Gridley-Blocks bis in die Gegenwart [5.15].

Ein interessantes Beispiel für die Entwicklungsphasen einer technologischen Innovation bis hin zu den technischen und wirtschaftlichen Gründen ihres Auslaufens in den 50er Jahren unseres Jahrhunderts stellt die bereits seit der zweiten Hälfte des 19. Jahrhunderts in ihrer Grundform entwickelte Radialbohrmaschine dar [5.4]. Sie unterlag in der Folgezeit ständig konstruktiven Verbesserungen. Die wichtigsten Entwicklungsrichtungen können wie folgt zusammengefaßt werden:

- Erhöhung der statischen und dynamischen Steifigkeit,
- höhere, der Anwendung von Schnellarbeitsstahl gerechte Drehzahlen, Vorschübe und Antriebsleistungen,
- verbesserter Wirkungsgrad durch Reduzierung der Zahl von Zwischengliedern in den Antriebssträngen,
- feinere Abstufung der Drehzahlen und Vorschübe zur besseren Anpassung an wechselnde Arbeitsaufgaben sowie
- leichtere und weniger zeitaufwendige Bedienung.

Der noch zur Jahrhundertwende typische Transmissionsantrieb über eine am Fuß der Säule angeordnete Stufenscheibe wurde durch ein mittels Exzenter schwenkbares Vorgelege erweitert. Am Bohrschlitten, auf den der Antrieb über anfällige und reibungsbehaftete Kegelzahnräder und lange Schaftwellen übertragen wurde, erfolgte keine Drehzahländerung. Die Bedienung war entsprechend umständlich.

In den ersten Jahren nach 1900 ersetzte das aus Zahnstangenbuchse, Ritzel und Kupplung bestehende Vorschubgetriebe aus Amerika kommend den bis dahin üblichen Gewindespindelvorschub und ermöglichte eine schnelle Rückstellung der Spindel. Auch der Hauptantrieb wurde nun über Einscheibe und ein Schieberadgetriebe eingeleitet. Mit der zunehmenden Einführung von Schnellarbeitsstahl wurden die Drehzahlen, Vorschübe und Antriebsleistungen nach oben erweitert, während man das Gestell bzw. die nun mit Kugellagern versehene Säule zur Aufnahme größerer Vorschubkräfte stärker ausführte. Zur Vereinfachung der Bedienung trug die Verlagerung des Bohrschlittenkurbeltriebes von der Stirnfläche des Auslegers in den Bohrspindelkasten bei. Das Schlittenverfahren erfolgte über Ritzel, Zahnstange und nachstellbare Rollen. Für das Gewindebohren wurde in den Vorschubstrang ein Wendegetriebe eingebaut.

Ab etwa 1910 hielt der elektrische Einzelantrieb Einzug in die Radialbohrmaschine, wobei der Motor in der Regel senkrecht auf dem Bohrschlitten saß. Eine weitere Steigerung des Wirkungsgrades konnte durch die allgemeine Verwendung von Wälzlagern und, ab etwa 1920, mit dem drehzahlgesteuerten Gleichstrommotor erreicht werden, der direkt auf der Bohrspindel sitzend, ohne Kegelzahnräder auskam und lediglich Stirnzahlräder zur Erweiterung des Drehzahlbereiches benötigte.

Für die 30er Jahre war die kontinuierliche Entwicklung der elektro-hydraulischen Kraftübertragung kennzeichnend. Dadurch konnte das Spannen und Lösen der beweglichen Teile per Knopfdruck vom Bohrschlitten aus eingeleitet werden. Die hydraulische Kraftübertragung hat wesentlich zur Erleichterung der Bedienung und zur Verkürzung der Nebenzeiten beigetragen. Gleichzeitig mit den konstruktiven und den gerätetechnischen Verbesserungen schritten auch zahlreiche werkstofftechnische und technologische Entwicklungen voran, wie die austauschbare Fertigung mit engen Fertigungstoleranzen oder die Verwendung von gehärteten und geschliffenen Zahnrädern und Keilwellen. Dadurch wurde die Radialbohrmaschine zu einem Fertigungssystem entwickelt, das neben großer Flexibilität und Leistung, trotz des offenen Gestells, eine hohe Belastbarkeit und Arbeitsgenauigkeit bieten konnte.

Für die weitere Entwicklung der Radialbohrmaschine war die kontinuierliche Erhöhung der Bedienungsfreundlichkeit durch die Reduzierung der Schaltglieder und deren konzentrierte Anordnung bestimmend. Zur Vergrößerung der Schaltsi-

Bild 5.42
Radialbohrmaschinen der Firma Raboma, um 1920

cherheit trug die vom Bediener unabhängige feste Verknüpfung der einzelnen Schaltvorgänge bei, die das Klemmen der beweglichen Teile und das Einstellen von Drehzahl und Vorschub bewerkstelligte. Außer universell verwendeter Maschinen wurden zahlreiche Sonderformen für bestimmte Anwendungsgebiete hergestellt, die vielfach aufgrund konstruktiver Vereinfachungen bzw. durch Einschränkung des Drehzahl- und Vorschubbereiches geringere Anschaffungskosten zur Folge hatten.

Die Vorteile der Radialbohrmaschine, die in einfachem Ausbau, schneller Positionierung, einfacher Bedienung, großem Arbeitsbereich, ortsfester Anordnung des Werkstücks und niedrigem Preis liegen, begründeten deren zunehmende Anwendung seit etwa 1870. Als wesentliche Nachteile dieser Bohrmaschine können die relativ geringe Positioniergenauigkeit, lohnkostenintensive Anwendung bei fehlender Bohrvorrichtung, schlechte Steifigkeit, lager- und herstellungskostenintensiver Vorrichtungsbau sowie die rotatorische Auslegerbewegung genannt werden.

Insbesondere die letztgenannte Eigenschaft ist als ausschlaggebender Grund für den rapiden Verfall der Bedeutung von Radialbohrmaschinen in den 60er Jahren anzusehen. Während die Produktion numerisch gesteuerter Maschinen insbesondere ab Mitte der 70er Jahre rapide anstieg, war bei den Radialbohrmaschinen eine ständige Abnahme zu verzeichnen. Innerhalb von zwei Jahrzehnten fiel die Nachfrage nach Radialbohrmaschinen um ca. 90 Prozent.

5.9 Erfolg im Wettbewerb

Seit den 90er Jahren gewannen die in früheren Jahrzehnten so wichtigen Weltausstellungen auch für den deutschen Werkzeugmaschinenbau erneut an Bedeutung. Nach der eher deprimierenden Aufnahme des deutschen Beitrages auf der Weltausstellung in Philadelphia 1876 war Deutschlands Werkzeugmaschinenindustrie erst wieder im Jahre 1893 mit eigenen Exponaten auf einer Weltausstellung vertreten. Veranstaltet wurde sie diesmal in Chicago, und das Land, dem die meisten Preise zuerkannt wurden, hieß Deutschland.

Die zur Erinnerung an die Wiederentdeckung Amerikas durch Christoph Kolumbus durchgeführte Weltausstellung sprengte alle bisher bekannten Maßstäbe: „Sie bot auf einem Gelände von mehr als 10 Quadratkilometer Umfang das größte Schauspiel der Erde, aber in Europa nannte man sie eine ‚Messe der Eitelkeit‘.

Für die Veranstalter blieb der erhoffte finanzielle Erfolg aus. Nicht aber für ein deutsches Unternehmen, das drei Jahre nach seiner Gründung sein Produkt in Übersee vorstellte und weltweit bekannt wurde. Thomas A. Edison (1847–1931) sagte, als Presseleute von ihm wissen wollten, welches Exponat ihn an meisten beeindruckt habe: ‚Das nahtlose Mannesmannrohr‘. Dieses große Lob aus berühmtem Munde hat wesentlich zu dem schnellen Erfolg der Mannesmannröhren beigetragen.“ [5.9]

Das Ausstellungsgelände befand sich an den Ufern des Michigansees. Eine ‚Sammelausstellung des deutschen Maschinenbaus‘ führte 70 Firmen zusammen und erregte große Aufmerksamkeit. Von den beteiligten Werkzeugmaschinenfirmen erhielten unter anderem Reinecker, Malmedie und Monforts Auszeichnungen. Der amerikanische Werkzeugmaschinenbau hatte seinen Ruf behauptet, aber die deutschen Entwicklungen fanden große Beachtung [5.41].

Zahl und Qualität der ausgestellten deutschen Maschinen waren beeindruckend. „Deutsche Eigenentwicklungen waren beispielsweise die Hinterdrehmaschine, Universal-Werkzeugschleifmaschinen und Schneckenrad-Fräsmaschinen der Firma Reinecker sowie die Abwälzräder-Fräsmaschinen der Firma Pfauter. Besonders beachtet waren die deutschen Drehbänke, die durchweg einen Kreuzsupport besaßen und damit ein Mittel zur Feineinstellung des Stahles in Längsrichtung hatten,

Bild 5.43
Planfräsmaschine von Reinecker, 1893

was den amerikanischen Drehbänken fehlte. Die deutschen Bohrmaschinen besaßen dagegen noch nicht den Schnellrückzug der amerikanischen Maschinen." [5.30]

Der Amtliche Bericht über die Weltausstellung bezeugte das hohe Niveau deutscher Erzeugnisse, insbesondere der Werkzeugmaschinen: „Deutschland hat von der amerikanischen Massenfabrikation das Gute aufgenommen und hat dabei seine Eigenart bewahrt, nicht alles über einen Leisten zu fabrizieren. So glänzende finanzielle Ergebnisse auch die schablonenmäßige Massenfabrikation ergeben mag, so sehr sie befähigt, billig und rasch zu liefern, so ist doch die aus unseren deutschen Verhältnissen sich ergebende Eigenart, für jeden gegebenen Fall Passendes zu entwerfen und zu bauen, diejenige, welche den größeren, bleibenden Fortschritt sichert." [5.1]

Für den Erfolg der amerikanischen Werkzeugmaschinenindustrie jener Zeit wurde eine Stadt zum Symbol, Cincinnati in Ohio. Ganz allgemein haben sich die Unternehmen dieser Branche in Amerika auf die Herstellung eines einzigen Maschinentyps oder höchstens einer Werkzeugmaschinengruppe beschränkt. So gab es große Fabriken, in denen nichts anderes als Spitzendrehbänke produziert wurden, andere stellten nur Hobelmaschinen her und wieder andere ausschließlich Fräsmaschinen. Diese Tendenz hat sich in Cincinnati mehr als in jeder anderen Stadt durchgesetzt. Ende des vergangenen Jahrhunderts gab es dort 30 Fabriken, die metallbearbeitende Maschinen bauten, von denen die meisten Werkzeugmaschinen waren [5.38].

Drei Jahre nach der Weltausstellung in Chicago fand 1896 in Berlin erneut eine Gewerbeausstellung von diesmal internationaler Ausstrahlung statt, auf der Werkzeugmaschinen einen herausragenden Platz einnahmen. Über den nach wie vor bestehenden amerikanischen Einfluß lesen wir im Amtlichen Bericht „Berlin und seine Arbeit" [5.1]: „An die Stelle der englischen Vorbilder, die früher den deutschen Werkzeugmaschinenbau beeinflußten, ja die man sklavisch nachbaute – was dem Ansehen des deutschen Maschinenbaus in England und auch sonst sehr viel Abbruch getan hat – sind seit den siebziger Jahren die amerikanischen getreten.

Dieser amerikanische Einfluß im Werkzeugmaschinenbau macht sich hauptsächlich geltend in seinen höchst sinnreichen Getrieben, seinen leichten Gestellformen, der Beschränkung der Bearbeitung auf die zusammenarbeitenden Teile, der Steigerung der Selbsttätigkeit der Maschine, der größtmöglichen Arbeitsleistung, der weitestgehenden Anpassung an den Sonderfall, der ausgebreiteten Anwendung sorgfältig hergestellter Werkzeuge, darunter namentlich der Fräser, und im Endziel mit seiner damals im deutschen Maschinenbau ungekannten Genauigkeit der Arbeit, die nur geringe Bruchteile von Millimetern als Abweichung von der Norm zuließ. Man muß erkennen, daß insbesondere in der Ersinnung neuer Getriebe für die denkbar schwierigsten und verwickeltsten Bewegungen der Amerikaner eine große angeborene Überlegenheit besitzt, daß er dauernd in seinen hohen Löhnen

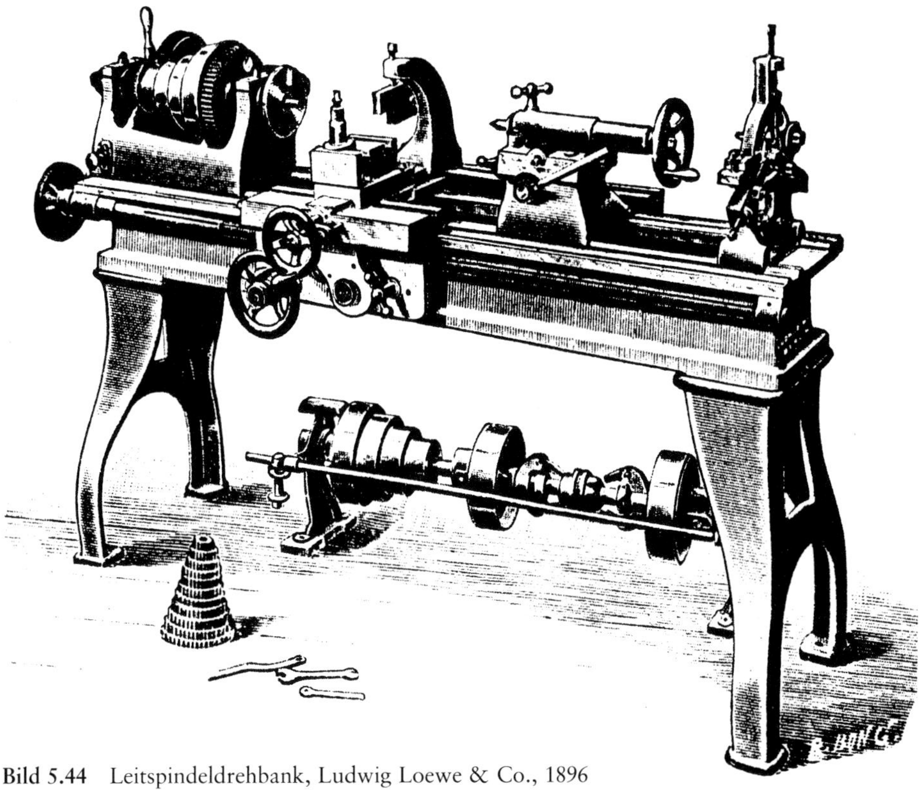

Bild 5.44 Leitspindeldrehbank, Ludwig Loewe & Co., 1896

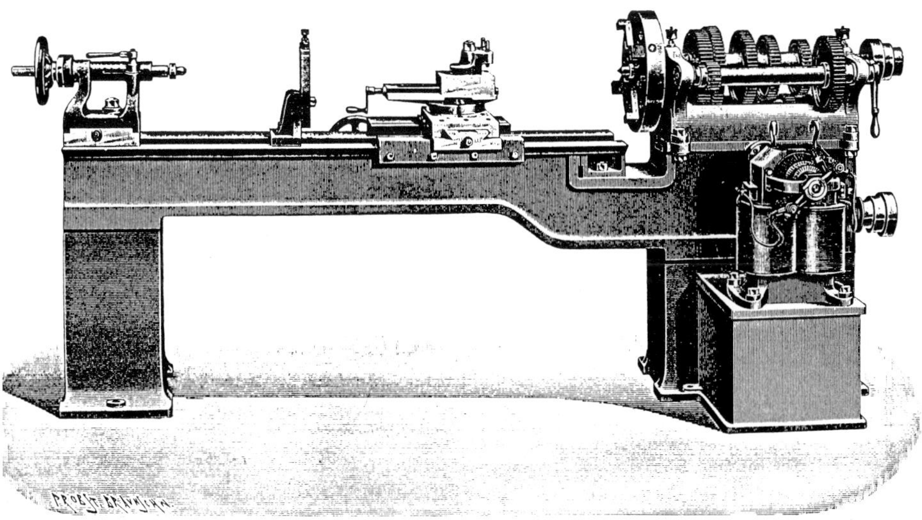

Bild 5.45 Supportdrehbank mit elektrischem Antrieb, L. Senther, 1896

den Sporn fühlt, nicht auszuruhen in dem Bestreben nach Ersatz der Menschen-Handarbeit und daß in Deutschland, obgleich dieser Sporn bei weitem nicht so mächtig ist, das amerikanische Beispiel doch beginnt, Schule zu machen."

Besondere Erwähnung fanden im Ausstellungsbericht die Firma Loewe mit einer Universal-Leitspindeldrehbank, die Berliner Werkzeugmaschinenfabrik L. Sentker, von der eine Supportdrehbank mit eingebautem Elektromotor zu sehen war, die Firma Max Hasse und Co., deren Universal-Revolverdrehbank den amerikanischen Maschinen bereits überlegen gewesen sein soll, und das Unternehmen G. Kärger, das Revolverdrehbänke amerikanischer Bauart in verschiedenen Größen zeigte. Die Bilder 5.44 bis 5.47 zeigen verschiedene Drehbänke der Firmen Loewe, Sentker, Max Hasse und G. Kärger, die auf jener Berliner Gewerbeausstellung präsentiert wurden.

In der Anlage zum Ausstellungsbericht der Berliner Gewerbeausstellung von 1896 erfahren wir von der Firma Sentker, die damals zu den ältesten Berliner Werkzeugmaschinenfabriken gehörte, sie habe sehr früh angefangen, sich von englischen Vorbildern zu lösen und nach eigenen Ideen zu arbeiten. Die wirtschaftliche Grundlage dieser Eigenständigkeit boten ursprünglich Aufträge für die Aus-

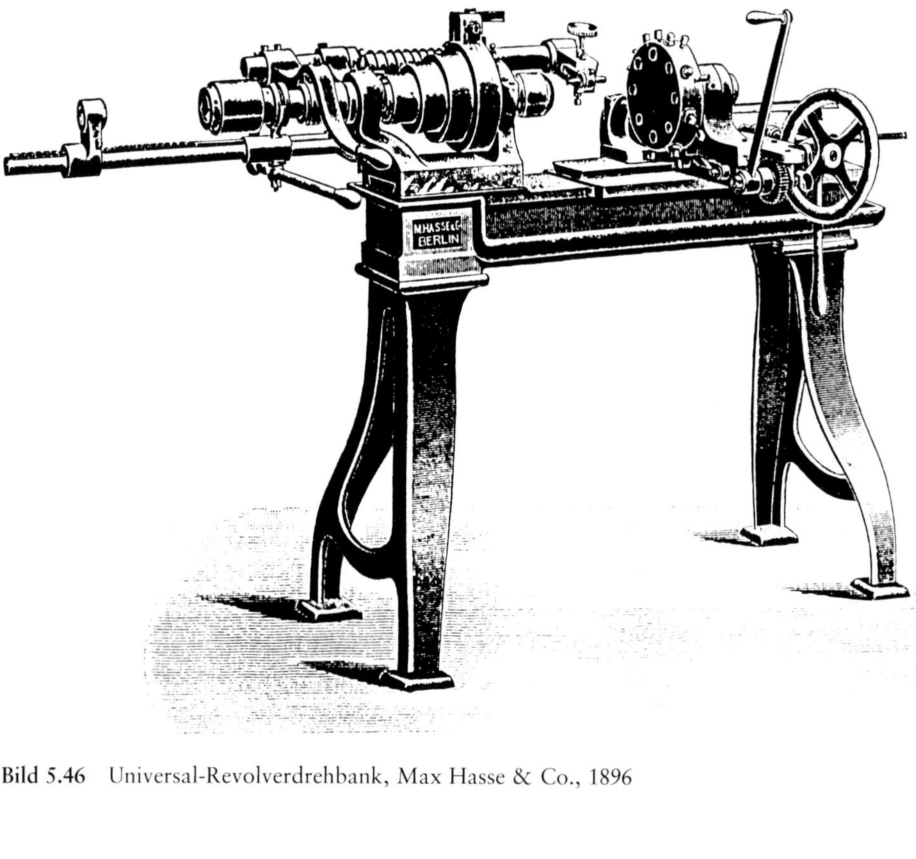

Bild 5.46 Universal-Revolverdrehbank, Max Hasse & Co., 1896

Bild 5.47 Revolverdrehbank, G. Kärger, 1896

rüstung der ehemaligen Berliner Artilleriewerkstätten und der Gewehrfabrik Spandau mit Werkzeugmaschinen nach amerikanischen Modellen.

Zur Zeit der Berliner Gewerbeausstellung baute die Sentkersche Fabrik vorwiegend Werkzeugmaschinen für die Metallbearbeitung. Laut Ausstellungsbericht galten ihre Erzeugnisse „allgemein als erstklassig". Besondere Anerkennung fanden „die Bauarten der Drehbänke, der Fräs- und der Horizontalbohrmaschinen sowie die kombinierten Vertikal-Dreh- und Bohrmaschinen und ihre neuesten Maschinen zur Herstellung der Stehbolzen für Lokomotivkessel". Den Prüfstein für eine gute Werkzeugmaschinenfabrik sah man inzwischen selbstverständlich im Bau von „Sondermaschinen für die Herstellung bestimmter, massenweise genau übereinstimmend herzustellender Gegenstände, die durch zahlreiche aufeinanderfolgende Arbeitsvorgänge unter Benutzung verschiedener Werkzeuge ohne Änderung der Aufspannung des Arbeitsstückes ihre Form erhalten". Auch in dieser Beziehung wurde der Firma Sentker eine hohe Leistungsfähigkeit bescheinigt, die sich „durch die Ausrüstung zahlreicher Fabriken des In- und Auslandes zur Herstellung von Zündern, Geschossen, Geschützen, Armaturen und dergleichen bewiesen" habe. Dabei gab ihr das Eindringen der Elektrizität in den Maschinenbau „Anlaß zur sorgfältigen Anpassung ihrer Werkzeugmaschinen an den elektrischen Antrieb" [5.2].

An gleicher Stelle wurden auch die Firmen Max Hasse und G. Kärger wegen des ausgezeichneten Rufes ihrer Erzeugnisse lobend erwähnt. Hasses Maschinen zur Massenbearbeitung für Armaturen, Waffen, Zünder, Patronen und Zündhütchen gingen an zahlreiche Maschinenfabriken, Militärwerkstätten sowie elektrotechnische Fabriken des In- und Auslandes. Selbst in England zog man Revolverdrehbänke nach dem System Hasse vielfach den amerikanischen Bauarten vor. Daneben hat sich die Firma Max Hasse große Verdienste um die Entwicklung von Fräsmaschinen, Universaldrehbänken, Präzisionsschmiedehämmern, Pressen und Dampfakkumulatoren erworben. Gleich Loewe, Sentker, Kärger und anderen Berliner Fabriken verband sie erfolgreich in ihren Maschinen „amerikanische Originalität mit deutscher Gediegenheit" [5.2].

An der Firma G. Kärger hob der Bericht „Berlin und seine Arbeit" neben ihren Fräsmaschinen, Präzisionsbohrmaschinen, Hobelmaschinen sowie Spezialmaschinen, darunter auch Kreis- und Längenteilmaschinen für wissenschaftliche Instrumente, vor allem ihre moderne Fabrikanlage hervor. Diese sei ein „Kabinettstück einer Maschinenfabrik". Kärger lieferte trotz der hohen Einfuhrzölle viele, insbesondere feinmechanische Maschinen in die Vereinigten Staaten. Abgesehen von den großen Telefon- und Telegraphen-Fabriken zählten die physikalischen Laboratorien an Universitäten, technischen Hoch- und Mittelschulen, Sternwarten, Museen, Staatswerkstätten fast aller Länder zu seinen Abnehmern [5.2].

Auf der bis dahin größten Weltausstellung in Paris im Jahre 1900 kam die wachsende Bedeutung der deutschen Werkzeugmaschinenindustrie noch stärker als in Chicago zur Geltung. Auf dem Champ de Mars befand sich die große Maschinenhalle, die schon für die Weltausstellung 1889 erbaut worden war und zum weltweiten Symbol der industriellen Entwicklung geworden war. Es beteiligten sich aus dem Werkzeugmaschinenbau neben dem Gastgeberland Frankreich: Belgien, Großbritannien, Österreich-Ungarn, Rußland, Schweden, die Schweiz und sehr stark die Vereinigten Staaten und Deutschland. In Paris stellte Taylor, wie schon erwähnt, seine den Werkzeugmaschinenbau umwälzende Entwicklung des wolfram-legierten Schnellstahls vor. Im Wettlauf zwischen Werkzeugmaschinen und Schneidwerkzeugen erzielte das Werkzeug jetzt einen erheblichen Vorsprung. Die jetzt geforderten hohen Kraftwirkungen kamen den deutschen Werkzeugmaschinenbauern entgegen. Denn schon damals galten ihre Erzeugnisse als für die Beanspruchungen kräftig ausgelegt und solide [5.41].

Die Zahl der ausgestellten Werkzeugmaschinen war sehr groß, doch mit unterschiedlicher Gewichtung der einzelnen Gruppen. Die spanenden Werkzeugmaschinen bildeten die größte Gruppe, während Schmiedemaschinen kaum auftraten. Unter den technologischen Fortschritten dominierte der Einfluß der Elektrotechnik auf den Werkzeugmaschinenbau. Hier hatte sich der elektrische Antrieb durchgesetzt.

Deutschland war in Paris durch folgende Firmen vertreten:

Aue, im Erzgebirge,
Erdmann, Kircheis,
Siemens & Halske, Berlin,
Droop & Rein, Bielefeld,
Deutsche Werkzeugmaschinenfabrik (vorm. Sondermann & Stier), Chemnitz,
Maschinenfabrik Kappel, Chemnitz,
J. E. Reinecker, Chemnitz,
Werkzeugmaschinen Union (vorm. Diehl), Chemnitz,
Düsseldorfer Werkzeugmaschinenfabrik Habersang & Zinsen, Düsseldorf,
Elsässische Maschinenbaugesellschaft, Grafenstaden,
Leipziger Werkzeugmaschinenfabrik (vorm. v. Pittler), Leipzig,
Kirchner & Co. A.-G., Leipzig,
Friedr. Schultz, Werkstatt für Maschinenbau (vorm. Ducommun),
Mülhausen i. E.,
Collet & Engelhard, Offenbach und
Friedr. Schmaltz, Offenbach [5.10].

Die Pariser Weltausstellung markierte noch einmal einen Höhepunkt und eine Wende solcher gigantischen Veranstaltungen zugleich. Sie übertraf an Aufwand und Pracht alle früheren. Zu den gezeigten Spitzenleistungen gehörten der Riesenkran von Flohr, Berlin, der Riesenscheinwerfer von Schuckert auf dem Leuchtturm des zivilen deutschen Schiffahrtspavillons, Lindes Eismaschine zur Luftverflüssigung, die fünf Meter hohe Sechsfarben-Rotationspresse von MAN und nicht zuletzt die konkurrenzlosen Lokomobile von Wolf und Lanz sowie die Automatenwebstühle mit elektrischem Antrieb.

Deutschland hatte außerhalb der Haupthalle eine auf Reichskosten erbaute Sondermaschinenhalle errichtet, die aus zwei Stockwerken bestand und 2000 m^2 Ausstellungsfläche bot. In ihr wurden Maschinen aller Branchen präsentiert, die unübersehbar zeigten, daß die deutsche Maschinentechnik im internationalen Vergleich neben den Vereinigten Staaten einen ersten Platz einnahm. Für elektrotechnische Erzeugnisse gab es zusätzlich einen „Elektrizitätspalast" [5.9].

Die Ausstellungsfläche der Pariser Weltausstellung betrug 108 Hektar. Zum Vergleich: Bei der ersten dieser Ausstellungen in London 1851 standen rund 8 Hektar zur Verfügung. Etwa 100000 Aussteller aus 40 Staaten zeigten in 18 Gruppen und 121 Unterklassen ihre Exponate. Mit 40 Millionen Besuchern erreichte deren Zahl das Siebenfache der ersten Weltausstellung. Dennoch ließ der wirtschaftliche Erfolg der Pariser Weltausstellung zu wünschen übrig. So begann man darüber nachzudenken, ob derartige Großveranstaltungen überhaupt noch sinnvoll seien [5.9].

Der Ruf nach Fachmessen, die das Interesse der beteiligten Unternehmen stärker berücksichtigen könnten, wurde angesichts dieses überdimensionalen Karnevals der technischen Errungenschaften unüberhörbar. In der Folgezeit sollte das Prinzip der Spezialisierung zuletzt auch das Ausstellungswesen erfassen.

Bild 5.48
Anzeige der Maschinenfabrik Kappel, Paris 1900

Der Gedanke einer Fachmesse wurde für den deutschen Werkzeugmaschinenbau im Ansatz bereits mit der Industrie- und Gewerbeausstellung in Düsseldorf 1902 Wirklichkeit. Für den VDW wurde Düsseldorf ein wichtiger Vorläufer für die später selbständigen Messeinitiativen in Leipzig. Von 41 Werkzeugmaschinenherstellern wurden 308 Maschinen zur Bearbeitung von Metallen gezeigt. Fünf Aussteller waren mit 18 Hämmern und 26 Pressen vertreten und drei Aussteller zeigten fünf Nietmaschinen. Das war die bisher größte Zahl von Ausstellern aus dem Werkzeugmaschinenbereich auf einer Messeveranstaltung.

Der offizielle Bericht bezeichnete die Düsseldorfer Veranstaltung überschwenglich als einen „Höhepunkt im Ausstellungsgeschehen des Erdballs, national und zugleich weltoffen". Auch für die Maschinenbaufirmen war Düsseldorf die wichtigste Ausstellung dieser Jahre. Technisch wurden die Anwendung der Elektrizität, die Verbesserung der Vorschübe und Spanleistungen und die Steigerung der Leistung durch Vereinigung mehrerer Werkzeuge in einer Maschine hervorgehoben. Aufsehen erregten die erhöhten Schnittgeschwindigkeiten durch die Anwendung der neuen Stahlsorten [5.41].

Unter den Zeitgenossen würdigte Professor Fischer ausführlich die Ausstellung in Düsseldorf, „die dasjenige bei weitem überragt, was man von einer Provinz-Ausstellung erwartet; sie bietet insbesondere an Werkzeugmaschinen eine Fülle meistens mustergültiger Ausstellungsstücke, wie man sie nur in Weltausstellungen zu finden gewohnt ist ... Im allgemeinen", schrieb Fischer weiter, „herrschen in der Düsseldorfer Ausstellung auf dem Gebiete der Werkzeugmaschinen diejenigen mit sehr großen Abmessungen vor. Eine Drehbank, welche befähigt ist, bis zu 9,5 m Durchmesser zu drehen (von Ernst Schiess ausgestellt), ist bisher noch nirgend gezeigt worden; ebenso läßt die 10 000 t-Schmiedepresse von Breuer, Schumacher & Co. alle älteren derartigen Maschinen weit hinter sich zurück. Daneben findet man noch eine ganze Reihe gewaltiger Maschinen." [5.10]

Bild 5.49 Tischhobelmaschine von Ernst Schiess, 1902

Darunter befanden sich eine elektrisch betriebene Stanzpresse, eine ebenfalls elektrisch angetriebene Hobelmaschine mit zwei Werkzeughaltern, eine Plandrehbank für Eisenbahnwerkstätten und eine Stanzmaschine für Sägeblätter [5.52].

Mit dem „Großen Preis" wurde die Firma Loewe ausgezeichnet, die 17 Spezialmaschinen präsentierte: eine Schruppdrehbank, eine automatische Kegelräderfräsmaschine, eine Werkzeugschleifmaschine, eine einspindlige Präzisionsbohrmaschine, eine automatische Fassondrehbank mit Schlitzapparat, eine automatische Revolverdrehbank, zwei Rundschleifmaschinen, eine Leitspindeldrehbank, eine Revolverdrehbank, eine Vertikalfräsmaschine, eine selbsttätige Universal-Fräsmaschine, eine Horizontal-Stoßmaschine mit Einscheibenantrieb und Kulissenbewegung, eine Pistolen-Ziehmaschine, eine zweispindelige Gewehrlauf-Bohrmaschine, eine fünfspindelige Gewehrlauf-Reibemaschine und eine Gewehrlauf-Drehbank.

Die automatische Kegelräderfräsmaschine und die automatische Revolverdrehbank sollen im folgenden kurz vorgestellt werden. Das Arbeitsprinzip der automatischen Kegelräderfräsmaschine beruhte auf der Abwälzung eines Plankegelrades an dem herzustellenden Rad. Scheibenförmig gestaltete Fräser und das Arbeitsstück vollführten eine schwingende Bewegung. Die Schlitten, in denen die Fräser angeordnet waren, wanderten automatisch zu der Spitze des Kegels, dann drehten sich die Schlitten und das Arbeitsstück so, daß die Ausgangssituation für einen erneuten Arbeitsgang erreicht wurde. Bei Fertigstellung des Rades stellte sich die Maschine, die sowohl elektrisch als auch vom Deckenvorgelege aus angetrieben werden konnte, automatisch ab.

Der Antrieb der automatischen Revolverdrehbank erfolgte in drei Geschwindigkeitsstufen durch einen einzigen Riemen. Die Länge des Arbeitsstückes wurde am Materialvorschubmechanismus genau eingestellt. Da der Revolverkopf fünf Werkzeuglöcher besaß, konnten mehrere Werkzeuge gleichzeitig eingesetzt werden. Durch feste Kurvenstücke bewegte sich der Revolverkopfschlitten selbständig vor und zurück.

Auch die Firma J. E. Reinecker erhielt einen „Großen Preis" für die vorgeführten Spezialmaschinen. Darunter befanden sich eine Universal-Rundschleifmaschine, eine Spiralbohrer-Fräs- und Hinterfräsmaschine, eine Hinterdrehbank, eine automatische Kegelradhobelmaschine, eine Lang- und Vertikalfräsmaschine, eine Schaftwellen-Leitspindeldrehbank, eine Schneckenradfräsmaschine, eine Stirnradhobelmaschine und eine Universal-Horizontalfräsmaschine [5.52].

Die Lang- und Vertikalfräsmaschine, die hier ebenfalls herausgestellt werden soll, hatte einen elektrischen Antrieb. Nach dem Einrücken einer horizontalen und zweier vertikaler Spindeln war man imstande, vom Antriebszahnrad aus die Maschine mit der Hand zu betätigen. Sowohl die Spindel als auch die Vorschubgeschwindigkeit, die durch einen sich automatisch einstellenden Zeiger kontrolliert werden konnte, waren durch Schiebräder bequem und schnell regulierbar.

Bild 5.51 Doppelte Stanzpresse von Ernst Schiess, 1910

Gleichfalls mit einem „Großen Preis“ wurden die Wanderer-Werke ausgezeichnet. Sie hatten zwei einfache Fräsmaschinen, eine Universalfräsmaschine, eine Doppelplanfräsmaschine, eine Vertikalfräsmaschine, eine Werkzeugschleifmaschine, eine Gewindefräsmaschine und eine Gewindefräserschleifmaschine ausgestellt. Alle Modelle waren mit Stufenräderantrieb ausgestattet und ließen sich ohne weiteres für Elektromotorenantrieb oder Einzelscheibenantrieb einrichten, da die Antriebswelle mit gleichbleibender Geschwindigkeit lief. Der Vorteil des Einzelscheibenantriebs bestand in der Durchzugskraft, die die Maschinen zu hohen Leistungen befähigte und eine besondere Ausnutzung bei Werkzeugen aus Schnellarbeitsstahl ermöglichte [5.52].

Bild 5.52
Schwere Universal-Fräsmaschine von Loewe, 1910

Ausgezeichnet mit dem „Großen Preis“ wurden in Brüssel weiterhin die Werkzeugmaschinenfabrik Droop & Rein, die Werkzeugmaschinenfabrik und Eisengießerei L. Schuler, die Firma Bechem & Keetmann, die Berlin-Erfurter Maschinenfabrik Henry Pels & Co., die Maschinenfabrik und Eisengießerei Erdmann Kircheis, die Firma Mayer & Schmidt und die Friedrich Schmaltz GmbH. An eine Vielzahl anderer Firmen ergingen Ehrendiplome, so an J. A. Maffei, sowie Goldene und Silberne Medaillen [5.52].

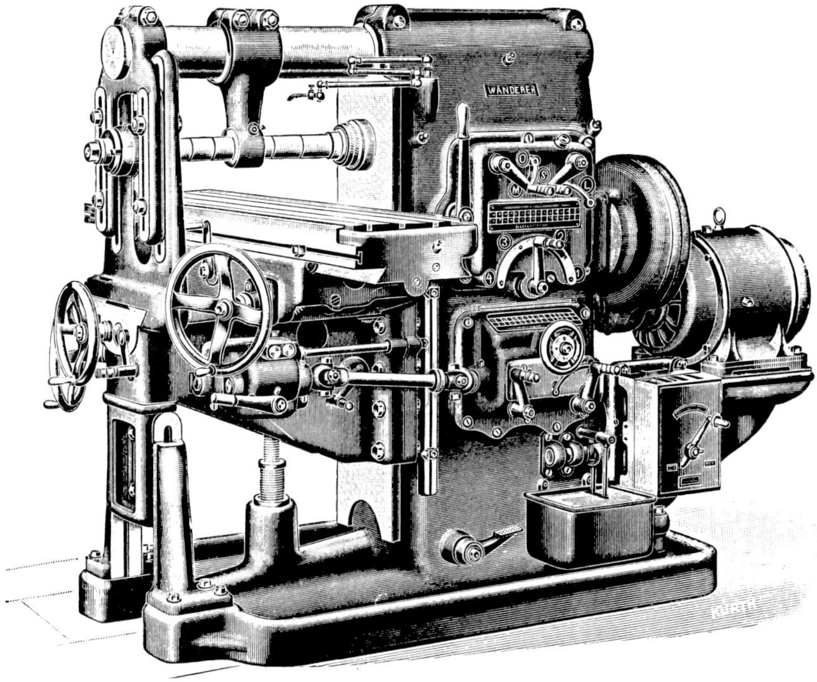

Bild 5.53 Wanderer Fräsmaschine mit Elektromotorantrieb, 1910

Allgemeines Interesse fand in Brüssel die Collet & Engelhard GmbH, die neben Bohr- und Fräsmaschinen, Radialbohrmaschinen, Bohr- und Gewindeschneidmaschinen, Shapingmaschinen, einer vierfachen Radiatorenbohr- und Fräsmaschine und einem Zylinderbohrapparat eine Wagenräder-Drehbank zeigte. Sie diente zum Abdrehen von Eisenbahn- und Tenderrädern mit außenliegenden Lagerzapfen. Die Firma Collet & Engelhard erschien nur deshalb nicht in der Preisliste, weil sie wegen früherer Auszeichnungen nicht am Wettbewerb teilgenommen hatte [5.52].

Schlesinger, der die Brüsseler Weltausstellung besuchte, berichtete geradezu überschwenglich von der deutschen Abteilung in der Maschinenhalle: „Die Deutschen voran! Dies Gefühl stolzer Freude erfüllte mich, als ich am Himmelfahrtstage, am 5. Mai 1910, 14 Tage nach der offiziellen Eröffnung der Weltausstellung in die Maschinenhalle der deutschen Abteilung trat.

Wer, wie ich, vorher durch die besucherleeren Hallen der anderen Nationen gestreift war, auf den wirkte dann die Geschlossenheit der deutschen Halle, die gute Auswahl der fertig stehenden oder im Betriebe vorgeführten Maschinen, das flinke Arbeiten der kombinierten Lauf- und Drehkrane hoch über den Köpfen geradezu verblüffend.

Diese eindrucksvolle Kundgebung deutschen Könnens und deutscher Pünktlichkeit hat einen Eindruck hervorgerufen, der sich nach meiner Überzeugung bei den

Bild 5.54 Zug- und Leitspindeldrehbank, J. A. Maffei, 1910

Einwohnern der belgischen Hauptstadt und allen, welche die Ausstellung in diesem ersten Monat besucht haben, auch durch die später besten Leistungen anderer Nationen nicht mehr verwischen lassen wird." [5.53]

Die erste Dekade des neuen Jahrhunderts gestaltete sich für den deutschen Werkzeugmaschinenbau zu einer Demonstration seiner technologischen und wirtschaftlichen Leistungskraft. Der Maschinen- und Fahrzeugbau kam mit großen Schritten voran. Der elektrische Antrieb setzte sich mehr und mehr durch, wobei in der Elektrizitätswirtschaft die Errichtung großer Verbundnetze im Vordergrund stand. Austauschbau und Serienfertigung auf der Grundlage zunehmender Spezialisierung bestimmten die Entwicklung auch der deutschen Werkzeugmaschinenindustrie. Diese Tendenz zeigte sich bei Großwerkzeugmaschinen unter dem Einfluß des Eisenbahnbaus, der Schwerindustrie und des Schiffbaus bereits sehr viel früher. So bildeten sich für den Eisenbahnbau Karusseldrehbänke und Spezialdrehmaschinen zur Räderbearbeitung heraus sowie Maschinen zur spanlosen Umformung von Blechteilen [5.53].

Die Fortschritte der Branche kamen besonders deutlich in den Firmengründungen jener Zeit zum Ausdruck. Die im Jahre 1910 entstandene Magdeburger Werkzeugmaschinen AG beschäftigte bei ihrer Gründung 40 Arbeiter, deren Zahl in nur 15 Jahren auf 1500 anstieg. Das Produktionsprogramm ließ von Anfang an eine Spezialisierung auf Schnelldrehbänke, bald auch auf Stangenrevolverdrehmaschinen erkennen.

1911 wurden die Diskuswerke in Frankfurt am Main ausschließlich zur Produktion von Flächenschleifmaschinen gegründet. Die Maschinen entstanden aus den Schleifschlichtmaschinen, bei denen zunächst auf schnell umlaufende Stahlteller

Schmirgelleinwandbeläge aufgeklebt wurden. Die Diskuswerke entwickelten daraus Hochleistungsmaschinen, die den neuen Anforderungen der Schleiftechnik genügten.

Zwei Jahre später entstanden schließlich die Index-Werke Hahn & Tessky in Eßlingen-Neckar. Sie produzierten nur einen einzigen Maschinentyp, und zwar einen Hochleistungsrevolverautomaten. Der Erfolg dieser Werkzeugmaschinenfabrik, die in wenigen Jahren auf ihrem Gebiet zu den führenden Firmen der Branche aufstieg, bewies besonders eindrucksvoll die Wirkung der Spezialisierung auch unter den Marktbedingungen in Deutschland [5.45].

Die Zahl der Aktiengesellschaften im Werkzeugmaschinenbau nahm vor dem Ersten Weltkrieg stark zu. Um 1910 existierten in dieser Branche 35 Aktiengesellschaften mit einem Kapital von über 72 Millionen Reichsmark. Dabei handelte es sich im Durchschnitt um verhältnismäßig große Betriebe. Umsatz- und Exportzahlen des deutschen Werkzeugmaschinenbaus zeugten ebenfalls von einem rasanten Aufschwung. Nach einer Umfrage des VDW aus dem Jahre 1912 betrug der Gesamtumsatz der Branche mengenmäßig 225 000 t, das entsprach einem Wert von 225 Millionen Reichsmark. Verglichen mit den rund 70 Millionen Mark Umsatz des Jahres 1897 verdreifachte sich diese Summe in nur 15 Jahren [5.4].

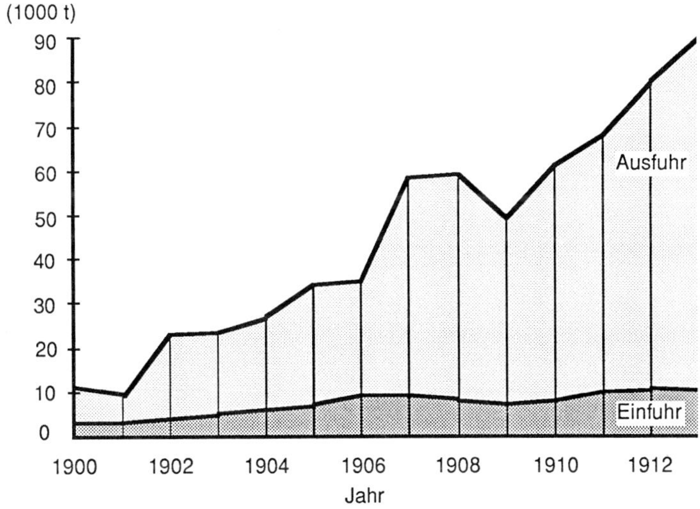

Bild 5.55
Deutsche Ausfuhr und Einfuhr von Werkzeugmaschinen 1900–1913 jeweils in 1000 Tonnen

Der Exportanteil des Maschinenbaus am deutschen Gesamtexport erhöhte sich von 1891 mit zwei Prozent auf 6,8 Prozent im Jahre 1908. Er nahm damit die erste Stelle ein. Der Anteil des Werkzeugmaschinenbaus am Gesamtexport des Maschinenbaus lag 1913 bei 28 Prozent. Das bedeutete Platz zwei nach dem Textilmaschinenbau. Der Export von Werkzeugmaschinen erreichte um 1900 ein Gewicht von 9300 t, die einen Wert von 7,9 Millionen Reichsmark repräsentierten.

Bis 1913 verzehnfachte sich dieser Export auf rund 90000 t mit einem Wert von 98 Millionen Mark. Demgegenüber stieg der Import von Werkzeugmaschinen von 6400 t zur Zeit der Jahrhundertwende auf einen Höchststand im Jahre 1912 von lediglich 9000 t. Während der größte Teil des Werkzeugmaschinenimports aus Amerika kam, lagen die Hauptausfuhrgebiete in Rußland, Österreich-Ungarn und Frankreich [5.53].

Der Werkzeugmaschinenimport aus Amerika stellte sich für Deutschland nicht nur innovativ dar, es gab auch kritische Situationen. In den Jahren um den Krisenwinter 1899/1900, in denen die Werkzeugmaschinenimporte schließlich ein für den deutschen Maschinenbau bedrohliches Ausmaß erreichten, zeigte sich deutlich, daß die Nordamerikaner in der Lage waren, gute Leistungen zu wettbewerbsfähigen Preisen anzubieten. Um mit ihnen auf dem Weltmarkt konkurrieren zu können, war ein Umdenken in vielerlei Hinsicht notwendig. Gleichzeitig stellten der Schnellarbeitsstahl und die wachsende Automobilindustrie neue Anforderungen an die Auslegung der Werkzeugmaschinen.

Die Vereinigten Staaten wirkten mit einer Politik hoher Einfuhrzölle auf Werkzeugmaschinen von 45, später 30 Prozent den Bestrebungen ausländischer Konkurrenten massiv entgegen, auf dem amerikanischen Markt Fuß zu fassen [5.16]. Gleichzeitig boten manche amerikanische Firmen ihre Maschinen im Ausland zu einem gegenüber ihrem hohen Inlandspreis um 15 bis 25 Prozent gesenkten Betrag an. Der ungedeckte Selbstkostenanteil wurde dabei offenbar wieder durch die hohen Verkaufspreise auf dem eigenen amerikanischen Markt erwirtschaftet. Diese Faktoren erzeugten gemeinsam mit den niedrigeren deutschen Einfuhrzöllen eine Wettbewerbssituation, in der deutsche Maschinenbauanstalten nur durch unbefriedigend niedrige Preise bestehen konnten.

Die Handelsbilanz zwischen Deutschland und den USA für den gesamten Maschinenbau wies ein gewaltiges Gefälle auf, das wesentlich durch den großen Anteil landwirtschaftlicher Maschinen verursacht wurde, die Deutschland aus den Vereinigten Staaten einführte. Aber auch im Bereich der Metallverarbeitungsmaschinen stand 1912 beispielsweise der Ausfuhr in die Vereinigten Staaten im Wert von rund 1,2 Millionen Mark eine Einfuhr gegenüber, deren Wert den zehnfachen Betrag der Ausfuhr überschritt. Auf dem Weltmarkt konnte Deutschland sich jedoch gegenüber der amerikanischen Werkzeugmaschinenindustrie schließlich durchsetzen.

Dazu sollte auch der veränderte Stellenwert beitragen, der Werbung und Vertrieb nun zukam. In Deutschland wurde zwar mit großem Erfolg, wie wir gesehen haben, die amerikanische Arbeitsweise für die Fertigung übernommen. In dem hervorragend organisierten Vertrieb der amerikanischen Industrie sahen die meisten Vertreter des deutschen Werkzeugmaschinenbaus jedoch zunächst kein Vorbild. In der Zeitschrift „Werkstattstechnik“ wies Scheibert 1913 auf diesen Widerspruch hin und erklärte, um wettbewerbsfähig zu sein, genüge es nicht, die Herstellungskosten zu senken. Jeder Betrieb brauche gut geschultes Verkaufspersonal, das auch die Konkurrenzprodukte kenne und die Plätze der Konkurrenz nicht meide. Er schlug ein Punktsystem und Preise für die erfolgreichsten Vertreter vor [5.40]. Während die Vertriebspolitik sich erst allmählich auf die Bedingungen des Wettbewerbs einstellte, zeigte man sich gegenüber der Werbung allgemein aufgeschlossener. Schlesinger berichtet von der Brüsseler Weltausstellung 1910: „Der deutsche Werkzeugmaschinenbau ist zu beglückwünschen, daß sich seine ersten Vertreter entschlossen haben, mit dieser Wucht auf dem Kampfplatz friedlichen Wettbewerbs aufzutreten; das ist das beste und einzige Mittel – und vielleicht das letztemal für lange Zeit – um aller Welt, insbesondere aber den deutschen Betriebsleitern zu zeigen, daß wirklich kein Grund vorliegt, Werkzeugmaschinen aus dem Auslande zu beziehen.“ [5.43]

Ausfuhrländer	Werte in Mill. M.				
	1909	1910	1911	1912	1913
Deutschland (1)	63,0	76,2	67,6	84,0	98,3
USA (2)	23,7	38,6	53,4	61,3	74,9
England (3)	15,4	14,3	15,2	18,7	20,3

1) Metall-, Holz-, Steinbearbeitungsmaschinen, Schmiedepressen, mechanische Hämmer.
2) Metall- und Holzbearbeitungsmaschinen.
3) Werkzeugmaschinen, allgemein

Bild 5.56 Die Hauptwettbewerber auf dem Weltmarkt in Werkzeugmaschinen vor dem Ersten Weltkrieg

In seiner Rede vor dem VDW 1911 erwähnte er auch lobend das vorhandene Werbematerial. Zur Verbesserung der Wettbewerbssituation führte er neben der Senkung der Herstellungskosten durch Normalisierung die Verstärkung des Austauschbaus als wesentliche Aufgaben der Industrie an. Rügend sprach er sich aber gegenüber den deutschen Fabrikanten aus, die der Fachpresse kaum Informationen zukommen ließen. Damit blieben die Leser als potentielle Kunden über die Leistungen der deutschen Werkzeugmaschinen weitgehend im unklaren [5.44].

Mit der Aussage „Auf der Schneide des Stahls sitzen die Dividenden, die Schnelligkeit dieses Stahls ist aber eine Funktion der ihn bewegenden Maschinen“ spornte Schlesinger in einem Vortrag, gehalten auf der Hauptversammlung des Vereins deutscher Maschinenbauanstalten am 6. April 1911 in Berlin, die Industrie zu weiteren Anstrengungen bei der Entwicklung von Schneidstoffen und Maschinen an [5.42].

Trotz der führenden Position auf dem Weltmarkt, wie sie nochmals durch die Weltausstellung in Turin im Jahre 1911 dokumentiert wurde, stellte sich die wirtschaftliche Situation etlicher Maschinenbaubetriebe nicht so glanzvoll dar, wie die hohen Ausfuhrraten vermuten lassen. In einem Bericht zeigte der Verein deutscher Maschinenbau-Anstalten VDMA auf, daß die Kalkulationen der Verkaufspreise häufig nicht die tatsächlichen Selbstkosten berücksichtigten. Aufgrund solcher Kalkulationsmängel konnte die wirtschaftlich an sich günstige Lage oftmals nicht optimal genutzt werden [5.56].

Vier Jahrzehnte nach der Reichsgründung konnte die deutsche Werkzeugmaschinenindustrie in der Zeit vor dem Ersten Weltkrieg dennoch auf eine insgesamt beeindruckende Periode wirtschaftlichen Wachstums und tiefgreifender technologischer Erneuerung zurückblicken. Galt es anfangs, dem englischen Lehrmeister ebenbürtig zu werden, so brachten die siebziger und achtziger Jahre des 19. Jahrhunderts mit den industriell fortgeschrittenen amerikanischen Werkzeugmaschinen eine weitere existentielle Herausforderung. Doch bereits um die Jahrhundertwende hatte der deutsche Werkzeugmaschinenbau erneut den Beweis erbracht, daß ihm dank seines Leistungswillens neben England und Amerika ein führender Platz im internationalen Wettbewerb zukam. Insbesondere beim Bau von schweren Werkzeugmaschinen, Blechbearbeitungsmaschinen und anderen Sonderwerkzeugen hatte sich Deutschland seinen Weg zum Weltmarkt gebahnt. „Deutschland voran“, diese Worte Schlesingers über den deutschen Beitrag zur Brüsseler Weltausstellung von 1910 dürfen als symbolisch für die Bedeutung der Werkzeugmaschine im industriellen Aufschwung des Landes gelten. In allen Bereichen der Industrialisierung, angefangen beim Bergbau und Hüttenwesen über den Schiffsbau, die Fahrzeugindustrie, die Waffenfabrikation bis hin zur Landwirtschaft, hatte sich die Werkzeugmaschine zu einer Schlüsseltechnologie entwickelt, welche die Richtung und Geschwindigkeit des weiteren Fortschritts entscheidend prägte. Dieser Fortschritt betraf nicht nur die technischen und wirtschaftlichen Gestaltungspotentiale. Er erstreckte sich gleichermaßen auf Bildung und Wissenschaft, auf die Verbesserung der sozialen Lebensbedingungen und allgemein auf die Steigerung dessen, was wir heute mit dem Begriff der Lebensqualität umschreiben.

Die hoffnungsvoll begonnene internationale Entwicklungsdimension des deutschen Werkzeugmaschinenbaus wurde mit dem Beginn des Ersten Weltkrieges zunächst abrupt unterbrochen oder doch wenigstens stark eingeschränkt. Andererseits waren es gerade die neuen Anforderungen der Kriegswirtschaft, die nicht nur erhöhte Leistungen erzwangen, sondern jene bereits wirksamen Tendenzen zur wirtschaftlichen Rationalisierung, zur fortschreitenden Mechanisierung der Fertigung sowie zu einer für Massenproduktion und Austauschbau unabdingbaren Normung vorantrieben.

6 Rationalisierung der Fabrik

6.1 Wandel der Betriebsorganisation

Die erhöhten Anforderungen des Ersten Weltkrieges an die Wirtschaft führten sehr bald zu staatlichen Maßnahmen, die auf eine Rationalisierung der Produktion abzielten. „Vier Wege waren möglich und mußten beschritten werden", so schrieb Walter Rathenau rückblickend über diese wesentlich von ihm inspirierten Aktivitäten, „um die Wirtschaft umzugestalten, um das Verteidigungsverhältnis zu erzwingen. Erstens: alle Rohstoffe des Landes mußten zwangsläufig werden, nichts mehr durfte eigenem Willen und eigener Willkür folgen ... Zweitens: wir mußten alle verfügbaren Stoffe jenseits der Grenzen ins Land hineinzwingen, soweit sie zu zwingen waren ... Die dritte Möglichkeit, die sich uns erschloß, war die Fabrikation. Wir mußten Bedacht darauf nehmen, daß alles das im Inland erzeugt wurde, was unentbehrlich und unerhältlich war. Wir mußten auch darauf Bedacht nehmen, daß neue Erzeugungsmethoden gefunden und entwickelt wurden, wo die alte Technik nicht ausreichte. Und nun der vierte Weg: es mußten schwer erhältliche Stoffe durch andere, leichter beschaffbare ersetzt werden ..." [6.47]

Trotz der in die Millionen gehenden Einberufungen war es durch Mobilisierung aller verfügbaren Arbeitskräfte möglich, die Beschäftigungszahlen weitgehend zu stabilisieren. „1913 waren 7,4 Millionen Arbeiter und Arbeiterinnen in der deutschen Industrie beschäftigt. 1918 betrug die Zahl 6,6 Millionen. Dabei stieg der Anteil der Frauen von 22 auf 35 Prozent. Im Verlauf dieser Jahre wurden die Produktionsprozesse beträchtlich umgestaltet. Standardisierte Fertigungsmethoden verbreiteten sich. Damit fielen die angelernten Arbeitskräfte immer stärker ins Gewicht." [6.25]

Die Reihen- und Massenfertigung war zu Beginn des Krieges nur in größeren, entsprechend organisierten Fabriken des Maschinen- und Lokomotivbaus bekannt. Dagegen herrschte bei vielen Klein- und Mittelbetrieben noch immer die kundenbezogene Einzelfertigung vor. Das galt insbesondere für den Werkzeugmaschinenbau. Er strebte nach möglichst universal ausgelegten Maschinen, die mit verschiedenen Sonderentwicklungen versehen wurden.

Erst die Kriegswirtschaft mit ihrem Zwang zur Materialersparnis und zum Anlernen unausgebildeter Arbeitskräfte verstärkte selbst in kleineren Unternehmen den Rationalisierungsdruck. „Das auf Kriegsbedürfnisse reduzierte Fertigungsprogramm erlaubte die Massenfertigung. Von selbst ergab sich jetzt die Auflösung der an einem Werkstück notwendigen Arbeitsgänge und deren Verteilung auf mehrere Maschinen. Die Nachteile der teuren und komplizierten Universalmaschine zeigten sich dabei so deutlich, daß sogar eine ganze Reihe einfacher Einzweckmaschinen entstand, deren Bedienung in kürzester Zeit angelernt werden konnte." [6.37]

Bild 6.1 Einzweckmaschine zum Drehen von Flanschen

Auch auf den Gebieten der Passungen und der Normung brachte der Erste Weltkrieg mit seinem Gebot zur Vereinheitlichung wichtige Fortschritte. „Die Feile, das Schmirgelholz, vor allem der lose Schmirgel, haben in der Fabrikationswerkstatt von Ludwig Loewe & Co. ausgespielt. Die Werkzeugmaschinen müssen so eingestellt werden, daß alle auf ihnen erzeugten Flächen, gleichgültig ob rund oder eben, maschinenfertig und die runden Teile überdies austauschbar genau von der Maschine herunterkommen müssen." [6.35] So stand es bereits 1870 im fortschrittlichen Gründungsprogramm der Berliner Firma Ludwig Loewe & Co. Doch der damals gefaßte Grundsatz sollte noch gute 30 Jahre lang Wunschdenken bleiben.

Ungenauigkeiten bei der Arbeit von Werkzeugmaschinen mußten mit einem allseits verwendeten Verfahren ausgeglichen werden, nach dem zwei zusammengehörige Teile ineinander „gepaßt" wurden. Dazu nahm der Schlosser nach ungefährer Fertigstellung der beiden Elemente mit Feile, Schaber, Schmirgel oder Ölstein von dem einen oder dem anderen so lange etwas weg, bis ihm die Passung ausreichend erschien.

Passungen wurden nur verbal beschrieben: „Für einen festen Sitz gilt, daß eine Anzahl von Schlägen notwendig ist, um das eine Teil auf dem anderen zu verschieben. Für den Schiebesitz genügt der Druck der menschlichen Hand, für den Keilsitz sind Schläge auf dem Stauchklotz oder mit dem Hammer nötig." Doch wie stark soll der Druck der Hand, wie schwer muß der Hammer sein, wie hart der Schlag? Einige Betriebe legten, soweit möglich, Werte für die hydraulisch aufzubringenden Kräfte fest. Die angewandten Formeln zur Berechnung der Werte basierten allerdings auf keiner einheitlichen Theorie und unterschieden sich in ihren Ergebnissen zum Teil erheblich.

Erst ab 1902 war es möglich, Feinpassungen an runden Teilen herzustellen, nachdem es der Firma Ludwig Loewe & Co. gelungen war, mit einer nach amerikanischer Lizenz hergestellten, steifer gebauten Rundschleifmaschine und der Festlegung der zulässigen Abweichungen von dem Idealmaß die Voraussetzungen dafür zu schaffen.

Georg Schlesinger (1874–1949) beeinflußte diese Entwicklung maßgeblich. Als junger Ingenieur im Hause Ludwig Loewe fertigte er seine wegweisende Arbeit „Die Passungen im Maschinenbau" an [6.53], mit der das Ziel von 1870, der „Austauschbau durch maschinenfertige Arbeit", mittels Grenzlehre Ende des Jahres 1902 erreicht werden konnte. Die 1904 als Dissertation an der Königlich Technischen Hochschule zu Berlin vorgelegte Arbeit wurde dreizehn Jahre später, 1917, ein zweites Mal als VDI-Forschungsarbeit aufgelegt – ein außergewöhnlicher Vorgang, der die Wichtigkeit der von Schlesinger beschriebenen Erkenntnisse herausstreicht.

In der Vorrede zur zweiten Auflage seiner Dissertationsschrift unterstreicht Schlesinger deren Wirkung auf den Maschinenbau: „Als die ‚Passungen' vor 12 Jahren zum ersten Male erschienen, stellte ihr Inhalt für recht viele Maschinenfabrikanten Neuland vor insofern, als der systematische Aufbau eines unpersönlichen Meßverfahrens, vor allem aber die zahlenmäßige Festlegung der zulässigen Abweichungen ungewohnt war. Heute ist der Inhalt der damaligen ‚Doktorarbeit' ein fester Bestandteil des Werkzeugparkes jeder Maschinenfabrik geworden, die in Reihen fabriziert, und es war daher an der Zeit, die vor mehr als einem Jahrzehnt aufgestellten Zahlenwerte nachzuprüfen und durch den untrüglichen Wertmesser des praktischen Gebrauches zu ermitteln, ob sie richtig waren, und wo sie gegebenenfalls einer Abänderung oder Ergänzung bedurften." [6.55]

Zur Bedeutung der Grenzlehren für die Fertigung im Maschinenbau schrieb Schlesinger: „Die hohe Vollkommenheit moderner Betriebe beruht in erster Linie auf der Arbeitsteilung ... Die infolge dieser Arbeitsteilung dem Arbeiter gestellte Aufgabe lautet zunächst also ‚Herstellung maschinenfertiger Teile'.

Handelt es sich nicht nur um die Fabrikation einer einzigen, sondern einer ganzen Reihe Maschinen der gleichen Art, so muß der Arbeiter auch eine Anzahl Stücke anfertigen, die ohne weiteres für jede Maschine verwendbar sein müssen. Es gesellt sich nunmehr zu der ersten Forderung der maschinenfertigen die zweite und weit schwierigere der austauschbaren Arbeit ...

Erst durch die Einführung von Meßwerkzeugen – Grenzlehren –, die dem Arbeiter selbst mit den einfachsten Mitteln eine bisher ungeahnte Sicherheit in der Prüfung seiner Arbeit verliehen, war es möglich, das Endziel: ‚Die Austauschbarkeit der Fabrikate in Verbindung mit Schnelligkeit und Billigkeit der Herstellung' zu erreichen." [6.55] An anderer Stelle heißt es zur Bedeutung der Grenzlehren, daß die einzige Möglichkeit, austauschbare Maschinenteile zu liefern, ohne je zwei zusammengehörige (Teile) einzeln ineinander zu passen, nur in der Verwendung des Systems der Grenzlehren bestehe [6.55].

Auf der Basis empirischer Untersuchungen erarbeitete Schlesinger von den wichtigsten Passungen numerische Werte für die Grenzlehren der Werkstatt. Nach dem sogenannten Schlesinger-Loeweschen Grenzlehrsystem wurde bis zum Jahre 1918 nicht nur in Deutschland, sondern in vielen anderen Industrieländern mit Erfolg gearbeitet.

Auf den von Schlesinger geschaffenen Grundlagen baute der noch während des Ersten Weltkrieges vom Verein Deutscher Ingenieure gegründete Normenausschuß der Deutschen Industrie auf. Dort wurde von Anfang an auf eine Vereinheitlichung der Passungen gedrängt, um damit die Grundlage für eine produktionstechnische Zusammenarbeit der deutschen Maschinenindustrie zu schaffen.

Werkzeugmaschinenfirmen wurden auch auf dem Gebiet der Normung zu Vorreitern in Deutschland. Hier begann die systematische Vereinheitlichungsarbeit mit den sogenannten Normalien (Werksnormen), die in verschiedenen Industriebetrieben zur Vereinfachung der Produktion geschaffen worden waren. Aber auch

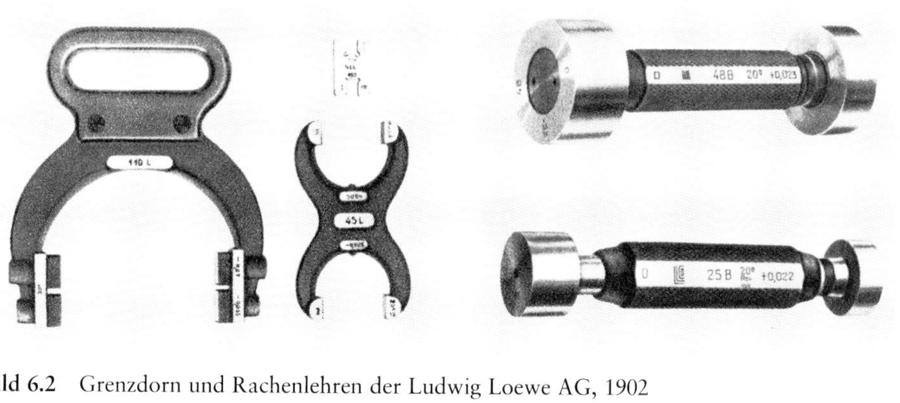

Bild 6.2 Grenzdorn und Rachenlehren der Ludwig Loewe AG, 1902

Bild 6.3 Ansicht aus der Revision der Normalienfabrik bei Ludwig Loewe

die technisch-wissenschaftlichen Vereine, wie der Verein Deutscher Ingenieure, der Verband deutscher Elektrotechniker und der Verein deutscher Eisenhüttenleute, hatten frühzeitig die Normung in ihr Arbeitsprogramm aufgenommen [6.27].

Schon 1870 schrieb Werner Siemens an seinen Bruder Carl [6.23]: „Nach Normalkonstruktionen und der Fabrikation weniger Typen strebe ich seit Jahren. Es ist aber sehr schwer! Jede Bahn und Direktion haben ihre Liebhabereien. Es ist bisher nie vorgekommen, daß wir Bestellungen von hunderten gleicher Apparate bekommen haben. Von einer eigentlichen Massenarbeit konnte also bisher keine Rede sein!" 1893 richteten die Siemenswerke Berlin ein Normalienbüro ein. Dieses Büro sollte Normalien entwickeln und sich für deren Einführung in den Betrieb einsetzen.

Zwar verließ Schlesinger mit seiner Berufung an die TH Berlin-Charlottenburg die Firma Loewe im Jahre 1904, doch arbeitete er weiter an der Entwicklung des Normensystems. Auf seinen Vorschlag hin richtete man eine „Normalienfabrik" bei Ludwig Loewe ein, in der ausschließlich Normteile gefertigt wurden. Diese Fabrik produzierte Normteile nicht mehr nur für den Eigenbedarf, sondern erstmals auch für den direkten Verkauf [6.35].

1908 gab Ludwig Loewe einen Katalog „Normalien im Maschinenbau" heraus. Rückblickend schrieb Schlesinger 1913 in der von ihm gegründeten Fachzeitschrift Werkstattstechnik [6.54]: „Jedermann hat eingesehen, daß ein Vielerlei der Fabrikate unmäßig hohe Anforderungen an die Arbeitskraft der Beamten und der Arbeiter stellt, und daß trotz aller Mühen die Universal-Fabrik, auch nur für bestimmte Gruppen von Maschinen, Apparaten oder Maschinenteilen, im Wettbewerb mit der spezialisierten Fabrik unweigerlich ins Hintertreffen geraten muß. Da es nun nicht in allen Fabrikationszweigen möglich war, die in der Spezialisierung liegende Beschränkung durchzuführen, so suchte man auf andere Weise die Vorteile der planmäßigen Massenfabrikation zu erreichen und fand ein wirksames Hilfsmittel in der Schaffung von Normalien zunächst für die eigenen Werkstätten."

Ein allgemeines Bedürfnis nach völliger Übereinstimmung gewisser Erzeugnisse entstand jedoch, wie gesagt, erst während des Ersten Weltkrieges. Bald wurde erkannt, daß sich die Vereinheitlichung des Militärbedarfes nicht getrennt von der Normung der Grundelemente des gesamten Maschinenbaus durchführen ließ. Daher wurde am 18. Mai 1917 der vom VDI mitgetragene „Normalienausschuß für den allgemeinen Maschinenbau" eingerichtet, der noch im selben Jahr in den eingetragenen Verein „Normenausschuß der deutschen Industrie" umgewandelt wurde. Seine Normen erschienen schon bald unter dem Zeichen DIN.

Wie schwierig sich die Normierungsarbeit gestaltete, belegt ein Ausspruch von Waldemar Hellmich, dem Mitbegründer und späteren Geschäftsführer des Ausschusses: „Das Normalisieren ist eine heikle Sache. Die Interessenten kämpfen häufig nicht mit sachlichen, sondern vielfach auch aus wirtschaftlichen Gründen." [6.27] Zudem war gegen eine Kritik anzugehen, die in der Normung eine kulturlose Gleichmacherei sah. Hochschullehrer sprachen von einer Schwächung des konstruktiven Gefühls ihres Nachwuchses, Architekten befürchteten eine Einschränkung ihrer künstlerischen Freiheit.

Die Arbeit des Ausschusses blieb nicht auf den Industriezweig des Maschinenbaus beschränkt, es kamen neue Aufgabenfelder hinzu. Dieser Entwicklung entsprechend wurde der Name „Normenausschuß der deutschen Industrie" 1926 in „Deutscher Normenausschuß e. V." (DNA) umgewandelt. Das Symbol der deutschen Normung, DIN, wurde jedoch beibehalten.

Wie in anderen Ländern entwickelte sich die Normung in Deutschland zunächst im nationalen Rahmen. Unmittelbar nach dem Ersten Weltkrieg entstanden Kontakte zwischen den einzelnen nationalen Normenausschüssen, die im Jahre 1928 zur Gründung der „International Federation of the National Standardizing Associations" (ISA) führten. Der deutsche Normenausschuß, für den 1975 der Name „Deutsches Institut für Normung" eingeführt wurde, war schon damals in allen technischen Ausschüssen vertreten, von denen er sogar eine Vielzahl leitete.

An der Gründung des „Normenausschusses der deutschen Industrie" ist besonders der Beitrag des ältesten deutschen Ingenieurvereins, des VDI, hervorzuheben.

Dem VDI ging der von Beuth 1821 in Preußen gegründete Verein zur Beförderung des Gewerbefleißes und der sich in einigen Zielen an den studentischen Verbindungen orientierende Verein „Hütte" voraus. Mitglieder der „Hütte" und Schüler des königlichen Gewerbeinstitutes bildeten 1855 eine Kommission, um Statuten eines „Vereins Deutscher Ingenieure" zu entwerfen. Das Leitmotiv ist bis auf einige durch die Zeitumstände bedingte Änderungen heute noch gültig: „Der Verein bezweckt ein inniges Zusammenwirken der geistigen Kräfte deutscher Technik zur gegenseitigen Anregung und Fortbildung im Interesse der gesamten Industrie Deutschlands." [6.65]

Diesem Ziel der Ingenieurarbeit im Interesse der gesamten deutschen Industrie entsprach bereits die Zusammensetzung des Vereins zur Beförderung des Gewerbefleißes, in dem nicht nur Gewerbetreibende, wie Krupp, Borsig, Schichau und Harkort, sondern auch Minister und Bürgermeister, Kaufleute, Schlosser, Künstler und Wissenschaftler, wie Alexander und Wilhelm von Humboldt, Schinkel, Rauch und viele andere Persönlichkeiten Mitglieder waren. Auch im VDI konnten laut Statut ohne Vorbedingung ausübende Techniker, Lehrer der Technik und der technischen Wissenschaften und Besitzer und Leiter technischer Einrichtungen Mitglieder werden. Der VDI wurde somit nicht als Interessenverband der Techniker gegründet, sondern als ein Verein zur Förderung der Technik. Das Wohl der Techniker sollte nach den Vorstellungen der Gründergeneration gleichsam automatisch aus dem Fortschritt der Technik hervorgehen.

Erster Vorsitzender war der Hüttenmeister aus Trippstadt/Pfalz, Karl Friedrich Euler. Erster wissenschaftlicher Leiter mit Titel „Direktor" war der damalige Lehrer am Königlichen Gewerbeinstitut zu Berlin, Franz Grashof.

In der täglichen Arbeit des Vereins gewannen Probleme der Normung erhebliche Bedeutung. Besonders folgenreich wurde ein Antrag des Westfälischen Bezirksvereins aus dem Jahre 1871, der Verein solle Normalmaße für gußeiserne Muffen und Flanschenröhren und deren Formstücke aufstellen. Zu den Normen für gußeiserne Röhren kamen Normen für Hochdruckdampf-Rohrleitungen, für Leistungsversuche an Dampfkesseln, Dampfmaschinen, Kompressoren und Ventilatoren. Es folgten Normen für Walzeisen und einheitliche Vorschriften für Aufzüge.

Auch das Patentrecht wurde zum bleibenden Aufgabengebiet des VDI, der in der Anfangszeit von seinem Ehrenmitglied Werner von Siemens stark unterstützt wurde. Auch andere Fragen der Gesetzgebung wurden vom VDI bearbeitet; so z.B. die Dampfkesselgesetzgebung und -überwachung, Gesetze über elektrische Anlagen, Schutzvorschriften in Betrieben, die Gewerbeaufsicht, das Verlagsgesetz und das preußische Wasserrecht.

Vom ersten Tag an gab der VDI die „Zeitschrift des Vereins der Deutschen Ingenieure" heraus, die über die Arbeit des Vereins und der Bezirksvereine berichtete und wissenschaftliche Abhandlungen enthielt. Das Bestreben, die Mitteilungen über die Sitzungen der Bezirksvereine schneller veröffentlichen zu können, hatte zur Begründung der Wochenschrift des VDI geführt. Die Zeitschriften des VDI haben sich seit ihrem Bestehen inhaltlich oft gewandelt. So erschienen 1901 auf Anregung Carl von Bachs Forschungshefte, und von 1908 bis 1919 wurde die Monatszeitschrift „Technik und Wirtschaft" herausgegeben.

Aus dem VDI ging nicht nur der Deutsche Normenausschuß hervor. Weitere Institutionen zur Beförderung der Rationalisierung in Deutschland folgten. 1918 kam es im Rahmen des VDI zur Gründung des Ausschusses für wirtschaftliche Fertigung (AWF), der seit 1922 dem inzwischen geschaffenen RKW, dem „Reichskuratorium für Wirtschaftlichkeit in Industrie und Handwerk", angehörte. Dort nahm der AWF bis zum Ende des Zweiten Weltkrieges die Funktion einer technischen Abteilung wahr.

Der AWF versteht sich noch heute als freie Arbeitsgemeinschaft von Praktikern aus Technik, Wirtschaft und Wissenschaft, die in ursprünglich 12 Hauptausschüssen und zahlreichen Unterausschüssen Unterlagen und Hilfsmittel für alle Zweige der industriellen Fertigung erarbeitet, um die Betriebe in ihrem Bemühen um eine möglichst rationelle Produktion zu unterstützen. Die Ergebnisse dieser Arbeit werden in Büchern, Betriebsblättern, Richtwerttabellen und AWF-Maschinenkarten dokumentiert. Auch Lehrgänge und Tagungen gehören zum Arbeitsprogramm dieses Ausschusses.

Bereits in seinen ersten Mitteilungen vom April 1918, also noch während des Ersten Weltkrieges, veröffentlichte der AWF ein Programm für die vordringlichsten Aufgaben der industriellen und wissenschaftlichen Gemeinschaftsarbeit:

„1. Untersuchung der Grundlagen wirtschaftlicher Fertigung, insbesondere der Wirkungsweise und Anwendbarkeit der Spezialisierung und Typisierung,
2. Aufklärung möglichst weiter Kreise sowohl der Hersteller als auch der Verbraucher von Erzeugnissen der Industrie über die Ergebnisse der Untersuchungen des Ausschusses, Beratung bei der Vergebung großer Aufträge, insbesondere von Behörden, Gemeinden und anderen öffentlichen Stellen im Sinne zweckmäßiger Spezialisierung und Typisierung,
3. Sammlung aller bei der praktischen Anwendung der Spezialisierung und Typisierung gemachten Erfahrungen und einheitliche, planmäßige Zusammenfassung aller Bestrebungen und Arbeiten auf diesem Gebiet,
4. Austausch der Erfahrungen zwischen den verschiedenen mit der Spezialisierung und Typisierung befaßten Stellen, Vermittlung von Zusammenarbeit und gegenseitiger Unterstützung." [6.33]

1918, mit dem Kriegsende, wuchs im Zusammenhang mit den Herausforderungen der Zeit auch das Interesse an Gemeinschaftsarbeit. So nahm der AWF seit 1919 in rascher Folge neue Arbeitsgebiete in sein Programm auf, darunter vor allem den Ausschuß für Zeitstudien, dessen Aufgaben später dem Reichsausschuß für Arbeitszeitermittlung (REFA) übertragen wurden. Im AWF konstituierten sich unter anderem Ausschüsse für Hand- und Maschinenarbeit, Fließarbeit, spanlose Formgebung, Arbeitsvorbereitung, Messen in der Werkstatt und Feinstbearbeitung.

Immer wieder beschäftigte sich der AWF mit der vieldiskutierten Frage der Spezialisierung. 1920 veröffentlichte der Ausschuß als Druckschrift Nr. 2 die von Otto Schulz-Mehrin bearbeiteten Untersuchungsergebnisse über „Die industrielle Spezialisierung. Wesen, Wirkung, Durchführungsmöglichkeiten und Grenzen". Darin hieß es: „Das Für und Wider der Spezialisierung, ihre Wirkungen, Vorteile und Nachteile, Durchführungsmöglichkeiten und Grenzen zu untersuchen, ist eine der Hauptaufgaben, die dem Ausschuß für wirtschaftliche Fertigung bereits bei seiner Gründung gestellt wurden. Der Ausschuß hat diese Aufgabe bearbeitet, indem er ein umfangreiches Material gesammelt, gesichtet und verarbeitet, und Zweifelsfragen in einem ausgedehnten Schriftwechsel, zahlreichen Besprechungen und Ausschußberatungen zu klären versucht hat." [6.61]

Von besonderer Bedeutung für die Werkstatt wurde die fortlaufende Erweiterung der vom AWF aufgestellten Richtwerte für Schnittgeschwindigkeiten und Spanquerschnitte beim Drehen. Systematisch hat man die neuen Schnellstähle, Legierungen und Hartmetallwerkzeuge untersucht und ihre Standzeiten ermittelt. Die Berücksichtigung der empfohlenen Werte sicherte den Betrieben eine wirtschaftliche Nutzung ihrer Maschinen und Werkzeuge [6.76]. Nach dem Zweiten Weltkrieg kam dem faktisch weiterbestehenden AWF bei der Reorganisation des RKW eine von Anfang an führende Rolle zu. Er repräsentierte die stärkste Abteilung, und seine zum größten Teil geretteten Arbeitsergebnisse waren für den Wiederaufbau der deutschen Industrie von unschätzbarem Wert. 1951 hat sich der AWF offiziell wieder in der vor 1945 üblichen Form konstituiert und einen aus führenden Industrievertretern bestehenden Vorstand und Beirat gewählt. Wollte man die Arbeiten des AWF zwischen den Kriegen sowie in den Jahren nach dem Zweiten Weltkrieg zusammenfassen, dann dienten sie dazu, „die Produktionsmittel wirtschaftlich auszunutzen, die produzierten Güter beim inner- und außerbetrieblichen Transport sowie beim Lagern vor Schäden und Verderb zu bewahren und den produzierenden Menschen die Arbeit zu erleichtern" [6.33].

Aus dem schon erwähnten Ausschuß für Zeitstudien beim AWF ging 1924 der Reichsausschuß für Arbeitszeitermittlung (REFA) hervor. Wegen seiner erweiterten Aufgabenstellung wurde er 1936 in Reichsausschuß für Arbeitsstudien umbenannt, behielt aber bis heute die Kurzbezeichnung REFA bei [6.73].

Ein entscheidender Anstoß zur REFA-Gründung kam aus der Wirtschaft. „Ende 1921 gab die große Tarifkommission des Gesamtverbandes Deutscher Metallindustrieller in Berlin die Anregung, sich eingehend mit dem Problem des gerechten Arbeitslohnes zu beschäftigen, da durch die fortschreitende Geldentwertung die auf einen Geldbetrag lautenden Akkorde oft schon überholt waren, ehe die Arbeit begonnen wurde. Bei der Lohnzahlung erhielt der Arbeiter nicht mehr das, was er wertmäßig verdient hatte; ein vorkalkuliertes Angebot wurde zum Verlustgeschäft, wenn die Bestellung im Betrieb einging.

Man suchte nach einem wertbeständigen Maßstab für das Verhältnis Mengenleistung zu Lohn und fand ihn in der Zeit. Allerdings war das nicht die tatsächlich gebrauchte Istzeit, sondern eine nach bestimmten Grundsätzen errechnete Vorgabezeit; diese konstante Größe konnte mit einem täglich wachsenden Faktor in Geld umgerechnet werden." [6.49]

Treibende Kraft bei der REFA-Gründung war Kurt Hegner, Direktor bei Ludwig Loewe und späterer Vorsitzender des REFA. Er schilderte die Wirkung der zunehmenden Inflation auf das Betriebsgeschehen und die ersten Versuche, zum Akkordlohn überzugehen, mit plastischen Worten:

„1922. Ein Lohnzahlungstag. Vor den Fabriktoren einer großen Berliner Fabrik stehen dicht gedrängt die Frauen der Arbeiter, ihre Kinder auf den Armen und an der Hand, lärmend und drängend, Einlaß begehrend. Die Tore sind geschlossen; sie werden geöffnet, als eine Kolonne von Lastwagen erscheint, beladen mit offenen großen Kisten. In ihnen Berge von gebündelten Geldscheinen, zur Löhnung bestimmt. Inflation strebt nach dem Höhepunkt. Frauen und ihre Kinder stürmen durch die kurz geöffneten Tore, dringen in die Verwaltungsräume, beschwören die Leitung, die Löhne für den Unterhalt der Familie wertbeständig und nicht in diesen wertlosen Papierscheinen zu zahlen. Denn die am Zahltag gezahlten Löhne, erarbeitet in Stunden- oder aber in Stücklohnarbeit, sind in der vorhergehenden Woche verdient worden und werden zu den damals gültigen Markbeträgen in der Abrechnung eingesetzt und zur Zahlung angewiesen. Inzwischen ist eine Woche vergangen, der Wert des Geldes oft genug auf den zehnten bis fünfzigsten Teil entwertet. Die Löhne der vorigen Woche reichen kaum zum Einkaufen des Brotes. Die Volksnot wächst ins Ungemessene. Es nützt auch nichts, wenn die Firmen eigenes Geld herausgeben; die Gewerbetreibenden nehmen diese Geldscheine nicht an. Da kommt man als Ausweg zur Steuerung dieser täglich steigenden, dringendsten Not auf die Idee, die Lohnabrechnung nicht auf die schon eine Woche vorher festgelegten Lohnbeträge zu stützen, sondern sie auf die erarbeiteten Stunden abzustellen und die in der Vorwoche erarbeiteten Stunden mit dem am Zahltag gültigen Geldwert für die Stunde zu multiplizieren.

So ist der Arbeiter und seine Familie in die Lage versetzt, wenigstens am Zahltag einen allerdings nur dem Tageswert entsprechenden Lohn zur Verfügung zu haben. So ist das Ablöhnen der bisher im Stundenlohn bezahlten Arbeit einfach, für Stücklohnarbeiten muß aber die je Stück benötigte Zeit errechnet werden. Das war die Geburtsstunde des Zeitakkords oder – besser gesagt – die Geburtsstunde für die Erkenntnis vom Wesen und Wert der Zeitermittlung, nicht nur für die Entlohnung der Arbeit, sondern für das ganze Betriebsgeschehen." [6.44]

Bei der Schaffung gültiger Zeitbegriffe und Zeitwerte konnte auf Richtwerte des AWF für Arbeitszeiten verschiedener Fertigungsverfahren sowie auf ein 1920 erschienenes Buch von Michel, „Wie macht man Zeitstudien“, zurückgegriffen werden. Nun galt es, die ermittelten Werte möglichst schnell in die Betriebe hineinzutragen. Besondere Verdienste erwarb sich auch hierbei Kurt Hegner. Er führte die ersten Kalkulationskurse durch und gilt als Begründer des REFA-Ausbildungswesens [6.49].

1921 kam von der großen Tarifkommission des Gesamtverbandes deutscher Metallindustrieller in Berlin die Anregung, sich näher mit den Problemen des Arbeits- und Zeitstudiums zu beschäftigen. „Die Initiative dazu ging besonders von den Direktoren Huhn (Fa. Loewe), Knoop (Fa. AEG) und Ludwig (Fa. Siemens) aus. Unter der Leitung von Dr. Litz (Fa. Borsig) wurde der AWF-Ausschuß Zeitstudien in den AWF-Ausschuß für Maschinen- und Handzeitbestimmung umbenannt. Den Unterausschuß für Maschinenzeiten übernahm Obering. Hegner (Loewe), den Unterausschuß für Handzeiten Obering. Drescher (Siemens).“ [6.44]

Außer den bereits erwähnten Persönlichkeiten verdienen noch jene Helfer besondere Erwähnung, ohne die es nicht so bald zur REFA-Gründung gekommen wäre: „Albrecht (AEG), Amelung (Orenstein-Koppel), Bock (Borsig), Butschke (AEG), Eifler (Orenstein-Koppel), Felcht (Borsig), Gaab (Dr. Levy), Hoffmann (Reichsbahn), Kaczmarek (D. Telefonwerke), Klotz (AEG), Koppitz (Loewe), Rautenburg (Hasse), Rösner (Bergmann), Schölch (AEG), Weber (AEG), Wildauer (AEG), Zimbelius (Werner).“ [6.44]

Im Ergebnis dieser Vorbereitungen konnte am 30. September 1924 in Berlin die Gründung des Reichsausschusses für Arbeitszeitermittlung erfolgen. „Nach dem Willen seiner Gründer hatte der REFA die Aufgabe, alles, was sich auf dem Gebiet der Arbeitszeitermittlung in Wissenschaft und Praxis, in den Betrieben und im Schrifttum finden ließ, zu sammeln, zu sichten und der Öffentlichkeit in einer Form zugänglich zu machen, die zum Selbststudium und als Unterlage besonderer Lehrgänge geeignet war.“ [6.49]

Die REFA-Verfahren zur Vorgabezeitermittlung haben bis zum Zweiten Weltkrieg besonders in der Metallindustrie Eingang gefunden. Gleichzeitig wurden Vorschläge für eine analytische Differenzierung der Arbeitsanforderungen entwikkelt, die später angewendet wurden und Bedeutung bei Fragen der Entlohnung erlangten. Wichtige Veröffentlichungen dieser Zeit waren:

1924 Hegner: Lehrbuch der Vorkalkulation von Bearbeitungszeiten,
1928 Erstes REFA-Buch,
1933 Zweites REFA-Buch, das eine Auflage von mehr als 100 000 Stück erreichte,
1937 Bramesfeld/Graf: Leitfaden für das Arbeitsstudium,
1943 Kupke: Vom Schätzen des Leistungsgrades [6.49].

Nach 1945 stellte sich die Aufgabe, im Rahmen des Wiederaufbaus der Betriebe auch die Arbeitsorganisation und Zeitwirtschaft zu erneuern. „Dazu konnten die 1947 neu gegründeten regionalen REFA-Landesverbände erheblich beitragen. Sie schlossen sich zunächst lose in einer Arbeitsgemeinschaft zusammen, bis am 23. September 1951 der Verband für Arbeitsstudien – REFA – e. V. auf Bundesebene gegründet wurde.

Um von vornherein sicherzustellen, daß bei der Erarbeitung der Methodik des Arbeitsstudiums sowohl die Belange des Betriebes als auch die berechtigten Interessen aller Mitarbeiter gewahrt werden, wurde in der Gründung des Verbandes für Arbeitsstudien nach dem Zweiten Weltkrieg den Arbeitgeberverbänden und den Gewerkschaften Sitz und Stimme in allen Gremien eingeräumt. Damit hat eine neue Ära des Arbeitsstudiums in der Bundesrepublik begonnen." [6.49]

Der Aufgabenbereich des REFA erstreckte sich zunächst auf die Entwicklung praktikabler Methoden zur Verbesserung der Wirtschaftlichkeit und zur Humanisierung der Arbeit, die in der sogenannten REFA-Lehre zusammengefaßt sind. Sie basiert auf den heute zur Arbeitswissenschaft weiterentwickelten Ideen der von Schlesinger und Moede begründeten Psychotechnik. Des weiteren gehören Lehrtätigkeiten und die Herausgabe von Veröffentlichungen zu den Aufgaben dieses Verbandes. Zum dritten wird er in Betrieben aller Wirtschaftszweige sowie der öffentlichen und privaten Verwaltung zur praktischen Umsetzung der REFA-Lehre aktiv. Zur Verwirklichung seiner gemeinnützigen Ziele ist der Verband gegenwärtig in sieben selbständige Gebiets- und Landesverbände gegliedert. Der Vorstand setzt sich aus Vertretern der Gebiets- und Landesverbände, der Sozialpartner sowie aus Wissenschaftlern und Führungskräften der Wirtschaft zusammen.

Anfang 1920 kam aus dem Berliner Bezirksverein des VDI die Initiative zur Bildung der Arbeitsgemeinschaft Deutscher Betriebsingenieure (ADB) im VDI, die sich schnell auf das gesamte Reichsgebiet ausdehnte. Zunächst gründete der Berliner Bezirksverein des VDI Anfang 1918 einen „Ausschuß für Betriebsorganisation", der für aktuelle Vorträge aus diesem Gebiete sorgte. „Mitte 1918 forderte die Leitung des VDI die übrigen Bezirksvereine auf, Fragen der Betriebsorganisation zu behandeln. Gleichzeitig schuf der Verein die Zeitschrift ‚Der Betrieb' – und bald entstanden Ausschüsse für Betriebsorganisation in anderen Bezirksvereinen.

Im Jahre 1919 erschien in der VDI-Zeitschrift eine Aufforderung zur Mitarbeit im Normungsausschuß, im Ausschuß für Wirtschaftliche Fertigung und in den Ausschüssen für Betriebsorganisation. Ende 1919 reifte der Entschluß, die betriebliche Gemeinschaftsarbeit durch eine umfassende Arbeitsgemeinschaft von Betriebsleuten im VDI zu unterstützen und zu stärken. Sie erhielt den Namen ‚Arbeitsgemeinschaft Deutscher Betriebsingenieure' (ADB). Im Mitteilungsblatt des Berliner Bezirksvereins vom 5. März 1920 wurde den VDI-Bezirksvereinen Kenntnis von der Bildung der ADB gegeben. Dieser Tag gilt als Zeitpunkt für ihre Entstehung. Die Arbeitsgemeinschaft Deutscher Betriebsingenieure des VDI ist also nicht gegründet worden, sondern langsam entstanden." [6.15] Die ADB verbreitete insbesondere die später auch vom RKW erarbeiteten betriebswirtschaftlichen und technischen Rationalisierungsmittel in der industriellen Praxis. Diese seit 1970 unter dem

Namen VDI-Gesellschaft Produktionstechnik (VDI-ADB) heute noch wirksame Ingenieurgemeinschaft beschäftigt sich seit ihrer Entstehung auf verschiedenen Ebenen vor allem mit Fragestellungen der rationellen Fertigung. Ortsgruppen organisieren Veranstaltungen, bei denen sich Interessenten über Fortschritte im Bereich der Fertigung informieren und über ihre Probleme austauschen können [6.68].

Von den führenden Persönlichkeiten aus der Anfangszeit der ADB sind neben den Vorsitzenden Otto Klein (1922–1924) und Carl Köttgen (1925–1929) vor allem Waldemar Hellmich zu nennen, Geschäftsführer der ADB von 1920 bis 1926, und Friedrich Meyenberg, der von 1920 bis 1926 die stellvertretende Geschäftsführung innehatte. Auch Otto Kienzle war von 1920 bis 1926 Stellvertretender Geschäftsführer der ADB. In diesen Jahren wurde eine besonders enge Zusammenarbeit mit dem Deutschen Ausschuß für technisches Schulwesen (DATSCH) zur Nachwuchsförderung gepflegt. So fand auch das Deutsche Institut für technische Arbeitsschulung (Dinta) die Unterstützung der ADB.

Die ADB gab in den Jahren von 1923 bis 1931 eine betriebswissenschaftliche Schriftenreihe mit neun Bänden heraus, deren bekannteste Autoren Hegner, Ludwig, Drescher, Gottwein und Kienzle waren. Kurt Hegners Buch „Vorkalkulation von Bearbeitungszeiten“ sollte bald zu einem Standardwerk werden. 1924 erschien das Werk von E. Heidebroek, „Industriebetriebslehre“, das ebenfalls einen wichtigen Beitrag zur Rationalisierung als Gemeinschaftsaufgabe leistete. Mit einem Geleitwort von Schlesinger veröffentlichte W. Müller 1925 die dritte Auflage von Lilienthals klassischer Untersuchung „Fabrikorganisation, Fabrikbuchführung und Selbstkostenberechnung der Ludwig Loewe & Co. AG“, jenes auch in den 20er Jahren für Gemeinschaftsarbeit noch beispielhaften Unternehmens.

Für Ingenieure, die in der Produktion verantwortlich tätig sind, besteht früher wie heute ein hoher Bedarf an Erfahrungsaustausch und kontinuierlicher Weiterbildung. Hier liegen die Wurzeln der ADB, die auch gegenwärtig in vielen Arbeitskreisen aktuelle Themen behandelt und ihre Ergebnisse als Empfehlungen, Richtlinien sowie Publikationen bereitstellt. Dabei unterliegt auch diese Arbeit einem Wandel, der sicher zur Ergänzung traditioneller Tätigkeitsgebiete der ADB, wie Metallbearbeitung, Montage- und Handhabungstechnik sowie Produktionsplanung und -steuerung, durch Aufgaben rechnerunterstützter Fertigung, der Bearbeitung neuer Werkstoffe oder der Oberflächentechnik führen wird [6.71].

Das „Reichskuratorium für Wirtschaftlichkeit in Industrie und Handwerk“ kam Mitte 1921 zustande, zunächst in der losen Form eines nicht rechtsfähigen Vereins, dem das Reich öffentliche Mittel zur Verfügung stellte. Als Dachverband und Koordinationsstelle für sämtliche Rationalisierungsbestrebungen in Deutschland widmete sich das RKW einer allgemeinen Rationalisierungsförderung der deutschen Wirtschaft [6.73].

Die vielschichtige Arbeit des RKW wurde schon in seiner Gründungszeit von namhaften Vertretern des Rationalisierungsgedankens aus Industrie und Wissenschaft gefördert. Besonders zu erwähnen sind in diesem Zusammenhang Emil Kraepelin (1856–1926), Willy Hellpach (1877–1955), Carl Friedrich von Siemens (1872–1941), Carl Köttgen (1871–1951) und Friedrich von Gottl-Ottlilienfeld (1868–1958).

Kraepelin wurde vor allem durch seine arbeitswissenschaftlichen Studien bekannt, in denen er den Verlauf menschlicher Leistungen, die sogenannte Arbeitskurve, experimentell untersuchte. Von der medizinischen Psychiatrie kommend, in der er als grundlegender Systematiker seiner Fachrichtung galt, wurde Kraepelin ebenso wie Münsterberg und Hellpach durch die experimentalpsychologischen Arbeiten Wilhelm Wundts zu eigener arbeitspsychologischer Forschung angeregt. Diese betrachtete er als sein eigentliches Lebenswerk, das jedoch erst von Max Weber und vermittelt durch ihn von Hellpach in Form psychologischer Messungen des Arbeitsverlaufs in die industrielle Praxis eingeführt wurde.

Über das Ziel seiner Untersuchungen, die zu den gesicherten Grundlagen späterer Arbeitszeitermittlungen werden sollten, schrieb Kraepelin: „Es galt nicht nur die Art, sondern auch die Größe der Einflüsse zu erforschen, welche die Arbeitskurve beherrschen. Kennen wir aber alle in Betracht kommenden Größen, so müssen wir imstande sein, aus ihrem Zusammenwirken die gefundene Kurve in ähnlicher Weise zusammenzusetzen, wie eine verwickelte Schwingungskurve aus einzelnen Pendelkurven von verschiedener Schwingungszahl oder einen Vielklang aus Einzeltönen. Gelingt ein solcher Versuch, so zeigt er uns zugleich, daß uns kein wesentlicher Umstand mehr unbekannt ist, der an der Entstehung der Arbeitskurve Anteil haben könnte ... Wenn wir es erst verstehen," so verweist Kraepelin auf den künftigen Nutzen seiner Forschung," sichere Grundlagen für den Aufbau der einzelnen Arbeitskurve aufzufinden ..., wird es voraussichtlich auch gelingen, durch zweckmäßige Verteilung von Arbeit und Ruhe ein Maßverfahren zu ersinnen, welches uns rasch mit den wesentlichsten Eigenschaften der Versuchsperson, ihrer Übungsfähigkeit und ihrer Ermüdbarkeit, vertraut macht. Schon jetzt würde die Feststellung der günstigsten Pause, zu der uns die Versuche geführt hatten, ein Urteil in der genannten Richtung ermöglichen. Es kann aber wohl keinem Zweifel unterliegen, daß wir auch einfachere und leichter zu beschreitende Wege zum Ziele auffinden werden, wenn wir erst die Karte des Landes vervollständigt haben, in dem wir uns zurechtfinden sollen." [6.32]

Auch Willy Hellpach begann seine arbeitswissenschaftlichen Forschungen als Arzt. Er promovierte am experimentalpsychologischen Institut Wilhelm Wundts in Leipzig, um anschließend sein Medizinstudium in Heidelberg als Facharzt für Psychiatrie und Neurologie abzuschließen. Gefördert unter anderem von Max Weber beginnt Hellpach 1906 an der Technischen Hochschule Karlsruhe über „Psychologie im Wirtschaftsleben" zu lesen und begründet damit die Arbeitspsychologie als eigenständige Disziplin. Nach dem Ersten Weltkrieg gelingt es ihm, für sein Gebiet die Anerkennung als ordentliches Lehrfach durchzusetzen.

Hellpach verstärkte nun die Zusammenarbeit mit der Wirtschaft, darunter mit den Daimler-Werken Gaggenau. Breite Anerkennung fand er mit der Veröffentlichung seiner Forschungsergebnisse zur optimalen Gestaltung von Gruppenarbeit. 1922 wurde ihm in Württemberg sogar das Amt des Ministers für Kultur und Unterricht angetragen. In dieser Funktion widmete er sich intensiv der Reform des Berufsschulwesens. Die mit den 30er Jahren beginnenden politischen Wirren veranlaßten Hellpach, sich bis zu seinem Tod im Jahre 1955 ausschließlich seinen Aufgaben als Professor an der Philosophischen Fakultät Heidelberg auf den Gebieten der Medizin, der Psychologie und der Kultursoziologie zuzuwenden [6.45].

Carl Friedrich von Siemens begann seinen beruflichen Werdegang als Leiter der englischen Niederlassung des Hauses Siemens, die ihn vor große Aufgaben stellte. Bereits diese dem Ersten Weltkrieg vorausgehende Zeit ließ ihn die Notwendigkeit moderner, rationeller Betriebsführung erkennen. So strebte er eine schnelle und tiefgestaffelte Datenerfassung durch den Ausbau der Betriebsstatistik an, die zur verbesserten Kosten- und Leistungskontrolle führen sollte. 1909 nach Berlin zurückgekehrt, leitete er im Zuge der Neugliederung des Weltunternehmens entscheidende betriebswirtschaftliche Rationalisierungsmaßnahmen ein. Dazu zählten ein System innerbetrieblicher Leistungsverrechnungen, eine Koordination der Vertriebswege und eine Harmonisierung des Fertigungsprogramms [6.45].

In Erkenntnis der engen Wechselwirkung zwischen der Entwicklung des eigenen Unternehmens und der wachsenden Produktivität der gesamten Volkswirtschaft hat C. F. v. Siemens alle Bestrebungen zur Förderung der nationalen Wirtschaft tatkräftig unterstützt. So war er es, „der so bedeutenden Vorkämpfern der Rationalisierung in Deutschland, wie beispielsweise Dr.-Ing. E. h. Waldemar Hellmich in der Öffentlichkeit Gehör verschaffte. Dr. Hellmich hatte sich schon in früheren Jahren um die Straffung der Gemeinschaftsarbeit auf dem Gebiet der Normung (im deutschen Normenausschuß) und der betriebstechnischen Rationalisierung (im Ausschuß für wirtschaftliche Fertigung – AWF) verdient gemacht. Für Hellmichs Ideen, das gesamte Rationalisierungsgut zentral zu sichten, zu ordnen und vor allem öffentlichkeitswirksam zu verbreiten, haben Dr. Köttgen und Dr. Hellmich C. F. v. Siemens zu gewinnen vermocht.“ [6.45]

Der geistige Horizont, in dem C. F. v. Siemens die ihm als Vorstandsvorsitzendem des RKW gestellte Rationalisierungsaufgabe sah, geht anschaulich aus seiner in die Geschichte und Zukunft weisenden Eröffnungsrede zur Jahrestagung des RKW vom Dezember 1925 hervor: „Wir haben die große Freude gehabt, daß unsere Bestrebungen von allen Parteien des Reichstages als dem Wohle der Gesamtheit dienende anerkannt worden sind, und daß daraufhin der Reichstag dem Reichswirtschaftsministerium größere Mittel zur Unterstützung dieser Aufgaben zur Verfügung gestellt hat. Dieses Anerkenntnis soll uns ein Ansporn sein, mit erhöh-

erhöhtem Eifer und in größerem Umfang sie zu verfolgen. Wir verdanken das Erkennen der Wichtigkeit dieser Bestrebungen für die Allgemeinheit zweifellos dem Studium der amerikanischen Verhältnisse, das in so starker Weise nach dem Kriege eingesetzt hat ...

Wir Deutschen sind leicht geneigt, das, was aus dem Auslande kommt, als das Bessere anzusehen und das Eigene zu unterschätzen; dagegen sollen wir ankämpfen, aber dabei nun nicht, wie so oft, in das Gegenteil umschlagen. Wir sollen die Vorteile des anderen versuchen, nicht in ihren Erscheinungen, sondern in ihren Ausgangspunkten zu erkennen, und prüfen, wieweit wir aus ihnen für unsere Verhältnisse Vorteile zu ziehen imstande sind. Bei Studium der wirtschaftlichen Verhältnisse in Amerika finden wir, daß jedes Streben auf der Erkenntnis aufgebaut ist, daß das Leben für alle nur dann verbessert werden kann, wenn die Produktion des einzelnen im Durchschnitt genommen erhöht wird. ‚Produktion pro Kopf', dieser Satz ist drüben kein umstrittenes Gebiet, sondern jedem, ob Chef des größten Hauses oder ob Lehrling, ob Parlamentarier oder Privatmann, Richtschnur seines Denkens. Zu den vornehmsten Arbeiten unseres Kuratoriums gehört es, diesen Grundsatz auf unsere Verhältnisse anzuwenden, die andere sind als die amerikanischen. Der Charakter eines Volkes ist das Produkt seiner Erziehung, seiner Gewohnheiten seit Jahrhunderten. Der Versuch einer plötzlichen Umstellung muß scheitern. Erkennen wir die Vorteile, die Überlegenheit eines anderen, so sollen wir prüfen, ob wir die in uns liegende Kraft durch sachgemäße Anwendung der Erfahrungen Dritter zu steigern imstande wären. Das ist die Aufgabe unseres Kuratoriums." [6.45]

Carl Köttgen, der uns soeben als Weggefährte C. F. v. Siemens begegnete, wurde noch vor Ausbruch des Ersten Weltkrieges zum technischen Leiter der Londoner Tochterfirma Siemens Brothers ernannt. 1919 übertrug ihm C. F. v. Siemens die Zentrale Werksleitung der Siemens Schuckert Werke in Berlin. Doch Köttgens Wirkungskreis reichte weit über diese ihm anvertrauten Aufgaben hinaus. Er trat als einer der einflußreichsten Kräfte der deutschen Rationalisierungsbewegung national und international hervor. Gemeinsam mit C. F. v. Siemens wurde er an die Spitze des neugeschaffenen RKW berufen. Hier wie in der Leitung der Siemens-Unternehmen verband beide Männer eine enge Freundschaft. Sie prägten maßgeblich den Weltruf dieser Firma auf technischem, organisatorischem, wissenschaftlichem und nicht zuletzt sozialem Gebiet über mehr als zwei Jahrzehnte.

Wie C. F. v. Siemens erkannte auch Köttgen die Bedeutung amerikanischer Methoden zur rationellen Betriebsführung, „mögen sie sich im einzelnen als scientific management, in Normungsbestrebungen und nicht zuletzt in einer das ganze amerikanische Volk begeisternden Willensäußerung, besser und mehr zu leisten, niederschlagen. In Deutschland galt es zu dieser Zeit, mannigfaltige Ansätze zur Gemeinschaftsarbeit auf Gebieten der betrieblichen und gesamtwirtschaftlichen Produktivitätssteigerung zu koordinieren. Bedeutende Vorarbeiten waren vor allem im Normungswesen geleistet und die zukunftsweisenden Gedanken Professor Schlesingers wirkten in vielfältigen Bemühungen technisch-wissenschaftlicher Vereine fort.“ [6.45]

Für seinen grundlegenden Beitrag zum Aufbau des RKW wurde Köttgen die Ehrenmitgliedschaft verliehen. 1925, auf der bereits erwähnten RKW-Jahrestagung, definierte Köttgen Rationalisierung als „die mit Überlegung durchgeführte Anwendung aller Mittel, die Technik und planmäßige Ordnung bieten, zur Hebung der Wirtschaftlichkeit, d. h. zur Steigerung des Wirkungsgrades schaffender Arbeit auf allen Gebieten der Gesamtwirtschaft. Zur Erreichung dieser Ziele sollen in Gemeinschaftsarbeit aller interessierten Kreise einheitliche Regeln ermittelt und in solche Form gebracht werden, daß danach in der Wirtschaft in weitem Umfange mit möglichst großer Leichtigkeit gearbeitet werden kann. Die Regeln werden um so wertvoller und ihre Aufstellung um so dringender, je häufiger sie angewandt werden können. Das führt zur Erfassung möglichst gleichartiger Wirtschaftsgüter oder Wirtschaftsvorgänge. Es soll also an menschlicher Arbeit gespart werden, wo es nur möglich ist; das bringt die Hebung der Produktion je Mann. Denn diese allein kann unser aller Wohlergehen bessern, kann das Leben jedes einzelnen erträglicher gestalten. Wenn wir von Wirtschaftlichkeit und wirtschaftlichem Arbeiten sprechen, so schließt der Begriff ‚Wirtschaftlichkeit‘ die zu erstrebende Verbesserung, die Mehrerzeugung in sich.“ [6.45]

Zum Abschluß der Würdigung bedeutender Pioniere der Rationalisierung in Deutschland sei auf das Werk Friedrich von Gottl-Ottlilienfelds näher eingegangen. Sein großes Thema bildete die enge Verkettung wirtschaftlicher und technischer Sachverhalte, ein Phänomen, das erstmals von Joseph Schumpeter theoretisch herausgearbeitet wurde. Gottl-Ottlilienfeld sah Technik und Wirtschaft in jeweils doppelter Weise miteinander verbunden: „so ist in doppelter Weise die Wirtschaft an die Technik gebunden. Sie verdankt ihr den Aufschluß über die Möglichkeiten und das Um und Auf der Produktion, aber auch deren letzteren Umsatz in die Wirklichkeit. Daneben hängt gleichfalls in doppeltem Sinne die Technik an der Wirtschaft und wird von ihr beeinflußt. Sie dankt ihr – in Gestalt der Probleme – die Grundlage zum eigenen Aufbau, aber auch die Richtschnur, ihn zu vollenden. Denn nicht allein die Probleme stellt die Wirtschaft der Technik, sie beherrscht auch den Geist ihrer Lösung.“ [6.45]

1908 nahm Gottl-Ottlilienfeld seine Lehrtätigkeit an der TH München auf und gründete ein Jahr später sein eigenes technisch-wirtschaftliches Institut. Es folgten Jahre fruchtbarer industrieller Beratertätigkeit im Dienste der Bayerischen Staatsregierung. Doch in all seinem Wirken blieb die theoretische Durchdringung der Rationalisierungsaufgabe sein großes Ziel.

„Keine Sammlung und Katalogisierung von Prinzipien, sondern die Hinordnung, die Systematisierung von Grundsätzen methodisch richtigen Vorgehens zur Erhöhung des Leistungsgrades, der Leistungswucht, Ertriebswucht und Ertragswucht erhebt sich zu einem geschlossenen Bau der Theorie des Rationalisierens. Gleichzeitig bekennt sich der Forscher in wissenschaftlicher Ehrlichkeit zum nie versiegenden Auftrag des Durchbildens eines Betriebes zum ‚Schnellbetrieb', da doch betriebswirtschaftlicher und technischer Rationalisierung vielfach nur die asymptotische Annäherung an ein erstrebtes Optimum im Sinne eines Grenzwertes der Erfüllung von Rationalisierungszielen vergönnt bleibt." [6.45]

Das neu gegründete RKW fand in Gottl-Ottlilienfeld einen engagierten Förderer. Seine Schrift „Vom Sinn der Rationalisierung" mit repräsentativ ausgewählten Aufsätzen und Vorträgen zur Verbreitung insbesondere ausländischer Rationalisierungsideen erschien als RKW-Veröffentlichung. Seit 1926 lehrte er an der Berliner Universität, gleichzeitig jedoch in Korrespondenz mit Schlesinger als Honorarprofessor an der TH Charlottenburg bis zu seiner Emeritierung im Jahre 1938.

Gottl-Ottlilienfeld trat in den 20er Jahren als entschiedener Befürworter der Rationalisierungsmethoden Henry Fords auf. Er geriet damit in eine zeitgenössische Debatte, die ihm nicht immer nur Freunde eintrug. Zu seinen Kritikern zählte unter anderem auch Adolf Wallichs. Zur Kennzeichnung der abwägenden Position Gottl-Ottlilienfelds sei im folgenden aus seinem Vortrag „Fordismus?", gehalten an der Universität Kiel, zitiert: „Frederick Winslow Taylor wirbt für seine ‚Wissenschaftliche Betriebsführung' mit dem Schlagwort: ‚Hohe Löhne – geringe Selbstkosten'. Die kürzeste Formel der Methoden Henry Fords lautet: ‚Stetiger Preisabbau – kräftig überhöhte Löhne'. Beides verblüfft durch den scheinbaren Widerspruch zur ganzen Art, wie sich im heutigen Wirtschaftsleben die Zusammenhänge schürzen. Industrie hoher Stufe neigt zwar längst dazu, im Lohn nicht zu sparen. Grundsätzlich aber zählt der Lohn selber zu jenen Minusposten, die im Abzug vom Erlös den Ertrag übriglassen ...

Daneben strebt Taylor wie auch Ford ein mehr Geistiges an. In einem Vortrag, kurz vor seinem Tode, betont Taylor, daß er im letzten Ende eine geistige Umwälzung anbahnen will in dem Verhältnis zwischen Leitung und Belegschaft des Betriebes. Henry Ford greift ja unendlich weiter aus. An nächster Stelle schwebt wohl auch ihm eine Art Befriedigung des industriellen Betriebes vor. Das allein ist wahrlich keine kleine Sache. Heute und für absehbare Zeiten gestaltet sich das menschliche Zusammenleben, und in sehr erheblichem Umfang, gleichsam auch durch den industriellen Betrieb hindurch. Dieser schneidet aus dem persönlichen Lebensraum vieler Millionen ein wichtiges Stück heraus, ihren Leistungsraum des Alltags. Der Betrieb formt Wirtschaftsschicksale von größter Breite des Typus ...

Aber so paradox in der Sache Taylor und Ford erscheinen, und so hohen Belangs ihre Ziele, beide handhaben das gleiche, schlichte, nüchterne Mittel: die Technische Vernunft! Das ist einfach die ‚ratio', auf die bezogen wir von ‚rationaler' Technik und ‚rationeller' Produktion reden. ‚Rationale', das ist eine besinnliche Technik. Sie wird einmal schon nicht müde, immer mehr der unbegrenzten Möglichkeiten aufzustöbern, die für die Erzwingung eines Erfolges offenstehen. Bei dieser Suche nach den Wegen zum Zweck nähert sie sich von der kausalen Erfahrung, in teleologischer Umkehr. Erst als besinnliche aber hat die Technik sich selber gefunden, als Kunst des rechten Weges zum Zweck! Ihr Gegenstück, die traditionale, roh empirische Technik folgt bei ihrem Vorgehen geradeaus der Überlieferung, beschreitet die ausgetretenen Pfade, ohne viel Wahl und Urteil; die Wahl liegt immer schon hinter ihr, getroffen im Bereiche der schlichten Arbeitserfahrung, denn sie ist schlechthin Arbeitskunst. Besinnliche Technik aber bindet ihren Vorgang grundsätzlich an ein bedachtsames Wählen, an Urteile. Der Zweck gilt ihr wie aller Technik stets als gegeben. Unter den vielen Wegen aber wählt sie urteilend, und dabei nun ist Technische Vernunft am Werke ..., der oberste Grundsatz der Technischen Vernunft lautet: Handle stets mit dem vergleichsweise mindesten Aufwand!" [6.45]

Bei Gottl-Ottlilienfeld wird unübersehbar deutlich, daß die Rationalisierungsbestrebungen nach dem Ersten Weltkrieg alles andere als seelenlose Bemühungen um Kostenminimierung darstellten. Vielmehr wurden die personalen und sozialen Beziehungen des Menschen zu Wirtschaft und Technik oft auf nahezu philosophischem Niveau mitreflektiert, ja auch in vielen Beiträgen aus der Industrie standen sie ausdrücklich im Mittelpunkt. Folglich sah das RKW seine vordringliche Aufgabe weniger in der Durchsetzung kurzfristig wirksamer Maßnahmen zur Optimierung der Produktion als in einem langfristig zu gestaltenden erzieherischen Wandel des gesamten Wirtschaftslebens.

1950 wurde das RKW unter dem Namen „Rationalisierungs-Kuratorium der Deutschen Wirtschaft" neu gegründet. In seinen Aufgaben lehnt es sich stark an das ursprüngliche Reichskuratorium an. Auch heute geht es um die Einführung von Rationalisierungsmaßnahmen in die Praxis mit dem Ziel einer Steigerung der Produktivität der deutschen Wirtschaft. Dazu werden Industrieberatungen durchgeführt, internationale Zusammenkünfte und Kongresse organisiert, technische Probleme durch internationalen Erfahrungsaustausch einer Lösung zugeführt, Studienreisen veranstaltet sowie zahlreiche Veröffentlichungen herausgegeben.

Das RKW arbeitete eng mit dem ehemaligen Deutschen Normenausschuß (DNA), dem heutigen Deutschen Institut für Normung (DIN) zusammen. Darüber hinaus bestanden und bestehen Kooperationsbeziehungen mit dem REFA-Verband für Arbeitsstudien und Betriebsorganisation, dem Ausschuß für wirtschaftliche Fertigung (AWF) sowie mit der Arbeitsgemeinschaft Deutscher Betriebsingenieure (ADB), die seit 1970 als „VDI-Gesellschaft Produktionstechnik (VDI-ADB)" organisiert ist. Schließlich unterhält das RKW die Schriftenreihe „RKW-Auslandsdienst".

Meister der Rationalisierung, lautet der Titel eines Buches zur Geschichte der Rationalisierungsbewegung, das wir auch unserer Darstellung über weite Strecken zugrunde legen konnten. Mit gutem Recht kann sein Autor, Kurt Pentzlin, selbst diesen von ihm so anschaulich beschriebenen Meistern zugerechnet werden.

Pentzlin (1903–1988) begann sein Studium 1922 bei Bernhard Harms am Institut für Weltwirtschaft in Kiel. Er ging dann nach Wien, Tübingen und Paris und lernte schließlich in den USA als Metallbearbeiter am Fließband von 1929 bis 1931 die damals für Deutschland vorbildliche Arbeitswelt unmittelbar in der Praxis kennen. 1931 wurde er Mitarbeiter der Bahlsen-Fabrik in Hannover, wo man ihn später in die Geschäftsführung berief.

Nach Kriegsende wurden Pentzlin zahlreiche Ehrenämter übertragen, denn er hatte sich den Ruf als eine Persönlichkeit erworben, die engagiert für die Idee der sozialen Marktwirtschaft eintrat. So gehörte er zu den Mitbegründern der Bundesvereinigung der deutschen Arbeitgeberverbände und des Deutschen Industrie-Instituts, der Wirtschaftspolitischen Gesellschaft von 1947, des unter diesem Namen neu erstandenen Rationalisierungs-Kuratoriums der Deutschen Wirtschaft und des REFA-Verbandes. Auch bei der Neuordnung der Kammern und der Gründung des Deutschen Industrie- und Handelstages war Pentzlin maßgeblich beteiligt.

Bis zu seinem Lebensende hat sich Kurt Pentzlin sachverständig und auch tatkräftig für ein modernes Unternehmertum eingesetzt. Sein Rat war überall gefragt, wo es galt, wissenschaftliche Erkenntnisse, Freiheit, Selbstverwaltung und soziale Partnerschaft miteinander zu verbinden. Dem Vorbild, das Kurt Pentzlin mit seinem arbeitsreichen Leben geschaffen hat, bleibt die deutsche Wirtschaft in dankbarer Anerkennung verpflichtet.

Begriff und Geschichte der Rationalisierung sind noch heute eng mit dem Namen Frederick Winslow Taylors verbunden, dessen System „Wissenschaftlicher Betriebsführung" uns bereits früher begegnete. Doch die Rationalisierungsbewegung in Deutschland, insbesondere repräsentiert durch die oben erwähnten Institutionen, hat sich weitgehend unabhängig von den Einflüssen des sogenannten Taylorismus entwickelt. Soweit auf Taylors Ideen zurückgegriffen wurde, erfuhren sie eine starke Modifikation und Anpassung an die besonderen deutschen Bedingungen. Das galt auch für die Firma Ludwig Loewe, jener auf dem Wege einer rationellen Fabrikorganisation damals wohl am weitesten fortgeschrittenen und an amerikanische Organisationsformen angepaßten Werkzeugmaschinenfabrik Deutschlands [6.73].

Diese Relativierung der häufig anzutreffenden Gleichsetzung von Rationalisierung und „Taylorismus" läßt zugleich andere Vertreter des Rationalisierungsgedankens stärker hervortreten, denn das Bestreben um wirtschaftliche Produktion hat eine inzwischen beachtliche Tradition. Es kann hier nicht darum gehen, deren Linien im einzelnen zurückzuverfolgen. Doch einige historische Streiflichter dürften vielleicht dennoch aufschlußreich sein.

Zu den frühen Vätern der modernen Betriebswissenschaft zählt Charles Babbage (1791–1871), der nach seinem Studium in Cambridge und einer anschließenden Studienreise 1816 mit erst 25 Jahren Mitglied der Royal Society wurde. Im Mittelpunkt seiner Interessen stand die Mathematik, und seine ersten Verdienste erwarb er sich bei der Verbesserung des Mathematikunterrichts in England. 1822 begann Babbage mit dem Bau einer Rechenmaschine, für die er Unterstützung durch die englische Regierung erhielt und deren fertiggestellten Teil er 1833 erfolgreich in Betrieb nehmen konnte. Sein Hauptkonstrukteur war der uns bereits als Schüler Bramahs bekannte Joseph Clement [6.34].

In der Zeit von 1828 bis 1839 war Babbage Professor für Mathematik am Trinity College in Cambridge. Seinen Plan einer Rechenmaschine hat er auch nach der Trennung von Clement im Jahre 1834 weiterverfolgt. Wichtiger jedoch wurden seine Arbeiten über die Grundsätze industrieller Unternehmensführung. Ausgangspunkt seiner Überlegungen war die Frage nach dem wirkungsvollsten Einsatz der Maschine, deren Verbreitung er als Zeitzeuge erlebte: „Dem Auge des Wissenschaftlers blieben die Disproportionalitäten zwischen einer revolutionierten Technologie und einer traditionsgebundenen Organisation des Werkstattvollzugs nicht verborgen, und ein unermüdlicher Geist beginnt sogleich, nach den Gesetzmäßigkeiten einer endogenen Rationalität zu suchen. Indem er die Probleme einer wissen-

Bild 6.4 Charles Babbage (1791–1871)

schaftlichen Neuordnung der Betriebsführung ... erkennt und zu deuten weiß, überschreitet er bereits in der Frühzeit der Industrialisierung die Schwelle zu einer kausal-funktional durchdachten Neuorganisation des Produktionsprozesses. Erst diese Ausrichtung der arbeitsteiligen Wirtschaft an Prinzipien, die dem Rationalisierungseffekt des Maschineneinsatzes Entfaltungsspielraum bahnt, unterscheidet künftig Fabrikbetriebe von den Manufakturen oder gar älteren Formen der Großtechnik." [6.45]

In seiner 1832 veröffentlichten Schrift „On the economy of machinery and manufacturers" finden sich neben technisch-präzisen Schilderungen von Fertigungsproblemen auch heute aktuelle Beobachtungen und Begriffsbildungen, wie z.B. Leistungszurückhaltung bei Zeitstudien, Fragen einer optimalen Betriebsgröße, der günstigsten Losgröße oder der Kostendegression [6.3]. Babbage behandelte diese und ähnliche Themen jeweils eingebettet in eine Gesamtschau betrieblicher Zusammenhänge.

Doch kehren wir zurück zu Taylor und den Rationalisierern der Jahrhundertwende. Zu den engsten Mitarbeitern Taylors gehörte Henry Lawrence Gantt (1861–1919). Seine Ausbildung erhielt er in einer Kadettenanstalt und landwirtschaftlichen Schule, sein Ingenieur-Examen legte er extern am Stevens-Institut ab. 1887 schließlich wurde Gantt Assistent bei Taylor, der ihn mit der Untersuchung wirtschaftlicher Betriebsmittelnutzung beauftragte [6.45].

Gantt bekleidete seit 1893 hohe Positionen in verschiedenen Industriebetrieben und ließ sich 1907 als Unternehmensberater nieder. Er gehörte zu den ersten amerikanischen Beratern, die auf die Bedeutung einer systematischen Weiterbildung der Beschäftigten als Bedingung wachsender Wirtschaftlichkeit des Betriebs hingewiesen haben. Dieser Aufgabe widmete er unter anderem seine Schrift „Modern Methods of Training Workman", die in Amerika große Beachtung fand.

Bild 6.5 Henry Lawrence Gantt (1861–1919)

Während des Ersten Weltkrieges wurde Gantt von der Regierung beauftragt, die Leistungsfähigkeit der Rüstungsproduktion zu erhöhen. „Unser Fertigungsplan allein auf der Grundlage von Mengeneinheit ist falsch. Entscheidendes Element ist die Zeitdimension, sie sollte in jede Arbeitsvorbereitung einbezogen werden", schrieb Gantt über sein neues Arbeitsfeld. Aus dieser Forderung entstand die „Gantt chart", die neben den damals verwendeten Größenordnungen des vorgegebenen Ausstoßes, der fertiggestellten Mengen und der Absatzmenge erstmals die Fertigungszeiten in ihrem Entwicklungstrend aufzeigte [6.45].

Gantt zeichnete sich durch eine ganzheitliche Betrachtung der Unternehmenskomponente aus. Seine Beratung zielte vor allem auf die Beseitigung sozialer Spannungen als „betriebliche Verlustquelle". Die Steigerung der Wirtschaftlichkeit eines Unternehmens sah er als Funktion der inneren Haltung und des Charakters des mit Rationalisierungsaufgaben befaßten Unternehmers und seiner Arbeiter.

Weder ausgeklügelte Lohnsysteme noch der technische Fortschritt allein sicherten nach Auffassung von Gantt Produktivitätssteigerungen. Er setzte in erster Linie auf den gemeinsamen Willen der Sozialpartner zu wirksamem Handeln [6.45].

Ebenfalls zu den Freunden und Weggefährten Taylors gehörte das Ehepaar Frank und Lilian Gilbreth. Frank Gilbreth (1868–1924) hat sich vom Lehrling zum Betriebsleiter eines Bauunternehmens emporgearbeitet. Sein Baugeschäft war durch ein straffes, mustergültiges Berichts- und Rechnungswesen strukturiert, das die Grundlage für schnelle und zuverlässige Informationen bot. Als anerkannter Baufachmann übernahm er Beratungsaufgaben für die Wirtschaft, die Armee und die Regierung [6.34].

Weit über die Grenzen Amerikas hinaus drang der Ruf des Ehepaars Gilbreth als Pioniere auf dem Gebiet der Bewegungsökonomie. Ziel ihrer arbeitswissenschaftlichen Zeit- und Bewegungsstudien war die Ermittlung „der für jeden Arbeiter und jede Arbeit beste Art der Verrichtung". Dabei ging es nicht nur darum,

Bild 6.6
Frank Bunker Gilbreth (1868–1924) und Lilian Gilbreth (1878–1972)

„gegenwärtige Zustände sorgfältig zu beobachten. Alles muß gründlich durchdacht werden; wir müssen zu den Grundlagen zurückkehren; und wir müssen nicht nur fragen, was effizient ist, sondern wie effizient es ist, und weshalb; wir müssen fragen, was zur Norm gemacht werden kann, so daß es automatisch die Umstände hervorbringt, welche den dauernden Bestand dieser effizienten Geschehnisse garantieren und sie immer wieder auf den Plan rufen." Denn: „Das große Problem, dem die industrielle Welt heute gegenübersteht", stellte Gilbreth fest, „ist die Ausmerzung der Verschwendung, die Erhaltung aller Fähigkeiten und die Herabsetzung der Kosten durch Leistungssteigerung, Auswahl und Anpassung von Arbeitern, von Material, Ausrüstung und Arbeitsverfahren." [6.18]

Frank und Lilian Gilbreth ließen sich in der Universitätsstadt Providence auf Rhode Island als freiberufliche Berater nieder. Hier wurde ihnen eine großzügige Förderung ihrer Studien durch die Butt Company zuteil. „Gilbreth's Laboratorien für Bewegungsstudien und Psychotechnik zogen ebenso wie seine Sommerschule für wissenschaftliche Betriebsführung Unternehmensführer, Hochschullehrer und Berater, ja sogar Praktiker der entlegensten Berufszweige an. Rationalisierungsaufträge aus aller Welt ereilten Gilbreth. Er reiste nach Europa und lernte auch Deutschlands Industrie kennen, von der er sagt, daß sie in der Fertigungstechnik der amerikanischen in vielem überlegen gewesen sei, in der Organisation jedoch rückständig." [6.45]

In dieser Rationalisierung anstrebenden Zeit erwuchs den Taylorschen Methoden ein mächtiger Konkurrent in den Ideen und Erfolgen Henry Fords. In Deutschland war es während des Weltkrieges und der Inflationszeit nur zu einer spärlichen Rezeption seiner Grundsätze gekommen. Die danach einsetzende Begeisterung wirkte sich auf die Beurteilung des Taylorsystems negativ aus: „Taylor wird verblassen und Ford wird leuchten". Ford wurde zum Träger einer neuen Konjunktur des „Amerikanismus". Die Vorbildrolle Amerikas auf technischem und organisatorischem Gebiet erlebte, ähnlich wie um die Jahrhundertwende, einen neuen Auftrieb. Es begann eine Welle von Amerikareisen deutscher Ingenieure, Wirtschaftler, Wissenschaftler und Journalisten. Der Fordismus wurde während der wirtschaftlichen Stabilisierung in Deutschland, ähnlich wie zuvor der Taylorismus, zum Sinnbild einer umfassenden friedenstiftenden Rationalisierungslehre ausgebaut [6.73].

Bild 6.7 Henry Ford (1863–1947)

Henry Ford wurde 1863 in Dearborn im Staate Michigan geboren, seine Vorfahren kamen aus dem Norden Europas. Er erlernte in Detroit das Maschinenbauerhandwerk und arbeitete dort anschließend als Maschinenwart der Edison-Elektrizitätsgesellschaft. 1893 baute er auf seinem eigenen Anwesen den ersten Kraftwagen. Im Jahre 1899 machte er sich trotz eines guten Angebots der Edison-Gesellschaft selbständig. Damit begann eine steile Karriere zum inzwischen legendären Schöpfer eines Industrieimperiums.

Die von Ford 1903 gegründete Ford Motor Company, deren alleiniger Aktionär er bis zum Ende des Ersten Weltkrieges wurde, entwickelte sich bald zum zweitgrößten Automobilkonzern der Welt. Im Zeitraum von 1910 bis 1917 gelang ihm eine Produktionssteigerung von ca. 18 000 Kraftfahrzeugen auf rund 800 000 Stück pro Jahr. Sein „System" wurde international zum Gesprächsgegenstand, und zwar weit über die Fachwelt hinaus.

Ford hatte 1913 das Fließband eingeführt, doch war dieses nur einer, wenn auch der sichtbarste Punkt rationeller Produktion: Dazu gehörte weiterhin die Beschränkung auf eine geringe Zahl von Produkten, im Grenzfall des berühmt gewordenen „Modell T" auf ein einziges ohne jegliche Variation. Zur Erschließung eines breiten Marktes müßten die Preise des Produktes drastisch reduziert und die Löhne der Arbeiter, die als Käufer der Produkte zu berücksichtigen wären, erhöht werden. Gewinne des Unternehmens müßten zum Abbau von Schulden und zu Neuinvestitionen dienen. Das Idealbild Fords stellte ein finanziell unabhängiges Unternehmen mit rationeller Produktionsmethode, großem Absatzgebiet und hochverdienender Arbeiterschaft dar [6.73].

Über die Schritte zur Rationalisierung der Produktion schrieb Ford in seinem Buch mit dem für ihn charakteristischen Titel „Und trotzdem vorwärts": „Zunächst begannen wir damit, schwere körperliche Arbeit auszuschalten, und dann entdeckten wir, daß sich Maschinen konstruieren ließen, um zahlreiche, mit der Hand ausgeführte Operationen oder Operationen, bei denen die Maschine gänzlich mit der Hand bedient werden mußte, zu ersetzen. Dies führte uns rasch zu Maschinen, die mehr als nur eine Operation vollzogen, wie zum Beispiel das gleichzeitige Bohren einer Anzahl von Löchern oder die Ausführung verschiedener Operationen an einem Teile zu gleicher Zeit, ja sogar zu automatischen oder halbautomatischen Maschinen, die ein ganzes Teil herstellten. Eine rein automatische Maschine ist eine Maschine, die keinerlei menschliche Wartung erfordert; eine halbautomatische Maschine verlangt eine Aufsicht, auch wenn der betreffende Arbeiter nur den unfertigen Teil hineinzulegen und den fertiggestellten herauszunehmen braucht. Auf diese Weise erkannten wir allmählich, daß die minutiöse Unterteilung der Arbeit sich auf Menschenkraft gründete, aber die Möglichkeiten der Maschinenkraft vernachlässigte. Sofort machten wir uns an die Arbeit, Maschinen zu erfinden, die imstande waren, zahlreiche Operationen zur gleichen Zeit auszuführen, und statt wie früher die Operationen zu trennen, begannen wir sie zusammenzuziehen. Wir befinden uns auf dem Weg zu rein automatischen Maschinen.

Heute handelt es sich darum, die Grundsätze zu entdecken und die Pläne für automatische Maschinen auszuarbeiten, die vollständig selbsttätig Artikel von jeder erforderlichen Genauigkeit liefern. Gerade gegenwärtig beschäftigen wir uns mit einer Aufgabe, die höchste Präzision erfordert und zu deren Bewältigung neunhundert Arbeiter gebraucht werden. Diese ganze Arbeit ließe sich weit besser mit ganz wenigen Aufsehern mittels einer richtig konstruierten Maschine durchführen. Eine solche Maschine muß gebaut werden. Massenpräzisionsarbeit verlangt

kennzeichnen, daß der Verein Deutscher Werkzeugmaschinenfabriken es heute unternimmt, mitten im Gewoge der Parteikämpfe, bei ganz ungeklärter Lage des Arbeitsmarktes, unmittelbar vor weiteren Gehaltssteigerungen der Angestellten und Arbeiter, trotz dauernder Steigerung der Materialpreise, eine Fachausstellung seiner wichtigen Maschinengruppe, als Leipziger Sondermesse, ins Leben zu rufen.

Weit über die fachliche Bedeutung der sorgfältig ausgesuchten und reichhaltigen Maschinenausstellung hinaus, die beweist, wie rastlos der deutsche Werkzeugmaschinenbau die normalen Werkzeugmaschinen auch während des Krieges weitergebildet hat, ruft diese Maschinenmesse dem In- und Auslande zu: Wir lassen die Fahnen nicht sinken, wir haben durchgehalten, und wir werden wieder hochkommen und unseren Platz im Weltwettbewerb wieder einnehmen; trotz alledem!" [6.56]

Diese optimistischen Worte fielen in einer Zeit, in der Streiks, unregelmäßige Rohstofflieferungen und verringerte Kohlen-, Stahl- und Eisenerzeugung eine planmäßige Produktion behinderten. Die Unternehmer klagten zunehmend über unzufriedene Arbeiter, deren Unzuverlässigkeit und Arbeitsunlust. Lohnerhöhungen, verkürzte Arbeitszeiten, inflationäre Tendenzen und gestiegene Rohstoffpreise verstärkten die Ungewißheit über Herstellungskosten und Verkaufspreise. Plötzlich erlassene Notgesetze trugen ihr übriges zur Unsicherheit bei.

Während sich Werkzeugmaschinen im Reich selber nur in geringer Menge absetzen ließen, konnte die Ausfuhr doch aufgrund des stark gesunkenen Wertes der Mark gesteigert werden. Dabei traf der deutsche Werkzeugmaschinenexport anfangs nur selten auf amerikanische und englische Mitwettbewerber auf dem Weltmarkt. Für die folgende Zeit wurde aber bereits ein erbitterter internationaler Wettbewerb im Kampf um Absatzmärkte befürchtet, da alle Länder ihre maschi-

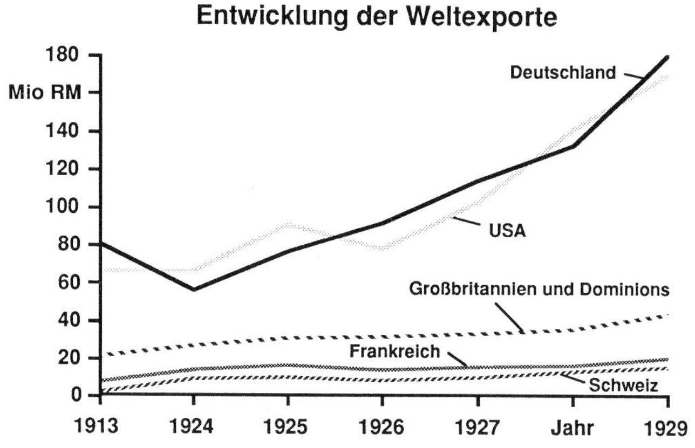

Bild 6.9 Weltexport an Werkzeugmaschinen in Millionen RM 1913–1929

nenbaulichen Industrien während des Krieges weit über den Friedensbedarf hinaus verstärkt hatten.

Die Situation auf den Rohstoffmärkten hatte sich zwar zunächst entspannt. Insbesondere die Eisenversorgung gestaltete sich vorübergehend einfacher. Doch setzte noch im Jahre 1921 ein scharfer Wettbewerb ein, der durch Bestrebungen aller Länder verstärkt wurde, sich gegen Einfuhren deutscher Waren abzuschließen. Stetige Exporte waren aber notwendig zur Sicherung der Rohstofflieferungen und zum Begleichen der gewaltigen Auslandsschulden, die aus den Reparationsforderungen der ehemaligen Kriegsgegner entstanden. Es galt daher, die Herstellungskosten so weit wie nur möglich zu senken. Als Maßnahme kam neben Spezialisierung, Massenfertigung und Lohnsenkungen der Normierung besondere Bedeutung zu.

Im Verlaufe des Jahres 1923 sank die Zahl der Ausfuhren, und die Beschäftigungssituation verschlechterte sich zunehmend. Im folgenden Jahr besetzten französische und belgische Truppen das Ruhrgebiet. Diese leidvolle Situation schweißte alle Bevölkerungsgruppen innerhalb und außerhalb des besetzten Gebietes zusammen. So dokumentierte auch die Hauptversammlung des VDW im Mai 1923 den starken Zusammenhalt seiner Mitglieder. Der auf die Besetzung folgende vollständige Zusammenbruch der Währung hatte katastrophale Auswirkungen auf die gesamte Wirtschaft. Exporte mußten schließlich völlig eingestellt werden, weil die Preise für Werkzeugmaschinen durch die stetigen Erhöhungen der Lohnkosten und Materialpreise mit den Weltmarktpreisen nicht mehr konkurrenzfähig waren. Ein weiteres Ansteigen der Arbeitslosenrate war die Folge [6.24].

Die äußerst schwierige wirtschaftliche Lage in Deutschland trug entscheidend dazu bei, daß die vom Krieg erzwungenen Maßnahmen zur Standardisierung und Vereinfachung des Maschinenprogramms und zur Rationalisierung der Produktion sogar verstärkt wirksam blieben. Viele einander ähnliche Bauteile wurden beispielsweise so umgestaltet, daß sie auf einfachen Sondermaschinen in Serie gefertigt werden konnten. Der Beobachter des VDI auf der Leipziger Frühjahrsmesse 1923

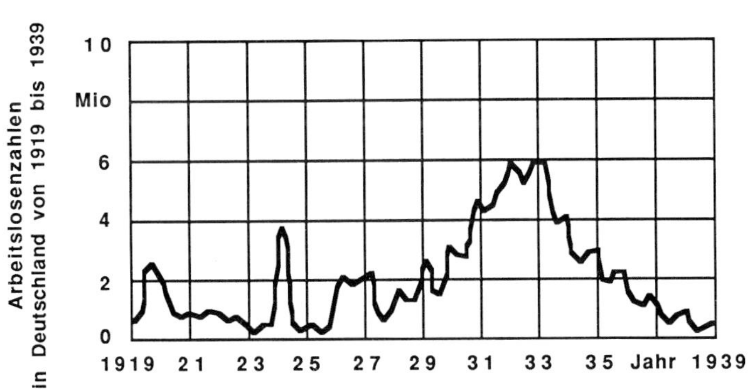

Bild 6.10 Arbeitslosigkeit 1919–1939

nennt die Ursachen dieses Trends: „Der auf allen Zweigen der Industrie lastende wirtschaftliche Druck zwingt immer mehr zur letzten Ausnutzung der Betriebsmittel, und weite Kreise haben bereits erkannt, daß dies nur mit Hilfe jener zahlreichen Sonderarten von Bearbeitungsmaschinen möglich ist, deren Bau sich viele deutsche Unternehmungen in den letzten Jahren zur vornehmsten Aufgabe gemacht haben. Die Anschaffung derartiger Sondermaschinen lohnt sich nicht nur unter dem Gesichtspunkt, daß sie bei erhöhter Produktion meist in kürzerer Zeit abgeschrieben werden können, sie wird zweifellos auch von dem Bestreben begünstigt, alle einkommenden Einnahmen und Gewinne möglichst rasch wieder in werbenden Betriebsmitteln anzulegen – wozu die dauernde Krankheit unserer Währung zwingt.“ [6.37]

Eine wesentliche Seite der Rationalisierung im Werkzeugmaschinenbau bildete die Steigerung der Maschinenleistung durch Weiterentwicklung der Schneidstoffe, die ihrerseits zu konstruktiven Verbesserungen der Werkzeugmaschinen führten. Der Wettlauf zwischen dem Entwicklungsstand der Schneidstoffe und dem der Werkzeugmaschine, der uns erstmals mit dem von Taylor und White geschaffenen Schnellarbeitsstahl begegnete, wurde mit der Erfindung des Sinter-Hartmetalls fortgesetzt. In den Berliner Laboratorien der Firma Osram von Schröter (1923) entwickelt, wurde das Patent später der Firma Krupp übereignet (1926), die das Sinter-Hartmetall in den zwanziger Jahren als neuartigen Schneidstoff unter dem Namen „Widia“ auf den Markt brachte. Die nun mögliche erhebliche Steigerung der Schnittgeschwindigkeiten führte wiederum zu einer entsprechenden Kürzung der Hauptzeiten, die aber nur unter der Voraussetzung ausgenutzt werden konnten, daß die Werkzeugmaschinen besonders hinsichtlich Antriebsleistung, Drehzahlbereich, Hauptspindellagerung und dynamischer Steifigkeit die notwendigen Anforderungen erfüllten.

Kaum daß die Werkzeugmaschinenhersteller auf die Anforderungen des neuen Schneidstoffs reagiert hatten, standen sie daher Mitte der 20er Jahre erneut vor der Notwendigkeit, die Konstruktion ihrer Maschinen wesentlich zu verändern: „Hohe Schnittgeschwindigkeiten verlangten im Ölbad laufende Zahnradgetriebe mit gehärteten und geschliffenen Zahnrädern. Die Spindellager mußten den hohen Beanspruchungen angepaßt werden, die Gleitbahnen zur Verringerung der Abnutzung eine Schmierung erhalten. Dazu wurden zunächst drucklose und später mit Preßöl arbeitende Zentralschmierungen entwickelt.“ [6.37]

Eine weitere Gruppe von Einflüssen bestand in neuartigen Maschinenelementen der Maschinen- und Elektroindustrie. Um die Mitte der zwanziger Jahre ging man in Deutschland verstärkt dazu über, die Werkzeugmaschine mit Einzelantrieb auszurüsten; etwa ab 1930 setzte sich dieser fast vollständig durch.

Eine dritte Gruppe von Einflüssen stellten die Anforderungen der Massenfertigung dar. Die Anfang und Mitte der zwanziger Jahre übliche Sondermaschine wurde zwar zu Beginn der dreißiger Jahre von den Betriebsleuten gemieden.

Man scheute offensichtlich davor zurück, in Zeiten, die sorgfältige wirtschaftliche Dispositionen erforderten, große Kapitalien in Sondermaschinen festzulegen. So war zunächst die Tendenz vorhanden, universal einsetzbare Maschinen durch entsprechende Vorrichtungen in der Reihen- und Massenfertigung verwendbar zu machen. Jedoch auch hier war die Menge des festgelegten Kapitals noch sehr hoch, da die verwendeten Maschinen mit nicht ausnutzbaren Schnittgeschwindigkeits- und Vorschubbereichen oder aber mit nicht ausnutzbaren Bedienungsmitteln ausgerüstet waren. So hat man dann in der Mitte der dreißiger Jahre in den USA und Anfang der vierziger Jahre auch in Deutschland mit der Zusammensetzung von Sondermaschinen aus Baukasteneinheiten begonnen.

Ende der zwanziger Jahre rückte auch die Leichtbauweise im Werkzeugmaschinenbau immer mehr in den Vordergrund, und bereits Mitte der dreißiger Jahre entstanden Maschinen in Zellenbauweise als Stahlschweißkonstruktionen. Wenig später wurde von einigen Firmen der Gußleichtbau vorangetrieben, der stärker unter dem Gesichtspunkt der dynamischen Steifheit stand. Schließlich entstand die Schalenbauweise beim Gußleichtbau. Somit war die Zeit bis zum Ausbruch des Zweiten Weltkrieges durch eine kontinuierliche Verbesserung der Werkzeugmaschinen, insbesondere durch neue verbesserte Detaillösungen gekennzeichnet. [6.65]

6.2 Fachmessen für Werkzeugmaschinen

Die Entwicklung der industriellen Werkzeugmaschinen wurde seit ihren Anfängen im 19. Jahrhundert durch technische Ausstellungen begleitet und gefördert. Ob es sich um mehr regionale Gewerbemessen oder um Weltausstellungen handelte, immer wurden sie zu Meilensteinen technischer Innovation, zu Zentren der Information und zu Schauplätzen des wirtschaftlichen Wettbewerbs. Zeichneten sich die Industriemessen des 19. und frühen 20. Jahrhunderts durch ihr nahezu universales Programm aus, so wurde schon vor dem Ersten Weltkrieg eine Tendenz zur Spezialisierung, also zur Fachmesse erkennbar [6.16].

Doch erst nach dem Weltkrieg setzte sich die Idee einer Fachmesse auch für Industrieerzeugnisse durch. Ende 1918 sprachen sich Hermann Schoening, Inhaber der Maschinenfabrik Raboma und Vorstandsmitglied des VDW, sowie der neue Geschäftsführer Dr. Negbaur für eine Teilnahme des deutschen Werkzeugmaschinenbaus an der Leipziger Messe aus. Über seine Motive schrieb Schoening in seinen Erinnerungen [6.59]: „Was mir aber vorschwebte, war nicht in erster Linie eine Förderung der Mitglieder durch Steigerung der Absatzmöglichkeiten, als vielmehr eine Förderung durch den Einfluß des Wettbewerbs. Dazu war nötig, daß sich nicht, wie damals auf der Mustermesse, die einzelnen Konkurrenten so weit als möglich voreinander versteckten, um ihre Kundschaft nicht auch dem Mitbewerber auszuliefern, sondern daß sich die vorwärtstreibenden Kräfte auch voll auswirken konnten. Das setzte voraus, daß nicht etwa nur einzelne Werkzeugmaschinenfabrikanten, sondern möglichst der gesamte Fachverband auf der Messe in Leipzig vertreten war. Jeder sollte seine Erzeugnisse unter den Augen der Konkurrenz anpreisen und alles aufbieten, um mit seinen Konstruktionen an der Spitze zu stehen oder schnellstens hinterher zu eilen; natürlich eine unerhörte Peitsche für den, der bisher darauf bedacht war, sich seine Arbeit so leicht wie möglich zu machen."

Neben Frankfurt war Leipzig die älteste und auch nach dem Ersten Weltkrieg bedeutendste Messestadt in Europa. Für seine Mustermesse hatte Leipzig seit 1894 feste Häuser errichtet, die sogenannten Messe-Paläste. Darüber hinaus trug die im Vergleich zu früheren Warenmessen kürzere Zeitdauer der Mustermesse ebenfalls dazu bei, daß Leipzig seine führende Stellung im europäischen Handel festigen konnte. So übte Leipzig bereits vor der Einrichtung einer speziellen Technischen Messe auf leistungsstarke Unternehmen für technische Erzeugnisse eine große Anziehungskraft aus [6.53].

1920 gestaltete der VDW die erste Technische Messe in Leipzig, die von Anfang an nach Branchen gegliedert war, um das Angebot möglichst übersichtlich zu präsentieren. „Für die Ausstellung war das Gelände am Rande von Leipzig in der Nähe des Völkerschlachtdenkmals ausgewählt worden, und der VDW war dort als Gruppe zunächst völlig allein. Die meisten Aussteller technischer Güter waren in den Messehäusern der Innenstadt geblieben. Der VDW benutzte für seine Ausstellung eine Halle, die sogenannte Kuppelhalle – auch Betonhalle genannt –, die mit einigen anderen kleinen Hallen 1913 für die Internationale Bau-Ausstellung IBA errichtet worden war ... Diese Halle war ein geeignetes Gebäude mit entspre-

Bild 6.11 Die Kuppelhalle der Technischen Messe Leipzig, 1920

chend hohen Räumen, das Platz für größere Maschinen bot. In den hallenartigen Seitengängen hatten leichte Werkzeugmaschinen, Präzisionswerkzeuge und Schleifmittel ihre Stände ... Auf der ersten Ausstellung 1920 wurden 184 Stände belegt; die Ausstellerzahl war geringer, sie wird bei etwa 100 gelegen haben, denn zahlreiche Aussteller hatten mehrere Stände belegt. Von den Ständen entfielen 93 auf Hersteller von Werkzeugmaschinen, 19 auf Hersteller von Holzbearbeitungsmaschinen, 58 auf Hersteller von Präzisionswerkzeugen, 14 auf andere Bereiche, darunter Zeitschriften und Forschungsgesellschaften." [6.53]

An der ersten Technischen Messe in Leipzig nahmen folgende Firmen und Zeitschriften teil:

Aus dem Bereich der Werkzeugmaschinen:

Biernatzki & Co., Chemnitz,
Gebr. Boehringer, Göppingen,
Fortuna-Werke, Stuttgart,
Habersang & Zinzen, Düsseldorf,
Hahn & Kolb, Stuttgart,
Sächsische Maschinenfabrik, vorm. Rich. Hartmann AG, Chemnitz,
Hasse & Wrede, Berlin,
Hegenscheidt, Ratibor,
Heidenreich & Harbeck, Hamburg,
Gebr. Heinemann, St. Georgen,
Gebrüder Heller, Nürtingen,
Hille-Werke, Dresden,
Hofheinz & Co., Haan,
Köllmann & Co., Langenfeld,
Leipziger Werkzeugmaschinenfabrik, vorm. Pittler, Leipzig,
Loebel, Berlin,
Ludwig Loewe & Co., Berlin,
Magdeburger Werkzeugmaschinenfabrik, Magdeburg,
Malmedie & Co., Düsseldorf,
Naxos-Union, Frankfurt a. M.,
Raboma, Berlin,
Roth & Müller, Stuttgart,
Sondermann & Stier, Chemnitz,
Schaerer & Co., Karlsruhe,
Friedrich Schmaltz, Offenbach,
Alfred H. Schütte, Köln,
L. Schuler, Göppingen,
Alfred Teves, Frankfurt a. M.,
Gustav Wagner, Reutlingen,
H. A. Waldrich, Siegen,

Weingarten, Weingarten,
Fritz Werner, Berlin,
H. Wohlenberg, Hannover,
Wotan-Werke, Leipzig und
Zimmermann-Werke, Chemnitz.

Aus dem Bereich der Präzisionswerkzeuge und Schleifmittel:

Gottlieb Gühring, Ebingen,
Günther & Co., Frankfurt a. M.,
Günter & Kleinmond, Frankfurt,
G. A. Hartner, Ebingen,
W. Ferd. Klingelnberg Söhne, Remscheid,
Ernst Reime, Nürnberg,
Roth & Müller, Stuttgart,
Max Schilling, Zell-Mehlis,
R. Stock & Co., Berlin,
Albert Strasmann, Remscheid und
Vogel & Schemmann, Kabel-Hagen.

Aus dem Bereich „Andere Aussteller“ die Zeitschriften:

Werkstattstechnik, Berlin,
Die Werkzeugmaschine, Berlin und
Zeitschrift des Vereins Deutscher Ingenieure, Berlin.

Die Ausstellung wurde im Herbst desselben Jahres wiederholt, der Besuch war rege, und auch die Fachpresse wurde auf die neue Veranstaltung aufmerksam. Schlesinger hob in der Zeitschrift „Industrie und Technik“ die neuen Leistungen des deutschen Werkzeugmaschinenbaus hervor, die er im Kampf zwischen Universalprogramm und Beschränkung auf eine Type sowie in der Entwicklung der Meßwerkzeuge erblickte. Dennoch erwies sich die zweimalige Beschickung der Messe im Herbst und im Frühjahr als eine zu große Belastung für die beteiligten Firmen. So wurde mit Zustimmung des Messeamts beschlossen, künftig nur noch im Frühjahr auszustellen [6.53].

Die folgenden Jahre brachten eine ständige Erweiterung der Technischen Messe. Zum einen nahm die Zahl der ausstellenden Werkzeugmaschinenfirmen kontinuierlich zu, zum anderen erkannten immer mehr Branchen die Bedeutung einer gemeinsamen fachlichen Präsentation in Leipzig. 1922 sah sich der VDW gezwungen, mit der Messeverwaltung einen Erweiterungsbau zu planen. „Im VDW wurde beschlossen, die Messeabteilung in eine selbständige Gesellschaft – die Maschinenschau GmbH – umzuwandeln. Sie sollte keine Erwerbsgesellschaft sein, und die Anteile sollten in den Händen des VDW liegen. Geschäftsführer dieser neuen

Gesellschaft wurde Dr. Negbaur, der Geschäftsführer des VDW. In den Aufsichtsrat wurden vom Vorstand Hermann Schoening als Vorsitzender des Ausstellungsausschusses und der damalige Stellvertretende VDW-Vorsitzende Dr.-Ing. Ernst Huhn von der Firma Loewe & Co. AG, Berlin, gewählt." [6.53]

Die Ausstellung im Frühjahr 1923 war durch den Höhepunkt der Inflation überschattet. Dennoch nahm die Beteiligung sowohl der Firmen als auch der Besucher zu, und die Ausstellungsfläche erreichte eine Größe von 8000 m^2 gegenüber 5000 m^2 im Jahre 1921. Den Erfolg der Technischen Messe erklärte Schoening vor allem durch ihre Wirkung auf die Kunden: „Anfangs hatten unsere Werkzeugmaschinenfabrikanten das Ausstellen ihrer Erzeugnisse unter den Augen der Konkurrenz sehr gefürchtet, weil sich, wie sie meinten, dadurch der Bedarf auf viele Firmen verteilen müsse, jeder also nur umso weniger verkaufen könne. Bald aber zeigte sich, daß mit der Steigerung der Auswahl sich auch die Anziehungskraft auf die Käufer wesentlich erhöhte und daß all die vielen Käufer die verschiedensten Ansprüche an die gesuchten Maschinen stellten. Trotz der wachsenden Konkurrenz wuchs daher sogar der erzielte Verkauf des einzelnen noch erheblich, ein Resultat, das später auch die Mustermesse veranlaßte, durch Branchenkonzentration anstelle der bisherigen Geheimniskrämerei die Anziehungskraft auf die Erzeugnisse der einzelnen Fachgruppen zu erhöhen." [6.60]

Bild 6.12 Hermann Schoening (1871–1938)

Die wachsende Beteiligung an der Technischen Messe ließ schon 1923 die bislang vom VDW genutzte Kuppelhalle sowie die zusätzlich bereitgestellte Halle 11 zu klein werden. Abgesehen vom Flächenmangel fehlten Kräne für die Aufstellung schwerer Maschinen. So forderte der VDW den Neubau einer großen und zweckdienlich ausgestatteten Halle. Der erste Spatenstich für die später legendäre Halle 9 erfolgte noch im Jahre 1923. Zur siebenten VDW-Ausstellung im Frühjahr 1925 konnte der Bau eingeweiht werden. „Bei der Übergabe der neuen Halle an den Verband der deutschen Werkzeugmaschinenfabriken im Frühjahr 1925 betrug die von uns vermietete Ausstellungsfläche 10700 m^2. Die voll besetzte Halle machte einen überwältigenden Eindruck auf den Besucher, so daß die Anziehungskraft auf das Ausland wirklich unwiderstehlich wirkte. Wer sich über den Fortschritt im Werkzeugmaschinenbau und über moderne Fabrikationsmethoden orientieren wollte, konnte an der Technischen Messe in Leipzig nicht mehr vorübergehen ...

Mit der Halle 9 war die größte industrielle Messehalle Deutschlands und Europas entstanden. Sie umfaßte 21 000 m² und bestand aus fünf Schiffen. Das Mittelschiff hatte eine Höhe von 20 Metern, die beiden Seitenschiffe waren 15 und die zweigeschossigen Außenschiffe 10 Meter hoch. Was jeden Aussteller von Industrieerzeugnissen begeisterte, war eine für die damalige Zeit perfekte Ausstattung. Einmal die fahrbaren Kräne für schwere Lasten mit einer Tragfähigkeit von 40 Tonnen im Mittelschiff, 20 Tonnen in den Seitenschiffen und 10 Tonnen in den Außenschiffen. An jedem Säulenfuß befanden sich: Elektrischer Kraftanschluß, Wasserzuführung und Abflußleitungen für die Maschinen.“ [6.53]

Bild 6.13 VDW-Halle 9 in Leipzig, 1925

Auch auf die Entwicklung der Technischen Messe in Leipzig trifft das Wort von den „goldenen“ 20er Jahren zu. 1927 standen 15 große Hallen zur Verfügung und mit dem Freigelände für die Baumesse eine Fläche von 360 000 m². In diesem Jahr stellten 3000 Firmen ihre Erzeugnisse vor, wobei die Werkzeugmaschinenindustrie durch ihr geschlossenes Angebot hervortrat. „Für die übrigen Fachzweige des Maschinenbaus vertrat die 1927 vom Verein Deutscher Maschinenbau-Anstalten (VDMA) gegründete Allmaschau (Allgemeine Maschinen- und Apparateschau GmbH) die Interessen der Aussteller gegenüber der Messeleitung und sorgte zugleich auch für eine möglichst geschlossene Beteiligung der einzelnen Branchen. In einem Vertrag wurde vereinbart, daß drei Hallen des Messegeländes mit insgesamt 28 200 m^2 an den VDMA fest vermietet wurden, so daß bedeutende Bereiche des Maschinenbaus hier zusammengefaßt werden konnten." [6.53]

Die Technische Messe in Leipzig behauptete sich über zwei Jahrzehnte bis zum Ausbruch des Zweiten Weltkrieges als bedeutendste europäische Investitionsgüterausstellung. Dabei sollte sie zugleich zum Prototyp einer internationalen Industriemesse werden. „In einem Bericht des von der deutschen Regierung geschaffenen Reichskommissariats für das Ausstellungs- und Messewesen wurde der Messe bescheinigt, daß sie in hervorragender Weise geeignet sei, den deutschen Exportinteressenten die richtigen Wege für ihren Absatz im Ausland zu weisen. Mit ihren rund 150 Werbestellen in nahezu einhundert verschiedenen Ländern verfüge sie über einen Auslandsapparat, der seinesgleichen suche. Durch ihn sei erreicht worden, daß zur Frühjahrsmesse 1927 über 23 000 ausländische Einkäufer aus 78 Staaten angereist seien." [6.53]

Mitte der 20er Jahre verstärkte sich auch die Zusammenarbeit zwischen dem VDW und den Technischen Hochschulen. Maßgeblichen Anteil daran hatte Schlesinger. Von 1915 bis 1916 VDW-Geschäftsführer, blieb er auch nach seinem Ausscheiden als stellvertretender Vorsitzender des VDW 1921 diesem durch Übernahme vielfältiger Aufgaben verbunden. Doch auch Wallichs in Aachen, Schwerd in Hannover, Gottwein von der TH Breslau und Sachsenberg aus Dresden sowie Widmaier von der TH Stuttgart unterhielten enge Beziehungen zu den Firmen und zum Verband des deutschen Werkzeugmaschinenbaus.

Die praktische, über die Grenzen Deutschlands hinausreichende Bedeutung dieser Zusammenarbeit zeigte sich eindrucksvoll in der Wirkung des von Schlesinger verfaßten „Prüfbuchs für Werkzeugmaschinen", das seit der ersten deutschen Auflage im Jahre 1927 umfangreiche Neuauflagen auch im europäischen Ausland erlebte. Es diente den Herstellern und Benutzern von Werkzeugmaschinen als ein wertvolles Arbeitsmittel. Für die Werkzeugmaschinenfabriken wurde das Prüfbuch zur Richtschnur bei der Herstellung ihrer Maschinen, insbesondere beim Zusammenbau. Beim Verkauf bildete es die Grundlage für die Abnahme durch Behörden und Private.

Über die Funktion des Prüfbuches für den Benutzer führt Schlesinger aus: „Der Benutzer findet aber in ihm nicht nur den Helfer beim einmaligen Einkauf, sondern auch bei der dauernden Instandhaltung seiner Werkzeugmaschinen. Da das ‚Prüfbuch' über alle normalen Maschinen der Werkstätten des Maschinenbaus Aufschluß gibt, – es sind 40 Prüfkarten für Metall- und 10 für Holzbearbeitung aufgestellt worden – so ist es heute ein wichtiger Ratgeber für den Benutzer geworden, der die Gesamtübersicht über seinen Maschinenpark nach einheitlichen Richtlinien wahren will, dem also mit der einzelnen Prüfkarte nicht gedient ist." [6.58]

In der von Schlesinger noch persönlich verfaßten Einführung zur vierten Auflage seines Prüfbuches im Jahre 1949 heißt es zu den Prüfanweisungen für Werkzeugmaschinen: „Die im vorliegenden Prüfbuch für Werkzeugmaschinen zusammengestellten Prüfanweisungen dienen als Grundlage bei der Abnahme hochwertiger Werkzeugmaschinen. Sie sind entstanden aus eigenen langjährigen Erfahrungen und Messungen, und sie wurden festgelegt unter Zustimmung der führenden kontinentalen Werkzeugmaschinenfabriken und Benutzerfirmen aller Industriezweige der technischen Welt. Diese Anweisungen gelten heute nicht nur für neue Maschinen sondern auch für die Instandhaltung der arbeitenden und die Neuinstandhaltung gebrauchter Werkzeugmaschinen.“ [6.58]

In der eindrucksvollen Halle 9 kamen Schoening und die Mitglieder des VDW-Vorstandes mit den Vertretern der fertigungstechnischen Lehrstühle regelmäßig zu den Messen zusammen. Diese Zusammenkünfte zwischen dem Vorstand und den Lehrstuhlinhabern der Technischen Hochschulen hatten dann entscheidenden Anteil an der späteren Gründung der „Hochschulgruppe Betriebswissenschaft“ im Jahre 1937. Das Thema war damals wie später die Zusammenarbeit zwischen Wissenschaft und Praxis. Weiterhin wurde eine Zahl begabter Studenten jeder Hochschule vom VDW eingeladen. „Es war ohnehin wichtiger geworden, guten Nachwuchs für den Werkzeugmaschinenbau zu interessieren, denn im Vordergrund standen jetzt die neuen industriellen Wachstumsbereiche, wie der Automobil- und Flugzeugbau. Sie zogen die Absolventen der Fertigungstechnik der Technischen Hochschulen besonders an.“ [6.53]

Ende der 20er Jahre kam der Werkzeugmaschinenausfuhr angesichts des begrenzten Binnenmarkts eine besondere Bedeutung zu. 1928 belief sich der Exportanteil auf 45 Prozent der Produktion. Großes Gewicht hatten dabei Lieferungen in die Sowjetunion. „Mit der UdSSR war als einem der ersten Länder nach dem Kriege eine wirtschaftliche Annäherung zustande gekommen. Diese Verbindungen waren durch den Vertrag von Rapallo 1922 erleichtert und gefördert worden. Von 1927 an profitierte die deutsche Werkzeugmaschinenindustrie von einem bedeutenden russischen Industrialisierungs- und Rationalisierungsprogramm. So wurde die UdSSR bereits von 1927 an wichtigster Abnehmer und blieb es viele Jahre. Auch andere Länder erhielten in dieser Zeit größere russische Aufträge, vor allem amerikanische und englische Hersteller von Werkzeugmaschinen.“ [6.53]

Für den VDW unternahm Schlesinger eine Studienreise in die UdSSR. Mit der Handelsvertretung der UdSSR in Berlin wurden die Modalitäten der Abwicklung des Rußlandgeschäfts ausgehandelt. Der VDW gründete speziell für das UdSSR-Geschäft eine Ausfuhrgemeinschaft, der die liefernden Firmen beitraten.

Die Weltwirtschaftskrise steigerte die Werkzeugmaschinenausfuhr in die Sowjetunion noch zusätzlich. Von den 200 Millionen RM, die der deutsche Werkzeugmaschinenexport zwischen 1929 und 1933 jährlich erreichte, entfiel 1931 und 1932 der Löwenanteil auf das Geschäft mit der UdSSR. Im Rahmen der Reparationsleistungen wurde auch Frankreich mit Werkzeugmaschinen beliefert. Diese Exporte haben den Firmen ebenfalls geholfen, die schweren Jahre zu überstehen.

Die Weltwirtschaftskrise blieb auch für die Technische Messe in Leipzig nicht ohne Folgen, obwohl der Werkzeugmaschinenbau dank seines guten Auslandsgeschäfts vor Schlimmerem bewahrt blieb. So brachte die Ausstellung des Jahres 1930 noch einmal volle Hallen.

„Die 14. VDW-Ausstellung Leipzig 1931 richtete ihre Hoffnungen auf das Auslandsgeschäft und den Besuch aus dem europäischen Ausland. Der VDW und die Messe Leipzig bestätigten noch immer ihren Ruf, Besucher aus vielen Ländern anzuziehen. Die Zahl der in den VDW-Firmen Beschäftigten war seit 1929 um 7500 auf 32500 zurückgegangen. Der normale Außenhandel kam, je länger die Krise andauerte, immer mehr zum Erliegen. Nur die durch besondere Einflüsse möglichen Lieferungen nach Rußland und Frankreich verhinderten für den überwiegenden Teil der Firmen größere Schäden." [6.53]

Selbst 1932 war in Leipzig noch eine gute Beteiligung an der Messe zu verzeichnen, denn den Firmen war deren Bedeutung gerade in schwierigen Zeiten bewußt. Dennoch blieben in manchen Hallen Flächen frei, auch in der Halle 9. Die VDW-Ausstellung des Frühjahrs 1933 blieb noch von den Auswirkungen der nationalsozialistischen Machtergreifung verschont. Die Aussteller von Werkzeugmaschinen waren sogar besser vertreten als im Vorjahr. „169 Hersteller von Werkzeugmaschinen nahmen teil; 20 kamen aus dem Ausland. Trotz der Zeitumstände war der Besuch der Halle 9 gut. Es erwies sich, daß die Mitglieder, wenn es nur irgendwie ging, an ihrer Teilnahme festhielten. Von den 271 Werkzeugmaschinenfirmen im Jahre 1929 bestanden 1933 nur noch 185, und die Zahl der Beschäftigten war von 40000 auf 20000 zurückgegangen." [6.53]

Seit 1934 begannen die Nationalsozialisten ihre Vorstellungen einer gelenkten Wirtschaft zielstrebig durchzusetzen. Das hatte auch Auswirkungen auf die Werkzeugmaschinenindustrie, die Organisation des VDW und das Messewesen. „Die ‚Neuordnung der Wirtschaft' hatte das Ziel, die gesamte gewerbliche Wirtschaft nach einem einheitlichen Schema zu gliedern. Sie wurde durch ein Gesetz im Jahre 1934 dekretiert. An der Spitze sollte der Reichsverband der Industrie stehen, der in 13 Hauptgruppen untergliedert wurde. Die Hauptgruppe II, zu der auch der Maschinenbau gehörte, umfaßte noch die Bereiche Stahl- und Eisenbau, Fahrzeugindustrie, Elektrotechnik, Feinmechanik und Optik. Der Maschinenbau bildete innerhalb dieser Gruppe II die ‚Wirtschaftsgruppe Maschinenbau'. Die Werkzeugmaschinenindustrie bildete unter der Wirtschaftsgruppe Maschinenbau die Fachgruppe 1, ‚Werkzeugmaschinen und Präzisionswerkzeuge'." [6.53] Damit wurde faktisch das privat organisierte Verbandswesen in Deutschland aufgehoben. Nur durch eine entsprechende Satzungsänderung entging der VDW 1936 seiner Auflösung.

Besonders für die metallverarbeitende deutsche Industrie und vielfach auch für den Maschinen- und Werkzeugmaschinenbau begann 1933 eine Zeit der Hochkonjunktur. „Im Werkzeugmaschinenbau hatten sich die Beschäftigtenzahl und die Produktion von 1933 bis 1935 verdreifacht. 1936 und in den folgenden Jahren sollten die Leistungen der Wirtschaft noch einmal gesteigert werden. Der Vierjahresplan von 1936 setzte sich das Ziel, den Bergbau, die Schwerindustrie, den Maschinenbau und die Chemie weiterzuentwickeln." [6.53] Im Jahre 1937 produzierte die deutsche Werkzeugmaschinenindustrie mit 81 000 Beschäftigten Maschinen im Wert von 598 Millionen RM. Die Ausfuhr erreichte ein Volumen von 158 Millionen RM.

Gestützt durch das kräftige Wirtschaftswachstum nahm auch die Leipziger Messe wieder einen deutlichen Aufschwung. Zwischen 1933 und 1938 erhöhte sich die Zahl der Aussteller insgesamt von 6417 auf 9512 und die Besucherzahl von 107 000 auf 305 000. Besonders groß war die Zunahme der Aussteller im Werkzeugmaschinenbereich. Nahmen 1933 nur 169 Werkzeugmaschinenfirmen aktiv an der Messe teil, so stieg ihre Zahl bis 1938 auf 515 Firmen [6.53].

	1933	1934	1935	1936	1937	1938
Zahl der Aussteller	6417	7406	7527	8106	8873	9512
Zahl der Aussteller im Werkzeugmaschinenbereich	169	269	299	408	431	515
Zahl der Besucher insgesamt	107000	159000	196000	238000	263000	305000
davon: Inland	91000	143000	174000	213000	231000	269000
Ausland	16000	16000	22000	25000	32000	36000

Bild 6.14 Entwicklung der Leipziger Frühjahrsmesse

Zwischen 1933 bis 1938 nahmen auch viele ausländische Werkzeugmaschinenhersteller an der Leipziger Frühjahrsmesse teil. „Zunächst sträubten sich die deutschen Werkzeugmaschinenfabriken energisch gegen die gemeinsame Ausstellung mit der ausländischen Konkurrenz. Inzwischen aber haben sie eingesehen, daß durch die internationale Vergleichsmöglichkeit die Anziehungskraft der Messe zunimmt. Ich bemühe mich seit Jahren", schrieb Hermann Schoening, „die französische und englische Konkurrenz nach Leipzig zu ziehen. Verhandlungen mit der Stadt und dem Messeamt wurden wegen eines Anbaus der Halle 9 aufgenommen." [6.53]

In der Zeit vom 5. bis 13. März 1939 sollte vorerst die letzte Technische Messe in Leipzig stattfinden. Mit ihr ging zugleich eine glanzvolle Epoche des technischen Ausstellungswesens in Deutschland zu Ende [6.53].

Bild 6.15 Messestand mit Plandrehbank und Einständerkarusseldrehbank, Leipzig 1937

6.3 Von der Mechanischen Technologie zur Betriebswissenschaft

Die Untersuchung der Werkzeugmaschine sowie ihres technischen und wirtschaftlichen Einsatzes in der Fertigung zählte bis zum Beginn unseres Jahrhunderts allenfalls zu den Teilgebieten der Mechanischen Technologie, deren Lehrstühle den bereits vorgestellten Technischen Hochschulen angehörten. Erst mit der Einrichtung des Lehrstuhls für Werkzeugmaschinen, Fabrikanlagen und Fabrikbetriebe im Jahre 1904 an der Technischen Hochschule Berlin sowie des Lehrstuhls für Dampf- und Werkzeugmaschinen, Fabrikorganisation und Bergwerksmaschinen 1906 an der Technischen Hochschule in Aachen wurde der Fabrikbetrieb zu einer neuen wissenschaftlichen Disziplin erhoben und die Betriebswissenschaft als Lehr- und Forschungsgebiet begründet. Erster Lehrstuhlinhaber in Berlin war der in unserem Zusammenhang schon des öfteren erwähnte Georg Schlesinger, in Aachen erging der erste Ruf an Adolf Wallichs.

Bild 6.16
Georg Schlesinger (1874–1949) und
Adolf Wallichs (1869–1959)

Georg Schlesinger wurde 1874 in Berlin geboren. Nach dem Abitur absolvierte er ein einjähriges Praktikum, bevor er 1892 an der Technischen Hochschule Charlottenburg zu Berlin ein Studium des Maschinen-Ingenieurwesens aufnahm. 1897 trat er in die Firma Ludwig Loewe & Co. als Konstrukteur ein. Eine innerbetriebliche Karriere folgte. 1903 reichte er seine bereits erwähnte Dissertationsschrift „Die Passungen im Maschinenbau“ ein. Als 1904 an der Königlichen Technischen Hochschule auf Initiative Kaiser Wilhelm II. eine neue Professur für Werkzeugmaschinen und Fabrikbetriebe eingerichtet wurde, berief man Dr.-Ing. Georg Schlesinger. In der Vossischen königlich privilegierten Berlinischen Zeitung vom 20. 7. 1904 fand sich die folgende Notiz: „Die Ernennung des Dr.-Ing. Georg Schlesinger zum ordentlichen Professor an der Technischen Hochschule zu Berlin ist kürzlich amtlich bekannt gegeben worden. Der noch im jugendlichen Alter stehende Gelehrte war bisher bei der Firma Ludwig Loewe & Co. tätig, deren Konstruktionsbüro er leitete. Wie verlautet, ist seine Ernennung auf direkte Initiative des Kaisers zurückzuführen. Auf Anregung des Monarchen hat man einen neuen Lehrstuhl für die Kunde von Werkzeugmaschinen geschaffen, und Dr. Schlesinger wurde dem Kaiser als die geeignete Persönlichkeit bezeichnet, den neuen Lehrstuhl einzunehmen." [6.65]

Wallichs nannte Schlesinger den ersten akademischen Lehrer der Fertigungstechnik und Betriebsorganisation, der damit zum Vorbild einer neuen Disziplin wurde. „Seine Vorträge", so Wallichs weiter, „waren durch sichere Auffassung der theoretischen Zusammenhänge und durch die aus Erfahrung gewonnene Wirklichkeit der Vorgänge gezeichnet. Sie galten als die besten Vorträge der gesamten Vorlesungen an der Berliner Hochschule. Er schuf als erster im Deutschen Reich ein Versuchsfeld für Werkzeugmaschinen an der Technischen Hochschule zu Berlin. Neben dieser so segensreichen Tätigkeit als akademischer Lehrer half Schlesinger der schaffenden Technik teils in zahlreichen Vorträgen im In- und Ausland, teils in der Beratung und Durchführung neuzeitlicher Betriebsformen bis in die kleinsten Einzelheiten der Normalisierung, Arbeitsvorbereitung, Menschenführung, Entlohnung, kurzum der Rationalisierung der gesamten industriellen und verwaltungsmäßigen Vorgänge." [6.65]

In Schlesingers Arbeit als Lehrer und Forscher hielt er immer engste Fühlung zum praktischen Maschinenbau. Diese Einsicht ermöglichte eine erfolgreiche, wechselseitige Befruchtung von Wissenschaft und Praxis. Schlesinger begann die Arbeit, die sein Lebensziel wurde: die Arbeit an der Fabrik. Sehr groß ist die Reihe der wissenschaftlichen Untersuchungen von ihm und seinen Mitarbeitern, die sich auf alle wichtigen Bereiche und Elemente der Fertigungstechnik, der Werkzeugmaschinen sowie der rationellen Betriebsführung erstreckten.

Aus dem Bemühen heraus, eine ständige Verbindung zwischen Theorie und Praxis zu schaffen, sowie mit dem Bestreben, neue Erkenntnisse schnell und weitgefächert zu verbreiten, gründete Schlesinger 1907 die Zeitschrift „Werkstattstechnik". Er verstand es, fundierte Wissenschaft und vielfältige Ratschläge für die Praxis in dieser Zeitschrift in geeigneter Form zu verbinden. Es wurden ständig wichtige Gegenwartsfragen aufgegriffen und zu ihrer Behandlung Wissenschaftler und Praktiker herangezogen [6.65].

Im Ersten Weltkrieg wurde ihm die Betriebsleitung der Königlichen Gewehrfabrik Spandau übertragen. Dennoch führte er seine Lehrtätigkeit weiter. 1915 und 1916 übernahm Schlesinger kurzfristig die Geschäftsführung des VDW und arbeitete bis 1921 auch weiterhin als stellvertretender Vorsitzender im Vorstand des VDW mit.

Schlesinger war zeitweise Mitglied des Akademischen Senats der TH Berlin und Vorsteher der Abteilung für Maschinen-Ingenieurwesen. Er betreute im Laufe seiner Lehrtätigkeit viele Forschungsarbeiten und Dissertationen, und er verfügte über hervorragende pädagogische Fähigkeiten. Ende 1924 unternahm Schlesinger eine mehrmonatige Studienreise durch die Vereinigten Staaten. Anlaß für diesen

Auftrag des VDW war in erster Linie das Interesse, der durch die gerade überwundene Inflation stark beeinträchtigten Werkzeugmaschinenindustrie neue Impulse zum Durchstehen der Krise zu geben. Er besuchte mit Unterstützung des amerikanischen Ingenieur-Vereins etwa achtzig Fabriken der verschiedensten Industrien und zwei Ausstellungen.

Eine weitere Studienreise führte Schlesinger 1925 im Auftrag des VDW in die Sowjetunion. Er kam dabei zu der Überzeugung, daß der deutsche Werkzeugmaschinenbau wie kein anderer Industriezweig Deutschlands berufen und in der Lage sei, in Zusammenarbeit mit den dortigen Wiederaufbau-Organen bei der Erneuerung sowjetischer Produktionswerkstätten mitzuwirken [6.24].

1927 erschien Schlesingers Buch „Die Arbeitsgenauigkeit der Werkzeugmaschinen". In späteren Ausgaben erschien das berühmt gewordene Werk unter dem Titel „Prüfbuch für Werkzeugmaschinen". Es ist bis heute die wohl bekannteste Arbeit Schlesingers und erreichte in Deutschland bisher acht Auflagen, die letzte im Jahre 1970. Noch heute dient es als maßgebliche Grundlage der Normung bei der Abnahme von Werkzeugmaschinen.

1929 besuchte Schlesinger in Japan den Weltingenieurkongreß. Im Anschluß an diesen bereiste er Indien, China und zum zweiten Mal die UdSSR. Nach dem Machtantritt der Nationalsozialisten wurde Schlesinger verhaftet. Alle Anschuldigungen erwiesen sich jedoch als konstruiert und konnten entkräftet werden, so daß man ihn 1934 wieder entlassen mußte. Dennoch wurde er mit der Begründung, er sei als Jude unfähig, deutsche Ingenieure zu erziehen, in den vorzeitigen Ruhestand versetzt.

Schlesinger verließ Deutschland, nahm erst in Zürich eine Gastlehrtätigkeit an, folgte im November 1934 einem Ruf nach Brüssel und ging 1939 nach Loughborough in England, wo er die Einrichtung und Leitung eines Forschungslaboratoriums der „Institution of Production Engineers" übernahm. Dieses Forschungsinstitut leitete er bis 1944. In seinen letzten Lebensjahren widmete er sich ganz schriftstellerischen Arbeiten, darunter der Fertigstellung seines Buches „The Factory". Georg Schlesinger starb 1949, weltweit anerkannt, im Alter von 75 Jahren [6.65].

Adolf Wallichs, ebenfalls einer jener frühen Repräsentanten der neu entstehenden Disziplin der Betriebswissenschaft hatte sich als gründlicher Kenner der Ideen Taylors einen Namen gemacht. Er übersetzte dessen Schrift „Shop management" und trug damit zur Verbreitung der Rationalisierungslehre bei. 1906 erhielt Wallichs einen Ruf an den bereits erwähnten Lehrstuhl für Dampf- und Werkzeugmaschinen, Fabrikorganisation und Bergwerksmaschinen in Aachen [6.41].

Adolf Wallichs hatte von 1892 bis 1895 an der TH Berlin-Charlottenburg studiert und vor Beginn seiner praktischen Tätigkeit in der Industrie vier Jahre bei Alois Riedler als Assistent am Lehrstuhl für Kraft- und Arbeitsmaschinen gearbeitet. In Wallichs gewann die TH Aachen einen vielseitig interessierten Ingenieur, der außer den Lehrgebieten Werkzeugmaschinen und Fabrikorganisation für die Maschineningenieure auch in der Abteilung Bergbau und Hüttenwesen das Gebiet der Bergwerksmaschinen übernehmen konnte, weil er auf diesem Gebiet während seiner Industriepraxis große Erfahrung gewonnen hatte [6.51].

Über die Anfänge der Betriebswissenschaft in Deutschland schrieb Wallichs im Rückblick 1949: Die in Deutschland im 19. Jahrhundert herrschende Auffassung, „es gäbe keine Gesetzmäßigkeiten des Handwerkes und der industriellen Fertigung, hat uns allzulange schädliche Fesseln angelegt, indem sie Jahrzehnte lang uns davon abhielt, die sogenannten kleinen und scheinbar unwichtigen Nebendinge mit der gleichen Sorgfalt, Genauigkeit und Methodik zu prüfen, welche wir bei dem Studium der großen Probleme oder Vorgänge anzuwenden gewohnt sind und welche Art der Arbeit wir als ‚wissenschaftlich' zu bezeichnen pflegen.

Ein Umschwung in der Auffassung kam gegen Ende des Jahrhunderts aus der neuen Welt, aus den Kreisen der in starkem Aufschwunge befindlichen Großindustrie der Vereinigten Staaten. Der bereits erwähnte große Organisator F. W. Taylor, welcher es vom einfachen Arbeiter bis zum Betriebsdirektor der mechanischen Werkstätten eines großen Hüttenwerkes gebracht hatte, beobachtete die Leistung der Arbeiter und die Wechselwirkung zwischen Menschen und Maschinen in den Werkstätten so gründlich und bis ins kleinste Geschehen durchdringend und traf seine aus scharfem Denken über Ursache und Wirkung sich ergebenden Besserungsmaßnahmen im Ablauf der Vorgänge so erfolgreich, daß ganz wesentliche Mehrleistungen ohne Überanstrengung der arbeitenden Menschen erzielt wurden. Er führte die Zeitstudien schon in den 80er Jahren des vorigen Jahrhunderts ein und wurde damit der anerkannte Schöpfer der wissenschaftlichen Betriebsführung.

Die Schule Taylors brachte im ersten Dezennium noch viele wichtige Arbeiten seiner Mitarbeiter und Freunde heraus, von denen die Namen: Gantt, Hathaway, Cooke, Thompson, Gilbreth, Barth genannt sein mögen. Gilbreth verfeinerte die Zeitstudien durch Bewegungs- und Ermüdungsstudien und durch zweckmäßigere Gestaltung der menschlichen Arbeit und des Arbeitsgerätes ... Thompson veröffentlichte mit Taylor eine Arbeit über die Kosten bei den Betonarbeiten. Gantt änderte die Lohnverfahren durch stufenweise gegebene Prämien bei Erreichung bestimmter Leistungen. Cooke führte Taylorsche Grundsätze in der Betriebsführung und Verwaltung öffentlicher Versorgungswerke durch. Barth schrieb über mathematische Grundlagen bei Behandlung betriebstechnischer Probleme für die Taylorsche Schrift über Drehversuche. White war der materialkundige Mitarbeiter Taylors bei der Entwicklung des Schnelldrehstahls ...

Von deutschen Gelehrten, die Anfang des Jahrhunderts als akademische Lehrer in den Vereinigten Staaten wirkten", so führte Wallichs weiter aus, „muß vor allem Professor Münsterberg erwähnt werden, der die Engherzigkeit führender Kreise der Wissenschaft bezüglich weiterer Ausdehnung der wissenschaftlichen Forschung auf Dinge der Wirtschaft und der Betriebe bekämpfte." [6.68] Hugo Münsterberg (1863–1916) äußerte sich in seinem Buch „Psychologie und Wirtschaftsleben“ zur besonderen Situation der praktischen Wissenschaften in Deutschland, wie sie noch zur Jahrhundertwende anzutreffen war: „Der weitsichtigere Teil der kulturellen Kreise lernte einsehen, daß jegliche Menschentat im Reiche der Kunst und Wissenschaft und Politik genau so im Dienst der Landwirtschaft, des Handels, der Industrie aus niederen und aus hohen Motiven geleistet werden mag. Der Arbeitsinhalt entscheidet nicht, ob man in hoher Begeisterung die Arbeit verrichtet, um dem Kulturfortschritt der Menschheit zu dienen und wertvolle Aufgaben zu verwirklichen, oder ob man in kleiner, enger, wertloser Gesinnung bei Jeglichem nur an sich selber denkt, an seinen persönlichen Vorteil, an seine Stellung und Ehre, an seinen Ruhm und seinen Geldgewinn. Man kann eigennützig an Aufgaben der Wissenschaft und Kunst und Politik arbeiten und uneigennützig dem wirtschaftlichen Fortschritt seine Kräfte widmen. Als das deutsche Vorurteil in Zeiten wirtschaftlicher Armut das Wirtschaftsleben verachtete und schmähte und nur das Geistesleben pries, war das im Grunde die Flucht der Volksseele zu dem einzigen gesicherten Bezirk, der ihr geblieben war. Mit dem neuen Kulturbewußtsein ist der neue Stolz auf die wirtschaftliche Leistung erwacht, die besten Kräfte der Nation verteilen sich wieder gleichmäßiger auf alle wertvollen Berufe des Kulturlebens und die ganze Nation ist intensiv durchdrungen von dem Gefühl, daß der Fortschritt der Wirtschaft in der Tat eine kulturelle Aufgabe ist, nicht weniger des Enthusiasmus wert, als Staat und Heer und Wissenschaft und Kunst. Damit zerfällt dann aber auch vollständig die furchtsame Besorgnis, daß die Wissenschaft irgendwie an ihrer Würde etwas einbüßen könne, wenn sie dem wirtschaftlichen Aufschwung dient.“ [6.40]

Der Wandel kam aus der Sicht Wallichs mit dem gewaltigen Aufblühen der industriellen Wirtschaft seit Beginn unseres Jahrhunderts. Es wuchs „die Notwendigkeit, die wirtschaftlichen Dinge mit Hilfe der Wissenschaften in eine methodische Ordnung zu bringen, und den Nachwuchs der in der Industrie benötigten Kräfte nicht nur fachwissenschaftlich sondern auch wirtschaftlich auszubilden. Mit dieser Zielsetzung wurden im Laufe des ersten Jahrzehntes die Handelshochschulen Aachen, Berlin, Königsberg, Leipzig, Mannheim und Frankfurt ins Leben gerufen und neue Technische Hochschulen in Breslau und Danzig gegründet. An den meisten bestehenden Universitäten wurden den volkswirtschaftlichen Lehrstühlen solche für Privatwirtschaftslehre angegliedert. Das preußische Kultusministerium berief erstmalig einen Lehrstuhl für Betriebswissenschaften an der Technischen Hochschule Berlin unter Schlesinger 1904. Es folgten Aachen unter Wallichs 1906, Hannover unter Schwerd 1908, Danzig unter Prinz 1909, Breslau unter Schilling 1910. Die Bezeichnung Betriebswissenschaft war allerdings damals noch nicht bekannt, würde auch wohl einen Sturm der Entrüstung in akademischen Kreisen hervorgerufen haben.“ [6.69]

Eine neue Entwicklungsstufe erreichte die Begründung der Betriebswissenschaft in Deutschland mit dem Aufkommen der Rationalisierungsbewegung seit den 20er Jahren. Angeregt durch die Arbeiten von Münsterberg und Gilbreth wird nun verstärkt die psychologische Seite der Betriebswissenschaft ausgebaut. Wallichs nennt in diesem Zusammenhang die Namen Lippmann, Moede, Hellpach, Kraepelin, Friedrich, Sachsenberg, Tramm, Poppelreuter, Arnhold, Bramesfeld und Mathieu. „Moede begründete nach Kriegsende den Lehrstuhl für Psychotechnik in enger Verbindung mit Schlesinger. Er gab später das beachtenswerte Buch ‚Die Arbeitstechnik' heraus. Kraepelin veröffentlichte seine Schrift ‚Die Arbeitskurve', in welcher der Wechsel der Arbeitsintensität im Laufe der täglichen Werkzeit dargestellt wird. Hellpach schreibt über Gruppenfabrikation u. a. m. Friedrich führte eine der ersten Eignungsprüfstellen (Krupp Essen) ein und wirkte später in Karlsruhe und Clausthal bahnbrechend auf diesem Gebiet. Tramm war der erfolgreiche Durchführer von Eignungsprüfungen an Straßenbahnwagenführern. In seinem Buch bringt er aber auch andere Teile der wissenschaftlichen Betriebsführung zur Darstellung. Sachsenberg machte an der Technischen Hochschule Dresden grundlegende Versuche über die psychische Beeinflussung des Arbeitsgeistes in Werkstätten durch rhythmische Anregungen z. B. Klopftakte oder Musik." [6.69]

Wallichs hatte im Anschluß an Schlesinger sehr bald die Notwendigkeit einer systematischen empirischen Forschungsarbeit auf dem Gebiet der neuen Betriebswissenschaft erkannt. So begann er noch vor dem Ersten Weltkrieg mit dem Aufbau einer kleinen Versuchswerkstatt in den Kellerräumen der TH Aachen. Doch erst im Juli 1924 konnte die Forschungstätigkeit in einem nach modernen Grundsätzen eingerichteten Laboratorium aufgenommen werden [6.4].

Zur Erzielung zeitgemäßer Richtwerte wurden von Wallichs in jahrelangen Versuchen fast alle genormten Maschinenbaustähle, Stahlgußarten und Gußeisensorten im Drehvorgang mit Schnellstahlmeißeln untersucht. 1930 gelang es ihm und H. Dabringhaus, die sogenannten Aachener v_{60}-Tafeln für Stähle und Gußeisen aufzustellen, die zur Richtwertermittlung noch heute erfolgreich benutzt werden. 1934 wurde ihm für seine außerordentlichen wissenschaftlichen Leistungen die Ehrendoktorwürde der Technischen Hochschule Hannover verliehen.

Als 1937 die Hochschulgruppe Betriebswissenschaft, die sich nach dem Krieg in Hochschulgruppe Fertigungstechnik und später in Wissenschaftliche Gesellschaft für Produktionstechnik umbenannte, auf Anregung Otto Kienzles gegründet wurde, übernahm Wallichs den Vorsitz, den er bis 1944 innehatte. Nach dem Zweiten Weltkrieg leitete er von 1945 bis 1947 vorübergehend nochmals sein Institut an der Technischen Hochschule Aachen. 1949 verlieh ihm die Stadt Aachen die akademische Würde eines Senators E. h.

Im Mai 1959 ist Adolf Wallichs gestorben. Mit ihm verlor die Wissenschaft einen namhaften Hochschullehrer, einen Schöpfer der deutschen wissenschaftlichen Betriebslehre und den Gründer des Werkzeugmaschinenlaboratoriums an der Technischen Hochschule Aachen.

Auch die Lehrstühle für Mechanische Technologie an den anderen Technischen Hochschulen in Deutschland erweiterten ihre Arbeitsgebiete um die betriebswissenschaftliche Dimension, soweit sie nicht ebenfalls einen zweiten, ergänzenden Lehrstuhl für die neue Disziplin erhielten. So setzte Schwerd in Hannover ab 1908 die bereits von Fischer begonnene Forschung über Werkzeugmaschinen fort. Schwerd gilt als der Erfinder des deutschen Stahlhelms, und so war er während des Ersten Weltkrieges Leiter der gesamten Helmfertigung [6.69].

Bild 6.17 Friedrich Schwerd (1872–1953)

Seit 1921 arbeitete Sachsenberg in Dresden auf dem Gebiet der Betriebswissenschaft, und im selben Jahr trat Gottwein in Breslau seine Professur an.

Der Lehrstuhl Sachsenbergs ging auf ein ursprünglich von Hartig vertretenes Lehrgebiet zurück, mit dem wir uns bereits im fünften Kapitel ausführlich beschäftigt haben. Dessen Disziplin wurde unter seinen Nachfolgern im Jahre 1906 in drei Professuren aufgeteilt. Die Werkzeugmaschinen und Fabrikanlagen wurden zusammen mit der Allgemeinen Mechanischen Technologie am Lehrstuhl für Betriebswissenschaften behandelt. „Entsprechend der wirtschaftlichen Entwicklung der deutschen Industrie besonders in den Nachkriegsjahren und der daraus resultierenden wirtschaftlichen Arbeitsmethodik hatte dieses Lehrgebiet an Bedeutung und Umfang immer mehr zugenommen. Dementsprechend wurde der Lehrstoff für diejenigen Studierenden, die sich im besonderen der ‚Betriebstechnik' zuwandten, nach drei Hauptgruppen gegliedert:

1. Werkstattbau und Werkstätteneinrichtung,
2. Behandlung organisatorischer Fragen und ihre praktische Durchführung,
3. Werkzeugmaschinen und Fabrikationsvorrichtungen, ein Gebiet, das im Jahre 1924 noch durch praktische Übungen an Werkzeugmaschinen im Versuchsfeld erweitert wurde." [6.14]

Als einer der vier ersten Betriebswissenschaftler Deutschlands baute auch Sachsenberg seinen Lehrstuhl mit der Gründung eines Versuchsfeldes für Werkzeugma-

Bild 6.18 Ewald Sachsenberg (1877–1946)

schinen zu einer weit über Deutschlands Grenzen hinaus bekannten Lehr- und Forschungsstätte aus. Sein bleibendes Verdienst ist es, auch die Bearbeitung nichtmetallischer Werkstoffe wie Holz, Stein und Glas in seine Forschungstätigkeit einbezogen und wissenschaftlich durchdrungen zu haben. Mit großer Aufmerksamkeit widmete er sich auch den im Betrieb tätigen Menschen, was seinen Ausdruck in dem von ihm gegründeten Psychotechnischen Institut fand. Mit seinen Untersuchungen über Arbeit und Rhythmus leistete er Pionierarbeit. 1928 schuf er ferner das erste Verpackungsprüffeld in Deutschland [6.76].

In den zwanziger Jahren haben Schlesinger, Wallichs, Schwerd, Sachsenberg und Gottwein in ganz wesentlichem Maße, wenn nicht sogar entscheidend, dazu beigetragen, die Wissenschaft des Fabrikbetriebes, die Betriebswissenschaft, auf der Grundlage von Werkzeugmaschinen und Fabrikorganisation in Deutschland zu begründen und zu weltweiter Bedeutung zu entwickeln. Die Genannten bilden die erste Generation der späteren Hochschulgruppe Betriebswissenschaft.

Die fertigungstechnische Forschung wurde schon in ihren Anfängen durch Untersuchungen der anthropogenen Bedingungen industrieller Arbeit ergänzt. 1918

Bild 6.19 Karl Gottwein (1879–1960)

wurde die „Forschungsgesellschaft für betriebswissenschaftliche Arbeitsverfahren“ des VDW unter dem Vorsitz von Professor Schlesinger gegründet. Sie diente der Förderung des „Versuchsfeldes für Werkzeugmaschinen“ an der TH Charlottenburg, zu dem auch eine psychotechnische Abteilung unter der Leitung von Dr. Moede gehörte. Sie führte unter anderem experimentelle Eignungsprüfungen an Lehrlingen in Industriebetrieben durch. Die Forschungsgesellschaft bestand fünf Jahre und erhielt während dieser Zeit auch finanzielle Unterstützung durch den VDW. 1921 wurde Moede zum außerordentlichen Professor für das Gebiet der Psychotechnik an der TH Berlin ernannt. Daraufhin übertrug die Forschungsgesellschaft des VDW 1922 ihre Aufgaben an das neue Institut.

In seinem Lehrbuch der Psychotechnik, das im Jahre 1930 erschien, blickte Walter Moede auf etwa 15 Jahre als Forscher, Lehrer und Gutachter zurück. Er definierte die industrielle Psychotechnik als praktisch-wissenschaftliche Anwendung der Psychologie. Es ging ihm um „die Nutzbarmachung psychologischer Einsichten und Arbeitsverfahren für Fragen des industriellen Lebens“. Soweit betriebswissenschaftliche Gesichtspunkte im Vordergrund standen, sprach er auch von Betriebspsychologie.

Neben den Eignungsprüfungen strebte die Psychotechnik nach Rationalisierung der Arbeitsverfahren. Ziel war eine psychoenergetische Optimierung. Dabei wurde der Mensch als Träger des Wirtschaftslebens in den Mittelpunkt gestellt. Die Beanspruchung der Arbeitsfunktionen des Menschen sollte möglichst gering sein. Dies galt auch für die Maschinenbedienung [6.57].

Im ersten Drittel unseres Jahrhunderts erlebte aber auch die Zerspanungsforschung einen nachhaltigen Aufschwung. Eine detaillierte Darstellung ihrer Entwicklung finden wir bei Heinrich Schallbroch [6.51]:

„In einem etwa 1902 erschienenen Buche, ‚On the art of cutting metals‘, stellte Taylor seine in etwa zwei Jahrzehnten unternommenen Forschungen dar. Mag vieles davon heute überholt erscheinen, so bleibt es doch das erste Werk der Weltliteratur über Zerspanungsforschung ...

Im übrigen ist jedoch in der Zerspanungsforschung“, so führte Schallbroch weiter aus, „der Zeitabschnitt 1900–1920 durch ein weiteres Vorherrschen der energetischen Betrachtungsweise des Zerspanvorganges gekennzeichnet, wobei die theoretische und praktische Untersuchung der Schnittkräfte als Hauptziel der Forschung galt. Auch der Schnittwiderstand der Metalle bei der Zerspanung war vielfach der Gegenstand tiefgreifender Untersuchungen. Die damaligen sperrigen oder raumfordernden Meßmittel für Kräfte führten zur Konstruktion von besonderen Meß-Supporten oder Meß-Bohrtischen, die an Stelle der normalen Maschinenteile angebracht werden mußten. Einen erheblichen Fortschritt erbrachten die in der Zerspanungsforschung seit etwa 1910 aufgenommenen hydraulischen Meßdosen, besonders wegen der mit ihnen möglichen Schreibstreifenaufzeichnungen. Bis 1920 konnten die grundsätzlichen Erkenntnisse auf die Kräftezerlegung beim

Drehen, Bohren und Fräsen sowie auch zahlenmäßige Unterlagen über den Schnittwiderstand bzw. spez. Schnittdruck der hauptsächlich gebrauchten Zerspanwerkstoffe gewonnen werden."

In den Zeitraum 1900–1920 fallen auch zwei Untersuchungsrichtungen, die Schallbroch zufolge „ihrer Zeit vorauseilten und erst viel später ein allgemein erkanntes Ziel der Zerspanungsforschung wurden. In beiden Fällen, nämlich dem Schneidenverschleiß ... und der Schnittemperatur ... handelte es sich um Erscheinungen, die eigentlich zwar unverdeckt dem Beobachter von Zerspanungsvorgängen vor Augen liegen. Daß sie trotzdem nicht einer intensiveren Forschung unterworfen wurden, lag an der damaligen Unvollkommenheit der Meßmittel oder Meßmethoden für Verschleiß und Temperatur. Die Abhängigkeit jedes Forschungserfolges vom Stand der Entwicklung des Meßmittels ist ja eine allbekannte Erscheinung."

„Die Forschungsrichtungen", berichtete Schallbroch weiter, „waren auch ab 1920 in erster Linie: Geometrie der Schneide im Hinblick auf geringe Schnittkräfte und hohe Standzeiten, Standzeit-Ermittlung bei den neuen Schnellstählen (verschiedene Legierung und Erzeugung) sowie den gerade aufgekommenen gegossenen Hartmetallen (Stelliten). Außerdem tritt als vordringlich zu lösende Frage in diesem Jahrzehnt die Untersuchung der Zerspanbarkeit der üblichen Stähle und Gußeisensorten auf. Der Hauptanstoß hierzu ging von der ab 1924 stark aufblühenden Automobilindustrie aus, in der man bei der Zerspanung der neuen deutschen Nickel- und Chromnickel-Konstruktionsstähle größere Schwierigkeiten hatte als mit der Zerspanung der entsprechenden amerikanischen Baustähle. Die mit einer besonderen Vorbereitung und Großzügigkeit gemeinsam von Stahlwerken und Auto-Industrie unterstützten Versuche führten in monatelanger Arbeit mit werkstattmäßigen Drehversuchen zu einem vollen Erfolg der Zerspanungsforschung. Ihr Ansehen hob sich um so mehr, als an zwei Hochschullaboratorien, Aachen und Berlin, die gleichen Resultate über das Drehen (Standzeitwerte) der Autobaustähle mit normalem Schnellstahl erhalten worden waren. Die lange Jahre vergessene, von Taylor empfohlene Standzeitkurve und der Kennwert v_{60} hatten in vielfacher Wiederholung bei diesem Zerspanungsversuch großen Stils ihre Geeignetheit und Zuverlässigkeit erneut bewiesen.

Die nunmehrige genauere Kenntnis über die v_{60}-Werte bei allen üblichen Schnittbedingungen der Autobaustähle gab Veranlassung, auch die übrigen Maschinenbauwerkstoffe hinsichtlich ihrer Zerspanbarkeit zu untersuchen. Dies konnte sich natürlich zunächst nur auf die v_{60}-Ermittlung, d. h. das Standzeitverhalten beim Drehen erstrecken. Aber gerade hierin fehlte es den Betrieben am meisten an verläßlichen Unterlagen. Die in technischen Handbüchern enthaltenen Angaben über anwendbare Schnittgeschwindigkeiten waren größtenteils überholt und in der Darstellungsweise nicht genau genug; auch die etwa 1922 vom AWF herausgegebenen und auf den Erfahrungsaustausch in der Berliner Industrie aufgebauten

Schnittgeschwindigkeitstafeln standen mit den Betriebsverhältnissen zu Ende des Jahrzehnts nicht mehr in Einklang ...

Man war sich auch damals durchaus darüber im klaren, daß zur vollständigen Beschreibung der Werkstoffeigenschaft Zerspanbarkeit (bzw. Drehbarkeit, Bohrbarkeit usw.) die bislang mit besonderer Betonung untersuchte Wärmestandzeit von Schnellstahlwerkzeugen nicht allein ausreichte. Indessen hatte sich trotz mancher Anregungen und Ansätze zur Untersuchung der Verschleißstandzeit, der Spanentstehung und Spanbildung sowie zur Prüfung der Oberflächengüte noch keine Versuchsmethodik auf diesen Gebieten so bewährt, daß sie als ein zuverlässiges Prüfverfahren mit genügender Übertragbarkeit der Ergebnisse auf die praktischen Zerspanungsfälle angesehen werden konnte.

Große Fortschritte aber waren auf dem Gebiet der Schnittkräftemessung und der Feststellung des spezifischen Schnittdrucks erzielt worden; neben manchen Verbesserungen der hydraulischen Schnittkraftmesser hatte auch die Erprobung und Anwendung verschiedener anderer Meßmittel (mechanische, pneumatische, optische Übermittler und Verstärker) schon zu genaueren Messungen beim Drehen, Bohren, Fräsen und Schleifen geführt, bis die Einführung des elektrischen Röhrenverstärkers ab etwa 1928 auch auf diesem Gebiet die Meßtechnik revolutionierte. Mit der ersten sog. elektrischen Meßdose ... von H. Gerdien und W. Mauksch führte C. Salomon schon 1929 die aufsehenerregenden Schnittkraftuntersuchungen beim Fräsen mittels Schleifenoszillograph durch, die nach jahrzehntelanger Bemühung vieler Forscher endlich die ersehnte gleichzeitige Aufzeichnung der Schnittkräfte und Schnittemperaturen mit starker Vergrößerung des Zeitmaßstabes erbrachten. Übrigens ist es bemerkenswert, daß die experimentell höchst schwierige Methode mittels piezoelektrischer Messung der Schnittkräfte schon etwa 1928 durch die Japaner M. Okochi und M. Okoshi erfolgreich angewandt wurde.“

Auf einem weiteren Gebiet der Zerspanungsforschung, hob Schallbroch hervor, fand im Jahrzehnt 1920/1930 ein beachtenswerter Schritt vorwärts statt, nämlich auf dem der Schnittemperaturmessung. „Im Jahre 1925 veröffentlichten K. Gottwein aus Breslau und E. G. Herbert aus Burnsall (Manchester) fast gleichzeitig eine neue Meßmethode auf der Grundlage des thermoelektrischen Effektes, wobei sie als Thermopaar die Drehwelle einerseits und den Drehmeißel andererseits wählten. Mögen diesem Meßverfahren auch manche Unvollkommenheiten anhaften, um deren Behebung sich K. Gottwein später umsichtig und erfolgreich bemühte, so darf doch nie übersehen werden, daß durch die 1925 von Gottwein ermittelten vielen Schnittemperaturen an zahlreichen Werkstoffen und mit allen möglichen Bedingungs-Variationen endlich die lange gesuchten Schnittemperaturen bekannt wurden, von denen man zuvor nur Näherungswerte auf dem Wege der Schätzung und Rechnung ermitteln konnte. Das mit dem thermoelektrischen Verfahren möglich gewordene Studium der Temperaturverhältnisse an der Schneide hatte schon zu Ausgang des Jahrzehntes die Zerspanungsforschung allgemein stark befruchtet und regte die in den folgenden Betrachtungszeitraum fallenden Forschungsarbeiten in starkem Maße an.

Mittels der relativ einfachen Thermopaar-Schnittemperaturmessung rückte auch die Untersuchung der Kühl- und Schmierwirkung von Schneidflüssigkeiten in den Bereich der Ausführbarkeit; K. Gottwein griff diese Gebiete sogleich in Forschungsarbeiten auf und veröffentlichte 1928 das erste Buch hierüber.

Das Jahrzehnt 1920/1930 erbrachte neben diesen Fortschritten der Zerspanungsforschung auch eine Vertiefung des Erkenntnisstandes auf zahlreichen anderen Gebieten. Hierzu zählen die neuen Versuchsergebnisse über die Zahnformen an vielschneidigen Werkzeugen, wie Kaltkreissägen, Hubsägen, Fräsern und Feilen; diese Werkzeuge sowie auch die Zerspanung von Hölzern und Gesteinen einschließlich des Schleifvorganges an diesen Werkstoffen waren an der TH Dresden unter Leitung von Ewald Sachsenberg der Gegenstand zahlreicher Untersuchungen. Sachsenberg gab von etwa 1923–1929 in mehreren Bänden ausgewählte Arbeiten des Lehrstuhls für Betriebswissenschaften der TH Dresden heraus, durch welche vor allem hinsichtlich der Versuchsmethodik und Meßtechnik der Zerspanungsforschung zahlreiche Anregungen in weiteren Kreisen verbreitet wurden.

Der Verein Deutscher Ingenieure, der in verschiedener Weise die Forschungsarbeiten in der Zerspanungstechnik gefördert hatte, gab im Jahre 1926 im Rahmen der Zeitschrift Maschinenbau das Sonderheft Zerspanung heraus, in welchem namhafte Autoren die aktuellen Zerspanungsprobleme behandelten. Auch der Verein Deutscher Eisenhüttenleute nahm sich in dieser Zeit der Förderung der Zerspanungsforschung an; seit etwa 1924 wurde seinem Werkstoffausschuß ein ‚Unterausschuß für Bearbeitungsfragen' angegliedert, dessen Arbeit vor allem darauf abzielte, das Zusammenwirken der geeigneten Fachleute und den Erfahrungsaustausch hinsichtlich der zahlreichen metallurgischen Fragen bei Werkzeug und Zerspanungsstoff zu fördern. Insbesondere bemühte der VDEh sich um die Verfahrens-Festlegung einer Zerspanbarkeitsprüfung ..., damit die Erzeuger und Verarbeiter von Zerspanungswerkstoffen durch einheitliche und zuverlässige Prüfverfahren klare Unterlagen erhalten und durch Erfahrungsaustausch die Behebung der Schwierigkeiten in den Bearbeitungswerkstätten erzielen. Auf der vom VDEh veranstalteten großen Werkstoffschau 1927 in Berlin war der Zerspanbarkeitsprüfung erstmalig eine öffentliche Darstellung und Vorführung geboten worden.

Das Bild jener Zeit wäre nicht vollständig ohne die Erwähnung der ausgezeichnet abgefaßten Lehrbücher von F. W. Hülle, die in vielen Auflagen erschienen und das Interesse an der Erforschung der zugrunde liegenden Zerspanungs-Gesetze und -Probleme in weiteren Kreisen, besonders der jungen Ingenieure, verbreitete.

Während sich im betrachteten Zeitraum in Großbritannien, Frankreich, Italien und Japan nur vereinzelte Ansätze zur Zerspanungsforschung gezeigt hatten, waren in den USA, ähnlich wie in Deutschland, zahlreiche Fachleute mit den

Fragen der Zerspanbarkeit, und zwar vorzugsweise mit der praktischen Prüfung genormter SAE-Stähle sowie der Untersuchung metallurgischer Einflüsse auf die Zerspanbarkeit beschäftigt. Mit besonderer Intensität widmete sich dort O.W. Boston (Universität Michigan) der experimentellen Untersuchung der Zerspanungsprobleme; er stellte etwa 1928 den der ‚Zerspanbarkeit' entsprechenden Begriff Machinability auf, den er ebenso wie die deutschen Forscher in erster Linie auf die Standzeit der Schneide bezog, dann aber auch auf Energiebedarf, Oberflächengüte und Spanbildung ausdehnte. Seine zahlreichen Veröffentlichungen seit etwa 1928 bis in die jüngste Zeit ließen erkennen, daß O.W. Boston und seine Mitarbeiter sehr fruchtbare Arbeit leisteten. Die Anerkennung, die diese sich in der Grundanlage gleichenden amerikanischen und deutschen Forschungsarbeiten in allen Ländern fanden, beweist nicht nur die Richtigkeit der von der Zerspanungsforschung hüben und drüben seit mehreren Jahrzehnten angestrebten Ziele und den hierfür benutzten Methoden; vielmehr muß sie auch als eine erfreuliche Auswirkung des gegenseitig befruchtenden wissenschaftlichen Gedankenaustausches amerikanischer und deutscher Forscher angesehen werden."

„Ganz ohne Zweifel", so faßte Schallbroch zusammen, „hat das betrachtete Jahrzehnt 1920/1930 den entscheidenden Vorstoß in der Zerspanungsforschung gebracht und neben schon verwertbaren Forschungsergebnissen die kommenden Arbeitsrichtungen materiell und personell angebahnt. Man übersehe nie, daß nur Menschen die Träger des Fortschritts sein können; die Pioniere und Senioren der deutschen Zerspanungsforschung (Karl Gottwein, Ewald Sachsenberg, Georg Schlesinger, Friedrich Schwerd und Adolf Wallichs) erblickten im Jahre 1930 neben sich schon eine stattliche Zahl junger Ingenieure und Forscher aus ihrer Schule: auch in den Prüffeldern und Betrieben der Metallindustrie war eine ansehnliche Zahl interessierter Fachleute tätig. So konnte die Zerspanungsforschung wohlvorbereitet und voll neuer Ziele und Gedanken ihre Arbeit im folgenden Jahrzehnt auf ständig breiter werdender Basis weiterführen." [6.51]

Doch zunächst galt es, die Zeit der Weltwirtschaftskrise mit hoher Arbeitslosigkeit, sinkenden Einkommen und starkem Rückgang der realen Wertschöpfung zu bestehen. Die Überwindung der Krise durch wirtschaftspolitische Maßnahmen erwies sich als äußerst schwierig. Die Deflationspolitik unter Reichskanzler Brüning wurde schließlich abgelöst durch die Autarkie- und Gleichschaltungspolitik der Nationalsozialisten. Die allgemeine wirtschaftliche Situation, insbesondere aber der politische Machtwechsel in Deutschland, hatte auch eine unmittelbare und schnelle politische Wirkung an den Hochschulen. Die fertigungstechnischen Institute waren allerdings unterschiedlich betroffen. Durch haushaltsbedingte Restriktionen waren die meisten Lehrstühle in der weltwirtschaftlichen Krise nur mit Einschränkungen in der Lage, umfangreiche Forschung zu betreiben. Dennoch hielten sie durch. Andererseits standen aber auch an den Hochschulen zahlreiche junge Diplom-Ingenieure vor der Tür, die keine Arbeitsmöglichkeit in der Industrie gefunden hatten.

Mit der nationalsozialistischen Machtergreifung waren neben Schlesinger auch einige seiner Mitarbeiter erheblichen politischen Pressionen ausgesetzt. Selbst in seinem Institut prallten, nach mündlicher Überlieferung von Schütz und Kronenberg, ideologische Überzeugungen aufeinander. Vor diesem Hintergrund ist es von historischer Bedeutung, daß es vor allem der VDW mit seinem Vorsitzenden Hermann Schoening, aber auch der VDI waren, die Schlesinger halfen und seine Entlassung aus der Haft im November 1933 erwirkten. Sein Institut und seine Hochschule hat Schlesinger jedoch nie wieder betreten. Zu Hause arbeitete er, unterstützt von seinem späteren Schwiegersohn Franz Koenigsberger, an seinem großen Lehrbuch „Die Werkzeugmaschinen“, das trotz der angespannten politischen Situation und Schlesingers Emigration noch 1936 in Deutschland erscheinen konnte. Auch konnte Schlesinger zunächst noch seine Zeitschrift „Werkstattstechnik“ herausgeben und auch noch in der Zeitschrift „Maschinenbau“ Vorberichte zur Leipziger Frühjahrsmesse 1934 erarbeiten. Diese Messe sollte aus der Sicht der Nationalsozialisten die Größe und Solidarität der deutschen Wirtschaft mit dem herrschenden politischen System demonstrieren. Dabei spielte natürlich die Ausstellung der Werkzeugmaschinen eine ganz besondere Rolle.

Schlesinger hatte inzwischen seinen Wohnsitz nach Zürich verlagern müssen, wo ihn an der ETH Zürich Professor Bickel aufgenommen hatte. Er konnte es jedoch nicht unterlassen, einige Tage vor der Eröffnung der Messe nach Leipzig zu fahren, wo er die Morgenstunden auf dem Messegelände verbrachte. Am Nachmittag verließ er Leipzig wieder und kehrte nach Zürich zurück. Als Goebbels zur Eröffnung der Messe erschien, wurde er mit Schlesingers Vorbericht zur Messe konfrontiert. Er verlangte die Beseitigung des Namens, was aber vom VDW entschieden abgelehnt wurde. Allerdings setzte Goebbels durch, in der Werkzeugmaschinenhalle das traditionelle Namensschild „Schlesinger Weg“ zu beseitigen.

Von den zahlreichen Mitarbeitern Schlesingers sollen an dieser Stelle besonders Max Kurrein (1878–1967), Max Kronenberg (1894–1972) und der nach ihm emigrierte Schwiegersohn Franz Koenigsberger (1907–1979) gewürdigt werden.

Kurrein kam bereits im Jahre 1911 an den Lehrstuhl Schlesingers und übernahm 1913 als Oberingenieur das Versuchsfeld für Werkzeugmaschinen. Im selben Jahr habilitierte er sich zum Privatdozenten, um nach dem Ende des Ersten Weltkrieges zum außerordentlichen Professor ernannt zu werden. 1934, nach seiner Expatriierung aus Deutschland, berief man Kurrein an das Hebräische Technion in Haifa zum Aufbau einer technologisch-industriellen Fakultät. Dort blieb er bis zu seiner Emeritierung im Jahre 1958 Dekan der Maschinenbaufakultät.

Kurrein hatte seine Ausbildung in einer Zeit erhalten, in der Alois Riedler, Maschinenbauprofessor und Rektor an der TH Berlin, damit auch Lehrer Schlesingers, großen Einfluß auf alle deutschsprachigen Hochschulen ausübte. So hat die praktische Orientierung Riedlers auch Kurrein stark geprägt. Im Mittelpunkt stand bei ihm das Experiment. „Diejenigen Studenten, welche er als Hilfskräfte bei diesen

Bild 6.20 Max Kurrein (1878–1967)

Experimenten und später als Diplom- und Doktorkandidaten zuließ, konnten unter seiner strengen und kritischen Führung außerordentlich viel von ihm lernen; dabei war er stets bereit, Vorschläge und abweichende Ansichten anzuhören und schuf so ein Arbeitsklima, das für alle sehr förderlich war ...

Zur vollen Entfaltung konnte diese Persönlichkeit freilich erst in Haifa kommen, wo ihn eine breitere, wichtigere und selbständigere Arbeit erwartete, als er in

Bild 6.21 Die Schleiferei des Versuchsfeldes für Werkzeugmaschinen der TH Berlin, um 1912

Berlin je gehabt hatte. Wie so manchmal, erwies sich ein Ergebnis, das zuerst wie ein Schicksalsschlag aussah, in diesem Fall die Vertreibung durch die Nationalsozialisten, als eine Wohltat, freilich eine Wohltat, die ihm eine ungeheure Arbeit und Verantwortung auferlegte …

Seine Hauptaufgabe war die Planung der neuen Fakultät, die er mit der ihm eigenen zähen Energie in Angriff nahm, und gleichzeitig die mindestens psychologische Vorbereitung der ‚Fabriken' für die Aufnahme der Absolventen dieser Fakultät; denn die Besitzer dieser Werkstätten, meist Handwerker aus Osteuropa mit sehr schwacher Vorbildung, aber großem Stolz auf ‚langjährige Erfahrung', widerstrebten natürlich den ‚gelehrten Neuerungen' an dieser ‚Industrie', die um 100 Jahre hinter Europa zurückgeblieben war und an der neuen Fakultät hatte er in wenigen Jahren dieselbe Erziehungsarbeit zu leisten, welche Redtenbacher, Zeuner, Reuleaux, Karmarsch, Bach, Riedler, Schlesinger und andere in rund 80 Jahren an der deutschen Industrie und an den deutschen Hochschulen geleistet hatten." [6.22]

Wie erfolgreich Kurrein seine große Aufgabe bewältigte, wird unter anderem an den Ehrungen deutlich, die ihm im Laufe seines langen, arbeitsamen Lebens zuteil wurden. Für seine wichtigen Beiträge auf dem Felde der mechanischen Metallurgie und der Ingenieurerziehung erhielt er den Rothschildpreis. Ferner verlieh man ihm das Ehrenzeichen der Haganach und die Ehrenmitgliedschaft der Gesellschaft beratender Ingenieure in Israel [6.22].

Bild 6.22 Max Kronenberg (1894–1972)

Kronenberg, nach einer praktischen Tätigkeit als Betriebsingenieur seit dem Wintersemester 1927/28 Wissenschaftlicher Mitarbeiter bei Schlesinger, erlangte im Februar 1927 mit seiner Arbeit „Theorie der Dreharbeit und ihre praktische Anwendung im Betrieb" den Grad eines Doktor-Ingenieurs. Noch im selben Jahr habilitierte er sich mit der Schrift „Grundzüge der Zerspanungslehre" zum Privatdozenten an der TH Berlin. Seine Antrittsvorlesung hielt er zum Thema „Über eine neue Geschwindigkeitsstufung an Werkzeugmaschinen" [6.64].

1934 wurde auch Kronenberg wegen seiner Religionszugehörigkeit die Lehrbefugnis entzogen. Zwei Jahre später emigrierte er in die USA, wo er bei der Cincinnati Milling Machine Comp. in der Forschungs- und Entwicklungsabteilung eine leitende Funktion übernahm. Seit 1949 war er als beratender Ingenieur auf dem Gebiet der Produktionstechnik tätig.

Kronenbergs wissenschaftliche Arbeit galt der Erforschung der Grundlagen des Zerspanungsvorgangs und der Entwicklung von Zerspanungsmodellen. Sein internationaler Ruf wurde durch zahlreiche wissenschaftliche Veröffentlichungen und Vorträge begründet. Seine Bücher wurden in mehrere Sprachen übersetzt und gelten noch heute als Standardwerke der Zerspantechnik. Max Kronenberg wurden zahlreiche Anerkennungen und Ehrungen zuteil. Neben seiner Mitgliedschaft in vielen wissenschaftlichen Vereinigungen und der Society of Sigma Xi sollen besonders die Verleihung der Forschungsmedaille der American Society of Tool and Manufacturing Engineers und der erste Preis der James Lincoln Welding Foundation für seine Arbeiten über Werkzeugmaschinenschwingungen Erwähnung finden. 1958 wurde er durch den Berliner Senator für Volksbildung zum emeritierten ordentlichen Professor der TU Berlin ernannt. Als Delegierter der Vereinigten Staaten führte er den Vorsitz eines internationalen Symposiums 1966 in Moskau. Max Kronenberg war als Mitbegründer der Zerspanungswissenschaft einer der großen Pioniere der Produktionstechnik. Seine Persönlichkeit, geprägt durch klares, auf Systematik drängendes Denken und unermüdlichen Fleiß, war seinen Schülern ein Vorbild. Seine Schaffenskraft war bis ins hohe Alter ungebrochen. 1971, ein Jahr vor seinem Tod, kam Kronenberg nochmals an die Stätte seines früheren Wirkens zurück und hielt auf Einladung der TU Berlin eine Reihe von Gastvorlesungen [6.65].

Franz Koenigsberger erwarb 1931 an der TH Berlin den Grad eines Dipl.-Ing. im Fachgebiet Maschinenwesen. Anschließend wurde er bei Schlesinger Assistent im Versuchsfeld für Werkzeugmaschinen, ging dann als Doktorand an die TH Dresden zu Ewald Sachsenberg, um 1933 nach Berlin zurückzukehren und bei Schlesinger eine Stelle als Privatassistent anzutreten. 1935 mußte auch Koenigsberger Deutschland verlassen, folgte Schlesinger zunächst nach Belgien und ging nach einer anschließenden Beschäftigung in Italien 1938, wie auch Schlesinger, schließlich nach Großbritannien. 1954 wurde er dort zum Doctor of Science ernannt und erhielt 1961 den Ruf als Professor an die Universität Manchester [6.65].

„Der ungewöhnlich leistungsfähige Wissenschaftler Koenigsberger hat als Lehrer und Forscher im Werkzeugmaschinenbau grundlegende Erkenntnisse über funktionsgerechte Gestaltung vermittelt und die Entwicklung der Konstruktionen stark beeinflußt. Die Verleihung der Ehrendoktorwürde durch die TU Berlin war ein Ausdruck der Wertschätzung seiner hervorragenden technisch-wissenschaftlichen Leistungen. Später wurden ihm noch Ehrendoktorwürden der Universitäten Gent (Belgien) und Bradford (England) verliehen. Professor Koenigsberger, der

Bild 6.23
Franz Koenigsberger (1907–1979) anläßlich seiner Ehrenpromotion durch die TU Berlin

auch Mitglied der Produktionswissenschaftlichen Vereinigung CIRP war, verstarb am 22.1.1979 in Heaton Moor, Großbritannien." [6.65]

In den dreißiger Jahren kam es zum Wechsel an verschiedenen fertigungstechnischen Lehrstühlen. So erhielten im Jahre 1934 Schallbroch einen Ruf nach München und Eisele nach Braunschweig. Otto Kienzle wurde im selben Jahr in Berlin Nachfolger von Schlesinger. Es folgten 1936 Rufe an Ehrhardt nach Stuttgart als Nachfolger von Widmaier und an Opitz als Nachfolger von Wallichs nach Aachen. Im Jahre 1937 folgte Pahlitzsch einem Ruf nach Braunschweig als Nachfolger von Eisele, der wieder in die Industrie zurückgekehrt war. Im Jahre 1938 wurden Osenberg nach Hannover und Kiekebusch nach Danzig berufen.

Das Berliner Institut für Werkzeugmaschinen und Fertigungstechnik stand nach der Exmittierung Schlesingers unter der ebenfalls außergewöhnlich erfolgreichen Leitung Otto Kienzles. Kienzle wurde 1893 im württembergischen Baiersbronn geboren. Sein Studium der Elektrotechnik, das er in Stuttgart und Berlin absolvierte, schloß er 1916 in Stuttgart ab. Zunächst arbeitete er in verschiedenen Firmen, darunter bei Siemens, bis er 1919 in Berlin gemeinsam mit Richard Koch das Ingenieurbüro Koch & Kienzle gründete.

Zwei Jahre später promovierte Kienzle bei Schlesinger mit einer Dissertation zum Thema „Passungssysteme", welche die frühen Arbeiten Schlesingers aufnahm

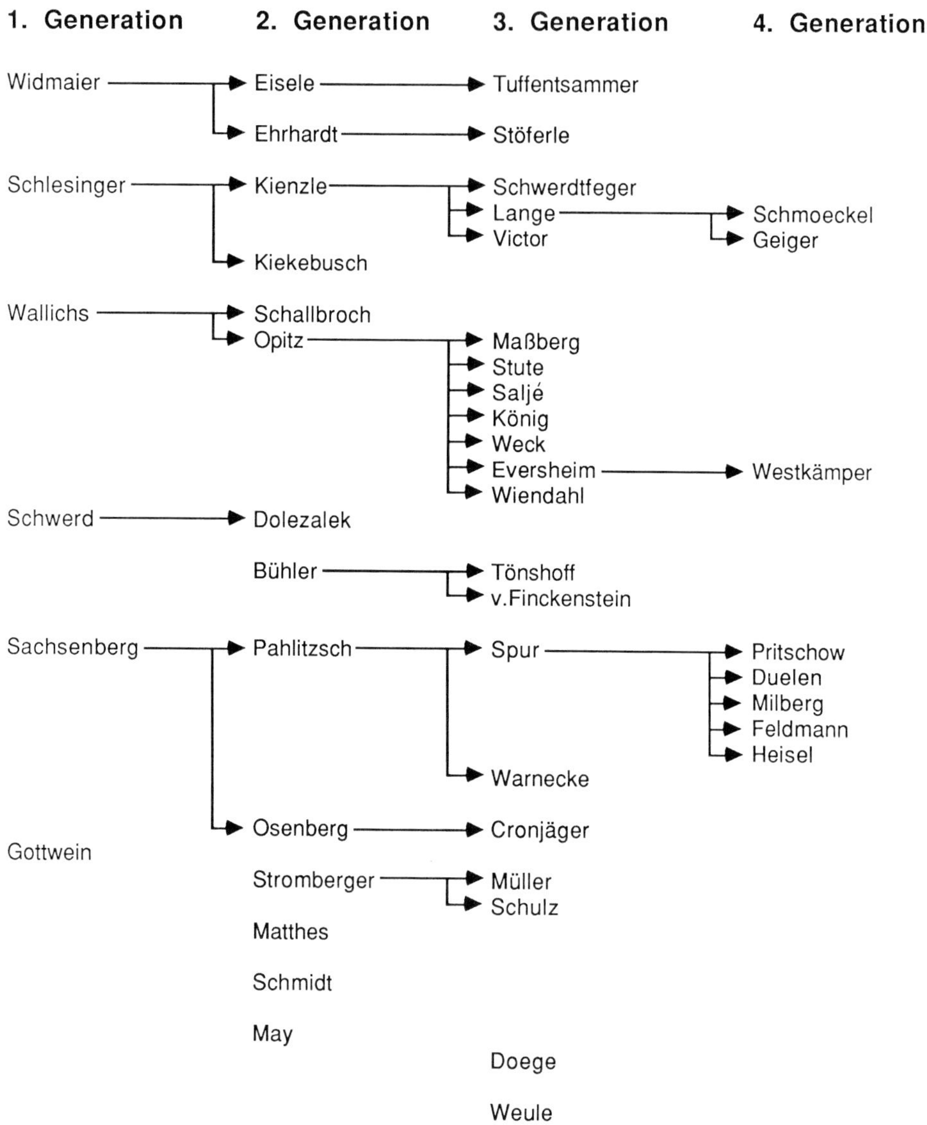

Bild 6.24
Erste bis vierte Generation der Professoren verschiedener fertigungstechnischer Lehrstühle

und weiterführte. Als 1932 die Institution der Wirtschaftsprüfer geschaffen wurde, gehörte er zu deren ersten zehn Vertretern. 1934 erhielt er als Nachfolger Schlesingers einen Ruf an die Technische Hochschule Berlin. Er übernahm auch die Zeitschrift „Werkstattstechnik" und vereinte diese Ende 1934 mit der von ihm und Koch herausgegebenen Zeitschrift „Der Werksleiter". Der neue Name lautete seit 1935 „Werkstattstechnik und Werksleiter".

Schon vor der Berufung an die Technische Hochschule Berlin war Kienzle als hervorragender Wissenschaftler und Fachmann auch über die Grenzen Deutschlands hinaus bekannt. So war er seit 1924 deutscher Delegierter im ISA-Komitee 3 ‚Passungen' und wurde 1934 Vorsitzender dieses Ausschusses. Aufgrund seiner mehr fertigungstechnisch orientierten Entwicklung verschob sich unter Kienzle das Schwergewicht der Lehre und Forschung am Berliner Lehrstuhl mehr zur Betriebswissenschaft, die er einmal als ‚Wissenschaft vom Leben der Fabrikbetriebe in menschlicher, technischer und wirtschaftlicher Hinsicht' definierte. Das kommt auch darin zum Ausdruck, daß der Lehrstuhl unter Kienzle in ‚Lehrstuhl für Betriebswissenschaft und Werkzeugmaschinen' und das Versuchsfeld in ‚Versuchsfeld für Betriebswissenschaft und Werkzeugmaschinen' umbenannt wurde [6.65].

Mit Beginn des Zweiten Weltkrieges wurde Kienzle zum Heereswaffenamt in Berlin eingezogen, war aber auch weiterhin mit der Lehrtätigkeit an der Technischen Hochschule betraut. 1940 erfolgte unter Kienzles Leitung die Gründung des Seminars für technische Normung, aus dem 1941 die Schriftenreihe „Wissenschaftliche Normung" erwuchs. Als Wallichs 1944 die Leitung der Hochschulgruppe Fertigungstechnik abgab, übernahm Kienzle diese Aufgabe.

Bild 6.25 Otto Kienzle (1893–1969)

Im März 1945 wurde das Forschungsinstitut Kienzles nach Aerzen bei Hameln evakuiert. Die dorthin verlagerte Lehrstuhlgruppe blieb auch nach Kriegsende beisammen, da die Rückkehr nach Berlin versperrt war. Sogar einige Forschungsarbeiten, beispielsweise Untersuchungen über elastische Verformungen von Fräsern, wurden weitergeführt. Kienzle schrieb sein später vielbeachtetes Buch über Normzahlen, und einmal in der Woche fand ein wissenschaftliches Seminar statt.

Noch im Jahre 1945 erhielt Kienzle einen Lehrauftrag für Fertigung und Werkzeugmaschinen an der wiedereröffneten TH Hannover. 1947 nahm er schließlich einen Ruf des Niedersächsischen Kultusministers an seine neue Wirkungsstätte an.

Mit großem Engagement baute er das während des Krieges stark beschädigte Institut neu auf und wandte sich besonders der Umformtechnik zu, einem bis dahin weniger beachteten Zweig der Fertigungstechnik.

„Für seine Verdienste ehrten ihn die TH Aachen (1960) und die TH Wien (1965) mit der Verleihung der Ehrendoktorwürden sowie die Deutsche Forschungsgemeinschaft für Blechverarbeitung und Oberflächenbehandlung durch die Verleihung der ‚Erich-Siebel-Gedenkmünze' (1966) und die internationale Forschungsgemeinschaft für Produktionstechnik (CIRP) mit der Verleihung der goldenen Taylor-Medaille (1966). Otto Kienzle starb im Jahre 1969. Die Hochschulgruppe Fertigungstechnik stiftete zu Ehren ihres langjährigen Mitglieds 1970 die Otto-Kienzle-Gedenkmünze, die an junge Forscher ihres Fachgebiets für besonders hervorragende Leistungen verliehen wird." [6.65]

Parallel zum starken Wachstum, das die Werkzeugmaschinenindustrie in den dreißiger Jahren zu verzeichnen hatte, führten wissenschaftliche Forschungsergebnisse zu zahlreichen Anregungen, die zur konstruktiven Weiterentwicklung der Werkzeugmaschinen beitrugen.

Die über Jahrzehnte betriebene Forschungstätigkeit der Institute zeigte ihre Früchte. Neben der Zerspanungsforschung lassen sich weitere Beispiele nennen. Zwischen dem VDW und den Versuchsfeldern gab es immer enge Beziehungen auf dem Gebiet der Normung. Die ISA-Passungen entstanden auf der Grundlage der DIN-Passungen, die wiederum auf frühe Berliner Arbeiten von Schlesinger, Koch und Kienzle zurückzuführen sind.

Als gemeinsames Werk von Schlesinger, Germar und Irtenkauf wurde die Drehzahlnormung für Werkzeugmaschinen entwickelt, die schließlich auch als ISA-Norm in den dreißiger Jahren international eingeführt wurde. Von allergrößter Bedeutung waren jedoch die Bemühungen Schlesingers, einheitliche Abnahmebedingungen für Werkzeugmaschinen zu schaffen. In mühevoller Kleinarbeit und enger Beziehung zur Praxis entstand jenes weiter vorn bereits vorgestellte Prüfbuch für Werkzeugmaschinen, mit dem der Name Schlesinger bis heute untrennbar verbunden ist.

Im Jahr 1937, dem Gründungsjahr der Hochschulgruppe Betriebswissenschaft, lag die Machtübernahme durch Hitler vier Jahre zurück. Sie hatte das politische System stark verändert und auch die Wirtschaft in andere Bahnen gelenkt. Die überall zu beobachtende Gleichschaltung wirkte sich auch im Bereich der Forschung und Lehre aus. An vielen Universitäten wurden hervorragende Wissenschaftler abberufen. Viele gingen in die Emigration. Andererseits waren auch Neuansätze zu konzentrierter wissenschaftlicher Forschung zu erkennen, die zahlreichen Hochschulinstituten eine Aufwärtsentwicklung durch die Bereitstellung von Forschungsmitteln ermöglichte.

Die Hochschulgruppe Betriebswissenschaft wurde im März 1937 in Leipzig gegründet, und zwar auf dem Messegelände im Eingangsbereich der Halle 9 im dortigen Sitzungszimmer des VDW. Dies geschah im Beisein des Vorstandes des VDW, insbesondere gefördert durch Hermann Schoening, den damaligen Vorsitzenden. Anwesend waren vermutlich Kienzle, Schallbroch, Schwerd, Gottwein, Opitz, Sachsenberg und Wallichs. Der VDW ist also bei der Gründung dieser Hochschulgruppe Zeuge gewesen, und bis heute besteht eine enge Bindung zwischen beiden Gemeinschaften.

Die Gründung der Hochschulgruppe ist durch verschiedene Berichte beteiligter Professoren dokumentiert. Auch aus dem Kreise des VDW kommen authentische Hinweise. 1966, anläßlich des 75jährigen Bestehens des VDW, ging der damalige Vorsitzende, Dr. Schaudt, in seiner Festansprache auf die Gründung der Hochschulgruppe Fertigungstechnik ein [6.24]:

„Die Zusammenarbeit mit den Lehrstühlen für Werkzeugmaschinen an den Technischen Hochschulen ... begann schon Mitte der zwanziger Jahre in der Halle 9 in Leipzig. Auch hier gebührt Hermann Schoening die Anerkennung; er lud die Professoren und die Studenten ein, die Werkzeugmaschinenausstellung zu besuchen. Aus diesen jährlichen Treffen der Professoren mit dem VDW und aus der ständigen Verbindung des VDW mit dem Lehrstuhl in Charlottenburg – dessen Inhaber Professor Schlesinger von 1915 bis 1921 stellvertretender Vorsitzender gewesen war und der danach als Ehrenmitglied noch bis 1931 im Vorstand verblieb – entwickelte sich die enge Zusammenarbeit der späteren Hochschulgruppe Fertigungstechnik mit dem Vorstand und dem Technischen Ausschuß. Der damalige Senior der Gruppe, Professor Wallichs, trug wesentlich dazu bei, daß die Zusammenarbeit fruchtbar wurde. Wie fruchtbar sie bis heute geblieben ist, sehen Sie aus dem stattlichen Katalog der abgeschlossenen und noch in Arbeit befindlichen Forschungsaufträge, der in der Geschichte des VDW abgedruckt ist.“

Herwart Opitz kommentierte zum gleichen Anlaß die Beziehungen zwischen HGF und VDW [6.24]: „Die Verbindung zur Wissenschaft wurde deutlich, als zu Beginn des Ersten Weltkrieges der Professor für Werkzeugmaschinen an der Technischen Hochschule Berlin, Professor Schlesinger, zum Geschäftsführer des VDW ernannt wurde. Professor Schlesinger erkannte die weltweite Bedeutung der Werkzeugmaschine für die Volkswirtschaften und hat durch die Erkenntnisse, die aufgrund der wissenschaftlichen Arbeiten seines Instituts erzielt wurden, die praktischen Erfahrungen ergänzt. Auch andere Hochschulen folgten diesen Bemühungen. Insbesondere Professor Schwerd in Hannover und Geheimrat Wallichs in Aachen setzten sich sehr für eine Zusammenarbeit zwischen Wissenschaft und Praxis ein.“ Opitz fuhr fort: „Die Notwendigkeit der Gemeinschaftsarbeit habe ich vorstehend eingehend erläutert. Ich darf nunmehr auf die Verwirklichung des Gedankens der Gemeinschaftsarbeit unter den Professoren für Werkzeugmaschinen und Fertigungstechnik an den deutschen Technischen Hochschulen verweisen. 1937 schlossen sich in den Räumen des VDW auf der Technischen Messe in Leipzig diese Professoren zusammen, um in einem regen und freimütigen Gedankenaustausch zur Förderung der wissenschaftlichen Arbeit des gemeinsamen Fachgebiets wirksam zu werden. Die Tatsache, daß diese Gründungssitzung in den Räumen des Vereins Deutscher Werkzeugmaschinenfabriken stattfand, weist schon auf die enge Verbindung hin, die zwischen den Lehrstühlen und dem Verein Deutscher Werkzeugmaschinenfabriken von jeher besteht. Ein offener Gedankenaustausch über Probleme, die in der Praxis auftauchen und allgemeine Bedeutung haben auf der einen Seite, und über Probleme, die sich aus der Forschung heraus entwickeln auf der anderen Seite, wird mit dem Technischen Ausschuß des Vereins Deutscher Werkzeugmaschinenfabriken jährlich gepflegt. Dabei werden Vorschläge für die Durchführung von Forschungsarbeiten gemacht, die dann in den Instituten der verschiedenen Hochschulen durchzuführen sind. Es ist erfreulich zu beobachten, wie das Interesse an diesen Forschungsergebnissen in den Kreisen des deutschen Werkzeugmaschinenbaus immer mehr gewachsen ist und wie heute der Wirkungsweg vom Hochschullaboratorium bis zu den Konstruktionsbüros doch sehr stark abgekürzt werden konnte, so daß eine schnelle Verwirklichung von wissenschaftlichen Erkenntnissen in der Neugestaltung von Werkzeugmaschinen möglich ist. Die Bedeutung der schnellen Verwirklichung neuer Ideen ist ja während meines Vortrages schon mehrfach angeklungen. Die starke Beschäftigung mit wirklichkeitsnahen, betriebsnahen Problemen der Fertigungstechnik und des Werkzeugmaschinenbaus bringt es mit sich, daß die Institute an den Hochschulen eine immer größer werdende Zahl von Studenten und wissenschaftlichen Mitarbeitern gewinnen können, die nach einer vorübergehenden Tätigkeit von einigen Jahren dann in die Praxis gehen. Es ist für uns akademische Lehrer eine besondere Freude, wenn diese früheren Schüler und Mitarbeiter in der Industrie Fuß fassen und in leitende Positionen hineinwachsen. Dies ist nämlich dann eine Bestätigung dafür, daß dem Ingenieur während seiner Tätigkeit an der Hochschule das richtige Rüstzeug vermittelt wurde und er aufgrund seiner Eigenschaften und Kenntnisse den Anforderungen der Praxis gewachsen ist.“

Alle historischen Aufzeichnungen über die Gründung der Hochschulgruppe Fertigungstechnik kreisen um die Werkzeugmaschinen-Ausstellungen auf den Leipziger Messen in den dreißiger Jahren. Ihnen kam nicht nur als Schaufenster der technischen Entwicklung, sondern auch als Zentralplatz für den Erfahrungsaustausch zwischen Hochschule und Praxis wachsende Bedeutung zu.

„Über die fünf Werkzeugmaschinen-Ausstellungen in Leipzig von 1935 bis 1939“, so berichtete Kappel, „sind keine Unterlagen mehr vorhanden. Sie sind an ihrem Verlagerungsort verlorengegangen. Es läßt sich jedoch sagen, daß sie außerordentlich stark besucht waren. Die Nachfrage nach Ausstellungsplätzen wurde von Mal zu Mal stärker. Es reichte nicht einmal für die deutschen Werkzeugmaschinen-Aussteller. Das zwang dazu, einen Weg zu finden, die zur Verfügung stehende Ausstellungsfläche zu vergrößern. Hinzu kam, daß die immer zahlreicheren ausländischen Aussteller erklärten, sich nicht mehr beteiligen zu wollen, wenn sie nicht mit den deutschen Werkzeugmaschinen-Ausstellern unter einem Dach vereinigt seien. So kam es zu Verhandlungen über eine Vergrößerung der Halle 9 auf die doppelte Ausstellungsfläche. Die Baupläne waren fertiggestellt und genehmigt. Die Finanzierung war sichergestellt. Mit dem Bau sollte 1939/40 begonnen werden. Der Kriegsausbruch hat dann sowohl die Durchführung des Bauvorhabens wie überhaupt die weitere Abhaltung der Technischen Messe unmöglich gemacht." [6.24]

Die Zerspanungsforschung hatte auch in den dreißiger Jahren große Fortschritte zu verzeichnen [6.51]. 1932 untersuchten A. Wallichs und H. Opitz Automatenstähle mit Schnellstahlmeißeln hinsichtlich wärmebedingter Standzeit, Schnittkraft, Spanbildung und Oberflächengüte. Damit wurde zum ersten Male eine umfassende Zerspanbarkeitsdiagnose auf Grund aller 4 Hauptbewertungspunkte aufgestellt.

Besonders eindrucksvoll waren die auf kinematographischem Wege nach langjähriger Vorarbeit erhaltenen Momentbilder und Laufbilder, die F. Schwerd 1931 über die Spanentstehung der Öffentlichkeit vorlegte. Die mit sehr kurzer Belichtungsdauer von 1/10000 Sekunden festgehaltenen Phasen der Spanentstehung und der Bildung der Aufbauschneide zählen zu den schönsten und wertvollsten Ergebnissen der Zerspanungsforschung.

Ort	Name	Lebenszeit	Alter im Gründungsjahr der HGB (WGP) 1937
Aachen	Wallichs	1869-1959	68 Jahre
	Opitz	1905-1978	32 Jahre
Berlin	(Schlesinger	1874-1949)	63 Jahre
	Kienzle	1893-1969	44 Jahre
Braunschweig	Eisele	1900-1965	37 Jahre
	Pahlitzsch	1903	34 Jahre
Breslau	Gottwein	1879-1960	58 Jahre
Danzig	Klekebusch	1902	35 Jahre
Darmstadt	v. Roessler	1877-1965	60 Jahre
Dresden	Sachsenberg	1877-1946	60 Jahre
Hannover	Schwerd	1872-1953	55 Jahre
	Osenberg	1900-1974	37 Jahre
Karlsruhe	Kessner	1879-1941	58 Jahre
München	Schallbroch	1897-1978	40 Jahre
Stuttgart	Ehrhardt	1898-1964	39 Jahre

Ein bedeutender Fortschritt in der Erkenntnis über das Temperaturfeld an der Schneide wurde 1936 von F. Schwerd durch Anwendung optischer Übertragung und von W. Reichel durch Kontaktmessungen mittels Thermoelement erreicht.

Der Fräsvorgang und der Fräser standen während der Zeit von 1930 bis 1940 vielfach im Blickfeld der Forschung. Rechnerische und experimentelle Methoden der Schnittkräftemessung führten zahlreiche Klärungen auf diesem Gebiete wie bezüglich der Geometrie der Schneide und Fräserform herbei.

Im Gründungsjahr der Hochschulgruppe Betriebswissenschaft, der späteren HGF und heute unter dem Namen „Wissenschaftliche Gesellschaft Produktionstechnik (WGP)" wirksamen Vereinigung, gab es in Deutschland elf Versuchsfelder für Werkzeugmaschinen, deren Lehrstühle bis 1937 wie in vorangestellter Tabelle besetzt waren.

6.4 Die Entstehung industrieller Metallberufe

Zum Ende des 19. Jahrhunderts war das Handwerk immer weniger in der Lage, den steigenden Anforderungen der Industriearbeit zu genügen. Vor allem die rasch voranschreitende Entwicklung der Technik und der Umgang mit den neuen Maschinen verlangten in der Industrie einen anpassungsfähigen, technisch gebildeten Facharbeiter.

Zwar konnten durch den Einsatz immer einfacherer Maschinen viele industrielle Tätigkeiten von Angelernten übernommen werden, zugleich erforderten Arbeitsvorbereitung, Wartung und Beaufsichtigung der Maschinen einen hochqualifizierten gelernten Facharbeiter, der in der Lage sein mußte, den wechselnden und steigenden technischen Anforderungen zu genügen.

Zunächst erfolgte die Ausbildung des Industriearbeiters durch Anlernen unmittelbar in der Produktion. Über seine Lehrzeit als Metalldreher berichtete ein Arbeiter aus der zweiten Hälfte des 19. Jahrhunderts: „Ich hatte ... eine andere größere Bank bekommen, an welcher ich Bolzen und Schrauben drehen und einpassen mußte, auch für Rohrleitungen Flanschen ausbohren und überdrehen. Dann Getriebe für Roßwerke, Dreschmaschinen und Häckselmaschinen ausbohren und auf die Welle sauber anpassen. Vor allen Dingen lernte ich, was für einen tüchtigen Dreher von besonderer Wichtigkeit ist, bei diesen Arbeiten das Messen, d. h. ich lernte die Taster gebrauchen. Ich mußte schon allmählich in einer Zeichnung herumschnüffeln, weil ich mir die Maße daraus nehmen mußte. Von der Maschine und ihren Teilen lernte ich mehr, als ich ans Gewinde schneiden kam." [6.31]

Die Ausbildung des industriellen Metallarbeiters bezog sich nach diesem Beispiel vornehmlich auf die Bedienung der Maschine, den Umgang mit dem Werkstoff, das Lesen technischer Zeichnungen sowie das genaue Messen. Dennoch stand diese Form der Ausbildung vor einem Problem. An den arbeitsteiligen, industriellen Arbeitsplätzen konnten nicht mehr alle Kenntnisse und Fertigkeiten eines Berufes vermittelt werden. Wenn der Facharbeiter aber vielseitig einsetzbar bleiben sollte, so mußte eine Verlagerung von Teilen der Ausbildung weg vom Arbeitsplatz hin zu einer „Lehrecke" oder „Lehrwerkstatt" erfolgen, um eine breite berufliche Qualifikation zu gewährleisten. Mit der zunehmenden Systematisierung ging auch die Professionalisierung der Ausbildung einher, d. h. die Funktion eines hauptamtlichen Ausbilders für größere Lehrlingsgruppen entstand [6.46].

So förderte der expandierende Einsatz der Maschinentechnik und die daraus hervorgehende Rationalisierung der Produktion, insbesondere im Werkzeugmaschinenbau um 1900, die Auflösung jener für den frühen Fabrikbetrieb typischen Überlagerung von handwerklich-industrieller Qualifizierung und machte schließlich fabrikeigene Ausbildungsstrukturen erforderlich.

Die Anfänge einer fabrikeigenen systematischen Ausbildung lassen sich bis in die 80er Jahre des vergangenen Jahrhunderts noch einzeln nennen. Nach der Maschinenfabrik Esslingen, bei der sich Anlernzeit und eine reguläre Lehrlingsausbildung bereits 1852 nachweisen lassen, gründete 1860 z. B. die Maschinenbauanstalt G. Kuhn in Stuttgart-Berg eine Lehrwerkstatt für Former und 1872 auch solche für Dreher, Maschinenschlosser und Monteure. 1878 errichteten die preußisch-hessischen Staatseisenbahnen Lehrwerkstätten [6.21].

Die Gründung fabrikeigener Lehrwerkstätten setzte sich allgemein erst in den 90er Jahren des vergangenen Jahrhunderts durch, so bei M.A.N. zwischen 1892 und 1896. Die meisten Lehrwerkstätten wurden jedoch nach der Jahrhundertwende eröffnet.

1914 gab es schon 67 Lehrwerkstätten. „1911 wurden nur 28 private Firmen mit Lehrwerkstätten ermittelt. Die Erfassung ist aber wahrscheinlich unvollständig. Die meisten fanden sich in der Maschinenindustrie und Metallverarbeitung, zum Beispiel bei M.A.N., Krupp, Loewe, Borsig und der Werft Blohm & Voss. In der Elektroindustrie hatten Siemens & Halske, Schuckert und Bosch Lehrwerkstätten, in der optischen Industrie natürlich die in allen sozialen Belangen vorbildliche Firma Zeiss in Jena, in der chemischen Industrie jedoch nur Bayer und dort nur zur Ausbildung von Schlosserlehrlingen für Nebenbetriebe. Erst 1916 gründeten die Daimler-Motoren Gesellschaft in Stuttgart-Untertürkheim und die Benz und Cie. in Mannheim Lehrwerkstätten. Werksschulen gab es noch 1900 nur in 17, jedoch 1914 schon in 70 bis 75 Firmen, davon 37 in der mechanischen Industrie und 25 im Bergbau." [6.17]

Als Vorläufer und Vorbild systematischer Lehrlingsausbildung in Berlin galt die Ludwig Loewe AG. Im Januar 1900 eröffnete dieser Betrieb die erste Werkschule in der Stadt, die uns im Rahmen der Firmengeschichte jenes Pionierunternehmens des deutschen Werkzeugmaschinenbaus bereits begegnete. Im Jahre 1909 gab es eine Reorganisation der Werkschule in größerem Umfang. Es wurde nicht nur die

Lehrlingsquote auf 10 Prozent erhöht, ein hauptamtlicher Leiter eingestellt und das Angebot ausdifferenziert, sondern es wurden auch eine Fortbildungsschule für an- und ungelernte Jugendliche sowie Sonderklassen für kaufmännische und technische Praktikanten eingerichtet. Damit besaß die Firma Loewe ein differenziertes innerbetriebliches Bildungsangebot.

Im Jahre 1908 bildete Siemens & Halske seine Mechanikerlehrlinge in einer zentralen Lehrwerkstatt aus, die sich am Vorbild der Firma Loewe AG orientierte: „Der Lehrplan der Schule beginnt zunächst mit Deutsch, Rechnen/Mathematik, Zeichnen, verschiebt sich dann aber von Jahr zu Jahr hin zu anspruchsvolleren Gegenständen, bis im letzten Jahr dann allein die berufsbezogenen Spezialfächer (Physik, Technologie, Elektrotechnik) gelehrt werden. Der Unterricht wird ausschließlich von Beamten des Werks mit technischer bzw. kaufmännischer Vorbildung erteilt, die pädagogisches Geschick und Lehrtalent besitzen.

Die praktische Ausbildung in der Lehrwerkstatt beginnt mit Feilarbeiten (Würfel); nach 5 bis 6 Wochen soll der Lehrling imstande sein, die notwendigsten Werkzeuge für den eigenen Gebrauch selber herzustellen. Nach einem Jahr erfolgt der Wechsel in die Werkstätten mit halbjährlicher Versetzung, besonders befähigte

Bild 6.26 Lehrwerkstatt der Fritz Werner AG, um 1920

Lehrlinge werden im letzten halben Jahr im Werkzeugbau oder in der Versuchswerkstatt ausgebildet." [6.20]

Wegen der unsachgemäßen Bedienung wertvoller Maschinen durch angelernte Arbeiter und der komplizierter werdenden Technik eröffnete die AEG 1913 ihre erste Lehrwerkstatt für 100 Lehrlinge in den Berufen Mechaniker, Werkzeugmacher und Dreher. Während ihrer vierjährigen Lehrzeit waren sie zum Besuch der Fortbildungsschule und des Gewerbesaals, einer Fachschule für Metallhandwerker, verpflichtet.

Zum Zentrum der Ausbildung wurde die Lehrlingsschule in der Berliner Brunnenstraße, eine Verbindung von Lehrwerkstatt und Werkberufsschule mit dem hauptamtlichen Leiter Adolf Heilandt. Die Schule zeichnete sich von Anfang an durch einen hohen Rationalitätsgrad aus. „Die praktische Ausbildung gliedert sich in eine gemeinsame einjährige Grundbildung anhand von reinen Lehrarbeiten nach Lehrzeichnungen, die Vermittlung allgemeiner Fertigkeiten der Metallbearbeitung, die planmäßige Ausbildung in den Betriebswerkstätten anhand definierter produktiver Arbeiten nach Berufen sowie allgemeine Arbeiten, das sind Aufräumen, Verwaltung von Material und Werkzeug, Erste Hilfe und Feuerlöschübungen. Der theoretische Unterricht bietet in enger Anlehnung an die Werkstatt eine betriebsspezifische Auslegung und Ergänzung des Normallehrplans einer Pflichtschule. In der Berufs- und Bürgerkunde bleiben für den allgemeinen Staatsbürgerunterricht gegen Ende des dritten Schuljahres 13 Wochen. Dagegen sind für Zeichnen durchgängig vier Stunden und eine Stunde für Turnen vorgesehen." [6.20]

Zur Hebung der Allgemeinbildung diente eine reichhaltige Schülerbücherei. In regelmäßiger Folge finden Unterhaltungsabende statt, an denen in verschiedenen Gruppen Lichtbildvorführungen, Vorlesen unterhaltender und belehrender Stoffe, Musikübungen für Instrumente, Gesangsübungen und Unterhaltung durch Brettspiele geboten werden [6.2].

Die Ansätze zur Vereinheitlichung der Facharbeiterausbildung wurden wesentlich von der AEG vorangetrieben. Die Ausführungsvorschriften und Zeichenvorlagen erhielten die Form von ‚Normalienblättern' und bildeten den Hauptteil des Lehrplans für die Ausbildung gewerblicher Lehrlinge. Die Lehrlinge wurden angehalten, die Fortbildungsschule zu besuchen, die aus der religiösen bzw. gewerblichen Sonntagsschule hervorgegangen war. Sie hatte die Aufgabe, den Stoff der Volksschule zu wiederholen und zu erweitern sowie insbesondere durch Unterrichtung im Zeichnen und durch Naturkunde gewerbefördernd zu wirken. Erst nach 1920 begann sich die Bezeichnung Berufsschule gegenüber der Benennung Fortbildungsschule durchzusetzen [6.21].

Den äußeren Anlaß dazu gab die Reichsschulkonferenz, nach der die Berufsschule der Erfüllung der Schulpflicht nach Vollendung des volksschulpflichtigen Alters dienen sollte. Ihr kam die Aufgabe zu, „die Schüler durch Ergänzung und

Vertiefung ihrer beruflichen Ausbildung in der leistungsfähigen Teilnahme am Arbeitsleben des Volkes zu fördern, durch staatsbürgerliche Belehrung und Pflege des staatsbürgerlichen Gefühls für die Erfüllung ihrer späteren Aufgaben innerhalb des staatlichen Lebens vorzubereiten, durch Weckung und Pflege des allgemeinen Bildungsdranges zur Freude an geistiger Beschäftigung jeglicher Art zu erziehen und an ihrer körperlichen Ertüchtigung mitzuwirken ... Der Unterricht der Berufsschule ist ein notwendiger Bestandteil der Berufsausbildung." [6.11]

In den großen Betrieben der Metall- und Elektroindustrie waren Arbeitszerlegung, Normierung der Arbeitstätigkeit, Leistungslohn, die theoretische und praktische Aus- und Weiterbildung weitgehend realisiert. Nur ein Problem stellte sich noch vordringlich: die Kriterienfindung für die Auslese geeigneter Arbeitskräfte. Wie konnten die physischen und psychischen Vorgänge bei der Arbeitstätigkeit objektiv erfaßt und in einem Einstellungstest für die Berufseignung zusammengefaßt werden?

Auch dieser Aufgabe, der Entwicklung einer Industriellen Psychotechnik, widmete sich Schlesinger, gestützt auf seine Erfahrungen als Werkschullehrer bei Ludwig Loewe. Er entwickelte frühzeitig eine Beschreibung von Aufgaben und Eigenschaften der verschiedenen Handwerker im Maschinenbau. Für 17 Tätigkeitsbereiche bestimmte Schlesinger das erforderliche Wissen und Können [6.6]. Welche Bedeutung dieser Forschung beigemessen wurde, geht aus der bereits erwähnten Gründung des ersten Instituts für Industrielle Psychotechnik an der Charlottenburger TH hervor.

Während sich in der Großindustrie eine systematische Lehrlingsausbildung zunehmend durchsetzte, blieben aber die Fragen der Gesellenprüfung und des erforderlichen Wissens und Könnens für die jeweilige Tätigkeit bis weit in die Zwanziger Jahre hinein offen. Ihre endgültige Regelung fand die industrielle Facharbeiterausbildung erst in den Dreißiger Jahren [6.21].

Noch um die Jahrhundertwende gab es keine rechtlich verbindliche Abgrenzung industrieller Facharbeit und auch keine fachlich-inhaltlich geregelte Ordnung industrieller Berufsausbildung. Die Ausbildung des Facharbeiternachwuchses blieb jedem Unternehmen selbst überlassen. Diese Uneinheitlichkeit war nicht nur für die Auszubildenden, sondern auch unter gesamtwirtschaftlichen Gesichtspunkten für die Industrie von Nachteil. So wurde auf Betreiben des Verbandes Deutscher Maschinenbauanstalten und des Vereins Deutscher Ingenieure 1908 der ‚Deutsche Ausschuß für technisches Schulwesen' (DATSch) zunächst mit der Aufgabenstellung gegründet, das technische Schulwesen in Deutschland zu vereinheitlichen [6.6].

Im gleichen Jahr erfolgte eine Novelle zum Handwerkerschutzgesetz von 1897, nach der das Recht zur Lehrlingsausbildung an den Besitz einer handwerklichen Meisterprüfung gebunden wurde. Diese Entwicklung blieb jedoch nicht unwidersprochen. Im Dezember 1911 verabschiedete der DATSch Leitsätze zur „Erziehung und Ausbildung des Nachwuchses der Facharbeiterschaft für die mechanische Industrie (unter besonderer Berücksichtigung der Maschinenindustrie)“. Sieben Punkte betrafen die Berufsausbildung im engeren Sinne, und zwar die

- Ausbildungsdauer,
- Anzahl der Lehrlinge zur Sicherung des Facharbeiterbedarfs,
- Notwendigkeit, einen schriftlichen Lehrvertrag abzuschließen,
- Regelung der Ausbildungsvergütung,
- Abschlußprüfung,
- planmäßige Ausbildung und
- systematische Grundbildung.

Die weiteren Leitsätze bezogen sich auf schulische Berufsausbildung und Weiterbildung [6.63].

Ein wesentlicher Schritt auf dem Wege zur Vereinheitlichung industrieller Berufsausbildung war die von den industriellen Spitzenverbänden und dem DATSch betriebene Gründung des Arbeitsausschusses für Berufsbildung (AfB) im Jahre 1925, dem sich 1926 der DIHT und 1927 auch die Spitzenverbände des Handwerks anschlossen.

Seine Tätigkeit bestimmte sich wesentlich durch die Zielsetzung industrieller Lehrlingsausbildung, wie sie sich vor allem in den zwanziger Jahren herauskristallisiert hatte: „Der Lehrling in der Industrie sollte nicht zu einem Fachmann in einem eng begrenzten Spezialgebiet herangebildet werden, sondern – aufbauend auf einer systematischen Ausbildung in den Grundfertigkeiten – zu einem Facharbeiter, der die notwendige Flexibilität besaß, sich auf die wechselnden Anforderungen der Technik einzustellen. Vor allem mit der zunehmenden Rationalisierung, die nicht nur die Maschinen und Werkzeuge, sondern auch den ‚Faktor Mensch‘ in ihre Überlegungen einbeziehen mußte, wurde die Verwirklichung dieser Zielsetzung immer dringlicher.“ [6.38]

Aufgabe dieses Arbeitsausschusses war es somit zunächst, eine Abgrenzung der handwerklichen und industriellen Berufe vorzunehmen und Vorschläge für einheitliche Berufsbezeichnungen zu unterbreiten. Zugleich wurde der Versuch unternommen, präzise Berufsbilder auszuarbeiten. Ein Ergebnis dieser Bestrebungen waren Definitionen für die verschiedenen Arbeiterkategorien der Industrie, um der vorherrschenden Begriffsvielfalt entgegenzuwirken.

„Facharbeiter ist, wer in einer vier- oder mindestens dreijährigen Lehrzeit planmäßig in Werkstatt und Berufsschule für ein größeres in sich abgeschlossenes Arbeitsgebiet ausgebildet und damit befähigt ist, Arbeiten seines Berufes selbständig und fachgerecht nach Zeichnung oder Muster auszuführen. Die Ausbildung soll durch Gesellenprüfung abgeschlossen sein.

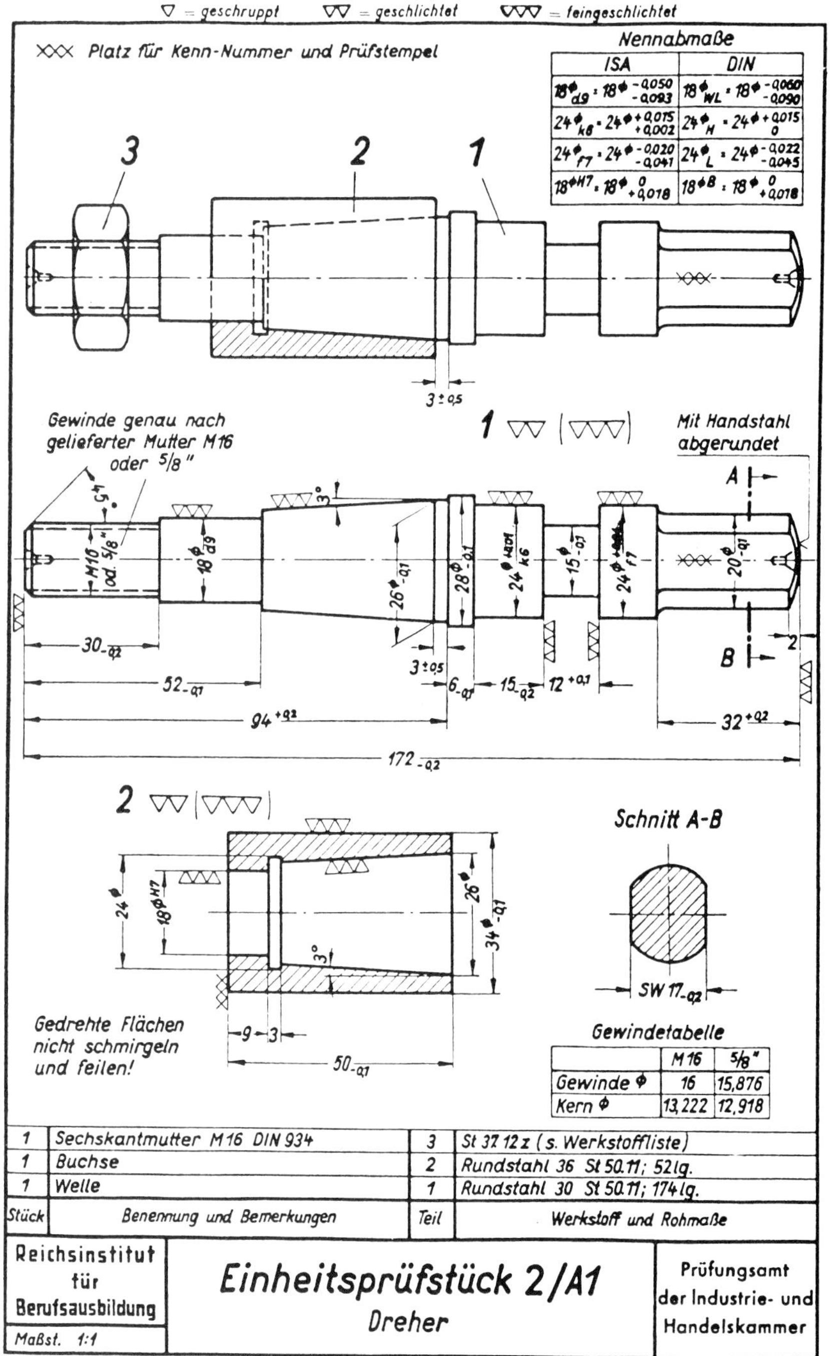

Bild 6.27 Einheitsprüfstück für Dreher, Reichsinstitut für Berufsausbildung in Handel und Gewerbe, 1941

Als angelernter Arbeiter ist anzusehen, wer eine größere oder kleinere Gruppe von Hand- und Maschinenarbeiten nach planmäßiger Anlernung, deren Zeitdauer den Schwierigkeiten der Arbeiten und dem Alter des Anzulernenden angepaßt ist, auszuführen vermag.

Als ungelernter Arbeiter ist anzusehen, wer nur einzelne Arbeiten oder eine kleine Gruppe, oftmals auch verschiedene Arbeiten nach kurzer Anweisung auszuführen vermag ..." [6.38]

Die Gleichstellung der Industriefacharbeiterprüfung mit der handwerklichen Gesellenprüfung wurde erst in den dreißiger Jahren erreicht: Sie wurde von der Reichsgruppe Industrie im Juni 1935 in einer Eingabe an den Reichsarbeitsminister und den Reichswirtschaftsminister erbeten und am 5. Oktober 1935 bestätigt. Mit dem Erlaß des Ministers für Wissenschaft, Erziehung und Volksbildung wurde die Gleichstellung der Facharbeiter- und Kaufmannsgehilfenprüfung mit der Gesellenprüfung vom 15. Juni 1938 offiziell abgeschlossen: Gleichrangigkeit und Gleichartigkeit der Prüfungen im Rahmen des deutschen Berechtigungswesens waren rechtlich abgesichert. Sie bildeten eine wesentliche Voraussetzung für die weitere Entwicklung der industriellen Berufsausbildung [6.29].

Als nächster Schritt auf dem Wege der Angleichung industrieller Metallberufe an die technischen und wirtschaftlichen Arbeitsanforderungen war der Aufbau integrierter Grundlehrgänge für mehrere miteinander verwandte Berufe anzusehen, welche die gemeinsamen grundlegenden Fertigkeiten zusammenfaßten.

Der Grundlehrgang für metallverarbeitende Berufe bestand aus Übungsaufgaben für das Messen, Anreißen, Sägen, Feilen, Bohren und Nieten. Das anzufertigende Werkstück wurde auf Übungsblättern normgerecht gezeichnet und mit Angaben versehen, welche Werkzeuge und Geräte für die Herstellung benötigt werden. Damit lernten die Lehrlinge frühzeitig, technische Zeichnungen und Arbeitsanweisungen zu lesen. Nach Durchlaufen des Grundlehrganges mußte sich der Lehrling endgültig für den angestrebten Lehrberuf entscheiden und den Fachlehrgang absolvieren.

6.5 Technischer Fortschritt bei Werkzeugmaschinen

Der in den dreißiger Jahren auch in der Werkzeugmaschinenindustrie einsetzende rasante Aufschwung hielt bis weit in die Zeit des Zweiten Weltkrieges an. Von 1933 bis 1939 erhöhte sich die Zahl der Firmen von 185 auf 600 und die Beschäftigung stieg von 20000 auf über 100000 Personen. Der Produktionswert, der 1933 bei 126 Millionen DM gelegen hatte, erreichte 1939 den Betrag von 724 Millionen RM [6.53].

Eine wichtige konstruktive Entwicklung dieser Zeit ist in der Einführung neuer Steuerungstechniken durch Nachformen zu sehen. Das Nachformen mit Schablonen und Leitlinealen war bereits im vergangenen Jahrhundert bekannt. Seit Anfang dieses Jahrhunderts liegen Patente über fühlergesteuerte Werkzeugmaschinen vor [6.64]. Um 1900 machte der Italiener Bontempi Vorschläge, die für die Entwicklung von selbsttätig arbeitenden Kopierfräsmaschinen von grundsätzlicher Bedeutung waren, und 1901 meldete der Franzose Avril die erste automatisierte Steuerung zum Patent an.

In einer deutschen Patentschrift wird eine Bildhauerkopiermaschine von Selmersheim im Jahre 1913 beschrieben, bei der nicht Modell und Werkstück bewegt werden, sondern der Support sich in drei Richtungen eines rechtwinkligen Koordinationssystems bewegen läßt. Danach wurden eine Reihe von Arbeiten bekannt, die in Teilen zu Verbesserungen im mechanischen Aufbau führten. Von Kurcharski wird eine Kopierfräsmaschine entwickelt, deren Fräskopf in einer längsverstellbaren Vorrichtung angebracht war [6.67].

Der Amerikaner John Cargill Shaw, Chefkonstrukteur der Firma Keller Mechanical Engineering Co., Brooklyn, entwickelte bis 1923 eine elektrisch fühlergesteuerte Kopierfräsmaschine, die dann im selben Jahr auf den Markt kam. Die Abtastung des Modells erfolgt durch Fühler mit eingebauten Kontakten, wobei Modell und Werkstück feststehen, während Fühler und Fräser durch drei Leitspindeln in den drei Richtungen des Koordinatensystems bewegt werden. In der Literatur wird darauf hingewiesen, daß die erfolgreiche Einführung des Kopierautomaten nach dem Kellersystem in den USA durch die amerikanische Automobilindustrie begünstigt wurde, in welcher der Bedarf an nachgeforderten Teilen weiter fortgeschritten war, so daß ein großer Absatzmarkt vorlag [6.9].

Nachdem die Zusammenarbeit der deutschen Werkzeugmaschinenfabrik Nube mit der englischen Watford Electric and Manufacturing Co. eingestellt war, stattete die AEG 1938 den Nube-Kopierfräsautomaten mit der von ihr entwickelten Eltas-Steuerung aus. Hier wird in Deutschland erstmals eine Zusammenarbeit von Firmen des Werkzeugmaschinenbaus und der Elektrotechnik erreicht, die im weiteren zur wichtigen Voraussetzung bei der Entwicklung neuer Werkzeugmaschinenkonzepte wurde [6.65].

Im März 1938 wurden auf der Technischen Messe in Leipzig Maschinen gezeigt, die allgemein als Kopierfräsautomaten bezeichnet werden. Mit ihnen nahm die deutsche Maschinenindustrie den Bau von elektrisch fühlergesteuerten Maschinen zur selbsttätigen Herstellung von Formen und Gesenken auf [6.59]. Fühlergesteuerte Werkzeugmaschinen bildeten den bis dahin höchsten Grad der Automatisierung. 1940 konnten mit ihnen Werkstücke von 12 t nach verschiedenen Verfahren bearbeitet werden: Das Prinzip der Fühlersteuerung wurde auch auf das Drehen, Hobeln und Schweißen übertragen [6.5].

Die Spezialisierung auf die Entwicklung der Steuerungstechnik führt bei den Kopierfräsautomaten zu erheblichen Synergieeffekten, deren Einfluß weite Teile des Werkzeugmaschinenbaus erfaßte. Aus der Zusammenarbeit der Werkzeugmaschinenfabrik Collet & Engelhard mit den Siemens-Schuckert-Werken ging eine Werkzeugmaschine mit verbesserter Keller-Steuerung hervor, die eine übersichtliche Bedientafel erhielt, damit der Maschinenarbeiter eine Überwachung der Bearbeitungsprozesse leichter und sicherer bewältigen konnte [6.43].

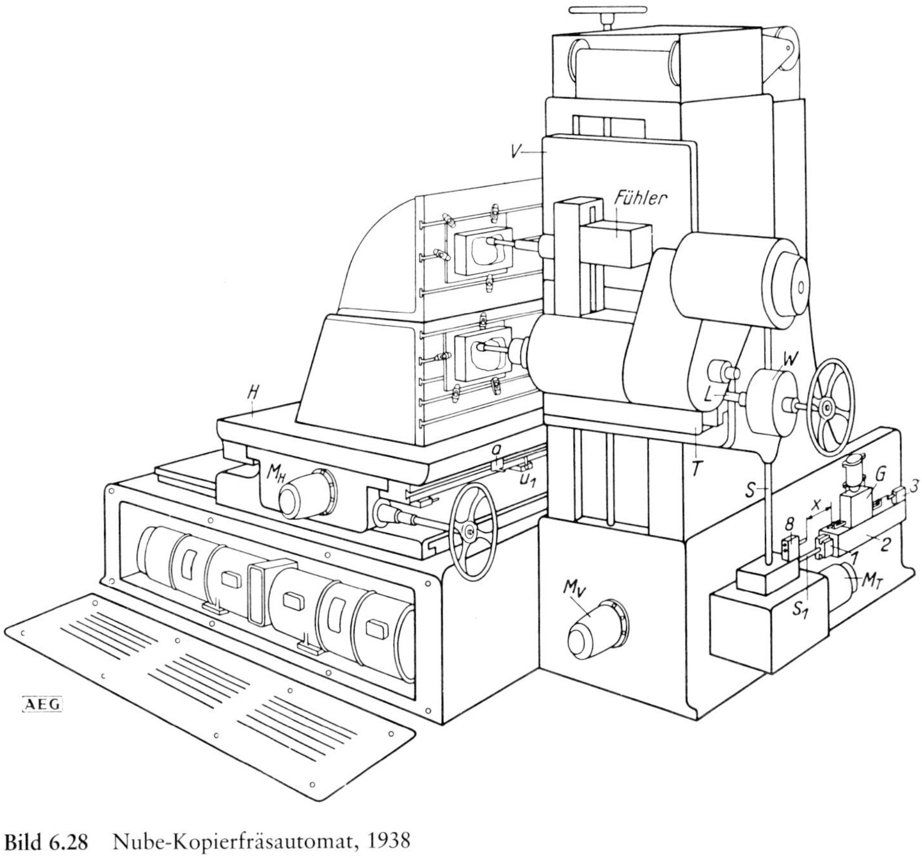

Bild 6.28 Nube-Kopierfräsautomat, 1938

Fühlersteuerungen übernahmen die Arbeit auch von Facharbeitern und stellten eine wichtige Weiterentwicklung selbsttätig arbeitender Maschinen dar. Schon damals entwickelte sich eine Diskussion zu Fragen der Automatisierung. Eine zunehmende wirtschaftliche Bedeutung erhielten die Kopiereinrichtungen dadurch, daß die kraftschlüssig arbeitenden mechanischen Übertragungselemente durch elektrische, hydraulische und pneumatische Verfahren ersetzt wurden [6.65].

Um den Kapitaleinsatz zu verringern, entwickelte man später modulare Kopiervorrichtungen, die an Universalwerkzeugmaschinen angeschlossen werden konnten. Bei Fräsmaschinen, für die das fühlergesteuerte System zuerst entwickelt

Bild 6.29 Fühlergesteuerte Kopierfräsmaschine für Gesenkformen, 1939

wurde, wendete man hauptsächlich das elektrische, bei Drehbänken dagegen mehr das hydraulische System an [6.26].

Zum Einrichten und Einfahren wurde auch bei Nachform- und Kopiermaschinen überwiegend Fachpersonal eingesetzt. Bei kleineren Losgrößen übernahm häufig ein Facharbeiter die gesamte Bedienung. Das Einspannen der Rohteile und andere Bedienfunktionen wurden bei der Fertigung großer Stückzahlen von angelernten Arbeitern übernommen.

In diesem Zusammenhang ist die überaus interessante Gesamtentwicklung der Steuerungs- und Regelungstechnik zu sehen, die auch in anderen Zweigen des Maschinenbaus zunehmend in den Vordergrund trat.

Die bisher allgemein verwendeten Kurvensteuerungen wurden nun durch hydraulische und elektro-hydraulische Steuerungen ergänzt. Schließlich entstanden elektro-hydraulische Vorwähl- und Programmschaltungen, die erstmals Einstellvorgänge der Nebenzeit parallel zur Hauptzeit gestatteten [6.65].

Auch die Steuerung der Hauptbewegung von Werkzeugmaschinen wurde in die Entwicklung einbezogen. Hierzu schrieb Opitz: „Sie weist eine unstetige Entwicklung auf. Dies mag wohl an den größeren Leistungen liegen, die hier zu steuern sind. Unter diesem Gesichtspunkt kann man den Einfluß der Hartmetalle im Anfang der Entwicklung geradezu als hemmend bezeichnen, während er später die Entwicklung gesteuerter Hauptantriebe zu fördern begann. Die ersten Ausführungen gesteuerter Antriebe gehen auf die zwanziger Jahre zurück. Hier wurde mechanisch das Feld eines Gleichstrom-Nebenschlußmotors beeinflußt. Aber erst zwanzig Jahre später setzte nach einer Ruhepause diese Entwicklung bei Revolverdrehautomaten wieder ein, indem die Spindeldrehzahlen durch ein Klinkenfeld geschaltet wurden." [6.43]

Zunächst lagen die Neuerungen bezüglich des Hauptantriebes naturgemäß bei den schweren Werkzeugmaschinen mit geradliniger Hauptbewegung, da dort aufgrund der zu bewegenden Massen Probleme auftraten. So kam der hydraulische Tischantrieb für Hobelmaschinen Anfang der dreißiger Jahre auf. Auf der Leipziger Messe wurden 1930 bereits hydraulische Hobelmaschinen gezeigt. Ein Jahrzehnt zuvor wurde schon der Leonardsatz als Antrieb für große Werkzeugmaschinen erprobt, und seit 1935 verbreitete er sich zusehends bei Hobelmaschinen. Auf der Londoner Werkzeugmaschinenausstellung zeigte die englische Firma J. Stirk & Son eine Hobelmaschine mit Leonardantrieb und elektrisch gesteuerter Werkzeugabhebung. Im Zusammenhang mit den aufkommenden automatischen Steuerungen fanden auch die fernschaltbaren elektromagnetischen Kupplungen zusehends Verwendung.

Bei Pressen wurden der Druckvorlauf und die Geschwindigkeit in einer programmierbaren Steuerung vorher festgelegt, auch Spritzgußmaschinen rüsteten die Hersteller mit Programmsteuerungen aus, die durch die Einführung elektrischer Steuerungen in kurzer Zeit eine Programmänderung zuließen [6.12]. Selbsttätige Zubring- und Spannvorrichtungen wurden für verschiedene Maschinen gebaut. Im Pressen- und Stanzenbau waren sie schon lange bekannt, wo „eiserne Hände" große Blechteile gefahrlos und schnell in die Pressen einlegten.

Eine bemerkenswerte Konstruktion im Bereich der Großwerkzeugmaschinen stellte die Schnellschnittdrehbank der Firma Schiess dar, die als erste Maschine die Möglichkeit bot, Schnellarbeits- und Hartmetallwerkzeuge besser auszunutzen. Sie wurde für Spitzenhöhen von 300, 400 und 500 mm gebaut und fand insbesondere Verwendung für Zerspanungsversuche mit den verschiedensten Werkzeugen und Werkstoffen.

Die Mehrleistung der neuen Schneidstoffe führte in den 30er Jahren auch zur Großwerkzeugmaschine für die Bearbeitung von Werkstücken in vorher nicht bekannten Abmessungen, wie sie für Abraumbagger, Schiffsantriebe und Turbinen benötigt wurden. Neben der Entwicklung von der Universal- zur Spezialmaschine war schon vor dem Krieg auch ein entgegengesetzter Trend zu verzeichnen. Durch konstruktive Flexibilität wurde bei Mangel an großen Werkstücken auch die Bearbeitung kleinerer und mittlerer Teile möglich [6.5]. Über eine 1940 von Schiess gebaute große Karusselldrehbank hieß es in einer damaligen Firmenschrift: „Werk-

Bild 6.30 Hartmetalldrehbank für höchste Geschwindigkeiten, Schiess 1940

stücke von 19 m Durchmesser können zwischen den Ständern bearbeitet werden; fährt man diese zurück, so kommt man auf Durchmesser von über 25 m. Es war möglich, in den grundsätzlichen Anordnungen auf vorhergehende Maschinen zurückzugreifen ...

Wenn die riesigen Ständer der Maschine zurückgefahren sind, können Werkstücke bis zu 25 m Durchmesser bearbeitet werden. Vor allem sind dann sehr schwere Werkstücke bis zu 550 t, die man zum Teil erst auf der Planscheibe

Bild 6.31 Riesen-Karusseldrehbank, Schiess 1940

zusammensetzt, viel bequemer auf der freiliegenden Planscheibe aufzubauen. Diese Riesenmaschine braucht 400 PS für ihre Arbeit, sie wiegt 800 t. An der Maschine arbeiten nicht weniger als 11 Elektromotoren für alle nur denkbaren Zwecke. Besonderer Wert ist auch hier auf die Schmierung gelegt; mehrere Schmierpumpen sorgen dafür, daß ausreichend Öl rechtzeitig zu den gleitenden Teilen gelangt. Zu den besonders betriebswichtigen Teilen gehören die Gleitflächen zwischen den Planscheiben und den Planscheibenuntersätzen. Man kann allerdings schon durch den Strommesser für alle Hauptantriebe erkennen, wenn eine Planscheibe anfängt, schwerer zu laufen. Aber das reicht nicht aus; man hat deshalb besondere Temperaturmeßanlagen eingebaut, die anzeigen, welche der Laufbahnen warmläuft und wo die Erwärmung stattfindet. Daß auch bei dieser Maschine mit ihren ungeheuren Abmessungen die Bedienung erleichtert werden muß, ist selbstverständlich. Die ganze Steuerung ist auf einem Pult zusammengefaßt. Man hat optische Zeichen angewendet; solange eine grüne Lampe leuchtet, geht der Ölfluß störungsfrei vor sich; leuchtet eine rote Lampe auf, so bedeutet das: Achtung, Störung!

Eine solche Maschine kann nicht nach dem Gefühl konstruiert werden. Man muß rechnen, und zwar in einem Umfang, wie es der Werkzeugmaschinenbauer früherer Zeiten nie geahnt hat. Besonders schwierig ist es, den Querbalken herzustellen. Wiegt er doch bei einer Länge von 30 m rund 200 t. Er läßt sich nicht mehr aus einem Stück fertigen, sondern muß aus drei Stücken zusammengesetzt werden. Das mittlere ist 17 m lang und wiegt 110 t; das ist bereits das äußerste, was Gießerei und Bearbeitungswerkstatt noch bewältigen können." [6.36]

Während des Krieges galt es, die Produktion vor allem durch Steigerung der Arbeitsintensität auszuweiten. Die Devise lautete: weniger Menschen, weniger Maschinen, mehr Leistungen. „Es erfolgte die Reduzierung von Sondermaschinen durch Zusammenziehung von einzelnen Arbeitsgängen auf einer Maschine. Ein- und mehrspindlige Universaldrehautomaten mit zahlreichen Werkzeugen und Zusatzeinrichtungen ermöglichten die Herstellung von verschiedenen Drehteilen aus Messing, Aluminium, Zinklegierungen, Automaten- oder Baustählen. Führte hier die Entwicklung unter Kriegsbedingungen teilweise wieder zur Universalmaschine, so erlangte jedoch eine Sondermaschine anderer Art größte Bedeutung: die für die Waffen- und Munitionsherstellung konstruierte Maschine. 1939 wurden von der Firma Otto Gruson & Co., Stahlwerke und Zahnräderfabrik Magdeburg, für die Höchstproduktion von Geschoßrohlingen Sonderdrehbänke in Auftrag gegeben. Geschoß-Schmiedemaschinen, -zentriermaschinen, -drehbänke und -pressen, Gewehrschaft-Kopiermaschinen und selbsttätige Laufziehmaschinen wurden eingesetzt." [6.5]

Entwicklung und Einsatz von Werkzeugmaschinen zeigten bis Kriegsende demnach zwei Tendenzen: Der Fortschritt auf dem Wege der Automatisierung, des Einsatzes elektrischer Steuerungen und der leichten Bedienbarkeit wurde durch eine wieder verstärkte Nutzung von Universalmaschinen bei partieller Spezialisierung begleitet. Die Verwendung von Sondermaschinen unterlag im Verlauf des

Krieges zunehmenden Einschränkungen. So konnte sich das Fließbandverfahren nicht annähernd so breit durchsetzen wie etwa in England oder in Amerika, und auch der Übergang zum Mehrschlittenbetrieb wurde behindert [6.73].

Der Ausbruch des Krieges beeinflußte zwangsläufig auch die Lehr- und Forschungstätigkeit der Institute. Dennoch wurden zum Teil beachtliche Fortschritte erzielt. Schon 1940 stellten Schallbroch und Schauman ihren Schnittkraftmesser vor. Schallbroch und Balzer erarbeiteten 1943 eine zusammenfassende Darstellung der Schnittkraft- und Drehmomentmessung für Werkzeugmaschinen in der Reihe „Werkstattbücher" [6.76].

Bild 6.32
Heinrich Schallbroch (1897–1978) und Gotthold Pahlitzsch

Heinrich Schallbroch wurde am 4. Juli 1897 in Huckingen am Niederrhein geboren. Nach dem Ende des Ersten Weltkrieges begann er das Studium des Maschinenbaus an der Technischen Hochschule Aachen. Von seinen Lehrern ist hier besonders Adolf Wallichs zu nennen, dem er sich auch in seinem weiteren Leben stark verbunden fühlte.

1923 wurde Schallbroch zunächst Konstrukteur, später Betriebsassistent bei der Firma Schiess in Düsseldorf. Aus dieser Zeit stammten seine ersten wissenschaftlichen Veröffentlichungen, von denen besonders Berichte über Standzeitversuche beim Drehen mit gegossenem Hartmetall erwähnt werden sollen.

Die bei Schiess auch nachgewiesene praktische Befähigung Schallbrochs veranlaßte seinen ehemaligen Lehrer, Adolf Wallichs, ihn als Assistent und Oberingenieur nach Aachen an den Lehrstuhl und das Laboratorium für Werkzeugmaschinen und Betriebslehre zu holen. Dort promovierte Schallbroch 1930 zum Dr.-Ing., habilitierte sich 1933, ebenfalls in Aachen, und nahm ein Jahr später einen Ruf der TH München auf den dortigen Lehrstuhl für Mechanische Technologie an, den er bis 1945 innehatte.

In den Nachkriegsjahren arbeitete Heinrich Schallbroch zunächst als Beratungsingenieur, darunter für die Maschinenfabrik Hermann Kolb in Köln. 1953 wurde er an den Lehrstuhl für Werkzeugmaschinen und Fertigungstechnik der TU Berlin berufen sowie gleichzeitig zum Direktor des Instituts für Werkzeugmaschinen und Arbeitswissenschaft ernannt. Große Bedeutung sollte hier der von Schallbroch initiierte Neubau der Lehrstuhlgebäude in der Fasanenstraße erlangen. Diese und alle ihm übertragenen Aufgaben hat Schallbroch bis zu seiner Emeritierung und Amtsübergabe an Günter Spur im Jahre 1965 mit unermüdlichem Engagement und großem Erfolg wahrgenommen.

Neben Schallbroch ist vor allem Pahlitzsch als bedeutender Repräsentant der Fertigungstechnik zu nennen. Von Beginn an widmete er sich dem damals noch sehr vernachlässigten Gebiet der Schleiftechnik. „Forschung in der Schleiftechnik tut not" war sein Leitsatz. Um die Keimzelle „Schleifscheibe" entwickelte er ein breites Forschungsspektrum. Sechs diesbezügliche Dissertationen an seinem Institut in den Jahren 1943 bis 1945 legen davon Zeugnis ab.

Gotthold Pahlitzsch wurde im Jahre 1903 in Dresden geboren. Seine Entscheidung für ein Studium des Maschinenbaus mit der besonderen Fachrichtung Betriebstechnik wurde durch die unmittelbare Erfahrung des traditionsreichen sächsischen Werkzeugmaschinenbaus nachhaltig beeinflußt. Besonders Ewald Sachsenberg gehörte an der TH Dresden zu den Lehrern, an die sich Pahlitzsch noch heute dankbar erinnert.

Als junger Diplomingenieur trat Pahlitzsch 1926 der Firma Hermann Wülfling AG bei, einer Lack- und Farbenfabrik in Wuppertal, wo er den Auftrag erhielt, die Fließfertigung einzuführen. Nur zwei Jahre später bot ihm Sachsenberg eine Anstellung als wissenschaftlicher Assistent am Lehrstuhl für Werkzeugmaschinen und Betriebswissenschaft der TH Dresden an. Hier promovierte Pahlitzsch 1932 zum Dr.-Ing., ging 1934 erneut in die Industrie, u.a. auch zur Junkers Flugzeug- und Motorenbau AG in Dessau, wurde dort 1936 Betriebsdirektor, bis er im Jahr darauf einem Ruf an die TH Braunschweig folgte.

Pahlitzsch gestaltete in Braunschweig bis zu seiner Emeritierung im Jahre 1971 den dortigen Lehrstuhl mit den Schwerpunkten Werkzeugmaschinen, Fabrikbetrieb und Feinmechanische Fertigung. Gleichzeitig wurde er zum Direktor des dortigen Instituts für Schleif- und Poliertechnik ernannt. In beiden Funktionen leistete Pahlitzsch eine außerordentlich umfangreiche und vielseitige Forschungsarbeit, für die ihm 1961 von der TH Dresden die Ehrendoktorwürde verliehen wurde. Von seinen zahlreichen Schülern hat er sich stets besonders eng und freundschaftlich jener erinnert, die in jeweils eigenen produktionswissenschaftlichen Instituten sein Erbe fortführen.

Auch in den letzten Kriegsjahren trafen sich alljährlich die Mitglieder der Hochschulgruppe Betriebswissenschaft. 1942 in Berlin, 1943 in Weimar und 1944 – vorerst zum letzten Mal – in Passau. Auf diesem Treffen übergab Professor Wallichs, seit Bestehen Vorsitzender dieser Gruppe, die Leitung an Kienzle. Im gleichen Jahr wurde Kienzle auch Mitglied des Präsidiums des Deutschen Normenausschusses.

Über die Treffen der Hochschulgruppe im Kriege berichtete Kienzle [6.28]: „Wir hielten nun unsere Jahrestagungen von 1942 an alljährlich an einem anderen Ort ab. Auf den Tagesordnungen standen: Unterrichtsfragen, Studienpläne, besondere Institutseinrichtungen, unsere Forschungsarbeiten und Mitarbeit am Fortschritt des Werkzeugmaschinenbaus.

Zu dem letzteren Punkt luden wir die führenden Herren des Werkzeugmaschinenbaus ein. Ich erinnere mich noch, daß sie besonders zahlreich an der Tagung in Berlin 1942 teilnahmen. Zum ersten Mal besuchten sie mit uns zusammen ein Versuchsfeld einer Forschungsstelle. Im Charlottenburger Versuchsfeld hatten wir aus laufenden Untersuchungen einiges ausgestellt, u. a.:

- Schwingungserscheinungen an Werkzeugmaschinen-Gestellen,
- Zerspanversuche auf Drehautomaten,
- Dehndorne für genaues Fräsen,
- Maßpressen von Lehren,
- Teilungsmessungen an Verzahnmaschinen.

Die Kriegszeit hat uns in doppelter Weise betroffen. Ehrhardt und der Verfasser (Kienzle), wurden von ihren Institutsarbeiten ganz oder teilweise getrennt, da wir vom ersten Tag an zum technischen Dienst in die Wehrmacht eingezogen waren. Mit steigender Kriegsnot wurden mehr und mehr Assistenten Soldaten. Die Institute waren zuletzt verlagert, so Aachen nach Mülheim/Ruhr, Berlin nach Aerzen bei Hameln, Hannover nach Lindau am Harz, München nach Halfing. Trotz vieler Schäden, z. T. auch durch Beschlagnahme seitens der Besatzungsmächte, war ihre Substanz verhältnismäßig vollständig erhalten geblieben; nur Berlin und die östlich gelegenen Institute haben alles verloren."

In der Hochschulgruppe gab es auch während der Kriegszeit personelle Veränderungen [6.76]. Sachsenberg wurde 1939 aus politischen Gründen entlassen. Er nahm nicht mehr an den Treffen der Hochschulgruppe teil. Nur Gotthold Pahlitzsch hielt noch Kontakt zu ihm. Sachsenberg lebte im Kriege in Berlin, wo er 1946 nach kurzer, schwerer Krankheit verstarb.

Nachfolger in Dresden wurde 1941 Kiekebusch, der von Danzig kam und vorher unter Schlesinger und Kienzle am Berliner Institut gearbeitet hatte. Während des Krieges war er jedoch zum Heereswaffenamt eingezogen, so daß seine Vorlesungen in Dresden vertretungsweise abgehalten wurden, u. a. durch Fritz Pohl.

Auch Karl Gottwein wurde 1939 in Breslau aus politischen Gründen von seinen amtlichen Pflichten vorzeitig entbunden. Damit zerbrach auch für ihn ein verheißungsvolles Wirken auf dem Gebiet der Zerspanungstechnik. Sein Nachfolger wurde 1941 Franz Schwerdtfeger, ein Schüler Kienzles von der TH Berlin.

1944 wurde Karl Stromberger nach elfjähriger Industrietätigkeit, zuletzt bei Pittler, nach Darmstadt als Nachfolger für v. Roessler berufen. Die Aufnahme seiner Lehr- und Forschungstätigkeiten wurde jedoch durch die Kriegseinwirkungen sehr erschwert.

6.6 Nachkriegszeit

Im Frühjahr 1945 war die deutsche Werkzeugmaschinenindustrie zu großen Teilen zerstört. Die Fabriken und Transporteinrichtungen wurden vor allem in den letzten neun Monaten des Krieges Opfer der Luftangriffe. Maschinen und Anlagen, die von den Bomben verschont blieben, fielen oft noch der Demontage anheim. Dabei wurden im Osten Deutschlands die verbliebenen Fabriken umfassender demontiert als in den drei westlichen Zonen. „Der Verlust der Konstruktionsunterlagen, Fabrikationsverbote, Materialmängel, vielfältige Einschränkungen und bürokratische Hemmnisse behinderten den Wiederbeginn. Die wirtschaftliche Entwicklung bestimmten die Besatzungsmächte. Die Herstellung von Werkzeugmaschinen war zunächst untersagt. Viele Firmen beschäftigten sich mit Aufräumarbeiten, Reparaturen unterschiedlichster Art und der Herstellung von Gegenständen des täglichen Gebrauchs aus Metall." [6.53]

Bereits nach dem Ersten Weltkrieg nahmen die Siegermächte Reparationen aus der laufenden Produktion Deutschlands. Im Februar 1945 einigten sich die Alliierten des Zweiten Weltkrieges, „diesmal die Reparationen vor allem in Form von Demontagen vorzunehmen, mit der Begründung, die Sicherheit vor Deutschland verlange die drastische Verringerung der Industriekapazitäten. Aufgrund der Potsdamer Beschlüsse vom 2.8.1945 sah der erste, 1946 aufgestellte Industrieplan die Begrenzung der industriellen Produktion auf 50–55 Prozent des Standes von 1938 vor. Die Demontage betraf 1800 Betriebe. Die demontierten Anlagen sollten den Hauptteil der Reparationen erbringen. Die Demontagepolitik in der dann praktizierten Form beruhte wesentlich auf dem Einfluß des amerikanischen Finanzministers ... In Quebec hatte Morgenthau das Konzept durchgesetzt: ‚Deutschland ist in ein Land zu verwandeln, das in seinen wesentlichen Zügen als Ackerbau- und Weideland anzusehen ist ..."

Nach den Demontagebeschlüssen des Potsdamer Abkommens „wurden die Höchstgrenzen der Deutschland zu belassenden Kapazität für die wichtigsten Industriezweige bestimmt und entschieden, welche Kapazitäten als ‚unnötig' für die deutsche Friedenswirtschaft zu demontieren seien. Für die Stahlproduktion wurde die Höchstkapazität auf 7 Mill. Tonnen festgesetzt; in der Schwerchemie wurde eine Kapazität von 40 Prozent der Produktion von 1936 als ausreichend für die deutsche Friedenswirtschaft bezeichnet. Im Werkzeugmaschinenbau sollte eine Kapazität von nur 11,4 Prozent, im Schwermaschinenbau eine solche von 31 Prozent der Kapazität von 1938 erhalten bleiben. Die Automobilproduktion sollte auf 80000 Automobile jährlich beschränkt werden, davon etwa je die Hälfte Personenwagen und Lastkraftwagen. Außerdem wurden noch für eine Reihe weiterer Industrien sehr weitgehende Kapazitätsbeschränkungen festgesetzt ..." [6.1] Alle darüber hinausgehenden Kapazitäten sollten demontiert und den Siegermächten ausgeliefert werden.

In Nordrhein-Westfalen fielen unter die bis 1949 andauernde Demontagepolitik beispielsweise die Maschinenfabrik Heinrich Wagner in Laasphe, die mit Ausnahme einer Schnelldrehbank alle Maschinen und Anlagen verlor, die Firma Waldrich in Siegen, die 1949 einen Antrag unter anderem auf Freigabe von Fabrikhallen stellte, auf Rückgabe von Mikrofilmen mit Werkstattzeichnungen und Beschaffung von Ersatzmaschinen für Reparationsverluste, sowie die Werkzeugmaschinenfabrik Wagner & Co. in Dortmund, die erst 1950 ein „Clearance Certificate" erhielt, das den Abschluß der Demontage bescheinigte [6.62].

Bild 6.33 Zerstörtes Werksgelände mit Maschinenpark der Firma Burkhardt & Weber

Wie schwierig der Neubeginn für viele Firmen war, zeigt auch ein Bericht der „Wirtschafts-Zeitung" vom 16. Januar 1948, der die Situation der Werkzeugmaschinenfabrik Gildemeister & Co. AG verdeutlicht: „Der Verlust in 1946/47 erhöhte sich um 0,19 auf 1,38 Mill. bei 2,5 Mill. Grundkapital, Kriegsschäden 5,03 Mill. RM. Vorläufige Produktionserlaubnis für Reparaturen von Werkzeugmaschinen sowie für Lieferungen an Bergbau, Verkehrswesen, landwirtschaftlichen Maschinenbau sowie für Nähmaschinen-, Fahrrad- und Kabelindustrie wurde erteilt." [6.74]

Über die beabsichtigte Demontage in der französischen Besatzungszone schrieb die gleiche Zeitung am 30. Juli 1948: „Die Pessimisten haben Recht behalten, der französische Demontagebefehl ist da. Anfang August soll mit seiner Ausführung begonnen werden ... Unter den Werken werden zum Beispiel aus Südwürttemberg benannt, zur Volldemontage die Spiralbohrerfabrik Gottlieb Gühring in Eßlingen, Keinath-Gonser in Ostmettingen, die Gewindeschneidwerkzeuge herstellt; zur Teildemontage die Wafios in Reutlingen, die in der deutschen Produktion von Drahtbearbeitungsmaschinen eine ganz besondere Rolle spielt ... Außerdem wird von der Maschinenfabrik Weingarten gesprochen, die, wie es heißt, zum Teil den Russen zugesprochen ist ... Die Maschinenfabrik Weingarten zum Beispiel hatte ursprünglich einen Bestand von etwa 400 Maschinen. Davon sind ihr bis jetzt 115 abgezogen worden. Unter den restlichen 285 sind indessen nur noch etwa 150 eigentliche Produktionsmaschinen. Würden bei ihr jetzt, wie beabsichtigt zu sein scheint, noch einmal 85 Maschinen demontiert, so hätte sie zwar der Zahl nach nur etwa die Hälfte ihres Parks verloren, an Produktionsmaschinen verblieben ihr jedoch nicht viel mehr als ein Viertel und dies in alten Jahrgängen."

Zu den verheerenden Folgen der Demontage wurde festgestellt: „Der neue Eingriff in den schon so schwer mitgenommenen Bestand der französischen Zone kann also kaum ernst genug genommen werden. Er bedeutet wie überall Dezimierung der Arbeitsplätze, neue schwere Einbußen an Lieferfähigkeit für die eigene Zone wie für die anderen Besatzungsgebiete wie für den Export, zum Teil unersetzlichen Verlust an bestimmten, für ganz Deutschland wichtigen Spezialerzeugnissen und wachsende Unrentabilität der Rumpfbetriebe ... Der drohende Schaden am Lebensstandard, Export- und Importfähigkeit und die daraus folgende Steigerung des Zuschußbedarfs übersteigen also noch den rechnerischen Prozentsatz des abzuliefernden." [6.75]

Erst im November 1949 führten Verhandlungen der West-Alliierten auf dem Petersberg bei Bonn, an denen auch die Regierung der eben gegründeten Bundesrepublik aktiv beteiligt war, zu einer Einigung über entscheidende Einschränkungen des Demontageprogramms. Mit dem sogenannten Petersberger Abkommen vom 22.11.1949 wurde das Ende der Demontage deutscher Industrieanlagen eingeleitet, das im Verlauf des Jahres 1950 schließlich auch den deutschen Werkzeugmaschinenbau erreichte und ihn von einer jahrelangen existenzgefährdenden Last befreite.

Das Petersberger Abkommen umfaßte über den Stopp der Demontagen hinaus wichtige Zugeständnisse der Alliierten: „Lockerung von Beschränkungen auf den Gebieten Schiffsbau und Schiffsreparaturen, Prüfung des Problems der Beendigung des Kriegszustandes, Beteiligung der Bundesrepublik an internationalen Organisationen, insbesondere an der wirtschaftlichen Zusammenarbeit innerhalb Europas, Vorbereitung des Beitritts der BRD zum Europarat in Straßburg, Vorgenehmigung eines besonderen „Marshall-Plan-Abkommens in der Bundesrepublik, Mitgliedschaft der BRD bei der Internationalen Ruhrbehörde (anstelle der bisherigen

Vertretung durch die Hohe Kommission), Wiederaufnahme von Konsular- und Handelsbeziehungen mit den Ländern des Westens, Gesetzgebung der Bundesrepublik auf dem Gebiet der Dekartellisierung." [6.1]

In den schweren Nachkriegsjahren verdankte der deutsche Werkzeugmaschinenbau vielen bis heute namhaften Ingenieuren zunächst die bloße Existenzsicherung, später seine Reorganisation als international wieder einflußreiche Branche. Zu ihnen zählt auch Wilhelm Fehse, dessen Lebensweg engstens mit der Entwicklung der Maschinenfabrik Pittler verbunden war.

Wilhelm Fehse wurde im Jahre 1890 in der für die deutsche Werkzeugmaschinenindustrie traditionsreichen sächsischen Stadt Chemnitz geboren. Nach Abschluß seines Studiums an der TH Dresden im Jahre 1919 promovierte Wilhelm Fehse im Jahre 1923 bei Professor Sachsenberg. In den folgenden Jahren sammelte er in verschiedenen Maschinenbaubetrieben konstruktive und fertigungstechnische Erfahrungen.

Im Jahre 1929 kam Dr. Fehse zur Werkzeugmaschinenfabrik Pittler in Leipzig. Dieser Firma widmete er seine volle Schaffenskraft. Bereits nach zweijähriger Firmenzugehörigkeit wurde er in den Vorstand berufen. Als Konstrukteur konnte er die technische Entwicklung der Pittler-Automaten maßgeblich beeinflussen. Die Grundkonzeption und zahlreichen Detailkonstruktionen dieser in der ganzen Welt bekannten Drehautomaten entstanden unter seiner Anleitung.

Seine große Aufgeschlossenheit dem technischen Nachwuchs gegenüber begann sich schon in diesen Jahren abzuzeichnen. Sein Kontakt zu den zur damaligen Zeit noch wenigen Lehrstühlen der Fertigungstechnik war vorbildlich.

Schon in seiner Leipziger Zeit erwarb sich Wilhelm Fehse den Ruf nicht nur eines hervorragenden Technikers, sondern auch eines Pädagogen und einer Vaterfigur für die gesamte Belegschaft. Unter seiner Leitung kam die Pittler AG in die schweren Kriegsjahre, die durch ihre zunehmende Wirtschaftslenkung beherrscht waren. Fehse bemühte sich erfolgreich, mit der sogenannten Wirtschaftsgruppe für Maschinenbau über die Festlegung der Rohstoffmengen und Abnehmer sämtlicher Produkte des Unternehmens zu verhandeln. Dennoch wurde es für das Werk immer schwieriger, genügend Fachkräfte vom Wehrdienst freistellen zu lassen, eine für den von Präzision und Erfahrung abhängigen Werkzeugmaschinenbau unerläßliche Bedingung.

„Zwar werden in der betriebsinternen Lehrlingsausbildung und der Umschulung anderer Fachkräfte laufend gute Mitarbeiter herangezogen, sie gehen aber durch steigende Einberufungszahlen dem Werk im gleichen Maß auch wieder verloren. Solche Fluktuation wirkt sich auf die Dauer als erheblicher Nachteil aus. Die geforderte Produktionssteigerung etwa bei den Mehrspindelautomaten (1939) von monatlich 15 auf 30 Maschinen kann deshalb auch nicht erreicht werden, allenfalls 18 bis 20 Maschinen sind unter den sich verschlechternden Umständen noch zu schaffen. Auch die sogenante ‚Kugellager-Schnellaktion' von 1944, für die noch einmal die Mehrspindler-Herstellung erhöht werden soll, bleibt ohne die nötigen Fachleute reines Wunschdenken. Eine große Zahl der schließlich gebauten Maschinen wird noch bis Kriegsende halbfertig im Werk stehen.“ [6.19]

Bis zum 10. April 1945 abends blieb das Werk noch von Luftangriffen verschont. Dann fielen bei einem Angriff auf den nahegelegenen Güterbahnhof Wahren zwei Bomben auch auf das Werksgelände. Eine traf die Halle mit den Großmaschinen, die andere riß eine große Lücke in das Verwaltungsgebäude. Menschen wurden zwar nicht verletzt, aber die Schäden kamen Fehse und seinen Leuten gewaltig vor. Später erkannte man jedoch, daß andere Werke weit schlimmer getroffen waren.

Als die Firma Pittler sich nach dem Zweiten Weltkrieg unter großen Schwierigkeiten in Langen neu ansiedelte, war es Fehse, der entscheidend dazu beigetragen hat, dieses Unternehmen wieder aufzubauen. Umfangreiches Fachwissen und langjährige Erfahrung verhalfen ihm zu großem Einfluß auf die Weiterentwicklung der

Bild 6.34
Demontage einer hydraulischen Presse, Juli 1948

Werkzeugmaschine. Zahlreiche Vorträge und Veröffentlichungen ließen ihn in der Fachwelt des In- und Auslandes zu einem führenden Repräsentanten des deutschen Werkzeugmaschinenbaus werden. In Anerkennung seiner Verdienste hat ihm die TH Darmstadt 1950 die Ehrendoktorwürde verliehen.

Als Mitglied des VDI widmete sich Wilhelm Fehse besonders der Arbeitsgemeinschaft Deutscher Betriebsingenieure (VDI-ADB). 1962 verlieh ihm der VDI das VDI-Ehrenzeichen für seine bahnbrechenden konstruktiven Arbeiten auf dem Gebiet der Werkzeugmaschinen, insbesondere der Mehrspindelautomaten und der Revolverdrehmaschinen.

In Erkenntnis der Notwendigkeit enger Zusammenarbeit von Industrie und Forschung wurde er vom Verein Deutscher Werkzeugmaschinenfabriken 1961 zum Vorsitzenden des Technischen Ausschusses berufen, nachdem er bereits seit vielen Jahren dem Vorstand der Fachgemeinschaft Werkzeugmaschinen im VDMA sowie dem Vorstand des Vereins Deutscher Werkzeugmaschinenfabriken angehörte. In den Jahren seiner Arbeit in diesen Gremien konnten gerade vom Verein Deutscher Werkzeugmaschinenfabriken zahlreiche richtungsweisende Forschungsarbeiten auf den Gebieten des Werkzeugmaschinenbaus und der Fertigungstechnik durchgeführt werden [6.42].

Die Währungsreform vom Juni 1948 markierte den entscheidenden Schritt zu einem neuen Anfang. „Sie belebte den Wirtschaftskreislauf und setzte den aufgestauten Bedarf sowie die Ressourcen frei. Jetzt gingen wieder Anfragen bei den Werkzeugmaschinenfirmen ein, die sich auf Ersatzbeschaffungen für den zerstörten oder veralteten Maschinenpark bezogen ... Die stärkste Wirkung auf die Werkzeugmaschinenindustrie ging anfänglich vom Inlandsbedarf aus. Die in vielen Jahrzehnten gewachsenen Verbindungen zu den ausländischen Abnehmern waren in den meisten Fällen bereits 1939 unterbrochen worden.

Zunächst war die Ausfuhr, deren Genehmigung bei den alliierten Behörden lag, noch ganz außerordentlich erschwert durch

1. das Verbot von Direktkontakten zwischen dem Exporteur und dem ausländischen Kunden;
2. die Unsicherheit, Liefertermine einzuhalten, da Materialengpässe zu Verzögerungen führten;
3. die strenge Bindung des Lieferanten an den heimischen Festpreis und die Verpflichtung des Käufers zur Zahlung in Dollar.“ [6.53]

Mit der Gründung der Bundesrepublik im Jahre 1949 gingen auch auf wirtschaftlichem Gebiet die wichtigsten Befugnisse an deutsche Einrichtungen über. Die Politik der sozialen Marktwirtschaft führte zu einem stürmischen Aufschwung, der wegen seiner unerwarteten Dynamik als deutsches Wirtschaftswunder weltweit Bewunderung hervorrief. So stieg das reale Bruttosozialprodukt von 144 Milliarden DM im Jahre 1950 auf 309 Milliarden DM im Jahre 1960.

An dieser Entwicklung hatte auch die deutsche Werkzeugmaschinenindustrie ihren aktiven Anteil. „Bereits 1949 erreichten die Auftragseingänge in der Werkzeugmaschinenindustrie 221 Millionen DM, darunter Bestellungen in Höhe von 62 Millionen DM aus dem Ausland. Da Deutschland seine Bedeutung als Exportland 1939 verloren hatte, füllten die USA und Großbritannien diese Lücke bis zum Anfang der 50er Jahre durch Verstärkung ihrer Maschinenexporte aus. Von 1949 an entwickelte sich dann wieder eine wachsende deutsche Ausfuhr, zunächst in die europäischen Länder." [6.53]

Ein Vergleich des Zeitraums zwischen 1930 und 1954 läßt erkennen, in welch starkem Maße der Werkzeugmaschinenbau vom wirtschaftlichen Aufschwung erfaßt wurde [6.53]. „Bis in das Jahr 1952 konnte die deutsche Branche dennoch ihren früheren Gleichstand mit Amerika und Großbritannien nicht wiedererlangen. Das wird auch verständlich, wenn man die Kriegszerstörungen und Demontagen berücksichtigt. Vor allem aber muß der Substanzverlust berücksichtigt werden, der durch die Abtrennung der deutschen Werkzeugmaschinenfirmen in Mittel- und Ostdeutschland entstanden war. Nur wenigen dieser Firmen, darunter allerdings einigen bedeutenden, war es möglich, ihre Arbeit erneut in Westdeutschland aufzunehmen. 1939 entfielen auf die später westdeutschen Regionen, die die Bundesrepublik Deutschland bildeten, 49 Prozent der gesamtdeutschen Produktion. Dazu muß man noch die Werkzeugmaschinenproduktion des westlichen Teils von Berlin in Höhe von ca. 6 Prozent hinzuzählen. Es standen deshalb nach dem Kriege mindestens 45 Prozent des Volumens der früheren deutschen Werkzeugmaschinenindustrie nicht mehr zur Verfügung ...

Es zählt zu den erstaunlichsten Erfolgen, daß es innerhalb weniger Jahre gelang, die starke Differenzierung der Typen und Konstruktionen, bis 1945 auf Firmen in Ost- und Westdeutschland verteilt, in der BR Deutschland zu kompensieren. Das westdeutsche Angebot wurde bereits Mitte der 50er Jahre als homogen angesehen. Die westdeutsche Werkzeugmaschinenindustrie konnte von dieser Zeit an alle wichtigen Maschinenarten und Typenunterschiede anbieten, die der Markt forderte. Es war gleichzeitig gelungen, die Kapazitäten zu erweitern, die Fertigungsprogramme zu ergänzen und sich auf technisch weiterentwickelte Konstruktionen umzustellen. Die vor dem Kriege im Westen Deutschlands wichtigen Gebiete Württemberg und Rheinland/Westfalen blieben nach dem Ausfall Sachsens und Ostberlins die bevorzugten Standorte der westdeutschen Werkzeugmaschinenindustrie." [6.53]

Die Branchenentwicklung im Osten Deutschlands war durch umfangreiche Demontagen gehemmt. Von der ehemaligen Kapazität des Werkzeugmaschinenbaus in dieser Region verblieben nur etwa 18 Prozent. Die privaten Firmen wurden im Laufe der Jahre enteignet und in „volkseigene Betriebe" umgewandelt. Diese etwa 50 Betriebe erzielten 1949 eine Produktionsleistung von ca. 50 Millionen Ostmark. Damit wurde die 1936 in diesem Gebiet erbrachte Leistung nur zu einem Viertel erreicht.

Deutsches Reich	1929	1939
Mitteldeutschland (Sachsen, Thüringen)	34	34
Berlin, Brandenburg	14	17
Nieder--Deutschland	6	20
Rheinland/Westfalen	23	
Süd- und Südwest-Deutschland	23	22
Hessen		7

Länder der BR Deutschland	1953	1974	1987
Mittel- und Ostdeutschland	-	-	-
West-Berlin	5,0	1,8	0,8
Schleswig-Holstein	0,1	0,6	1,2
Hamburg	3,6	1,8	2,4
Niedersachsen	2,4	2,4	4,1
Nordrhein-Westfalen	38,8	32,4	35,5
Baden-Würtemberg	35,7	40,3	38,0
Bayern	7,3	14,0	9,4
Rheinland-Pfalz	0,4	1,1	0,4
Hessen	11,4	7,1	10,2

Bild 6.35 Entwicklung der Standorte des deutschen Werkzeugmaschinenbaus von 1927–1987 in prozentualer Verteilung

„Obwohl der Werkzeugmaschinenbau später zu den besonders leistungsfähigen Industriebereichen der DDR und in Osteuropa zählte und eine internationale Reputation erlangte, erlaubten es das Wirtschaftssystem und die zur Verfügung stehenden Ressourcen zu keiner Zeit, den technischen Entwicklungsstand und die Produktionsbreite des westdeutschen Werkzeugmaschinenbaus zu erreichen.“ [6.53]

Die für den Werkzeugmaschinenbau des 19. und zum Teil noch des frühen 20. Jahrhunderts kennzeichnende Verbindung von Unternehmer und Konstrukteur in ein und derselben Person ist in jüngerer Zeit aufgrund der jeweils komplizierter gewordenen Aufgaben nur noch selten anzutreffen. Bereits in den 30er Jahren finden wir überwiegend den im Unternehmen beschäftigten oder selbständigen Konstrukteur, der seine oft ins Künstlerische hineinreichenden Fähigkeiten in der Regel noch in der Maschinenbaupraxis erworben hat. Später, im Zuge der verstärkten wissenschaftlichen Durchdringung auch dieses Berufs, wurden dann Hochschulen und Universitäten zu den primären Ausbildungsstätten des Konstrukteurs.

Besonders in jenen Jahrzehnten des Übergangs begegnen uns hervorragende Konstrukteure, die herausragend den Werkzeugmaschinenbau beeinflußt haben. Einige dieser Persönlichkeiten wollen wir im folgenden beispielhaft würdigen.

Walter Möbius (1901–1976) absolvierte nach seiner Lehrzeit und anschließender Tätigkeit im Konstruktionsbüro der Werkzeugmaschinenfabrik Diezmann und Schönherr in Erlau von 1921 bis 1924 ein Ingenieurstudium am Technikum Mittweida. Zunächst bei der Firma Pittler, danach in der Werkzeugmaschinenfabrik der Gebr. Heinemann in St. Georgen, Schwarzwald, als Konstrukteur beschäftigt, trat Möbius 1929 bis zum Kriegsende als Oberingenieur und Chefkonstrukteur in die Magdeburger Werkzeugmaschinenfabrik ein. Später übernahm er zusätzlich die Leitung des Sondermaschinenbaus der Junkers Flugzeugwerke.

In der Zeit von 1936 bis 1944 entstanden die für Möbius charakteristischen Konstruktionen von Universaldrehbänken, Einfachdrehautomaten sowie Sondermaschinen für den Flugmotoren- und Flugzeugbau. Von 1944 bis zum Kriegsende schuf er eine vollautomatische Taktfertigungsstraße mit Einheitsgestellen und Aufbaueinheiten für Reihen-Zylinderköpfe in einer Gesamtlänge von 25 m.

Unmittelbar nach dem Krieg befaßte sich Möbius mit der Entwicklung und Konstruktion von fabrikmäßig hergestellten Wohnhäusern in Einheitszellenbauweise nach dem Baukastenprinzip. Die Idee und die ersten Entwürfe entstanden bereits Ende 1944 während der Evakuierung in Muldenstein bei Bitterfeld, wohin ein Teil der Magdeburger Werkzeugmaschinenfabrik verlagert wurde.

1948 übernahm Möbius die Direktion der Konstruktionsabteilung der Gildemeister AG in Bielefeld. In dieser Funktion konstruierte er die sogenannte RV-Reihe, eine moderne Revolverdrehmaschine in Schalenbauweise mit bereits automatischem Abrufen des Vorschubs und der Spindeldrehzahl entsprechend dem eingeschwenkten Werkzeug auf dem Revolverkopf, Fräsmaschinen sowie eine Neukonzeption der Mehrspindeldrehautomaten.

1954 erhielt Möbius an der Aachener Technischen Hochschule eine Dozentur für Werkzeugmaschinenkonstruktion. Darüber hinaus war er als Berater für ver-

Bild 6.36 Revolverdrehmaschine in Schalenbauweise, Möbius 1953

schiedene Werkzeugmaschinenfirmen tätig. Aus dieser Zeit stammen Konstruktionen einer Europa-Drehbank, moderner Einspindeldrehautomaten, Konzeptionen der Fließspanbank und ein neuer Mehrspindeldrehautomat mit Kopiereinheit bzw. mit NC-Einheiten.

Bild 6.37 Walter Möbius (1901–1976)

Nach seiner Pensionierung arbeitete Möbius in seinem Konstruktionsbüro in Aachen an Neuentwicklungen für die Industrie, aber auch an seiner Idee der Vereinheitlichung und Standardisierung von Drehbänken für den europäischen Markt. Die Aufgaben, vor die er sich schon während des Krieges gestellt sah, insbesondere die Produktionsautomatisierung, wurde mit Beginn der 50er Jahre auch im Werkzeugmaschinenbau zur bestimmenden Tendenz.

Zu den herausragenden Konstrukteuren neben Möbius gehörte auch Josef Irtenkauf (1895–1987). In einem Jahrzehnt stürmischen technologischen Wandels als Sohn eines Schmiedemeisters in Donzendorf geboren, absolvierte Irtenkauf nach seiner Schulzeit eine Schlosserlehre bei der Firma Maybach in Friedrichshafen. Es war die Zeit Taylors und der internationalen Industrieausstellungen, auf denen Deutschland seine wachsende Leistungsfähigkeit demonstrieren konnte.

Nach einem Praktikum studierte Josef Irtenkauf an der Württembergischen Höheren Maschinenbauschule in Esslingen, der heutigen Fachhochschule für Technik, wo Festigkeitslehre und Mechanik, Verbrennungsmotoren und Werkstoffkunde sein besonderes Interesse fanden. Da er sein Studium mit Auszeichnung abschloß, ergab sich für ihn die Möglichkeit, an der damaligen Technischen Hochschule in Stuttgart weiter zu studieren, was er aber aus wirtschaftlichen Gründen ausschlug. Irtenkauf zog es vor, bei seinem Lehrer, Professor Enßlin, an der Württembergischen Höheren Maschinenbauschule zu bleiben und als Assistent sein im Studium erworbenes Wissen zu vertiefen.

Im gleichen Jahr wechselte Josef Irtenkauf seinen Wirkungsbereich. Er trat als Ingenieur in die Firma Gebr. Boehringer GmbH in Göppingen ein. Seinen Neigungen und Fähigkeiten entsprechend wurde er nach einer kurzen Zeit im Vorrichtungsbau der Konstruktionsabteilung zugeordnet, und so begann eine beispiellose Karriere.

Als im Jahre 1927 die Vereinigte Drehbank Fabriken e. V. durch die Firmen Boehringer aus Göppingen, Braun aus Zerbst, Heidenreich & Harbeck aus Hamburg und Wohlenberg aus Hannover als Konstruktions- und Vertriebsgemeinschaft gegründet wurde, mußte ein Leiter für das neugebildete gemeinsame Konstruktionsbüro benannt werden. Obwohl Josef Irtenkauf bis dahin nur Vorrichtungen und Hobelmaschinen entwickelte und noch nie eine Drehbank entwarf und konstruierte, fiel die Wahl auf diesen 32 Jahre jungen Konstrukteur.

Unter seiner Leitung entstand das bis dahin einzigartige Konzept, eine komplette Typenreihe von Drehmaschinen nach dezimalgeometrischen Normzahlen abzustufen. Es wurde Schlesinger zur Begutachtung vorgelegt, der gegenüber den Direktoren der VDF-Firmen urteilte: „Lassen Sie sich das alles patentieren – es ist einzigartig.“ [6.66]

Es ist das besondere Verdienst von Josef Irtenkauf, die VDF-Drehbank zu einem Schrittmacher der Werkzeugmaschinenkonstruktion entwickelt zu haben. Der au-

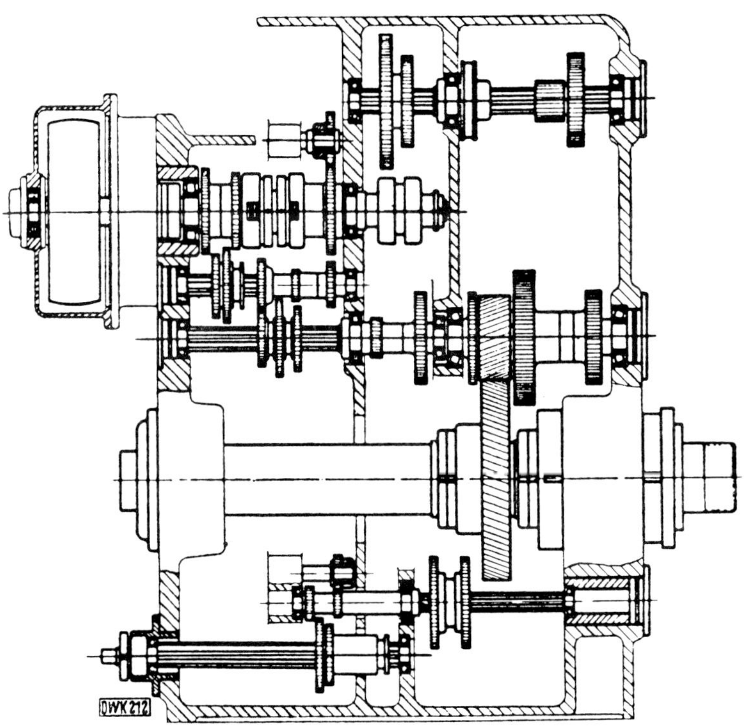

Bild 6.38 Getriebeplan der VDF-Einheitsdrehbank, um 1930

ßergewöhnliche Erfolg des Konzepts machte diese Werkzeugmaschine zum meistgebauten Drehbanktyp der Welt und sicherlich auch zum meistkopierten.

Neben der bahnbrechenden Entwicklung des Einheitsgetriebekastens machte der VDF-Chefkonstrukteur in den dreißiger Jahren wieder auf sich aufmerksam, als er den Jahrhunderte alten Drehbankquerschnitt mit waagerechtem Bett verließ. Bedingt durch die Einführung der Hartmetallwerkzeuge rückte die Frage der Spanabführung an Werkzeugmaschinen in den Vordergrund. Durch die Entwicklung neuer Bettquerschnitte erreichte Josef Irtenkauf einen verbesserten Spänefluß der wachsenden Spanmengen und erkannte den gleichzeitigen Vorteil für die Bedienperson. Hier wie bei anderen Konstruktionen verlor Josef Irtenkauf über das Ziel der optimalen Gestaltung der Werkzeugmaschine nie den Blick für die Wechselwirkung zwischen Umwelt, Mensch und Maschine, womit er weitblickend Fragen zur Humanisierung des Arbeitsplatzes aufgriff, und zwar schon zu einer Zeit, als die Humanisierung der Arbeit noch keinen wirtschaftspolitischen Akzent hatte.

Seine besondere Neigung zu systematischen Arbeiten spiegelt sich in Veröffentlichungen über die Normdrehzahlen und ihre Berücksichtigung bei Drehmaschinenantrieben durch polumschaltbare Motoren, vergleichende Betrachtungen der mechanischen, hydraulischen und elektrischen Antriebe von Werkzeugmaschinen sowie die Systematik der Elemente des Werkzeugmaschinenbaus und die Vereinheitlichung ganzer Baureihen wieder. Neben den Arbeiten an Drehmaschinen war Josef Irtenkauf auch auf dem Gebiet des Hobel- und Sondermaschinenbaus richtungweisend aktiv. So entwarf er eine der ersten deutschen Transferstraßen, die der Fertigung von Propellern diente.

Die dem Ingenieur Josef Irtenkauf für seine ausgezeichneten wissenschaftlichen Arbeiten entgegengebrachte Anerkennung erhielt im Jahre 1953 dadurch einen besonderen Ausdruck, daß ihn die Fakultät für Maschinenwesen der Technischen Hochschule Hannover mit der Verleihung der Ehrendoktorwürde auszeichnete. Dr.-Ing. E.h. Josef Irtenkauf erhielt diese Ehrung auf Vorschlag von Professor Kienzle unter einmütiger Zustimmung der Fakultät für Maschinenwesen sowie der gesamten Fachkollegen als „Systematiker der Werkzeugmaschinen-Elemente, ideenreicher Konstrukteur und Schöpfer vorbildlicher Drehmaschinen."

Im Jahre 1968 erhielt Josef Irtenkauf eine weitere Ehrung, als er als zweiter Empfänger den Heinrich-Schickardt-Preis der Stadt Göppingen verliehen bekam. Dieser Kulturpreis wird an Bürger verliehen, die sich um das Leben in der Stadt verdient gemacht haben und darüber hinaus durch besondere Leistungen auf ihrem Fachgebiet bekannt geworden sind. Mit diesem Preis ehrte die Stadt Göppingen zugleich Irtenkaufs beständiges Streben nach einer technischen Bildung, die weit über nur technisches Wissen hinausreichte, indem sie immer auch die Auseinandersetzung mit der Kultur sowie der sozialen Welt des Menschen einschloß.

Zu den bedeutenden Vertretern deutscher Konstrukteure aus der Mitte des 20. Jahrhunderts gehört auch der 1899 in Hilchenbach, Westfalen, geborene Ewald Dornhöfer. Er stammte aus einer alten Bauernfamilie, die – im südlichen Westfalen zu Hause – sich seit zwei Generationen dem „Sog der Industrialisierung" nicht mehr entziehen konnte. Dadurch war er schon in seiner Jugend den technischen Dingen sehr nahe, was für seine berufliche Entwicklung entscheidend war.

Nach der Grundausbildung, der Tätigkeit in verschiedenen Werken, der Teilnahme am Ersten Weltkrieg und dem Studium machte er 1924 das Abschlußexamen für Maschineningenieure mit Auszeichnung. Danach war er als Konstruktionsingenieur und Gruppenleiter bei bekannten Firmen des Werkzeugmaschinenbaus mit Erfolg tätig, ehe er im Jahre 1928 bei der Maschinenfabrik Waldrich als Mitarbeiter eintrat.

Hier oblag ihm die Leitung der technischen Seite dieses damals noch kleinen Werkes. Es war ihm möglich, durch die Schaffung neuer Konstruktionen das bestehende Fertigungsprogramm zu erweitern. Hierbei stand die Anwendung der damals wenig bekannten Ölhydraulik im Vordergrund. Parallel dazu entstanden nach seinen Ideen Maschinen für die Zelluloid-Industrie und damit die wichtigsten Grundlagen für das während der Jahre 1932 bis 1936 entwickelte Programm für hydraulische Hobelmaschinen, das in der Folgezeit in zunehmendem Maße das wichtigste Fertigungsprogramm der Maschinenfabrik Waldrich werden sollte.

Nach 10jährigem Wirken, zuletzt als Technischer Direktor des damals auf 240 Beschäftigte angewachsenen Betriebes, übernahm Dornhöfer die Leitung der Entwicklung und Konstruktion für Sondermaschinen bei der Madgeburger Werkzeugmaschinenfabrik. Nach der Verlagerung dieses Werkes nach Straßburg (Elsaß) übernahm er die Entwicklung und Konstruktion des gesamten Programms dieses etwa 2200 Leute beschäftigenden Werkes und war dort Technischer Direktor.

Im Sommer 1945 kam Dornhöfer wieder nach Coburg, wo er zunächst selbständig tätig war. Im Herbst 1947 trat er wieder in die Dienste der Maschinenfabrik Waldrich als Technischer Direktor. Auch diesmal waren die Entwicklung und die Konstruktion die Aufgaben, denen er sich besonders widmete. An der Weiterentwicklung der hydraulischen Hobelmaschinen und der neuartigen Großfräsmaschinen sowie der Sondermaschinen war er maßgebend beteiligt.

Ewald Dornhöfer schied im Jahre 1965 aus der Maschinenfabrik Waldrich aus und trat in den Ruhestand. Er lebt heute im hohen Alter von 91 Jahren in der Stadt seines langjährigen Wirkens, in Coburg [6.72].

Nach dem Zweiten Weltkrieg fand die deutsche Werkzeugmaschinenindustrie in der Messestadt Hannover ein neues Forum. Doch es vergingen fünf Jahre, bis sich deutsche Werkzeugmaschinenfirmen 1950 erstmals wieder in Form einer gemeinsamen VDW-Ausstellung an der in Hannover veranstalteten Technischen Messe beteiligen konnten [6.53].

Über die erste Werkzeugmaschinenausstellung im Nachkriegsdeutschland berichtete die Zeitschrift des VDI: „... Anerkennung und Bewunderung verdient die große Schau der Deutschen Industrie-Messe Hannover 1950 und insbesondere die der Werkzeugmaschinen, die dank ihrer Geschlossenheit wohl das eindrucksvollste Bild wiedererstandener deutscher Schaffenskraft bot. Erinnerungen an die in der ganzen Welt bekannte Halle 9 der frühen Leipziger Messe wurden wach, wenn man die Halle 1 der Deutschen Industrie-Messe in Hannover betrat. Schon beim ersten Rundgang übersah der Fachmann, daß alle Erwartungen, die man billigerweise an eine deutsche Industriemesse nach Jahren schwersten Ringens um die Existenz stellen konnte, bei weitem übertroffen wurden. Der deutsche Werkzeugmaschinenbau hat in vieler Hinsicht den Vorsprung des Auslandes aufgeholt und braucht den Wettbewerb mit ausländischen Herstellern nicht zu scheuen." [6.52]

Um der Demontage des deutschen Industriepotentials entgegenzuwirken, wurden von politischer Seite alle Versuche unternommen, mit den Alliierten gemeinsam die Wiedereröffnung der Technischen Hochschulen zu betreiben. Mit großem Eifer wurden Aktivitäten ins Leben gerufen, um zunächst den Lehrbetrieb wieder aufzunehmen.

Schon zu einem sehr frühen Zeitpunkt bemühten sich Kienzle, Opitz, Pahlitzsch und Wallichs, den Kontakt zwischen den fertigungstechnischen Instituten wieder herzustellen.

In seiner Festrede zum 25jährigen Bestehen der HGF beschrieb Kienzle die Zeit des Zusammenbruchs und Wiederaufbaus [6.28]: „Aber, wie sah es nach dem Kriege an den Hochschulen aus? Alles schien zerstoben. Kaum einer war noch auf seinem Lehrstuhl. In die Breschen des Unterrichts traten unsere Alten, wo sie gerade wohnten:

Gottwein in Stuttgart,
Schwerd in München,
Wallichs in Aachen.

Von Forschung waren wir 1946 noch weit entfernt. Der Werkzeugmaschinenbau lag völlig darnieder; die Hörsäle waren voll. Alle Kräfte wurden den heimgekehrten Studenten und dem Wiederaufbau unserer Laboratorien gewidmet.

1947 kamen Wallichs, Opitz und Pahlitzsch zu mir nach Hannover, und wir beschlossen, unsere Hochschulgruppe wieder ins Leben zu rufen. Wallichs bat mich, den Vorsitz zu übernehmen.

Am 12. Dezember 1947 erließ ich das 1. Rundschreiben, das allerseits ein gutes Echo fand. Im Oktober 1948 kamen wir wieder zusammen; es war in Wiesbaden.

Vom Werkzeugmaschinenbau machten uns die Herren Dr.-Ing. Schaudt und Dr. jur. Kappel die Freude ihrer Teilnahme."

Ab 1. 12. 1945 erhielt Kienzle einen Lehrauftrag für Fertigung und Werkzeugmaschinen an der Technischen Hochschule Hannover, der auch einige seiner Berliner Assistenten, darunter auch den Oberingenieur Wolfram, von Aerzen nach Hannover führte. Im Jahre 1947 wurde Kienzle vom Niedersächsischen Kultusminister an die Technische Hochschule berufen. Mit bewundernswerter Energie baute er das durch Kriegseinwirkungen stark in Mitleidenschaft gezogene Institut auf. Hier wandte er sich auch der Umformtechnik, einem bis dahin wissenschaftlich vernachlässigten Zweig der Fertigungstechnik, zu. Bis zu seiner Emeritierung im Jahre 1961 entstand an der TH Hannover der größte Teil seiner über 200 Originalarbeiten und der rund 100 Dissertationen.

Nach dem Kriege wurde die in Deutschland während der Kriegsjahre betriebene Forschung in einem von der alliierten Militärregierung herausgegebenen Sammelwerk „FIAT-Review of German Science 1939–1946" dokumentiert. Der auch hierin dargestellten deutschen Zerspanungsforschung wurde trotz großer Schwierigkeiten eine hohe Leistungsfähigkeit attestiert. Schallbroch beendet seinen Bericht über den Entwicklungsstand der Zerspanungsforschung in der unmittelbaren Nachkriegszeit mit folgenden Worten: „Angesichts unserer heute noch recht unübersehbaren Lage ist es ausgeschlossen, über die in den kommenden Jahren zu erwartenden Arbeitsrichtungen, Möglichkeiten und Untersuchungsmethoden der Zerspanungsforschung etwas Zuverlässiges auszusagen. Völlig ungewiß ist trotz aller schon eifrig durchgeführten Wiederaufbaumaßnahmen und trotz der Hoffnung auf die günstigen Auswirkungen des ERP-Programms die Lage der deutschen Industrie. Schon mangels der materiellen Voraussetzungen wird sich die gesamte Forschung, mithin auch die Zerspanungsforschung, auf kleinstem Umfang und auf das Dringendste beschränken müssen. Die Grundlagen aber, die in fast fünf Jahrzehnten geschaffen wurden, bergen noch viel Auswertbares für die Praxis; vor allen Dingen stellt ihr Inhalt ein geeignetes Übungsfeld für den Nachwuchs dar ..."[6.51]

Die Technischen Hochschulen in Aachen und Braunschweig wurden im WS 1945/46 wiedereröffnet. Das WZL Aachen war zerstört, jedoch konnte im Frühjahr 1947 der Institutsbetrieb mit Wiederaufbauarbeiten begonnen werden. Die Zahl der Mitarbeiter war dort 1947 bereits auf 30 angewachsen. Als Hochschullehrer wirkten gemeinsam Opitz, Krekeler und Mathieu. Bis Ende 1947 war die Leitung des Instituts Geheimrat Wallichs übertragen worden. Ein Ereignis von bemerkenswerter Bedeutung war das Kolloquium über schweißtechnische Fertigungsverfahren im Jahre 1949 aus Anlaß des 80. Geburtstages von Adolf Wallichs.

An dieser Stelle sei des herausragenden Ingenieurs, Wissenschaftlers und Lehrers Herwart Opitz (1905–1978) gedacht. In den Jahren nach dem Krieg legte er mit dem Aachener Laboratorium für Werkzeugmaschinen und Betriebslehre (WZL) eine wesentliche Keimzelle der produktionstechnischen Forschung in der Bundesrepublik Deutschland. Opitz wurde 1936 Nachfolger seines berühmten Lehrers Adolf Wallichs. Zusätzlich zu seinen großen Leistungen am Laboratorium für Werkzeugmaschinen und Betriebslehre diente er seiner Hochschule zweimal als Dekan der Fakultät für Maschinenwesen und zweimal als Rektor der Rheinisch-Westfälischen Technischen Hochschule Aachen. Als führendem Wissenschaftler wurden ihm hohe Anerkennungen zuteil: Ehrenmitgliedschaften, Auszeichnungen und mehrfache Ehrendoktorwürden. Herwart Opitz hat in seinen 37 Amtsjahren eine eigene Periode in der Geschichte deutscher Ingenieurwissenschaften geschrieben.

1905 in Wuppertal geboren, absolvierte Opitz ein Studium des Maschinenwesens zunächst an der TH München, dann an der TH Berlin-Charlottenburg. Dort legte er auch zur Zeit der größten Erfolge Schlesingers seine Diplom-Prüfung ab. 1928 ging Opitz als junger Diplom-Ingenieur nach Aachen zu Adolf Wallichs, dessen Werkzeugmaschinenlaboratorium an der dortigen Technischen Hochschule ihn stark anzog. Er wurde bei Wallichs Doktorand und Assistent, bei dem er 1934 promovierte und sich anschließend mit einer Arbeit über „Werkstättenbetrieb und Fertigungsverfahren“ habilitierte.

Doch bevor Opitz 1936 einen Ruf als Nachfolger Wallichs auf den Lehrstuhl für Werkzeugmaschinen und Betriebslehre der TH Aachen annahm, war er zwei Jahre in der Betriebsleitung der Maschinenfabrik Schiess in Düsseldorf tätig. Dann begann ein 37jähriges, äußerst fruchtbares und durch viele Ehrungen des In- und Auslandes anerkanntes Wirken als Ordinarius seines Fachgebietes.

Neben dem nach dem Zweiten Weltkrieg wiedererrichteten Werkzeugmaschinenlaboratorium waren es vor allem die seit 1953 im Turnus von drei Jahren durchgeführten „Aachener Werkzeugmaschinenkolloquien“, mit denen Opitz weltweit wirksame Impulse für die Entwicklung der Fertigungstechnik gegeben hat. Die wissenschaftliche Wertschätzung seiner Leistungen fand Ausdruck in der Verleihung von sieben Ehrendoktorwürden folgender Universitäten:

- 1961 – Leuven (Belgien),
- 1966 – Strathclyde-Glasgow (Großbritannien),
- 1969 – Cincinnati-Ohio (USA), 1971 – Birmingham (Großbritannien),
- 1971 – Berlin,
- 1973 – Loughborough/Leicestershire (Großbritannien) und
- 1973 – Lüttich (Belgien).

Der Verein Deutscher Ingenieure verlieh Herwart Opitz 1969 seine höchste Auszeichnung, die Grashof-Denkmünze. Auch das Rationalisierungskuratorium der Deutschen Wirtschaft ehrte ihn 1969 für sein langjähriges Wirken mit der Carl-Friedrich-von-Siemens-Plakette. Darüber hinaus wurde Opitz zum Ehrenmitglied zahlreicher Fachverbände gewählt. Schließlich wurde ihm im Jahre 1970 das Große Verdienstkreuz des Verdienstordens der Bundesrepublik Deutschland verliehen.

Bild 6.39 Herwart Opitz (1905–1978)

Für Herwart Opitz waren Forschung und Lehre eine untrennbare und sich gegenseitig befruchtende Einheit. Er war ein Hochschullehrer mit einer starken, natürlichen Autorität und verstand es, junge Menschen für die Lösung von Aufgaben zu gewinnen und zu begeistern und sie frühzeitig durch Vorbild zu Verantwortungsbewußtsein und Selbständigkeit zu erziehen. Zu den vielen Menschen, die von seinen reichen Erfahrungen gelernt haben, gehören heute zahlreiche führende Persönlichkeiten in Wirtschaft und Wissenschaft. Der deutsche Werkzeugmaschinenbau wird Herwart Opitz stets ein ehrendes Andenken bewahren [6.13].

In Berlin wurde Karl Matthes zunächst ab 1. 5. 1946 als außerordentlicher Professor an die Technische Universität berufen und leitete ab 1. 11. 1946 als ordentlicher Professor den in den Räumen des alten Schlesingerschen Versuchsfeldes gelegenen Lehrstuhl für Fertigungstechnik und Werkzeugmaschinen. Diesem Lehrstuhl waren das Versuchsfeld für Werkzeugmaschinen und das Institut für Psychotechnik angeschlossen, deren materieller Inhalt jedoch einem Nichts glich. Trotz der allgemeinen Schwierigkeiten der Nachkriegsjahre gelang es ihm, den Lehrstuhl- und Forschungsbetrieb wieder zu beleben. Erwähnt seien hier die Aufgaben der industriellen Psychotechnik, die durch ihn erstmals nach dem Krieg wieder aufgegriffen wurden [6.65].

Am 6. Oktober 1949 verstarb in Wembley, London, Georg Schlesinger im 76. Lebensjahr. Mit ihm schied einer der Pioniere des Werkzeugmaschinenbaus und der Betriebswissenschaft aus dem Leben, der tief in die Technik und Organisation deutscher Fabrikbetriebe hineinwirkte. Mit seinem letzten bedeutenden Buch „The Factory“, der Untertitel lautete „Stofffluß, Arbeit, Kosten, Anlagen, Fertigung, Organisation“, vereinigte er seine Erfahrungen, welche er bei der Planung, Organisation oder Beratung einer Vielzahl von Fabriken gesammelt hatte.

Sein Lebenswerk, aus dem noch einmal an die Bücher „Die Passungen im Maschinenbau“, „Die Arbeitsgenauigkeit der Werkzeugmaschinen“, in späteren

Ausgaben unter dem Titel „Prüfbuch für Werkzeugmaschinen“, „Die Werkzeugmaschinen“ und „Surface Finish Report of the Research Department Institution of Production Engineers“ erinnert sei, fand mit seiner oben erwähnten Veröffentlichung einen krönenden Abschluß. In Würdigung seiner außerordentlichen Verdienste stiftete der Berliner Senat 1979 den Georg-Schlesinger-Preis für hervorragende Leistungen auf dem Gebiet der Produktionstechnik [6.76].

Dieser Preis wurde erstmals 1980, dann 1982 und in der Folge alle drei Jahre verliehen. Es soll damit eine herausragende Leistung eines deutschen oder ausländischen Wissenschaftlers aus dem gesamten Bereich der Produktionstechnik ausgezeichnet werden. Neben dem technologisch-wissenschaftlichen Inhalt sollen die preisgekrönten Arbeiten auch einen gesellschaftlichen und humanitären Ansatz und Bezugsrahmen haben.

Folgende Produktionswissenschaftler erhielten den Georg-Schlesinger-Preis:

Jahr	Name	Wirkungsstätte
1980	Eugene Merchant	Cincinnati, Ohio, USA
1982	Gotthold Pahlitzsch	Braunschweig
1985	Jacques Peters	Leuven, Belgien
1988	Janez Peklenik	Ljubljana, Jugoslawien

Unter den vielen Produktionsingenieuren, die sich wissenschaftliche Verdienste um den Fortschritt des industriellen Fabrikbetriebes erwarben, seien auf den beiden folgenden Seiten diejenigen besonders hervorgehoben, denen für ihre außerordentlichen Leistungen in Wissenschaft und Praxis die Ehrendoktorwürde verliehen wurde.

Die Forschung erhielt für den Werkzeugmaschinenbau eine zunehmende Bedeutung. Die in den USA entwickelte NC-Technik zeigte den durch die Nachkriegsjahre bedingten Rückstand der deutschen gegenüber der amerikanischen Forschung auf. An der Technischen Hochschule Aachen wurden deshalb die Werkzeugmaschinen-Kolloquien mit dem Ziel eingerichtet, Forschungsergebnisse möglichst schnell der Industrie zugänglich zu machen und den entstandenen Forschungsrückstand aufzuholen. Der anfängliche Widerstand, der sich aus der vermeintlichen Gefährdung der Konkurrenzfähigkeit einzelner Unternehmen durch den breiten Informationsaustausch ableitete, wurde durch die Vorteile der Gemeinschaftsarbeit bald überwunden.

Nach dem Wiederaufbau des Institutes im Jahre 1948 veranstaltete der damalige Leiter, Professor Opitz, erstmals das Aachener Werkzeugmaschinen-Kolloquium AWK unter der Themenstellung „Werkzeugmaschine“. Ziel dieses Treffens war

Name	Wirkungsstätte	Ehrenpromotion durch :	
Hermann Fischer (1840-1915)	TH Hannover	TH Aachen	1906
Johannes G. Reinecker (1861-1932)	Werkzeug- und Werkzeugmaschinenfabrik Chemnitz	TH Dresden	1909
Ernst Schiess (1840-1915)	Werkzeugmaschinenfabrik Ernst Schiess Düsseldorf	TH Dresden	1909
Arthur Lüdicke (1851-1940)	TH Braunschweig	TH Hannover	1921
Conrad Matschoß (1871-1942)	Verein Deutscher Ingenieure	TH Hannover	1921
Carl Koettgen (1871-1951)	Siemens-Schuckert AG Berlin	TH Berlin	1921
Henry Pels (1865-1931)	Henry Pels & Co. AG Berlin-Erfurt	TH Karlsruhe	1922
Armin Engelhard (1869-1927)	Collet u. Engelhard Offenbach	TH Darmstadt	1923
Waldemar Hellmich (1880-1949)	VDI-Direktor Berlin	TH Braunschweig	1923
Ernst Huhn (1862-1926)	Ludwig Loewe AG Berlin	TH Braunschweig	1923
Friedrich Carl Werner (1865-1939)	Fritz Werner AG Berlin	TH Hannover	1925
Hermann Schoening (1871-1938)	Raboma Berlin	TH Berlin	1927
Fritz Ludwig (1872-1945)	Siemens-Schuckert Werke Berlin	TH Braunschweig	1931
Adolf Wallichs (1869-1959)	TH Aachen	TH Hannover	1934
Friedrich Schwerd (1872-1953)	TH Hannover	TH Breslau	1935
Wilhelm Fehse (1890-1978)	Pittler Langen / Hessen	TH Darmstadt	1950
Erwin Stephan (1890-1974)	Raboma Berlin	TU Berlin	1955
Erich Siebel (1891-1961)	Universität Stuttgart	TH Darmstadt	1957
Hermann Heller (1908-1959)	Gebr. Heller Nürtingen	Universität Stuttgart	1958

Name	Wirkungsstätte	Ehrenpromotion durch :	
Otto Kienzle (1893-1969)	TH Berlin TH Hannover	TH Aachen TH Wien	1960 1965
Gotthold Pahlitzsch (1903)	TH Braunschweig	TH Dresden	1961
Gerhard Schaudt (1904-1986)	Fa. Schaudt Stuttgart	TH Karlsruhe	1961
Herwart Opitz (1905-1978)	TH Aachen	Universität Leuven Universität Strathclyde-Glasgow Universität Cincinnati Polytechnische Hochschule Birmingham TU Berlin Universität Loughborough/ Leicestershire Universität Lüttich	1961 1966 1969 1971 1971 1973 1973
Max Knorr (1894-1970)	Fortuna Werke AG Stuttgart	TH München	1962
Anton Steeger (1906-1986)	Klöckner Humboldt Deutz AG Köln	TH Aachen	1966
Walter Morawek (1904-1987)	Mora GmbH Krefeld	TH Aachen	1967
Franz Koenigsberger (1907-1979)	Universität Manchester Großbritannien	TU Berlin Gent Bradford	1969 1970 1974
Emil Reiber (1907)	Fortuna Werke AG Stuttgart	Universität Stuttgart	1973
Karl Tuffentsammer (1919-1987)	Universität Stuttgart	TU Uxbridge	1976
Wilfried König (1928)	TH Aachen	Universität Leuven	1979
Günter Spur (1928)	TU Berlin	Universität Leuven TU Chemnitz	1983 1986
Siegfried Waller (1925)	Siemens AG Erlangen	TU Berlin	1987
Kurt Lange (1919)	Universität Stuttgart	TU Budapest	1987
Bernhard Kapp (1921)	Kapp & Co Coburg	TU Berlin	1988
Hans Jürgen Warnecke (1934)	Universität Stuttgart	TU Magdeburg Universität Lubiljana	1989 1989
Berthold Leibinger (1930)	Trumpf Maschinenfabrik Ditzingen	Universität Stuttgart	1990

es, die Werkzeugmaschinenhersteller, die Anwender von Werkzeugmaschinen und Teilnehmer bedeutender Forschungsstellen, meist aus dem Bereich der Hochschulen, zusammenzuführen, um Erfahrungen über Kenntnisse und künftig gemeinsam anzugehende Aufgaben auszutauschen.

Das Aachener Werkzeugmaschinen-Kolloquium strebte an, sowohl den Stand der Forschung als auch allgemein den Stand der Technik zu vermitteln. Es sollten die Ergebnisse aus jüngsten Forschungsarbeiten der Öffentlichkeit präsentiert werden. Sie sollten das Machbare widerspiegeln, gleichzeitig aber auch die Wirtschaftlichkeitsfrage ansprechen.

Folgende weitere Themen standen bis Ende der 60er Jahre im Mittelpunkt der Aachener Werkzeugmaschinen-Kolloquien: Zerspanung und Werkzeugmaschine [1952], Aufwand, Leistung und Wirtschaftlichkeit neuzeitlicher Werkzeugmaschinen [1953], Fortschrittliche Fertigung und moderne Werkzeugmaschinen [1954], Entwicklung im Werkzeugmaschinenbau [1956], Fragen der Fertigungstechnik, des Maschinenbaus und der Wirtschaftlichkeit [1958], Werkzeugmaschine und Genauigkeit [1960], Technologische Entwicklung und Werkzeugmaschine [1962], Wege zur Kostensenkung in der Einzel- und Serienfertigung [1965] und Besser, Billiger und Schneller Produzieren [1968]. Die Aachener Kolloquien werden bis heute weitergeführt.

Auch in Stuttgart, München und Berlin wurden entsprechende, regelmäßig stattfindende Veranstaltungsreihen eingerichtet. Das Fertigungstechnische Kolloquium FTK in Stuttgart findet in dreijährigem Turnus seit 1970 statt. Es führt die Tradition des von Professor Dolezalek 1959 ins Leben gerufenen Automatisierungs-Kolloquiums fort.

Ziel des Kolloquiums war und ist es, den Teilnehmern der Veranstaltung die in den Instituten der Fachgruppe „Fertigungstechnik" und an der Universität Stuttgart geleistete Arbeit zu präsentieren. Dabei besteht der Wunsch, auch in Zukunft ein enges Band zur Industrie zu unterhalten, um auf diese Weise auch die Lehre und die Forschung praxisverbunden und lebendig betreiben zu können.

In München begründete Professor Eisele im Jahre 1953 das Forschungs- und Konstruktionskolloquium Werkzeugmaschinen (FoKoMa). Den Schwerpunkten des dortigen Instituts zufolge wurden auf dem Münchner Kolloquium vor allem Probleme der Betriebsführung, Feinmeß- und Steuerungstechnik sowie Ergebnisse der Zerspanungs- und Schwingungsforschung behandelt. Heute findet in dreijährigem Rhythmus das Kolloquium des Instituts für Werkzeugmaschinen und Betriebswissenschaften München statt [6.76].

Das Produktionstechnische Kolloquium Berlin [PTK] wurde zum ersten Mal im Jahre 1970 abgehalten. Ziel des Kolloquiums war es, die Ergebnisse von Forschungsprojekten des Instituts für Werkzeugmaschinen und Fertigungstechnik der Technischen Universität Berlin der Öffentlichkeit zu präsentieren. Gleichzeitig soll die Veranstaltung dazu dienen, technischen und wirtschaftlichen Fortschritt im Produktionsbereich aufzuzeigen. Das Kolloquium richtet sich an alle Unternehmensbereiche, deren Aufgabe es ist, produktionstechnische Probleme zu lösen.

Auch die thematischen Schwerpunkte des PTK Berlin seit 1975 zeigen bei aller Vielfalt der Fragestellungen eine Konzentration auf Zukunftsaufgaben der rechnerintegrierten Fabrik. Die Themen im einzelnen lauten: Schritte auf dem Weg zur automatischen Produktion von morgen. Verfahren – Bausteine – Grenzen [1975], Rechnerunterstützte Zeichnungserstellung und Arbeitsplanung [1977], Leistungsvermögen moderner Produktionstechnik [1979], Die Zukunft der Fabrik [1983], CIM – Die informationstechnische Herausforderung [1986] sowie Management für Technologie und Arbeit [1989].

Zu Beginn der fünfziger Jahre hatte sich der Gedanke einer verstärkten Gemeinschaftsarbeit auch über den Bereich der Hochschulgruppe hinaus ausgedehnt. 1950 wurde das Europäische Komitee für die Zusammenarbeit der Werkzeugmaschinen-Industrien, CECIMO, gegründet und 1951 die Internationale Forschungsgemeinschaft für Produktionstechnik – CIRP. Pahlitzsch war erstes deutsches Mitglied, es folgten 1952 Kienzle und Opitz und in den folgenden Jahren Dolezalek, Lange, Spur, Stute, Victor, Stöferle, Warnecke, König, Weck, Tuffentsammer, Tönshoff, Eversheim, Saljé, v. Finckenstein, Doege, Duelen, Pritschow, Schmoeckel, Wiendahl und Milberg. Als Präsidenten des CIRP wirkten bisher Kienzle, Opitz, Pahlitzsch, Spur, Lange und König [6.76].

Die Gründung von CIRP ging auf einen in den Nachkriegsjahren zunehmend deutlich werdenden Mangel an geeigneten analytischen Forschungsmethoden in der Produktionstechnik zurück. Auf diesem Gebiet war dringend eine Grundlagenforschung geboten, die angesichts ihres Umfangs der gemeinsamen internationalen Aktion bedurfte. So kam es schließlich zu einem Treffen der Produktionswissenschaftler E. Bickel/Schweiz, D.F. Galloway/Großbritannien, P. Nicolau/Frankreich und O. Peters/Belgien, die übereinkamen, künftig Forscher mit dem Ziel produktionstechnischer Grundlagenforschung zu vereinen. Diese Initiative führte 1951 zur Gründung von CIRP, dem „Collège International de Recherche en Production".

Zu den grundlegenden Zielen von CIRP gehören:

- Förderung der internationalen Zusammenarbeit bei der Untersuchung von Produktionsmethoden sowie bei der Verbesserung ihrer Leistungsfähigkeit,
- Festigung regelmäßiger Kontakte zwischen den Forschern sowie Bereitstellung eines Forums, das den Informationsaustausch anzuregen vermag, und
- Diskussion der Forschungsergebnisse sowie Gewährleistung ihrer Veröffentlichung in einer für die Industrie verwertbaren Form.

Heute lenkt CIRP seine Aufmerksamkeit auch auf die Untersuchung der zunehmenden Möglichkeiten des Rechnereinsatzes in der Produktion. Insbesondere Automatisierungsstrategien, Robotersysteme oder die Zukunft der rechnerintegrierten Fabrik bezeichnen Themen, denen sich CIRP detailliert zuwendet. Dazu zählen auch Fragen des mit dieser Entwicklung steigenden Informations- und Kommunikationsbedarfs sowie der neuen Funktion des Menschen im Produktionsprozeß.

CIRP hat gegenwärtig etwa 250 aktive und korrespondierende Mitglieder aus rund 36 verschiedenen Ländern. Alle Mitglieder wurden für die Organisation ausgewählt, nachdem sie bedeutende Verdienste um die Produktionstechnik erworben hatten. Der einzigartige Beitrag, den CIRP für die Produktionsforschung leistet, wird von den führenden Unternehmen und Forschungsinstituten aus der ganzen Welt anerkannt, die ihn als assoziierte Mitglieder aktiv unterstützen. Auch unterhält CIRP einen engen Kontakt zu internationalen Organisationen, wie ISO, UNESCO und UNO.

Technische Aktivitäten, Konferenzen und Veröffentlichungen von CIRP bilden nur die eine Seite dieser facettenreichen Organisation. Die über die Jahre entstandenen menschlichen Beziehungen ließen CIRP über seinen wissenschaftlichen Beitrag hinaus auch durch seinen freundschaftlich kollegialen Umgang bekannt werden. Das alles und vieles mehr machen CIRP zu einer wirklich einzigartigen und führenden Organisation in der Produktionstechnikforschung [6.8].

Das Europäische Komitee für die Zusammenarbeit der Werkzeugmaschinenindustrien, CECIMO, abgekürzt nach der französischen Bezeichnung „Comité Européen de Coopération des Industries de la Machine-Outil“, wurde 1950 in Brüssel, dem ständigen Sitz der Organisation, gegründet. CECIMO hat die Wahrnehmung der technischen und wirtschaftlichen Interessen seiner Mitglieder auf internationaler Ebene zum Ziel.

Ihm gehören sowohl Länder der EG als auch der EFTA an. Seit seiner Gründung hat sich das CECIMO um eine enge Zusammenarbeit über die europäischen Grenzen hinweg bemüht. Seine Mitglieder sind die nationalen Industrieverbände der Werkzeugmaschinenhersteller. Sie repräsentieren die Interessen von mehr als 1500 Herstellern. Praktisch alle bedeutenden Firmen dieser Branche sind ihnen angeschlossen. Die Länder des CECIMO stellten 1989 knapp 40 Prozent aller in der Welt gefertigten Werkzeugmaschinen her.

Die Entwicklung von internationalen Verbindungen spielt im Rahmen der CECIMO-Aktivitäten eine wichtige Rolle. Einerseits bestehen enge Beziehungen zu den Werkzeugmaschinenverbänden in Übersee, insbesondere in den Vereinigten Staaten, in Indien und Japan. Andererseits hat CECIMO enge Kontakte zu Regierungsstellen in den wichtigsten Ländern und feste Beziehungen zu den nationalen und supranationalen Behörden der verschiedenen Organisationen und Wirtschaftsblöcke. Besondere Aufmerksamkeit findet die Zusammenarbeit mit den internationalen Institutionen.

Die Organisation des CECIMO besteht aus dem Zentralkomitee, dem 54 Delegierte aus allen 12 Mitgliedsländern angehörten, dem Büro, bestehend aus maximal sieben Mitgliedern verschiedener Nationalität, und dem Generalsekretariat, das sein Büro in Brüssel hat. Das Generalsekretariat hat die Aufgabe, Vorschläge an die verschiedenen Ausschüsse und Arbeitsgruppen des CECIMO zu formulieren, und das Zentralkomitee darüber zu unterrichten, wie die aus diesen Vorschlägen resultierenden Beschlüsse durchgeführt werden können. Das gilt insbesondere für folgende Bereiche: Abfassung von Resolutionen und Bedingungen für die Lieferung von Werkzeugmaschinen sowie Veröffentlichungen zu Rechtsfragen, welche die Unternehmen interessieren; Strukturanalysen der Werkzeugmaschinenindustrien in den verschiedenen Ländern; Austausch von Statistiken über die Produktion und den Außenhandel.

Zur Organisation des CECIMO gehören ferner ein Wirtschaftsausschuß und ein Ausschuß für Öffentlichkeitsarbeit und Ausstellungen sowie verschiedene Arbeitsgruppen.

Hauptaufgabe des CECIMO seit seiner Gründung war die Organisation einer Ausstellung neuen Typs, die außerordentlich strengen Kriterien entsprach. Ziel des CECIMO war es, den Werkzeugmaschinen-Abnehmern und allen Fachleuten seiner Branche den Gesamtüberblick über den Markt und das möglichst vollständige Angebot zu bieten. Aus diesem Grunde wurde die Europäische Werkzeugmaschinenausstellung (EWA) ins Leben gerufen, die einzige Veranstaltung in der Welt, bei der nur Hersteller der zugelassenen Erzeugnisse ausstellen, und auch die einzige, bei der alle Maschinen einer Kategorie im gleichen Bereich untergebracht sind. Die erste EWA fand 1951 statt. Von 1951 bis 1971 hat sich die Netto-Ausstellungsfläche mehr als verdreifacht, und die Besucherzahl ist ständig gestiegen. Obgleich die Ausstellungen bis Ende 1971 nur auf die Teilnahme von Herstellern der CECIMO-Mitgliedsländer beschränkt blieben, war die EWA bereits die größte Ausstellung für Werkzeugmaschinen der Welt. Ab 1975 ließ CECIMO Hersteller aller Länder zu seinen Ausstellungen zu und nannte sie dann EMO.

Schließlich ist CECIMO auf dem Gebiet der Normung aktiv. In enger Zusammenarbeit mit den zuständigen nationalen und internationalen Organisationen wird die Normung im Bereich der Werkzeugmaschinen vorangetrieben [6.30].

6.7 Strukturwandel durch Automatisierung

Der rasche wirtschaftliche Aufschwung, den die Bundesrepublik Deutschland in den 50er Jahren nahm, bereitete den Boden für einen schrittweisen Übergang von der automatisierten Werkzeugmaschine zur Automatisierung des Produktionsprozesses. Gründe für die Automatisierung lagen vor allem im technischen und wirtschaftlichen Bereich. Die rasche technologische Entwicklung führte ständig zu neuen Produkten, die konstante und zuverlässige Produktionsgeschwindigkeiten und gesicherte Produktionsqualität erforderten. Durch die sich verschärfende Wettbewerbssituation auf den nationalen und internationalen Märkten waren viele

Unternehmen gezwungen, nach neuen Wegen zur kostengünstigen Fertigung qualitativ hochwertiger Produkte und zur schnellen Anpassung ihrer Produktpalette an die Marktanforderungen zu suchen [6.70].

In der Automatisierungstechnik läßt sich geschichtlich eine Reihenfolge konsequenter Entwicklungsschritte feststellen. Zunächst beschränkte sich die Automatisierung auf die Bearbeitungsmaschinen und den eigentlichen Bearbeitungsprozeß. Die Entwicklung war dadurch geprägt, daß einerseits die Maschinenantriebsleistungen und die erreichbaren Genauigkeiten weiter gesteigert, andererseits die Arbeitsabläufe der Maschinen durch konventionelle, zum Beispiel analoge Kurven-Steuerungen automatisiert wurden.

Im nächsten Schritt weitete sich die Automatisierung auf den Bereich des Materialflusses aus. Eine wesentliche technische Entwicklung war die Verbindung verschiedener Arbeitsmaschinen sowie Lagereinrichtungen durch Fördersysteme, so daß auch ein automatischer Materialfluß möglich war. Für die Stückgüterfertigung waren und sind jedoch teilweise äußerst aufwendige Fördersysteme erforderlich, um die diskontinuierlichen Bearbeitungs- und Montageprozesse in kontinuierliche Fließprozesse umzuwandeln. Für die Massenfertigung wurden getaktete Transferstraßen installiert, die durch starre Transportverkettung von mehreren Bearbeitungsstationen gekennzeichnet waren.

Erst im dritten Schritt erfolgte die Automatisierung im Bereich des Informationsflusses, insbesondere als elektrische Datenverarbeitung. In der Produktion erstreckte sie sich sowohl auf technische als auch auf organisatorische Informationsprozesse [6.70].

Nachdem bis 1920 in erster Linie die einzelne Werkzeugmaschine im Mittelpunkt der Rationalisierung stand, erreichte die fortgeschrittene Fabrikorganisation einen technischen Stand, bei dem die Rationalisierungsreserven der Bearbeitungseinheiten in den Hintergrund traten.

Als wichtiger Schritt auf dem Weg zur Automatisierung von Produktionssystemen gilt die Einführung des Fließprinzips. Werkzeugmaschinen, Transport- und Fördereinrichtungen bildeten in einer räumlichen und zeitlichen Verkettung ein Fertigungssystem, in dem der Mensch weiterhin eingegliedert bleibt, von dem aber durch Zusammenlegen von Arbeitsplätzen und der Mechanisierung von Teilfunktionen neue Automatisierungspotentiale ausgehen. Daher wird die Fließfertigung als Vorläufer der Produktionsautomatisierung angesehen, obwohl in der losen Verkettung der Mensch in den Produktionsprozeß eingebunden blieb.

Die Automatisierung ganzer Fließreihen war an dieselben Voraussetzungen gebunden, die einer nicht selbsttätigen Fließarbeit zugrunde liegen. Als eine dieser Voraussetzungen sei besonders eine exakte Materialdisposition genannt. Die wirtschaftliche Entwicklung nach dem Ende des Zweiten Weltkrieges, gekennzeichnet zum einen durch steigenden Anteil der Massenfertigungen, zum anderen durch die

Bild 6.40
Fließfertigung von Räderspindelkisten für Revolverdrehbänke

Verknappung von Arbeitskräften, erzwang eine Weiterführung der Rationalisierung.

Eine weitere Voraussetzung zur Automatisierung ist die Möglichkeit, einen Prozeß fließend gestalten zu können. Die fließende, getaktete Fertigung ist die direkte und nicht zu umgehende Vorstufe der Automatisierung. Auch Stückgut läßt sich fließfähig machen, indem Ketten, Schienen oder Schüttmagazine die Teile vereinzeln oder mindestens ordnen [6.10].

Die Fließfertigung, die eine örtlich fortschreitende, zeitlich bestimmte, lückenlose Folge von Arbeitsgängen bezeichnet, setzt noch keine Automatisierung im technischen Sinne voraus. Dennoch wird auf dieses Prinzip zurückgegriffen, wenn nach der Entwicklung von Mehrwege- und Rundtischmaschinen, bei denen automatische Lade-, Spann- und Meßeinrichtungen integriert sind, die begrenzte Eignung für die unterschiedlichen Leistungstypen der Fertigung erkannt wird, so daß in den Maschinen- und Transferstraßen organisatorische und technische Entwicklungslinien zusammenfließen.

Im Vergleich der Organisationstypen Werkstatt-, Gruppen- und Fließfertigung waren bei der Serien- und Massenfertigung zuerst die wirtschaftlichen, organisatorischen und technischen Bedingungen gegeben, die Automatisierung über den Bereich der Einzelmaschine hinaus auszudehnen. Kann man in der Einzelfertigung und in der Reihenfertigung kleiner Losgrößen gelegentlich ein Ausschußwerkstück durch Anpassen noch verwenden, so ist das in der automatisierten Fertigung aus ökonomischer Sicht ausgeschlossen.

Dort wird der Fertigungsablauf in automatisierten Maschinen geradezu durch die Bedingungen der Austauschbarkeit charakterisiert, denn nun dehnt sich der Begriff der Austauschbarkeit auch auf das Rohteil und auf jede Zwischenstufe aus [6.28]. Der Austauschbau mit dem Bestreben, genormte Teile einzusetzen, bleibt auch in den 50er und 60er Jahren wichtiger Motor der technischen Automatisierung, der nun auf die Fertigungsmaschinen und Verkettungseinrichtungen einen zunehmenden Einfluß gewinnt, so daß nicht nur die Werkstücke, sondern auch die Fertigungseinrichtungen austauschbar gestaltet werden. Nur wer in seiner Fertigung die Austauschbarkeit einführt, vermag auch ihre Automatisierung durchzuführen [6.28].

In manuell gesteuerten Fertigungsketten, den Vorläufern starr automatisierter Maschinenfließstraßen, wurden einzelne Transportoperationen mechanisiert und später von einer Steuerung räumlich und zeitlich koordiniert. Daraus entstanden lose verknüpfte manuelle und automatisierte Funktionsblöcke, die noch nicht durch technische Steuerung der Fertigungskette zur selbsttätigen Produktionseinheit entwickelt waren [6.26].

Bei der Fließfertigung lag die Voraussetzung eines störungsarmen Betriebs darin, die notwendigen Werkzeuge, Werkstücke und Hilfsstoffe innerhalb von Zeitintervallen bereitzustellen, die durch Bearbeitungs- und Transportzeiten der Produktionselemente bestimmt wurden. Schon im Jahre 1923 führte die Fa. Morris & Co. automatische Fertigungsstraßen für Zylinderblöcke und Getriebegehäuse ein. 1928 richtete man in Milwaukee/USA eine Anlage zur automatischen Herstellung von Automobilrahmen ein. Der Automatisierungsgrad soll für damalige Verhältnisse erheblich gewesen sein, denn das Personal übte überwiegend nur Überwachungs- und Instandhaltungsfunktionen aus. Die Anlage produzierte ca. 10000 Rahmen pro Tag und deckte damit 75 Prozent des amerikanischen Bedarfs [6.7].

In Deutschland läßt sich die erste automatisierte Fließfertigung im Jahre 1944 bei den Junkers-Maschinenwerken in Magdeburg nachweisen. Zuerst wurde die getaktete Fließfertigung allein in der Teilefertigung angewendet, später übertrug man dieses Prinzip ebenso auf den Zusammenbau von Einzelteilen [6.50]. Eine Taktstraße aus Sondermaschinen und Halbautomaten wurde im Jahre 1939 auch in der Sowjetunion aufgebaut [6.52]. Eine breite Anwendung fanden diese Fertigungsanlgen jedoch erst in den 50er Jahren, als auch Universalmaschinen und Mehrzweckautomaten zum Einsatz kamen.

Bild 6.41 Vollautomatische Taktfertigungsstraße, Junkers 1944

In einer Veröffentlichung aus dem Jahre 1938 berichtete Dolezalek bereits von vielfältigen Einsatzfeldern der Automatisierung, in der eine mehrstufige Automatisierung der Konservenfertigung einer manuellen Fertigung gegenübergestellt und in ihrer Kostenstruktur verglichen wurde [6.10]. Unterschiedlichste Aufgabenfelder wurden im Hinblick auf den Einsatz von automatisierten Anlagen untersucht. Doch wirtschaftliche Gründe schränkten die Anwendung bis dahin bekannter starr automatisierter Fertigungssysteme ein. In einigen Fällen war es möglich, wichtige Änderungen an Konstruktionsdetails vorzunehmen, indem nach der automatisierten Bearbeitung weitere Maschinen aufgestellt wurden, die eine Nachbearbeitung ausführten. Wegen mangelnder Anschlußfähigkeit automatisierter Werkzeugmaschinen mußten allerdings manuell bediente Werkzeugmaschinen eingesetzt werden, so daß die vorher erlangten wirtschaftlichen Vorteile meist verlorengingen [6.9].

Als Lösung wurde von John Diebold, auf den wir noch zurückkommen werden, eine andere Blickrichtung in der Maschinenkonstruktion vorgeschlagen, bei der sich das Hauptaugenmerk nicht auf eine produktbezogene Automatisierung richtet, sondern die Fertigung in Grundarbeitsgänge aufgeteilt wird, die dann von den Automatisierungsmitteln ausgeführt werden können [6.9].

Nach ersten Ansätzen in den 30er Jahren gelang es ungefähr 1955, Maschinensysteme nach dem Baukastenprinzip zu konstruieren und die Anpassungsfähigkeit in begrenzter Weise zu steigern, so daß auch eine Kostensenkung erreicht wurde. Die Maschinen setzten sich aus Standardelementen und Sonderanfertigungen zusammen, die eine Verwendung und Anpassung an variierende Fertigungsaufgaben zuließen, wobei eine kostengünstige Lösung auf einer Auswahl an Standardelementen aufbaute, die für bestimmte Funktionsgruppen eingesetzt wurden. Wenn man anerkennt, daß die Ausbreitung bekannter Lösungen automatischer Fertigungen vorwiegend von Stückzahl und Stetigkeit des Marktes abhängt, so kann das Baukastenprinzip als eine effiziente Automatisierungschance angesehen werden [6.10].

Führend bei der Einführung des Baukastenprinzips waren erneut die USA, wo die Ford-Werke seit 1955 zur Typisierung von Baukasteneinheiten übergingen. Je größer an einer Sondermaschine der Anteil typisierter Baueinheiten wurde, desto deutlicher traten deren Vorteile in Erscheinung. Diese erstrecken sich auf höhere Betriebssicherheit, kürzere Lieferzeiten, geringerer Anschaffungspreis und auf Wiederverwendbarkeit der Einheiten oder der Grundmaschinen bei Änderung des Werkstückes [6.39].

Schon im Jahre 1956 ging Dolezalek auf die Vorteile eines europäischen Binnenmarktes ein, der als besonders wünschenswert zur Weiterentwicklung der Automatisierung und Produktivität angesehen wurde [6.10]. Hier zeigt sich deutlich, daß zu dieser Zeit eine weitreichende Automatisierung von kleinen Losgrößen als

Bild 6.42
Transferstraße für die automatische Bearbeitung von 4- und 6-Zylinderblöcken, um 1960

unwirtschaftlich angesehen wurde und erhebliche Impulse für die Automatisierung nur von einer Ausweitung des Marktes ausgehen konnten.

Einige Firmen in Deutschland haben 1955 begonnen, Baukastenelemente für Werkzeugmaschinen zu entwickeln, aus der Erkenntnis heraus, daß der wachsende Bedarf an industriellen Gütern zwangsläufig Sondermaschinen erfordert. Aus diesen Elementen sind auch Transferstraßen entstanden, die auch bei Fertigungsvarianten nach einer Umstellung und Ergänzung ihre Fertigungskapazität erhalten. Um die Automatisierung in der Fertigung weiter voranzutreiben, wurde die verstärkte Entwicklung von Baukastensystemen gefordert, aus denen man Fertigungsketten aufbauen konnte, ohne daß deren Glieder an Wert verloren, wenn sie für die Fertigung eines anderen Teiles in neuer Reihenfolge zusammengestellt werden mußten [6.10].

Zu den deutschen Firmen, die sich bereits sehr früh an dem amerikanischen Vorbild des Baukastenprinzips orientierten, gehörte unter anderem die Werkzeugmaschinenfabrik Hüller, Ludwigsburg, die schon 1957 Fräseinheiten sowie weitere

Maschinenbaugruppen herstellte. „Wenn typisierte Baueinheiten für die Herstellung der inzwischen allgemein bekannten Sonderwerkzeugmaschinen schon sehr große Vorteile bieten“, führte deren Oberingenieur Nother aus, „so sind sie beim Bau der sich immer mehr einführenden Fertigungsstraßen geradezu eine Voraussetzung.“ [6.39]

Mit der sprunghaften Zunahme der Futter- und Stangenautomaten für die Drehbearbeitung ab 1960 nahm auch die Verkettung von Drehmaschinen zu. Sie diente dem Ziel, den Bedienungsmann möglichst weitgehend von dem Eingreifen in den Maschinentakt zu befreien und eine Fertigbearbeitung der Drehteile zu erzielen. Zu diesem Zweck wurden mehrere Automaten kombiniert. Bei Verwendung von zwei Maschinen wurde entweder auf der ersten das Werkstück vorbearbeitet und auf der anderen fertig bearbeitet oder auf jeder Maschine eine Seite des Teiles gefertigt. Die Automaten waren mit je einer Zuführeinrichtung ausgerüstet und durch eine Weitergabeeinrichtung miteinander verbunden. Eine Verkettung beschränkte sich nicht nur auf die Paarung gleicher Maschinentypen. Es wurde möglich, zwischen Stangen- und Futterautomaten oder auch verschiedenen Fertigungseinrichtungen zu verketten [6.64]. Die durch nachträgliche Magazinierung und Verkettung erreichten Verbesserungen schlugen sich in verringerten Bedienkosten, gestiegenem Nutzungsgrad und geringeren Ausschußquoten nieder.

In den 60er Jahren verstärkt sich der Trend zur Automatisierung, der in starr und auch in lose verketteten Anlagen an Bedeutung gewann. Vor allem eine Weiterentwicklung förderungstechnischer und informationstechnischer Einrichtungen führte zu einer Verknüpfung der aufgabenausgerichteten Fertigungseinrichtungen, die zu Fertigungslinien und -ketten zusammengeschaltet wurden.

Eine starre Verkettung kennzeichnet das automatische Weitergeben des Fertigungsguts durch gemeinsam gesteuerte Zubringeeinrichtungen, das in einem festgelegten Takt erfolgt, der durch die längsten Arbeitszyklen gegeben ist. Auf diese Weise wird der kürzeste und schnellste Werkstückdurchlauf erreicht. Nachteilig ist jedoch, daß eine Störung an einer Einrichtung die gesamte Anlage stillsetzte und nacheinander auftretende Stillstandszeiten sich addierten [6.10].

Bei der losen Verkettung hat jede Einrichtung einen eigenen Arbeitszyklus. Zwischen den Fertigungseinrichtungen befinden sich Werkstückspeicher als Störungspuffer, damit kurze Stillstandszeiten einzelner Einrichtungen aufgefangen werden und die vor- und nachgeschalteten Einrichtungen weiterarbeiten können. Die Auslegung von Störungspuffern ist ein besonderes Problem, bei dem neben der Häufigkeit und der Dauer von Störungen für die Auslegung auch zusätzliche Kosten für den Puffer-Speicher und das im Speicherinhalt gebundene Kapital zu berücksichtigen sind [6.10].

Betrachtet man die Entwicklung der Automatisierung, so kann man sicherlich für die Jahre von 1950 bis 1965 von einer expansiven Phase der starren Automatisie-

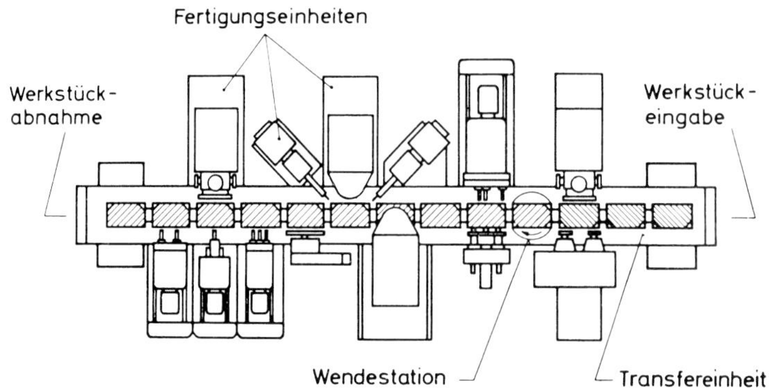

Bild 6.43 Starre Verkettung von Fertigungseinrichtungen, Dolezalek 1968

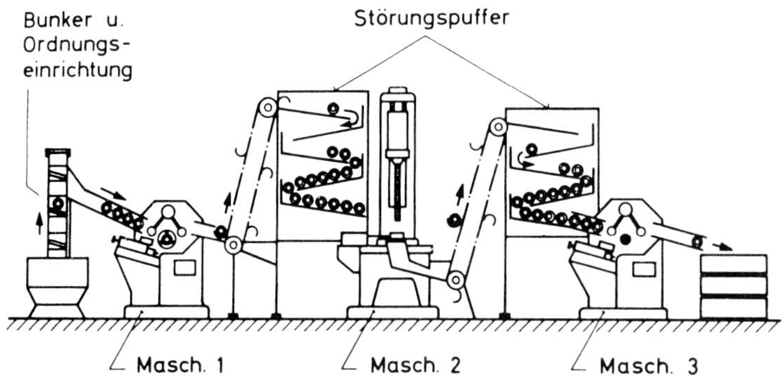

Bild 6.44 Lose Verkettung von Fertigungseinrichtungen

rung sprechen. In der Errichtung automatischer Fertigungsanlagen wurde versucht, neben gleichartigen Maschinen auch verschiedenartigste Fertigungsverfahren in automatisierte Fertigungsketten zu integrieren. Trotzdem stand selbst Ende der 60er Jahre noch keine Fertigungslinie für wechselnde Fertigung und die Serienfertigung kleiner Losgrößen zur Verfügung, die sich durch Auswechseln von Baugruppen und Softwareanpassung an eingehende Fertigungsaufträge anpassen ließ [6.10].

Vom Rationalisierungskuratorium der deutschen Wirtschaft (RKW) wurde 1957 erstmalig eine Fallstudie veröffentlicht, die in einem systematischen Ansatz die Einsatzbedingungen der Automatisierung nach dem vorliegenden Erkenntnisstand herausarbeitete. Das Ziel konnte nur dadurch erreicht werden, daß einige Betriebe mit automatisierten Betriebsteilen untersucht und die Erfahrungen in der betrieblichen Praxis der Automatisierungstechnik als Standortbestimmung zugrunde gelegt wurden [6.48].

Generell stellte man eine zunehmende Umgestaltung der Erzeugnisse fest. Die Produkte wurden an die technischen und wirtschaftlichen Bedingungen des neuen

Fertigungsverfahrens angepaßt. Neben der Wahl des Grades der Anlagenzusammenfassung war die Angleichung der Kapazitäten automatisierter und nichtautomatisierter, vor- oder nachgeschalteter Fertigungsbereiche wichtigste Aufgabe der Fertigungsplanung. Hier zeigte sich, daß die Aufstellung automatisierter Fertigungsanlagen in einer Produktionsreihe einen starken Drang zur Automatisierung der vor- und nachgeschalteten Bereiche auslöste, da das Kapazitätsangleichungsproblem und die Frage der Materialdurchflußsynchronisierung anders nur schwer gelöst werden konnten [6.48].

Die innerbetrieblichen Materialtransporte nahmen ab, da sich die Transportstrecken verkürzten und die präzisere Fertigungsplanung den innerbetrieblichen Transport von überflüssigen Materialbewegungen entlastete. Hierbei erforderte die Tatsache, daß eine automatisierte Fertigungsanlage ihren Arbeitstakt auch den vor- und nachgeschalteten Lager- sowie Produktionsbereichen aufzwang, sorgfältig abgestimmte Transportmengen und Transportzeiten sowie stete Überwachung, wenn Störungen des Materialflusses und damit Stillstandszeiten der Anlagen verhindert werden sollten.

Eine möglichst weitgehend zusammengefaßte Anlage hat sich allgemein als die wirtschaftlichste Lösung erwiesen. Die metallverarbeitende Industrie nutzte als zweckmäßigste organisatorische Form der automatisierten Fertigung mehrere, nicht zu große Transferstraßen mit kleinen Materialreserven an der Materialübergabe. Die Anzahl der Zwischenläger hat sich in den meisten Fällen erhöht, um bei Produktionsstörungen längere Stillstandszeiten zu vermeiden. Trotzdem sind insgesamt gesehen – wegen der größeren Durchflußgeschwindigkeit – die Bestände an Halberzeugnissen geringer geworden [6.48].

Die Automatisierung zwang noch mehr zu einer exakten Prüfung der eingehenden Rohstoffe und Vorfabrikate, da der Anlage ein qualitativ gleichmäßiger Bearbeitungsstoff zur Verfügung gestellt werden mußte. Die Vergrößerung der Warenprüfungsabteilung und der Übergang von Stichproben zu Vollkontrollen erforderte in vielen Fällen erhöhten Personal- und Apparateaufwand, der allerdings durch geringere Ausschußkosten mehr als ausgeglichen wurde. Wertmäßig hat sich bei einigen Unternehmen, vor allem in der metallbearbeitenden Industrie, der Rohstoffbestand etwas erhöht, da zur Verarbeitung auf Transferstraßen eine bessere Rohmaterialqualität als bisher eingesetzt wurde.

Bei den automatisierten Anlagen der metallbearbeitenden Industrie waren die Werkzeugwechselkosten gestiegen, da die Wechselfrequenz erhöht und mehr Stationen als früher vom Anlagenstillstand betroffen wurden. Ein Betrieb der Automobilindustrie gab eine Steigerung von 5 Prozent an. Die Werkzeugkosten selbst waren dagegen bei dem erwähnten Betrieb um 10 % gesunken. Als Erklärung wurde die geringere Zerstörung der Werkzeuge angegeben, da sie rechtzeitig ausgewechselt wurden und so kürzere Nachschleifzeiten und geringere Schleifabnahme wirtschaftliche Vorteile brachten [6.48].

Die Standzeiten der Werkzeuge wurden in der ersten Betriebszeit der Anlage statistisch ermittelt. Auf Grund der Ergebnisse stellte man Werkzeugwechselpläne auf. Die Werkzeuge mit annähernd gleichen Standzeiten wurden zu Gruppen zusammengefaßt, die man gemeinsam auswechselte, gleichgültig, ob die Verschleißgrenze beim einzelnen Werkzeug schon erreicht war oder nicht [6.26]. Bei größeren Anlagen zeigten besondere Geräte die Standzeit an und setzen am Ende die Maschine still. Meist verwendete man dazu Uhren (tool-meter), die die Anzahl der bis zum Werkzeugwechsel noch zu fertigenden Werkstücke anzeigten.

Einen wesentlichen Einfluß hatte die Automatisierung auf den Materialverbrauch, den Ausschuß und die Nachbearbeitung. Die präzisere und gleichmäßigere Arbeitsweise gestattete einen sparsamen Materialverbrauch und verminderte die Ausschuß- und Nachbearbeitungskosten beträchtlich. So berichtete ein Betrieb von einem Rückgang des Ausschusses um 70 Prozent. Diese Kostenersparnisse machten sich besonders bei bisher vielstufiger Fertigung bemerkbar. Entsprechend der Steigerung der Arbeitsproduktivität waren die Fertigungslöhne relativ gesunken, und zwar in der Regel stärker, als die Kapitalkosten stiegen.

Besonders charakteristisch für den Entwicklungsstand der Automatisierung in der verarbeitenden Industrie waren Maschinen und Arbeitsverfahren in der Automobilindustrie. Zu den üblichen Anforderungen an die Werkzeugmaschinen trat die Notwendigkeit, die Arbeitstakte der Maschinen mit dem Zeitablauf der jeweils angewandten Verfahren in Übereinstimmung zu bringen und eine elastische Anpassung an die sich immer wieder ergebenden Konstruktionsänderungen infolge Modellwechsels vorzusehen. Vor allem hier entstand das Baukastensystem zur wahlweisen Ausrüstung von Maschineneinheiten, das schließlich in Verbindung mit den Fortschritten der Steuer- und Regelungstechnik zu weitgehend automatischen Fließ- oder Transferstraßen geführt hatte [6.48].

Bei den untersuchten Transferstraßen wurden unterschiedliche Strategien zur Erhöhung der wirtschaftlichen Nutzung angewendet. In einigen Fällen wurden Meßergebnisse direkt zum Nachstellen der Werkzeuge verwendet. Eine derartige direkte Rückkoppelung der Meßergebnisse konnte 1957 noch nicht wirtschaftlich betrieben werden. Es fehlte an entsprechenden Sensoren sowie an schnellen und genauen Servostellmechanismen. Eine weitere Optimierung wurde mit wechselnden Werkzeugstandzeiten und verschiedenen Meßstrategien versucht.

Als Zentralsteuerung wurden 1956 einfache Steuerungen eingesetzt, die den folgerichtigen Ablauf der einzelnen Arbeitsgänge bestimmten, so daß eine vorbestimmte Reihenfolge durch Impulsvorgabe eingehalten wurde. Regelungen stellten die Arbeitsgänge nach den ermittelten Meßergebnissen ein. Der Meßwert konnte zur Zentralstelle übermittelt werden, um dort auf den Regler zu wirken, oder er wurde direkt auf das Stellglied geschaltet [6.26].

Eine elektrische Zentralsteuerung gab den Einzelsteuerungen Steuerimpulse vor, die die einzelnen Schaltvorgänge aufeinander abstimmten. Für die Zentralsteuerung waren elektrische Steuerungen besser geeignet als pneumatische und hydraulische Steuerungen, die eher vor Ort eingesetzt wurden.

Das Kernstück einer jeden Maschinen-Fließstraße war die Steuerung. Damit die Steuerungsfunktionen überschaubar und ihre Störanfälligkeit gering blieben, führte man die einzelnen Bearbeitungs- und Steuerungseinrichtungen als selbständige Aggregate aus [6.26].

Bevor numerische Steuerungen in der Steuerungstechnik eingesetzt wurden, experimentierten die Werkzeugmaschinen- und Steuerungshersteller schon in den fünfziger Jahren mit analogen Steuerungssystemen. Eine interessante Entwicklungslinie war die Aufzeichnung von Frequenzfolgen, die über Schleifkontakte oder ähnliche Verfahren die Bewegungen der Maschine aufzeichnen konnten, indem ein Tonband die Tonfolge speicherte oder Lichtsignale auf Fotofilmen festgehalten wurden [6.65]. Mit derartigen Steuerungen hoffte man anfangs, auch komplexe Maschinensysteme zu steuern, konnte dann aber im Verhältnis zum Aufwand keine genügende Flexibilität erreichen, so daß in den folgenden Jahren die Entwicklung der NC-Technik in den Vordergrund trat.

Die 50er Jahre, in deren Verlauf sich die Automatisierung der Großserienfertigung durchsetzte, brachten der Werkzeugmaschinenindustrie einen zunächst stürmischen Aufschwung und in der zweiten Hälfte eine Konsolidierung auf hohem Niveau. Hatten die Auftragseingänge 1950 deutlich zugenommen, so verdoppelten sie sich im Jahre 1951. Ausgelöst wurde diese Steigerung durch den sich explosionsartig entwickelnden Nachholbedarf in Westeuropa sowie durch die Korea-Krise. Der Umsatz der deutschen Werkzeugmaschinenindustrie in den Jahren von 1952 bis 1954 lag bei jeweils ca. einer Milliarde DM. Die Entwicklung bis zum Ende der 50er Jahre zeigt die folgende Graphik [6.48]:

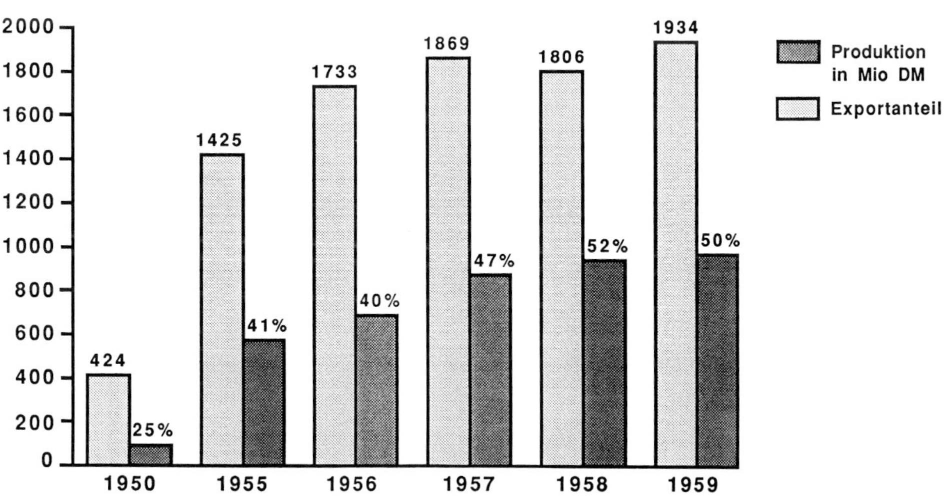

Bild 6.45 Produktion und Export der deutschen Werkzeugmaschinenindustrie von 1950–1959

Parallel zur Automatisierungspraxis setzte in den 50er Jahren eine intensive Diskussion zur Charakterisierung und Bewertung dieser neuen Entwicklungsstufe der Produktionstechnologie ein. Dabei spielte zunächst die Frage der Definition des Begriffs Automation bzw. Automatisierung eine zentrale Rolle, bei der zwei Namen immer wieder genannt wurden: Del S. Harder, ein leitender Ingenieur und späterer Vizepräsident bei Ford, und John Diebold, Autor eines Buches mit dem Titel „Automation. The Advent of the Automatic Factory".

Die Definition Harders aus dem Jahre 1948 bezog sich auf dessen Produktionserfahrung in den Ford-Werken, d. h. „auf die mechanische Massenproduktion, bei der auch die verbindende Arbeit zwischen den automatischen Maschinen, also der Transport, das Spannen, die Zwischenkontrolle usw. vollmechanisiert ablief. Diese ‚Detroit Automation', die auch als starre Automatisierung bezeichnet werden kann und für die Massenproduktion eingesetzt wurde, war lange Zeit das, was Ingenieure oder Unternehmer auch in Deutschland unter Automatisierung verstanden. Dieses Wort mit dem dahinterstehenden Konzept hatte sich in kürzester Zeit in den Fordwerken durchgesetzt. Schon 1947 gab es dort eine Automationsabteilung und ‚Automationsingenieure'. Die öffentliche Einführung des Begriffs übernahm 1948 der American Machinist mit einem Beitrag ‚Ford Handles by Automation'. Auch wenn zunächst mehr der automatische Ablauf eines Teils eines Produktionsprozesses in der metallverarbeitenden Industrie gemeint war, wurde der Begriff bald in einem breiteren technologischen Kontext verwendet – Harder sprach sogar von einer ‚philosophy of manufacturing' – mit weitreichenden sozialen Implikationen. Diebolds Vorstellungen waren trotzdem umfassender und weitreichender, stammten nicht nur aus dem tatsächlichen Alltag in den Fabriken. Dementsprechend waren auch seine Schlußfolgerungen weniger begrenzt auf die Fabrik, sondern bezogen sich auf die gesamte Gesellschaft. Während bei Harder Computer noch keine Rolle gespielt hatten, war der ‚elektronische Kalkulator' wesentlich für Diebolds Folgerungen für die automatische Fabrik." [6.73]

In Deutschland hat sich insbesondere unter Technikern sehr schnell die Definition Dolezaleks durchgesetzt, nach der „Automatisierung die Befreiung des Menschen von sich ständig wiederholenden gleichartigen Verrichtungen sei, verbunden mit der Loslösung des Menschen aus der zeitlichen Bindung und dem Rhythmus maschineller und anderer technischer Einrichtungen – weil, wie es einige ausdrückten, der Mensch bei dieser Definition im Mittelpunkt stehe" [6.73].

Die stürmische Entwicklung der Wirtschaft, die bereits mit der Anfang des Jahrhunderts einsetzenden Rationalisierung verbunden war, ließ im Zusammenhang mit der Automatisierung die Frage aufkommen, ob dieser Prozeß eine zweite industrielle Revolution bedeute oder ob es sich mehr um die Krönung einer langen Reihe technischer Neuheiten handele. Ingenieure und Unternehmer waren überwiegend der Meinung, daß die Automatisierung als Abschluß der Mechanisierung angesehen werden könne und folglich in der Tradition technischer Entwicklung

Bild 6.46
Carl Martin Dolezalek (1899–1984)

stehe. Andere dagegen beriefen sich darauf, daß die Automatisierung, insbesondere hinsichtlich der modernen Elektronik, etwas qualitativ Neues und damit Revolutionäres sei.

Ein engagierter Fürsprecher der Automatisierung in den 50er Jahren war der Staatssekretär im nordrhein-westfälischen Wirtschafts- und Verkehrsministerium, Leo Brandt. „Bei der Neugründung des Rationalisierungs-Kuratoriums der Deutschen Wirtschaft (RKW), bei der Initiierung der ersten Rationalisierungsausstellung 1953, bei der Gründung der Zeitschrift ‚Industrielle Rationalisierung' 1954, die gesamteuropäisch angelegt war und wichtige Beiträge entweder dreisprachig oder mit Zusammenfassungen der anderen zwei Sprachen veröffentlichte – spielte er eine maßgebende Rolle. Eine seiner Hauptforderungen stellte von Anfang an die Normung der industriellen Produktion und eine drastische Verringerung der Typen dar. Normung und Typenverminderung ist auch später ein Anliegen der meisten Befürworter der Automatisierung geworden." [6.73]

1950	1955	1956	1957	1958	1959	
520	~ 480	480	471	476	477	Firmen
45000	81000	92000	94000	92000	92000	Beschäftigte

Bild 6.47 Entwicklung der Firmen und der Beschäftigten im deutschen Werkzeugmaschinenbau der 50er Jahre

Mit dem technischen und sozialen Wandel unterlag nicht nur die produktionswissenschaftliche Forschung, sondern auch die Berufsbildung im industriellen Sektor einer ständigen Veränderung. Ausdruck dieser Tendenz sind unter anderem die nach langer Vorbereitung in den 80er Jahren entstandenen neuen industriellen Metallberufe. Die herkömmlichen 37 Berufe der industriellen Metalltechnik wurden zu sechs neuen Berufen zusammengefaßt. Sie bestehen aus dem Industriemechaniker, dem Werkzeugmechaniker, dem Zerspanungsmechaniker, dem Konstruktionsmechaniker, dem Anlagenmechaniker und dem Automobilmechaniker [6.4].

Damit wurde versucht, das Prinzip des Spezialberufs zu überwinden und verschiedene Berufe eines Berufsfeldes zu bündeln. Ihre gemeinsame Basis ist die berufsfeldbreite Grundbildung, die lange Zeit heftig umstritten war. Im Rahmen der Neuordnung der Werkzeugmaschinenberufe in den 30er Jahren wurde vorgeschlagen, an den Grundberuf Dreher solche Sonderberufe anzuschließen, wie Universal- oder Karusseldreher. In gleicher Weise sollten auf den Grundberuf Maschinenschlosser die Sonderberufe Universalfräser oder Universalhobler aufbauen. Dagegen wurde eingewendet, daß eine umfassende Grundausbildung nicht vielseitig und grundlegend zugleich sein könne.

Heute beruhen alle neuen Metallberufe im ersten Ausbildungsjahr auf einer gemeinsamen beruflichen Grundbildung. Die nach Berufen getrennte Fachausbildung beginnt erst mit dem zweiten Ausbildungsjahr. Die spezifische Fachausbildung in den einzelnen Fachrichtungen dauert $1^1/_2$ Jahre und beginnt mit dem dritten Ausbildungsjahr. In den neuen Berufen werden die in den bisherigen Metallberufen vermittelten Kenntnisse und Fertigkeiten berücksichtigt, soweit sie nicht technisch überholt sind. So finden sich die bisherigen Metallberufe in den neuen Berufsprofilen wieder [6.21].

Der Ausbildungsrahmenplan gliedert sich entsprechend in die berufliche Grundbildung, die berufliche Fachbildung und die berufliche Bildung in den Fachrichtungen. Seine Rahmenthemen beschreiben die Ziele der betrieblichen Ausbildung und stellen die Grundlage zur Ausarbeitung betrieblicher Ausbildungspläne dar.

Der technische Wandel führt nicht im Selbstlauf zu neuen, anforderungsgerechten Berufsbildern. Schnell veraltende Kenntnisse fordern zur ständigen Weiterbildung heraus. Hier liegt eine wichtige Aufgabe der Unternehmen, die mit der fortgeschrittensten Produktionstechnologie zugleich die Maßstäbe zukunftsweisender Berufsbildung setzen. Die Betriebe sind mit Abstand zum wichtigsten Träger beruflicher Weiterbildung geworden. Insgesamt kennzeichnet dieser Bedeutungszuwachs die Richtung der mit der industriellen Innovation verbundenen Qualifikationsentwicklung. Die Berufstätigkeiten der Zukunft können nicht einfach nach der Erstausbildung ergriffen werden. Vielmehr wächst man in sie durch Weiterbildung, insbesondere durch produktives Lernen im Betrieb hinein.

Weiterbildung kann jedoch keinesfalls nur aus der Perspektive notwendiger Anpassung des Menschen an die Erfordernisse industrieller Innovation betrachtet werden. Denn auch dieser Bildungsweg reagiert nicht lediglich auf technisch-soziale Entwicklungsprozesse. Weiterbildung bereitet diese Prozesse immer auch mit vor: Sie ist im Bemühen um die Erweiterung individuellen Wissens und Könnens selbst ein Faktor wirtschaftlicher und gesellschaftlicher Innovationen. Das trifft nicht nur im gesellschaftlichen Maßstab zu. Auf betrieblicher Ebene erweist sich Personalentwicklung durch gezielte Weiterbildung zunehmend als Voraussetzung für den Erfolg des Unternehmens.

In der Weiterbildung hat man es mit erwachsenen Menschen zu tun, für die schulisches Lernen oder berufliche Erstausbildung in der Regel nur noch in der Erinnerung existieren. In dieser Situation sind andere, dem Erwachsenenalter entsprechende Formen und Methoden des Lernens geboten. Sie müssen an bereits vorhandene Arbeitserfahrungen anknüpfen, an gegenständliches Tun sowie an kollegiale und partnerschaftliche Umgangsformen. Die Methoden der Weiterbildung müssen dem Lernen vor allem Ernstcharakter geben.

Die Aneignung neuer Fähigkeiten, Kenntnisse und Verhaltensweisen bedarf in der beruflichen Weiterbildung einer wechselseitigen Durchdringung von theoretischer Anleitung und praktischer Handlungsorientierung, von Begriff und Erfahrung, von produktiver Arbeit und analytischer Erfassung ihrer Elemente und Strukturen. In solchen methodischen Bedingungen erfolgreicher Weiterbildung findet erneut deren betriebliche Organisationsform ihre Bestätigung sowie alle Konzeptionen, die, wie beispielsweise das Training on the job, auf dem unmittelbaren Zusammenwirken von Arbeit und Qualifikation beruhen.

Auf die Entwicklung und den Ausbau des Weiterbildungssektors kann heute nicht mehr verzichtet werden. Ohne permanente Bildungsbemühungen, ohne die Bereitschaft zu lebenslangem Lernen triebe die von der industriellen Innovation ausgehende Dynamik der Qualifikationsanforderungen in ein wirtschaftlich verhängnisvolles Bildungsdefizit. Dennoch sollte die gesellschaftliche Bildungsfunktion beruflicher wie allgemeiner Weiterbildung im Verhältnis zu den übrigen Bildungssektoren nicht verabsolutiert werden. Weiterbildung kann kein Reparaturbetrieb mangelhafter bzw. fehlgeleiteter Allgemeinbildung oder beruflicher Erstausbildung sein.

Im Gegenteil: Erfolg und Niveau weiterbildender Maßnahmen hängen nicht unwesentlich von der Qualität bereits vorhandener Bildungsgrundlagen ab. Solide Berufsausbildung und hohe Allgemeinbildung stellen inhaltliche und methodische Instrumentarien für weiteres Lernen bereit, geben aber zugleich Selbstvertrauen als vielleicht wichtigstem Bestandteil einer positiven Lernmotivation. Wenn in diesem Sinne Weiterbildung als vierte Säule des Bildungssystems verstanden wird, dann sollte der gebotene innere Zusammenhang aller Bildungsbereiche mitbedacht werden. Nur auf dieser Basis kann Weiterbildung Menschen über die notwendige Anpassung an den Innovationsprozeß hinaus befähigen, den technischen Fortschritt begreifend mitzugestalten.

7 Rechner verändern die Fabrik

7.1 Anfänge der Rechnertechnik

Die Entwicklung der numerischen Steuerung von Werkzeugmaschinen stützt sich auf die schnell fortschreitende Entwicklung der Rechnertechnik und der Elektronik.

Den elektronischen Rechnern gingen die mechanischen Rechenmaschinen voraus. Eine der ersten, noch sehr einfachen Rechenmaschinen zur Addition konstruierte der Tübinger Mathematiker Wilhelm Schickard (1592 – 1635) im Jahre 1623. Seine Rechenmaschine fand jedoch kaum Verbreitung. Bekannter sind die Arbeiten von Blaise Pascal (1623 – 1716), der seine erste mechanische Rechenmaschine im Jahre 1645 der Öffentlichkeit vorstellte. Er hatte damit bereits so viel Erfolg, daß davon etwa 50 Stück verkauft wurden.

Ein Wegbereiter der mechanischen Rechenmaschine war auch Gottfried Wilhelm Leibniz (1646 – 1716), der um 1671 eine Rechenmaschine entwickelte. „Ein Holzmodell, das er in Paris anfertigen ließ, nahm er mit nach London, als er sich um die Aufnahme in die 1662 gegründete Royal Society bewarb. Diese wissenschaftliche Gesellschaft beschäftigte sich neben der Astronomie auch mit den damals modernen Methoden der Datenverarbeitung. In London wurde in einer Art Wettbewerb 1673 seine Maschine mit der von Sir Samuel Morland verglichen. Obwohl die Rechenmaschine von Leibniz versagte und die von Sir Morland, mit der man

Bild 7.1 Rechenmaschine von Pascal, um 1650

Bild 7.2 Rechenmaschine von Leibniz, um 1700

allerdings nur addieren und subtrahieren konnte, funktionierte, wurde Leibniz aufgrund seines hervorragenden Konzeptes in die Royal Society aufgenommen. Als er 1675 in Paris ein Messingmodell seiner Rechenmaschine vorführte, bestellten das französische Finanzamt und das Pariser Observatorium jeweils eine Maschine." [7.26]

In einem Brief von Balthasar Ernst Reimers an Gottfried Wilhelm Leibniz aus dem Jahre 1693 wird über die Fortschritte und erheblichen Schwierigkeiten beim Bau der Rechenmaschine berichtet [7.6]. So konnte Leibniz zu seinen Lebzeiten die volle Funktionsfähigkeit seiner Erfindung nicht mehr hinreichend nachweisen, da die Maschine aufgrund der ungenauen Ausführung der mechanischen Bauteile nicht zufriedenstellend arbeitete. Die Richtigkeit seiner Gedanken zeigte sich erst im Jahre 1894 durch einen Nachbau der Maschine [7.50].

Zu den Vorvätern neuzeitlicher Rechentechnik zählen auch Charles Babbage (1792 – 1871) und Hermann Hollerith (1860 – 1929), die im 19. Jahrhundert an der Entwicklung von Rechenautomaten arbeiteten. Babbage orientierte sich dabei an einem Prinzip der Informationseingabe, das bereits Joseph-Marie Jacquard für seinen bekannten Webstuhl nutzte. Er ging von einer Teilung der Rechenmaschine in Informationsspeicher und Rechenwerk aus und berücksichtigte wesentliche logische Grundsätze der heutigen Rechnertechnik.

Im Jahre 1833 begann Babbage mit der Entwicklung eines in seinem Aufbau unseren heutigen Computern sehr ähnlichen Rechenautomaten. Dieser sollte ganz aus mechanischen Elementen hergestellt werden, „einem Rechenwerk für die vier

Grundrechenarten, einem Speicherwerk für die Zwischenergebnisse und Eingabedaten (insgesamt konnten 1000 Zahlen mit je 50 Ziffern gespeichert werden) sowie einer Steuereinheit für die Kontrolle des Programmablaufs und den Transport der Zwischenergebnisse. Zur Ein- und Ausgabe der Daten wollte Babbage Lochkarten verwenden. Babbage war der erste, der dieses Speichermedium für die Datenverarbeitung zu nutzen beabsichtigte. Ursprünglich sollte das Programm, die Rechenvorschrift, auf einer Trommel angebracht werden. Als Babbage aber den lochkartengesteuerten Webstuhl gesehen hatte, änderte er seine Pläne und verwendete ebenfalls Lochkarten zur Steuerung der analytical engine." Sie war die erste programmierbare Maschine, d. h., „das Programm war nicht fest vorgegeben, sondern konnte vom Anwender bestimmt werden. Babbage hatte neben den oben beschriebenen Karten auch sogenannte combinatorial cards vorgesehen, mit denen man eine Operation wiederholen oder unter bestimmten Bedingungen einige Karten im Programmablauf überspringen konnte." [7.2] Diese Möglichkeiten sind eine wesentliche Voraussetzung für die Programmierung von Entscheidungen. Die Realisierung der aus Zahnrädern und mechanischen Bauteilen konstruierten Maschine von Babbage erwies sich jedoch mit den damals vorhandenen fertigungstechnischen Mitteln als unmöglich und mußte schließlich aufgegeben werden.

Auch der deutsch-amerikanische Ingenieur Hermann Hollerith nutzte die Lochkartentechnik bei der Entwicklung seiner Sortier- und Zählmaschine. Er erschloß damit der Lochkarte erstmals ein neues Aufgabengebiet als Datenspeicher, der sich maschinell lesen ließ. Die von Hollerith entworfene Maschine stellte ihre Funktionstüchtigkeit anläßlich der US-Volkszählung von 1890 unter Beweis, wo sie zur statistischen Auswertung der Zählkärtchen zum Einsatz kam [7.11]. Hollerith kann als Begründer der mechanischen Datenverarbeitungstechnik angesehen werden.

Wegweisende Grundlagen, die später bei der Entwicklung der elektronischen Rechenmaschine wieder Berücksichtigung fanden, legte auch George Boole Mitte des 19. Jahrhunderts durch die Verknüpfung des logischen Schließens mit Zahlen. Die von ihm formulierten Rechenregeln einer speziellen Algebra bildeten die Basis einer formalen Aussagenlogik, die später zur Booleschen Algebra führte [7.11].

Rund ein Jahrhundert später konnte mit der Entwicklung der ersten Rechner auf Basis der Relaistechnik durch Zuse in Deutschland und Aiken in den USA ein entscheidender Fortschritt auf dem Gebiet der Rechnertechnik erreicht werden. Zuses Rechenmaschine arbeitete erfolgreich auf der Basis einer rein dualen Zahlendarstellung.

Konrad Zuse war Diplom-Ingenieur für Bauwesen und Statiker bei den Henschel-Flugzeugwerken in Berlin. Er wurde durch den Aufwand an Rechenarbeit bei der Lösung mathematischer Probleme angeregt, über deren mögliche Automatisierung nachzudenken und dem ‚Gewirr von Rädchen und Zahnstangen' der mechanischen Rechentechnik eine Alternative entgegenzusetzen. „Vermöge seiner

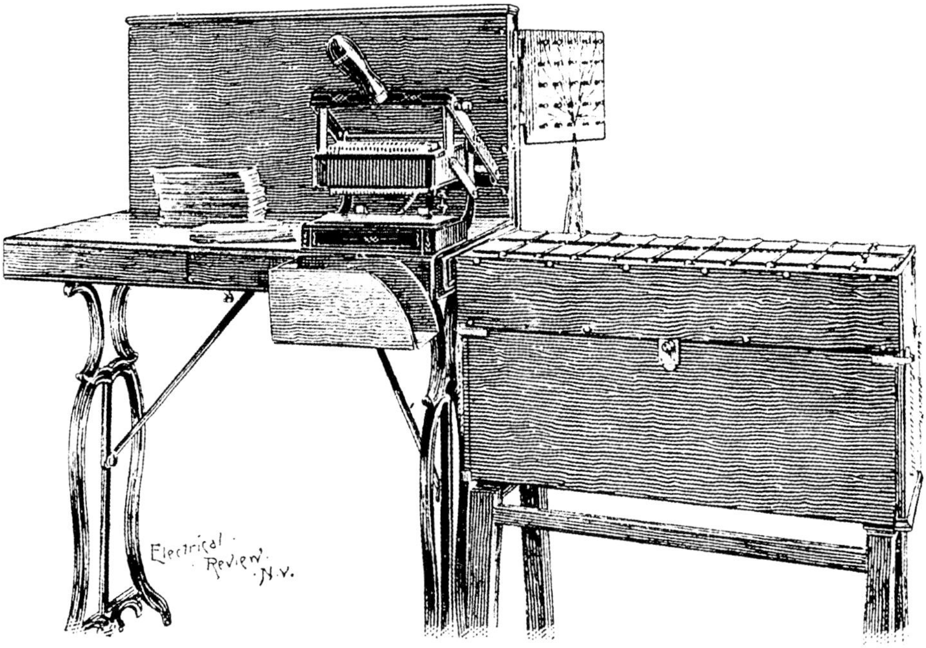

Bild 7.3 Hollerith Electric Tabulating System, 1889

Bild 7.4 Erste programmgesteuerte Rechenmaschine auf Relaisbasis, Zuse 3, 1941

Kenntnisse vom Rechnen im dualen Zahlensystem und Problemen der Logik entwickelte er zunächst ein mechanisches Schaltglied, bestehend aus gestanzten Blechen, um mit diesem bistabile Schaltungen zu realisieren. Bereits 1938 stellte Zuse sein erstes ‚Versuchsgerät' fertig." Dieser in Logikelementen und Speicherwerk mechanischen Prinzipien folgende Rechner, Z1, entsprach in seiner Grundstruktur dem Babbageschen Konzept: „Aufbau aus Eingabe-, Speicher-, Steuer-, Rechen- und Ausgabewerk, Auflösen des Rechenablaufs in eine Folge einzelner Programmschritte. Darüber hinaus verwirklichte er folgende Prinzipien:

Ziffern- und Operationsbefehlsdarstellung erfolgt rein dual unter Verwendung bistabiler Schaltelemente, Zahlendarstellung in halbalgorithmischer Form (heute Gleitkomma-Darstellung genannt), Rechnen auf der Basis der Booleschen Logik unter Verwendung der Grundoperationen NEGATION, UND sowie ODER." [7.6]

Die Entwicklungsarbeiten mündeten schließlich – über ein Modell Z2 – in einen Relaisrechner, als Z3 öffentlich vorgestellt am 12. Mai 1941. Dieser Rechner enthielt alle wesentlichen Elemente einer programmgesteuerten Rechenmaschine für wissenschaftliche Zwecke. Zuse war es somit als erstem in der Welt gelungen, einen voll funktionsfähigen, aus elektrischen Bauelementen konstruierten Rechner vorzustellen, dessen Konzept mit den heute verwendeten Rechnern übereinstimmte.

Zuses Rechner bestand „aus 2.600 Relais für Rechen- und Speicherwerk. Die Speicherkapazität betrug 64 Zahlen zu je 22 Dualstellen, über eine Tastatur erfolgte die Eingabe der Zahlenwerte; ein Lampenfeld für vier Dezimalstellen realisierte die Ausgabe. Die Relaiskontakte schalteten stromlos, wobei eine Schaltwalze den Rechentakt verwirklichte. Das Programm war noch starr, enthielt also keine bedingten Befehle; jeder Befehl gliederte sich aber bereits in Adreß- und Operationsteil. Die Eingabe des sogenannten Rechenplans – des Programms – erfolgte über einen achtspurigen Kinofilmstreifen; in gleicher Weise wurde das Anzeigenfeld zur Resultatsausgabe ‚adressiert'." [7.6] Die Maschine konnte für die vier Grundoperationen eingesetzt werden. Darüber hinaus existierten festverdrahtete Abläufe für das Radizieren sowie für die Multiplikation mit bestimmten vorgegebenen Zahlen.

Bei seiner Arbeit vereinigte Zuse zahlreiche Einzelerkenntnisse zu einem neuartigen technischen Objekt. „Ihn beschäftigten zudem die Beziehungen zwischen Denken und Rechnen. Daraus ergab sich auch der Ansatz für den Aufbau und die Arbeitsweise von Rechengeräten. So wurden Zuses Ideen zur Konstruktion durch ein allgemeines rechnerisches Kalkül, sein ‚Aussagenkalkül', ergänzt und damit noch vor den grundlegenden Veröffentlichungen von Shannon die Bedeutung der logischen Grundoperationen für die Realisierung von Rechnungen nachgewiesen. 1943 legte er diese Erkenntnisse in dem seinerzeit unveröffentlichten Skriptum ‚Ansätze einer Theorie des allgemeinen Rechners unter besonderer Berücksichtigung des Aussagenkalküls und dessen Anwendungen auf Relaisschaltungen' –

später in erweiterter Form als ‚Plankalkül' bekannt geworden – nieder. Behandelt wurden das Zahlenrechnen wie auch kombinatorische Verknüpfungen in ihrer Gesamtheit. Mit diesen Arbeiten nahm er schließlich Bemühungen um eine allgemein einsetzbare Programmiersprache vorweg und gab Lösungen für logische Operationen und Algorithmen an, aufbauend auf den bisherigen Erkenntnissen zur mathematischen Logik und zur Schaltalgebra.

Die planvoll fortgesetzten Entwicklungsarbeiten führten zur Herstellung von zwei Spezialmodellen zur automatischen Prozeßdatenerfassung sowie zur Rechenmaschine Z4 (1945), die bis 1960 genutzt wurde." [7.6]

Im Jahre 1945 stellten die Ingenieure Mauchly und Eckert in den USA den ersten elektronischen Rechner vor, der in der Fachwelt unter dem Namen ENIAC (Electronic Numerical Integrator and Computer) bekannt wurde. Mit der Entwicklung des Rechners war ab 1943 an der Universität von Pennsylvania begonnen worden. Aufgebaut aus 18 000 Elektronenröhren und etwa 500 000 handgelöteten Verbindungen wog dieser Rechner rund 30 Tonnen und benötigte eine Aufstellfläche von 150 m². Die Programmierung dieser Rechenmaschine erfolgte noch über Schalter und Steckbretter und erforderte einen erheblichen Aufwand. Problematisch war vor allem auch die starke Störanfälligkeit des Rechners, die dazu führte, daß ein Betriebszustand nur für wenige Minuten aufrechterhalten werden konnte.

Bild 7.5 Electronic Numerical Integrator and Computer, ENIAC, 1945

Für die Durchführung umfangreicherer Rechenoperationen mußten vorsorglich alle Röhren ausgewechselt werden, um die Fehlerwahrscheinlichkeit zu reduzieren, ein Vorgang, der regelmäßig den Zeitraum von einer Woche beanspruchte. Eine industrielle Nutzung der elektronischen Rechnertechnik war zu diesem Zeitpunkt noch nicht möglich [7.48].

Entscheidende Arbeiten zur Entwicklung eines programmgesteuerten Rechners leistete John von Neumann durch die Erarbeitung zweier grundlegender Konzepte, die bis heute die elektronische Rechnertechnik bestimmen. Im Gegensatz zum parallel arbeitenden ENIAC arbeitete Neumann nur mit einer zentralen arithmetischen Operationseinheit, die Einzelbefehle nacheinander ausführte. Zugleich erfolgte die Speicherung der Programmschritte und Daten vollelektronisch im Rechner, wodurch Programmänderungen wesentlich vereinfacht wurden.

Mit der Erfindung des Transistors im Jahre 1948 wurden die Grundlagen für die weitere Entwicklung und die industrielle Nutzung der Rechnertechnik gelegt. Die Vorteile der Transistortechnik gegenüber der Elektronenröhre waren:

Eine wesentlich geringere Baugröße, die Erschütterungsunempfindlichkeit, die Verschleißfreiheit, die Betriebssicherheit, das bessere Preis/Leistungsverhältnis und der geringere Energiebedarf.

In kurzen Abständen konnte die Halbleitertechnik weiter verbessert werden und mit ihr auch die Leistungsfähigkeit von Rechnern. Im Jahre 1959 enstanden die ersten integrierten Schaltkreise (Integrated Circuits, IC), 1965 folgten bereits hoch-

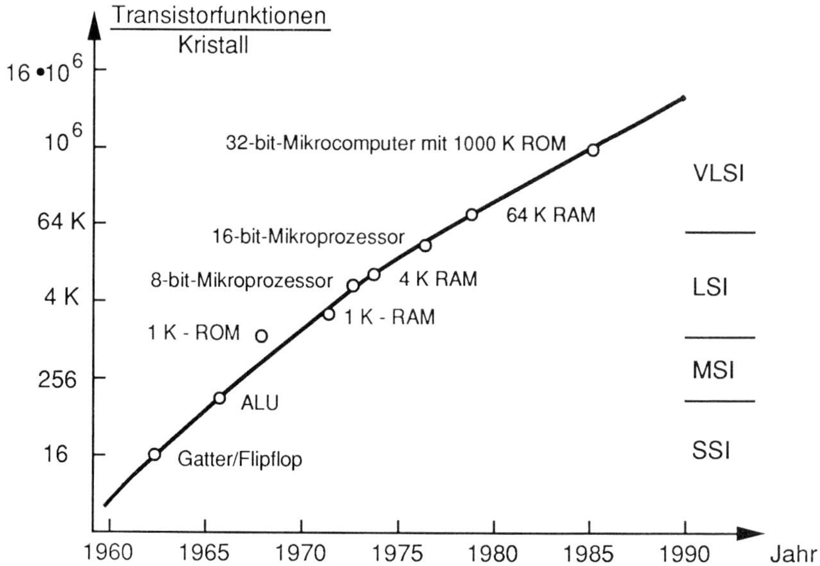

Bild 7.6 Entwicklung der Transistorfunktionen

integrierte Schaltkreise (Large Scaled Integrated Circuits, LSI) und 1971 wurden die ersten Mikroprozessoren entwickelt. Die herkömmlichen Schaltungen wurden in der Regel aus Transistoren aufgebaut, die einzeln auf Platinen gelötet und verdrahtet wurden. Wesentliches Merkmal der integrierten Schaltungen (IC) ist dagegen, daß Verbindungsleitungen und Elemente der Schaltung in einem technologischen Prozeß gleichzeitig erzeugt werden. Dabei werden sämtliche Transistoren, Kondensatoren, Dioden, Widerstände und Verbindungen in extrem verkleinerter Form auf einem Siliziumkristall abgebildet. Im gleichen Verhältnis, wie die Leistungsfähigkeit der mikroelektronischen Bauteile zunahm, verringerte sich auch deren Preis, so daß heute bereits Maschinensteuerungen mit mehreren parallel arbeitenden Mikrocomputern kostengünstig herstellbar sind.

7.2 Aufbruch zur NC-Technik

Die Suche nach einer geeigneten Form zur Speicherung von Steueranweisungen für Werkzeugmaschinen hat eine lange Tradition, die zunächst aus den Anforderungen der Großserienfertigung hervorging [7.17]. Dabei entstanden unterschiedliche Steuerungskonzepte, die das Ziel dauerhafter und einfacher Speicherung der Bearbeitungsinformationen verfolgten und eine beliebige Wiederholbarkeit der Werkstückbearbeitung bei hoher Genauigkeit anstrebten. Sie vereinfachten das Umrüsten der Maschinen und verlagerten die Kontrolle über den Produktionsprozeß von der Maschine in die Planungsabteilungen.

In den USA wurde diese Entwicklung vor allem durch die hier traditionellen Forderungen nach Unabhängigkeit vom Maschinenbediener sowie nach Zentralisation der Produktionssteuerung gefördert. Mit der elektronischen Rechnertechnik war schließlich ein geeignetes Instrument zur neuartigen Steuerung von Werkzeugmaschinen gegeben. Ein für den Erfolg dieser neuen Steuerungen ausschlaggebender Unterschied zu anderen Steuerungsverfahren war die Methodik, mit der die Steuerungsinformationen in den Speichermedien abgelegt wurden. Der gesamte Bearbeitungsprozeß eines Teiles wird auf eine formale, abstrakte Beschreibung reduziert, kodiert und dann in binäre Daten zur Aktivierung der Maschinensteuerung umgesetzt.

Ausgehend von diesen Zielsetzungen wurden bereits in den vierziger Jahren mehrere Werkzeugmaschinensteuerungen entwickelt, die nach dem digitalen Steuerungsprinzip arbeiteten. Beispielhaft hierfür können die Arbeiten von Cunningham bei der Arma Corporation oder von Caruthers angeführt werden [7.34].

Die erfolgreiche Innovation der numerischen Steuerung geht jedoch auf das von Parsons erdachte und mit dem MIT entwickelte System einer digitalen Werkzeugmaschinensteuerung zurück [7.48]. Parsons wurde als Sohn schwedischer Einwanderer in den USA geboren und arbeitete schon sehr früh in der Firma seines

Vaters, der Zulieferteile für die Automobilindustrie herstellte. Hinzu kam später die Produktion von Rotorblättern für Hubschrauber, welche dann nach Kriegsende zum Hauptaufgabengebiet der Firma Parsons heranwuchs. Ende der vierziger Jahre war die Parsons Corporation der größte Hersteller von Rotorblättern in den USA. Die grundlegende Idee zur Steuerung einer Werkzeugmaschine nach Zahlen, also die numerische Steuerung, reifte im Zusammenhang mit dem Herstellungsprozeß von Rotorblättern heran.

Bild 7.7 John T. Parsons, 1948

Auslöser für die ersten Schritte zu einer neuen Werkzeugmaschinensteuerung war neben Problemen bei der Herstellung der Rotorblätter ein Auftrag vom Air Force Material Command (AMC) an die Parsons Corporation zur Erstellung eines Handbuchs für deren Konstruktion. Diese erwies sich als extrem aufwendig. Mit den gängigen Hilfsmitteln der damals üblichen Rechentechnik mußte in der Regel ein Personenjahr für die Berechnung der Dimensionen und des Profils eines tragfähigen Rotorblattes angesetzt werden.

Das Interesse für eine rechnerunterstützte Belastungsberechnung der Rotorblätter wurde durch Informationen über die Nutzung des ENIAC Computers an der Pennsylvania University für wissenschaftliche Projekte geweckt. In der Folge wandten sich Parsons und sein Chef-Ingenieur Stulen direkt an IBM mit dem Ziel, sich durch eine Demonstration einen Einblick in die tatsächliche Leistungsfähigkeit der gängigen IBM-Rechenanlagen zu verschaffen. Parsons entschied sich, eine IBM 602A für die Erstellung der Belastungs- und Profilberechnungen anzumieten. Die Anlage wurde ergänzt durch eine Tabelliermaschine, einen Sortierer und eine Stanzvorrichtung für Lochkarten. Mit Hilfe dieser Ausrüstung gelang es seinem Konstruktionsbüro, den Aufwand für die Belastungsberechnungen wesentlich zu reduzieren.

Nachdem dieses System sich in der Praxis bewährt hatte, konzentrierte sich Parsons auf die zentrale Aufgabe der Verbesserung der Fertigungsgenauigkeit. Vorrangiges Problem war hierbei die genaue Anfertigung der Schablonen, nach denen die Rotorblätter hergestellt wurden. Diese Schablonen hatten die Funktion von Meßlehren, die an mehreren, genau festgelegten Punkten auf das Rotorblatt aufgesetzt wurden, um zu überprüfen, ob das Oberflächenprofil des Blattes mit dem Negativprofil der Schablone übereinstimmte [7.48].

Die positiven Erfahrungen mit der IBM-Rechnerausrüstung und der damit zur Verfügung stehenden höheren Rechnerleistung führten Parsons nun zu der Idee, daß es möglich sein müßte, eine wesentlich größere Anzahl von Punkten zu berechnen, welche die Kurve der Schablonen genauer beschreibt. Als Ergebnis entstand ein Datensatz, der als digital gespeicherte Information auf Lochkarten vorlag und mittels der Tabelliermaschine automatisch als Liste ausgedruckt werden konnte. Die Arbeit des Maschinenbedieners beschränkte sich nun auf das genaue Abarbeiten der Koordinatenliste, um nach dieser die Werkzeugmaschine zu positionieren. Anschließend konnten die verbleibenden, kaum sichtbaren Grate geschlichtet werden.

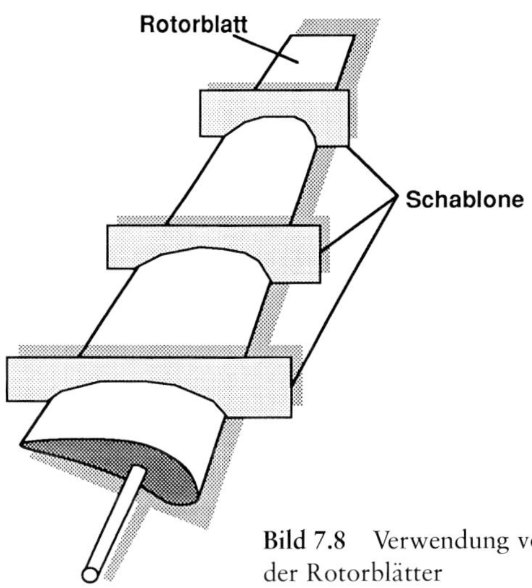

Bild 7.8 Verwendung von Schablonen zur Formbestimmung der Rotorblätter

Dieser neue Ansatz brachte weitere Fortschritte in Parsons Bestreben, den Prozeß der Rotorblattfertigung zu optimieren. Nach wie vor jedoch war der Mensch die größte Fehlerquelle. Insbesondere das Ablesen der Zahlentabellen und das Positionieren der Maschine mußte weiterhin manuell durchgeführt werden. Für Parsons lag es nahe, die mit Hilfe des Digitalrechners erstellten Lochkarten mit Zahlenkoordinaten statt in eine Tabelliermaschine rationeller direkt für die Dateneingabe an einer Werkzeugmaschinensteuerung zu verwenden.

Die theoretische Weiterentwicklung eines solchen Ansatzes zur digitalen Steuerung wurde durch Konstruktionspläne eines neuen Hochgeschwindigkeitsflugzeuges verstärkt, welche Parsons im Jahre 1948 von der Air Force übermittelt bekam. Dieser Flugzeugtyp wies eine neue Flügelkonstruktion auf, die aus integriert versteiften Flügelprofilen zusammengesetzt war. Parsons erkannte, daß sich diese Flügelprofile mit den herkömmlichen Fertigungstechniken nicht wirtschaftlich herstellen ließen. Er sah jedoch eine Möglichkeit zur Lösung des Problems in der Weiterentwicklung seines mathematischen Ansatzes. Das Problem bestand lediglich darin, seine manuelle Zwei-Achsen-Positioniersteuerung für Bohrmaschinen zu einer automatischen Drei-Achsen-Steuerung für Fräsmaschinen weiterzuentwickeln. Um dies auszuführen, waren lediglich die Berechnungen der Koordinaten für die X- und Y-Positionierung durch eine dritte Dimension für die Schnittiefe zu ergänzen.

Der Erfolg seiner Anstrengungen zeigte sich schließlich im Juni 1949, als Parsons von der Air Force ein Auftrag zur Konstruktion und Erstellung einer digital gesteuerten Fräsmaschine für die Herstellung von integriert versteiften Profilen angeboten wurde. Der Vertrag war mit 200 000 Dollar dotiert und für eine Laufzeit von 21 Monaten ausgelegt. Parsons Problem bestand nun in der praktischen Umsetzung seiner Ideen.

Trotz des hervorragenden Ingenieurstabes der Parsons Corporation zeigte sich aber schon bald, daß aufgrund der geringen Kenntnisse auf dem Gebiet der Regelungstechnik und der Elektronik die gestellte Aufgabe nicht befriedigend bearbeitet werden konnte. Parsons entschloß sich deshalb, mit dem Massachusetts Institute of Technology Kontakt aufzunehmen und mit den Wissenschaftlern die Möglichkeiten der automatischen Steuerung einer Werkzeugmaschine mit digitalen Daten zu erörtern. Die Verhandlungen zwischen Parsons und dem MIT mündeten schließlich in die Vergabe eines Unterauftrags an das MIT über die Entwicklung eines digitalen Steuersystems. Der Vertrag wurde im Juli 1949 unterzeichnet.

Seitens des MIT waren das auf Antriebs- und Steuerungstechnik spezialisierte Servomechanism Laboratory sowie das mit der Digital-Computer Forschung befaßte Computer Application Laboratory an dieser Entwicklung beteiligt. Seit Ende des Zweiten Weltkrieges war dort verstärkt Grundlagenforschung auf dem Gebiet der Servosteuerung mittels binärer Eingabedaten betrieben worden. Darüber hinaus konnte das Servomechanism Laboratory Basiswissen auf dem Gebiet der Digital-Computertechnik sammeln, das bei der späteren Entwicklung der numerischen Steuerung von entscheidendem Einfluß war.

Problematisch bei dem geschlossenen Projektvertrag waren die unterschiedlichen Zielsetzungen der beiden Vertragsparteien. Parsons war an den Vertrag mit der Air Force gebunden und strebte deshalb nach einem möglichst funktionellen, einfachen und schnell realisierbaren Ansatz. Er wollte mit Hilfe des MIT die von ihm entwickelte Idee der sogenannten Cardamatic Maschine auf Basis eines Lochkartengerätes von IBM und einer Maschine der Snyder Tool and Engineering

Company in die Realität umsetzen. Das MIT wollte vordringlich einen wissenschaftlichen Nutzen aus dem Projekt ziehen.

Schon kurz nach Vertragsabschluß wurde deutlich, daß die von der Steuerung zu verarbeitende Datenmenge mit Hilfe des von Parsons vorgesehenen IBM-Lochkartenlesers nicht hinreichend schnell bereitgestellt werden konnte. Mit dem Ersatz des Lochkartensystems durch einen Lochstreifenleser wurde der erste wesentliche Konstruktionsbestandteil von Parsons Konzept und damit auch ein Bestandteil des Vertrages mit der Air Force durch das MIT abgeändert.

Die weiteren Untersuchungen ergaben, daß der vom MIT zunächst angestrebte Lösungsweg mit den damaligen Rechen- und Speichertechniken nicht durchführbar war. Die am MIT für dieses Projekt zunächst Verantwortlichen, Forrester und Brown, mußten zu diesem Zeitpunkt erkennen, daß die Zeitplanung bei weitem zu optimistisch und der Gesamtrahmen zu anspruchsvoll angesetzt waren. Damit vergrößerte sich der Zwiespalt zwischen Parsons und dem MIT weiter. Parsons seinerseits verlangte, das Lösungskonzept wieder zu vereinfachen und zu realistischen, praxisnahen und erprobten Verfahren zurückzukehren.

Doch die vom MIT eingeschlagene, stärker grundlagenorientierte Entwicklungsrichtung, die später auch Reintjes fortführte, wurde durch neue Interessen der Air Force unterstützt, die mit einem anderen Air Force Programm, dem Heavy-Press Program, in Verbindung standen. Die Fertigung der für schwere Pressen benötigten großen Schmiedegesenke mit der erforderlichen Genauigkeit erwies sich als ein zu aufwendiger und problematischer Prozeß. Die Air Force erkannte als Alternative ein ideales Anwendungsgebiet für die numerische Steuerung und propagierte die Idee, eine bahngesteuerte Fünf-Achsen-Fräsmaschine für entsprechende Aufgaben zu entwickeln. In der Folge griffen die MIT-Forscher diesen Ansatz auf und verbreiteten in ihren Forschungsreports verstärkt die Anwendungsmöglichkeit einer digital programmierten Fräsmaschine für die Fertigung von Gesenken.

Parsons numerisch gesteuerte Maschine wurde am MIT soweit vollendet, daß mit Hilfe eines Rechners ein Plastikschreibband in einen Lochstreifen zur Eingabe in die numerische Steuerung transformiert werden konnte. Die Phase der praktischen Erprobung an der Maschine begann. Im Zuge dieser Aktivitäten wurde schließlich auch der letzte Bestandteil des Vertrages mit Parsons, die Snyder Planfräsmaschine, durch eine Cincinnati Hydrotel Vertikal-Fräsmaschine ersetzt, welche die Air Force bereitstellte. Mitte des Jahres 1951 war die Umrüstung der Maschine schließlich vollendet und eine bahngesteuerte Drei-Achsen-Werkzeugmaschine vorführbereit. Bis zu diesem Zeitpunkt erforderte das gesamte Projekt etwa 12 Personenjahre Entwicklungsarbeit bei einem Budget von über 300000 Dollar.

In dem Bewußtsein der starken Interessen des Air Force Material Commands und der Luftfahrtindustrie an einer Weiterentwicklung der numerischen Drei-Achsen-Bahnsteuerung zu einer Fünf-Achsen-Bahnsteuerung sowie bestärkt durch die freizügige Finanzierung des weiteren Projektverlaufs, begann das MIT Servomechanism Laboratory sofort nach Parsons' Ausscheiden mit einem Technologie-Transfer-Programm. Dieses Programm umfaßte neben einer großflächigen Informationsverbreitung über die neue Entwicklung auch Aktivitäten zur Kontaktaufnahme mit der Industrie sowie den Aufbau eines Netzes von Kontaktstellen in der Luftfahrtindustrie. Ziel dieser Aktivitäten war es auch, die besonderen Anforderungen industrieller Produktionsprozesse kennenzulernen. Im September 1952 wurde schließlich ein dreitägiges Seminar zur Präsentation der ersten prototypischen Maschine mit einer Drei-Achsen-Bahnsteuerung durchgeführt und die Funktionsfähigkeit der vom MIT entwickelten numerischen Steuerung nachgewiesen.

Ein großer Teil der nun folgenden Aktivitäten bestand in der Übernahme von Beratungsaufträgen, Vorträgen und Seminaren für Industrieunternehmen, die Interesse an einer Nutzung der NC-Technologie bekundeten. Zusätzlich kooperierte das MIT mit Firmen bei der Entwicklung von kommerziell verfügbaren numerischen Steuerungen. Im Jahre 1953 entstand aus der Zusammenarbeit des MIT, der Glenn Martin Company sowie der Bendix Corporation und Kearney & Trecker mit finanzieller Unterstützung der Air Force die erste kommerzielle numerische Steuerung. Im gleichen Jahr wurde ein weiterer Kooperationsvertrag mit Giddings & Lewis geschlossen, um gemeinsam die Record-Play-back-Steuerung von General Electric in eine modifizierte numerische Steuerung umzuwandeln. Dieses „Numericord" genannte System kam erstmals an einer Fräsmaschine bei Lockheed zum Einsatz. Auch dieses Projekt erhielt eine starke finanzielle Unterstützung seitens der Air Force.

Die Zuwendungen der Air Force für die kommerzielle Weiterentwicklung der NC-Technik waren weiterhin auch deshalb notwendig, da die Industrie aufgrund des hohen technischen Anspruchs und der mit der Entwicklung verbundenen finanziellen Risiken nicht bereit war, die NC-Technologie auf eigene Kosten zu fördern. Einer schnelleren Übernahme dieser neuen Steuerungstechnik durch die Industrie standen technische und wirtschaftliche Hinderungsgründe entgegen. Trotz der erfolgreichen Vorführung der Steuerung durch das MIT bestanden berechtigte Zweifel an der Funktionstüchtigkeit der Elektronik unter praktischen Produktionsbedingungen. Die Wirtschaftlichkeit einer numerisch gesteuerten Werkzeugmaschine war nur sehr schwer zu beurteilen. Auch der Beweis ihrer Vorteilhaftigkeit gegenüber konventionellen Techniken war noch nicht erbracht.

Im Sommer 1954 regte das MIT deshalb die Durchführung einer Studie zum Nachweis der Wirtschaftlichkeit der NC-Technik an. Eine Beurteilung der Wirtschaftlichkeit der numerischen Steuerung erwies sich jedoch aus mehreren Gründen als sehr problematisch. Es fehlte die Erfahrung eines industriellen Einsatzes der NC-Maschine. Man war deshalb auf eine Abschätzung der wirtschaftlichen Potentiale angewiesen. Ein weiteres Problem stellte die Quantifizierung der von der Air Force in Verbindung mit der NC-Technik formulierten Ziele dar und somit auch die Beurteilung des Zielerreichungsgrades.

Zur Analyse der Wirtschaftlichkeit der numerisch gesteuerten Werkzeugmaschine wurde schließlich eine Studie auf der Grundlage von Musterwerkstücken durchgeführt, die mit der MIT-Maschine hergestellt wurden und für die somit die Kosten der Fertigung berechnet werden konnten. Gleichzeitig wurden unterschiedliche Unternehmen aus der Industrie um eine Kostenschätzung für die Fertigung dieser Musterstücke mit den von ihnen jeweils verwandten Fertigungsverfahren gebeten.

Auch wenn die von der Industrie geschätzten Fertigungskosten für die einzelnen Teile eine erhebliche Streuung aufwiesen, zeigte sich doch eindeutig, daß die Kosten der NC-Fertigung im oberen Bereich der Werteskala lagen und somit wirtschaftliche Nutzenvorteile nicht nachweisbar waren. Ein wichtiges Ergebnis dieser Studie war jedoch die Erkenntnis, daß der größte Anteil der Kosten der NC-Fertigung durch den hohen Programmieraufwand verursacht wurde. Dies mußte ein wichtiger Ansatzpunkt für weitere Forschungsaktivitäten sein.

Bedeutsam ist in diesem Zusammenhang, daß die Meinung der Industrie gegenüber der NC-Technik in diesem Zeitraum von einer anfänglichen Ablehnung in eine zunehmend positive Einstellung wechselte. Wesentliche Einflußfaktoren waren das wachsende Verständnis der neuen Technik und eigene Erfahrungen der Industrie mit der NC-Technik. Einflußreich für die verstärkte Annahme der NC-Technologie war aber auch das von der Air Force aufgelegte Großbeschaffungsprogramm, welches unter anderem den Einkauf von NC-Maschinen förderte. Damit schuf die Air Force einen künstlichen Markt für NC-Maschinen und regte die Unternehmen an, eigene NC-Produktlinien zu entwickeln.

Dieses sogenannte „Bulk-buy Machine Tool Program" sah zunächst einen Massenkauf von Werkzeugmaschinen durch die Air Force mit dem Ziel vor, diese bis zum Zeitpunkt eines möglichen nationalen Ernstfalles einzulagern. Das Vorhaben wurde später soweit abgeändert, daß anstelle einer Einlagerung von Beginn an eine Aufstellung der Maschinen in den Werkstätten der Luftfahrt-Industrie möglich war.

Aus Sicht der potentiellen Nutzer der NC-Technik waren damit zwei Vorteile verbunden. Zum einen konnten Maschinen durch die Industrie für den normalen Produktionsprozeß eingesetzt werden, standen also nicht ungenutzt in Lagerhallen herum. Zum anderen wurde den Unternehmen durch dieses Programm ein weitgehend risikoloser Wechsel von den konventionellen Werkzeugmaschinen zur numerisch gesteuerten Werkzeugmaschine durch finanzielle Mittel der Air Force ermöglicht.

Hierdurch wurde jedoch auch eine wirtschaftliche Bewertung der entwickelten Lösungen verhindert. Bei Investitionen mit ausschließlichem Unternehmensinteresse hätte eine solche Bewertung frühzeitig kostengünstigere Lösungen gefördert. Die Wissenschaftler besannen sich deshalb auf die wenig ermunternden Ergebnisse ihrer Wirtschaftlichkeitsanalysen zur NC-Technik und erarbeiteten in der Folge einen Projektvorschlag zur Entwicklung einer speziellen Programmiersprache für numerisch gesteuerte Werkzeugmaschinen.

Bereits seit 1953 versuchten die Ingenieure des MIT, Digitalrechner für die Programmierung der NC-Lochstreifen zu verwenden. Damit konnte der für die Bahnsteuerung erforderliche enorme Berechnungsaufwand deutlich verringert werden. Trotzdem mußten selbst für die Programmierung einfacher Werkstücke mehrere Personentage Arbeit angesetzt werden. Ein weiteres Problem der Arbeit mit dem Rechner war die Tatsache, daß die Programmierung der Werkstücke nicht von den Maschinenbauingenieuren selbst durchgeführt werden konnte, sondern die gewünschten Bearbeitungsschritte von einem speziell ausgebildeten Programmierer in Maschinensprache übersetzt werden mußten, der umfangreiche Kenntnisse über die Funktionsweise des speziellen Rechners besaß.

Es war also eine Programmiersprache zu entwickeln, die es auch einem Benutzer ohne spezielle Kenntnisse ermöglichte, die Programme für die Erzeugung des NC-Lochstreifens zu erstellen. Zur Überraschung der Mitarbeiter des MIT wurde dieser neue Projektantrag durch die Air Force kurzfristig angenommen.

Die ersten Versuche zur Lösung der gestellten Aufgabe basierten auf der Programmierung einer Bibliothek von Unterprogrammen, einem Monitor System, welches die Auswahl und Zusammenstellung der einzelnen Subroutinen zu dem gewünschten Teileprogramm ermöglichte, und einer Schnittstelle, die einfache, englischsprachige Eingaben verarbeiten konnte. Das ganze System war zunächst für eine Zwei-Achsen-NC-Bearbeitung konzipiert. Die von der Air Force gestellten Anforderungen verlangten darüber hinaus ein Programmiersystem für eine Fünf-Achsen-Bearbeitung, welches universell und maschinenunabhängig anpaßbar sein sollte.

Die Bearbeitung dieses Projekts wurde unter die Verantwortung von Douglas T. Ross gestellt. Ross erkannte bei der Eingrenzung des Problemfeldes sehr bald, daß mit dem ursprünglich gewählten Ansatz auf Basis der Unterprogrammsammlung die mit einer Fünf-Achsen-Bahnsteuerung einhergehende Programmkomplexität nicht beherrschbar sein würde. Ross und sein Mitarbeiterstab am MIT entwickelten deshalb ein völlig neues Konzept, welches von einem dreidimensionalen Vektorsystem ausging, anwendungsorientiert auslegbar und an jedes beliebige Steuerungssystem anpassbar sein sollte. Dieses System wurde APT genannt (Automatically Programmed Tools).

Nach der Formulierung des Konzeptes bat das MIT die Air Force und die Luftfahrtindustrie um Unterstützung bei der Realisierung des Programmiersystems. Im Frühjahr 1957 gelang es, mit Hilfe des Aircraft Industries Association Subcommittee for Numerical Control ein Kooperationsprojekt mit 19 Unternehmen der Luftfahrtindustrie unter Leitung des MIT zu begründen. Mit finanzieller Unterstützung der Air Force realisierte diese Forschungsgemeinschaft, die gegen Ende des Projektes bis auf 27 Partner anwuchs, die Basis für spätere Ergänzungen des APT-Systems und stellte ein integriertes Softwarepaket zur Generierung zweidimensionaler Maschineninstruktionen fertig, welches unter dem Namen 2D-APT-II im Jahre 1959 zur freien Nutzung veröffentlicht wurde.

Nach Vollendung des dreidimensional ausgerichteten APT-Systems ging die Betreuung und weitere Wartung von APT an das Illinois Institute for Technology Research über und das MIT beendete seine Arbeiten im Rahmen des NC-Projektes.

Nunmehr begann in den USA ein allmählicher Wandel in der Fertigungsstruktur [7.5]. Die neue Technologie bildete die Grundlage für eine kostengünstige Automatisierung auch der Einzel- und Kleinserienfertigung. Einige amerikanische Unternehmen der Maschinenbauindustrie begriffen die Potentiale der neuen Technologie sehr schnell. Bereits Mitte der fünfziger Jahre arbeiteten die ersten NC-Maschinen im industriellen Einsatz. An der Spitze standen die Werkzeugmaschinenfirmen Giddings & Lewis Machine Tool Co., Kearney & Trecker Machine Tool Co. und die Cincinnati Milling Machine Company, die durch ihre Zusammenarbeit mit dem MIT bei der Entwicklung der ersten Steuerungen frühzeitig Erfahrungen gesammelt hatten [7.14].

Eine schnellere Verbreitung der numerisch gesteuerten Maschinen wurde jedoch durch zwei wesentliche Einflußgrößen behindert. Zunächst beeindruckte der

Bild 7.9 Frühe NC-Maschine, Noble, um 1950

enorme Preis der neuen Maschinen. Er hielt eine Vielzahl von Unternehmern davon ab, die neue Technik in die eigene Fertigung zu übernehmen. Die Maschinen hatten damals einen Auftragswert, der bisher für Werkzeugmaschinen unvorstellbar war. Den größten Kostenaufwand verursachten dabei die neuinstallierten Steuerungen [7.5]. Der Aufwand für die Unternehmen erhöhte sich zusätzlich durch organisatorische und personelle Anpassungsmaßnahmen in den Produktionsbetrieben. Nicht zu vergessen sind auch die schwer einzuschätzenden Probleme mit der Programmierung und Bedienung der neuen Maschinen. Behindernd war weiterhin die Tatsache, daß durch die bereits geschilderte Entwicklerkonstellation die Belange der Flugzeugindustrie und damit der Leichtmetallbearbeitung in den Vordergrund gestellt wurden [7.41].

Der Gradmesser der technischen Entwicklung sowohl für Anwender als auch für die Hersteller war die regelmäßig alle fünf Jahre stattfindende Werkzeugmaschinenausstellung in Chicago. Während hier im Jahre 1955 nur wenige Beispiele von Werkzeugmaschinen mit elektronischer Lochstreifensteuerung gezeigt wurden, darunter vor allem Revolverdrehmaschinen der Firma Jones & Lamson, Pressen von Wiedemann mit Steuerungen der General Electric Co. sowie Bohrmaschinen von Arter Grinding, wandelte sich das Bild im Jahre 1960 vollständig. Bei einer Anzahl von 152 Ausstellern führten bereits 35 Aussteller eine numerisch gesteuerte Maschine vor [7.5].

In der Menge der präsentierten Maschinen erregten besonders 11 numerisch gesteuerte Bearbeitungszentren das Interesse der Besucher [7.5]. Diese Bearbeitungszentren waren für wechselweises Fräsen und Bohren konstruiert. Gesteuert wurde die maschineninterne Werkzeugwahl, der automatische Werkzeugwechsel aus einem Werkzeugmagazin sowie teilweise auch der automatische Werkstückwechsel mit einer Wechselpalette. Bei dieser neuen Maschinenart demonstrierte vor allem die Firma Kearney & Trecker ein bereits erstaunliches Know-how und errang mit den Bearbeitungszentren der Milwaukee-Matic Serie einen deutlichen Vorsprung [7.5]. Der Vorläufer dieser vollständig numerisch gesteuerten Bearbeitungszentren war eine schon 1957 für die Hughes Aircraft Company von Kearney & Trecker entworfene Fertigungsstraße, die drei selbständige Maschineneinheiten einschließlich des Palettentransports für die Werkstücke numerisch gesteuert miteinander verknüpfte.

Auf der Chicago-Messe 1960 führten die Aussteller dem Publikum erstmals vor, wie selbst verhältnismäßig komplizierte Werkstückgeometrien als Rohteile mit einem Programm vollständig bearbeitet werden konnten. Technologisch basierten die Steuerungen auf Relaisschaltungen. Meist beschränkten sich die Steuerungsfunktionen auf die relative Positionierung der Werkzeuge zu den Werkstücken in zwei oder drei Bewegungsrichtungen. Einige Ausführungen schlossen zusätzlich Schaltbefehle für die Kühlwasserzufuhr oder die Schlittenklemmung ein. Zu dieser Zeit begannen die ersten Firmen, sich auf die Entwicklung und den Bau numeri-

Bild 7.10 Bearbeitungszentrum, Milwaukee-Matic, 1960

scher Steuerungen zu spezialisieren. Zu nennen sind General Electric, Bendix Aviation Corp., Allen Bradley und Electronic Control Systems [7.25].

Die numerische Steuerung ermöglichte höhere Vorschubgeschwindigkeiten, den Einsatz leistungsstärkerer Motoren und damit eine verbesserte Nutzung der damals schon weit fortgeschrittenen Werkzeugtechnologie. Diese Fortschritte in der Steuerungstechnik zogen deshalb auch konstruktive Weiterentwicklungen an den Maschinen nach sich, um die gestiegenen Leistungsmerkmale umsetzen zu können.

Die Maschinen erlangten damit einen Reifegrad, der einen breiteren Einsatz in der industriellen Praxis wirtschaftlich interessant werden ließ. Anfang der sechziger Jahre befanden sich in der amerikanischen Flugzeugindustrie bereits über 100 NC-Maschinen im Einsatz. In anderen Industriezweigen waren weitere 300 Maschinen installiert. Mehr und mehr Unternehmen begriffen jetzt die Vorteile der neuen Technologie, so daß Ende 1962 bereits etwa 2500 NC-Maschinen in den USA eingesetzt wurden [7.32].

Die Werkzeugmaschinenindustrie in Europa und viele Fachautoren betrachteten die aufkommende NC-Technologie in den 50er Jahren zunächst mit Skepsis [7.37]. Die Gründe hierfür lagen auch in der anhaltenden günstigen Konjunktur für den Verkauf konventioneller Werkzeugmaschinen. Die Lieferfristen waren sehr lang, die Werkstätten der Maschinenhersteller ausgelastet. Auch Technische Hochschulen befaßten sich erst Anfang der sechziger Jahre intensiver mit der NC-Technik [7.5].

Die Werkzeugmaschinenforschung konnte zwar auf eine lange Tradition zurückblicken. Sie konzentrierte sich aber bis in die Nachkriegsjahre fast ausschließlich auf die technische Weiterentwicklung der Maschinensysteme und auf die Erforschung fertigungstechnischer Problemfelder. Arbeiten auf dem Gebiet der Steuerungstechnik befaßten sich schwerpunktmäßig mit der Verbesserung und Weiterentwicklung der konventionellen Steuerungsverfahren.

Rückblickend muß jedoch erwähnt werden, daß in der deutschen Industrie bereits in den 30er Jahren Forschungsarbeiten über Einprägeautomatiken und Impulssteuerungen durchgeführt wurden. Zielvorgaben sahen eine Aufzeichnung der Schalt- und Weginformationen vor, um eine beliebige Wiederholung zu garantieren. Zur Realisierung solcher Steuerungen mußten vor allem Lösungswege für die Eingabe der Steuerbefehle, das Messen der Fahrwege der Schlitten und das Speichern der Programme gefunden werden.

Die Arbeiten konzentrierten sich auf Steuerungen für die Bearbeitung beliebig geformter Werkstücke in kleinen Stückzahlen. Schon 1946 befaßte sich W. Schmid, der für die AEG ein Forschungsinstitut von etwa 70 Mitarbeitern leitete, mit diesem Problemkreis, insbesondere mit Einprägesteuerungen. Als Ergebnis präsentierte er auf der 1. Europäischen Werkzeugmaschinen-Ausstellung 1951 in Paris auf dem Stand der französischen Firma Alfred Herlicq et Fils eine Drehmaschine mit einer Steuerung, die bereits wesentliche Grundzüge einer numerischen Steuerung aufwies [7.14].

Das Steuerungsprinzip basierte darauf, daß ein Tonband bei Bearbeitung des ersten Werkstückes alle Wegbefehle speicherte und nach diesen Informationen die folgenden Werkstücke bearbeitete. Die Maschinenkonzeption sah also mindestens die Herstellung von zwei Werkstücken vor. Eine Realisierung des ersten Werkstückes erreichte der Bediener entweder durch Nachformdrehen oder durch gesteuerte Eingabe einer definierten Tonfolge. Als Tonerzeuger diente die menschliche Stimme bzw. eine Blockflöte. Bewegte sich ein Schlitten, so wurde diese Bewegung abhängig von der jeweiligen Vorschubrichtung und der Geschwindigkeit als Tonfolge auf einem Magnetband gespeichert. Gemäß der Tonfolge konnte die Werkzeugmaschine rechteckige oder kreisförmige Werkstücke herstellen [7.15].

Nach Aussagen von Schmid soll seine Steuerung schon 1948 funktionsfähig gewesen sein, also ein Jahr vor dem als frühestes Datum der Entwicklung der NC-Technik in den USA genannten Jahr 1949. Die Gründe dafür, daß es nicht zu der von Schmid angekündigten Präsentation einer verbesserten Konstruktion seiner Steuerung auf der 2. Europäischen Werkzeugmaschinen-Ausstellung (EWA) 1952 in Hannover kam, sind nicht bekannt. Man darf allerdings vermuten, daß sie im technischen Bereich lagen. Technische Probleme hatten schon auf der 1. EWA in Paris 1951 immer wieder dazu geführt, daß Vorführeffekte auftraten und die Steuerung ausfiel.

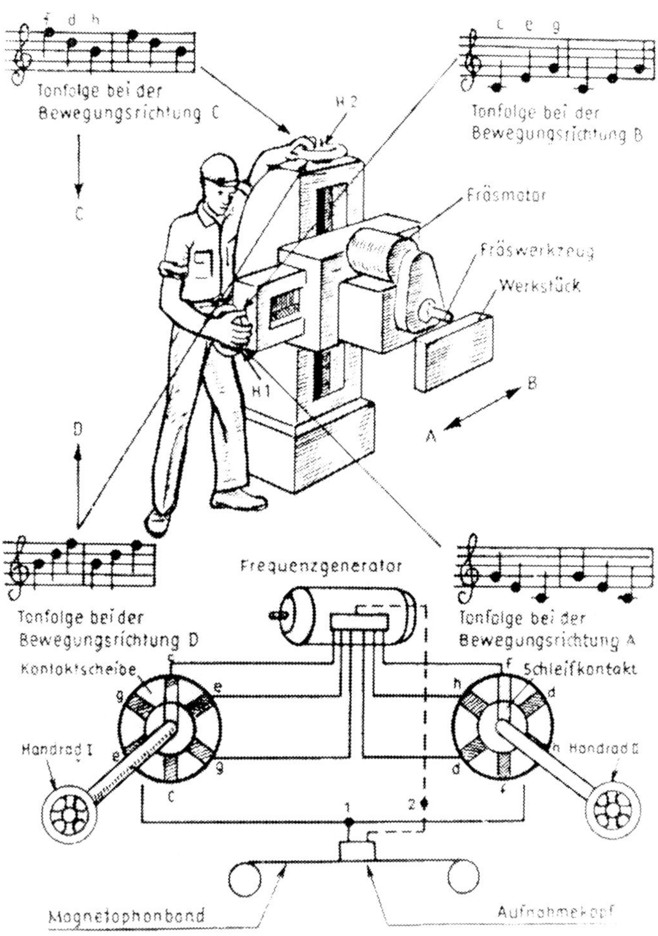

Bild 7.11 Aufzeichnungsvorgänge an der Drehmaschine

Der Grund für das späte Engagement der Werkzeugmaschinen- und Steuerungshersteller für die NC-Technologie in Europa kann jedoch nicht mit Desinteresse oder mangelndem Weitblick erklärt werden. Besonders die Techniker fühlten sich durch die Möglichkeiten herausgefordert, die mit dem Einsatz numerischer Steuerungen an Werkzeugmaschinen verbunden waren. Die Ausgangsposition für die Entwicklung dieser Technik war jedoch eine andere als in den Vereinigten Staaten, wo die numerisch gesteuerten Werkzeugmaschinen in erster Hinsicht für die Rüstungsproduktion bestimmt waren, so daß aufgrund staatlicher Unterstützungen die hohen Entwicklungskosten ausgeglichen werden konnten.

In der europäischen Industrie mußten zunächst die wirtschaftlichen Faktoren im Vordergrund stehen. Die hohen Entwicklungskosten, fehlende Zulieferfirmen mit ausreichenden Erfahrungen für die notwendigen Bauelemente und die Begrenzung des vorhandenen Marktes spielten dabei eine wichtige Rolle. Die potentiellen Abnehmer von Werkzeugmaschinen in Europa und besonders in der Bundesrepublik produzierten aufgrund des allgemeinen Nachholbedarfs nach dem Krieg vor allem in mittleren und größeren Serien. Sie vertrauten auf ihre neu geschaffenen konventionellen Maschinen.

Die Nachformsteuerungen wurden in den 50er Jahren erfolgreich weiterentwickelt und erfüllten die Anforderungen der Praxis. Die Programmierung von Arbeitsfolgen geschah mit Steckerfeldsteuerungen und Kreuzschienenverteiler. Austauschbare Nockenleisten reduzierten die Umrüstzeiten der Maschinen. Zur Programmierung, Bedienung und Wartung stand ein ausreichend qualifiziertes Facharbeiterpersonal zur Verfügung.

Ansätze für neue Werkzeugmaschinensteuerungen gab es allerdings bei der Entwicklung von elektronischen Motorsteuerungen auf Elektronenröhrenbasis, die eine stufenlose Änderung der Motordrehzahl in einer vorgewählten Reihenfolge und Größe ermöglichten. Die Bedienung erfolgte direkt an der Maschine durch Schalter und Knöpfe. Die Art der Programmerstellung, die man maschinennahe Handeingabe nannte, wurde bereits von der maschinenfernen Programmerstellung unterschieden. Die Anwendung dieser Programmierung blieb zunächst außerordentlich begrenzt, da kein Fehlerabfang bei der Eingabe bestand und sich jeder Fehler ohne eine Testmöglichkeit unmittelbar auf das Werkstück auswirkte [7.15].

Zu den europäischen Vorreitern bei der Entwicklung numerisch gesteuerter Werkzeugmaschinen gehörte auch die englische Maschinenbauindustrie. 1955 wurde erstmals eine vollständig durch Lochstreifeneingabe programmierte und gesteuerte Werkzeugmaschine der Firma Laurence, Scott & Electromotors in Norwich vorgestellt. Diese Maschine war mit einer Steuerung der Firma EMI Electronics ausgerüstet [7.29].

Vergleichbar mit der Entwicklung in den USA ging auch in England die treibende Kraft von der Luftfahrtindustrie aus, die mit den Möglichkeiten der NC-Technologie große Entwicklungschancen verband. Das Engagement der Luftfahrt wurde zusätzlich durch die Entwicklungen des Korea Krieges genährt. Die Anforderungen der Flugzeugindustrie wurden zusammenfassend auf der 5.International Production Engineering Conference im Jahre 1957 dargestellt [7.29]. Im Zentrum der englischen Steuerungsentwicklung stand zu dieser Zeit die Firma EMI Electronics, die sich mit der Entwicklung von Steuerungssystemen für die Herstellung integral versteifter Tragflächen befaßte.

Bereits 1958 konnte von der Entwicklung einer großen Fräsmaschine mit Drei-Achsen-Steuerung berichtet werden, die in Zusammenarbeit mit der Firma Ferranti und der Entwicklungsabteilung des Ministry of Supply konstruiert wurde. Im gleichen Jahr wurden noch vier weitere NC-Systeme von den englischen Firmen Ferranti, EMI, EMCO Electronics und British Thomson vorgestellt [7.29].

1959 wurden in England erstmals die Ergebnisse eines britisch-amerikanischen Joint-Venture dargestellt, welches sich mit der Entwicklung einer elektronisch gesteuerten Fräsmaschine befaßte. Das Gemeinschaftsunternehmen hatte seinen Ursprung bereits im Jahre 1955, als die Cincinnati Milling Company nach einer geeigneten Steuerung für ihre Maschine suchte. Cincinnati entschied sich damals für das Steuerungssystem der Firma EMI. Die Entwicklung der Maschinen geschah im Auftrag des US Air Force National Commands, das schon für die Finanzierung des MIT-Entwicklungsprojektes verantwortlich zeichnete.

Einen guten Überblick über die Entwicklungstendenzen der europäischen, vor allem aber der deutschen Werkzeugmaschinenindustrie geben die von Professor Opitz vom Laboratorium für Werkzeugmaschinen und Betriebslehre der Technischen Hochschule Aachen gegründeten Werkzeugmaschinenkolloquien. Zu Beginn der fünfziger Jahre dominierten auf dem Gebiet der Steuerungstechnik noch Diskussionen und Vorträge über elektrische, elektrohydraulische und elektromechanische Steuerungen, vorwiegend Nachformsteuerungen. Programmsteuerungen wurden mittels mechanischer Anschläge, Kurvenscheiben und mechanischer Vorwählschaltungen realisiert.

Die Möglichkeit der numerischen Steuerung wurde erstmals auf dem achten Aachener Werkzeugmaschinenkolloquium im Jahre 1956 in einem Vortrag von Milton Shaw, damals Professor am MIT, erwähnt [7.1]. Shaw berichtete in seinem Vortrag von den auf der Chicagoer Werkzeugmaschinenausstellung 1955 gezeigten Maschinen mit Lochkarten- und Bandsteuerung sowie von der Entwicklung der MIT-Fräsmaschine mit numerischer Steuerung. Beim gleichen Kolloquium wurde im Werkzeugmaschinenlabor der TH Aachen eine Drehbank vorgestellt, die nach den Aufzeichnungen eines Magnetbandes längs- und plandrehte.

An der TH Darmstadt wurde etwa zur gleichen Zeit eine numerische Steuerung für Werkzeugmaschinen entwickelt. Es handelte sich um eine kleine Sternrevolverdrehmaschine, die am Institut von Professor Stromberger umgebaut wurde. Bei dieser Maschine wurden alle zur Steuerung der Bewegungen notwendigen Kommandos durch Druckknöpfe erteilt. Die Steuerung speicherte die Schaltinformationen auf einem Magnetband und besaß somit die Option, den Arbeitszyklus beliebig oft zu wiederholen [7.15].

Unterstützt wurde Professor Stromberger bei diesen Arbeiten von seinem Mitarbeiter Simon, der 1963 an der TH Darmstadt mit einer Arbeit habilitierte, die unter dem Titel „Die numerische Steuerung von Werkzeugmaschinen" veröffentlicht wurde. Das Buch gab einen systematischen Überblick über den damaligen Stand der Steuerungs- und Regelungstechnik sowie der Datenverarbeitung im Umfeld der Werkzeugmaschine und vermittelte einen guten Einblick in die vorherrschende Problemerkenntnis. Simon trug mit diesem Werk zur Durchsetzung der neuen Technik erheblich bei. Er führt den Leser in die Möglichkeiten einer interdisziplinären Betrachtungsweise ein, für die eine gemeinsame Sprache gefunden wer-

Bild 7.12 Lehr- und Versuchsanlage für eine numerische Einachsstreckensteuerung der TH Darmstadt, 1956–1958

den muß: klassischer Werkzeugmaschinenbau, allgemeine Elektrotechnik, Regelungstechnik und die neue Technik der Informationsverarbeitung [7.5]. Das Buch entwickelte sich schnell zu einem Standardwerk der damaligen Maschinenbauliteratur. Im Jahre 1964 folgte Simon einem Ruf auf einen neugeschaffenen Lehrstuhl für Automatisierung der Technischen Universität Berlin.

Doch zurück zur Geschichte der NC-Technik: Schon die ersten Versuche mit NC-Maschinen offenbarten die technischen Probleme, die einem an wirtschaftlichen Kriterien orientierten Einsatz in der industriellen Praxis entgegenstanden. Sie rührten vor allem aus der Kombination der konventionellen Maschinentechnik mit den neuen elektronischen Steuer- und Meßprinzipien her, welche erhöhte konstruktive Ansprüche bedingten.

Die Forschungsarbeiten zeigten insbesondere, daß konventionelle Probleme, wie Spiel, Reibung und Resonanzschwingungen, bei der Steuerung für die Arbeitsgenauigkeit eine ganz neue Bedeutung gewannen. Sie begrenzten die erzielbare Qualität der gesamten Werkzeugmaschinenkonzeption. Das Beharrungsvermögen und die elastische Verformung der unter wechselnder Last bewegten Teile der Maschine erhielten eine noch größere Aufmerksamkeit. Auch die Gestaltung der Führungen und Antriebe war besonders wichtig, da sich während des Überganges vom Stillstand zur Bewegung und umgekehrt der Reibungskoeffizient in Bruchteilen von Sekunden änderte [7.4].

Jede numerisch gesteuerte Maschine benötigte für alle Vorschubbewegungen einen Regelkreis, der die Istbewegung mit der befohlenen Sollbewegung verglich.

Eine Ableseeinrichtung meldete in analoger oder digitaler Form aufgrund elektrischer Signale die Istwerte zum Fehlerregister, in dem die Sollimpulse eine Korrektur im Sinne eines Ausgleiches der Differenz erfuhren. Bei der Meßtechnik ergaben sich in Zusammenhang mit der Regelung Probleme aus dem Wunsch, Meßergebnisse möglichst nahe am Meßobjekt aufzunehmen, d. h. direkt am Werkstück zu messen.

Gegen Ende des Jahres 1959 sorgte ein Bericht des amerikanischen Professors Seymor Melman an die European Productivity Agency für Aufregung in der britischen und europäischen Maschinenbauindustrie. Der Bericht basierte auf den Impressionen Melmans aus seinem Besuch der sowjetischen Maschinenbauindustrie. Professor Melman zeigte sich stark beeindruckt von ihrem damaligen Entwicklungsstand und zog einen für die europäische und amerikanische Industrie sehr ungünstig ausfallenden Vergleich zwischen den Industrieländern [7.29].

Obgleich der Bericht Melmans allgemein als übertrieben beurteilt wurde, veranlaßte er doch die britische Machine Tool Trade Association und das Government's Department of Scientific and Industrial Research, eine Reihe von Diskusssionen

Bild 7.13 Numerische Sichtanzeige an einer Großwerkzeugmaschine, um 1965

über den Entwicklungsstand in der Industrie abzuhalten. Ergebnis dieser Gespräche war zunächst die Einrichtung eines Komitees zur Untersuchung unterschiedlicher Problembereiche der Maschinenbauindustrie. Im November 1960 gab diese Kommission ihren Abschlußbericht ab. Die Ergebnisse der Untersuchung bestätigten zwar nicht die niederschmetternden Thesen des Melman-Berichts, sie stellten der britischen Industrie jedoch auch kein herausragendes Zeugnis aus. Vor allem im Bereich der Forschung und Entwicklung wurden der englischen Maschinenbauindustrie deutliche Schwächen bestätigt und Empfehlungen für mögliche Förderungsmaßnahmen gegeben [7.29].

Trotz aller äußeren Schwierigkeiten in der Nachkriegszeit wurde die Entwicklung und Herstellung von NC-Maschinen bald auch durch die deutsche Industrie vorangetrieben. 1957 stellte Schiess ein Bohr- und Fräswerk mit NC-Steuerung von BBC vor [7.21]. Auch die 6. Europäische Werkzeugmaschinen Ausstellung (EWA) im Jahre 1959 in Paris verdeutlichte, daß in Europa der numerischen Steuerung im Hinblick auf unterschiedliche Werkzeugmaschinentypen eine zunehmende Bedeutung zugemessen wurde. Bereits dreizehn Werkzeugmaschinenfabriken offerierten mit numerischer Steuerung ausgerüstete Maschinen. Sie unterschieden sich vor allem durch die Art der Steuerung. Von den auf dieser Ausstellung gezeigten Exponaten arbeiteten vier englische Fräsmaschinen mit Stetigbahnsteuerungen. Die übrigen Exponate zeigten wesentlich preiswertere Einzelpunktsteuerungen, die durch ihre einfachere Konzeption gekennzeichnet waren. Bei ihnen handelte es sich ebenfalls vorwiegend um britische Konstruktionen. Deutsche Maschinenbauer präsentierten damals insgesamt drei, Frankreich und die Schweiz je eine numerisch gesteuerte Maschine. Eine der deutschen Firmen stellte eine streckengesteuerte Bohr- und Fräsmaschine vor [7.35].

Die Idee der numerisch gesteuerten Werkzeugmaschine mit Lochstreifen- oder Magnetbandeingabe löste Ende der fünfziger Jahre auch in der Öffentlichkeit eine Welle großen Interesses aus. Visionen der automatischen Fabrik sorgten schnell für Aufsehen. Aber selbst zehn Jahre nach der ersten Entwicklung einer numerisch gesteuerten Werkzeugmaschine beschränkten sich die praktischen Anwendungen dieses Steuerungssystems in Europa nur auf wenige Beispiele. In einem Artikel der englischen Zeitschrift Metalworking Production wird im Jahre 1960 der zunächst mangelhafte Erfolg der numerischen Steuerungstechnik vor allem mit dem noch unbefriedigenden Preis-Leistungsverhältnis erklärt. Neben den hohen Kosten für die Steuerung und die Maschine selbst wurden vor allem auch die extremen Aufwendungen für die Programmerstellung und den Transfer des Programmes auf den Lochstreifen oder das Magnetband als hinderlich erkannt. Diese Schwierigkeiten konnten erst mit der Entwicklung preisgünstiger integrierter Schaltkreise und vereinfachender Programmiersprachen bewältigt werden [7.29].

Mit Beginn der 60er Jahre begann in der Bundesrepublik Deutschland dann eine verstärkte Hinwendung zur numerisch gesteuerten Werkzeugmaschine als ernstzunehmender Alternative zu konventionellen Fertigungsmaschinen. Die Entwicklungsarbeiten konzentrierten sich dabei auf drei Schwerpunkte:

Die Weiterentwicklung der Steuerungstechnik, die Entwicklung neuer Programmierverfahren und die Anpassung der Werkzeugmaschine an die gestiegenen Anforderungen durch die NC-Technik.

Diese Entwicklung verdeutlichte sich schon auf der Werkzeugmaschinenausstellung in Hannover im Jahre 1960. Hier stellten bereits vierzehn deutsche Firmen Neukonstruktionen auf diesem Gebiet aus. Bild 7.14 gibt einen guten Überblick über die unterschiedlichen Maschinentypen und die Steuerungsverfahren. Weiterhin können auch die unterschiedlichen Programmierverfahren, die möglichen Eingabe- und Speicherformen sowie die Technik der Wegmessung und der Datenverarbeitung aus der Darstellung den einzelnen Maschinentypen zugeordnet werden.

Die Programmierung der Maschinen erfolgte in der Regel mittels Lochstreifen oder Magnetband, wobei das System der Magnetbandsteuerung vor allem in den angelsächsischen Ländern dominierte. Um eine Maschine mit Hilfe des Magnetbandes zu steuern, mußten die Benutzer umfangreiche Vorarbeiten erledigen.

Zunächst bestand die Notwendigkeit, eine besondere Koordinaten-Zeichnung anzufertigen. Diese Kooordinatenzeichnung benutzte die Arbeitsvorbereitung, um einen genauen Bearbeitungsplan herzustellen, in dem die Koordinatenmaße zusammen mit den für die einzelnen Arbeitsoperationen geeigneten Werte für Schnittgeschwindigkeit und Vorschub in Tabellen zusammengefaßt waren. Anhand des Bearbeitungsplans stellte die Arbeitsvorbereitung einen Lochstreifen her, der in geeigneter Verschlüsselung das komplette Bearbeitungsprogramm enthielt. Den Programm-Lochstreifen führten die Vorbereiter in eine elektronische Rechenmaschine ein, die ihn automatisch in Steuerimpulse umrechnete und diese auf ein Magnetophonband übertrug. Erst das Magnetophonband steuerte die Werkzeugmaschine. Man setzte es in ein Steuerpult ein, wo es ablief und Impulse je Zeiteinheit an die Antriebs- bzw. Impulsaggregate für die Schlittenbewegungen weitergab. Durch die Umsetzung des Magnetbandes mit Hilfe großer, elektronischer Rechenmaschinen entstand die Option, beliebige Zwischenpunkte mit Hilfe von mathematischen Funktionen zu berechnen (Interpolation) und dadurch kompliziertere Steuerungsverfahren zu verwirklichen.

Eine der ersten industriell hergestellten numerisch gesteuerten Werkzeugmaschinen, die sich über die Funktion als Präsentationsobjekt hinaus in der Praxis bewährte, war die Walzenkalibrier-Drehmaschine Numeromat der Werkzeugmaschinenfabrik Waldrich–Siegen. Es handelte sich bei dieser Maschine um eine der ersten und gleichzeitig um eine der damals noch wenigen mit einer Bahnsteuerung ausgerüsteten deutschen Drehmaschinen. Mit der Konstruktion der Maschine wurde bereits 1959 zusammen mit der AEG begonnen.

Steuerungsart		**Maschinen mit Einzelpunktsteuerungen**				
Lösung		1	2	3	4	5
Maschinenart		Bohrwerk	Bohrwerk	Bohrwerk	Revolver-Bohr- und Fräsmaschine	Radial-Bohr-maschine
Maschinenhersteller		*Collet & Engelhard AG, Offenbach*	*Scharmann & Co GmbH, Rheydt*	*Berliner Maschinen-bau AG, Berlin*	*Gebr. Heller GmbH, Nürtingen*	*Herm. Kolb GmbH, Köln*
Steuerungs-Zulieferant		SSW, Erlangen	SSW, Erlangen	SSW, Erlangen	SSW, Erlangen	Techn. Hochsch Aachen
I. Programmier-verfahren (äußere Daten-übertragung)	*Programm-Umfang*				2 Achsen nur WI	2 Achsen nur WI
	Informations-träger				Fünf-Kanal-Loch-streifen	Fünf-Kanal-Loc streifen
	Codierung				Fernschreib-Code	5 über 3-Code
	Codiergeräte				Fernschreiber, normal	abgewandelte Fernschreibe
	Kontrollgeräte f. Lochstellen					
II. Eingabe-Geräte	*Eingabeart*	von Hand	von Hand	von Hand	Selbsttätig über Lochstreifen-Leser	Selbsttätig üb Lochstreifen-Le
	Gerätetype	Rastenschalter an drei Drehfeldgebern	Drucktasten für Zählervoreinstellung	Rastenschalter oder Steckkontakte		
	Pufferspeicher		Relais		Transistoren	Transistoren
	Kopplungsstelle	nicht nötig	nicht nötig	nicht nötig	nicht nötig	nicht nötig
III. Wegmeß-verfahren und innere Daten-verarbeitung	*Meßverfahren*	absolut	incremental	absolut	incremental	incremental
	Meßwert-erfassung	analog	digital	digital	digital	digital
	Meßort	Maschinenschlitten	Maschinenschlitten	Maschinenschlitten	Maschinenschlitten	Maschinenschli
	Vergleicher	Phasenempfindliche Brücke	Vorwahlzähler für zwei Zählrichtungen	Koinzidenzprüfer-Schaltung	Vorwahlzähler für zwei Zählrichtungen	Vorwahlzähler zwei Zählrichtun
	Signal-verarbeitung	Abschaltkreis	Abschaltkreis	Abschaltkreis	Abschaltkreis	Abschaltkreis
	Antriebssystem f. Schlitten	Gleichstrommotor	Gleichstrommotor	Öl-Hydraulik	Öl-Hydraulik	Drehstrommo
	Interpolator-bauart					

Bild 7.14 Hannover-Messe 1960, Aussteller

Maschinen mit Einzelpunktsteuerungen					Maschinen mit Stetigbahnsteuerungen	
6	7	8	9	10	11	12
Bohrwerk	Revolver-Bohrmaschine	Senkrecht-Fräsmaschine	Senkrecht-Fräsmaschine	Dreiwege-Universalmaschine	Profilfräsmaschine	Walzenkalibrier-Drehbank
zeugmaschinen rlikon, Zürich	*Karl Hüller GmbH, Ludwigsburg*	*Fritz Werner AG, Berlin*	*Reinhard Bohle KG, Bielefeld*	*Burkardt & Weber KG, Reutlingen*	*Droop & Rein, Bielefeld*	*Waldrich GmbH, Siegen*
ntraves AG, Zürich	General Electric, Waynesboro, USA	BBC, Mannheim	SEL, Pforzheim	Hughes Aircr. Co., Los Angeles, USA	EMI-Electronics Ltd., Hayes, England	AEG, Berlin
2 Achsen nur WI	2 Achsen WI + SI	3 Achsen WI + SI	3 Achsen WI + SI	3 Achsen WI + SI	2,5 Achsen, nur WI	2 Achsen WI + SI
nf-Kanal-Loch-streifen	Acht-Kanal-Loch-streifen	Fünf-Kanal-Loch-streifen	Fünf-Kanal-Loch-streifen	Acht-Kanal-Loch-streifen	Fünf-Kanal-Loch-streifen	Fünf-Kanal-Loch-streifen
nschreib-Code	Sonder-Code	5 über 3-Code	Fernschreib-Code	Sonder-Code	Sonder-Code	Fernschreib-Code
ernschreiber, normal	Flexowriter, normal	Fernschreiber, normal	Fernschreiber, normal	Sondergerät	abgewandelter Fernschreiber	Fernschreiber, normal
						Linienschreiber am Interpolator
lbsttätig über nstreifen-Leser	Selbsttätig über Lochstreifen-Leser	Selbsttätig über Lochstreifen-Leser	Selbsttätig über Lochstreifen-Leser	Selbsttätig über Lochstreifen-Leser	Selbsttätig über Lochstreifen-Leser	Selbsttätig über Lochstreifen-Leser
Relais	Relais	Relais	Relais	Decatron-Röhren	Relais	Transistoren
gital-Analog-Umsetzer	Digital-Analog-Umsetzer	Digital-Analog-Umsetzer	nicht nötig	nicht nötig	Digital-Analog-Umsetzer	digital-Analog-Umsetzer
absolut	absolut	absolut	incremental	incremental	absolut	absolut
analog	analog	analog	digital	digital	analog	analog
chinenschlitten	Vorschubspindel	Maschinenschlitten	Vorschubspindel	Vorschubspindel	Vorschubspindel	Vorschubspindel
asenempfind-che Brücke	Phasenempfind-liche Brücke	Phasenempfind-liche Brücke	Vorwahlzähler für eine Zählrichtung	Vorwahlzähler für zwei Zählrichtungen	Spannungs-empfindliche Brücke	Phasenempfind-liche Brücke
Regelkreis	Abschaltkreis	Abschaltkreis	Abschaltkreis	Abschaltkreis	Regelkreis	Regelkreis
chstrommotor	Gleichstrommotor	Drehstrommotor	Drehstrommotor	Öl-Hydraulik	Gleichstrommotor	Gleichstrommotor
					analog	digital

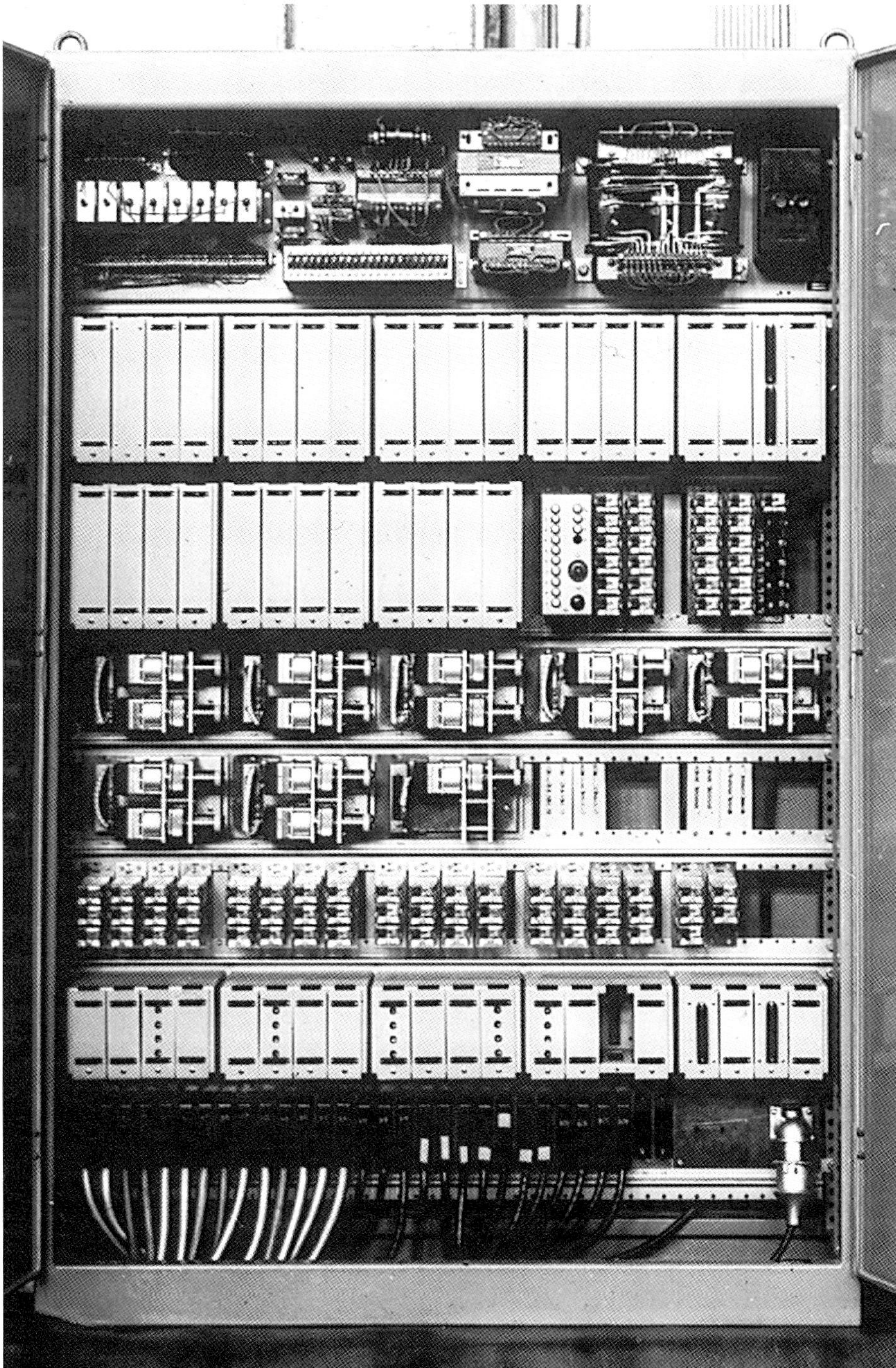

Bild 7.15 Numerischer Steuerschrank eines Bohrwerkes, um 1960

Bild 7.16 Numerisch gesteuerte Walzenkalibrier-Drehmaschine, 1960

Gegenüber einer Nachformsteuerung ergab die veränderte Maschinenkonzeption vor allem folgende Vorteile:

Die Steuerung der Bewegungen konnte ohne Schablonen erfolgen, die Lochbandsteuerung verbesserte die Genauigkeit der Kalibrierung erheblich und durch das geringere Abdrehmaß der abgenutzten Walzen ließ sich eine um 20 Prozent erhöhte Lebensdauer der Walzen realisieren.

Diese AEG-Steuerung entstand um 1960 als erste deutsche numerische Werkzeugmaschinensteuerung mit digitalem Interpolator und Lochbandprogrammsteuerung. Die Programmeingabe erfolgte über einen Fünfspur-Lochstreifen. Das Prinzip der Steuerung basierte darauf, einen großen Teil der technischen Profile aus Geraden und Kreisbögen zusammenzusetzen oder vom Werkstück-Konstrukteur diese vereinfachenden Bedingungen bewußt einhalten zu lassen. So sank der Programmieraufwand beträchtlich.

In der Folgezeit wurde die Steuerung durch einen Koordinatographen der Aristo-Werke ergänzt. Das Zeichengerät bildete den auf dem Steuerlochstreifen gespeicherten Bewegungsablauf als Profilbild ab. Anhand der Koordinatographenzeichnung überprüfte der Programmierer anschließend sein Programm auf Fehler. So konnte er einem unnötigen Ausschuß des teuren Werkstückes vorbeugen.

Auch die Firma Droop & Rein stellte 1960 eine Maschine mit einer neuentwickelten Steuerung aus. Sie verwandte mit dem Ziel der Kostenminimierung einen recht einfachen Interpolator der englischen Firma EMI Electronics Ltd. Er arbeitete analog und stellte im wesentlichen ein System von Wechselstrombrücken dar.

Siemens hatte 1958 mit der Entwicklung numerischer Steuerungssysteme begonnen. Auf der 6. EWA in Paris 1959 wurde dann die erste numerische Streckensteuerung an einem Vorführmodell der ZF Friedrichshafen von Siemens vorgestellt. Diese Steuerung ermöglichte eine Informationseingabe sowohl durch Hand als auch durch Lochstreifen.

1960 lieferte Siemens die ersten industriell gefertigten Steuerungssysteme an deutsche Werkzeugmaschinenhersteller. Diese wurden im gleichen Jahr auf der Werkzeugmaschinen-Ausstellung in Hannover gezeigt. Es handelte sich hierbei um Steuerungen der ersten Generation, die noch auf der Basis von Relais und Röhren aufgebaut waren.

Unter dem Namen SINUMERIK wurde auf der Nationalen Werkzeugmaschinenausstellung in Hannover im Jahre 1964 eine neue Steuerungsgeneration ausge-

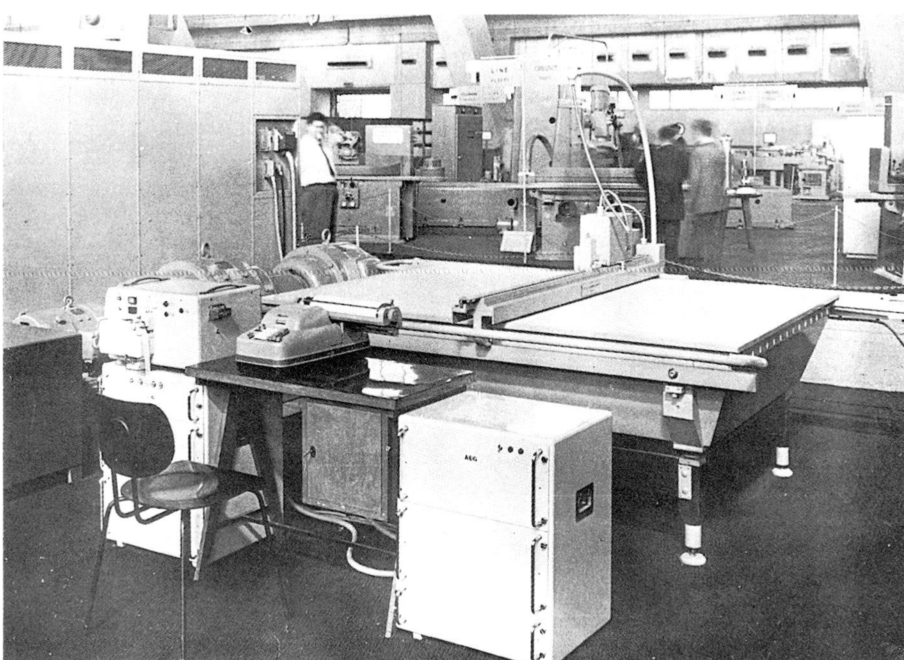

Bild 7.17 Lochbandgesteuerter Koordinatograph, 1960

Bild 7.18 Profilfräsmaschine mit analog arbeitendem Inneninterpolator, um 1960

stellt. 1965 begannen dann die ersten gemeinsamen Aktivitäten von Siemens und Fanuc, zunächst auf dem Gebiet der elektrohydraulischen Schrittmotoren, die von Fanuc entwickelt wurden.

Auf der 1970 ausgerichteten Internationalen Werkzeugmaschinenausstellung in Hannover präsentierte neben der AEG auch Siemens ein DNC-System in Zusammenarbeit mit 13 Werkzeugmaschinenherstellern, deren Maschinen auf unterschiedlichen Ständen verteilt waren.

Das enge Verhältnis zwischen der Siemens AG und dem japanischen Steuerungshersteller Fanuc führte schließlich dazu, daß 1975 auf der ersten EMO in Paris eine Zusammenarbeit der beiden Firmen auch auf dem Gebiet der Steuerungsentwicklung bekanntgegeben wurde. Ergebnis des ersten gemeinsamen Entwicklungsprojektes war die 1976 auf den Markt gebrachte Mikroprozessor-CNC SINUMERIK System 7.

Es zeigte sich seit Beginn der sechziger Jahre in ganz Europa, daß die anfängliche Skepsis gegenüber der Technologie numerisch gesteuerter Werkzeugmaschinen gewichen war. Aufgrund der hohen Kosten für die Steuerung und die Anpassung der Maschinenkonstruktion sowie der hohen Anforderungen durch den entstehenden Programmieraufwand und durch organisatorische Änderungen im Bereich der

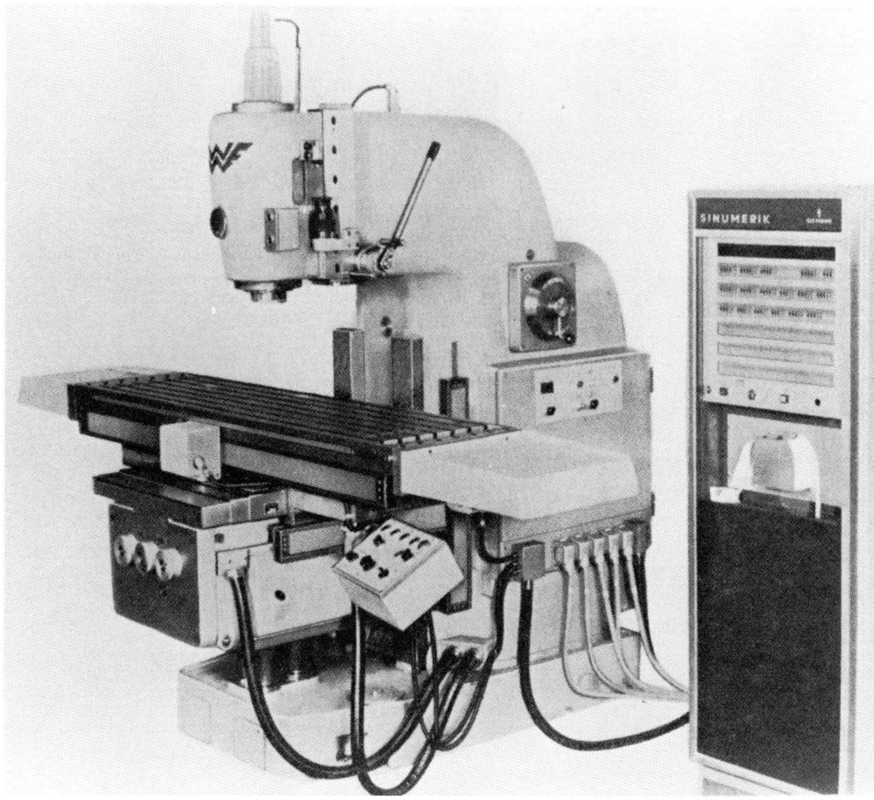

Bild 7.19 NC-Fräsmaschine mit Sinumerik-Steuerung

Produktion vollzog sich aber die Investition numerisch gesteuerter Werkzeugmaschinen weiterhin relativ langsam. Mit Zunahme der Erfahrungen im praktischen Einsatz der Maschinen verdichteten sich allerdings die positiven Erkenntnisse mit den neuen Maschinen. Wirtschaftlichkeits- und Nutzenbetrachtungen zeigten deutlich, daß die neuen Maschinentypen vor allem im Bereich der Einzel- und Kleinserienfertigung erhebliche wirtschaftliche Potentiale durch die Verringerung der Rüst- und Nebenzeiten sowie durch die vereinfachte Übernahme neuer Bearbeitungsprogramme besaßen.

Die numerisch gesteuerte Werkzeugmaschine offenbarte jedoch noch weitere Vorteile, die mit der fortschreitenden Wirtschaftskonjunktur zunehmende Bedeutung erlangten. Die Lohnkosten stiegen in den sechziger Jahren stark an. Zugleich wurde das Angebot an hochwertig qualifizierten Facharbeitern knapp. Die Industrie erkannte jetzt, daß zur Bewältigung dieser Problemfelder numerisch gesteuerte Werkzeugmaschinen geeignet waren. Die neue Technologie ermöglichte eine Verminderung der Abhängigkeit vom Maschinenbediener durch die externe Programmerstellung. Zugleich gestaltete die weitgehende Automatisierung des

Fertigungsprozesses eine Überwachung mehrerer Maschinen durch eine Bedienperson.

Die wirtschaftlichen Potentiale und Rationalisierungsmöglichkeiten durch numerisch gesteuerte Werkzeugmaschinen überzeugten jetzt zunehmend auch die Entscheidungsträger in der Industrie, so daß sich auch in Europa seit Mitte der 60er Jahre der Einzug der NC-Maschine in die Fabriken verstärkte [7.32].

Zu einer großen Leistungsschau der Werkzeugmaschinenindustrie entwickelte sich die 7. Europäische Werkzeugmaschinen-Ausstellung 1961 in Brüssel (EWA). Bild 7.20 gibt einen Überblick über die in Brüssel vertretenen Aussteller auf dem Gebiet der numerisch gesteuerten Werkzeugmaschinen.

Die Darstellung verdeutlicht, daß nicht nur England und die Bundesrepublik Deutschland zu den Wegbereitern der NC-Technik in Europa zählten, sondern daß auch Frankreich, Italien und die Schweiz wesentliche Beiträge zur europäischen Entwicklung auf diesem neuen Gebiet leisteten. Vertreten waren darüber hinaus auch Aussteller aus Holland und Belgien. Die Gesamtbeteiligung von rund 40 numerisch gesteuerten Maschinen dokumentierte, daß der eigenständigen europäischen Entwicklung numerischer Steuerungssysteme und Maschinen trotz hoher Entwicklungskosten nunmehr der Vorzug gegeben wurde.

In Japan wurde das Konzept der numerischen Steuerung erstmals im Jahre 1952 bekannt. Professor Takahashi von der University of Tokyo berichtete im selben Jahr auf der Automatic Control Research Conference über die Entwicklung von numerisch gesteuerten Werkzeugmaschinen aus den USA. Ausgelöst durch diesen Bericht begann eine intensive Forschung von Unternehmen, Universitäten und staatlichen Institutionen auf diesem Gebiet. Erstes Ergebnis dieser gemeinsamen Forschungsaktivitäten war eine 1956 von der Firma Fujitsu vorgestellte numerisch gesteuerte Revolverlochstanzmaschine.

Weitere Entwicklungen folgten sehr schnell. Schon 1957 gab das Tokyo Institute of Technology den Aufbau einer numerisch gesteuerten Drehmaschine für Versuchszwecke bekannt. Kurz darauf entwickelte die Firma Makino Milling Machine die erste japanische Vertikalfräsmaschine mit numerischer Steuerung in Kooperation mit Fujitsu. Meilensteine in den Anfängen der japanischen NC-Entwicklung waren weiterhin eine numerisch gesteuerte Drehmaschine der Firma Ikegai und ein vom Mechanical Engineering Laboratory des MITI im Rahmen eines dreijährigen Forschungsprojektes konstruiertes Lehrenbohrwerk, welches im Jahre 1959 fertiggestellt wurde. 1958 konstruierte Hitachi Seiki eine hydraulisch getriebene NC-Fräsmaschine in Kooperation mit Fujitsu, von der zwei Stück an die Heavy Industries Nagoya Aircraft Plant geliefert wurden. Dies war die erste im Handel vertriebene japanische NC-Maschine.

Eine der entscheidenden Innovationen für die japanische NC-Maschinenindustrie war die Entwicklung des elektrischen und elektrohydraulischen Schrittmotors durch die Firma Fujitsu/Fanuc unter Leitung von Dr. Inaba in Zusammenarbeit

Punkt- und Streckensteuerung

Hersteller der Werkzeugmaschine	Art der Werkzeugmaschine	Hersteller der Steuerung	Informationseingabe
Berliner Maschinenbau AG vorm. Schwartzkopff, Berlin	Portalbohrmasch., Koordinaten-Bohr- u. Fräsmaschine	Schwartzkopff, Heller	Spez. Lochkarten, Dekadenschalter, 5-Kanal-Lochstreifen, Fernschreibcode
Reinhard Bohle KG, Bielefeld	Konsolfräsmaschine	AEG, Frankfurt	8-Kanal-Lochstreifen, AEG Code
Reinhard Bohle KG, Bielefeld	Konsolfräsmaschine	Lorenz, Ettlingen	5-Kanal-Lochstreifen,Telexcode
G. Boley, Esslingen	Drehbank	Dr. J. Perthen, Hannover	5-Kanal-Lochstreifen Fernschreibcode
Burgmaster, England	Fräsmaschine	Ferranti, Edinburgh	5- und 8-Kanal-Lochstreifen
Burkhardt GmbH, Pfullingen (Württ.)	Bohr- u. Fräsmaschine	Sperry Gyroscope, Montreal, Canada	5- oder 8-Kanal-Lochstreifen u. Dekadenschalter; Codierung IBM
Burkhardt u. Weber KG, Reutlingen	Dreiwege-Universal-Sondermaschine	Hughes Aircr. Co. Los Angeles USA	8-Kanal-Lochstreifen
Collet u. Engelhard GmbH, Bielefeld	Bohr- u. Fräswerk	AEG, Frankfurt	5-Kanal-Lochstreifen
Dixi S. A., Le Locle, Schweiz	Optisches horizont. Lehrenbohrwerk Dixi 3S	Dixi, Le Locle, Schweiz	Wahlweise durch Drucktasten oder 5-Kanal-Lochstreifen Fernschreibcode
Dowding u. Doll Ltd., London	Atlantic Koordin.-Tisch	Ferranti, Edinburgh	5-Kanal-Lochstreifen
Forges Usines et Fonderies de Gilly,Belgien	Hobelmaschine	BBC, Baden	durch zwei dekadische Wahlschalter
Maschinenfabrik Froriep GmbH, Rheydt	Einständer-Karusseldrehbank	Siemens Schuckert, Erlangen	5-Kanal-Lochstreifen Code: CCIT Nr. 2
Grimston Electric Tools Ltd., Croydon, England	6-Spindel-Bohrmaschine	E. M. I., Hayes, Middlesex, England	5-Kanal-Lochstreifen Code: rein binär
G. S. P., S. A. des Ateliers Guillemin-Sergot & Pégard, Courbevoie,Frankreich	Portal-Lehrenbohrwerk	G. S. P., Courbevoie	8-Kanal-Lochstreifen IBM-Code
Gebr. Heller, Nürtingen, Maschinenfabrik GmbH	Bohrmaschine	Heller, Nürtingen	5-Kanal-Lochstreifen
A. Herbert Ltd., Coventry, England	Fräsmaschine	Herbert / De Vlieg	5-Kanal-Lochstreifen, binär dezimal codiert
Heyligenstaedt u. Comp., Gießen	Kopierdrehmaschine I leycomat 1	Heyligenstaedt, Gießen	von Hand über Potentiometer
Jung Jungenthal, Jungenthal / Kirchen (Sieg)	Einständer-Karusseldrehbank	Jungenthal / Dietz	Dekad. Schalter u. Walze
W. J. Meddings Ltd., Slough (Bucks) England	Bohrmaschine	EMI, Hayes,Middlesex, England	–
Maschinenfabrik AG Menziken, Menziken (Aarg.), Schweiz	Vertikaldrehmaschine LA 750	Erni & Co., Zürich	5- oder 8-Kanal-Lochstreifen; ferner Lochkarten mit 35, 73 oder 110 Zeilen; Codierung dezimal
The Newall Engineering Co. Ltd., Peterborough / Optical Measuring Tools Ltd., Maidenhead, England	Drehtisch "OMT 30"	E. M. I., Hayes, Middlesex, England	von Hand oder durch 5-Kanal-Lochstreifen; Code: 1,2,4,8,16
Werkzeugmaschinenfabrik Oerlikon, Bührle & Co., Zürich, Schweiz	Vertikal-Koordinaten-Bohrwerk	Contraves, Zürich	8-Kanal-Lochstreifen Fernschreibcode
Officine Meccaniche e Fonderie Napoletane S. p. A., Napoli, Italien	Karusseldrehbank	–	–

Bild 7.20 Aussteller auf der 7. EWA in Brüssel, 1961

Hersteller der Werkzeugmaschine	Art der Werkzeugmaschine	Hersteller der Steuerung	Informationseingabe
Philips, Eindhoven, Holland	Bohrmaschine	Philips, Eindhoven	Handeingabe 8-Kanal-Lochstreifen, Codierung: 1,2,4,8
Pittler, Maschinenfabrik AG, Langen	Revolverdrehbank	Siemens Schuckert, Erlangen	5-Kanal-Lochstreifen
S. A. Le Progrès Industriel, Lot, Belgien	Autom. Drehbank	S. A. Le Progrès Industriel	5-Kanal-Lochstreifen
George Richards & Co., Ltd., Altrincham (Ches), England	Horizontal-Bohrmaschine	W. H.Smith,Manchester (optisches System)	von Hand oder Lochstreifen, wahlweise 5 oder 8 Kanäle
Scharmann, Rheydt	Horizontal- Bohr- und Fräswerk	Scharmann, Rheydt	von Hand; zusätzlich 5-Kanal-Lochstreifen möglich
Schiess AG, Düsseldorf	Einständer-Karusseldrehbank	AEG, Frankfurt	Kreuzschienenverteiler 1-2-4-8
Schiess AG, Düsseldorf	Fräs- und Bohrwerk	BBC, Baden	8-Kanal-Lochstreifen Code: Flexowriter
SIP, Genève, Schweiz	Portalbohrmaschine	SIP, Genève	Magnettrommel
SIP, Genève, Schweiz	Drehtisch	E. M. I., Hayes, Middlesex, England	8-Kanal-Lochstreifen
Spezialmechanik AG, Buchs (SG), Schweiz	–	Omni Ray AG, Zürich	manuelle Vorwahl, Lochkarten oder Lochstreifen
VWF, Frankfurt	Bohr- u. Fräswerk	AEG, Frankfurt	8-Kanal-Lochstreifen
Wadkin Ltd., Leicester, England	Bohrmaschine TCD 1	E. M. I., Hayes, Middlesex, England	5- od. 8-Kanal-Lochstreifen od. Dekadenschalter; Code rein binär
Fritz Werner AG, Berlin	Fräsmaschine	BBC, Mannheim	5-Kanal-Lochstreifen
–	–	Heidenhain, Traunreuth	–
–	–	Hensoldt, Wetzlar	–
–	–	Ferranti, Edinburgh	5-Kanal-Lochstreifen

Bahnsteuerungen

Hersteller der Werkzeugmaschine	Art der Werkzeugmaschine	Hersteller der Steuerung	Informationseingabe
Droop & Rein, Bielefeld	Vertikalfräsmaschine FS 80 N	E. M. I., Hayes, Middlesex, England	5- oder 8-Kanal-Lochstreifen Intern. Fernschreib-Code
Huron, Paris	Konsolfräsmaschine	Ferranti, Edinburgh	von 5-Kanal-Lochstreifen über Rechner auf Magnetband
The Newall Engineering Co. Ltd., Peterborough, England	Präz.-Bohr- u. Fräsmaschine Contimatic 1520	AEI, Numeritrol, Erdington	6-Kanal-Lochstreifen über Rechner auf Magnetband
Officina Meccanica Olivetti, Italien	Kurvenscheiben-Fräsmaschine	Olivetti, Italien	6-Kanal-Lochstreifen Sondercode
H. A. Waldrich GmbH, Siegen	Walzen-Kalibrier-drehbank	AEG, Berlin	8-Kanal-Lochstreifen Sondercode
–	–	Dr. J. Perthen, Hannover	5- oder 8-Kanal-Lochstreifen Code: CCT Nr. 2

mit dem Department of Precision Engineering sowie dem Electronic Sciences Laboratory. Diese Schrittmotoren ermöglichten die Konstruktion präziser, zuverlässiger, leistungsstarker und vor allem vergleichsweise sehr preisgünstiger NC-Maschinen, die auch in größeren Serien herstellbar waren.

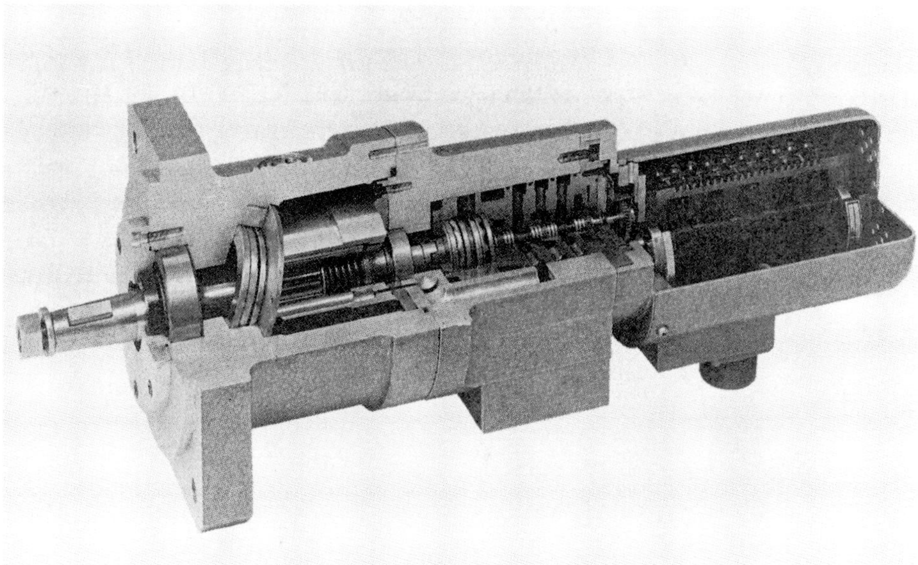

Bild 7.21 Elektrohydraulischer Schrittmotor, S. Inaba, Fujitsu/Fanuc, 1959

Aber nicht nur auf dem Gebiet der Antriebstechnik erarbeiteten sich die Japaner sehr schnell eigenes Know-how. Auch in der Steuerungskonstruktion gewannen sie schnell Anschluß an die amerikanische und europäische Entwicklung. So stellten japanische Firmen schon in der Zeit zwischen 1965 und 1969 erste NC-Steuerungen mit eingebautem Minicomputer vor.

Die japanischen Forschungs- und Entwicklungsarbeiten konzentrierten sich auf die Anwendungsforschung und den Transfer der neuen Technologien in die industrielle Praxis. Erst mit wachsender eigener Erfahrung gewann die selbständige Erschließung neuer Technologien an Bedeutung für die japanische Wirtschaft. Der Technologietransfer aus dem Ausland vollzog sich unterschiedlich. So nutzte die japanische Industrie sehr intensiv die Möglichkeit, Patente und Lizenzen zu erwerben sowie Kooperationsverträge mit ausländischen Unternehmen abzuschließen. Die Zusammenarbeit mit ausländischen Unternehmen erleichterte zusätzlich die Erschließung fremder Absatzmärkte.

Einen wesentlichen Einfluß auf die Entwicklung der japanischen Industrie, insbesondere der Werkzeugmaschinenindustrie, hatte die von der Regierung durchgeführte Industriepolitik. Bereits Ende der fünfziger Jahre wurden unter dem Namen

Special Act for Promoting Mechanical Industry und Special Act for Promoting Electronic Industry sektorale Förderungsgesetze für den Maschinenbau und die Elektroindustrie eingeführt. Weitere für den Maschinenbau und die Elektroindustrie maßgebliche gesetzliche Handlungsgrundlagen waren in mehreren Förderungsgesetzen verankert, von denen vor allem die Gesetze Kidenho und Kijoho für den NC-Werkzeugmaschinenbau von Bedeutung waren. Das 1971 erlassene erste einheitliche Förderungsgesetz Kidenho ersetzte die Fördergesetze aus den fünfziger Jahren und unterstützte die festgesetzte Strategie der Japaner, eine Integration von Maschinenbau und Elektrotechnik (Mechatronik) systematisch zu verfolgen und zu verstärken. Ein Anschluß an die vorhergehenden Programme wurde dann auch durch das 1978 erlassene Förderprogramm Kijoho geschaffen, welches auf eine spezielle Förderung einzelner Sparten des Maschinenbaus und der informationstechnischen Industrie gerichtet war.

Die Durchführung dieser Förderungen oblag neben dem Finanzministerium insbesondere dem Ministerium für internationalen Handel und Industrie (MITI), welches in ausgeprägter Form die Aktivitäten staatlicher, halbstaatlicher und privater Institutionen koordinierte. Das zuletzt durchgeführte Förderprogramm Kijoho erreichte in der Zeit von 1978 bis 1984 ein beachtliches Investitionsvolumen.

Die durch die angegebenen Fördergesetze ausgeführte staatliche Industriepolitik bezog sich auf indirekte Subventionen durch Steuer- und Abschreibungsgesetzgebung, auf direkte Subventionen durch zinsgünstige Kredite und Risikokapitalzuwendungen sowie auf wettbewerbspolitische Maßnahmen.

Diese Form einer staatlichen Koordinierung führte zu einem engen Kommunikationszusammenhang zwischen Universitäten und deren Absolventen, der akademischen Forschungslandschaft, Industrieunternehmen sowie Anwendern neuer Technologien. Damit wurde ein hohes technologisches Innovationspotential geschaffen. Die Rolle des MITI kann nicht ausschließlich als die eines staatlichen Geldgebers angesehen werden, sondern es ist auch als staatliche Orientierungszentrale zu verstehen, die notwendige und wirtschaftlich wichtige Entwicklungen zu einem frühen Zeitpunkt durch Beobachtung der Situation außerhalb Japans erkennt und Leitlinien für die japanische Industrie und Forschung vorgibt. Als Ergebnis dieser Vorgaben entstanden für die japanische Werkzeugmaschinenindustrie ideale Bedingungen für ein wirtschaftliches Wachstum.

Die japanischen Unternehmen zeigten sich, nicht zuletzt auf Grund erheblichen Facharbeitermangels, für die NC-Technik sehr aufnahmebereit. Interessant ist in diesem Zusammenhang, daß der mit der Einführung der neuen Technologie in den Produktionsablauf verbundene Weiterbildungsbedarf in den Unternehmen nur ein geringes Hindernis darstellte. Dies resultierte einerseits aus der Tatsache, daß Ingenieure zu Beginn ihrer beruflichen Tätigkeit für ein Unternehmen zunächst im Bereich der Fertigung eingesetzt wurden und damit auch auf der Benutzerebene teilweise eine sehr hohe Qualifikation erwarben. Darüber hinaus führten die

	Fakten	Ergebnis
1947	*J.T. Parsons*, USA, Lehrenbohrwerk-Lochkartensteuerung	Grundidee der numerischen Steuerung
1948	Die *US-Air-Force* erteilt Forschungsauftrag an *Parsons* und *MIT* zur Entwicklung einer 3-Achsen bahngesteuerten Fräsmaschine	Kostenspielige Hochschulforschung beginnt großzügig gefördert
1953	*MIT* stellt eine bahngesteuerte Fräsmaschine vor; Maschine: *Cincinnati*	Erste funktionsfähige NC-Maschine
1955	Ausstellung in Chicago: Maschinen mit Lochkarten- und Lochstreifensteuerung werden gezeigt	
1955	Beginn der Versuche mit NC-Maschinen in Europa	Allmähliches Aufholen der europäischen Industrie
1956	*US-Air-Force* bestellt 170 NC-Maschinen im Wert von 150 Mill.US$.	Die Firmen, die den Auftrag ausführen erhalten marktbeherrschenden Vorsprung
1956	Angebot der ersten britischen NC-Maschine	
1965	Erste NC-Revolverlochstanz-maschine in Japan	
1957	*Schiess* entwickelt das erste Bohr- und Fräswerk mit NC-Steuerung von *BBC*	Deutsche Industrie beginnt mit NC-Maschinenentwicklung
1959	6. EWA: *Heller* stellt die erste streckengesteuerte Bohrmaschine der BRD vor	
1960	Über 100 NC-Maschinen werden auf der Chicagoer Werkzeug-maschinenausstellung gezeigt	Aufholen der Masse der Werkzeugmaschinenhersteller
1960	*Pittler* stellt erste NC-Drehmaschine her	
1961	7. EWA Brüssel: Rund 40 Maschinen mit Punkt-, Strecken- und Bahnsteuerung werden ausgestellt	
1963	8. EWA Mailand: 70 NC-Maschinen werden gezeigt	Der Einsatz von NC-Maschinen in Europa nimmt rasch zu
1965	9. EWA wird von NC-Maschinen beherrscht	

Bild 7.22 Entwicklung und Durchsetzung der NC-Maschine

Steuerungs- und Maschinenhersteller bereits zu Beginn der NC-Entwicklung intensive Schulungs- und Betreuungsprogramme durch, im Rahmen derer die Mitarbeiter der Kunden über den Zeitraum eines halben Jahres geschult und betreut wurden. Vor allem in der Einführungsphase standen den Kunden Ingenieure des Herstellers zur Unterstützung der ersten Anwendungsschritte sowie bei der Problemanalyse und -bewältigung zur Seite [7.48].

Hervorzuheben ist schließlich die Tatsache, daß japanische Werkzeugmaschinenhersteller fast ausschließlich Steuerungen japanischer Herkunft verwandten, wodurch der Binnenmarkteffekt weiter verstärkt wurde. Unter diesen Bedingungen konnte die japanische Maschinenbauindustrie einen wesentlich stärkeren Druck bei der Erschließung neuer Märkte entfalten.

7.3 Weiterentwickung der numerischen Steuerung

Die Grundaufgabe jeder numerischen Steuerung besteht darin, einen Positioniervorgang zu steuern und zu überwachen. Je nach Art der Positionierung werden Punktsteuerungen, Streckensteuerungen und Bahnsteuerungen unterschieden.

Punktsteuerungen stellen die einfachste Variante unter den numerischen Steuerungsverfahren dar. Sie sind darauf ausgerichtet, Werkstück und Werkzeug auf einen genau bestimmten Punkt hin gegeneinander zu positionieren und nach Erreichen des gewählten Punktes einen Bearbeitungsgang durchzuführen. Der Übergang von einem Punkt zum nächsten erfolgt ohne Eingreifen des Werkzeuges.

Eine aufwendigere und leistungsfähigere Form der numerischen Steuerungen bildet die Gruppe der Streckensteuerungen. Sie ermöglichten bereits ein achsparalleles Verfahren der Bewegungsachsen, wobei ein gleichzeitiger Werkzeugeinsatz durchführbar wurde.

Die Vorteile der Punkt- und Streckensteuerungen liegen besonders in dem relativ einfachen Steuerungsaufbau und dem damit einhergehenden geringeren Preis der Steuerung. Zudem konnte aufgrund der einfachen Steuerungsaufgaben in der Regel auf den Einsatz teurer elektronischer Rechner für die Programmerstellung verzichtet werden.

Die dritte Gruppe numerischer Steuerungssysteme, die der Bahnsteuerung, ist die leistungsfähigste, aber auch in ihrem Aufbau aufwendigste und damit teuerste Steuerungsform. Mit Hilfe bahngesteuerter Maschinen kann die Bearbeitung entlang beliebiger, durch ein Programm vorgegebener Kurven erfolgen. Die Bewegung vollzieht sich in zwei oder mehreren Koordinatenachsen gleichzeitig, wobei ein funktionsmäßiger Zusammenhang der Achsbewegungen besteht. Die Steuerung erzeugt aus den vorgegebenen kennzeichnenden Größen erst die Kurvenzüge als eine Folge von Einzelpunkten, die sie nacheinander als Sollpositionen aufstellt und anfährt. Die Berechnung der Stützpunkte der Kurvenzüge (Interpolation) bedingte unverzichtbar einen elektronischen Rechner [7.15].

Die erste, in den USA entwickelte numerisch gesteuerte Werkzeugmaschine arbeitete, wie wir bereits hörten, mit einer sehr aufwendig konstruierten Bahnsteuerung. Das MIT wählte diese Steuerungsform, da die Werkstückgeometrien für die integral versteiften Tragflügelprofile das Abfahren komplexer Kurvenzüge unter Werkzeugeinsatz erforderlich machten. Da die Mehrzahl der anfangs in den Vereinigten Staaten entwickelten NC-Maschinen für den Einsatz in der Flugzeugindustrie bestimmt waren, schloß sich eine große Zahl amerikanischer Werkzeugmaschinenbauer zunächst diesem Konzept an.

Steuerungsart	ohne Funktionszusammenhang Punktsteuerung	ohne Funktionszusammenhang Streckensteuerung	mit Funktionszusammenhang Bahnsteuerung
Werkzeugweg	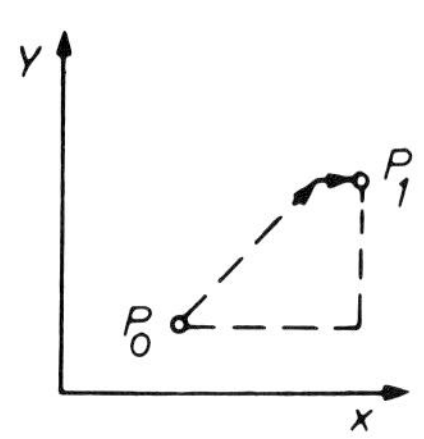	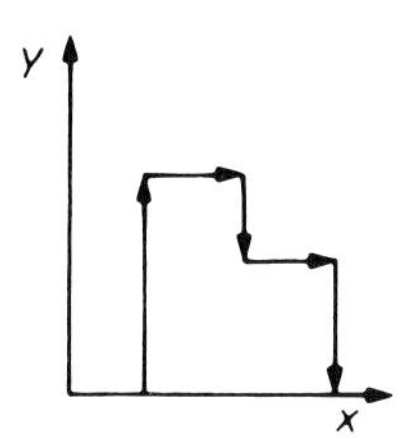	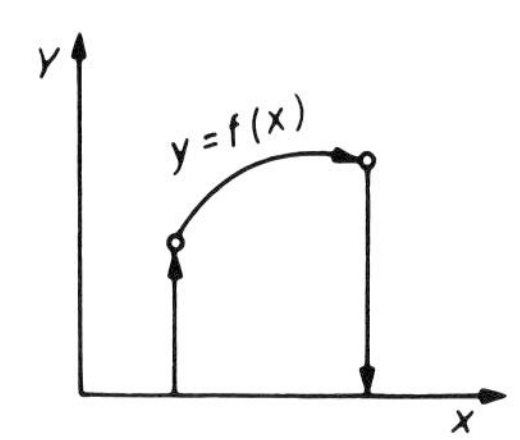
Werkzeug	beim Verfahren nicht im Eingriff	beim Verfahren im Eingriff	beim Verfahren im Eingriff
Anwendungs-Beispiele	Bohren, Punktschweißen	Drehen (zylindrisch), Fräsen (achsparallel)	Drehen, Fräsen, Brennschneiden

Bild 7.23 Arten der Steuerungssysteme

Nachteil dieser ersten bahngesteuerten Maschinen war jedoch ihr hoher Preis aufgrund der aufwendigen Steuerungskonstruktion. So überstieg allein der Preis der Steuerung um ein Vielfaches den Preis einer konventionell gesteuerten Werkzeugmaschine. Zudem waren die elektronischen Steuerungen sehr fehleranfällig im industriellen Einsatz. Die Leistungsfähigkeit der Steuerungen in Bezug auf die erstellbaren Werkstückgeometrien erforderte weiterhin einen hohen Aufwand bei der Programmierung der Bearbeitungsabläufe.

Diese technischen und wirtschaftlichen Schwächen der ersten Bahnsteuerungen sowie die oben geschilderten Gegebenheiten einschließlich jener Anforderungen der europäischen und besonders der deutschen Industrie in der Nachkriegszeit führten dazu, daß die Schwerpunkte der NC-Maschinenentwicklung hier zunächst bei der Konstruktion von Maschinen mit Punkt- und Streckensteuerungssystemen lagen. Diese Maschinen boten viele Vorteile einer numerisch gesteuerten Werkzeugmaschine, wie Verkürzung der Rüst- und Nebenzeiten, Wirtschaftlichkeit auch bei Einzel- und Kleinserienfertigung sowie höhere Flexibilität durch leichtere Austauschbarkeit der Bearbeitungsprogramme. Die steuerungstechnisch weniger aufwendigen Punkt- und Streckensteuerungen waren preisgünstiger, im praktischen Einsatz robuster und wesentlich einfacher in der Programmierung.

Erste Erfahrungen in der industriellen Praxis hatten gezeigt, daß nicht nur der Preis der Steuerungen, sondern vor allem auch die Kosten für den Programmieraufwand einen entscheidenden Einfluß auf die Verbreitung der NC-Maschine haben würden. In den Anfängen der NC-Entwicklung unterschied man grundsätzlich zwischen der maschinennahen Programmeingabe und der externen Programmerstellung. Die in den USA vorwiegend eingesetzten Bahnsteuerungen forderten wegen des hohen Programmier- und Berechnungsaufwandes eine externe Programmerstellung. Mit Hilfe eines elektronischen Rechners wurde dabei für die zu erzeugenden Kurvengeometrien eine Vielzahl von Punkten berechnet. Die interpolierten Bearbeitungspunkte bildeten dann zusammen mit den übrigen Bearbeitungsinformationen, wie Drehzahlen, Vorschubgeschwindigkeiten, Spannzangenbetätigung, Werkzeugauswahl und Kühlmittelfluß, das Bearbeitungsprogramm, welches nach der Programmübertragung auf ein geeignetes Speichermedium in die Steuerung an der Maschine eingegeben werden konnte. Als Speichermedium wurden in der Regel Magnetbänder, Lochkarten oder -streifen verwandt. Aber auch Dekadenschalter, Kreuzschienenverteiler und Programmwalzen wurden für einfachere Anwendungen als Programmspeicher eingesetzt.

Die starke Verbreitung der Punkt- und Streckensteuerungen in der Bundesrepublik und in Europa unterstützte aber auch die Entwicklung einfacherer maschinennaher Programmierverfahren. Die zahlenmäßigen Weginformationen wurden dabei mittels Hand über Dekadenschalter, Druckknöpfe oder Telefonwählscheiben in die Maschine eingegeben. Dies ersparte den Einsatz teurer Rechenanlagen und die aufwendige Übertragung des Programmes auf das Speichermedium.

In den 60er Jahren wurde eine Vielzahl unterschiedlicher Programmierverfahren und Speichermedien vorgestellt. Die Mehrzahl der Hersteller benutzte den Lochstreifen, da sein Informationsgehalt im Gegensatz zum Magnetband nicht so leicht durch Staub, Feuchtigkeit sowie magnetische oder elektrische Streufelder verfälscht werden konnte. Neben seiner größeren Robustheit ermöglichte er außerdem eine einfachere Korrektur bei falsch eingegebenen Programmen.

Die Lochung der aus Pappe oder Kunststoff bestehenden Lochstreifen führte der Programmierer zunächst per Hand aus. Später halfen ihm besondere Lochstreifenschreibmaschinen, die ein Tastenfeld ähnlich dem einer Schreibmaschine besaßen. Solche Maschinen waren sowohl zum Duplizieren von Streifen als auch zum Ausgeben der auf dem Streifen befindlichen Informationen eingerichtet.

Einen geeigneten Universalcode gab es zunächst nicht. Die Informationen waren daher je nach Anforderungen von einem in den anderen Code umzusetzen. Insofern

Bild 7.24 Lochstreifenschreibmaschine

blieb es offen, ob deutsche Betriebe sich bei der beginnenden Entwicklung an den in den USA für Maschinensteuerungen zur Norm vorgeschlagenen Acht-Kanal-Lochstreifen anlehnen oder den zur damaligen Zeit international schon genormten Fünf-Kanal-Fernschreiblochstreifen vorziehen sollten.

Die zweite Steuerungsgeneration, die etwa 1962 bis 1963 auf den Markt kam, zeigte bereits deutliche Leistungssteigerungen. Sie waren gekennzeichnet durch einen weitgehend kontaktlosen Steuerungsaufbau auf Basis moderner Halbleitertechnik. Die Mehrzahl der Steuerungen bestand aus ruhenden, nicht mehr aus beweglichen und damit verschleißanfälligen Teilen, sondern aus Halbleitern, Transistoren und elektrischen Bauelementen, die das Fertigungspersonal auf gedruckte Schaltkarten montierte und auflötete. Dadurch konnten fehlerverursachende Störfaktoren ausgeschaltet werden, denn anfällige, bewegte Teile und verschmutzende Kontakte entfielen. Weiterhin ließen sich aus den Schaltkarten, von denen jede eine bestimmte Steuerungsteilfunktion übernahm, Funktionsgruppen zusammenstellen und damit ganze Steuerungen aufbauen. Ein solchermaßen gestuftes Baukastensystem erlaubte es, die Steuerungen den jeweiligen Anforderungen definierter Maschinen und bestimmter Bearbeitungsprobleme anzupassen. Die Anwendung der Halbleitertechnik für den elektronischen Teil der Steuerung verminderte darüber hinaus den Raumbedarf erheblich [7.52].

Zur Anwendung der Halbleiter-Bauelemente schwenkten aufgrund der beschriebenen Vorteile sehr schnell alle Steuerungsanbieter über. Die meisten Hersteller konzentrierten ihre Bemühungen wie schon bei der Generation zuvor auf die preiswerteren Punkt- und Streckensteuerungen. So betrug beispielsweise der Anteil der Punkt- und Streckensteuerungen an allen auf der 8. EWA in Mailand 1963 ausgestellten Messestücken 86 Prozent. Offen blieb weiterhin die Diskussion über die Frage der zweckmäßigen Verwendung von Fünf- oder Achtspurlochstreifen, obwohl sich durch Anwendungen bei rund 54 Prozent aller Steuerungen eine leichte Überlegenheit des Achtspurlochstreifens gegenüber dem Fünfspurlochstreifen abzeichnete.

Die Werkzeugmaschinenaustellungen dokumentierten noch einen weiteren Trend in der Steuerungsentwicklung. Die Hersteller numerisch gesteuerter Maschinen gaben mehr und mehr Steuerungen von elektrotechnischen Firmen den Vorzug vor Eigenentwicklungen. Die Ausstattung von 90 Prozent aller ausgestellten NC-Maschinen mit sogenannten „fremden" Steuerungen setzte deutliche Signale. Die Gründe dafür lagen zum einen in der komplexen, jetzt meist vollständig elektronisch aufgebauten Maschinensteuerung, zu deren Entwicklung die Maschinenbauunternehmen hochqualifizierte Fachkräfte benötigten, und zum anderen in dem Kundenwunsch, im eigenen Betrieb nur Steuerungen eines Herstellers zu verwenden, die eine einheitliche Programmierung und eine einfache Wartung ermöglichten.

Auf der NC-Machine-Tool-Exhibition 1966 in London wurde sodann der nächste Innovationsschritt sichtbar. Die Elektronikindustrie führte die sogenannten integrierten Halbleiterschaltungen (IC) in monolithischer Kleinbauweise in den Steuerungsbau ein und schuf damit die Basis für die Entwicklung der dritten Steuerungsgeneration [7.29].

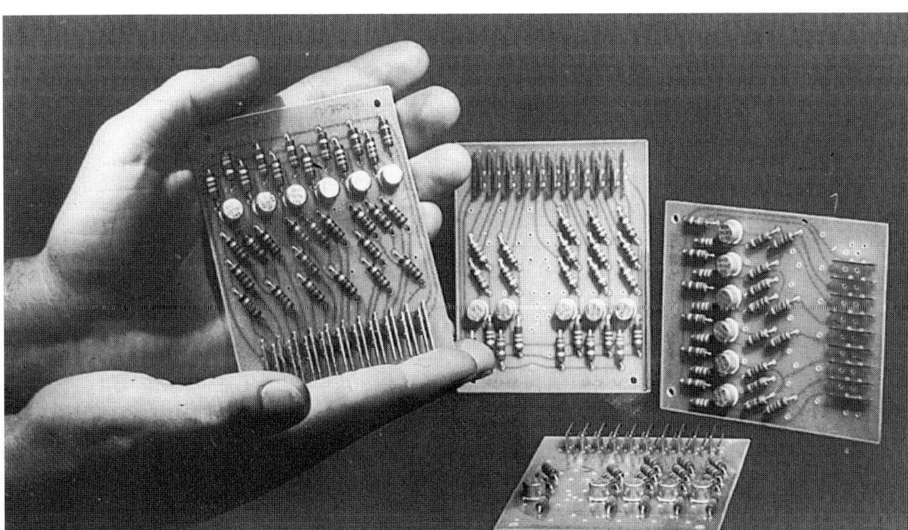

Bild 7.25 Ausführungsbeispiel von halbleiterbestückten Bausteinen in Einschubform

Diese integrierten Halbleiterschaltungen waren wesentlich kleiner und weniger störanfällig gegen elektrische und magnetische Umwelteinflüsse als die vorherige Generation. Die erhöhte Betriebssicherheit integrierter Schaltkreise hing allerdings weniger mit der Verbesserung der aktiven elektronischen Bauelemente zusammen. Vielmehr entstand der größte Teil der elektrischen Störungen in den Steuerungen aufgrund von Verbindungen wie Lötstellen, Stecker und Verdrahtungen. Diese Kontaktstellen reduzierte die aktuelle Generation erheblich und miniaturisierte darüber hinaus die gesamte Steuerung. Damit bot sie dem Schaltungstechniker ungewohnte Möglichkeiten und ließ sich preiswerter als ihre Vorgänger herstellen und verkaufen. So nahm beispielsweise eine monolithische Baugruppe in einem Block mit der Kantenlänge einer Briefmarke etwa die gleichen Funktionselemente auf wie eine Schaltkarte bisheriger Bauart im Postkartenformat.

Steuerungsschränke selbst für komplizierteste Steuerungsaufgaben brauchten kaum größer zu sein als der Platz, den bisher allein die Programmsteuerungen benötigten. Grundbausteine des gleichen Typs für den Aufbau der Steuerungssysteme zu verwenden und Bausteine zu Funktionsgruppen, sogenannten Prints, zusammenzufassen, brachte nicht nur fertigungstechnische sowie preisliche, sondern auch betriebliche Vorteile. Diese hingen vor allem mit dem wiederholten Auftreten gleicher Bauelemente zusammen. Sie verringerten die Lagerhaltung von Ersatzteilen und erleichterten es, bei Störungen eingreifen zu können. Überdies vereinfachten Baugruppen in Gestalt von Einschüben die Wartungs- und Instandhaltungsmaßnahmen.

Mit dem Einsatz zunehmend leistungsfähigerer mikroelektronischer Bauelemente und fortschreitendem Preisrückgang der Schaltungskonstruktionen wurde es interessanter, sowohl die Leistungsfähigkeit der Steuerungen weiter zu steigern

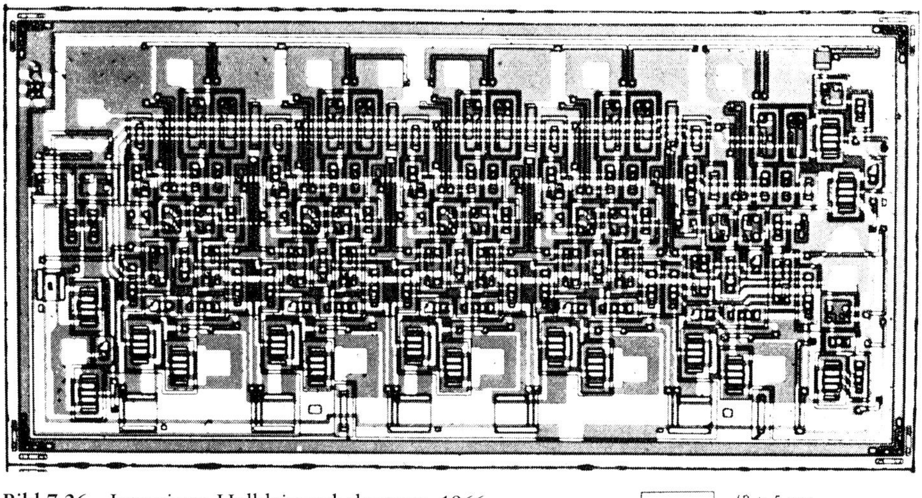

Bild 7.26 Integrierte Halbleiterschaltungen, 1966

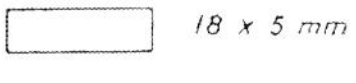

Bild 7.27 Fertigungsleitrechner mit DNC-System, um 1970

als auch den Rechner verstärkt für die Planung, Überwachung und Steuerung des Produktionsprozesses einzusetzen. So entstanden in der zweiten Hälfte der sechziger Jahre die ersten Ansätze zur Realisierung von Adaptive Control (AC) Systemen, Direct Numerical Control (DNC) und Computerized Numerical Control (CNC) Systemen.

Die Grundkonzeption der AC-Systeme bestand darin, die Werkstückbearbeitung durch eine automatische Anpassung an Werkzeugabnutzung, inhomogene Werkstoffe, unterschiedliche Aufmaße und Rohteiltoleranzen unter wirtschaftlichen und technologischen Gesichtspunkten zu optimieren. Es wird dabei unterschieden zwischen Optimierregelungen, bei denen die Maschineneinstellwerte unter wirtschaftlichen Kriterien optimiert nachgeregelt werden, und zwischen Grenz- oder Anpaßregelungen, die auf die Erreichung von technischen Maximalwerten bei Schnittleistung oder Schnittkraft ausgerichtet waren.

Um 1970 erschienen die ersten Steuerungen dieser Art auf dem Markt. Zur Erfassung der zahlreichen Störgrößen, die es auszugleichen galt, benötigten diese Maschinen zusätzliche Meßfühler an Maschine und Werkzeug. Diese Zusatzeinrichtungen führten schon bei einfacheren Systemen zu Mehrkosten und technischen Problemen, so daß sich die AC-Steuerungen nicht durchsetzen konnten.

Angeregt durch das verbesserte Preis-Leistungs-Verhältnis der integrierten Halbleiterbauelemente versuchten die Entwicklungsingenieure in dieser Zeit auch, den Rechner nicht nur zur Unterstützung der Erstellung der Bearbeitungsprogramme zu nutzen, sondern ihn weitergehend als Prozeßrechner unter Vermeidung der Lochstreifentechnik zur direkten Eingabe an der numerischen Steuerung zu verwenden.

Aus diesem Bestreben entwickelte sich die vierte Steuerungsgeneration, die CNC-Steuerung. Die ersten Prototypen dieser neuen Steuerungsgeneration wurden bereits Ende der sechziger Jahre entwickelt. Eine der ersten NC-Steuerungen mit freiprogrammierbarem Prozeßrechner, die in der industriellen Praxis eingesetzt wurde, war die japanische FANUC 250.

Die in den sechziger Jahren entwickelten Werkzeugmaschinen mit CNC-Steuerungen waren jedoch noch prototypische Einzelanfertigungen. Die empfindliche Rechnertechnik, die Größe der erforderlichen Rechenanlagen und der noch sehr hohe Preis der Rechner ließen einen breiteren industriellen Einsatz unter wirtschaftlichen Gesichtspunkten nicht zu.

Bei der Rechnerdirektsteuerung (DNC) wurde ein leistungsstarker Prozeßrechner zur Ansteuerung mehrerer numerisch gesteuerter Werkzeugmaschinen genutzt. Das erste DNC-Konzept wurde bereits 1968 von der amerikanischen Firma Sundstrand Cooperation entwickelt. Das unter dem Namen Omnicontrol bekanntgewordene System ging von der Vorstellung aus, daß ein für die Arbeitsvorbereitung und Fertigungssteuerung zur Verfügung stehender größerer Rechner auch für den DNC-Betrieb geeignet sein müßte. Etwa zur gleichen Zeit befanden sich bei bedeutenden Steuerungs- und Prozeßrechnerherstellern sowie bei einigen Firmen der Werkzeugmaschinenindustrie DNC-Systeme in der Konzeptionsphase.

Einer der ersten Ansätze, die Grundzüge eines DNC-Systems enthielten, wurde auch schon 1967 durch Williamson von der englischen Firma Molins vorgestellt. Das im folgenden noch ausführlicher geschilderte flexible Fertigungssystem integrierte bereits eine Vielzahl von Maschinen, die durch ein gespeichertes Programm gesteuert wurden. Zur Erfüllung der Anforderungen eines vollständigen DNC-Systems fehlte dieser Anlage lediglich die Möglichkeit der direkten Steuerungsverteilung. Das System wurde zur damaligen Zeit noch mit Programmen gesteuert, die, auf Magnetkassetten gespeichert, den Maschinen eingegeben wurden [7.29, 7.2].

Die Vorteile des DNC-Systems bestanden in der Verteilung der hohen Rechnerkosten auf mehrere Fertigungseinheiten, so daß ein Einsatz auch wirtschaftlich vertretbar wurde. Zudem mußte der Rechner nicht mehr neben der Maschine in der Fabrik stehen, wo er Verschmutzung und mechanischen Störungen ausgesetzt war. Weitergehende DNC-Konzepte integrierten zusätzlich Betriebsdatenerfassung und -auswertung, Materialflußsteuerung und NC-Datenkorrektor in die Prozeßsteuerungen durch den DNC-Rechner.

Trotz der erwähnten Vorteile konnten sich die DNC-Systeme zunächst nicht durchsetzen. Zwar unternahmen sowohl die Hochschulen als auch einige industrielle Steuerungsanbieter erhebliche Forschungs- und Entwicklungsanstrengungen auf diesem Gebiet. Auf den beiden großen Fachmessen des Jahres 1970, der IHA in Hannover und der Chicago Show, wurde eine Reihe von Prototypen mit unterschiedlichen Funktionsprinzipien vorgestellt. Unter den Ausstellern auf der

Hersteller System	Rechner	Externspeicher	Maschinenanschlußzahl möglich	ausgeführt
AEG-Telefunken NC 700	AEG 60-10	Band	42	6
Cincinnati Milacron	CIP/2100 CIP/400	Platte und Band	64	3
Ex-Cell-O	Lockheed MAC-16	Trommel	16	2
Farrel	Spiras 65	Platte		2
Fujitsu Fanuc K	Facom 270-10 Facom 270-20	Trommel		7
General Electric Command Dir	GE-PAC 30 GE-PAC 4020	Trommel	15 (30)	10
Giddings & Lewis	IBM 1800 PDP-8			6
Kearney & Trecker Gemini	IBM 2800 HP 2116-B	Platte	max. 80 (100)	5
Lodge & Shipley World Central	PDP-8/I	Band	8	2
Mitsubishi Electric Meldas	Melcom 350/30F		18	
Molins System 24	IBM 1130	60 Kassetten/ Masch.	beliebig	
Monarch Machine Tool Comp Trol	PDP-8/I PDP-8/E	Trommel und Platte	15	1
Oki Electric Computrol	Okitac 4500	Trommel	32/128	
Olivetti DNC 8/16	IBM 1130		8	3
Siemens	Siemens 301	Platte	60	13
Spiras Syst	Spiras 65	Platte und Band	64	
Westinghouse	Prodac 2000	Trommel	30	1
Bunker Rama System 70	CDC 1700	Platte	20	
Cunningham CPE-1000	PDP-11/20	Platte	5	
Fujitsu Fanuc T	Fanuc 800 Facom 230-25	Trommel	20	19
Hitachi Seiki Hidam Master	MIDIC 100			19
Sundstrand Omnicontrol	IBM 360/30 30 PDP 11	Trommel und Platte	15....255	6
Toshiba System 2000	Tosbac-40		20	
Tridea Electronics	IBM 1800 GASPAC 12	Platte	10	1
Warner & Swasey	PDP-8/I	Platte	max.14 Achsen	max.14 Achsen
WMW Concema-DNC-Prisma	ODRA 1204	Trommel	80	4

Bild 7.28 Bekanntgewordene DNC-Systeme, 1973

IHA in Hannover waren die Siemens AG und die AEG mit DNC-Systemen vertreten [7.2]. Bild 7.28 gibt einen guten Überblick über die zu Beginn der siebziger Jahre bekannt gewordenen DNC-Systeme.

Probleme lagen insbesondere in der mangelhaften DNC-Software, in dem außerordentlich hohen Preis der verwendeten Prozeßrechner und in der oft zu geringen Leistungsfähigkeit der Rechner, die zu Datenengpässen bei der Versorgung der Maschinen führte. Kritisch betrachtet wurde auch die Gefahr des Fertigungsstillstandes bei Ausfall des Rechners.

Ein wichtiger Schritt, der auch aus heutiger Sicht wesentlich zur Verbreitung der numerisch gesteuerten Werkzeugmaschine beitrug, bestand deshalb in der Weiterentwicklung des CNC-Konzeptes zur Steuerung von Werkzeugmaschinen. Ein wichtiger Technologieschub, der die Steuerungen leistungsfähiger, gleichzeitig aber auch kleiner, preisgünstiger und robuster machte, erfolgte durch den Einsatz eines Minicomputers in der Steuerung. Gerard Duelen stellte 1971 auf der Europäischen Werkzeugmaschinenausstellung in Mailand eine Drehmaschine aus, die als eine der ersten mit einem Minicomputer ausgerüstete CNC-Maschine gilt. Die unter dem Namen Ducomat vorgestellte Steuerung nutzte als Prozeßrechner einen Minirechner PDP 8 der Firma DEC [7.52].

Diese erste Minicomputer-CNC war in der Folge die Basis von Gemeinschaftsentwicklungen des Instituts für Werkzeugmaschinen und Fertigungstechnik der TU Berlin mit verschiedenen Werkzeugmaschinenherstellern.

Neben der verbesserten Leistungsfähigkeit und der Größe der Steuerungen bestand ihr wesentlicher Vorteil in der leichten und flexiblen Anpaßbarkeit an unterschiedliche Maschinen und Bearbeitungsanforderungen. Bei den Steuerungen der dritten Generation erfolgten diese Anpassungsmaßnahmen noch durch Hardwaremodifikationen, das heißt durch Änderung der festverdrahteten Verbindungen. Die Minicomputer-CNC konnten demgegenüber durch einfachen Austausch der Steuerungssoftware neu konfiguriert werden.

Die Vorteile der Minicomputer-CNC für den Anwender lagen weiterhin in der Möglichkeit, Korrekturen und Änderungen des Bearbeitungsprogrammes einfacher durchzuführen, sich den Betriebszustand von Steuerung und Maschine anzeigen zu lassen sowie die Durchführung eines Mensch-Maschine-Dialoges zu realisieren. Unterprogramme konnten schneller aufgerufen werden, und die Zugriffs- und Programmrüstzeiten bei der Speicherung mehrerer Bearbeitungsprogramme verkürzten sich deutlich. Ein wesentlicher Nachteil dieser neuen Steuerungsgeneration bestand allerdings in dem noch hohen Preis der Steuerung.

Die Beherrschung dieses letzten gravierenden Nachteils wurde möglich durch die Einführung des Mikroprozessors in die Steuerungstechnik im Jahre 1975. Die Mikroprozessor CNC stellte eine weitere Entwicklungsstufe numerischer Steuerungen dar. Sie legte die Basis für den endgültigen Durchbruch der NC-Technik in Europa.

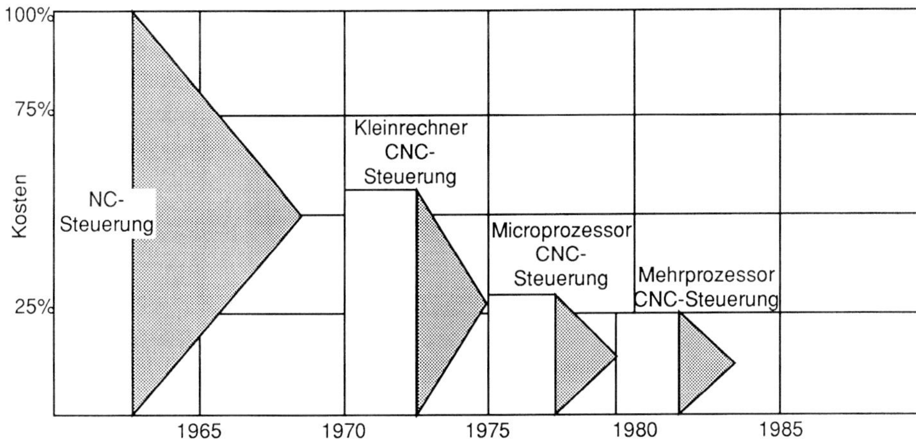

Bild 7.29 Abfolge der Steuerungsgenerationen

Der Mikroprozessor ist auf technischem Gebiet zum Auslöser einer weitreichenden Umwälzung geworden. Seit seiner Entwicklung im Jahre 1971 hielt er Einzug in nahezu sämtliche Bereiche der Technik und wurde damit zu einem den industriellen Leistungserstellungsprozeß zunehmend stärker beeinflussenden Element.

Die heutige Leistungsfähigkeit aller Arten von Rechnern und auch der numerischen Steuerung für Werkzeugmaschinen war nur möglich durch die Innovation und Weiterentwicklung, die der Mikroprozessor in die Mikroelektronik brachte. Er besteht aus einem nur wenige Millimeter großen Siliziumplättchen (Chip), auf das die Schaltungsstrukturen von Tausenden von Transistoren in miniaturisierter Form aufgebracht werden.

Bild 7.30 Chip – Größenvergleich

Der erste von der Firma Intel entwickelte Mikroprozessor aus dem Jahre 1971 erreichte dabei aus der heutigen Sicht der Technik eine vergleichbar geringe Leistung. Der Urahn der Prozessoren, der Intel 4004, beherbergte auf einer Fläche von 4,2 x 3,2 mm insgesamt 2300 Transistoren und schaffte immerhin schon eine Bearbeitungsleistung von 60000 Instruktionen pro Sekunde.

Bereits im April 1972 erfolgte die Ankündigung eines 8-BIT Mikroprozessors 8008 als Weiterentwicklung des 4004. Im Gegensatz zu seinem Vorgänger, der vorwiegend auf die Ausführung arithmetischer Operationen ausgerichtet war, lagen die Stärken dieses neuen Mikroprozessors in der Manipulation von Daten und Zeichen. Damit eröffnete sich schon zu Beginn der siebziger Jahre ein nahezu unbegrenztes Einsatzgebiet. Ein wesentlicher Schritt der Firma Intel bestand in diesem Zusammenhang darin, daß sie mit den Chips gleichzeitig auch Programmier- und Entwicklungswerkzeuge entwickelte, die als Hilfsmittel die Arbeit der Entwickler bei den Kunden erheblich erleichterten.

Einen wesentlichen Fortschritt bedeutete die Einführung des 8080 Prozessors, der erstmals sowohl für die Ausführung arithmetischer Operationen als auch für die Datenmanipulation einsetzbar war. Die Leistungssteigerung, die mit diesem Chip zur Verfügung gestellt wurde, konnte durch Einsatz der neuerforschten MOS-Technologie erreicht werden, die eine höhere Integrationsdichte auf der Siliziumscheibe ermöglichte. Der neuentwickelte Chip war etwa zehnmal so schnell wie seine Vorgänger. Überraschend war zudem sein Preis, der mit 360 US Dollar vergleichsweise günstig war.

Mit der großen Resonanz, die der erste Mikroprozessor auf dem Markt fand, wurde nun auch die Konkurrenz angelockt. Intel konnte jedoch zunächst noch seine Marktführerschaft auf Grund der Entwicklungsunterstützung für die Kunden behaupten. Bereits 1974 unternahm die Firma Intel den Versuch zur Entwicklung eines 32 BIT-Prozessors, der für damaliges Verständnis eine ungeheure Leistungsfähigkeit haben und für den Einsatz in fehlertoleranten und Multiprozessorsystemen dienen sollte. Obwohl die technische Realisation dieses 32 BIT Chips vollendet wurde, ergab sich dennoch kein Erfolg am Markt, da sich die Industrie zunächst erst auf die 8 BIT Prozessorsysteme eingestellt hatte. Entscheidend war jedoch der Nachweis der technischen Machbarkeit, wodurch sich schon zu diesem frühen Zeitpunkt enorme Entwicklungs- und Einsatzperspektiven für den Mikroprozessor aufzeigten.

Auf dem 8 BIT Markt etablierten sich jetzt zunehmend auch die Firmen Motorola, Zilog und MOS und übten einen spürbaren Druck auf den Marktführer Intel aus.

Im Jahre 1976 begann die Entwicklung der 16-BIT Prozessorgeneration. Diese neuen Prozessoren wiesen gegenüber ihren Vorgängern mit einer zehnfachen Geschwindigkeit wiederum einen enormen Leistungszuwachs auf. Da zu diesem Zeitpunkt noch keine CAD- und CAE-Systeme existierten, die die Entwicklungsarbeiten unterstützten, erwies sich der Entwurf dieser komplexen Prozessoren als extrem aufwendiger Prozeß. Die Schaltkreise mußten noch mit Hand gezeichnet und jeweils einzeln geprüft werden. Da auf den 16-BIT Prozessoren etwa 20 000 Transistorfunktionen integriert waren, benötigten die Ingenieure allein für die Erstellung des Chiplayouts eine Papierfläche von über 60 Quadratmetern. Die Entwicklung eines neuen Chips dauerte unter diesen Bedingungen bis zu 2 Jahren.

Schon 1979 kamen dann erste Prozessoren auf den Markt, die sich wieder der 32-BIT Architektur annäherten. In der externen Verbindung arbeiteten diese Mikroprozessoren zwar noch mit den üblichen 16-BIT. Sie waren jedoch schon in der Lage, intern 32 BIT zu verarbeiten. Erst Mitte der achtziger Jahre konnte sich dann die nächste Generation der reinen 32 BIT Prozessoren auf dem Markt durchsetzen, die seitdem die herkömmlichen 16 BIT Prozessorgeräte zunehmend ablösen und heute zum Industriestandard gehören. In der Einführung befindet sich aber auch schon die nächste Prozessorgeneration, die mit einer 64 BIT Verarbeitungsbreite einen weiteren Leistungszuwachs verspricht. Ein Vergleich zwischen den jetzt gängigen Prozessoren und dem Urahn der Prozessoren, dem Intel 4004 von 1971, zeigt einen beeindruckenden technologischen Fortschritt in nur 20 Jahren. Ermöglichten die damaligen Technologien eine aus heutiger Sicht nur geringe Integrationsdichte von 2300 Transistorfunktionen, so erreichen die modernen Verfahren der Chipproduktion und der Chipentwicklung eine vielfach höhere Integrationsdichte, die inzwischen die Zahl von einer Million Transistorfunktionen pro Chip weit übersteigt [7.22].

Der fortschreitende Leistungszuwachs bei immer günstigeren Preisen der Mikroelektronik führte zur Konstruktion von Mehrprozessorsystemen, die mittlerweile auch Funktionen integrieren, die anfänglich den externen Großrechneranlagen und Postprozessoren vorbehalten waren. Seit Anfang der achtziger Jahre beinhalten die CNC-Steuerungen auch Programmierhilfen und -systeme, die im Verlauf der weiteren Entwicklung durch grafische Anzeigen und Bildschirme ergänzt wurden, so daß die Programmierung der Steuerung im Werkstattbetrieb auch während einer laufenden Bearbeitung durchführbar ist. Die Größe einer modernen CNC ist lediglich durch die Größe des Bildschirmes und die notwendige Fläche für die Bedientafel bestimmt, die sich aufgrund der notwendigen Tastengrößen nicht weiter reduzieren läßt.

Die schnelle Weiterentwicklung der Steuerungstechnik und deren gleichzeitig erfolgte Miniaturisierung übte natürlich einen nachhaltigen Einfluß auf die Entwicklung der Maschinenkonstruktion und der Fertigungsanlagen aus. Die Elektronik konnte in die Freiräume an der Maschine integriert werden. Die hohe Leistungsfähigkeit der Steuerungen machte es möglich, auch externe Maschinensysteme in den Steuerungsprozeß einzubeziehen. Die Maschinen wurden durch automatische Be- und Entladesysteme ergänzt, Paletten- und Werkzeugwechsler wurden zunehmend leistungsfähiger. Moderne Fertigungszellen ermöglichen die Durchführung von mehreren Bearbeitungsverfahren. Aber auch die Sicherheit der Maschinensysteme erhöhte sich durch die steigende Leistungsfähigkeit der Steuerungselektronik, da immer umfangreichere Sensor- und Überwachungssysteme durch die Steuerung bewältigt werden konnten.

Mit dem Einsatz der Mikroprozessortechnik eröffneten sich der numerisch gesteuerten Werkzeugmaschine neue Perspektiven. Die Maschinen wurden preiswerter durch die abnehmenden Kosten für die Steuerung bei gleichzeitigem Leistungszuwachs. Die Entwicklungskosten für die Steuerungen verschoben sich zunehmend von den Hardwarekosten auf die Kosten für die Softwareentwicklung. Durch unterschiedliche Software konnte die gleiche Steuerung verschiedenen Anwendungen angepaßt werden. Dies ist auch ein wesentlicher Vorteil der CNC-Technik, da Software schnell und kostengünstig kopierbar ist, nicht verschleißt, leichter angepaßt und ausgetauscht werden kann.

Auch im Einsatz waren die neuen Maschinen wirtschaftlicher als ihre Vorgängermodelle mit den herkömmlichen Steuerungen. Durch leistungsfähigere Sensor- und Meßsysteme erhöhten sich Arbeitsgenauigkeit und -geschwindigkeit. Gleichzeitig konnte der Verschleiß an Maschine und Werkzeug reduziert werden. Der Einsatz der Mikroprozessortechnik bildete damit die Grundlage für die heute erfolgte weite Verbreitung der numerisch gesteuerten Werkzeugmaschine in der Industrie, zugleich aber auch für die zunehmende Automatisierung der Fabrik in all ihren Funktionsbereichen.

7.4 Programmierung der NC-Maschinen

Es wurde jedoch nicht nur versucht, die Werkzeugmaschine und die numerische Steuerung durch Einsatz neuer Technologien leistungsfähiger und preisgünstiger zu machen, sondern auch die Programmierung der Steuerung zu erleichtern. Zur Vereinfachung der Programmierarbeit entwarfen die Verantwortlichen schon früh durch Gemeinschaftsarbeit betriebseinheitliche Formblätter, die für möglichst viele Werkzeugmaschinenarten gelten sollten.

Es zeigte sich mit zunehmender praktischer Erfahrung aber sehr schnell, daß die manuellen Programmierverfahren bei komplexeren Werkstückgeometrien einen erheblichen Arbeitsaufwand verursachten und somit vor allem in der Programmierung weitere Rationalisierungspotentiale zu erwarten waren. Für schwierige Bohrarbeiten, komplizierte Fräsbearbeitungen und viele Dreharbeiten erfolgte deshalb immer häufiger der Einsatz von großen Rechnern zur maschinellen Programmerstellung. Die Vorteile der maschinellen Programmerstellungen waren schnell ersichtlich:

Eine stark verkürzte Formulierung in einer dem Menschen leicht verständlichen Sprache erleichterte die Übersicht über das Bearbeitungsprogramm.

Die Programmierer konnten Fehler besser vermeiden, da Zahlenwerte nur einmal, und zwar in einer der Zeichnung meist unmittelbar zu entnehmenden Form, genannt und Zwischenrechnungen der Rechenanlage überlassen wurden.

Ein günstiges Verhältnis zwischen Programmieraussagen und den daraus erzeugten Werkzeugmaschinensätzen sparte in erheblichem Maße Zeit und Kosten ein.

Die Erzeugung des Programmes erfolgte mit Hilfe einer problemorientierten Programmiersprache. Erst der NC-Postprozessor verarbeitete dann das Programm zu einem Steuerprogramm für eine spezifische Maschine. Das Vorbild für die Entwicklung der maschinellen Programmierung in der Fertigungstechnik stammte aus den USA und wurde unter dem Namen APT (Automatically Programmed Tools Language) auch in Europa bekannt. Dieses leistungsfähige Programmiersystem wurde eigens für komplizierte, dreidimensional gesteuerte Fräsbearbeitungen konzipiert und beinhaltete umfangreiche Möglichkeiten zur Beschreibung der Werkzeugwege für die Programmierung nahezu jeder NC-Werkzeugmaschine. Es besaß allerdings nicht die Fähigkeit zur maschinellen Ermittlung technologischer Informationen, um so z.B. Informationen der Bearbeitungskinematik und der Zerspanungsgrößen zu erhalten.

Als Antwort auf dieses Defizit förderten einige Firmen deshalb Programmiersysteme, die solche technologischen Größen automatisch generierten. Außerdem sollte unter Berücksichtigung des Gesamtkomplexes der numerischen Steuerung die Programmierarbeit weitergehend vereinfacht werden.

In diesem Zusammenhang erkannte besonders die Firma Pittler mit der Entwicklung der maschinengebundenen technologischen Programmiersprache Autopit (Automatisch Programmieren Inklusive Technologie) im Frühjahr 1963, daß es vorteilhaft ist, die Lochstreifenherstellung zu automatisieren und dabei auch die technologischen Probleme über den Rechner weitgehend automatisch zu lösen. Das System betrachtete die numerisch gesteuerte Maschine damit als Glied einer datenverarbeitenden Kette.

Bild 7.31 verdeutlicht dagegen das zugrundeliegende Informationsflußschema zur Erstellung der Lochstreifen bei manueller Programmierung.

Die damaligen Probleme bei der Programmierung von NC-Werkzeugmaschinen wurden von Simon wie folgt zusammengefaßt: „Die zunehmende Größe der Rechenanlagen, die immer umfangreicher werdenden Aufgabenstellungen, die Vielzahl der Rechnertypen und auch die verhältnismäßig vielen Hersteller haben im Verlaufe weniger Jahre dazu geführt, daß das unmittelbare, maschinenorientierte Programmieren nicht nur umständlicher und zeitraubender wurde, sondern von Rechnertyp zu Rechnertyp anders ausfiel." [7.38] Entsprechend zahlreich waren auch die unterschiedlichen Entwicklungen fertigungstechnischer Programmsprachen, die die Programmierung erleichtern sollten. Bis 1963 sind an die 40 unterschiedliche Programmsprachen vorgeschlagen worden, von denen sich die Mehrzahl an den Grundgedanken des amerikanischen APT-Systems orientierte [7.5].

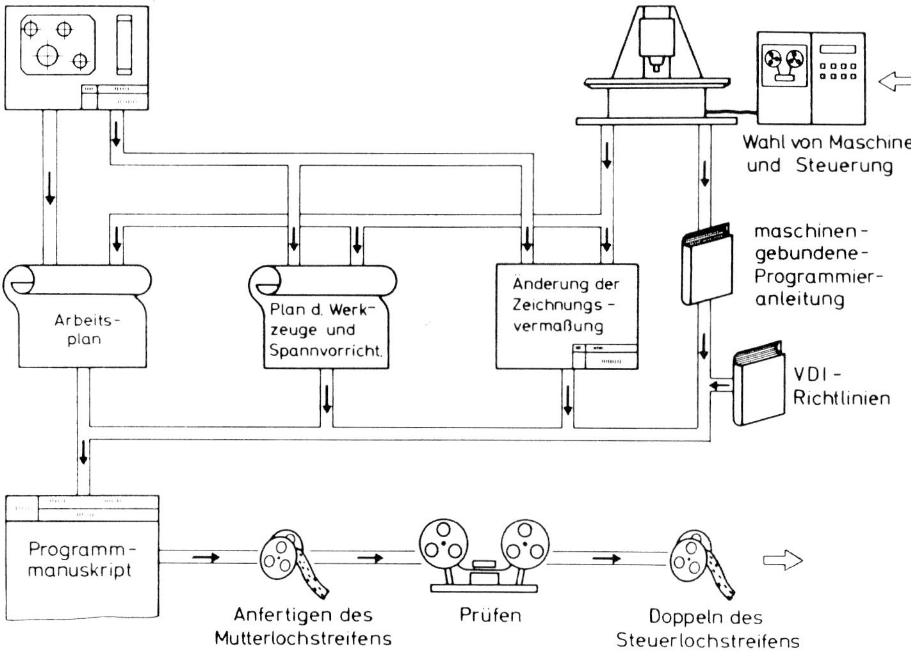

Bild 7.31 Informationsflußschema bei manueller Programmierung, Aachen 1965

Infolge des Entwicklungsprozesses wurden maschinelle Programmiersysteme nach der Möglichkeit zur Unterstützung des Programmierers zur Optimierung des Bearbeitungsprozesses in geometrieorientierte und technologieorientierte Systeme unterschieden.

Die Aufgaben geometrieorientierter Systeme bestanden in der vereinfachten Beschreibung geometrischer Elemente und der Berechnung von Schnittaufteilungen. Die zusätzliche Anforderung technologieorientierter Systeme umfaßte die Bestimmung von Bearbeitungswerten anhand der Verwendung technologischer Daten.

Die Anforderungen an ein automatisches Programmiersystem stiegen durch die zusätzlichen Leistungspotentiale der zunehmend preisgünstiger gewordenen Bahnsteuerungen und durch die damit einhergehende weitere Verbreitung der NC-Steuerung in Europa.

Eine 1965 eingeleitete konzeptionelle Überprüfung der bis dahin bekannten Programmiersprachen zeigte zudem, daß keine der vorhandenen Programmiersprachen eine allgemeine Eignung für die unterschiedlichen Bearbeitungsverfahren aufwies. Zur Entwicklung einer neuen einheitlichen, den europäischen Verhältnissen angepaßten Programmiersprache wurde deshalb mit Unterstützung der Deutschen Forschungsgemeinschaft eine Arbeitsgruppe der Professoren Opitz, Simon, Spur und Stute gebildet.

Als Ergebnis intensiver Forschungsarbeiten entwickelte diese Gruppe das Programmiersystem EXAPT (Extendend Subset of APT):

- EXAPT 1 für Bohr- und einfachste Fräsaufgaben auf Maschinen mit Punkt- und einfacher Streckensteuerung (1966 der Öffentlichkeit vorgestellt),
- EXAPT 2 für Drehbearbeitungen auf Drehmaschinen mit Strecken- oder Bahnsteuerungen (1967 anläßlich der EWA in Hannover vorgeführt) und
- EXAPT 3 für Bohr- und Fräsbearbeitungen auf Fräsmaschinen mit Strecken- oder Bahnsteuerung in einer zur Werkzeugachse senkrechten Ebene.

Die Aufteilung ermöglichte die Anpassung des Sprachumfanges an die Erfordernisse der jeweiligen Bearbeitungsart. Sprachworte und Aufbau der Anweisungen stimmten in allen Sprachteilen überein.

Eine entsprechende, in Lochkarten gespeicherte Aufzeichnung nannten die Entwickler Teile- oder Quellenprogramm. Der Rechner besaß die Aufgabe, aus den wenigen, unter dem Gesichtspunkt der einfachen Programmierung erstellten Angaben des Teileprogramms, die vollständigen, für die NC-Maschine notwendigen Definitionen im Steuerlochstreifen zu erstellen. Dazu benötigte der Rechner seinerseits zwei Programme, das Verarbeitungsprogramm und das Anpassungsprogramm.

Im Ergebnis entstanden Steuerlochstreifen sowie verschiedene Listen für die Arbeitsvorbereitung und die Betriebsorganisation.

Die sich entwickelnde enge Zusammenarbeit zwischen Hochschulen und Industrie führte zur Gründung des EXAPT-Vereins [7.49], der auf der 1. Internationalen

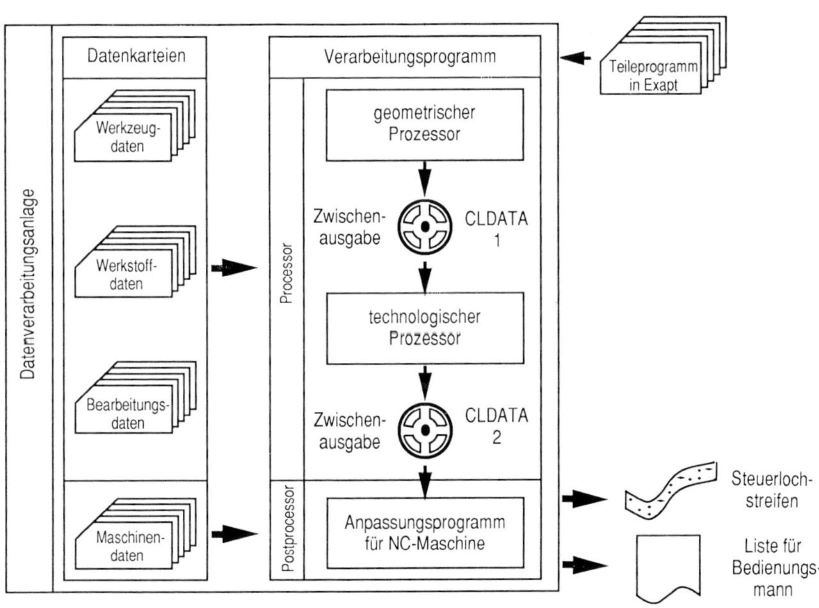

Bild 7.32 EXAPT-Systemaufbau, Spur 1979

EXAPT-Tagung mit einem Bericht über seine Ziele und Tätigkeiten in Erscheinung trat. Auslöser für die Gründung dieses Vereins war das Bestreben nach einer engeren Zusammenarbeit zwischen Hochschulen und Industrie mit dem Ziel der Verbindung von Grundlagenforschung, angewandter Forschung sowie industrieller Praxis. Die Grundlagenforschung im Rahmen der Hochschulen erfolgte damals mit beachtlicher Unterstützung durch die Deutsche Forschungsgemeinschaft, die einen erheblichen Teil der 5 Mio. DM Entwicklungskosten trug. Diese Grundlagenarbeiten wurden aber auch durch die Industrie unterstützt [7.49].

Aufgabe des Vereins zur Förderung des EXAPT-Programmiersystems e.V. war nun die Übernahme von Aufgaben aus dem Bereich der angewandten Forschung und der Praxiseinführung, die nicht mehr von den Hochschulen geleistet wurden. Hierzu zählten u.a. das Praxisreifmachen und Testen der Programme mit Hilfe von Aufgaben aus der Industrie, die Anpassung der Programme an neue Anforderungen aus der praktischen Erfahrung und der technischen Weiterentwicklung, die organisatorische Verwaltung der Rechnerprogramme und die Übernahme von Koordinationsaufgaben. Bis Ende der 60er Jahre erreichte der Verein über 70 Mitglieder aus neun Ländern sowie 20 außerordentliche Mitglieder aus dem Bereich der Forschung und Entwicklung [7.49].

Die Aktivitäten des EXAPT-Vereins und das Programmiersystem EXAPT legten die Basis für eine schnellere allgemeine Verbreitung der NC-Technik durch Verringerung des Programmieraufwandes und zur Vereinfachung und Vereinheitlichung des Programmierprozesses.

Mit der Weiterentwicklung auf dem Gebiet der Mikroelektronik steigerte sich auch die Leistungsfähigkeit der Steuerungen und damit auch die Möglichkeit zur Erhöhung von Bedienkomfort und Unterstützung des Programmierprozesses.

Ende der siebziger Jahre setzte sich zusehends der Gedanke der Werkstattprogrammierung durch. Hierunter versteht man die Erstellung des NC-Bearbeitungsprogramms durch Direkteingabe an der Maschinensteuerung. Ziel der Steuerungsentwicklung war in diesem Zusammenhang vor allem die Erstellung einer einheitlichen technischen Struktur, so daß gleiche Funktionen und Befehle steuerungsunabhängig immer gleich programmiert werden. Hierdurch sollte ein zusätzlicher Schulungsaufwand für das Bedienpersonal bei einem Neukauf von Steuerungen vermieden werden. Ein wesentlicher Schritt in diese Richtung wurde mit der Ergänzung der bis Anfang der siebziger Jahre allein verfügbaren ISO-Norm durch entsprechende DIN-Richtlinien gegeben. Die Werkstattprogrammierung wurde dann mit Einsatz des Mikroprozessors in der NC-Technik wirtschaftlich realisierbar [7.52].

Auch in den achtziger Jahren gingen die größten Impulse zum Diffusionsprozeß der numerisch gesteuerten Werkzeugmaschine von der Entwicklung der Werkstattprogrammierung aus. 1981 entstand im Rahmen eines vom Bundesministerium für Forschung und Technologie am IPK Berlin durchgeführten Forschungsprojektes ein Programmiersystem, welches einen interaktiven Dialog zwischen Steuerung und Bediener ermöglichte.

Die Verbindung mit einem Bildschirm an der Maschine ermöglichte die Nutzung einer graphisch-dynamischen Prozeßsimulation, für den Bediener also eine Echtzeitdarstellung des programmierten Arbeitsablaufs ohne Maschineneinsatz. Der Algorithmus konnte damit auf Programmierfehler und Kollisionen überprüft werden [7.44].

Der Bediener wird heute durch Technologieprozessoren bei der Wahl praxisgerechter, wirtschaftlicher Schnittwerte unterstützt. Höhere Programmiersprachen verkürzen weiter die Entwicklungszeiten. Der modulare Aufbau von Steuerungshardware und -software gestattet heute die Verbindung leistungsfähiger Industrie-PCs mit der numerischen Steuerung. Dadurch wird an der Maschine der gleiche Programmierkomfort wie früher im Programmierbüro realisierbar.

Durch die gängige strikte Trennung der Eingabe von Geometriedaten und von Bearbeitungsdefinitionen besteht weitergehend die Voraussetzung zur direkten Übernahme der Geometriedaten aus CAD-Systemen und zur Realisierung eines durchgängigen Systems der rechnerintegrierten Fertigung (CIM) [7.46].

Zum Stand der Technik zu Beginn der neunziger Jahre zählen spezialisierte NC-Programmiersysteme, welche die Programmierung verschiedener Kategorien von NC-Werkzeugmaschinen vom Drehautomaten bis zur 5-Achsen-Maschine gestatten. Die Programmierung erfolgt überwiegend auf Sprachbasis, d. h. im Stile einer höheren Programmiersprache.

7.5 Flexible Fertigungssysteme

Die Weiterentwicklungen der Steuerungstechnik zogen auch Modifikationen und Erweiterungen des Funktionsumfangs von Werkzeugmaschinen nach sich. In den fünfziger Jahren hatte das Herstellungsvolumen von NC-Maschinen im Verhältnis zur Gesamtzahl produzierter Werkzeugmaschinen keine Bedeutung. Die Steuerungsentwickler konzentrierten sich vorrangig auf die Entwicklung der Steuerungstechnik selbst und kombinierten neuentwickelte Steuerungssysteme zunächst mit den herkömmlichen Werkzeugmaschinen. Einsatzgebiete der neuen Technologie waren damals vor allem große und teure Maschinen, für die einfache Bewegungen entlang der Achsen gesteuert wurden, sowie komplizierte 3D-Fräsbearbeitungen. Mit zunehmender Erfahrung erkannte man jedoch, daß das Prinzip der numerischen Steuerung der Werkzeugmaschine eine Erweiterung der Einsatzbereiche eröffnete.

Konzentrierten sich die Bemühungen zur Automatisierung der Fertigung in der Vergangenheit mit Hilfe der konventionellen Werkzeugmaschinen überwiegend auf Anwendungen der Groß- und Massenfertigung, so eröffneten sich jetzt neue

Möglichkeiten, die Werkzeugmaschine für die Einzel- und Kleinserienfertigung zu optimieren.

Anfang der 60er Jahre lagen die ersten Erfahrungen mit den neuen, leistungsfähigeren Maschinen vor, die die Vorteile der numerischen Werkzeugmaschine für die Kleinserienfertigung durch Reduzierung der Herstellungskosten, der Kosten für Vorrichtungen und Werkzeuge, eine Verminderung der Vorbereitungszeiten und kürzere Durchlaufzeiten bestätigten [7.31]. Berichte aus der Praxis zeigten, das die Nebenzeiten und Hauptzeiten bis zu 50 Prozent, die ständigen Kosten bis zu 35 Prozent und die Stückkosten von 10 bis 50 Prozent durch den Einsatz einer NC-Maschine gesenkt wurden.

Ein Fachautor faßt zusammen, „der Vorteil dieser Maschinen liegt darin, daß bei Bereitstellung des entsprechenden Informationsträgers – heute zumeist ein Lochstreifen – und geeigneter Werkzeugsätze die Fertigung einer Werkstückserie in kürzester Zeit aufgenommen werden kann. Nach Erledigung der Fertigungsaufgabe lassen sich die Maschinen schnell auf die Bearbeitung eines neuen Werkstücks umstellen." [7.27]

In der Folgezeit wurden neben Fortschritten auf dem elektrischen und elektronischen Gebiet zusätzlich unkonventionelle Wege im Bereich der Maschinenkonstruktion beschritten.

Auf der 8. Europäischen Werkzeugmaschinenausstellung 1963 in Mailand waren erste Anzeichen für eine Veränderung der Maschinenkonstruktionen zu sehen. Die Abstimmung zwischen Maschine und Steuerung ließ in vielen Fällen zwar noch

Maschinen	Mailand 1963	Hannover 1964	Brüssel 1965	London 1966
Zahl der Numerik-Maschinen	rd. 80	rd. 60	116	108
davon:				
Bohrmaschinen	20%	17%	31%	26%
Fräsmaschinen	25%	20%	24%	30%
Bohrwerke	35%	25%	23%	12%
Drehmaschinen	20%	26%	18%	21%
Bearbeitungszentren		3%	1%	8%
Sonstige (Schleifmaschinen, Revolverlochstanzen usw.)		9%	3%	3%
Punkt- und Streckensteuerungen	86%	93%	92%	83%
Bahnsteuerungen	14%	7%	8%	17%

Bild 7.33 Einsatzgebiete von NC-Werkzeugmaschinen, 1962

Bild 7.34 Numerisch gesteuertes Bohrwerk, Collet, 1964

immer deutliche Nahtstellen erkennen. Es gab aber einige Ausnahmen, die mit neuartigen konstruktiven Lösungen andere Wege beschritten.

Prinzipiell mußte wegen der hohen Genauigkeitsanforderung für die Positionierung zunächst die Regelstrecke überarbeitet werden. Vorwiegend suchten die Konstrukteure die Einflüsse der Reibung und des Spieles durch notwendige Toleranzen bei den Passungen in den Antriebselementen zu verbessern. Besonders der Ruck beim Übergang von der Haftreibung zur Gleitreibung verhinderte eine höhere Positioniergenauigkeit bei NC-Werkzeugmaschinen. Er trat bei sehr langsamen Gleitgeschwindigkeiten wegen der ständigen Wechsel zwischen Haft- und Gleitreibung auf. Den Durchbruch brachte der Übergang zu Antriebssystemen mit Wälzreibung.

Weitere Probleme resultierten aus der höheren Antriebsleistung und Dauerleistung von NC-Werkzeugmaschinen, die eine konstruktive Verstärkung der bisherigen konventionellen Maschinen in allen Baugruppen erforderte. Sie zwang zu größeren Ansprüchen an das statische, dynamische und thermische Verhalten. Zusätzliche Maßnahmen, wie Einrichtungen zur verbesserten Späneabfuhr, Möglichkeiten zur Verwendung verschiedenartiger Kühlmittel und die sorgfältige Abdeckung der empfindlichen Wegmeßsysteme, waren erforderlich.

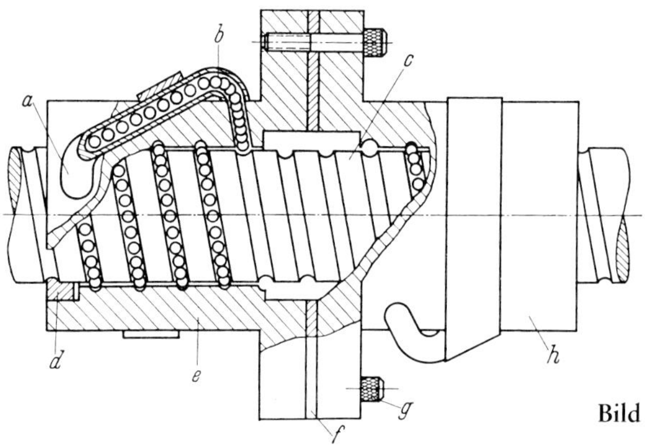

Bild 7.35 Kugelrollspindel, 1963

Anhand der entwickelten Maschinenkonzeptionen lassen sich folgende Konstruktionsrichtlinien ableiten:

Berücksichtigung des Übergangs von der manuellen Bedienung zur numerischen Steuerung der Maschine, gute Zugänglichkeit des Werkstückes, um den Werkstückwechsel zu erleichtern, Gewährleistung eines besseren Spänefalls, um ein größeres Spanvolumen pro Zeiteinheit aus dem Arbeitsraum zu entfernen, Erzielung einer erhöhten Steifigkeit des Maschinenbettes, da die korrigierende Einflußnahme des erfahrenen Facharbeiters auf die Genauigkeit und Funktion der Maschine fehlt, Ausschluß von systembedingten Fehlern, wie der Veränderung der Maschinengestelle unter Last, um die empfindlichen Meßsysteme nicht zu stören, Einsatz von leistungsfähigeren Antriebsmotoren und ruckgleitfreien Übertragungselementen sowie Erhöhung der Zuverlässigkeit, um kostspielige Stillstandszeiten zu vermeiden.

Die Entwicklung der numerischen Steuerungstechnik führte aber nicht nur zu Anpassungskonstruktionen, sondern auch zu einer Erweiterung der Maschinenfunktionen. So entstand im Zuge der numerischen Steuerungsentwicklung gegen Ende der fünfziger Jahre als neue Maschinengattung das Bearbeitungszentrum. 1960 erstmals auf der Chicagoer Werkzeugmaschinenausstellung vorgestellt, bestanden die kennzeichnenden Merkmale dieses neuen Maschinentyps in der maschinenintegrierten Werkzeugwahl, dem automatischen Werkzeugwechsel aus ei-

Bild 7.36 Bearbeitungszentrum, 1967

nem Magazin der Maschine und dem automatischen Werkstückwechsel mit einer Wechselpalette.

Dieser neue Maschinentyp war in der Lage, automatisch wechselweise Fräs-, Bohr- und Ausbohrbearbeitungen durchzuführen. Bei den ersten Vorführungen in Chicago versammelten sich regelmäßig Trauben von staunenden Zuschauern, denen gezeigt wurde, wie selbst komplizierte Gehäuseteile von Getrieben automatisch völlig fertig bearbeitet werden konnten [7.4].

Die Begeisterung des Publikums für die Entwicklung der Bearbeitungszentren trug wesentlich zur Ermutigung der Steuerungs- und Werkzeugmaschinenhersteller bei, die angesichts der schleppenden Verbreitung der neuen NC-Technologie nur wenige Maschinen verkaufen konnten. In den nächsten Jahren wurde deshalb der Name Bearbeitungszentrum sehr freizügig für nahezu alle NC-Maschinensysteme angewandt, die irgendwelche Zusatzfunktionen zur Verfügung stellten.

Die 10. EWA in Hannover 1967 zeigte dann endgültig, bestätigt durch Berichte in den USA, daß die deutschen und europäischen NC-Maschinen in der technischen Entwicklung mit den amerikanischen gleichzogen und in gewissen Einzelheiten sogar eine Überlegenheit erreicht hatten. Als Spitzenleistungen des deutschen Werkzeugmaschinenbaues galten insbesondere NC-Bearbeitungszentren mit maschinellem Werkzeugwechsel [7.28].

Neben dem Werkzeugschnellwechsel besaßen viele neue NC-Bearbeitungszentren auch einen maschinellen Werkstückschnellwechsel, der sie von der ständigen Anwesenheit eines Maschinenarbeiters befreite. Die Werkstücke spannte der Bediener außerhalb der Maschine auf neutrale, einheitlich geformte Vielzweck-Werkstückträger. Dadurch besaß das Bearbeitungszentrum lediglich die Aufgabe, diese einheitlichen Träger zu holen, zu positionieren, zu spannen und wieder abzugeben. Eine Kennzeichnung der Werkstückträger mit maschinenlesbaren Kennummern sorgte dafür, den Steuerungscode für unterschiedliche Werkstücke nacheinander richtig aufzunehmen und das zugehörige Steuerungsprogramm aufzurufen.

Bild 7.37 Bearbeitungszentrum mit maschinellem Werkstückwechsel, 1967

Eine weitere vielversprechende Entwicklung auf der 10. EWA in Hannover bildeten Handhabungsmaschinen. Sie eröffneten ein zusätzliches Anwendungsgebiet der numerischen Steuerung. Diese sogenannten Industrieroboter waren zunächst mit einer Punktsteuerung ausgerüstet, die im Play-back-Verfahren den erstmalig manuell geführten Handhabungsweg automatisch wiederholte oder im Teach-in-Verfahren programmiert wurde [7.16]. Die Entwicklung numerisch gesteuerter Handhabungsautomaten war ein wichtiger Schritt auf dem Weg von der Einzelmaschine zum flexiblen Fertigungssystem.

Für die kontinuierliche Bearbeitung einer Vielzahl von Werkstücken ohne zwischengeschalteten manuellen Eingriff waren Bearbeitungszentren noch nicht ausgelegt. Als langfristiges Ziel wurde angestrebt, mehrschichtig ohne zusätzliches Bedienungspersonal zu fertigen. Mitte der sechziger Jahre wurden die ersten Verkettungen numerisch gesteuerter Einzelmaschinen zu flexiblen Transferstraßen bekannt. Eine der ersten Anlagen, die zwei NC-Maschinen zu einer Transfermaschine verband, wurde von International Harvester in den USA eingeführt. Die Werkstücke durchliefen die einzelnen Maschinen unter der Kontrolle eines zentralen Leitrechners. Die technischen, wirtschaftlichen und programmtechnischen Schwierigkeiten bei der Entwicklung solcher Fertigungssysteme waren jedoch groß.

Die traditionelle Stärke der bundesdeutschen Werkzeugmaschinenbauer setzte sich auch auf dem Gebiet der numerisch gesteuerten Maschinen zusehends durch. Während die amerikanischen Produktionen durch ein reichhaltiges Standardprogramm preisgünstiger Maschinen charakterisiert waren und die aus England stammenden Maschinen für ihre Wirtschaftlichkeit und einfache Bedienung bekannt waren, erhielten die deutschen Hersteller einen weltweiten Ruf für technisch perfektionierte NC-Maschinen, vor allem Sondermaschinen [7.16].

Die Großserienfertigung, bei der über lange Zeiträume gleiche Werkstücke in großer Zahl gefertigt werden, erzielte zu dieser Zeit schon seit Jahrzehnten gute Erfolge mit der Automatisierung. Beispielhaft können die Transferstraßen aus der Automobilindustrie angeführt werden. Mit den numerisch gesteuerten Bearbeitungszentren konnte in den siebziger Jahren eine wirtschaftliche Automatisierungslösung für die Klein- und Mittelserienfertigung entwickelt werden [7.7].

Lediglich für die Mittelserienfertigung waren die bekannten Lösungen nicht geeignet. Man kam deshalb zu der Erkenntnis, „daß man für die Automatisierung der Mittelserienfertigung nach neuen Lösungen suchen muß, die eine Synthese zwischen Transferstraße und numerisch gesteuertem Bearbeitungszentrum bilden" [7.7].

Für die Automatisierung der Mittelserienfertigung flexible Fertigungssysteme zu entwickeln, forderten Ropohl und Dolezalek schon 1970 und führten damit einen neuen Begriff ein [7.7].

Sie verstanden darunter eine vom Systemgedanken gesteuerte Integration des Informations-, Energie- und Materialflusses im Maschinensystem mit dem Ziel einer automatisierten Serienfertigung. Das bedeutete, die Einzelwerkzeugmaschine als Bestandteil eines umfassenden Fertigungssystems anzusehen, die in den Material- und Informationsfluß dieses Fertigungssystems voll integriert wurde. Im Gegensatz zur Funktionsvielfalt des Bearbeitungszentrums mußte nun die einzelne Maschine nicht mehr alles können, sondern es galt, ihre Bearbeitungsmöglichkeiten im Rahmen des Gesamtsystems mit den übrigen Maschinen abzustimmen [7.15].

Integrierte flexible Fertigungssysteme bestehen „aus mehreren Zentren gegebenenfalls zusätzlich aus Meßmaschinen, Reinigungs- und Wärmebehandlungsanlagen. Automatische Förder- und Maschinenbeschickungseinrichtungen befördern die Werkstücke und eventuell auch die Werkzeuge zu den einzelnen Maschinensystemen. Den flexiblen Bewegungsablauf und die Versorgung der Zentren mit Steuerinformationen besorgt im allgemeinen ein zentraler Rechner, so daß unterschiedliche Werkstücke in beliebiger oder geplanter Folge zu den Maschinen transportiert werden. Es gilt das Prinzip ‚Werkstücke werden zum Werkzeug befördert.“ [7.21] Kennzeichen heutiger flexibler Fertigungssysteme sind:

Ausreichender Teile- und Werkzeugvorrat, um während einer begrenzten Zeit einen automatischen, personalarmen Betrieb gewährleisten zu können, automatischer Werkstücktransport durch das System vom Aufspannen bis zum Abspannen, automatische Versorgung mit allen erforderlichen Werkzeugdaten vom Einstellgerät bis zur Maschine, automatische Bereitstellung der Bearbeitungsprogramme, automatische Späneentsorgung, automatische Reinigung von Werkstück, Spannvorrichtung und Palette in den Bearbeitungsmaschinen oder in separaten Waschmaschinen, Leitrechner, DNC-System, Meßstationen, Zentralüberwachung und Diagnosesystem je nach Bedarf und Anforderung [7.21].

Allen flexiblen Fertigungssystemen ist im wesentlichen gemeinsam, daß der Fertigungsprozeß eine den einzelnen Bearbeitungszentren übergeordnete Datenverarbeitung besitzt. Flexible Fertigungssysteme gliedern sich in die Teilsysteme: Bearbeitungs-, Materialfluß- und Informationssysteme.

Flexible Fertigungssysteme sind mit einer Verkettung der Fertigungseinrichtungen hinsichtlich des Material- und Informationsflusses ausgestattet, wobei zum Materialflußsystem die Werkstück-, Werkzeug- sowie Hilfsstoffversorgung gezählt werden.

Das Bearbeitungssystem besteht zumeist aus CNC-Bearbeitungszentren, in denen die Bearbeitung der Werkstücke erfolgt. Diese Maschinen sind hinsichtlich des Werkzeug- und Werkstückwechsels, des Werkzeugspeichers, der Meß- und Prüfeinrichtungen automatisiert.

Das Materialflußsystem umfaßt die Teilsysteme: Transport-, Handhabungs- und Lagersystem. Mit schienengebundenen Transportwagen bzw. schienenlosen, induktionsgeführten Transportwagen, Palettenumlaufsystemen oder Robotern werden die zu bearbeitenden Teile und eventuell auch Werkzeuge zwischen den einzelnen Bearbeitungszentren, dem Lager oder den Werkstückspeicherplätzen sowie den Rüst- und Spannplätzen transportiert.

Während beim Transportieren allein die Ortsveränderung im Mittelpunkt steht, ist bei der Handhabung zusätzlich noch die Orientierungsveränderung bedeutsam. Der Begriff Handhabung ist von der menschlichen Hand abgeleitet und bezieht sich auf deren Vielseitigkeit. Das Handhabungssystem erfüllt die Funktion, „unterschiedliche Objekte in ihrer Orientierung und Position zwischen Bearbeitungs-, Transport- und Lagersystem definiert zu verändern“ [7.45].

Das Informationssystem übernimmt im flexiblen Fertigungssystem alle Funktionen der Steuerung und Überwachung des gesamten Fertigungsablaufs. Dazu gehören Programmsysteme zur Generierung von Arbeitsplänen und Steuerdaten sowie Programme für die Fertigungssteuerung und Betriebsdatenerfassung.

Bild 7.38 Pilotanlage eines Flexiblen Fertigungssystems, TU Berlin, um 1975

Damit wird die Disposition, Überwachung und Regelung der durch das System automatisch ausgeführten Zerspanungsprozesse zur zentralen Arbeitstätigkeit des Werkers, der das System weniger manuell bedienen als vielmehr über die Leitstationen führen muß.

Dolezalek und Ropohl erkannten bereits Ende der sechziger Jahre, daß dieses Konzept des integrierten Flexiblen Fertigungssystems keineswegs „Utopie" war, daß aber ausgehend von den damaligen technischen Möglichkeiten eine wirtschaftliche Umsetzung „auch nicht von heute auf morgen zu verwirklichen" sei [7.7]. Damit wurde deutlich, daß man sich erst am Anfang einer Entwicklung befand, die gleichermaßen starke Anstrengungen der Werkzeugmaschinenindustrie und der Steuerungshersteller verlangte.

Als eines der ersten Flexiblen Fertigungssysteme gilt das von der Firma Molins Machine Co. entwickelte System 24, welches einen weitreichenden Einfluß auf die folgenden Entwicklungen haben sollte. Anläßlich seiner öffentlichen Vorstellung im Jahre 1967 charakterisierte sein Entwickler Williamson dieses Maschinensystem als Antwort auf das „amerikanische Bearbeitungszentrum". Das Maschinensystem war in der Lage, massive Leichtmetall-Werkstücke automatisch, d. h. durch einen Rechner direkt gesteuert, aus dem Werkstückmagazin zu einer oder mehreren beliebig auszuwählenden NC-Maschinen zu transportieren und den Anforderungen entsprechend bearbeiten zu lassen.

Das System 24 war in vielerlei Hinsicht revolutionär. Das aufwendige automatische Handhabungssystem, das Werkstückpuffersystem und die leistungsfähige Maschinenauslegung machten jedoch eine Steuerungs- und Rechnertechnik erforderlich, die zu dieser Zeit noch nicht zufriedenstellend im industriellen Einsatz arbeitete. Die Firma Molins entschied sich deshalb nach zwei Jahren, die Entwicklung des Systems 24 wieder einzustellen [7.29].

Gegen Ende der 60er Jahre begann der Aufbau integrierter Transferstraßen mit NC-Maschinen in den USA. Es handelte sich hier um Einzelmaschinen, die durch automatische Bestückungseinrichtungen verbunden waren. Eines der ersten Maschinensysteme dieser Art bestand aus acht miteinander gekoppelten Bearbeitungszentren und zwei automatischen Bohrmaschinen.

Parallel hierzu entwickelten sich Bearbeitungszentren mit automatischen Werkzeugwechslern und Standardwerkzeugsätzen, großen Arbeitsräumen zur Vermeidung von Kollisionen und mit automatischem Werkstückwechsel über Paletten und Handhabungsgeräte zu einem Standard, der immer häufiger eingesetzt wurde.

Durch einen steigenden Automatisierungsgrad verlängerten sich die Zeitintervalle zwischen manuellen Eingriffen in den Fertigungsprozeß. In dieser Zeit wurden erstmals flexible Handhabungssysteme mit den Maschinen zu einer Einheit verbunden. Neben einem automatischen Werkstückwechsel ermöglichten diese Maschi-

Bild 7.39
Molins System 24

nen auch eine automatisierte Kontrolle der Werkzeugstandzeiten. Damit war ein vollautomatischer Betrieb über mehrere Stunden möglich.

Ende der 70er Jahre vollzog sich ein weiterer Entwicklungsschritt der flexiblen Fertigungssysteme. Vollgekapselte Bearbeitungseinheiten mit integrierten Versorgungseinrichtungen wurden zu einer Fertigungszelle zusammengefaßt. Eine Fertigungszelle war mit automatisierten Wechseleinrichtungen versehen, welche die Maschine aus den jeweiligen Bereitstelleinrichtungen autonom versorgten.

Zusammenfassend läßt sich festhalten: Die ersten flexiblen Fertigungssysteme wurden bereits 1967 als Prototypen in Betrieb genommen. Anfang der siebziger Jahre war in Europa sowie in Japan und den USA eine Weiterentwicklung zu erkennen, aber der Durchbruch wurde nicht erreicht. 1975 stieg die Zahl der eingesetzten Systeme in Japan allerdings sprunghaft an.

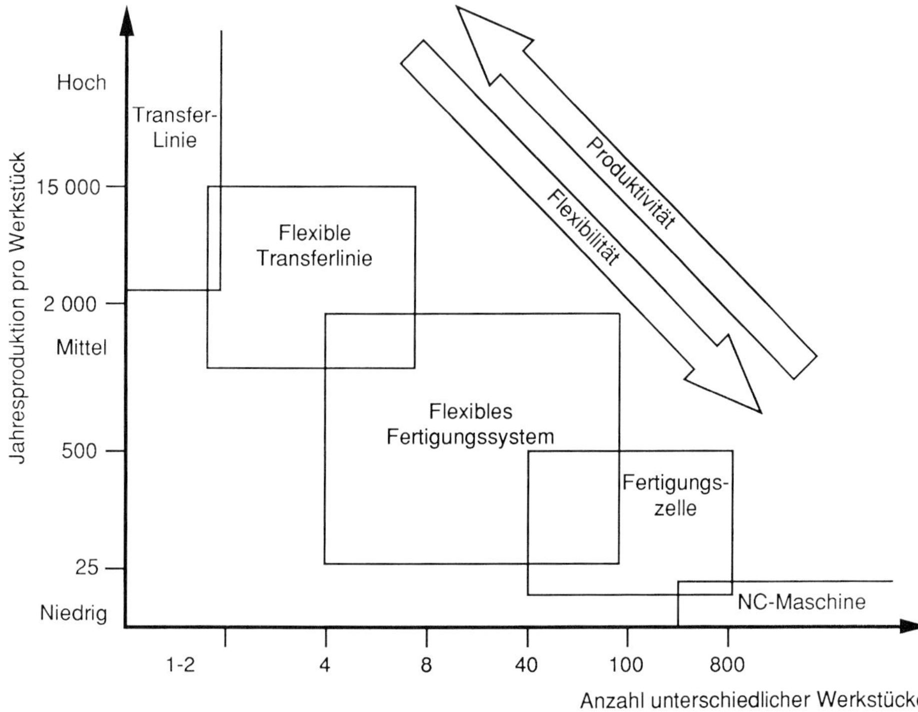

Bild 7.40 Einsatzbereiche verschiedener Fertigungskonzepte, Spur 1982

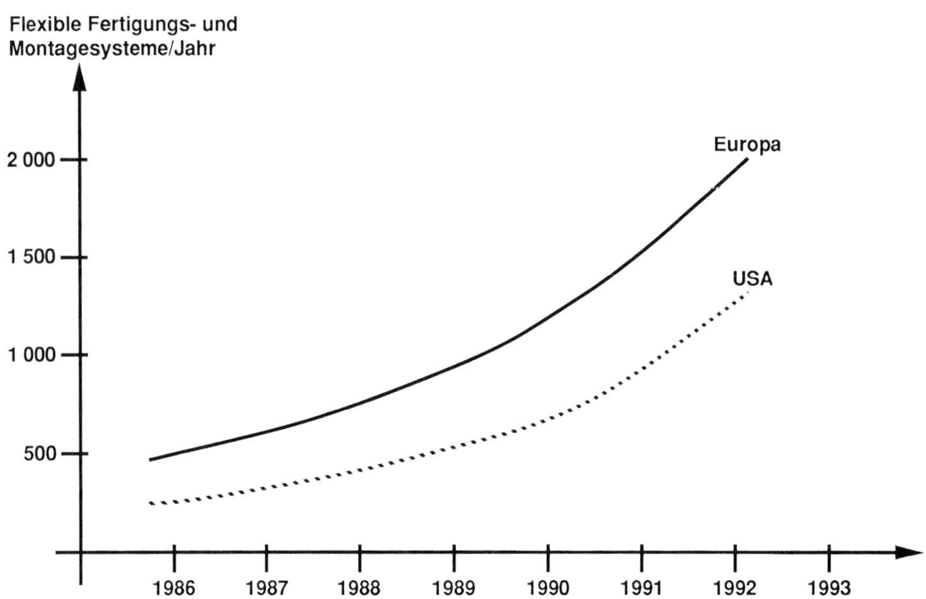

Bild 7.41 Verbreitung flexibler Fertigungssysteme

Diese Entwicklung fällt mit einem steilen Anstieg der Anwendung von NC-Maschinen in Japan zusammen. Die allgemeine Produktivitätserhöhung war in Japan damals eines der Hauptziele zur Einführung flexibler Fertigungssysteme.

Ende der 70er und Anfang der 80er Jahre stieg der Einsatz von flexiblen Fertigungssystemen auch in Europa stärker an. Die Einsatzflexibilität der weltweit realisierten flexiblen Fertigungssysteme ist sehr ungleich. Sie wird nach der Anzahl unterschiedlicher Werkstücke, die mit einem System gefertigt werden, unterschieden. In Europa, USA und Japan wurden flexible Fertigungssysteme für unterschiedlich große Werkstückspektren ausgelegt. Die deutschen Systeme weisen eine hohe Flexibilität auf. Weiterhin führten die Anforderungen der auftragsbezogenen Einzel- und Kleinserienfertigung als auch der Großserienfertigung durch aufgabenbezogene Auslegung der Teilsysteme zu unterschiedlichen Konzepten flexibler Fertigungssysteme.

Die Entwicklung flexibler Fertigungssysteme wird seit fast 30 Jahren vorangetrieben. Die Analyse dieser Systeme ergibt weltweit für die maschinenbaulichen Komponenten einen hohen Entwicklungsstand bei hoher Komplexität. Die Systeme sind gegenwärtig wesentlich zuverlässiger, kostengünstiger und wirtschaftlicher. Die Stückgüter herstellende, automatisierte Fabrik wird sich in Zukunft vermehrt auf modulare, flexibel automatisierte Fertigungssysteme stützen. Der deutsche Werkzeugmaschinenbau hat zu dieser Entwicklung mit wesentlichen Ideen und Lösungen beigetragen und zählt zusammen mit Japan zu den führenden Herstellern in der Welt.

7.6 Rechnerintegrierter Fabrikbetrieb

Entwicklung und Einsatz moderner Produktionsmittel sind durch die Integration mit der Informationstechnik geprägt. Die Organisation des Fertigungsprozesses sowie vorbereitende Aufgaben werden zunehmend informationstechnisch durchdrungen.

Gemeinsames Kennzeichen einer fortgeschrittenen Fabrikorganisation ist die Rechnerunterstützung. Wir sprechen von der rechnerunterstützten Konstruktion (CAD), der rechnerunterstützten Planung (CAP), der rechnerunterstützten Fertigung (CAM) und der rechnerunterstützten Qualitätssicherung (CAQ).

Das Resultat dieser Entwicklungen sind einschneidende Veränderungen der herkömmlichen Organisationsweise durch den integrierten EDV-Einsatz. Kennzeichnend für künftige Fabrikstrukturen wird der durchgängige Informationsfluß sein, bei dem die elektronische Datenverarbeitung in einem bereichsübergreifenden Informationssystem alle mit der Produktion zusammenhängenden Betriebsbereiche verbindet: Vom Entwurf des Produktes über seine Herstellung bis zum Versand an den Kunden [7.3].

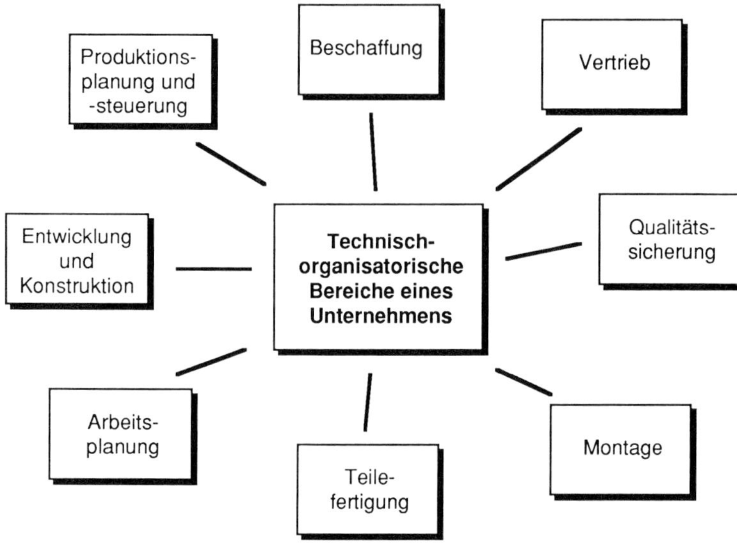

Bild 7.42 Technisch-organisatorische Unternehmensbereiche

Computer Aided Design (CAD) ist ein Symbolbegriff für alle rechnerunterstützten Tätigkeiten im Rahmen der Entwicklung und Konstruktion. Rechnerunterstütztes Konstruieren bezieht sich im engeren Sinn auf die graphisch-interaktive Erzeugung und Modellierung einer rechnerinternen Darstellung von Gegenständen der Produktion.

Die ersten schriftlichen Ausarbeitungen über CAD wurden bereits vor rund dreißig Jahren von D. T. Ross am Massachusetts Institute of Technology vorgelegt. Die Ausgangssituation der CAD-Entwicklung war durch die NC-Programmierung bestimmt. Es war das Ziel, NC-Daten aus einer rechnerinternen Darstellung heraus bereitzustellen [7.24].

Mit CAD-Systemen sind neue Hilfsmittel für das Konstruieren entstanden. Abhängig von der Leistungsfähigkeit der einzelnen Systeme hinsichtlich Hardware und Software können einfache oder auch sehr umfangreiche Aufgaben gelöst werden. Teilweise werden Aufgabenstellungen bearbeitet, die sich überhaupt nur durch Rechneranwendung lösen lassen. Dazu gehören dynamische Bewegungssimulationen zur vorausschauenden Bestimmung von Eigenschaften der Konstruktionsobjekte. Aber auch die geometrische Modellierung durch CAD-Systeme führt zu Veränderungen der Konstruktionstätigkeit. Durch Fortschritte der Konstruktionsforschung sind Änderungen in Ablauf und Organisation von Konstruktionsprozessen erzielt worden, die eine bessere Funktionserfüllung, besseres fertigungsgerechtes Gestalten und eine verbesserte Terminierung ermöglichen [7.46]. Durch die Anwendung von Rechnern mit hoher Rechengeschwindigkeit und hoher Speicherkapazität wird vor allem eine Entlastung des Konstrukteurs durch die Leistungsfähigkeit der CAD-Software angestrebt. Dieser Prozeß einer Verschmelzung von konventioneller und rechnerunterstützter Konstruktion ist heute noch nicht abgeschlossen.

Die sogenannten direkten Konstruktionstätigkeiten sind im allgemeinen besser mit rechnerunterstützten Systemen zu bearbeiten als die indirekten Konstruktionstätigkeiten. Beispielsweise sind das Herstellen von Zeichnungen und das Berechnen mit Hilfe von CAD-Systemen vielfach eingeführt, die Konzeptphase, die Kommunikation mit Fertigung und Vertrieb und die Beschaffung von Informationen über Vorschriften, Normen, Zulieferer erfolgt dagegen bisher nur zu einem geringen Teil mit Rechnerhilfe, obwohl dem Konstrukteur auch hier Routinearbeiten abgenommen werden könnten.

Der CAD-Konstrukteur arbeitet nicht mehr an einer Zeichnung auf dem Papier, sondern an einer grafischen Darstellung auf einem Bildschirm. Die positiven Veränderungen durch den Einsatz von CAD-Systemen sind jedoch nur realisierbar, wenn den erforderlichen Umstellungen in der Denkweise und Arbeitstechnik Rechnung getragen wird. Die beim Stand der Technik mit CAD-Systemen wirtschaftlich durchführbaren Tätigkeiten sind von einer Verminderung sich wiederholender Aufgaben begleitet. Rechnerunterstützung erweist sich bei sehr komplexen Aufgaben als bedeutendes Hilfsmittel.

Der Einsatz von CAD-Systemen ist am weitesten im Bereich des Maschinenbaus fortgeschritten. Aber auch Elektronik, Elektrotechnik sowie Architektur, Bauwe-

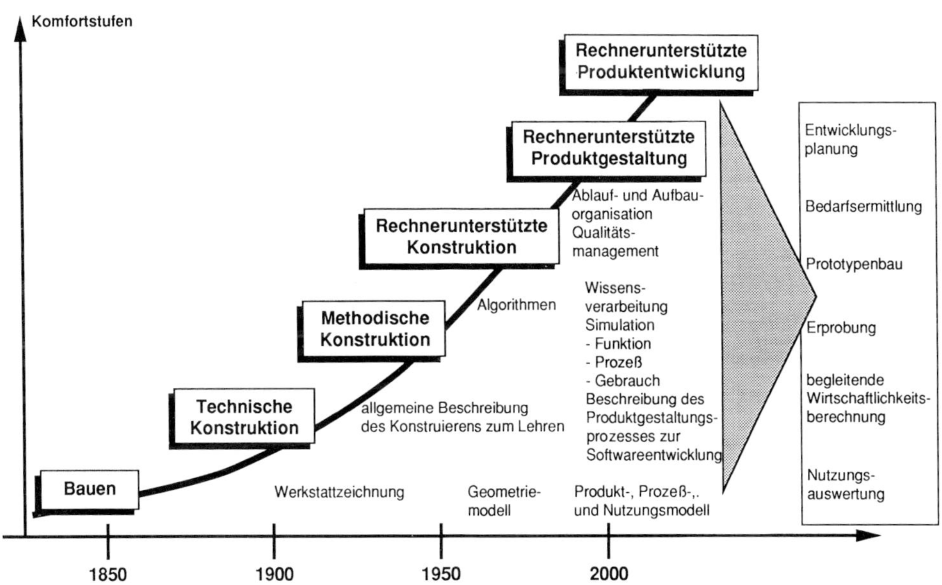

Bild 7.43 Entwicklungsstufen des Konstruierens

sen und Anlagenplanung sind heute schon wichtige Anwendungsbereiche des rechnerunterstützten Konstruierens.

Die in der Konstruktion mit Hilfe von CAD-Systemen angefertigten Konstruktionszeichnungen und die zugehörigen technischen Daten können nun an die Arbeitsplanung weitergegeben werden. Die Arbeitsplanung greift dann auf die Arbeitsergebnisse der Konstruktion zurück, um die erforderlichen Daten für Teilefertigungs- und Montageanweisungen zu erzeugen.

Auch in der Arbeitsplanung kommt der Rechner zunehmend zum Einsatz. Die rechnerunterstützte Arbeitsplanung, die der technischen Steuerung und Überwachung der Betriebsmittel im Fertigungsprozeß vorausgeht, wird in Kurzform CAP genannt, nach der englischen Bezeichnung Computer Aided Planning. Hierbei handelt es sich um Planungsaufgaben, die auf konventionell oder mit CAD erstellte Arbeitsergebnisse der Konstruktion zurückgreifen, um Daten für Teilefertigungs- und Montageanweisungen zu erzeugen. Hierunter verstehen wir die rechnerunterstützte Planung der Arbeitsvorgänge und der Arbeitsvorgangsfolgen, die Auswahl von Verfahren und Betriebsmitteln sowie die rechnerunterstützte Erstellung von Daten für die Steuerung der Betriebsmittel. Weitere Aufgaben der Arbeitsplanung, wie beratende, planungsvorbereitende und verfahrensanalysierende Funktionen, lassen sich künftig mit wissensbasierten Systemen unterstützen [7.3].

Die in der Arbeitsplanung vorbereiteten Daten können nun zur weiteren Verarbeitung an die Fertigungssteuerung und -planung übergeben werden.

Mit Computer Aided Manufacturing (CAM) wird die Fertigungssteuerung, Fertigungsplanung und die direkte Steuerung von Arbeitsmaschinen, verfahrenstechnischen Anlagen, Handhabungsgeräten sowie Transport- und Lagersystemen bezeichnet. Die Steuerungen dieser Betriebsmittel nehmen über Sensoren Prozeßzustände auf und beeinflussen in einem geschlossenen Regelkreis den Fertigungsprozeß. Erfaßte Maschinendaten können auf dieser Ebene zu Betriebsdaten verdichtet und zur Auswertung an Leit- bzw. Betriebsrechner weitergeleitet werden. Bei der Prozeßdatenerfassung und -verarbeitung besteht eine enge Kopplung von Material- und Informationsfluß. Die eingesetzten Rechnersysteme werden nach prozeßabhängigen Leistungsanforderungen ausgelegt. Der Austausch von Daten erfolgt unter Echtzeitbedingungen.

Mit der CAD/CAM-Technik kann ein erhebliches Kostenpotential beeinflußt werden. Der Nutzen beinhaltet Rationalisierung, Durchlaufzeitverkürzung und Qualitätsverbesserungen. Die Produktivitätssteigerung der CAD/CAM-Technologien reicht vom Ablauf des Konstruktionsprozesses bis zur Bearbeitung des Produktes mit leistungsfähigen Werkzeugmaschinen.

Die wirtschaftliche Nutzung von CAD/CAM wird wesentlich durch die Motivation der Mitarbeiter und Führungskräfte beeinflußt. Obwohl die Entscheidung zur Einführung der Systeme heute von der Unternehmensleitung herbeigeführt wird,

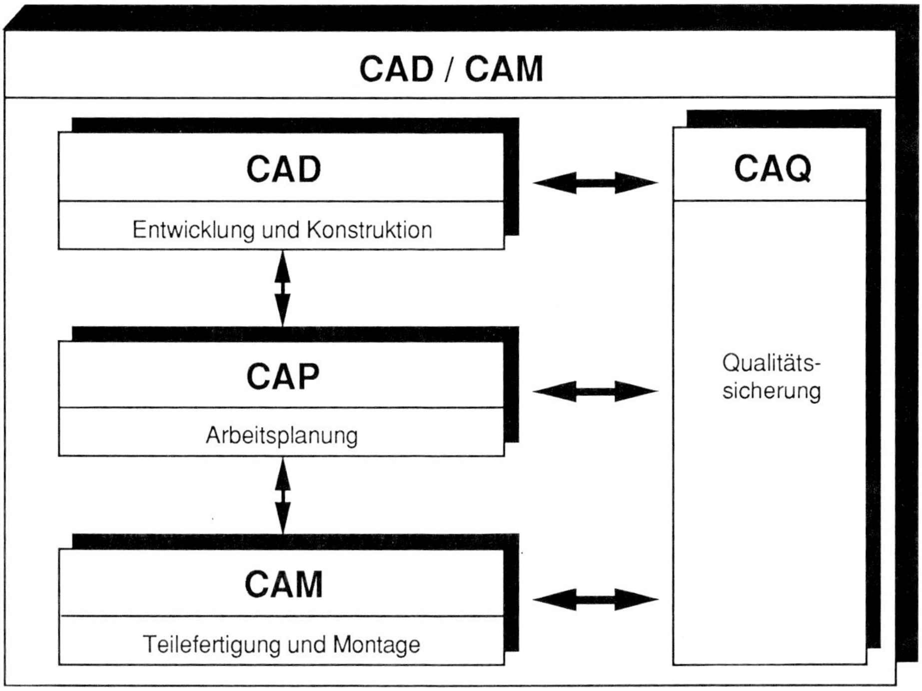

Bild 7.44 CAD-CAM Integration, AWF 1985

muß sich eine Identifikation mit der neuen Technologie bei allen Mitarbeitern einstellen [7.13].

Die zur Zeit genutzten CAD/CAM-Technologien beinhalten auch die Vereinheitlichung von Arbeitsabläufen durch vorgegebene Prozeduren. Voraussetzung ist die Verbindung von technologischen mit organisatorischen Daten im Rahmen einer betriebsspezifischen Datenorganisation. In der Konstruktion wird die Wiederverwendung vordefinierter Teile und ein breiterer Einsatz der Variantenkonstruktion erleichtert. Auch Funktionen der Arbeitsplanung und Qualitätssicherung lassen sich systematisch abbilden. Die Erschließung wesentlicher Nutzenpotentiale dieser Technologie ist mit der Erweiterung der CAD/CAM-Technik um verwaltende und generierende Komponenten verbunden.

In den Unternehmen ist mittlerweile ein breites Wissen über die CAD/CAM-Technologie vorhanden, die Anwendung dieser Systeme ist nicht mehr Sache von Spezialisten. Bild 7.45 zeigt die Ergebnisse einer Umfrage des VDMA aus dem Jahre 1989 über die Verbreitung von CAD/CAM-Systemen im Maschinen- und Anlagenbau. Das gesamte Spektrum von den CAD-Zeichensystemen auf Personal Computern bis zu CAD/CAM-Systemen mit Modellierern auf Großrechnern wurde einbezogen. Im Vergleich zu einer vorhergehenden Untersuchung aus dem Jahr 1986 hat sich die Anzahl der CAD-CAM-Anwendungen etwa verdoppelt.

Trotz der hohen Verbreitung von CAD/CAM-Systemen werden durchschnittlich nur 10 bis 15 Prozent aller mit CAD/CAM möglichen Tätigkeiten im Unternehmen rechnerunterstützt durchgeführt. Durch die Weiterentwicklung der CAD/CAM-Software steigt der Anteil von Tätigkeiten, die mit einem CAD/CAM-System ausführbar sind, so daß die Anzahl der potentiellen Einsatzgebiete im Unternehmen wächst [7.51].

Unternehmensgröße	Durchdringungsgrad in Prozent
mehr als 1000 Beschäftigte	59 ,0
300 bis 999 Beschäftigte	57,4
weniger als 299 Beschäftigte	42,6

Bild 7.45 Diffusion der CAD-Technik nach Betriebsgrößen, VDMA 1989

Die neuen Möglichkeiten der Fabrikorganisation werden auch bei den Werkzeugmaschinen Entwicklungen auslösen, die eine leichtere informationstechnische Einbindung erlauben. Durch die Arbeitsvorbereitung am Bildschirm und die Vorgabe von Schnittdaten und Werkzeugen in vertikal vernetzten Systemen wird die automatische Bestückung von Maschinenzentren mit Werkzeugen und die komplette Bearbeitung eines Werkstücks in einer Aufspannung möglich. Echtzeitfähige Schnittstellen sollen das Bindeglied zwischen den vorbereitenden und bearbeitenden Fertigungsprozessen bilden. Deshalb sind einheitliche Schnittstellen für die am Anfang des Informationsflusses liegenden CAD-Systeme festzulegen, damit Anforderungen von Kunden an den Softwarehersteller einerseits und CAD-Teilfunktionen von Softwareanbietern andererseits in Einklang gebracht werden können [7.13].

Rechnerunterstützte Produktionsplanungs- und Steuerungssysteme (PPS) dienen der Planung, Steuerung und Überwachung der Produktionsabläufe unter Mengen-, Termin- und Kapazitätsaspekten. Die PPS-Hauptfunktionen bestehen aus Produktionsprogrammplanung, Mengenplanung, Termin- und Kapazitätsplanung sowie Auftragsauslösung und -begleitung.

Durch Einsatz moderner PPS-Systeme sind erhebliche Reduzierungen bei den Halbfertigprodukten und Lagerbeständen erzielbar. Durchlaufzeiten, Termintreue und Kapazitätsauslastung können durch den Einsatz von PPS-Systemen verbessert werden [7.20]. Die Funktionen der PPS-Systeme bilden ein Bindeglied zwischen kaufmännischen und technischen Funktionen der Fabrik. Bei einigen am Markt verfügbaren Systemen sind Verknüpfungen bis hin zum Rechnungswesen realisiert.

Die rechnerunterstützte Planung und Durchführung der Qualitätssicherung ist mit CAD, CAP, PPS und CAM eng verbunden. Unter Computer Aided Quality (CAQ) wird einerseits die Erstellung von Prüfplänen, Prüfprogrammen und Kontrollwerten verstanden, andererseits die Durchführung rechnerunterstützter Meß- und Prüfverfahren. CAQ kann sich an den in der Konstruktion, Planung und Fertigung erfaßten geometrischen, technologischen und organisatorischen Daten orientieren [7.36].

Die heutigen Qualitätsanforderungen führen immer häufiger zu einer Automatisierung der Qualitätssicherung. Eine Automatisierbarkeit der Meßdatenverarbeitung ist prinzipiell bei allen elektrischen Verfahren gegeben. Bei anderen physikalischen Meßgrößen kann eine Transformation in elektrische Signale über Meßumformer erreicht werden.

Höhere Qualitätsansprüche bei steigenden Gesamtstückzahlen und gleichzeitig eine Ausweitung der Typenvielfalt mit fallenden Stückzahlen pro Variante stellen hohe Anforderungen an die Flexibilität einer automatisierten Qualitätssicherung. Um die Lagerbestände gering zu halten, müssen Prüfautomaten möglichst flexibel und schnell sein, um parallel zur Bearbeitung Qualitätskontrollen vorzunehmen. Hohe Anforderungen an die Automatisierung stellt die Sichtprüfung. Opto-elektrische Verfahren dürften jedoch in Zukunft verstärkt für Prüfungen der Vollständigkeit, beispielsweise zum Erfassen von Form und Beschaffenheit, eingesetzt werden [7.22].

Die große Zahl der in der Qualitätssicherung anfallenden Daten erfordert die Rechneranwendung. Dies beinhaltet auch die Integration mit der Werkzeugmaschine. Die Qualitätsdaten werden an einen zentralen Qualitätsrechner weitergeleitet und dort für den Fertigungsbereich statistisch aufbereitet. Beispielsweise können durch Trendanalysen an Meßreihen frühzeitig Fehlentwicklungen erkannt und kompensiert werden, wenn vor Überschreiten von Toleranzen Korrekturmaßnahmen vorgenommen werden. Voraussetzung ist eine ständige automatische Fehleranalyse.

Durch CAD erzeugte Werkstück-Modelle erweitern die Möglichkeit der Qualitätssicherung, da auch für komplexe Aufgabenstellungen Meßpläne generiert und ganze Meßvorgänge simuliert werden können. Koordinatenmeßgeräte sind die Grundlage der rechnerunterstützten Qualitätssicherung. Auch Expertensysteme sind ein Werkzeug bei der Automatisierung der Qualitätssicherung, mit deren Hilfe auch heuristisches Expertenwissen vom Rechner verarbeitet werden kann [7.39].

Für die letzte und höchste Ebene der Fabrikautomatisierung wurde die Kurzbezeichnung CIM (Computer Integrated Manufacturing) geprägt [7.30]. Die unter diesen Namen zusammengefaßten Teilsysteme bezeichnen entsprechend der jeweiligen Sichtweise ein unterschiedlich abgegrenztes Spektrum von Teilfunktionen. In den 70er Jahren verstand man unter CIM bereits eine Kopplung von CAD und CAM. Mit der Zunahme von Integrationsmöglichkeiten einzelner Teilsysteme zeigte sich ein Bedarf zur Einbeziehung von CAP und CAQ. Unter Berücksichtigung der Anforderungen der Beschaffungs- und Absatzmärkte sowie der Datenfernübertragung und rechnerunterstützten Logistik ergibt sich heute als neue Sichtweise eine globale CIM-Strategie, die über das Unternehmen hinaus wirkt [7.3].

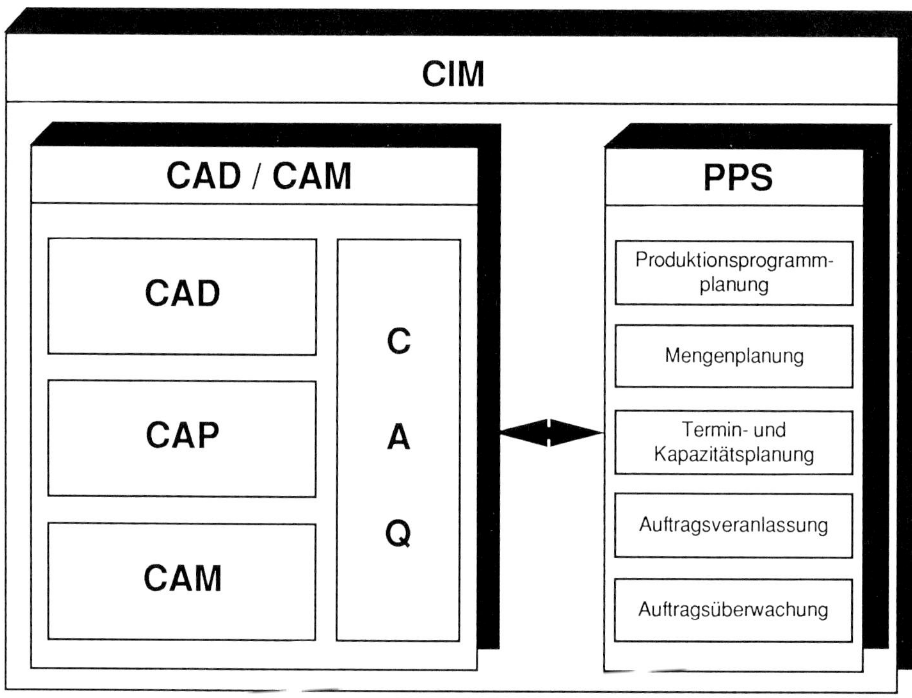

Bild 7.46 Begriffsdefinition von CIM, AWF 1985

Der Begriff CIM wurde erstmals 1973 von J. Harrington erwähnt, der zum damaligen Zeitpunkt eine Vision formulierte, die bereits einige Aspekte enthielt, die für die weitere Diskussion richtungweisend waren [7.12]. In den USA und in Deutschland setzte eine intensive Auseinandersetzung mit CIM Anfang der 80er Jahre ein, nachdem die Informationstechnik soweit fortgeschritten war, daß Harringtons Visionen einer integrativen Vernetzung aller Informationsflüsse und Datenbestände in der Fabrik realisierbar erschienen. Auf der Hannover-Messe 1985 wurde unter der Bezeichnung CIM eine umfassende Präsentation des bis dahin erreichten Fortschritts gezeigt [7.9].

Die Informations- und Kommunikationstechnik in der Fabrik ist seitdem durch kontinuierliches Wachstum zu einer wirtschaftlich bedeutsamen Größenordnung herangewachsen. In Verbindung mit den Anforderungen der Produktion entsteht ein umfassendes Innovationspotential, das den Fortschritt in unseren Fabriken durch die informationstechnische Kopplung und Durchdringung aller Unternehmensstrukturen prägen wird. Mensch, Information und Produktion werden zu einem informationstechnischen Gesamtsystem zusammengeführt.

Diese neuen Möglichkeiten und Chancen sind eine Herausforderung. Sie stellen nicht nur zusätzliche Werkzeuge zur Lösung bekannter Aufgaben bereit, sondern bieten Gestaltungsmöglichkeiten, die weit über die Veränderung im Unternehmen hinaus zur Weiterentwicklung von industrieller Produktion und arbeitsteiligen Fabriken beitragen können. Die Fortschritte der Rechnerindustrie fordern andere Bereiche der Produktionswirtschaft zu eigenem Handeln heraus, wenn sie nicht Gefahr laufen wollen, in eine technologische und später möglicherweise wirtschaftliche Abhängigkeit zu geraten. Sie müssen die Herausforderung annehmen und mit eigenen Vorgaben, Entscheidungen und Entwicklungen die Informationstechnik in die Produktion integrieren.

Bei der rechnerintegrierten Fertigung werden datenerzeugende und datenverarbeitende Anlagen oder Maschinen in einen durchgängigen Informationsstrom eingebunden, um mit Informationen arbeitende Produktionsprozesse transparent abzubilden sowie verfügbar und sicher zu gestalten. Rechnerunterstützte Konstruktion, Planung, Steuerung, Fertigung und Qualitätssicherung sind, soweit wirtschaftlich erforderlich, auch unter Anwendung wissensbasierter Systeme informationstechnisch zu verknüpfen. Ein erhebliches Potential zur Verkürzung der Informationslaufzeiten, zur Verbesserung der Entscheidungsvorbereitung sowie zum besseren Zusammenwirken bisher getrennter Abteilungen einschließlich der Integration ihres Fachwissens wird hiermit bereitgestellt.

Die Realisierung von CIM erfordert eine langfristige Perspektive. Mit unterschiedlichen Einführungsstrategien entwickeln kleine und große Unternehmen CIM-Systeme mit unterschiedlichen Architekturen. Um die Vorteile und Synergieeffekte der rechnerintegrierten Fertigung voll zur Steigerung von Produktivität, Flexibilität, Qualität und Verbesserung der Arbeitsorganisation einzusetzen, ist eine ganzheitliche Unternehmensstrategie erforderlich [7.43].

Die Forschung muß jedoch noch erhebliche Beiträge leisten, ehe die Vorteile der CIM-Architektur auch für die Betriebsorganisation zweifelsfrei nachgewiesen werden können. Neben der Einführung von Schnittstellen und Übermittlungsprotokollen für alle angeschlossenen Maschinen, Rechner und Endgeräte wird die Datenhaltung in verteilten oder zentralen Datenspeichern einschließlich des Zugriffsproblems eine wichtige Aufgabe sein. Software wird in dieser Umgebung als Rationalisierungswerkzeug zugleich Engpaß für eine schnelle Realisierung. Inhalt, Umfang und Geschwindigkeit des Informationsaustauschs, insbesondere die Abstimmung der Anwendersoftware auf die einzelnen technologischen und organisatorischen Problemstellungen bestimmen die informationstechnisch erschlossene Fabrik.

Weniger sichtbar, aber von gleichgewichtiger Bedeutung sind die Anforderungen an die Organisation sowie an den Lernprozeß des Managements und der Beschäftigten. Auch die traditionelle Wissenschaft der Produktion muß sich den Herausforderungen der Informationstechnik stellen. Die neuen Inhalte müssen integriert und durch Neuentwicklung grundlegender Theorien und Einsichten eingeholt werden. Möglicherweise erleben wir gegenwärtig den Anfang eines Phasensprungs, der eine Neubestimmung der Wissenschaften für eine vollständig veränderte Produktion erfordert. So könnten wir an der Schwelle einer neuen Industrialisierungsphase stehen, die unsere Industriegesellschaft verändern wird [7.40].

Dennoch bleibt festzuhalten, „daß CIM keine Patentlösung für eine mannlose Fabrik der Zukunft ist, in der man auf der einen Seite seine Wünsche eingibt und bei der auf der anderen Seite das fertige Produkt herauskommt, wobei womöglich auch noch der Versand automatisch erfolgt und der Rechnungsbetrag selbsttätig vom Konto des Bestellers abgebucht wird. CIM ist ein Denkmodell für eine Organisation, bei der möglichst viele Abläufe einer flexiblen Fabrikation durch Rechner integriert gesteuert werden.

... eines zeigt sich auf allen Stufen einer möglichen Integration: So wichtig die Computer mit ihren Schnittstellen, so entscheidend ihre Software und so wesentlich Handhabung und Transport der Werkstücke sind, Werkzeugmaschinen und ihre Technologien sind und bleiben das Herzstück jeder Fertigung, ob durch Menschen oder Computer bedient und gesteuert ... Ohne ihre Ausrichtung auf die Bedürfnisse einer integrierten Fertigung, ohne höchste Ansprüche an Zuverlässigkeit, Genauigkeit und Geschwindigkeit des Verfahrens, ohne die Berücksichtigung der Anforderungen für automatisierte Be- und Entladung sind alle noch so komfortablen Integrationslösungen mehr oder weniger wertlos.“ [7.19]

Auch über das Jahr 2000 hinaus wird in weiten Teilen unserer industriellen Fertigung das HIM, nämlich das ‚Human Integrated Manufacturing‘, vom CIM nicht verdrängt werden.

7.7 Wandel der Arbeit

Der Weg zur heutigen Industriegesellschaft war mit aufregenden wissenschaftlichen, technologischen, wirtschaftlichen, politischen und gesellschaftlichen Veränderungen verbunden. Die Entwicklung der Technik spielte dabei eine Schlüsselrolle. Durch ihre Einbindung in das Ganze der Kulturentwicklung ist Technik nicht nur natur- und wirtschaftswissenschaftlich, sondern auch sozialwissenschaftlich verwurzelt [7.41].

Zur Technik gehören alle künstlichen Mittel, mit denen sich der Mensch die Natur dienstbar macht. Durch sie ist der Mensch das einzige Lebewesen, das eine besondere Hilfswelt betreibt, die zur Güterproduktion fähig ist. Diese Hilfswelt nennen wir Produktionstechnik, in ihrem Zentrum steht die Werkzeugmaschine, deren technologische und kulturelle Wechselwirkung die Arbeit des Menschen entscheidend beeinflußt hat.

Produktion verkörpert durch Erzeugen, Formen und Verteilen von Energie, Material und Information die bewußt eingeleitete und ausgeführte Wandlung unseres Lebensraumes und des Lebens in ihm, umfaßt also die zweckhafte, zielstrebige Durchführung von Maßnahmen zur Schaffung materieller Mittel für diesen Zweck. Darin ist die industrielle Produktion ein geordneter schöpferischer Vorgang, ist die Wandlung der Natur durch organisierte Gestaltung. Ihr Fortschritt vollzieht sich zwar in einzelnen Phasensprüngen, verläuft aber doch im Ganzen evolutionär. Obwohl Technik individuell geprägt ist, entfaltet sie sich doch erst als Gemeinschaftsarbeit. Die Technikgeschichte lehrt uns, daß es kein isoliertes Schöpfertum gibt, sondern stets nur ein solches, das auf der Vergangenheit aufbaut und sich mit dem sozio-technischen Umfeld der Gegenwart verbindet.

Die tiefgreifende Wirkung, welche die von Menschen entwickelte Technik auf Umwelt und Gesellschaft ausübt, wirft allerdings viele Fragen nach der zukünftigen Entwicklung auf. Die Frage nach der Beherrschung dessen, was wir Technik nennen, hat eine hohe Aktualität gewonnen. Forschung und Technik werden in wachsendem Maße durch politische Entscheidungen mitbestimmt. Technik ist nicht Selbstzweck, sie dient der Gesellschaft und dem einzelnen. Dabei verfolgt sie Ziele, die aus geltenden gesellschaftlichen Wertsystemen und persönlichen Interessen formuliert werden. Wertsysteme und Interessen beruhen letztlich auf menschlichen Lebenserfahrungen, die allerdings in verschiedenen Kulturkreisen und zu verschiedenen Zeiten des Geschichtsprozesses unterschiedlich sein können.

Das Tempo des technologischen Fortschritts nimmt zu, ist aber nicht für alle Bereiche industrieller Produktion gleichermaßen nützlich. Das Gleichgewicht zwischen der Anwendung innovativer Erkenntnisse und Entwicklungen muß bestehen bleiben. In diesem Sinne ist die moderne Fabrik das Sinnbild der modernen Welt: die Spannung zwischen Schnelligkeit und Beharrung ist zu erhalten, allerdings auch auszuhalten. Erst daraus entsteht Stabilität [7.41].

Um den technischen Fortschritt für die Gesellschaft unter den neuen Bedingungen kreativ nutzen zu können, gewinnen Bildung und Wissen immer mehr an Bedeutung. Dabei muß individuelle Eigeninitiave zum Erwerb von Wissen unabdingbar verbunden sein mit der Bereitschaft, die persönliche Verantwortung für fachliche Qualität und ethische Folgen des angewandten Wissens zu übernehmen.

Eingedenk solcher Überlegungen enthält der technische Fortschritt für den Menschen zugleich die Möglichkeit einer fortschreitenden Humanisierung der Technik durch Technik. Dies wird angesichts einer steigenden Bevölkerungszahl in den

Entwicklungsländern um so bedeutsamer, denn die dortige Lebensqualität läßt sich ohne weitere technische Fortschritte kaum verbessern.

Auch die zukünftige Arbeitswelt bleibt ein Teil der Lebenswelt, weil Arbeit ein Teil des Lebens ist. Arbeit und Leben bedingen einander. In einem durch die Produktionstechnik geprägten Arbeitssystem wird die Arbeit des Menschen in dieses System gleichsam integriert. Dennoch will der Mensch möglichst frei die Ziele, Inhalte und Formen seiner Arbeit gestalten. Er gliedert seine Arbeitsmengen zeitlich und örtlich. Er überträgt seine Arbeitsleistung auf Maschinen, durch die er gewissermaßen die Natur für sich arbeiten läßt. Hier ist auch zukünftig die große gesellschaftliche Bedeutung der Werkzeugmaschinen zu erkennen.

Die nach wie vor notwendige menschliche Arbeit wird aber dadurch nicht aufgehoben, sondern nur in andere Arbeitsformen übertragen. Die Transformation der menschlichen Arbeit durch Maschinen hat sich zwar evolutionär, jedoch zugleich in qualitativen Veränderungen vollzogen. Die Entwicklung geht dahin, daß der Mensch seine Werkzeugmaschine nicht mehr manuell bedient, sondern seine Arbeitsleistung als in Programme umgeformtes Arbeitswissen vorab in deren Wirkungszusammenhang integriert. Die Maschine wird auf diese Weise nicht nur instrumentell mit Werkzeug, sondern auf der funktionalen Ebene ihrer Steuerung auch mit Programmzeug ausgerüstet.

Mit der Entwicklung numerisch gesteuerter Werkzeugmaschinen wurde durch Verknüpfung mit digitalen Rechenautomaten eine neue Produktionstechnologie eingeleitet. Durch die elektronische Informationsverarbeitung entstehen neue Fabrikstrukturen, die das Arbeitssystem unserer Gesellschaft in entscheidender Weise wandeln.

Produktivität, Produktionsgeschwindigkeit, Flexibilität, Qualität und Zuverlässigkeit der nächsten Generation unserer Fabriken werden ein Niveau erreichen, das auf der Grundlage konventioneller Produktionsstrukturen nicht realisierbar wäre. Die Fabriken der Zukunft entstehen aus einer neuen Generation von Produktionsmaschinen unter Einbindung rechnerunterstützter Informationssysteme und rechnergeführter Fertigungsprozesse. Ihre Einführung wird nicht nur die Ablaufbedingungen der traditionellen Stückfertigung und Montage grundlegend verändern, sondern voraussichtlich auch das Organisationsgefüge sowie die Wettbewerbsstrategien der Unternehmen umgestalten.

Eine große Vielfalt von Produkten wird in kleinen Losen oder in beliebiger Reihenfolge wirtschaftlicher als heute hergestellt werden können. Die Vorlaufzeiten für die Einführung neuer Produkte werden sich stark verkleinern und Zwischenlagerbestände erheblich vermindern.

Die rechnerintegrierte Fertigung stellt ein wichtiges Ziel der zukünftigen Produktionserneuerung dar. Sie kann aus heutiger Sicht noch nicht vollständig in allen zukünftig einzubeziehenden Funktionen beschrieben werden. Eine genaue Prüfung der Fertigungstechnologie, des Ausmaßes ihrer Automatisierbarkeit durch Werkzeugmaschinen sowie der Notwendigkeit ihrer Integration in eine Rechnerführung gibt jedoch schon im voraus die Möglichkeit, Strukturen der rechnerintegrierten Fertigung zu umreißen.

Der hohe Investitionsaufwand flexibel automatisierter Produktionsanlagen rechtfertigt den Einsatz von rechnerunterstützten Planungshilfen. Mit Hilfe der Simulationstechnik können Produktionsanlagen vor ihrer Auslegung und Prozeßabläufe vor ihrer Ausführung optimiert werden. An Simulationsmodellen können Untersuchungen vorgenommen werden, die am realen System nicht durchführbar oder zeitlich und damit kostenmäßig zu aufwendig wären.

Das Einsatzgebiet dynamischer Simulationssysteme beschränkt sich nicht nur auf die Werkstattprogrammierung, sondern erstreckt sich auch auf den Bereich der Arbeitsvorbereitung oder der Fachausbildung. In speziell angepaßten Ausführungen ist die dynamische Simulation aller Bearbeitungsabläufe möglich. Sie erweist sich von großem Nutzen für die Steigerung der Produktivität.

Werkzeugmaschinen als Bearbeitungssysteme der Zukunft werden neben den klassischen Forderungen des Marktes nach hoher Qualität, großer Mengenleistung und geringen Kosten durch automatisierte Bearbeitung, rüstfreien Betrieb, störungsfreien Ablauf, zentrale Überwachung und dezentrale Bedienung geprägt.

Bei der Erfüllung dieser Anforderungen eröffnen die Entwicklungen auf dem Gebiet der Mikroelektronik einen breiten Kreativitätsspielraum. Die Erhöhung der Leistungsfähigkeit von elektronischen Steuerungen bei abnehmenden Preisen mit raumsparender Bauweise wird die Umsetzung neuer Ideen beschleunigen. Mit dem Erreichen der Industriereife von intelligenten Steuerungen wird die Auslegungsplanung von Fabriken hinsichtlich der Bearbeitungssysteme, des Material- und des Informationsflusses von diesen beeinflußt.

Innovative Fertigungsverfahren sowie neue Schneid- und Werkstoffe eröffnen in der Produktionstechnik einerseits rationellere Fertigungsmöglichkeiten, andererseits erfordern sie die Entwicklung neuer Bearbeitungssysteme mit angepaßten Baugruppen. Fertigungsverfahren, denen energieverdichtete Wirkmedien zugrunde liegen, sowie die Hochgeschwindigkeitsbearbeitung erlangen zunehmend Bedeutung. Sie werden konventionelle Verfahren zwar nicht ersetzen, aber doch sinnvoll ergänzen. Die Möglichkeit, komplizierte Konturen bearbeiten zu können, räumt auch Industrierobotern aufgrund der hohen Beweglichkeit ihrer kinematischen Kette als Werkzeugsystem eine neue Stellung in der Fertigungstechnik ein. Das gilt besonders dann, wenn ihre Arbeitsgenauigkeit weiter gesteigert werden kann.

Der Aufgabenstellung entsprechend können Bearbeitungssysteme entwickelt werden, die aus Baugruppen mit flexibel automatisierten Teilfunktionen bestehen. Die Funktionssicherheit der Komponenten im einzelnen sowie im Verbund wird im Hinblick auf hohe Arbeitsqualität und hohe Nutzung von großer Tragweite sein. Dabei wird die Informationstechnik die konstruktive Gestaltung zukünftiger

Bearbeitungssysteme beeinflussen. Der flexibel gestaltbare Wirkzusammenhang von Komponenten für die automatisierte Werkstück-, Werkzeug-, Meßzeug-, Programmzeug und Hilfszeughandhabung mit der Grundmaschine kann zu neuen Konfigurationen von Bearbeitungssystemen führen.

Die Weiterentwicklung der Produktionstechnik verweist auch auf neue Möglichkeiten der Fabrikgestaltung. Neben der zentralorientierten, hochautomatisierten Fertigung sind verschiedene Organisationsformen dezentraler Produktion vorstellbar. Teile der Fertigungs-, Montage- oder Informationsverarbeitungsaufgaben könnten dezentral entweder im eigenen Unternehmensverbund oder von externen spezialisierten Unternehmen im Sinne einer Verringerung der Fertigungstiefe abgewickelt werden.

Obwohl aus technischer Sicht die Automatisierung der Produktion durchaus entwicklungsfähig erscheint, werden doch durch die zunehmende Komplexität deutlich Grenzen sichtbar, die mit der Fähigkeit der menschlichen Systemnutzer zusammenhängen, die komplexe Funktionalität zu durchdringen.

Im Trend einer rechnerintegrierten Automatisierung liegt die autonome Dezentralisierung von Entscheidungskompetenz. In diesem Sinne wird die Flexibilität der Produktionsmittel auch dadurch erhöht, daß die dezentral operierenden Systeme kleiner und damit für den Menschen wieder überschaubarer werden. Umgekehrt ist erkennbar, daß größer werdende Zentralsysteme trotz prozeßrechnerorientierter Auslegung ihre Produktionsflexibilität durch sinkende, störungsbedingte Verfügbarkeit begrenzen.

Für die Existenzsicherung eines Unternehmens kommt der Produkterneuerung eine Schlüsselrolle zu. Sie wird einerseits durch neue Erkenntnisse der Grundlagenforschung in Verbindung mit angewandter Forschung vorangetrieben, andererseits verlangt sie eine Berücksichtigung der Erfahrungen des Marktes.

Wegbereiter des Einsatzes neuer Werkstoffe werden die Luft- und Raumfahrtindustrie sowie die Automobilindustrie sein, wo die Forderungen nach Gewichtsreduzierung, Energieeinsparung und Montageerleichterung wichtige Elemente des Marktwettbewerbes sind. Dies trifft ebenso für Anwendungen im Maschinenbau und in der Elektroindustrie zu.

In der künftigen Fabrik werden sich viele Arbeitsinhalte verändern. Routinetätigkeiten werden zugunsten planender, steuernder, kontrollierender sowie instandhaltender Tätigkeiten vermindert. Die Arbeitsorganisation aller nicht unmittelbar mit der Maschinenführung beschäftigten Personen kann freier gestaltet werden. Eine Reduzierung der von Menschen zu leistenden körperlichen Arbeit und eine Verbesserung der Qualität der geleisteten Arbeit sind zu erwarten [7.40].

Forschung für die Fabrik der Zukunft ist auch Kompositionslehre, ist Dirigentenlehre, ist die Erforschung der Ganzheitlichkeit, der Prinzipien des erfolgreichen, gezielten konzertierten Wirkens und Gestaltens eines Fabrikbetriebes. Eine derartige Forschungsgrundlage orientiert sich im Dreieck der Wirtschaftswissenschaften, der Informationswissenschaft und der Produktionswissenschaft. Hierbei darf es sich nicht nur um eine Addition handeln. Ziel muß es sein, diese Wissenschaftsgebiete zu einem neuen, zusätzlichen Ingenieurtypus mit generalistischer Prägung zu integrieren.

Der Anteil der Unternehmenskultur an der erfolgreichen Führung der Fabrik wurde in den letzten Jahren insbesondere durch betriebswirtschaftliche, organisationspsychologische, anthropologische und soziologische Forschung hervorgehoben. Die Bedeutung der Organisations-, Planungs- und Kontrollsysteme für die Unternehmensführung wird jedoch durch diese neue Perspektive nicht geschmälert.

Unternehmenskultur bezeichnet die Gesamtheit von Werten, Zielen, Wahrnehmungen, Vorstellungen, Symbolen, Leitbildern, Denkweisen und Verhaltensweisen, die von Menschen in einem Unternehmen als gemeinsame Grundlage ihres Handelns akzeptiert werden. Diese Werte sind keineswegs statisch, sondern werden in der Geschichte des Unternehmens durch Lernprozesse als Folge erfolgreicher oder erfolgloser Entscheidungen, Verhaltensweisen und Reaktionen auf Markt, technische Entwicklungen und Umweltanforderungen modifiziert.

Die Unternehmenskultur wird durch die Kultur der Gesellschaft geprägt, der das Unternehmen angehört. Mitarbeiter, starke Führungspersönlichkeiten, oft auch überragende Gründerpersönlichkeiten entfalten einen nachhaltigen Einfluß auf die Kultur eines Unternehmens. Erfolge schaffen und stabilisieren eine Unternehmenskultur, eine zu geringe Anpassungsgeschwindigkeit im Verhältnis zu einem veränderlichen Umfeld beeinträchtigt dagegen ihre Leistungsfähigkeit nach außen und innen.

Die Gestaltung einer Unternehmenskultur verlangt die Einbettung des Führungsverhaltens in Wertvorstellungen und Persönlichkeitsstrukturen der Mitarbeiter. So spiegelt sich die Veränderlichkeit menschlichen Verhaltens in der großen Zahl unterschiedlicher Führungsstile. Zwar hat die traditionelle Leistungsethik in der Vergangenheit zu großen Führungserfolgen beigetragen, wobei die sogenannten preußischen Tugenden, wie Pflichtbewußtsein, Disziplin, Selbstkontrolle und Zuverlässigkeit, zentrale Werte darstellten. Auch sie enthielten Arbeits- und Leistungsfreude, jedoch mehr oder weniger als ein inoffizielles Nebenprodukt. Die heraufkommende neue Leistungsethik und die ihr entsprechenden Führungsstile dagegen betrachten Arbeit als mögliches Feld der Antriebserfüllung, in der sich Originalität, Kreativität, Neugier, menschliche Nähe in der Zusammenarbeit und Selbstentfaltung realisieren lassen [7.18].

Mit der neuen Fabrik und ihrer Technologie wird sich im Arbeitsleben des nächsten Jahrhunderts der Strukturwandel zu den tertiären Sektoren fortsetzen. Während monotone Bandarbeit und an den Menschen gekoppelte Maschinenarbeit zurückgehen, gewinnen das Programmieren, Überwachen und Kontrollieren, das Instandsetzen und Warten sowie die sogenannten kreativen Tätigkeiten wie Führen, Forschen, Erfinden, Planen und Bauen zunehmend an Bedeutung. Dieser

Strukturwandel wird im Durchschnitt zu höheren Qualifikationsanforderungen führen. Verlangt werden auch abstrakte, theoretische, systematische, dispositive und planerische Leistungen, die Einsicht in komplexe Zusammenhänge voraussetzen. Arbeit in der zukünftigen Industriegesellschaft erfordert auch mehr kognitive Bildung. Nur der Mensch, der seine Technik versteht, kann sie auch beherrschen.

Die Entwicklung der Produktionstechnik bedingt heute ein hohes Maß sozialer Kooperation und Kommunikation. Damit wächst auch für den Werkzeugmaschinenbau die Bedeutung einer breit angelegten, übergreifenden fachlichen und sozialen Qualifikation. Je mehr die Produktionsziele auf die Erzeugung hochkomplexer Qualitätsartikel hinauslaufen und den breitflächigen Einsatz neuer Technologien erfordern, um so mehr bietet sich ein ganzheitlicher Aufgabenzuschnitt und die breitere Verwendung von Qualifikationen an.

Neue Qualifikationen resultieren nicht allein aus dem Zwang zu fortschreitender Spezialisierung beruflicher Fähigkeiten. Die Tendenz zur Spezialisierung erscheint eingebunden in eine wachsende Integration von Produktionsaufgaben, die den traditionellen Rahmen definierter Berufsbilder sprengen und tendenziell die ganze Fabrik zum Inhalt haben. Auch diese dynamische Erweiterung beruflicher Denk-, Entscheidungs- und Handlungsfelder erfordert eine personale Kompetenzerweiterung, eine Weiterbildung, deren Charakteristik in der Verallgemeinerung spezialisierten Wissens und Könnens liegt. Über die Fachausbildung hinaus gehören zu ihr auch Orientierungswissen und Reflexionsvermögen [7.8].

Entsprechend der branchenübergreifenden Mobilität und Flexibilität beruflicher Qualifikationsanforderungen erhält heute Weiterbildung eine zentrale Funktion. Ob betrieblich oder außerbetrieblich organisiert, Weiterbildung verlangt nach einer Mensch und Technik integrierenden Konzeption. Denn die Betriebe als ihr Bezugsrahmen sind im Sinne sozio-technischer Systeme zu verstehen, bei denen der Einsatz neuer Technologien ohne angemessene Weiterbildung eine Ressourcenvergeudung bedeutet [7.10]. Insgesamt stellt der Bedeutungszuwachs beruflicher Weiterbildung ein Merkmal der mit der industriellen Innovation durch Werkzeugmaschinen verbundenen Qualifikationsentwicklung dar. Die Berufe der Zukunft können nicht allein auf der Grundlage schulischen Wissens ergriffen werden, in sie wächst man zunehmend über Berufsbildung und Weiterbildung hinein. Das gilt ganz besonders in einer Phase technologisch bedeutsamer Umwälzungen und wirtschaftlicher Herausforderungen.

Die Herstellung konventioneller industrieller Produkte wird durch die Entwicklung flexibel automatisierter Werkzeugmaschinen immer perfekter beherrschbar. Wegen der steigenden Reproduktionsrate des eingesetzten Kapitals bei sinkendem Bedarf an menschlicher Arbeitsleistung können Produkte zukünftig wesentlich billiger hergestellt und angeboten werden. Die Produktion entfernt sich vom Prinzip der Massenherstellung zugunsten einer bisher nur aus dem Handwerk bekannten Anpassung an individuelle Bedürfnisse. Dabei wird es nach wie vor die Werkzeugmaschine sein, mit der die Vielzahl jener Teile gefertigt wird, aus denen sich das Ganze unserer gegenständlichen technischen Kultur jeweils zusammenfügt.

Die gegenwärtige Periode der industriellen Entwicklung eröffnet Möglichkeiten, die wir uns heute ebenso schwer vorstellen können, wie etwa vor 200 Jahren die heutigen Bewegungsmöglichkeiten auf Straßen, Schienen oder in der Luft vorhersehbar waren. Die Einrichtung eines Energieversorgungsnetzes und der Anschluß aller Haushalte ermöglichen es, Energie und mechanische Arbeitsleistung jedermann bereitzustellen. Ebenso wird die Errichtung von Informationsnetzen und Informationsspeichern jedem den Zugang zum jeweils aktuellen Informationspotential der Gesellschaft eröffnen. Auch Sprachbarrieren lassen sich leichter überwinden.

Der Zugriff auf Arbeitsinformationen und deren Anwendung zur Unterstützung sowie selbsttätigen Ausführung von Arbeitsaufgaben und persönlichen Zielen ist ein Bedarf, dessen Deckung ähnliche Anstrengungen erfordert, wie die Entwicklung der konventionellen Produktion. Technisches Wissen wird mehr und mehr Allgemeingut. Das Fakten- und Erfahrungswissen von Spezialisten aller Wissens- und Arbeitsgebiete wird leichter zugänglich sein [7.39]. Die Perspektive eines unabsehbaren Erfahrungszuwachses wird erkennbar, der neue Handlungsspielräume freisetzt und auch die Wertmaßstäbe der Industriegesellschaft verändert.

Mit dem organisierten Zugriff auf Informationen wird Wissen schneller nutzbar. Für kreative Anwendungen werden neue Handlungsspielräume freigesetzt, wodurch sich auch die Selbstverwirklichungsmöglichkeiten der Menschen ändern. Dies hat schließlich Einfluß auf alle gesellschaftlichen Bereiche, auch auf die uns vertrauten Formen von Wissenschaft und Technik.

Für diese Entwicklung wird menschliche Initiative zum Motor, der alle Entwicklungen antreibt und lenkt, aber auch als Engpaß deren Geschwindigkeit bestimmt. Wir benötigen bei aller Rationalität zunehmend auch die Kreativität des Künstlers, denn Technik und Kunst werden mehr und mehr konvergieren. Grundlage dieser optimistischen Erwartung wird die moderne Fabrik sein. Denn es ist die Arbeit der Menschen, es sind seine Werkzeugmaschinen, die auch künftig helfen, das Leben zu sichern und den Wohlstand zu mehren.

Anhang

Literaturverzeichnis

Kapitel 1

[1.1] Amtlicher Bericht über die allgemeine Gewerbeausstellung zu Berlin im Jahre 1844. Berlin 1845

[1.2] Amtlicher Bericht über die Industrieausstellung in London im Jahre 1851. Von der Berichterstattungskommission der Deutschen-Zollvereins-Regierung. Berlin 1852/53

[1.3] *Beck, Th.:* Beiträge zur Geschichte des Maschinenbaus. Berlin 1899

[1.4] *Bernal, J. D.:* Wissenschaft. Die Entstehung der Wissenschaft. Reinbek bei Hamburg 1970

[1.5] Deutsches Museum, Hg.: Kulturgeschichte der Naturwissenschaften und der Technik. Reinbek bei Hamburg 1981 ff.

[1.6] *Dohmen, G.:* Bildung und Technik. In: *Boehm, L., Schönbeck, Ch.,* Hg.: Technik und Bildung. Düsseldorf 1989

[1.7] *Dominik, H.:* Werkzeugmaschinenbau. Leipzig 1938

[1.8] *Hart, J.:* Die Werkzeugmaschinen für den Maschinenbau zur Metall- und Holzbearbeitung. Heidelberg 1864

[1.9] *Herter, J., Thomas, H.:* Qualifikation in der Phase flexibel automatisierter Produktionstechnik. AdW zu Berlin 1990

[1.10] *Kapp, B.:* Vom Marktführer zum Verlierer? Der deutsche Werkzeugmaschinenbau und seine Chancen in den 80er Jahren. In: VDW, Hg.: *Bernhard Kapp.* Frankfurt a. M. 1986

[1.11] *Kern, H., Schumann, M.:* Das Ende der Arbeitsteilung? Rationalisierung in der industriellen Produktion. München 1984

[1.12] *Menze, C.:* Die Bildungsreform Wilhelm von Humboldts. Hannover 1975

[1.13] *Mommertz, K. W.:* Bohren, Drehen und Fräsen. Geschichte der Werkzeugmaschinen. Reinbek bei Hamburg 1981

[1.14] *Nipperdey, Th.:* Die Organisation der Wissenschaften im Wilhelminischen Berlin und ihre Beziehung zur Wirtschaft. In: IHK zu Berlin, Hg.: Berlin und seine Wirtschaft. Berlin, New York 1987

[1.15] *Otten, B.:* Die Welt der Industrie. Entstehung und Entwicklung der modernen Industriegesellschaften. 2 Bde., Reinbek bei Hamburg 1986

[1.16] *Paulinyi, A.:* Industrielle Revolution. Vom Ursprung der modernen Technik. Reinbek bei Hamburg 1989

[1.17] *Ropohl, G.:* Technisches Problemlösen und soziales Umfeld. In: *Rapp, F.,* Hg.: Technik und Philosophie. Düsseldorf 1990

[1.18] *Sonnemann, R.,* Hg.: Geschichte der Technik. Köln 1987

[1.19] *Specht, D., Ebert, J.:* Entwicklung und Branchenstruktur des deutschen Werkzeugmaschinenbaus. Untersuchungsergebnisse, IPK Berlin 1989

[1.20] *Spur, G.:* Produktionstechnik im Wandel. München, Wien 1979

[1.21] *Spur, G.:* CIM – Die informationstechnische Herausforderung an die Produktionstechnik. In: Produktionstechnisches Kolloquium Berlin 1986. Die informationstechnische Herausforderung. Vorträge, IPK Berlin 1986

[1.22] *Spur, G.:* Unternehmensführung in der zukünftigen Industriegesellschaft. In: Produktionstechnisches Kolloquium Berlin 1989. Management für Technologie und Arbeit. Vorträge, IPK Berlin 1989
[1.23] *Spur, G., Specht, D., Ebert, J., Schröder, S.:* Entwicklungspotentiale der Berliner Maschinenbau- und Elektroindustrie. Untersuchungsergebnisse IPK Berlin 1989
[1.24] Wissenschaftliche Gesellschaft Produktionstechnik, Hg.: Produktionswissenschaft. Ein Beitrag zur Geschichte der Hochschulgruppe Fertigungstechnik. Köln 1987

Kapitel 2

[2.1] *Agricola, G.:* Vom Berg- und Hüttenwesen. Übersetzt und bearbeitet von C. Schiffner. München 1977
[2.2] *Allwang, K.:* Werkzeugmaschinen. Bohren, Drehen, Fräsen. München 1989
[2.3] *Amman, J.:* Eigentliche Beschreibung aller Stände auf Erden. Frankfurt a. M. 1568
[2.4] *Beck, Th.:* Beiträge zur Geschichte des Maschinenbaus. Berlin 1899
[2.5] *Besson, J.:* Theatrum instrumentarum et machinarum. Lugduni 1571/72
[2.6] *Biringuccio, V.:* De la pirotechnia. Venedig 1540. Übersetzt ins Deutsche von O. Johannsen. Braunschweig 1925
[2.7] *Blümner, H.:* Technologie und Terminologie der Gewerbe und Künste bei Griechen und Römern. 4 Bde., Leipzig 1879–1912
[2.8] *Böckler, G. A.:* Theatrum machinarum novum. Nürnberg 1661
[2.9] *Child, V. G.:* Soziale Evolution. Frankfurt a. M. 1970
[2.10] *Diels, H.:* Antike Technik. 3. Aufl., Berlin 1942
[2.11] *Eybe, L. v.:* Bilderhandschrift. Manuskript Nr. 1390, Universitätsbibliothek Erlangen, vgl. Jähn: Geschichte der Kriegswissenschaften. München 1889
[2.12] *Fairbairn, W.:* Treatise on mills and millwork. Pt. 1, London 1861. Dt. Übers. aus dem Engl. von Klemm
[2.13] *Feldhaus, F. M.:* Die Technik der Vorzeit, der geschichtlichen Zeit und der Naturvölker. Leipzig 1914, Neudruck Wiesbaden 1970
[2.14] *Feldhaus, F. M.:* Die Drehbank des Kaisers Maximilian. In: Werkstattstechnik, 11, 1917
[2.15] *Feldhaus, F. M.:* Die Technik der Antike und des Mittelalters. Potsdam 1931
[2.16] *Grünert, H.,* u. a.: Geschichte der Urgesellschaft. Berlin 1982
[2.17] *Hänsel, A.:* Die Hallstattkultur – Mitteleuropa zu Beginn der Eisenzeit vom 8. bis 5. Jahrhundert v. Chr. In: Blätter des Museums für Vor- und Frühgeschichte. 1173, Berlin 1989
[2.18] *Hentz, H.:* Rüst- und Büchsenmeisterbuch. Bilderhandschrift um 1455 (cod. qu. 342, Große Bibl. Weimar)
[2.19] *Kiechle, F.:* Sklavenarbeit und technischer Fortschritt im römischen Reich. Wiesbaden 1969 (= Forschungen zur antiken Sklaverei. Bd. 3)
[2.20] *Klemm, F.:* Geschichte der Technik. Reinbek bei Hamburg 1983
[2.21] *Klemm, F.:* Zur Kulturgeschichte der Technik. Aufsätze und Vorträge. München 1979 (= Kulturgeschichte der Naturwissenschaft und Technik, Bd. 1)
[2.22] *Landels, J. G.:* Die Technik der antiken Welt. München 1979
[2.23] *Leupold, J.:* Theatrum machinarum oder Schauplatz der Hebezeuge. Ders.: Kurtzer Entwurff, auf was Art die Verbesserung des Maschinenwesens bey denen Bergwerken zu veranstalten. Leipzig 1725
[2.24] *Lietzmann, K. D., Schlegel, J., Hensel, A.:* Metallformung. Geschichte – Kunst – Technik. Leipzig 1983
[2.25] *Löffelholz, M.:* Bilderhandschrift des Patriziers Löffelholz, 1505. Staatsbibliothek Preußischer Kulturbesitz. Berlin, Cod. germ. 4° 132

[2.26] *Lorini, B.:* Delle Fortificationi. Venedig 1597, dtsch. Ausgabe 1607
[2.27] *Monch, P.:* Buch der Stryt un Buchsse. Handschrift 1496, Universitätsbibliothek Heidelberg, cod. pal. germ. 126
[2.28] *Mommertz, K.H.:* Bohren, Drehen und Fräsen. Geschichte der Werkzeugmaschinen. Reinbek bei Hamburg 1981
[2.29] *Moosleitner, F.:* Handwerk und Handel. In: Die Bajuwaren. Salzburg 1988
[2.30] *Müller, A. v.:* Die Germanen. Ein Überblick. In: Blätter des Museums für Vor- und Frühgeschichte. 1182 a + b, Berlin 1989
[2.31] *Müller, R.*, Hg.: Kulturgeschichte der Antike. Bd. 1: Griechenland. Berlin 1977
[2.32] *Müller, R.*, Hg.: Kulturgeschichte der Antike. Bd. 2.: Rom. Berlin 1978
[2.33] *Müller-Karpe, H.:* Geschichte der Steinzeit. München 1976
[2.34] *Mutz, A.:* Die Kunst des Metalldrehens bei den Römern. Basel, Stuttgart 1972
[2.35] *Nedoluha, A.:* Geschichte der Werkzeuge und Werkzeugmaschinen. In: Blätter für Technikgeschichte. Wien 1961
[2.36] *Niemann, H. W.:* Vom Faustkeil zum Computer. Stuttgart 1985
[2.37] *Platon:* Sämtliche Werke. Übers. von J. Deuschle. Bd. 1 ff., Berlin, Heidelberg 1950
[2.38] *Plinius Secundus* d. Ä.: Naturgeschichte (Naturalis Historia). Dtsch. Übers. von G.C. Wittstein. Leipzig 1882
[2.39] *Plumier, Ch.:* L'art de tourner. Lyon 1701, dt. Übersetzung: Leipzig 1776
[2.40] *Puschner, M.:* 5 Jahrtausende Schweißen. Eine Frühgeschichte der Schweißtechnik. Düsseldorf 1986
[2.41] *Rathgen, B.:* Das Geschütz im Mittelalter. Berlin 1928
[2.42] *Rieth, A., Langenbacher, K.:* Die Entwicklung der Drehbank. Stuttgart, Köln 1954
[2.43] *Rieth, A., Langenbacher, K.:* Die Entwicklung der Drehbank. Archäologische Eisenforschung in Europa. Wissenschaftliche Arbeiten aus dem Burgenland. Bd. 59, 1975
[2.44] *Schroeder, A.:* Entwicklung der Schleiftechnik bis zur Mitte des 19. Jahrhunderts. Düsseldorf 1931
[2.45] *Seneca:* Epistulae ad Incilium. Dt. Übers. von O. Apelt. In: Seneca, Philos. Schriften. Bd. 4, Leipzig 1924
[2.46] *Sprandel, R.:* Das Eisengewerbe im Mittelalter. Stuttgart 1968
[2.47] *Springer, W.:* Der Weg zur modernen Bohrmaschine. Berlin 1941
[2.48] *Sonnemann, R.*, Hg.: Geschichte der Technik. Köln 1987
[2.49] *Theobald, W.:* Technik des Kunsthandwerks im zehnten Jahrhundert (Diversarum Artium Schedula von Theophilus Presbyter). Berlin 1933
[2.50] *Treue, W., Goldmann, K., Kellermann, R., Klemm, F., Schneider, K.*, u. a.: Das Hausbuch der Mendelschen Zwölfbrüderstiftung zu Nürnberg. Dt. Handwerkerbilder des 15. und 16. Jh., 2 Bde., Bd. 1: Textband, Bd. 2: Bildband. München 1965
[2.51] *Troitzsch, U., Weber, W.*, Hg.: Die Technik. Von den Anfängen bis zur Gegenwart. Stuttgart 1987
[2.52] *Vitruv:* Zehn Bücher über Architektur, lat. u. dt. (Übers. von Curt Fensterbusch). 2. Aufl., Darmstadt 1976
[2.53] *Wanzek, B.:* Anfänge der Metallgewinnung. In: Blätter des Museums für Vor- und Frühgeschichte. 1146, Berlin 1989
[2.54] *Wanzek, B.:* Der Bronzeguß. In: Blätter des Museums für Vor- und Frühgeschichte. 1147, Berlin 1989
[2.55] *Wittmann, K.:* Die Entwicklung der Drehbank bis zum Jahre 1939. 2. Aufl., Düsseldorf 1960

Kapitel 3

[3.1] *Allwang, K.:* Werkzeugmaschinen. Bohren, Drehen, Fräsen. München 1989
[3.2] Amtlicher Bericht über die Industrie-Ausstellung aller Völker zu London 1851. Berlin 1853
[3.3] Amtlicher Bericht über die Industrie- und Kunstausstellung in London 1862. Berlin 1863/64
[3.4] Berichte über die allgemeine Ausstellung zu Paris 1867. Berlin 1868
[3.5] *Bohnsack, A.:* Spinnen und Weben. Entwicklung von Technik und Arbeit im Textilgewerbe. Reinbek bei Hamburg 1981
[3.6] *Bradley, I.:* A history of machine tools. Hemel Hempstead 1972
[3.7] *Buxbaum, B.:* Der englische Werkzeug- und Werkzeugmaschinenbau im 18. und 19. Jahrhundert. In: Beiträge zur Geschichte der Technik und Industrie. Bd. 11, Berlin 1921
[3.8] *Deane, P.:* Die Baumwollindustrie. In: *Braun, R.*, u. a.: Industrielle Revolution. Köln 1972
[3.9] *Fach, W.*, Hg.: Die Messen der Maschinenbauer. Frankfurt a. M. 1987
[3.10] *Fischer, W.:* Wirtschaft und Gesellschaft im Zeitalter der Industrialisierung. Göttingen 1972
[3.11] *Henderson, W.:* Britain and Industrial Europe, 1750–1870. Leicester 1972
[3.12] *Hendrichs, F.:* Der Weg aus der Tretmühle. Düsseldorf 1966
[3.13] *Henseling, K. O.:* Bronze, Eisen, Stahl. Bedeutung der Metalle in der Geschichte. Reinbek bei Hamburg 1981
[3.14] *Hobsbawn, F. J.:* Industrie und Empire I. Britische Wirtschaftsgeschichte seit 1750. Frankfurt a. M. 1969
[3.15] *Klemm, F.:* Technik. Eine Geschichte ihrer Probleme. Freiburg, München 1954
[3.16] *Kuby, Th.:* Vom Handwerksinstrument zum Maschinensystem. Berlin 1980
[3.17] *Kulischer, J.:* Allgemeine Wirtschaftsgeschichte des Mittelalters und der Neuzeit. Bd. 2, München, Wien 1971
[3.18] *Matschoß, C.:* Ein Jahrhundert deutscher Maschinenbau. Berlin 1919
[3.19] *Matschoß, C.:* Männer der Technik. Ein biographisches Handbuch. Berlin 1925
[3.20] *Matschoß, C.:* Geschichte der Dampfmaschine. Hildesheim 1983
[3.21] *Mommertz, K.H.:* Bohren, Drehen und Fräsen. Geschichte der Werkzeugmaschinen. Reinbek bei Hamburg 1981.
[3.22] *Nasmyth, J.:* James Nasmyth. Engineer. An Autobiography. London 1883
[3.23] *Paulinyi, A.:* Das Puddeln. Ein Kapitel aus der Geschichte des Eisens in der Industriellen Revolution. Deutsches Museum, Abhandlungen und Berichte. Bd. 4, München 1987
[3.24] *Paulinyi, A.:* Industrielle Revolution. Vom Ursprung der modernen Technik. Reinbek bei Hamburg 1989
[3.25] *Porter, C.:* Lebenserinnerungen eines Ingenieurs. Berlin 1912
[3.26] *Preuß, E.:* George Stephenson. Leipzig 1987
[3.27] *Prinz Albert:* Rede des Prinzen Albert über die Londoner Weltausstellung 1851. In: Official Descriptive and Illustrated Catalogue of the Great Exhibition of the Works of Industry of All Nations. London 1851
[3.28] *Reuleaux, F.:* Bericht von F. Reuleaux zur Pariser Weltausstellung 1867. In: Berichte über die allgemeine Ausstellung zu Paris. Berlin 1868
[3.29] *Rolt, L. T. C.:* Tools for the Job. London 1965
[3.30] *Schmeier, F.:* Eisen, Kohle und Dampf. Die Schrittmacher der industriellen Revolution. Reinbek bei Hamburg 1984
[3.31] *Smith, A.:* Untersuchungen über die Natur und die Ursachen des National-Reichtums. Wien 1814
[3.32] *Sonnemann*, Hg.: Geschichte der Technik. Köln 1987
[3.33] *Spur, G.:* Produktionstechnik im Wandel. München, Wien 1979
[3.34] *Steeds, W.:* A history of machine tools. Oxford 1969

[3.35] *Treue, W., Pönicke, H., Manegold, K.-H.:* Quellen zur Geschichte der industriellen Revolution. Göttingen u. a. O. 1966
[3.36] *Treue, W.:* Wirtschaftsgeschichte der Neuzeit. Im Zeitalter der Industriellen Revolution. 1700 bis 1960. Stuttgart 1962
[3.37] *Troitzsch, U., Weber W.,* Hg.: Die Technik. Von den Anfängen bis zur Gegenwart. Braunschweig 1987
[3.38] *Winckelmann, J.,* Hg.: Max Weber. Eine Aufsatzsammlung. Die protestantische Ethik I. Gütersloh 1979
[3.39] *Wittmann, K.:* Die Entwicklung der Drehbank bis zum Jahre 1939. 2. Aufl., Düsseldorf 1960
[3.40] *Woodsbury, R. S.:* History of the milling-machine. Massachusetts 1960
[3.41] Zeitschrift: The Industry Nations. London 1855

Kapitel 4

[4.1] Amtlicher Bericht über die Industrie-Ausstellung aller Völker zu London 1851. Berlin 1853
[4.2] Amtlicher Bericht über die Industrie- und Kunstausstellung in London 1862. Berlin 1863/64
[4.3] *Arnold, G.:* Carl Hoppe (1812–1898). Leben und Wirken eines Berliner Ingenieurs und Unternehmers. In: Technikgeschichte. Bd. 22, 1965
[4.4] *Baar, L.:* Die Berliner Industrie in der industriellen Revolution. Berlin 1966
[4.5] *Beckert, M.:* Johann Beckmann. Leipzig 1983
[4.6] Berichte über die allgemeine Ausstellung zu Paris 1867. Berlin 1868
[4.7] *Beuth, Chr. P. W.:* Rede bei der Eröffnungsveranstaltung des Vereins zur Beförderung des Gewerbefleißes in Preußen 1822. In: Verhandlungen des Vereins zur Beförderung des Gewerbefleißes in Preußen. 1822
[4.8] *Bohnsack, A.:* Spinnen und Weben. Entwicklung von Technik und Arbeit im Textilgewerbe. Reinbek bei Hamburg 1981
[4.9] *Buxbaum, B.:* Der deutsche Werkzeugmaschinen- und Werkzeugbau im 19. Jahrhundert. In: Beiträge zur Geschichte der Technik und Industrie. Bd. 9, Berlin 1919
[4.10] *Däbritz, W., Metzeltin, E.:* Hundert Jahre Hanomag. Geschichte der Hannoverschen Maschinenbau-Actien-Gesellschaft, vormals Georg Egestorff in Hannover 1835–1935. Düsseldorf 1935
[4.11] Gewerbeausstellung zu Berlin von 1844. Amtlicher Bericht, Berlin 1845
[4.12] *Fischer, W.:* Berlin: Die preußische Residenz auf dem Wege zur Industriestadt. In: IHK zu Berlin, Hg.: Berlin und seine Wirtschaft. Berlin, New York 1987
[4.13] *Forberger, R.:* Die Industrielle Revolution in Sachsen 1800–1861. Bd. 1, Erster Halbband: Die Revolution der Produktivkräfte in Sachsen 1800–1830. Berlin 1982
[4.14] *Hagen, R.:* Die erste deutsche Eisenbahn. Gedenkschrift 1866
[4.15] *Henning, F. W.:* Die Industrialisierung in Deutschland 1800 bis 1914. Paderborn u. a. O. 1984
[4.16] Hundert Jahre Schuler, 1839–1939. Göppingen 1939
[4.17] Hundert Jahre Werkzeugmaschinenfabrik J. G. Weisser Söhne. St. Georgen/Schwarzwald 1956
[4.18] *Keil, J.,* Hg.: Die Westdeutsche Wirtschaft und ihre führenden Männer. Frankfurt a. M. 1966 ff.
[4.19] *Kellenbenz, H.:* Deutsche Wirtschaftsgeschichte. Bd. 2, Vom Ausgang des 18. Jahrhunderts bis zum Ende des zweiten Weltkrieges. München 1981
[4.20] *Kiesewetter, H.:* Industrialisierung und Landwirtschaft. Sachsens Stellung im regionalen Industrialisierungsprozeß Deutschlands im 19. Jahrhundert. Köln, Wien 1988

[4.21] *Kiesewetter, H.:* Industrielle Revolution in Deutschland 1815–1914. Frankfurt a. M. 1989

[4.22] *Klemm, F.:* Technik. Eine Geschichte ihrer Probleme. München 1954

[4.23] *Ludwig, K.:* Zu Problemen der Konstituierung des Proletariats in Chemnitz um die Mitte des 19. Jh., dargestellt am Beispiel der Maschinenfabrik Richard Hartmann. In: Beiträge zur Heimatgeschichte von Karl-Marx-Stadt. Heft 24, 1980

[4.24] *Matschoß, C.:* Ein Jahrhundert Deutscher Maschinenbau 1819–1919. Berlin 1919

[4.25] *Matschoß, C.:* Männer der Technik. Ein biographisches Handbuch. Berlin 1925

[4.26] *Matschoß, C.:* Geschichte der Dampfmaschine. Hildesheim 1983

[4.27] *Mieck, I.:* Preußische Gewerbepolitik in Berlin 1806–1844. Berlin 1965

[4.28] *Mieck, I.:* Von der Reformzeit zur Revolution (1806–1847). In: *Ribbe,* W., Hg.: Geschichte Berlins. Bd. 1: Von der Frühgeschichte bis zur Industrialisierung. München 1987

[4.29] *Mommertz, K. H.:* Bohren, Drehen und Fräsen. Geschichte der Werkzeugmaschinen. Reinbek bei Hamburg 1981

[4.30] *Müller, G., Päßler, E.:* Johann Beckmann – Vater der Technologie (1739–1811). In: Beckmann-Kolloquium an der TH Wismar 1989

[4.31] *Paulinyi, A.:* Der Technologietransfer für die Metallbearbeitung und die preußische Gewerbeförderung (1820–1850). In: *Bleich, F.,* Hg.: Die Rolle des Staates für die wirtschaftliche Entwicklung. Berlin 1982

[4.32] *Poppe, J. H. M.:* Geschichte der Technologie. Göttingen 1807

[4.33] *Poppe, J. H. M.:* Geschichte der Erfindungen und Entdeckungen im Bereiche der Gewerbe, Künste und Wissenschaften von der frühesten Zeit bis auf unsere Tage. Frankfurt a. M. 1847

[4.34] *Reuleaux, F.:* Bericht von F. Reuleaux zur Pariser Weltausstellung 1867. In: Berichte über die allgemeine Ausstellung zu Paris. 1867

[4.35] *Roggenbuckey:* Handbuch für Offiziere. Erfurt 1822

[4.36] Sächsische Maschinenfabrik, vormals R. Hartmann Aktiengesellschaft Chemnitz. Leipzig 1911

[4.37] Schiess Aktiengesellschaft. Maschinen für die Welt 1866–1966. Düsseldorf, Wien 1966

[4.38] *Schlesinger, G.:* Die Arbeitsstätten des deutschen Werkzeugmaschinenbaus. In: Werkstattstechnik, 20, 1926

[4.39] *Schroeder, A.:* Entwicklung der Schleiftechnik bis zur Mitte des 19. Jahrhunderts. Düsseldorf 1931

[4.40] *Schröter, A., Becker, W.:* Die deutsche Maschinenbauindustrie in der industriellen Revolution. Berlin 1962

[4.41] *Springer, W.:* Der Weg zur modernen Bohrmaschine. Berlin 1941

[4.42] *Spur, G.:* Produktionstechnik im Wandel. München, Wien 1979

[4.43] *Treue, W.:* Wirtschaftsgeschichte der Neuzeit. Im Zeitalter der industriellen Revolution, 1700 bis 1960. Stuttgart 1962

[4.44] *Treue, W., Pönicke, H., Mangold, K.-H.:* Quellen zur Geschichte der industriellen Revolution. Göttingen u. a. O. 1966

[4.45] *Treue, W.:* Gesellschaft, Wirtschaft und Technik Deutschlands im 19. Jahrhundert. Stuttgart 1986

[4.46] *Treue, W.:* Christian Peter Wilhelm Friedrich Beuth. In: *Treue, W.,* Hg.: Berlinische Lebensbilder, Wissenschaftspolitik in Berlin. Berlin 1987

[4.47] *Troitzsch, U.:* „Auf mancherley Weise und mit vierley Werkzeugen". Johann Beckmann: Begründer der Wissenschaft von der Technologie. In: VDI-Nachrichten. 9. Juni, Hamburg 1989

[4.48] Wagner & Co. 75 Jahre Werkzeugmaschinenfabrik MBH 1865–1940. Dortmund 1940

[4.49] Waldrich Siegen 1840–1955. Zur Geschichte der Stadt Siegen und des deutschen Werkzeugmaschinenbaus. Festschrift 1955

[4.50] *Wehler, H. U.:* Deutsche Gesellschaftsgeschichte. Bd. 2, München 1987

[4.51] *Wirtgen, A.:* Die Handfeuerwaffen der preußischen Armee 1740–1786. Manufakturen und Güteprüfung. In: Die Bewaffung und Ausrüstung der Armee Friedrichs des Großen. Rastatt 1986
[4.52] *Wirtgen, R.:* Das Feldgeschützmaterial der preußischen Artillerie zwischen 1740 und 1786. In: Die Bewaffnung und Ausrüstung der Armee Friedrichs des Großen. Rastatt 1986
[4.53] *Zöllner, G.:* Johann v. Zimmermann. Der Begründer des deutschen Werkzeugmaschinenbaus. In: Technikgeschichte. Bd. 29, 1940

Kapitel 5

[5.1] Amtlicher Bericht über die Weltausstellung Chicago. Berlin 1898
[5.2] Amtlicher Bericht der Berliner Gewerbeausstellung 1896. In: Berlin und seine Arbeit. Berlin 1884
[5.3] Ausschuß für wirtschaftliche Fertigung e. V., Hg.: 50 Jahre AWF 1918–1968. Freiburg 1968
[5.4] *Barth, E.:* Neue Forschung zur Entwicklung der Maschinenbauindustrie in der Industriellen Revolution. In: Jahrbuch für Wirtschaftsgeschichte. Berlin 1973
[5.5] *Bortfeldt, J., Hauser, W., Rechenberg, H.,* Hg.: Forschen, Messen, Prüfen: 100 Jahre Physikalisch-Technische Reichsanstalt/Bundesanstalt 1887–1987. Weinheim 1987
[5.6] *Buxbaum, B.:* Der deutsche Werkzeugmaschinen- und Werkzeugbau im 19. Jahrhundert. In: Beiträge zur Geschichte der Technik und Industrie, Bd. 9, Berlin 1919
[5.7] *Buxbaum, B.:* Der amerikanische Werkzeugmaschinen- und Werkzeugbau im 18. und 19. Jahrhundert. In: Beiträge zur Geschichte der Technik und Industrie, Bd. 10, Berlin 1920
[5.8] *Dominik, H.:* Werkzeugmaschinen- und Werkzeugbau: Fritz Werner AG, Berlin. Musterbetriebe Deutscher Wirtschaft. Bd. 17, Berlin 1930
[5.9] *Fach, W.:* Die Messen der Maschinenbauer. Frankfurt a. M. 1987
[5.10] *Fischer, H.:* Die Werkzeugmaschinen. Bd. 1 + 2, Berlin 1905
[5.11] *Folz, F.J.:* Über die Anfänge der Zerspanforschung. Diss. TU Berlin 1980
[5.12] Festschrift: Geschichte der Uni Dresden. Berlin 1978
[5.13] *Hausen, K.:* Ludwig Loewe, Pionierunternehmen des Werkzeugmaschinenbaus. In: Berlin: Von der Residenzstadt zur Industriemetropole. Berlin 1981
[5.14] *Henning, F.W.:* Die Industrialisierung in Deutschland 1800–1914. Paderborn, u. a. 1984
[5.15] *Jäger, H.:* Drehautomaten. München 1967
[5.16] *Kappel, F.:* 75 Jahre VDW 1891–1966. Verein Deutscher Werkzeugmaschinenfabriken, Frankfurt a. M. 1966
[5.17] *Karmarsch, K.:* Geschichte der Technologie seit der Mitte des 18. Jahrhunderts. München 1872
[5.18] *Keil, J.:* Die westdeutsche Wirtschaft und ihre führenden Männer. Land: Nordrhein-Westfalen, Teil 1. Frankfurt a. M. 1969
[5.19] *Kelle, P.:* Automaten. Berlin 1921
[5.20] *Kellenbenz, H.:* Deutsche Wirtschaftsgeschichte. Bd. 2, München 1981
[5.21] *Kienzle, H.:* Arbeitsweise der selbsttätigen Drehbänke. Kritik und Versuche. Stuttgart: Königl. Technische Hochschule, Dissertation, 1912/13
[5.22] *Kienzle, O.:* Passungssysteme. In: Forschungsarbeiten auf dem Gebiet des Ingenieurwesens. Heft 259. Diss. TH Berlin 1922
[5.23] *Kiesewetter, H.:* Industrielle Revolution in Deutschland 1815–1914. Frankfurt a. M. 1989
[5.24] *Klemm, F.:* Geschichte der Technik. Reinbek bei Hamburg 1983
[5.25] *Kreuter, M.L.:* Ludwig Loewe A.G. Berlin Werkzeugmaschinenbau. In: Geschichtslandschaft Berlin-Moabit. Berlin 1986
[5.26] *Lexis, W.:* Die Technischen Hochschulen im Deutschen Reich. Berlin 1904

[5.27] *Manegold, K.-H.:* Geschichte der Technischen Hochschulen. In: *Boehm, L., Schönbeck, G.*, Hg.: Technik und Bildung. Düsseldorf 1989, S. 204–234
[5.28] *Matschoß, C.:* Männer der Technik. Ein biographisches Handbuch. Berlin 1925
[5.29] *Matschoß, C.:* In: Kappel F.: 75 Jahre VDW 1891–1966. Frankfurt a. M. 1966
[5.30] *Mommertz, K. H.:* Bohren, Drehen und Fräsen. Geschichte der Werkzeugmaschinen. Reinbek bei Hamburg 1981
[5.31] *Nedoluha, A.:* Geschichte der Werkzeuge und Werkzeugmaschine I. + II. Teil. In: Blätter für Technikgeschichte, Heft 22, 1960, Heft 23, 1961
[5.32] *Niemann, H. W.:* Vom Faustkeil zum Computer. Stuttgart 1985
[5.33] *Parkhust, E. G.:* Origin of the Turret, or Revolving Head. In: American Machinist, 23, 1900
[5.34] *Petzold, E.:* Gewehrfabrikation. VDI-Zeitschrift, 1868
[5.35] *Pfuhl, E.:* VDI-Zeitschrift, Mai 1888
[5.36] *Reuleaux, F.:* Bericht von F. Reuleaux zur Pariser Weltausstellung 1867. In: Berichte über die allgemeine Ausstellung zu Paris 1867
[5.37] *Roe, J. W.:* Aus der Geschichte der amerikanischen Werkzeugmaschinen. In: VDI-Beiträge zur Geschichte der Technik und Industrie, Bd. 17, Berlin 1927
[5.38] *Rosenberg, N.:* Technischer Fortschritt in der Werkzeugmaschinenindustrie 1840–1910. In: *K. Hausen u. R. Rürup*, Hg.: Moderne Technikgeschichte, Köln 1975
[5.39] *Ruby, J.:* Von der Drehmaschine zum Drehautomaten. Ein Beitrag zur Geschichte der Automatisierung. Teil 2. DDR. In: Maschinenbautechnik 31, 1982
[5.40] *Scheibert, F. M.:* Die Verkaufsmacht. In: Werkstattstechnik 7, 1913
[5.41] *Scherbarth, H.:* Erfolg mit Messen. Die Geschichte der Ausstellungen für Werkzeugmaschinen. Frankfurt a. M. 1989
[5.42] *Schlesinger, G.:* Die Stellung der deutschen Werkzeugmaschine auf dem Weltmarkt. Vortrag, gehalten auf der Hauptversammlung des Vereins deutscher Maschinenbau-Anstalten am 6. April 1911 in Berlin. Düsseldorf 1911
[5.43] *Schlesinger, G.:* Die Werkzeugmaschinen auf der Weltausstellung in Brüssel 1910. In: Werkstattstechnik, Bd. 4, 1910 und Werkstattstechnik, Bd. 5, 1911
[5.44] *Schlesinger, G.:* Die Richtlinien des heutigen deutschen und amerikanischen Werkzeugmaschinenbaues. Berlin 1911
[5.45] *Schlesinger, G.:* Die Arbeitsstätten des Deutschen Werkzeugmaschinenbaus. In: Werkstattstechnik, 1926
[5.46] *Schlesinger, G.:* Die Werkzeugmaschinen. Grundlagen, Berechnung und Konstruktion Bd. 1, Textband; Bd. 2 Tafelband, Berlin 1936
[5.47] *Selter, F.:* Über einen Versuch mit dem Taylor-Kalkulationssystem in Deutschland. In: Werkstattstechnik 4, 1910
[5.48] *Springer, W.:* Der Weg zur modernen Bohrmaschine. In: Forschung zur Geschichte der Industrie. Berlin 1943
[5.49] *Spur, G.:* Mehrspindel-Drehautomaten. München 1970
[5.50] *Spur, G.:* Geschichtlicher Rückblick auf die konstruktive Entwicklung der Mehrspindel-Drehautomaten. In: Werkstatt und Betrieb. Zeitschrift für Maschinenbau und Fertigung. München 1967
[5.51] *Sonnemann, R.*, Hg.: Geschichte der Technik. Köln 1987
[5.52] *Stoffers, G.*, Hg.: Deutschland in Brüssel 1900. Köln 1910
[5.53] *Stöhr, V.:* Tendenzen der Entwicklung des Werkzeugmaschinenbaus in Deutschland in der zweiten Industrialisierungsphase (1870–1914) dargestellt in Wechselwirkung zum Mechanisierungsprozeß in verschiedenen Industriezweigen. In: Beiträge zur Wirtschaftsgeschichte. Dresden 1986
[5.54] *Treue, W.:* Wirtschaftsgeschichte der Neuzeit. Stuttgart 1962
[5.55] Weltausstellung zu Philadelphia im Jahre 1876. VDI-Zeitschrift, Bd. 18, Heft 1, 1876

[5.56] Verein Deutscher Maschinenbau-Anstalten: Bericht über die wirtschaftliche Lage im deutschen Maschinenbau. In: Bericht der Schriftleitung in Werkstattstechnik 7, 1913
[5.57] Verein deutscher Fahrradindustrieller. In: Festschrift zum vierzigsten Bestehen des Vereins Deutscher Fahrradindustrieller. Berlin 1928
[5.58] *Wallichs, A.:* Eindrücke vom amerikanischen Maschinenbau. In: Werkstattstechnik 6, 1912
[5.59] *Wegeleben, F.:* Die Rationalisierung im Deutschen Werkzeugmaschinenbau. Dargestellt an der Entwicklung der Ludwig Loewe & Co. A.G., Berlin. Berlin 1925
[5.60] Wissenschaftliche Gesellschaft Produktionstechnik, Hg.: Produktionswissenschaft. Ein Beitrag zur Geschichte der Hochschulgruppe Fertigungstechnik. Köln 1987
[5.61] *Wittmann, K.:* Die Entwicklung der Drehbank bis zum Jahre 1939. 2. Aufl., Düsseldorf 1960.
[5.62] *Wolt, R.:* Das Prämiensystem und die Arbeiter. In: Werkstattstechnik 3, 1909
[5.63] *Woodbury, R.S.:* History of the Milling Machine. Cambridge, Massachusetts 1960
[5.64] Zeitschrift für Werkzeugmaschinen und Werkzeuge. Berlin Oktober 1900

Kapitel 6

[6.1] *Ahrens, H.D.:* Demontage. Nachkriegspolitik der Alliierten. München 1982
[6.2] Ausbildung gewerblicher Lehrlinge. Lehrplan. Werkschule der Fabriken Brunnenstraße. Berlin 1917
[6.3] *Babbage, Ch.:* On the Mathematical Power of the Calculating Engine. In: *Andell, B.:* The Origins of Digital Computers. Berlin, Heidelberg, New York 1973
[6.4] *Benner, H.:* Arbeiten zur Ordnung der Berufsausbildung vom DATSch bis BIAB. In: Berufsausbildung und Industrie. Berlin, Bonn 1987
[6.5] *Berthold, R.*, Hg.: Produktivkräfte in Deutschland. 1917/18 bis 1945. Berlin 1988
[6.6] *Blankertz, H.:* Bildung im Zeitalter der großen Industrie. Hannover 1969
[6.7] *Brentjes, B.:* Geschichte der Technik. Köln 1987
[6.8] CIRP-Informationen, 1990
[6.9] *Diebold, J.:* The Automatic Factory. 1954
[6.10] *Dolezalek, M.C.:* Was ist Automatisierung? In: Werkstattstechnik, 56, 1966
[6.11] *Dorschel, A.:* Geschichte der Erziehung im Wandel von Wirtschaft und Gesellschaft. Berlin 1972
[6.12] *Dürr, A., Dautel, E.:* Schwachstromerneuerung an Werkzeugmaschinen. In: Werkstatt und Betrieb 87, 1954
[6.13] *Eichhorn, F.:* Nachruf auf Herwart Opitz. Rheinisch-Westfälische Akademie der Wissenschaften 1979
[6.14] Ein Jahrhundert Sächsische Technische Hochschule 1828–1929. Festschrift. Dresden 1929
[6.15] *Engelhard, K.:* 50 Jahre ADB. Düsseldorf 1970
[6.16] *Fach, W.:* Die Messen der Maschinenbauer. Frankfurt a.M. 1987
[6.17] *Fischer, W.:* Bildung und Beruf in der Industriegesellschaft. In: *Coester, F.*, Hg.: Bildung, Beruf, Beschäftigung Zukunftsperspektiven der jungen Generation. Bad Honnef 1987
[6.18] *Gilbreth, F.B.:* Das ABC der wissenschaftlichen Betriebsführung. Berlin 1917
[6.19] *Glunk, F.R.:* 100 Jahre Pittler. 1889–1989. München 1989
[6.20] *Hanf, G.:* Berufsausbildung in Berliner Großbetrieben (1900–1920): Von der ökonomischen Rationalisierung zur wissenschaftlichen Rationalität. In: Berufsausbildung und Industrie. Berlin, Bonn 1987
[6.21] *Herter, J., Thomas, H.:* Qualifikation in der Phase flexibel automatisierter Produktion. In: AdW zu Berlin. Projekt: Automatisierung, Arbeitswelt und künftige Gesellschaft. Zwischenbericht. Hg.: *Spur, G.*, Berlin 1990

[6.22] *Heymann, R.E.:* In Memoriam Prof. Dr. techn. Max Kurrein. Haifa 1968
[6.23] *Holm, B.:* Fünfzig Jahre deutscher Normenausschuß. Berlin 1967
[6.24] *Kappel, F.:* 75 Jahre VDW: 1881–1966. Frankfurt a.M. 1966
[6.25] *Kellenbenz, H.:* Deutsche Wirtschaftsgeschichte, Bd. 2, München 1981
[6.26] *Kettner, S.:* Automatisierung in der Fertigung. In: VDI-Zeitschrift 98, 1956
[6.27] *Kiencke, R.:* Die deutsche Normung. Geschichte, Wesen, Organisation. Deutscher Normenausschuß, Normenheft 8, Berlin 1949
[6.28] *Kienzle, O.:* Passungssysteme. Forschungsarbeiten auf dem Gebiet des Ingenieurwesens, Heft 259, Berlin 1922
[6.29] *Kipp, M.:* „Perfektionierung" der industriellen Berufsausbildung im Dritten Reich. In: Berufsausbildung und Industrie. Berlin, Bonn 1987
[6.30] *Kling, S.:* CECIMO. In: Werkstattstechnik 79, 1989
[6.31] *Körzel, R.:* Soziokulturelle Deutungsmuster von Arbeitserfahrung der Industriearbeiterschaft im 19. Jahrhundert. In: Berufsausbildung und Industrie. Berlin, Bonn 1987
[6.32] *Kraepelin, E.:* Die Arbeitskurve. In: *Pentzlin, K.:* Meister der Rationalisierung. Düsseldorf, Wien 1963
[6.33] *Malinka, P.:* 50 Jahre AWF. Freiburg i.B. 1968
[6.34] *Matschoß, C.:* Männer der Technik. Ein biographisches Handbuch. Berlin 1925
[6.35] *Matschoß, C.:* Geschichte der Ludwig Loewe & Co. A.G. Berlin: Gesellschaft für elektrische Unternehmungen – Ludwig Loewe & Co. A.G. Berlin 1930
[6.36] *Matschoß, C.; Bihl, A.:* Schiess. Ein Beitrag zur Geschichte des deutschen Werkzeugmaschinenbaus. Berlin 1942
[6.37] *Mommertz, K.H.:* Bohren, Drehen und Fräsen. Geschichte der Werkzeugmaschinen. Reinbek bei Hamburg 1981
[6.38] *Muth, W.:* Die Herausbildung eigenständiger Berufsausbildungsstrukturen der Industrie in der Weimarer Republik. In: Berufsausbildung und Industrie. Berlin, Bonn 1987
[6.39] *Nother, E.:* Die Vorteile weitgehend typisierter Baueinheiten. In: Werkstattstechnik und Maschinenbau, 48. Jg., H. 2, 1958
[6.40] *Opitz, H.*, Hg.: Wirtschaftliche Forschung und Fertigung. München 1949
[6.41] *Opitz, H.:* Aus der Entwicklungsgeschichte des Laboratoriums für Werkzeugmaschinen und Betriebslehre an der TH Aachen. In: *Opitz, H.*, Hg.: Wirtschaftliche Forschung und Fertigung. München 1949
[6.42] *Opitz, H.:* Wilhelm Fehse. In: Industrie-Anzeiger, 1965
[6.43] *Opitz, H.:* Die Entwicklung der Werkzeugmaschine im letzten Vierteljahrhundert. In: Industrie-Anzeiger, Bd. 76, 1954
[6.44] *Pechhold, E.:* 50 Jahre REFA. Berlin, Köln, Frankfurt a.M. 1974
[6.45] *Pentzlin, K.:* Meister der Rationalisierung. Düsseldorf, Wien 1963
[6.46] *Pütz, H.:* Eröffnungsansprache des Stellvertretenden Generalsekretärs des Bundesinstituts für Berufsbildung. In: Berufsausbildung und Industrie, Berlin, Bonn 1987
[6.47] *Rathenau, W.:* Gesammelte Schriften. Bd. 5, Berlin 1918
[6.48] Rationalisierungs-Kuratorium der deutschen Wirtschaft, Hg.: Fallstudie. Einsatzbedingungen der Automatisierung, Köln 1957
[6.49] REFA, Hg.: Methodenlehre des Arbeitsstudiums. Teil 1, Grundlagen. München 1975
[6.50] *Reiners, H.:* Erscheinungsformen der Fließfertigung. Stuttgart 1968
[6.51] *Schallbroch, H.:* Von der Technologie zur Fertigungstechnik. In: *Spur, G.*, Fertigungstechnik in Lehre, Forschung und Praxis. Freiburg 1967
[6.52] *Schaumjan, G.A.:* Automaten. Berlin 1962
[6.53] *Scherbarth, H.:* Erfolg mit Messen. Die Geschichte der Ausstellungen für Werkzeugmaschinen. Frankfurt a.M. 1989
[6.54] *Schlesinger, G.:* Normalien. Werkstattstechnik 7, 1913
[6.55] *Schlesinger, G.:* Die Passungen im Maschinenbau. 2. Aufl., Berlin 1917

[6.56] *Schlesinger, G.:* Die Sonderausstellung des deutschen Werkzeugmaschinenbaus in Leipzig im März 1920. Werkstattstechnik zur Leipziger Messe im März 1920
[6.57] *Schlesinger, G.:* Psychotechnik und Betriebswissenschaft. Leipzig 1920
[6.58] *Schlesinger, G.:* Prüfbuch für Werkzeugmaschinen. 4. Aufl., Berlin 1947
[6.59] *Schmid, W.:* Automatologie. Grundlagen der Selbststeuerung von Fertigungsmaschinen. München 1952
[6.60] *Schoening, H.:* In: *Scherbarth, H.:* Erfolg mit Messen. Die Geschichte der Ausstellungen für Werkzeugmaschinen. Frankfurt a. M. 1989
[6.61] *Schulz-Mehrin, O.:* Die industrielle Spezialisierung. Wesen, Wirkung, Durchführungsmöglichkeiten und Grenzen. Berlin 1920
[6.62] *Seriverius, D.,* Bearb.: Demontagen im Land Nordrhein-Westfalen 1946 bis 1951. Siegburg 1981
[6.63] Sitzung im Arbeiterspeisesaal der Gebrüder Sulzer in Ludwigshafen am 22. April 1911. In: Abhandlungen und Berichte über Technisches Schulwesen, veranlaßt und herausgegeben vom Deutschen Ausschuß für Technisches Schulwesen, Bd. 3, Arbeiten auf dem Gebiete des Technischen Niederen Schulwesens. Leipzig, Berlin 1912
[6.64] *Spur, G.:* Mehrspindel-Drehautomaten. München, Wien 1970
[6.65] *Spur, G.:* Produktionstechnik im Wandel. München, Wien 1979
[6.66] *Spur, G.:* Laudatio für J. Irtenkauf. IWF-Berlin 1985
[6.67] *Spur, G., Specht, D., Materne, J.:* Automatisierungstechnik. In: AdW zu Berlin. Projekt: Automatisierung, Arbeitswelt und künftige Gesellschaft, Zwischenbericht. Hg.: *Spur, G.,* Berlin 1990
[6.68] VDI-Fachgruppe Betriebstechnik, Arbeitsgemeinschaft Deutscher Betriebsingenieure, Hg.: 50 Jahre ADB 1970. –
[6.69] *Wallichs, A.:* Aus der Geschichte der Betriebswissenschaft. In: *Opitz, H.,* Hg.: Wirtschaftliche Forschung und Fertigung. München 1949
[6.70] *Warnecke, H. J.:* Entwicklungsphasen und Leitkonzepte der Automatisierung einschließlich ihrer Auswirkung auf die Arbeitswelt. Gutachten zum Projekt „Automatisierung, Arbeitswelt und künftige Gesellschaft". Stuttgart 1989
[6.71] *Warnecke, H. J.:* Arbeitsgemeinschaft Deutscher Betriebsingenieure (ADB) im VDI. In: Werkstattstechnik 80, 1990
[6.72] Werkzeugmaschinenfabrik Waldrich, Coburg, 1963
[6.73] *Wietog, J.:* Von der Mechanisierungs- zur Automatisierungsdebatte. In: AdW zu Berlin. Projekt: Automatisierung, Arbeitswelt und künftige Gesellschaft, Zwischenbericht. Hg.: *Spur, G.,* Berlin 1990
[6.74] Wirtschafts Zeitung Nr. 13, 16.1.1948
[6.75] Wirtschafts Zeitung 30.7.1948
[6.76] Wissenschaftliche Gesellschaft Produktionstechnik, Hg.: Produktionswissenschaft. Ein Beitrag zur Geschichte der Hochschulgruppe Fertigungstechnik. Köln 1987
[6.77] *Zorn, H.:* Rationalisierungsarbeit für die Werkstatt. 20 Jahre RKW. In: Werkstattstechnik 35, 1941

Kapitel 7

[7.1] 8. Aachener Werkzeugmaschinen-Kolloquium: Entwicklung im Werkzeugmaschinenbau 1956
[7.2] *Adam, W.:* Informationsfluß in rechnergeführten Fertigungssystemen unter besonderer Berücksichtigung der erforderlichen Systemelemente. Dissertation, TU Berlin 1973
[7.3] Ausschuß für wirtschaftliche Fertigung (AWF) e. V: AWF-Empfehlung-Integrierter EDV-Einsatz in der Produktion – CIM. Eschborn 1988

[7.4] *Behrendt, W.:* Dreidimensionale numerische Programmsteuerung für Werkzeugmaschinen und ihre praktische Anwendung in den Vereinigten Staaten von Amerika. In: Werkstatt und Betrieb 91, 1958
[7.5] *Behrendt; W.:* Die frühen Jahre der NC-Technologie: 1954–1963. In: Technische Rundschau, Bern 1982
[7.6] *Buchheim, G., Sonnemann, R.:* Geschichte der Technikwissenschaften. Basel, Boston, Berlin 1990
[7.7] *Dolezalek, C.M., Ropohl, G.:* Flexible Fertigungssysteme – die Zukunft der Fertigungstechnik. Werkstattstechnik. Zeitschrift für industrielle Fertigung 60, 1970, H. 8
[7.8] *Ebert, J., Herter, J., Thomas, H.:* Zum Verhältnis von Bildung und Technik – Anmerkungen zu einer Forschungsaufgabe. ZwF 81, Berlin 1986
[7.9] *Geitner, U.W.*, Hg.: CIM Handbuch. Braunschweig 1987
[7.10] *Göbel, K., Schaffke, W.*, Hg.: Die Zukunftsformel. Technik, Qualifikation, Kreativität. Köln 1987
[7.11] *Hagemeyer, W.:* Computer. In: *Troitzsch, K., Weber, W.*, Hg.: Die Technik. Von den Anfängen bis zur Gegenwart. Stuttgart 1987
[7.12] *Harrington, J.:* Computer Integrated Manufacturing. New York 1973
[7.13] *Hartwich, G.:* Informationsverbund von Werkzeugkonstruktion, Werkzeugbau und Preßwerk in der Automobilindustrie. PTK Berlin 1986
[7.14] *Häuser, K.:* Erste Anwendungen numerischer Steuerungen. In: Werkstatt und Betrieb 117, 1984
[7.15] *Herold, H.-H., Maßberg, W., Stute, G.:* Die numerische Steuerung in der Fertigungstechnik. Düsseldorf 1971
[7.16] *Herrmann, J., Reckziegel, D.:* Die Bedeutung der NC-Maschinen im Rahmen der industriellen Fertigung. TZ für praktische Metallbearbeitung 64, 1970, H. 3
[7.17] *Hirsch-Kreinsen, H.:* Entwicklung einer Basistechnik – NC-Steuerung von Werkzeugmaschinen in den USA und der BRD. In: *Düll, K., Lutz, B.*, Hg.: Technikentwicklung und Arbeitsteilung im internationalen Vergleich. Institut für Sozialwissenschaftliche Forschung e.V., München 1989
[7.18] *Höhler, G.:* Neue Leistungsprofile – Neue Führungsqualität. PTK Berlin 1989
[7.19] *Kapp, B.:* Ohne Werkzeugmaschinen kein CIM. In: Werkstatt und Betrieb 121, 1988
[7.20] *Kearney, A.T.:* VDI/ADB Jahrbuch 1989/90
[7.21] *Kief, H.:* NC-Handbuch. Michelstadt 1988
[7.22] *Kiefer, E., Müller, K.:* Automatisierung in der Prüf- und Meßtechnik. In: *Masing, W.*, Hg.: Qualitätslehre. Köln 1988
[7.23] *Krause, F.-L.:* Fortgeschrittene Konstruktionstechnik durch neue Softwarestrukturen. PTK Berlin 1986
[7.24] *Krause, F.-L.:* Wohin geht die CAD-Entwicklung? CAD, CAM, CIM. München 1990
[7.25] *Kronenberg, M.:* Das Wichtigste von der amerikanischen Werkzeugmaschinen-Ausstellung in Chicago 1955. In: Werkstattstechnik und Maschinenbau 46, 1956, H. 3
[7.26] *Lindner, R., Wohak, B., Zeltwanger, H.:* Planen, Entscheiden, Herrschen. Reinbek bei Hamburg 1984
[7.27] *Meyer, J.:* Einsatzmöglichkeiten numerischer Steuerungen in der Einzel- und Kleinserienfertigung. IndustrieAnzeiger Nr. 72, Essen 1962
[7.28] *Mitthof, F.:* Was brachte die 10. EWA Neues auf dem Gebiet der Numerik? In: TZ für praktische Metallbearbeitung 61, 1967, H. 12
[7.29] N.N.: Surveys Set Standards Gauge UK Inventory. In: Metalworking Production, 1990
[7.30] N.N.: The AM award Joseph Harrington Jr. In: American Machinist 12, 1984
[7.31] N.N.: Kostensenkung durch numerisch gesteuerte Maschinen. Werkstatt und Betrieb 96, 1963, H. 9
[7.32] *Nagel, B., Kaluzu, H.:* Eigentum und Markt im Maschinenbau. Baden-Baden 1988

[7.33] *Niefer, W.:* Produktivität und Qualität – Impulse aus zukünftiger Datentechnik. PTK Berlin 1986
[7.34] *Noble, D.F.:* Forces of Production – A Social History of Industrial Automation. New York 1984
[7.35] *Politsch, H.:* Bericht von der 7. Europäischen Werkzeugmaschinenausstellung in Brüssel. In: Werkstatt und Betrieb 94, 1961
[7.36] *Ritscher, W.:* Rechnergestützte Informationssysteme in der Qualitätssicherung. In: *Masing, W.*, Hg.: Qualitätslehre. Köln 1988
[7.37] *Schatz, A.:* Gestaltungszüge heutiger spanender Werkzeugmaschinen – Bestimmung des Abspanweges. Werkstatt und Betrieb 90, 1957, H. 12
[7.38] *Simon, W.:* Die Numerische Steuerung von Werkzeugmaschinen. München 1963
[7.39] *Specht, D.:* Wissensbasierte Systeme im Produktionsbetrieb. München, Wien 1989
[7.40] *Spur, G.:* Bildung in der Arbeitswelt von morgen. In: PTK Berlin 1986
[7.41] *Spur, G.:* CIM – Die informationstechnische Herausforderung an die Produktionstechnik. In: PTK Berlin 1986
[7.42] *Spur, G.:* Fachaufsätze 1978 bis 1984. IWF und IPK, Berlin 1990
[7.43] *Spur, G.:* Fachaufsätze 1988 bis 1990. IWF und IPK, Berlin 1990
[7.44] *Spur, G.:* NC-Programmkontrolle mit dynamischer Simulation bei der Drehbearbeitung. ZwF 76, Berlin 1981
[7.45] *Spur, G., Auer, B.H., Sinning, H.:* Industrieroboter. Steuerung, Programmierung, Daten. München, Wien 1979
[7.46] *Spur, G., Krause, F.-L.:* CAD-Technik. München, Wien 1984
[7.47] *Spur, G., Michels, H.:* Über die Auslegung numerisch gesteuerter Drehmaschinen. ZwF 61, 1966, H. 10
[7.48] *Spur, G., Specht, D., Schröder, S.:* Die numerische Steuerung – Fallstudie einer erfolgreichen Innovation aus dem Bereich des Maschinenbaus. AdW zu Berlin 1990
[7.49] *Stute, G.:* EXAPT. Möglichkeiten und Anwendung der automatisierten Programmierung der NC-Maschinen. München 1969
[7.50] *Troitzsch, U.:* Die Entwicklung der Technik vom späten 16. Jh. bis zum Beginn der industriellen Revolution. In: *Troitzsch, U., Weber, W.*, Hg.: Die Technik. Von den Anfängen bis zur Gegenwart. Stuttgart 1987
[7.51] VDMA: CAD-Durchdringung im Maschinen- und Anlagenbau. In: VDI-Z 131, 1989, H. 8
[7.52] *Zimmermann, G.:* Erfolgsbedingungen des Innovationsprozesses der numerisch gesteuerten Werkzeugmaschine in der BRD. Berlin 1990

Bildquellenverzeichnis

An dieser Stelle möchten wir uns noch einmal bei allen Firmen, Archiven und Verlagen für die freundliche Genehmigung des Nachdrucks der Bilder bedanken.

Kapitel 1

Bild 1.1 *Nasmyth, J.*: Remarks on the introduction of the slide principle in tools and machines employed in the produce. In Appendix B of *Robertson Buchanan*, Practical Essays on mill work and other machinery, mechanical and descriptive. London: *J. Weale*, 1841
Bild 1.2 IPK Berlin 1978
Bild 1.3 IPK Berlin 1989
Bild 1.4 *Spur, G.*: Produktionstechnik im Wandel. München, Wien 1979; vervollständigt, *Spur, G.*: IPK Berlin 1989
Bild 1.5 IPK Berlin 1990
Bild 1.6 IPK Berlin 1990
Bild 1.7 IPK Berlin 1990
Bild 1.8 VDMA-Statistik 1989
Bild 1.9 IPK Berlin 1989
Bild 1.10 VDMA-Statistik 1989
Bild 1.11 *Spur, G.*: Produktionstechnisches Kolloquium Berlin 1983. IPK Berlin 1983
Bild 1.12 IPK Berlin 1989

Kapitel 2

Bild 2.1 IPK Berlin 1990 nach *Grünert, H.*, Hg.: Geschichte der Urgesellschaft. Berlin 1982
Bild 2.2 *Grünert, H.*, Hg.: Geschichte der Urgesellschaft. Berlin 1982
Bild 2.3 Museum für Vor- und Frühgeschichte Berlin
Bild 2.4 s. o.
Bild 2.5 s. o.
Bild 2.6 *Troitzsch, U., Weber, W.*, Hg.: Die Technik. Von den Anfängen bis zur Gegenwart. Westermann Verlag Stuttgart 1987
Bild 2.7 Museum für Vor- und Frühgeschichte. Berlin
Bild 2.8 *Troitzsch, U., Weber, W.*, Hg.: Die Technik. Von den Anfängen bis zur Gegenwart. Westermann Verlag Stuttgart 1987
Bild 2.9 *Spur, G.*: IWF Berlin 1979
Bild 2.10 *Spur, G.*: IWF Berlin 1979
Bild 2.11 Bildarchiv Preußischer Kulturbesitz
Bild 2.12 *Troitzsch, U., Weber, W.*, Hg.: Die Technik. Von den Anfängen bis zur Gegenwart. Westermann Verlag Stuttgart 1987
Bild 2.13 Technisches Museum Wien
Bild 2.14 Bildarchiv Preußischer Kulturbesitz
Bild 2.15 Antikenmuseum Berlin
Bild 2.16 *Fahmüller, E.*, Dachau-Mitterndorf
Bild 2.17 *Spur, G.*: IWF Berlin 1979
Bild 2.18 *Spur, G.*: IWF Berlin 1988
Bild 2.19 *Spur, G.*: IWF Berlin 1988

Bild 2.20 Bildarchiv Preußischer Kulturbesitz
Bild 2.21 Antikenmuseum Berlin
Bild 2.22 Attische Amphora. Museum of Fine Arts Boston
Bild 2.23 *Blümner, H.:* Terminologie und Technologie der Gewerbe und Künste der Griechen und Römer. Leipzig 1887
Bild 2.24 Antikenmuseum Berlin
Bild 2.25 Rekonstruktion von *B. Wessinger.* Limesmuseum Aalen
Bild 2.26 *Niemann, H. W.:* Vom Faustkeil zum Computer. Stuttgart 1985
Bild 2.27 *Marcus Vitruvius Pollio:* Zehen Bücher von der Architectur und künstlichen Bauen. Hildesheim, New York 1973
Bild 2.28 *Mutz, A.:* Die Kunst des Metalldrehens bei den Römern. Birkhäuser Verlag, Basel, Stuttgart 1972
Bild 2.29 *Seitz, H.:* Blankwaffen I. München 1981
Bild 2.30 *Herrad von Landsperg,* Hortus deliciarum. Faksimile-Ausgabe. Straßburg 1879/99
Bild 2.31 *Velter, A., Lamothe, M. J.:* Das Buch vom Werkzeug. Genf 1979
Bild 2.32 Gäubodenmuseum Straubing
Bild 2.33 Herrad von Landsperg, Faksimilie-Ausgabe. Straßburg 1879/99
Bild 2.34 Zeichnung aus der Handschrift Cod. lat. monac. 197, 1, fol. 19r.
Bild 2.35 *Lietzmann, K.-D., Schlegel, J., Hensel, A.:* Metallformung. Geschichte – Kunst – Technik. Leipzig 1987
Bild 2.36 *Lietzmann, K.-D., Schlegel, J., Hensel, A.:* Metallformung. Geschichte – Kunst – Technik. Leipzig 1987
Bild 2.37 *Velter, A., Lamothe, M.-J.:* Das Buch vom Werkzeug. Genf 1979
Bild 2.38 *Vanuccio Biringuccio:* De la Pirotechnia. Venedig 1540
Bild 2.39 *Hentz, H.:* Rüst- und Büchsenmeisterbuch. Bilderhandschrift (cod. qu. 342, Große Bibl. Weimar)
Bild 2.40 *Monch, P.:* Buch der Stryt un Buchsse. Handschrift 1496, Universitätsbibliothek. Heidelberg (cod. pal. germ. 126)
Bild 2.41 *Troitzsch, U., Weber, W.,* Hg.: Die Technik. Von den Anfängen bis zur Gegenwart. Westermann Verlag Stuttgart 1987
Bild 2.42 Bildarchiv Preußischer Kulturbesitz
Bild 2.43 Hausbuch der Mendelschen Zwölfbrüderstiftung, 1388–1799, 3 Bde., Stadtbibliothek Nürnberg
Bild 2.44 Hausbuch der Mendelschen Zwölfbrüderstiftung, 1388–1799. 3 Bde., Stadtbibliothek Nürnberg
Bild 2.45 *Löffelholz, M.:* Bilderhandschrift des Patriziers Löffelholz, 1505. Staatsbibliothek Preußischer Kulturbesitz. Berlin, Cod. germ. 4° 132
Bild 2.46 *Schroeder, A.:* Entwicklung der Schleiftechnik bis zur Mitte des 19. Jahrhunderts. Düsseldorf 1931
Bild 2.47 Hausbuch der Mendelschen Zwölfbrüderstiftung, 1388–1799. 3 Bde, Stadtbibliothek Nürnberg
Bild 2.48 s. o.
Bild 2.49 s. o.
Bild 2.50 *Velter, A., Lamothe, M. J.:* Das Buch vom Werkzeug. Genf 1979
Bild 2.51 Il Codice atlantico. Mailand 1490
Bild 2.52 s. o.
Bild 2.53 s. o.
Bild 2.54 s. o.
Bild 2.55 s. o.
Bild 2.56 s. o.
Bild 2.57 s. o.

Bild 2.58 Il Codice atlantico. Mailand 1490
Bild 2.59 *Vanuccio Biringuccio:* De la Pirotechnia. Venedig 1540
Bild 2.60 *Amman, J.:* Eygentliche Beschreibung aller Stände auf Erden. Frankfurt a.M. 1568
Bild 2.61 *Lietzmann, K.-D., Schlegel, J. Hensel, A.:* Metallformung. Geschichte – Kunst – Technik. Leipzig 1987
Bild 2.62 *Beck, Th.:* Beiträge zur Geschichte des Maschinenbaus. Berlin 1899
Bild 2.63 *Springer, W.:* Der Weg zur modernen Bohrmaschine. Berlin, Heidelberg 1941
Bild 2.64 Technisches Museum Wien
Bild 2.65 Codex 10846, Jacopo de Strada. 1580, Nat. Bibl. Wien
Bild 2.66 *Schroeder, A.:* Entwicklung der Schleiftechnik bis zur Mitte des 19. Jahrhunderts. Düsseldorf 1931
Bild 2.67 Technisches Museum Wien
Bild 2.68 s. o.
Bild 2.69 s. o.
Bild 2.70 s. o.
Bild 2.71 s. o.
Bild 2.72 s. o.
Bild 2.73 *Weigel, Chr.:* Hauptstände. Regensburg 1698, In: *Schmithals, H.:* Handwerk und Technik vergangener Jahrhunderte. Tübingen 1958

Kapitel 3

Bild 3.1 *Berg, M.:* The Age of Manufacturers 1700–1820. London 1985; *Mitchell, B.R.:* British Historical Statistics. Cambridge 1988
Bild 3.2 *Berg, M.:* The Age of Manufacturers 1700–1820. London 1985; *Mitchell, B.R.:* British Historical Statistics. Cambridge 1988
Bild 3.3 Aquatintastich von Johann Jakob Haas, 1756–1817. In: Alte Eisenwerke von Erzgruppen in Norwegen und Schweden. Faksimiledrucke hg. von Phoenix Rheinohr, Blatt 1., Düsseldorf 1961
Bild 3.4 Deutsches Museum München
Bild 3.5 *Hobsbawm, E.J.:* Industrie und Empire. Bd. 2, Frankfurt 1969
Bild 3.6 IPK Berlin nach *Pauliniyi, A.:* Industrielle Revolution. Reinbek bei Hamburg 1989
Bild 3.7 Bildarchiv Preußischer Kulturbesitz
Bild 3.8 Deutsches Museum München
Bild 3.9 *Dominik, H.:* Fritz Werner AG Berlin. Berlin 1938
Bild 3.10 *Spur, G.:* Produktionstechnik im Wandel. München, Wien 1979
Bild 3.11 s. o.
Bild 3.12 s. o.
Bild 3.13 *Matschoß, G.:* Geschichte des Zahnrades. Berlin 1940
Bild 3.14 *Buxbaum, B.:* Der englische Werkzeugmaschinen- und Werkzeugbau im 18. und 19. Jahrhundert. In: Beiträge zur Geschichte der Technik und Industrie. Bd. 11, Berlin 1921
Bild 3.15 Science Museum. London
Bild 3.16 *Gilbert, K.R.:* The Machine Tool Collection. London 1966
Bild 3.17 *Buxbaum, B.:* Der englische Werkzeugmaschinen- und Werkzeugbau im 18. und 19. Jahrhundert. In: Beiträge zur Geschichte der Technik und Industrie. Bd. 11, Berlin 1921
Bild 3.18 *Gilbert, K.R.:* The Machine Tool Collection. London 1966

Bild 3.19 Technisches Museum Wien
Bild 3.20 *Nasmyth, J.:* Autobiography. Ed. by Samuel Smiles. London 1883
Bild 3.21 *Gilbert, K. R.:* The Machine Tool Collection. London 1966
Bild 3.22 *Buxbaum, B.:* Der englische Werkzeugmaschinen- und Werkzeugbau im 18. und 19. Jahrhundert. In: Beiträge zur Geschichte der Technik und Industrie. Bd. 11, Berlin 1921
Bild 3.23 Deutsches Museum München
Bild 3.24 *Gilbert, K. R.:* The Machine Tool Collection. London 1966
Bild 3.25 *Buxbaum, B.:* Der englische Werkzeugmaschinen- und Werkzeugbau im 18. und 19. Jahrhundert. In: Beiträge zur Geschichte der Technik und Industrie. Bd. 11, Berlin 1921
Bild 3.26 *Steeds, W.:* A History of Machine Tools 1700–1910. Oxford 1969
Bild 3.27 *Gilbert, K. R.:* The Machine Tool Collection. London 1966
Bild 3.28 *Klemm, F.:* Technik. Eine Geschichte ihrer Probleme. Freiburg, München 1954
Bild 3.29 *Buxbaum, B.:* Der englische Werkzeugmaschinen- und Werkzeugbau im 18. und 19. Jahrhundert. In: Beiträge zur Geschichte der Technik und Industrie. Bd. 11, Berlin 1921
Bild 3.30 *Buxbaum, B.:* Der englische Werkzeugmaschinen- und Werkzeugbau im 18. und 19. Jahrhundert. In: Beiträge zur Geschichte der Technik und Industrie. Bd. 11, Berlin 1921
Bild 3.31 *Spur, G.:* IWF Berlin nach der Patentschrift von 1842
Bild 3.32 *Gilbert, K. R.:* The Machine Tool Collection. London 1966
Bild 3.33 Zeichnung von Ulrich Vierbacher. München
Bild 3.34 *Steeds, W.:* A History of Machine Tools 1700–1910. Oxford 1969
Bild 3.35 *Wittmann, K.:* Die Entwicklung der Drehbank bis zum Jahre 1939. 2. Aufl., Düsseldorf 1960
Bild 3.36 s. o.
Bild 3.37 s. o.
Bild 3.38 s. o.
Bild 3.39 s. o.
Bild 3.40 *Buxbaum, B.:* Der englische Werkzeugmaschinen- und Werkzeugbau im 18. und 19. Jahrhundert. In: Beiträge zur Geschichte der Technik und Industrie. Bd. 11, Berlin 1921
Bild 3.41 s. o.
Bild 3.42 s. o.
Bild 3.43 *Fach, W.*, Hg.: Messen der Maschinenbauer. Maschinenbau Verlag VDMA, Frankfurt a. M. 1987
Bild 3.44 Bildarchiv Preußischer Kulturbesitz
Bild 3.45 Bildarchiv Preußischer Kulturbesitz
Bild 3.46 *Matschoß, C.*, Hg.: Männer der Technik. Berlin 1925
Bild 3.47 *Buxbaum, B.:* Der englische Werkzeugmaschinen- und Werkzeugbau im 18. und 19. Jahrhundert. In: Beiträge zur Geschichte der Technik und Industrie. Bd. 11, Berlin 1921
Bild 3.48 s. o.

Kapitel 4

Bild 4.1 *Mitchell, B. R.:* European Historical Statistics 1750–1870. London 1975
Bild 4.2 *Spur, G.:* IPK Berlin 1990
Bild 4.3 Deutsches Museum München

Bild 4.4	Atlas zur Geschichte. Bd. 1, Gotha, Leipzig 1976
Bild 4.5	*Spur, G.:* IPK Berlin 1990
Bild 4.6	Archiv von *U. Troitzsch*
Bild 4.7	Germanisches Nationalmuseum Nürnberg
Bild 4.8	*Schroeder, A.:* Entwicklung der Schleiftechnik bis zur Mitte des 19. Jahrhunderts. Düsseldorf 1931
Bild 4.9	Bildarchiv Preußischer Kulturbesitz
Bild 4.10	*Steeds, W.:* A History of Machine Tools 1700–1910. Oxford 1969
Bild 4.11	Kungl. Armémuseum Stockholm
Bild 4.12	Bildarchiv Preußischer Kulturbesitz
Bild 4.13	s. o.
Bild 4.14	s. o.
Bild 4.15	s. o.
Bild 4.16	s. o.
Bild 4.17	Wiedergegeben mit freundlicher Genehmigung des VDI-Verlages, Düsseldorf, aus: Technikgeschichte. Bd. 32, 1965
Bild 4.18	*Spur, G.:* IPK Berlin 1990
Bild 4.19	Bildarchiv Preußischer Kulturbesitz
Bild 4.20	Wiedergegeben mit freundlicher Genehmigung des VDI-Verlages, Düsseldorf, aus: *Zöllner, G.:* Johann v. Zimmermann. In: Technik: Technikgeschichte. Bd. 29, 1940
Bild 4.21	s. o.
Bild 4.22	Bildarchiv Preußischer Kulturbesitz
Bild 4.23	*Otto, F.:* Der Kaufmann zu allen Zeiten oder Buch berühmter Kaufleute. Bd. 2 Leipzig, Berlin 1870
Bild 4.24	*Spur, G.:* IWF Berlin 1979
Bild 4.25	*Spur, G.:* IWF Berlin 1979
Bild 4.26	*Springer, W.:* Der Weg zur modernen Bohrmaschine. Berlin, Heidelberg 1941
Bild 4.27	*Spur, G.:* Produktionstechnik im Wandel. München, Wien 1979
Bild 4.28	*Steeds, W.:* A History of Machine Tools 1700–1910. Oxford 1969
Bild 4.29	*Steeds, W.:* A History of Machine Tools 1700–1910. Oxford 1969
Bild 4.30	*Spur, G.:* IWF Berlin 1979
Bild 4.31	*Springer, W.:* Der Weg zur modernen Bohrmaschine. Berlin, Heidelberg 1941
Bild 4.32	*Springer, W.:* Der Weg zur modernen Bohrmaschine. Berlin, Heidelberg 1941
Bild 4.33	*Matschoss, C., Bihl, A.:* Schiess. Ein Beitrag zur Geschichte des deutschen Werkzeugmaschinenbaus. Berlin 1942
Bild 4.34	Deutsches Museum München
Bild 4.35	100 Jahre Werkzeugmaschinenfabrik J. G. Weiser Söhne, St. Georgen 1956
Bild 4.36	*Matschoss, C., Bihl, A.:* Schiess. Ein Beitrag zur Geschichte des deutschen Werkzeugmaschinenbaus. Berlin 1942
Bild 4.37	*Matschoss, C., Bihl, A.:* Schiess. Ein Beitrag zur Geschichte des deutschen Werkzeugmaschinenbaus. Berlin 1942
Bild 4.38	75 Jahre *Wagner & Co.* Werkzeugmaschinenfabrik mbH. Dortmund 1865 bis 1940. Dortmund 1940
Bild 4.39	75 Jahre *Wagner & Co.* Werkzeugmaschinenfabrik mbH. Dortmund 1865 bis 1940. Dortmund 1940
Bild 4.40	*Waldrich* Siegen. Zur Geschichte der Stadt Siegen und des deutschen Werkzeugmaschinenbaus 1840 bis 1955. Siegen 1955
Bild 4.41	*Waldrich* Siegen. Zur Geschichte der Stadt Siegen und des deutschen Werkzeugmaschinenbaus 1840 bis 1955. Siegen 1955
Bild 4.42	Deutsches Museum München

Bild 4.43 *Buxbaum, B.:* Der deutsche Werkzeugmaschinen- und Werkzeugbau im 19. Jh. In: Beiträge zur Geschichte der Technik und Industrie. Bd. 9, Berlin 1919
Bild 4.44 *Springer, W.:* Der Weg zur modernen Bohrmaschine. Berlin, Heidelberg 1941

Kapitel 5

Bild 5.1 IPK Berlin 1990
Bild 5.2 Das Buch der Erfindungen, Gewerbe und Industrien. Leipzig 1898
Bild 5.3 *Ludwig Loewe* & Co AG Berlin 1869–1929. Berlin 1930
Bild 5.4 Deutsches Museum München
Bild 5.5 s. o.
Bild 5.6 *Spur, G.:* Produktionstechnik im Wandel. München, Wien 1979
Bild 5.7 *Spur, G.:* Produktionstechnik im Wandel. München, Wien 1979
Bild 5.8 IPK Berlin 1990
Bild 5.9 *Kienzle, O.; Koch, R.:* Handwörterbuch der gesamten Technik und ihrer Hilfswissenschaften. Stuttgart, Berlin 1935
Bild 5.10 *Ludwig Loewe* & Co AG Berlin 1869–1929. Berlin 1930
Bild 5.11 *Ludwig Loewe* & Co AG Berlin 1869–1929. Berlin 1930
Bild 5.12 Amtlicher Bericht der Berliner Gewerbeausstellung 1896. Berlin 1898
Bild 5.13 Naxos-Union. Geschäftsbericht 1989
Bild 5.14 Amtlicher Bericht der Berliner Gewerbeausstellung von 1896. Berlin 1898
Bild 5.15 *Fach, W.*, Hg.: Die Messen der Maschinenbauer. Maschinenbau Verlag VDMA Frankfurt a. M. 1987
Bild 5.16 IPK Berlin 1990
Bild 5.17 *Weiher, v., S.; Goetzler, H.:* Weg und Wirken der Siemenswerke im Fortschritt der Elektrotechnik 1847–1980. Berlin, München 1981
Bild 5.18 Archiv Klöckner-Humboldt-Deutz AG
Bild 5.19 Archiv M. A. N. Maschinenfabrik Augsburg–Nürnberg AG
Bild 5.20 IPK-Berlin 1990
Bild 5.21 *Matschoß, C.:* Männer der Technik. Berlin 1925
Bild 5.22 Haus der Deutschen Technik e. V., Hg.: Die Deutschen Technischen Hochschulen. München 1941
Bild 5.23 *Karmarsch, K.:* Erinnerungen aus meinem Leben. Hannover 1879
Bild 5.24 IPK Berlin 1990
Bild 5.25 *Weiher v., S.; Goetzler, H.:* Weg und Wirken der Siemens-Werke im Fortschritt der Elektrotechnik 1847–1980. Berlin, München 1981
Bild 5.26 50 Jahre Austauschbau. Festschrift zum fünfzigjährigen Bestehen der Pittler Werkzeugmaschinenfabrik. Leipzig-Wahren 1939
Bild 5.27 1959–1986. 27 Jahre für den Werkzeugmaschinenbau. Bernhard Kapp zum 85. Geburtstag
Bild 5.28 Archiv Fritz Werner AG
Bild 5.29 *Springer, W.:* Der Weg zur modernen Bohrmaschine. Berlin, Heidelberg 1941
Bild 5.30 *Springer, W.:* Der Weg zur modernen Bohrmaschine. Berlin, Heidelberg 1941
Bild 5.31 Deutsches Museum München
Bild 5.32 s. o.
Bild 5.33 *Spur, G.:* Produktionstechnik im Wandel. München, Wien 1979
Bild 5.34 *Wegeleben, F.:* Die Rationalisierung im deutschen Werkzeugmaschinenbau. Berlin 1924
Bild 5.35 *Spur, G.:* Geschichtlicher Rückblick auf die konstruktive Entwicklung der Mehrspin-

	del-Drehautomaten. Sonderdruck aus „Werkstatt und Betrieb" 100 Jahrgang 1967, Heft 3
Bild 5.36	*Spur, G.:* Geschichtlicher Rückblick auf die konstruktive Entwicklung der Mehrspindel-Drehautomaten. Sonderdruck aus „Werkstatt und Betrieb" 100 Jahrgang 1967, Heft 3
Bild 5.37	s. o.
Bild 5.38	s. o.
Bild 5.39	s. o.
Bild 5.40	s. o.
Bild 5.41	s. o.
Bild 5.42	Museum für Verkehr und Technik Berlin
Bild 5.43	Wiedergegeben mit freundlicher Genehmigung des VDI-Verlags, Düsseldorf, aus: Z-VDI, Bd. 38, Nr. 16, 21.4.1894, S. 470
Bild 5.44	Amtlicher Bericht der Berliner Gewerbeausstellung 1896. Berlin 1898
Bild 5.45	s. o.
Bild 5.46	s. o.
Bild 5.47	s. o.
Bild 5.48	International Exposition Paris 1900. Official-Catalogue Exhibition of the German Empire.
Bild 5.49	Wiedergegeben mit freundlicher Genehmigung des VDI-Verlags, Düsseldorf, aus: Z-VDI, Bd. 46, Nr. 37, 13.9.1902, S. 1389
Bild 5.50	*Scherbarth, H.:* Erfolg mit Messen. Frankfurt a. M. 1989
Bild 5.51	*Stoffers, G.,* Hg.: Deutschland in Brüssel 1910. Köln 1910
Bild 5.52	s. o.
Bild 5.53	s. o.
Bild 5.54	s. o.
Bild 5.55	*Scherbarth, H.:* Erfolg mit Messen. Frankfurt a. M. 1989
Bild 5.56	IPK Berlin 1990 nach Werkstattstechnik

Kapitel 6

Bild 6.1	Deutsches Museum München
Bild 6.2	*Schlesinger, G.:* 60 Jahre Edelarbeit. In: Ludwig Loewe & Co. Actiengesellschaft Berlin 1869–1929. Berlin 1930
Bild 6.3	*Schlesinger, G.:* 60 Jahre Edelarbeit. In: Ludwig Loewe & Co. Actiengesellschaft Berlin 1869–1929. Berlin 1930
Bild 6.4	*Spur, G.:* Produktionstechnik im Wandel. München, Wien 1979
Bild 6.5	s. o.
Bild 6.6	s. o.
Bild 6.7	s. o.
Bild 6.8	s. o.
Bild 6.9	*Scherbarth, H.:* Erfolg mit Messen. Frankfurt a. M. 1989
Bild 6.10	*Spur, G.:* Zukunftmodelle der industriellen Produktion. Aufschwung, Krisis und Zukunft der Fabrik. In: Produktionstechnisches Kolloquium Berlin 1983. München 1983
Bild 6.11	*Scherbarth, H.:* Erfolg mit Messen. Frankfurt a. M. 1989
Bild 6.12	s. o.
Bild 6.13	s. o.
Bild 6.14	s. o.
Bild 6.15	s. o.

Bild 6.16 Wissenschaftliche Gesellschaft Produktionstechnik, Hg.: Produktionswissenschaft. Ein Beitrag zur Geschichte der Hochschulgruppe Fertigungstechnik. Köln 1987
Bild 6.17 s. o.
Bild 6.18 s. o.
Bild 6.19 s. o.
Bild 6.20 Archiv IPK Berlin
Bild 6.21 *Spur, G.*: Produktionstechnik im Wandel. München, Wien 1979
Bild 6.22 s. o.
Bild 6.23 s. o.
Bild 6.24 *Spur, G.*: Produktionstechnik im Wandel. München, Wien 1979
Bild 6.25 Wissenschaftliche Gesellschaft Produktionstechnik, Hg.: Produktionswissenschaft. Ein Beitrag zur Geschichte der Hochschulgruppe Fertigungstechnik. Köln 1987
Bild 6.26 *Dominik, H.*: Fritz Werner Actiengesellschaft Berlin. Berlin 1930
Bild 6.27 Prüfungsamt der Industrie- und Handelskammer
Bild 6.28 *Schmid, W.; Olk, F.*: Fühlergesteuerte Maschinen. Essen 1939
Bild 6.29 *Schmid, W.; Olk, F.*: Fühlergesteuerte Maschinen. Essen 1939
Bild 6.30 *Matschoß, C.*: Schiess. Ein Beitrag zur Geschichte des deutschen Werkzeugmaschinenbaus. Düsseldorf 1942
Bild 6.31 *Matschoß, C.*: Schiess. Ein Beitrag zur Geschichte des deutschen Werkzeugmaschinenbaus. Düsseldorf 1942
Bild 6.32 *Spur, G.*: Produktionstechnik im Wandel. München, Wien 1979
Bild 6.33 *Scherbarth, H.*: Erfolg mit Messen. Frankfurt a. M. 1989
Bild 6.34 *Treue, W.*: Demontagepolitik der Westmächte nach dem Zweiten Weltkrieg. Göttingen 1967
Bild 6.35 *Scherbarth, H.*: Erfolg mit Messen. Frankfurt a. M. 1989
Bild 6.36 Archiv H. G. Möbius
Bild 6.37 s. o.
Bild 6.38 *Wittmann, K.*: Die Entwicklung der Drehbank bis zum Jahre 1939. 2. Aufl., Düsseldorf 1960
Bild 6.39 Archiv IWF Berlin
Bild 6.40 50 Jahre Austauschbau. Festschrift zum fünfzigjährigen Bestehen der Pittler Werkzeugmaschinenfabrik Aktiengesellschaft Leipzig-Wahren. Leipzig 1939
Bild 6.41 Archiv H. G. Möbius
Bild 6.42 Hillewerke, Archiv IWF Berlin
Bild 6.43 Wiedergegeben mit freundlicher Genehmigung des VDI-Verlags, Düsseldorf, aus: *Dolezalek, C. M.*: Prinzipien der automatisierten Fertigung. In: VDI-Berichte, Nr. 123, 1968
Bild 6.44 s. o.
Bild 6.45 *Scherbarth, H.*: Erfolg mit Messen. Frankfurt a. M. 1989
Bild 6.46 Archiv IPK Berlin
Bild 6.47 *Scherbarth, H.*: Erfolg mit Messen. Frankfurt a. M. 1989

Kapitel 7

Bild 7.1 *Spur, G.*: IWF, TU Berlin 1980
Bild 7.2 *Buchheim, G., Sonnemann, R.*, Hg.: Geschichte der Technikwissenschaften. Basel, Boston, Berlin 1990
Bild 7.3 *Buchheim, G., Sonnemann, R.*, Hg.: Geschichte der Technikwissenschaften. Basel, Boston, Berlin 1990

Bild 7.4 *Brentjes, B., Richter, S., Sonnemann, R.*, Hg.: Geschichte der Technik. Köln 1987
Bild 7.5 s. o.
Bild 7.6 *Spur, G.:* Übungen zur Fertigungstechnik im Versuchsfeld – Numerische Steuerungen. IWF Berlin
Bild 7.7 *Noble, D. F.:* Forces of Production A Social History of Industrial Automation. New York 1984
Bild 7.8 *Spur, G., Specht, D., Schröder, S.:* Die numerische Steuerung – Fallstudie einer erfolgreichen Innovation aus dem Bereich des Maschinenbaus. AdW zu Berlin 1990
Bild 7.9 *Noble, D. F.:* Forces of Production – A Social History of Industrial Automation. New York 1984
Bild 7.10 *Spur, G.:* IWF Berlin
Bild 7.11 *Häuser, K.:* Erste Anwendungen numerischer Steuerungen. In: Werkstatt und Betrieb 117, 1984
Bild 7.12 *Spur, G.:* IWF Berlin
Bild 7.13 *Simon, W.:* Die numerische Steuerung von Werkzeugmaschinen. 2. Aufl., München 1971
Bild 7.14 *Simon, W.:* Gedanken zur praktischen Gestaltung zahlengesteuerter Werkzeugmaschinen. In: Werkstatt und Betrieb 93, 1960
Bild 7.15 *Spur, G.:* IWF Berlin
Bild 7.16 s. o.
Bild 7.17 s. o.
Bild 7.18 s. o.
Bild 7.19 *Simon, W.:* Die numerische Steuerung von Werkzeugmaschinen. 2. Aufl., München 1971
Bild 7.20 Industrie-Anzeiger Nr. 89, Essen 1961
Bild 7.21 Fanuc, 1989
Bild 7.22 *Hermann, J., Reckziegel, D.:* Die Bedeutung der NC-Maschinen im Rahmen der industriellen Fertigung. TZ für praktische Metallbearbeitung 64, 1970
Bild 7.23 *Spur, G.:* IWF Berlin
Bild 7.24 s. o.
Bild 7.25 s. o.
Bild 7.26 s. o.
Bild 7.27 s. o.
Bild 7.28 *Adam, W.:* Informationsfluß in rechnergeführten Fertigungssystemen unter besonderer Berücksichtigung der erforderlichen Systemelemente. Dissertation, TU Berlin 1973
Bild 7.29 *Meyer, H.:* Werkstattprogrammierung mit CNC-Steuerungen am Beispiel der Drehbearbeitung. Dissertation, TU Berlin, München, Wien 1981
Bild 7.30 *Spur, G.:* IWF Berlin
Bild 7.31 12. Aachener Werkzeugmaschinen-Kolloquium 1965
Bild 7.32 *Spur, G.:* IWF Berlin
Bild 7.33 *Stromberger, C.:* Numerisch gesteuerte Werkzeugmaschinen – Eine Betrachtung aus europäischer Sicht. In: Werkstatt und Betrieb 99, 1960
Bild 7.34 *Spur, G.:* IWF Berlin 1967
Bild 7.35 *Simon, W.:* Die numerische Steuerung von Werkzeugmaschinen. 2. Aufl., München 1971
Bild 7.36 *Spur, G.:* IWF Berlin
Bild 7.37 s. o.
Bild 7.38 *Spur, G.:* Produktionstechnik im Wandel. München, Wien 1979
Bild 7.39 *Spur, G.:* IWF Berlin
Bild 7.40 *Spur, G., Mertins, K.:* ZwF 76, 1981, H. 9
Bild 7.41 *Mertins, K.:* IWF Berlin

Bild 7.42 *Spur, G.:* IWF Berlin
Bild 7.43 *Krause, F.-L.:* Wohin geht die CAD-Entwicklung? CAD, CAM, CIM. München 1990
Bild 7.44 *Spur, G.:* IPK Berlin 1990
Bild 7.45 VDMA, 1989
Bild 7.46 *Spur, G.*, nach: *Wildemann, H.:* Einführungsstrategien für die Computerintegrierte Produktion CIM. TU München 1990

Personen- und Firmenverzeichnis

D

E

F

G

H

I

J

K

L

M

Sachwortverzeichnis

D

E

F

G

S

T